环境工程学

戴友芝　黄　妍　肖利平　主编

中国环境出版集团·北京

图书在版编目（CIP）数据

环境工程学/戴友芝，黄妍，肖利平主编. —北京：中国
环境出版集团，2019.7

ISBN 978-7-5111-3491-2

Ⅰ．①环…　Ⅱ．①戴…　②黄…　③肖…　Ⅲ．①环境
工程学　Ⅳ．①X5

中国版本图书馆 CIP 数据核字（2018）第 008968 号

出 版 人　武德凯
责任编辑　葛　莉　宾银平
责任校对　任　丽
封面设计　彭　杉

出版发行　中国环境出版集团
　　　　　（100062　北京市东城区广渠门内大街 16 号）
　　　　　网　　址：http://www.cesp.com.cn
　　　　　电子邮箱：bjgl@cesp.com.cn
　　　　　联系电话：010-67112765（编辑管理部）
　　　　　　　　　　010-67113412（第二分社）
　　　　　发行热线：010-67125803，010-67113405（传真）
印　　刷　北京中科印刷有限公司
经　　销　各地新华书店
版　　次　2019 年 7 月第 1 版
印　　次　2019 年 7 月第 1 次印刷
开　　本　787×1092　1/16
印　　张　45.75
字　　数　965 千字
定　　价　120.00 元

环保设备工程系列教材

专家委员会

主　　任　周　琪

副 主 任　胡洪营　燕中凯　沈建

委　　员　韩　伟　王家廉　赵由才　蒋文举　李彩亭　宁平

编写委员会

主　　任　周　琪

副 主 任　王振波　张俊丰　吴向阳　关杰

编　　委　王德义　刘迎云　丁　成　胡钰贤　傅海燕　胡献国

　　　　　黄河清　郑天柱　张宝安

编写人员　王宗明　戴友芝　解清杰　周明远　高明军　吕俊文

　　　　　金建祥　王守信　代智能　唐志国　孟冠华　殷　进

　　　　　孙治谦　黄　妍　李　潜　戴　珏　贺笑春　张晓文

　　　　　全桂香　冯国红　阳艾利　马培勇　陈宜华　林鹏飞

　　　　　肖利平　张　波　袁　昊　杨启霞　邓钦文　沈　丹

　　　　　盛广宏　王建军　张秀霞　耿春香　刘　芳　远　野

　　　　　武智瑛　张立娟　宋　扬　邵　暖

序

为适应国家大力发展绿色经济、低碳经济、环保技术等重要战略性新兴产业的需要，2012 年教育部将环保设备工程专业正式列为《普通高等学校本科专业目录（2012 年）》中的特色专业，一批高等院校陆续设置了该专业。2013 年，国内较早设置环保设备工程专业的 9 所高校在中国石油大学（华东）召开了"首届全国环保设备工程专业（方向）课程建设及人才培养研讨会"，共同探讨环保设备工程专业的定位、学科体系和支撑体系建设、教材体系构架等关键问题，教育部环境科学与工程专业教学指导委员会、环境保护部宣教司、中国环保产业协会以及部分环保企业的领导和专家出席了会议。这次研讨会的召开标志着新专业建设开启了有组织、规范化的合作探索模式。其后又分别于 2014 年 11 月在湘潭大学、2015 年 1 月在江苏大学召开了第二届、第三届全国环保设备工程专业建设研讨会，环保设备工程专业建设在稳步推进。

2015 年 1 月，教育部环境科学与工程教学指导委员会批准建立了"教育部环境科学与工程教学指导委员会环保设备工程专业建设小组"，负责制订本专业的战略发展规划、教学质量国家标准、教学规范以及开展课程建设、教材建设等方面的工作。通过新专业的顶层设计，将极大提升专业建设的科学性和规范性。其后在 2015 年高校环境类课程教学系列报告会期间，设置了环保设备工程专业分会场讨论系列教材的建设和专业的发展。卓有成效的交流与研讨工作对该专业获得社会的广泛认知和认可、吸引更多高校参与到新专业建设中来都起到了重要的推动作用。

环保设备工程专业特色教材体系建设是历届专业研讨会的主题之一。在连续召开的三次专业建设研讨会上，相关高校在全面研究已有相近专业培养方案、课程体系和教材体系的基础上，逐步确立了环保设备工程专业的核心教材体系，组建了由中国环境出版社作为总协调的全国环保设备工程专业教材编委会，启动了《环保设备工程专业系列教材》的编写工作。经过三年来教材的探讨与编写，《环保设备工程专业系列教材》即将陆续出版。相信随着这一特色专业教材体系的逐渐完善，对专业教育的课程体系乃至专业人才培养定位、培养规格都将起到极为重要的支撑作用，也必将吸引越来越多的院校和行业企业参与到这一新兴专业的建设中来。

感谢中国环境出版社为环保设备工程专业建设与发展所做出的贡献。早在2012年环保设备工程专业批准设置之初，中国环境出版社便积极参与到新专业建设工作中来，在环保设备工程专业的课程建设与人才培养方面开展了一系列卓有成效的工作，搭建的校际交流及教材建设平台为新专业建设起到了重要的桥梁和纽带作用。应该说，中国环境出版社作为国家行业出版社，为环保新兴产业人才的培养做了一件非常有意义的事情。

感谢教育部环境科学与工程教学指导委员会、环保部宣教司、中国环保产业协会以及相关行业企业，正是在他们的大力支持和指导下，环保设备工程专业才能够得以健康、快速的发展。感谢教育部环境科学与工程教学指导委员会副主任委员、同济大学周琪教授，秘书长、清华大学胡洪营教授对新专业建设给予了专业的指导。感谢同济大学周琪教授、赵由才教授，四川大学蒋文举教授、中国环保产业协会燕中凯主任对教材大纲进行的认真审定，提出了许多建设性意见，使教材在结构框架和知识点上有了准确的定位和把握。感谢开设新专业的各高校教师在教材编写中的通力合作以及提出的建议和意见。

作为战略性新兴产业相关的环保设备工程专业的人才培养是关乎环保产业发展原动力的关键，今天我们所做的一切必将引领这个行业的人才走向，我们的责任和担子无比重大，在环境保护部的大力支持下，在教育部教学指导委员会、行业协会和各校通力合作下，我们必将推动环保设备工程专业的健康、快速发展。

专业四年，囿于其间，寥寥数语，序不尽言！

环保设备工程系列教材编委员

2016 年 5 月

前　言

"环境工程学"是高等院校环境类各有关专业的一门主要课程。本书全面系统地介绍了环境工程学的基本理论和方法，主要包括水、气、固、物理性污染控制中各种常用单元方法的基本原理、设备构造、工艺设计、操作管理及应用等，以及典型污染物综合控制的工艺技术。本书编写的特点是以单元处理方法为主线，重视基本概念和基本理论的阐述，注意吸收新理论和新技术，同时力求理论联系实际，反映国内外成功的实践经验。书中还编有例题、思考题与习题，帮助读者掌握基本内容。

本书可作为高等院校环保设备工程、环境科学、环境工程及相关专业的本科教材，也可供从事环境保护相关领域的科技和管理人员参考。

本书是湘潭大学环境工程系的相关老师在总结多年教学实践和科研成果的基础上编写的。除绪论外，全书分为四篇，共 15 章，参加编写的有戴友芝（绪论，第一章，第三章第一节、第五至第八节）、肖利平（第二章第一至第五节、第八节，第九章，第十章第一节、第六节，第十一章，第十二章第一节、第三节、第四节）、黄妍（第六章，第八章第三节、第四节，第十三章，第十五章第一节）、杨柳春（第七章，第八章第一节、第二节、第五节）、田凯勋（第二章第七节，第四章）、杨基成（第三章第二节、第三节）、邓志毅（第三章第四节）、张俊丰（第五章，第十二章第二节）、汪形艳（第二章第六节）、陈跃辉（第十章第四、第五节）、刘云（第十章第二节、第三节）、许银（第十四章，第十五章第二至第五节）。全书由戴友芝、黄妍、肖利平担任主编，戴友芝负责主审。

本书在编写出版过程中，得到全国高等学校环境科学与工程教学指导委员会环保设备工程专业建设小组和中国环境出版集团的大力支持，并获得同济大学周琪教授、四川大学蒋文举教授、中国石油大学王振波教授等对本书编写大纲提出的宝贵意见与建议，在此一并表示感谢。

由于水平有限，书中缺点和错误在所难免，热忱欢迎读者批评指正。

编　者

2018 年 7 月

目　录

第四篇　物理性污染控制工程

绪　论

一、环境工程学的基本概念

"环境"一词是相对于人类而言的，指的是人类的环境。人类与其环境之间是一个有着相互作用、相互影响、相互依存关系的对立统一体。人类的生产和生活活动作用于环境，会对环境产生影响，引起环境质量的变化，反过来，污染了的或受损害的环境也会对人类的身心健康和经济发展等造成不利影响。当代社会的发展使人类与环境之间的作用和反作用不断加剧，环境和环境问题已越来越引起人们的普遍关注和重视。

环境科学是在现代社会经济和科学发展过程中，为解决环境问题而诞生的一门新兴的综合性科学。它的主要任务是研究在人类活动的影响下，环境质量的变化规律和环境变化对人类生存的影响，以及保护和改善环境质量的理论、技术和方法。环境科学是一个由多学科到跨学科的庞大科学体系组成的新兴学科，包括自然科学和社会科学的许多重要方面，因而形成了与有关学科之间相互渗透、相互交叉的许多分支学科，如环境地学、环境生物学、环境化学、环境物理学、环境医学、环境工程学、环境管理学、环境经济学、环境法学等。这些分支学科虽然各有特点，但又互相关联、互相依存。它们是环境科学这个整体不可分割的组成部分，而且还都处于蓬勃的发展时期。随着环境问题的发展和人类认识的进一步深化，环境科学及其各分支学科也必将不断地充实、丰富与完善。

环境工程学是环境科学的一个分支，也是工程学的一个重要组成部分。它是一门运用环境科学、工程学和其他有关学科的理论和方法，研究保护和合理利用自然资源，控制和防治环境污染，以改善环境质量，使人们得以健康和舒适地生存和发展的学科。因此，环境工程学有着两个方面的任务：既要保护环境，使其免受和消除人类活动对它的有害影响，又要保护人类，使其免受不利的环境因素对健康和安全的损害。

二、环境工程学的形成与发展

环境工程学是在人类控制环境污染、保护和改善生存环境的斗争过程中诞生和逐步形成的，而且它将随着经济的发展和人们对环境质量要求的提高得到进一步的完善和发展。

在水污染控制方面，中国自公元前 2300 年前后创造了凿井取水技术，开发水源，促进了村落和集市的形成；在公元前 2000 多年用陶土管修建了地下排水管道，并在明朝以前开始采用明矾净化给水。古罗马则在公元前 6 世纪开始修建下水道。英国在 19 世纪初开始用砂滤法净化自来水，并在 1850 年将漂白粉用于饮用水消毒；19 世纪后半叶开始建立公共污水处理厂；20 世纪初建成第一座有生物滤池装置的城市污水处理厂；1914 年开始采用活性污泥法处理污水。第二次世界大战后的半个多世纪，全球经济迅速发展，各种水处理新技术、新方法不断涌现，给排水和水污染控制工程得到了极大的发展。

在大气污染控制方面，公元 1081 年，中国宋朝开始关注到炭黑生产造成的烟尘污染；18 世纪中叶，清朝政府下令将煤烟污染严重的琉璃工厂迁至北京城外。西方工业革命以后，英国不少学者提出了消除烟尘污染的办法。19 世纪后半叶消除烟尘技术已有所发展，美国在 1885 年发明了离心除尘器，20 世纪初开始采用旋风和布袋除尘器。随后，燃烧装置改造、工业废气净化和空气调节等工程技术逐渐得到推广和应用。

在固体废物处理处置与利用方面，公元前 3000 年至公元前 1000 年，古希腊开始对城市垃圾采用填埋的处置方法。中国自古以来就利用粪便和有机垃圾堆肥施田。1822 年德国利用矿渣制造水泥。1874 年英国建立了垃圾焚烧炉。进入 20 世纪以后，固体废物处理与回收利用的研究工作不断取得新成就。

在噪声控制方面，中国和欧洲的一些古建筑中，墙壁和门窗都考虑了隔声的问题。20 世纪，人们对控制噪声问题进行了广泛的研究。20 世纪 50 年代以来，各种控制噪声的技术取得很大进展，建立了噪声控制的基础理论，形成了环境声学。

随着人类社会的不断发展，越来越多的废水、废气、固体废物等排入环境，为了实现人类社会的可持续发展，人们运用土木工程、化学工程、生物工程和机械工程等学科知识解决污染问题，使环境工程学不断得到丰富和完善。同时，环境污染从分散的点或局部污染发展成为广泛的区域性污染，从而逐渐走向区域性综合防治的道路，在这种背景下，环境规划、环境系统工程的研究工作迅速发展起来，逐渐成为环境工程学的一个新的、重要的分支。

三、环境工程学的主要内容

环境工程学是一个庞大而复杂的技术体系，它不仅研究防治环境污染和生态破坏的技术和措施，而且研究受污染环境的修复及自然资源的保护和合理利用，探讨废物资源化技术，改革生产工艺，发展无废或少废的清洁生产系统，以及对区域环境进行系统规划与科学管理，以获得最优的环境效益、社会效益和经济效益的统一。这些都是环境工程学的重要内容。

具体来说，从环境工程学发展的现状来看，其基本内容主要有以下几个方面：

1) 水污染控制工程。它的主要任务是研究预防和治理水体污染、保护和改善水环境质量、合理利用水资源，以及提供不同用途和要求的用水的工艺技术和工程措施。它的主要研究领域有：水体自净及其利用，城市污水处理与利用，工业废水处理与利用，给水净化处理，城市、区域和水系的水污染综合整治，水环境质量标准和废水排放标准等。

2）大气污染控制工程。它的主要任务是研究预防和控制大气污染，保护和改善大气环境质量的工程技术措施。它的主要研究领域有：大气质量管理，烟尘治理技术，气体污染物治理技术，城市、区域大气污染综合整治，室内空气污染控制，大气质量标准和废气排放标准等。

3）固体废物污染控制工程。它的主要任务是研究城市垃圾、工业废渣、放射性及其他有毒有害固体废物的处理、处置和回收利用资源化等的工艺技术措施。它的主要研究领域有：固体废物管理，固体废物无害化处理与处置，固体废物的综合利用和资源化，放射性及其他有毒有害废物的处理处置等。

4）物理性污染控制工程：它主要研究声音、振动、电磁辐射等对人类的影响及消除这些影响的技术途径和控制措施。它的主要研究领域有：噪声污染控制技术，振动、电磁辐射、放射性、光、热等其他物理性污染的控制技术。

广义的环境工程学也包括环境规划、管理和环境系统工程，环境监测与环境质量评价等，还包括供暖通风和空气调节等。其中：

环境规划、管理和环境系统工程的主要任务是研究利用系统工程的原理和方法，对区域性的环境问题和防治技术措施进行整体的系统分析，以求取得综合整治的优化方案，进行合理的环境规划、设计与管理，它也研究环境工程单元过程系统的优化工艺条件，并用计算机技术进行设计、运行和管理。

环境监测与环境质量评价的主要任务是研究环境中污染物质的性质、成分、来源、含量、分布状态、变化趋势以及对环境的影响，在此基础上，按照一定的标准和方法对环境质量进行定量的判定、解释和预测。此外，它还研究某项工程活动或资源开发所引起的环境质量变化及对人类健康和福利的影响等。

本书主要介绍水污染控制工程、大气污染控制工程、固体废物污染控制工程以及物理性污染控制工程。

思考题

1. 什么是环境工程学？它与其他学科之间的关系怎样？

2. 环境工程学的主要任务是什么？

3. 环境工程学的主要内容有哪些？

第一篇
水污染控制工程

水污染控制工程是环境工程的一个重要分支，其重点任务是通过各种治理方法和手段对各类废水进行有效处理，确保在排放或回用前达到国家或地方规定的排放标准或回用标准，从而有效防治水体污染。随着水资源危机的加剧，污水经处理进行回用已成为当今世界的共识。

本篇按废水处理原理或理论基础（物理化学处理和生物处理）分类，以各单元方法为主线，分别从基本原理、构筑物（设备）特点、工艺设计方法、计算公式及参数、操作管理及应用等进行系统地介绍。

第一章　废水性质与处理方法概述

第一节　废水性质与污染指标

水是人类生活和生产活动不可缺少的物质资源。水资源在使用过程中由于丧失了使用价值而被废弃外排，并使受纳水体受到影响，这种水就称为废水。

一、废水类型与特征

根据来源不同，废水可分为工业废水和生活污水两大类，其中工业废水又可分为生产废水和冷却废水。

1. 工业废水

工业废水是在工业生产过程中所产生的废水，其中生产废水水质往往因生产工艺过程、产品种类和原材料等的不同而变化，是污染和危害最大的废水；冷却废水是用于间接冷却过程的冷却循环系统的废水，该类废水水质污染较轻。

工业废水的特点主要表现在水量、水质变化大，组成复杂，污染严重。工业废水常含有大量有毒有害污染物，如重金属、强酸、强碱、有机化学毒物、生物难降解有机物、油类污染物、放射性毒物、高浓度营养性污染物、热污染等。不同工业的生产废水，其水质差异很大，如有的工业废水中化学需氧量质量浓度每升仅为几百毫克，而有的会高达几十万毫克；有的工业废水的氮、磷含量不能满足生物处理的营养要求，而有的氮、磷质量浓度每升高达几千毫克。一般而言，工业废水需经局部处理达到要求后才能排入城市污水处理系统。一些工厂废水中含有的主要有害物质见表1-1。

2. 生活污水

生活污水是在人们日常生活中所产生的废水，主要来自于家庭、商业、机关、学校、医院、城镇及工厂等的生活设施排水，如厕所废水、厨房洗涤水、洗衣排水、沐浴排水及其他排水等。生活污水的特征是水质成分比较稳定、较规律，其主要成分为纤维素、淀粉、糖类、脂肪和蛋白质等有机物质，以及氮、磷营养物质等。典型的生活污水水质见表1-2。来自医疗单位的污水是一类特殊的生活污水，含多种病原体，主要危害是引起肠道传染病。影响生活污水水质的主要因素有生活水平、生活习惯、卫生设备及气候条件等。

表 1-1　一些工厂废水中含有的主要有害物质

工厂类别	废水中的主要有害物质
焦化厂	酚类、苯类、氰化物、硫化物、焦油、吡啶、氨等
化肥厂	酚类、苯类、氰化物、氟化物、铜、汞、碱、氨等
电镀厂	氰化物、铬、锌、铜、镉、镍等
化工厂	酸、碱、氰化物、硫化物、汞、铅、砷、苯、萘、硝基化合物等
石油化工厂	油、酸、碱、氰化物、硫化物、酚、芳烃、吡啶、砷等
合成橡胶厂	氯丁二烯、丁二烯、苯、二甲苯、苯乙烯等
树脂厂	甲酚、甲醛、苯乙烯腈、乙二醇等
化纤厂	硫化物、纤维素、洗涤剂等
纺织厂	硫化物、碱、铬、甲酸、醛、洗涤剂等
皮革厂	木质素、硫化物、碱、氰化物、汞、酚类等
造纸厂	各种农药、苯、氯醛、氯苯、磷、砷、氟、铅、酸、碱等
农药厂	酚、苯、甲醛、铅、锰、铬、钴等
油漆厂	酚、苯、甲醛、铅、锰、铬、钴等
钢铁厂	酚、氰化物、吡啶、酸等
有色冶金厂	氰化物、氟化物、硼、锰、锌、铜、镉、铅、锗、其他稀有金属等

表 1-2　典型的生活污水水质

序号	水质项目	高	正常	低
1	总固体/（mg/L）	1 230	720	390
2	悬浮固体/（mg/L）	400	210	120
3	五日生化需氧量（BOD_5）/（mg/L）	350	190	110
4	化学需氧量（COD）/（mg/L）	800	430	250
5	总氮（以 N 计）/（mg/L）	70	40	20
6	氨氮（以 N 计）/（mg/L）	45	25	12
7	总磷（以 P 计）/（mg/L）	12	7	4
8	氯化物/（mg/L）	90	50	30
9	碱度（以 $CaCO_3$ 计）/（mg/L）	200	100	50
10	油脂/（mg/L）	100	90	50
11	挥发性有机物（VOCs）/（mg/L）	>400	100～400	<100
12	大肠菌总数/（个/100 mL）	$10^7 \sim 10^{20}$	$10^7 \sim 10^9$	$10^6 \sim 10^8$
13	隐孢子虫属卵囊虫/（个/100 mL）	0.1～100	0.1～10	0.1～1

　　城市污水是排入城镇排水系统污水的总称，是生活污水和工业废水等的混合废水。城市污水中各类污水所占的比例，因城市的排水体制不同而不同；城市污水的水质指标、污染物组成、形态及含量也因城市不同而不同。

二、废水污染指标

废水污染指标是指水样中除去水分子外所含杂质的种类和数量，是评价废水污染程度的具体尺度，同时也是进行废水处理工程设计、反映废水处理效果、开展水污染控制的基本依据。为了确切表示某种废水的性质，可以选择一些具有代表性污染特征的水质指标来衡量。一种水质指标可能包括几种污染物，而一种污染物也可以属于几种水质指标。

废水中的污染物种类主要有：固体污染物、有机污染物、营养性污染物、酸碱污染物、有毒污染物、油类污染物、生物污染物、感官性污染物、热污染和放射性污染等，可以通过分析检测方法对污染物做出定性、定量的评价。废水污染指标一般可分为物理性、化学性和生物性污染指标。

（一）物理性污染指标

1．温度

废水温度过高而引起的危害，叫作热污染，热污染的主要危害有：①较高水温使水体饱和溶解氧浓度降低，相应的亏氧量随之减少，而较高水温又加速耗氧反应，可以导致水体缺氧和水质恶化。②较高水温会加速水体细菌、藻类生长繁殖，从而加快水体富营养化进程。如果取该水体作为给水水源，将增加消毒水处理的费用。③较高水温导致水体中的化学反应加快，使水体的物化性质（如离子浓度、电导率、腐蚀性）发生变化，可能对管道和容器造成腐蚀。④水温升高会加速细菌生长繁殖，因而需要增加混凝剂和氯的投加量，从而使水中的有机氯化物量增加。

2．色度

色度能引起人们感官上的极度不快，是一种感官性污染指标。纯净的天然水是清澈透明无色的，但是含有金属化合物或者有机化合物等有色污染物的废水则呈现各种颜色。将有色废水用蒸馏水稀释后与蒸馏水在比色管中对比，一直稀释到两个水样没有色差，此时废水的稀释倍数就是色度。废水排放对色度也有严格的要求。

废水中能引起异色、浑浊、泡沫、恶臭等现象的物质，虽无严重危害，但属于感官性污染物。各类水质标准中，对色度、臭味、浊度、漂浮物等指标都做了相应的规定。

3．臭和味

臭和味同色度一样也是感官性指标。天然水是无色无味的，当水体受到污染后会产生异样的气味。水的异臭来源于还原性硫和氮的化合物、挥发性有机物和氯气等污染物。盐分也会给水带来异味，如氯化钠带咸味、硫酸镁带苦味等。废水排放对臭味也做了相应的规定。

4．固体污染物

固体污染物常用悬浮物和浊度两个指标来表示。悬浮物是一项重要水质指标，它的存在不但使水质浑浊，而且使管道及设备阻塞、磨损，干扰废水处理及回收设备的工作。由于大多数废水中都有悬浮物，因此去除悬浮物是废水处理的一项基本任务。

固体污染物在水中以 3 种状态存在：溶解态（直径小于 1 nm）、胶体态（直径介于 1～100 nm）和悬浮态（直径大于 100 nm）。水质分析中把固体物质分为两部分，能透过滤膜（孔径 3～10 μm）的叫溶解性固体（DS），不能透过的叫悬浮固体或悬浮物（SS），两者之和称为总固体（TS）。水样经过滤后，滤液蒸干所得的固体，即为溶解性固体（DS），滤渣脱水烘干后即为悬浮固体（SS）。将悬浮固体在 600℃温度下灼烧，挥发掉的量即为挥发性悬浮固体（VS），灼烧残渣则是固定性固体（FS），也称为灰分。溶解性固体一般表示盐类的含量，悬浮固体表示水中不溶解的固态物质含量，挥发性固体反映固体中有机成分含量。悬浮固体（SS）和挥发性悬浮固体（VS）是两项重要的水质指标，也是废水处理设计的重要参数。

浊度是对水的光传导性能的一种测量，其值可表征废水中胶体和悬浮物的含量。

（二）化学性污染指标

1. 有机物

废水中的有机污染物种类非常多、组成复杂，由于分别测定各类有机物周期较长、工作量较大，有的甚至还难以定量分析。因此，在工程中一般以生化需氧量（BOD）、化学需氧量（COD 或 OC）、总需氧量（TOD）和总有机碳（TOC）等指标来定量描述水中有机污染物的含量。

（1）生化需氧量（BOD）

在有氧条件下，由于微生物的活动降解有机物所需的氧量，称为生化需氧量，单位为单位体积废水所消耗的氧量（mg/L）。

有机物的生化需氧量与温度、时间有关。在一定范围内温度越高，微生物活力越强，消耗有机物越快，需氧越多；时间越长，微生物降解有机物的数量和深度越大，需氧越多。温度一般规定为 20℃，此时，一般有机物需 20 d 左右才能基本完成氧化分解过程，其需氧量用 BOD_{20} 表示，它可视为完全生化需氧量 L_a。在实际测定时，20 d 仍太长，一般采用 5 d 作为测定时间。在 20℃经 5 d 培养所消耗的溶解氧量称为五日生化需氧量，以 BOD_5 表示。

各种废水的水质差别很大，其 BOD_{20} 与 BOD_5 相差悬殊，但对某一种废水而言，两者的比值相对固定，如生活污水的 BOD_5 约为 BOD_{20} 的 0.7。因此把 20℃、5 d 测定的 BOD_5 作为衡量废水有机物浓度的指标。

BOD_5 作为有机物浓度指标，基本上反映了能被微生物氧化分解的有机物的量，较为直接、确切地说明了问题。但仍存在一些缺点：①当污水中含大量的难生物降解的物质时，BOD_5 测定误差较大；②反馈信息太慢，每次测定需 5 d，难以迅速及时指导实际工作；③废水中如存在抑制微生物生长繁殖的物质或不含微生物生长所需的营养时，将影响测定结果。

（2）化学需氧量（COD）

化学需氧量是指在酸性条件下，用强氧化剂将有机物氧化为 CO_2、H_2O 所消耗的氧量。氧化剂一般采用重铬酸钾。由于重铬酸钾氧化作用很强，所以能够较完全地氧化水中大部分有机物和无机性还原物质（但不包括硝化所需的氧量），此时化学需氧量用 COD_{Cr} 或 COD 表示。例如，采用高锰酸钾作为氧化剂，则写作 COD_{Mn}。

与 BOD 相比，COD_{Cr} 能够在较短的时间内较精确地测出废水中耗氧物质的含量，不受水质限制，但废水中的还原性无机物也能消耗部分氧，造成一定误差。

如果废水中各种成分相对稳定，那么 COD 与 BOD 之间应有一定的比例关系。一般来说，$COD_{Cr} > BOD_{20} > BOD_5 > COD_{Mn}$。其中 BOD_5/COD 比值可作为废水是否适宜生化法处理的一个衡量指标；比值越大，越容易被生化处理；一般认为 BOD_5/COD 大于 0.3 的废水才适宜采用生化处理。

（3）总需氧量（TOD）

有机物的主要元素是 C、H、O、N、S 等，在高温下燃烧后，将产生 CO_2、H_2O、NO_2、SO_2 等，所消耗的氧量称为总需氧量（TOD）。一般情况下，TOD>COD。

TOD 的测定方法是：向氧含量已知的氧气流中注入定量的水样，并将其送入以铂为触媒的燃烧管中，在 900℃ 高温下燃烧，水样中的有机物即被氧化，消耗掉氧气流中的氧气，剩余氧量可用电极测定并自动记录。氧气流原有氧量减去剩余氧量即得总需氧量（TOD）。TOD 的测定仅需几分钟。

（4）总有机碳（TOC）

有机物都含有碳，通过测定废水中的总含碳量可以表示有机物含量。总有机碳（TOC）的测定方法是：向氧含量已知的氧气流中注入定量的水样，并将其送入以铂为触媒的燃烧管中，在 900℃ 高温下燃烧，用红外气体分析仪测定在燃烧过程中产生的 CO_2 量，再折算出其中的含碳量，就是总有机碳（TOC）值。为排除无机碳酸盐的干扰，应先将水样酸化，再通过压缩空气吹脱水中的碳酸盐。TOC 的测定时间也仅需几分钟。

（5）有毒有机物

有毒有机物大多是人工合成的有机物，难以被生化降解，并且大多是较强的"三致"（致癌、致畸、致突变）物质，毒性很大，主要有农药（DDT、有机氯、有机磷等）、酚类化合物、聚氯联苯、稠环芳烃（如苯并[a]芘）、芳香族氨基化合物以及表面活性剂等。以有机氯农药为例，首先其具有很强的化学稳定性，在自然环境中的半衰期为十几年到几十年，其次它们都可能通过食物链在人体内富集，危害人体健康，如 DDT 能蓄积于鱼脂中，浓度可比水体中高 12 500 倍。有毒有机物由于毒性大、危害严重，一般按类或种来测定其含量。

（6）油类污染物

油类污染物包括石油类和动植物油两项。油类污染物能在水面上形成油膜，隔绝大气与水面，破坏水体的复氧条件；它还能附着于土壤颗粒表面和动植物体表，影响养分的吸收和废物的排出。当水中含油 0.01～0.1 mg/L 时，就会对鱼类和水生生物产生影响；当水中含油 0.3～0.5 mg/L 时，就会产生石油气味，不适合饮用。

2．无机物

（1）pH

pH 主要指示水样的酸碱性，pH 小于 7 的水样呈酸性，pH 大于 7 的水样呈碱性。天然水体的 pH 一般接近中性，当受到酸碱污染时，水体 pH 发生变化，破坏自然缓冲作用，抑制微生物生长，妨碍水体自净，使水质恶化、土壤酸化或盐碱化。各种生物都有自己适应的 pH 范围，超过该范围，就会影响其生存。一般要求处理后废水的 pH 在 6～9。对渔业水体而言，pH 不得低于 6 或高于 9.2，当 pH 为 5.5 时，一些鱼类就不能生存或生殖率下降。农业灌溉用水的 pH 应为 5.5～8.5。此外，酸污染也对金属和混凝土材料造成腐蚀。

（2）植物营养元素

废水中所含的 N 和 P 是植物和微生物的主要营养元素。当废水排入受纳水体，使水中 N 和 P 的质量浓度分别超过 0.2 mg/L 和 0.02 mg/L 时，就会引起受纳水体的富营养化，促进各种水生生物（主要是藻类）的活性，刺激它们的异常增殖，这样会造成一系列的危害。①藻类占据的空间越来越大，使鱼类活动空间越来越小，衰死藻类将沉积水底，增加水体有机物量。②藻类种类逐渐减少，从以硅藻和绿藻为主转为以迅速繁殖的蓝藻为主，蓝藻不是鱼类的良好饲料，并且有些还会产生出毒素。③藻类过度生长，将造成水中溶解氧的急剧减少，使水体处于严重缺氧状态，造成鱼类死亡，水体腐败发臭。

N 的主要来源是氮肥厂、洗毛厂、制革厂、造纸厂、印染厂、食品厂和饲养厂等。P 的主要来源是磷肥厂和含磷洗涤剂等。生活污水经普通生化法处理，也会转化出无机 N 和 P。此外，BOD、温度、维生素类物质也能促进和触发营养性污染。

（3）重金属有毒物

重金属在天然水体中的含量一般均很低。重金属大多有毒，重金属毒物主要为汞、铬、镉、铅、砷（类金属）、锌、镍、铜、钴、锰、钛、钒、钼和铋等，特别是前 5 种危害更大。例如，汞进入人体后被转化为甲基汞，在脑组织内积累，破坏神经功能，无法用药物治疗，严重时能造成死亡；镉中毒时引起全身疼痛、腰关节受损、骨节变形，有时还会引起心血管病。

重金属毒物具有以下特点：①其毒性以离子态存在时最严重，金属离子在水中容易被带负电荷的胶体吸附，吸附金属离子的胶体可随水流迁移，但大多数会迅速沉降，因此重金属一般都富集在排污口下游一定范围内的底泥中；②不被微生物降解，只是在各种形态间相互转化、分散，如无机汞能在微生物作用下，转化为毒性更大的甲基汞；③能被生物富集于体内，既危害生物，又通过食物链危害人体，如淡水鱼能将汞富集 1 000 倍、铜 300 倍、铬 200 倍等；④重金属进入人体后，能够和生理高分子物质，如蛋白质和酶等发生作用而使这些生理高分子物质失去活性，也可能在人体的某些器官积累，造成慢性中毒，其危害有时需 10～20 年才能显露出来。

（4）无机非金属有毒物

无机非金属有毒物主要有氰化物、氟化物、含硫化合物、亚硝酸盐等。例如，氟进入机体后与血液中的钙结合，形成不溶性的氟化钙，导致血液中游离钙减少，可引起骨氟症等；简单氰化物最常见的是氰化氢、氰化钠和氰化钾，易溶于水，有剧毒，摄取如 0.1 g 左右就会致人死亡；亚硝酸盐在人体内能与仲胺生成亚硝胺，具有强烈的致癌作用。

（5）放射性

放射性是指原子核衰变而释放射线的物质属性，主要包括 X 射线、α射线、β射线、γ射线及质子束等。废水中的放射性物质主要来自铀、镭等放射性金属生产和使用过程，如核试验、核燃料再处理、原料冶炼厂等；其浓度一般较低，主要引起慢性辐射和后期效应，如诱发癌症、对孕妇和婴儿产生损伤、引起遗传性伤害等。

（三）生物性污染指标

生物性污染指标主要是指废水中的致病性微生物，主要有细菌总数、大肠菌群和病毒。未污染的天然水中细菌含量很低，当城市污水、垃圾淋溶水、医院污水等排入天然水后将带入各种病原微生物。例如，生活污水中可能含有能引起肝炎、伤寒、霍乱、痢疾、脑炎的病毒和细菌以及蛔虫卵、钩虫卵等。生物性污染物污染的特点是数量大、分布广、存活时间长、繁殖速度快，必须予以高度重视。

1. 细菌总数

水中细菌总数反映了水体受细菌污染的程度，可作为评价水质清洁程度和水净化效果的指标，一般细菌越多表示病原菌存在的可能性越大。水质标准中的卫生学指标有细菌总数和总大肠菌群数两项，后者反映水体受粪便污染的状况。

2. 大肠菌群

大肠菌群被视为最基本的粪便污染指示菌群，大肠菌群的值可表明水被粪便污染的程度，间接表明有肠道病菌（伤寒、痢疾、霍乱等）存在的可能性。

3. 病毒

由于肝炎、小儿麻痹症等多种病毒性疾病可通过水体传染，水体中的病毒已引起人们的高度重视。这些病毒也存在于人的肠道中，通过病人粪便污染水体。

第二节   水质标准

水质标准是描述水质状况的一系列标准，表示各类水中污染物的最高容许浓度或限量阈值的具体限制和要求。我国水质标准从水资源保护和水体污染控制两方面考虑，分别制定了水环境质量标准和污水排放标准，前者以保证水体质量和水的使用目的，后者为控制污水处理后达到所排放的要求，这些标准是水污染控制的基本管理措施和重要依据之一。

一、水环境质量标准

1．天然水体水质标准

天然水体是人类的重要资源，为了保护天然水体的质量，不因污水的排入而导致恶化甚至破坏，在水环境管理中按水体功能要求分类进行水环境质量控制项目和限值的规定。我国目前天然水体环境质量标准主要有《地表水环境质量标准》（GB 3838—2002）、《海水水质标准》（GB 3097—1997）、《地下水质量标准》（GB/T 14848—1993），这些标准都是强制性国家标准，是污水排入水体时执行排放等级的重要依据。

《地表水环境质量标准》是最重要的水体环境质量标准。《地表水环境质量标准》（GB 3838—2002）自1983年首次发布以来，分别于1988年、1999年和2002年经过了三次修订。依据地表水水域环境功能和保护目标，《地表水环境质量标准》按功能高低依次将水体划分为五类：Ⅰ类主要适用于源头水、国家自然保护区；Ⅱ类主要适用于集中式生活饮用水地表水源地一级保护区、珍稀水生生物栖息地、鱼虾类产卵场、幼鱼的索饵场等；Ⅲ类主要适用于集中式生活饮用水地表水源地二级保护区、鱼虾类越冬场、洄流通道、水产养殖区等渔业水域及游泳区；Ⅳ类主要适用于一般工业用水区及人体非直接接触的娱乐用水区；Ⅴ类主要适用于农业用水区及一般景观要求水域。按照地表水环境功能分类和保护目标，规定了水环境质量应控制的项目和限值。该标准提出的控制项目共计109项，包括地表水环境质量标准基本项目（24项）、集中式生活饮用水地表水源地补充项目（5项）和集中式生活饮用水地表水源地特定项目（80项）。

2．用水水质标准

为了保证水的使用目的或用水水质要求，我国发布了《工业锅炉水质标准》（GB 1576—2008）、《农田灌溉水质标准》（GB 5084—2005）、《渔业水质标准》（GB 11607—1989）等工、农、林、牧、渔业水质标准。由于工业种类繁多，其用水水质要求随不同工艺、不同产品而不尽相同，因此工业用水水质标准体系较复杂，但总的要求是水质必须保证产品的质量，并保障生产正常运行。工业用水主要有生产技术用水、锅炉用水和冷却水，除锅炉用水外，各种工业用水标准往往由同行业自身制定。当处理后废水作为某种用途（即再利用）时，应满足相应的用水水质标准。

3．再生利用水水质标准

为促进污水安全处理和资源化利用，我国自 2000 年开始，发布了城市污水再生利用系列水质标准，包括《城市污水再生利用分类》（GB/T 18919—2002）、《城市污水再生利用 城市杂用水水质》（GB/T 18920—2002）、《城市污水再生利用 景观环境用水水质》（GB/T 18921—2002）、《城市污水再生利用 工业用水水质》（GB/T 19923—2005）、《城市污水再生利用 地下水回灌水质标准》（GB/T 19772—2005）、《城市污水再生利用 农田灌溉用水水质》（GB 20922—2007）等，这些标准是污水经处理后再生利用时的重要依据。值得一提的是，这些标准中，除《城市污水再生利用 农田灌溉用水水质》（GB 20922—2007）为强制性国家标准外，其余均为推荐性国家标准，实施时有必要结合各生产领域用水水质标准确定具体限制和要求，如《城市污水再生利用 工业用水水质》（GB/T 19923—2005）中明确指出，城市污水作为工艺和产品用水，达到控制指标后，尚应根据不同生产工艺或不同产品的具体情况，通过再生利用试验，达到相关工艺与产品的供水水质指标要求，或应参考相关行业和产品的水质标准。

二、污水排放标准

（一）污染物排放浓度控制标准

污染物排放浓度控制标准是对所排放污水中污染物质规定最高允许排放浓度或限量阈值，按其适用范围可分为污水综合排放标准和行业排放标准，除国家发布的污水综合排放标准与水污染物行业排放标准外，各地根据水体污染程度、水体纳污能力、污染物削减的可能性与可行性等，从保护环境和经济持续发展出发，可制定比国家标准更为严格的地方排放标准。

1．污水综合排放标准

按照污水排放去向，国家规定了水污染物最高允许排放浓度，我国现行的污水综合排放标准主要有《污水综合排放标准》（GB 8798—1996）、《污水排放城市下水道水质标准》（CJ 343—2010）及《污水海洋处置工程污染控制标准》（GB 18486—2001）等。其中，污水综合排放标准适用范围广，不仅适用于排污单位水污染物的排放管理，也可用于建设项目的环境影响评价、建设项目环境保护设施设计、竣工验收及其投产后的排放管理。该标准将排放的污染物按其性质及控制方式分为两类：第一类污染物主要为重金属和有毒有害物质，以及能在环境和动植物体内蓄积、对人体健康产生长远不良影响的污染物，如汞、镉、铬、铅、砷、苯并[a]芘等，此类污染物必须在车间进行处理，在车间或车间处理设施排放口处取样测定；第二类污染物是其余一般污染物，其长远影响小于第一类，如硫化物、氰化物、磷酸盐等，规定的取样地点为排污单位的排出口，其最高允许排放浓度按地面水功能要求和污水排放去向，分别执行一、二、三级标准。

2．水污染物行业排放标准

根据行业排放废水的特点和治理技术发展水平，国家对部分行业制定了水污染物行业排放标准，如《城镇污水处理厂污染物排放标准》（GB 18918—2002）、《制革及毛皮加工工业水污染物排放标准》（GB 30486—2013）、《电镀污染物排放标准》（GB 21900—2008）、《纺织染整工业水污染物排放标准》（GB 4287—2012）、《制浆造纸工业水污染物排放标准》（GB 3544—2008）、《船舶工业污染物排放标准》（GB 4268—1984）、《海洋石油开发工业含油污水排放标准》（GB 4914—1985）、《烧碱、聚氯乙烯工业水污染物排放标准》（GB 15581—1995）、《肉类加工工业水污染物排放标准》（GB 13457—1992）、《合成氨工业水污染物排放标准》（GB 13458—2013）、《钢铁工业水污染物排放标准》（GB 13456—2012）及《磷肥工业水污染物排放标准》（GB 15580—2011）等，目前已发布的或征求意见的行业排放标准有近100项。

按照国家对污水综合排放标准与行业排放标准不交叉执行的原则，有行业排放标准的优先执行行业标准，暂无行业标准的其他污水排放均执行《污水综合排放标准》，一旦新发布了行业标准则不再执行《污水综合排放标准》。

3．地方污水排放标准

省、自治区、直辖市等根据经济发展水平和管辖地水体污染控制需要，可以依据《中华人民共和国环境保护法》《中华人民共和国水污染防治法》制定地方污水排放标准。地方污水排放标准可以增加污染物控制指标数，但不能减少，可以提高对污染物排放标准的要求，但不能降低标准。

（二）污染物排放总量控制标准

"总量控制"是相对于"浓度控制"而言的。浓度控制是指以控制污染源排放口排出污染物的浓度为核心的环境管理方法体系。我国现有的污水排放标准基本上都是浓度标准，这类标准的优点是指标明确，对每个污染指标都执行一个标准，管理方便。但由于未考虑排放量的大小、接受水体的环境容量大小等，因此即使满足排放标准，如果排放总量大大超过接纳水体的环境容量，也会对水体质量造成严重影响，使水体不能达到质量标准。另外企业也可以通过稀释来达到排放要求，造成水资源浪费和水环境污染加剧。

针对这一状况，我国十分重视污染物排放的总量控制。总量控制是根据水体使用功能要求及自净能力，对污染源排放的污染物总量实行控制的管理方法，基本出发点是保证水体使用功能的水质限制要求。水环境容量可采用水质量模型法等方法计算，根据环境容量确定区域或流域排放总量削减计划，再向区域或流域内各排污单位分配各自的污染物排放总量额度。总量控制可以避免浓度标准的缺点，可以保证接纳水体的环境质量，但需要做很多基础工作，如拟订排入水体各主要污染源及各排污单位的污染物允许排污总量，弄清污染物在水体中的扩散、迁移和转化规律，以及水体对污染物的自净规律等，同时对管理技术要求也较高，需要与排污许可证制度相结合进行总量控制。

（三）污水排放标准的发展

1. 污水排放标准的限制要求越来越严格

针对工业发展状况，对原有行业污染物排放标准进行不断更新，加严排放限值和基准排水量指标，并增加一些新的排放限值和指标。例如，2008 年颁布的《制浆造纸工业水污染物排放标准》（GB 3544—2008）相对于 GB 3544—2001 标准，COD_{Cr}、BOD_5、SS 指标的排放限值加严了 50%～70%，GB 3544—2001 标准规定"制浆造纸非木浆漂白排水量 220 m^3/t、COD_{Cr} 450 mg/L"，GB 3544—2008 标准降为"60 m^3/t（浆）、COD_{Cr} 150 mg/L"。同时增加了色度、总氮、总磷、氨氮以及二噁英等污染物控制项目，可吸附有机卤素（AOX）由旧标准的参考指标调整为控制指标，使标准控制的污染物项目更加全面，更能体现保护人体健康和生态环境的要求。此外，GB 3544—2008 标准排水量的定义范围变大，GB 3544—2001 规定"排水量包括制浆和造纸生产排水量，不包括化学制备排水、间接冷却排水、厂区生活排水及厂内锅炉、电站排水量"；GB 3544—2008 规定"排水量指生产设施或企业向企业法定边界以外排放的废水量，包括与生产有直接或间接关系的各种外排废水（如厂区生活污水、冷却废水、厂区锅炉和电站排水等）"，从而有利于促进企业回收利用冷却废水、锅炉和电站排水等较清洁的废水，提高处理后水的回用率。

2. 行业污染物排放标准不断完善

国家根据行业水污染物治理技术发展情况，每年都要颁布一批新的行业污染物排放标准，相对污水综合排放标准针对性更强，且收紧了排放限值和基准排水量指标，提高了准入门槛。例如，《制革及毛皮加工工业水污染物排放标准》（GB 30486—2013）在没有行业排放标准之前执行的是《污水综合排放标准》（GB 8978—1996），每年产生废水 1.6 亿 t，其中 COD 约 40.4 万 t、氨氮 1.6 万 t，执行行业污染物排放标准后污染物大大削减，每年 COD、氨氮排放量可分别降至 11 800 t、2 380 t；《石油炼制工业污染物排放标准》（GB 31570—2015），从适用范围、排放限值和污染控制因子 3 个方面分别比污水综合排放标准更能体现节能减排的方针政策。

第三节　废水处理方法概述

一、废水源头减排方法

1）改革生产工艺，大力推进清洁生产。为减少废水及其污染物的排放，环境工作者应当首先深入到工业生产工艺中去，与工艺技术人员合作，力求革新生产工艺，尽量不用水或少用水，使用清洁的原料、采用先进的生产设备和方法，以减少废水的排放量和废水的浓度，减轻处理构筑物的负担和节省处理费用。

2）重复利用废水。工业用水重复使用，如第 2 道工序用过的水，还可以作为前一道工序的用水重复使用，对此，可以计算"工业用水重复使用率"；将废水或污水经二级处理和深度处理后回用于生产系统或生活杂用被称为污水回用，对此，可以计算"污水回用率"，不同的回用用途（农业、工业、建筑、地下水回灌、景观、娱乐、河流生态维持等方面）对污水处理有不同的要求。

3）回收有用物质。有的生产废水中不仅含一些污染环境的有毒物质，而且含有部分有价值的、可回收利用的物质，如某厂的酸性工业废水中含有一定量的 Fe^{3+}、Cu^{2+}、Au^{3+} 等金属离子，可设计 "从废水中先回收金，再生产铁红和氧化铜"的工艺流程，以回收多种有用物质。

二、废水处理基本方法

废水处理方法根据不同原则可做如下分类：一是按对污染物实施的作用分类；二是按处理原理或理论基础分类；三是按处理程度分类。

（一）按对污染物实施的作用分类

（1）分离法

废水中的污染物有各种存在形式，大致有离子态、分子态、胶体和悬浮物。存在形式的多样性和污染物特性的差异性，决定了分离方法的多样性，见表1-3。

表1-3　分离法分类

污染物存在形式	分离方法
离子态	离子交换法、电解法、电渗析法、离子吸附法、离子浮选法
分子态	萃取法、结晶法、精馏法、吸附法、浮选法、反渗透法、蒸发法
胶体	混凝法、气浮法、吸附法、过滤法
悬浮物	重力分离法、离心分离法、磁力分离法、筛滤法、气浮法

（2）转化法

转化法可分为化学转化和生化转化两类，具体见表1-4。

表1-4　转化法分类

方法原理	转化方法
化学转化	中和法、氧化还原法、化学沉淀法、电化学法
生化转化	活性污泥法、生物膜法、厌氧生物处理法、生物塘等

（二）按处理原理或理论基础分类

针对不同污染物质的特征，发展了各种不同的废水处理方法，这些处理方法可按其作用原理分为物理处理法、化学处理法、物理化学处理法和生物处理法四大类。

（1）物理处理法

物理处理法是指通过物理作用，分离、回收废水中不溶解的呈悬浮状态污染物质的处理方法。常用的物理处理方法有：重力分离法（如沉砂、沉淀、隔油等处理单元）、离心分离法（如离心分离机和旋流分离器等设备）、筛滤截留法（如格栅、筛网、砂滤、微滤或超滤等设施）。此外，蒸发法浓缩废水中的溶解性不挥发物质也是一种物理处理法。

（2）化学处理法

化学处理法是指通过化学反应去除废水中无机的或有机的（难以生物降解的）溶解或胶体状态的污染物质或将其转化为无害物质的废水处理法。在化学处理法中，常用的处理单元有混凝、中和、氧化还原和化学沉淀等。

（3）物理化学处理法

物理化学处理法是指利用物理和化学的综合作用去除废水中污染物质的处理方法，或是包括物理过程和化学过程的单元方法，如浮选、吸附、离子交换、萃取、电解、电渗析和反渗透等。

（4）生物处理法

生物处理法是指通过微生物的代谢作用，使废水中呈溶解、胶体态的可生物降解的有机污染物质转化为稳定、无害的废水处理方法。根据起作用的微生物不同，生物处理法可分为好氧生物处理法和厌氧生物处理法。好氧生物处理法中又包括活性污泥法、生物膜法、生物氧化塘、土地处理系统等。

在废水处理过程中，有些物理法或化学法与物理化学法难以截然分开，即在物理方法中包含了化学作用，在化学方法中又包含了物理过程，因此，在本书编写过程中，按所应用的理论基础把各种单元方法划分为物理化学法和生物法两大类。凡是以物理的或化学的或兼用两者的（物理化学的）原理为理论基础的处理方法，都纳入物理化学处理法；凡是以微生物的生命活动为理论基础的处理方法，都纳入生物处理法。

（三）按处理程度分类

（1）一级处理

一级处理主要去除废水中悬浮固体和漂浮物质，同时还通过中和或均衡等预处理对废水进行调节以便排入受纳水体或二级处理装置，主要包括筛滤、沉淀等物理处理方法。经过一级处理后，废水的 BOD 一般只去除 30%左右，达不到排放标准，仍需进行二级处理。

（2）二级处理

二级处理主要去除废水中呈胶体和溶解状态的有机污染物质。采用各种生物处理方法，BOD 去除率可达 90%以上，处理水可以达标排放。

（3）三级处理

三级处理又称为深度处理，是在一级、二级处理的基础上，对难降解的有机物、氮、磷等营养性物质进一步处理，还可实现污水回收和再利用的目的。采用的方法有混凝、过滤、吸附、离子交换、反渗透、超滤、消毒等。

（四）废水综合处理方法

废水中的污染物质是多种多样的，一般不可能用一种处理单元就能够把所有的污染物质去除干净，往往需要采用几种单元方法组合成一个工艺流程，并合理配置其主次关系和先后次序，才能经济有效地完成处理任务。采用哪几种单元方法组合，要根据废水的水质、水量、排放标准、处理成本和回收其中有用物质的可能性，经过技术和经济的比较后才能决定，必要时还需进行试验研究。

由几种单元处理方法合理组成的有机整体，称为废水处理系统或废水处理工艺流程。由于处理单元方法很多，而每一种方法又涉及不同形式的设施或设备等，因此，可选择的处理方案很多，图 1-1 是城市污水处理的一般工艺流程。

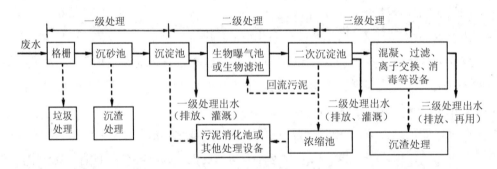

图 1-1　城市污水处理的一般工艺流程

三、废水处理后的出路

废水经过处理后的最终出路是返回到自然水体或者经过深度处理后再生利用（或回用）。

（一）废水经处理后排入水体

排入水体是废水净化后的传统出路和自然归宿，也是目前最常用的方式。为了避免废水排放对水体的污染，保护水生生态环境，废水必须经过处理达到相应的排放标准后才能排入水体。根据国家排放标准，确定各污染物最高允许的排放浓度或排放总量。污水处理厂的排放口一般设在城镇江河的下游，以避免污染城镇给水厂水源水质和影响城镇水环境质量。

（二）废水经处理后再生利用

我国水资源十分短缺，人均水资源只有世界平均水平的 1/4，水已成为未来制约国民经济发展和人民生活水平提高的重要因素。处理后废水的再利用是减轻水体污染程度、改善生态环境、保障水资源的可持续利用与社会可持续发展的有效途径。

1. 污水再生利用或回用的要求

1）污水再生利用或回用应为使用者和公众所接受；应符合应用对象对水质的要求或标准。

2）对人体健康不产生不良影响；对环境质量和生态系统不应产生不良影响。

3）对产品质量不应产生不良影响。

4）再生利用或回用系统在技术上可行、操作简便，且应有安全使用的保障。

2. 污水再生利用或回用的领域

污水经深度处理达到相应的水质标准后，可回用于工、农、林、牧、渔业（如工业冷却、洗涤、工艺和产品用水，农业灌溉、畜牧养殖、水产养殖等用水）等各生产领域，也可用于城市杂用水（如城市绿化、冲洗厕所、道路清扫、洗车、建筑施工、消防等），以及补充水源水（补充地表水和地下水）等。

出于卫生安全考虑，回用水主要用于非饮用水，据我国城市污水处理回用供需分析研究报告测算，工业回用和生态补充水回用是再生水利用的两个较大市场，具有很大发展前景。

思考题

1. 简述水质污染指标在水体污染控制和废水处理工程设计中的作用。

2. 分析总固体（TS）、溶解性固体（DS）、悬浮固体（SS）、挥发性悬浮固体（VS）、固定性固体（FS）之间的相互关系，并画出这些指标的关系图。

3. 简述生化需氧量、化学需氧量、总有机碳和总需氧量的含义，并分析这些指标之间的联系和区别。

4. 我国现行的排放标准有哪几种？各种标准的适用范围和相互关系是什么？

5. 试论述污水排放标准与水环境质量标准之间的关系。

6. 试论述水污染控制方法的分类及其特点。污水的主要处理方法有哪些？各有什么特点？

第二章　废水物理化学处理方法

第一节　筛　滤

筛滤一般安置在废水处理流程的前端，进水渠道或进水泵站集水井的进口处。目的是拦截去除废水中粗大的悬浮物和杂物，保护后续处理设施（特别是泵）并防止管道的堵塞。筛滤的构件主要有格栅、筛网和微滤机。

一、格栅

格栅由一组平行的栅条构成，按栅条的间隙宽度可分为粗格栅（40～150 mm）、中格栅（10～40 mm）和细格栅（1.5～10 mm）3 种，也有分为粗格栅（16～100 mm）和细格栅（1.5～15 mm）两种的；按形状可分为平面格栅和曲面格栅；按活动方式可分为固定格栅和活动格栅。图 2-1 为常用的两种活动格栅（平面回转格栅和曲面转鼓式格栅）的示意图。

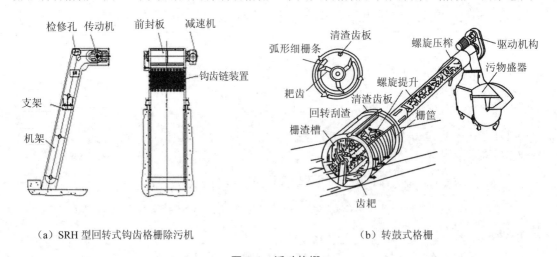

（a）SRH 型回转式钩齿格栅除污机　　　　　　　　　　　（b）转鼓式格栅

图 2-1　活动格栅

格栅的设置根据水质和水泵要求确定。一般合流制城市排水系统采用粗、中两道格栅，甚至采用粗、中、细三道格栅；分流制设中（25 mm）、细（8 mm）两道格栅。其中，粗格栅设在进水泵站前，中、细格栅设在沉砂池或沉淀池前。工业废水一般设置一道格栅，栅距根据水质确定；含较多细小纤维的废水，设格栅和筛网/捞毛机两道。

格栅的阻力主要产生于栅渣堵塞栅条，当水头损失达到 10～15 cm 时就该清理。格栅可采用机械或人工方式清渣。当栅渣量大于 0.2 m³/d 时，宜采用机械清渣。机械清渣格栅一般应设两座以上，格栅前后水渠应设滑动阀门，以利于清空和检修。如果只安装一座机械清渣格栅，必须设置带有手工清渣格栅的超越渠道（图 2-2），以备应急。

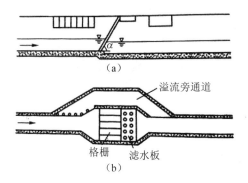

图 2-2 带溢流旁通道的人工格栅

二、筛网

当废水中含有较细小的悬浮杂物（如纤维、纸浆、藻类等），不能被格栅截留，也难以用沉淀法去除时，可选用筛网过滤装置。孔径小于 10 mm 的筛网主要用于工业废水的预处理，可截留尺寸大于 3 mm 的悬浮物杂质；孔径小于 0.1 mm 的细筛网则用于处理后出水的最终处理或重复利用水的处理。

筛网装置主要有转鼓式、转盘式、水力筛和振动筛等。

图 2-3 是水力筛网构造示意图。它由运动筛网和固定筛网组成。运动筛网水平放置，呈截顶圆锥形。进水端在运动筛网小端，废水在从小端到大端的流动过程中，纤维等杂质被筛网截留，并沿倾斜面卸到固定筛以进一步脱水。水力筛网的动力来自进水水流的冲击力和重力作用，因此水力筛网的进水端要保持一定压力，一般采用不透水的材料制成，而不用筛网。

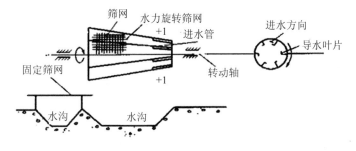

图 2-3 水力筛网构造示意图

图 2-4 是转鼓式筛网示意图。它由转筒筛和吹脱装置两部分组成。污水进入转筒筛内部，在重力作用下穿过筛孔落入水沟，纤维等杂质被筛网截留，并随转筒转动到上方被蒸汽、高压空气或水流吹脱冲洗排出。

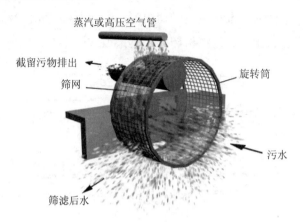

图 2-4　转鼓式筛网示意图

三、筛余物的处置

格栅和筛网截留的物质称为筛余物，截留效率取决于栅条之间缝隙的宽度或滤网（穿孔板）孔眼的大小。筛余物含水率约为 80%，密度约为 960 kg/m³，其中有机物占 80%～85%。常用处置方式有：①回收利用，如制革废毛、纸浆纤维等；②破碎后返回水中，部分作为可沉淀固体进入初沉池；③填埋、焚烧处置，也可与污泥混合消化或堆肥。

第二节　调　节

废水的水量和水质并不总是恒定均匀的，往往随着时间的推移而变化。生活污水随生活作息规律而变化，工业废水的水量水质随生产过程而变化。水量和水质的变化使得处理设备不能在最佳的工艺条件下运行，严重时甚至使设备无法工作，为此需要设置调节池，对水量和水质进行调节。

根据调节池的功能，调节池可分为水量调节池、水质调节池、综合调节池和事故调节池。

一、水量调节池

常用的水量调节池有两种调节方式：

1）线内调节（图 2-5），进水一般采用重力流，出水用泵提升，池内最高水位不高于进水管的设计水位，有效水深一般为 2～3 m。

2）线外调节（图 2-6）。调节池设在旁路上，当废水流量过高时，多余废水用泵打入调节池，当流量低于设计流量时，再从调节池回流至集水井，并送去线外调节。与线内调节相比，其调节池不受进水管高度限制，但被调节水量需要两次提升，消耗动力大，多用于后续处理。

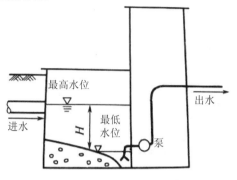

图 2-5 水量调节池（线内调节）

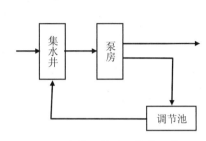

图 2-6 水量调节池（线外调节）

二、水质调节池

水质调节池也称均和池或匀质池，其任务是对不同时间或不同来源的废水进行混合，使流出水质比较均匀。一般经过调节后，调节池出水最大浓度与平均浓度的比值应小于1.2。

水质调节的基本方法有两种：①利用外加动力（如叶轮搅拌、空气搅拌、水泵循环）而进行的强制调节，设备较简单，效果较好，但运行费用高。②利用差流方式使不同时间和不同浓度的废水进行自身水力混合，基本没有运行费，但设备结构较复杂，如图 2-7 和图 2-8 所示。

图 2-7 折流调节池

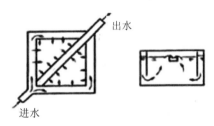

图 2-8 差流式调节池

三、综合调节池

综合调节池既能调节水量，又能调节水质，在池中需设搅拌装置。

调节池的容积可根据废水浓度和流量变化的规律以及要求的调节均和程度来确定。废水经过一定调节时间后的平均浓度（c）为

$$c = \frac{\sum q_i c_i t_i}{\sum q_i t_i}$$ （2-1）

式中：q_i——t_i时间段内的废水流量；

c_i——t_i时间段内的废水平均浓度。

调节池所需体积 $V = \sum q_i t_i$，取决于调节时间 $\sum t_i$。如需控制出流废水在某一合适的浓度内，可以根据废水浓度的变化曲线用试算的方法确定所需的调节时间。

实际上，由于废水水质水量的变化往往规律性差，常常没有水量、浓度变化资料，所以调节池容积的设计一般根据停留时间和设计流量计算。当废水浓度变化有周期时，则调节时间等于变化周期。当废水处理工艺间歇运行时，调节池容积可按处理工艺运行周期计算。当废水处理工艺连续运行时，调节池容积可按日处理水量的 35%～50%（即停留时间 8.4～12 h）计算。此外，调节池还要保证：①在最大流量下不会发生外溢事故，所以实际池容积一般还要放大 1.2 倍，以防大雨等因素的影响；②在最小流量时保证不被抽干，因此出水泵的选择要合适，不能太大。

四、事故调节池

为了防止出现恶性水质事故，或发生破坏污水处理系统运行的事故时（如偶然的废水倾倒或泄漏），导致废水的流量或强度变化太大，此时宜设事故调节池或分流贮水池，贮留事故排水。带有分流贮水池的事故调节系统如图 2-9 所示。事故池的进水阀门一般由监测器自动控制，否则无法及时发现事故。事故池平时必须保证泄空备用。

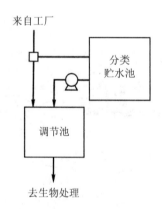

图 2-9   带分流贮水池的事故调节系统

第三节　沉淀与上浮

　　沉淀与上浮是利用水中悬浮颗粒与水的密度差进行分离的基本方法。当悬浮物的密度大于水时，在重力作用下，悬浮物下沉形成沉淀物；当悬浮物的密度小于水时，则上浮至水面形成浮渣（油）。通过收集沉淀物和浮渣可使水获得净化。沉淀法可以去除水中的砂粒、化学沉淀物、混凝处理所形成的絮体和生物处理的污泥，也可用于沉淀污泥的浓缩。上浮法主要用于分离水中轻质悬浮物，如油、苯等，也可以让悬浮物黏附气泡，使其视密度小于水，再用上浮法除去。

一、沉淀的基本原理

（一）沉淀的类型

　　根据悬浮颗粒的密度、浓度及絮凝性能，沉淀可分为 4 种基本类型。各类沉淀发生的水质条件如图 2-10 所示。

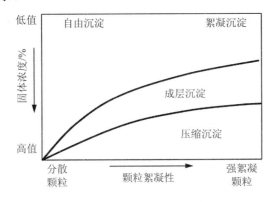

图 2-10　根据悬浮物颗粒的特性和浓度区分的 4 种沉淀现象

　　1）自由沉淀指悬浮物浓度不高且无絮凝性时发生的沉淀现象。颗粒在沉淀过程中呈离散状态，互不干扰，其形状、尺寸、密度等均不改变，下沉速度恒定。

　　2）絮凝沉淀指悬浮物浓度不高但有絮凝性时发生的沉淀现象。在沉淀过程中，颗粒互相碰撞凝聚，其粒径和质量随深度增大，沉淀速度也随之加快。

　　3）成层沉淀指悬浮物浓度较高时，每个颗粒下沉都受到周围其他颗粒的干扰，颗粒互相牵扯形成网状的"絮毯"整体下沉的现象。在颗粒群与澄清水层之间存在明显的界面。沉淀速度就是界面下移的速度。

　　4）压缩沉淀指悬浮物浓度很高时发生的沉淀现象。沉淀过程中，颗粒互相接触、互相支承，在上层颗粒的重力作用下，下层颗粒间的水被挤出，污泥层被压缩。

（二）自由沉淀及其理论基础

自由沉淀的颗粒在静水中的沉降可用经典的牛顿定律和斯托克斯（Stokes）沉淀定律进行分析。颗粒首先受到两个方向相反的基本力——重力 F_g 和水的浮力 F_b 的作用，在两者合力的推动下发生加速下沉，下沉过程会受到水的阻力 F_D 作用。阻力迅速增长，瞬时与推动力达到平衡状态，颗粒开始匀速 u 下沉。此时有

$$F_g - F_b = F_D \tag{2-2}$$

即

$$(\rho_s - \rho)gV_s = C_D \rho A_s \frac{u^2}{2} \tag{2-3}$$

式中：ρ_s，ρ——分别为颗粒和水的密度，kg/m^3；

$\qquad g$ ——重力加速度，$9.81\ m/s^2$；

$\qquad V_s$——颗粒体积，m^3；

$\qquad C_D$——阻力系数，量纲一；

$\qquad A_s$——颗粒在运动方向上的投影面积，m^2；

$\qquad u$ ——颗粒的沉淀速度，m/s。

假设颗粒为球形，直径为 d，将 $A = \dfrac{\pi d^2}{4}$，$V = \dfrac{\pi d^3}{6}$ 代入式（2-3）得

$$u = \sqrt{\frac{4gd}{3C_D}\left(\frac{\rho_s - \rho}{\rho}\right)} \tag{2-4}$$

阻力系数 C_D 并不是常数，它取决于颗粒周围的水流状态，它是雷诺数 Re 的函数，因此，沉淀速度公式也随之变化，如表 2-1 所示。

表 2-1　沉降速度公式与水流流态和 Re 数之间的关系一览表

流态区	Re 范围	C_D 公式	沉淀速度公式	备注
层流区	$Re \leqslant 2$	$\dfrac{24}{Re}$	$u = \dfrac{g}{18\mu}(\rho_s - \rho)d^2$	Stokes 公式
过渡流区	$2 < Re \leqslant 500$	$\dfrac{10}{\sqrt{Re}}$ 或 $\dfrac{24}{Re} + \dfrac{3}{\sqrt{Re}} + 0.34$	$u = \left[\dfrac{4}{225} \times \dfrac{g^2(\rho_s - \rho)}{18\mu\rho}\right]^{\frac{1}{3}} d$	Allen 公式
紊流区	$500 < Re \leqslant 10^5$	0.44	$u = \left[\dfrac{3g(\rho_s - \rho)d}{\rho}\right]^{\frac{1}{2}}$	Newton 公式

由表 2-1 所示的沉降速度公式可知：

1）颗粒与水的密度差（$\rho_s - \rho$）越大，沉速越快。当 $\rho_s > \rho$ 时，$u > 0$，颗粒下沉；当 $\rho_s < \rho$ 时，$u < 0$，颗粒上浮；当 $\rho_s = \rho$ 时，$u = 0$，颗粒既不下沉又不上浮。

2）颗粒直径越大，沉速越快，在层流区沉降速度与粒径的平方成正比关系。一般沉淀只能去除 $d > 20\ \mu m$ 的颗粒，但通过混凝可以增大颗粒粒径。

3）沉速与水的黏度成反比关系，水的黏度 μ 越小，沉速越快；因黏度与水温成反比，故提高水温有利于加速沉淀。

由于水中所含悬浮物颗粒的大小、形状、性质是十分复杂的，因此要用上述公式来计算沉淀速度和沉淀效率是有困难的。实际情况下，可通过沉淀试验、参考手册或类似运行经验来确定沉淀设备的设计参数。

（三）沉淀池的工作原理

为了说明沉淀池的工作原理，Hazen 和 Camp 提出了理想沉淀池（如图 2-11 所示）这一概念，并作如下假定：①进出水均匀分布到整个过水断面上，水流速度为 v，从进口到出口的流动时间为 t；②悬浮物在沉淀区以匀速 u 下沉，在沉淀过程中的水平分速等于水流速度 v；③悬浮物沉到池底污泥区，即认为已被除去。

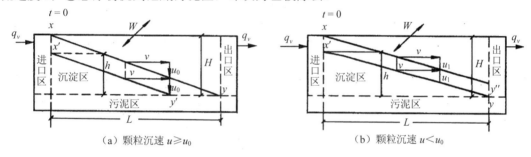

（a）颗粒沉速 $u \geqslant u_0$　　　　　　（b）颗粒沉速 $u < u_0$

图 2-11　理想平流池内沉淀状态

由图 2-11 可知，平流式理想沉淀池的有效长、宽、深分别为 L、B 和 H。当污水进入沉淀区后，每个颗粒下沉的同时随水流向出口水平运动，其轨迹是斜率为 u/v 的直线。其中必然存在某种颗粒，其沉速为 u_0，从 x 处进入沉淀区，以水平速度 v 通过沉淀区时，刚好能沉淀至池底 y 处，如图 2-11（a）所示。则有

$$t = \frac{H}{u_0} = \frac{L}{v} \tag{2-5}$$

所以

$$u_0 = \frac{H}{t} = \frac{Hv}{L} = \frac{HvB}{LB} = \frac{Q}{LB} = \frac{Q}{A} = q \tag{2-6}$$

式中：u_0——可全部被截留的颗粒最小沉降速度，简称截留速度，m/s；

　　　　t——沉淀池的沉淀时间，s；

　　　　Q——单位时间所处理的水量，m³/s；

　　　　A——沉淀区表面积，m²；

$\dfrac{Q}{A}$——单位表面积单位时间所处理的水量，一般称为表面负荷或过流率，常用符号

q 表示，$m^3/(m^2 \cdot h)$ 或 $m^3/(m^2 \cdot s)$。它是沉淀池设计中的一个重要参数。

对于圆形辐流式沉淀池和竖流式沉淀池，式（2-6）同样适用。

由式（2-6）可知：

1）表面负荷 q 的数值等于截留速度 u_0。所以，若截留速度确定后，则沉淀池的表面负荷 q 值同时被确定，由此可进行沉淀池的设计计算。

2）表面负荷 q 越小，沉速 $u \geqslant u_0$ 的颗粒占总悬浮颗粒的比率越大，总沉淀效率越高。

3）沉速为 $u < u_0$ 的颗粒，在 h（$h = ut$）以下流入的可以被去除，则沉速为 u 的颗粒被去除的效率为

$$\eta = \dfrac{h}{H} = \dfrac{\dfrac{u}{v}L}{H} = \dfrac{u}{\dfrac{vH}{L}} = \dfrac{u}{\dfrac{vHB}{LB}} = \dfrac{u}{\dfrac{Q}{A}} = \dfrac{u}{u_0} = \dfrac{u}{q} \tag{2-7}$$

由式（2-6）和式（2-7）可知，理想沉淀池的去除率取决于表面负荷 q 和沉淀速度 u。停留时间为 t 的沉淀池能去除的颗粒，包括沉速 $u \geqslant u_0$ 的全部颗粒和 $u < u_0$ 的部分颗粒，总沉淀效率为

$$\eta = (1 - p_0) + \dfrac{1}{u_0} \int_0^{p_0} u \, \mathrm{d}p \tag{2-8}$$

式中：p_0——沉速 $u < u_0$ 的颗粒占全部悬浮颗粒的比值。

以沉淀效率 η 为纵坐标，以沉淀时间 t 或沉淀速度 u 为横坐标作图得沉淀特性曲线，如图 2-12 所示。如果以表观去除率 E 对 t 作图，则得图 2-12（a）中虚线所示的效率—时间曲线。根据所要求的沉淀效率，查阅沉淀特性曲线，可确定相应的沉淀时间和颗粒沉速 u_0（即表面负荷）。

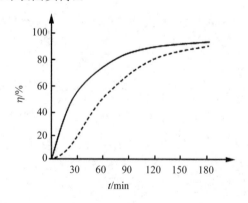

（a）去除率与沉淀时间关系曲线

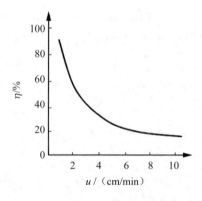

（b）去除率与沉淀速度关系曲线

图 2-12   沉淀特性曲线

实际运行的沉淀池与理想沉淀池是有区别的，主要是由于池进口及出口构造的局限、温差、浓度差及风力等的影响，使水流在整个横断面上分布不均匀，形成股流和紊流，使池内容积未能被充分利用，颗粒的沉淀受到干扰，使得实际沉淀池去除率要低于理想沉淀池。为达到一定的沉淀效率，实际沉淀池所需的停留时间比理论沉淀时间长，实际过流率比理论值低。因此，采用静置沉淀试验数据进行实际沉淀池设计时，应加以修正。通常可取：

$$q = \left(\frac{1}{1.25} \sim \frac{1}{1.75} \right) u_0 \qquad (2\text{-}9)$$

$$t = (1.5 \sim 2.0) t_0 \qquad (2\text{-}10)$$

式中：q，t——实际沉淀池的设计过流率和设计停留时间；

u_0，t_0——沉淀静置试验所得的应去除的最小颗粒沉降速度和沉降时间。

（四）沉淀池的应用形式

按照处理目的不同，沉淀法在污水处理工艺中有沉砂池、初次沉淀池、二次沉淀池和污泥浓缩池 4 种应用形式。各种应用形式的沉淀池的设计参数根据处理目的不同而异，具体可参见表 2-2。

表 2-2　沉淀池的设计参数

类型		沉淀时间	表面负荷/ $[\text{m}^3/(\text{m}^2 \cdot \text{h})]$	污泥量（干）/ $[\text{g}/(\text{人} \cdot \text{d})]$	污泥含水率/ %	固体负荷/ $[\text{kg}/(\text{m}^2 \cdot \text{d})]$	堰口负荷/ $[\text{L}/(\text{s} \cdot \text{m})]$
沉砂池		>30 s	—	—	—	—	—
初次沉淀池		0.5~2.0 h	1.5~4.5	16~36	95~97	—	≤2.9
二次沉淀池	生物膜法后	1.5~4.0 h	1.0~2.0	10~26	96~98	≤150	≤1.7
	活性污泥法后	1.5~4.0 h	0.6~1.5	12~32	99.2~99.6	≤150	≤1.7
剩余污泥浓缩池		≥12 h	0.25~0.51	—	97~98	30~60	—

注：①工业废水沉淀池的设计数据应按实际水质试验确定，或参照采用类似工业废水的运转或试验资料。

②为使用方便和易于比较，二沉池和浓缩池以表面水力负荷为主要设计参数，同时应校核固体负荷、沉淀时间和沉淀池各部分主要尺寸的关系。

二、沉砂

沉砂是通过重力沉淀或离心力分离的方法去除废水中所携带的泥砂、煤渣、骨屑等密度较大的杂质颗粒，以防止对水泵、管道和污泥处理设备的磨损；而较轻的有机悬浮物则随水流带走。因此，沉砂池一般设在泵站和沉淀池之前，关键是控制好进入沉砂池的污水流速。沉砂池应按最大流量设计，用最小流量作校核。

根据池内水流方向，沉砂池可分为平流式、竖流式和旋流式。常用的有平流式沉砂池、曝气沉砂池和水力旋流沉砂池。

（一）平流式沉砂池

1．平流式沉砂池的基本构造

平流矩形沉砂池是最常用的一种沉砂池（图 2-13），其过水部分是一条加宽加深的明渠，由入流渠、沉砂区、出流渠、沉砂斗等部分组成，两端用闸板控制水流。渠底一般设两个贮砂斗，下接排砂管，或者用射流泵或螺旋泵排砂。

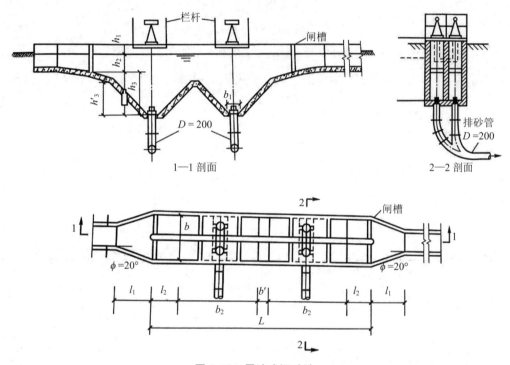

图 2-13　平流式沉砂池

2．平流式沉砂池的设计

平流式沉砂池的水平流速宜为 0.15～0.3 m/s，停留时间不少于 30 s，有效深度不应大于 1.2 m，每格宽度不宜小于 0.6 m。沉砂池个数应不少于 2 个，当污水量较小时可考虑一个备用。池底设 0.01～0.02 的坡度坡向贮砂斗。贮砂斗容积按 2 d 沉砂量计算，斗壁坡度不应小于 55°，下部排砂管径不小于 200 mm，所沉泥砂的含水率约为 60%，容重约为 1 500 kg/m³。

当无实际水样砂粒沉降试验资料时，平流式沉砂池的设计计算如下：

1）池长 L（m）（沉砂池两闸板之间的长度为水流部分长度）：

$$L = vt \tag{2-11}$$

2）水流断面面积（m²）：

$$F = \frac{Q_{max}}{v} \tag{2-12}$$

3）池总宽度（m）：

$$B = \frac{F}{h_2} \tag{2-13}$$

4）沉砂斗所需容积（m³）：

$$V_1 = \frac{86\,400\,Q_{max}XT}{1\,000K_z} \tag{2-14}$$

5）沉砂池总高度（m）：

$$H = h_1 + h_2 + h_3 \tag{2-15}$$

6）核算最小流速（m/s）：

$$v_{min} = \frac{Q_{min}}{n_1 F_{min}} \tag{2-16}$$

式中：L——沉砂池有效长度，m；

$\quad\quad v$——最大设计流量时的流速，m/s；

$\quad\quad t$——最大设计流量时停留时间，s；

$\quad\quad F$、F_{min}——分别为最大、最小流量时的水流断面面积，m²；

$\quad\quad Q_{max}$、Q_{min}——分别为最大、最小设计流量，m³/s；

$\quad\quad B$——池总宽度，m；

$\quad\quad V_1$——沉砂斗容积，m³；

$\quad\quad H$——沉砂池总高度，m；

$\quad\quad h_1$——超高，一般取 0.3 m；

$\quad\quad h_2$——设计有效水深，m；

$\quad\quad h_3$——贮砂斗高度，m；

$\quad\quad X$——城市污水沉砂量，一般取 0.03 L/m³ 污水；

$\quad\quad T$——清除沉砂的间隔时间，d；

$\quad\quad K_z$——污水流量变化系数；

$\quad\quad n_1$——最小流量时工作的沉砂池数目。

3. 平流式沉砂池的特点

平流式沉砂池具有构造简单、截留无机颗粒效果较好的优点，但也存在流速不易控制，沉砂中夹带有机物较多，容易腐败发臭等缺点。目前广泛使用的曝气沉砂池、钟式沉砂池等旋流沉砂池，可以有效克服这一缺点。

（二）曝气沉砂池

1. 曝气沉砂池的基本构造

曝气沉砂池（图2-14）是一个长形渠道，沿渠道壁下部一侧的整个长度上设置曝气装置，与水平流速垂直鼓入压缩空气，使渠中污水在池中呈螺旋状前进。由于旋流和上升气泡的冲刷作用，污水中悬浮颗粒相互碰撞、摩擦，使黏附在砂粒上的有机污染物得以脱离被水流带走。沉于池底的砂粒沿池底坡度落入集砂槽，可通过机械刮砂、螺旋输送、移动空气提升器或移动泵吸式排砂机排除，其中有机物含量只有5%左右，便于沉砂的处置。

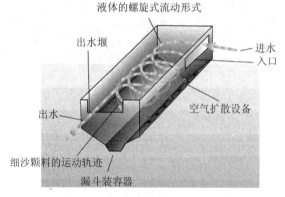

（a）曝气沉砂池的螺旋状水流

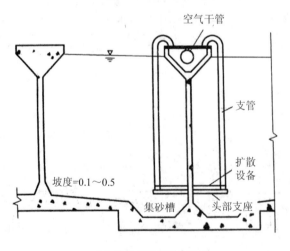

（b）曝气沉砂池的剖面图

图2-14　曝气沉砂池

2. 曝气沉砂池的设计

曝气沉砂池的水平流速宜取 0.1 m/s；最大流量时停留时间 4～6 min，如作为预曝气，停留时间可取 10～30 min；池的有效水深为 2～3 m，池的宽深比为 1～1.5，长宽比可达 5，当池的长宽比大于 5 时，应考虑设置横向挡板；曝气量 0.1～0.2 m³（空气）/m³（污水）

或 3~5 m³/（m²·h）；多采用穿孔管曝气，并应有调节阀门，孔径为 2.5~6.0 mm，距池底为 0.6~0.9 m；进水方向应与池中旋流方向一致，出水方向应与进水方向垂直，并宜设置挡板；池内应考虑设消泡装置。

3．曝气沉砂池的特点

①沉砂中有机污染物的含量低；②具有预曝气、脱臭、防止污水厌氧分解、除泡作用以及加速污水中油类的分离等作用；③通过调节曝气量，可以控制污水的旋流速度，使除砂效率较稳定，受流量变化的影响较小。这些特点为后续的沉淀、曝气及污泥消化池的正常运行，以及砂粒的干燥脱水提供了有利条件。但对于按生物除磷（A/O 工艺）设计的污水处理厂，为保证除磷效果，一般不采用。

（三）水力旋流沉砂池

水力旋流沉砂池是利用水力涡流原理除砂，所以又称为涡流沉砂池。该池型具有基建、运行费用低和除砂效果好等优点。目前应用较多的有英国的 Jeta（钟式）沉砂池和美国的 Pista 360°沉砂池。

1．Jeta（钟式）沉砂池

Jeta 沉砂池由流入口、流出口、沉砂区、砂斗、砂提升管、排砂管、电动机和变速箱组成（图 2-15）。污水由流入口切向流入沉砂区，在旋转的涡轮叶片的推动下呈螺旋状流动，密度较大的砂粒在离心力的作用下被甩向池壁，沿池壁落入砂斗，密度较小的有机悬浮物随出水旋流带出池外。通过调整叶轮转速，可达到最佳沉砂效果。砂斗内沉砂可通过空气提升器、排砂泵排除，再经砂水分离器洗砂，达到再次清除有机物的目的。清洗水回流至沉砂区。

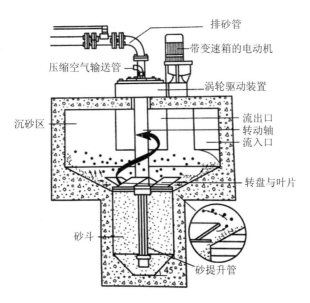

图 2-15 钟式沉砂池

2．Pista 360°旋流沉砂池

Pista 360°旋流沉砂池（图 2-16）对进水渠和池内构造进行了改进，进水渠为一条封闭的充满流倾斜进水渠，进水直接进入沉砂池底部，由于射流的作用，在池内形成旋流，同时在中心轴向桨板的旋转驱动下于中部形成一个向上的推动力，使水流在垂直面也形成环流。在垂面环流和水平旋流的共同作用下，水流在沉砂池中以螺旋状前进。砂粒在离心力作用下被甩向池壁沿水流滑入池底，同时由于垂面环流的水平推动作用向池底中心汇集跌入积砂斗，部分较轻的有机物则在中部上升水流的作用下重新进入水中。水流在分选区内回转一周（360°）后，进入与进水渠同流向但位于分选区上部的出水渠。去除的沉砂跌入砂斗盖板中心的开孔并存于砂斗内，为防止砂粒板结，桨板驱动轴下端设叶片式砂粒流化器不停搅动，砂粒定时由砂泵抽出池外。Pista 360°旋流沉砂池总体布置形式如图 2-17 所示。

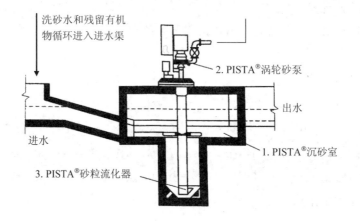

图 2-16　Pista 360°旋流沉砂池工艺剖面图

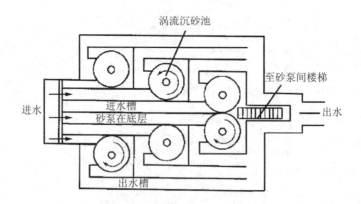

图 2-17　旋流式沉砂池的多池总体布置形式

3．水力旋流沉砂池的设计参数

水力旋流沉砂池设计水力表面负荷为 150～200 $m^3/(m^2 \cdot h)$；有效水深宜为 1.0～2.0 m；池的径深比为 2.0～2.5；池中宜设立式桨叶分离机；进水渠道与出水渠道夹角大于 270°。

钟式沉砂池和 Pista 360°旋流沉砂池都有一定的规格型号可供选择。在实际设计中，可以根据处理流量的大小选用合适的型号。

三、沉淀

沉淀是利用重力沉降将比水重的悬浮物（主要是有机悬浮物）从水中去除的过程，是废水处理用途最广泛的单元操作之一。沉淀池是分离悬浮颗粒的一种主要处理构筑物。

（一）沉淀池的分类

按工艺布置不同，沉淀池可分为初沉池和二沉池。其中初沉池通常作为生物处理法的预处理，可去除约 50%的悬浮物和 30%的 BOD_5，可减轻后续生物处理构筑物的有机负荷。二沉池是生物处理工艺的组成部分，用于分离生物处理工艺中产生的生物膜、活性污泥等，使处理后的水得以澄清。

沉淀池按池内水流方向的不同，可分为平流式、竖流式、辐流式和斜管/斜板式 4 种，下面将分别介绍。

（二）沉淀池的基本构造和设计一般原则

沉淀池都由进水区、出水区、沉淀区、缓冲区、污泥区及排泥装置组成。进水区和出水区的作用是进水、配水和集水。沉淀区是可沉淀颗粒与水分离的区域。污泥区是泥渣储存、浓缩和排放区。缓冲区是分隔沉降区和污泥区的水层，防止泥渣受水流冲刷而重新浮起。

沉淀池的设计包括功能设计与构造设计两部分。

功能设计是指沉淀池的个数、沉淀区和污泥区尺寸的确定。沉淀池应按分期建设最大流量设计，池数应不少于两个并联使用。为使用方便和易于比较，沉淀池以表面水力负荷为主要设计参数，并宜进行沉淀试验确定参数范围。当无污水悬浮物沉降资料时，可以参照《给水排水设计手册》或者同类水质运行资料选取合适的表面负荷和沉淀时间（表 2-2）进行计算，同时应校核沉淀池各部分主要尺寸（如长宽比、径深比等）的关系和堰口负荷，对于二沉池和污泥浓缩池，还应校核固体负荷。

构造设计是指进水区、出水区和污泥区构造上的设计。为提供尽可能稳定的水力条件使固体颗粒沉降，通常采用穿孔墙或穿孔槽外加挡板进水、齿形溢流堰出水，用来消能稳流、使水流均匀分布在各个断面上。为顺利排泥，池底均设一定坡度坡向泥斗，泥斗斜壁与水平面的倾角，不宜小于 45°～60°。为防止漂浮物质进入出水影响出水水质，出水槽堰口前端可加设挡板及浮渣收集与排出装置。

（三）平流式沉淀池

1. 平流式沉淀池的构造

平流式沉淀池呈长方形，其构造如图 2-18 所示。废水是按水平方向流入沉淀池并完成沉降过程的。废水由进水槽经淹没孔口进入池内，孔后设穿孔墙（图 2-18）或穿孔槽外加挡板（图 2-19），用来消能稳流，使进水沿过流断面均匀分布。沉淀池末端设溢流堰（或淹没孔口）和集水槽。澄清后的清水流过堰口，经集水槽排出。池的底部靠进口端或沿池长方向，设有一个或多个贮泥斗，其他部位池底设 0.01～0.02 的坡度坡向贮泥斗。沉到底部的污泥由刮泥机推向泥斗。开启排泥阀后，污泥在静水压力作用下由污泥管排出池外。

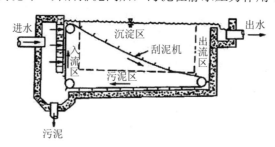

图 2-18　平流式沉淀池（孔后设穿孔墙）

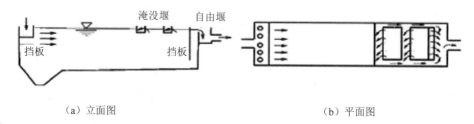

（a）立面图　　　　　　　　　　　　　　（b）平面图

图 2-19　平流式沉淀池（穿孔槽外加挡板）

2. 平流式沉淀池的设计

（1）沉淀区尺寸的设计计算

1）沉淀池的表面积 A（m^2）：

$$A = \frac{Q_{max}}{q} \tag{2-17}$$

2）沉淀池的有效水深 h_2（m）：

$$h_2 = qt \tag{2-18}$$

有效水深不大于 3 m，大多数为 1～2.5 m，超高一般为 0.3 m。

3）池长 L（m）（沉砂池两闸板之间的长度为水流部分长度）：

$$L = vt \tag{2-19}$$

4）单池宽度 b（m）：

$$b = \frac{A}{nL} \tag{2-20}$$

5）沉淀池的总高度 H（m）：

$$H = h_1 + h_2 + h_3 + h_4 + h_5 \tag{2-21}$$

式中：Q_{max}——最大设计流量，m³/h；

q ——表面水力负荷，m³/（m²·h）；

v ——最大设计流量时的水平流速，m/h；

n ——沉淀池个数；

t ——最大设计流量时的停留时间，h；

h_1——池超高，一般取 0.3 m；

h_3——缓冲层高度，一般取 0.3 m；

h_4——池底坡落差 m；

h_5——污泥斗高度，m。

其他符号含义同前。

污泥斗的容积根据污水悬浮物浓度和排泥周期来确定（略）。

（2）校核

平流式沉淀池的最大设计流量时的水平流速：初沉池为 7 mm/s，二沉池为 5 mm/s；池长一般为 30～50 m，为了保证污水在池内分布均匀，$\dfrac{L}{b}$ 不小于 4，以 4～5 为宜；$\dfrac{L}{h_2}$ 一般为 8～12。

【例 2-1】某厂排出废水量为 300 m³/h，悬浮物质量浓度为 230 mg/L，水温为 29℃，要求悬浮物去除率为 60%，污泥含水率为 95%。已有沉淀试验的数据如图 2-20 所示。试设计平流沉淀池。

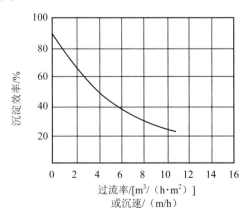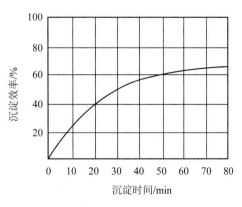

图 2-20 某厂废水的沉淀曲线

解： 由图 2-20 试验曲线知，去除率为 60%时，最小沉速为 2.25 m/h，沉淀时间需 47 min。设计时表面负荷缩小 1.5 倍，沉淀时间放大 1.75 倍，分别取 1.5 m/h 和 82.3 min（1.4 h）。

（1）沉淀区有效表面积：

$$A = \frac{Q}{q} = \frac{300}{1.5} = 200 \quad (m^2)$$

如采用二池，每池平面面积 $A_1 = 100 \ m^2$；

（2）沉淀池有效深度：

$$h_2 = qt = 1.5 \times 1.4 = 2.1 \quad (m)$$

（3）采用每池宽度 b 为 4.85 m，则有效池长：

$$L = \frac{A_1}{b} = \frac{100}{4.85} = 20.6 \quad (m)$$

$$\frac{L}{b} = \frac{20.6}{4.85} = 4.3 > 4，符合要求。$$

当进水挡板距进口 0.5 m，出水挡板距出口为 0.3 m 时，池的总长为 21.4 m。

（4）单池污泥容积（贮泥周期为 1 d 计）：

$$V_1 = \frac{Q(c_1 - c_2) \times T}{\gamma'(100 - \rho_0) \times 2} = \frac{300 \times 230 \times 0.6 \times 24 \times 1}{1\,000 \times 1\,000 \times (1 - 0.95) \times 2} = 9.9 \quad (m^3)$$

（5）方形污泥斗体积（见图 2-21 计算草图）：

$$V_1 = \frac{1}{3} \times 2.225 \times (4.85^2 + 0.4^2 + \sqrt{4.85^2 \times 0.4^2}) = 19 > 9.9 \quad (m^3)$$

（6）池的总深度：

$$H = 0.3 + 2.1 + 0.32 + 0.3 + 2.23 = 5.25 \quad (m)$$

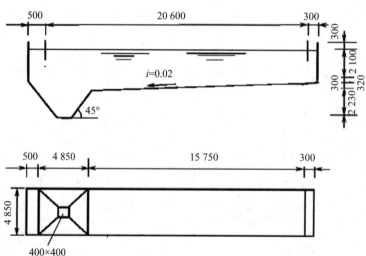

图 2-21　平流式沉淀池设计计算草图

（四）竖流式沉淀池

1. 竖流式沉淀池的构造

竖流式沉淀池多为圆形（图 2-22），上部圆筒形部分为沉降区，下部倒圆台部分为污泥区，二者之间为缓冲层。为保证池内水流做竖向流动，池的直径不宜太大，并采用中心管加反射板进水布水。废水从中心管进入，并从中心管的下部流出，经过反射板的阻拦向四周均匀分布，沿沉淀区的整个断面上升，出水由上部四周集水槽收集。污泥可借静水压力由排泥管排出。

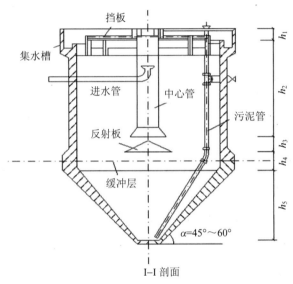

I–I 剖面

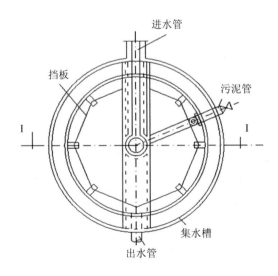

图 2-22　竖流式沉淀池

2．竖流式沉淀池的设计

中心导流筒面积（m^2）：

$$A_o = \frac{Q_{max}}{v_o} \tag{2-22}$$

中心导流筒直径（m）：

$$d = \sqrt{\frac{4A_o}{\pi}} \tag{2-23}$$

中心导流筒喇叭口与反射板之间的缝隙高度 h_3（m）：

$$h_3 = \frac{Q_{max}}{v_1 \pi d_1} \tag{2-24}$$

沉淀池的有效断面面积（m^2）：

$$A_1 = \frac{Q_{max}}{v_1} \tag{2-25}$$

沉淀池总面积（m^2）：

$$A = A_o + A_1 \tag{2-26}$$

圆形池的直径（m）：

$$D = \sqrt{\frac{4A}{\pi}} \tag{2-27}$$

直径不宜太大，一般介于 4～7 m 之间。

沉淀池有效水深（m）：

$$h_2 = vt \tag{2-28}$$

核算堰口负荷和径深比 $\dfrac{D}{h_2}$，一般 $\dfrac{D}{h_2}$ 不大于3。

沉淀池总高度（m）：

$$H = h_1 + h_2 + h_3 + h_4 + h_5 \tag{2-29}$$

式中：v_o——中心管内水流速度，m/s，一般小于 0.1 m/s；

$\quad\quad v_1$——中心管喇叭口与反射板之间缝隙的水流速度，m/s，一般不大于 0.03 m/s；

$\quad\quad d_1$——中心管喇叭口直径（$d_1 = 1.35\,d$），m；

$\quad\quad h_3$——喇叭口与反射板之间的高度，m；

$\quad\quad h_4$——缓冲层高度，一般取 0.3 m。

$\quad\quad$其他符号含义同前。

中心导流筒的设计如图 2-23 所示。

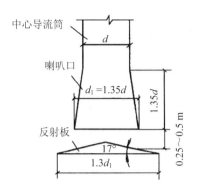

图 2-23 中心导流筒设计

3．竖流式沉淀池的特点

竖流式沉淀池池内水流（速度 v）方向与颗粒沉淀（速度 u）方向相反，颗粒在池内同时受到重力和向上水流推力的作用，实际沉速为 $u-v$。① $u>v$ 时，颗粒将沉于池底而被除去；② $u=v$ 时，颗粒将在池内呈悬浮状态；③ $u<v$ 时，颗粒则不能下沉而随水溢出池外。因此，当颗粒发生自由沉淀时，其沉淀效果比平流沉淀池低得多。当颗粒具有絮凝性时，上升的小颗粒和下沉的大颗粒之间相互接触、碰撞而絮凝，使粒径增大，沉速加快；同时，沉速等于水流上升速度的颗粒在池中形成一悬浮层，对上升的小颗粒起拦截和过滤作用，因此沉淀效率比平流沉淀池更高。

竖流式沉淀池池深，排泥容易便于管理，但构造施工较难；因为单池容量小，污水量大时水流分布不易均匀，不宜采用。主要适用于小流量废水（如生活污水和食品工业、肉类加工等工业废水）中絮凝性悬浮固体的分离，给水处理中一般不用。

（五）辐流式沉淀池

1．辐流式沉淀池的构造

辐流式沉淀池是一种大型圆形沉淀池（图 2-24），主要有中心进水和周边进水两种形式，沉淀后废水往四周集水槽排出。

传统辐流式沉淀池采用中心进水方式，废水从池底进入中心管，或用明槽自池的上部进入中心管，在中心管的周围常有穿孔障板围成的流入区，使废水能沿圆周方向均匀分布，呈水平向四周辐流。由于中心导流筒内的流速较大，向下流动时动能较大，易冲击池底污泥。当作为二沉池时，活性污泥在其中难以絮凝，故常用于初沉池。二沉池则多采用周边进水的形式，使布水更均匀，向下的流速较小，对池底无冲击现象；同时，在沉降区内形成回流促使污泥絮凝，提高沉降效果。

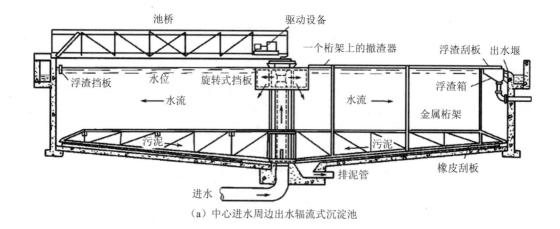

（a）中心进水周边出水辐流式沉淀池

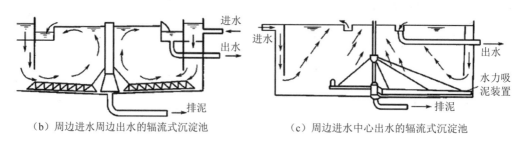

（b）周边进水周边出水的辐流式沉淀池　　　（c）周边进水中心出水的辐流式沉淀池

图 2-24　辐流式沉淀池

2．辐流式沉淀池的设计

辐流式沉淀池的设计可采用与平流式沉淀池相似的方法，取池子半径的 1/2 处作为计算断面（图 2-25）。对生活污水或相似的废水，可采用 $q=2\sim3.6\ \mathrm{m^3/(m^2\cdot h)}$，沉淀时间 $t=1.5\sim2.0\ \mathrm{h}$；池径 D 一般在 $16\sim50\ \mathrm{m}$，$D/h_2=6\sim12$；池周水深 $1.5\sim3.0\ \mathrm{m}$，池中心深度为 $2.5\sim5.0\ \mathrm{m}$，池底以 $0.06\sim0.08$ 的坡度坡向泥斗。沉淀于池底的污泥一般采用刮泥机刮除，目前常用的刮泥机械有中心传动式刮泥机和吸泥机以及周边传动式刮泥机和吸泥机等。出流堰通常用锯齿形三角堰或淹没式溢流孔出流，尽量使出水均匀。

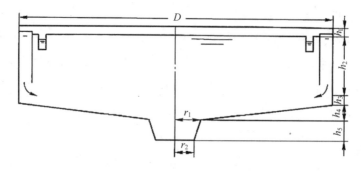

图 2-25　辐流式沉淀池设计计算图

辐流式沉淀池按表面负荷设计，按出水堰负荷校核。

沉淀池表面积（m^2）：

$$A = \frac{Q_{max}}{nq} \tag{2-30}$$

池子直径 D（m）：

$$D = \sqrt{\frac{4A}{\pi}} \tag{2-31}$$

沉淀池有效水深（m）：

$$h_2 = qt \tag{2-32}$$

沉淀池的污泥量与污泥斗的计算方法与平流式相同，污泥贮存时间采用 4 h。

沉淀池的总高度（m）：

$$H = h_1 + h_2 + h_3 + h_4 + h_5 \tag{2-33}$$

式中符号含义同"（三）平流式沉淀池"。

辐流式沉淀池也有利用沉淀时间为基准进行计算的，即由进水量及沉淀时间可确定池容积，再由池深确定池直径。

（六）斜流式沉淀池

1. 斜流式沉淀池的构造原理

从理想沉淀池的特性分析可知，对一深度为 H 的平流式理想沉淀池，有

$$u_0 = \frac{H}{t} = \frac{Q}{V}H \tag{2-34}$$

式（2-34）说明：在处理水量 Q 和池容 V 给定的条件下，颗粒去除率（由 u_0 决定）与池深成反比关系。水深越浅，截留速度越小，沉淀效果越好。同理，在去除率和池容 V 给定的条件下，处理水量与池深成反比关系。若通过水平隔层将一个理想沉淀池水平分为 n 个浅池，则处理能力可提高 n 倍。这就是所谓的"浅层沉降"理论，也是斜板、斜管沉淀池构造的理论基础。

实际工程应用上，为便于排泥，将水平隔层改为与水平面倾斜成一定角度的斜面，构成斜板沉淀池。如各隔板之间还进行分格，即成为斜管沉淀池。污水处理中多采用升流式异向流斜板（管）沉淀池（图 2-26）。

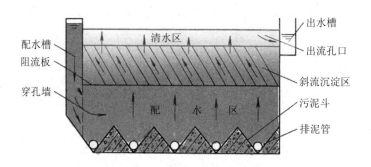

图 2-26　升流式斜板沉淀池

2．斜流式沉淀池的设计

斜板（管）沉淀池表面水力负荷 q_0 可按普通沉淀池的 2 倍 $[4\sim6\ m^3/(m^2\cdot h)]$ 计。

斜板（管）沉淀池表面积（m^2）：

$$A = \frac{Q_{max}}{0.91nq} \tag{2-35}$$

池内停留时间（h）：

$$t = \frac{h_2 + h_3}{q} \tag{2-36}$$

式中：0.91 ——斜板/管面积利用系数；

　　　　h_2——斜板（管）沉淀池上部清水区高度，一般取 0.7～1.0 m；

　　　　h_3——斜板（管）自身垂直高度，一般为 0.866～1.0 m。

斜板（管）通常与水平面呈 60°，底部配水区和缓冲层高度宜大于 1.0 m。斜管孔径（或斜板净距）以 80～100 mm 为宜，应设斜板（管）冲洗设施，在池壁与斜板的间隙处应装设阻流板，以防止水流短路。斜板（管）沉淀池可采用多斗重力排泥，污泥斗及池底构造与一般平流沉淀池相同。每日排泥次数至少 1～2 次，或连续排泥。

3．斜板（管）沉淀池的特点

斜板（管）沉淀池的生产能力比普通沉淀池可有大幅度提高，但由于池子体积缩小，水流在池中停留时间短，耐冲击负荷差；斜管或斜板间距较小，若施工质量又欠佳，造成变形，很容易导致排泥不畅，产生泛泥现象，使出水水质变差。另外，斜板或斜管的上部在阳光照射下容易滋生藻类，影响运行。因此，城市污水处理厂（尤其是二次沉淀池）不太推广采用斜板（管）沉淀池。但在给水处理厂和一些工业废水如选矿废水、含油污水隔油池中应用较多。

表 2-3 列出了上述各种沉淀池池型的优缺点和适用条件。

表 2-3　沉淀池各种池型的优缺点和适用条件

池型	优点	缺点	适用条件
平流式	(1) 沉淀效果好； (2) 对冲击负荷和温度变化的适用能力较强； (3) 施工简易，造价较低	(1) 池子配水不易均匀； (2) 采用多斗排泥时，每个泥斗需要单独设排泥管各自排泥，操作量大； (3) 采用链带式刮泥机排泥时，链带的支撑件和驱动件都浸于水中，易锈蚀	(1) 适用于地下水位高及地质较差地区； (2) 适用于大、中、小型污水处理厂
竖流式	(1) 排泥方便，管理简单； (2) 占地面积小	(1) 池子深度大，施工困难； (2) 对冲击负荷和温度变化的适用能力较差； (3) 造价较高； (4) 池型不宜过大，否则布水不匀	适用于处理水量不大的小型污水处理厂
辐流式	(1) 多为机械排泥，运行较好，管理较简单； (2) 排泥设备已趋定型	机械排泥设备复杂，对施工质量要求高	(1) 适用于地下水位较高地区； (2) 适用于大、中型污水处理厂
斜流式	(1) 表面负荷高； (2) 沉淀效果好； (3) 占地面积小	(1) 耐冲击负荷差； (2) 结构复杂，对施工要求高，否则容易变形导致排泥不畅，影响运行； (3) 易挂泥、滋生藻类等，需要定期冲洗和维护	适用于给水和一些无机工业废水如选矿废水的处理以及含油污水隔油处理

四、隔油

石油开采与炼制、煤化工、石油化工及轻工等行业的生产过程排出大量含油废水。其中大多油品相对密度一般都小于 1，只有重焦油相对密度大于 1。如果悬浮油珠粒径较大，则可依据油水密度差进行分离，这类设备称为隔油池。目前国内外常用的有平流式隔油池和斜板式隔油池两类。

（一）平流式隔油池

1. 平流式隔油池的构造

普通平流式隔油池与平流式沉淀池相似（图 2-27），废水从池的一端进入，以较低的水平流速流经池子，从另一端流出。在此过程中，废水中轻油滴在浮力作用下上浮聚积在池面，通过设在池面的刮油机和集油管收集回用；密度大于水的颗粒杂质沉于池底，通过刮泥机和排泥管排出。刮油刮泥机在池面上刮油，将浮油推向池末端集油管；而在池底部起着刮泥作用，将下沉的油泥刮向池进口端的泥斗。

2. 平流式隔油池的设计

平流式隔油池一般不少于两个，池深 1.5～2.0 m，超高 0.4 m，每单格的长宽比不小于 4，工作水深与每格宽度之比不小于 0.4 m，池内流速一般为 2～5 mm/s，停留时间一般为 1.5～2.0 h。

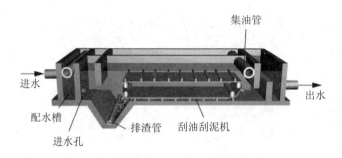

图 2-27　平流式隔油池

一般隔油池水面的油层厚度不应大于 0.25 m。集油管常设在池出口处及进水间,一般为直径 200～300 mm 的钢管,管轴线安装高度与水面相平或低于水面 5 cm,沿管轴方向在管壁上开有 60°的切口。集油管可用螺杆控制,使集油管能绕管轴转动,平时切口处于水面以上,收油时将切口旋转到油面以下,浮油溢入集油管并沿集油管流向池外。

为了保证隔油池的正常工作,池表面应加盖,以防火、防雨、保温及防止油气散发,污染大气。在寒冷地区或季节,为了增大油的流动性,隔油池内应采取加温措施,在池内每隔一定距离,加设蒸汽管,提高废水温度。

平流式隔油池的设计可按油粒上升速度或废水停留时间计算。油粒上升速度 u 可通过试验求出(与沉淀试验相同)或直接应用修正的 Stokes 公式计算。

隔油池的表面积(m²):

$$A = \frac{\alpha Q}{u} \tag{2-37}$$

式中:Q——废水设计流量,m³/h;

$\quad\quad\alpha$——考虑池容积利用系数及水流紊流状态对池表面积的修正值,它与 v/u 的比值有关(表 2-4),v 为水平流速,一般要求 $v < 15\,u_0$,且 v 不大于 54 m/h。

表 2-4　α 与速度比(v/u_0)的关系

速度比/(v/u_0)	20	15	10	6	3
α 值	1.74	1.64	1.44	1.37	1.28

水平式隔油池构造简单,工作稳定性好,能去除油粒的最小直径为 100 μm,可将废水中含油量从 400～1 000 mg/L 降至 150 mg/L 以下,油类去除率达 70%左右。但对废水中的细分散油去除有限,可以利用浅层理论——斜板式隔油池来提高分离效果。

(二)斜板式隔油池

图 2-28 为斜板式隔油池,池内斜板大多数采用聚酯玻璃钢波纹板,板间距约为 40 mm,

倾角不小于 45°，采用异向流形式，废水自上而下流入斜板组，从出水堰排出；油粒沿斜板上浮，经集油管收集排出。

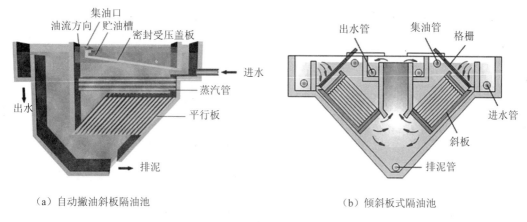

（a）自动撇油斜板隔油池　　　　　　　　　　（b）倾斜板式隔油池

图 2-28　斜板式隔油池

斜板式隔油池设计计算方法与斜板沉淀池基本相同，停留时间一般不大于 30 min，表面水力负荷宜为 $0.6 \sim 0.8$ $m^3/$（$m^2 \cdot h$），斜板净距一般采用 40 mm，倾角$\geqslant$45°；能去除的油滴最小直径为 60 μm，相应的上升速度约为 0.2 mm/s。

斜板式隔油池处理石油炼制厂废水出水含油量可控制在 50 mg/L 以内。但是斜板式隔油池结构复杂，斜板挂油易堵，所以斜板应选择耐腐蚀、不沾油和光洁度好的材料，并且需要定期清洗。

五、气浮

（一）气浮的基本原理

气浮是指通过某种方法产生大量微气泡，黏附水中悬浮和脱稳胶体颗粒，在水中上浮完成固液或液液分离的过程。气浮过程包括气泡产生、气泡与颗粒（固体或液滴）附着以及上浮分离等连续步骤。其中气泡与颗粒吸附作用主要取决于气泡大小和粒子的表面疏水性，气泡越小、颗粒表面疏水性越强，越容易发生黏附。实践证明，直径在 100 μm 以下的小气泡才能很好地与颗粒黏附。若要用气浮法分离亲水性颗粒（如纸浆纤维、煤粒、重金属离子等），就必须投加合适的浮选剂，以改变颗粒的表面性质。

浮选剂的种类很多，如松香油、石油及煤油产品，脂肪酸及其盐类，表面活性剂等。大多数浮选剂由极性—非极性分子所组成，其极性端含有—OH、—COOH、—SO_3H、—NH_2、$\equiv N$ 等亲水基团，而非极性端主要是烃链。例如，肥皂中的有用成分硬脂酸 $C_{17}H_{35}COOH$，—$C_{17}H_{35}$ 是非极性端、疏水的，而—COOH 是极性端、亲水的。在气浮过程中，浮选剂的极性基团能选择性地被亲水性物质所吸附，非极性端则朝向水，从而使亲水颗粒表面变为疏水表面。对不同性质的废水应通过试验，选择合适的浮选药剂和投加量，必要时可参考矿冶工业浮选的资料。

（二）气浮的分类

根据制取气泡的方法不同，气浮可分为三类，即电解气浮、分散空气气浮和溶解空气气浮。

电解气浮装置如图 2-29 所示。电解气浮是将正负相间的多组电极安装在稀电解质水溶液中，在 5～10 V 直流电的作用下，在正、负两极间产生氢气和氧气的微细气泡，黏附于悬浮物上，将其带至水面达到分离的目的。由于电解产生的微细气泡很小，上升过程不会引起水流紊动，故该法特别适于处理脆弱絮状悬浮物，主要用于工业废水处理，表面负荷通常低于 4 m³/（m²·h），处理水量在 10～20 m³/h。由于电耗大、操作运行管理复杂、电极易结垢等问题，该法较难适用于大型生产。

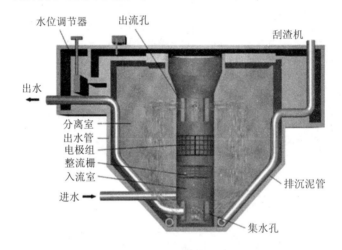

（a）竖流式电解气浮池

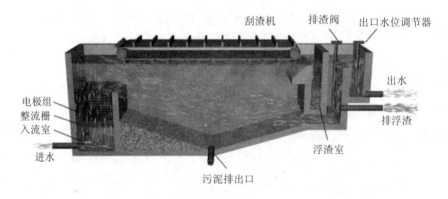

（b）双室平流式电解气浮池

图 2-29 电解气浮装置示意

分散空气气浮的方法和设备很多，目前应用的主要有微孔曝气气浮法和剪切气泡气浮法两种形式（图 2-30）。微孔曝气气浮法［图 2-30（a）］的优点是简单易行，但微孔容易被堵塞、气泡较大、气浮效果不好。剪切气泡气浮［图 2-30（b）］是通过管道被引到叶轮附近，通过叶轮的高速剪切运动，将空气吸入并分散为小气泡（直径 1 mm 左右）。该法的特点是设备不易堵塞，但产生气泡较大，上升速度快，对水体的扰动比较剧烈，撞击和破坏絮状体，故其处理效果较差。主要适用于处理悬浮物浓度高的废水，如洗煤废水及含油脂、羊毛等废水。通常采用多个单元装置串联使用，使污水中所含的杂质颗粒逐渐减少到规定的要求。如果在叶片上开孔通气，可以通过调整叶片上出气孔的数量、孔径大小以及叶轮的旋转速度来产生更多更小的气泡，提高气浮效果，如涡凹气浮法。

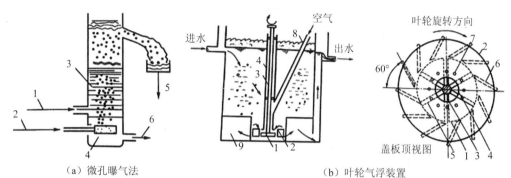

（a）微孔曝气法
1—入流渣；2—空气进入；3—分离柱；
4—微孔陶瓷扩散设备；5—浮渣；6—出流渣

（b）叶轮气浮装置
1—叶轮；2—盖板；3—转轴；4—轴套；5—叶轮叶片；
6—导向叶片；7—循环进水孔；8—进气管；9—整流板

图 2-30 分散空气气浮装置示意图

溶解空气气浮法是使空气在一定压力下溶于水中并呈饱和状态，然后在减压条件下析出空气，形成微小的气泡，进行气浮。通常是在加压下将空气溶入水中、在常压下析出、气浮池在常压下运行。其特点是气体溶解量大、产生气泡多。经减压释放产生的气泡粒径小而均匀，一般为 20~100 μm，在气浮池中上升速度慢、对池水扰动较小，气浮效果比分散空气法好，特别适用于松散、细小絮凝体的固液分离。

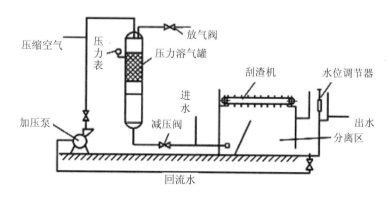

图 2-31 部分回流加压溶气气浮工艺流程示意图

为避免废水中杂质可能对溶气和释放造成不利影响，加压溶气气浮常采用部分处理水回流溶气（图 2-31），即将部分澄清液进行回流，加压送入溶气罐充分溶气，再经压力释放装置后和废水相混合进入气浮池进行固液分离。

（三）气浮池

目前常用的气浮池均为敞式水池，与普通沉淀池的构造基本相同，分为平流式和竖流式两种。

（1）平流式气浮池

平流式气浮池的构造如图 2-32 所示。池深一般为 2.0～2.5 m，池长宽比一般为（2～3）∶1，池深宽比大于 0.3；一般单格宽度不宜超过 6 m，长度不宜超过 15 m。

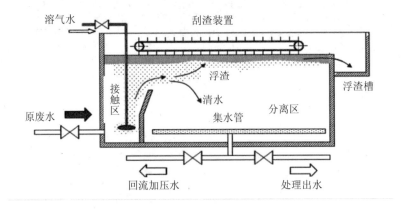

图 2-32　平流式气浮池示意图

反应絮凝后的原水与载气水充分混合后，均匀分布在气浮池的整个池宽上。为了防止进口区水流对颗粒上浮的干扰，在气浮池的前部均设置隔板，使已附着气泡的颗粒向池表面浮升。隔板与水平面夹角一般为 70°，板顶离水面约 0.3 m。在隔板前面的部分称为接触区，在隔板后面的部分则称为分离区。接触区的水流上升流速，下端约为 20 mm/s，上端为 5～10 mm/s，接触室的停留时间大于 1 min。分离区的作用是使附着气泡的颗粒与水分离，并上浮至池面，其表面负荷（包括溶气水量）宜为 4～6 m³/（m²·h），水力停留时间一般为 10～30 min。分离室离池底 20～40 cm 处设穿孔集水管，管内流速为 0.5～0.7 m/s；孔眼宜向下与垂线呈 45°交错排列，孔距为 20～30 cm，孔眼直径为 10～20 mm。清水从分离区的底部排出，产生一个向下流速。显然，当颗粒上浮速度大于向下流速时，固液可以分离，当颗粒上浮速度小于向下流速时，颗粒则下沉而随水流排出。因此，分离区的大小实际上受向下流速的控制。设计时向下流速可取 1.0～3.0 mm/s。

气浮池应设刮渣机和水位控制室，并由调节阀门（或水位控制器）调节水位，防止出水带泥或浮渣层太厚。刮渣机的水平移动速度为 5 m/min，刮渣周期一般为 0.5～2 h，控制浮渣厚度约为 10 cm。刮渣方向应与水流流向相反，使可能下落的浮渣落在接触室。收集的浮渣含水率为 95%～97%，浮渣如泡沫很多，可经加热处理消泡。

（2）竖流式气浮池

竖流式气浮池如图 2-33 所示，基本工艺参数与平流式气浮池相同。池高度可取 4～5 m，长宽或直径一般在 9～10 m 以内。其优点是接触室在池中央，水流向四周扩散，水力条件较好；缺点是与反应池较难衔接，容积利用率较低。

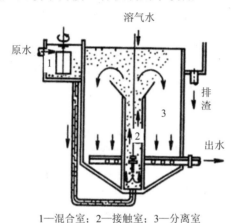

1—混合室；2—接触室；3—分离室

图 2-33　竖流式气浮池示意图

（四）加压溶气气浮系统设计计算

设计内容主要包括确定所需空气量和溶气水量，确定溶气罐和气浮池尺寸结构，以及辅助管渠和设备的选型。

1. 溶气量与溶气水量的估算

在加压溶气系统设计中，常用的基本参数是气固比（A/S），即空气析出量 A 与原水中悬浮固体量 S 的比值，定义为

$$\frac{A}{S} = \frac{减压释放的气体总量(g)}{原水中悬浮固体总量(g)} \tag{2-38}$$

在溶气压力 P 下溶解的空气，经减压释放后，理论上释放空气量为

$$A = \rho C_s \left(f \frac{P}{P_0} - 1 \right) \cdot Q_R \tag{2-39}$$

因此气固比可写成

$$\frac{A}{S} = \frac{\rho C_s \left(f \dfrac{P}{P_0} - 1 \right) \cdot Q_R}{Q S_a} \tag{2-40}$$

式中：A——减压至常压（1 atm*）时释放的空气量，kg/h；

    ρ——空气密度，g/L；

    C_s——一定温度下，一个大气压时的空气溶解度（表 2-5），mL/L；

    f——加压溶气系统的溶气效率，为实际空气溶解度与理论溶解度之比，与溶气罐等因素有关，通常取 0.5～0.8；

    P——溶气压力（绝对压力），大气压（atm）；

    P_0——当地气压（绝对压力），大气压（atm）；

    Q_R——回流加压溶气水量，m³/h；

    Q——气浮处理废水量，m³/h；

    S_a——废水中的悬浮固体质量浓度，g/m³。

表 2-5　一个大气压下空气在水中的饱和溶解度 C_s 与温度的关系

温度/℃	0	10	20	30	40
溶解度 C_s/（mg/L）	36.06	27.26	21.77	18.14	15.51

气固比选用涉及原水水质、出水要求、设备、动力等因素，实际废水处理最好通过气浮试验来确定合适的气固比。当无实测数据时，一般可选用 0.005～0.060，原水的悬浮物含量高时，取下限，低时则取上限。

确定气固比和溶气压力值后，可用下式计算回流溶气水量：

$$Q_R = \frac{A}{S} \frac{QS_a}{\rho C_s \left(f\dfrac{P}{P_0} - 1 \right)} \tag{2-41}$$

若水中固体物含量较多，无气浮处理试验资料时，可按每千克 20 L 来估算。

2．溶气罐尺寸计算

溶气罐直径：

$$D = \sqrt{\frac{4Q_R}{\pi I}} \tag{2-42}$$

式中：I——过流密度，m³/（m²·d）。

若采用空罐，I 为 1 000～2 000 m³/(m²·d)；若采用填料溶气罐，I 为 2 500～5 000 m³/(m²·d)，溶气罐承压能力应大于 0.6 MPa。

溶气罐高：

$$h = 2h_1 + h_2 + h_3 + h_4 + h_5 \tag{2-43}$$

---

* 1 atm=101 325 Pa，全书同。

式中：h_1——罐顶、底封头高度（依罐直径而定），m；

$\quad$ h_2——布水区高度，一般取 0.2～0.3 m；

$\quad$ h_3——填料层高度，一般为 0.8～1.3 m，当采用阶梯环时，可取 1.0～1.3 m；

$\quad$ h_4——贮水区高度，一般取 1.0 m；

$\quad$ h_5——液位控制高度，一般取 0.1 m。

3. 气浮池尺寸计算

接触区面积：

$$A_c = \frac{Q + Q_R}{v_c} \tag{2-44}$$

分离区面积：

$$A_s = \frac{Q + Q_R}{v_s} \tag{2-45}$$

气浮池有效水深：

$$H = v_s t_s \tag{2-46}$$

气浮池有效容积：

$$V = (A_c + A_s)H \tag{2-47}$$

式中：v_c——接触区水深上升平均流速，取接触区上、下端水流上升流速的平均值；

$\quad$ v_s——气浮分离速度（v_s＝表面负荷）；

$\quad$ t_s——气浮池分离区水力停留时间，一般为 10～20 min。

其他设计选型略。

在废水处理工程中，气浮法广泛应用于：①石油、化工及机械制造行业的含油（包括乳化油）废水的油水分离；②工业废水中有用物质的回收，如造纸厂废水中的纸浆纤维及填料的回收；③取代二沉池分离和浓缩剩余活性污泥，特别适用于活性污泥絮体不易沉淀或易发生膨胀的情况；④工业废水中相对密度接近于 1 的悬浮固体的分离。

与沉淀法相比较，气浮法具有以下特点：①表面负荷较高 [最高可达 12 m³/（m²·h）]，水在池中停留时间短，池深只需 2 m 左右，故占地较少，基建投资省；②具有预曝气作用，出水和浮渣都含有一定量的氧，有利于后续处理或再用，泥渣不易腐化；③对难于沉淀的藻类、浮游生物等处理效率高，出水水质好；④浮渣含水率低，一般在 96% 以下，比沉淀池污泥体积少 2～10 倍，这对污泥的后续处理有利，而且表面刮渣也比池底排泥方便；⑤可以回收利用有用物质；⑥所需药剂量比沉淀法节省。但是，气浮法电耗较大，处理每吨废水比沉淀法多耗电 0.02～0.04 kW·h；目前使用的溶气水减压释放器易堵塞；浮渣怕较大的风雨袭击。

第四节　混　凝

各种废水都是以水为分散介质的分散体系。根据分散相粒度不同，废水可分为三类：分散相粒度为 0.1～1 nm 的称为真溶液；分散相粒度为 1～100 nm 的称为胶体溶液；分散相粒度大于 100 nm 的称为悬浮液。其中粒度在 100 μm 以上的悬浮液可采用沉淀、上浮或筛滤处理，而粒度在 1 nm～100 μm 的部分悬浮颗粒和胶体，具有能在水中长期保持分散悬浮状态的"稳定性"，即使静置数十小时以上，也不会自然沉降或上浮。混凝就是在混凝剂的离解和水解产物作用下，使水中的胶体和细微悬浮物脱稳并聚集为具有可分离性絮凝体的过程，其中包括凝聚和絮凝两个过程，统称为混凝。

一、混凝机理

化学混凝的机理至今仍未完全清楚。因为它涉及的因素很多，如水中杂质的成分和浓度、水温、pH、碱度，以及混凝剂的性质和混凝条件等。但归结起来，可以认为主要是 3 个方面的作用。

1．压缩双电层作用

胶体微粒具有双电层结构，如图 2-34 所示的黏土胶体。其中，胶核表面由于吸附或电离带上的一层同号电荷离子，称为电位离子层。由于电位离子的静电引力吸引大量电荷相反的离子在其周围形成反离子层。反离子层结构中紧靠电位离子的部分被牢固吸引着，随胶核一起运动，构成了胶体粒子的固定吸附层。其他反离子由于距电位离子较远、受到的引力较小，不能随胶核一起运动，并趋于向溶液主体扩散，构成了扩散层。吸附层与扩散层的交界面称为滑动面。滑动面以内的部分称为胶粒。由于胶粒内反离子电荷数少于表面电荷数，故胶粒总是带电的。

胶粒与溶液主体间由于剩余电荷的存在所产生的电位称为 ζ 电位，而胶核与溶液主体间由于表面电荷的存在所产生的电位称为 ψ 电位。图 2-34 描述了两种电位随距离的变化情况。ψ 电位对于某类胶体而言，是固定不变的；而 ζ 电位随着温度、pH 及溶液中反离子浓度等外部条件而变化，可通过电泳或电渗计算得出，它是表征胶体稳定性强弱和研究胶体凝聚条件的重要参数。

ζ 电位与扩散层厚度和胶粒表面电荷之间的关系如下：

$$\zeta = \frac{4\pi q\delta}{\varepsilon} \tag{2-48}$$

式中：q——胶体粒子的电动电荷密度，即胶粒表面与溶液主体间的电荷差；

　　　δ ——扩散层厚度，cm；

　　　ε ——液体的介电常数，其值随水温升高而减小。

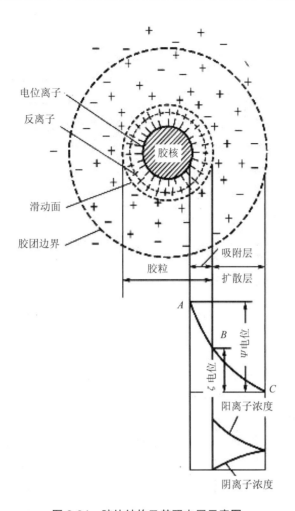

图 2-34　胶体结构及其双电层示意图

　　胶粒在水中受到同类胶粒的静电斥力、范德华引力以及水分子热运动的撞击作用。由于胶粒的 ζ 电位都比较高，因而斥力也较大，扩散层较厚，并将极性水分子吸引到它的周围形成一层水化膜，阻止颗粒相互接触。布朗运动的动能不足以将两胶粒推进到范德华引力发挥作用的距离。因此胶体微粒不能相互聚结，而是长期保持稳定的分散状态。

　　但是静电斥力和水化膜厚度都是伴随胶粒带电产生的，ζ 电位越高，胶粒越稳定；如果胶粒的 ζ 电位消除或减弱，静电斥力和水化膜会随之消失或减弱，胶粒就会失去稳定性。

　　压缩双电层是指在胶体分散系中投加能产生高价反离子的活性电解质，通过增大溶液中的反离子与扩散层内原有反离子之间的静电斥力，把原有反离子程度不同地挤压到吸附层中，从而使 ζ 电位降低、扩散层减薄的过程（图 2-35）。一方面，由于 ζ 电位降低，胶粒间的相互排斥力减小；另一方面，由于扩散层减薄，胶粒相互碰撞时的距离也减少，因此相互间的吸引力相应变大，从而其合力由斥力为主变成以引力为主，胶粒得以迅速凝聚。

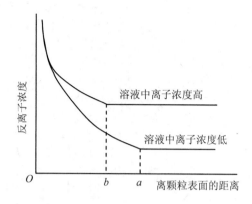

图 2-35 溶液中反离子浓度与扩散层厚度的关系

港湾处泥沙沉积现象可用该机理较好地解释。因淡水进入海水时，海水中盐类浓度较大，使淡水中胶粒的稳定性降低，易于凝聚，所以在港湾处泥沙易沉积。

实际废水处理中，常常投加能产生高价反离子的活性电解质（如三价铁盐和铝盐混凝剂），来达到降低ζ电位和压缩双电层的目的。理论上应是在等电状态下混凝效果最好，但实践表明效果最好时的ζ电位常大于0。这说明除压缩双电层作用以外，还有其他作用存在。

2. 吸附架桥作用

吸附架桥作用主要是指链状高分子聚合物在静电引力、范德华力和氢键力等作用下，通过活性部位与胶粒和细微悬浮物等发生吸附桥联的过程。

三价铝盐或铁盐及其他高分子混凝剂溶于水后，经水解、缩聚反应，往往形成具有线形结构的高分子聚合物，它们在范德华引力、静电引力以及氢键和配位键等化合力的作用下，可被胶粒强烈吸附。吸附力的大小和类型主要取决于聚合物和胶粒表面的结构特点和化学性质。因这类高分子物质线形长度较大，当它的一端吸附某一胶粒后，另一端又吸附另一胶粒，在相距较远的两胶粒间进行吸附架桥，使颗粒逐渐变大，形成粗大絮凝体。在吸附桥联过程中，胶粒并不一定要脱稳，也无须直接接触。这个机理可解释非离子型或带同号电荷的离子型高分子絮凝剂得到较好絮凝效果的现象，也能解释当废水浊度很低时有些混凝剂效果不好的现象。因为废水中胶粒少，当聚合物伸展部分一端吸附一个胶粒后，另一端因黏不着第二个胶粒，只能与原先的胶粒相连，就不能起架桥作用，从而达不到絮凝的效果。

在废水处理中，对高分子絮凝剂投加量及搅拌时间和强度都应严格控制，当投加量过大时，一开始微粒就被若干高分子链包围，而无空白部位去吸附其他的高分子链，结果造成胶粒表面饱和产生再稳现象。已经架桥絮凝的胶粒，如受到剧烈的长时间的搅拌，架桥聚合物可能从另一胶粒表面脱开，又重新卷回原所在胶粒表面，造成再稳定状态。

3. 沉淀物网捕作用

当采用硫酸铝、石灰或氯化铁等高价金属盐类作凝聚剂时，当投加量大得足以迅速沉淀金属氢氧化物［如 $Al(OH)_3$，$Fe(OH)_3$］或金属碳酸盐（如 $CaCO_3$）时，水中的胶粒和细微悬浮物可被这些沉淀物在形成时作为晶核或吸附质所网捕。水中胶粒本身可作为这些沉淀所形成的核心时，凝聚剂最佳投加量与被除去物质的浓度成反比，即胶粒越多，金属凝聚剂投加量越少。

不同的化学药剂能使胶体以不同的方式脱稳、凝聚或絮凝。在实际的混凝过程中，往往各种作用相继出现并交叉发挥效果，只是在一定情况下以某种作用为主而已。

二、混凝剂与助凝剂

混凝包括凝聚与絮凝两种过程。凝聚（congulation）是指胶体被压缩双电层而脱稳的过程；絮凝（flocculation）则指胶体由于高分子聚合物的吸附架桥作用聚结成大颗粒絮体的过程。凝聚是瞬时的，只需将化学药剂扩散到全部水中即可；而絮凝则需要一定的时间让絮体长大。但在一般情况下两者难以截然分开。习惯上，能起凝聚与絮凝作用的药剂统称为混凝剂，而将低分子电解质称为凝聚剂，将高分子药剂称为絮凝剂。当单用混凝剂不能取得良好效果时，可投加某类辅助药剂以提高混凝效果，这种辅助药剂称为助凝剂。

（一）混凝剂

用于水处理的混凝剂要求：混凝效果好，对人类健康无害，价廉易得，使用方便。

常用的混凝剂按化学组成可分为无机盐类和有机高分子类。

1. 无机盐类混凝剂

目前应用最广泛的是铝盐和铁盐，可分为普通铝、铁盐和聚合盐。

传统的铝盐混凝剂主要有硫酸铝、明矾等。硫酸铝使用便利，混凝效果较好，不会给处理后的水质带来不良影响。但水温低时铝水解困难，形成的絮体较松散，效果不及铁盐。

传统的铁盐混凝剂主要有三氯化铁、硫酸亚铁和硫酸铁等。与铝盐相比，铁盐适用的 pH 范围更大，形成的氢氧化物絮体大、密度大、沉降快。但残留在水中的 Fe^{2+}、Fe^{3+} 会使处理后的水带色，Fe^{2+} 还会与水中的某些有色物质作用生成颜色更深的溶解物；三氯化铁腐蚀性强，易吸湿潮解，不易保管。

聚合氯化铝和聚合硫酸铁是目前国内研制和使用比较广泛的无机高分子混凝剂，基本上代替了传统的混凝剂。聚合氯化铝又称为碱式氯化铝或羟基氯化铝，分子式为

$[Al_2(OH)_nCl_{6-n}]_m$（式中 $n=1\sim5$，$m\leqslant10$），代号：PAC；聚合硫酸铁的化学式为 $[Fe_2(OH)_n(SO_4)_{3-n/2}]_m$，代号：PFS。它们都是具有一定碱化度的无机高分子聚合物，且作用机理也颇为相似。与普通铁、铝盐相比，聚合铁、铝盐具有投加剂量少（为普通铁、铝盐的 $1/4\sim1/2$），絮体生成快且大而重，对水质水温的适应范围广，以及水解时消耗水中碱

度少、腐蚀性小等一系列优点，因而在废水处理中的应用越来越广泛。

2. 有机高分子类絮凝剂

我国当前使用较多的是人工合成的聚丙烯酰胺（代号：PAM），其分子结构为：

$$\begin{array}{c} \text{—CH}_2\text{—CH—}\rangle_n \\ | \\ \text{CONH}_2 \end{array}$$

，聚合度可多达 $2\times10^4 \sim 9\times10^4$，相应的分子量高达 $1.5\times10^6 \sim 6\times10^6$。产品外观为白色粉末，易吸湿，易溶于水，可以通过水解构成阴离子型（HPAM），也可以通过引入基团构成阳离子型，如聚二甲基氨甲基丙烯酰胺（APAM）。阴离子型主要是含有—COOM（M 为 H^+ 或金属离子）或—SO_3H 基团，阳离子型主要是含有—NH^{3+}、—NH^{2+} 和—N^+R_4 基团。

在一般情况下，不论混凝剂为何种离子型，对不同电性的胶体和细微悬浮物都是有效的。但如为离子型，且电性与胶粒电性相反，就能起降低 ζ 电位和吸附架桥双重作用，可明显提高絮凝效果。而且，离子型高分子混凝剂由于带同号电荷，产生的静电斥力会使线型分子延伸开来，扩大捕捉范围，活性基团也得到充分暴露，有利于更好地发挥架桥作用。因此，离子型高分子混凝剂是今后的发展重点。

人工合成的有机高分子类絮凝剂絮凝效果优异，无腐蚀性；但是制造过程复杂，价格较贵，常作为助凝剂使用。另外，聚丙烯酰胺的单体——丙烯酰胺有毒，因此其毒性问题也引起人们的注意和研究。

天然高分子混凝剂因毒性小、易于生物降解，不会引起环境问题，近年来颇受关注。但因其电荷密度小、分子量较低，容易发生降解而失去活性，因此应用远不如人工合成的广泛。

（二）助凝剂

助凝剂是指与混凝剂一起使用，用以调节或改善混凝条件或者絮凝体结构，以促进混凝过程的辅助药剂。助凝剂本身可以起混凝作用，也可不起混凝作用。按其功能助凝剂可分为 3 种：①pH 调整剂，如石灰、硫酸、氢氧化钠等；②絮体结构改良剂，如聚丙烯酰胺、活性硅酸、黏土等，可以改善絮体的结构，增加其粒径、密度和强度；③氧化剂，如氯气、次氯酸钠、臭氧等，可用来破坏表面活性剂等有机物，以消除泡沫干扰，提高混凝效果。

三、影响混凝的因素

影响混凝的因素很多，主要有水质、混凝剂和水力条件 3 个方面。

（一）废水水质的影响

（1）pH

pH 直接影响污染物存在的形态和表面性质，以及混凝剂的水解平衡和产物的存在形态和存在时间，对混凝影响很大。各种药剂产生混凝作用时都有一个适宜的 pH 范围，特别是铁、铝盐混凝剂，pH 不同，生成水解产物不同，混凝效果也不同。例如，硫酸铝的最佳 pH 范围是 6.5～7.5，不能高于 8.5，否则容易生成 AlO_2^-，对含有负电荷胶体微粒的废水达不到混凝的效果。而硫酸亚铁只有在 pH>8.5 和水中有足够氧时，才能迅速形成 Fe^{3+}。且由于铁、铝盐水解时不断产生 H^+，因此，常常需要添加碱来使反应充分进行。高分子絮凝剂除离解时产生 H^+ 和 OH^- 外，一般受 pH 的影响很小。

（2）水温

水温会影响无机盐类的水解。水温低，水解反应慢。另外水温低，水的黏度增大，布朗运动减弱，混凝效果下降。这也是冬天混凝剂用量比夏大多的缘故。但温度也不是越高越好，当温度超过 90℃ 时，易使高分子絮凝剂老化或分解生成不溶性物质，反而降低混凝效果。

（3）共存杂质

水中杂质成分、性质和浓度影响混凝剂用量、混凝的机理和碰撞效率，对混凝效果影响很大。有些杂质的存在能促进混凝过程，如除硫、磷化合物以外的其他各种无机金属盐和黏土类杂质；有些物质则不利于混凝的进行，如磷酸离子、亚硫酸离子、表面活性剂等。杂质颗粒的级配越单一均匀、越细越不利于混凝，大小不一的颗粒将有利于混凝。

（二）混凝剂的影响

混凝剂种类、投加量和投加顺序都对混凝效果产生影响。混凝剂的选择和投加主要取决于胶体和细微悬浮物的性质、浓度以及介质条件，应视具体情况而定。对任何废水的混凝处理，都存在最佳混凝剂和最佳投药量的问题，一般应通过试验确定。通常普通铁、铝盐为 10～30 mg/L，聚合盐则大体为普通盐的 1/3～1/2；有机高分子絮凝剂通常只需 1～5 mg/L，且投加量过量，很容易造成胶体的再稳。

大多数情况下，将无机混凝剂与高分子混凝剂并用，可明显提高混凝效果，扩大应用范围。如果水中污染物主要呈胶体状态，且 ζ 电位较高，则应先投加无机混凝剂使其脱稳凝聚；如絮体细小，还需投加高分子絮凝剂或配合使用活性硅酸等助凝剂。高分子絮凝剂选用的基本原则是：阴离子和非离子型主要用于去除浓度较高的细微悬浮物，但前者更适于中性和碱性水质，后者更适于中性至酸性水质；阳离子型主要用于去除胶体状有机物，pH 为酸性至碱性均可；如果絮凝对象的 ζ 电位较高，则应优先选用电性相反的离子型絮凝剂。此外，还应考虑来源、成本和是否引入有害物质等因素。

（三）水力条件的影响

整个混凝过程可以分为混合凝聚和絮凝反应两个阶段，这两个阶段在水力条件上的配合非常重要。水力条件的两个主要的控制指标是搅拌强度和搅拌时间。

搅拌强度常用速度梯度 G 来表示。速度梯度是指出于搅拌在垂直水流方向上引起的速度差 du 与垂直水流距离 dy 间的比值，即 $G=\dfrac{\mathrm{d}u}{\mathrm{d}y}$。速度梯度实质上反映了颗粒的碰撞机会。速度差越大，颗粒间越易发生碰撞；间距越小，颗粒间也越易发生碰撞。

在混合阶段，要求混凝剂与废水迅速均匀的混合，为此要求 G 在 $500\sim1\,000\ \mathrm{s}^{-1}$，或水流速度在 1.5 m/s 以上；搅拌时间 t 应在 $1\sim30$ s，最多不超过 2 min。而到了反应阶段，既要创造足够的碰撞机会和良好的吸附条件让絮体有足够的成长机会，又要防止生成的小絮体被打碎，因此搅拌强度要逐渐减小，而反应时间要适当延长，相应 G 和 t 值分别应在 $20\sim70\ \mathrm{s}^{-1}$ 和 $15\sim30$ min；Gt 值应控制在 $10^{4}\sim10^{5}$。如果化学混凝后不经沉淀处理，而是直接进行接触过滤或气浮分离，反应阶段可以忽略。

四、混凝工艺与设备

整个混凝工艺过程包括混凝剂的配制与投加、混合、反应、澄清几个步骤，如图 2-36 所示。

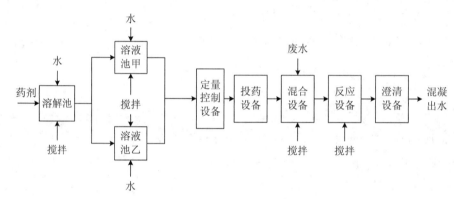

图 2-36　混凝工艺过程

（一）混凝剂的配制与投加

混凝剂的投配分干法和湿法。干法即把药剂直接投放到被处理的水中。其优点是占地少，缺点是对药剂的粒度要求较高，投配量较难控制，对机械设备要求较高。我国用得较多的是湿法，即先把药剂溶解，配制成一定浓度的溶液，再投入被处理水中。

溶液池应采用两个，交替使用，其体积可按下式计算：

$$V_{1}=\frac{24\times100aQ}{1000\times1000\times wn}=\frac{aQ}{417wn} \tag{2-49}$$

式中：V_1——溶液池体积，m^3；

　　　a——混凝剂的最大用量，mg/L；

　　　Q——处理水量，m^3/h；

w——溶液质量分数，一般用 5%～20%；

n——每昼夜配制溶液的次数，一般为 2～6 次。

溶解池体积（m^3）：

$$V_2=（0.2～0.3）V_1 \tag{2-50}$$

药液的投配要求是计量准确、调节灵活、设备简单。目前较常用的主要有计量泵、水射器、虹吸定量投药设备和孔口计量设备。

（二）混合

混合的目的在于使药剂能迅速均匀地扩散到水中，并与水中悬浮微粒等接触凝聚成细小的矾花。因此要求搅拌强度要大，但是混合时间不宜过长。常用的混合设备如图 2-37 所示。

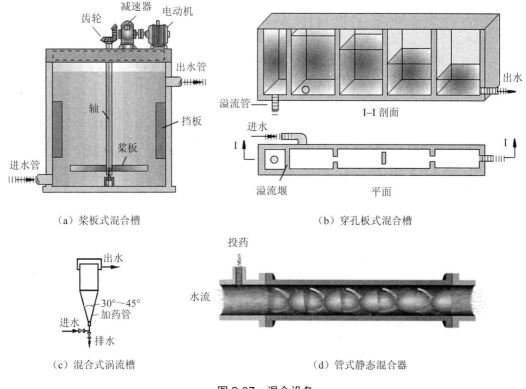

（a）桨板式混合槽 （b）穿孔板式混合槽

（c）混合式涡流槽 （d）管式静态混合器

图 2-37 混合设备

（三）反应

混合完成后，水中已经产生细小絮体，但还未达到自然沉降的粒度。反应设备的任务就是促使小絮体继续长大成为大絮体而便于沉淀。常用设备有机械搅拌和水力搅拌两类（图 2-38）。

新建水厂常用机械搅拌絮凝反应池 [图 2-38（a）]，反应池设 2～4 格，池内设 3～4

挡搅拌机，搅拌机转速按叶轮半径中心点线速度计算确定，由进水格的 0.5～0.6 m/s 依次减到出水格的 0.1～0.2 m/s。絮凝反应时间 15～20 min。

水力搅拌反应池在我国应用广泛，类型也较多，主要有隔板絮凝反应池、旋流絮凝反应池、涡流絮凝反应池等。在废水处理中应用得较多的是隔板絮凝反应池 [图 2-38（b）]，隔板间距一般不大于 0.5 m，廊道的最小宽度不小于 0.5 m；池进水端水流速为 0.5～0.6 m/s，出水端为 0.115～0.2 m/s，转弯处过水断面积为廊道过水断面积的 1.2～1.5 倍；絮凝反应时间为 20～30 min；池底应有 0.02～0.03 坡度和直径不小于 150 mm 的排泥管。

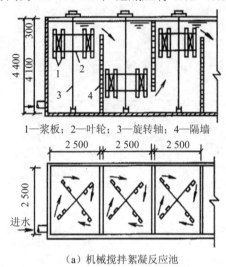

1—浆板；2—叶轮；3—旋转轴；4—隔墙

（a）机械搅拌絮凝反应池

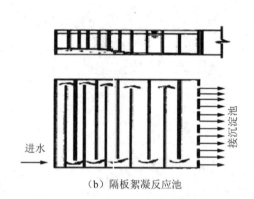

（b）隔板絮凝反应池

图 2-38　絮凝反应池

第五节　深层过滤

水和废水通过一定深度的粒状滤料（如石英砂）床层时，其中的悬浮颗粒和胶体就被截留在滤料的表面和内部空隙中，这种通过粒状介质层分离不溶性污染物的方法称为粒状介质过滤。为区别于格筛过滤、微孔过滤和膜过滤等表面或浅层过滤过程，常将这类过滤称为深层过滤。

深层过滤是去除悬浮物特别是去除浓度比较低的悬浊液中微小颗粒的一种有效方法。在给水处理中，常用过滤处理沉淀或澄清池出水，使过滤后出水浑浊度满足用水要求。在废水处理中，过滤常作为吸附、离子交换、膜分离法等的预处理手段，也作为混凝和生化处理的后处理，使过滤后出水达到回用的要求。

一、过滤机理

深层过滤分离悬浮颗粒的过程涉及多种因素，包括废水悬浮物的粒度、形状、密度、浓度和表面性质，滤料的粒度、形状、孔隙率、表面性质、滤床的厚度和层数，以及过滤速度等。其作用机理大致可概括为以下 3 个方面。

1. 表面筛滤

当原水自上而下流过粒状滤料层时，粒径较大的悬浮颗粒首先被截留在表层滤料的空隙中，从而使此层滤料间的空隙越来越小，截污能力随之变得越来越高，结果逐渐形成一层主要由被截留的固体颗粒构成的滤膜，并由它起主要的过滤作用。这种作用属于筛滤作用。筛滤作用的强度主要取决于表层滤料的最小粒径和水中悬浮物的粒径，并与过滤速度有关。悬浮物粒径越大，表层滤料和滤速越小，就越容易形成表层筛滤膜，滤膜的截污能力也越高，但同时过滤水头也会迅速增加，甚至发生堵塞。而经过混凝的絮体粒径一般较小，为 $2\sim10\ \mu m$，黏土颗粒粒径为 $20\sim30\ \mu m$，它们都能通过滤层而不被机械截留（如石英砂滤料粒径通常为 $0.5\sim2.0\ mm$，其间的孔隙可以通过直径最大为 $77\ \mu m$ 的球形悬浮物）。所以，这种表面筛滤不能发挥整个滤层的作用，对悬浮颗粒的总去除率贡献不大。

2. 重力沉降

重力沉降强度主要与滤料直径和过滤速度有关。滤料越小，沉降面积越大；滤速越小，则水流越平稳，这些都有利于悬浮物的沉降。据估计，粒径为 $0.5\ mm$ 的 $1\ m^3$ 滤料中就拥有 $400\ m^2$ 可供悬浮物沉降的有效面积，形成无数的小"沉淀池"，悬浮物极易在此沉降下来。但其中一些附着不牢的被截留物质在水流的作用下，会随水流到下层滤料中去。随着滤料颗粒表面沉积量增大，孔隙变得更小，孔隙水流速度增大，在水流的冲刷下，悬浮颗粒被带到下层的越来越多，甚至随水带出滤层，从而使出水水质变坏。

3. 接触凝聚

由于滤料细小，具有巨大的表面积和表面吸附能，能强烈吸附悬浮微粒和离子；同时，砂粒表面常带负电荷，能吸附带正电荷的铁、铝等胶体，在砂粒表面发生接触絮凝，使出水澄清。

在实际过滤过程中，上述 3 种机理往往同时起作用，只是依条件不同而有主次之分。污水进入滤层开始过滤时，较大的悬浮物颗粒首先被表面筛滤截留下来，而较微细的悬浮颗粒则通过沉降或与滤料颗粒及已附着的悬浮颗粒接触发生吸附和凝聚而被截留下来。由于一般过滤原水所含悬浮颗粒都很微细，在进滤池过滤之前，都要投加凝聚剂，在压缩悬浮颗粒和滤料颗粒表面的双电层后，尚未生成微絮凝体时，立即进行过滤，此时水中脱稳的胶体很容易与滤料表面凝聚，因此接触凝聚是主要的作用机理。

悬浮物和滤料颗粒表面呈多角状、带有异号电荷有利于吸附和凝聚。滤速越小，层数越多，出水水质越好，由此引起的基建投资也大。实际生产中常在 $4.9\sim19.6\ m/h$ 范围内选择适用的滤速，废水处理可根据需要选择双层滤料滤池及混合滤料滤池，不宜超过两层滤层。

二、滤池的构造

普通快滤池一般用钢筋混凝土建造，其构造如图 2-39 所示。快滤池主要组成部分包括集水渠、排水槽、滤料层、垫料层和配水系统；池外设集中管廊，配有进水管、出水管、冲洗水管、冲洗水排出管等管道及附件。

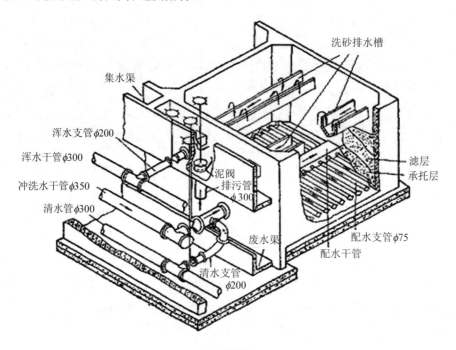

（a）透视图

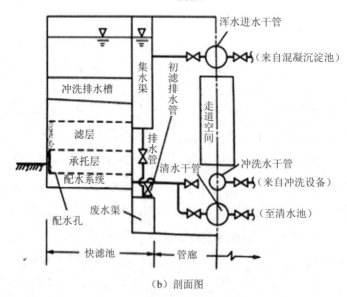

（b）剖面图

图 2-39　快滤池构造图

（一）滤料层

滤料层的作用是截留悬浮物，它是滤池的核心部分，一般由具有一定大小和级配的石英砂或其他滤料组成，具有较大的比表面积和适当的孔隙率，能提供悬浮物接触凝聚的表面和纳污的空间，以满足截留悬浮物的要求。

目前常用的滤料有石英砂、无烟煤、陶粒、高炉渣，以及人工合成的聚氯乙烯和聚苯乙烯球等。其中石英砂滤料孔隙率约为 0.40，无烟煤约为 0.5。

滤层的纳污能力是指在保证出水水质的前提下，在过滤周期内单位体积滤料中能截留的污物量，单位为 kg/m^3 或 g/cm^3 表示。其大小与滤料的粒径、形状等因素有关外，还与滤料的孔隙率和滤层厚度有关。滤层厚度与滤料粒径的比值（L/d_e）与滤料层的比表面积成正比，滤料的孔隙率和 L/d_e 越大，比表面积也越大，污物去除率也越高。对于经凝聚处理的天然水或沉淀池出水，在滤速 4～12.5 m/h 范围内，为确保 60%～90% 的去除率，滤层厚度与滤料粒径的比值应大于 800。当进水含悬浮物量较大时，宜用粒径大、厚度大的滤料层，以增大滤层的纳污能力；反之，宜采用粒径小、厚度小的滤料层。

国内快滤池一般采用有效直径 d_{10} 为 0.5～0.6 mm、不均匀系数 K_{80} 为 2.0～2.2 的滤料，国外则倾向于选用稍大的 d_{10} 和较小的 d_{80}。其中 d_{10} 是指能使 10% 重量的滤料通过的筛孔直径（mm）；d_{80} 表示能使 80% 的滤料通过的筛孔直径（mm）。d_{80} 与 d_{10} 的比值即滤料的不均匀系数 K_{80}。在实用上，常用筛分滤料的粗、细两个筛盘的孔径（即滤料的最大粒径 d_{max} 和最小粒径 d_{min}）来衡量滤料粒度的不均匀特征。

单层滤料滤池在反冲洗后由于水力筛分作用，使沿过滤水流方向的滤料粒径逐渐变大，形成上部细、下部粗的滤床。孔隙尺寸及含污能力也是从上到下逐渐变大。在下向流过滤中，水流先经过粒径小的上部滤料层，再到粒径大的下部滤料层。大部分悬浮物截留在床层上部数厘米深度内，而下层的含污能力未被充分利用。此外，沉积于细砂顶面上的污物极易固结，反洗时也不易被冲去，增加了水头损失。这种现象在过滤悬浮物浓度较高的原水时尤为严重。为了解决上述问题，可以采用改变水流方向，改用上粗轻、下细重的双层滤料结构，或采用人工合成的新型孔隙率可变的滤料，使整个滤床上部孔隙率较高，下部孔隙率较低，以提高滤层纳污能力。

（二）承托层

承托层主要起承托滤料的作用，一般配合大阻力配水系统使用。由于滤料粒径较小，而配水系统的孔眼较大，为了防止滤料随过滤水流失，同时也帮助均匀配水，在滤料与配水系统之间需设承托层。如果配水系统的孔眼直径很小，布水也很均匀，承托层可以减薄或省去。

承托层要求不被反洗水冲动，形成的孔隙均匀，使布水均匀，化学稳定性好，机械强度高，通常由若干层卵石、碎石或重质矿石构成。目前滤料的最大粒径为 1～2 mm，故承托层的最小粒径一般不小于 2 mm，而其最大粒径以不被常规反洗强度下的水流冲动来考虑，一般为 32 mm。通常，承托层中的颗粒粒度按上小下大的顺序排列。不同粒径的垫料分层布置、各层厚度如表 2-6 所示。

表 2-6　垫料层规格（大阻力系统）

层次（自上而下）	粒径/mm	厚度/mm	层次（自上而下）	粒径/mm	厚度/mm
1	2～4	100	3	8～16	100
2	4～8	100	4	16～32	100

（三）配水系统

配水系统的作用是均匀收集滤后水，更重要的是均匀分配反冲洗水。如果反冲洗水分布不均，则流量小的部位滤料冲洗不净，污物逐渐黏结成"泥球"或"泥饼"，流量大的部位，则可能使垫层被冲动，滤料和垫层混杂，并造成"跑砂"，最终必然导致过滤过程的破坏。因此，配水系统的合理设计是保持滤池正常工作、滤料层稳定的重要保证。当配水系统满足反冲洗的配水要求后，过滤时的集水均匀就会同时得到解决，可以不必另行核算。

常用的配水系统有大阻力配水系统和小阻力配水系统两种。

常见的大阻力配水系统的结构如图 2-40 所示，系统由一条干管和许多配水支管组成，每根支管上开有若干数目相同的配水孔眼或装上滤头，其有关设计参数见表 2-7。由于配水孔眼很小，因此孔眼出流速度很大，通过孔眼的局部水头损失较大，远大于池内各处由于水流输送距离不同而引起的水头损失的差异，使滤池内各处配水阻力相近，从而达到配水相对均匀。

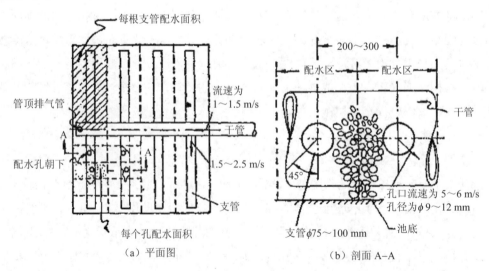

（a）平面图　　　（b）剖面 A–A

图 2-40　管式大阻力配水系统

表 2-7　管式大阻力配水系统设计数据

干管进口流速	支管进口流速	支管中心距	支管直径	布水孔总面积	布水孔中心距	布水孔直径
1.0～1.5 m/s	1.5～2.5 m/s	0.2～0.3 m	75～100 mm	占滤池面积的 0.2%～0.25%	75～300 mm	9～12 mm

大阻力配水系统工作可靠，为生产实践中常用的配水形式，但存在水头损失大、能耗高的问题。

小阻力系统则是采用配水室代替配水管，在室顶安装栅条、尼龙网、多孔板和滤头等配水装置，其系统结构见图 2-41。由于配水室内水流速度很小，水从进口端到末端的水头损失很小，池内各处由于水流输送距离不同而引起的水头损失的差异可以忽略不计，由此得到配水相对均匀的配水系统。该系统的特点是水头损失小，结构也比较简单，但其配水均匀性不如大阻力配水系统，所以常应用于面积较小的滤池。

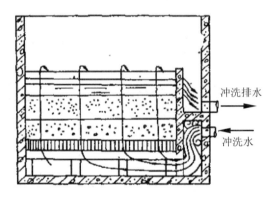

图 2-41　小阻力配水系统

（四）排水槽及集水渠

排水槽用以均匀收集和输送反冲洗污水，因此，排水槽的分布应使排水槽溢水周边的服务面积相等，并且在滤池内均匀分布。集水渠一方面用以收集各排水槽送来的反洗废水，通过反洗排水管排入下水道，同时，它也起着连接进水管的作用。反洗排污时集水渠的水面应低于排水槽出口的底部标高，以保证排水槽的水流畅通。

三、快滤池的运行与控制

滤池运行过程包括过滤和反洗两个基本阶段。

（一）过滤速度及其控制

过滤时，原水自进水管（浑水管）经集水渠、洗砂排水槽分配进入滤池，在池内水自上而下穿过滤料层、垫料层（承托层），由配水系统收集，并经清水管排出。随过滤进行，滤池水头损失和滤后水浓度逐渐上升，理想情况如图 2-42 所示。经过一段时间过滤后，滤料层被悬浮物质所阻塞，水头损失逐渐增大至一个极限值，以致滤池出水量锐减。另外，由于孔隙锐减，水流的冲刷力加剧，又会使一些已截留的悬浮物质从滤料表面剥落下来而被大量带出，影响出水水质。当水头损失超过允许值，或者出水的悬浮物浓度超过规定值时，过滤阶段即告结束，滤池需进行反冲洗。

滤池过滤的总水头 H 可分解为五部分（图 2-43）：流经滤料层的水头损失 H_L（从开始时的 H_0，随时间呈直线增加），流经垫层和集水系统的水头损失 h_1（不随时间而变）；流经流量控制阀的水头损失 h_t（开始时为 h_0，可通过开启阀门改变）；出水管内流速水头 $v^2/2g$；剩余水头 h_2。

$$H = H_L + h_1 + h_t + \frac{v^2}{2g} + h_2 \tag{2-51}$$

过滤时，H_L 逐渐增加，为使剩余水头 h_2 不变，可开大出水阀，使 h_t 减小。当过滤周期快结束时，出水阀已全开，h_t 已达最小，此时继续过滤，h_2 就要逐渐减小，直至被消耗完，滤池不再出水。

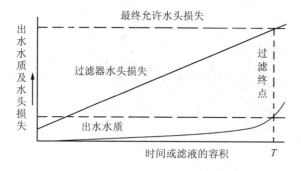

图 2-42　出水水质及水头损失变化曲线

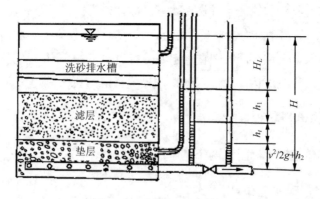

图 2-43　水头损失示意图

为了保持一定的滤速，常用逐渐开大出水阀门、增大过滤水头 H 和多个滤池并联（每个滤池轮流反洗，过滤滤速依次递降，但总的滤速基本维持不变）等方式进行调节。但当出水阀全开时，或水位上升至滤池最高允许水位（图 2-44）时，则过滤必须停止，需进行反冲洗。

从过滤开始到结束所延续的时间称为滤池的工作周期，其长短随滤料组成、原水浓度、滤速而异，一般控制在 12～24 h，最长可达 48 h 以上。从过滤开始到反洗结束称为一个过滤循环。

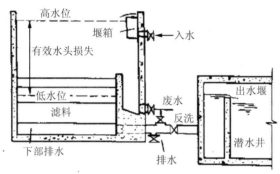

图 2-44　变水位恒速过滤

（二）滤池冲洗

滤池冲洗的目的是清除截留在滤料孔隙中的悬浮物，恢复其过滤阻力。一般滤池采用滤后水逆流冲洗，并辅以表面冲洗或空气冲洗。

反冲洗时，关闭浑水管及清水管，开启排水阀及反冲洗进水管，反冲洗水自下而上通过配水系统、垫料层、滤料层，并由洗砂排水槽收集，经集水渠内的排水管排走。反洗过程中，由于反洗水的进入会使滤料层膨胀流化，滤料颗粒之间相互摩擦、碰撞，附着在滤料表面的悬浮物质被冲刷下来，由反洗水带走。

单位时间单位滤池面积通过的反冲洗水量称为反冲洗强度，以 q 表示，单位为 L/(m²·s)。滤层膨胀前后的厚度相对差值称为膨胀率，用 e 表示。

$$e = \frac{L_e - L}{L} \tag{2-52}$$

式中：L、L_e——分别为滤层膨胀前后的厚度，m。

膨胀率测定简单，常作为反冲洗操作的控制指标。反洗强度太小，则膨胀率太低，水流剪切力小；反洗强度太大，则膨胀率过高，颗粒碰撞次数少，反洗效果反而变差，甚至还会冲动垫料层及流失滤料。因此，确定适当的冲洗强度和滤层膨胀率是十分重要的。

适宜的反冲洗强度因滤料级配、相对密度和水温而异，粒径大、密度大、水温低的要求反洗强度增大。根据经验，一般单层砂滤池常用反洗强度（q）为 12～15 L/(m²·s)，e 约为

45%，历时 5～7 min；双层滤池常用反洗强度（q）为 13～16 L/（m^2·s），相应的 e 约为 50%，历时 6～8 min；如过滤油质悬浮物，则要求反洗强度（q）增大至 20 L/（m^2·s）或更大。

滤池经反冲洗后，恢复过滤和截污的能力，又可重新投入工作。如果开始过滤的出水水质较差，则应排入下水道，直至出水合格，这称为初滤排水。

四、快滤池的设计

（一）滤池组合及尺寸的确定

1．选取滤速

滤池过滤的速度，分为正常滤速和强制滤速。正常滤速为正常工作条件下的过滤速度（简称滤速），用 v 表示；强制滤速为一组滤池中某一个滤池停产检修时，其他滤池在超正常负荷下的过滤速度，用 $v_{强制}$ 表示。

在进行滤池设计时，首先要综合考虑进出水的浑浊度、滤料及池子个数等因素，确定适宜的滤速 v。单层砂滤池的滤速一般采用 8～12 m/h，以无烟煤和石英砂为滤料的双层滤池则一般采用 12～16 m/h。当设计滤池个数多时，可选择较高的滤速；当滤池数目较少或要保留滤池潜力时，应当选择偏低的滤速。最后还应当用强制滤速 $v_{强制}$ 进行校核。

2．计算滤池总面积

滤速确定后，可按下式计算滤池的总表面积 A：

$$A = \frac{Q}{v} \tag{2-53}$$

式中：Q——设计流量，m^3/h；

v——设计滤速，m/h。

3．确定滤池个数

滤池个数应根据生产规模、造价、运行等条件通过技术经济比较确定。池数较多，运转灵活，强制滤速较低，布水易均匀，冲洗效果好，但滤池造价提高。根据设计经验，滤池个数可按表 2-8 确定，也可以按式（2-54）计算值向上取整确定。

表 2-8　滤池总表面积与个数的关系

滤池总表面积/m^2	<30	30～50	100	150	200	300
滤池个数/个	2	3	3～4	4～6	5～6	6～8

$$n = \frac{v_{强制}}{v_{强制} - v} \tag{2-54}$$

4. 确定滤池结构尺寸

单池面积：

$$a = \frac{A}{n} \quad\quad (2-55)$$

滤池的平面形状可为正方形或矩形。当单个滤池的面积 $a < 30 \text{ m}^2$ 时，宜选用正方形；当 $a > 30 \text{ m}^2$ 时，宜选用长宽比为 $1.25 : 1 \sim 1.5 : 1$ 的矩形。

滤池的总深度：

$$H = H_1 + H_2 + H_3 + H_4 + H_5 \quad\quad (2-56)$$

式中：H_1——超高，一般取 $0.25 \sim 0.30$ m；

H_2——滤层表面以上水深，一般取 $1.5 \sim 2.0$ m；

H_3——滤层厚度，单层砂滤料为 0.7 m，双层及多层滤料为 $0.7 \sim 0.8$ m；

H_4——承托层厚度，大阻力配水系统一般为 $0.4 \sim 0.45$ m；

H_5——配水系统的高度，一般大于 0.20 m；滤池总深度一般为 $3.0 \sim 3.5$ m。

5. 校核强制滤速

$$v_{强制} = \frac{nv}{n-1} \quad\quad (2-57)$$

强制滤速应控制在相应的范围内（表 2-9），若强制滤速过高，设计滤速应适当降低或增加滤池个数。

表 2-9　下向流滤池滤料及滤层设计参数

滤层	滤料	参数	给水及微污染水	废水	滤层	滤料	参数	给水及微污染水
单层	石英砂	粒径/mm	0.5～1.2	1.0～2.0	三层（不宜用作废水滤池）	无烟煤	粒径/mm	1.0～1.2
		深度/mm	700	700～1 000			深度/mm	200～500
		不均匀系数 K_{80}	2.0	<1.7			不均匀系数 K_{80}	1.4～1.8
		滤速/（m/h）	8～12	8～10		石英砂	粒径/mm	0.4～0.8
		强制流速/（m/h）	10～14	10～14			深度/mm	200～400
双层	无烟煤	粒径/mm	0.8～1.8	1.5～3.0			不均匀系数 K_{80}	1.4～1.8
		深度/mm	400～600	300～500		石榴石或磁铁石	粒径/mm	0.2～0.6
		不均匀系数 K_{80}	2.0	<1.38			深度/mm	7～150
	石英砂	粒径/mm	0.4～0.8	1.0～1.5			不均匀系数 K_{80}	1.5～1.8
		深度/mm	400～500	150～400				
		不均匀系数 K_{80}	2.0	<0.8			滤速/（m/h）	18～20
		滤速/（m/h）	12～16	10～16				
		强制流速/（m/h）	16～20	16～20				

（二）管渠设计与布置

1. 管渠设计

快滤池的主要管渠有集水渠、浑水管、清水管、冲洗水管、排水管及排水渠。

管渠有效断面面积 F：

$$F = \frac{Q}{v} \tag{2-58}$$

式中：Q——流量，m^3/h；

v——管渠水流速度，m/s，可按表 2-10 确定，考虑到水量有增大的可能，故一般不宜取高值。

表 2-10   各种快滤池管（渠）流速

管（渠）种类	进水管（渠）	清水管（渠）	冲洗水管（渠）	排水管（渠）
流速/（m/s）	0.8～1.2	1.0～1.5	2.0～2.5	1.0～1.5

2. 管廊的布置

集中布置滤池的主要管道、配件以及阀门的池外场所称为管廊。管廊的布置与滤池的数目和排列方式有关，具体布置可参考图 2-45。一般滤池个数少于 5 个时，宜用单排布置，管廊位于滤池的一侧。超过 5 个时，宜用双排布置，管廊位于两排滤池中间。

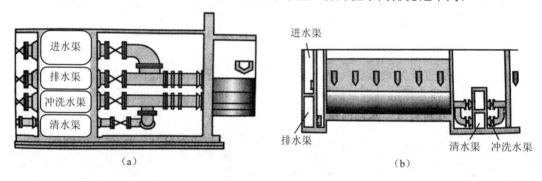

（a）   （b）

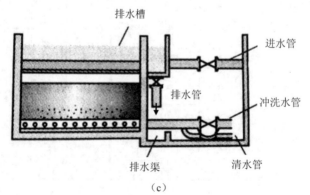

（c）

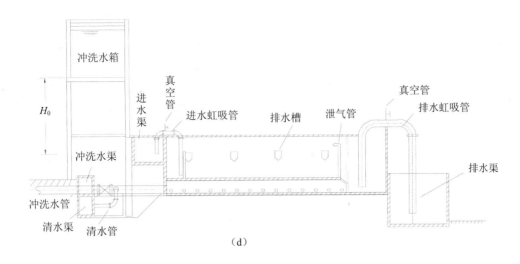

（d）

图 2-45　管廊的布置参考图

此外，在滤池设计时，每个滤池底部应设放空管，池底应有一定的坡度，便于排空积水；每个滤池上宜安装水位计及取水样设备；密闭管渠上应设检修人孔；池内壁与滤料接触处应拉毛，以防止水流短路。

（三）反冲洗水泵或水塔的设计与选择

反冲洗水可用水塔或水泵供给。

水塔容量按单格滤池一次反冲洗水量的 1.5 倍计算，式为。

$$V=1.5\,qat' \tag{2-59}$$

式中：q——冲洗强度，$L/(m^2 \cdot s)$；

a——单格滤池面积，m^2；

t'——反冲洗时间，s。

水塔高度式为

$$H'=h+h_p \tag{2-60}$$

式中：h——反冲洗水头，m；

h_p——排水槽高于地面的距离，m。

水塔的水深不超过 3 m，并应在冲洗间歇时间内充满。当反洗水需要升温时，可在水塔内通入蒸汽。

采用水泵冲洗，需考虑备用措施。其中水泵流量式为

$$Q=qa \tag{2-61}$$

水泵扬程为

$$H''=h+h_c \tag{2-62}$$

式中：h_c——排水槽顶与清水池最低水位之差，m。

冲洗水塔造价高，但操作简单，冲洗强度由大到小，对洗净滤料有利。且补充冲洗水允许在较长时间内完成，水泵小，耗电均匀。如有地形或其他条件可利用时，采用水塔（箱）冲洗较好。冲洗水泵投资省，但操作管理麻烦，同时由于滤池冲洗水量大，短时间内耗电量大，将影响其他设备正常运行。

五、其他滤池

（一）V 型滤池

V 型滤池是粗滤料滤池的一种形式，因两侧（或一侧也可）进水槽设计成 V 字形而得名，如图 2-46 所示。

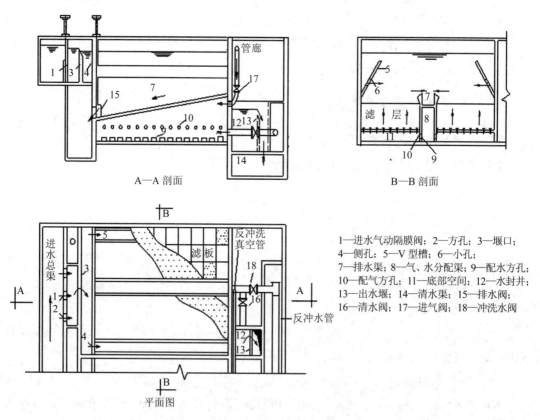

1—进水气动隔膜阀；2—方孔；3—堰口；
4—侧孔；5—V 型槽；6—小孔；
7—排水渠；8—气、水分配渠；9—配水方孔；
10—配气方孔；11—底部空间；12—水封井；
13—出水堰；14—清水渠；15—排水阀；
16—清水阀；17—进气阀；18—冲洗水阀

图 2-46 V 型滤池的结构示意图

这种滤池平面为矩形，池中心设双层渠道，渠道上层用以排除反冲洗废水，渠道下层用以分配反冲洗水和压缩空气。渠道两侧为粗滤料滤层，滤料一般采用较粗、较厚的均匀石英砂颗粒，粒径为 0.9～1.5 mm，d_{10} 约为 0.95 mm，K_{80} 为 1.2～1.5，滤层厚度为 0.9～1.5 m。滤层下部为长柄滤头配水系统，上部为溢流堰，以使反冲洗废水均匀地排入排水渠。为防止滤料随水流失，溢流堰顶应高出滤层表面一定高度，并做成 45°倒斜坡形，以便随水出流的滤料颗粒可以沉淀落回滤层，减少损失。

过滤时，待滤水经滤池两侧的 V 型渠道流入，渠道下部有水平的配水孔，进水一方面经配水孔流入池内，另一方面经渠道上部溢流流入。进水经滤层自上向下过滤，滤后的水由下部长柄滤头收集，流入滤板下部的底部空间，进入中心配水渠，最后经出水管流出池外。

反洗时，采用气-水联合反冲洗（不膨胀）和表面扫洗，冲洗效果好且耗水量小，节能且便于管理。由于反冲洗过程滤料不膨胀，不会产生水力分级现象，所以滤层过滤时不易被堵塞，含污能力较强，滤池过滤周期长，出水水质较好。

V 型滤池目前在我国普遍应用，适用于大、中型水厂，以及钢铁企业废水处理及回用。但 V 型滤池对冲洗操作要求严格，对滤池施工要求严格，而且还需要鼓风机等机械。

（二）移动罩滤池

移动罩滤池的构造见图 2-47，图中括号内数字为滤格编号。它是由若干滤格组成的滤池，设有公用的进出水管，利用一个可移动的冲洗罩顺序对各个滤格池进行冲洗，一格冲洗水由其余各滤格的滤后水供应。

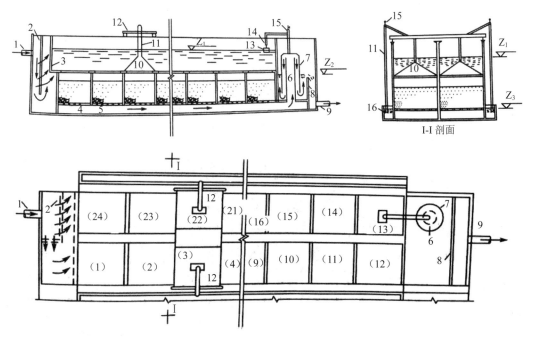

1—进水管；2—穿孔配水墙；3—消力栅；4—小阻力配水系统的配水孔；5—冲水系统的配水室；
6—出水虹吸中心管；7—出水虹吸管钟罩；8—出水堰；9—出水管；10—冲洗罩；11—排水虹吸管；
12—桁车；13—浮筒；14—针型阀；15—抽气管；16—排水渠

图 2-47 移动罩滤池

过滤时，水由上而下流过滤层，随着过滤的进行，过滤阻力逐渐增大，池内水位逐渐上升。当水位达到预定值时，将装有冲洗水泵和排水泵的移动罩移至该过滤格间。这时，水泵把其他滤池的滤后水抽送至该格间滤层下部，进行反冲洗；冲洗排水则通过覆盖于格间上部的排水罩收集后，经排水渠排出。按冲洗废水排出条件，分为虹吸式和泵吸式两种。

移动冲洗罩滤池兼具虹吸滤池和无阀滤池的某些特点，适用于大、中型水厂。具有池体结构简单、无须冲洗水箱（塔）、无大型阀门、管件少等优点；采用泵吸式冲洗罩时，池深也较浅；与同规模的普通快滤池相比，造价有所下降。但不能排放初滤水；机电及控制设备较多；自动控制与维修较复杂。

（三）重力式无阀滤池

一般快滤池都有复杂的管道系统，并设有各种控制阀门，操作步骤相当复杂，同时也增加了建造费用。无阀滤池是利用水力学原理、通过进出水的压差自动控制虹吸产生和破坏、实现自动运行的滤池。

图 2-48 为重力式无阀滤池示意图。原水自进水管 2 进入滤池后，自上而下穿过滤层 6，滤后水从排水系统 7、8、9，通过联络管 10 进入顶部冲洗水箱 11，待水箱充满后，滤后水由出水管 12 溢流排走。

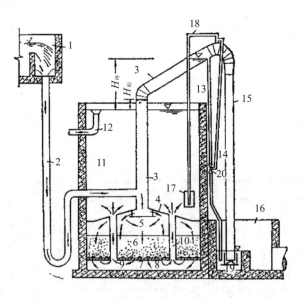

1—进水配水槽；2—进水管；3—虹吸上升管；4—顶盖；5—配水挡板；6—滤层；7—滤头；8—垫板；9—集水空间；

10—联络管；11—冲洗水箱；12—出水管；13——虹吸辅助管；14—抽气管；15—虹吸下降管；16—排水井；

17—虹吸破坏斗；18—虹吸破坏管；19—锥形挡板；20—水射器

图 2-48 无阀滤池

随着过滤时间的延长，过滤阻力逐步增加，进水水位逐渐上升，与进水连通的虹吸上升管 3 中的水位也不断上升，当达到虹吸辅助管 13 的管口时，水从辅助管下落，通过水射器 20 内抽气管 14 抽吸虹吸管顶部的空气，在一个短时间内，虹吸管因出现负压，使上升管 3 和下降管 15 中的水位上升会合，形成虹吸，冲洗水箱的水便从联络管经排水系统反向流过滤层，再经上升管 3 和下降管 15 进入排水井 16 排走，这就是滤池的反冲洗。直至水箱内水位下降至虹吸破坏斗 17 管口以下时，虹吸管吸进空气，虹吸破坏，反冲洗结束，滤池恢复自上而下过滤。

无阀滤池的冲洗强度可用升降锥形挡板 19 进行调整。起始冲洗强度一般采用 12 L/（m²·s），终了强度为 8 L/（m²·s），滤层膨胀率为 30%～50%，冲洗时间为 3.5～5.0 min。

无阀滤池的运行全部自动，操作方便，工作稳定可靠；结构简单，材料节省，造价比普通快滤池低 30%～50%。但滤池的总高度较大，滤池冲洗时，进水管照样进水，并被排走，浪费了一部分澄清水。这种滤池适用于小型水处理厂。

（四）压力式过滤器

压力式过滤器是将滤料填于密闭的碳钢、不锈钢等材质的罐体内，里面装有和快滤池相似的配水系统和滤料等，利用外加压力克服滤池阻力进行过滤，作用水头达 0.15～0.25 MPa。

压力滤池分立式和卧式，立式滤池有现成的产品，直径一般不超过 3 m。卧式滤池直径不超过 3 m，但长度可达 10 m。

压力滤池的构造见图 2-49。滤料的粒径和厚度都比普通快滤池大，分别为 0.6～1.0 mm 和 1.1～1.2 m。滤速常采用 8～10 m/h，甚至更大。压力滤池的反洗常用空气助洗和压力水反洗的混合方式，以节省冲洗水量，提高反洗效果。水反冲洗强度为 20 m³/（m²·h），气反冲洗强度为 2 m³/（m²·h），反冲洗时间一般为 15 min。

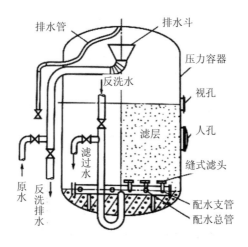

图 2-49　压力式过滤器

压力滤池的进、出水管上都装有压力表，两表压力的差值就是过滤时的水头损失，一般可达 5～6 m，有时可达 10 m。配水系统多采用小阻力系统中的缝隙式滤头。

压力滤池耗费钢材多，投资较大，但因占地少，又有定型产品，可缩短建设周期，且运转管理方便，在工业中应用较广。

第六节 化学氧化还原

一、氧化还原基本原理

化学氧化还原是转化废水中污染物性质与形态的有效方法。废水中呈溶解状态的无机物和有机物，通过化学反应被氧化或还原为微毒、无毒的物质，或者转化成容易与水分离的形态，从而达到处理的目的。按照污染物的净化原理，氧化还原处理方法包括化学氧化法、化学还原法和电化学法（电解）三大类。

简单无机物的化学氧化还原过程的实质是电子转移，可应用电极电位分析判断。在实际的物质浓度、温度和 pH 条件下，物质的氧化还原电位可用能斯特方程来计算：

$$E = E^{\ominus} + \frac{RT}{nF} \ln \frac{[\text{氧化型}]}{[\text{还原型}]} \tag{2-63}$$

式中：$E^{\ominus}$ —— 标准电极电位；

n——反应中电子转移的数目。

E 越大，则氧化还原反应越彻底。但有机物中的碳原子经常是以共价键与其他原子相结合的，其氧化还原过程难以用电子的得失来分析。通常认为，凡是使有机物加氧或去氢，或分解为简单的无机物（如 CO_2、H_2O 等）的反应，称为氧化；而使有机物加氢或去氧的反应则称为还原。

有机物的氧化过程和中间产物十分复杂，其彻底氧化降解的最终结果是转化为简单的无机物，这一过程也就是有机物无机化的过程。通常碳水化合物（即不含氮有机物）氧化的最终产物是 CO_2 和 H_2O，而含有氮、硫、磷元素的有机物的氧化产物除 CO_2 和 H_2O 外，还会产生硝酸类、磷酸类和硫酸类的产物。

简单的脂族烃类化合物可以按以下序列逐步氧化分解。例如，

$$\underset{\text{烷}}{CH_4} \longrightarrow \underset{\text{醇}}{CH_3OH} \longrightarrow \underset{\text{醛}}{CH_2O} \longrightarrow \underset{\text{酸}}{HCOOH} \longrightarrow \underset{\text{无机物}}{CO_2、H_2O} \tag{2-64}$$

胺类化合物在强氧化剂作用下可逐步氧化成羟胺基、酚类、硝基化合物。例如，

$$\underset{\text{叔丁胺}}{R_3CNH_2} \longrightarrow \underset{\text{羟胺基}}{R_3CNHOH} \longrightarrow \underset{\text{亚硝基}}{R_3CNO} \longrightarrow \underset{\text{硝基}}{R_3CNO_2} \tag{2-65}$$

二、化学氧化法

通过化学氧化，可以使废水中的有机物（如色、嗅、味、COD）和无机物质（如 CN^-、S^{2-}、Fe^{2+}、Mn^{2+}等）被氧化，从而降低废水的 BOD_5 和 COD 值，或使废水中的有毒物质无害化。废水处理中常用的氧化剂有空气、臭氧、氯气、二氧化氯、次氯酸钠、漂白粉及双氧水等，采用加氯、加二氧化氯或加臭氧等化学氧化法时，还可以达到去嗅、去味、脱色、消毒的目的。

（一）空气氧化

空气氧化法是指把空气吹入废水中、利用空气中的氧气氧化废水中易于氧化的有害物质的方法。例如，石油化工厂、皮革厂等排出的含硫废水中的 S^{2-}，地下水中的 Fe^{2+}、Mn^{2+}等。

由于 S^{2-}在碱性条件下具有较强的还原能力，空气氧化脱硫通常在碱性条件下进行。

$$2HS^- + 2O_2 \longrightarrow S_2O_3^{2-} + H_2O \qquad (2-66)$$

$$2S^{2-} + 2O_2 + H_2O \longrightarrow S_2O_3^{2-} + 2OH^- \qquad (2-67)$$

$$S_2O_3^{2-} + 2O_2 + 2OH^- \longrightarrow 2SO_4^{2-} + H_2O \qquad (2-68)$$

为使反应完全，实际操作中供气量往往为理论值的 2～3 倍。

空气氧化脱硫通常在密闭的塔器（空塔、板式塔、填料塔）中进行，图 2-50 所示为空气氧化法处理炼油厂废水的工艺流程。含硫废水经隔油沉渣后与压缩空气及水蒸气混合，升温至 80～90℃后，进入空气氧化塔，塔径一般不大于 2.5 m，分四段，每段高 3 m，每段进口处设喷嘴，雾化进料；废水在塔内平均停留时间为 1.5～2.5 h，塔内气水体积比不小于 15；增大气水体积比则气液的接触面积加大，有利于空气中的氧向水中扩散，加快氧化速度；氧化塔出水经气液分离器分离空气与水，净化出水所含余热经换热器予以回收利用。

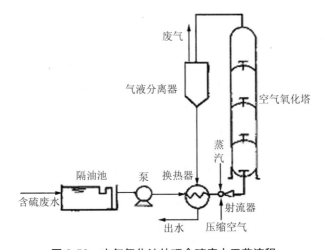

图 2-50 空气氧化法处理含硫废水工艺流程

为了提高氧化效果，有时要在高温、高压下进行氧化反应，或者使用催化剂。

（二）氯氧化法

1. 氯氧化剂特性

氯系氧化剂均为氧化性较强的氧化剂，常用的有漂白粉、液氯、次氯酸钠、二氧化氯等。其所含氯中氧化价大于负一价的那部分氯，可起氧化作用，称为有效氯。一般是以 Cl_2 作为 100%有效氯的基准来进行比较（表 2-11）。

表 2-11　各种氯系氧化剂的有效氯

物质名称	分子量	氯当量/mol	含氯量/%	有效氯/%
液氯 Cl_2	71	1	100	100
二氧化氯　ClO_2	67.5	2.5	52.5	263
次氯酸钠 $NaClO$	74.5	1	47.7	95.3
漂白粉　$CaClOCl$	127	1	56	56
次氯酸钙 $Ca(ClO)_2$	143	2	49.6	99.3
亚氯酸钠 $NaClO_2$	90.5	2	39.2	157
次氯酸 $HClO$	52.5	1	67.7	135.2
二氯胺　$NHCl_2$	86	2	82.5	165.1
一氯胺　NH_2Cl	51.5	1	69	138

常温常压下，Cl_2 是一种黄绿色的气体，能强烈刺激黏膜，具有一定的毒性，其密度为空气的 2.48 倍，易溶于水。干燥时对金属无害，但在潮湿条件下对金属有强烈的腐蚀性。为便于贮存，通常制成液氯。

在水溶液中 Cl_2 迅速水解歧化生成 Cl^- 和 Cl^+：

$$Cl_2 + H_2O = H^+ + Cl^- + HClO \tag{2-69}$$

水解产物次氯酸 $HClO$ 具有强氧化性

$$HClO + H^+ + 2e^- = Cl^- + H_2O \quad E^\ominus = +1.49\ V \tag{2-70}$$

次氯酸是一种弱酸，能在水中电离

$$HClO = H^+ + ClO^- \tag{2-71}$$

次氯酸离子 ClO^- 仍是包含有 Cl^+ 的氧化剂

$$ClO^- + H_2O + 2e^- = Cl^- + 2OH^- \quad E^\ominus = +0.9V \tag{2-72}$$

不同的 pH，$HClO$ 和 ClO^- 各占不同的比例（图 2-51），但两者的总和保持为一定值。比较式（2-70）、式（2-72）所给出的 $HClO$ 和 ClO^- 的 $E^\ominus$ 值可知，分子态的 $HClO$ 比离子态的 ClO^- 有更强的氧化能力。此外，由于 $HClO$ 是中性分子，易接触细菌而实施氧化消毒作用，而 ClO^- 带有负电，难以靠近带负电的细菌，其氧化能力难于起作用，因而低 pH 条件有利于发挥氯氧化效果。

若废水中含有氨或有机氮化合物（如蛋白质、氨基酸等），氯与其反应形成的氯胺化合物（称为结合有效氯）也有氧化杀菌作用，但作用比 HClO 慢。

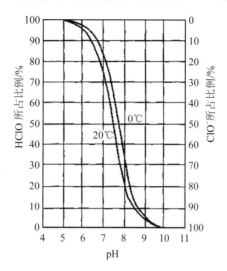

图 2-51　次氯酸的存在形态与 pH 的关系

2. 氯氧化剂在废水处理中的应用

在废水处理中，可以利用氯系氧化剂氧化分解废水中酚类、醛类、醇类以及洗涤剂、油类、氰化物等，利用氯氧化法还可进行脱色、除臭、杀菌等处理。为获得可靠而持久的消毒效果，氯化消毒需保证足够的加氯量，包括需氯量和余氯量两个部分。需氯量指用于达到指定的消毒指标（如大肠菌数指标）以及氧化水中所含的有机物和还原性物质等所需的有效氯量。此外，为抑制水中残存的细菌再度繁殖，尚在水中需维持的少量残余有效氯量，即为余氯量。余氯量用 30 min 接触后的游离性有效余氯量或 60 min 接触后的综合性有效余氯量（游离氯和氯胺）表示。一般要求给水处理的游离余氯量在 0.5 h 后不小于 0.3 mg/L；城市污水排水消毒 1 h 后的余氯量不小于 0.5 mg/L。

值得注意的是：氯不仅有氧化作用，还能与有机物发生取代反应形成有机氯化物（THM），包括三卤甲烷以及氯代酚和二氯乙腈等有机卤代物，有致癌作用，所以国外已限制使用氯消毒。ClO_2 因为氧化能力更强（是氯气的 2.63 倍），氧化更完全，不会产生有机氯化物，是世界卫生组织确认的 AI 级高效、广谱、安全的杀菌剂，是氯系列消毒剂最理想的换代产品，特别适合处理含有酚和有臭味的废水。但 ClO_2 在高于−40℃时不稳定、易爆炸，需现场制备，生产成本较高，限制了其使用范围。

3. 氯化消毒工艺设备

氯化消毒系统由消毒剂储存或发生设备、投加设备、混合池、接触池和自动控制设备等组成。消毒处理系统应具备关键设备安全可靠、定比投加，能够保证消毒剂和水的快速混合与充分的接触时间等特点。

（三）高锰酸盐氧化法

高锰酸盐也是一种强氧化剂，能与水中的 Fe^{2+}、Mn^{2+}、S^{2-}、CN^-、酚及其他致臭致味有机物很好地反应，能杀死很多藻类和微生物，出水无异味，投加与监测均很方便。

国内研究发现，高锰酸钾在中性 pH 条件下，比在酸性和碱性条件下，对有机物和致突变物质的去除率更好。反应过程中产生的新生态水合 MnO_2 具有催化氧化和吸附作用。用高锰酸钾作为氯氧化的预处理，可以有效地控制氯酚与氯仿的形成。但其成本较高，尚缺乏废水处理的运行经验。目前主要作为实验试剂和药品使用。

三、高级氧化法

高级氧化工艺（advanced oxidation process，AOP）是指利用强氧化剂羟基自由基（·OH）有效地破坏水相中污染物的化学反应过程。羟基自由基可通过加入氧化剂、催化剂或借助光辐射、超声波等方法产生。其特点是：羟基自由基氧化能力极强，仅次于氟（表 2-12），对多种污染物能有效去除；反应速率快，可操作性强；对污染物破坏彻底，可将其完全氧化；无二次污染等。

表 2-12　氧化基团与普通氧化剂分子的氧化电位　　　　　　　　单位：V

氧化剂	F_2	·OH	O_3	H_2O_2	HOO	HOCl	Cl_2
氧化电位	3.06	2.80	2.07	1.77	1.70	1.49	1.39

目前研究的高级氧化技术主要有 Fenton 试剂法、臭氧氧化法、光催化氧化法、超声波催化氧化法、超临界氧化法和微波氧化法等。

（一）Fenton 试剂氧化法

Fenton 试剂是亚铁离子和过氧化氢的组合，当 pH 低时（一般要求 pH=3 左右），在 Fe^{2+} 的催化下过氧化氢就会分解产生·OH，从而引发链式反应。

$$Fe^{2+} + H_2O_2 \longrightarrow Fe^{3+} + \cdot OH + OH^- \tag{2-73}$$

$$Fe^{2+} + \cdot OH \longrightarrow Fe^{3+} + OH^- \tag{2-74}$$

$$Fe^{3+} + H_2O_2 \longrightarrow Fe^{2+} + HO_2 + H^+ \tag{2-75}$$

$$HO_2 + H_2O_2 \longrightarrow O_2 + H_2O + \cdot OH \tag{2-76}$$

$$RH + \cdot OH \longrightarrow \cdots \longrightarrow CO_2 + H_2O \tag{2-77}$$

$$4Fe^{2+} + O_2 + 4H^+ \longrightarrow 4Fe^{3+} + 2H_2O \tag{2-78}$$

$$Fe^{3+} + 3OH^- \longrightarrow Fe(OH)_3（胶体） \tag{2-79}$$

当体系有三价铁共存时，由 Fe^{3+} 与 H_2O_2 缓慢生成 Fe^{2+}，Fe^{2+} 再与 H_2O_2 迅速反应生

成·OH，·OH 与有机物 RH 反应，使其发生碳链裂变，最终氧化为 CO_2 和 H_2O_2，从而使废水的 COD 大大降低。同时 Fe^{2+} 作为催化剂，最终可被 O_2 氧化为 Fe^{3+}。在一定 pH 下，可有 $Fe(OH)_3$ 胶体出现，它有絮凝作用，可大量降低水中的悬浮物。

Fenton 法常用于废水高级处理，以去除水中 COD、色度和泡沫等。为增强 Fenton 试剂的氧化能力、节省 H_2O_2 的用量，也可在常规 Fenton 试剂法中引入紫外光（UV）、光能（Photo）、超声（US）、微波（MW）、电能（Electro）和氧气，以提高 H_2O_2 催化分解产生·OH 的效率，这类方法统称为类 Fenton 法。

（二）臭氧氧化法

1. 臭氧氧化的机理

臭氧（O_3）是氧的同素异构体，有毒，不稳定，在常温下容易自行分解，产生新生态氧原子，并生成氧气，因而具有很高的氧化活性。臭氧的氧化还原电位与 pH 有关。在酸性溶液中，$E^{\ominus}=2.07\ V$，氧化性仅次于氟；在碱性溶液中，$E^{\ominus}=1.24\ V$，氧化能力略低于氯（$E^{\ominus}=1.36V$）。研究指出，在 $pH=5.6\sim9.8$，水温为 $0\sim39℃$ 时，臭氧的氧化效力不受影响。

臭氧氧化有机物的机理大致包括三类：

1）夺取氢原子，并使链烃羰基化，生成醛、酮、醇或酸；芳香化合物先被氧化成酚，再氧化成酸。

2）打开双键，发生加成反应：

$$R_2C{=}CR_2+O_3 \longrightarrow R_2C\underset{G}{\overset{OOH}{\big<}}\quad +R_2C{=}O \qquad (2\text{-}80)$$

式中：G 代表—OH、—OCH_3、$-\underset{\underset{O}{\parallel}}{OCCH_3}$。

3）氧原子进入芳香环发生取代反应。

2. 臭氧的制备

工业上一般采用无声放电法制取臭氧。理论比电耗为 $0.95\ kW\cdot h/kg\ O_3$，但实际电耗仅为理论值的 10%左右，其余能量均变为热量，使电极温度升高。为了保证臭氧发生器正常工作和抑制臭氧热分解，必须对电极进行冷却，常用水作为冷却剂。

一般以空气为原料时控制臭氧浓度不高于 1%～2%，以氧气为原料时则不高于 1.7%～4%。这种含臭氧的空气称为臭氧化气。

3. 臭氧氧化的应用

臭氧可以氧化废水中多种有机物和无机物，如酚、氰化物、有机硫化物、不饱和脂肪族及芳香族化合物等；能杀灭氯所不能杀灭的病毒和芽孢。水经臭氧处理，可达到降低COD、杀菌、增加溶解氧、脱色除臭、降低浊度的目的。但当投量不足时，也可能产生对人体有害的中间产物。

水的臭氧处理在接触反应器内进行。水中污染物种类和浓度、臭氧的浓度与投量、投加位置、接触方式和时间、气泡大小、水温与水压等因素对反应器性能和氧化效果都有影响。为了提高臭氧的利用率，接触反应池最好建成水深为 5～6 m 的深水池，或建成封闭的几格串联的接触池，设置管式或板式微孔臭氧扩散器，或采用鼓泡塔、螺旋混合器、蜗轮注入器、射流器等方式强化混合传质过程。

臭氧氧化反应迅速，接触时间可采用 10～15 min。用臭氧消毒比氯消毒更快更彻底，若初始 O_3 超过 1 mg/L，经 1 min 接触，病毒去除率可达到 99.99%，维持剩余臭氧量为 0.045～0.45 mg/L，只需 2 min。接触池排出剩余臭氧，具有腐蚀性，需作消除处理。

目前臭氧氧化法存在的缺点是电耗大、成本高。将混凝或活性污泥法与臭氧氧化法联合可以有效地去除色度和难降解的有机物。紫外线照射可以激活 O_3 分子和污染物分子，加快反应速度，增强氧化能力，降低臭氧消耗量。

（三）光催化氧化法

所谓光化学反应，就是在光的作用下进行的化学反应。即分子吸收特定波长的电磁辐射，受激产生分子激发态后发生化学变化达到一个稳定的状态，或者变成引发热反应的中间化学产物。在自然环境中有一部分近紫外光（190～400 nm）极易被有机污染物吸收，在有活性物质（如氧气、亲核剂·OH 以及有机还原物质等）存在时就会发生强烈的光化学反应，使有机物发生降解，逐步转化成低分子中间产物，最终生成二氧化碳、水及其他离子如 NO_3^-、PO_4^{3-}、卤素等。利用光化学反应治理污染，包括无催化剂和有催化剂参与的光化学氧化。前者多采用臭氧和过氧化氢等作氧化剂，在紫外线的照射下使污染物氧化分解；后者又称为光催化氧化，一般可分为均相和多相（非均相）催化两种类型。

1. 光催化氧化法的作用机理

光催化反应原理是以半导体能带理论为基础的。半导体粒子一般由填满电子的低能价带（valence band，VB）和空的高能导带（conduction band，CB）构成，价带和导带之间存在禁带（E_g）。当用能量等于或大于禁带宽度（$h_v \geqslant E_g$）的光照射时，半导体价带上的电子可被激发跃迁到导带，同时在价带上产生相应的空穴，这样就在半导体内部生成电子（e^-）-空穴（h^+）对。空穴具有很强的氧化活性，能够与溶液中的氢氧根离子和水分子反应生成羟基自由基，然后羟基自由基进一步与污染物反应，将污染物降解成二氧化碳和无机物；而光电子则与溶液中的溶解 O_2 发生还原反应，生成过氧化氢，过氧化氢与污染物反应生成水分子和无机物。Fujishima A 和 Honda K 于 1972 年首先发现了 TiO_2 在光照条件下可将水分解为 H_2 和 O_2 之后，这一技术被迅速应用于废水治理中，已有大量研究证明众多难降解有机物在光催化氧化的作用下可被有效去除或降解。以 TiO_2 为例，该过程可用下式描述：

$$TiO_2 + h_v \longrightarrow h_{vb}^+ + e^- \tag{2-81}$$

$$TiO_2\left(h_{vb}^+\right) + H_2O \longrightarrow TiO_2 + \cdot OH + H^+ \tag{2-82}$$

$$TiO_2\left(h_{vb}^+\right) + OH^- \longrightarrow TiO_2 + \cdot OH \tag{2-83}$$

$$TiO_2\left(h_{vb}^+\right) + RH + OH^- \longrightarrow TiO_2 + R \cdot + H_2O \tag{2-84}$$

Carey 等较详细地描述了 TiO_2 光降解水中污染物的历程：光催化剂在光照下产生电子-空穴对；羟基或水在光催化剂表面吸附后形成表面活性中心；表面活性中心氧化水中有机物；氢氧自由基形成，有机物被氧化；氧化产物的脱离。其中有机物在光催化剂表面的反应最慢，是光催化氧化过程的控制步骤。

2. 光催化剂

光催化剂就是在光子的激发下能够起到催化作用的化学物质的统称，可加速化学反应，其本身并不参与反应。实验室常用的光催化剂有 TiO_2、ZnO、WO_3、CdS、ZnS、$Sr\text{-}TiO_3$、SnO_2、Ag_3PO_4 等。其中 TiO_2 氧化能力强，化学性质稳定无毒，是研究最广泛的催化剂。但其带隙较宽（3.2 eV），只能在紫外光（仅占太阳辐射总量的 5%，而可见光占 43%）照射下产生光催化活性，从而大大限制了其对太阳光的利用率。目前对 TiO_2 的研究主要集中在通过掺杂（C、N 等）、金属沉积、与小于其带隙的半导体构成异质结等方式增强可见光响应范围。Ag_3PO_4 是近年发现的一种可见光响应型光催化剂，其量子产率（产氧率）高达 90%，远远大于目前已知的半导体光催化剂（20%）。但由于其带结构特征，其在反应过程中存在光腐蚀现象，目前对其研究主要集中在通过 Ag_3PO_4 与其他材料的复合有效降低光腐蚀、提高光催化剂的稳定性方面。

3. 光催化氧化技术影响因素

1）光催化剂类型、粒径与用量——一般选用锐钛矿型 TiO_2 作光催化剂；粒径越小，反应速率越大；催化剂用量一般认为在 2～4 g/L 较合适。

2）光源强度与光照——同等波长下，一般光越强，效率越高；同等光强下，一般波长越短，效率越高。

3）溶液 pH——不同类型不同结构的污染物降解有各自的最适 pH。

4）污染物初始浓度——光催化剂对污染物的降解都有一个最适宜初始浓度，浓度过高会存在一个竞争的关系。

5）氧化剂和还原剂——O_2、H_2O_2、O_3、$S_2O_8^{2-}$等均是良好的电子捕获剂，能有效地使电子和空穴分离，提高催化效率；废水中 Cl^-、NO_2^-、SO_4^{2-}、PO_4^{3-}能与有机物竞争空穴，将会显著降低光催化效率，尤其 PO_4^{3-}对光催化效率影响很大。

4. 紫外氧化消毒

水银灯发出的紫外光，能穿透细胞壁并与细胞质反应而达到消毒的目的。紫外光波长为 250～360 nm 的杀菌能力最强。因为紫外光需照进水层才能起消毒作用，故污水中的悬浮物、浊度、有机物和氨氮都会干扰紫外光的传播，因此处理水水质好，光传播系数就越高，紫外线消毒的效果也越好。

紫外线光源是高压石英水银灯，杀菌设备主要有两种：浸水式和水面式。浸水式是把石英灯管置于水中，此法的特点是紫外线利用率较高、杀菌效能好，但设备的构造较复杂。水面式的构造简单，但由于反光罩吸收紫外光线以及光线散射，杀菌效果不如前者。紫外线消毒的照射强度为 0.19～0.25 W·s/cm^2，污水层深度为 0.65～1.0 m。

紫外线消毒与液氯消毒比较，具有如下优点：①消毒速度快、效率高。据试验，经紫外线照射几十秒钟即能杀菌。一般大肠杆菌的平均去除率可达 98%，细菌总数的平均去除率为 96.6%。此外还能去除加氯法难以杀死的芽孢与病毒。②不影响水的物理性质和化学成分，不增加水的异味。③操作简单，便于管理，易于实现自动化。紫外线消毒的缺点是：不能解决消毒后在管网中再污染的问题，电耗较大，水中悬浮杂质妨碍光线透射等。

（四）超声氧化法

超声降解有机物的机理是在超声波（频率一般在 $2\times10^4\sim5\times10^8$ Hz）作用下液体发生声空化，产生空化泡，空化泡崩溃的瞬间，在空化泡内及周围极小空间范围内产生高温（1 900～5 200 K）和高压（5×10^7 Pa），并伴有强烈的冲击波和时速高达 400 km/s 的射流，这使泡内水蒸气发生热分解反应，产生具有强氧化能力的自由基，易挥发有机物形成蒸汽直接热分解，而难挥发的有机物在空化泡气液界面上或在本体溶液中与空化产生的自由基发生氧化反应得到降解。超声氧化法具有设备简单、易操作、无二次污染等优点，但超声氧化存在降解效果差、超声能量转化率及利用率低、处理量小、处理费用高和处理时间长等问题。目前，超声常常作为其他氧化剂或处理技术的辅助和强化技术，形成了 US/O$_3$、US/H$_2$O$_2$、US/Fenton、US/UV/TiO$_2$、US/WAO（湿式空气氧化）等组合工艺。

（五）湿式氧化与催化湿式氧化法

1. 工艺流程及设备

湿式氧化（wet oxidation，WO）是在高温（125～320℃）和高压（0.5～20 MPa）条件下，以空气或氧气为氧化剂，氧化废水中溶解和悬浮的有机物和还原性无机物的一种方法。湿式氧化的机理以氧化反应（属于自由基反应）为主，同时发生水解、热解、脱水、聚合等反应。添加适当的催化剂（如过渡金属）可加速反应的进行，即成为催化湿式氧化（catalytic wet oxidation，CWO）。

　　湿式氧化基本流程如图 2-52 所示。废水和空气分别从高压泵和压缩机进入热交换器，与已氧化液体换热，使温度上升到接近反应温度。进入反应器后，废水中有机物与空气中氧气反应，反应热使温度升高，并维持在较高的温度下进一步反应。反应后，液相和气相经分离器分离，液相进入热交换器预热进料，废气排放。

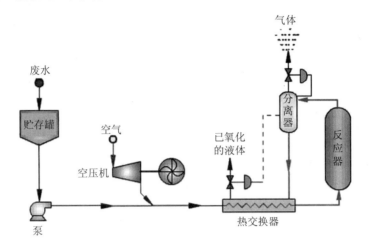

图 2-52　湿式氧化法基本流程

　　湿式氧化系统的主体设备是反应器，除要求其耐压、防腐、保温和安全可靠以外，同时要求器内气液接触充分，并有较高的反应速度，通常采用不锈钢鼓泡塔。反应器的尺寸及材质主要取决于废水性质、流量、反应温度、压力及时间。

2．影响因素

　　湿式氧化的处理效果取决于废水性质和操作条件，如温度、氧分压、时间、催化剂等，其中反应温度是最主要的影响因素。

　　不同温度下的典型氧化效果如图 2-53 所示。由图可见：①温度越高，去除率越高。一般认为，湿式氧化温度不宜低于 180℃。②湿式氧化过程大致可以分为两个速度段，前半小时，因反应物浓度高，氧化速度快，去除率增加快。此后，反应物浓度降低或中间产物更难以氧化，使氧化速度趋缓，去除率增加不多。由此分析，若将湿式氧化作为生物氧化的预处理，则应控制湿式氧化时间为 30 min 为宜。

　　气相氧分压对过程有一定影响，因为氧分压决定了液相溶解氧浓度。实验表明，在一定温度下，压力越高，气相中水汽量就越小（图 2-54）。总压的低限为该温度下水的饱和蒸汽压。如果总压过低，大量的反应热就会消耗在水的汽化上，当进水量低于汽化量时，反应器就会被蒸干。湿式氧化的操作压力一般不低于 5.0～12.0 MPa，超临界湿式氧化的操作压力已达 43.8 MPa。通常供气过量 10%。

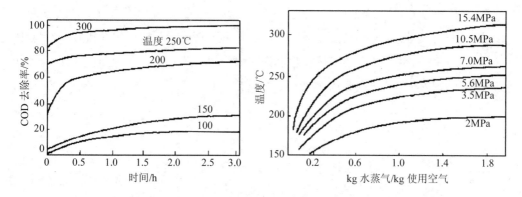

图 2-53 温度对氧化效果的影响   图 2-54 每千克干燥空气的饱和水蒸气量与温度、压力的关系

不同污染物湿式氧化的难易程度是不同的。对于有机物，其可氧化性与有机物中氧元素含量（O）在分子量（M）中的比例或者碳元素含量（C）在分子量（M）中的比例具有较好的线性关系，即 O/M 值越小、C/M 值越大、氧化越易。研究指出，低分子量的有机酸（如乙酸）的氧化性较差。

对有机物湿式氧化，多种金属具有催化活性，其中贵重金属系（如 Pd、Pt、Ru）催化剂的活性高、寿命长、适用广，但价格昂贵，应用受到限制。目前多致力于非贵金属催化剂的开发，已获得应用的主要是过渡金属和稀土元素（如 Cu、Mn、Co、Ce）的盐和氧化物。

3. 工程应用

湿式氧化具有适用范围广（包括对污染物种类和浓度的适应性）、处理效率高、二次污染低、氧化速度快、装置小、可回收有用物料和能量等优点。在国外已广泛用于各类高浓度废水及污泥处理，尤其是毒性大、难以用生化方法处理的农药废水、染料废水、制药废水、煤气洗涤废水、造纸废水、合成纤维废水及其他有机合成工业废水的处理，还可用于还原性无机物（如 CN^-、SCN^-、S^{2-}）和放射性废物的处理。

湿式氧化可以作为完整的处理阶段，将污染物浓度一步处理到排放标准值以下，但是为了降低处理成本，也可以作为其他方法的预处理或辅助处理。常见的组合流程是湿式氧化后进行生物氧化。国外多家工厂采用此两步法流程处理丙烯腈生产废水。经湿式氧化处理，COD 由 42 000 mg/L 降至 1 300 mg/L，BOD_5 由 14 200 mg/L 降至 1 000 mg/L，氰化物由 270 mg/L 降至 1 mg/L，BOD_5/COD 比值由 0.2 提高至 0.76 以上。再经活性污泥法处理，总去除中达到 COD：99%；BOD_5：99.9%；氰化物：99.6%。

与活性污泥法相比，湿式氧化法的投资高约 1/3，但运转费用却低得多。若利用湿式氧化系统的废热产生低压蒸汽，产蒸汽收益可以抵偿 75% 的运转费，则净运转费只有活性污泥法的 15%。若能从湿式氧化系统回收有用物料，其处理成本将更低。

对于湿式氧化技术的研究，主要集中在 3 个方向：①继续开发适于湿式氧化的高效催化剂，使反应能在比较温和的条件下，在更短的时间内完成；②将反应温度和压力进一步提高至水的临界点以上，进行超临界湿式氧化；③回收系统的能量和物料。

（六）超临界氧化法

早在 19 世纪，继固体、液体、气体之后，人们又发现了可称为物质第四状态的超临界流体（supercritical fluid）。所谓超临界流体是指温度和压力分别高于其所固有的临界温度和临界压力时，热膨胀引起密度减小，而压力升高又使气相密度变大，当温度和压力达到某一点时，气液两相的相界面消失，成为一均相体系，这一点就是临界点（critical point）。超临界流体具有类似液体的密度、溶解能力和良好的流动性，同时又具有类似气体的扩散系数和低黏度，该流体无论在多大的压力下压缩都不能发生液化，大多数有机化合物和氧都能溶解在超临界水中，形成一个有机物氧化的良好环境。而将废水中含有的有机物在超临界状态下用氧化剂或催化剂氧化分解的方法即被称为超临界水氧化法（SCWO）。它能使有毒有害的有机物质完全转化，同时还可以回收其氧化分解所释放出来的热能。SCWO技术同超临界萃取和超临界色谱技术一样，将其本身所具有的突出优势和应用前景得到迅速发展。但其反应的真正机理还有待进一步探索。今后的研究主要是研制耐高温、高压、耐腐蚀的超临界氧化反应器，并将这一技术推向实际应用。

四、化学还原法

废水中的某些有毒物质，被还原剂转化为无毒的或毒性小的新物质，或转化成便于从水中分离的状态的方法，称为还原法。主要用于含汞、含铬和含铜等重金属废水的处理。例如，废水中的六价铬被还原为三价铬，毒性可大大降低；二价汞被还原为单质汞后容易与水分离去除。常用的还原剂有下列几类。

1）某些电极电位较低的金属，如铁屑、锌粉等，反应后 $Fe \longrightarrow Fe^{2+}$，$Zn \longrightarrow Zn^{2+}$。

2）某些带负电的离子，如 $NaBH_4$ 中的 B^{5-}，反应后 $BH_4^- \longrightarrow BO_2^-$，再如 $SO_3^{2-} \longrightarrow SO_4^{2-}$。

3）某些带正电的离子，如 $FeSO_4$ 或 $FeCl_2$ 中的 Fe^{2+}，反应后 $Fe^{2+} \longrightarrow Fe^{3+}$。

此外，利用废气中的 H_2S、SO_2 和废水中的氰化物等进行还原处理，也是有效而且经济的。

（一）还原法除铬

电镀、冶炼、制革、化工等工业废水中常含有剧毒的 Cr（VI），以铬酸根 CrO_4^{2-} 和重铬酸根 $Cr_2O_7^{2-}$ 形式存在，可用还原剂还原成毒性极微的三价铬。常用的还原剂有亚硫酸氢钠、二氧化硫、硫酸亚铁等。还原产物 Cr（III）可通过加碱至 pH 为 7.5～9 使之生成氢氧化铬沉淀，从溶液中分离除去。还原剂的用量与 pH 有关。因为 Cr（VI）的存在形式与 pH 有关，在酸性条件（pH<4.2）下，只有 $Cr_2O_7^{2-}$ 存在，在碱性条件（pH>7.6）下，只

有 CrO_4^{2-} 存在。所以还原反应一般在 pH 为 3～4 时进行的最完全，药剂用量最省。然后，加碱控制 pH 为 8～9 时，生成 $Cr(OH)_3$ 沉淀的溶解度最小，分离更完全。

采用亚硫酸氢钠，具有设备简单、沉渣量少且易于回收利用等优点，因而应用较广。反应如下：

$$Cr_2O_7^{2-} + 5H^+ + 3HSO_3^- = 2Cr^{3+} + 3SO_4^{2-} + 4H_2O \tag{2-85}$$

$$Cr^{3+} + 3OH^- = Cr(OH)_3 \downarrow \tag{2-86}$$

也有采用来源广、价格低的硫酸亚铁和石灰除铬，适用于含铬浓度变化大的场合。当 $FeSO_4$ 投量较高时，可不加硫酸，因 $FeSO_4$ 水解呈酸性，能降低溶液的 pH，也可降低第二步反应的加碱量。采用此法处理，理论药剂用量为 Cr^{6+}：$FeSO_4 \cdot 7H_2O = 1$：16。当废水中 Cr（VI）浓度大于 100 mg/L 时，可按理论值投药；小于 100 mg/L 时，投药量要增加。石灰投量可按 pH 为 7.5～8.5 计算。该法处理效果好、费用较低，但出水色度较高、泥渣量大且难于处理。

还原除铬反应器一般采用耐酸陶瓷或塑料制造，当用 SO_2 还原时，要求设备的密封性好。

工业上也采用铁屑（或锌屑）过滤除铬。含铬的酸性废水（控制进水 pH=4～5）进入充填铁屑的滤柱，铁放出电子，产生 Fe^{2+}，将 Cr（VI）还原为 Cr（III），随着反应的不断进行，水中消耗了大员的 H^+，使 OH^- 离子浓度增高，当其达到一定浓度时，与 Cr（VI）反应生成 $Cr(OH)_3$，少量 Fe^{3+} 生成 $Fe(OH)_3$，后者具有凝聚作用，将 $Cr(OH)_3$ 吸附凝聚在一起，并截留在铁屑孔隙中。通常滤柱内装铁屑高 1.5 m，采用滤速 3 m/h。

当厂区有二氧化硫及硫化氢废气时，也可采用尾气还原法除铬。

（二）还原法除汞

氯碱、炸药、制药、仪表等工业废水中常含有剧毒的 Hg^{2+}。处理方法是将 Hg^{2+} 还原为 Hg，加以分离和回收。采用的还原剂为比汞活泼的金属（铁屑、锌粒、铝粉、钢屑等）、硼氢化钠和醛类等。废水中的有机汞通常先用氧化剂（如氯）将其破坏，使之转化为无机汞后，再用金属置换。

采用金属还原除汞，通常在滤柱中进行。反应速度与接触面积、温度、pH、金属纯净度等因素有关。通常将金属破碎成 2～4 mm 的碎屑，并去掉表面污物。控制反应温度 20～80℃。温度太高，虽反应速度快，但会有汞蒸气逸出。

采用铁屑过滤时，pH=6～9 较好，耗铁量最省；pH<6，则铁因溶解而耗量增大；pH<5，有 H_2 析出，吸附于铁屑表面，阻碍反应进行。据国内某厂试验，用工业铁粉去除酸性废水中的 Hg^{2+}，在 50～60℃，混合 1～1.5 h，经过滤分离，废水除汞达到 90% 以上。

采用锌粒还原时，pH 最好在 9～11。虽然 Zn 能在较弱的碱液中还原汞，但损失量大增。反应后将游离出的汞与锌结合成锌汞齐。通过干馏，可回收汞蒸气。

用铜屑还原时，pH 在 1～10 均可，此法一般应用在废水含酸浓度较大的场合。例如，蒽醌磺化法制蒽醌双磺酸，用 $HgSO_4$ 作催化剂，废酸浓度达 30%，含汞 600～700 mg/L。采用铜屑过滤法除汞，接触时间不低 40 min，出水合汞量小于 10 mg/L。

据国外资料，用 $NaBH_4$ 可将 Hg^{2+} 还原为 Hg。

$$Hg^{2+} + BH_4^- + 2OH^- = Hg\downarrow + 3H_2\uparrow + BO_2^-$$

浓度为 12% 的 $NaBH_4$ 溶液与 pH 为 9～11 的碱性废水，在固定螺旋混合器中混合反应，生成的汞粒（粒径 10 μm）送入水力旋流器分离。含汞渣再真空蒸馏，能回收 80%～90% 的汞；排气中的汞蒸气用稀硝酸洗，返回原废水进行二次回收。残留于溢流水中的汞，用孔径为 5 μm 的过滤器过滤，出水残留汞低于 0.01 mg/L。据报道，此法用 1 kg $NaBH_4$ 可回收 2 kg Hg。

五、电化学法

电化学法又称电解法，是废水中的电解质在直流电的作用下发生电化学反应的过程。废水中的污染物在阳极被氧化，在阴极被还原，或者与电极反应产物作用，转化为容易与水分离的状态被分离除去。主要适用于含重金属离子废水、含油废水以及工业有机废水处理。

电化学法按照污染物的净化机理可分为电解氧化还原、电解凝聚和上浮。

（一）电解氧化还原

电解氧化是指废水污染物在电解槽的阳极直接失去电子，或者与电极反应产物（如阳极表面 OH^- 放电后产生的氧以及人工投加食盐使 Cl^- 放电后产生的 Cl_2）发生反应，被氧化分解，前者是直接氧化，后者则为间接氧化。利用电解氧化可处理阴离子污染物和有机物，阴离子污染物如 CN^-、$[Fe(CN)_6]^{3-}$、$[Cd(CN)_4]^{2-}$，有机物如酚、微生物等。

电解还原是指废水污染物在电解槽的阴极直接得到电子，或者与电极反应产物（如阴极表面 H^+ 取得电子后还原生成的氢）发生反应，而被还原，前者是直接还原，后者则为间接还原。电解还原主要用于处理阳离子污染物，如 Cr（Ⅵ）、Hg^{2+}，这些金属离子在阴极还原沉积而回收除去。

下面以电解处理氰化镀铜废水为例说明电解氧化还原过程。

电解处理氰化镀铜废水去除氰和重金属，一般采用电解石墨板做阳极，普通钢板做阴极，并用压缩空气搅拌。为提高废水电导率，宜添加少量 NaCl。

氰化镀铜废水在碱性（pH≥10）条件下进入电解槽电解。主要反应过程如下。

1）在阳极上，氰首先失去电子被氧化为氰酸根离子，并最终被氧化为二氧化碳和氮气。发生的反应主要有：

直接氧化：

$$CN^- + 2OH^- - 2e^- \longrightarrow CNO^- + H_2O \qquad (2-87)$$

$$2CNO^- + 4OH^- - 6e^- \longrightarrow 2CO_2 + N_2 + H_2O \qquad (2-88)$$

间接氧化：Cl^- 在阳极放电产生 Cl_2，Cl_2 在 $pH \geqslant 10$ 的碱性条件下全部水解成 ClO^-，ClO^- 氧化 CN^- 为 CNO^-，并进一步将其氧化为 N_2 和 CO_2。

$$Cl^- - 2e^- \longrightarrow Cl_2 \qquad (2-89)$$

$$Cl_2 + 2OH^- \longrightarrow H_2O + Cl^- + ClO^- \qquad (2-90)$$

$$CN^- + ClO^- + 2OH^- \longrightarrow CNO^- + Cl^- + H_2O \qquad (2-91)$$

$$2CNO^- + 2OCl^- \longrightarrow 2CO_2 \uparrow + N_2 \uparrow + 2Cl^- \qquad (2-92)$$

若溶液碱性不强，将会生成中间态 CNCl。CNCl 有剧毒，在 pH 为 10～11 时，可很快转化为毒性极小的氰酸根离子 CNO^-，所以要严格控制进水 $pH \geqslant 10$ 的碱性条件。

2）在阴极上，重金属离子得到电子被还原析出，发生沉积。同时发生 H_2 的析出。

$$Zn^{2+} + 2e \longrightarrow Zn \qquad (2-93)$$

$$Cu^{2+} + 2e \longrightarrow Cu \qquad (2-94)$$

电解条件由含氰浓度、氧化速度、电极材料等因素确定；可参照表 2-13 选择低氰废水工艺参数。

表 2-13　含氰废水电解工艺参数

废水含氰浓度/（mg/L）	槽电压/V	电流浓度/（A/L）	电流密度/（A/m²）	电解历时/min
50	6～8.5	0.75～1.0	0.25～0.3	25～20
100	6～8.5	0.75～1.0～1.25	0.25～0.3～0.4	45～35～30
150	6～8.5	1.0～1.25～1.5	0.3～0.4～0.45	45～35～30
200	6～8.5	1.25～1.5～1.75	0.4～0.45～0.5	60～50～45

注：1. 表中电解历时是阳极和阴极净间距为 30 mm 时的数值。当电极板间距增大或减小 10 mm 时，表中电解历时相应乘以 1.25 或 0.85。

2. 当废水中含氰浓度为表中所列数值时，可按接近高值浓度采用电解历时。

3. 食盐投加量：当 CN^- 为 50～100 mg/L 时，食盐投加量在 1.0～1.5 g/L；当 CN^- 为 100～200 mg/L 时，食盐投加量在 1.5～2.0 g/L。

电解除氰连续流程如图 2-55 所示。

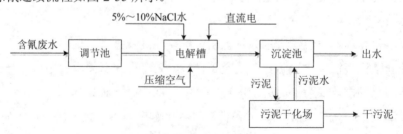

图 2-55　连续式电解处理流程

据国内外一些实践经验，当采用翻腾式电解槽处理含氰废水，极板净距为 18～20 mm，极水比为 2.5 dm^2/L，电解时间为 20～30 min，阳极电流密度为 0.31～1.65 A/dm^2，投加食盐为 2～3 g/L，直流电压为 3.7～7.5 V 时，可使 CN^- 从 25～100 mg/L 降至 0.1 mg/L 以下。当废水含 CN^- 为 25 mg/L 时，电耗为 1～2 kW·h/m^3。当 CN^- 为 100 mg/L 时，电耗为 5～10 kW·h/m^3。

（二）电解凝聚和上浮

当采用可溶性阳极——铁或铝制金属阳极电解时，在外电流和溶液作用下，阳极溶解出 Fe^{3+}、Fe^{2+} 或 Al^{3+}。它们分别与溶液中的 OH^- 结合成不溶于水的 $Fe(OH)_3$、$Fe(OH)_2$、$Al(OH)_3$。这些微粒对水中胶体粒子的凝聚和吸附活性很强。利用这种凝聚作用处理废水中有机或无机胶体的过程叫电解凝聚。同时，当电解槽的电压超过水的分解电压时，水的电解产生氧气泡和氢气泡，这些微气泡表面积很大，在其上升过程中易黏附携带废水中的胶体微粒、浮化油等共同上浮，这个过程叫电解上浮。在采用可溶性阳极的电解槽中，凝聚和上浮作用是同时存在的。

下面以电解处理含铬废水为例说明电解氧化还原、电解凝聚和上浮过程。

1）Cr（Ⅵ）（以 $Cr_2O_7^{2-}$ 或 CrO^{4-} 形式存在）在电解槽中首先被还原：

在阳极：

$$Fe - 2e^- \longrightarrow Fe^{2+} \tag{2-95}$$

$$Cr_2O_7^{2-} + 6Fe^{2+} + 14H^+ \rightleftharpoons 2Cr^{3+} + 6Fe^{3+} + 7H_2O \tag{2-96}$$

在阴极少量 Cr（Ⅵ）直接还原：

$$Cr_2O_7^{2-} + 14H^+ + 6e = 2Cr^{3+} + 7H_2O \tag{2-97}$$

2）电解凝聚。上述两组反应都要求在酸性条件下进行，随着电解的进行，Cr（Ⅵ）被还原为 Cr（Ⅲ）。同时 H^+ 被大量消耗，OH^- 逐渐增多，电解液逐渐变为碱性（pH=7.5～9），Cr（Ⅲ）和 Fe（Ⅲ）转化成稳定的氢氧化物沉淀：

$$Cr^{3+} + 3OH^- = Cr(OH)_3 \downarrow \tag{2-98}$$

$$Fe^{3+} + 3OH^- = Fe(OH)_3 \downarrow \tag{2-99}$$

3）电解上浮。当电解电压达到水的分解电压时，水在电解槽中发生分解，在阳极处产生氧气泡，阴极处产生氢气泡：

$$2H_2O \rightleftharpoons 2H^+ + 2OH^- \tag{2-100}$$

$$2H^+ + 2e \longrightarrow 2[H] \longrightarrow 2H_2 \uparrow \tag{2-101}$$

$$2OH^- - 2e \longrightarrow H_2O + 1/2O_2 \uparrow + 2e \tag{2-102}$$

这些气泡吸附废水中的絮凝物一起上浮，从电解槽表面刮出，可将污染物彻底从水中去除。

理论上还原 1 g Cr（Ⅵ）需电量 3.09 Ah，实际为 3.5～4.0 Ah。电解过程中投加 NaCl，能增加溶液电导率，减少电能消耗。但当采用小极板（＜20 mm）处理低铬废水（＜50 mg/L）时，可以不加 NaCl。采用双电极串联方法，可以降低总电流，节约整流设备的投资。据国内某厂经验，当极距为 20～30 mm、极水比为 2～3 dm^2/L、投加食盐为 0.5～2 g/L 时，将含铬 50 mg/L 及 100 mg/L 的废水处理到 0.5 mg/L 以下，电耗分别为 0.5～1.0 kW·h/m^3 水及 1～2.0 kW·h/m^3 水。

利用电解可以处理废水中的：①各种离子状态的污染物，如 CN$^-$、AsO$_2^-$、Cr^{6+}、Cd^{2+}、Pb^{3-}、Hg^{2+}等；②各种无机和有机的耗氧物质，如硫化物、氨、酚、油和有色物质等；③致病微生物。例如，肉类加工厂废水含油脂、悬浮物、COD 的平均质量浓度分别为 800 mg/L、1 100 mg/L、960 mg/L，经电解凝聚处理后，上述水质指标分别降低 90%～95%、70%、70%。电镀废水经过氧化、还原和中和处理后，再用电解凝聚作补充处理，可使各项指标均达到排放与回收标准。电解装置紧凑、占地小、投资小；操作管理简单，易于实现自动化；药剂用量少，废液量少。通过调节槽电压和电流，可以适应较大幅度的水量与水质变化冲击。但电耗和可溶性阳极材料消耗较大，副反应多，电极易钝化。

第七节　吸附与离子交换

一、吸附的基本理论

在相界面上，受表面自由能的作用，物质的浓度自动发生累积或聚集的现象称为吸附。吸附作用可发生在气/液、气/固、固/液相之间。在水处理中，主要利用比表面积大的多孔性固体物质表面的吸附作用去除水中的微量污染物，包括脱色、除臭味、脱除重金属、各种溶解性有机物、放射性元素等。其中具有吸附能力的固体物质称为吸附剂，水中被吸附的（污染）物质则称为吸附质。

（一）吸附类型

溶质从水中移向固体颗粒表面，发生吸附，是水、溶质和固体颗粒三者相互作用的结果。引起吸附的主要原因在于吸附质对水的疏水性和吸附质对固体颗粒的高度亲和力，包括静电引力、范德华引力或化学键力等。根据吸附作用力的不同，吸附可分为物理吸附、化学吸附和离子交换吸附 3 种类型。

1）物理吸附：指溶质与吸附剂之间由于分子间力（即范德华力）而产生的吸附。其特点是没有选择性，可以是单分子层或多分子层吸附，吸附质并不固定在吸附剂表面的特定位置上，而能在界面范围内自由移动，因而其吸附的牢固程度不如化学吸附，容易发生解吸。物理吸附主要发生在低温条件下，过程放热较小，一般在 42 kJ/mol 以内，影响物理吸附的主要因素是吸附剂的比表面积和细孔分布。

2）化学吸附：指溶质与吸附剂之间发生化学反应，形成牢固的吸附化学键和表面络合物，吸附质分子不能在表面自由移动。吸附时放热量较大，与化学反应的反应热相近，为 84～420 kJ/mol 或更少。化学吸附具有选择性，即一种吸附剂只能对某种或特定几种吸附质有吸附作用，一般为单分子吸附层，通常需要一定的活化能，在低温时，吸附速度较小。这种吸附与吸附剂的表面化学性质和吸附质的化学性质有密切的关系。

3）离子交换吸附：指溶质的离子由于静电引力作用聚集在吸附剂表面的带电点上，并置换出原先固定在这些带电点上的其他同性离子。其实质是离子交换树脂上的可交换离子与溶液中的其他同性离子的交换反应，通常是可逆性化学吸附（RA+B $\rightleftharpoons$ RB+A）。影响交换吸附势的重要因素是离子电荷数和水合半径的大小。

物理吸附后再生容易，且能回收吸附质。化学吸附因结合牢固，再生较困难，必须在高温下才能脱附，脱附下来的可能是原吸附质，也可能是新的物质，利用化学吸附处理毒性很强的污染物更安全。离子交换吸附再生是交换的逆过程，利用高浓度的可交换离子（A）可将被吸附的离子（B）置换出来，恢复树脂的交换能力。

在实际的吸附过程中，上述几类吸附往往同时存在，难于明确区分。例如，某些物质分子在物理吸附后，其化学键被拉长，甚至拉长到改变这个分子的化学性质。物理吸附和化学吸附在一定条件下也是可以互相转化的。同一物质，可能在较低温度下进行物理吸附，而在较高温度下所经历的往往又是化学吸附。水处理中大多吸附现象往往是上述 3 种吸附作用的综合结果。

（二）吸附平衡与吸附等温式

吸附过程中，固、液两相经过充分的接触后，最终将达到吸附与脱附的动态平衡。达到平衡时，溶液中吸附质的浓度称为平衡质量浓度 ρ_e（mg/L），单位吸附剂所吸附的物质的量称为平衡吸附量，常用 q_e（mg/g）表示。

对一定的吸附体系，平衡吸附量是吸附质浓度和温度的函数。为了确定吸附剂对某种物质的吸附能力，需进行吸附试验：将一组不同数量的吸附剂与一定容积的已知溶质初始浓度的溶液相混合，在选定温度下使之达到平衡。分离吸附剂后，测定液相的最终溶质浓度。根据其浓度变化，分别按下式算出平衡吸附量：

$$q_e = \frac{V(\rho_0 - \rho_e)}{W} \tag{2-103}$$

式中：V ——溶液体积，L；

ρ_0、ρ_e ——溶质的初始和平衡质量浓度，mg/L；

W ——吸附剂量，g。

平衡吸附量表征了吸附剂吸附能力的大小，是选择吸附剂和设计吸附设备的重要参数。显然，平衡吸附量越大，则单位吸附剂处理的水量越大，吸附周期越长，运转管理费用越少。

将平衡吸附量 q_e 与相应的平衡浓度 ρ_e 作图，得吸附等温线。

根据试验，可将吸附等温线归纳为如图 2-56 所示的 5 种类型。Ⅰ型的特征是吸附量有一极限值，可以理解为吸附剂的所有表面都发生单分子层吸附，达到饱和时，吸附量趋于定值。Ⅱ型是非常普通的物理吸附，相当于多分子层吸附，吸附质的极限值对应于物质的溶解度。Ⅲ型相当少见，其特征是吸附热等于或小于纯吸附质的溶解热。Ⅳ型及Ⅴ型反映了毛细管冷凝现象和孔容的限制，由于在达到饱和浓度之前吸附就达到平衡，因而显出滞后效应。

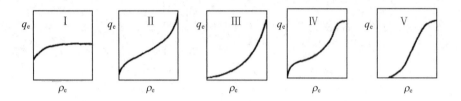

图 2-56　物理吸附的 5 种吸附等温线

描述吸附等温线的数学表达式称为吸附等温式。常用的有 Langmuir 等温式、BET 等温式和 Freundlich 等温式。

1. Langmuir 等温式

Langmuir 假设吸附剂表面均一，各处的吸附能相同；吸附是单分子层的，当吸附剂表面为吸附质饱和时，其吸附量达到最大值；在吸附剂表面上的各个吸附点间没有吸附质转移运动；达动态平衡状态时，吸附和脱附速度相等。

由动力学方法推导出平衡吸附量 q_e 与液相平衡质量浓度 ρ_e 的关系为：

$$q_e = \frac{ab\rho_e}{1+b\rho_e} \tag{2-104}$$

式中：a——与最大吸附量有关的常数；

b——与吸附能有关的常数。

为计算方便，变换式（2-104）为线性表达式：

$$\frac{1}{q_e} = \frac{1}{ab}\frac{1}{\rho_e} + \frac{1}{a} \tag{2-105}$$

根据吸附实验数据，按上式作图 [图 2-57（a）] 可求 a、b 值。

由式（2-104）可见，当吸附量很少时，即当 $b\cdot\rho_e \ll 1$ 时，$q_e = ab\rho_e$，即 q_e 与 ρ_e 成正比，等温线近似于一直线；当吸附量很大时，即当 $b\cdot\rho_e \gg 1$ 时，$q_e \approx a$，即平衡吸附量接近于定值，等温线趋向水平。

Langmuir 模型适合于描述图 2-56 中第 I 类等温线，它只能解释单分子层吸附（化学吸附）的情况。

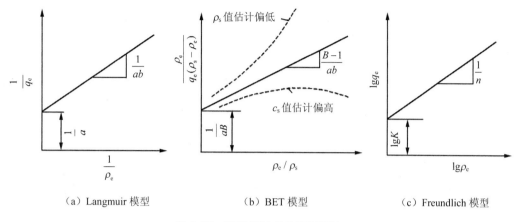

（a）Langmuir 模型　　　　（b）BET 模型　　　　（c）Freundlich 模型

图 2-57　吸附等温式常数图解法

2. BET（Brunaner、Emmett、Teller）等温式

与 Langmuir 的单分子层吸附模型不同，BET 模型假定在原先被吸附的分子上面仍可吸附另外的分子，即发生多分子层吸附；而且不一定等第一层吸满后再吸附第二层；对每一单层却可用 Langmuir 式描述；第一层吸附是靠吸附剂与吸附质间的分子引力，而第二层以后是靠吸附质分子间的引力，这两类引力不同，因此它们的吸附热也不同。总吸附量等于各层吸附量之和。由此导出 BET 等温式：

$$q_e = \frac{Ba\rho_e}{(\rho_s - \rho_e)[1 + (B-1)\rho_e / \rho_s]} \tag{2-106}$$

式中：ρ_s——吸附质的饱和质量浓度，mg/L；

B——常数，与吸附剂和吸附质之间的相互作用能有关。

将式（2-106）改写成如下线性形式：

$$\frac{\rho_e}{q_e(\rho_s - \rho_e)} = \frac{1}{aB} + \frac{(B-1)}{aB}\frac{\rho_e}{\rho_s} \tag{2-107}$$

由吸附实验数据，按上式作图［图 2-57（b）］可求常数 a 和 B，作图时需要知道饱和质量浓度 ρ_s，如果有足够的数据按图 2-56 作图得到准确的 ρ_s 值时，可以通过一次作图即得出直线来。当 ρ_s 未知时，则需通过假设不同的 ρ_s 值作图数次才能得到直线。当 ρ_s 的估计值偏低，则画成一条向上凹的曲线，当 ρ_s 的估计值偏高时，则画成一条向下凹的曲线。只有当估计值正确时，才能画出一条直线来。

BET 模型适用于图 2-56 中各种类型的吸附等温线。当平衡浓度很低时，$\rho_s \gg \rho_e$，并令 $B/\rho_s = b$，BET 模型可简化为 Langmuir 等温式。

3. Freundlich 等温式

Freundlich 等温式是指数函数形式的经验公式：

$$q_e = K\rho_e^{1/n} \tag{2-108}$$

式中：K——Freundlich 吸附系数；

　　n——常数，通常大于 1。

式（2-108）虽为经验式，但与实验数据颇为吻合。通常将该式绘制在双对数纸上以便于判断模型准确性并确定 K 和 n 值。将式（2-108）两边取对数，得

$$\lg q_e = \lg K + \frac{1}{n}\lg \rho_e \tag{2-109}$$

由实验数据按上式作图得一直线 ［图 2-57（c）］，其斜率等于 $\frac{1}{n}$，截距等于 $\lg K$；一般认为，$\frac{1}{n}$ 值介于 0.1～0.5 时，易于吸附，$\frac{1}{n}>2$ 时则难以吸附。利用 K 和 $\frac{1}{n}$ 两个常数，可以比较不同吸附剂的特性。

Freundlich 式在一般的浓度范围内与 Langmuir 式比较接近，但在高浓度时不像后者那样趋于一定值；在低浓度时，也不会还原为直线关系。

【例 2-2】利用活性炭吸附水溶液中农药的初步研究是在实验室条件下进行的。10 个 500 mL 锥形烧瓶各装有 250 mL 含有农药约 50 mg/L 的溶液。向 8 个烧瓶中投入不同数量的粉末状活性炭，而其余 2 个烧瓶用作空白试验。烧瓶塞好后，在 25℃下摇动 8 h（须实验确定足以到达平衡）。然后，将活性炭滤出，测定滤液中农药质量浓度。结果如下表所示，空白瓶的平均质量浓度为 47.1 mg/L。试确定吸附等温线的函数关系式。

瓶号	1	2	3	4	5	6	7	8
农药质量浓度/（μg/L）	40.2	69.5	97.4	143.1	208	386	589	1 087
活性炭投量/mg	503	412	335	234	196	149	113	77

解：

1）利用式（2-103）算出每个烧瓶的 q_e 值。以瓶号 1 为例：

$$q_e = \frac{V}{W}(\rho_0 - \rho_e) = \frac{0.25}{503}(47.1 - 0.040\,2) = 0.024 \text{ mg/mg}$$

2）将计算出的 q_e、$1/\rho_e$ 及 $1/q_e$ 列表，并以 $1/\rho_e$ 对 $1/q_e$ 作图，得图 2-58（a）；将 ρ_e 和 q_e 分别取以 10 为底的对数，以 $\lg \rho_e$ 对 $\lg q_e$ 作图，得图 2-58（b）。

瓶号	1	2	3	4	5	6	7	8
q_e/（mg/mg）	0.024	0.029	0.035	0.050	0.060	0.078	0.103	0.149
$1/q_e$/（mg/mg）	42.75	35.04	28.51	19.93	16.72	12.76	9.72	6.69
$1/\rho_e$/（L/mg）	24.88	14.39	10.27	6.99	4.82	2.59	1.70	0.92

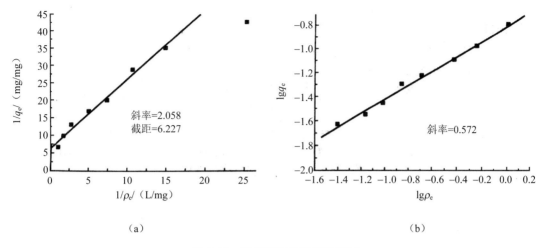

图 2-58 吸附等温线的线性关系

由图 2-58 可见，Langmuir 吸附等温式与 Freundlich 吸附等温式大体上均能适用。

3）计算式（2-104）中的 b 值，根据图 2-58（a），有

$$截距 = 1/a = 6.227; \quad 斜率 = \frac{1}{ab} = 2.058$$

故 $\qquad\qquad a = 0.16，b = 6.227/2.058 = 3.03$

由此得 $$q_e = \frac{0.49\rho_e}{1 + 3.03\rho_e}$$

4）计算式（2-108）中的 K 和 $1/n$，根据图 2-58（b），有

$$斜率 = \frac{1}{n} = 0.572 = \frac{1}{1.75}$$

$$\lg K = -0.82（\lg \rho_e = 0 \text{ 时对应的 } \lg q_e \text{ 值}）$$

故而 $K = 0.15$

由此得 $q_e = 0.15\rho_e^{0.572}$

（三）影响吸附的因素

影响吸附的因素是多方面的，主要包括吸附剂性质、吸附质性质、吸附过程的操作条件 3 个方面。

1. 吸附剂性质

吸附剂性质包括吸附剂种类、比表面积、颗粒大小、孔结构及表面化学性质等。

吸附剂的粒径越小或是微孔越发达，其比表面积越大，则吸附能力越强。但是对于大分子吸附质，比表面积过大，效果反而不好，因为微孔提供的表面积不起作用。

不同的原料和制作工艺，使吸附剂表面性质不同，表面活性官能团（如—COOH

和—OH 等）的存在使吸附剂具有类似化学吸附或离子交换的能力。

2. 吸附质的性质

吸附质的性质包括溶解度、分子极性、分子大小、饱和度、浓度、表面自由能等。

通常吸附质溶解度越低越易被吸附，极性吸附质易被极性吸附剂所吸附，能使吸附剂表面自由能降低越多的越易被吸附，反之亦然。对同一系化合物中，吸附量随分子量增大而增大，这称为 Traube 规则。吸附量随吸附质浓度提高也会增加，但浓度提高到一定程度后，吸附速度减慢直至停止。

应当指出，实际体系的吸附质往往不是单一的，它们之间可以互相促进、干扰或互不相干。

3. 操作条件

操作条件包括水的温度、pH、共存物质、接触时间、脱附再生等。

一般吸附过程以物理吸附为主，物理吸附是放热过程，低温有利于吸附，升温有利于脱附。溶液的 pH 影响溶质的存在状态（分子、离子、络合物），也影响吸附剂表面的电荷特性和化学特性，进而影响吸附效果。吸附剂的再生次数越多，效果会越差。

在吸附操作中，应保证吸附剂与吸附质有足够的接触时间。流速过大，吸附未达平衡，饱和吸附量小；流速过小，虽能提高一些处理效果，但设备的生产能力减小。一般接触时间为 0.5～1.0 h。

二、活性炭吸附剂与离子交换树脂

从广义而言，一切固体表面都有吸附作用，但实际上，只有多孔物质或磨得很细的物质，由于具有很大的表面积和表面吸附能，才能作为吸附剂使用。水处理中常用的吸附剂有活性炭、树脂、磺化煤、活化煤、沸石、活性白土、硅藻土、腐殖质、焦炭、木炭、木屑等。以下着重介绍在水处理中应用较广的活性炭和离子交换树脂。

（一）活性炭吸附剂

活性炭是一种非极性吸附剂，外观为暗黑色，具有特别发达的微孔和巨大的比表面，因而具有良好的吸附性能。其化学性质稳定，可以耐强酸、强碱，能经受水浸、高温、高压作用，不易破碎，使用工艺简单，操作方便。因而在废水处理中得到普遍应用。

活性炭有粒状（GAC）、粉状（PAC）和纤维状（ACF）3 种。目前工业上大量采用的是粒状活性炭。

粒状活性炭是将木炭、果壳、煤、石油、纸浆废液、废合成树脂及其他有机残物等含碳原料经炭化、活化后制成的。在制造的过程中，形成特别发达的形状大小不一的孔隙（图 2-59），孔径一般为 1～10 000 nm。活性炭的比表面积可达 500～1 700 m^2/g，其中小孔（半径<2 nm）的贡献占 95%以上，过渡孔（半径为 2～100 nm）占比在 5%以下，大孔（为

100～10 000 nm）对比表面积的贡献非常小。吸附作用主要发生在细孔的表面上。

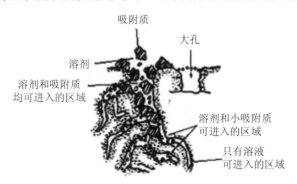

图 2-59　活性炭细孔分布及作用示意图

纤维活性炭（ACF）是一种新型高效吸附材料。它是有机碳纤维（如纤维素纤维、PAN纤维、酚醛纤维和沥青纤维等）经过一定的程序炭化活化而成，具有发达的微孔结构，孔径一般在 1.5～3 nm，直接开口于纤维表面。超过 50%的碳原子位于内外表面，表面还含有许多杂环结构或其他表面官能团的微结构，构筑成独特的吸附结构，形成丰富的纳米空间，被认为是"超微粒子、表面不规则的构造以及极狭小空间的组合"。因而具有极大的比表面积和表面能，具有比 GAC 更快的吸附脱附速度和更大的吸附容量。且由于它可方便地加工为毡、布、纸等不同的形状，并具有耐酸碱耐腐蚀特性，使得其一问世就得到人们广泛的关注和深入的研究。目前已在环境保护、催化、医药、军工等领域得到广泛应用。

（二）吸附树脂

树脂是一种新型有机吸附剂，它是一种人工合成的有机高分子聚合物，是具有立体网状结构的多孔海绵状物，外观呈球形。可在 150℃下使用，不溶于酸、碱及一般溶剂，比表面积可达 800 m²/g。其吸附能力接近活性炭，具有选择性好、孔隙均匀、再生简单、稳定性高、应用范围广等优点，但价格昂贵、不耐高温。适宜处理微溶于水、极易溶于甲醇、丙酮等有机溶剂、分子量略大和带极性的有机物（如酚、油、染料等）。

（三）离子交换树脂

离子交换树脂是带有活性基团的树脂，由不溶性的树脂母体与活性基团两部分组成。树脂母体由有机物和交联剂聚合而成，其中交联剂的作用是使母体形成主体的网状结构。交联剂与单体的质量百分比称为交联度，是决定树脂结构及性能的一个重要参数。活性基团由固定离子和活动离子组成，活动离子（即可交换离子）能与溶液中的同性离子进行等当量交换反应。离子交换树脂根据活性基团的性质，分为强酸性和弱酸性阳离子交换树脂、强碱性和弱碱性阴离子交换树脂。

交换容量是离子交换树脂最重要的性能，它是指一定量的树脂具有的活性基团或可交换离子的数量，通常用 E_v（mmol/mL 湿树脂）或 E_w（mmol/g 干树脂）表示。树脂在给定的工作条件下实际所发挥的交换能力称为工作交换容量。因受再生程度、进水中离子的种类和浓度、树脂层高度、水流速度、交换终点的控制指标等许多因素影响，一般工作交换容量只有总交换容量的 60%～70%。

选择树脂时应综合考虑原水水质、处理要求、交换工艺以及投资和运行费用等因素。绝大多数脱盐系统都采用强型树脂；当分离无机阳离子或有机碱性物质时，宜选用阳树脂；分离无机阴离子或有机酸时，宜采用阴树脂；对氨基酸等两性物质的分离，既可用阳树脂，也可用阴树脂；对某些贵金属和有毒金属离子（如 Hg^{2+}）可选择螯合树脂交换回收；对有机物（如酚），宜用低交联度的大孔树脂处理。

三、吸附与离子交换工艺与设计

在水处理中，吸附与离子交换工艺包括 3 个程序：预处理、吸附或离子交换、再生。其中预处理的主要作用是去除悬浮物，防止吸附剂或离子交换树脂受污染，避免床层堵塞，一般采用砂滤器。吸附或交换过程主要与床层高度、水流速度、原水浓度、吸附剂性能以及再生程度等因素有关。当出水浓度达到限值时，应进行再生。下面主要介绍吸附与离子交换的操作、设计与再生。

（一）操作方式

吸附与离子交换操作分静态和动态两种。前者为间歇式，将活性炭或离子交换树脂投入水中，不断搅拌，然后将活性炭分离。这种操作生产上很少使用，只有在实验室或小水量间歇排放的情况下才考虑。后者为连续操作，主要有固定床和移动床两种。

1. 固定床

固定床有降流式和升流式两种。降流式又分为重力式和压力式。升流式也称膨胀式，水流由下而上流动，使充填层膨胀 10%～15%（不混层）。

废水处理用固定床装置的填充层高度与塔径的比一般为（2～4）∶1；塔内空塔流速采用 5～10 m/h；接触时间一般为 10～50 min。为使塔中吸附剂的容量都被充分利用，生产上多采用多床（2～4 塔）串联操作。

2. 移动床

原水从下而上流过吸附层，塔底部一段高度内接近吸附饱和的吸附剂（占总量的 5%～10%）定期从塔底排出，再生后的吸附剂从塔顶加入。吸附剂层由上而下间歇移动。塔内空塔流速采用 10～30 m/h。这种形式的优点是能充分利用床层吸附容量，出水水质良好，且水头损失较小，不需要反冲洗设备，对原水预处理要求较低，操作管理方便。缺点是操作要求较高，不能是塔内上下层吸附剂混合；不利于生物协同作用。适用于较大水量的处理厂。

（二）设计参数

在设计吸附与离子交换工艺和装置时，应首先通过静态试验来确定不同吸附剂的吸附等温线，据此选择吸附剂，并估算用量。然后通过动态试验来确定具体的设计参数，如停留时间和通水倍数等。

动态吸附柱的工作过程可用图 2-60 所示的穿透曲线来表示。

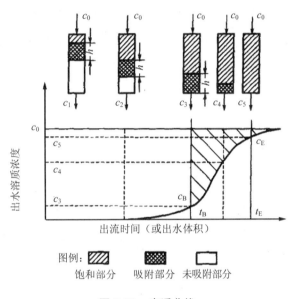

图 2-60　穿透曲线

当废水连续通过吸附剂层时，运行初期出水中溶质几乎为零。随着时间的推移，上层吸附剂达到饱和，床层中发挥吸附作用的区域向下移动。当吸附区前沿下移至吸附剂层底端时（t_B），出水浓度开始超过规定值，此时称床层穿透。之后出水浓度迅速增加，当吸附区后端面下移到床层底端时（t_E），整个床层接近饱和，出水浓度接近进水浓度，为进水浓度的 90%～95%，此时称床层耗竭。

对于单床吸附系统，由穿透曲线可知，当床层达到穿透点时（对应的吸附量为动活性），必须停止进水，进行再生；对多床串联系统，则床层工作时间可延长至耗竭点时（对应的吸附量为饱和吸附量），才需进行再生。显然，在相同条件下，动活性＜饱和吸附量＜静活性（平衡吸附量）。假设处理水流量为 Q，吸附剂量为 M，则单床和多床吸附系统中每个吸附塔的通水倍数（水/吸附剂）分别为 Qt_B/M 和 Qt_E/M。

（三）再生

吸附剂在达到饱和吸附后，必须进行脱附再生，才能重复使用。脱附是吸附的逆过程，即在吸附剂结构不变化或者变化极小的情况下，用某种方法将吸附质从吸附剂孔隙中除去，恢复它的吸附能力。通过再生使用，可以降低处理成本，减少废渣排放，同时回收吸附质。

目前吸附剂的再生方法有加热再生、药剂再生、化学转化再生、生物再生等。在选择再生方法时，主要考虑 3 个方面的因素：①吸附质的理化性质；②吸附机理；③吸附质的回收价值。对于以物理吸附为主的吸附剂（如活性炭），主要采用加热解吸再生；以化学吸附为主的吸附剂，采用溶剂萃取再生；以离子交换为主的吸附剂，采用置换法再生；以物理化学吸附为主的吸附剂，则多采用化学转化再生的方式。利用微生物的作用，将被活性炭吸附的有机物加以氧化分解的再生方法可以使炭的饱和周期大大延长，近年来已发展成为生物活性炭处理新工艺。

主要的再生方法及处理条件如表 2-14 所示。

表 2-14　吸附剂再生方法及处理条件

种类		处理温度	主要条件
加热再生	加热脱附	100～200℃	水蒸气、惰性气体
	高温加热再生（炭化再生）	750～950℃（400～500℃）	水蒸气、可燃气体、CO_2
药剂再生	无机药剂	常温～80℃	HCl、H_2SO_4、NaOH、氧化剂
	有机药剂（萃取）	常温～80℃	有机溶剂（苯、丙酮、甲醇等）
生物再生		常温	好氧菌、厌氧菌
湿式氧化分解		180～220℃、加压	O_2、空气、氧化剂
电解氧化		常温	O_2

对于以回收为目的的再生方法，如离子交换法回收金属离子。在再生之前还需反洗，目的在于松动树脂层，以便下一步再生时，注入的再生液能分布均匀，同时也及时地消除积存在树脂层内的杂质、碎粒和气泡。再生完后还需清洗，将树脂层内残留的再生废液清洗掉，直到出水水质符合要求为止。清洗以后的树脂再重新进入交换程序。

四、离子交换在水处理中的应用

离子交换法具有离子去除率高、可浓缩回收有用物质、设备较简单、操作控制容易等优点；但对废水预处理要求较高，离子交换剂的再生和再生液的处理也比较麻烦，应用范围受离子交换剂品种、性能、成本等的限制。主要用于制取软水和纯水、去除回收废水中金、银、铜、铬、锌等贵重金属离子，以及净化放射性废水及有机废水（如氯酚）。

（一）水质软化与除盐

离子交换法在水处理中主要应用方面是水质软化与除盐。

一般水质软化采用钠型阳离子交换柱，如图2-61所示。硬水通过交换柱后，水中Ca^{2+}，Mg^{2+}被交换去除，转化为钠盐，使水得到软化。水的除盐则需用氢型阳离子交换柱与氢氧型阴离子交换柱串联工艺，其流程如图2-62所示。当含盐水通过阳离子交换柱时，各金属离子被H^+交换去除（图2-63），其出水pH显酸性；再通过阴离子交换柱时，水中的各类酸根被OH^-交换去除，出水即得到脱盐处理。

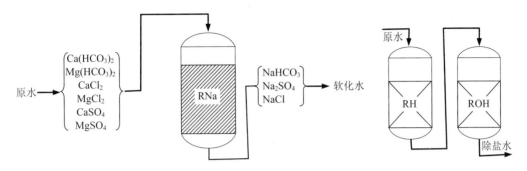

图 2-61　钠型离子交换柱　　　　　图 2-62　H柱和OH柱串联除盐

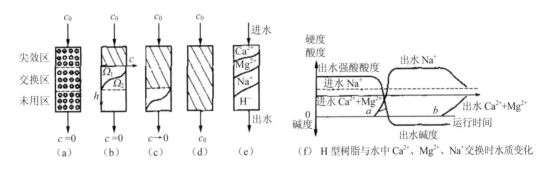

图 2-63　氢型阳离子交换柱去除水中阳离子的过程

（二）电镀清洗水中回收铬

离子交换法也已广泛应用于含重金属废水的处理与金属回收方面。以电镀清洗水中回收铬为例，其代表性流程如图2-64所示，被称为双阴性、全酸性、全饱和流程。

电镀清洗废水含铬量数十至数百毫克每升，首先经过滤除去悬浮物，再经阳离子（RSO_3H）交换器，依次除去金属离子（Cr^{3+}、Fe^{3+}、Cu^{2+}）等，然后进入阴离子（ROH）交换器，依次除去$Cr_2O_7^{2-}$和CrO_4^{2-}，出水含$Cr^{6+}<0.5$ mg/L。可再作为清洗水循环使用。阳离子树脂用1 mol/L HCl再生，阴离子树脂用12% NaOH再生。阴离子树脂再生液含铬可达17 g/L，将此再生液再经过一个H型阳离子交换器使$NaCrO_4$转变成铬酸。再经蒸发浓缩7～8倍，即可返回电镀槽使用。

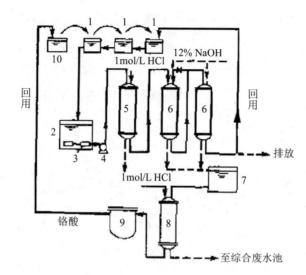

1—漂洗槽；2—漂洗水池；3—微孔滤管；4—泵；5、8—阳离子交换塔；6—阴离子交换塔；

7—贮槽；9—蒸发器；10—电镀槽

图 2-64　离子交换法回收铬流程

该流程中第一个阳离子交换器的作用有两个：一是除去金属离子及杂质，减少对阴树脂的污染。因为重金属对树脂氧化分解可能起催化作用。二是降低废水pH，使Cr^{6+}以$Cr_2O_7^{2-}$存在。阴树脂对$Cr_2O_7^{2-}$选择性大于对CrO_4^{2-}和其他阴离子的选择性，而且交换一个$Cr_2O_7^{2-}$可除去两个Cr^{6+}，而交换一个CrO_4^{2-}仅除去一个Cr^{6+}。由于$Cr_2O_7^{2-}$是强氧化剂较易引起树脂的氧化破坏，因此要选用化学稳定性较好的强碱性树脂。

第八节　膜分离

一、膜分离基本原理及分类

膜分离是利用特殊的薄膜为分离介质，通过在膜两边施加一个推动力，使原料侧组分选择性地透过膜，以达到分离、浓缩、提纯目的。其中溶剂透过膜的过程称为渗透，溶质透过膜的过程称为渗析。

膜分离过程的推动力有浓度差、压力差和电位差等。根据分离原理不同，膜分离过程可概述为以下 3 种形式：

1）过滤式膜分离以压力差为推动力，利用膜孔对分离组分的尺寸选择性，将大于膜孔尺寸的微粒及大分子溶质截留，使小于膜孔尺寸的粒子或溶剂透过滤膜，从而实现不同组分分离。根据膜孔大小不同，可分为微滤（MF）、超滤（UF）、纳滤（NF）、反渗透（RO）和气体渗透。这种膜过滤与常规过滤不同。常规过滤介质的孔隙通常有几十微米大小，但它能截留大于 5 μm 的颗粒，主要是靠滤饼层内颗粒的架桥作用，而不是直接靠过滤介质孔隙筛分截留的；膜分离利用膜的孔隙筛分截留分离物质，截留的微粒和溶质分子，并不在膜面形成滤饼，而是仍然悬浮于料液中或以溶质形式保留于料液中。所以，常将膜前截留的物质总体称为浓液，透过滤膜的部分称作滤液、淡液或渗透液等。

2）渗析式膜分离料液中的某些溶质或离子在浓度差、电位差的推动下，透过膜进入接受液中，从而被分离出去。属于渗析式膜分离的有渗析和电渗析等。

3）液膜分离液膜与料液和接受液互不混溶，液液两相通过液膜实现渗透，类似于萃取和反萃取的组合。溶质从料液进入液膜相当于萃取，溶质再从液膜进入接受液相当于反萃取。

在废水处理领域常用的膜分离技术，主要是过滤式膜分离法和渗析式膜分离法，如微滤、超滤、纳滤、反渗透、渗析和电渗析等，其基本特征见表2-15。

表 2-15 膜分离类型及特征

膜滤过程	简图	推动力	分离机理	渗透物	截留物	膜结构
微滤 MF	进水／滤液	压力差（0.01～0.2 MPa）	筛分	水、溶剂、溶解物	悬浮物、颗粒、纤维和细菌	对称和不对称微孔膜（孔径 0.05～10 μm）
超滤 UF	进水／浓缩液／滤液	压力差（0.1～0.5 MPa）	筛分	水、溶剂、离子和小分子（M_w<1 000）	生化制品、胶体和大分子（M_w 为 1 000～200 000）	不对称微孔膜（孔径2～100 nm）
纳滤 NF	进水／溶质（盐）／滤液	压力差（0.5～2.5 MPa）	筛分＋溶解/扩散	水和溶剂（M_w<200）	溶质、二价盐、糖和染料（M_w 为 200～1 000）	致密不对称膜和复合膜
反渗透 RO	进水／溶质（盐）／滤液	压力差（1.0～10.0 MPa）	溶解/扩散	水和溶剂	全部悬浮物、溶质和盐	致密不对称膜和复合膜
电渗析 ED	原水／极水／阳阴阳／极极极／室室／浓水／淡水／阳极／阴极	电位差	离子迁移	电离离子	非解离和大分子物质	阴、阳离子交换膜
渗析 DL	进水／净水／扩散液／接受液	浓度差	扩散	离子、低分子量有机质、酸和碱	M_w>1 000 的溶解物和悬浮物	不对称膜和离子交换膜

膜分离法具有在常温下操作不发生相变、能量转化效率高、装置简单、操作容易、占地面积小、适用范围广、处理效率高等特点。因此，近年来发展很快，广泛用于去除水中难分解、难分离的高分子有机污染物以及重金属离子等，可部分或完全取代常规水处理工

艺，有效降低水的臭味、浊度、色度和盐度等。

（一）过滤式膜分离法

1. 微滤

微滤是利用筛网状过滤介质膜的"筛分"作用进行分离的膜过程。实施微滤的介质称为微孔膜，通常由特种纤维素酯或高分子聚合物及无机材料制成。它类似多层叠置的筛网，厚度在 $10\sim150\ \mu m$，孔径一般在 $0.05\sim10\ \mu m$。其主要优点为：

1）孔径均匀，过滤精度高。微滤膜能将液体中所有大于其孔径的微粒全部截留，不会因压力差升高而导致大于孔径的微粒穿过滤膜；截留微粒的方式有机械截留、架桥及吸附。

2）孔隙大，流速快。一般微孔膜的孔密度为 $10^7\sim10^{11}$ 孔$/cm^2$，微孔体积占膜总体积的 70%～80%。由于膜很薄，阻力小，其过滤速度较常规过滤介质快几十倍。

3）无吸附或少吸附。大部分微孔膜厚度都在 $150\ \mu m$ 以下，比一般过滤介质薄很多，因而吸附量很少，可忽略不计。

4）无介质脱落。微孔膜过滤时没有纤维或碎屑脱落，因此能得到高纯度的滤液。

但微孔膜的颗粒容量较小，极易被少量与膜孔径大小相当的微粒或胶体粒子堵塞；因此，使用时必须有前道过滤的配合，否则无法正常工作。

微滤截留微粒的作用局限于膜的表面，从粒子的大小看，它是常规过滤操作的延伸，属于精密过滤。微滤技术在石油化工、电子工业、食品工业、生物工程等领域得到了广泛应用，主要用于滤除废水中的悬浮物、藻类和部分细菌等污染物，出水可作为中水回用，也可以进一步进行纳滤或反渗透处理。

2. 超滤

超滤的核心部件是超滤膜，均为不对称结构的多孔膜。其结构一般有三层：最上层的表面活性层致密而光滑，厚度为 $0.1\sim1.5\ \mu m$，其中细孔孔径一般小于 $10\ nm$；中间的过渡层，具有大于 $10\ nm$ 的细孔，厚度一般为 $1\sim10\ \mu m$；最下面的支撑层，厚度为 $50\sim250\ \mu m$，具有 $50\ nm$ 以上的孔。支撑层起支撑作用，能提高膜的机械强度。膜的分离性能主要取决于表面活性层和过渡层，其主要作用为筛分，对于高分子物质，还与溶质—水—膜之间的相互作用有关。制备超滤膜的材料主要有醋酸纤维素、聚砜、聚酰胺和聚丙烯腈等。制膜过程没有热处理工序，使制得的超滤膜的孔比较大，可不受渗透压力的阻碍，能在小压力（$0.1\sim0.5\ MPa$）下工作，而且有较大的通水量。

常用超滤设备是由多孔性支撑体和膜构成，装在坚固的壳内，有板框式、管式、卷式和中空纤维式。其中中空纤维超滤膜是超滤技术中最为成熟与先进的一种形式。中空纤维状超滤膜的外径为 $0.5\sim2\ \mu m$，特点是直径小、强度高，不需要支撑结构，管内外能承受较大的压力差。此外，单位体积中空纤维状超滤膜的内表面积很大，能有效提高渗透通量。因此，在使用超滤时一般都选择中空纤维式的超滤膜组件。

超滤可截留分子量为 500～300 000 的各种可溶性大分子，如多糖、蛋白质、酶或相当粒径（一般小于 0.1 μm）的胶体微粒，形成浓缩液，达到溶液的净化、分离及浓缩目的。超滤过程中，不能滤过膜的残留物在膜表面的浓聚会形成浓度极化现象，使通水量急剧减少，加大通水速度（大于 3～5 m/s）可适当防止。

在废水处理中，超滤技术可以用来去除废水中的淀粉、蛋白质、树胶、油脂等有机物，以及黏土、微生物等，可回收各种有用物质，生产回用水。处理实例有：电泳涂装淋洗废水、含油废水、纸浆和造纸废水、洗毛废水、染料废水和食品工业废水等处理。超滤或微滤膜组器还可以代替活性污泥法工艺中的二沉池，与生物反应器相结合组成膜生物反应器。

3. 纳滤

纳滤是 20 世纪 80 年代末期发展起来的一种新型分子级膜分离技术，早期被称作"低压反渗透"或"松散反渗透"。实验证明，它能使 90% 的 NaCl 透过膜，而使 99% 的蔗糖被截留。由于其截留率大于 95% 的最小分子约为 1 nm，所以，又称为"纳滤"。目前，纳滤已从反渗透技术中分离出来，成为独立的分离技术。

纳滤膜大多带有电荷，膜孔径为 1～5 nm，介于反渗透膜和超滤膜之间，通过筛分、溶质扩散和电荷排斥实现分离，能对小分子有机物等与水、无机盐进行分离，实现脱盐与浓缩同时进行。主要用于截留粒径在 0.1～1 nm，分子量为 100～1 000 的物质，操作压力较小（0.5～1 MPa），水通量较大。纳滤膜对无机盐的分离行为不仅受化学势控制，同时也受到电势梯度的影响，因此盐的渗透性主要由离子价态决定。纳滤膜对不同价态离子的截留效果不同，对单价离子的截留率较低，在 10%～80%，而对二价及多价离子的截留率可高达 90% 以上，明显高于单价离子。

纳滤恰好填补了超滤与反渗透之间的空白，它能截留透过超滤膜的那部分小分子量的有机物，透析被反渗透膜所截留的无机盐（主要是一价离子盐），对低价离子与高价离子的分离特性良好，因此在硬度高和有机物含量高、浊度低的原水处理及高纯水制备中颇受瞩目。

4. 反渗透

渗透是自然界一种常见的现象。人类很早以前就已经自觉或不自觉地使用渗透或反渗透分离物质，其原理如图 2-65 所示。如果用一张只能透过水而不能透过溶质的半透膜将两种不同浓度的水溶液隔开，水会自然地透过半透膜从低浓度水溶液向高浓度水溶液一侧迁移，这一现象称渗透［图 2-65（a）］。这一过程的推动力是低浓度溶液中水的化学位与高浓度溶液中水的化学位之差，表现为水的渗透压。随着水的渗透，高浓度水溶液一侧的液面升高，压力增大。当液面升高到一定位置时，渗透达到平衡，两侧的压力差就称为渗透压 π［图 2-65（b）］。溶液的渗透压与溶液的浓度、电解质的离子数、温度等因素有关。渗透过程达到平衡后，水不再有渗透，渗透通量为零。如果在高浓度水溶液一侧加压，使高浓度水溶液侧与低浓度水溶液侧的压差大于渗透压，则高浓度水溶液中的水将通过半透膜流向低浓度水溶液侧，这一过程就称为反渗透［图 2-65（c）］。

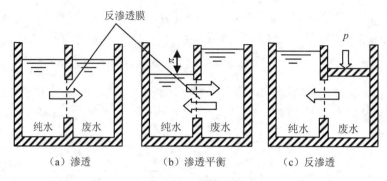

图 2-65　反渗透原理

由此可见，反渗透也是以压力差作推动力的膜分离过程，且其操作压力高于溶液的渗透压；反渗透膜是一种高选择性和高透水性的半透膜。

实际应用中的反渗透膜是一类具有不带电荷的亲水性基团的膜，大部分为致密不对称结构，其制备材料主要有醋酸纤维素、芳香族聚酰胺两种。膜孔径小于 0.5 nm，流体阻力较大，因此，分离过程所需的压力很大，一般在 2～10 MPa，因而对设备结构的要求也高。可截留分子量小于 500 的所有溶质分子和离子（对 NaCl 的截留率在 98%以上），而仅让水透过膜，出水为无离子水。

反渗透装置与超滤装置相似，也是由多孔性支撑体和膜构成，装在坚固的壳内，有板框式、管式、卷式和中空纤维式等。其界面影响与超滤相似，不能滤过膜的溶质分子在膜表面的浓聚容易形成浓度极化现象，使通水量急剧减少。

目前，反渗透技术已经发展成为一种普遍使用的现代分离技术，由于能够截留所有的离子，有机物、细菌、胶体粒子和发热物质；在海水和苦咸水的脱盐淡化、超纯水制备、废水处理等方面已经广泛应用，并具有其他方法不可比拟的优势。在废水处理领域，反渗透主要用于电镀废水、照相洗印废水、酸性尾矿水的处理，去除重金属离子，贵重金属被浓缩回收，渗透水也能重复利用；也可用于造纸废水、印染废水、石油化工废水，医院污水处理和城市污水的深度处理，出水可以回用。

上述几种过滤式膜分离法都是以压力差为推动力使溶剂通过膜的分离过程，其工作原理与用滤布或滤纸分离悬浮固体颗粒的原理几乎一样，但是所用的介质（膜）更薄，截留的微粒尺寸更小。它们的去除对象和使用范围与离心分离和混凝过滤的比较见图 2-66。微滤、超滤、纳滤与反渗透组成了分离溶液中的固体微粒、分子到离子的三级膜分离过程。一般来说，分离溶液中直径为 0.1～10 μm 的粒子应该选微孔膜；分离溶液中分子量大于 500 的大分子或极细的胶体粒子可以选择超滤膜；分离溶液中分子量介于 200～1 000 的小分子和高价盐分子最好选择纳滤膜；而分离溶液中分子量低于 500 的低分子物质和所有离子，应该采用反渗透膜。以上关于微滤、超滤、纳滤与反渗透之间的分界并不是十分严格和明确，它们之间可能存在一定的相互重叠。

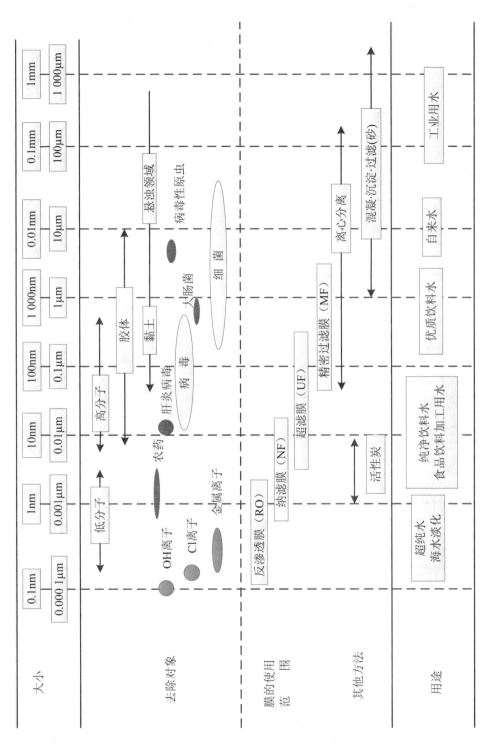

图 2-66　各种过滤式膜分离法和离心分离及混凝过滤法的去除对象和使用范围

（二）渗析式膜分离法

1. 渗析

在膜分离技术中，渗析是最早被发现和研究的膜分离过程。渗析法是利用半透膜或离子交换膜两侧溶液间溶质浓度梯度所产生的浓度差扩散而进行分离的，所以渗析又常称为扩散渗析。其推动力是膜两侧溶液的浓度差。渗析分非选择性膜渗析和有选择性的离子交换膜渗析。

非选择性膜渗析法的原理如图 2-67 所示，在容器中间用一张渗析膜（虚线）隔开，膜两侧分别为 A 侧和 B 侧，A 侧通过原进料液，B 侧通过接受液，由于两侧溶液的浓度不同，溶质由 A 侧根据扩散原理，而溶剂（水）由 B 侧根据渗透原理相互进行迁移，一般低分子比高分子扩散得快。渗析的目的就是借助这种扩散速度差，使 A 侧两组分以上的溶质（如 x_1 和 x_2）得以分离。

选择性的离子交换膜渗析法的原理如图 2-68 所示，以酸洗钢铁废水回收硫酸为例，扩散渗析器中的薄膜全部为阴离子交换膜。含硫酸废水自下而上地进入第 1、3、5、7 原液室，水自上而下地进入 2、4、6 回收室。原液室中含酸废水的 Fe^{2+}、H^+、SO_4^{2-} 离子浓度比回收室浓度高，虽然 3 种离子都有向两侧回收室的水中扩散的趋势，但由于阴离子交换膜的选择透过性，硫酸根离子易通过阴膜，而氢离子和亚铁离子难于通过。又由于回收室中 OH^- 离子浓度比原液室中的高，回收室中的 OH^- 离子通过阴膜而进入原液室，与原液室中的 H^+ 离子结合成水，结果从回收室下端流出的为硫酸，从原液室上端排出的主要是 $FeSO_4$ 残液。

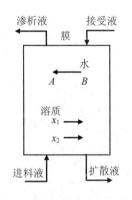

图 2-67　非选择性膜渗析法的原理

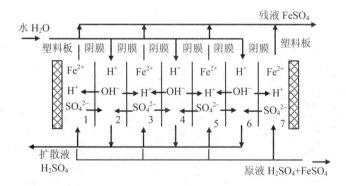

图 2-68　选择性的离子交换膜渗析法的原理

渗析法因受体系本身条件的限制，扩散过程进行得很慢，效率较低，因此常被更有效的电渗析法所替代；但是扩散渗析法无须能量，因此在一些场合仍不失其应用价值，如应用于生物医学（如血液渗析）和废酸、碱的回收，回收率可达 70%～90%，但不能将它们浓缩。

2. 电渗析

电渗析是在直流电场的作用下，以电位差为推动力，利用离子交换膜的选择透过性，把电解质从溶液中分离出来，实现溶液的淡化、浓缩及纯化的膜分离过程。其核心是离子交换膜。离子交换膜按其可交换离子的性能可分为阳离子交换膜、阴离子交换膜和双极离子交换膜。这3种膜的可交换离子分别对应为阳离子、阴离子和阴阳离子。

电渗析系统由一系列阴、阳膜交替排列于两电极之间、由膜隔开的许多小水室组成，如图2-69所示。当原水进入这些小室时，在直流电场的作用下，溶液中的离子作定向迁移。阳离子向阴极迁移，阴离子向阳极迁移。但由于离子交换膜具有选择透过性（即阳膜只允许阳离子通过，阴膜只允许阴离子通过），结果使一些小室离子浓度降低而成为淡水室，与淡水室相邻的小室则因富集了大量离子而成为浓水室。从淡水室和浓水室分别得到淡水和浓水。原水中的离子得到了分离和浓缩，水便得到了净化。

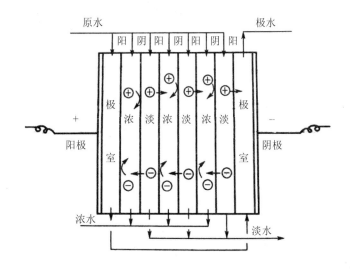

图 2-69　电渗析分析原理图

电渗析器在运行时，同时发生着反离子迁移、电解质浓差扩散、水的渗透、水的电离等多种复杂过程，对电渗析处理不利。例如，反离子迁移和电解质浓差扩散将降低除盐效果；水的渗透、电渗和压渗会降低淡水产量和浓缩效果；水的电离会使耗电量增加，导致浓水室极化结垢等。因此，在电渗析器的设计和操作中，必须设法消除或改善这些次要过程的不利影响。

自电渗析技术问世后，其在苦咸水淡化、饮用水及工业用水制备方面展示了巨大的优势。随着电渗析理论和技术研究的深入，我国在电渗析主要装置部件及结构方面都有巨大的创新，仅离子交换膜产量就占到了世界的 1/3。电渗析技术在食品工业、化工及工业废水的处理方面也发挥着重要的作用，特别是与反渗透、纳滤等精过滤技术的结合，在电子、制药等行业的高纯水制备中扮演重要角色。

二、膜材料及膜组件

（一）膜材料

膜分离技术的核心是膜，它是能以特定形式限制和传递流体物质的分隔两相或两部分的界面，表面具有一定物理或化学特性。膜的分类如图 2-70 所示。水处理领域应用最多的是人工合成的固态膜，其厚度一般从几微米（甚至 0.1 μm）到几毫米；按材料化学性质可分为有机膜和无机膜两大类；按结构形态分为多孔膜和致密膜。多孔膜由聚合物或无机材料制成，主要用于超滤、微滤和渗析过程；致密膜仅限于聚合物材料合成，主要用于反渗透、电渗析、渗透汽化和气体渗透过程。

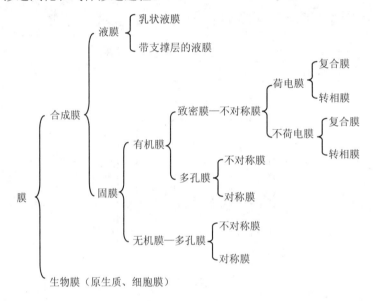

图 2-70　膜的分类

1. 有机膜材料

目前，有机膜材料以高分子聚合物居多。实用的有机高分子膜材料有：纤维素酯类、聚砜类、聚酰胺类及其他材料。有机膜具有取材广泛、单位膜面积制造成本低廉、膜组件装填密度大等优势，目前占有膜市场 85% 左右。其中使用最多的是醋酸纤维素（CA），其次是聚砜（PSF）、聚酰胺（PA）、聚偏二氟乙烯（PVDF）和混合膜。例如，反渗透和纳滤膜组件多为 CA 和 PA 材质，微滤和超滤膜组件的首选材料是 PVDF；实验室所用的微孔滤膜材质多为 CA 和醋酸纤维素与硝酸纤维素的混合膜（CN-CA）。

2. 无机膜材料

无机膜是指以金属、金属氧化物、陶瓷、沸石、多孔玻璃等无机材料为分离介质制成的半透膜，常用材料包括 Al_2O_3、ZrO_2、TiO_2、SiO_2、SiC 等。无机膜适用于高黏度、高固体含量等复杂流体物料的分离，具有热力学和化学稳定性好、耐污染能力强、强度大、使用寿命长、容易清洗等特点。

几种常见无机膜和有机膜材料的特点见表 2-16。

表 2-16　几种常见膜材料的特点

聚合物	优点	缺点
TiO_2/ZrO_2	化学、机械、热稳定性好	价格昂贵，仅限于 MF 和 UF，材料较贵
醋酸纤维	价格低，抗氯，溶剂浇注	化学、机械、热稳定性差
聚酰胺	良好的化学稳定性、热稳定性	对氯化物较敏感
聚砜	广泛的消毒性，抗 pH，溶剂浇注	对碳氢化合物的截留较差
聚丙烯	抗化学腐蚀性强	未经表面处理具有疏水性
聚四氟乙烯	具有良好的疏水性能，抗有机物污染，良好的化学稳定性，具有灭菌性	疏水性强，价格贵

原则上讲，凡能成膜的高分子材料和无机材料均可用于制备分离膜。但实际上，真正成为工业化膜的膜材料并不多。这主要取决于工业膜的一些特定要求，如选择性好，单位膜面积上透水量大；机械强度好，能抗压、抗拉、耐磨；热和化学的稳定性好，能耐酸、碱腐蚀和微生物侵蚀，耐水解、辐射和氧化；结构均匀一致，尽可能地薄，寿命长，成本低等。此外，也取决于膜的制备技术和保存方法。

膜的制备工艺对膜的性能十分重要。同样的材料，由于不同的制作工艺和控制条件，其性能差别很大。合理的、先进的制膜工艺是制造优良性能膜的重要保证。目前，国内外的制膜方法很多，其中最实用的是相转化法（流涎法和纺丝法）和复合膜化法。制作过程中影响膜结构和性质的因素很多，包括所用的高聚物及其浓度、溶剂系统、沉淀剂系统、沉淀剂的形式（气相或液相）、前处理（如蒸发）或后处理（或退火，即浸在热水浴中）步骤等。

膜的保存对其性能极为重要。主要应防止微生物、水解、冷冻对膜的破坏和膜的收缩变形。微生物的破坏主要发生在醋酸纤维素膜，而水解和冷冻破坏则对任何膜都可能发生。温度、pH 不适当和水中游离氧的存在均会造成膜的水解。冷冻会使膜膨胀而破坏膜的结构。膜的收缩主要发生在湿态保存时的失水。收缩变形使膜孔径大幅度下降，孔径分布不均匀，严重时还会造成膜的破裂。当膜与高浓度溶液接触时，由于膜中水分急剧地向溶液中扩散而失水，也会造成膜的变形收缩。

如果是短期存放（5～30 d），膜元件的保存操作如下：①清洗膜元件，排除内部气体；②用 1%亚硫酸氢钠保护液冲洗膜元件，浓水出口处保护液浓度达标；③全部充满保护液后，关闭所有阀门，使保护液留在压力容器内；④每 5 d 重复②、③步骤。如果是长期存放，存放温度在 27℃以下时，每月重复②、③步骤一次；存放温度在 27℃以上时，每 5 d 重复②、③步骤一次。恢复使用时，应先用低流量进水冲洗 1 h，再用大流量进水（浓水管调节阀全开）冲洗 10 min。

（二）膜组件

为便于工业化生产和安装，提高膜的工作效率，在单位体积内实现最大的膜面积，通常将膜、固定膜的支撑材料、间隔物或管式外壳等组装成的一个单元，称为膜组件。膜组件根据平板膜和管式膜两种膜构型设计，有很多形式。工业上应用的膜组件主要有板框式、螺旋卷式、中空纤维式和管式 4 种形式。其中板框式和螺旋卷式膜组件使用平板膜，中空纤维式和管式膜组件使用管式膜。除了膜以外，膜组件一般还包括压力支撑体、料液进口、流体分配器、浓缩液出口和透过液出口等。

1. 板框式膜组件

板框式膜组件装置类似于板框压滤机，如图 2-71 所示。整个装置由若干块圆形多孔透水板重叠起来组成，透水板两面都贴有膜，膜四周用胶黏剂和透水板外环密封。透水板外环有"O"形密封圈支撑，使内部组成压力容器，高压水由上而下通过每块板，净化水由每块透水板引出。这种装置比表面积较大，结构牢固，能承受高压，占地面积不大，易于更换膜；但液流状态差，易造成浓差极化，设备费用较大；适于微滤、超滤。

2. 螺旋卷式膜组件

螺旋卷式装置的膜组件是在两层膜中间夹一层多孔的柔性格网，并将它们的三边黏合密封起来，再在下面铺一层供废水通过的多孔透水格网，然后将另一开放边与一根多孔集水管密封连接，使进水与净化水完全隔开，最后以集水管为轴，将膜叶螺旋卷紧而成。把几个膜组件串联起来，装入圆筒形耐压容器中，便组成螺旋卷式膜装置，如图 2-72 所示。这种装置的结构紧凑，膜堆密度大，湍流情况好；但制造装配要求高，密封较困难，清洗检修不方便，易堵塞，不能处理悬浮液浓度较高的料液。可用于微滤、超滤和反渗透。

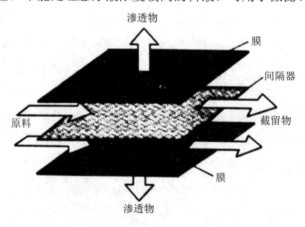

（a）板框式膜分离过程示意图

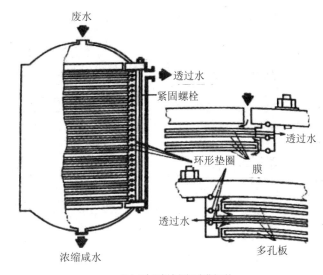

（b）耐压板框造型膜组件

图 2-71　板框式膜组件

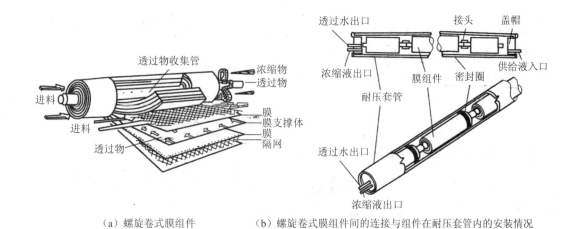

（a）螺旋卷式膜组件　　　　　（b）螺旋卷式膜组件间的连接与组件在耐压套管内的安装情况

图 2-72　螺旋卷式膜组件

3. 管式膜组件

管式组件是把膜和支撑物均制成管状，两者装在一起，再将一定数量的管以一定方式联成一体而组成。装置中的耐压管径一般为 0.6~2.5 cm，常用材料有多孔性玻璃纤维环氧树脂增强管或多孔陶瓷管，钻有小孔眼或表面具有水收集沟槽的增强塑料管、不锈钢管等。管式装置形式较多，如图 2-73 所示。主要可分为：单管式和管束式，内压型管式和外压型管式等。管式装置结构简单、适应性强、水力条件好、压力损失小、透过量大，清洗、安装方便，可耐高压，适当调节水流状态可防止浓差极化和膜污染，能够处理含悬浮固体的高黏度溶液；但单位体积中膜面积小，制造和安装费用较高；适于微滤和超滤。

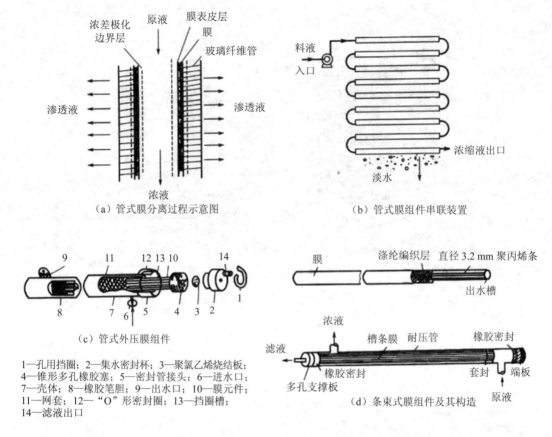

（a）管式膜分离过程示意图　　　　　（b）管式膜组件串联装置

（c）管式外压膜组件

1—孔用挡圈；2—集水密封杯；3—聚氯乙烯烧结板；
4—锥形多孔橡胶塞；5—密封管接头；6—进水口；
7—壳体；8—橡胶笔胆；9—出水口；10—膜元件；
11—网套；12—"O"形密封圈；13—挡圈槽；
14—滤液出口

（d）条束式膜组件及其构造

图 2-73　管式膜组件

4. 中空纤维式膜组件

中空纤维膜是一种细如头发的空心管，也有外压式和内压式两种，如图 2-74 所示。它与管式膜的区别是：膜管直径＞10 mm 称为管式，膜管直径＜0.5 mm 称为中空纤维式。中空纤维管外径一般为 50～100 μm，内径为 25～42 μm。一般将数十万根中空纤维膜捆成膜束，安装在一个管状容器内，并将纤维膜开口端固定在环氧树脂管板上，与管外壳壁固封制成膜组件。

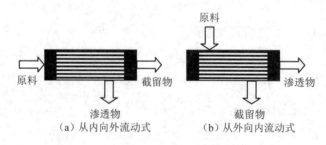

（a）从内向外流动式　　　　（b）从外向内流动式

图 2-74　中空纤维式膜组件

中空纤维膜组件的最大特点是纤维管直径小、单位装填膜面积比所有其他膜组件都大，最高可达到 30 000 m^2/m^3，因而能有效提高渗透通量。同时，纤维管强度高，不需要膜支撑结构，管内外能承受较大的压力差。原水从纤维膜外侧以高压通入（外压式），净化水由纤维管中引出，浓差极化几乎可忽略；但中空纤维膜组件装置制作工艺技术较复杂，易堵塞，清洗不便，因而对进水预处理要求高。

以上 4 种膜组件的特性比较列于表 2-17。由于结构不同，几种膜组件在应用中各有特点，适宜于不同的处理情况。其中板框式装置牢固，能承受高压，但液流状态差，易形成浓差极化，设备费用及占地面积大。管式进水流动状态好，易安装和拆换，易清洗；但单位面积内的体积很小，占地面积较大。卷式单位体内的膜装载面积大，进水流动状态好，结构紧凑，但对进水预处理要求严格，否则易堵塞。中空纤维式在单位体积内的膜装载面积最大，无须承压材料，结构紧凑；但容易堵塞，清洗困难，对进水的预处理要求最严。一般情况下，板框式或管式膜装填密度小，处理量小；而中空纤维式和螺旋卷式膜装填密度大，处理量大。

表 2-17　各种膜组件的特性比较

比较项目	螺旋卷式	中空纤维	管式	板框式
填充密度/（m^2/m^3）	200～800	500～30 000	30～328	30～500
料液流速/[$m^3/（m^2 \cdot s$)]	0.25～0.5	0.005	1～5	0.25～0.5
料液侧压降/MPa	0.3～0.6	0.01～0.03	0.2～0.3	0.3～0.6
抗污染	中等	差	非常好	好
易清洗	较好	差	优	好
膜更换方式	组件	组件	膜或组件	膜
组件结构	复杂	复杂	简单	非常复杂
膜更换成本	较高	较高	中	低
对水质要求	较高	高	低	低
料液预处理	需要	需要	不需要	需要
相对价格	低	低	高	高

三、膜分离工艺流程

膜分离法的工艺过程一般包括预处理、膜分离、后处理 3 个程序。预处理的目的是预防膜堵塞和膜降解，控制措施包括：①控制进水中的悬浮固体、尖锐颗粒、微溶盐、微生物、氧化剂、有机物、油脂等污染物；②控制合适的进水温度，当 pH 为 2～10 时，运行温度应控制在 5～45℃；而当 pH 大于 10 时，运行温度应小于 35℃。预处理的深度应根据膜材料、膜组件的结构、原水水质、产水的质量要求及回收率确定。后处理工序主要包括对膜分离浓水和反洗水的处理，以及对膜装置的清洗与再生两部分。膜分离过程产生的浓水可直接并入废水处理系统前端一起处理，也可与化学清洗废水、介质过滤器和活性炭过滤器反冲洗废水一并进行收集后处理。浓水处理排放应符合国家或地方污水排放标准的规定。

不同类型膜产品的截污能力差异很大，应依据原水水量、水质和产水要求、回收率等资料，选择适当的膜组件和安装方式，组成合理的膜分离处理工艺。膜组件是整个膜分离系统的核心。膜组件的组合方式有一级和多级，在各个级别中又分为一段和多段。原水每经过一次加压过滤称作一级配置，二级是指原水必须经过两次加压的过程。在同一级中，一个膜组件称作一段配置。级间或段间又分为连续式及循环式等。常采用增加段数的方式来增大处理能力和提高淡液回收率。例如，一级多段直流式实际上就是通过增加段数增加浓缩液的膜分离次数，将第一段的浓缩液作为第二段的料液，再将第二段的浓缩液作为下一段的料液，如此延续，逐段分离就形成了多段流程。通过浓缩液的多次分离，使淡液的回收率和浓缩液的浓缩倍数都得到进一步的提高。为使膜组件中的分离液保持一定的滤速，防止因流量逐段递减而造成的浓差极化，在流程设计中常常采用逐段缩减组件个数布置的方法。例如，一级多段纳滤、反渗透系统压力容器排列比，宜为 2∶1 或 3∶2 或 4∶2∶1 或按比例缩减。由于浓缩液按照多段串联进行分离，所以压力损失较高，在各段之间应考虑设置增压设施。

膜分离工艺流程的基本类型有：一级一段直流式、一级一段循环式；一级多段直流式、多级多段式等。

1. 微滤、超滤基本工艺流程

微滤、超滤系统的基本工艺流程如图 2-75 所示。其运行方式可分为间歇式和连续式；组件排列形式宜为一级一段，并联安装。

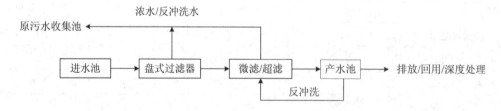

图 2-75　微滤、超滤系统基本工艺流程

2. 纳滤、反渗透系统基本工艺流程

纳滤、反渗透系统基本工艺流程分为一级一段式、一级多段式和多级（多段）式等。

进水一次通过纳滤或反渗透系统即达到产水要求，采用一级一段系统。该系统推荐基本工艺流程见图 2-76，有一级一段批处理式［图 2-76（a）］和一级一段连续式［图 2-76（b）］两种。

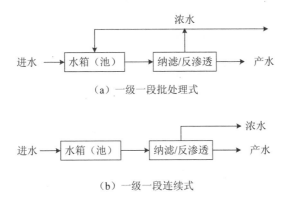

（a）一级一段批处理式

（b）一级一段连续式

图 2-76 纳滤、反渗透一级一段系统基本工艺流程

若一次分离产水量达不到回收率要求时，可采用多段串联工艺，每段的有效横截面积递减，推荐基本工艺流程见图 2-77。

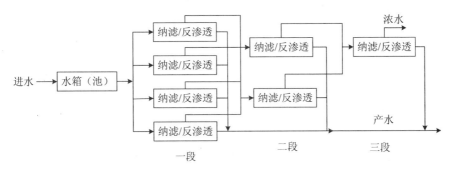

图 2-77 纳滤、反渗透一级多段系统基本工艺流程

当一级系统产水不能达到水质要求时，将一级系统的产水再送入另一个反渗透系统，继续分离直至得到合格产水。推荐基本工艺流程见图 2-78。

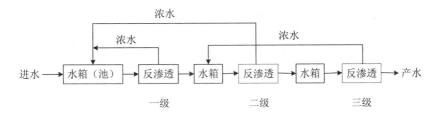

图 2-78 纳滤、反渗透多级系统基本工艺流程

四、膜污染与防治

1. 膜污染及其成因

膜装置在过滤过程中，水中的微粒、胶体离子或溶质大分子与膜发生了物理化学作用或机械作用而引起的在膜表面或膜孔内吸附、沉积造成膜孔径变小或者堵塞等作用，使膜产生透过通量与分离特性不可逆变化的现象，称为膜污染。如果污染严重，不仅使膜性能降低，而且对膜的使用寿命产生极大的影响。

引起膜污染的原因大致可分为三类：

1）原水中的亲水性悬浮物和胶体（如蛋白质、糖质、脂肪类等），在水透过膜时，被膜吸附；其危害程度随膜组件的构造而异，管状膜不易污染，而捆成膜束的中空纤维膜组件最易污染。

2）原水中本来处于非饱和状态的溶质，在水透过膜后浓度提高变成过饱和状态，在膜上析出；这类污染物主要是一些无机盐类，如碳酸盐、磷酸盐、硅酸盐、硫酸盐等。

3）浓差极化使溶质在膜面上析出。在压力驱动膜滤过程中，所有溶质均被透过液传送到膜表面。由于膜的选择透过性，不能完全透过膜的溶质受到膜的截留作用，在膜表面附近累积，导致废水在膜的高压侧膜表面的溶质浓度 C_m 远高于溶质在废水中的浓度 C_b（图 2-79）。在浓度梯度作用下，溶质由膜表面向废水主体反向扩散移动。经过一段时间，当主体中以对流方式流向膜表面的溶质的量与膜表面以扩散方式返回流体主体的溶质的量相等时，浓度分布达到一个相对稳定的状态，于是在边界层中形成一个垂直于膜方向的、由流体主体到膜表面浓度逐渐升高的浓度分布，如图 2-79（a）所示。这种在膜表面附近浓度高于主体浓度的现象称为浓度极化或浓差极化。位于膜面附近的高浓度区又称为浓差极化层。

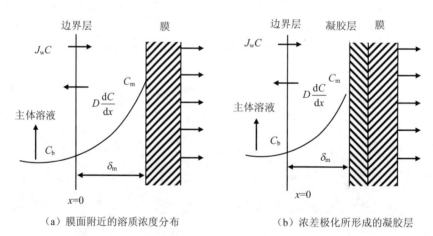

（a）膜面附近的溶质浓度分布   （b）浓差极化所形成的凝胶层

图 2-79　浓差极化现象

溶液的性质和流动状态对浓差极化影响很大。溶液的性质不同，浓差极化导致膜表面形成不同的结垢层。当溶质是水溶性的大分子（如超滤截留的蛋白质、核酸和多糖等）时，由于其扩散系数很小，造成从膜表面向废水主体的扩散通量很小，因此膜表面的溶质浓度显著增高，很快达到凝胶化浓度，从而形成凝胶层，如图 2-79（b）所示。当溶质是难溶性物质（如反渗透截留的无机盐）时，膜表面的溶质浓度迅速增高并超过其溶解度从而在膜表面上形成结垢层；此外，料液中的悬浮物在膜表面沉积容易形成泥饼层。凝胶层、结垢层和泥饼层没有流动性，相当于固体颗粒的填充层，对膜的透过能力将产生更大阻力，使过滤速率急剧下降，膜通量迅速衰减。所以，一般认为浓差极化是造成膜通量降低的重要原因。

浓差极化造成的膜通量降低是可逆的，通过降低料液浓度或改变膜面附近废水侧的流体状态，使膜表面的液体与主体溶液更好的混合，可有效减缓膜通量的降低速度。

2. 膜污染的防治

膜污染的防治，首先考虑的是采用混凝—沉淀（或气浮）—过滤、吸附、化学氧化消毒杀菌、投加阻垢剂或离子交换树脂软化等方法预先去除进水中的悬浮物、微溶盐、微生物、有机物、油脂等污染物，预防膜污染。其次，在膜分离过程中，通过采用错流方式、并提高错流过滤的进水流速来使膜表面的液体与主体溶液更好的混合，降低料液浓度或改变膜面附近废水侧的流体状态，可有效减缓膜污染进程。最后，在膜污染形成后，根据膜污染形成的主要原因，采用适当的方式对膜进行清洗。

膜污染的清洗方法主要有物理法和化学法。

1）物理清洗法即用淡水冲洗膜面的方法，也可以用预处理后的原水代替淡水，或者用空气与淡水混合液来冲洗。对管式膜组件可用直径稍大于管径的聚氨酯海绵球冲刷膜面，能有效去除沉积在膜面上的柔软的有机性污垢。

2）化学清洗法即采用一定的化学清洗剂，如硝酸、磷酸、柠檬酸、柠檬酸铵，加盐酸、氢氧化钠、酶洗涤剂等在一定压力下一次冲洗或循环冲洗膜面。化学清洗剂的酸度、碱度和冲洗温度不可太高，防止对膜的损害。当清洗剂浓度较高时，冲洗时间短；浓度较低时，相应冲洗时间延长。据报道，1%～2%的柠檬酸溶液，在 4.2 MPa 的压力下，冲洗 13 min 能有效去除氢氧化铁垢层。采用 1.5%的无臭稀释剂（Thinner）和 0.45%的表面活性剂氨基氰-OT-B（85%的二辛基硫代丁二酸钠和15%的苯甲酸钠）组成的水溶液，冲洗 0.5～1 h，对除去油和氧化铁污垢非常有效。用含酶洗涤剂对去除有机质污染，特别是蛋白质、多糖类、油脂等通常是有效的。

此外，利用渗透作用也可清洗膜面。用渗透压高的高浓度溶液浸泡受污染的膜面，使其另一侧表面与除盐水相接触。由于水向高浓度溶液一侧渗透，使侵入膜内细孔或吸附在膜表面的污染物变成容易去除的状态，所以能改善紧接着采用的物理或化学法清洗的效果。

五、膜分离系统工艺设计

膜分离系统工艺设计的任务主要是根据水质处理目标来确定合理的工艺流程，选择适宜的膜装置类型；然后按照选定的工艺流程和膜组件的技术条件与设计参数来配置辅助设备，进行管路连接。其重点是膜装置的设计与选型，设计参数主要包括处理水量、处理水质、膜通量、操作压力、反洗周期和每次反洗时间，表征膜分离装置性能的参数主要有通量（即产水量）、通量衰减系数和截留率等。

（一）设计要点

1. 流量平衡

在膜组件的运行中，进出组件的溶液流量是连续的，其表达方式为

$$Q_f = Q_p + Q_r \tag{2-110}$$

式中：Q_f——料液流量，L/s；

$\quad\quad Q_p$——淡液流量，L/s；

$\quad\quad Q_r$——浓缩液流量，L/s。

2. 物料平衡

在膜处理过程中，膜分离前后的溶质质量是守恒的，其表达式为

$$Q_f \rho_f = Q_p \rho_p + Q_r \rho_r \tag{2-111}$$

式中：ρ_f——料液质量浓度，mg/L；

$\quad\quad \rho_p$——淡液质量浓度，mg/L；

$\quad\quad \rho_r$——浓缩液质量浓度，mg/L。

（二）设计计算

1. 产水量（通量）

微滤和超滤系统产水量可按下式计算：

$$q_s = C_m \times S_m \times q_0 \tag{2-112}$$

式中：q_s 和 q_0——25℃时单支膜元件的稳定产水量和初始产水量，L/h；

$\quad\quad C_m$——组装系数，取值范围为 0.90～0.96；

$\quad\quad S_m$——稳定系数，取值范围为 0.6～0.8，纳滤和反渗透装置一般取 0.8。

温度对产水量的影响可用式（2-113）估算：

$$q_{st} = q_s \times (1 + 0.0215)^{t-25} \tag{2-113}$$

式中：q_{st}——单支膜元件在 t℃时的稳定产水量，L/h；

$\quad\quad t$——膜元件的实际工作温度，℃。

膜通量即单位时间单位膜面积透过水的量，比通量为单位过膜压差下膜的通量，其计

算公式如下：

$$J = \frac{Q_p}{A} = \frac{V_p}{At} \tag{2-114}$$

$$SF = \frac{1}{TMP} \tag{2-115}$$

式中：J——膜通量，m/s，工程上常用 L/（$m^2 \cdot h$）；

　　　Q_p——膜产水量，m^3/s；

　　　A——膜过滤面积，m^2；

　　　V_p——透过液的容积，m^3；

　　　t——处理时间，s；

　　　SF——膜比通量，m/（$s \cdot Pa$），工程上常用 L/（$m^2 \cdot h \cdot m\ H_2O$）；

　　　TMP——过膜压差，Pa。

　　根据 Darcy 定律，超滤和微滤膜的通量与过膜压差和膜阻力的关系如下：

$$J = \frac{TMP}{\mu R_m} \tag{2-116}$$

式中：μ——水的黏度，$Pa \cdot s$；

　　　R_m——膜阻力，m^{-1}。

　　由式（2-116）可知，膜通量与过膜压差成正比，与水的黏度成反比。新膜在使用之前通常要测定其比通量，以便与污染膜进行对比，从而评价膜的抗污染性。根据式（2-116），可以作 J—TMP 关系曲线，其斜率即为新膜的比通量。图 2-80 是 3 个中空纤维微滤膜组件的 J—TMP 关系图，其比通量分别为 49 L/（$m^2 \cdot h \cdot 10\ kPa$）、43 L/（$m^2 \cdot h \cdot 10\ kPa$）和 16 L/（$m^2 \cdot h \cdot 10\ kPa$）。

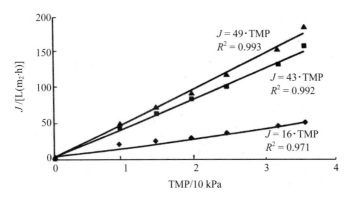

图 2-80　膜组件 J—TMP 关系图

　　随着膜分离的进行，由于膜滤过程中的浓差极化、膜受压致密及污染导致膜孔堵塞等，膜通量将随时间延长而减少，可以用下式表示：

$$Q_t = Q_1 t^m \text{ 或 } J_t = J_1 t^m \tag{2-117}$$

式中：Q_t、Q_1——膜运转 t h 和 1 h 后的产水量，L/h；

J_t、J_1——膜运转 t h 和 1 h 后的渗透通量，mL/（cm²·h）；

t——运转时间，h；

m——膜通量衰减系数，与水温和压力有关，一般在 $-0.005 \sim -0.05$。

考虑到膜的使用寿命、膜的受压致密和污染等因素的影响，习惯上采用运行一年后膜的通量来计算所需膜面积。

2. 膜元件数

$$n_e = \frac{Q_p}{q_s} \tag{2-118}$$

式中：Q_p——设计产水量，L/h。

3. 压力容器（膜壳）数量

$$n_V = \frac{n_e}{n} \tag{2-119}$$

式中：n——每个容器中的元件数。

4. 淡液回收率 Y

$$Y = \frac{Q_p}{Q_f} \times 100\% = \frac{Q_p}{Q_p + Q_r} \times 100\% \tag{2-120}$$

淡液回收率指标对确定供水能力和处理规模有着重要的意义，一般反渗透装置的淡液回收率取 75%，设计水质回收率一般大于 60%。

5. 截留率 R

即膜截留特定溶质的效率，常用来表示膜脱除溶质或盐的性能，其定义为

$$R = \left[1 - \frac{c_p}{c_r} \right] \times 100\% \tag{2-121}$$

通常实际测定的是溶液的表观截留率，定义为

$$R_e = \left[1 - \frac{c_p}{c_f} \right] \times 100\% \tag{2-122}$$

截留率反映了该膜滤工艺分离溶液中组分的难易程度。在实际应用中，膜的截留率总是小于 100%，这是由于总有部分溶质穿透膜。

6. 浓缩倍数 CF

$$CF = \frac{c_r}{c_f} = \frac{Q_f}{Q_r} = \frac{100}{100 - Y} \tag{2-123}$$

7. 浓缩液的浓度和体积

$$\frac{c_r}{c_f} = \left(\frac{V_f}{V_r}\right)^\eta \tag{2-124}$$

式中：V_r——浓缩液的体积，L；

V_f——进料液的体积，L；

η——污染物的去除率。

8. 污染指数

污染指数（FI）是为反渗透专门建立的进水水质衡量指标。用有效直径为 42.7 mm，孔径为 0.45 μm 的微孔膜，在操作压力为 0.21 MPa 条件下，测定最初 500 mL 的进料液滤过时间（t_1），在加压 15 min 后，再次测定 500 mL 进料液滤过时间（t_2），按照下式计算 FI 值：

$$FI = \frac{t_2 - t_1}{15t_2} \tag{2-125}$$

不同膜组件要求进水有不同的 FI 值。在反渗透操作中，中空纤维膜组件要求 FI 值 ≤3，卷式膜组件要求 FI 值≤5，管式膜组件要求 FI 值≤15。由此可知，管式膜组件对水质的耐受能力最强，中空纤维膜组件对水质的要求最严。

【例 2-3】采用超滤方法净化自来水，要求膜分离分子量 M_w=50 000，在室温（25℃）和 0.1 MPa 工作压力下操作，产水量为 10 m³/h，原水经预处理后 FI 值为 3.5，已达到 UF 供水要求，如果选用中空纤维式 UF 组件，求需要组件多少个。

已知中空纤维 UF 组件性能数据如下：

M_w	透水量 q	测试压力	测试温度
50 000	700 L/h	0.1 MPa	25℃

解：

每一根 UF 组件的稳定透水量由式（2-112）计算：

$$q_s = C_m S_m q$$

C_m 取 0.9；S_m 取 0.7；q 为给定组件的测试透水量 700 L/h，则：

$$q_s = 0.9 \times 0.7 \times 700 = 441 \cdot (L/h)$$

已知该系统产水量为 10 m³/h，则需要的组件数目为

$$n = \frac{10}{q_s} = \frac{10}{0.441} \approx 22.7 \cong 23 \text{（个）}$$

即该净水系统需组装 23 个膜组件。

由此便可计算出该 UF 系统的初始透水量 Q_1 和稳定透水量 Q_s 分别为

$$Q_1 = C_m q \times 23 = 0.9 \times 0.7 \times 23 = 14.49 \quad (\mathrm{m^3/h})$$

$$Q_s = S_m Q_1 = 0.7 \times 14.49 = 10.14 \quad (\mathrm{m^3/h})$$

如果该系统中所选用的组件的透水量不尽相同，可根据下式进行计算：

$$Q_s = S_m Q_1 = S_m C_m \sum_{t=1}^{n} q_i$$

另外，如果实际操作温度不是 25℃，则需要根据温度系数或式（2-113）加以调节。例如，欲求 28℃ 时的透水量，则：

$$Q_{1t} = Q_t \times (1 + 0.0215)^{\Delta t} = 14.49 \times (1.0215)^3 = 15.44 \quad (\mathrm{m^3/h})$$

$$Q_{st} = Q_s \times (1 + 0.0215)^{\Delta t} = 10.14 \times (1.0215)^3 = 10.8 \quad (\mathrm{m^3/h})$$

即在温度为 28℃ 时，上述 UF 系统的初始透水量和稳定透水量分别为 15.44 $\mathrm{m^3/h}$ 和 10.8 $\mathrm{m^3/h}$。

当温度低于 25℃ 时，则透水量下降。例如，温度为 23℃ 时：

$$Q_{1t} = Q_t \times (1 + 0.0215)^{\Delta t} = 14.49 \times (1.0215)^{-2} = 13.87 \quad (\mathrm{m^3/h})$$

$$Q_{st} = Q_s \times (1 + 0.0215)^{\Delta t} = 10.14 \times (1.0215)^{-2} = 9.7 \quad (\mathrm{m^3/h})$$

通常人们把稳定透水量作为设计产水量，以满足用水量的需要。

思考题

1. 选择筛网过滤设备主要考虑哪些因素？

2. 废水处理工艺设施中，调节池的主要功能是什么？

3. 沉淀有哪些类型？各有什么特点？

4. 某废水中含胶体有机物，若采用混凝方法来分离此污染物，其沉淀属哪一种类型？其沉淀曲线有什么特点？

5. 什么是理想沉淀池？其中颗粒沉速 u_0 与表面负荷率之间有何关系？

6. 试推导非凝聚性颗粒在理想沉淀池中的沉淀效率公式。

7. 普通沉淀池按池内水流方向可分为哪 3 种？沉淀池内按功能分为哪 5 个区域？

8. 设计日处理量 10 万 t 水的初沉池，已知悬浮固体浓度为 200 mg/L，要求出水中悬浮固体浓度小于 80 mg/L，静置沉淀试验曲线如图所示，求：①初沉池的沉淀效率；②沉淀池的面积。

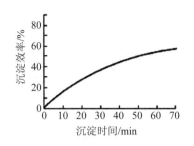 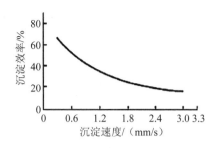

9. 气浮分离的对象是什么？污染物实现气浮必须具备的条件是什么？

10. 加压溶气气浮法的基本原理是什么？

11. 试画出部分回流加压溶气气浮工艺流程示意图，并说明各部分的作用。

12. 试述气浮原理及气固比（A/S）的意义。广州某厂及沈阳某厂废水水质基本相似，气浮池设计能否采用相同的参数，为什么？

13. 某厂拟采用回流加压溶气气浮工艺处理该厂废水，$Q = 1\,000\ \mathrm{m^3/d}$，$SS = 1\,000\ \mathrm{mg/L}$，水温按 20 ℃ 考虑，溶气压力（表压）为 $3×0.98×10^2\ \mathrm{kPa}$，溶气罐中停留时间为 3 min，空气饱和率为 75%，试求：①气浮时能释放出的空气量为多少（$\mathrm{L/m^3}$）？②回流比为多少？

14. 化学混凝处理废水的对象主要是什么杂质？城市污水是否可用化学混凝法处理达标排放？

15. 常见的混凝剂有哪几种？写出 3 种常用的混凝剂的化学式和简写代号，并简述各自主要的作用机理。

16. 试述影响混凝处理的主要因素。

17. 速度梯度 G 的含义是什么？在混凝过程中有何指导意义？

18. 混合与絮凝反应时对搅拌强度和搅拌时间的要求有何不同，为什么？

19. 如果取水泵房距离反应池有 500 m 远，这种情况投药点应设在何处？能否将混凝剂投在水泵吸水管内，为什么？（已知：泵进出水管径 DN=100 mm；对泵而言：泵吸水管径 DN<250 mm 时，管内水流速度 v=1～1.2 m/s，泵出水管径 DN<250 mm 时，管内水流速度 v=1.5～2.0 m/s。）

20. 常用的絮凝反应池主要有哪两种类型？设计时应注意哪些事项？

21. 试述快滤池的工作原理，其过滤效果主要取决于哪些因素？

22. 滤池滤料有哪些主要性能参数？其代表的意义是什么？

23. 理想滤池应该是怎样的？如何使实际滤池更接近理想滤池？

24. 滤池反冲洗配水系统有几种类型？试述它们各自的优缺点和适用范围，并分析影响滤池冲洗效果的主要因素。

25. 试粗算 $1\,000\ \mathrm{m^3/h}$ 水厂的快滤池数量和尺寸，画出快滤池草图并标注尺寸。

26. 氧化还原法处理废水有何特点？是否废水中的杂质必须是氧化态或还原态才能用

此方法？

27. 某厂采用氯气氧化处理含酚废水，你认为是否适宜？为什么？

28. 湿式氧化法处理废水的优缺点是什么？

29. 采用金属屑还原法处理含汞（Ⅱ）废水时，固液接触面积、温度、pH 等因素对反应速度及金属耗用量有何影响？

30. 试述药剂还原法处理含铬（Ⅵ）废水的基本原理及常用药剂，并讨论还原剂耗用量与 pH 的关系。

31. 电解可以产生哪些反应过程？它们对废水处理可以起到什么作用？

32. 已知某高浓度有机废水 pH=6～8，SS 质量浓度为 5 000～6 000 mg/L，COD 质量浓度为 8 000～10 000 mg/L，BOD_5 质量浓度为 4 000～5 000 mg/L，Cl^-≈3 000 mg/L，你认为利用现场的废铝板、采用电凝聚法预处理该废水是否适宜？为什么？

33. 吸附的类型有哪些？其吸附污染物的机理分别是什么？

34. 水处理中主要有哪几种吸附等温方程？

35. 试分析活性炭吸附法用于水处理的优点和适用条件，目前存在什么问题？

36. 用粉末活性炭对某印染厂废水作吸附脱色处理，其吸附平衡符合 Freundlich 等温式。当用炭量等于废水的 3%时，可得 75%脱色率；当用炭量为 5%时，脱色率为 90%。求为达到 95%脱色率时，使用炭量为多少？

37. 在实验室中进行如下吸附实验：取 6 个锥形瓶，分别加入相同浓度的苯酚溶液 250 mL 和不等量活性炭粉末，在摇床上振荡足够时间达到平衡后，再测得水中残留的苯酚浓度，得到如下表列出的数据。试按 Langmuir 和 Freundlich 等温式分别进行模拟，并确定各等温式中常数的值。

序号	炭量/mg	残留苯酚质量浓度/（mg/L）
1	0	98.65
2	100	65.19
3	200	37.95
4	300	17.75
5	400	9.2
6	500	5.36

38. 离子交换树脂有哪些主要性能指标，它们各有什么实用意义？

39. 什么叫交联度？它对交换树脂有何影响？

40. 离子交换法处理工业废水的特点是什么？

41. 某厂的含 Cr^{6+} 废水，其 pH 为 2～4，现使用离子交换法处理并回收铬。请画出工艺流程图，并说明所用的离子交换树脂类型，叙述其基本原理，列出主要的反应式，说明影响离子交换效率的主要因素。

42. 简述水处理中膜分离技术的主要分类及其原理。

43. 水处理中常用的膜材料根据其化学性质主要分为哪两类？它们分别有什么特点？

44. 常见的膜组件有哪些类型？各有什么特点？

45. 什么是浓差极化？

46. 根据膜污染的成因，怎样确定合适的清洗方法？

47. 表征膜的性能特征参数主要有哪些？其含义分别是什么？

48. 从水中去除某些离子（如脱盐），可以用离子交换法和膜分离法。当含盐浓度较高时，应该用离子交换法还是膜分离法，为什么？

第三章　废水生物处理方法

第一节　废水生物处理理论基础

废水生物处理是采用相应的人工措施，创造有利于微生物生长、繁殖的良好环境，充分利用微生物的新陈代谢作用，对废水中的污染物质进行转化和稳定，从而使水中（主要是溶解状态和胶体状态）的有机污染物和植物性营养物得以降解和去除的方法。

由于微生物具有来源广、易培养、繁殖快、对环境适应性强、易变异等特性，在生产上能较容易地采集菌种进行培养增殖，并在特定条件下进行驯化，使之适应有毒工业废水的水质条件，从而通过微生物的新陈代谢使有机物无机化、有毒物质无害化。由于微生物的生存条件温和，新陈代谢过程中不用高温高压，因此用生化法促使污染物的转化过程是不需投加催化剂的催化反应，与一般化学法相比优越得多。生物处理费用低廉、运行管理较方便，是废水处理系统中最重要的方法之一，已广泛用作生活污水与工业有机废水的二级处理。

一、微生物的代谢过程及影响因素

（一）污水处理微生物类型

污水处理的微生物种类繁多，根据微生物对营养要求、所需能源、受氢体的不同，可分为不同的特定种类。

1）根据微生物对营养物质要求（所需碳源形式）的不同，可将其分为自养菌和异养菌。①自养菌，能利用无机碳源即 CO_2 或 HCO_3^- 作为自身生长所需的唯一碳源的微生物；②异养菌，只能利用有机化合物中的碳（如葡萄糖中的碳）而获得自身生长所需碳源的微生物。

2）根据微生物对所需能源的不同，可将其分为光能营养型和化能营养型。①光能营养型，即利用光作为能源的微生物；②化能营养型，即利用氧化—还原反应提供能源的微生物。化能营养型还可以按照被氧化的化合物（即电子给予体）的类型进一步分为化能异养菌和化能自养菌。化能异养菌是利用复杂有机物分子作为电子给予体的微生物，而化能自养菌则是利用简单的无机物分子如二氧化碳、硫化氢、氨作为电子给予体。

3）根据微生物代谢过程对氧的要求不同，可将其分为好氧微生物、厌氧微生物和兼性微生物。①好氧微生物在代谢过程中需要分子氧参与，如果分子氧不足，降解过程就会因为没有受氢体而不能进行，微生物的正常生长规律就会受到影响，甚至被破坏。②厌氧微生物在代谢过程中不需要分子氧参与，当有氧气存在时，它们就无法生长。这是因为在有氧存在的环境中，厌氧微生物在代谢过程中由脱氢酶所活化的氢将与氧结合形成 H_2O_2，而其又缺乏分解 H_2O_2 的酶，从而形成 H_2O_2 积累，对微生物细胞产生毒害作用。③兼性微生物在代谢过程中，有或无分子氧参与，反应都能进行。通常情况细菌细胞内含有约 80%的水，其余 20%为干物质。这些干物质中，有机物约占 90%，无机物占 10%。有机物中各元素的含量约为：碳 53.1%，氧 28.3%，氮 12.4%，氢 6.2%，所以细胞的实验式常可以写为 $C_5H_7O_2N$（好氧菌）、$C_5H_9NO_3$（厌氧菌），若考虑有机部分中的微量磷元素，则为 $C_6H_{87}O_{23}N_{12}P$。无机物中各元素的含量约为：磷 50%，硫 15%，钠 11%，钙 9%，镁 8%，钾 6%，铁 1%。

（二）微生物的代谢过程

根据能量的释放和吸取，可将微生物的新陈代谢分为分解代谢与合成代谢。在分解代谢过程中，结构复杂的大分子有机物或高能化合物分解为简单的低分子物质或低能化合物，逐级释放出其固有的自由能，微生物将这些能量转变成三磷酸腺苷（ATP），以结合能的形式储存起来。在合成代谢中，微生物把从外界环境中摄取的营养物质，通过一系列生物化学反应合成新的细胞物质，生物体合成所需的能量从 ATP 的磷酸盐键能中获得。在微生物的生命活动过程中，这两种代谢过程不是单独进行的，而是相互依赖、共同进行的，分解代谢为合成代谢提供物质基础和能量来源，通过合成代谢又使生物体不断增加，两者的密切配合推动了一切生物的生命活动。

1．分解代谢

高能化合物分解为低能化合物，物质由繁到简并逐级释放能量的过程叫分解代谢，或称异化作用，一切生物进行生命活动所需要的物质和能量都是通过分解代谢提供的，所以说分解代谢是新陈代谢的基础。根据分解代谢过程中的最终受氢体的不同，可分为有氧呼吸、无氧呼吸和发酵。

好氧分解代谢是好氧微生物和兼性微生物参与，在有溶解氧的条件下，将有机物分解为 CO_2 和 H_2O，并释放出能量的代谢过程。在有机物氧化过程中脱出的氢是以氧作为受氢体，通常称为好氧呼吸（好氧氧化），如葡萄糖（$C_6H_{12}O_6$）在有氧情况下完全氧化，如式（3-1）所示。

$$C_6H_{12}O_6 + 6O_2 \longrightarrow 6CO_2 + 6H_2O + 2\,817.3\ kJ \qquad (3\text{-}1)$$

厌氧分解代谢是厌氧微生物和兼性微生物在无溶解氧的条件下，将复杂的有机物分解成简单有机物和无机物（如有机酸、醇、CO_2），再被甲烷菌进一步转化为甲烷和 CO_2 等，并释放出能量的代谢过程。厌氧代谢过程的受氢体可以是有机物或含氧化合物，受氢体为有机物时，通常称为厌氧发酵（厌氧氧化），受氢体为含氧化合物时，如硫酸根、硝酸根、二氧化碳，通常称为缺氧呼吸（缺氧氧化）。例如，葡萄糖的厌氧代谢，以含氧化合物为受氢体时，1 mol 葡萄糖释放的能量为 1 755.6 kJ；以有机物为受氢体时，1 mol 葡萄糖释放的能量为 226 kJ。

$$C_6H_{12}O_6 + NO_3^- \longrightarrow CO_2 + H_2O + N_2 \uparrow + 1\ 755.6\ kJ \qquad (3-2)$$

$$C_6H_{12}O_6 \longrightarrow CH_4CH_2OH + CO_2 + 226\ kJ \qquad (3-3)$$

微生物分解代谢的 3 种方式产能结果是不同的，如表 3-1 所示（以葡萄糖为例）。

表 3-1　葡萄糖 3 种分解代谢方式的产能结果

分解代谢方式	最终电子受体	产能结果
好氧呼吸	分子氧	2 817.3 kJ
缺氧呼吸	化合态氧	1 755.6 kJ
厌氧发酵	有机物	226 kJ

对废水处理来说，好氧分解代谢过程中，有机物的分解比较彻底，最终产物是含能量较低的 CO_2 和 H_2O，故释放能量多，代谢速度快，代谢产物稳定，但由于氧是难溶气体。好氧分解必须保持溶解氧、营养物和微生物三者的平衡，因此，好氧生物处理只适合有机物浓度较低（＜1 000 mg/L）的废水处理。厌氧生物处理由于不需要提供氧源，适合对高浓度有机废水和有机污泥的处理，并能产生沼气，回收甲烷，有经济价值，但厌氧生物处理过程中有机物氧化不彻底，释放的能量少，代谢速度较慢。厌氧与好氧相结合处理废水具有更大的优势与潜力，如生物脱氮除磷和对高浓度、难降解有毒有机物废水的处理等。

2. 合成代谢

微生物从外界获得能量，将低能化合物合成微生物体自身物质的过程叫合成代谢，或称同化作用。在此过程中，微生物体合成所需能量和物质可由分解代谢提供。

由上可见微生物新陈代谢可归纳为如图 3-1 所示。

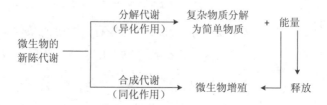

图 3-1　微生物的新陈代谢体系

（三）微生物生长的营养及影响因素

营养物对微生物的作用是：①提供合成细胞物质所需要的物质；②作为产能反应的反应物，为细胞增殖的生物合成反应提供能源；③充当产能反应所释放电子的受氢体，所以微生物所需要的营养物质必须包括组成细胞的各种元素和产生能量的物质。

在废水生物处理过程中，为了让微生物很好地生长、繁殖，确保达到最佳的处理效果及经济效益，必须提供良好的环境条件，影响微生物生长的因素最重要的是营养条件、温度、pH、需氧量以及有毒物质。

1．微生物生长的营养

从微生物的细胞组成元素来看，碳和氮是构成菌体成分的重要元素，对于无机营养元素，磷源是主要的，且相互间需满足一定的比例。许多学者研究了废水处理中微生物对碳、氮、磷三大营养元素的要求，碳源以 BOD_5 值表示，N 以 $NH_3\text{-}N$ 计，P 以 PO_4^{3-} 中的 P 计。对好氧生物处理，$BOD_5：N：P=100：5：1$；对厌氧生物处理，$BOD_5：N：P=（200\sim400）：5：1$。若比例失调，则需投加相应的营养源。对于含碳量低的工业废水，可投加生活污水或投加米泔水、淀粉浆料等以补充碳源不足；对于含氮量或含磷最低的工业废水，可投加尿素、硫酸铵等补充氮源，投加磷酸钠、磷酸钾等作为磷源。

生活污水中所含的营养比较丰富齐全，无须投加营养源，且可作为其他工业废水处理时的最佳营养源。对工业废水采用生物法进行治理时，与生活污水合并处理是十分理想的。在进行整个城市的污水治理规划时，工业废水最好的出路（除回用外）是经过预处理除去对微生物有毒害作用的物质后，排入城市污水管道，与生活污水一并进入城市污水处理厂进行处理，从工程投资、运行管理以及土地征用等来考虑，都是十分有利的。

2．微生物生长的环境因素

（1）反应温度

温度对微生物具有广泛的影响，不同的反应温度，就有不同的微生物和不同的生长规律。从微生物总体来说，生长温度范围是 $0\sim80℃$。根据各类微生物所适应的温度范围，微生物可分为高温性（嗜热菌）、中温性、常温性和低温性（嗜冷菌）4 类，如表 3-2 所示。

表 3-2　各类微生物生长的温度范围

类别	最低温度/℃	最适温度/℃	最高温度/℃
高温性	30	50～60	70～80
中温性	10	30～40	50
常温性	5	10～30	40
低温性	0	5～10	30

在废水生物处理过程中，应注意控制水温。好氧生物处理以中温性微生物为主，一般控制进水水温在 20～35℃，可获得较好的处理效果。在厌氧生物处理中，微生物主要有产酸菌和产甲烷菌，产甲烷菌有中温性和高温性两种类型，中温性甲烷菌最适温度范围为 25～40℃，高温性为 50～60℃，目前在厌氧生物反应器采用的反应温度，中温为 33～38℃，高温为 52～57℃。

随着反应温度升高，则反应速率增快，微生物增长速率也随之增加，处理效果相应提高。但当温度超过其最高生长温度时，会使微生物的蛋白质变性及酶系遭到破坏而失去活性，严重时，蛋白质结构会受到破坏，导致发生凝固而使微生物死亡。低温对微生物生长往往不会致死，只有在频繁的反复结冰和解冻时，才会使细胞受到破坏而死亡。但是低温将使微生物的代谢活力降低，通常在 5℃ 以下，细菌的代谢作用就大大受阻，处于生长繁殖的停止状态。

（2）pH

微生物的生化反应是在酶的催化作用下进行的，酶的基本成分是蛋白质，是具有离解基团的两性电解质，pH 对微生物生长繁殖的影响体现在酶的离解过程中，电离形式不同催化性质也就不同。此外，酶的催化作用还取决于基质的电离状况，pH 对基质电离状况的影响会进而影响到酶的催化作用。一般认为 pH 是影响酶活性的最重要因素之一。

在生物处理过程中，一般细菌、真菌、藻类和原生动物的 pH 适应范围在 4～10。大多数细菌在中性和弱碱性（pH=6.5～7.5）范围内生长最好，但也有的细菌，如氧化硫化杆菌喜欢在酸性环境中生长，其最适 pH 为 3，也可在 pH 为 1.5 的环境中生存。酵母菌和霉菌要求在酸性或偏酸性的环境中生存，最适 pH 为 3～6，适应范围 pH=1.5～10。由此可见，在生物处理中，保持微生物的最适 pH 范围是十分重要的，否则，将对微生物的生长繁殖产生不良影响，甚至会造成微生物死亡，破坏反应器的正常运行。

在废水生物处理中通常为微生物的混合群体，故可以在较宽的 pH 范围内进行。但要取得较好的处理效果，则需控制在较窄的 pH 范围内。一般好氧生物处理 pH 可在 6.5～8.5；厌氧生物处理要求较严格，pH 在 6.7～7.4。因此，当排出废水的 pH 变化较大时，应设置调节池，必要时需进行中和，使废水经调节后进入生化反应器的 pH 较稳定并保持在合适的 pH 范围。

（3）溶解氧

在好氧生物处理反应器中，如曝气池、生物转盘、生物滤池等需从外部供氧，一般要求反应器废水保持溶解氧质量浓度在 2～4 mg/L 为宜。

厌氧微生物对氧气很敏感，所以厌氧处理设备要严格密封，隔绝空气。

（4）有毒物质

有毒物质对微生物的毒害作用，主要表现在使细菌细胞的正常结构遭到破坏，以及使菌体内的酶变质，并失去活性。有毒物质可分为：①重金属离子（铅、镉、铬、砷、钠、铁、锌等）；②有机物类（酚、甲醛、甲醇、苯、氯苯等）；③无机物类（硫化物、氰化钾、氯化钠等）。

有毒物质对微生物产生毒害作用有一个量的概念，即达到一定浓度时显示出毒害作用，在允许浓度以内微生物则可以承受。对生物处理来讲，废水中存在的毒物浓度的允许范围，至今还没有统一的资料，表 3-3 中列出的数据可供参考。由于某种有毒物质的毒性随 pH、温度以及其他毒物的存在等环境因素不同而有很大差异，或者毒性加剧，或者毒性减弱；另外，不同种类的微生物对同一种毒物的忍受能力也不同，经过驯化和没有经过驯化的微生物对毒物的允许浓度也相差较大。因此，对某一种废水来说，最好根据所选择的处理工艺路线通过一定的实验来确定毒物的允许浓度，如果废水中所含有毒物质超过允许浓度，必须在生化处理前进行预处理以去除有毒物质。

表 3-3 废水生物处理有毒物质允许质量浓度   单位：mg/L

毒物名称	允许质量浓度	毒物名称	允许质量浓度
亚砷酸盐	5	CN⁻	5～20
砷酸盐	20	氰化钠	8～9
铅	1	硫酸根	5 000
镉	1～5	硝酸根	5 000
三价铬	10	苯	100
六价铬	2～5	酚	100
铜	5～10	氯苯	100
锌	5～20	甲醛	100～150
铁	100	甲醇	200
硫化物（以 S 计）	10～30	吡啶	400
氯化钠	10 000	油脂	30～50

二、有机物的生物化学转化

1. 好氧生物处理过程中有机物的转化

好氧生物处理过程是在有分子氧存在的条件下，利用好氧微生物、兼性微生物（但主要是好氧微生物）降解有机物，使有机污染物稳定、无害化的处理过程。好氧生物处理法包括活性污泥法和生物膜法两大类。

污水好氧生物处理的过程可用图 3-2 表示。有机物被微生物摄取后，通过代谢活动，约有 1/3 被分解、稳定，并提供其生理活动所需的能量；约有 2/3 被转化、合成为新的原生质（细胞质），即进行微生物自身生长繁殖。后者就是污水生物处理中的活性污泥或生物膜的增长部分，通常称其为剩余活性污泥或生物膜，又称生物污泥。在污水生物处理过程中，生物污泥经固液分离后需进一步处理和处置。

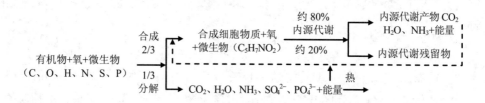

图 3-2   好氧生物处理过程中有机物转化示意图

好氧生物处理反应速度较快，所需的反应时间较短，处理构筑物容积较小，且处理过程中散发的臭气较少。所以，目前对中、低浓度的有机废水，或者说 BOD_5 浓度小于 500 mg/L 的有机废水，基本上采用好氧生物处理法。

2．厌氧生物处理过程中有机物的转化

厌氧（或缺氧）生物处理过程是在没有分子氧存在的条件下，兼性细菌与厌氧细菌降解和稳定有机污染物的生物处理过程。在厌氧生物处理过程中，复杂的有机物被降解、转化为简单的化合物，同时释放能量。在这个过程中，有机物的转化分为三部分：一部分转化为甲烷，这是一种可燃气体，可回收利用；还有一部分被分解为二氧化碳、水、氨、硫化氢等无机物，并为细胞合成提供能量；少量有机物被转化、合成为新的细胞物质。由于仅少量有机物用于合成，故相对于好氧生物处理，厌氧生物处理的污泥增长率小得多。

厌氧生物处理过程中有机物的转化如图 3-3 所示。

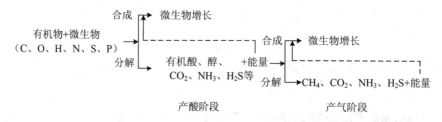

图 3-3   厌氧生物处理过程有机物转化示意图

由于废水厌氧生物处理过程不需另加氧源，故运行费用低。此外，它还具有剩余污泥量少、可回收能量（CH_4）等优点。其主要缺点是反应速度较慢、反应时间较长、处理构筑物容积大、出水水质差等。为维持较高的反应速度，需维持较高的温度，就要消耗能源。

有机污泥和高浓度有机废水（一般 $BOD_5 \geqslant 2\,000$ mg/L）可采用厌氧生物处理法。

三、废水可生化性评价方法

（一）废水可生化性概念

废水生物处理是以废水中所含污染物作为营养源，利用微生物的代谢作用使污染物被降解，废水得以净化。显然，如果废水中的污染物不能被微生物降解，生物处理是无效的。如果废水中的污染物可被微生物降解，则在设计状态下废水可获得良好的处理效果。但是当废水中突然进入有毒物质，超过微生物的忍受限度时，将会对微生物产生抑制或毒害作用，使系统的运行遭到严重破坏。因此对废水成分的分析以及判断废水能否采用生物处理是设计废水生物处理工程的前提。

所谓废水可生化性的实质是指废水中所含的污染物通过微生物的生命活动来改变污染物的化学结构，从而改变污染物的化学和物理性能所能达到的程度。研究污染物可生化性的目的在于了解污染物质的分子结构能否在生物作用下分解到环境所允许的结构形态，以及是否有足够快的分解速度，所以对废水进行可生化性研究只研究可否采用生物处理，并不研究分解成什么产物，即使有机污染物被生物污泥吸附而去除也是可以的。因为在停留时间较短的处理设备中，某些物质来不及被分解，允许其随污泥进入消化池逐步分解。事实上，生物处理并不要求将有机物全部分解成 CO_2、H_2O 和硝酸盐等，而只要求将水中污染物去除到环境所允许的程度。

多年来，国内外在各类有机物生物分解性能的研究方面积累了大量的资料，表 3-4 列出了化工废水中常见的一些有机物的可降解性特征及特殊例外。

表 3-4　各类有机物的可降解性及特例

类别	可生物释解性特征	特殊例外
碳水化合物	易于分解，大部分化合的 $\dfrac{BOD_5}{COD}>50\%$	纤维素、木质素、甲基纤维素、α纤维素生物降解性较差
烃类化合物	对生物氧化有阻抗，环烃比脂烃更甚，实际上大部分烃类化合物不易被分解，小部分如苯、甲苯、乙基苯以及丁苯异戊二烯，经驯化后，可被分解，大部分化合物的 $\dfrac{BOD_5}{COD}\le20\%\sim25\%$	松节油、苯乙烯较易被分解
醇类化合物	能够被分解，主要取决于驯化程度，大部分化合物的 $\dfrac{BOD_5}{COD}>40\%$	特丁醇、戊醇、季戊四醇表现高度的阻抗性
酚类化合物	能够被分解。需短时间的氧化，一元酚、二元酚、甲酚及许多酚都能够被分解，大部分酚类化合物的 $\dfrac{BOD_5}{COD}>40\%$	2,4,5-三氯苯酚、硝基酚具有较高的阻抗性，较难分解

类别	可生物释解性特征	特殊例外
醛类化合物	能够被分解，大多数化合物的 $\dfrac{BOD_5}{COD}>40\%$	丙烯醛、三聚丙烯醛需长期驯化，苯醛、3-痉羟基丁醛在高浓度时表现高度阻抗
醚类化合物	对生物降解的阻性较大，比酚、醛、醇类物质难以降解。有一些化合物经长期驯化后可以分解	乙醚、乙二醚不能被分解
酮类化合物	可生化性较醇、醛、酚差，但较醚为好，有一部分酮类化合物经长期驯化后，能够被分解	
氨基酸	生物降解性能良好，$\dfrac{BOD_5}{COD}$ 可大于50%	胱氨酸、酪氨酸需较长时间驯化才能被分解
含氮化合物	苯胺类化合物经长期驯化可被分解，硝基化合物中的一部分经驯化后可降解。胺类大部分能够被降解	二乙替苯胺、异丙胺、二甲苯胺实际上不能被降解
氰或腈	经驯化后容易被降解	
乙烯类	生物降解性能良好	巴豆醛在高浓度时可被降解，在低浓度时产生阻抗作用的有机物
表面活性剂类	直链烷基芳基硫化物经长期驯化后能够被降解，"特型"化合物则难以降解，高分子量的聚乙氧酯和酰胺类更为稳定，难以生物降解	
含氧化合物	氧乙基类（醚链）对降解作用有阻抗，其高分子化合物阻抗性更大	
卤素有机物	大部分化合物不能被降解	氯丁二烯、二氯乙酸、二氯苯醋酸钠、二氯环乙烷、氯乙醇等可被降解

在分析污染物的可生化性时，还应注意以下几点：

1）一些有机物在低浓度时毒性较小，可以被微生物所降解。但在浓度较高时，则表现出对微生物的强烈毒性，常见的酚、氰、苯等物质即是如此。如酚浓度在1%时是一种良好的杀菌剂，但在 500 mg/L 以下，则可被经过驯化的微生物所降解。

2）废水中常含有多种污染物，这些污染物在废水中混合后可能出现复合、聚合等现象，从而增大其抗降解性。有毒物质之间的混合往往会增大毒性作用，因此，对水质成分复杂的废水不能简单地以某种化合物的存在来判断废水生化处理的难易程度。

3）所接种的微生物的种属是极为重要的影响因素。不同的微生物具有不同的酶诱导特性，在底物的诱导下，一些微生物可能产生相应的诱导酶，而有些微生物则不能，从而对底物的降解能力也就不同。目前废水处理技术已发展到采用特效菌种和变异菌处理有毒废水的阶段，对有毒物质的降解效率有了很大提高。

目前，国内外的生物处理系统大多采用混合菌种，通过废水的驯化进行自然的诱导和筛选，驯化程度的好坏，对底物降解效率有很大影响。如处理含酚废水，在驯化良好时，酚的接受浓度可由几十毫克/升提高到 500～600 mg/L。

4）pH、水温、溶解氧、重金属离子等环境因素对微生物的生长繁殖及污染物的存在形式有影响，因此，这些环境因素也间接地影响废水中有机污染物的可降解程度。

由于废水中污染物的种类繁多，相互间的影响错综复杂，所以一般应通过实验来评价废水的可生化性，判断采用生化处理的可能性和合理性。

（二）可生化性的评价方法

1. BOD_5/COD 值法

BOD_5 和 COD 是废水生物处理过程中常用的两个水质指标，用 BOD_5/COD 值评价废水的可生化性是广泛采用的一种最为简易的方法。在一般情况下，BOD_5/COD 值越大，说明废水可生化性越好。综合国内外的研究结果，可参照表 3-5 中所列数据评价废水的可生化性。

表 3-5　废水可生化性评价参考数据

BOD_5/COD	＞0.45	0.3～0.45	0.2～0.3	＜0.2
可生化	好	较好	较难	不宜

在使用此法时，应注意以下几个问题：

1）某些废水中含有的悬浮性有机固体容易在 COD 的测定中被重铬酸钾氧化，并以 COD 的形式表现出来。但在 BOD 反应瓶中受物理形态限制，BOD 数值较低，BOD_5/COD 值减小。而实际上悬浮有机固体可通过生物絮凝作用去除，继之可经胞外酶水解后进入细胞内被氧化，其 BOD_5/COD 值虽小，可生物处理性却不差。

2）COD 测定值中包含了废水中某些无机还原性物质（如硫化物、亚硫酸铁、亚硝酸盐、亚铁离子等）所消耗的氧量，BOD_5 测定值中也包括硫化物、亚硫酸盐、亚铁离子所消耗的氧量。但由于 COD 与 BOD_5 测定方法不同，这些无机还原性物质在测定时的终态浓度及状态都不尽相同，也即在两种测定方法中所消耗的氧量不同，从而直接影响 BOD_5 和 COD 的测定值及其比值。

3）重铬酸钾在酸性条件下的氧化能力很强，在大多数情况下 BOD_5/COD 值可近似代表污水中全部有机物的含量。但有些化合物如吡啶不被重铬酸钾氧化，不能以 COD 的形式表现出需氧量，但却可能在微生物作用下被氧化，以 BOD_5 的形式表现出需氧量，因此对 BOD_5/COD 值产生很大影响。

综上所述，废水的 BOD_5/COD 值不可能直接等于可生物降解的有机物占全部有机物的百分数，所以，用 BOD_5/COD 值来评价废水的生物处理可行性尽管方便，但比较粗糙，欲做出准确的结论，还应辅以生物处理的模型实验。

2. BOD_5/TOD 值法

对于同一废水或同种化合物，COD 值一般总是小于或等于 TOD 值，不同化合物的

COD/TOD 值变化很大，如吡啶为 2%，甲苯为 45%，甲醛为 100%，因此，以 TOD 代表废水中的总有机物含量要比 COD 准确，即用 BOD_5/TOD 值来评价废水的可生化性能得到更好的相关性。表 3-6 是一些研究者推荐的废水可生化性评价标准。

表 3-6   废水可生化性评价参考数据

BOD_5/TOD 值	>0.4	0.2～0.4	<0.2
废水可生化	易生化	可生化	难生化

有研究者对几种化学物质用未经驯化的微生物接种，逐日测定 BOD_5 和 TOD，再以 BOD_5/TOD 值与培养时间 t 作图，得图 3-4（a）所示的 4 种形式的关系曲线。Ⅰ型（乙醇）所示为可生化性良好，宜用生化法处理。Ⅱ型表示乙腈虽然对微生物无毒害作用，但其生物降解性能较差，这样的污染物需经过一段时间的微生物驯化，才能确定是否可用生化法处理。Ⅲ型所示乙醚的生物降解性能更差，而且还有一定抑制作用，这样的污染物需经过更长时间的微生物驯化，才能做出判断。Ⅳ型所示吡啶对微生物具有强抑制作用，在不驯化条件下难以生物分解。

在测定 BOD_5 时是否采用驯化菌种对 BOD_5/TOD 值及评价结论影响很大。例如，吡啶以不同的微生物接种，表现出不同的 BOD_5/TOD 值，见图 3-4（b），从而会得到不同的结论。因此，为使研究工作与以后的生产条件相近，在测定废水或有机化合物的 BOD_5 时，必须接入驯化菌种。

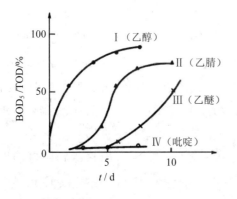

（a）几种物质的 BOD_5/TOD 值

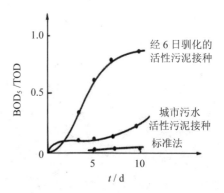

（b）不同接种污泥对吡啶 BOD_5/TOD 值的影响

图 3-4   不同情况下的 BOD_5/TOD 值

3. 耗氧速率法

在有氧条件下，微生物在代谢底物时消耗氧。表示耗氧速度或累积耗氧量随时间而变化的曲线，称为耗氧曲线，投加底物的耗氧曲线称为底物耗氧曲线；处于内源呼吸期的污泥耗氧曲线称为内源呼吸曲线。在微生物的生化活性、温度、pH 等条件确定的情况下，耗氧速度将随可生物降解有机物浓度的提高而提高，因此，可用耗氧速率来评价废水的可生化性。

耗氧曲线的特征与废水中有机污染物的性质有关，图3-5所示为几种典型的耗氧曲线。

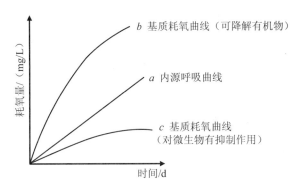

图 3-5 微生物呼吸耗氧曲线

a 为内源呼吸曲线，当微生物处于内源呼吸期时，其耗氧量仅与微生物量有关，在较长一段时间内耗氧速度是恒定的，所以内源呼吸曲线为一条直线。若废水中有机污染物的耗氧曲线与内源呼吸曲线重合，说明有机污染物不能被微生物所分解，但对微生物也无抑制作用。

b 为可降解有机污染物的耗氧曲线，此曲线应始终在内源呼吸线的上方。起始时，因反应器内可降解的有机物浓度高，微生物代谢速度快，耗氧速度也大，随着有机物浓度的减小，耗氧速度下降，最后微生物群体进入内源代谢期，耗氧曲线与内源呼吸曲线平行。

c 为对微生物有抑制作用的有机污染物的耗氧曲线。该曲线接近横坐标越近，离内源呼吸曲线越远，说明废水中对微生物有抑制作用的物质的毒性越强。

在图3-5中，与 *b* 类耗氧曲线相应的废水是可生物处理的，在某一时间内，*b* 与 *a* 之间的间距越大，说明废水中的有机污染物越易于生物降解。曲线 *b* 上微生物进入内源呼吸时的时间 t_A，可以认为是微生物氧化分解废水中可生物降解有机物所需的时间。在 t_A 时间内，有机物的耗氧量与内源呼吸耗氧量之差，就是氧化分解废水中有机污染物所需的氧量。根据图示结果及 COD 测定值、混合液悬浮固体 MLSS（或混合液挥发性悬浮体 MLVSS）测定值，可以计算出废水中有机物的氧化百分率，计算式如下：

$$E = \frac{(O_1 - O_2) \times \text{MLSS}}{\text{COD}} \times 100\% \qquad (3-4)$$

式中：E——有机物氧化分解百分率，%；

O_1——有机物耗氧量，mg/L；

O_2——内源呼吸耗氧量，mg/L；

MLSS——混合液悬浮固体，mg/L。

显然，t_A 越小，(O_1-O_2) 越大或 E 越大，废水的可生化性就越好。

另一种做法是用相对耗氧速度 R（%）来评价废水的可生化性，计算公式如下：

$$R=V_s/V_o \times 100\% \tag{3-5}$$

式中：V_s——投加有机物的耗氧速度，mg O_2/（g MLSS·h）；

  V_o——内源呼吸耗氧速度，mg O_2/（g MLSS·h）。

V_s 与 V_o 一般应采用同一测定时间的平均值。图 3-6 所示是不同有机污染物可能出现的 4 种相对耗氧速度曲线。

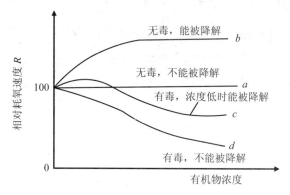

图 3-6   不同有机物的相对耗氧曲线

a 类曲线相应的有机污染物不能被微生物分解，对微生物的活性也无抑制作用。

b 类曲线相应的有机污染物是可生物降解的物质。

c 类曲线相应的有机污染物在一定浓度范围内可以生物降解，超过这一浓度范围时，则对微生物产生抑制作用。

d 类曲线相应的有机污染物不可生物降解，且对微生物具有毒害抑制作用，一些重金属离子也有与此相同的作用。

由于影响有机污染物耗氧速度的因素很多，所以用耗氧曲线定量评价有机物的可生化性时，需对活性污泥的来源、驯化程度、浓度、有机物浓度、反应温度等条件做出严格的规定。测定耗氧量及耗氧速度的方法较多，如华氏呼吸仪测定法、曝气式呼吸仪测定法、双瓶呼吸计测定法、溶解氧测定仪测定法等。

4．摇床试验与模型试验

1）摇床试验又称振荡培养法，是一种间歇投配连续运行的生物处理装置。摇床试验是在培养瓶中加入驯化活性污泥、待测物质及无机营养盐溶液，在摇床上振摇，培养瓶中的混合液在摇床振荡过程中不断更新液面，使大气中的氧不断溶解于混合液中，以供微生物代谢有机物，经过一定时间间隔后，对混合液进行过滤或离心分离，然后测定上清液的 COD 或 BOD，以考察待测物质的去除效果。

摇床上可同时放置多个培养瓶，因此摇床试验可一次进行多种条件试验，对选择最佳操作条件非常有利。

日本在 1968 年曾规定合成洗涤剂的可生物降解性试验必须采用摇床法。试验使用的污泥应为驯化污泥，合成洗涤剂浓度应为 30 mg/L，要求经过 7 d 培养后应达 85%以上的去除率。

2）模型试验是指采用生物处理的模型装置考察废水的可生化性。模型装置通常可分为间歇流反应器和连续流反应器两种。

间歇流反应器模型试验是在间歇投配驯化活性污泥和待测物质及无机营养盐溶液的条件下连续曝气充氧来完成的。在选定的时间间隔内取样分析 COD 或 BOD 等水质指标，从而确定待测物质或废水的去除率及去除速率。常用的间歇流反应器如图 3-7 所示。

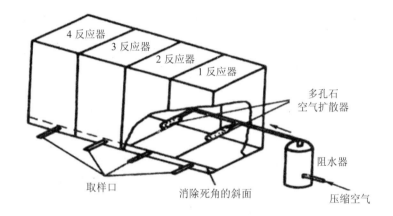

图 3-7　间歇流反应器

连续流反应器是指连续进水、出水，连续回流污泥和排除剩余污泥的反应器。用这种反应器研究废水的可生化性时，要求在一定时间内进水水质稳定，通过测定进、出水的 COD 等指标来确定废水中有机物的去除速率及去除率。连续流反应器的形式多种多样，这种试验是对连续流污水或废水处理厂的模拟，试验时可阶段性地逐渐增加待测物质的浓度，这对于确定待测物质的生物处理极限浓度很有意义。如果对某种废水缺乏应有的处理经验时，这种试验完全可以为设计研究人员合理选择处理工艺参数提供有效的帮助。

采用模型试验确定废水或有机物的可生化性的优点是成熟和可靠，同时可进行生化处理条件的探索，求出废水的合理稀释度、废水处理停留时间及其他设计与运行参数。缺点是耗费的人力物力较大，需时较长。

除上述各种方法外，还有动力学常数法、彼特（P. Pitter）标准测定法、脱氢酶活性法等用于研究废水的可生化性评价。

四、生物处理方法的分类

从微生物的代谢形式出发，生化处理方法主要可分为好氧生物处理和厌氧生物处理两大类型。按照微生物的生长方式，可分为悬浮生长型和固着生长型两类。此外，按照系统的运行方式可分为连续式和间歇式，按照主体设备中的水流状态，可分为推流式和完全混合式等类型。现大致归纳如下（图3-8）：

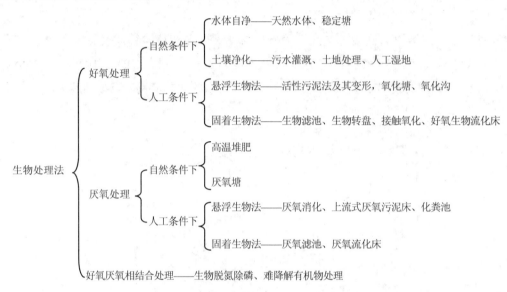

图3-8 生物处理法分类

好氧生物处理与厌氧生物处理的区别主要有以下几个方面：

1）作用的微生物种群不同。好氧生物处理是由好氧微生物和兼性微生物起作用的；而厌氧生物处理是两大类群的微生物起作用，先是厌氧菌和兼性菌，后是另一类专性厌氧菌，即产甲烷菌。

2）产物不同。好氧生物处理中，有机物被转化为 CO_2、H_2O、NH_3 或 NO_2^-、NO_3^-、PO_4^-、SO_4^- 等，且基本无害，处理后废水无异臭。厌氧生物处理中，有机物被转化为 CH_4、CO_2、NH_3、N_2、H_2S 以及中间产物等，产物复杂，出水有异臭。

3）反应速率不同。好氧生物处理由于有氧作为受氢体，有机物分解比较彻底，释放的能量多，故有机物转化速率快，处理设备内停留时间短，设备体积小。厌氧生物处理有机物氧化不彻底，释放的能量少，所以有机物转化速率慢，需要时间长，设备体积庞大。

4）对环境要求条件不同。好氧生物处理要求充分供氧，对环境条件要求不太严格。厌氧生物处理要求绝对厌氧的环境，对 pH、温度等环境因素较敏感，要求严格控制。

第二节 好氧活性污泥法

一、基本原理

（一）活性污泥法净化污水机理

活性污泥法是利用悬浮生长的微生物絮体处理有机污水的生物处理方法。这种生物絮体叫作活性污泥，活性污泥是由多种好氧微生物和兼性微生物（某些情况下还可能有少量厌氧微生物）与污水中的有机和无机固体物混合交织在一起形成的絮状体组成，具有降解污水中有机污染物（有些也可利用部分无机物）的能力，显示生物化学活性。如果向一桶粪便污水连续鼓入空气，经过一段时间（几天），由于污水中微生物的生长与繁殖，将逐渐形成带褐色的污泥状絮体，即活性污泥，在显微镜下观察，可看到大量的微生物。

活性污泥法净化污水机理包括下述 3 个主要过程。

（1）活性污泥对有机物的吸附作用

污水与活性污泥微生物充分接触，形成悬浊混合液，污水中的污染物被比表面积巨大且表面上含有多糖类黏性物质的微生物吸附和黏连。呈胶态的大分子有机物被吸附后，首先被水解酶作用，分解为小分子物质，然后这些小分子与溶解性有机物一道在透膜酶的作用下或在浓差推动下选择性渗入细胞体内。

初期吸附过程进行得十分迅速，在这一过程中，对于含悬浮状态和胶态有机物较多的污水，有机物的去除率是相当高的，往往在 $10\sim40$ min 内，BOD_5 可下降 $80\%\sim90\%$。此后，下降速度迅速减缓。也有人发现，胶体状和溶解性的混合有机物被活性污泥吸附后，有再扩散且使 BOD_5 回升的现象，如图 3-9 所示。

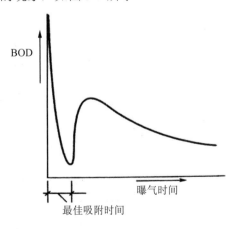

图 3-9 胶体有机物的去除过程

对活性污泥吸附机理的研究报道已有很多，较多的研究者认为是物理吸附和生物吸附的综合作用，可用 Freundlich 模型或如下数学式描述吸附等温线。

$$\frac{\mathrm{d}s}{\mathrm{d}x} = Ks \qquad (3-6)$$

式中：s——污水中底物浓度，用 BOD_5 表示；

　　　x——活性污泥混合液的悬浮固体浓度（MLSS）；

　　　K——一次反应常数或称初期去除常数。

（2）被吸附有机物的氧化分解与同化

微生物的代谢过程如第一节中所述，吸收进入细胞体内的污染物通过微生物的代谢反应而被降解，一部分经过一系列中间状态氧化为最终产物 CO_2 和 H_2O 等，另一部分则转化为新的有机体，使细胞增殖。一般来说，自然界中的有机物都可以被某些微生物所分解，多数合成有机物也可以被经过驯化的微生物分解。不同的微生物对不同的有机物其代谢途径各不相同，对同一种有机物也可能有几条代谢途径。活性污泥法是多底物多菌种的混合培养系统，其中存在错综复杂的代谢方式和途径，它们相互联系、相互影响。因此，代谢过程速度只能宏观地描述。

（3）活性污泥絮体的凝聚与分离

絮凝体是活性污泥的基本结构，它能够防止微型动物对游离细菌的吞噬，并承受曝气等外界不利因素的影响，更有利于与处理水分离。水中能形成絮凝体的微生物很多，动胶菌属（*Zoogloea*）、埃希氏大肠杆菌（*E.coli*）、产碱杆菌属（*Alcaligenes*）、假单胞菌属（*Pseudomonas*）、芽孢杆菌属（*Bacillus*）、黄杆菌属（*Flavobacterium*）等都具有凝聚性能，可形成大块菌胶团。凝聚的原因主要是：细菌体内积累的聚β-羟基丁酸释放到液相，促使细菌间相互凝聚，结成绒粒，微生物摄食过程释放的黏性物质促进凝聚。将污泥絮凝体（菌胶团）从反应混合液中分离后得到净化水。

（二）活性污泥法的基本流程

活性污泥法处理流程由曝气池、沉淀池、污泥回流及剩余污泥排除系统等基本部分组成，如图 3-10 所示。

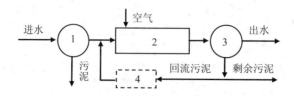

1—初次沉淀池；2—曝气池；3—二次沉淀池；4—再生池

图 3-10　活性污泥法基本流程

流程中的主体构筑物是曝气池，污水经过适当预处理（如初沉）后，进入曝气池与池内活性污泥混合成混合液，并在池内充分曝气，一方面使活性污泥处于悬浮状态，污水与活性污泥充分接触；另一方面通过曝气，向活性污泥供氧，保持好氧条件，保证微生物的正常生长与繁殖。

沉淀是混合液中固相活性污泥颗粒同污水分离的过程。经过活性污泥反应的混合液［曝气池内由污水、回流活性污泥和空气（溶解氧）互相混合形成的液体］，进入二次沉淀池进行固液分离。固液分离的好坏，直接影响出水水质。如果处理水挟带生物体，出水BOD 和 SS 将增大。所以，活性污泥法的处理效率同其他生物处理方法一样，应包括二次沉淀池的效率，即用曝气池及二沉池的总效率表示。除了重力沉淀外，也可用气浮法或膜分离法进行固液分离。

为了使曝气池内保持足够数量的活性污泥，二沉池底部排出的污泥一部分回流到曝气池进口作为接种污泥，其余部分活性污泥作为剩余污泥排出系统。通常参与分解有机物的微生物的世代期，都短于微生物在曝气池内的平均停留时间，因此，如果不将浓缩的活性污泥回流到曝气池，则具有净化功能的微生物将会逐渐减少。剩余污泥和在曝气池内增长的活性污泥，应在数量上基本保持平衡，使曝气池内活性污泥数量基本上保持在一个较为恒定的数值。

二、活性污泥性能指标与工艺参数

（一）活性污泥性能指标

活性污泥法处理的关键在于具有足够数量和性能良好的活性污泥，活性污泥的性能决定着净化效果。在吸附阶段要求污泥颗粒松散、表面积大、易于吸附有机物；在氧化分解阶段要求污泥的代谢活性高，可以快速分解有机物；在泥水分离阶段，则希望污泥有较好的凝聚与沉降性能。

1. 活性污泥微生物数量指标

活性污泥是以微生物为主体组成的，因此活性污泥浓度可间接反映混合液中所含微生物的数量。衡量活性污泥微生物数量的指标主要有混合液悬浮固体（MLSS）浓度和挥发性悬浮固体（MLVSS）浓度。

（1）混合液悬浮固体浓度（MLSS）

悬浮固体浓度是指 1 L 混合液中所含悬浮固体（MLSS）的质量，单位为 mg/L 或 g/L。MLSS 可用下式表示：

$$MLSS = M_a + M_e + M_i + M_{ii} \tag{3-7}$$

式中：M_a——活微生物群体的含量；

M_e——微生物自身氧化残留物的含量；

M_i——原污水挟入的惰性有机物的含量；

M_{ii}——原污水挟入的无机物的含量。

（2）混合液挥发性悬浮固体浓度（MLVSS）

挥发性悬浮固体浓度是指 1 L 混合液中所含挥发性悬浮固体（MLVSS）的质量，单位为 mg/L 或 g/L。可用下式表示：

$$MLVSS=M_a+M_e+M_i \tag{3-8}$$

式中，M_a、M_e、M_i 意义同前。

一般在活性污泥曝气池内常保持 MLSS 浓度在 2～6 g/L，多为 3～4 g/L。在正常的运转状态下，一定的废水和废水处理系统中 MLVSS/MLSS 比值相对稳定，一般城市污水处理系统曝气池混合液 MLVSS/MLSS 在 0.6～0.7。

用悬浮固体浓度（MLSS）表示微生物量是不准确的，因为它包括了活性污泥吸附的无机惰性物质，这部分物质没有生物活性。Mckinney 指出，在生活污水活性污泥法处理中，MLSS 中只有 30%～50% 为活的微生物体，采用 MLVSS 来表示，也不能排除非生物有机物及已死亡微生物的惰性部分。MLSS 和 MLVSS 虽不能精确表示活性污泥的生物数量，但由于测定方法比较简便，且能在一定程度上表示活性污泥微生物数量的相对值，因此广泛应用于活性污泥处理系统的设计和运行，目前用得最多的是 MLSS。

2. 活性污泥沉降性能指标

（1）污泥沉降比（SV）

污泥沉降比是指一定量的曝气池混合液静置 30 min 后，沉淀污泥与原混合液的体积比（用体积分数表示），即

$$污泥沉降比（SV）=\frac{混合液经30 min静置沉淀后的污泥体积}{混合液体积}\times100\% \tag{3-9}$$

活性污泥混合液经 30 min 沉淀后，沉淀污泥可接近最大密度，因此，以 30 min 作为测定污泥沉淀性能的依据。沉降比同污泥絮凝性和沉淀性有关。当污泥絮凝性与沉淀性良好时，污泥沉降比的大小可间接表示曝气池混合液的污泥数量的多少，故可以用沉降比作指标来控制污泥回流量及排放量。但是，当污泥絮凝沉淀性差时，污泥不能下沉，上清液混浊，所测得的沉降比将增大。通常，曝气池混合液的沉降比正常范围为 15%～30%。

（2）污泥容积指数（SVI）

污泥容积指数是指曝气池混合液经 30 min 沉淀后，1 g 干污泥所占沉淀污泥容积的毫升数，单位为 mL/g，但一般不标注单位。SVI 的计算式为

$$SVI=\frac{SV的体积分数\times10}{MLSS（g/L）} \tag{3-10}$$

例如，曝气池混合液污泥沉降比（SV）为 20%，污泥浓度为 2.5 g/L，则污泥容积指

数为

$$SVI = \frac{20 \times 10}{2.5} = 80 \qquad (3-11)$$

在一定的污泥量下，SVI 反映了活性污泥的凝聚沉淀性。如 SVI 较高，表示 SV 值较大，沉淀性较差；如 SVI 较小，污泥颗粒密实，污泥无机化程度高，沉淀性好。但是，如 SVI 过低，则污泥矿化程度高，活性及吸附性都较差。通常，当 SVI<100 时，沉淀性能良好；当 SVI=100~200 时，沉淀性一般；而当 SVI>200 时，沉淀性较差，污泥易膨胀。

一般常控制 SVI 在 50~150 之间为宜，但根据废水性质不同，这个指标也有差异。当废水溶解性有机物含量高时，正常的 SVI 值可能较高；相反，废水中含无机性悬浮物较多时，正常的 SVI 值可能较低。

3. 活性污泥生物相观察

利用光学显微镜或电子显微镜，观察活性污泥中的细菌、真菌、原生动物及后生动物等微生物的种类、数量、优势度及其代谢活动等状况，在一定程度上可反映整个系统的运行状况。

活性污泥中出现的生物是普通的微生物，主要是细菌、放线菌、真菌、原生动物和少数其他微型动物。在正常情况下，细菌主要以菌胶团形式存在，游离细菌仅出现在未成熟的活性污泥中，在废水处理条件变化（如毒物浓度升高、pH 过高或过低等）使菌胶团解体时，也可能出现。所以，游离细菌多是活性污泥处于不正常状态的特征。

除了菌胶团外，成熟的活性污泥中还常常存在丝状菌，其主要代表是球衣细菌（*Sphaeotilus*）、白硫细菌（*Beggiatoa*），它们同菌胶团相互交织在一起。在正常时，其丝状体长度不大，活性污泥的密度略大于水。但如丝状菌过量增殖，外延的丝状体将缠绕在一起并黏连污泥颗粒，使絮凝体松散、密度变小、沉淀性变差、SVI 值上升，造成污泥流失，这种现象称为污泥膨胀。

活性污泥中的原生动物种类很多，常见的有肉足类、鞭毛类和纤毛类等，尤其以固着型纤毛类，如钟虫、盖虫、累枝虫等占优势。在这些固着型纤毛虫中，钟虫的出现频率高、数量多，而且在生物演替中有着较为严密的规律性，因此，一般都以钟虫属作为活性污泥法的特征指示生物。

经验表明，当环境条件适宜时，微生物代谢活力旺盛，繁殖活跃，可观察到钟虫的纤毛环摆动较快，食物泡数量多、个体大。在环境条件恶劣时，原生动物活力减弱，钟虫口缘纤毛停止摆动，伸缩泡停止收缩，还会脱去尾柄，虫体变成圆柱体，甚至越变越长，终至死亡。钟虫顶端有气泡是水中缺氧的标志。当系统有机物负荷增高、曝气不足时，活性污泥恶化，此时出现的原生动物主要有滴虫、屋滴虫、侧滴虫、波豆虫、肾形虫、豆形虫、草履虫等，当曝气过度时，出现的原生动物主要是变形虫。

因此，以原生动物作为废水水质和处理效果好坏的指示生物是可行的，同时，原生动物的观察与鉴别比细菌方便得多，所以了解活性污泥的生物组成及其演替是十分有用的。在利用生物指示时，应全面掌握生物种属的组合及其变化，如数量的增减、优势种属的变化、生物活动和存在状态的变化等。但是，应该指出的是，由于原生动物中大多数种属的生存适应范围很宽，因此，任何原生动物种属的偶然（或少量）出现也是可能的。从废水处理的角度来看，这种偶然的出现，没有实际的指示作用，只能作为相对的种属组成而已。因此，在利用生物种属的变化作为废水处理设备工作状态的监测手段时，应着重注意数量组成和优势种属的类别。另外，由于工业废水水质差异很大，不同的废水处理系统所出现的原生动物优势种或组合都会有一定差别，所以，生物相的观察和指示作用决不能代替水质的理化分析和其他各项监测工作，而且，生物指示也仅仅是定性的，在运行监测中只起辅助作用。

（二）活性污泥法的工艺参数

1. 有机负荷

（1）污泥负荷

有机污染负荷通常用 BOD 负荷表示，包括 BOD-污泥负荷和 BOD-容积负荷，是活性污泥工艺系统设计和运行的重要参数。

在活性污泥法中，一般将有机底物与活性污泥的重量比值（F/M），也即单位重量活性污泥（kg MLSS）或单位体积曝气池（m^3）在单位时间（d）内所承受的有机物量（kg BOD），称为污泥负荷，常用 L_s 表示，单位为 kg BOD_5/（kg MLSS·d）或 kg BOD_5/（kg VSS·d）。

$$L_s = \frac{QS_0}{VX} \tag{3-12}$$

式中：Q——废水流量，m^3/d；

S_0——BOD 质量浓度，mg/L 或 kg/m^3；

V——曝气池容积，m^3；

X——曝气池 MLSS 质量浓度，mg/L 或 kg/m^3。

有时，为了表示有机物的去除情况，也采用去除负荷 L_r，即单位质量活性污泥在单位时间所去除的有机物质量：

$$L_r = \frac{Q(S_0 - S_e)}{VX} = \eta L_s \tag{3-13}$$

式中：S_e——出水的有机物质量浓度，mg/L；

η——处理效率，%。

$$\eta = \frac{S_0 - S_e}{S_0} \times 100\% \tag{3-14}$$

（2）容积负荷

容积负荷（volumetric load）L_V，指单位曝气池有效容积在单位时间内所承受的有机污染物（如 BOD_5）量，单位是 $kg/(m^3 \cdot d)$；L_s（污泥负荷）和 L_V 及其相互关系式如下

$$L_V = \frac{QS_0}{V} \tag{3-15}$$

$$L_V = L_s \cdot X \tag{3-16}$$

式中：S_0——曝气池进水的 BOD 质量浓度，mg/L 或 kg/m^3；

V——曝气区容积，m^3；

X——曝气池 MLSS 或 MLVSS 浓度，mg/L 或 kg/m^3；

Q——废水流量，m^3/d。

在一定范围内，随着污泥负荷的升高，处理效率将下降，处理出水的底物浓度将升高。一般来说，BOD 负荷在 0.4 kg BOD/（kg MLSS·d）以下时，可得到 90%以上的 BOD 去除率。对不同的底物，L—η 关系有很大差别，如粪便污水、浆粕废水、食品工业废水等所含底物是糖类、有机酸、蛋白质等一般性有机物，容易降解，即使污泥负荷升高，BOD 去除率下降的趋势也较缓慢；相反，醛类、酚类的降解需要特种微生物，当污泥负荷超过某一值后，BOD 去除率显著下降。

2．污泥龄

污泥龄即细胞平均停留时间 θ_c，表示微生物在曝气池中的平均停留时间，也即曝气池内活性污泥平均更新一遍所需的时间。在间歇试验装置里，θ_c 与水力停留时间 θ 相等，但在实际的连续流活性污泥系统中，由于存在着污泥回流，θ_c 将比 θ 大得多，而且 θ_c 不受 θ 的局限。

θ_c 是微生物比净增长速度 μ 的倒数。在图 3-11 所示的系统内，θ_c 可以通过排出的微生物量与系统容积的关系求得。在推导过程中假定有机物的降解仅在曝气池中发生，且降解速率稳定，因此，计算 θ_c 时，仅考虑曝气池的容积。这个假定是偏于保守的，实际上废水在二沉池及管道内还有一定程度的降解。

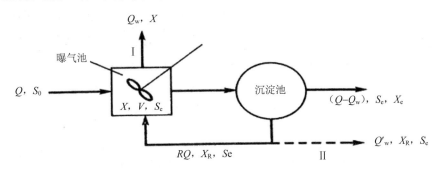

图 3-11　有污泥回流的连续流混合系统

由图 3-11 可以看出，按第 I 种排泥方式，则

$$\theta_c = \frac{VX}{Q_w X + (Q - Q_w)x_e} \tag{3-17}$$

式中：Q_w——由曝气池排出的污泥流量，m^3/d；

$\quad x_e$——二次沉淀池出水中挟带的活性污泥浓度，mg/L。

由于出水的 x_e 很小，故 θ_c 可认为等于 V/Q_w。

按第 II 种排泥方式，则

$$\theta_c = \frac{VX}{Q_w' x_R + (Q - Q_w')x_e} \tag{3-18}$$

式中：Q_w'——从回流污泥管排出的污泥流量，m^3/d。

当 x_e 极小时，$\theta_c = VX/(Q_w' \cdot x_R)$。

由上两式可见，通过控制每日从系统中排出的污泥量，即可控制细胞平均停留时间，而且直接从曝气池排除剩余污泥，操作控制容易。

设计时采用 θ_c 常为 3～10 d。当 θ_c 较短时，微生物量小，营养物质相对丰富，因而细菌具有较高的能量水平，运动性强，絮凝沉淀性差，相当大比例的生物群体处于分散状态，不易沉淀而易随二次沉淀池出水流出。与之相反，θ_c 较长时，微生物量多，营养物质相对缺乏，因而细菌具有较低的能量水平，活性污泥的絮凝沉淀性较好。

在活性污泥法设计中，既可采用污泥负荷，也可采用泥龄作设计参数。但是在实际运行时，控制污泥负荷比较困难，需要测定有机物量和污泥量。而用泥龄作为运转控制参数只要求调节每日的排污量，过程控制简单得多。

（三）影响活性污泥性能的环境因素

（1）溶解氧

供氧是活性污泥法高效运行的重要条件，供氧多少由混合液溶解氧的含量控制。一般来说，好氧生物处理过程溶解氧质量浓度以不低于 2 mg/L 为宜。

理论上，去除 1 kg BOD 应消耗 1 kg O_2。但是，由于废水中有机物的存在形式及运转条件不同，需氧量有所不同。废水中胶体和悬浮状态的有机物首先被污泥表面吸附、水解、再吸收和氧化，其降解途径和速度与溶解性底物不同。因此，当污泥负荷较大时，底物在系统中的停留时间短，一些只被吸附而未经氧化的有机物可能随污泥排出处理系统，使去除单位 BOD 的需氧量减少。相反，在低负荷情况下，有机物能彻底氧化，甚至过量自身氧化，因此需氧量单耗大。从需氧量来看，高负荷系统比低负荷系统经济。

（2）水温

好氧生物处理时，温度宜在 15～25℃ 的范围内。温度再高时，气味明显，而低温会降低 BOD 等去除速率。

在一定范围内，提高水温，可以提高 BOD 的去除速度和能力，还可以降低废水的黏性，从而有利于活性污泥絮体的形成和沉淀。相反，当水温降低时，微生物代谢速率减慢，耗氧速度降低，可用增大污泥浓度的办法来降低污泥负荷。

（3）营养物料

各种微生物体内的元素和需要的营养元素大体一致。细菌的化学组成实验式为 $C_5H_7O_2N$，霉菌为 $C_{10}H_{17}O_6N$，原生动物为 $C_7H_{14}O_3N$，所以在培养微生物时，可按菌体的主要成分比例供给营养。微生物赖以生活的外界营养为碳（有机物）和氮（氨氮或有机氮），统称为碳源和氮源。此外，还需要微量的钾、镁、铁、维生素等。

一般情况下，废水中的 BOD_5 最少应不低于 100 mg/L，但 BOD_5 浓度也不应太高，否则，氧化分解时会消耗过多的溶解氧，一旦耗氧速度超过溶氧速度，就会出现厌氧状态，使好氧过程破坏。好氧生物处理中 BOD_5 最大为 500～1 000 mg/L，具体视充氧能力而定。

生活污水及与之性质相近的有机工业废水中含有上述各种营养物质，但许多工业废水中往往缺乏氮和磷等无机盐，故在进行生物处理时，必须补充氮、磷。在一般负荷下，BOD：N：P=100：5：1。在低负荷时，污泥自身氧化程度较大，在有机体氧化过程中释放出氮、磷成分，所以氮、磷的需要量减小，如在延时曝气法中 BOD：N：P=100：1：0.2 时即可使微生物正常生长。

（4）有毒物质

主要有毒物质有重金属离子（如锌、铜、镍、铅、铬等）和一些非金属化合物（如酚、醛、氰化物、硫化物等），油类物质数量也应加以限制。

三、工艺运行方式及特点

（一）普通曝气法

这种曝气池是活性污泥法的原始工艺形式，故也称为传统曝气法。废水与回流污泥从长方形池的一端进入，另一端流出，全池呈推流型。废水在曝气池内停留时间常为 4～8 h，污泥回流比一般为 25%～50%，池内污泥浓度为 2～3 g/L，剩余污泥量为总污泥量的 10% 左右。在曝气池内，废水有机物浓度和需氧量沿池长逐步下降，而供氧量沿池长均匀分布，可能出现前段供氧不足，后段供氧过剩的现象，见图 3-12。若要维持前段有足够的溶解氧，后段供氧量往往大大超过需氧量，因而增加处理费用。

这种活性污泥法的优点在于因曝气时间长而处理效率高，一般 BOD_5 去除率为 90%～95%，特别适用于处理要求高而水质比较稳定的废水。但是，它存在一些较为严重的缺陷：①由于有机物沿池长分布不均匀，进口处浓度高，因此，它对水量、水质、浓度等变化的适应性较差，不能处理毒性较大或浓度很高的废水；②由于池后段的有机物浓度低，反应速率低，单位池容积的处理能力小，占地大，若人为提高池后段的容积负荷，将导致进口处过负荷或缺氧；③为了保证回流污泥的活性，所有污泥（包括剩余污泥）都应在池内充分曝气再生，因而不必要地增大了池容积和动力消耗。

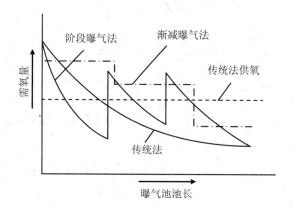

图 3-12   曝气池中需氧量示意图

在普通曝气池中，微生物的生长速率沿池长减小。在进口端，有机物浓度高，微生物生长较快，在末端有机物浓度较低，微生物生长缓慢，甚至进入内源代谢期。所以，全池的微生物生长处在生长曲线的某一段范围内。

（二）渐减曝气法

这种方式是针对普通曝气法有机物浓度和需氧量沿池长减小的特点而改进的。通过合理布置曝气器，使供气量沿池长逐渐减小，与底物浓度变化相对应，见图 3-13。

这种曝气方式总的空气量有所减少，从而可以节省能耗、提高处理效率。

（三）阶段曝气法

这种方式是针对普通曝气法进口负荷过大而改进的。废水沿池长分多点进入（一般进口为 3～4 个），以均衡池内有机负荷，克服池前段供氧不足，后段供氧过剩的缺点，单位池容积的处理能力提高。阶段曝气推流式曝气池一般采用 3 条或更多廊道，在第一个进水点后，混合液的 MLSS 浓度可高达 5 000～9 000 mg/L，后面廊道污泥浓度随着污水多点进入而降低。在池体容积相同的情况下，与传统推流式相比，阶段曝气活性污泥法系统可以拥有更高的污泥总量，从而污泥龄可以更高。阶段曝气推流式曝气池同普通曝气法相比，当处理相同废水时，所需池容积可减小 30%，BOD_5 去除率一般可达 90%。此外，由于分散进水，废水在池内稀释程度较高，污泥浓度也沿池长降低，从而有利于二次沉淀池的泥水分离。阶段曝气法流程如图 3-14 所示。它特别适用于容积较大的池子。这一工艺也常设计成若干串联运行的完全混合曝气池。

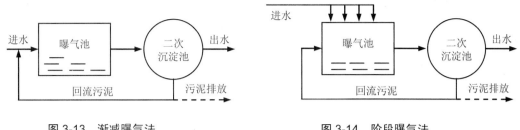

图 3-13　渐减曝气法　　　　　　　图 3-14　阶段曝气法

阶段曝气法也可以只向后面的廊道进水，使系统按照吸附再生法运行。在雨季合流高峰流量时，可将进水超越到后面廊道，从而减少进入二沉池的固体负荷，避免曝气池混合液悬浮固体的流失，暴雨高峰流量过后可以很快恢复运行。

阶段曝气法具有如下特点：污水沿池长度分段注入曝气池，有机物负荷及需氧量得到均衡，一定程度上缩小了需氧量与供氧量之间的差距，有助于降低能耗，又能够比较充分地发挥活性污泥微生物的降解功能；污水分散均衡注入，提高曝气池对水质、水量冲击负荷的适应能力。

（四）吸附再生法

吸附再生法又称接触稳定法，出现于 20 世纪 40 年代后期美国的污水处理厂扩建改造中，其工艺流程如图 3-15 所示。

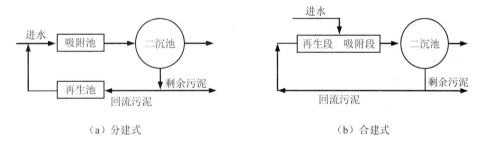

（a）分建式　　　　　　　　　　　（b）合建式

图 3-15　吸附再生活性污泥法系统

这种方式充分利用活性污泥的初期去除能力，在较短的时间里（10～40 min），通过吸附去除废水中悬浮的和胶态的有机物，再通过固液分离，废水即获得净化，BOD_5 可去除 85%～90%。吸附饱和的活性污泥中，一部分需要回流，引入再生池进一步氧化分解，恢复其活性；另一部分剩余污泥不经氧化分解即排入污泥处理系统。

该流程将吸附与再生分开，分别在两池（吸附池和再生池）或在同一池的两段进行。由于两池中污泥浓度均较高，使需氧量比较均衡，池容积负荷高，因而曝气池的总容积比普通曝气法小（约 50%），总空气用量并不增加。而且一旦吸附池受负荷冲击，可迅速用再生池污泥补充或替换，因此它适应负荷冲击的能力强，还可省去初次沉淀池。

吸附再生法的主要优点是污水与活性污泥在吸附池内可以大大节省基建投资，最适于处理含悬浮和胶体物质较多的废水，如制革废水、焦化废水等，工艺灵活。本工艺存在的主要问题是：处理效果低于传统法；对处理溶解性有机物含量较高的废水不具备优势；剩余污泥量较大；同时此工艺不具有硝化功能。

吸附再生系统的设计主要是确定吸附池、再生池的容积以及污泥回流比。

（1）吸附池容积

通过实验，求得最佳吸附时间（图 3-9），然后根据废水流量计算吸附池容积。

（2）再生池容积

在完全混合稳态条件下，对再生池的生物量进行物料衡算，可得

$$0 = RQx_R + YQfS_0 + YRQS_e - k_d x_s V_s - RQx_s \qquad (3-19)$$

式中：f —— 进水中不溶性 BOD_5 的比例；

$\quad$ Y —— 微生物理论合成系数，$MLVSS/mg\ BOD_5$；

$\quad$ $YQfS_0$ —— 在吸附池中被吸附的不溶性 BOD_5 在再生池中增长的生物量；

$\quad$ $YRQS_e$ —— 再生池中溶解性底物去除时生成的生物量。

从式（3-19）得再生池容积为

$$V_s = \frac{RQ(x_R - x_s + YS_e) + YQfS_0}{k_d x_s} \qquad (3-20)$$

（3）污泥回流比 R

在完全混合稳态条件下，忽略吸附池中因合成而增加的生物量，则吸附池生物量衡算式为

$$Qx_0 + RQx_s = (1 + R)Qx_e$$
$$R = \frac{x_e - x_0}{x_s - x_e} \qquad (3-21)$$

因进水中挥发性 SS 浓度 x_0 一般比 x_e 小得多，可以忽略不计，故

$$R = \frac{x_e}{x_s - x_e} \qquad (3-22)$$

（五）吸附—生物降解工艺（A-B法）

吸附—生物降解（adsorption biodegradation）工艺，简称 A-B 法，是德国亚深工业大学的 Bohnke 教授于 20 世纪 70 年代中期开创的，80 年代即开始应用于工业实践。其工艺流程如图 3-16 所示，主要特征是：A、B 两段各自拥有独立的污泥回流系统，两段完全分开，各自有独特的微生物群体，A 段微生物主要为细菌，其世代期很短，繁殖速度很快，对有机物的去除主要靠污泥絮体的吸附作用，生物降解只占 1/3 左右。B 段微生物主要为

菌胶团、原生动物和后生动物。该工艺不设初沉池，使 A 段成为一个开放性的生物系统。A 段以高负荷或超高负荷运行，污泥负荷达 2.0～6.0 kg BOD$_5$/（kg MLSS·d），为常规法的 10～20 倍，水力停留时间（HRT）约为 30 min，污泥龄为 0.3～0.5 d，溶解氧含量为 0.2～0.7 mg/L，可根据污水组分的不同实行好氧或缺氧运行。B 段以低负荷运行，污泥负荷一般为 0.15～0.3 kg BOD$_5$/（kg MLSS·d），水力停留时间（HRT）为 2～3 h，污泥龄为 15～20 d，溶解氧含量为 1～2 mg/L。

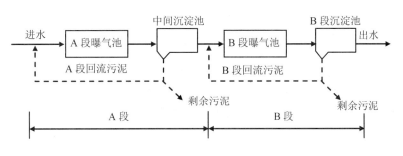

图 3-16　A-B 法工艺流程

A-B 法具有反应池容积小、造价低、耐冲击负荷、出水水质稳定可靠的优点，可广泛用于老污水厂改造，扩大处理能力，提高处理效果。此外，在有毒有害废水及工业废水比例较高的城市污水的生物处理中，A-B 法有较大的优势。

（六）延时曝气法

延时曝气法也称完全氧化法，与普通活性污泥法相比，采用的污泥负荷更低，为 0.05～0.2 kg BOD$_5$/（kg·d），曝气时间长，为 24～48 h，因而曝气池容积较大，处理单位废水所消耗的空气量较多，仅适用于废水流量较小的场合。

该法大多采用完全混合曝气池，也不设初次沉淀池，流程与图 3-11 相同。曝气池中污泥浓度较高，达到 3～6 g/L，但微生物处于内源呼吸阶段，剩余污泥少，污泥有很高的稳定性，泥粒细小、不易沉淀，因此二次沉淀池停留时间长。BOD 去除率为 75%～95%。运行时对氮、磷的要求低，适应冲击的能力强。

氧化沟是延时曝气法的一种特殊形式，又称连续循环式反应池，最初的实用设备用于处理小城镇污水。一般由沟体、曝气设备、进出水装置、导流和混合设备组成，污水和活性污泥混合液在闭合式曝气渠道中连续循环。它的平面像跑道，沟槽中设置两个曝气转刷（盘），也有用表面曝气机、射流器或提升管式曝气装置的。曝气设备工作时，推动沟液迅速流动，实现供氧和搅拌作用，流程见图 3-17。沟渠断面为梯形，深度取决于所采用的曝气设备，当用转刷时，水深不超过 2.5 m，沟中混合液流速为 0.3～0.6 m/s。常用的设计参数是：有机负荷为 0.05～0.15 kg BOD$_5$/（kg VSS·d）；容积负荷为 0.2～0.4 kg BOD$_5$/（m^3·d），污泥浓度为 2 000～6 000 mg/L；污泥回流比为 50%～150%；曝气时间为 10～30 h；泥龄为 10～30 d，BOD 和 SS 去除率≥90%，还有较好的脱氮脱磷作用。

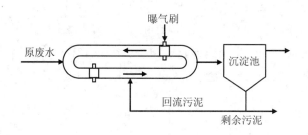

图 3-17　氧化沟示意

氧化沟一般不设初沉池，或同时不设二沉池，因而简化了流程。进水在氧化沟内与大量的混合液混合，既具有完全混合式的特征，又具有推流式的某些特征，因而耐受冲击负荷能力和降解能力都强。氧化沟工艺的优点是效果可靠、运行简单、能在不影响出水水质的前提下处理较大冲击/有毒负荷。与延时曝气相比，能耗更少，能去除营养物，出水水质好；污泥稳定，污泥产量少。局限性是需要的空间大；F/M 低，容易引起污泥膨胀；与传统 CMAS 和推流式处理工艺相比，曝气能耗更高。

在延时曝气池中，污泥浓度与泥龄无关，而与曝气时间 t 成反比，因此污泥龄不再作为设计参数。

（七）纯氧（或富氧）曝气法

该法用纯氧或富氧空气作氧源曝气，显著提高了氧在水中的溶解度和传递速度，从而可以使高浓度活性污泥处于好氧状态，在污泥有机负荷相同时，曝气池容积负荷可大大提高。

例如，将气体的含氧量从 21% 提高到 99.5%（体积分数），即氧分压提高 0.995/0.21=4.7 倍，则在 20℃水中氧的溶解度可达 9.2×4.7=43.2 mg/L；若在普通曝气池中 DO=2 mg/L，而在纯氧曝气池中 DO=10 mg/L，氧传递速率提高 k_{La}（43.2−10）/k_{La}（9.2−2）≈4.6 倍，相应地，污泥浓度可以大大提高。

随着氧浓度提高，加大了氧在污泥絮体颗粒内的渗透深度，使絮体中好氧微生物所占比例增大，污泥活性保持在较高水平上，因而净化功能良好，不会发生由于缺氧而引起的丝状菌污泥膨胀，泥粒较结实，SVI 一般为 30～50；硝化菌的生长不会受到溶解氧不足的限制，因此有利于生物脱氮过程。此外，由于氧和污泥的浓度高，系统耐负荷冲击能力和工作稳定性都提高。

表 3-7 列出了纯氧曝气与常规空气曝气各项参数的比较情况。

表 3-7　纯氧曝气法与空气法的比较

参数	纯氧曝气	空气曝气	参数	纯氧曝气	空气曝气
混合液溶解氯/（mg/L）	6～10	1～2	容积负荷/[kg BOD/（m³·d）]		
曝气时间/h	1～2	3～6	回流污泥浓度/（g/L）		
MLSS/（g/L）	6～10	1.5～4	污泥回流率/%		
有机负荷/[kg BOD/（kg VSS·d）]	0.4～0.8	0.2～0.4	剩余污泥量/（kg/kg BOD）		

纯氧曝气池有加盖式和敞开式两种，前者又分表面曝气和联合曝气法。敞开式常用超微气泡曝气。由美国碳化物联合公司开发的 UNOX 纯氧曝气系统如图 3-18 所示。氧气从密闭顶盖引入池内，污水和回流污泥从第一级引入依次流过相对隔开的各级。池面富氧气由离心压缩机经中空轴循环进入水下叶轮，通过叶轮下的喷嘴溶入混合液中，氧利用率可达 80%～90%。

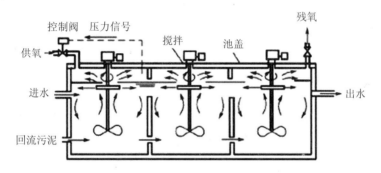

图 3-18　纯氧曝气池构造简图

纯氧曝气法的缺点主要是装置复杂，运转管理较麻烦，密闭池子结构和施工要求高，如果原水中混入大量易挥发的烃类物，则可能引起爆炸；有机物代谢产生的 CO_2 重新溶入系统，使混合液 pH 下降。

（八）序批式活性污泥法（SBR 工艺系统）

1. SBR 工艺特点及阶段描述

序批式活性污泥法（sequencing batch reactor，SBR）也称间歇活性污泥法，它由一个或多个 SBR 池组成，运行时，废水分批进入池中，依次经历 5 个独立阶段，即进水阶段——加入基质；反应阶段——基质降解；沉淀阶段——泥水分离；排水阶段——排出上清液；闲置阶段——等待下一次进水。进水及排水用水位控制，反应及沉淀用时间控制，一个运行周期的时间依负荷及出水要求而异，一般为 4～12 h，其中反应占 40%，有效池容积为周期内进水量与所需污泥体积之和。

SBR 法的一个工作周期典型的运行模式如图 3-19 所示。

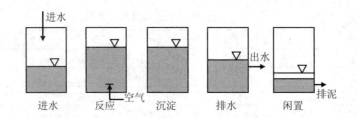

图 3-19　SBR 工作周期示意图

序批式活性污泥法中"序批式"包括两层含义：一是运行操作按间歇的方式进行，由于污水大都是连续或半连续排放，处理系统中至少需要两个或多个反应器交替运行，因此，从总体上污水是按顺序依次进入不同反应器，而各反应器互相协调作为一个有机的整体完成污水净化功能，但对每一个反应器则是间歇进水和间歇排水；二是每个反应器的操作分阶段、按时间顺序进行。

在进水阶段，反应池在短时间内接纳需要处理的污水，此阶段可曝气或不曝气。反应阶段是停止进水后的生化反应过程，根据需要可以在好氧或缺氧条件下进行，也可以在两种或以上条件下交替进行。沉淀阶段停止曝气，进行泥水分离。经过一定时间的沉淀，进入排水阶段。排水结束后进入闲置阶段。这一阶段曝气与不曝气均可，此时通常不进水，微生物处于内源呼吸状态。通过内源呼吸作用可使微生物处于"饥饿"状态，为下一运行周期创造良好的初始条件。

在每一运行周期内，各阶段的运行参数都可以根据污水水质和出水指标进行调整，并且可根据实际情况省去其中的某一阶段（如闲置阶段），还可以把反应期与进水期合并，或在进水阶段同时曝气等，系统的运行方式十分灵活。

SBR 用特别设计的浮动式滗水器排水，以防浮渣或沉降污泥排除影响出水水质，SBR系统的滗水器应具备两个功能：一是防止浮渣排出，上层清液排出口应离水面 10 cm 以下；二是排放均匀，滗水器下沉速度应与液面下降速度一致。排出口应分布均匀，以免导致水力扰动使污泥排出。浮动式滗水器的类型主要有气动浮箱和机械驱动两种，前者靠压缩空气调节浮箱的浮力控制排水，后者靠机械驱动排水。滗水器以软管或万向节与 SBR 池壁上固定的排水管相连，靠池内外液面高差产生虹吸而排水。

SBR 法与完全混合活性污泥法相比，具有以下优点：①与连续流方法相比，SBR 法流程短、装置结构简单，当水量较小时，只需一个间歇反应器，不需要设专门二沉池和调节池，无须污泥回流系统，运行费用低。②SBR 系统各反应器相互独立，每个 SBR 池可根据进水水质、水量的不同适当调整运行参数，比其他生化处理系统更易维护，运行方式灵活方便。③由于底物浓度高，浓度梯度大，污泥龄较短，丝状菌不可能成为优势，SVI 值较低，污泥易于沉淀，不易发生污泥膨胀。④耐冲击负荷能力强。在空间上，SBR 中发生的是典型的非稳态过程，具有典型的完全混合特征；在时间上，它又是理想的推流式处理，因此尽管 SBR 进水初期底物浓度非常高，但水质、负荷波动和毒物对 SBR 影响相对较小。⑤交替出现缺氧、好氧状态，有利于生物脱氮除磷。

2. 循环活性污泥系统（CASS 工艺）

近年来，在传统 SBR 工艺的基础上又开发了 CASS 反应器，称循环活性污泥系统，其实质是一种循环式 SBR 活性污泥法。CASS 反应池由 3 个区域组成：生物选择区、兼氧区和主反应区，每个区的容积比为 1：5：30。污水首先进入选择区，与来自主反应区的混合液（20%～30%）混合，经过厌氧反应后进入主反应区，反应器中的活性污泥不断重复曝气和非曝气的过程，将生物反应过程和泥-水分离过程同在一个反应器（池）中完成，CASS 反应池工艺如图 3-20 所示。

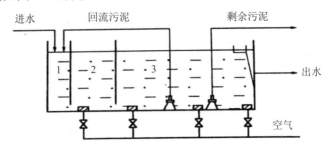

1—生物选择区；2—兼氧区；3—主反应区

图 3-20　CASS 反应池工艺示意图

CASS 工艺在保留了 SBR 工艺间歇出水，以及各阶段运行时间或曝气量易灵活控制，实现不同处理目的特征的同时，在工艺入口处设生物选择区，并进行污泥回流，有利于絮凝性细菌的生长并提高了污泥的活性，克服了传统 SBR 不能连续进水的缺点，并可实现处理全过程的自动控制。为避免进水断流影响出水质量，其撇水操作通常在中断充水的条件下进行。

（九）MBR 工艺系统

废水处理中的膜生物反应器（MBR）是指将膜分离技术中的微滤膜（膜孔径为 0.1～0.4 μm）与废水生物处理工程中的生物反应器相互结合而成的一种新型、高效的废水处理工艺。在膜生物反应器中，可采用好氧或厌氧悬浮生长生物反应器，并将处理后水与活性污泥生物量进行分离。膜系统的出水水质相当于二沉池出水经微滤的出水水质，有利于废水回用。

（1）膜生物反应器的构成与分类

MBR 是一种新型高效的污水处理工艺，主要由生物反应器和膜组件两部分组成，由于这两部分操作单元自身的多样性，MBR 也必然有多种形式，见表 3-8。

表 3-8   MBR 基本分类

依据	类型
膜组件	管式、板框式、中空纤维式
膜材料	有机膜、无机膜
压力驱动形式	外压式、抽吸式
生物反应器	好氧、厌氧
组合方式	分置式、一体式（浸没式）

一体式膜生物反应器是按照膜组件的形式将其安装在生物反应器底部，曝气器设置在膜组件的正下方；分置式膜生物反应器是指膜组件与生物反应器分开设置，靠加压泵加压出水。两种形式的 MBR 分别如图 3-21（a）和（b）所示。一体式膜生物反应器具有结构紧凑、体积小、工作压力小、动力消耗小、无水循环、不堵塞膜纤维中心孔的优点；同时也存在膜面流速小、易污染、出水不连续等问题。分置式膜生物反应器具有组装灵活、易于控制、易于大型化、透水率可相对增大等优点；但它也存在动力消耗大、系统运行费用高的问题，其单位体积处理水的能耗是传统活性污泥法的 10～20 倍。

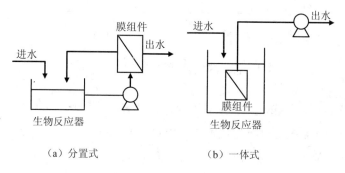

（a）分置式   （b）一体式

图 3-21   MBR 示意图

复合式 MBR（图 3-22）在形式上也属于一体式 MBR，所不同的是在生物反应器内加装填料，从而形成复合式 MBR，强化了 MBR 的一些功能。

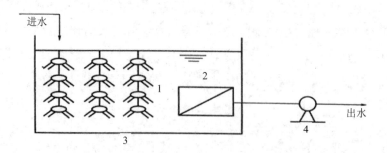

1—填料；2—膜组件；3—生物反应器；4—抽吸泵

图 3-22   复合式 MBR

（2）膜生物反应器的特点

MBR 工艺作为一种新兴的高效水处理技术，与常规工艺相比具有以下特点：①污染物去除效率高，不仅能高效地进行固液分离，而且能有效地去除病原微生物，可以截留去除绝大部分的有机污染物和细菌，能提高处理水质，使最终的出水水质达到回用标准。②能保持高的混合液污泥浓度，MLSS 为常规处理工艺的 3～10 倍，从而能提高容积负荷，降低污泥负荷，提高出水水质；剩余污泥量很少，甚至无剩余污泥排放，污泥处理和处置费用低。③高浓度活性污泥的吸附与长时间的接触，使分解缓慢的大分子有机物的停留时间延长，使其分解率提高，污泥产生量少，出水水质稳定。④由于泥-水采用过滤分离，能很好地解决污泥膨胀问题，即使出现污泥膨胀，也不影响出水水质；能抗冲击负荷，对水质水量的变化有较强的适应性，特别是复合式膜生物反应器，当原水的水质、水量突然改变时，出水水质不会发生多大变化。⑤ MBR 工艺的污泥停留时间很长，能繁殖世代时间较长的微生物，对某些难降解有机物的生物降解十分有利。并且创造了有利于硝化细菌的生长环境，因而可以大大提高硝化能力。

四、曝气设备与供气量计算

活性污泥法是一种好氧生物处理方法，有机物降解和有机体合成都需要氧参与。没有充足的溶解氧，好氧微生物不能生存，更不能发挥氧化分解作用。同时还必须使微生物、有机物和氧充分接触，因此，混合、搅拌作用也是不可缺少的。通过曝气设备可实现充氧和混合这两个目的。

（一）曝气设备

对曝气设备的要求：①供氧能力强；②搅拌均匀；③构造简单；④能耗少；⑤价格低廉；⑥性能稳定，故障少；⑦不产生噪声及其他公害；⑧对某些工业废水耐腐蚀性强。

目前使用的曝气方式有以下 3 种：①鼓风曝气：曝气系统由鼓风机（或空压机）加压设备、管道系统和空气扩散器三部分组成。②机械曝气：借叶轮、转刷等对液面进行搅动以达到曝气的目的。③鼓风-机械联合曝气：由上述两者组合。

1. 鼓风曝气

鼓风曝气就是用鼓风机（或空压机）向曝气池充入一定压力的空气（或氧气）。气量要满足生化反应所需的氧量和能保持混合液悬浮固体均匀混合，气压要足以克服管道系统和扩散的摩阻损耗以及扩散器上部的静水压。扩散器是鼓风曝气系统的关键部件，其作用是将空气分散成空气泡，增大气液接触界面，把空气中的氧溶解于水中。曝气效率取决于气泡的大小、水的亏氧量、气液接触时间、气泡的压力等因素。

根据分散气泡的大小，扩散器又可分成以下几类：

（1）小气泡扩散器

典型的是由微孔材料（陶瓷、钛粉、砂粒、塑料）制成的扩散板或扩散管，气泡直径在 1.5 mm 以下，见图 3-23。

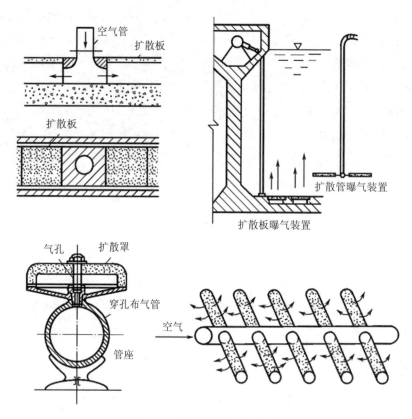

图 3-23　小气泡扩散器及安装

（2）中气泡扩散器

常用穿孔管和莎纶管。穿孔管的孔眼直径为 3～5 mm，孔口朝下，与垂直面成 45°夹角，孔距为 10～15 mm，孔口流速不小于 10 m/s。国外也用莎纶（Saran）、尼纶或涤纶线缠绕多孔管以分散气泡，见图 3-24。

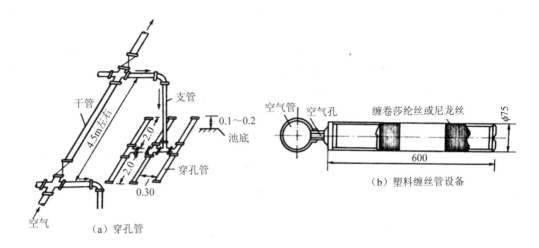

图 3-24　中气泡扩散器

（3）大气泡扩散器

常用竖管，直径为 15 mm 左右，见图 3-25。其他大气泡扩散器很多，见图 3-26 和图 3-27。倒盆式扩散器系水力剪切扩散型，由塑料及橡皮板组成，空气从橡皮板四周喷出，旋转上升。气泡直径 2 mm 左右，阻力大，动力效率为 2.6 kg O_2/（kW·h）。圆盘型扩散器由聚氯乙烯圆盘片、不锈钢弹性压盖与喷头连接而成。通气时圆盘片向上顶起，空气从盘片与喷头间喷出；当供气中断时，扩散器上的静水压头使盘片关闭。

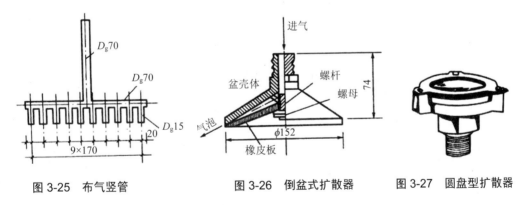

图 3-25　布气竖管　　图 3-26　倒盆式扩散器　　图 3-27　圆盘型扩散器

（4）射流扩散器

用泵打入混合液，在射流器的喉管处形成高速射流，与吸入或压入的空气强烈混合搅拌，将气泡粉碎为 100 μm 左右，使氧迅速转移至混合液中。射流器构造如图 3-28 所示。

（5）固定螺旋扩散器

由 ϕ 300 mm 或 ϕ 400 mm、高 1 500 mm 的圆筒组成，内部装着按 180° 扭曲的固定螺旋元件 5～6 个，相邻两个元件的螺旋方向相反，一个顺时针旋，另一个逆时针旋。空气由底部进入曝气筒，形成气水混合液在筒内反复与器壁及螺旋板碰撞、分割、迂回上升。由于空气喷出口径大，故不会堵塞。试验表明，该扩散器的氧传递速率可用下式表达：

$$N_A = 0.404HG_s^{0.67} \qquad (3\text{-}23)$$

式中：N_A——清水中氧传递量，kg O₂/（h·个）;

H——水深，m;

G_s——鼓气量，m³/min。

固定螺旋扩散器构造如图 3-29 所示，可均匀布置在池内。

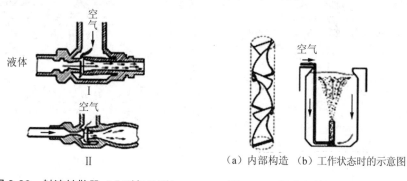

图 3-28　射流扩散器（Ⅰ型与Ⅱ型）　　图 3-29　固定螺旋型扩散器

2. 机械曝气

机械曝气大多以装在曝气池水面的叶轮快速转动，进行表面充氧。按转轴的方向不同，表面曝气机分为竖式和卧式两类。常用的有平板叶轮、倒伞型叶轮和泵型叶轮，见图 3-30，其中泵型（E）表曝机已有系列产品。

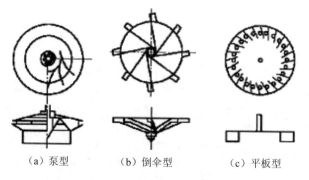

（a）泵型　　　　（b）倒伞型　　　　（c）平板型

图 3-30　几种叶轮表曝气机

表面曝气叶轮的供氧是通过 3 种途径来实现：①由于叶轮的提升和输水作用，使曝气池内液体不断循环流动，更新气液接触面，不断从大气中吸氧。②叶轮旋转时，在周边处形成水跃，使液面剧烈搅动，从大气中将氧卷入水中。③叶轮旋转时，叶轮中心及叶片背水侧出现负压，通过小孔可以吸入空气。除了供氧之外，曝气叶轮也具有足够的提升能力，一方面保证液面更新，另一方面，也使气体和液体获得充分混合，防止池内活性污泥沉积。

实测表明，泵型叶轮的提升能力和充氧能力比相同直径的平板叶轮大，倒伞型叶轮的动力效率较平板叶轮高，但充氧能力较差。

曝气叶轮的充氧能力和提升能力同叶轮浸没深度、叶轮的转速等因素有关。在适宜的浸深和转速下，叶轮的充氧能力最大，并可保证池内污泥浓度和溶解氧浓度均匀。一般生产上曝气叶轮转速为 30～100 r/min，叶轮周边线速度为 2～5 m/s。线速过大，会打碎活性污泥颗粒，影响沉淀效率，但线速过小，将影响充氧量。叶轮的浸没深度按上顶平板面在静止水面下的深度计，一般在 40 mm 左右（可调）。若浸没深度过小，充氧能力将因提升力减小而减小，底部液体不能供氧，将出现污泥沉积和缺氧，当浸没深度过大，充氧能力也将显著减小，叶轮仅起搅拌机的作用。

泵型叶轮的构造如图 3-31 所示。叶片在罩壳内呈流线形，内罩壳有一引水圈，顶板上有一圈进气孔和导流锥顶相通。叶轮旋转时，由引水圈吸入液体，经叶片甩出，向四周冲击，顶部进气孔吸入空气，使液体雾化程度加剧。

泵型叶轮的充氧量和轴功率可用经验公式求得。在 $1.013×10^5$ Pa、20℃清水中泵型（E）叶轮充氧量和轴功率与叶轮转速的关系如图 3-32 所示。

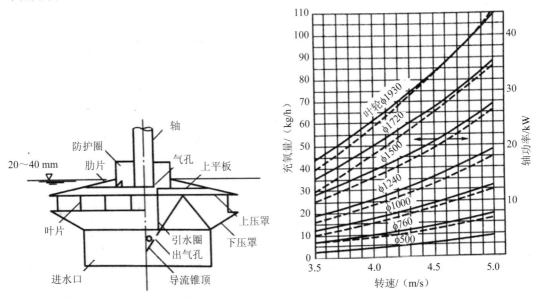

图 3-31　泵型叶轮的构造图　　图 3-32　泵型叶轮充氧量、轴功率与转速叶及轮直径的关系

表面曝气机的驱动装置可安装在固定梁架或水面浮筒上，前者多用于大型曝气器，操作维护方便；后者适用于小型曝气器，不受水位变动的影响。

卧式表面曝气机的转轴与水面平行。在垂直于转动轴的方向装有不锈钢丝（转刷）或板条或曝气转盘，用电机带动，转速在 70～120 r/min，淹没深为 1/4～1/3 直径。转动时，钢丝或板条把大量液滴抛向空中，并使液面剧烈波动，促进氧的溶解，同时推动混合液在池内回流，促进溶解氧的扩散，见图 3-33。

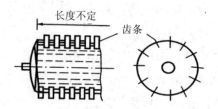

图 3-33   卧式曝气刷

常用曝气设备性能如表 3-9 所示。

表 3-9   各类曝气设备的性能资料

曝气设备	氧吸收率/%	动力效率/[kg O₂/（kW·h）]	
		标准状态	现场
小气泡扩散器	10～30	1.2～2.0	0.7～1.14
中气泡扩散器	6～15	1.0～1.6	0.6～1.0
大气泡扩散器	4～8	0.6～1.2	0.3～0.9
射流曝气器	10～25	1.5～2.4	0.7～1.4
低速表面曝气机		1.2～2.7	0.7～1.3
高速浮筒曝气机		1.2～2.4	0.7～1.3
旋刷式曝气机		1.2～2.4	0.7～1.3

注：标准状态指用清水做曝气实验，水温 20℃，大气压力为 $1.013×10^5$ Pa，初始水中溶解氧为 0。

（二）供气量计算

通常对于机械曝气叶轮充氧量 R_0（Q_s）都是在标准状态下，通过脱氧清水的曝气实验测定；对于鼓风曝气，生产厂家空气扩散器的氧利用率（氧吸收率或氧转移率）E_A 也是在标准状态下，通过脱氧清水的曝气试验测得的。因此，供气量计算过程和设备选型应进行标准状态与实际状态的转换。

以 N_0 表示单位时间曝气机向脱氧清水传递的氧量（标准状态），N 表示单位时间曝气机向混合液传递的氧量（实际状态），并且假定脱氧清水的起始溶解氧为零，即得两种情况下供氧量之比为

$$\frac{N}{N_0} = \frac{\alpha K_L a_{(20)}(\beta\rho C_{sm(T)} - C_L)1.024^{T-20}}{K_L a_{(20)}(C_{sm(20)} - 0)}$$

$$= \alpha \frac{\beta\rho C_{sm(T)} - C}{C_{sm(20)}} 1.024^{T-20} \tag{3-24}$$

实际状态与标准状态氧传递（转移）速率的影响与转换如下：

（1）污水性质

由于污水含有大量有机物和无机物，因此，其饱和溶解氧不同于清水的饱和溶解氧。同时，混合液中含有大量活性污泥颗粒，氧扩散阻力比清水大。这样，当曝气设备在污水混合液中曝气时，氧传递速率修正值为

$$\alpha = K_{La}（废水）/K_{La}（清水） \tag{3-25}$$

$$\beta = C_{sw}/C_s \tag{3-26}$$

式中：α——因混合液含污泥颗粒而降低传递系数的修正值（<1）；

　　　K_{La}（废水）——废水的氧总传递系数；

　　　K_{La}（清水）——清水的氧总传递系数；

　　　β——污水饱和溶解氧的修正值（<1）；

　　　C_{sw}——污水的饱和溶解氧的质量浓度；

　　　C_s——清水的饱和溶解氧的质量浓度。

上述 α 和 β 修正系数均可通过对污水和清水的曝气充氧试验测定。一般情况下，对于鼓风曝气的空气扩散设备，α 值在 0.4～0.8 范围内；对于机械曝气设备，α 值在 0.6～1.0 范围内。β 值在 0.70～0.98 变化，通常取 0.95。

废水中存在表面活性剂时，对 K_{La} 有很大影响，一方面由于表面活性剂在界面上集中，增大了传质阻力，降低 K_{La}；另一方面，由于表面张力降低，使形成的空气泡尺寸减小，增大了气泡的比表面积，许多时候由于 A/V 的增大超过了 K_{La} 的降低，从而使传质速率增加。但总的来说，一般随着污水杂质浓度的增大 K_{La} 减小。

（2）水温

水温对氧的传递系数的影响是：水温升高水的黏度降低，K_{La} 值增高；反之 K_{La} 值降低。如果试验温度和实际污水温度有所不同，氧传递系数可按下式进行温度修正：

$$K_{La(T)} = K_{La(20)} \theta^{T-20} \tag{3-27}$$

式中：$K_{La(T)}$——水温为 T℃时总氧传递系数；

　　　$K_{La(20)}$——水温为 20℃时总氧传递系数；

　　　θ——温度特性系数，一般为 1.006～1.047，常取值为 1.024。

另外，水温对溶解氧饱和度 C_s 值也有影响，随着温度的增加，K_{La} 值增大，C_s 值降低，液相中氧的浓度梯度有所减小。因此水温对氧转移有两种不同的影响，但并不是完全抵消，总的来说，水温降低有利于氧的转移。

（3）氧分压

由于氧的溶解度 C_s 值除受水质、水温的影响外，还受气压的影响，气压降低，C_s 值也随之降低，反之则升高。因此，在气压不是 1.013×10^5 Pa 的地区，应对饱和溶解氧 C_s 作压力修正，即乘以压力修正系数（ρ）。

$$\rho = \frac{\text{所在地实际气压}（P_0）}{1.013 \times 10^5} \tag{3-28}$$

在鼓风曝气系统，氧的溶解度与空气扩散装置浸没深度有关，一方面，随深度增加，鼓入空气中氧分压增大；另一方面，气泡在上升过程中其氧分压减小。一般取气体释放点处及曝气池水面处的溶解氧饱和值的平均值作为计算依据，即

$$C_{sm} = \frac{1}{2}(C_{sb} + C_{st}) = C_s \left(\frac{P_b}{2.026 \times 10^5} + \frac{Q_t}{42} \right) \tag{3-29}$$

式中：C_{sm}——鼓风曝气池氧的平均饱和值，mg/L；

C_s——运转温度下水中氧的饱和溶解度，mg/L；

C_{sb}——扩散器释放点处的饱和溶解氧，mg/L；

C_{st}——水面处的饱和溶解氧，mg/L；

P_b——空气扩散装置出口处的绝对压力（Pa），其值由下式求得：

$$P_b = P + 9.810^3 h$$

P——大气压力，$P = 1.013 \times 10^5$ Pa；

h——空气扩散装置的安装深度，以 m 表示，一般为有效水深为 0.3 m（距池底 0.3 m）；

O_t——空气泡离开水面时所含氧的百分浓度，%。

$$Q_t = \frac{21(1 - E_A)}{79 + 21(1 - E_A)} \times 100\% \tag{3-30}$$

式中：E_A——空气扩散装置的氧传递效率，小气泡扩散装置一般取 0.06～0.12，微孔曝气器一般取 0.15～0.25。

此外，氧转移速率还与曝气池和曝气设备的形式和构造有关，与鼓入的空气量、气泡的大小、液体的紊流程度、气泡与液体接触的时间等有关，可以通过设备选择或设计，使氧转移速率得以强化。

各种曝气设备的氧传递系数也可用经验公式来计算。

当采用鼓风曝气时，气泡直径 d_B 可表示为气体流量 G 的函数，$d_B = G^n$，总传质系数为

$$K_{La} = \frac{kH^m G^n}{V} \tag{3-31}$$

式中：H——空气扩散器在水面下的深度，m；

G——鼓入空气流量，m³/s；

V——曝气池有效容积，m³；

k——常数；

m、n——特性指数，对大多数扩散器，m 为 0.71～0.78，n 为 1.2～1.38。

当采用鼓风-机械联合曝气时，叶轮将鼓入水中的空气分散，总传质系数为：

$$K_{La} = k_1 v^x G^y D^z \quad (3-32)$$

或

$$K_{La} = k_2 \left(\frac{P}{V}\right)^{0.95} G^{0.67} \quad (3-33)$$

式中：v——叶轮的圆周线速度，m/s；

$\quad G$——鼓入空气量，m^3/s；

$\quad D$——叶轮直径，m^3/s；

$\quad P$——搅拌功率，kgm/s；

$\quad k_1$、k_2——常数；

$\quad x$、y、z——特性指数，分别为 $1.2 \sim 2.4$、$0.4 \sim 0.95$、$0.6 \sim 1.8$。

由于曝气池在稳态下运行，供氧速度将等于活性污泥微生物的耗氧速度 r_r，即

$$r_r = \frac{dC}{dt} = \alpha K_{La(20)}(\beta\rho C_{sm(T)} - C)1.024^{T-20} \quad (3-34)$$

测定耗氧速度 r_r 时，先将混合液曝气，直到接近饱和溶解氧值，停止曝气，测定一定时间内混合液溶解氧的降低量。β 值的测定方法比较简单，用脱氧清水及经消毒（煮沸）或用 $HgCl_2$、$CuSO_4$ 抑制的混合液曝气至氧饱和状态，分别测定混合液饱和溶解氧和清水饱和溶解氧，计算其比值即得。

如果已知曝气池混合液的耗氧量 R_r（$R_r=Vr_r$），用某一曝气器供氧，要求该曝气器向清水的供氧量为 R_0（$R_0=Vr_0$），可类似式（3-24），有

$$R_0 = \frac{R_r C_{sm(20)}}{\alpha(\beta\rho C_{sm(T)} - C) \times 1.024^{T-20}} \quad (3-35)$$

对于机械曝气，各种叶轮充氧量 Q_s 都是在标准状态下（水温 20℃，一个大气压），通过脱氧清水的曝气实验测定。由式（3-35）可求得供氧量 R_0，从而根据 R_0 选择曝气机型号。

对于鼓风曝气，生产厂家的各种扩散器氧利用率（氧吸收率或氧转移率）E_A 都是在标准状态下，通过式（3-36）脱氧清水的曝气试验测出，由所需的 R_0 可求得供气量 G，根据供气量 G 和供气压力选择鼓风机。

如果实际供氧量为 W，则废水的氧吸收率为

$$E_A = \frac{R_0}{W} \times 100\% \quad (3-36)$$

供氧量和供气量的关系可用下式表示：

$$W = G \times 21\% \times 1.331 = 0.28G \quad (3-37)$$

式中：G ——供气量，m^3/h；

$\quad 0.21$——氧在空气中所占体积分数；

1.331——20℃时氧气的密度，kg/m^3。

在没有进行充氧实验的条件下，可以对供气量进行估算：每去除 1 kg BOD 理论上需消耗 1 kg O_2，即相当于标准状态下的空气 3.5 m^3，因鼓风曝气的利用率为 5%～10%，故去除 1 kg BOD 需供给空气量为 35～70 m^3。实际上，由于曝气池的负荷和运行方式不同，供气量需放大 1.5～2.0 倍。

五、曝气池的构造与工艺设计

（一）曝气池的构造

曝气池实质上是一个生化反应器，按水力特征可分为推流式和完全混合式以及二者结合式三大类。曝气设备的选用和布置必须与池型和水力要求相配合。

1．推流曝气池

（1）平面布置

推流曝气池的长宽比一般为 5～10，受场地限制时，长池可以折流，废水从一端进、另一端出，进水方式不限，出水多用溢流堰，一般采用鼓风曝气扩散器。

（2）横断面布置

推流曝气池的池宽和有效水深之比一般为 1～2，有效水深最小为 3 m，最大为 9 m，超高 0.5 m。

根据横断面上的水流情况，又可分为平推流和旋转推流。在平推流曝气池底铺满扩散器，池中水流只有沿池长方向的流动。在旋转推流曝气池中，扩散器装于横断面的一侧，由于气泡形成的密度差，池水产生旋流，即除沿池长方向流动外，还有侧向流动。为了保证池内有良好的旋流运动，池两侧墙的墙脚都宜建成外凸 45° 的斜面。

根据扩散器在竖向上的位置不同，又可分为底层曝气、中层曝气和浅层曝气。采用底层曝气的池深取决于鼓风机所能提供的风压，根据目前的产品规格，有效水深常为 3～4.5 m。采用浅层曝气时，扩散器装于水面以下 0.8～0.9 m 处，常采用 1.2 m 以下风压的鼓风机，虽风压小，但风量大，故仍能形成足够的密度差，产生旋转推流。池的有效水深一般为 3～4 m。近年来发展的中层曝气法将扩散器装于池深的中部，与底层曝气相比，在相同的鼓风条件和处理效果时，池深一般可加大到 7～8 m，最大可达 9 m，从而节约了曝气池的用地。中层曝气的扩散器也可设于池的中央，形成两个侧流。这种池型可采用较大的宽深比，适于大型曝气池。

2．完全混合曝气池

完全混合曝气池平面可以是圆形、方形或矩形。曝气设备可采用表面曝气机，置于池的表层中心，废水从池底中部进入。废水一进池，即在表面曝气机的搅拌下，立即与全池混合均匀，不像推流那样上下段有明显的区别。完全混合曝气池可以和沉淀池分建或合建。

（1）分建式

曝气池和沉淀池分别设置，既可使用表曝机，也可用鼓风曝气装置。当采用泵型叶轮且线速在 4～5 m/s 时，曝气池直径与叶轮的直径之比宜为 4.5～7.5，水深与叶轮直径比宜为 2.5～4.5。当采用倒伞型和平板型叶轮时，曝气池直径与叶轮直径之比宜为 3～5。分建式虽不如合建式紧凑，且需专设污泥回流设备，但调节控制方便，曝气池与二次沉淀池互不干扰，回流比明确，应用较多。

（2）合建式

曝气和沉淀在一个池子的不同部位完成，我国称为曝气沉淀池，国外称为加速曝气池。平面多为圆形，曝气区在池中央，一般采用表面曝气机，二次沉淀区在外环，与曝气区底部有污泥回流缝相通，靠表曝机的提升力使污泥回流。为使回流缝不堵，设缝隙较大，但这样又使回流比过大，一般 $R>1$，有的竟达 5。因此，这种曝气池的名义停留时间虽有 3～5 h，但实际停留时间往往不到 1 h，故一般出水水质较普通曝气池差，加之控制和调节困难，运行不灵活，国内外渐趋淘汰。

普通曝气沉淀池构造如图 3-34 所示。它由曝气区、导流区、回流区、沉淀区几部分组成。曝气区相当于分建式系统的曝气池，它是微生物吸附和氧化有机物的场所，曝气区水面处的直径一般为池直径的 1/2～1/3，视不同废水而异。混合液经曝气后由导流区流入沉淀区进行泥水分离。导流区既可使曝气区出流中挟带的小气泡分离，又可使细小的活性污泥凝聚成较大的颗粒。为了消除曝气机转动形成旋流的影响，导流区应设置径向整流板，将导流区分成若干格间。回流窗的作用是控制活性污泥回流量及控制曝气区水位，回流窗开启度可以调节，窗口数一般为 6～8 个，沿导流区壁的周长均匀分布，窗口总堰长与曝气区周长之比一般为 1/2.5～1/3.5。

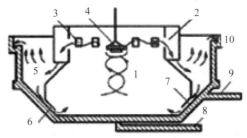

1—曝气区；2—导流区；3—回流窗；4—曝气叶轮；5—沉淀区；6—顺流圈；7—回流缝；8、9—进水管；10—出水管

图 3-34　普通曝气沉淀池

为了提高叶轮的提升量和液面的更新速率和混合深度，在曝气机下设导流筒，见图 3-35。

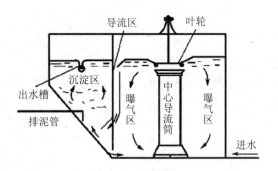

图 3-35　方形曝气沉淀池

3．两种池型的结合

在推流曝气池中，也可用多个表曝机充氧和搅拌。对于每一个表曝机所影响的范围内，流态为完全混合，而就全池而言，又近似推流。此时相邻的表曝机旋转方向应相反，否则两机间的水流会互相冲突，见图 3-36（a），也可用横挡板将表曝机隔开，避免相互干扰，见图 3-36（b）。各类曝气池在设计时都应在池深 1/2 处预留排液管，供投产时培养活性污泥排液用。

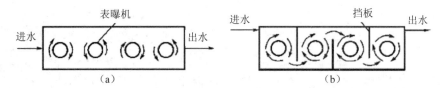

图 3-36　推流曝气池中多台曝气机设置

（二）活性污泥法的工艺设计计算

1．曝气池容积设计计算

曝气池（区）的经验设计计算方法主要有污泥负荷法和污泥龄法。

（1）有机物污泥负荷法

对于一定进水浓度的污水（S_0），只有合理地选择混合液的污泥浓度（X）和恰当的活性污泥负荷（F/M），才能达到一定的处理效率。有机污泥负荷法是通过试验或参照同类型企业的设备工作状况，选择合适的污泥负荷计算曝气池容积 V，计算式如下：

$$V = \frac{QS_0}{L_s X} \tag{3-38}$$

式中：L_s——活性污泥负荷，kg BOD/（kg MLSS·d）或 g BOD/（g MLSS·d）；

　　　Q——与曝气时间相当的平均进水流量，m^3/d；

　　　S_0——曝气池进水的平均 BOD_5 值，mg/L 或 kg/m^3；

X——曝气池混合液污泥浓度，MLSS 或 MLVSS，mg/L 或 kg/m³；

V——曝气池容积，m³。

上式为承担负荷，我国现行的《室外排水设计规范》（GB 50014—2006）（2016 版）中规定的是去除负荷概念，其计算容积公式为

$$V = \frac{Q(S_0 - S_e)}{L_r \cdot X} \tag{3-39}$$

式中：L_r——活性污泥去除负荷，kg BOD/（kg MLSS·d）或 g BOD/（g MLSS·d）；

S_e——曝气池出水的平均 BOD₅ 值，mg/L 或 kg/m³；当 S_e 忽略时，活性污泥去除负荷与承担负荷相等。

容积负荷是指单位曝气池容积在单位时间所能接纳的 BOD 量或 COD 量，根据容积负荷可计算曝气池容积 V，计算式如下：

$$V = \frac{QS_0}{L_V X} \tag{3-40}$$

$$V = \frac{Q(S_0 - S_e)}{L_V X} \tag{3-41}$$

式中：L_V——容积负荷，kg BOD/（m³·d）；

其余同前。

污泥负荷法设计应用较方便，但需要一定经验选择 X、L_r、L_V 等参数，对于复杂的工业废水要通过试验来确定 X、L_r、L_V 值。

（2）污泥龄法

采用污泥龄作设计依据时，曝气池容积 V 计算式如下：

$$V = \frac{QY\theta_c(S_0 - S_e)}{X(1 + k_d\theta_c)} \tag{3-42}$$

式中：Y——活性污泥的产率系数，g VSS/g BOD₅，产率系数是指降解单位质量的底物所增加活性污泥的质量；

Q——与曝气时间相当的平均进水流量，m³/d；

S_0——曝气池进水的平均 BOD₅ 值，mg/L 或 kg/m³；

S_e——曝气池出水的平均 BOD₅ 值，mg/L 或 kg/m³；

θ_c——污泥龄（SRT），d；

X——曝气池混合液污泥浓度，MLSS 或 MLVSS，mg/L 或 kg/m³；

k_d——污泥内源代谢系数，d⁻¹；内源代谢系数是指单位质量的污泥浓度内源代谢减少的活性污泥的质量；

V——曝气池有效容积，m³。

（3）按水力停留时间计算

废水在曝气池中名义停留时间为

$$t = \frac{V}{Q} \qquad (3\text{-}43)$$

实际停留时间为

$$t = \frac{V}{(1+R)Q} \qquad (3\text{-}44)$$

表 3-10 归纳了各种活性污泥法的典型设计参数值。

表 3-10   活性污泥法的设计参数

运行方式	θ_c/d	L_s/[kg BOD$_5$/（kg·d）]	X/（mg/L）	T/h	R	BOD 去除率/%
普通推流	5～15	0.2～0.4	1 500～3 000	4～8	0.25～0.5	85～95
渐减曝气	5～15	0.2～0.4	1 500～3 000	4～8	0.25～0.5	85～95
阶段曝气	5～15	0.2～0.4	2 000～3 500	3～5	0.25～0.75	85～95
吸附再生	5～15	0.2～0.6	（1 000～3 000）[①]（4 000～10 000）[②]	（0.5～1.0）[①]（3～6）[②]	0.25～1	80～90
高负荷法	0.2～0.5	1.5～5	600～1 000	1.5～3	0.05～0.15	60～75
延时曝气	20～30	0.05～0.15	3 000～6 000	18～36	0.75～1.5	75～95
纯氧曝气	8～20	0.25～1	6 000～10 000	1～3	0.25～0.6	85～95

①吸附池；②再生池。

2. 剩余污泥量计算

根据活性污泥系统污泥龄的概念，每天剩余污泥量（即每天排泥量）的计算公式为

$$\Delta X = \frac{VX}{\theta_c} \qquad (3\text{-}45)$$

式中：ΔX——每天剩余污泥量（即每天排泥量），MLVSS，kg/d；

X——曝气池混合液污泥浓度，MLVSS，kg/m^3；

θ_c——污泥龄，d；

V——曝气池有效容积，m^3。

使用上述剩余污泥量计算得到的是挥发性剩余污泥量（MLVSS），而工业实际中往往分析的是总悬浮固体量，一般来说，MLVSS 约占总悬浮固体的 80%，所以，剩余污泥总量为按式（3-45）计算值的 1.25 倍。

3．需氧量设计计算

（1）根据有机物降解需氧率和内源代谢需氧率计算

在曝气池内，活性污泥对有机污染物的氧化分解和其自身的内源代谢都是耗氧过程，这两部分氧化过程所需要的氧量，一般由下列公式计算：

$$m_{O_2} = a'QS_r + b'VX_v \qquad (3\text{-}46)$$

式中：m_{O_2}——混合液需氧量，kg O_2/d；

　　　a'——活性污泥微生物氧化分解有机物过程的需氧量，即活性污泥微生物每代谢 1 kg BOD_5 所需要的氧量，kg O_2/kg；

　　　Q——处理污水流量，m^3/d；

　　　S_r——经活性污泥代谢活动被降解的有机污染物（BOD_5）量，kg/m^3，$S_r = S_0 - S_e$；

　　　b'——活性污泥微生物内源代谢的自身氧化过程的需氧量，即每 1 kg 活性污泥每天自身氧化所需要的氧量，kg O_2/（kg·d）；

　　　V——曝气池容积，m^3；

　　　X_v——曝气池内 MLVSS 浓度，kg/m^3。

上式可改写为下列两种形式：

$$\frac{m_{O_2}}{QS_r} = a' + \frac{X_vV}{QS_r}b' = a' + \frac{b'}{L_s} \qquad (3\text{-}47)$$

$$\frac{m_{O_2}}{X_vV} = a'\frac{QS_r}{X_vV} + b' = L_sa' + b' \qquad (3\text{-}48)$$

式中：L_s——BOD_5 污泥负荷，kg BOD_5/（kg MLVSS·d）；

　　　$\dfrac{m_{O_2}}{QS_r}$——曝气池中每降解 1 kg BOD_5 的需氧量，kg O_2/kg BOD_5；

　　　$\dfrac{m_{O_2}}{X_vV}$——曝气池中单位质量活性污泥每天的需氧量，kg O_2/（kg MLVSS·d）。

从式（3-46）可以看出，当 BOD_5 污泥负荷高，污泥龄较短时，每降解 1 kg BOD_5 的需氧量就较低；同时，在高负荷下，活性污泥的内源代谢作用弱，污泥自身氧化的需氧量较低；与之相反，当 BOD_5 污泥负荷较低，污泥龄较长时，微生物对有机物氧化分解的程度较深，每降解 1 kg BOD_5 的需氧量就较高；同时，在低负荷下，活性污泥的内源代谢作用强，污泥自身氧化的需氧量较高。

从式（3-47）可以看出，在 BOD_5 污泥负荷高，污泥龄较短时，曝气池中单位质量活性污泥每天的需氧量就较大，也就是单位容积曝气池每天的需氧量较大。

（2）微生物对有机物氧化分解需氧量和合成需氧量计算

对于含碳有机物的需氧量可根据微生物对有机物氧化分解需氧量和合成需氧量来计算。①有机物氧化分解的耗氧量为 Q（$S_0 - S_e$），这里 S_0 和 S_e 都以 BOD_5 计，可折算为有机物完全氧化的需氧量 BOD_u。当耗氧常数 $K_1=0.1\ d^{-1}$ 时，$BOD_5=0.68\ BOD_u$。②微生物内源代谢需氧量，如果假定细胞组成式为 $C_5H_7NO_2$，则氧化 1 kg 微生物所需的氧量为 1.42 kg。

所以，活性污泥系统的需氧量为

$$m_{O_2}=\frac{Q(S_0-S_e)}{0.68}+1.42\Delta X_v \qquad (3-49)$$

式中：ΔX_v——剩余污泥量（以 MLVSS 计算），g/d；

　　1.42 ——污泥的氧当量系数，完全氧化 1 kg 微生物所需的氧量，1.42 kg 氧/kg 污泥；

　　其余各项意义同前。

实际的供气量还应考虑曝气设备的氧利用率以及混合的强度要求。

此外，可采用有机物去除负荷 $Q\ (S_0-S_e)$ 对供气量进行估算。当污泥负荷大于 0.3 kg BOD_5/（kg MLSS·d）时，供气量为 60～110 m³/kg BOD_5［去除负荷 $Q\ (S_0-S_e)$］，当污泥负荷小于 0.3 或更低时，供气量为 150～250 m³/kg BOD_5［去除负荷 $Q\ (S_0-S_e)$］。

4．二次沉淀池的设计计算

活性污泥系统的设计还应包括二次沉淀池设计和污泥回流设备的选定。确定二沉池面积时应满足出水澄清和污泥浓缩的需要，参见第二章第三节。

【例 3-1】某废水量为 21 600 m³/d，经一次沉淀后废水 BOD_5 为 250 mg/L，要求出水 BOD_5 在 20 mg/L 以下，该地区大气压为 1.013×10^5 Pa，水温为 20℃，试设计完全混合活性污泥系统，要求计算曝气池容积、剩余污泥量和需氧量。设计时参考下列条件：①曝气池混合液 MLVSS/MLSS=0.8；②回流污泥浓度 $x_R=10\ 000$ mg SS/L；③曝气池中污泥浓度 $x=3\ 500$ mg MLVSS/L；④设计的细胞平均停留时间 $\theta_c=10$ d；⑤二沉池出水中含有 22 mg/L 总悬浮固体（TSS），其中 65%可生物降解固体（VSS）；⑥废水含有足够的氮、磷及生物生长所需的其他微量元素；⑦ $BOD_5=0.68\ BOD_u$。

解：

（1）估计出水中溶解性 BOD_5 浓度

出水中 BOD_5 由两部分组成，一是未被生物降解的溶解性 BOD_5，二是未沉淀随出水飘走的悬浮固体 BOD_5。悬浮固体所占 BOD_5 计算：

悬浮固体中可生物降解 $BOD_5=22\times0.65=14.3$ mg/L

可生物降解悬浮固体最终 $BOD_5=14.3\times1.42\times0.68=13.8$ mg/L

由题意知：$13.8+S_e\leqslant20$（mg/L），则 $S_e\leqslant6.2$ mg/L

（2）计算曝气池有效容积

①按污泥负荷计算

取污泥负荷 L_s 为 0.3 kg BOD/（kg MLVSS·d）

$$V=\frac{Q(S_0-S_e)}{L_s\cdot X}=\frac{21\ 600\times(250-6.2)}{0.3\times3\ 500}=5\ 015\ \text{m}^3$$

②按污泥龄计算

选定动力学参数值　Y=0.5 mg MLVSS/mg BOD$_5$，k_d=0.06 d^{-1}

$$V=\frac{QY\theta_c(S_0-S_e)}{X(1+k_d\theta_c)}=\frac{21\,600\times0.5\times10\times(250-6.2)}{3\,500\times(1+0.06\times10)}=4\,702\ \text{m}^3$$

（3）计算每天排除的剩余污泥量

①按表观污泥产率计算：

$$Y_{\text{obs}}=\frac{Y}{1+k_d\theta_c}=\frac{0.5}{1+0.06\times10}=0.312\,5$$

$$\Delta X=Y_{\text{obs}}Q(S_0-S_e)=0.312\,5\times21\,600\times(250-6.2)\times10^{-3}=1\,645.7\ \text{kg VSS/d}$$

计算总排泥量：

$$\frac{1\,645.7}{0.8}=2\,057.1\,(\text{kg/d})$$

②按污泥龄计算

$$\Delta X=\frac{VX}{\theta_c}=\frac{4\,702\times3\,500}{10}\times10^{-3}=1\,645.7\,(\text{kg VSS/ d})$$

（4）计算污泥回流比

曝气池中污泥浓度（MLVSS）=3 500 mg/L，回流污泥浓度 x_R=10 000 mg SS/L

$$10\,000\times Q_R=3\,500\times(Q+Q_R)$$

则：　　　　　　　$3\,500\,(1+R)=10\,000\times0.8\,R$

$$R=0.78$$

（5）计算曝气池的水力停留时间

名义的：

$$t=\frac{V}{Q}=\frac{4\,702}{21\,600/24}=5.2\ \text{h}$$

实际的：

$$t=\frac{V}{(1+R)Q}=\frac{4\,702}{(1+0.78)\times21\,600/24}=2.9\ \text{h}$$

（6）计算处理效率

$$\eta=\frac{S_0-S_e}{S_0}=\frac{250-20}{250}=92\%$$

若二沉池能去除全部的悬浮固体，则按溶解性 BOD$_5$ 计的处理效率可达

$$\eta=\frac{250-6.2}{250}=97.5\%$$

（7）计算曝气池的需氧量与供气量

$$
\begin{aligned}
m_{O_2} &= \frac{Q(S_0 - S_e) \times 10^{-3}}{0.68} - 1.42[Y_{obs}Q(S_0 - S_e) \times 10^{-3}] \\
&= \frac{21\,600 \times (250 - 6.2) \times 10^{-3}}{0.68} - 1.42 \times 0.312\,5 \times 21\,600 \times (250 - 6.2) \times 10^{-3} \\
&= 5\,407.1\,\text{kg/d}
\end{aligned}
$$

当采用穿孔管扩散器曝气时，设安装深度为水下 2.5 m，氧转移效率为 E_A=0.06。20℃时氧饱和浓度为 9.2 mg/L。则穿孔管出口处绝对压力为

$$
P_b = 1.013 \times 10^5 + \frac{2.5}{10.33} \times 1.013 \times 10^5 = 1.258 \times 10^5\,\text{Pa}
$$

空气离开曝气池水面时氧的百分浓度为

$$
w_{O_t} = \frac{21(1 - E_A)}{79 + 21(1 - E_A)} \times 100\% = \frac{21 \times (1 - 0.06)}{79 + 21 \times (1 - 0.06)} \times 100\% = 20\%
$$

曝气池平均氧饱和浓度为

$$
C_{sm} = C_s\left[\frac{P_b}{2.026 \times 10^5} + \frac{w_{O_t}}{42}\right] = 9.2\left(\frac{1.258 \times 10^5}{2.026 \times 10^5} + \frac{20}{42}\right) = 10.1\,\text{mg/L}
$$

实际供气量为

$$
G = \frac{R_0}{0.3E_A} = \frac{8\,994}{0.3 \times 0.06} = 499\,666.7\,\text{m}^3/\text{d}
$$

当采用空气提升器回流污泥时，设空气用量为回流污泥量的 3 倍，即 21 600×0.78×3=50 544 m³/d，则总气量为 499 666.7+50 544=550 210.7 m³/d。

六、运行管理

（一）活性污泥的培养与驯化

活性污泥法处理废水的关键在于有足够数量性能良好的活性污泥，这些活性污泥是通过一定的方法培养和驯化出来的。因此，活性污泥的培养与驯化是活性污泥法试验和生产运行的第一步。通过培养，使微生物数量增加，达到一定的污泥浓度。驯化则是对混合微生物群进行淘汰和诱导，不能适应环境条件和所处理废水特性的微生物被抑制，具有分解废水有机物活性的微生物得到发育，并诱导出能利用废水有机物的酶体系。培养和驯化实质上是不可分割的。在培养过程中投加的营养料和少量废水，也对微生物起一定的驯化作用，而在驯化过程中，微生物数量也会增加，所以驯化过程也是一种培养增殖过程。

1．菌种和培养液

除了采用纯菌种作为活性污泥的菌源外，活性污泥的菌种大多取自粪便污水，城市污水或性质相近的工业废水处理厂二次沉淀池剩余污泥，也有取自废水沟污泥、废水排放口或长期接触废水的土壤浸出液。培养液一般由上述菌液和一定比例的营养物如淘米水、尿素或磷酸盐等组成。

2．培养与驯化方法

根据培养和驯化的程序，有异步法和同步法两种。异步法是采用先培养，使细菌增殖到足够数量后再用工业废水驯化；同步法是培养和驯化同时进行的方法。根据培养液的进入方式，过程也可分为间歇式和连续式。

以粪便污水作培养液，异步法的培养程序为：将经过粗滤的浓粪便水投入曝气池，用生活污水（或河水、自来水）稀释，控制池内 BOD 在 300～500 mg/L，先进行连续曝气，经 1～2 d 后，池内出现模糊不清的絮凝物，此时，为补充营养物和及时排除代谢产物，应停止曝气，静置沉淀 1～1.5 h 后，排除上清液（排除量为全池容积的 50%～70%）。然后再往曝气池投加新鲜粪便水和稀释水，并继续曝气。为了防止池内出现厌氧发酵，停止曝气到重新曝气的时间不应超过 2 h。开始培养时宜每天换水一次，以后可增至两次，以便及时补充营养。

如果采用连续培养，则要求有足够的生活污水。在第一次投料曝气后或经数次间歇曝气换水后即开始连续投加生活污水，并不断从二次沉淀池排出清液，污泥再回流至曝气池。污泥回流量应比设计值大，污水进入量应比设计值小。

经过 1～2 周，混合液 SV 为 10%～20%，活性污泥的絮凝和沉淀性能良好，污泥中含大量菌胶团和固着型纤毛虫，BOD 去除率达 90% 左右，即可进入驯化阶段。开始驯化时，宜向培养液中投加 10%～20% 的待处理废水，获得较好的处理效果后，再继续增加废水的比例，每次增加的比例以设计水量的 10%～20% 为宜，直至满负荷为止。污泥经驯化成熟后，系统即可转入试运转。

为了缩短培养和驯化时间，也可采用同步操作，即在第一次投料或头几次投料后开始投加待处理废水，废水的比例逐步增加，一边培养一边驯化。同步法要求操作人员有较丰富的经验，否则难以判断培养驯化过程中异常现象的原因，甚至导致培驯失败。在培养与驯化过程中应保证良好的微生物生存条件，如温度、溶解氧、pH、营养比等。池内水温应在 15～35℃ 范围内，DO 浓度为 0.5～3 mg/L，pH 为 6.5～7.5 为宜。当氮和磷等不足时，应投加生活污水或人工营养物。

（二）日常管理

活性污泥系统的操作管理，核心在于维持系统中微生物、营养、供氧三者的平衡，即维持曝气池内污泥浓度、进水浓度及流量和供氧量的平衡。当其中任一项出现变动（通常是进水量和水质变化），应相应调整另外二项；当出现异常情况或故障时，应判明原因并采取相应的对策，使系统处于最佳状态。

对不同的废水和处理系统，日常管理的内容不尽相同。一般包括设备（污水泵、回流泵、刮泥机、鼓风机、曝气机、污泥脱水机等）的管理、药剂管理、构筑物（曝气池、沉淀池、调节池、集水池、污泥池等）的管理。

为了保证系统正常运转，需要进行一定的监测分析和测算。快速准确的监测结果对系统运行起着指示与指导作用，是定量考核的重要依据。有条件的地方，应进行自动监测和计算机控制。一般人工控制所需监测的项目有以下四类：

（1）反映活性污泥性状的项目

※ SV，每天分析，控制在 15%～30%；MLSS 或 MLVSS、SVI，2 次/周

※ 污泥生物相观察及污泥形态观察，经常

※ 污泥回流量及回流比

（2）反映活性污泥营养状况及环境条件的项目

氨氮，隔天分析，出水氨氮不应小于 1 mg/L

磷，每周分析，出水含磷不应小于 1 mg/L

※ 溶解氧，1 次/2 h，控制 1～4 mg/L

※ 水温，4 次/班，不超过 35℃

※ pH，1～2 次/班，中性范围

（3）反映活性污泥处理效率的项目

进水及出水的 COD、BOD_5、SS，每天或隔天分析

进水及出水中有毒及有害物质浓度，不定期分析

※ 废水流量，1 次/2 h

（4）反映运转经济性指标的项目

※ 空气耗量

※ 电耗及机电设备运行情况

※ 药剂耗量

上述带※号的项目可以在操作岗位监测，以便尽早发现问题，及时上报和处理，其他项目由专门化验室按规定程序进行测定，操作及管理人员应做好详细记录、编制日志和报表。

（三）异常现象与控制措施

活性污泥法的运行管理比较复杂，影响系统工作效率的因素很多，往往由于设计和运行管理不善出现一系列异常现象，使处理水质变差，污泥流失，系统工作破坏。下面分析几种典型的异常现象。

1. 污泥膨胀

活性污泥膨胀是管理中多发的异常现象。它的主要特征是：污泥结构松散，质量变轻，沉淀压缩性差；SV 值增大，有时达到 90%，SVI 达到 300 以上；大量污泥流失，出水浑浊；二次沉淀池难以固液分离，回流污泥浓度低，无法维持曝气池正常工作。

关于污泥膨胀成因的解释很多，一般分为丝状菌膨胀和非丝状菌膨胀两类。丝状菌膨胀是由于活性污泥中丝状菌过量发育的结果。活性污泥是菌胶团细菌与丝状菌的共生系统，目前已鉴别的丝状菌有 30 多种。在丝状菌与菌胶团细菌平衡生长时，不会产生污泥膨胀问题，只有当丝状菌生长超过菌胶团细菌时，大量的丝状菌从污泥絮体中伸出很长的菌丝体，菌丝体互相搭接，构成一个框架结构，阻碍菌胶团的絮凝和沉降，引起膨胀问题。

那么，丝状菌为什么会在曝气池中过度繁殖呢？表面积/容积比假说认为，丝状菌的比表面积比絮状菌大得多，因而在取得低浓度底物（BOD、DO、N、P 等）时要有利得多。例如，菌胶团要求溶解氧至少 0.5 mg/L，而丝状菌在溶解氧低于 0.1 mg/L 的环境中也能较好地生长。所以，在低底物条件下，易发生污泥膨胀。

经验表明，当废水中含有大量溶解性碳水化合物时易发生由浮游球衣细菌引起的丝状菌膨胀；含硫化物高的废水易发生由硫细菌引起的丝状菌膨胀；当水温高于 25℃，pH 低于 6 时，营养失调，负荷不当以及工艺原因都容易引起丝状菌膨胀。

非丝状菌膨胀主要发生在废水水温较低而污泥负荷太高时，此时细菌吸附了大量有机物，来不及代谢，在胞外积贮大量高黏性的多糖类物质，使表面附着水大大增加，很难沉淀压缩。与丝状菌膨胀不同，发生非丝状菌膨胀时，处理效能仍很高，出水也清澈，污泥镜检看不到丝状菌。

发生污泥膨胀后，应判明原因，及时采取措施，加以处置。通常的办法有：①控制曝气量，使曝气池保持溶解氧 1～4 mg/L。②调整 pH。③如营养比失调，可适量投加含 N、P 化合物，使 $BOD_5：N：P=100：5：1$。④投加一些化学药剂（如铁盐凝聚剂、有机阳离子絮凝剂、硅藻土、黄泥等惰性物质以及杀菌剂等），适量投加杀菌剂，对丝状菌膨胀投氯 10～20 mg/L，非丝状菌膨胀投氯 5～10 mg/L，连续投加 2 周至 SVI 正常为止。⑤调整污泥负荷，通常用处理后水稀释进水。⑥短期内间歇曝气（闷曝）。

2. 污泥上浮

污泥上浮的原因很多，一些是由于污泥被破碎，沉速减小而不能下沉，随水漂浮而流失；一些是由于污泥颗粒挟带气体或油滴，密度减小而上浮。例如，当曝气沉淀池的导流区过小，气水分离不良，或进水量过大，气泡来不及分离、被带到沉淀区，挟带有气泡的污泥在沉淀区上浮到水面形成漂浮污泥，当回流缝过大时，曝气区的大量小气泡从回流缝窜至沉淀区，表曝机转速过大，打碎污泥絮体等都导致污泥上浮。

如果操作不当，曝气量过小，二次沉淀池可能由于缺氧而发生污泥腐化，即池底污泥厌氧分解，产生大量气体，促使污泥上浮。

当曝气时间长或曝气量大时，在曝气池中将发生高度硝化作用，使混合液中硝酸盐浓度较高。这时，在沉淀池中可能由于反硝化而产生大量 N_2 或 NH_3 而使污泥上浮。

此外，当废水温度较高，在沉淀池中形成温度差异重流时，将导致污泥无法下沉而流失。

发生污泥上浮后应暂停进水，打碎或清除浮泥，判明原因，调整操作。如污泥沉降性差，可适当投加混凝剂或惰性物质，改善沉淀性；如进水负荷过大应减小进水量或加大回流量；如污泥颗粒细小可降低曝气机转速；如发现反硝化，应减小曝气量，增大污泥回流量或排泥量；如发现污泥腐化，应加大曝气量，清除积泥，并设法改善池内水力条件。

3. 泡沫问题

工业废水中常含有各种表面活性物质，在采用活性污泥法时，曝气池池面常出现大量泡沫，泡沫过多时将从池面逸出，影响操作环境，带走大量污泥。当采用机械曝气时，泡沫阻隔空气，妨碍充氧。因此，应采取适当的消泡措施，主要包括表面喷淋水或除泡剂。常用除泡剂为机油、煤油、硅油等，投量为 0.5～105 mg/L。通过增加曝气池污泥浓度或适当减小曝气量，也能有效控制泡沫产生。当废水中含表面活性物质较多时，宜预先用泡沫分离法或其他方法去除。

第三节　好氧生物膜法

生物膜法是和活性污泥法并列的一类生物处理技术。比较而言，活性污泥法是依靠曝气池中悬浮流动着的活性污泥来分解有机物，而生物膜法则主要依靠固着于载体表面的微生物膜来分解有机物。

与活性污泥法相比，生物膜法具有以下特点：①固着于固体表面的生物膜对废水水质、水量的变化有较强的适应性，操作稳定性好；②不会发生污泥膨胀，运转管理较方便；③由于微生物固着于固体表面，即使增殖速度慢的微生物也能生长繁殖。而在活性污泥法中，世代期比停留时间长的微生物会被排出曝气池，因此，生物膜中的生物相更为丰富，且沿水流方向膜中生物种群具有一定分布；④因高营养级微生物存在，有机物代谢时较多的转移为能量，合成新细胞即剩余污泥量较少；⑤多采用自然通风供氧；⑥活性生物量难以人为控制，因而在运行方面灵活性较差；⑦由于载体材料的比表面积小，故设备容积负荷有限，空间效率较低。

生物膜法设备类型很多，按生物膜与废水的接触方式不同，可分为非淹没式生物膜工艺（如生物滤池等）、内部带悬浮或固定载体的活性污泥工艺（如生物接触氧化法等）和淹没式生物膜工艺（如生物流化床等）。目前所采用的生物膜法多数是好氧形式，少数是厌氧形式，如厌氧滤池和厌氧流化床等。本章主要讨论好氧生物膜法。

一、生物膜结构与净水机理

1. 生物膜的形成

生物膜法处理废水就是使废水与生物膜接触，进行固、液相的物质交换，利用膜内微生物将有机物氧化，使废水获得净化，同时，生物膜内微生物不断生长与繁殖。生物膜在载体上的生长过程为：当有机废水或由活性污泥悬浮液培养而成的接种液流过载体时，水中的悬浮物及微生物被吸附于固相载体表面上，其中的微生物利用有机底物而生长繁殖，逐渐在载体表面形成一层黏液状的生物膜。

2. 生物膜结构及净水机理

生物膜呈蓬松的絮状结构，微孔多，表面积大，具有很强的吸附能力。生物膜中物质传递过程如图 3-37 所示。由于生物膜的吸附作用，在膜的表面存在一个很薄的水层（附着水层）。废水流过生物膜时，有机物经附着水层向膜内扩散，膜内微生物在氧的参与下对有机物进行分解和机体新陈代谢。

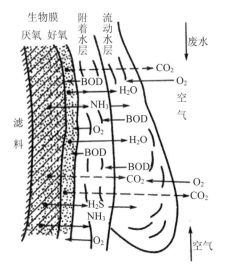

图 3-37　生物膜中的物质传递

代谢产物沿底物扩散相反的方向，从生物膜传递返回水相和空气中。随着废水处理过程的发展，微生物不断生长繁殖，生物膜厚度不断增大，废水底物及氧的传递阻力逐渐加大，在膜表层仍能保持足够的营养以及处于好氧状态，在这里有机污染物经微生物好氧代谢而降解，终产物是 H_2O、CO_2 等；而在膜深处将会出现营养物或氧的不足，造成微生物内源代谢或出现厌氧层，在这里进行有机物的厌氧代谢，终产物为有机酸、乙酸、醛和 H_2S。由于生物膜不断增厚，超过一定厚度后，吸附的有机物在传递到生物膜内层的微生物以前已被代谢掉，此处的生物膜因与载体的附着力减小及水力冲刷作用而脱落。老化的生物膜脱落后，载体表面又可重新吸附、生长、增厚生物膜直至重新脱落，从吸附到脱落，完成一个生长周期。在正常运行情况下，整个反应器的生物膜各个部分总是交替脱落的，系统内活性生物膜数量相对稳定，膜厚 2～3 mm，净化效果良好。过厚的生物膜并不能增大底物利用速度，却可能造成堵塞，影响正常通风。因此，当废水浓度较大时，生物膜增长过快，水流的冲刷力也应加大，如依靠原废水不能保证其冲刷能力时，可以采用处理出水回流，以稀释进水和加大水力负荷，从而维持良好的生物膜活性和合适的膜厚度。

生物膜中微生物主要有细菌（包括好气、厌气及兼气细菌）、真菌、放线菌、原生动物（主要是纤毛虫）和较高等的动物，其中藻类、较高等生物比活性污泥法多见。微生物沿水流方向在种属和数目上具有一定的分布，在塔式生物滤池中，这种分层现象更为明显，在填料上层以异养细菌和营养水平较低的鞭毛虫或肉足虫为主，在填料下层则可能出现世代期长的硝化菌和营养水平较高的固着型纤毛虫。真菌在生物膜中普遍存在，在条件合适时，可能成为优势种。

生物相的组成随有机负荷、水力负荷、废水成分、pH、温度、通风情况及其他影响因素的变化而变化。

影响生物膜法处理效果的因素有很多，在各种影响因素中，主要有进水底物的组分和浓度、营养物质、有机负荷及水力负荷、溶解氧、生物膜量、pH、温度和有毒物质等。在实际工程中，应控制影响生物膜法运行的主要因素，创造适于生物膜生长的环境，使生物膜法处理工艺达到令人满意的效果。

二、生物滤池

生物滤池（biological filter）是出现最早的人工生物处理构筑物，是一种非淹没式的生物膜反应器。生物滤池可根据设备型式不同分为普通生物滤池和塔式生物滤池，也可根据承受废水负荷的大小分为低负荷生物滤池（普通生物滤池）和高负荷生物滤池，高负荷生物滤池又可分为不同回流形式的生物滤池。

（一）构造

1. 普通生物滤池

普通生物滤池又称为滴滤池（trickling filter），一般由钢筋混凝土或砖石砌筑而成，池平面有矩形、圆形或多边形，其中以圆形为多，主要由池体、滤料、排水系统和布水装置四部分组成，如图 3-38 所示。

（1）滤料

滤料作为生物膜的载体，对生物滤池的工作影响较大，滤料表面积越大，生物膜数量越多。但是，单位体积滤料所具有的表面积越大，滤料粒径必然越小，空隙也越小，从而增大了通风阻力。相反，为了减小通风阻力，孔隙就要增大，滤料比表面积将要减小。滤料粒径的选择应综合考虑有机负荷和水力负荷等因素,当有机物浓度高时,应采用较大的粒径。滤料应有足够的机械强度,能承受一定的压力;其容重应小,以减少支承结构的荷载;滤料既应能抵抗废水、空气、微生物的侵蚀,又不应含影响微生物生命活动的杂质;滤料应能就地取材,价格便宜,加工容易。

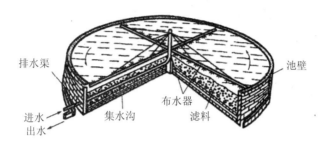

图 3-38　生物滤池的一般构造

普通生物滤池过去常用实心拳状滤料,如碎石、卵石、炉渣、焦炭等。滤料层一般分工作层或承托层,工作层厚 1.3～1.8 m,粒径为 25～40 mm,承托层厚 0.2,粒径为 70～100 mm,总厚度为 1.5～2.0 m。滤料在充填之前须仔细筛分、洗净,各层的滤料及粒径应均匀一致,以保证有良好的孔隙率。但近年来已广泛使用塑料滤料,主要由聚氯乙烯、聚乙烯、聚苯乙烯、聚酰胺等加工成波纹板、蜂窝管、环状及空圆柱等复合式滤料(图 3-39)。这些滤料的特点是比表面积大(达 100～340 m²/m³),孔隙率高,可达 90% 以上,从而大大改善膜生长及通风条件,使处理能力大大提高。

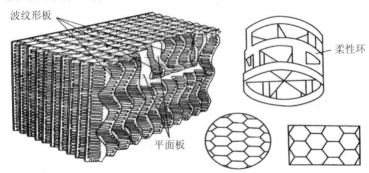

图 3-39　各型塑料滤料

（2）池体

生物滤池池体在平面上多呈方形、矩形或圆形,池壁只起围挡滤料的作用,一般多用砖石筑造,一些滤池的池壁上带有许多孔洞,用以促进滤层的内部通风。一般池壁顶应高出滤层表面 0.4～0.5 m,以免因风吹而影响废水在池表面上的均匀分布。池壁下部通风孔总面积不应小于滤池表面积的 1%。

（3）布水装置

布水装置的作用是在规定的表面负荷下，将废水均匀地分布在填料床层上。早期使用的布水装置是间歇喷淋式的，每两次喷淋的间隔时间为 20～30 min，让生物膜充分通风。后来发展为连续喷淋，使生物膜表面形成一层流动的水膜，这种布水装置布水均匀，能保证生物膜得到连续的冲刷。

普通生物滤池采用固定式布水装置，该装置包括投配池、配水管网和喷嘴 3 个部分，见图 3-40。高负荷滤池和塔式生物滤池常用旋转布水器，它由进水竖管和可转动的布水横管组成，见图 3-41。当废水由孔口喷出时，水流的反作用推动横管向相反方向转动。

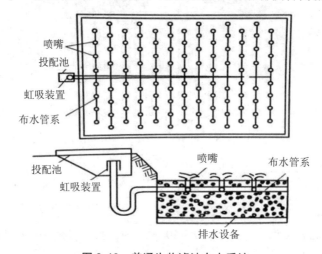

图 3-40 普通生物滤池布水系统

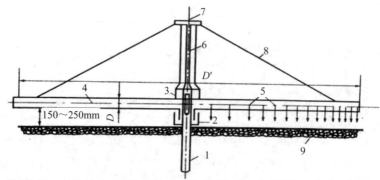

1—进水竖管；2—水封；3—配水短管；4—布水横管；5—布水小孔；6—中央旋转柱；
7—上部轴承；8—钢丝绳；9—滤料；D'—旋转布水管直径；D—布水横管直径

图 3-41 旋转布水器示意图

（4）排水系统

排水系统处于滤床底部，其作用是收集、排出处理后的废水以及保证滤床通风，由渗水顶板、集水沟和排水渠组成。排水系统的形状与池体相对应。

滤池底面应有一定的坡度（0.01～0.03），使过滤的出水汇集于排水支沟；排水支沟的坡度可采用 0.005～0.02。最后，废水经排水总渠汇集排出池外，总渠坡度可采用 0.003～0.005。设计排水渠道时，渠内流速应大于不淤流速（0.7 m/s）。

集水渠穿过池壁的地方，应设排水和通风孔洞，通风面积应不小于过水断面。集水口可设于池壁的一侧或数侧，但通风口必须均匀分布于池壁的两对边或四周。

2. 高负荷生物滤池

高负荷生物滤池属第二代生物滤池，其结构与普通生物滤池基本相同，主要不同之处是：滤料粒径增大，滤层厚度增高，布水多采用旋转布水器。当采用自然通风时，工作层厚 1.8 m，粒径为 40～70 mm，承托层厚 0.2 m，粒径为 70～100 mm。

3. 塔式生物滤池

塔式生物滤池的构造与一般生物滤池相似，主要不同之处在于采用轻质高孔隙率的塑料滤料，如塑料蜂窝、弗洛格（Flocor）填料和隔膜塑料管（Cloisonyle）等，其比表面分别为 200 m²/m³、85 m²/m³ 和 220 m²/m³，孔隙率分别为 95%、98% 和 94%，比拳状滤料优越得多。塔直径一般为 1～3.5 m，塔高达 8～24 m，高径比一般为 6～8 倍。图 3-42（a）为塔式生物滤池的构造示意图，塔身通常为钢板或钢筋混凝土及砖石筑成，一般分层建造，每层滤料高度不大于 2.5 m，以免将滤料压碎，每层都设检修口，以便更换滤料。塔身上应设有供测量温度的测温孔和观测孔，通过观测孔可以观察生物膜的生长情况和取出不同高度处的水样和生物膜样品。塔身除底部开设通风孔或接有通风机外，顶部可以是开敞的或封闭的。为防止挥发性气体污染大气，可用集气管从塔顶部将尾气收集起来，通过独立吸收塔或设在塔顶的吸收段加以净化，如图 3-42（b）所示。

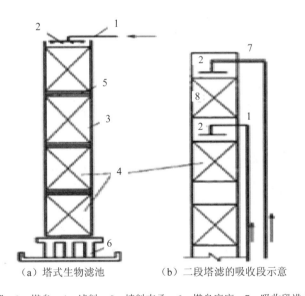

（a）塔式生物滤池　　　（b）二段塔滤的吸收段示意

1—进水管；2—布水器；3—塔身；4—滤料；5—填料支承；6—塔身底座；7—吸收段进水管；8—吸收段填料

图 3-42　塔式生物滤池

　　塔式生物滤池的布水方式多采用旋转布水器或固定式穿孔管，前者适用于圆形滤池，后者适用于方形滤池。一般大、中型滤塔采用旋转布水器，小型滤塔采用固定式布水器。滤池顶应高出滤层 0.4～0.5 mm，以免风吹影响废水的均匀分布。

　　由于塔体高度大，抽风能力强，即使有机负荷大，采用自然通风仍能满足供氧要求。为了保证正常的自然通风，塔身下部通风口面积应不少于滤池面积的 7.5%～10%，通风口高度应保证有 0.4～0.6 m。为了适应气候（包括气温、风速）的变化，保证废水处理效率，往往还加设通风机，必要时进行机械通风。

（二）工艺流程

1．生物滤池的基本流程

　　生物滤池的基本工艺流程与活性污泥法相似，由初次沉淀—生物滤池—二次沉淀三部分组成。在生物过滤中，为了防止滤层堵塞，需设置初次沉淀池，预先去除废水中的悬浮物。二次沉淀池用以分离脱落的生物膜，以保证出水水质。由于生物膜的含水率比活性污泥小，因此，污泥沉淀速度较大，二次沉淀池容积较小。

2．回流式生物滤池流程

　　在生物滤池工艺中，由于生物固着生长。不需要回流接种，因此，在一般生物过滤中无污泥回流。但是，为了稀释原废水和保证对滤料层的冲刷，一般生物滤池（尤其是高负荷生物滤池及塔式生物滤池）常采用出水回流。回流方式如图 3-43 所示，（a）是一级生物滤池，（b）是二级生物滤池，这种流程用于处理高浓度污水或出水水质要求较高的场合。

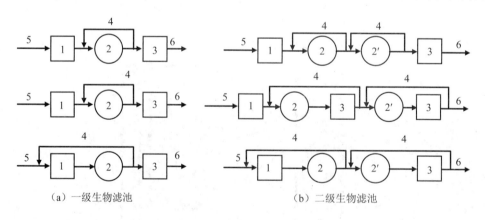

（a）一级生物滤池　　　　　　　　　（b）二级生物滤池

1—初次沉淀池；2—生物滤池；3—初次沉淀池；4—回流；5—进水；6—出水

图 3-43　高负荷生物滤池的回流方式

　　二级生物滤池串联时，出水浓度较低，处理效率可达 90% 以上。但是，二级生物滤池在串联流程中，第一级生物滤池接触的废水浓度高，生物膜生长较快，而第二级生物滤池情况刚好相反，因此，往往第一级滤池生物膜过剩时，第二级生物滤池还未充分发挥作用。

为了克服这种现象，可将两个生物滤池定期交替工作。

3．交替式二级生物滤池流程

图3-44是交替式二级生物滤池法的流程。运行时，滤池是串联工作的，污水经初沉池后进入一级生物滤池，出水经相应的中间沉淀池去除残膜后用泵送入二级生物滤池，二级生物滤池的出水经过沉淀后排出污水处理厂。工作一段时间后，一级生物滤池因表层生物膜的累积，即将出现堵塞，换作二级生物滤池，而原来的二级生物滤池则换作一级生物滤池。交替式二级生物滤池法流程可比并联流程负荷提高2～3倍。

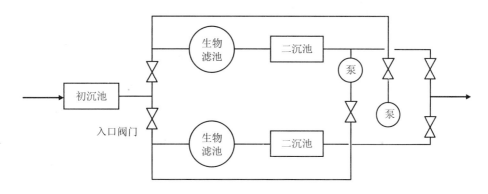

图3-44　交替式二级生物滤池流程

（三）影响因素

1．负荷

负荷是影响生物滤池性能的主要参数，通常分有机负荷和水力负荷两种。

有机负荷是指每天供给单位体积滤料的有机物量，以 N 表示，单位是 kg BOD$_5$/[m^3（滤料）·d]。由于一定的滤料具有一定的比表面积，滤料体积可以间接表示生物膜面积和生物数量，所以有机负荷实质上表征了 F/M 值。普通生物滤池的有机负荷范围一般为 0.15～0.3 kg BOD$_5$/（m^3·d）。高负荷生物滤池的有机负荷范围在 1.2 kg BOD$_5$/（m^3·d）左右，比普通生物滤池提高6～8倍。在此负荷下，BOD$_5$ 去除率可达80%～90%。塔式生物滤池不同高度处的 F/M 值不同，生物相具有明显分层，上层 F/M 大，生物膜生长快，厚度大，营养水平低，下部膜生长慢，厚度小，营养水平较高，为了充分利用滤料的有效面积，提高滤池承受负荷的能力，可采用多段进水，均匀全塔的负荷。塔式生物滤池是一种高效能的生物处理设备，其容积有机负荷一般为 1.0～3.0 kg BOD$_5$/（m^3·d），比高负荷生物滤池高2～3倍。

水力负荷是指单位面积滤池或单位体积滤料每天流过的废水量（包括回流量），前者以 q_F 表示，单位是 m^3/（m^2·d）；后者以 q_V 表示，单位是 m^3/（m^3·d）。水力负荷表征滤池的接触时间和水流的冲刷能力。q 太大，接触时间短，净化效果差；q 太小，滤料不能完全利用，冲刷作用小。一般地，普通生物滤池的水力负荷为 $1\sim4$ m³/（m²·d），高负荷生物滤池为 $10\sim30$ m³/（m²·d），比普通生物滤池高 10 倍；塔式生物滤池的水力负荷为 $80\sim200$ m³/（m²·d），比高负荷生物滤池高 $2\sim10$ 倍。

2. 处理水回流

在高负荷生物滤池的运行中，多用处理水回流，其优点是：①增大水力负荷，及时冲刷过厚和老化的生物膜的脱落，加速生物膜更新，使之保持较高的活性，且防止滤池堵塞；②稀释进水，降低有机负荷，稳定进水水质，防止浓度冲击；③可向生物滤池连续接种，促进生物膜生长；④增加进水的溶解氧，减少臭味；⑤加大水流冲刷力，防止滤池滋生蚊蝇。但缺点是：缩短废水在滤池中的停留时间；降低进水浓度，将减慢生化反应速度；回流水中难降解的物质会产生积累，以及冬天使池中水温降低等。

可见，回流对生物滤池性能的影响是多方面的，采用时应作周密分析和试验研究。一般认为在下述 3 种情况下应考虑出水回流：①进水有机物浓度较高（如 COD＞400 mg/L）；②水量很小，无法维持水力负荷在最小经验值以上；③废水中某种污染物在高浓度时可能抑制微生物生长。

3. 供氧

向生物滤池供给充足的氧是保证生物膜正常工作的必要条件，也有利于排除代谢产物。影响滤池自然通风的主要因素是滤池内外的气温差（ΔT）以及滤池的高度。温差越大，滤池内的气流阻力越小（即滤料粒径大、孔隙大）、通风量也就越大。

供氧条件与有机负荷密切相关。当进水有机物浓度较低时，自然通风供氧是充足的。但当进水 COD 大于 500 mg/L 时，则出现供氧不足，生物膜好氧层厚度较小。为此，有人建议限制生物滤池进水 COD＜400 mg/L。当进水浓度高于此值时，采用回流稀释进水或机械通风等措施，以保证滤池供氧充足。

（四）工艺设计

生物滤池系统包括生物滤池和二次沉淀池，有时还包括初次沉淀池和出水回流泵。工艺设计包括：①滤池类型和流程选择；②滤池个数和滤床尺寸的确定；③布水系统计算；④二沉池的型式、个数和工艺尺寸的确定。其中二沉池的计算方法与活性污泥法二沉池相同。

1. 滤池类型和流程的选择

低负荷滤池现已不常采用，其主要缺点是滤床体积大，占地多，运行中常产生堵塞、灰蝇和异臭。目前，大多采用高负荷生物滤池。当废水含悬浮物较多，采用碎石滤料时，为防止滤池堵塞，通常设置初次沉淀池。塔式生物滤池一般是单级的，可以考虑多层进水。回流式生物滤池有单级的，也有采用二级滤池串联流程的。此时，一级滤池滤料较粗（$50\sim60$ mm），滤层厚 $1.5\sim2.0$ m，而二级滤池滤料略小，厚度则以 0.9 m 左右为宜。二级滤池的处理效率较高,运行比较灵活,但基建费和运行费都比较高。

2．生物滤池的设计计算

生物滤池的设计计算常用有机负荷和水力负荷法。设计负荷一般通过试验确定。试验滤池通常采用 $\phi 200\ mm$ 以上的陶土管、水泥管、塑料管或铸铁管,管长 2 m 左右,滤料应与设计时拟采用的相一致。设计负荷通常采用连续运行试验确定。当没有条件进行试验时,也可以参考国内外已有的生产经验,选定设计参数。但必须注意废水性质、气候条件、滤池深度、滤料性质等不得相差太远。

根据有机负荷 N 可算出滤池的有效容积 V:

$$V = \frac{Q_s(S_a - S_e)}{N_V} \tag{3-50}$$

式中：Q_s——滤池设计污水流量,m^3/d;

S_a,S_e——滤池进、出水 BOD_5 质量浓度,mg/L;

N_V——BOD_5 容积负荷,$g/(m^3 \cdot d)$。

当滤池无回流时,Q_s 等于原污水量,S_a 等于原污水浓度 S_0;当有回流时(回流比为 R),则

$$Q_s = (R+1)Q \tag{3-51}$$

$$S_a = \frac{S_0 + RS_e}{R+1} \tag{3-52}$$

滤池面积 A 为:

$$A = \frac{V}{D} \tag{3-53}$$

式中：D——滤料层高度,m。

求得滤池面积后,按下式校核水力负荷 q:

$$q = \frac{Q_s}{A} \tag{3-54}$$

若水力负荷不在合适的范围内,则可调整滤料层高度或回流比,以满足水力负荷要求。

3．旋转布水器的计算

布水器的计算主要是确定所需的水头 h_0、转速 n、布水横管的沿程损失 h_1 及布水小孔出流的局部损失 h_2。但是,考虑到流量和流速沿布水横管自池中心向池外逐步减少,将形成一个恢复水头 h_3,故 h_0 应为

$$h_0 = h_1 + h_2 - h_3 \tag{3-55}$$

根据水力学基本公式:

$$h_1 = \alpha_1 \frac{q^2 D'}{K^2} \tag{3-56}$$

$$h_2 = \alpha_2 \frac{q^2}{m^2 d^4} \tag{3-57}$$

$$h_3 = \alpha_3 \frac{q^2}{D^4} \tag{3-58}$$

式中：q——每条布水横管中的废水流量，L/s；

　　　m——每条布水横管上布水孔的数目；

　　　d——布水孔的直径，mm；

　　　D——布水横管的直径，mm；

　　　D'——旋转布水器直径，mm，可取为生物滤池直径（mm）减去 200 mm；

　　　K——流量模数，$K = \frac{\pi}{4} D^2 C \sqrt{R}$(L/s)，其值可查表 3-11；

　　　C——谢才系数；

　　　R——布水横管的水力半径；

　　　α_1、α_2、α_3——试验确定的系数。

表 3-11　流量模数

D/mm	50	63	75	100	125	150	175	200	250
K/（L/s）	6	11.5	19	43	86.5	134	209	300	560

由于悬浮物沉积、堵塞等因素的影响，布水器实际的水头损失要比上述公式计算的结果大，因此设计时采用的布水器水头应比计算值增加 0.5～1.0 倍。一般情况下 h_0 在 0.25～1.0 m。

对于布水器来说，必须尽量做到布水均匀，即每单位面积滤池单位时间内接受的废水量要基本上相等。当各孔口的尺寸相同时，为了布水均匀，孔口在布水横管上的位置可按下式求得

$$l_i = \frac{1}{2}\left(\sqrt{\frac{i}{m}} + \sqrt{\frac{i-1}{m}} \right) R' \tag{3-59}$$

式中：R'——布水器半径，$R'=D'/2$；

　　　m——每根布水横管上的小孔数；

　　　i——从池中心算起在布水横管上孔口排列顺序数；

　　　l_i——第 i 个孔口中心离池中心的距离，m。

在应用上式布置孔口时，需先确定 m 的值。

$$R' - l_m = R' - \frac{1}{2}\left(1 + \sqrt{1 - \frac{1}{m}} \right) R' = \frac{1}{2}\left(1 - \sqrt{1 - \frac{1}{m}} \right) R' = a \tag{3-60}$$

所以

$$m = \frac{1}{1-\left(1-\dfrac{2a}{R'}\right)^2} = \frac{1}{\dfrac{4a}{R'}\left(1-\dfrac{a}{R'}\right)} \approx \frac{R'}{4a} \quad \left(\because \frac{a}{R'}\text{一般小于}0.05\right)$$

式中：a——第 m 孔的中心与布水横管管端之间的距离，m。

a 值并无特定含义，可先定一个数值，通常取 $a \geqslant 40$ mm，再确定 m 值。因 m 值必须是整数，故最后采用的 a 值可能同最初选用的数值略有出入，但这对设计无影响，a 值越小，布水小孔数目就越多，这对布水的均匀性是有利的，但小孔太多则加工不便。

当采用上述方法安排孔口时，靠近池中心的几个孔口的间距会相当大。这样，在池中心附近的滤料（特别是表层）受水不可能均匀。这个缺点，可采用不同大小的孔口来补救，即将靠近中心的若干个孔口改用较小的面积而同时增加孔口的数目（孔口数目同孔口面积成反比），以适当缩小它们之间的距离。

布水横管可以采用钢管，也可以采用钢板焊制（这时常为矩形断面）。国外也有采用铝管的。为了减少布水横管中水头变化造成的影响，应使横管采用较低的设计流速（如 1 m/s 左右），而孔口采用较高的设计流速（如 2 m/s 左右或更大）。布水横管的根数取决于池子和水力负荷的大小，布水量大时可采用 4 根，一般用 2 根。每根横管的断面积，按设计流量和流速计算决定。布水横管管底距滤料表面一般 0.15～0.25 m。

布水管每分钟的旋转速度，可近似地按下式计算：

$$v_n = \frac{3.478 \times 10^7}{md^2 D'}Q' \tag{3-61}$$

式中：Q'——每根布水器的最大设计流量，L/s。

三、生物转盘

（一）构造与工作原理

生物转盘的净水机理和生物滤池相同，但其构造却完全不一样。生物转盘是由固定在一根轴上的许多间距很小的圆盘或多角形盘片组成。盘片可用聚氯乙烯、聚乙烯、泡沫聚苯乙烯、玻璃钢、铝合金或其他材料制成。盘片可以是平板，也可以是波纹板等形式，也有用平板和波纹板组合，因为波纹板盘片的比表面积比平板大一倍。盘片有接近一半的面积浸没在半圆形、矩形或梯形的氧化槽内。在电机带动下，盘片组在水槽内缓慢转动，废水在槽内流过、水流方向与转轴垂直，槽底设有排泥管或放空管，以控制槽内废水中悬浮物浓度。

盘片作为生物膜的载体，当生物膜处于浸没状态时，废水有机物被生物膜吸附，而当它处于水面以上时，大气的氧向生物膜传递，生物膜内所吸附的有机物氧化分解，生物膜恢复活性。这样，生物转盘每转动一圈即完成一个吸附、氧化的周期。由于转盘旋转及水滴挟氧气，所以氧化槽也被充氧，起一定的氧化作用。增厚的生物膜在盘面转动时形成的剪切力作用下，从盘面剥落下来，悬浮在氧化槽的液相中，并随废水流入二次沉淀池进行分离。二次沉淀池排出的上清液即为处理后的废水，沉泥作为剩余污泥排入污泥处理系统。其工艺流程见图 3-45。

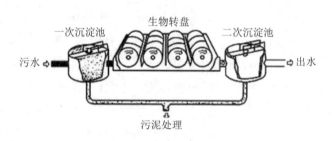

图 3-45　生物转盘工艺流程

与生物滤池相同，生物转盘也无污泥回流系统，为了稀释进水，可考虑出水回流，但是，生物膜的冲刷不依靠水力负荷的增大，而是通过控制一定的盘面转速来达到。生物转盘在实际应用上有各种构造型式，最常见的是多级转盘串联，以延长处理时间，提高处理效果。但级数一般不超过四级，级数过多，处理效率提高不大。根据圆盘数量及平面位置，可以采用单轴多级或多轴多级形式。

生物转盘的盘片直径一般为 1～3 m，最大的达到 4.0 m，过大时可能导致转盘边缘的剪切力过大。盘片间距（净距）一般为 20～30 mm，原水浓度高时，应取上限，以免生物膜堵塞。盘片厚度一般为 1～5 mm，视盘材而定。转盘转速通常为 0.8～3.0 r/min，边缘线速度 10～20 m/min 为宜。每单根轴长一般不超过 7 m，以减少轴的挠度。

（二）工艺特点

1. 生物转盘的优点

生物转盘同一般生物滤池相比，具有如下主要优点：①无堵塞现象。②生物膜与废水接触均匀，盘面面积的利用率高，无沟流现象。③废水与生物膜的接触时间较长，而且易于控制，处理程度比高负荷滤池和塔式滤池高；可以调整转速改善接触条件和充氧能力。④同一般低负荷滤池相比，它占地较小，如采用多层布置，占地面积可同塔式生物滤池相媲美。⑤系统的水头损失小，能耗省。⑥可处理高浓度废水，承受 BOD_5 可达 1 000 mg/L，耐冲击负荷能力强。根据所需的处理程度，可进行多级串联，扩建方便。国外还将生物转盘建成去 BOD—硝化—厌氧脱氮—曝气充氧组合处理系统，以提高废水处理水平。

2. 生物转盘的缺点

生物转盘的缺点主要有：①盘材较贵，投资大。从造价考虑，生物转盘仅适用于小水量低浓度的废水处理。②因为无通风设备，转盘的供氧依靠盘面的生物膜接触大气，这样，废水中挥发性物质将会产生污染。采用从氧化槽的底部进水可以减少挥发物的散失，比从氧化槽表面进水好，但是，挥发物质污染依然存在。因此，生物转盘最好作为第二级生物处理装置。③生物转盘的性能受环境气温及其他因素影响较大，所以，在北方设置生物转盘时，一般置于室内，并采取一定的保温措施。建于室外的生物转盘都应加设雨棚，防止雨水淋洗和生物膜脱落。

（三）工艺设计

生物转盘工艺设计的主要内容是计算转盘的总面积、盘片数、反应槽容积、转轴长度及污水停留时间。设计参数主要有停留时间、容积水力负荷和盘面面积有机负荷。

停留时间是指废水在氧化槽有效容积内的停留时间，容积水力负荷是指单位时间单位氧化槽有效容积的过流水量[m^3/（m^3·d）]；盘面面积有机负荷是指单位盘面面积单位时间内投入的有机负荷或去除的有机负荷），单位为 g/（m^2·d）。废水在氧化槽内停留时间一般在 1~1.5 h，BOD$_5$ 去除率一般可达 90%以上。

生物转盘的负荷与废水性质、浓度、气候条件及构造、运行特点等多种因素有关，设计时可以通过试验或经验值确定。图 3-46 表示某废水 BOD 负荷与去除能力的关系，图 3-47 表示不同进水浓度情况下有机负荷与出水浓度的关系。

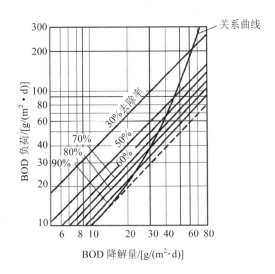

图 3-46 BOD 负荷和 BOD 降解量的关系

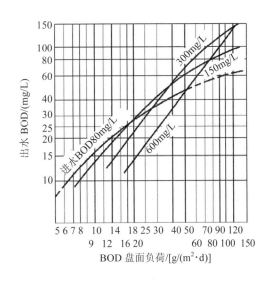

图 3-47 出水 BOD 与 BOD 负荷的关系

由上述设计参数计算转盘面积有两种方法，一是先定负荷，再根据废水浓度与水量计算所需盘面积，并在选定盘片间距、厚度、片数及直径后确定氧化槽容积，核算停留时间；二是先定停留时间，再根据废水流量计算氧化槽容积，选定盘片直径、厚度和间距后计算槽尺寸及盘片数，最后核算有机负荷。其中以第一种方法用得较多。

德国 Pöpel 在对城市污水进行试验的基础上，提出了计算转盘总面积的经验公式：

$$F = f_1\left(\frac{F}{F_w}\right) f_2(\eta) f_3(t) f_4(T) Q S_0 \tag{3-62}$$

式中：F——转盘的总面积，m^2；

$\quad\;\; F_w$——转盘浸水部分面积，m^2；

$\quad\;\; \eta$——BOD_5去除效率；

$\quad\;\; t$——接触时间，h；

$\quad\;\; T$——处理水温，℃；

$\quad\;\; Q$——废水流量，m^3/d；

$\quad\;\; S_0$——进水 BOD_5 浓度，mg/L。

转盘总面积求出后，可选定盘径 D（一般不大于 3 m），其盘数 m 为：

$$m = \frac{4F}{2\pi D^2} = 0.636 \frac{F}{D^2} \tag{3-63}$$

氧化槽的有效长度 L（m）：

$$L = [m(h+\delta) - h]a' \tag{3-64}$$

式中：h——盘片间净间距，一般为 0.013～0.025 m，如考虑盘上培养藻类，要求有足够光照，可采用 h=0.065 m。

$\quad\;\; \delta$——盘片厚度，通常为 0.001～0.015 m，视盘材而定；

$\quad\;\; a'$——考虑废水槽内两端的附加长度系数，单轴转盘可取，a'=1.2。

每一转盘轴不应过长，以减少轴的弯矩和扭矩。若转轴长度大于 5～7 m，应采用多轴型式。

氧化槽的总容积（m^3）：

$$V = AL \tag{3-65}$$

式中：A——废水氧化槽的过水断面，m^2。

对半圆形槽：

$$A = \frac{\pi(D+2a)^2}{8} - (D+2a)r \tag{3-66}$$

式中：D——盘片直径，m；

$\quad\;\; a$——转盘边缘距废水氧化槽壁的净距，一般取 a=0.013～0.03 m；

$\quad\;\; r$——氧化槽液面与转轴的中心距，当 $\dfrac{r}{D}=0.06\sim0.1$ 时，$r \geq 0.015$ m。

氧化槽净容积（m³）：

$$V_n=A（L-m\delta）\qquad（3-67）$$

废水在槽内停留时间应核算在 0.5～2.5 h

$$t=\frac{V_n}{q}\qquad（3-68）$$

式中：q——设计转盘的废水流量，m³/h。

转盘的轴功率一般可按去除每千克 BOD_5 耗电 0.1～0.3 kW 考虑。如果每台电机所带动的转盘数少于 200 片，转轴半径小于 5 cm，则可用下式估计电机功率：

$$N_{电}=\frac{2.41D^4n^2mbC}{10^{13}h}\qquad（3-69）$$

式中：$N_{电}$——电机功率，kW；

$\quad n$——盘片转速，r/min；

$\quad m$——根轴上的盘片数；

$\quad b$——该电机带动的轴数；

$\quad C$——系数，根据生物膜厚度决定，当膜厚分别为 1 mm、2 mm、3 mm 时，C 分别取 2、3、4。

如果用水力驱动转盘时，要求有效水头为 0.5～0.7 m。

四、生物接触氧化法

生物接触氧化法工艺也称淹没式生物滤池工艺，在曝气池中填充块状填料或塑料蜂窝填料，经曝气的废水流经填料层，使填料颗粒表面长满生物膜，废水和生物膜相接触，在生物膜的作用下，废水得到净化。与传统活性污泥法相比，该工艺耐负荷冲击能力较强，污泥生成量较少，不会发生污泥膨胀现象，且无须回流污泥，动力消耗较少，易于管理。其主要缺点是填料易于堵塞。

（一）构造与工作原理

生物接触氧化池内用鼓风或机械方法充氧，填料大多为蜂窝型硬性填料或纤维型软性填料，构造示意见图3-48。

生物接触氧化池的形式很多。从水流状态分为分流式（池内循环式）和直流式。分流式在国外应用较普遍，废水充氧和同生物膜接触是在不同的间格内进行的，废水充氧后在池内进行单向或双向循环（图3-48）。这种形式能使废水在池内反复充氧，废水同生物膜接触时间长，但是耗气量较大；水穿过填料层的速度较小，冲刷力弱，易于造成填料层堵塞，尤其在处理高浓度废水时，这种情况更值得重视。直流式接触氧化池（又称全面曝气接触氧化池）是直接从填料底部充氧的，填料内的水力冲刷依靠水流速度和气泡在池内碰撞、破碎形成的冲击力，只要水流及空气分布均匀，填料不易堵塞。这种形式的接触氧化池耗氧量小，充氧效率高，同时，在上升气流的作用下，液体出现强烈的搅拌，促进氧的溶解和生物膜的更新，也可以防止填料堵塞。目前国内大多采用直流式。

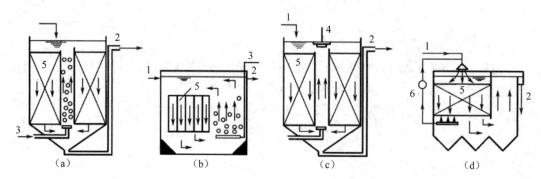

1—进水管；2—出水管；3—进气管；4—叶轮；5—填料；6—泵

图 3-48　几种形式的接触氧化池

从供氧方式分，接触氧化法可分为鼓风式、机械曝气式、洒水式和射流曝气式几种。国内以鼓风式和射流曝气式为主。

接触氧化池填料的选择要求比表面积大，空隙率大，水力阻力小，性能稳定。垂直放置的塑料蜂窝管填料曾经广泛采用，这种填料比表面积较大，单位填料上生长的生物膜数量较大。据实测，每平方米填料表面上的活性生物量可达 125 g，如折算成悬浮混合液，则浓度为 13 g/L，比一般活性污泥法的生物量大得多。但是这种填料各蜂窝管间互不相通，当负荷增大或布水均匀性较差时，则易出现堵塞，此时若加大曝气量，又会导致生物膜稳定性变差，周期性的大量剥离，净化功能不稳定。近年来国内外对填料做了许多研究工作，开发了塑料规整网状填料，见图 3-49（a）。在网状填料中，水流可以四面八方连通，相当于经过多次再分布，从而防止了由于水气分布不均匀而形成的堵塞现象。缺点是填料表面较光滑，挂膜缓慢，稍有冲击，就易于脱落。国内也有采用软性填料，即由纵向安装的纤维绳上绑扎一束束的人造纤维丝，形成巨大的生物膜支承面积，见图 3-49（b）。实践表明，这种填料耐腐蚀、耐生物降解，不堵塞，造价低，体积小，重量轻（2～3 kg/m³），易于组装，适应性强，处理效果好。但这种填料在氧化池停止工作时，会形成纤维束结块，清洗较困难。从接触氧化池脱落下来的生物污泥含有大量气泡，宜于采用气浮法分离。

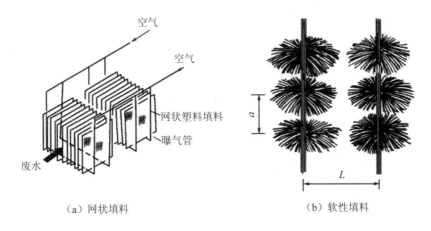

（a）网状填料　　　　　　　　　　（b）软性填料

图 3-49　接触氧化池填料

（二）工艺设计

1．设计规范

1）生物接触氧化池的个数或分格数不少于 2 个，并按同时工作设计；每格池面积应小于 25 m²，以保证布水布气的均匀性。

2）填料的体积按日平均污水量和填料容积负荷计算，通常填料的容积负荷由试验确定。

3）污水在接触氧化池内的停留时间通常不小于 1.5～2 h。

4）填料层的总高度可取 3 m，若采用蜂窝状填料，则应分层装填，每层高度为 1 m。

5）进水 BOD_5 浓度不能过高，宜控制在 100～300 mg/L。

6）溶解氧含量应控制在 2.5～3.5 mg/L，气水比控制在（10～20）：1 为宜。

2．计算公式

（1）生物接触氧化池有效体积 V

$$V = \frac{Q(S_0 - S_e)}{L_V} \tag{3-70}$$

式中：Q——日平均污水量，m^3/d；

S_0——进水 BOD_5 质量浓度，mg/L；

S_e——出水 BOD_5 质量浓度，mg/L；

L_V——容积负荷，$g\ BOD_5/(m^3 \cdot d)$。

一般接触氧化池填料负荷为 3～6 kg $BOD_5/(m^3 \cdot d)$。实际上，V 就是所需填料的体积。

（2）接触氧化池总面积 A

$$A = V/H \tag{3-71}$$

式中：H——填料层高度，m。

（3）接触氧化池格数 N

$$N=A/A_1 \tag{3-72}$$

式中：A_1——每格氧化池面积，m²。

（4）有效停留时间 t

$$t=V/Q \tag{3-73}$$

（5）接触氧化池总高 H_T

$$H_T=H+h_1+h_2+（n-1）h_3+h_4 \tag{3-74}$$

式中：h_1——超高，$h_1=0.5\sim0.6$ m；

　　　h_2——填料之上水深，$h_2=0.4\sim0.5$ m；

　　　n——填料层数；

　　　h_3——填料层间隙高，$h_3=0.2\sim0.3$ m；

　　　h_4——配水区高度。

（6）供气量与空气管道系统计算

$$D=D_0Q \tag{3-75}$$

式中：D_0——1 m³ 污水需空气量，m³/m³，根据水质特性、试验资料或参考类似工程运行经验数据确定。

满足生物接触氧化池微生物需氧所需空气量的计算，可参照活性污泥法。由于氧化池内生物浓度高（折算成 MLSS 达 10 g/L 以上），故耗氧速度比活性污泥快，需要保持较高的溶解氧，一般为 2.5~3.5 mg/L。为保持池内一定的混合搅拌强度，空气与废水体积比 D_0 值宜大于 10，一般取（15~20）：1。

五、生物流化床

（一）构造与工作原理

生物流化床处理技术是借助流体（液体、气体）使表面生长着微生物的固体颗粒（生物颗粒）呈流化态，同时进行有机污染物降解的生物膜法处理技术。

生物流化床是由床体、载体、布水装置、冲氧装置和脱模装置等组成。废水通过流化的颗粒层，流化颗粒表面生长有生物膜，废水在流化床内同分散十分均匀的生物膜相接触而获得净化。

在流化床中，支承生物膜的固相物是流化介质，为了获得足够的生物量和良好的接触条件，流化介质应具有较高的比表面积和较小的颗粒直径，通常流化介质采用砂粒、焦炭粒、无烟煤粒或活性炭粒等。一般颗粒直径为 0.6~1.0 mm，所提供的表面积是十分大的。例如，用直径 1 mm 的砂粒作载体，其比表面积为 3 300 m²/m³，是一般生物滤池的 50 倍，比采用塑料滤料的塔式生物滤池高约 20 倍，比平板式生物转盘高 60 倍。因此，在流化床中能维持相当高的微生物浓度，可比一般的活性污泥法高 10～20 倍，达 10～40 g/L，因此，废水底物的降解速度很快，停留时间很短，废水负荷相当高。

生物流化床内载有生物膜的流化介质能均匀分布在全床，同上升水流接触条件良好。因此，它兼有活性污泥法均匀接触条件所形成的高效率和生物膜法能承受负荷变动冲击的优点。由于比表面积大，对废水污染物的吸附能力强，尤其是采用活性炭作为流化介质时，吸附作用更为显著。在这样一个强吸附力场作用下，废水中有机物和微生物、酶都将在流化的生物膜表面富集，使表面形成微生物生长的良好场所。

生物流化床综合了介质的流化机理、吸附机理和生物降解机理，过程比较复杂。由于它兼顾有物理化学法和生物法的优点，又兼顾了活性污泥法和生物膜法的优点。因此，一些难以分解的有机物或分解速度较慢的有机物，能够在介质表面长期停留，对表面吸附着的生物膜进行长时间的驯化和诱导，使之能够顺利降解，同时也能在高浓度有机物的作用下，提高降解的速度。

（二）工艺类型

1．两相生物流化床

以氧气（或空气）为氧源的液固两相流化床流程如图 3-50 所示。废水与回流水在充氧设备中与氧混合，使废水中的溶解氧达到 32～40 mg/L（氧气源）或 9 mg/L（空气源），然后进入流化床进行生物氧化反应，再由床顶排出。

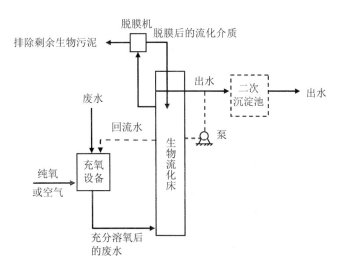

图 3-50　固液两相生物流化床流程

随着床的运行，生物粒子直径逐渐增大，定期用脱膜器（图 3-51 和图 3-52）对载体机械脱膜，脱膜后的载体返回流化床，脱除的生物膜则作为剩余污泥排出。对于一般浓度的废水，当一次充氧不能满足生物处理所需要的溶解氧量，可采用处理水回流循环充氧。

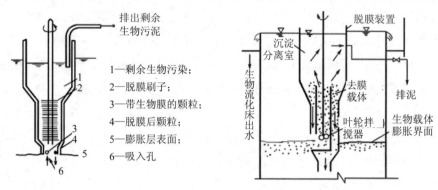

图 3-51　转刷脱膜装置　　　　　　　　图 3-52　叶轮脱膜装置

2. 三相生物流化床

以空气为氧源的三相流化床的工艺流程如图 3-53 所示。三相生物流化床是气、液、固三相直接在流化床内进行生化反应，不需另设充氧装置和脱膜装置，载体表面的生物膜依靠气体的搅动作用、载体之间的强烈摩擦而自动脱落。但载体易流失，气泡易聚并变大，影响充氧效率。为了控制气泡大小，有采用减压释放空气的方式充氧的，也有采用射流曝气充氧的。

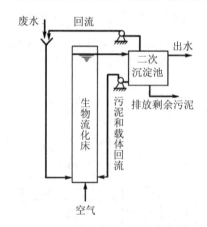

图 3-53　三相生物流化床流程

床体用钢板焊制或钢筋混凝土浇制，平面形状一般为圆形或方形，其有效高度按空床流速计算。床底布水装置是关键设备，既要使布水均匀，又要能承托载体。常用多孔板、加砾石多孔板、圆锥底加喷嘴或泡罩布水。

（三）工艺特点

1. 生物流化床的优点

1）有机物容积负荷高，抗冲击负荷能力强。由于生物流化床是采用小粒径颗粒作为载体，且载体在床内呈流态化，单位体积表面积比其他生物膜法大很多，生物膜量很高，一般可达 10～40 g/L，加上传质速率快，因此抗冲击负荷能力强，有机物容积负荷高，可达普通活性污泥法的 10～20 倍。

2）微生物活性好，处理效率高。由于细颗粒载体具有较大的比表面积（2 000～3 000 m²/m³ 流化床体积），生物膜含水率相对较低（94%～95%）；而且生物膜颗粒在床内不断相互碰撞和摩擦，其生物膜厚度较薄且较均匀，从而使微生物活性好；同时液相中也存在一定量的生物污泥，因而流化床处理效率高。

3）传质效果好，由于生物颗粒在床体内处于剧烈运动状态，气—固—液界面不断更新，因此传质效果好，加快了生化反应速率。占地面积较小，是普通活性污泥法的 5% 左右，同时它还具有运行状态稳定，易于管理等优点。

2．生物流化床的缺点

1）设备磨损较固定床严重，载体颗粒在湍流过程会被磨损变小。

2）设计时还存在生产放大问题，如防堵塞、曝气方式、进水配水系统的选用和颗粒物流失。

3）生物流化床能耗比较大。

（四）工艺设计

在好氧生物流化床的设计过程中，相关工艺参数及设计计算过程如下。

（1）好氧反应区容积 V_1

$$V_1 = Q(S_0 - S_e)N_v \tag{3-76}$$

式中：V_1——流化床好氧反应区容积，m³；

$\quad\quad Q$——污水设计流量，m³/d；

$\quad\quad S_0$——原污水的 BOD$_5$ 值，mg/L；

$\quad\quad S_e$——处理出水的 BOD$_5$ 值，mg/L；

$\quad\quad N_v$——容积负荷，kg COD/（m³·d），当待处理污水 BOD$_5$/COD>0.4 时，可取 3～

$\quad\quad\quad$ 10 kg COD/（m³·d），当 0.3<BOD$_5$/COD<0.4 时，可取 1～3 kg COD/（m³·d）。

当用水力停留时间 HRT 来确定好氧反应区的容积时，应按下式计算：

$$V_1 = Q \cdot \text{HRT} \tag{3-77}$$

式中：V_1——流化床好氧反应区容积，m³；

$\quad\quad$ HRT——水力停留时间，h，对于生活污水，可取 2～3 h，对于工业废水，可取 3～4 h。

求出 V_1 后应校核负荷。

（2）缺氧反应区容积 V_2（对于脱氮作用流化床）

$$V_2 = V_1 \frac{D_2^2}{D_1^2 - D_2^2} \tag{3-78}$$

式中：V_1——流化床好氧反应区容积，m^3；

　　　V_2——流化床缺氧反应区容积，m^3；

　　　D_1——流化床直径，m；

　　　D_2——缺氧反应区直径，m。

流化床直径与缺氧反应区直径之比宜为（1.87～2.0）：1。

（3）好氧反应区高径比

$$\frac{H}{D_1} = \frac{H}{2d/N} = \frac{NH}{2d} \tag{3-79}$$

式中：H——流化床高度，m；

　　　D_1——流化床直径，m；

　　　H/D_1——好氧反应区高径比；

　　　N——流化床分隔数，应为偶数，可取 4、6、8 等；

　　　d——好氧反应区横截面积相等的圆的直径，m，流化床好氧反应区的高径比宜为 3～8。

（4）载体投加量

$$C_s = \frac{X_v}{1\,000 m_1} \times 100\% \tag{3-80}$$

式中：C_s——投加载体体积占好氧反应区的体积比，该值宜介于 15%～30% 之间；

　　　X_v——流化床内混合液挥发悬浮固体平均质量浓度，g MLVSS/L；

　　　m_1——单位体积载体上的生物量，g/mL。

（5）流化床所需生物质量浓度

$$X = \frac{N_v}{N_s} \tag{3-81}$$

式中：X——流化床内生物质量浓度，kg MLVSS/m^3；

　　　N_v——容积负荷，kg COD/（m^3·d）；

　　　N_s——污泥负荷，kg COD/（kg MLVSS·d），该值宜介于 0.2～1.0 kg COD/（kg MLVSS·d）之间。

（6）单位体积载体上的生物量

$$m_1 = \frac{\rho \rho_c}{\rho_s} \left(\frac{r + \delta}{r} \right)^3 - 1 \tag{3-82}$$

式中：m_1——单位体积载体上的生物量，g/mL；

　　　ρ——生物膜干密度，g/mL；

　　　ρ_c——载体的堆积密度，g/mL；

　　　ρ_s——载体的真实密度，g/mL；

　　　δ——膜厚，μm；

r——圆形颗粒平均半径。

通常情况下，载体的形状应尽量接近球形，表面应比较粗糙，其级配以 $d_{max}/d_{min} < 2$ 为佳；载体上的生物膜厚度宜控制在 $100 \sim 200 \, \mu m$，以 $120 \sim 140 \, \mu m$ 为佳。

六、曝气生物滤池

曝气生物滤池（biological aerated filter，BAF），又称颗粒填料生物滤池，是在 20 世纪 70 年代末 80 年代初出现在欧洲的一种生物膜法处理工艺。与传统的活性污泥法相比，曝气生物滤池中活性微生物的浓度要高得多，反应器体积小，且不需二沉池，占地面积少，还具有模块化结构、便于自动控制和臭气少等优点。

（一）构造与工作原理

曝气生物滤池由池体、布水系统、布气系统、承托层、滤层、反冲洗系统等部分组成。池底设承托层，上部为滤层，如图 3-54 所示。曝气生物滤池承托层采用的材质应具有良好的机械强度和化学稳定性，一般选用卵石作承托层，其级配自上而下为：卵石直径 2～4 mm，4～8 mm，8～16 mm；卵石层高度分别为 50 mm，100 mm，100 mm。曝气生物滤池的布水布气系统有滤头布水布气系统、栅型承托板布水布气系统和穿孔管布水布气系统。城市污水处理一般采用滤头布水布气系统。曝气用的空气管、布水布气装置及处理水集水管兼作反冲洗水管，可设置在承托层内。

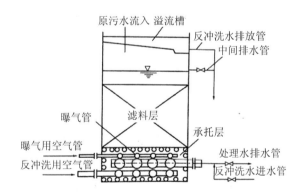

图 3-54 曝气生物滤池构造示意图

曝气生物滤池分为上向流式和下向流式，下面以下向流式为例介绍其工作原理。

污水从池上部进入滤池，并通过有滤料组成的滤层，在滤料表面形成有微生物栖息的生物膜。在污水流过滤层的同时，空气从滤料底部通入，与下向流的污水相向接触，空气中的氧转移到污水中，向生物膜上的微生物提供充足的溶解氧，在微生物的代谢作用下，有机污染物被降解，污水得到净化。

运行时，污水中的悬浮物及由于生物膜脱落形成的生物污泥，被滤料所截留。因此，滤层具有二沉池的功能。运行一定时间后,因水头损失的增加,须对滤池进行反冲洗,以释放截留的悬浮物并更新生物膜,一般采用气水联合反冲,反冲洗水通过排放管排出后,回流至初沉池。

滤料是生物膜的载体,同时兼有截留悬浮物质的作用,直接影响曝气生物滤池的效能。滤料费用在曝气生物滤池处理系统建设费用中占有较大的比例。所以,滤料的优劣直接关系到系统的合理与否。开发经济高效的滤料是曝气生物滤池技术发展的重要方面。

对曝气生物滤池滤料有以下要求:①质轻,堆积容重小,有足够的机械强度;②比表面积大,孔隙率高,属多孔惰性载体;③不含有害于人体健康的有害物质,化学稳定性良好;④水头损失小,形状系数好,吸附能力强。

根据资料和工程运行经验,粒径 5 mm 左右的均质陶粒及塑料球形颗粒能达到较好的处理效果。常用滤料的物理特性见表 3-12。

表 3-12　常用滤料的物理特性

名称	物理特性							
	比表面积/ (m^3/g)	总孔体积/ (cm^3/g)	堆积容重/ (g/L)	磨损率/%	堆积密度/ (g/cm^3)	堆积孔隙率/%	粒内孔隙率/%	粒径/ mm
黏土陶粒	4.89	0.39	875	≤3	0.7～1.0	>42	>30	3～5
页岩降粒	3.99	0.103	976	—	—	—	—	—
沸石	0.46	0.026 9	830	—	—	—	—	—
膨胀球形黏土	3.98	—	1 550	1.5	—	—	—	3.5～6.2

(二) 工艺特点

1. 曝气生物滤池的主要优点

①从投资费用上看,曝气生物滤池不需设二沉池,水力负荷、容积负荷远高于传统污水处理工艺,停留时间短,厂区布置紧凑,可以节省占地面积和建设费用。②从工艺效果上看,由于生物量大,以及滤料截留和生物膜的生物絮凝作用,抗冲击负荷能力较强,耐低温,不发生污泥膨胀,出水水质好。③从运行上看,曝气生物滤池易挂膜,启动快。根据运行经验,在水温 10～15℃时,2～3 周可完成挂膜过程。④曝气生物滤池中氧的传输效率高,曝气量小,供氧动力消耗低,处理单位污水电耗低。此外,自动化程度高,运行管理方便。

2. 曝气生物滤池的不足之处

①曝气生物滤池对进水 SS 有较高的预处理要求,而且,进水的浓度不能太高,否则容易引起滤料结团、堵塞。②曝气生物滤池水头损失较大,加上大部分都建于地面以上,进水提升水头较大。③曝气生物滤池的反冲洗是决定滤池运行的关键因素之一,滤料冲洗

不充分，可能出现结团现象，导致工艺运行失效。操作中，反冲洗出水回流入初沉池，对初沉池有较大的冲击负荷。此外，设计或运行管理不当会造成滤料随水流失等问题。④产泥量略大于活性污泥法，污泥稳定性稍差。

（三）设计参数

曝气生物滤池的工艺设计参数主要有水力负荷、容积负荷、滤料高度、滤料粒径、单池面积、反冲洗周期、反冲洗强度、反冲洗时间和反冲洗气水比等。

根据《室外排水设计规范》要求，在无试验资料时，曝气生物滤池处理城镇污水的五日生化需氧量容积负荷宜为 $3\sim6$ kg $BOD_5/$（$m^3\cdot d$），硝化容积负荷（以 NH_3-N 计）宜为 $0.3\sim0.8$ kg/（$m^3\cdot d$），反硝化容积负荷（以 NH_3-N 计）宜为 $0.8\sim4.0$ kg/（$m^3\cdot d$）。在碳氧化阶段，曝气生物滤池的污泥产率系数可为 0.75 kg VSS/kg BOD_5。表 3-13 为曝气生物滤池的典型负荷。

表 3-13　曝气生物滤池典型负荷

负荷类别	碳氧化	硝化	反硝化
水力负荷/[m^3/（$m^2\cdot h$）]	$2\sim10$	$2\sim10$	—
最大空积负荷/[kg/（$m^3\cdot d$）]	$3\sim6$	<1.5（10℃）	<2（10℃）
	$3\sim6$	<2.0（20℃）	<5（20℃）

曝气生物滤池的池体高度一般为 $5\sim7$ m，由配水区、承托层、滤料层、清水区的高度和超高等组成。反冲洗一般采用气水联合反冲洗，由单独气冲洗、气水联合反冲洗、单独水冲洗三个过程组成，通过滤板或固定其上的长柄滤头实现。反冲洗空气强度为 $10\sim15$ L/（$m^2\cdot s$），反冲洗水强度不宜超过 8 L/（$m^2\cdot s$）。反冲洗周期根据水质参数和滤料层阻力加以控制，一般设 24 h 为一周期。

七、生物膜法的运行管理

（一）生物膜的培养与驯化

生物膜的培养常称为挂膜。挂膜菌种大多数采用生活粪便污水或生活粪便水和活性污泥的混合液。由于生物膜中微生物固着生长，适宜于特殊菌种的生存，所以，挂膜有时也可采用纯培养的特异菌种菌液。特异菌种可单独使用，也可以同活性污泥混合使用，由于所用的特异菌种比一般自然筛选的微生物更适宜于废水环境，因此，在与活性污泥混合使用时，仍可保持特异菌种在生物相中的优势。

挂膜过程必须使微生物吸附在固体支承物上，同时，还应不断供给营养物，使附着的微生物能在载体上繁殖，不被水流冲走。单纯的菌液或活性污泥混合液接种，即使固相支承物上吸附有微生物，但还是不牢固，因此，在挂膜时应将菌液和营养液同时投加。

挂膜方法一般有两种，一种是闭路循环法，即将菌液和营养液从设备的一端流入（或从顶部喷淋下来），从另一端流出，将流出液收集在一水槽内，槽内不断曝气，使菌与污泥处于悬浮状态，曝气一段时间后，进入分离池进行沉淀（0.5~1 h），去掉上清液，适当添加营养物或菌液，再回流入生物膜反应设备，如此形成一个闭路系统。直到发现载体上长有黏状污泥，即开始连续进入废水。这种挂膜方法需要菌种及污泥数量大，而且由于营养物缺乏，代谢产物积累，因而成膜时间较长，一般需要 20 d。另一种挂膜法是连续法，即在菌液和污泥循环 1~2 次后即连续进水，并使进水量逐步增大。这种挂膜法由于营养物供应良好，只要控制挂膜液的流速（在转盘中控制转速），保证微生物的吸附。在塔式滤池中挂膜时的水力负荷可采用 4~7 m³/（m³·d），为正常运行的 50%~70%，待挂膜后再逐步提高水力负荷至满负荷。为了能尽量缩短挂膜时间，应保证挂膜营养液及污泥量具有适宜细菌生长的 pH、温度、营养比等。

挂膜后应对生物膜进行驯化，使之适应所处理工业废水的环境。在挂膜过程中，应经常采样进行显微镜检验，观察生物相的变化。挂膜驯化后，系统即可进入试运转，测定生物膜反应设备的最佳工作运行条件，并在最佳条件转入正常运行。

（二）日常管理

生物膜法操作简单，一般只要控制好进水量、浓度、温度及所需投加的营养（N 或 P）等，处理效果一般比较稳定，微生物生长情况良好。在废水水质变化、形成负荷冲击的情况下，出水水质恶化，但很快就能够恢复，这是生物膜法的优点。例如，北京某维尼纶厂的塔式生物滤池，进水甲醛浓度超过正常值的 2~3 倍，连续进水 6 d，仍有 50%的去除率，而且冲击后 3~4 d 内即可恢复正常。又如，上海某化纤厂的塔式生物滤池，进水的 NaSCN 浓度从正常的 50 mg/L 增到 600 mg/L，丙烯腈从 200 mg/L 增到 800 mg/L，连续进水 2 h，生物膜受到冲击，处理效率有所下降，但短期内即能恢复。生物转盘的使用情况也相似，如上海某化纤厂的生物转盘，当水力负荷超过设计负荷的 1.5~3 倍，连续进水 6 h，耗氧量的去除率下降 23.7%，但恢复正常负荷 2 h 后，去除率即达正常值。

生物滤池在运行中还应注意检查布水装置及滤料是否有堵塞现象。布水装置堵塞往往是由于管道锈蚀或者是由于废水中悬浮物质沉积所致。滤料堵塞是由于膜的增长量大于排出量所形成的。所以，对废水水质、水量应加以严格控制。膜的厚度一般与水温、水力负荷、有机负荷和通风量等有关，水力负荷应与有机负荷相配合，使老化的生物膜能不断冲刷下来，被水带走。当有机负荷高时，可加大风量，在自然通风情况下，可提高喷淋水量。当发现滤池堵塞时，应采用高压水表面冲洗，或停止进入废水，让其干燥脱落。有时也可以加入少量氯或漂白粉，破坏滤料层部分生物膜。

生物转盘一般不产生堵塞现象，但也可以用加大转盘转速控制膜的厚度。在正常运转过程中，除了应开展有关物理、化学参数的测定外，应对不同层厚、级数的生物膜进行微生物检验，观察分层及分级现象。

生物膜设备检修或停产时，应保持膜的活性。对生物滤池，只需保持自然通风，或打开各层的观察孔，保持池内空气流动；对生物转盘，可以将氧化槽放空，或用人工营养液循环。停产后，膜的水分会大量蒸发，一旦重新开车，可能有大量膜质脱落，因此，开始投入工作时，水量应逐步增加，防止干化生物膜脱落过多。一旦微生物适应后，即可得到恢复。

第四节　厌氧生物处理

废水厌氧生物处理是环境工程与能源工程中的一项重要技术，过去，它多用于城市污水处理厂的污泥、有机废料以及部分高浓度有机废水的处理，在构筑物型式上主要采用普通消化池。由于存在水力停留时间长、有机负荷低等缺点，较长时期限制了它在废水处理中的应用。20 世纪 70 年代以来，世界能源短缺日益突出，能产生能源或少用能源（不需提供氧）的废水厌氧处理技术受到重视，研究与实践不断深入，开发了各种新型工艺和设备，大幅度地提高了厌氧反应器内活性污泥的持留量，使处理时间大大缩短，效率提高。目前，厌氧生化法不仅可用于处理有机污泥和高浓度有机废水，也用于处理中、低浓度有机废水，包括城市污水。

一、基本原理

废水厌氧生物处理是指在无分子氧条件下通过厌氧微生物（包括兼氧微生物）的作用，将废水中的各种复杂有机物分解转化成甲烷和二氧化碳等物质的过程，也称为厌氧消化。与好氧过程的根本区别在于不以分子氧作为受氢体，而以化合态氧、碳、硫、氮等为受氢体。

有机物（$C_nH_aO_bN_c$）厌氧消化过程的化学反应通式可表达为

$$C_nH_aO_bN_c + \left(2n+c-b-\frac{9sd}{20}-\frac{ed}{4}\right)H_2O \longrightarrow \frac{ed}{8}CH_4 + \left(n-c-\frac{sd}{5}-\frac{ed}{8}\right)CO_2 +$$

$$\frac{sd}{20}C_5H_7O_2N + \left(c-\frac{sd}{20}\right)NH_4^+ + \left(c-\frac{sd}{20}\right)HCO_3^-$$

上式中括号内的符号和数值为反应的平衡系数。

式中：$d = 4n+a-2b-3c$；

　　　s——转化成细胞的部分有机物；

　　　e——转化成沼气的部分有机物。

设：$s+e=1$

s 值随有机物成分、厌氧反应器中污泥泥龄 $\theta_c(\mathrm{d})$ 和微生物细胞的自身氧化系数 $k_d(1/\mathrm{d})$ 而变化：

$$s = a_e \frac{(1 + 0.2 k_d \theta_c)}{(1 + k_d \theta_c)} \qquad （3-83）$$

式中：0.2——细胞不可降解的系数；

　　　　a_e——转化成微生物细胞的有机物的最大系数值。

几种废物厌氧消化的 a_e 值（以 COD 计的比值）如表 3-14 所示。

表 3-14　几种废物组分厌氧消化的 a_e 值

废物组分	碳水化合物	蛋白质	脂肪酸	生活污水污泥
化学分子式	$C_6H_5O_5$	$C_{16}H_{24}O_5N_4$	$C_{16}H_{32}O_2$	$C_{10}H_{19}O_3N$
a_e	0.28	0.08	0.06	0.11

厌氧生物处理是一个复杂的微生物化学过程，依靠三大主要类群的细菌，即水解产酸细菌、产氢产乙酸细菌和产甲烷细菌的联合作用完成。因而粗略地将厌氧消化过程划分为三个连续的阶段，即水解酸化阶段、产氢产乙酸阶段和产甲烷阶段，如图 3-55 所示。

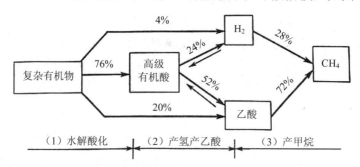

图 3-55　厌氧消化的三个阶段和 COD 转化率

第一阶段为水解酸化阶段。复杂的大分子、不溶性有机物先在细胞外酶的作用下水解为小分子、溶解性有机物，然后渗入细胞体内，分解产生挥发性有机酸、醇类、醛类等。这个阶段主要产生较高级脂肪酸。

碳水化合物、脂肪和蛋白质的水解酸化过程分别为

多糖（如纤维素）低聚糖　$\xrightarrow[\text{细胞外酶}]{\text{水解}}$　单糖　$\xrightarrow[\text{产酸细菌}]{\text{酸化}}$　脂肪酸醇类 CO_2、H_2

脂肪　$\xrightarrow[\text{细胞外酶}]{\text{水解}}$　长链脂肪酸甘油　$\xrightarrow[\text{产酸细菌}]{\text{酸化}}$　短链脂肪酸丙酮酸 CH_4、CO_2

蛋白质　$\xrightarrow[\text{细胞外酶}]{\text{水解}}$　氨基酸　$\xrightarrow[\text{产酸细菌}]{\text{酸化}}$　脂肪酸胺 NH_3、CH_4、CO_2、H_2S

胨→陈→多肽→二肽

由于简单碳水化合物的分解产酸作用，要比含氮有机物的分解产氨作用迅速，故蛋白质的分解在碳水化合物分解后产生。

含氮有机物分解产生的 NH_3 除了提供合成细胞物质的氮源外，在水中部分电离，形成 NH_4HCO_3，具有缓冲消化液 pH 的作用，故有时也把继碳水化合物分解后的蛋白质分解产氨过程称为酸性减退期，反应为

$$NH_3 \xrightarrow{+H_2O} NH_4^+ + OH^- \xrightarrow{+CO_2} NH_4HCO_3$$

$$NH_4HCO_3 + CH_3COOH \longrightarrow CH_3COONH_4 + H_2O + CO_2$$

第二阶段为产氢产乙酸阶段。在产氢产乙酸细菌的作用下，第一阶段产生的各种有机酸被分解转化成乙酸和 H_2，在降解奇数碳元素有机酸时还形成 CO_2，如：

$$\underset{(戊酸)}{CH_3CH_2CH_2CH_2COOH} + 2H_2O \longrightarrow \underset{(丙酸)}{CH_3CH_2COOH} + \underset{(乙酸)}{CH_3COOH} + 2H_2$$

$$\underset{(丙酸)}{CH_3CH_2COOH} + 2H_2O \longrightarrow \underset{(乙酸)}{CH_3COOH} + 3H_2 + CO_2$$

第三阶段为产甲烷阶段。产甲烷细菌将乙酸、乙酸盐、CO_2 和 H_2 等转化为甲烷。此过程由两组生理上不同的产甲烷菌完成，一组把氢和二氧化碳转化成甲烷，另一组从乙酸或乙酸盐脱羧产生甲烷，前者约占总量的 1/3，后者约占 2/3，反应式为

$$4H_2 + CO_2 \xrightarrow{产甲烷菌} CH_4 + 2H_2O \qquad (占 1/3)$$

$$\left.\begin{array}{l} CH_3COOH \xrightarrow{产甲烷菌} 2CH_4 + 2CO_2 \\ CH_3COONH_4 + H_2O \xrightarrow{产甲烷菌} CH_4 + NH_4HCO_3 \end{array}\right\} (占 2/3)$$

上述三个阶段的反应速度依废水性质而异，在含纤维素、半纤维素、果胶和脂类等污染物为主的废水中，水解易成为速度限制步骤；简单的糖类、淀粉、氨基酸和一般的蛋白质均能被微生物迅速分解，对含这类有机物为主的废水，产甲烷易成为限速阶段。

虽然厌氧消化过程可分为以上三个阶段，但是在厌氧反应器中，三个阶段是同时进行的，并保持某种程度的动态平衡，这种动态平衡一旦被 pH、温度、有机负荷等外加因素破坏，则首先将使产甲烷阶段受到抑制，其结果会导致低级脂肪酸的积存和厌氧进程的异常变化，甚至会导致整个厌氧消化过程停滞。

二、影响因素

厌氧法对环境条件的要求比好氧法更严格。一般认为，控制厌氧处理效率的基本因素有两类：一类是基础因素，包括微生物量（污泥浓度）、营养比、混合接触状况、有机负荷等；另一类是环境因素，如温度、pH、氧化还原电位、有毒物质等。

由厌氧法的基本原理可知，厌氧过程要通过多种生理上不同的微生物类群联合作用来完成。如果把产甲烷阶段以前的所有微生物统称为不产甲烷菌，则它包括厌氧细菌和兼性细菌，尤以兼性细菌居多。与产甲烷菌相比，不产甲烷菌对 pH、温度、厌氧条件等外界

环境因素的变化具有较强的适应性，且其增殖速度快。而产甲烷菌是一群非常特殊的、严格厌氧的细菌，它们对生长环境条件的要求比不产甲烷菌更严格，而且其繁殖的世代期更长。因此，产甲烷细菌是决定厌氧消化效率和成败的主要微生物，产甲烷阶段又常是厌氧过程速率的限制步骤。正因为此，在讨论厌氧过程的影响因素时，多以产甲烷菌的生理、生态特征来说明。

1. 温度

温度是影响微生物生存及生物化学反应最重要的因素之一。各类微生物适宜的温度范围是不同的，一般认为，产甲烷菌的温度范围为 5～60℃，在 35℃ 和 53℃ 上下可以分别获得较高的消化效率，温度为 40～45℃ 时，厌氧消化效率较低，如图 3-56 所示。由此可见，各种产甲烷菌的适宜温度区域不一致，而且最适温度范围较小。根据产甲烷菌适宜温度条件的不同，厌氧法可分为常温消化、中温消化和高温消化 3 种类型。①常温厌氧消化，指在自然气温或水温下进行废水厌氧处理的工艺，适宜温度范围为 10～30℃。②中温消化，适宜温度为 35～38℃，若低于 32℃ 或者高于 40℃，厌氧消化的效率即趋向明显地降低。③高温厌氧消化，适宜温度为 50～55℃。

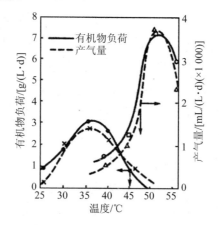

图 3-56   温度对消化的影响

上述适宜温度有时因其他工艺条件的不同而有某种程度的差异，如反应器内较高的污泥浓度，即较高的微生物酶浓度，则使温度的影响不易显露出来。在一定温度范围内，温度提高，有机物去除率提高，产气量提高。一般认为，高温消化比中温消化沼气产量约高一倍。温度的高低不仅影响沼气的产量，而且影响沼气中甲烷的含量和厌氧消化污泥的性质，对不同性质的底物影响程度不同。

温度对反应速度的影响同样是明显的。一般来说，在其他工艺条件相同的情况下，温度每上升 10℃，反应速度就增加 2～4 倍。因此，高温消化期比中温消化期短。温度对反应速度的影响可用 Arrhenius 关系式描述。O'rourke 研究了温度 T 对含高浓度脂类物质混合废水甲烷发酵的影响，提出以下经验公式：

$$(k)_T=6.67\times10^{-0.015\,(35-T)} \tag{3-84}$$

式中：$(k)_T$——温度 T（℃）时的反应速率常数，d^{-1}。

该式适用于温度在 20～35℃ 范围以内。

温度的急剧变化和上下波动不利于厌氧消化作用。短时内温度升降5℃，沼气产量明显下降，波动的幅度过大时，甚至停止产气。温度的波动，不仅影响沼气产量，还影响沼气中的甲烷含量，尤其高温消化对温度变化更为敏感。因此在设计消化反应器时常采取一定的控温措施，尽可能使消化反应器在恒温下运行，温度变化幅度不超过 2～3℃/h。然而，温度的暂时性突然降低不会使厌氧消化系统遭受根本性的破坏，温度一经恢复到原来水平时，处理效率和产气量也随之恢复，只是温度降低持续的时间较长时，恢复所需时间也相应延长。

2. pH

每种微生物可在一定的 pH 范围内活动，产酸细菌对酸碱度不及甲烷细菌敏感，其适宜的 pH 范围较广，在 4.5～10.0。产甲烷菌要求环境介质 pH 在中性附近，适宜的 pH 范围为 6.6～7.4（最适在 7.0～7.2）。pH 对产甲烷菌活性的影响见图 3-57。在厌氧法处理废水的应用中，由于产酸和产甲烷大多在同一构筑物内进行，故为了维持平衡，避免过多的酸积累，常保持反应器内的 pH 在 6.5～7.5（最好在 6.8～7.2）的范围内。

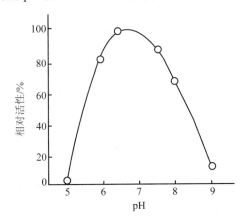

图 3-57　pH 对产甲烷菌活性的影响

pH 条件失常首先使产氢产乙酸作用和产甲烷作用受抑制，使产酸过程所形成的有机酸不能被正常地代谢降解，从而使整个消化过程的各阶段间的协调平衡丧失。若 pH 降到 5 以下，对产甲烷菌毒性较大，同时产酸作用本身也受抑制，整个厌氧消化过程即停滞。即使 pH 恢复到 7.0 左右，厌氧装置的处理能力仍不易恢复，而在稍高 pH 时，只要恢复中性，产甲烷菌能较快地恢复活性。所以厌氧装置适宜在中性或稍偏碱性的状态下运行。

在厌氧消化过程中，pH 的升降变化除了外界因素的影响之外，还取决于有机物代谢过程中某些产物的增减。产酸作用产物有机酸的增加，会使 pH 下降，而含氮有机物分解产物氨的增加，会引起 pH 升高。

在 pH 为 6～8 时，控制消化液 pH 的主要化学系统是二氧化碳-重碳酸盐缓冲系统。它们通过下列平衡式而影响消化液的 pH：

$$CO_2 + H_2O \rightleftharpoons H_2CO_3 \rightleftharpoons H^+ + HCO_3^-$$

$$pH = pK_1 + \lg\frac{[HCO_3^-]}{[H_2CO_3]} = pK_1 + \lg\frac{[HCO_3^-]}{K_2[CO_2]}$$

式中：K_1——碳酸的一级电离常数；

K_2——H_2CO_3 与 CO_2 的平衡常数。

在厌氧反应器中，pH、碳酸氢盐碱度及 CO_2 之间的关系见图 3-58。

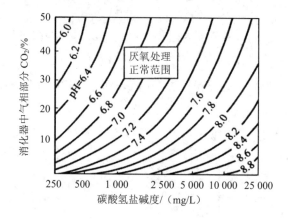

图 3-58　pH 与碳酸氢盐碱度之间的关系

从以上可以看出，在厌氧处理中，pH 除受进水的 pH 影响外，主要取决于代谢过程中自然建立的缓冲平衡，即取决于挥发酸、碱度、CO_2、氨氮、氢之间的平衡。

由于消化液中存在氢氧化铵、碳酸氢盐等缓冲物质。pH 难以判断消化液中的挥发酸积累程度，一旦挥发酸的积累量足以引起消化液 pH 的下降时，系统中碱度的缓冲能力已经丧失，系统工作已经相当紊乱。所以在生产运转中挥发酸浓度及碱度常作为管理指标更符合实际情况。

3. 氧化还原电位

无氧环境是严格厌氧产甲烷菌繁殖的最基本条件之一。产甲烷菌对氧和氧化剂非常敏感，这是因为它不像好氧菌那样具有过氧化氢酶。对厌氧反应器介质中的氧浓度可根据浓度与电位的关系判断，即由氧化还原电位表达。氧化还原电位与氧浓度的关系可用 Nernst 方程确定。研究表明，产甲烷菌初始繁殖的环境条件是氧化还原电位不能高于 $-330\ mV$，按 Nernst 方程计算，相当于 $2.36 \times 10^{56}\ L$ 水中有 $1\ mol$ 氧，可见产甲烷菌对介质中分子氧极为敏感。

在厌氧消化全过程中，不产甲烷阶段可在兼氧条件下完成，氧化还原电位为 $+0.1 \sim$

$-0.1\ V$；而在产甲烷阶段，氧化还原电位需控制为$-0.3\sim-0.35\ V$（中温消化）与$-0.56\sim-0.6\ V$（高温消化），常温消化与中温相近。产甲烷阶段氧化还原电位的临界值为$-0.2\ V$。

氧是影响厌氧反应器中氧化还原电位条件的重要因素，但不是唯一因素。挥发性有机酸的增减、pH 的升降以及铵离子浓度的高低等因素均影响系统的还原强度。如 pH 低，氧化还原电位高；pH 高，氧化还原电位低。

4. 有机负荷

在厌氧法中，有机负荷通常指容积有机负荷，简称容积负荷，即消化反应器单位有效容积每天接受的有机物量[kg COD/（$m^3 \cdot d$）]。对悬浮生长工艺，也有用污泥负荷表达的，即 kg COD/（kg 污泥$\cdot d$）；在污泥消化中，有机负荷习惯上以投配率或进料率表达，即每天所投加的湿污泥体积占消化反应器有效容积的百分数。由于各种湿污泥的含水率、挥发组分不尽一致，投配率不能反映实际的有机负荷，为此，又引入单位有效容积每天接受的挥发性固体重量这一参数，即 kg MLVSS/（$m^3 \cdot d$）。

有机负荷是影响厌氧消化效率的一个重要因素，直接影响产气量和处理效率。在一定范围内，随着有机负荷的提高，产气率即单位重量物料的产气量趋向下降，而消化反应器的容积产气量则增多，反之亦然。对于具体应用场合，进料的有机物浓度是一定的，有机负荷或投配率的提高意味着停留时间缩短，则有机物分解率将下降，势必使单位重量物料的产气量减少。但因反应器相对的处理量增多了，单位容积的产气量将提高。

如前所述，厌氧处理系统正常运转取决于产酸与产甲烷反应速率的相对平衡。一般产酸速度大于产甲烷速度，若有机负荷过高，则产酸率将大于用酸（产甲烷）率，挥发酸将累积而使 pH 下降、破坏产甲烷阶段的正常进行，严重时产甲烷作用停顿，系统失败，并难以调整复苏。此外，有机负荷过高，则过高的水力负荷还会使消化系统中污泥的流失速率大于增长速率而降低消化效率。这种影响在常规厌氧消化工艺中更加突出。相反，若有机负荷过低，物料产气率或有机物去除率虽可提高，但容积产气率降低，反应器容积将增大，使消化设备的利用效率降低，投资和运行费用提高。

有机负荷值因工艺类型、运行条件以及废水废物的种类及其浓度而异。在通常的情况下，常规厌氧消化工艺中温处理高浓度工业废水的有机负荷为 $2\sim3$ kg COD/（$m^3 \cdot d$），在高温下为 $4\sim6$ kg COD/（$m^3 \cdot d$）。上流式厌氧污泥床反应器、厌氧滤池、厌氧流化床等新型厌氧工艺的有机负荷在中温下为 $5\sim15$ kg COD/（$m^3 \cdot d$），可高达 30 kg COD/（$m^3 \cdot d$）。在处理具体废水时，最好通过试验来确定其最适宜的有机负荷。

5. 厌氧活性污泥性能

厌氧活性污泥主要由厌氧微生物及其代谢的和吸附的有机物、无机物组成。厌氧活性污泥的浓度和性状与消化的效能有密切的关系。性状良好的污泥是厌氧消化效率的基础保证。厌氧活性污泥的性质主要表现为它的作用效能与沉淀性能，前者主要取决于活微生物的比例及其对底物的适应性和活微生物中生长速率低的产甲烷菌的数量是否达到与不产甲烷菌数量相适应的水平。活性污泥的沉淀性能是指污泥混合液在静止状态下的沉降速度,它与污泥的凝聚性有关。与好氧处理一样,厌氧活性污泥的沉淀性能也用 SVI 衡量。G. Lettinga 认为在上流式厌氧污泥床反应器中,当活性污泥的 SVI 为 15～20 mL/g 时,污泥具有良好的沉淀性能。

厌氧处理时,废水中的有机物主要靠活性污泥中的微生物分解去除,故在一定的范围内,活性污泥浓度越高,厌氧消化的效率也越高。但至一定程度后,效率的提高不再明显。这主要是因为:厌氧污泥的生长率低、增长速度慢,积累时间过长后,污泥中无机成分比例增高,活性降低;污泥浓度过高时易于引起堵塞而影响正常运行。图 3-59 和图 3-60 分别说明污泥浓度与最高处理量和产气量之间的关系。

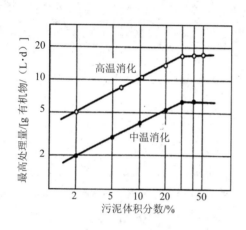

图 3-59　消化池内污泥浓度与最高处理量之间的关系(乙醇蒸馏废水)

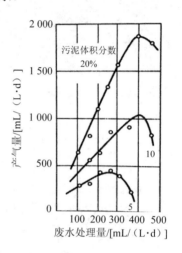

图 3-60　消化池内污泥浓度与产气量的关系(洗毛废水,中温消化)

6. 搅拌和混合

混合搅拌也是提高消化效率的工艺条件之一。没有搅拌的厌氧消化池,池内料液常有分层现象。通过搅拌可消除池内浓度梯度,增加食料与微生物之间的接触,避免产生分层,促进沼气分离。在连续投料的消化池中,还使进料迅速与池中原有料液相混匀,如图 3-61所示。

采用搅拌措施能显著地提高消化的效率,如图 3-62 所示,故在传统厌氧消化工艺中,也将有搅拌的消化反应器称为高效消化反应器。但是对消化反应器的混合搅拌程度与强度,尚有不同的观点,如对于混合搅拌与产气量的关系,有资料说明,适当搅拌优于频频搅拌,也有资料说明,频频搅拌为好。一般认为,产甲烷菌的生长需要相对较宁静的环境,巴斯韦尔曾指出:消化池的每次搅拌时间不应超过 1 h。Крелис 认为消化器内的物质移动速度不宜超过 0.5 m/s,因为这是微生物生命活动的临界速度。搅拌的作用还与污水废物的性状有关。当含不溶性物质较多时,因易于生成浮渣,搅拌的功效更加显著;对可溶性废物或易消化悬浮固体的污水，搅拌的功效也相对地小一些。

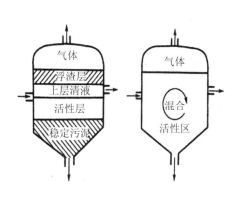

图 3-61　消化池的静止与混合状态

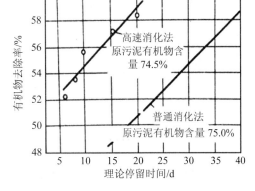

图 3-62　普通消化法与高速消化法的有机物去除率

搅拌的方法有：①机械搅拌器搅拌法；②消化液循环搅拌法；③沼气循环搅拌法等。其中沼气循环搅拌，还有利于使沼气中的 CO_2 作为产甲烷的底物被细菌利用，提高甲烷的产量。厌氧滤池和上流式厌氧污泥床等厌氧消化设备，虽没有专设搅拌装置，但上流向料液连续投入，通过液流及其扩散作用，也起到一定程度的搅拌作用。

7．废水的营养比

厌氧微生物的生长繁殖需按一定的比例摄取碳、氮、磷以及其他微量元素。工程上主要控制进料的碳、氮、磷比例，因为其他营养元素不足的情况较少见。不同的微生物，在不同的环境条件下所需的碳、氮、磷比例不完全一致。一般认为，厌氧法中 COD：N：P 控制为 200～400：5：1 为宜，此比值大于好氧法中的 100：5：1，这与厌氧微生物对碳素养分的利用率较好氧微生物低有关。在碳、氮、磷比例中，碳、氮比例对厌氧消化的影响更为重要。研究表明，合适的 C/N 为 10～18：1，如图 3-63 和图 3-64 所示。

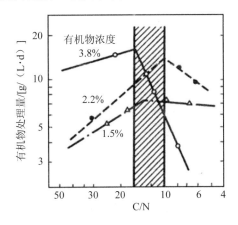

图 3-63　C/N 与处理量的关系

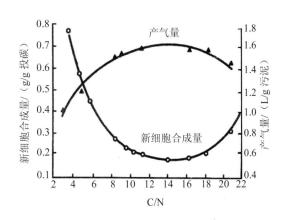

图 3-64　C/N 与新细胞合成量及产气量的关系

在厌氧处理时提供氮源，除满足合成菌体所需之外，还有利于提高反应器的缓冲能力。

若氮源不足，即碳氮比太高，则不仅厌氧菌增殖缓慢，而且消化液的缓冲能力降低，pH容易下降。相反，若氮源过剩，即碳氮比太低，氮不能被充分利用，将导致系统中氨的过分积累，pH 上升至 8.0 以上，而抑制产甲烷菌的生长繁殖，使消化效率降低。

8. 有毒物质

厌氧系统中的有毒物质会不同程度地对生化过程产生抑制作用，这些物质可能是进水中所含成分，或是厌氧菌代谢的副产物，通常包括有毒有机物、重金属离子和一些阴离子等。对有机物来说，带醛基、双键、氯取代基、苯环等结构，往往具有抑制性。五氯苯酚和半纤维素衍生物，主要抑制产乙酸和产甲烷细菌的活动。重金属被认为是使反应器失效的最普通及最主要的因素，它通过与微生物酶中的巯基、氨基、羧基等相结合，而使酶失活，或者通过金属氢氧化物凝聚作用使酶沉淀。据资料，金属离子对产甲烷菌的影响按 $Cr>Cu>Zn>Cd>Ni$ 的顺序减少。氨是厌氧过程中的营养物和缓冲剂，但高浓度时也产生抑制作用，其机理与重金属不同，是由 NH_4^+ 浓度增高和 pH 上升两方面所产生的，主要影响产甲烷阶段，抑制作用可逆。据资料，当 NH_3-N 质量浓度在 $1500\sim3\,000$ mg/L 时，在碱性 pH 下有抑制作用，当质量浓度超过 $3\,000$ mg/L 时，则不论 pH 如何，铵离子都有毒。过量的硫化物存在也会对厌氧过程产生强烈的抑制。首先，由硫酸盐等还原为硫化物的反硫化过程与产甲烷过程争夺有机物氧化脱下来的氢。其次，当介质中可溶性硫化物积累后，会对细菌细胞的功能产生直接抑制，使产甲烷菌的种群减少。但当与重金属离子共存时，因形成硫化物沉淀而使毒性减轻。据资料介绍，当硫含量在 100 mg/L 时，对产甲烷过程有抑制，超过 200 mg/L 抑制作用十分明显。硫的其他形式化合物，如 SO_2、SO_4^{2-} 等对厌氧过程也有抑制。

有毒物质的最高容许浓度与处理系统的运行方式、污泥驯化程度、废水特性、操作控制条件等因素有关。

三、厌氧处理工艺及设备

厌氧处理工艺有多种类型，按微生物生长状态分为厌氧活性污泥法和厌氧生物膜法；厌氧活性污泥工艺和设备包括普通厌氧消化池、厌氧接触工艺、上流式厌氧污泥床反应器、厌氧颗粒膨胀床反应器、厌氧内循环反应器、厌氧膜生物反应器等；厌氧生物膜工艺和设备包括厌氧生物滤池、厌氧膨胀床反应器、厌氧流化床、厌氧生物转盘等。

1. 普通厌氧消化池

普通厌氧消化池即传统的完全混合反应器（complete stirred tank reactor, CSTR），属于第一代厌氧反应器。从发展情况来看，厌氧消化池经历了两个发展阶段，即第一阶段的传统消化池和第二阶段的高速消化池，二者的区别在于池内有无搅拌设施。

（1）基本构造

普通厌氧消化池的构造常采用密闭的圆柱形池，池径从几米至三四十米，柱高与直径之比约为 1/2；池底呈圆锥形，以利排泥；池顶加盖，以保证良好的厌氧条件；通常池中设有搅拌和加热装置，一般情况下每隔 2～4 h 搅拌 1 次，在排放消化液时，停止搅拌，经沉淀分离后排出上清液。

常用搅拌方式有 3 种：①池内机械搅拌：机械搅拌的方法有泵搅拌、螺旋桨式搅拌和水射器搅拌。②沼气搅拌：利用消化池自身产生的一部分沼气，由压缩机从池顶抽出经加压后，再从池底充入，达到搅拌和混合的目的。沼气搅拌的方法主要有气提式搅拌、竖管式搅拌和气体扩散式搅拌。③循环消化液搅拌：池内设有射流器，由池外水泵压送的循环消化液经射流器喷射，在喉管处造成真空，吸进一部分池中的消化液，从而形成较强烈的搅拌效果。

螺旋桨搅拌的消化池和循环消化液搅拌式消化池分别见图 3-65 和图 3-66。

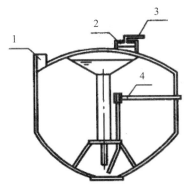
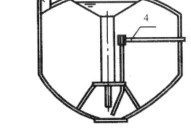

1—检修口；2—集气罩；3—出水管；4—污泥管

图 3-65　螺旋桨搅拌的消化池　　　　图 3-66　循环消化液搅拌式消化池

常用加热方式有 3 种：①废水在消化池外先经热交换器预热到定温再进入消化池；②用热蒸汽直接在消化反应器内加热；③在消化池内部安装热交换管。其中①和③两种方式可利用热水、蒸汽或热烟气等废热源加热。

（2）工作原理

待处理的生污泥或废水从池上部或顶部投入池内，借助于消化池内的厌氧活性污泥，使生污泥或废水中的有机污染物转化为生物气（沼气），处理后的熟污泥从池底排出，废水经沉淀分离后排出。

（3）设备特点

普通厌氧消化池可直接处理悬浮固体含量较高或颗粒较大的料液，厌氧消化反应与固液分离在同一个池内实现，结构较简单。但其缺点是：缺乏持留或补充厌氧活性污泥的特殊装置，消化反应器中难以保持大量的微生物浓度；对无搅拌的消化反应器，还存在料液的分层现象严重，微生物不能与料液充分接触，温度也不均匀，消化效率低等问题。

（4）设计参数：普通消化池的容积负荷：中温一般为 2～3 kg COD/（m³·d），高温一般为 5～6 kg COD/（m³·d），停留时间为 10～30 d。

2．厌氧接触工艺

（1）工艺流程

厌氧接触工艺主要由普通厌氧消化池（接触池）、脱气器、沉淀分离和回流装置组成，见图 3-67。

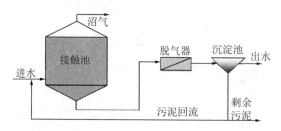

图 3-67　厌氧接触法的工艺流程

（2）工作原理

废水进入厌氧消化池后，利用池内大量厌氧微生物降解废水中的有机物，池中设有搅拌装置，泥水混合液进入沉淀分离装置进行分离，污泥按照一定比例回流至厌氧消化池，使池内存有大量的厌氧活性污泥，反应器中厌氧污泥的停留时间大于水力停留时间，提高了负荷与处理效率。

为了提高沉淀池中混合液的固液分离效果，目前采用以下几种方法脱气：①真空脱气，由消化池排出的混合液经真空脱气器（真空度为 5 kPa），将污泥絮体上的气泡除去，改善污泥的沉淀性；②热交换器急冷法，将从消化池排出的混合液进行急速冷却，如中温消化液从 35℃冷到 15～25℃，可以控制污泥继续产气，使厌氧污泥有效地沉淀；③絮凝沉淀，向混合液中投加絮凝剂，使厌氧污泥凝聚成大颗粒，加速沉降；④用超滤器代替沉淀池，以改善固液分离效果。

（3）工艺特点

厌氧接触工艺的水力停留时间比普通消化池大大缩短，如常温下，普通消化池为 10～30 d，而接触工艺小于 10 d；可以直接处理悬浮固体含量较高或颗粒较大的料液，不存在堵塞问题；混合液经沉淀后，出水水质好，但需增加沉淀池、污泥回流和脱气等设备，此外，还存在混合液难于在沉淀池中进行固液分离的缺点。

混合液在沉淀池中难以实现固液分离的原因主要表现在两个方面：一是由于混合液中的污泥上附着大量的微小沼气泡，易于引起污泥上浮；二是由于混合液中的污泥仍具有产甲烷活性，在沉淀过程中仍能继续产气，妨碍污泥颗粒的沉降和压缩。

（4）设计参数

厌氧接触消化池可采用容积负荷或污泥负荷法进行设计计算。其设计负荷及池内的 MLVSS 可以通过实验确定，也可以利用已有的经验数据，一般容积负荷为 2～6 kg COD/

（m³·d），污泥负荷一般不超过 0.25 kg COD/（kg VSS·d），池内 MLVSS 一般为 6～10 g/L。污泥的回流比可通过试验确定，一般取 2～3；沉淀池内表面负荷应比一般废水沉淀池表面负荷小，一般不大于 1 m²/h，混合液在沉淀池内停留时间比 一般废水沉淀时间要长，可采用 4 h。

3. 厌氧滤池（AF）

（1）基本构造

AF 反应器包括池体、滤料、布水设备以及排水、排泥设备等，其工艺如图 3-68 所示。结构和原理类似于好氧生物滤床。厌氧生物滤池一般呈圆柱形，池内装放填料，所采用的填料以硬性填料如砂石、塑料波纹板等为主。厌氧生物滤池按其水流方向可分为升流式和降流式生物滤池。废水从池底进入，从池上部排出，称升流式厌氧滤池；废水从池上部进入，以降流的形式流过填料层，从池底部排出，称降流式厌氧滤池，一般采用升流式。

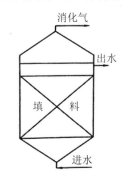

图 3-68 AF 反应器示意图

（2）工作原理

厌氧微生物部分附着生长在填料上，形成厌氧生物膜，部分在填料孔隙间处于悬浮状态；废水流过被淹没的填料，污染物被去除并产生沼气，沼气从池顶部排出，池中的生物膜不断地进行新陈代谢，脱落的生物膜随出水流出池外。

（3）设备特点

由于填料为微生物附着生长提供了较大的表面积，滤池中的微生物量较高，生物膜停留时间长，平均停留时间长达 100 d 左右，且耐冲击负荷能力强；废水与生物膜两相接触面大，强化了传质过程，因而有机物去除速度快；微生物以固着生长为主，不易流失，不需污泥回流和搅拌设备；停止运行后再启动比前述厌氧工艺法时间短。但 AF 在运行中常出现堵塞和短流现象，且需要大量的填料和对填料进行定期清洗，增加了处理成本。在负荷较低时，能够取得良好的处理效果。

（4）设计参数

在相同的温度下，厌氧滤池的负荷高出厌氧接触工艺 2～3 倍，容积负荷为 2～16 kg COD/（m³·d），水力停留时间可取 12～96 h（国外部分大型厌氧生物滤池的设计参考

值）；厌氧污泥浓度可达到 10～20 g VSS/L；填料层高度：对于拳状填料，高度不超过 1.2 m
为宜；对于塑料填料，高度以 1～6 m 为宜，填料的支承板采用多孔板或竹子板。

4．上流式厌氧污泥床反应器（UASB）

（1）基本构造

UASB 反应器内没有载体，是一种悬浮生长型的反应器，其构造如图 3-69 所示。由反
应区、沉淀区和气室三部分组成。在反应器的底部是浓度较高的颗粒污泥区，称污泥床，
在污泥床上部是浓度较低的悬浮污泥层；通常把颗粒污泥层和悬浮污泥层统称为反应区。
在反应区上部设有气、液、固三相分离器，沉淀区下部的污泥沿着斜壁返回到反应区内。
在一定的水力负荷下，绝大部分颗粒污泥能保留在反应区内，使反应区具有足够的污泥量。

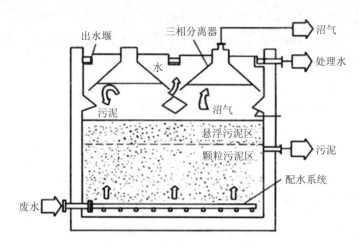

图 3-69　UASB 反应器示意图

UASB 反应器的三相分离器的构造有多种型式，到目前为止，大型生产上采用的三相
分离器多为专利。图 3-70 是几种三相分离器示意图，图中（c）、（d）分别为德国专利结构，
其特点是使混合液上升和污泥回流严格分开，有利于污泥絮凝沉淀和污泥回流，图（c）
中设有浮泥挡板，使浮渣不能进入沉淀区。

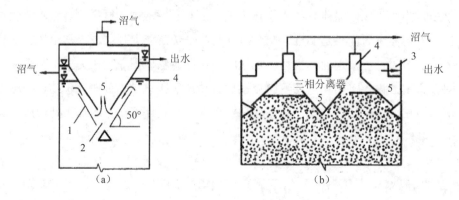

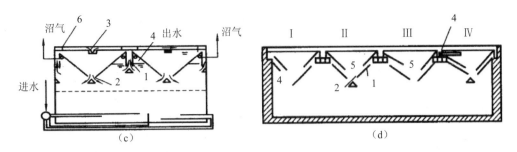

1—气、固混合液通道；2—污泥回流；3—集水槽；4—气室；5—沉淀区；6—浮泥挡板

图 3-70　三相分离器示意图

　　UASB 反应器的进水常采用穿孔管布水和脉冲进水。图 3-71 是德国专利所介绍的进水系统平面分布及配水设备示意图。在反应器的底平面上均匀设置许多布水管（管口高度不同），从水泵来的水通过配水设备流进布水管，从管口流出。这种布水对反应器来说是连续进水而对每个布水点而言则是间隙进水，布水管的瞬间流量与整个反应器流量相等。

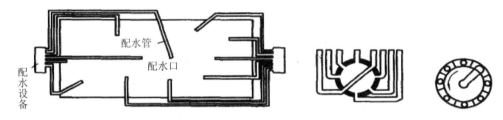

（a）进水系统平面分布示意　　　（b）配水系统示意　（c）可旋转的配水管配水示意

图 3-71　进水系统示意图

　　（2）工作原理

　　废水从污泥床底部进入（一般采用多点进水，使进水较均匀地分布在污泥床断面上），与污泥床（污泥浓度较高的颗粒污泥层）中的污泥进行混合接触，上流式厌氧污泥床的混合是靠上流的水流和消化过程产生的沼气泡来完成的。微生物分解废水中的有机物产生沼气，微小沼气泡在上升过程中，不断合并逐渐形成较大的气泡，由于气泡上升产生较强烈的搅动，在污泥床上部形成悬浮污泥层。气、水、泥的混合液上升至三相分离器内，沼气气泡碰到分离器下部的反射板时，折向气室而被有效地分离排出；污泥和水则经孔道进入三相分离器的沉淀区，在重力作用下泥水分离，上清液从沉淀区上部排出。

　　UASB 反应器中颗粒污泥层高度约为反应区总高度的1/3，但其污泥量约占全部污泥量的 2/3 以上。由于颗粒污泥层中的污泥量比悬浮层大，底物浓度高，酶的活性也高，有机物的代谢速度较快，因此，大部分有机物（80%以上）在颗粒污泥层被去除，有机物总去除率可达 90%以上。虽然悬浮层去除的有机物量不大，但是其高度对混合程度、产气量和过程稳定性至关重要，因此，应保证适当悬浮层高度。

（3）设备特点

反应器内污泥质量浓度高，一般平均为 30~40 g/L，其中底部污泥床污泥质量浓度为 60~80 g/L，污泥悬浮层污泥质量浓度为 5~7 g/L；有机负荷高，水力停留时间短；一般无污泥回流设备；无混合搅拌设备，投产运行正常后，利用本身产生的沼气和进水来搅动；污泥床内不填载体，既节省造价又避免堵塞。但反应器内有短流现象，影响处理效率；进水中有机悬浮固体不宜太高，以免对污泥颗粒化不利或减少反应区的有效容积，甚至引起堵塞；运行启动时间长，对水质和负荷突然变化比较敏感。

（4）工艺设计

UASB 反应器的工艺设计主要包括 3 个方面的内容：反应区的设计、配水系统的设计和分离出流区的设计。

1）反应区设计：UASB 的反应区一般建造成圆筒形，反应区的有效容积通常可根据有机物容积负荷确定：

$$V = \frac{24Q\rho_0}{L_v} \qquad (3-85)$$

式中：V——反应区的有效容积，m^3；

ρ_0——进水有机物质量浓度，$kg\ COD/m^3$；

Q——设计进水量，m^3/h；

L_v——反应区的有机物容积负荷，$kg\ COD/(m^3 \cdot d)$。

在中温条件时，COD 容积负荷一般为 10~20 kg COD/($m^3 \cdot d$)，水力停留时间一般为 2.5~48 h，大部分在 12 h 以上；对于难降解有机废水，容积负荷可取 0.5~2.0 kg COD/($m^3 \cdot d$)，水力停留时间可延长至 5~10 d。

反应区的高度和断面积的确定，常用的高度为 3~6 m，断面积与水力表面负荷的关系为：

$$A = \frac{Q}{q_f} \qquad (3-86)$$

式中：A——反应区断面面积，m^3；

q_f——水力表面负荷，$m^3/(m^2 \cdot h)$。

水力表面负荷直接影响三相分离器的固、气、液分离效果。该值太大时，悬浮物沉降不好，会造成污泥流失，严重时，还会破坏污泥床层结构的稳定性。为保证良好的沉降分离效果，水力表面负荷一般为 0.25~1.00 $m^3/(m^2 \cdot h)$，通常采用 0.2~0.5 $m^3/(m^2 \cdot h)$，或者更小。

反应区有效高度 $H=Q/A$，当 H 值太大或太小时，可适当调整 A 以求得合适的 H 值。

2）布水区设计：每个布水嘴的服务面积以不大于 5 m^2 为好，一般取 1~2 m^2。

3）分离出流区设计：如图 3-72 所示，为了便于沉降室内沉下的污泥能自动滑到反应区，倾斜板与水平面的夹角 α 可取 55°～60°。三相分离器的设计另行参考。

5. 厌氧流化床（AFB）

（1）基本构造

厌氧流化床如图 3-73 所示，主要由床体、小颗粒载体、出水循环回流泵组成。床体可采用圆形或矩形结构，床体内充填小粒径载体。常用的填充载体有石英砂、无烟煤、活性炭、聚氯乙烯颗粒、陶粒和沸石等，密度为 1.05～1.2 g/cm^3；粒径一般为 0.2～1 mm，大多为 3～500 μm。

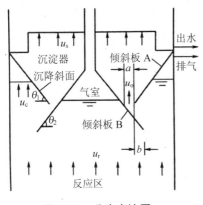

图 3-72　分离出流区

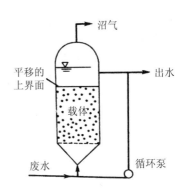

图 3-73　AFB 反应器示意

（2）工作原理

废水以一定流速从床底部流入，以升流式通过床体，与床中附着于载体上的厌氧微生物膜不断接触反应，达到厌氧生物降解的目的。床层上部保持一个清晰的泥水界面，产生的沼气于床顶部排出。为使填料层流态化，一般需用循环泵将部分出水回流，以提高床内水流的上升速度。流化床操作需要满足的首要条件是：颗粒上升流速即操作速度必须大于其临界流态化速度，而小于最大流态化速度。一般来说，最大流态化速度要比临界流化速度大 10 倍以上，实际操作中，上升流速只要控制在 1.2～1.5 倍临界流化速度即可满足生物流化床的运行要求。

（3）设备特点

①载体颗粒细，比表面积大，可高达 2 000～3 000 m^2/m^3，使床内具有很高的微生物浓度，因此有机物容积负荷大，一般为 10～40 kg COD/（m^3·d），水力停留时间短，具有较强的耐冲击负荷能力，运行稳定；②载体处于流化状态，无床层堵塞现象，对高、中、低浓度废水均表现出较好的效能；③载体流化时，废水与微生物之间接触面大，同时两者相对运动速度快，强化了传质过程，从而具有较高的有机物净化速度；④床内生物膜停留时间较长，剩余污泥量少；⑤结构紧凑，占地少以及基建投资省等。但载体流化耗能较大，且对系统的管理技术要求较高。

（4）设计参数

厌氧流化床的容积负荷可取 0.5～40 kg COD/（m³·d），水力停留时间（HRT）可取 0.5～48 h，一般处理难降解有机废水时 HRT 取高值。

6. 厌氧颗粒污泥膨胀床（EGSB）

（1）基本构造

EGSB 反应器多为塔形结构，主要由布水器、反应器主体、三相分离器、集气室及外部进水和出水循环系统等组成，见图 3-74。EGSB 反应器是厌氧流化床与 UASB 反应器两种技术的成功结合，与厌氧流化床的不同之处在于 EGSB 不需添加载体，而是以厌氧颗粒污泥为主，属于厌氧活性污泥处理工艺；与 UASB 的不同之处是 EGSB 采用的高径比更大，并增加了出水回流，上升流速高达 2.5～10 m/h，远大于 UASB（0.5～2.5 m/h）的上升流速，因此 EGSB 反应器中的颗粒污泥床处于部分或全部膨化状态。

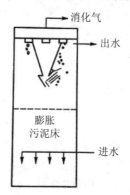

图 3-74　EGSB 反应器示意图

（2）工作原理

废水经过污水泵从底部布水进入反应器，废水中有机物充分与底部污泥接触，高水力负荷和高产气负荷使污泥与有机物充分混合，污泥处于充分的膨胀状态，传质速率高，大大提高了厌氧反应速率和有机负荷。所产生的沼气上升到顶部，经过三相分离器将污泥、污水和沼气分离开来。

（3）设备特点

EGSB 反应器除具有 UASB 反应器的优点外，还具有以下优点：高 COD 去除负荷；液体表面上升流速高使颗粒污泥床层处于膨胀状态，传质效率高，有利于基质和代谢产物在颗粒污泥内外的扩散、传递，保证了反应器在较高的容积负荷条件下正常运行；反应器具有较高的高径比，占地面积小；出水回流，反应器抗冲击负荷能力强。

（4）设计参数

上升流速 v_{up} 可取 2.5～10 m/h，反应器容积负荷可取 5～35 kg COD/（m³·d），高径比可取 5～10。

7．厌氧生物转盘（ARBCP）

（1）基本构造

厌氧生物转盘由盘片、密封的反应槽、转轴及驱动装置等组成，见图 3-75。厌氧生物转盘的构造与好氧生物转盘相似，不同之处在于盘片大部分（70%以上）或全部浸没在水中，为保证厌氧条件和收集沼气，整个生物转盘设在一个密闭的容器内。

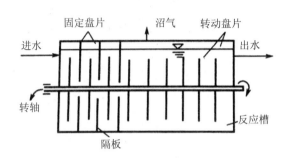

图 3-75　ARBCP 反应器示意图

（2）工作原理

厌氧生物转盘对废水的净化是靠盘片表面的生物膜和悬浮在反应槽中的厌氧菌完成，产生的沼气从反应槽顶排出。由于盘片的转动，作用在生物膜上的剪力可将老化的生物膜剥落，在水中呈悬浮状态，随水流出槽外。

（3）设备特点

厌氧生物转盘内微生物浓度高，因此有机物容积负荷高，水力停留时间短；无堵塞问题，可处理较高浓度的有机废水；一般不需回流，所以动力消耗低；耐冲击能力强，运行稳定，运转管理方便，但盘片造价高。

（4）设计参数

容积负荷一般为 20 kg TOC/（$m^3 \cdot d$）。

8．厌氧内循环反应器（IC）

（1）基本构造

IC 反应器实际上是由底部和上部两个 UASB 反应器串联叠加而成，见图 3-76。反应器高径比一般为 4～8，高度为 16～25 m。IC 反应器由混合区、颗粒污泥膨胀床区（第一厌氧区）、精处理区（第二厌氧区）、内循环系统和出水区 5 个部分组成，其中内循环系统是 IC 工艺的核心结构，由一级三相分离器、沼气提升管、气液分离器和泥水下降管等组成。

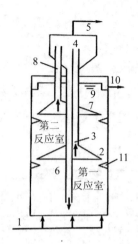

1—进水；2——一级三相分离器；3—沼气提升管；4—气液分离器；5—沼气排出管；6—回流管；

7——二级三相分离器；8—集气管；9—沉淀区；10—出水管；11—气封

图 3-76　IC 反应器示意

（2）工作原理

废水先进入反应器底部的混合区，与来自泥水下降管的内循环泥水混合液充分混合，然后进入颗粒污泥膨胀床（第一厌氧区和第二厌氧区）进行有机物的生化降解。第一厌氧区的 COD 容积负荷很高，大部分进水 COD 在此处被降解，产生大量沼气，并由一级三相分离器收集。

由于沼气气泡形成过程中对液体所做的膨胀功产生了气体提升作用，使沼气、污泥和水的混合物沿沼气提升管上升至反应器顶部的气液分离器，沼气在该处实现泥水分离并被导出处理系统，泥水混合物沿泥水下降管进入反应器底部的混合区，并与进水充分混合后进入污泥膨胀床区，形成内循环。根据不同的进水 COD 负荷和反应器的不同构造，内循环流量可达进水流量的 0.5～5 倍。经膨胀床处理后的废水除一部分参与内循环外，其余污水通过一级三相分离器后，进入精处理区的颗粒污泥床区进行剩余 COD 降解与产沼气过程，提高和保证了出水水质。由于大部分 COD 已被降解，所以精处理区的 COD 负荷较低，产气量也较小。该处产生的沼气由二级三相分离器收集，通过集气管进入气液分离器并被导出处理系统。经过精处理区处理后的废水经二级三相分离器作用后，上清液经出水区排走，颗粒污泥则返回精处理区污泥床。

（3）设备特点

①容积负荷率高，水力停留时间短。据报道，对低浓度有机废水（1 500～2 000 mg/L），容积负荷可达 20～24 kg COD/（m³·d），水力停留时间仅为 2～3 h。②对于处理相同 COD 总量的废水，IC 反应器体积相对 UASB 反应器体积更小，投资和占地更省。③由于 IC 反应器内生物量大，内循环液与进水混合均匀，所以系统抗冲击负荷能力强，运行稳定。此

外，由于内循环技术的采用，致使污泥活性高、增殖快，为反应器的快速启动提供了条件。④由于采用了内循环技术，IC 工艺可充分利用循环回流的碱度，有利于提高反应器 pH 的缓冲变化能力，从而节省进水的投碱量，降低运行费用。⑤IC 反应器效能高，HRT 短，为了能形成内循环，废水 COD 值宜在 1 500 mg/L 以上；进水碱度宜高些，这样易保证系统内 pH 在 7 左右，维持厌氧处理的适宜环境因素。

（4）设计参数

IC 反应器的容积负荷可取 10～30 kg COD/（m³·d），水力停留时间（HRT）可取 2～24 h，高径比一般为 4～8。

9. 厌氧序批式反应器（ASBR）

（1）基本构造与工作原理

ASBR 与好氧 SBR 工艺相似，不同之处在于反应器顶部密封，且增加了搅拌装置，见图 3-77。

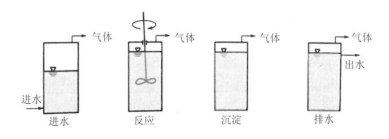

图 3-77　ASBR 反应器示意图

一个完整的运行操作周期按次序应分为四个阶段：进水、反应、沉降和排水（出水）。运行时，废水分批进入反应器，与其中的厌氧颗粒污泥发生生化反应，直到净化后的上清液排出，完成一个运行周期。

（2）工艺特点

ASBR 在运行过程中可根据废水水质、水量的变化，调整一个运行周期中各工序的时间而满足出水水质要求，具有很强的运行操作灵活性和处理效果稳定性；ASBR 中易培养出世代时间长、产甲烷活性高、沉降性好的颗粒污泥；该反应器所需体积比连续流工艺所需体积大，但不需单设沉淀池及布水和回流系统，也不会出现短流现象。

ASBR 能够在 5～65℃范围内有效操作，能够在低温和常温（5～25℃）下处理低浓度（COD 质量浓度＜1 000 mg/L）废水。

（3）设计参数

根据进水浓度设计有机负荷，在中温条件下处理奶制品废水，有机负荷为 1.2～2.4 kg COD/（m³·d）时，COD 去除率可达 90%以上，序批时间为 6～24 h，沉淀时间一般取 30 min。

10. 厌氧折流板反应器（ABR）

（1）基本构造

厌氧折流板反应器是以多个垂直安装的导流板将反应器分成多个串联的反应室，每个反应室都是一个相对独立的上流式厌氧污泥床系统，顶部为气体收集区，不需单独设计三相分离器，也无须混合搅拌和回流装置，如图 3-78 所示。

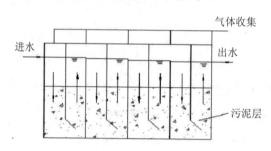

图 3-78　ABR 反应器示意

（2）工作原理

废水在 ABR 反应器内沿导流板作上下折流流动，逐个通过各个反应室并与反应室内颗粒或絮状污泥相接触，使废水中有机物降解。每个反应室中的厌氧微生物菌群是随流程逐级递变的，递变的规律与底物降解过程协调一致，从而确保相应的微生物菌群可以分别生长在最适宜的环境条件下，充分发挥各自的活性，以提高系统的处理效果和运行的稳定性。

（3）设备特点

①工艺构造简单，不需三相分离器；②在没有回流和搅拌的条件下，混合效果良好，死区百分率低，且避免了厌氧滤池和厌氧流化床的堵塞问题和能耗较大的缺点，启动期也比上流式厌氧污泥床短；③水力流态局部为完全混合式，整体为推流流动的一种复杂水力流态反应器。

11. 上流式分段污泥床反应器（USSB）

（1）基本构造与工作原理

USSB 反应器是在 UASB 反应器的基础上发展而来的，与 UASB 反应器相比，它是在反应器内竖向增加了多层斜板代替 UASB 装置中的三相分离器，使整个反应器被分割成多个反应区间，每个反应区间的产气分别经水封后逸出，相当于多个 USAB 反应器串联而成，如图 3-79 所示。不同的反应区间存在着不同的厌氧微生物，可以避免中间产物的过度积累，使整个反应器抗有机负荷冲击的能力比传统反应器和 UASB 反应器强；出水 VFA 浓度能保持较低水平，而且还能有效地提高固液分离效果，提升液体上流的速度，增强污泥沉降效果，尤其是在最上层反应区间，由于表面排气负荷相对较低，使得污泥的沉降条件大大改善，所以出水悬浮物浓度很低。

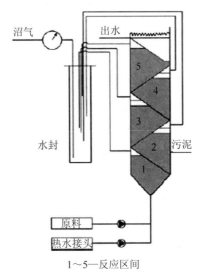

1～5一反应区间

图 3-79　USSB 反应器示意

（2）工艺特点

①抗冲击负荷能力强；②能有效地提高固液分离效果；③可以减少中间产物的浓度，出水中 VFA 浓度也能保持较低水平；④产乙酸菌生长较快，若不定期排泥，则会影响产甲烷菌的活性。

12．两相厌氧法

（1）基本构造

两相厌氧消化工艺就是把酸化和甲烷化两个阶段分别在两个独立的串联反应器中进行，使产酸菌和产甲烷菌各自在最佳环境条件下生长，这样不仅有利于充分发挥其各自的活性，而且提高了处理效果，达到了提高容积负荷率，减少反应容积，增加运行稳定性的目的。两相厌氧消化工艺示意如图 3-80 所示。

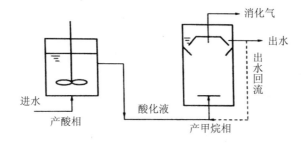

图 3-80　两相厌氧法工艺

（2）工艺特点

①两相厌氧消化工艺较之传统厌氧消化工艺的处理效率高。②将两大类微生物群体分开培养有利于产甲烷菌的生长，因而抗冲击负荷能力增强，且运行更稳定。③两相厌氧消

化工艺将一个消化反应器分为两个反应器，使构筑物增加，运行管理复杂化。

13．复合厌氧反应器（UBF）

（1）基本构造和工作原理

UBF 反应器是 UASB 和 AF 反应器的结合，如图 3-81 所示。同 AF 相比，该反应器大大减小了填料层高度，标准 UBF 反应器的高径比为 6，但填料仅填充在反应器上部的 1/3 体积处。与 UASB 反应器相比，由于反应器上部有填料，加强了污泥与气泡的分离，从而降低了污泥的流失，反应器积累生物量的能力大大增强，反应器的有机负荷更高；反应器上部空间所架设的填料既利用原有的无效容积增加了生物量，又防止了生物量的突然洗出，提高了对 COD 的去除率。

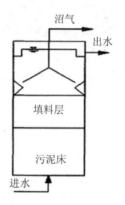

图 3-81　UBF 反应器示意

（2）设备特点

①有机负荷高，COD 容积负荷可达 10～60 kg/（m³·d），COD 污泥负荷为 0.5～1.5 kg/（kg·d）；②UBF 反应器极大地延长了 SRT。污泥在反应器中的停留时间一般均在 100 d 以上，污泥产量低，污泥产率为 0.04～0.15 kg VSS/kg COD 或 0.07～0.25 kg VSS/kg BOD；③反应器上部的填料层既增加了生物总量，又可防止生物量的突然洗出，还可加强污泥与气泡的分离，减少污泥流失；④启动速度快，处理效率高，运行稳定；⑤对水质的适应性强，因为反应器内污泥浓度高，能够高效、稳定地处理高浓度难降解有机废水。

四、厌氧反应器的设计

（一）厌氧反应器容积的计算

厌氧反应器容积的计算采用的方法有有机物容积负荷法、水力停留时间法和动力学计算方法。

1．按有机物容积负荷和水力停留时间计算

从试验数据或同类型废水有效处理的经验数据中确定一个合适的有机物容积负荷值

L_v 或水力停留时间 θ，用下列计算式计算反应器的有效容积：

$$V = \frac{QS_0}{L_v} \tag{3-87}$$

$$V = Q\theta \tag{3-88}$$

各种类型厌氧反应器的 L_v 值有效范围参见前述"厌氧处理工艺及设备"。因为不同类型的厌氧反应器或同型的反应器设备对不同性质的废水，以及在不同工艺条件下的 L_v 或 θ 最佳值相差很大，故在选用设计参数时应特别注意。

2. 根据动力学模式计算

根据动力学公式计算厌氧反应器的容积，如对厌氧接触法有下式：

$$V = \frac{\theta_c YQ(S_0 - S_e)}{X(1 + k_d\theta_c)} \tag{3-89}$$

$$(S_e)_{\text{总}} = \frac{K_c(1 + k_d\theta_c)}{\theta_c(Yv_{\max} - k_d) - 1} \tag{3-90}$$

式中：θ_c——污泥龄，d；

K_c——饱和常数；

k_d——微生物自身衰减系数，d^{-1}；

Y——微生物产率系数（污泥增长率），kg VSS/kg 去除 BOD_5；

$v_{\max}$——底物的最大比降解速率；

S_0——进水 BOD_5 质量浓度，mg/L；

S_e——出水 BOD_5 质量浓度，mg/L；

Q——污水流量，m^3/d；

X——混合液挥发性悬浮固体质量浓度（MLVSS），mg/L；

K_c 等于在废水处理中原有或产生的各种脂肪酸的饱和常数之和，即 $K_c = \sum K_s$。

废水在反应器中的停留时间可由下式计算：

$$\theta = \frac{S_0 - S_e}{v_{\max}X(S_e - S_n)} = \frac{1}{Yv_{\max}(S_e - S_n) - k_d} \tag{3-91}$$

式中：S_n——废水中微生物不可降解物质的质量浓度，mg/L。

（二）厌氧产气量计算

回收沼气是厌氧法的主要特点之一，对被处理对象产气量的计算和测定，有助于评价试验结果、工艺运转效率及稳定性，在工程设计方案比较时、能量衡算、经济效益的预测等都建立在产气量计算的基础上。

当废水中的有机物组分已经明确时，可根据有机物厌氧消化过程的化学反应通式算出各种纯底物的单位重量产气量；当废水中的有机物组分复杂，不便于精确地定性定量时，可按 COD 值来计算产气量。但是，由于受诸多因素的影响，实际产气量与理论值之间总有出入。当实际应用精度要求不高时，可直接采用理论计算值，在特殊情况下，应综合考虑诸因素的影响。

1. 理论产气量的计算

（1）根据废水有机物化学组成计算产气量

当废水中有机物组分一定时，可利用前述的厌氧消化过程的化学反应通式计算产气量，对不含氮的有机物也可用巴斯维尔（Buswell 和 Mueller）通式计算：

$$C_nH_aO_b+\left(n-\frac{1}{4}a-\frac{1}{2}b\right)H_2O \longrightarrow \left(\frac{1}{2}n-\frac{1}{8}a+\frac{1}{4}b\right)CO_2+\left(\frac{1}{2}n+\frac{1}{8}a-\frac{1}{4}b\right)CH_4$$

从上式可以看出，若 $n=\frac{a}{4}+\frac{b}{2}$，水并不参加反应，如乙醇的完全厌氧分解；若 $n>\frac{a}{4}+\frac{b}{2}$，水则是参加反应的，产生的沼气重量将超过所分解有机物质的干重，如 1 g 丙酸产沼气量为 1.13 g。

碳水化合物、蛋白质、脂类三类主要有机物的理论产气量见表 3-15。

表 3-15　三类主要有机物质的理论产气量　　　　单位：m^3/kg 干物质

有机物质种类	产气量	
	甲烷	沼气
碳水化合物	0.37	0.75
蛋白质	0.49	0.98
脂类	1.04	1.44

注：气体体积在标准状态（0℃、101.33 Pa）下计。

（2）根据 COD 与产气量关系计算产气量

在实际工程中，被处理对象为纯底物的情况很少见。通常废水中的有机物组分复杂，不便于精确地定性定量，而以 COD 等综合指标表征。为此，了解去除单位重量 COD 的产气量范围，对于工程设计颇有实用价值。

COD_{Cr} 在大多数情况下可以达到理论需氧量（TOD）的 95% 以上，甚至接近 100%。因此可根据去除单位重量 TOD 的产气量，大体上预计出 COD 与产气量的关系。

McCarty 指出，可以根据甲烷气体的氧当量来计算废水厌氧消化的产气量：

$$CH_4 + 2O_2 \longrightarrow CO_2 + 2H_2O$$

在标准状态下，1 mol 甲烷相当于 2 mol（或 64 g）COD，则还原 1 g COD 相当于生成 0.35 L（22.4/64）甲烷，以 V_1 表示。实际消化温度下形成的甲烷气体体积可以根据式（3-92）（查理定理）算出。

$$V_2 = \frac{T_2}{T_1} V_1 \qquad (3\text{-}92)$$

式中：V_2——消化温度 T_2 的气体体积，L；

　　　V_1——标准条件 T_1 下的气体体积，L；

　　　T_1——标准状态下的温度，273 K；

　　　T_2——消化温度，K。

根据 COD 去除量与甲烷产生量的关系，可以根据式（3-93）预测一个厌氧消化系统的甲烷日产量 V_{CH_4}（m^3/d）：

$$V_{CH_4} = V_2 [Q(S_0 - S_e) - 1.42Q_x] \times 10^{-3} \qquad (3\text{-}93)$$

式中：$1.42Q_x$——每天从反应器排泥所流出的 COD 量；

　　　S_e——不能降解和尚未降解的有机物（出水中的 COD）。

一般来说，甲烷在沼气中的含量为 55%～73%，CO_2 占 25%～35%，NH_4 占 1%～2%，H_2S 占 0.5%～1.5%。由此可得沼气的日产量 V_g 为

$$V_g = V_{CH_4} \times \frac{1}{P} \qquad (3\text{-}94)$$

式中：P——以小数表示的沼气中甲烷含量，P 值越大，沼气热值越高。

2. 实际产气率分析

在厌氧消化工艺中，把转化 1 kg COD 所产的沼气或甲烷称为产气率。由于实际产气率受物料的性质、工艺条件以及管理技术水平等多种因素的影响，因此，在不同的场合，实际产气率与理论值会有不同程度的差异。处理装置中的实际产气率（甲烷）的值主要取决于以下诸因素。

（1）物料的性质

对于不同性质的底物，去除 1 g COD 产气量不是常量。通常所称的理论产气率，即去除 1 g COD 产生 0.35 标准升甲烷或 0.7 标准升沼气，是根据碳水化合物厌氧分解计算的结果，不能代表各种底物的情况。就厌氧分解等当量 COD 的不同有机物而言，脂类（类脂物）的产气量最多，而且其中的甲烷含量也高；蛋白质所产生的沼气数量虽少，但甲烷含量高；碳水化合物所产生的沼气量少，且甲烷含量也较低；从脂肪酸厌氧消化产气情况表明，随着碳链的增加，去除单位重量有机物的产气量增加，而去除单位重量 COD 的产气

量则下降。

（2）废水 COD 浓度

废水的 COD 浓度越低，单位有机物的甲烷产率越低，主要原因是甲烷溶解于水中的量不同所致，如当进水 COD 为 2 000 mg/L 时，去除 1 kg COD 所产生的甲烷有 21 L 溶于水。而当进水 COD 为 1 000 mg/L 时，则去除 1 kg COD 所产的甲烷有 42 L 溶于水。图 3-82 中给出了一组碳水化合物污水厌氧消化的试验结果。因此，在实际工程中，高浓度有机废水的产气率能接近理论值，而低浓度有机废水的产气率则低于理论值。

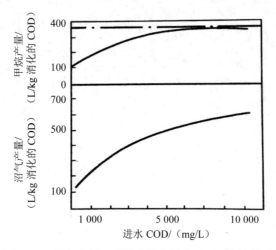

图 3-82　沼气产量、甲烷产量与进水 COD 值的关系

（3）沼气中的甲烷含量

沼气中的甲烷含量越高，其在水中的溶解度越大，故甲烷的实际产气率越低。如在 20℃下，若不考虑其他溶质的影响，当沼气中甲烷含量为 80% 时，甲烷的溶解度为 18.9 mg/L；当甲烷含量为 50% 时，其溶解度仅为 11.8 mg/L。

（4）生物相的影响

产气率还与系统中硫酸盐还原菌及反硝化细菌等的活动有关。若系统中上述菌较多，则由于这些菌会与产甲烷菌争夺碳源，从而使产气率下降。废水中硫酸盐含量越高，使产气率下降越多。

（5）工艺条件的影响

对同种废水，在不同的工艺条件下，其去除单位重量 COD 的产气量不同。

（6）同化 COD 的影响

对于等当量 COD 的不同有机物，厌氧消化时用于细菌细胞合成的系数有一定的差异，故产气率不是常量。同化 COD 越大（即去除的 COD 中用于合成细菌细胞所占的比例越大），则分解用以产生甲烷的比例将越小，从而去除 1 kg COD 的甲烷产量越低。一般情况下，变幅小于 10%。

由此可见，在计算产气量时，需要综合考虑以上各种因素的影响。

五、厌氧设备的运行管理

1. 厌氧设备的启动

厌氧设备在进入正常运行之前应进行污泥的培养和驯化。

厌氧处理工艺的缺点之一是微生物增殖缓慢，设备启动时间长，若能取得大量的厌氧活性污泥就可缩短投产期。厌氧活性污泥可以取自正在工作的厌氧处理构筑物或江河湖泊沼泽底泥、下水道及污水集积腐臭处等厌氧生境中的污泥，最好选择同类物料厌氧消化污泥；如果采用一般的未经消化的有机污泥自行培养，所需时间更长。

一般来说，接种污泥量为反应器有效容积的 10%～90%，依消化污泥的来源情况酌定，原则上接种量比例增大，启动时间缩短，另外接种污泥中所含微生物种类的比例也应协调，特别是要求含丰富的产甲烷细菌，因为它繁殖的世代时间较长。

在启动过程中，控制升温速度为 1℃/h，达到要求温度即保持恒温，注意保持 pH 在 6.8～7.8。此外，有机负荷常常成为影响启动成功的关键性因素。

启动的初始有机负荷因工艺类型、废水性质、温度等的工艺条件以及接种污泥的性质而异。常取较低的初始负荷，继而通过逐步增加负荷而完成启动。有的工艺对负荷的要求格外严格，例如，厌氧污泥床反应器启动时，初始负荷仅为 0.1～0.2 kg COD/（kg VSS·d）（相应容积负荷则依污泥的浓度而异），至可降解的 COD 去除率达到 80%，或者反应器出水中挥发性有机酸的浓度已较低（低于 1 000 mg/L）的时候，再以每一步按原负荷的 50% 递增幅度增加负荷。如果出水中挥发性有机酸浓度较高，则不宜再提高负荷，甚至应酌情降低。其他厌氧消化反应器对初始负荷以及随后负荷递增过程的要求，不如厌氧污泥床反应器拘谨，故启动所需的时间往往较短些。此外，当废水的缓冲性能较佳时（如猪粪液类），可取较高的负荷下完成启动，如 1.2～1.5 kg COD/（kg VSS·d），这种启动方式时间较短，但对含碳水化合物较多、缺乏缓冲性物质的料液，需添加一些缓冲物质，才能高负荷启动，否则，易使系统酸败，启动难以成功。

正常的成熟污泥呈深灰到黑色，带焦油气，无硫化氢臭，pH 在 7.0～7.5，污泥易脱水和干化。当进水量达到要求，并取得较高的处理效率，产气量大，含甲烷成分高时，可认为启动基本结束。

2. 厌氧反应器运行中的欠平衡现象及其原因

启动后，厌氧消化系统的操作与管理主要是通过对产气量、气体成分、池内碱度、pH、有机物去除率等进行检测和监督，调节和控制好各项工艺条件，保持厌氧消化作用的平衡性，使系统符合设计的效率指标稳定运作。

保持厌氧消化作用的平衡性是厌氧消化系统运行管理的关键。厌氧消化过程易于出现酸化，即产酸量与用酸量不协调，这种现象称为欠平衡。厌氧消化作用欠平衡时可以显示出如下症状：①消化液挥发性有机酸浓度增高；②沼气中甲烷含量降低；③消化液 pH 下降；④沼气产量下降；⑤有机物去除率下降。诸症状中最先显示的是挥发性有机酸浓度的增高，故它是一项最有用的监视参数，有助于尽早地察觉欠平衡状态的出现。其他症状则因其显示的滞缓性，或者因其并非专一的欠平衡症状，故不如前者那样灵敏有用。

厌氧消化作用欠平衡的原因是多方面的，如有机负荷过高；进水 pH 过低或过高；碱度过低，缓冲能力差；有毒物质抑制；反应温度急剧波动；池内有溶解氧及氧化剂存在等。

一经检测到系统处于欠平衡状态时，就必须立即控制并加以纠正，以避免欠平衡状态进一步发展到消化作用停顿的程度。可暂时投加石灰乳以中和积累的酸，但过量石灰乳能起杀菌作用。解决欠平衡的根本办法是查明失去平衡的原因，有针对性地采取纠正措施。

3. 运行管理中的安全要求

厌氧设备的运行管理很重要的问题是安全问题。沼气中的甲烷比空气轻、非常易燃，空气中甲烷含量为 5%～15%时，遇明火即发生爆炸。因此消化池、贮气罐、沼气管道及其附属设备等沼气系统，都应绝对密封，无沼气漏出。并且不能使空气有进入沼气系统的可能，周围严禁明火和电气火花。所有电气设备应满足防爆要求。沼气中含有微量有毒的硫化氢，但低浓度的硫化氢就能被人们所察觉。硫化氢比空气重，必须预防它在低凹处积聚。沼气中的二氧化碳也比空气重，同样应防止在低凹处积聚，因为它虽然无毒，却能使人窒息。因此，凡需因出料或检修进入消化池之前，务必以新鲜空气彻底置换池内的消化气体，以保证安全。

第五节　生物脱氮除磷

生物脱氮除磷技术是近 20 年发展起来的，一般来说，比化学法和物理化学法去除氮、磷经济，常用于城市污水或低浓度氮、磷废水的深度处理，尤其是能有效地利用常规的二级生物处理工艺流程进行改造而达到生物脱氮除磷的目的。

一、生物脱氮原理及影响因素

（一）传统生物脱氮原理

污水中氮主要以有机氮和氨氮形式存在，在生物处理过程中，有机氮很容易通过微生物的分解和水解转化成氨氮，即氨化作用。传统的硝化-反硝化生物脱氮的基本原理就在于通过硝化反应先将氨氮转化为亚硝态氮、硝态氮，再通过反硝化反应将硝态氮、亚硝态氮还原成气态氮从水中逸出，从而达到脱氮的目的。

1. 氨化反应

在未经处理的生活污水中，含氮化合物存在的主要形式是：①有机氮，如蛋白质、氨基酸、尿素、胺类化合物等；②氨态氮（NH_3 或 NH_4^+）；一般以①为主。

含氮化合物在好氧或厌氧微生物的作用下，均可转化为氨氮，其反应式如下：

$$好氧条件 \begin{cases} 氧化脱氨 \quad RCHNH_2COOH \xrightarrow{+O_2} RCOCOOH+CO_2+NH_3 \\ 水解脱氨 \quad (NH_2)_2CO \xrightarrow{+2H_2O} CO_2 + H_2O + 2NH_3 \end{cases}$$

$$厌氧条件 \begin{cases} 还原脱氨 \quad RCHNH_2COOH \xrightarrow{+2[H]} RCH_2COOH+NH_3 \\ 水解脱氨 \quad RCHNH_2COOH \xrightarrow{+H_2O} RCOHCOOH+NH_3 \\ 脱水脱氨 \quad CH_2(OH)CH(NH_2)COOH \xrightarrow{-H_2O} CH_3COCOOH+NH_3 \end{cases}$$

2. 硝化反应

硝化反应是由自养型好氧微生物完成的，它包括两个步骤：第一步是由亚硝酸菌将氨氮转化为亚硝态氮（NO_2^-）；第二步则由硝酸菌将亚硝态氮进一步氧化为硝态氮（NO_3^-）。这两类菌统称为硝化菌，它们利用无机碳化物如 CO_3^{2-}、HCO_3^- 和 CO_2 作为碳源，从 NH_3、NH_4^+ 或 NO_2^- 的氧化反应中获取能量，两步反应均需在有氧的条件下进行。亚硝化和硝化反应式（硝化+合成）为

$$NH_4^+ +1.383O_2 +1.982HCO_3^- \xrightarrow{亚硝酸菌} 0.018C_5H_7O_2N + 0.982NO_2^- + 1.036H_2O + 1.892H_2CO_3$$

$$NO_2^- + 0.003NH_4^+ + 0.01H_2CO_3 + 0.005HCO_3^- + 0.485O_2 \xrightarrow{硝酸菌} 0.003C_5H_7O_2N + 0.008H_2O + NO_3^-$$

硝化总反应式（硝化+生物合成）为

$$NH_4^+ +1.98HCO_3^- +1.86O_2 \longrightarrow 0.021C_5H_7O_2N + 1.04H_2O + 0.98NO_3^- + 1.88H_2CO_3$$

硝化过程的重要特征：①硝化菌（硝酸菌和亚硝酸菌）分别从氧化 NH_3 和 NO_2^- 的过程中获得能量，碳源来自 CO_3^{2-}、HCO_3^-、CO_2 等。②硝化反应在好氧状态下进行，$DO \geqslant 2\ mg/L$，$1\ g\ NH_3\text{-}N$（以 N 计）完全硝化需 $4.57\ g\ O_2$，其中第一步反应耗氧 3.43 g，第二步反应耗氧 1.14 g。③产生大量的质子（H^+），需要大量的碱中和，$1\ g\ NH_3\text{-}N$（以 N 计）完全硝化需要碱度 7.14 g（以 $CaCO_3$ 计）。④细胞产率非常低，特别是在低温的冬季。

3. 反硝化反应

反硝化反应是由异养型反硝化菌完成的，它的主要作用是将硝态氮或亚硝态氮还原成氮气，反应在无分子氧的条件下进行。反硝化菌大多是兼性的，在溶解氧浓度极低的环境中，它们利用硝酸盐中的氧作电子受体，有机物则作为碳源及电子供体提供能量并得到氧化稳定。当利用的碳源为甲醇时，反硝化反应式（反硝化+生物合成）为

$$NO_3^- +1.08CH_3OH + 0.24H_2CO_3 \longrightarrow 0.06C_5H_7O_2N + 0.47N_2 \uparrow +1.68H_2O + HCO_3^-$$

$$NO_2^- + 0.67CH_3OH + 0.53H_2CO_3 \longrightarrow 0.04C_5H_7O_2N + 0.48N_2 \uparrow +1.23H_2O + HCO_3^-$$

当环境中缺乏有机物时，无机物如氢、Na_2S 等也可作为反硝化反应的电子供体。微生

物还可通过消耗自身的原生质进行所谓的内源反硝化，内源反硝化的结果是细胞物质的减少，并会有 NH_3 的生成，因此，处理中不希望此种反应占主导地位，而应提供必要的碳源。

$$C_5H_7O_2N + 4NO_3^- \longrightarrow 5CO_2 + 2N_2 + NH_3 + 4OH^-$$

反硝化过程的重要特征：①在缺氧或低氧状态进行反硝化（以 NO_3^- 或 NO_2^- 为电子受体），DO 较高状态则会进行有机物氧化（以 O_2 为电子受体），而且这种转换频繁进行不影响反硝化菌活性。②反硝化过程消耗有机物，1 g NO_3^--N（以 N 计）转化为 N_2 需提供有机物（以 BOD_5 计）2.86 g。③反硝化过程产生碱度，1 g NO_3^--N（以 N 计）转化为 N_2 产生碱度（以 $CaCO_3$ 计）3.57 g。

上述硝化、反硝化生物脱氮过程如图 3-83 所示。

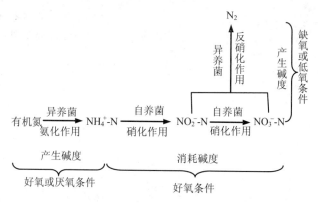

图 3-83　传统生物脱氮过程示意

（二）生物脱氮新理念

硝化/反硝化这一传统生物脱氮工艺耗能多，反硝化时还需要有足够的有机碳源还原硝酸盐到氮气。对高浓度氨氮废水上述问题表现更为突出，因此国内外学者一直在寻找高效低耗的生物脱氮工艺，有代表性的研究成果简述如下。

1. 短程硝化-反硝化

由传统硝化-反硝化原理可知，硝化过程是由两类独立的细菌催化完成的两个不同反应，应该可以分开；而对于反硝化菌，NO_3^- 或 NO_2^- 均可以作为最终受氢体。即将硝化过程控制在亚硝化阶段而终止，随后进行反硝化，在反硝化过程将 NO_2^- 作为最终受氢体，故称为短程（或简捷）硝化-反硝化。其反应式为

$$NH_4^+ + 1.5O_2 \longrightarrow NO_2^- + 2H^+ + H_2O$$

$$2NO_2^- + CH_3OH + CO_2 \longrightarrow N_2 + 2HCO_3^- + H_2O$$

控制硝化反应停止在亚硝化阶段是实现短程硝化-反硝化生物脱氮技术的关键，在一定

程度上取决于对两种硝化细菌的控制，其主要影响因素有温度、污泥龄、溶解氧、pH 和游离氨等。研究表明，控制较高温度（25～35℃）、较低溶解氧和较高 pH 和极短的污泥龄条件等，可以抑制硝酸菌生长而使反应器中亚硝酸菌占绝对优势，从而使硝化过程控制在亚硝化阶段。短程硝化-反硝化生物脱氮工艺可减少约25%的供氧量，节省反硝化所需碳源40%，减少污泥生成量 50%，以及减少碱消耗量和缩短反应时间。

2．同步硝化-反硝化

1）厌氧氨氧化有研究表明反硝化过程存在多种新的反应途径，如厌氧氨氧化、好氧反硝化等，为缩短生物脱氮过程提供了新的理论和思路。

厌氧氨氧化（Anaerobic Ammonium Oxidation，ANAMMOX）是荷兰 Delft 大学 1990 年提出的一种新型脱氮工艺。其基本原理是在厌氧条件下，以硝酸盐或亚硝酸盐作为电子受体，将氨氮氧化成氮气，或者说利用氨作为电子供体，将亚硝酸盐或硝酸盐还原成氮气。参与厌氧氨氧化的细菌是一种自养菌，在厌氧氨氧化过程中无须提供有机碳源。厌氧氨氧化反应式如下：

$$NH_4^+ + NO_2^- \longrightarrow N_2 \uparrow + 2H_2O \qquad \Delta G = -358 \, kJ \, / \, mol \, NH_4^+$$

$$5NH_4^+ + 3NO_3^- \longrightarrow 4N_2 \uparrow + 9H_2O + 2H^+ \qquad \Delta G = -297 \, kJ \, / \, mol \, NH_4^+$$

根据热力学理论，上述反应的 $\Delta G < 0$，说明反应可自发进行，从理论上讲，可以提供能量供微生物生长。

2）亚硝酸型完全自养脱氮（Completely Autotrophic Nitrogen-removal Over Nitrite，CANON）工艺。其基本原理是先将氨氮部分氧化成亚硝酸氮，控制 NH_4^+ 与 NO_2^- 的比例为 1:1，然后通过厌氧氨氧化作为反硝化实现脱氮的目的。其反应式表述为

$$0.5NH_4^+ + 0.75O_2 \longrightarrow 0.5NO_2^- + H^+ + 0.5H_2O$$

$$0.5NH_4^+ + 0.5NO_2^- \longrightarrow 0.5N_2 \uparrow + 2H_2O$$

全过程为自养的好氧亚硝化反应结合自养的厌氧氨氧化反应，无须有机碳源，对氧的消耗比传统硝化/反硝化减少 62.5%，同时减少碱消耗量和污泥生成量。

（三）硝化反硝化的影响因素

1．温度

硝化反应的适宜温度范围是 30～35℃，温度不但影响硝化菌的比增长速率，而且影响硝化菌的活性。在 5～35℃的范围内，硝化反应速率随温度的升高而加快，但超过 30℃时增加幅度减小。当温度低于 5℃时，硝化细菌的生命活动几乎停止。对于同时去除有机物和进行硝化反应的系统，温度低于 15℃即发现硝化速率迅速降低。低温对硝酸菌的抑制作用更为强烈，因此在低温，12～14℃时常出现亚硝酸盐的积累。在 30～35℃较高温度下，亚硝酸菌的最小倍增时间要小于硝酸菌，因此，通过控制温度和污泥龄，也可控制反应器中亚硝酸菌占绝对优势。

反硝化反应的最佳温度范围为 35～45℃，温度对硝化菌的影响比反硝化菌大。

2. 溶解氧

硝化反应必须在好氧条件下进行，一般应维持混合液的溶解氧浓度为 2～3 mg/L，溶解氧浓度为 0.5～0.7 mg/L 是硝化菌可以忍受的极限。硝化可在高溶解氧状态下进行，高达 60 g/m^3 的溶解氧浓度也不会抑制硝化的进行。为了维持较高的硝化速率，尤其在污泥龄降低时要相应地提高溶解氧浓度。

溶解氧对反硝化反应有很大影响，主要由于氧会与硝酸盐竞争电子供体，同时分子态氧也会抑制硝酸盐还原酶的合成及其活性。研究表明，溶解氧应保持在 0.5 mg/L 以下才能使反硝化反应正常进行。

3. pH

硝化反应的最佳 pH 范围为 7.5～8.5，硝化菌对 pH 变化十分敏感，当 pH 低于 7 时，硝化速率明显降低，低于 6 和高于 9.6 时，硝化反应将停止进行。

反硝化过程的最佳 pH 范围为 6.5～7.5，不适宜的 pH 会影响反硝化菌的生长速率和反硝化酶的活性。当 pH 低于 6.0 或高于 8.0 时，反硝化反应将受到强烈抑制。

4. C/N 比

C/N 比是影响硝化速率和过程的重要因素。硝化菌的产率或比增长速率比分解有机物（BOD）的异养菌低得多，若废水中 BOD_5 值太高，将有助于异养菌迅速增殖，从而使微生物中的硝化菌的比例下降。表 3-16 列出了 BOD_5/TKN（总凯氏氮）比值与硝化菌所占比例的关系。一般认为，只有 BOD_5 低于 20 mg/L 时，硝化反应才能完成。

表 3-16 BOD_5/TKN 与硝化菌所占比例的关系

BOD_5/TKN	硝化菌所占比例	BOD_5/TKN	硝化菌所占比例	BOD_5/TKN	硝化菌所占比例
0.5	0.35	4	0.064	8	0.033
1	0.21	5	0.054	9	0.029
2	0.12	6	0.043		
3	0.083	7	0.037		

反硝化过程需要充足的碳源，理论上 1 g NO_3^--N 还原为 N_2 需要碳源有机物（以 BOD_5 表示）2.86 g。一般当废水中 BOD_5/TKN 值大于 4～6 时，可认为碳源充足，不需另外投加碳源，反之则要投加甲醇或其他易降解有机物作碳源。

5. 污泥龄

为使硝化菌能在连续流的反应系统中存活并维持一定数量，微生物在反应器中停留时间（污泥龄 θ_c）应大于硝化菌的最小世代期，一般应取系统的污泥龄为硝化最小世代期的 2 倍以上。较长的污泥龄可增强硝化反应的能力，并可减轻有毒物质的抑制作用。

6．抑制物质

对硝化反应有抑制作用的物质有：过高浓度的 $NH_3\text{-}N$、重金属、有毒物质以及有机物。一般来说，同样毒物对亚硝酸菌的影响比对硝酸菌的影响大。

反硝化菌对有毒物质的敏感性比硝化菌低很多，与分解有机物（BOD）的好氧菌相同。在应用一般好氧菌的文献数据时，应考虑驯化的影响。

生物脱氮工艺包括含碳有机物的氧化、氨氮的硝化、硝态氮的反硝化等生物过程，即碳化—硝化—反硝化过程。从完成这些过程的反应器来分，脱氮工艺可分为活性污泥脱氮系统和生物膜脱氮系统，其分别采用活性污泥法反应器与生物膜反应器作为好氧/缺氧反应器，实现硝化/反硝化以达到脱氮的目的。根据完成这些过程的时段和空间不同，活性污泥脱氮系统的碳化、硝化、反硝化可在多池中进行，也可在单池（如 SBR 和氧化沟）中进行。

二、生物除磷原理及影响因素

（一）生物除磷原理

废水中磷的存在形态取决于废水的类型，最常见的是磷酸盐（$H_2PO_4^-$、HPO_4^{2-}、PO_4^{3-}）、聚磷酸盐和有机磷。常规二级生物处理的出水中，90%左右的磷以磷酸盐的形式存在。

生物除磷主要由一类统称为聚磷菌的微生物完成，其基本原理包括厌氧放磷和好氧吸磷过程，如图 3-84 所示。

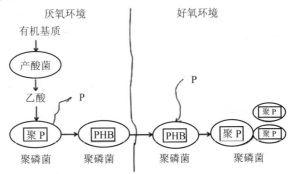

图 3-84 生物除磷过程示意图

在厌氧条件下（既没有溶解氧也没有化合态氧），聚磷菌体内的 ATP 进行水解，放出 H_3PO_4 和能量，形成 ADP，同时吸收有机物（主要为来自兼性细菌水解产物或原污水的低分子脂肪酸），并合成聚β-羟基丁酸盐（PHB）贮于细胞内，此过程即为厌氧放磷过程（废水中磷增加）。

在好氧条件下，聚磷菌进行有氧呼吸，将积贮在胞内的 PHB 好氧分解，并利用该反应产生的能量，在透膜酶的催化作用下，过量地、超出其生理需要地从水中摄取磷，所摄入的磷一部分用于合成 ATP，另一部分合成聚磷酸盐储藏在菌体内，形成高磷污泥，此过程即为好氧吸磷过程，这种现象称磷的过量摄取。

由于好氧吸磷量大于厌氧放磷量，将高磷污泥通过剩余污泥排出系统外，即可达到除磷目的。值得一提的是，在厌氧条件下放磷越多，合成的 PHB 越多，则在好氧条件下合成的聚磷酸盐量也越多，除磷的效果就越好。

（二）生物除磷的影响因素

1．溶解氧和化合态氧

溶解氧分别对摄磷和放磷过程影响不同。在厌氧区中必须控制严格的厌氧条件，既没有分子态氧，也没有 NO_3^- 等化合态氧。溶解氧的存在，将抑制厌氧菌的发酵产酸作用和消耗乙酸等低分子脂肪酸物质；硝态氮的存在，影响聚磷菌的代谢，也会消耗部分乙酸等低分子脂肪酸物质而发生反硝化作用，都影响磷的释放，从而影响在好氧条件下对磷的吸收。在好氧区中要供给足够的溶解氧，以满足聚磷菌对 PHB 的分解和摄磷所需。一般厌氧段的溶解氧应严格控制在 0.2 mg/L 以下，而好氧段的溶解氧控制在 2.0 mg/L 左右。

2．污泥龄

由于生物脱磷系统主要是通过排除剩余污泥去除磷的，因此剩余污泥量的多少将决定系统的除磷效果。一般污泥龄较短的系统产生较多的剩余污泥，可以取得较高的除磷效果。短的泥龄还有利于好氧段控制硝化作用的发生而利于厌氧段的充分释磷，因此，仅以除磷为目的的污水处理系统中，一般宜采用较短的污泥龄。研究表明，当污泥龄为 30 d 时，除磷率为 40%，污泥龄为 17 d 时，除磷率为 50%，污泥龄降至 5 d 时，除磷率可提高到 87%。

3. BOD 负荷和有机物性质

一般认为，较高的 BOD 负荷可取得较好的除磷效果，有人提出 BOD/TP=20 是正常进行生物除磷的低限。不同有机物为基质对磷的厌氧释放及好氧摄取也有差别，一般低分子易降解的有机物易被聚磷菌吸收，诱导磷释放的能力较强，而高分子难降解的有机物诱导磷释放的能力较弱。

4．温度

温度对除磷效果的影响不如对生物脱氮过程的影响明显，因为在高温、中温、低温条件下，不同的菌群都具有生物除磷的能力，在 5～30℃ 的范围内，都可以得到很好的除磷效果，但低温运行时厌氧区的停留时间要长一些。

5. pH

pH 在 6～8 的范围内时，磷的厌氧释放比较稳定。pH 低于 6 时生物除磷的效果会大大下降。

废水生物除磷的工艺流程一般由厌氧池和好氧池组成。A/O（厌氧—好氧）生物除磷工艺和 Phostrip（旁流除磷）工艺是两种基本的生物除磷工艺。

三、生物脱氮除磷工艺系统

（一）生物脱氮工艺

1. 传统活性污泥法脱氮工艺

活性污泥法脱氮的传统工艺是由 Barth 开创的三级生物脱氮工艺，其工艺流程如图 3-85 所示。

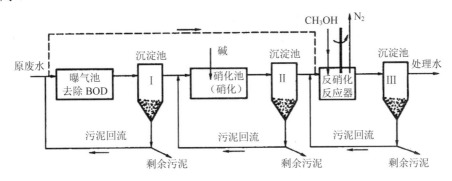

图 3-85　传统活性污泥法脱氮工艺（三级活性污泥法流程）

第一级曝气池为一般的二级生物处理曝气池，其主要功能是去除 BOD（COD），使有机氮转化成氨态氮（NH_3、NH_4^+），即完成氨化反应过程。经沉淀后，污水进入硝化池，此时污水的 BOD 值已降至 15～20 mg/L。在第二级硝化（曝气）池进行硝化反应，使氨氮转化为 NO_2^--N 和 NO_3^--N，因硝化反应要消耗碱度，故需补充碱度，以防 pH 下降。第三级进行反硝化反应，在缺氧条件下进行反硝化，将 NO_3^--N 还原为氮气。反硝化过程中投加甲醇补充所需碳源，也可引入原污水作碳源。

2. 缺氧—好氧生物脱氮工艺

该工艺 20 世纪 80 年代初开发，又名 A_N/O 法，其工艺流程如图 3-86 所示。

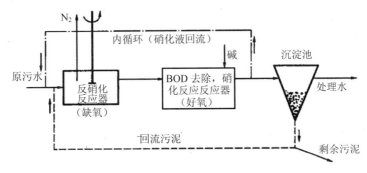

图 3-86　A_N/O 脱氮系统

该工艺的主要特点是将反硝化反应器设置在系统的前面，故又称为前置反硝化生物脱氮工艺，它是目前广泛采用的一种脱氮工艺。硝化反应器内的硝化液回流至反硝化反应器，反硝化反应器内的脱氮菌以原水中的有机物为碳源，以回流液硝酸盐中的氧作为电子受体，进行呼吸和生命活动，将硝态氮还原为氮气，不需外加碳源。在反硝化反应中产生的碱度补充硝化反应中所消耗的碱度的 50%左右，同时，对含氮浓度不高的废水（生活污水）可不另行投碱调节 pH。另外，硝化池在后，使反硝化残留的有机物得以进一步去除，提高了出水水质，无须增建后曝气池。

该工艺流程简单，无须外加碳源，基建运行费用较低。不足之处有以下几点：①出水来自硝化反应器，处理过的水中常含有一定浓度的硝酸盐，如沉淀运行不当，会出现反硝化反应，造成污泥上浮；②脱氮效率一般在 70%左右，如欲提高脱氮效率，必须加大内循环比，这样会使运行费用增高；③内循环液来自曝气池，含有一定的 DO，使反硝化反应难于保持理想的缺氧状态，影响反硝化速率。

A_N/O 工艺的设计运行参数 SRT 为 7～20 d；MLSS 为 3 000～4 000 mg/L；缺氧段 HRT 为 1～3 h，好氧段为 4～12 h。

（二）生物除磷工艺

1. 厌氧—好氧除磷工艺

该工艺由 Barnard 于 1974 年首次发现，又称 A_P/O 工艺，由厌氧池和好氧池组成，可同时从污水中去除磷和有机碳，其工艺流程如图 3-87 所示。

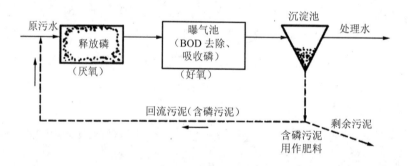

图 3-87　厌氧—好氧除磷工艺流程

污水在好氧段进行 BOD 的去除和磷的吸收，磷通过剩余污泥的形式从系统中除去。出水中磷的浓度主要取决于处理水中磷和 BOD 的比。

好氧段的混合液经沉淀池泥水分离后，一部分含磷污泥回流进入厌氧池进行厌氧放磷，另一部分含磷污泥作为剩余污泥排出用作肥料。

本工艺简单，建设费用及运行费用较低，而且由于无内循环的影响，厌氧反应能够处于良好的厌氧状态，磷的去除率较好。由于在沉淀池内易产生磷的释放现象，因此，不宜停留时间过长，应注意及时排泥和回流。

A_P/O 工艺的设计运行参数 SRT 为 3～7 d；MLSS 为 2 000～4 000 mg/L；厌氧段 HRT 为 0.5～1.5 h，好氧段为 1～3 h。

2. Phostrip 除磷工艺

Pbostrip 工艺是生物除磷与化学除磷相结合的一种工艺，除磷效率高。其工艺流程如图 3-88 所示。

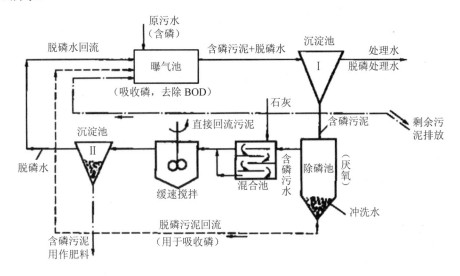

图 3-88 Phostrip 除磷工艺流程

废水首先经曝气池去除 BOD 和吸磷，含磷污泥在除磷池中进行厌氧放磷，释放磷后的上清液流出，释放磷后的污泥回流到曝气池。上清液用石灰或其他混凝剂处理沉淀后，回流到初沉池或其他用于固液分离的混凝/澄清池，磷通过沉淀从系统中除去。

该工艺的优点是：易于与现有设施结合及改造，过程灵活性好，除磷性能不受进水有机物浓度限制；加药量比直接采用化学沉淀法小很多，出水磷酸盐质量浓度可稳定在小于 1 mg/L。该工艺的缺点是：需要投加化学药剂；混合液需保持较高 DO 浓度，以防止磷在二沉池中释放；需附加池体用于磷的解吸，如使用石灰可能存在结垢问题。

该工艺除磷效果好，处理水中含磷量一般低于 1 mg/L，产生的污泥中含磷为 2.1%～7.1%。SVI 值＜100，易于沉淀，但工艺流程复杂，投加药剂、建设及运行费用有所提高。Phostrip 除磷工艺的设计运行参数 SRT 为 5～20 d；MLSS 为 1 000～3 000 mg/L；厌氧段 HRT 为 8～12 h，好氧段为 4～10 h。

（三）生物脱氮除磷组合工艺

1. Phoredox 工艺

在 Phoredox 工艺（图 3-89）中，厌氧池可以保证磷的释放，从而保证在好氧条件下有更强的吸磷能力，提高除磷效果。由于有两级 A/O（$A_P/A_N/O$）和（A_N/O）工艺串联组合，脱氮效果好，则回流污泥中挟带的硝酸盐很少，对除磷效果影响较小，但该工艺流程较复杂。

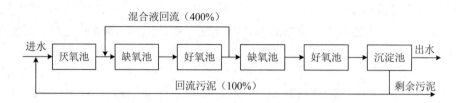

图 3-89　Phoredox 工艺

2. A^2/O 工艺

A^2/O（$A_P/A_N/O$）工艺（图 3-90）是 Anaerobic/Anoxic/Oxic 的简称，厌氧、缺氧、好氧交替运行，具有同步脱氮除磷的功能。工艺流程简单，它实质上是 Phoredox 工艺的简化和改进。但回流污泥中挟带的溶解氧和 NO_3^--N 影响除磷效果。当混合液回流比较小时，脱氮效果不理想。

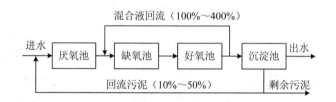

图 3-90　A^2/O 工艺

该工艺的优点是：反硝化过程为硝化提供碱度，反硝化过程同时除去有机物，污泥沉降性能好。该工艺的缺点是：回流污泥含有硝酸盐进入厌氧区，对除磷效果有影响；脱氮受内回流比影响。

A^2/O 工艺的设计运行参数：SRT 为 10～20 d，MLSS 为 3 000～4 000 mg/L；厌氧段 HRT 为 1～2 h，缺氧段为 0.5～3 h，好氧段为 5～10 h。

3. UCT 工艺及改进型 UCT 工艺

UTC 工艺［图 3-91（a）］是对 A^2/O 工艺的一种改进，与 A^2/O 工艺的不同之处在于沉淀池污泥是回流到缺氧池而不是回流到厌氧池，避免回流污泥中硝酸盐对除磷效果的影响，增加了缺氧池到厌氧池的混合液回流，以弥补厌氧池中污泥的流失，强化除磷效果。

在 UTC 工艺基础上，为进一步减少缺氧池回流混合液中硝酸盐对厌氧放磷的影响，再增加一个缺氧池，改良后的 UTC 工艺［图 3-91（b）］将硝化混合液回流到第二缺氧池，而将第一缺氧池混合液回流到厌氧池，最大限度地消除了混合回流液中硝酸盐对厌氧池放磷的不利影响。

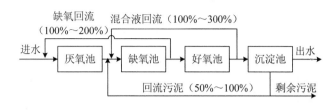

（a）UCT 工艺

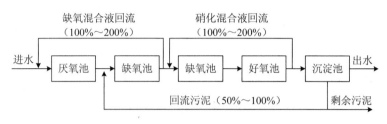

（b）改良 UCT 工艺

图 3-91 UTC 工艺

该工艺的优点是：减少了进入厌氧区的硝酸盐量，提高了除磷效率；尤其对有机物浓度偏低的污水，除磷效率有所改善，脱氮效果好。该工艺的缺点是：操作较为复杂，需增加附加回流系统。

UTC 工艺的设计运行参数：SRT 为 10~25 d，MLSS 为 3 000~4 000 mg/L；厌氧段 HRT 为 1~2 h，缺氧段为 2~4 h，好氧段为 4~12 h。

4. 厌氧—氧化沟

厌氧池和氧化沟结合为一体的工艺，在空间顺序上创造厌氧、缺氧、好氧的过程，以达到在单池中同时生物脱氮除磷的目的。

氧化沟工艺（图 3-92）的设计运行参数：SRT 为 20~30 d，MLSS 为 2 000~4 000 mg/L；总 HRT 为 18~30 h；回流污泥占进水平均流量的 50%~100%。

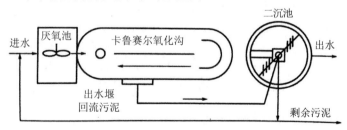

图 3-92 厌氧—氧化沟工艺

5. SBR 工艺

SBR 工艺（图 3-93）在时间顺序上创造厌氧、缺氧、好氧的过程，以达到在单池中同时生物脱氮除磷的目的。进水后进行一定时间的缺氧搅拌，好氧菌首先利用进水中携带的有机物和溶解氧进行好氧分解，此时水中的溶解氧将迅速降低甚至达到零，这时反硝化细菌利用原污水碳源进行反硝化脱氮（去除沉降分离后留在池中的硝酸盐）；然后池体进入厌氧状态，聚磷菌释放磷；接着进行曝气（池体进入好氧状态），硝化细菌进行硝化反应，聚磷菌吸收磷，经一定反应时间后，停止曝气，进行静置沉淀，滗出上部清水，而后再进入原污水进行下一个周期循环，如此周而复始。

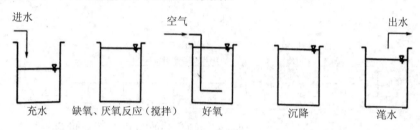

图 3-93   SBR 工艺

SBR 工艺的设计运行参数 SRT 为 20～40 d；MLSS 为 3 000～4 000 mg/L；厌氧段 HRT 为 1.5～3 h，缺氧段 HRT 为 1～3 h，好氧段为 2～4 h。

四、生物脱氮除磷工艺设计

（一）反应池（区）容积计算

生物脱氮除磷系统的设计计算主要包括硝化所需曝气池的容积和反硝化所需缺氧池的容积、除磷所需厌氧池的容积、污泥回流比和混合液回流比，以及需氧量和剩余污泥量等，并确定系统的污泥龄。

1. 好氧池（区）容积

采用泥龄作设计依据时，曝气池容积可根据泥龄及碳化所需容积一起计算，如下式所示：

$$V_1 = \frac{YQ(S_0 - S_e)\theta_c}{X(1 + K_d\theta_c)} \tag{3-95}$$

式中：V_1——曝气池容积（包括去除 BOD_5 及硝化所需的容积），m^3；

　　　　Y——微生物产率系数（污泥增长率），kg VSS/kg 去除 BOD_5；

　　　　Q——污水流量，m^3/d；

　　　　S_0——进水 BOD_5 质量浓度，mg/L；

　　　　S_e——出水 BOD_5 质量浓度，mg/L；

　　　　θ_c——污泥龄，d；

　　　　K_d——内源呼吸系数，d^{-1}；

　　　　X——混合液挥发性悬浮固体质量浓度（MLVSS），mg/L。

如果忽略污泥内源呼吸的影响和不考虑出水 BOD_5 的质量浓度，式（3-95）也可简单

地表示为

$$V_1 = \frac{QS_0Y\theta_c}{X} \tag{3-96}$$

式中：V_1、Q、S_0、Y、θ_c、X 意义与式（3-95）相同。

设计时混合液挥发性悬浮固体质量浓度 MLVSS 一般采用 2 000～4 000 mg/L。

动力学常数 Y 及 K_d 可根据试验确定或参考文献值，表 3-17 为部分废水的 Y 和 K_d 参考数据。

表 3-17　Y/K_d 和参考数据

动力学常数	生活污水	脱脂牛奶废水	合成废水	造纸和纸浆废水	城市废水
$Y/$（kg VSS kg BOD$_5$）	0.5～0.67	0.48	0.65	0.47	0.35～0.45
K_d/d^{-1}	0.048～0.05	0.045	0.18	0.20	0.05～0.10

污泥龄的选择应考虑硝化的需要，保证生长速率较慢的硝化菌不致从系统中被冲出，并留有足够的安全系数，一般在设计中污泥龄取最小污泥龄的 2～3 倍。设计采用的最小污泥龄是硝化菌比增长速率的倒数。由硝化反应动力学可知，限制整个硝化反应过程的步骤是亚硝化反应（氨氮转化为亚硝酸菌）的过程，因此污泥龄应根据亚硝酸菌的世代期来确定。亚硝酸菌的比增长速率受多因素影响，不同温度、pH、氨氮含量、溶解氧条件下亚硝酸菌的比增长速率可用一个统一的式子表示

$$U_N = [0.47e^{0.098(T-15)}]\left(\frac{N}{N+10^{0.051T-1.158}}\right)\left(\frac{DO}{1.3+DO}\right)[1-0.833(7.2-pH)] \tag{3-97}$$

式中：U_N——亚硝酸菌的比增长速率，d^{-1}；

N——NH$_4$-N 质量浓度，mg/L；

DO——硝化反应中溶解氧质量浓度，mg/L；

T——运行条件下的温度，℃；

pH——运行条件下的 pH。

利用式（3-97）可以计算出运行条件下的亚硝酸菌的比增长速率，进而可计算出最小污泥龄和设计污泥龄。即

$$\theta_{cmin} = \frac{1}{U_N} \tag{3-98}$$

$$\theta_c^d = S_f\theta_{cmin} \tag{3-99}$$

式中：θ_c——设计污泥龄，d；

S_f——安全系数，一般取 2～3；

θ_{cmin}——实现硝化所需的最小泥龄，d。

2. 缺氧池（区）容积

反硝化所需缺氧池容积 V_2 可按反硝化速率作设计依据，由下式计算：

$$V_2 = \frac{N_T}{q_{D,T} X} \qquad (3\text{-}100)$$

式中：V_2——缺氧区有效容积，m^3；

　　　N_T——硝酸盐氮的量，kg/d；

　　　$q_{D,T}$——温度为 T℃时反硝化速率，kg NO$_3$-N/（kg MLVSS·d）；

　　　X——混合液悬浮固体质量浓度（MLVSS），mg/L。

需还原的硝酸盐氮量 N_T 可按下式计算：

$$N_T = N_0 - N_w - N_e \qquad (3\text{-}101)$$

式中：N_0——原废水含氮量，kg/d；

　　　N_w——随剩余污泥排放去除的氮量，kg/d；从剩余污泥排放的氮量可设为总含氮量的 10% 左右；

　　　N_e——随出水排放带走的氮量，kg/d。

温度对反硝化速率的影响可用下式表示：

$$q_{D,T} = q_{D,20} \theta^{(T-20)} \qquad (3\text{-}102)$$

式中：$q_{D,20}$——第一缺氧池 20℃时反硝化速率，kg NO$_3$-N/（kg MLVSS·d）；

　　　θ——温度系数，$1.03 \sim 1.15$，设计时可取 1.09。

对于 Bardenpho（两级 A/O 工艺串联组合）生物脱氮工艺，由于第一、第二缺氧池的碳源不同，反硝化速率也就不同。第一缺氧池利用进水中的碳源有机物作为反硝化碳源，20℃时反硝化速率 $q_{D,20}$ 为

$$q_{D,20} = 0.3F / M_1 + 0.029 \qquad (3\text{-}103)$$

式中：$q_{D,20}$——第一缺氧池 20℃时反硝化速率，kg NO$_3$-N/（kg VSS·d）；文献报道值为 $0.05 \sim 0.15$ kg NO$_3$-N/（kg VSS·d）；

　　　F/M_1——第一缺氧池污泥（VSS）有机负荷，kg BOD/（kg VSS·d）。

第二缺氧池以内源代谢物质为碳源，反硝化速率与活性污泥的泥龄有关，即

$$q_{D,20} = 0.12\theta_c^{-0.706} \qquad (3\text{-}104)$$

3. 厌氧池（区）容积

厌氧区是生物除磷工艺最重要的组成部分，厌氧区的容积一般按 $0.9 \sim 2.0$ h 的水力停留时间确定，如果进水中易生物降解有机物浓度高，水力停留时间可相应地选择低限值，

相反易生物降解有机物含量较低的废水，停留时间取上限。

4．污泥回流比及混合液回流比计算

一般设计采用的污泥回流比为 70%～100%，而混合液回流比取决于所要求的脱氮率，混合液回流比可用下列方法粗略地估算。

假设系统的硝化率和反硝化率均为 100%，且忽略细菌合成代谢所去除的 NH_4-N，则脱氮率为

$$\eta = \frac{RQ}{Q + RQ} = \frac{R}{1 + R} \qquad (3\text{-}105)$$

根据脱氮率确定混合液回流比，由上式得

$$R = \frac{\eta}{1 - \eta} \qquad (3\text{-}106)$$

式中：η ——系统脱氮率，%；

　　　R——混合液回流比，%；

　　　Q——废水流量，m^3/d。

常用的混合液回流比为 300%～600%，混合液回流比取得太大，虽然脱氮效果好，但势必会增加系统的运行费用。

（二）碱度校核

每氧化 1 g 氨氮需消耗碱度（以 $CaCO_3$ 计）7.14 g，而每还原 1 g 硝酸盐氮可产生碱度 3.57 g，同时每去除 1 g BOD_5 可产生碱度 0.1 g。因此可根据原水碱度来计算剩余碱度，当剩余碱度≥100 mg $CaCO_3$/L 时，即可维持混合液 pH≥7.2，满足处理要求。

需补充碱度=剩余碱度+硝化耗碱度−进水碱度−反硝化产生碱度−去除 BOD_5 产生的碱度

（三）剩余污泥量计算

（1）生物污泥的产生量

$$\Delta X = \frac{YQ_0(S_0 - S_e)}{1 + K_d \theta_c} \qquad (3\text{-}107)$$

式中：θ_c —— 系统总污泥龄，即好氧池泥龄和厌氧池泥龄之和；

　　　其余符号含义同前。

（2）剩余污泥排放量

$$P_x = \frac{\Delta x}{\left(\dfrac{VSS}{SS}\right)} + (X_i - X_e)Q \qquad (3\text{-}108)$$

式中：X_i——进水 SS 含量；

X_e——进水 VSS 含量；

$\dfrac{VSS}{SS}$——污泥中挥发性固体百分数，%。

（四）需氧量计算

单级活性污泥脱氮系统中的供氧可使废水中有机物氧化（碳化需氧量）以及使 NH₃-N 氧化为 NO₃-N（硝化需氧量），此外通过排泥可减少污泥的耗氧，同时在反硝化中可回收硝化需氧的 62.5%，即

系统总需氧量=碳化需氧量+硝化需氧量-反硝化产生氧当量

$$O_2 = \frac{Q(S_0 - S_e)\times 10^{-3}}{0.68} - 1.42\Delta X + 4.6Q(N_0 - N_e) - 2.86Q\Delta NO_3^- \qquad (3\text{-}109)$$

式中：ΔNO_3^-——还原的硝酸盐氮，kg/m^3；

其余符号含义同前。

（五）设计参数

污水同时脱氮除磷系统的理论研究还比较浅，一般设计按水力停留时间进行，辅以其他参数进行校核。常用设计参数如表 3-18 所示。

表 3-18　常用设计参数

项目	(F/M) / [kg BOD/ (kg MLVSS·d)]	SRT/d	MLSS/ (mg/L)	HRT					污泥 回流比/%	混合液 回流比/%
				厌氧区	缺氧区 1	好氧区 1	缺氧区 2	好氧区 2		
A²/O	0.15～0.7 (0.15～0.25)	4～27 (5～10)	3 000～5 000	0.5～1.3	0.5～1.0	3.0～6.0	—	—	10～100	100～300
Phoredox	0.1～0.2	10～40	2 000～4 000	1～2	2～4	4～12	2～4	0.5～1	50～100	400
UCT	0.1～0.2	10～30	2 000～4 000	1～2	2～4	4～12	2～4	—	50～100	100～600

第六节　稳定塘处理

一、稳定塘净化污水机理与类型

稳定塘（stabilization ponds）是一种天然的或经过一定人工构筑（具有围堤、防渗层等的生物处理设施）。污水在塘内经较长时间的停留、储存，通过微生物（细菌、真菌、藻类、原生动物等）的代谢活动，以及相伴随的物理、化学、物理化学的过程，使污水中的有机污染物、营养元素及其他污染物质进行多级转换、降解和去除，从而实现污水的无

害化、资源化与再利用。

按稳定塘中微生物优势群体类型和供氧方式一般可分为好氧塘、兼性塘、厌氧塘和曝气塘，其污水生态处理系统的主要指标见表3-19。

表 3-19　稳定塘污水生态处理系统的主要指标

类型	塘深/m	污水停留时间/d	适宜处理污水中有机物浓度	含有的主要生物
好氧塘	<1	3~5	低	藻类、好氧菌等
兼性塘	1~2	5~30	较高	细菌、真菌、原生动物、藻类等
厌氧塘	2.5~5.0	20~50	高	厌氧菌等

二、好氧塘

1. 特征及其工作原理

好氧塘（aerobic pond）是一类在有氧状态下净化污水的稳定塘，它完全依靠藻类光合作用和塘表面风力搅动自然复氧供氧。好氧塘水深较浅，阳光射入塘底，全塘皆为好氧状态，见图3-94。

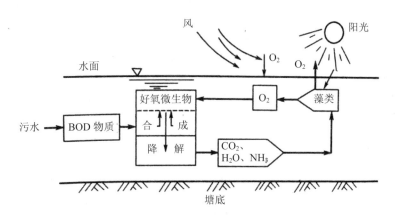

图 3-94　好氧塘工作原理示意图

塘内形成藻—菌—原生动物的共生系统，污水的净化主要通过好养微生物的作用。有阳光照射时，塘内的藻类进行光合作用而释放出大量的氧，同时，由于风力的搅动，塘表面进行自然复氧，二者使塘内保持良好的好氧状态。塘内的好氧微生物利用水中的氧，通过代谢活动对有机物进行氧化分解，其代谢产物 CO_2 则可作为藻类光合作用的碳源。

2. 好氧塘的分类

根据有机负荷的高低，好氧塘可分为高负荷好氧塘、普通好氧塘和深度处理好氧塘。

1）高负荷好氧塘，有机负荷高，水力停留时间短，塘水中藻类浓度很高，这种塘仅适用于气候温暖、阳光充足的地区，这类塘通常设置在处理系统的前部。

2）普通好氧塘，有机负荷较低，水力停留时间较长，以处理污水为主要功能，起二级处理作用。

3）深度处理好氧塘，有机负荷很低，水力停留时间较普通好氧塘短，这类塘通常设置在处理系统后部或二级处理工艺之后，作为深度处理设施，出水水质良好。

3. 好氧塘的设计

好氧塘工艺设计的主要内容是计算塘的尺寸和个数。好氧塘最常用的设计方法是根据表面有机负荷设计塘的面积，然后再相应确定塘结构的其他尺寸，校核停留时间。

（1）设计参数

由于好氧塘内反应复杂，且受外界条件影响较大，因此对好氧塘建立严密的以理论为基础的计算方法是有一定困难的。表 3-20 是好氧塘的典型设计参数，可供参考。

表 3-20　好氧塘的典型设计参数

设计参数	高负荷好氧塘	普通好氧塘	深度好氧塘
BOD_5 负荷/[kg/（hm²·d）]	80～160	40～120	<5
水力停留时间/d	4～6	10～40	5～20
有效水深/m	0.3～0.45	0.5～1.5	0.5～1.5
pH	6.5～10.5	6.5～10.5	6.5～10.5
温度/℃	5～30	0～30	0～30
BOD 去除率/%	80～95	80～95	60～80
藻类浓度/（mg/L）	100～260	40～100	5～10
出水 SS/（mg/L）	150～300	80～140	10～30

（2）主要尺寸

好氧塘主要尺寸的经验值如下：①好氧塘多采用矩形，长宽比为 3∶1～4∶1，一般以塘深 1/2 处的面积作为计算塘面积，塘堤的超高为 0.6～1.0 m。②塘堤的内坡坡度为 1∶2～1∶3（垂直∶水平），外坡坡度为 1∶2～1∶5（垂直∶水平）。③好氧塘的座数一般不少于 3 座，规模很小时不少于 2 座。

三、兼性塘

1. 特征及其工作原理

各种类型的氧化塘中，兼性塘是应用最广泛的一种。兼性塘一般深 1.2～2.5 m，通常由三层组成，上层为好氧层，中层为兼性层，底部为厌氧层，如图 3-95 所示。

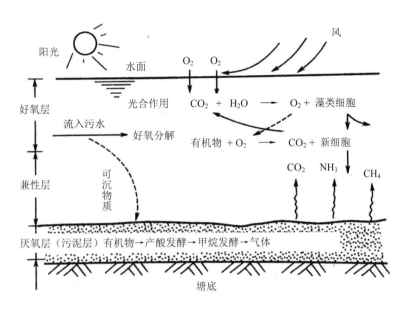

图 3-95　兼性塘工作原理示意图

在塘的上层，阳光能够射入的部位，其净化机理与好氧塘基本相同；在塘的底部，可沉物质和衰亡的藻类、菌类形成污泥层，由于无溶解氧，而进行厌氧发酵（包括水解酸化和产甲烷两个阶段），液态代谢产物如氨基酸、有机酸等与塘水混合，而气态代谢产物如 CO_2、CH_4 等则逸出水面，或在通过好氧层时为细菌所分解，为藻类所利用。厌氧层也有降解 BOD 的功能，据估算，有 20%左右的 BOD 是在厌氧层去除的，此外，厌氧层通过厌氧发酵反应可以使沉泥得到一定程度的降解，减少塘底污泥量。好氧层与厌氧层之间，存在着一个兼性层，该层的溶解氧量很低，而且时有时无，一般在白昼有溶解氧存在，而在夜间又处于厌氧状态，在该层存活的是兼性微生物，这一类微生物既能够利用水中游离的分子氧氧化分解有机污染物，也能在无分子氧的条件下，以 NO_3^- 和 CO_3^{2-} 为电子受体进行无氧代谢。

在兼性塘内进行的净化反应比较复杂，生物相也比较丰富。因此兼性塘去除污染物的范围比好氧塘广泛，不仅可去除一般的有机污染物，还可有效地去除氮、磷和某些难降解有机污染物。

2. 兼性塘的设计

兼性塘可作为独立的处理工艺，也可以作为生物处理系统中的一个处理单元，或者作为深度处理塘的预处理工艺。停留时间应根据地区的气象条件、进水水质和对出水水质的要求等方面、结合技术和经济两方面综合考虑确定，一般为 7～180 d，BOD_5 表面负荷率取值在 2～100 kg/（$hm^2 \cdot d$）范围内，幅度很大。低值用于北方寒冷地区，高值用于南方炎热地区。

对兼性塘的设计目前多采用经验数据进行计算。表 3-21 是我国处理城市污水兼性塘的主要设计参数。

表 3-21　处理城市污水兼性塘的设计负荷和水力停留时间

冬季月平均气温/℃	BOD₅ 表面负荷/[kg/（hm²·d）]	水力停留时间/d	冬季月平均气温/℃	BOD₅ 表面负荷/[kg/（hm²·d）]	水力停留时间/d
>15	70～100	≥7	-10～0	20～30	120～40
10～15	50～70	20～7	-20～-10	10～20	150～120
0～10	30～50	40～20	-20 以下	<10	180～150

兼性塘主要尺寸的经验值如下。

1）兼性塘一般采用矩形，长宽比为 3∶1～4∶1，塘的有效水深为 1.2～2.5 m，超高为 0.5～1.0 m，贮泥区高度应大于 0.3 m。

2）兼性塘堤坝内坡坡度为 1∶2～1∶3（垂直∶水平），外坡坡度为 1∶2～1∶5。

3）兼性塘一般不少于三座，多采用串联，以提高出水水质。其中第一塘的面积占兼性塘总面积的 30%～60%，单塘面积应小于 4 hm²，以避免布水不均或波浪较大等问题。

四、厌氧塘

1. 特征及基本工作原理

厌氧塘水深较深，有机负荷高，在塘中污染物的生化需氧量大于塘自身的溶氧能力，塘基本上保持厌氧状态，塘中微生物为兼性厌氧菌和厌氧菌，几乎没有藻类，如图 3-96 所示。

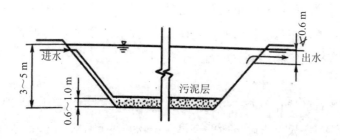

图 3-96　厌氧塘示意图

厌氧塘对有机物的降解是由两类厌氧菌来完成的，最后转化为 CH₄。即先由兼性厌氧产酸菌将复杂的有机物水解，转化为简单的有机物（如有机酸、醇、醛等），再由绝对厌氧菌（甲烷菌）将有机酸转化为甲烷和二氧化碳等。由于产甲烷菌的世代时间长，增殖速度慢，且对溶解氧和 pH 敏感，因此厌氧塘的设计和运行必须以甲烷发酵阶段的要求作为控制条件，通过控制运行条件和控制有机污染物的投配率以保持产酸菌与产甲烷菌之间的动态平衡。一般控制塘内的有机酸质量浓度在 3 000 mg/L 以下，pH 为 6.5～7.5，进水

$BOD_5：N：P=100：2.5：1$，硫酸盐质量浓度小于 500 mg/L。

2. 厌氧塘的设计

厌氧塘的设计通常是采用经验数据，以有机负荷进行设计。设计的主要经验数据如下。

（1）有机负荷率

厌氧塘的有机负荷率有 3 种：①BOD 表面负荷率，$kg\ BOD_5/（10^4\ m^2·d）$，我国厌氧塘的最小容许负荷为 300 kg/（$10^4\ m^2·d$），南方为 800 kg/（$10^4\ m^2·d$）；②BOD 容积负荷率，$kg\ BOD_5/（m^3·d）$，城市污水一般采用 0.2～0.4 kg BOD_5/（$m^3·d$），肉类加工废水为 0.22～0.53 kg BOD_5/（$m^3·d$）；③VSS 容积负荷率，$kg\ VSS/（m^3·d）$，对于 VSS 含量较高的废水，其厌氧塘除以 BOD 容积负荷率为指标设计外，也可采用 VSS 容积负荷率。家禽粪尿废水一般采用 0.063～0.16 kg VSS/（$m^3·d$），猪粪废水为 0.064～0.32 kg VSS/（$m^3·d$），屠宰废水为 0.593 kg VSS/（$m^3·d$）。

（2）主要尺寸

厌氧塘主要尺寸的经验值如下：

①形状一般为矩形，长宽比为 2：1～2.5：1，有效深度为 3～5 m，停留时间一般为 20～50 d，塘底储泥高度应不小于 0.5 m，超高为 0.5～1.0 m，堤内坡度为 1：1～1：3，单塘面积不应大于 8 000 m^2。②厌氧塘进水口一般设在高于塘底 0.6～1.0 m 处，使进水与塘底污泥相混合；出水口在水面下掩埋深度≥0.6 m 或设置可调节的出水孔口（或堰板）。③为了使塘的配水和出水较均匀，进、出口个数均应大于两个。

五、曝气塘

1. 特征及其工作原理

曝气塘就是经过人工强化的稳定塘。采用人工曝气装置向塘内污水充氧，并使塘水搅动。曝气塘可分为好氧曝气塘和兼性曝气塘两类。主要取决于曝气装置的数量、安装密度和曝气强度。当曝气装置的功率较大，足以使塘中的全部生物污泥处于悬浮状态，并向塘内水提供足够的溶解氧时，即为好氧曝气塘。如果仅有部分固体物质处于悬浮状态，而有一部分沉积塘底并进行厌氧分解，曝气装置提供的溶解氧仅为进水 BOD 生物降解的需氧量，则为兼性曝气塘，如图 3-97 所示。

实际上，曝气塘是介于活性污泥法中的延时曝气法与稳定塘之间的处理工艺。由于经过了人工强化，曝气塘的净化功能、净化效果以及工作效率都明显高于一般类型的稳定塘。污水在塘内的停留时间短，所需容积及占地面积均较小，这是曝气塘的主要优点，但由于采用人工曝气，耗能增加，运行费用也有所提高。

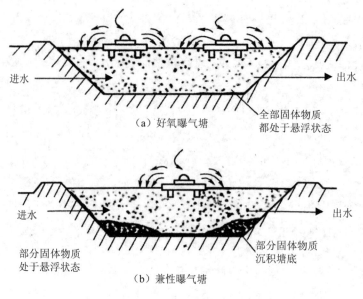

图 3-97   好氧曝气塘和兼性曝气塘

2. 曝气塘的设计

1）曝气塘的 BOD_5 表面负荷为 $30\sim60\,kg/（10^4\,m^2\cdot d）$，好氧曝气塘的水力停留时间为 $1\sim10\,d$，兼性曝气塘的水力停留时间为 $7\sim20\,d$；有效水深为 $2\sim6\,m$；一般不小于 3 座，通常按串联方式运行。

2）曝气塘多采用表面曝气机进行曝气（选用数个小型表面曝气机比一个或两个大型表面曝气机的效果好，运行灵活，而且维修时对全塘影响小），表面曝气机应不少于 2 台/座；也可以用鼓风机曝气，北方结冰期间，表面曝气难以运行，所以宜采用鼓风曝气。完全混合曝气塘所需功率为 $0.05\sim0.15\,kW/m^3$。

3）曝气塘出水的悬浮固体浓度较高，排放前需进行沉淀，沉淀方法可以用沉淀池或在塘中分割出静水区用于沉淀，还可在曝气塘后设置兼性塘，既用于进一步处理出水，又可将沉于兼性塘的污泥在塘底进行厌氧消化。

第七节   土地处理

土地处理（land processing system）是在人工控制的条件下，利用土壤—微生物—植物组成的生态系统使污水得到净化的处理方法。在使污染物得以净化的同时，水中的营养物质和水分也得以循环利用，使污水稳定化、无害化、资源化，这种方法不仅具有农田灌溉的效益，还有污水处理和资源化的综合效益。将土地处理系统纳入城市污水处理系统，其效果一般要优于二级处理。

一、污水土地处理的净化机理

污水土地处理过程是一个十分复杂的综合过程,其中包括物理过滤、物理吸附和沉积、物理化学吸附、化学反应与沉淀,以及微生物代谢作用下的有机物分解等,可归纳如表 3-22 所示。

表 3-22　污水土地处理的净化机理

净化作用	作用机理
1. 物理过滤	土壤颗粒间的孔隙能截流、滤除污水中的悬浮物。土壤颗粒的大小、颗粒间孔隙的形状、大小、分布及水流通道的性质都影响物理过滤效率
2. 物理吸附和物理沉积	在非极性分子之间范德华力的作用下,土壤中黏土矿物等能吸附土壤中的中性分子。污水中的部分重金属离子在土壤胶体表面由于阳离子交换作用而被置换、吸附并生成难溶解态物被固定于土壤矿物的晶格中
3. 物理化学吸附	金属离子与土壤中的无机胶体和有机胶体由于螯合而形成螯合化合物;有机物与无机物的复合化而生成复合物;重金属离子与土壤进行阳离子交换而被置换;某些有机物与土壤中重金属生成可吸性螯合物而固定于土壤矿物的晶格中;植物吸收能去除污水中的氮和磷
4. 化学反应与沉积	重金属离子与土壤的某些组分进行化学反应生成难降解性化合物而沉淀。如调节并改变土壤的氧化还原电位能生成难溶性硫化物;改变 pH 能生成金属氢氧化合物;另外一些化学反应能生成金属磷酸盐和有机重金属等沉积在土壤中
5. 微生物的代谢和有机物的分解	土壤中存在种类繁多、数量巨大的微生物能对土壤颗粒中悬浮有机固体和溶解性有机物进行生物降解。厌氧状态时厌氧菌能对有机物进行发酵分解,对亚硝酸盐和硝酸盐进行反硝化脱氮

二、土地处理系统的类型

污水土地处理系统主要有 4 种类型:①漫速渗滤系统(SR);②快速渗滤系统(RI);③地表漫流系统(OF);④地下渗滤系统(UG)。

1. 漫速渗滤系统

漫速渗滤系统是将污水投配到种有作物的土地表面,污水缓慢地在土地表面流动并向土壤中渗滤,一部分污水及营养成分直接为作物所吸收,一部分则渗入土壤中,通过土壤—微生物—农作物复合系统对污水进行净化,另一部分污水被蒸发和渗滤。慢速渗滤生态处理系统适用于渗水性能良好的土壤(如砂质土壤)和蒸发量小、气候湿润的地区。由于污水投配负荷一般较低,渗滤速度慢,故污水净化效率高,出水水质好。

2. 快速渗滤系统

快速渗滤系统是将污水有控制地投配到具有良好渗滤性能的土地表面,在向下渗滤的过程中，在过滤、沉淀、氧化、还原以及生物氧化、硝化、反硝化等一系列物理、化学及生物作用下，使污水得到净化。

快速渗滤系统是一种高效、低耗、经济的污水处理与再生方法。适用于渗透性能良好的土壤，如砂土、砾石性沙土等。污水灌至快速滤田表面后很快下渗进入地下，并最终进入地下水层。污水周期性地布水（投配或灌入）和落干，使快速渗滤的表层土壤处于厌氧、好氧交替运行的状态，以不同种群微生物的代谢降解废水中的有机物，厌氧—好氧交替运行有利于去除 N、P；该系统的有机负荷与水力负荷比其他土地处理工艺明显高得多，但其净化效率仍很高。为保证该工艺有较大的渗滤速率和硝化率，污水需进行适当预处理（一级处理或二级处理）。

快速渗滤水主要是补给地下水和污水再生回用。用于补给地下水时不设集水系统，若用于污水再生回用，则需设地下集水管或井群以收集再生水。

3. 地表漫流系统

地表漫流是将污水有控制地投配到多年生牧草、坡度缓和（最佳坡度为 2%～8%）、土壤渗透性低（勃土或亚勃土）的坡面上，污水以薄层方式沿坡面缓慢流动，在流动过程中得到净化，其净化机理类似于固定膜生物处理法。地表漫流系统是以处理污水为主，同时可收获作物。这种工艺对预处理的要求较低，地表径流收集处理水（尾水收集在坡脚的集水渠后可回用或排放水体），对地下水的污染较轻。

废水要求预处理（如格栅、滤筛）后进入系统，出水水质相当于传统生物处理后的出水，对 BOD、SS、N 的去除率较高。

4. 地下渗滤系统

地下渗滤系统是将污水有控制地投配到具有一定构造、距地表面约 0.5 m 深、有良好渗透性的土层中，借毛细管浸润和土壤渗透作用，使污水向四处扩散，通过过滤、沉淀、吸附和生物降解作用等过程使污水得到净化。地下渗滤系统是以生态原理为基础，节能、减少污染、充分利用水资源的一种新型的小规模的污水处理工艺。该工艺适用于处理流量较小的无法接入城市排水管网的小水量（如分散的居住小区、旅游点、疗养院等）污水，污水进入处理系统前需经化粪池或酸化（水解）池进行预处理。

地下渗滤系统由于负荷低，停留时间长，水质净化效果非常好，而且稳定；运行管理简单；氮、磷去除能力强，处理出水水质好，处理出水可回用。其缺点是：受场地和土壤条件的影响较大；如果负荷控制不当，土壤会堵塞；进、出水设施埋于地下，工程量较大，投资相对于其他土地处理类型要高一些。

三、土地处理系统的设计

污水土地处理系统的选择，主要是根据土壤性质、透水性、地形、作物种类、气候条件和对废水处理程度的要求等来选择，典型设计参数和要点如表 3-23 所示。

表 3-23　污水土地处理工艺的典型设计和参数要点

项目	慢速渗滤	快速渗滤	地表浸流	地下渗滤
1. 废水投配方式	人工降雨（喷罐）；地面投配（面灌、沟灌、畦灌、淹灌等）	通常采用地面投配	人工降雨（喷灌）、地面投配	地下管理布水
2. 水力负荷/（m/a）	0.5～6	6～125	3～20	2～27
3. 周负荷率（典型值）/（cm/7 d）	1.3～10	10～240	6～40	5～50
4. 最低预处理要求	一般沉淀或酸化池	一般沉淀或酸化池	沉砂和拦杂物、粉碎	化粪池一级处理
5. 要求灌水面积/[10^4 m²/（1 000 m³·d）]	6.1～74	0.8～6.1	1.7～11.1	1.3～15
6. 投配废水的去向	蒸发、渗滤	主要经渗滤	地面径流、蒸发、少量渗滤	下渗、蒸散
7. 是否需要种植植物	需要谷物、牧草、林木	可要可不要	需要牧草	草皮、花卉等
8. 适用土壤	具有适当渗水性、灌水后对作物生长良好	具有快速渗水性，如亚砂土、砂质土	具有缓慢渗水性，如黏土、亚黏土等	
9. 地下水位最小深度/m	～1.5	～4.5	未有规定	2.0
10. 对地下水水质的影响	可能有一些影响	一般会有影响	可能有轻微影响	影响不太大
11. BOD$_5$ 负荷率/[kg/（10^3 m²·a）] [kg/（10^4 m²·d）]	2×10^3～2×10^6 50～500	3.6×10^4～32.5×10^4 150～1 000	1.5×10^4 40～120	
12. 场地条件坡度 土壤渗滤速率地址 水埋深/m 气候	种作物不超过 20% 不种作物不超过 40% 中等 0.6～3.0 寒冷季节需蓄水	不受限制 高 布水期：≥0.9 干化期：1.5～3.0 一般不受限制	2%～8% 低 不受限制 寒冷季节需蓄水	
13. 系统特点： 运行管理 系统寿命 对土壤影响 对地下水影响	种作物时管理严格 长 较小 小	简单 磷可能限制寿命 可改良沙荒地 有影响	比较严格 长 小 无	
14. 可能的限制组分或设计参数	土壤的渗透性或地下水硝酸盐	一般为水力负荷	BOD$_5$、SS 或 N	土壤的渗透性或地下水硝酸盐

第八节　人工湿地处理

一、人工湿地的净化机理

人工湿地（constructed wetland）是模拟自然湿地的人工生态系统（类似沼泽地），其主要组成部分为填料、植物、微生物。利用生态系统中的物理、化学和生物的三重协同作用，通过过滤、吸附、沉淀、离子交换、植物吸收和微生物分解来实现对污水的高效净化。与自然湿地生态系统相比，人工湿地生态系统无论在地点的选择、负荷量的承载上，还是在可控性、对污水的处理能力上，都大大超过了自然湿地生态系统。人工湿地系统去除水中污染物的机理列于表 3-24 中。

表 3-24　人工湿地系统去除水中污染物的机理

反应机理		对污染物的去除与影响
物理	沉降	可沉降固体在湿地及预处理的酸化（水解）池中沉降去除，可絮凝固体也能通过絮凝沉降去除，从而使 BOD、N、P、重金属、难降解有机物、细菌和病毒等去除
	过滤	通过颗粒间相互引力作用及植物根系的阻截作用使可沉降及可絮凝固体被阻截而去除
化学	沉淀	磷及重金属通过化学反应形成难溶解化合物或与难溶解化合物一起沉淀去除
	吸附	磷及重金属被吸附在土壤和植物表面而被去除，某些难降解有机物也能通过吸附去除
	分解	通过紫外辐射、氧化还原等反应过程，使难降解有机物分解或变成稳定性较差的化合物
生物	微生物代谢	通过悬浮的、底泥的和寄生于植物上的细菌的代谢作用将凝聚性固体、可沉降性固体进行分解；通过生物硝化/反硝化作用去除氮；微生物也将部分重金属氧化并经阻截而去除
植物	植物代谢	通过植物对有机物的代谢而去除，植物根系分泌物对大肠杆菌和病原体有活化作用
	植物吸收	相当数量的氮、磷、重金属及难降解有机物能被植物吸收而去除

从表 3-24 可知，人工湿地系统通过物理、化学、生物的综合作用过程将水中可沉降固体、胶体物质、BOD、N、P、重金属、硫化物、难降解有机物、细菌和病毒等去除，显示了强大的多方面净化能力。其对有机物、N、P 和重金属的去除过程如下。

（1）有机物的去除与转化

湿地对有机物的去除主要是靠微生物的作用。土壤具有巨大的比表面积，在土壤颗粒表面形成一层生物膜，污水流经颗粒表面时，不溶性的有机物通过沉淀、过滤和吸附作用很快被截留，然后被微生物利用；可溶性有机物通过生物膜的吸附和微生物的代谢被去除。一般人工湿地对 BOD_5 的去除率在 85%～90%，对 COD 的去除率可达 80%以上。植物向土壤中传输氧气，使得人工湿地中的溶解氧呈区域性变化，连续呈现好氧、缺氧及厌氧区域。因而土壤中存活着好氧菌、厌氧菌和兼性菌，污水中的大部分有机物最终被异养微生物转化为微生物体、二氧化碳、甲烷和水、无机氮、无机磷。

（2）氮的去除与转化

人工湿地对氮的去除作用包括被有机基质吸附、过滤和沉积，生物同化还原成氨及氨的挥发，植物吸收，微生物硝化和反硝化作用，微生物的硝化和反硝化作用在氮的去除过程中起着重要作用。反硝化所产生的氮气通过底泥的扩散或植物导气组织的运输最终散逸到大气中去。

（3）磷的去除

湿地中对磷的去除主要有植物吸收磷、生物除磷、填料介质截留磷，其中生物除磷量相对较小，大部分的磷被填料截留。

（4）重金属的去除

湿地对重金属的去除主要的作用机理是：与土壤、沉积物、颗粒和可溶性有机物的结合；与氢氧化物和微生物产生的硫化物形成不溶性盐类沉淀下来；被藻类、植物和微生物吸收。

二、人工湿地的类型

按照系统布水方式的不同或水在系统中流动方式不同，一般可将人工湿地分为表面流人工湿地（自由表流湿地和构筑表流）、潜流人工湿地（水平潜流人工湿地、垂直潜流人工湿地和复合式潜流湿地）。

（1）表面流人工湿地系统

表面流人工湿地系统也称水面湿地系统（water surface wetland），如图 3-98 所示。向湿地表面布水，维持一定的水层厚度，一般为 10～30 cm，这时水力负荷可达 200 m^3/($hm^2 \cdot d$)；污水中的绝大部分有机物的去除是由长在植物水下茎秆上的生物膜来完成。表面流湿地类似于沼泽，不需要沙砾等物质作填料，因而造价较低。但占地大，水力负荷小，净化能力有限。湿地中的氧来源于水面扩散与植物根系传输，系统受气候影响大，夏季易滋生蚊蝇。

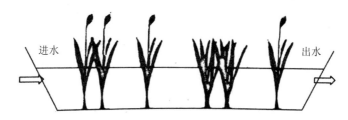

图 3-98　表面流人工湿地系统

（2）水平潜流人工湿地系统

水平潜流人工湿地系统如图 3-99 所示，污水从布水沟（管）进入进水区，以水平方式在基质层（填料层）中流动，然后从另一端出水沟流出。污染物在微生物、基质和植物的共同作用下，通过一系列的物理、化学和生物作用得以去除。与表面流湿地相比，水平潜流湿地水力负荷高，对 BOD、COD、SS、重金属等污染物的去除效果较好，且无恶臭和蚊蝇滋生，是目前采用最广泛的一种湿地形式。但控制相对复杂，N、P 去除效果不如垂直潜流人工湿地。

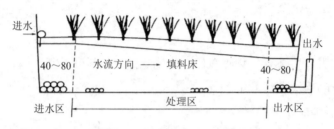

图 3-99　水平潜流人工湿地系统

（3）垂直潜流人工湿地系统

垂直潜流人工湿地系统如图 3-100 所示，采取湿地表面布水，污水经过向下垂直的渗滤，在基质层（填料层）得到净化，净化后的水由湿地底部设置的多孔集水管收集并排出。在垂直潜流人工湿地中污水从湿地表面纵向流向填料床的底部，床体处于不饱和状态，氧可通过大气扩散和植物传输进入人工湿地系统，该系统的硝化能力高于水平潜流湿地，可用于处理氨氮含量较高的污水。其缺点是对有机物的去除能力不如水平潜流人工湿地系统。

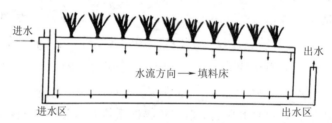

图 3-100　垂直潜流人工湿地系统

（4）复合式潜流湿地

为了达到更好的处理效果或者对脱氮有较高的要求，也可以采用水平流和垂直流组合的人工湿地，如图 3-101 所示。

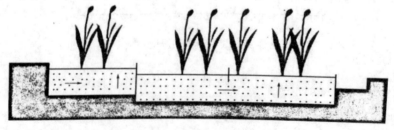

图 3-101　复合式潜流湿地

三、人工湿地设计

人工湿地的设计参数包括水力停留时间、水力负荷与水量平衡，布水周期和投配时间，有机负荷（氮、磷负荷），所需土地面积，长宽比和底坡，填料种类、渗透性和渗透速率，植物的选择等。人工湿地还需要考虑防渗。

1）表面流人工湿地几何尺寸设计，长宽比宜控制在 3：1～5：1，当区域受限，长宽比大于 10：1 时，需要设计死水曲线；表面流人工湿地的水深宜为 0.3～0.5 m；水力坡度宜小于 0.5%。

2）水平潜流人工湿地单元的面积宜小于 800 m²，垂直流人工湿地单元的面积宜小于 1 500 m²，潜流人工湿地单元的长宽比宜控制在 3：1 以下；规则的潜流人工湿地单元的长度宜为 20～50 m。对于不规则潜流人工湿地单元，应考虑均匀布水和集水的问题；潜流人工湿地水深宜为 0.4～1.6 m，水力坡度宜为 0.5%～1%。

处理生活污水和类似废水的人工湿地设计参数可以参考表 3-25。

表 3-25　人工湿地的主要设计参数

人工湿地类型	BOD 负荷/[kg/（hm²·d）]	水力负荷/[m³/（m²·d）]	水力停留时间/d
表面流人工湿地	15～50	<0.14	～8
水平潜流人工湿地	80～120	<0.51	～3
垂直流人工湿地	80～120	<1.0（建议值：北方：0.2～0.5；南方：0.3～0.8）	1～3

思考题

1. 微生物新陈代谢活动的本质是什么？它包含了哪些内容？

2. 画出微生物生长曲线，并简述微生物的生长过程。

3. 什么是污水的可生化性？如何进行判断？能否提高并怎样提高污水的可生化性？

4. 试讨论好氧和厌氧生物处理技术的现状与发展。

5. 试述活性污泥法净化废水包括哪些主要过程；影响活性污泥法运行有哪些主要环境因素；各因素之间的内在联系如何？

6. 简述污泥沉降比、污泥浓度和污泥指数 3 个活性污泥性能指标概念及良好的活性污泥其值所应具有的范围。

7. 在日处理废水 100 000 t 的活性污泥处理系统中，为维持曝气池混合液 MLSS 的质量浓度为 2.5 g/L，当 SVI 为 100～150 时，其每天回流污泥量应为多少？（二沉池影响因

素 f 取 1.2)

8. 某厂废水，其初始 BOD_5 质量浓度 L_0=1 000 mg/L，含氮 20 mg/L，含磷 10 mg/L，水流量为 1 600 m^3/d，现向废水中投加 CH_4N_2O 以补充活性污泥法所需要水中营养物氮量的不足，尿素最少添加量为多少？

9. F/M 值的变化对活性污泥的生成量、有机物去除速率、氧的消耗量及污泥性能有何影响？（要求绘图说明）

10. 活性污泥法中吸附再生法、延时曝气法、AB 法、SBR 法各有什么特点？区别在何处？

11. 某厂采用活性污泥法处理废水，设计流量 Q = 11 400 m^3/d，曝气池容积 V=3 400 m^3，原废水 BOD_5 质量浓度为 298 mg/L，经处理 BOD_5 的去除率为 90%。曝气池混合液 MLSS 质量浓度为 3 500 mg/L，MLVSS/MLSS 为 75%。沉淀出水 MLSS 质量浓度为 20 mg/L。活性污泥废弃量为 160 m^3/d，其中含 MLSS 8 000 mg/L。求曝气池的 F/M 值和污泥龄？

12. 某污水处理厂，设计流量 Q=10 000 m^3/d，原废水 BOD 质量浓度为 240 mg/L，初沉池对 BOD 的去除率为 25%，处理工艺为活性污泥法，曝气池容积 V=3 000 m^3，池中 MLSS 质量浓度为 3 000 mg/L，求曝气池的水力停留时间和 F/M 值。

13. 试推导有回流的完全混合式活性污泥系统的出水水质 S_e 与细胞平均停留时间 θ_c 的关系式。为什么 θ_c 必须不短于所需利用的微生物的世代时期？

14. 某城市日排污量 30 000 m^3，时变化系数为 1.4，原污水 BOD_5 值为 225 mg/L，要求处理水 BOD_5 值为 26 mg/L，拟采用活性污泥系统处理，已知初沉池 BOD_5 去除率为 25%，进水负荷 L 为 0.30 kg BOD_5/（kg MLSS·d），SVI=120，回流比 R=50%，MLVSS/MLSS=0.8，a'=0.5，b'=0.15。求曝气池的容积及平均需氧量、最大需氧量。

15. 如何利用泥龄 θ_c 来控制活性污泥系统的运行？

16. 什么是污泥的膨胀？活性污泥膨胀的原因是什么？控制活性污泥膨胀的方法有哪些？

17. 试述生物膜法净化有机废水的机理及模式图。

18. 为什么生物膜法比活性污泥法的稳定性能好？生物膜是不是越厚，处理效率越高？为什么？

19. 影响生物滤池处理效率的因素有哪些？它们是如何影响处理效率的？

20. 高负荷生物滤池、活性污泥法和气浮法都采用回流，三者回流各有什么作用？有何异同？

21. 试对普通生物滤池、高负荷生物滤池及塔式生物滤池进行比较，它们各有哪些优缺点？

22. 试述生物接触氧化法工艺有哪些主要特征？

23. 某工业废水水量为 600 m^3/d，BOD_5 为 430 mg/L，经初沉池后进入高负荷生物滤池处理，要求出水 $BOD_5 \leq 30\ mg/L$，试计算高负荷生物滤池尺寸和回流比。

24. 试述有机物厌氧生物降解的基本过程及主要影响因素？

25. 比较厌氧法和好氧法的主要优缺点和各自适用的处理对象？

26. 扼要讨论影响正常厌氧生物处理的因素，在实际的污泥培驯与日常运行管理中应如何控制这些因素？

27. 为什么要控制消化池的温度变化？试比较中温消化和高温消化的主要特点。

28. 试述升流式厌氧污泥床的组成部分、处理污水的特点及颗粒污泥形成的影响因素。

29. 厌氧处理运行管理中容易出现的技术难题是什么？并简述其原因和解决措施。

30. 分别简述废水脱氮和除磷的基本原理？

31. 绘制三套废水生物脱氮的工艺流程，并说明机理。

32. 稳定塘有哪几种主要类型，各适用于什么场合？

33. 试述好氧塘、兼性塘和厌氧塘净化污水的基本原理。

34. 好氧塘中溶解氧和 pH 昼夜是如何变化的？为什么？

35. 污水土地处理有哪几种主要类型，各适用于什么场合？

36. 试述土地处理法去除污染物的基本原理。

37. 人工湿地能有效处理各种类型的废水的主要原因是什么？

38. 根据废水在人工湿地中流经的方式，人工湿地可分为哪几种类型？

第四章　典型废水处理工艺

第一节　城市生活污水处理

一、污水来源及特性

城市生活污水包括城镇居民生活污水，机关、学校、医院、商业服务机构及各种公共设施排水，以及允许排入城镇污水收集系统的工业废水和初期雨水等。生活污水中的主要污染物有纤维素、淀粉、糖类、脂肪、蛋白质、动植物油等有机物，洗涤剂、表面活性剂、氯化钠和泥沙等无机物，以及粪便、尿液等含有的细菌、大肠菌群、病毒等微生物。影响生活污水水质的主要因素有气候条件、生活水平和生活习惯、水资源状况等。我国城市污水处理厂进水水质指标大致范围如表 4-1 所示。

表 4-1　我国城市污水处理厂进水水质一览表　　　　　　　　单位：mg/L

项目	COD	BOD$_5$	悬浮物	总氮	氨氮	总磷
范围	150～500	50～380	150～500	20～80	15～70	0.5～25

二、典型处理工艺及简介

1. 一体化氧化沟工艺

某污水处理厂设计处理量为 10 万 m³/d，设计进水水质为 COD≤250 mg/L，BOD$_5$≤180 mg/L，TN≤35 mg/L，NH$_3$-N≤25 mg/L，TP≤2.5 mg/L，出水水质达到《城镇污水处理厂污染物排放标准》（GB 18918—2002）一级 B 标准要求。采用的主体工艺流程见图 4-1。

该工艺废水经格栅截留污水中较粗大的漂浮物和悬浮物，然后进入曝气沉砂池去除污水中的泥砂、煤渣等相对密度较大的无机颗粒。经预处理后的污水进入一体化氧化沟中，利用氧化沟不同区域溶解氧浓度的差异，去除大部分的有机污染物和 N、P 等营养性物质。处理后的混合液进入二沉池进行泥水分离，澄清后的污水经紫外线消毒后达标排放；污泥部分回流到氧化沟保证氧化沟中活性污泥浓度，部分剩余污泥进入污泥浓缩池，经浓缩和脱水后以泥饼的形式外运。

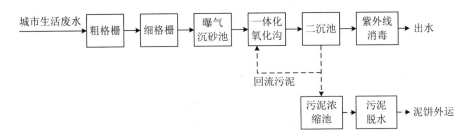

图 4-1　某污水处理厂一体化氧化沟工艺流程

2. A/A/O 工艺

某污水处理厂设计处理量为 10 万 m³/d，设计进水水质为 COD≤280 mg/L，BOD₅≤130 mg/L，TN≤30 mg/L，NH₃-N≤28 mg/L，TP≤3 mg/L，出水水质达到《城镇污水处理厂污染物排放标准》（GB 18918—2002）一级 A 标准要求。采用的主体工艺流程见图 4-2。

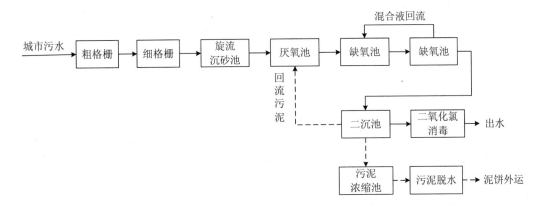

图 4-2　某污水处理厂 A/A/O 工艺流程

废水经格栅截留污水中较粗大的漂浮物和悬浮物，然后进入旋流沉砂池去除污水中的泥砂、煤渣等相对密度较大的无机颗粒。经预处理后的污水进入厌氧池，聚磷菌释放磷，回流的混合液在缺氧池中进行反硝化脱氮，有机物的降解主要在好氧池中进行，好氧池同时进行硝化氨氮和聚磷菌过量摄磷等过程。处理后的混合液进入二沉池进行泥水分离，污水经二氧化氯消毒后达标排放；部分活性污泥回流到氧化沟保证氧化沟中活性污泥浓度，剩余污泥进入污泥浓缩池，经浓缩和脱水后以泥饼的形式外运。

第二节　含重金属废水处理

一、废水来源及特性

重金属废水主要来源于采矿、有色金属冶炼、电镀、化工等部门，主要来自矿山排水、废石场淋浸水、选矿厂尾矿排水、有色金属冶炼厂除尘排水、有色金属加工厂酸洗水、电镀厂镀件洗涤水、钢铁厂酸洗排水、染料生产排水、油漆生产排水等。

含重金属废水根据其来源与工艺不同，废水中重金属离子的种类、含量及其存在形态都有所差异，重金属废水有时同时含有机物等其他污染物，使废水性质更加复杂。

二、典型处理工艺及简介

1. 电镀废水

某电镀企业主要包括镀镍和镀铬两条生产线，产生高浓度含镍废水、含铬废水、一般含镍废水和含其他重金属的综合废水，废水产量约 2 400 t/d，设计要求考虑高浓度含镍废水回用，部分出水回用，出水达到《电镀污染物排放标准》（GB 21900—2008）表 3 水污染物特别排放限值的要求。采用的工艺流程见图 4-3。

该处理系统包括镍回收处理工艺、含铬废水和含镍废水预处理工艺、综合废水电化学处理达标排放工艺、综合污泥处理工艺以及反渗透膜去离子水处理回用工艺。其中，电化学水处理工艺通过氧化还原、凝聚絮凝、吸附降解和协同转化等综合作用去除废水中的重金属离子、有机物、胶体颗粒物等多种污染物，尤其是对重金属和 COD 具有优良的去除效果，达到重金属废水治理与资源回用的目的。

2. 有色金属冶炼废水处理

某企业以生产硫酸、电解锌为主，产生含硫酸酸性废水和冶炼重金属废水，其废水站设计规模为 2 500 m³/d。含硫酸酸性废水的进水 pH 为 1～3，同时含有少量重金属离子。冶炼废水主要含有重金属离子。经处理的出水水质要求全部回用于冷却循环补充水、冶炼用水、制硫酸用水及道路绿化，要求符合国家《污水综合排放标准》（GB 8978—1996）二级标准以及《城市杂用水水质标准》（GB/T 18920—2002）。废水处理采用的工艺流程如图 4-4 所示。

该工程废水包括硫酸废水和冶炼废水两部分，分别采用不同的工艺来处理。

其中，硫酸废水酸浓度大、水量大，如果用 CaO 调 pH 至中性会产生大量含有重金属的废渣，影响综合利用，因此先将 pH 调整为 3～5，此时重金属离子不会沉淀，生成的硫酸钙废渣脱水后可制成石膏，直接运往当地的水泥厂作为水泥生产添加剂使用。这样既减少了渣的堆放，又给企业带来了经济效益，变废为宝。硫酸废水处理后的清液与冶炼废水合并处理。

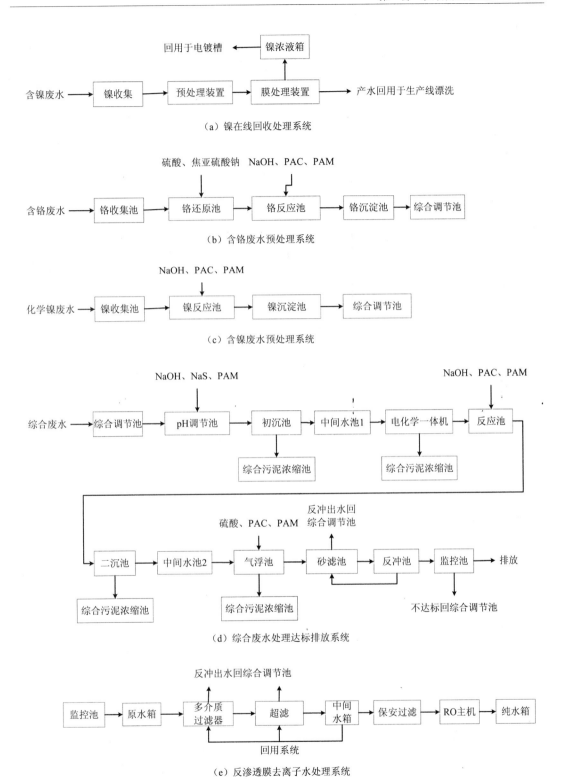

（a）镍在线回收处理系统

（b）含铬废水预处理系统

（c）含镍废水预处理系统

（d）综合废水处理达标排放系统

（e）反渗透膜去离子水处理系统

图 4-3　某电镀废水处理及回用工程工艺流程

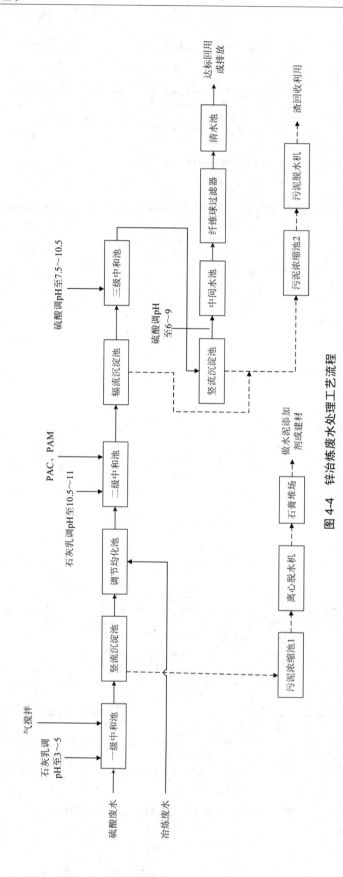

图 4-4 锌冶炼废水处理工艺流程

经中和沉淀的硫酸废水与冶炼废水一起进入调节均化池,再进入二次中和反应池进行中和,用投加石灰乳措施将废水 pH 调至 10.5～11.5,将 Cd、Pb、As 等金属离子转化为氢氧化物沉淀,实现 Cd、Pb、As 等的分离去除,必要时投加絮凝剂 PAC 和助凝剂 PAM 来提高去除效果,再经辐流式沉淀池将沉渣分离去除,该池部分污泥用回流泵回流至二次中和反应池的入口,以降低石灰乳的投加量,减少运行费用。为保证废水中所有重金属得到有效去除,实现废水达标排放(或回用),还需对废水进行第三次中和,加酸调节控制 pH 至 7.5～10.5,利用金属共聚沉降的性能,保证有害重金属的完全去除,出水再进入竖流式沉淀池,竖流沉淀池出水流入中间水池,经纤维球过滤器过滤,保证水中悬浮物的有效去除,达到回用水质要求。污泥中的重金属可考虑资源化再回收利用。

第三节　高浓度有机废水处理

一、废水来源及特性

高浓度有机废水一般是指由纺织印染、造纸、皮革及食品等行业排出的 COD 在 2 000 mg/L 以上的废水。这些废水中含有大量的碳水化合物、脂肪、蛋白质、纤维素等有机物,如果直接排放,会造成严重污染。

高浓度有机废水按其性质来源可分为三大类:①易于生物降解的高浓度有机废水;②有机物可以降解,但含有害物质的废水;③难生物降解的和有害的高浓度有机废水。

高浓度有机废水主要具有以下特点:①有机物浓度高。COD 一般在 2 000 mg/L 以上,有的甚至高达每升几万乃至几十万毫克。②成分复杂,含有毒性物质。废水中有机物以芳香族化合物和杂环化合物居多,还多含有硫化物、氮化物、重金属和有毒有机物。③色度高,有异味。有些废水散发出刺鼻恶臭,给周围环境造成不良影响。④具有强酸强碱性。工业产生的超高浓度有机废水中,酸、碱类众多,往往具有强酸或强碱性。⑤不易生物降解有机废水中所含的有机污染物结构稳定,难以降解。这类废水中大多数的 BOD/COD 值较低,生化性差,且对微生物有毒性,难以用一般的生化方法处理。

二、典型处理工艺及简介

1. 印染废水处理

青岛某工业园以织布、染整和缝纫为主。工程设计进水水质如下:COD 2 000 mg/L,BOD 500 mg/L,SS 500 mg/L,色度 800 倍,pH 8～14。出水要求达到《纺织染整工业水污染物排放标准》(GB 4287—2012)的要求。工艺流程见图 4-5。

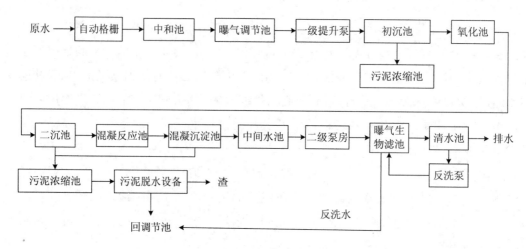

图 4-5　某纺织印染工业园废水处理工程工艺流程

工业园区废水经污水管道自流到处理厂的自动格栅池，经格栅去除较大悬浮固体后进中和池，在中和池中 pH 得到调节，然后进入调节池。在调节池中原水和回流的剩余污泥混合，经曝气氧化处理后由一级提升泵提升至初沉池，经过初沉池去除固体悬浮物。然后自流进入半推流活性污泥氧化池，出水进入二沉池，二沉池污泥回流到集泥池和调节池。集泥池的污泥由气提泵提升回氧化池。二沉池出水进入混凝反应池，经加药混凝搅拌脱色后进入终沉池进行固液分离，上清液进入中间水池，再由二级泵将水送至曝气生物滤池，出水达到排放标准后进入清水池。清水池的水作为滤池的反洗水，多余的水溢流排放。初沉池、终沉池的污泥排到污泥浓缩池。浓缩池上清液回调节池，浓污泥由污泥泵送入带式脱水机进行脱水，脱出水回调节池，经脱水后的污泥作为固体废物处置。

2. 皮革制造业废水处理

湖南某皮革工业园主要从事猪皮制鞋里革的生产，产生铬鞣废水和综合废水。铬鞣废水用专用管道送入污水处理厂，在铬鞣废水处理系统中单独处理，使铬浓度达标后排入综合废水池。综合废水由园区企业进行前处理，进入污水处理厂的设计进水水质为：COD≤2 500 mg/L，pH 8～12，氨氮≤70 mg/L，悬浮物≤800 mg/L，铬≤0.1 mg/L。处理出水要求达到国家《制革及毛皮工业污染物排放标准》（GB 30486—2013）表 2 标准。

铬鞣废水处理工艺流程见图 4-6。

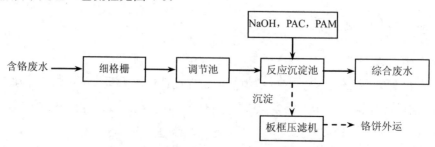

图 4-6　某制革含铬废水处理工程工艺流程

综合废水处理工艺流程见图 4-7。

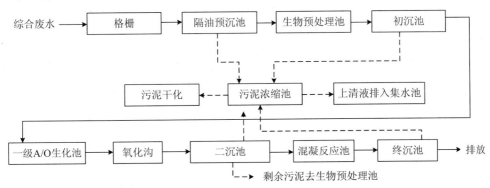

图 4-7　某制革废水处理工程工艺流程

各工段废水汇总排放至综合废水处理站集水池，先经机械格栅去除较大颗粒的悬浮固体，如毛、肉渣等，再经隔油预沉池除去浮油和较重颗粒后进入生物预处理池（预曝气），再到初沉池，经沉淀以去除悬浮物和部分剩余污泥。初沉池出水进入第一级生物处理装置（A/O），再进行第二级生物处理（氧化沟）。生物处理后的出水再经辐流式二沉池沉淀，二沉池出水通过加入混凝剂反应后，在终沉池内进一步沉淀处理，使出水达标排放。

隔油预沉池、初沉池、终沉池的污泥输送至污泥浓缩池，浓缩池污泥用泵输送至干化场，干化污泥外运，浓缩池出水回集水池重新处理。

思考题

1. 查阅文献资料，了解城市生活污水 3 种以上常见处理工艺，简述其流程及各自的优缺点。

2. 简述重金属废水的处理方法及工艺流程。

3. 简述高浓度有机废水的处理方法及工艺流程。

参考文献

[1] 戴友芝，肖利平，唐受印，等. 废水处理工程[M]. 3 版. 北京：化学工业出版社，2017.

[2] 李圭白，张杰. 水质工程学[M]. 2 版. 北京：中国建筑工业出版社，2012.

[3] 张自杰. 排水工程（下册）[M]. 5 版. 北京：中国建筑工业出版社，2014.

[4] 温青，张林，矫彩山. 环境工程学[M]. 哈尔滨：哈尔滨工程大学，2008.

[5] 蒋克彬，彭松，陈秀珍，等. 水处理工程常用设备与工艺[M]. 北京：中国石化出版社，2010.

[6] 罗固源. 水污染物化控制原理与技术[M]. 北京：化学工业出版社，2003.

[7] 北京水环境技术与设备研究中心，等. 三废处理工程技术手册（废水卷）[M]. 北京：化学工业出版社，2000.

[8] 蒋展鹏，杨宏伟. 环境工程学[M]. 北京：高等教育出版社，2013.

[9] 万松，李永峰，殷天名. 废水厌氧生物处理工程[M]. 哈尔滨：哈尔滨工业大学出版社，2013.

[10] 李东伟，尹光志. 废水厌氧生物处理技术原理及应用[M]. 重庆：重庆大学出版社，2006.

[11] 顾夏声，等. 水处理工程[M]. 北京：清华大学出版社，1985.

[12] 高廷耀，顾国维，周琪. 水污染控制工程（下册）[M]. 4 版. 北京：高等教育出版社，2015.

[13] 唐受印，戴友芝，等. 水处理工程师手册[M]. 北京：化学工业出版社，2000.

[14] 唐受印，戴友芝，等. 废水处理水热氧化技术[M]. 北京：化学工业出版社，2002.

[15] 唐受印，戴友芝，等. 工业循环冷却水处理[M]. 北京：化学工业出版社，2003.

[16] 唐受印，戴友芝，等. 食品工业废水处理[M]. 北京：化学工业出版社，2001.

[17] 赵庆良，任南琪. 水污染控制工程[M]. 北京：化学工业出版社，2005.

[18] 张玉忠，郑领英，高从堦. 液体分离膜技术及应用[M]. 北京：化学工业出版社，2003.

[19] 王学松，郑领英. 膜技术[M]. 2 版. 北京：化学工业出版社，2013.

[20] 许振良. 膜法水处理技术[M]. 北京：化学工业出版社，2001.

[21] 邵刚. 膜法水处理技术及工程实例[M]. 北京：化学工业出版社，2002.

[22] 时钧，袁权，高从增. 膜技术手册[M]. 北京：化学工业出版社，2001.

[23] 童华. 环境工程设计[M]. 北京：化学工业出版社，2008.

[24] 张希衡. 废水治理工程[M]. 北京：冶金工业出版社，1984.

第二篇
大气污染控制工程

　　大气污染控制工程是环境工程学的另一个重要分支，它是研究控制和改善大气环境质量的技术原理和工程措施的一门科学，包括污染物源头控制、排气污染治理和大气稀释净化等方面。本篇以大气污染治理的技术原理和工程措施为主要内容，系统介绍大气污染控制工程的基础理论、基本原理，颗粒和气态污染物控制常用单元方法的工艺、设备、设计及应用等，还讲述了典型大气污染物控制与利用的工艺和技术。

第五章　大气污染及其控制系统概述

第一节　大气污染与大气污染物

一、大气污染与大气污染物的概念

（一）大气污染

大气，也称空气，是指地球周围所有空气的总和，大气像外衣一样保持地球表面温度不剧烈升降，也为地球生物提供必需的氧气、二氧化碳和水分等。同时，人们也通过生产和生活活动影响着周围大气，人与大气环境之间连续不断地进行着物质和能量的交换，大气环境对人类的生存和健康至关重要。人类活动和自然过程排放某些物质进入大气中，积累到一定的浓度，并因此而危害人体的舒适和健康，就产生了大气污染。大气环境通过稀释、沉降、地面吸附、植物吸收、光化学反应等途径，进行着自净行为，逐步达到一个物质和能量的平衡状态。自然的自净能力是有限度的，当自然过程和人类行为释放到大气中的物质和能量超过一定量时，大气自净的结果将使大气的物质和能量在新的状态达到平衡，这个新的平衡状态很可能不利于人类的生存和健康，因此，人类在进行生产和生活活动的同时，必须保护大气环境，做到人与大气的和谐。

（二）大气污染物

大气污染物，是指人类活动或自然过程排入大气的并对人或环境产生有害影响的物质。

大气污染物的分类方法很多，按其与空气的相对状态，可分为非均相和均相两类，前者指颗粒态或者气溶胶态污染物，后者为气态污染物。也有一次污染物和二次污染物之分，前者指直接从污染源排出的污染物；一次污染物与空气中原有成分或几种污染物之间发生一系列化学或光化学反应而生成的与一次污染物性质不同的新污染物，称为二次污染物。

1. 颗粒态污染物

颗粒态污染物是指悬浮在气体介质中的固态或液态微小颗粒，在我国《环境空气质量标准》（GB 3095—2012）中，根据颗粒物的大小，将其分为：总悬浮颗粒物（total suspended particles，TSP），空气动力学当量直径≤100 μm 的颗粒物；可吸入颗粒物（inhalable particles，PM_{10}），空气动力学当量直径≤10 μm 的颗粒物；细颗粒物（$PM_{2.5}$），空气动力学当量直径≤2.5 μm 的颗粒物。与较大的大气颗粒物相比，$PM_{2.5}$ 粒径小，比面积大，活性强，易附带有毒、有害物质（如重金属、微生物等），且能较长时间悬浮于空气中，输送距离远，因而对人体健康和大气环境质量的影响更大。

2. 气态污染物

气态污染物主要有含硫化合物（SO_2、SO_3、H_2S 等）、含氮化合物（NO、NO_2、NH_3 等）、卤化物（Cl_2、HCl、HF、SiF_4 等）、碳氧化物（CO、CO_2）和挥发性有机物（volatile organic compounds，VOCs）等，气态污染物的绝大多数来自于人类活动，排放集中且在自然界中消解转化慢，很大一部分会转化为二次大气污染物，需要人们特别关注。

二、大气污染物来源与排放量计算

（一）大气污染物来源

大气污染物的来源包括自然过程和人类活动两个方面。人类活动排放的大气污染物主要来自三个方面：①燃料燃烧；②工业生产过程；③交通运输。前两者称为固定源，后者（如汽车、火车、飞机等）则称为流动源。

根据大气污染源的几何形状和排放方式，污染源可分为点源、线源、面源；按它离地面的高度可分为地面源和高架源；按排放污染物的持续时间可分为瞬时源、间断源和连续源。还可分为稳定源和可变源、冷源和热源等。通常将工厂烟囱的排放当作点源；将成直线排列的烟囱、沿直线飞行喷洒农药的飞机、汽车流量较大的高速公路等作为线源；将稠密居民区中家庭的炉灶和大楼的取暖排放当作面源。大城市或工业区各种不同类型的污染源都有，则称为复合源。污染源的这种划分都是相对于扩散的空间和时间的尺度而言的，例如，在研究某城市污染时，一个工厂的烟囱可视为点源，将该城市视为各种类型源的复合源；但当研究一个大的区域或全球污染时，却又把一个城市当作点源。

（二）大气污染物排放量的计算

在进行大气污染控制管理与工程设计时，常常需要确定各污染源大气污染物的产生量和排放量。首选方法是现场实测法，在无法获得监测数据时，可以采用物料衡算法、排污系数法和类比分析法等对大气污染物产生量进行估算，其中最常用的是物料衡算法和排污系数法。

1. 物料衡算法

物料衡算法是根据物质守恒定律计算生产过程中的污染物产生量的方法，应用该方法，需要知道生产过程中涉及的各反应物具体含量，并清楚生产过程中发生的化学反应。以燃料燃烧过程为例，需要明确燃料中 C、H、S、O、N 等各元素含量和水分、灰分等含量，并了解燃烧是否完全，才能计算烟气量和烟尘、SO_2、NO_x 等大气污染物的产生量。

（1）燃烧烟气量的计算

理论烟气量，是指供给理论空气量的情况下，单位体积（或质量）燃料完全燃烧产生的烟气量，它包括生成的燃烧产物量，加上空气和燃料带入的水和氮气的量。因此，理论湿烟气量为

$$V_f^0 = V_{CO_2}^0 + V_{H_2O}^0 + V_{SO_2}^0 + V_{N_2}^0 + V_{NO}^0 \tag{5-1}$$

对于单位质量固体或液体燃料，即

$$V_f^0 = 1.866W_C + 11.111W_H + 1.24(V_a^0 d_a + W_w) + 0.699W_S + 0.79V_a^0 + 0.80W_N \tag{5-2}$$

式中：W_C、W_H、W_S、W_N——分别为燃料中碳、氢、硫、氮元素的质量分数；

W_w——燃料中水分的质量分数；

V_a^0——理论空气量，m^3/kg 燃料；

d_a——空气的湿含量，kg 水汽/m^3 干空气。

如果在实际燃烧设备中只供给理论空气量，很难保证燃料与空气的充分混合，从而不能完全燃烧。因此实际供给的空气量一般大于理论空气量，促使燃烧完全。实际供给的空气量与理论空气量之比，称为过剩空气系数。过剩空气系数为 α 时，完全燃烧的湿烟气量为

$$V_f = V_f^0 + (\alpha - 1)V_a^0 + 1.24(\alpha - 1)V_a^0 d_a \tag{5-3}$$

由于燃烧设备不完善，燃料与空气混合不好等原因会造成燃料不完全燃烧，不完全燃烧的烟气中可能含有 CO、H_2 和 CH_4 等可燃物质，如果含量很低，在计算烟气量时可以忽略，反之不能。

（2）二氧化硫排放量计算

煤中的全硫分包括有机硫、硫铁矿和硫酸盐，其中有机硫和硫铁矿为可燃性硫，燃烧后生成二氧化硫，硫酸盐为不可燃硫，列入灰分。通常情况下，煤中可燃性硫占全硫分的 70%～90%，平均为 80%。根据硫燃烧的化学方程式可以知道，1 g 硫燃烧后生成 2 g 二氧化硫，由此得到二氧化硫产生量的计算公式为

$$\begin{aligned} G_{SO_2} &= 80\% \times 2 \times BS(1 - \eta_s) \\ &= 1.6BS(1 - \eta_s) \end{aligned} \tag{5-4}$$

式中：G_{SO_2} —— 二氧化硫排放量，kg；

B —— 耗煤量，kg；

S —— 煤中全硫分含量，%；

η_s —— 二氧化硫脱除效率，%，若没有脱硫装置，$\eta_s = 0$。

燃油中的硫分均为可燃硫，因此燃油燃烧产生的 SO_2 量的计算公式为

$$G_{SO_2} = 2B_0 S_0 (1-\eta_s) \qquad (5-5)$$

式中：G_{SO_2}——燃油二氧化硫排放量，kg；

B_0——耗油量，kg；

S_0——油中全硫分含量，%；

η_s——二氧化硫脱除效率，%，若没有脱硫装置，$\eta_s = 0$。

【例 5-1】某工厂锅炉房现有 5 台快装炉，型号为 KZL240-10/115/70-A Ⅱ型，采用吊煤罐上煤，多管旋风除尘器除尘，螺旋除渣机除渣。5 台炉合用一根砖砌烟囱，高度 35 m，上口直径 1 m。小时平均用煤量 1.8 t，最大小时用煤量 2.25 t，采暖季以 120 d 计（每天 10 h），平均用煤量 2 160 t，采暖季最大用煤量 5 184 t，估计 SO_2 排放量。计算时 S 取 1%，η_s 取 20%。

解：小时排放量：

$$M_{SO_2} = 1.6 \times BS(1-\eta_s) = 1.6 \times 1.8 \times 1\ 000 \times 0.01 \times (1-0.2) = 23.04 \ （kg/h）$$

最大小时排放量：

$$M_{SO_2} = 1.6 \times BS(1-\eta_s) = 1.6 \times 2.25 \times 1\ 000 \times 0.01 \times (1-0.2) = 28.8 \ （kg/h）$$

采暖季节排放量：

$$M_{SO_2} = 23.04 \times 10 \times 120 \times 10^{-3} = 17.65 \ （t/a）$$

（3）氮氧化物排放量计算

锅炉燃料废气中的氮氧化物，来源于两条途径，一是燃料中的含氮化合物在一定温度下转化为氮氧化物；二是空气中的氮一部分在高温下转化为氮氧化物。燃料含氮量大小对烟气中氮氧化物浓度高低影响大，燃料在燃烧过程中，含氮化合物会部分转化为氮氧化物（NO_x）。燃料的含氮量和烟气中氮氧化物含量见表 5-1。

表 5-1   燃料含氮量

燃料名称	含氮重量百分比 n/%	氮氧化物含量（以 NO_2 计）/（mg/m^3）
煤	0.5~2.5，平均 1.5	1 000~3 000
劣质重油	0.2~0.4，平均 0.2	370~920
优质重油	0.005~0.08，平均 0.02	160~370

燃料燃烧生成氮氧化物计算公式如下：

$$G_{NO_x} = 1.63B(\beta \cdot n + 10^{-6}VC_{NO_x}) \qquad (5-6)$$

式中：G_{NO_x}——燃料燃烧生成的氮氧化物（以 NO_2 计），kg；

B——煤或重油耗量，kg；

β ——燃料中氮向燃料型 NO_x 的转化率，%，与燃料含氮量有关。普通燃烧条件下，燃煤层燃炉为 $25\%\sim50\%$（$n\geqslant0.4\%$），煤粉炉为 $20\%\sim25\%$，燃油锅炉为 $32\%\sim40\%$；

n ——燃料中氮的质量分数，%；

V ——1 kg 燃料生成的烟气量，m^3/kg；

C_{NO_x} ——燃烧时生成的温度型 NO_x 的质量浓度（标态），mg/m^3，通常取 93.8 mg/m^3。

2. 排污系数法

根据生产过程中单位原料或产品的经验排放系数和产品或原料量，求得污染物排放量的方法称为排污系数法，其中排污系数是指在正常技术经济和管理条件下生产某单位产品或消耗单位原料所产生的污染物数量的统计平均值或计算值。用计算公式表示为

$$G=W \times f \tag{5-7}$$

式中：G ——污染物产生量，kg；

W ——生产过程中生产的产品质量或消耗的原料质量，t；

f ——排污系数，kg/t 产品（或原料）。

表 5-2 是我国 2010 年进行第一次全国污染源普查工作时采用的燃煤工业锅炉产排污系数表。采用排污系数法计算大气污染物产生量时，可以先根据手册目录，翻查到相关行业；然后根据相关产品名称、原料名称、生产工艺、生产规模及末端处理技术确定排污系数，代入式（5-7），根据产品量或原料量计算污染物产生或排放量。

表 5-2 工业锅炉（热力生产和供应行业）产排污系数表——燃煤工业锅炉（行业代码：4430）

产品名称	原料名称	工艺名称	规模等级	污染物指标	单位	产污系数	末端治理技术名称	排污系数
蒸汽/热水/其他	烟煤	层燃炉	所有规模	工业废气量	标 m^3/t 原料	10 290.43	直排	10 290.43
							有末端治理	10 804.95
				二氧化硫	kg/t 原料	$16S$（无炉内脱硫）	直排	$16S$
							湿法除尘法	$13.6S$
							湿式除尘脱硫（钙法/镁法/其他脱硫剂）	$4.8S$
						$11.2S$（炉内脱硫）	直排	$11.2S$
							湿式除尘脱硫（钙法/镁法/其他脱硫剂）	$3.36S$
				烟尘	kg/t 原料	$1.25A$	直排	$1.25A$
							单筒旋风除尘法	$0.5A$
							多管旋风除尘法	$0.38A$
							湿法除尘法/湿式除尘脱硫	$0.16A$
							静电除尘法（管式）	$0.23A$
							静电除尘法（卧式）	$0.04A$
							布袋/静电+布袋	$0.01A$

资料来源：《第一次全国污染源普查工业污染源产排污系数手册》。

注：S 为燃煤收到基硫分含量，A 为燃煤收到基灰分含量。

第二节   大气环境标准

我国大气环境标准按其用途可分为大气环境质量标准、大气污染物排放标准、大气污染控制技术标准等。

1）大气环境质量标准：大气环境质量标准是以保障人体健康和正常生活条件为主要目标，规定出大气环境中某些主要污染物的最高允许浓度。它是进行大气污染评价，制定大气污染防治规划和大气污染物排放标准的依据，是进行大气环境管理的依据。

2）大气污染物排放标准：这是以实现大气环境质量标准为目标，对污染源排入大气的污染物容许含量做出限制，是控制大气污染物的排放量和进行净化装置设计的依据，同时也是环境管理部门的执法依据。大气污染物排放标准可分为国家标准、地方标准和行业标准。

3）大气污染控制技术标准：这是为确保大气污染控制效果而从某一方面作出的具体技术规定，如污染物净化装置设计规范、污染物监测方法等，目的是使生产、设计和管理人员易掌握和执行。

一、环境空气质量标准

1. 制定环境空气质量标准的原则

1）要保证人体健康和维护生态系统不被破坏要对污染物浓度与人体健康和生态系统之间的关系进行综合研究与试验，并进行定量的相关分析，以确定环境空气质量标准中允许的污染物浓度。目前世界上一些主要国家在判断空气质量时，多依据世界卫生组织 WHO（World Health Organization）于 1963 年 10 月提出的四级标准为基本依据：

第一级：对人和动植物观察不到什么直接或间接影响的浓度和接触时间。

第二级：开始对人体感觉器官有刺激，对植物有害，对人的视距有影响的浓度和接触时间。

第三级：开始对人能引起慢性疾病，使人的生理机能发生障碍或衰退而导致寿命缩短的浓度和接触时间。

第四级：开始对污染敏感的人引起急性症状或导致死亡的浓度和接触时间。

2）要合理协调与平衡实现标准的经济代价和所取得的环境效益之间的关系，以确定社会可以负担得起并有较大收益的环境质量标准。

3）要遵循区域的差异性。各地区的环境功能、技术水平和经济能力有很大差异，应制定或执行不同的浓度限值。

2．我国的大气环境质量标准

（1）环境空气质量标准

我国环境空气质量标准首次发布于 1982 年。1996 年第一次修订，2000 年第二次修订，2012 年做了第三次修订（GB 3095—2012）。GB 3095—2012 规定了环境空气功能区分类、标准分级、污染物项目、平均时间及浓度限值、监测方法、数据统计的有效性规定及实施与监督等内容。该标准 2012 年在京津冀、长三角、珠三角等重点区域以及直辖市和省会城市施行；2013 年在 113 个环境保护重点城市和国家环保模范城市施行；2015 年在所有地级以上城市施行；2016 年 1 月 1 日起全国实施。

标准 GB 3095—2012 表 1 规定了二氧化硫（SO_2）、二氧化氮（NO_2）、一氧化碳（CO）、臭氧（O_3）、可吸入颗粒物（PM_{10}）、细颗粒物（$PM_{2.5}$）6 个基本项目浓度限值，表 2 规定了总悬浮颗粒物（TSP）、氮氧化物（NO_x）、铅（Pb）、苯并[a]芘（BaP）4 个其他项目浓度限值，附录中还给出了镉（Cd）、汞（Hg）、砷（As）、六价铬 [Cr（Ⅵ）] 和氟化物（F）5 种污染物的参考浓度限值。该标准将空气功能区分为两类。其中一类为自然保护区、风景名胜区和其他需要特殊保护的区域；二类区为居住区、商业交通居民混合区、文化区、工业区和农村地区。一类区适用一级浓度限值，二类区适用二级浓度限值。

（2）工业企业设计卫生标准

由于我国现行的《环境空气质量标准》（GB 3095—2012）中只有 15 种污染物的标准，在实际工作中会碰到更多的大气污染物，在国家没有制定它们的环境质量标准前，可以参考执行《工业企业设计卫生标准》（GBZ 1—2010）中引用 GBZ 2.1—2007 规定的"工作场所空气中化学物质容许浓度""工作场所空气中粉尘容许浓度"部分。

（3）室内空气质量标准

室内空调的普遍使用、室内装潢的流行及其他原因的存在，使室内空气质量问题日趋严重。为保护人体健康，预防和控制室内空气污染，我国于 2002 年 11 月首次发布了《室内空气质量标准》（GB/T 18883—2002），该标准对室内空气中 19 项与人体健康有关的物理、化学、生物和放射性参数的标准值作了规定。

二、大气污染物排放标准

1．大气污染物综合排放标准

1996 年，在《工业"三废"排放试行标准》（GBJ 4—73）基础上修改制定的《大气污染物综合排放标准》（GB 16297—1996），规定了 33 种大气污染物的排放限值，其指标体系为最高允许排放浓度、最高允许排放速率和无组织排放监控浓度限值。任何一个排气筒必须同时达到最高允许排放浓度和最高允许排放速率两项指标，否则为超标排放。

2．行业标准

按照综合性排放标准与行业性排放标准不交叉执行的原则，有行业标准的企业应执行本行业的标准，火电、玻璃、水泥、炼铁、轧钢等行业都有相应的大气污染物排放标准遵照执行。

第三节   大气污染控制工程系统

大气污染物通常可以从生成控制、排气净化、稀释扩散三个环节进行控制。生成控制包括原料替代、工艺改进、条件优化等；排气净化一般包括气体收集（无组织源）、净化、产物后处理等；稀释扩散控制主要是指排气筒高空排放。燃煤锅炉烟气控制是典型的大气污染控制工程系统（图5-1），该系统通常为：首先通过低氮燃烧等手段进行污染物生成控制，然后对排气中的氮氧化物、颗粒物和二氧化硫进行净化，脱硫塔出口烟气与进口烟气交换热能升温后通过高烟囱稀释排放。

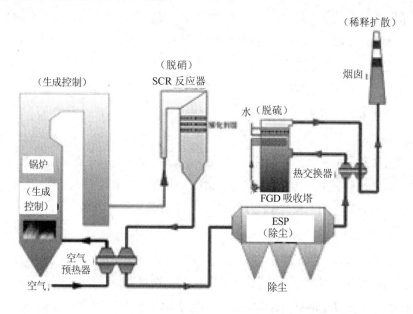

图 5-1   锅炉燃烧烟气污染控制系统流程图

本书第二篇主要介绍大气污染控制工程系统中大气污染物排气净化环节的内容，其中第六章介绍颗粒污染物控制的原理、方法及设备，第七章介绍控制气态污染物的吸收、吸附、催化转化以及其他废气净化方法的原理、流程和设备等，第八章介绍了二氧化硫、氮氧化物、挥发性有机物、燃煤烟气中汞等几种典型大气污染物的控制方法。

思考题

1. 我国目前平均发电煤耗为 325 g（标煤）/（kW·h），年运行 5 600 h，标煤热值 35 400 kJ/kg，原煤热值 27 000 kJ/kg，原煤含硫量为 1.5%，煤中硫转化为二氧化硫的比例为 85%，配套烟气脱硫装置平均净化效率 92%，试计算一个 30 万 kW·h 电站年排放二氧化硫的量（t/a）。

2. 某厂所排废气中 SO_2 的体积分数为 $150×10^{-6}$，废气的排放量为 22 000 m³/h，废气中除 SO_2 外，其余气体假定为空气。试确定：

（1）SO_2 在废气中的质量浓度 C_m（kg/m³）、摩尔质量 C_M（kg/kmol）和体积分数 C_v（%）；

（2）该厂每天排放 SO_2 多少 kg？

3. 大气污染控制工程系统通常由哪几部分组成？

第六章 颗粒态污染物控制方法

颗粒态污染物是我国大气环境中的主要污染物，有效控制污染源产生的一次颗粒态污染物是改善大气环境的重要途径。对于颗粒态污染物与烟（废）气形成的非均相体系，利用污染物与烟（废）气二者在物理性质方面的差异，借助作用在微粒上的各种外力（如重力、离心力、电场力等），实现颗粒态污染物与气体分离，这个过程通常称为除尘。本章主要介绍除尘技术基础及主要除尘装置的原理和工艺设备选型设计的基本内容，包括机械式除尘器、电除尘器、过滤式除尘器和湿式除尘器等。

第一节 除尘技术基础

为了正确选择设计和应用各种除尘设备，应首先了解粉尘的物理化学性质和沉降分离机理以及除尘器性能的表示方法，这是气体除尘技术的重要基础。

一、粉尘的物理化学性质

（一）粉尘的密度

单位体积粉尘的质量称为粉尘的密度，其单位是 kg/m^3 或 g/cm^3。由于粉尘的产生情况、实验条件不同，获得的密度值也不同。一般将粉尘的密度分为真密度和堆积密度。

1）真密度 ρ_p。粉尘的真密度是将吸附在尘粒表面及其内部的空气排除后测得的粉尘自身的密度。

2）堆积密度 ρ_b。将包括粉尘粒子间气体空间在内的粉尘密度称为堆积密度。显然，对同一种粉尘来说，$\rho_p > \rho_b$。例如，煤粉燃烧产生的飞灰粒子，其堆积密度为 1 070 kg/m^3，真密度为 2 200 kg/m^3。

粉尘之间的孔隙体积与包含孔隙在内的粉尘总体积之比称为孔隙率，用 ε 表示。粉尘的真密度 ρ_p 与堆积密度 ρ_b 和孔隙率 ε 之间存在如下关系

$$\rho_b = (1 - \varepsilon)\rho_p \qquad (6-1)$$

对一定种类的粉尘，ρ_p 是定值，ρ_b 则随孔隙率 ε 而变化。ε 值与粉尘种类、粒径及充

填方式等因素有关。粉尘越细，吸附的空气越多，ε 值越大；充填过程加压或进行震动，ε 值减小。

粉尘的真密度应用于研究尘粒在流体中的运动，而堆积密度则可用于存仓或灰斗容积的计算等。

（二）粉尘的比表面积

单位体积（或质量）粉尘具有的表面积称为粉尘的比表面积（m^2/m^3 或 m^2/g）。比表面积常用来表示粉尘的总体细度，是研究粉尘层的流体特性及其化学反应、传质、传热等现象的参数之一。粉尘越细，比表面积越大，粉尘层的流体阻力越大；粉尘的物理生物化学活性（氧化、溶解、吸附、催化、生理效应等）随比表面积增大而提高，有些粉尘的爆炸危险性和毒性随粒径的减小而增大，原因即在于此。

（三）粉尘的润湿性

粉尘颗粒能否与液体相互附着或附着难易的性质称为粉尘的润湿性。当尘粒与液滴接触时，如果接触面扩大而相互附着，就是能润湿；若接触面趋于缩小而不能附着，则是不能润湿。依其被润湿的难易程度，可分为亲水性粉尘和疏水性粉尘。例如，石蜡、石墨等粒子为疏水性粉尘，而锅炉飞灰、石英砂等为亲水性粉尘。粉尘的润湿性与粉尘粒径有关，对于 5 μm 以下特别是 1 μm 以下的尘粒，即使是亲水的，也很难被水润湿，这是由于小粒径颗粒的比表面积大，对气体的吸附作用强，尘粒和水滴表面都有一层气膜，因此只有在尘粒与水滴之间具有较高的相对运动速度时（如文丘里喉管中），才会被润湿。同时粉尘的润湿性还随压力增加而增加，随温度上升而下降，随液体表面张力减小而增加。各种湿式洗涤器，主要靠粉尘与水的润湿作用来分离粉尘，粉尘的润湿性是设计和选用湿式除尘器的主要依据之一。

值得注意的是，像水泥粉尘、熟石灰及白云岩砂等虽是亲水性粉尘，但它们吸水之后即形成不溶于水的硬垢，一般称粉尘的这种性质为水硬性。水硬性结垢会造成管道及设备堵塞，所以对此类粉尘不宜采用湿式洗涤器分离。

（四）安息角与滑动角

尘粒自漏斗连续落到水平板上，堆积成圆锥体，圆锥体的母线同水平面的夹角称为粉尘的安息角。

滑动角是指光滑平板倾斜时粉尘开始滑移的倾斜角。通常滑动角比安息角略大。

安息角与滑动角是设计除尘器灰斗（或粉料仓）锥度、粉体输送管道倾斜度的主要依据。影响粉尘安息角与滑动角的因素有粒径、含水率、粒子形状、粒子表面粗糙度、粉尘黏附性等。一般粉体的安息角为 33°～55°，滑动角为 40°～55°。因此，除尘设备的灰斗倾斜角不应小于 55°。

（五）粉尘的荷电性及导电性

1．粉尘的荷电性

粉尘在其产生过程中，由于相互碰撞、摩擦、放射线照射、电晕放电以及接触带电体等原因，总会带有一定的电荷。粉尘荷电后，将改变其物理性质，如凝聚性、附着性等。粉尘的荷电量随温度升高、比表面积增大及含水率减少而增大，还与其化学成分有关。

2．粉尘的比电阻

粉尘导电性的表示方法和金属导线一样，也用电阻率来表示，单位为Ω·cm。粉尘的电阻率除取决于它的化学成分外，还与测定时的条件（如温度、湿度、粉尘的粒径大小和分散度等）有关，仅是一种可以相互比较的表观电阻率，也称比电阻。

粉尘的导电机制有两种，取决于粉尘和气体的温度与成分。在高温（＞200℃）条件下，粉尘层的导电主要靠颗粒自身内部的电子或离子进行，称为容积导电；这种容积导电占优势的比电阻称为容积比电阻。温度升高，粉尘内部会发生电子的热激化作用，使容积比电阻下降。

在低温（＜100℃）条件下，粉尘层的导电主要靠颗粒表面的水分和化学膜进行，称为表面导电；这种表面导电占优势的比电阻称为表面比电阻。温度升高，粉尘表面吸附的水分减少，使表面比电阻升高。

在中间温度范围内，粉尘比电阻是表面比电阻和容积比电阻的合成，比电阻值较高，如图 6-1 所示。

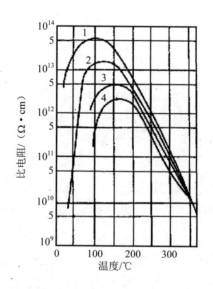

1—1％H_2O；2—5％H_2O；3—10％H_2O；4—15％H_2O

图 6-1　铅鼓风炉烟尘比电阻（烟尘含 Zn 13%）

（六）粉尘的黏附性

粉尘的黏附性是指粉尘颗粒之间互相附着或粉尘附着在器壁表面的可能性。在气体介质中产生黏附的力主要是分子力（范德华力）。实践证明，颗粒细、形状不规则、表面粗糙、含水率高、润湿性好及荷电量大时，易于产生黏附现象。此外，还与粉尘随气流运动的速度及壁面粗糙情况有关。

粉尘颗粒由于互相黏附而凝聚变大，有利于提高除尘器的捕集效率，而且有一些除尘器的捕集机制是依赖于粉尘在捕集表面上的黏附；但粉尘对器壁的黏附会造成装置和管道的堵塞，因此在除尘或气流输送系统中，要根据经验选择适当的气流速度，以减少粉尘与器壁间的黏附。

（七）粉尘的自燃性和爆炸性

当可燃物料以粉状的形式（如硫矿粉、煤尘）等在空气中存在时，由于其粒径较小，总表面积较大，表面能大，从而化学活性增强，达到一定浓度，在外界的高温、摩擦、震动、碰撞以及放电火花等作用下更易于发生燃烧，进而导致爆炸。

另外，有些粉尘（如镁粉、碳化钙粉）与水接触后会引起自燃或爆炸，这类粉尘不能采用湿法除尘。

还有些粉尘互相接触或混合，如溴与磷、锌粉与镁粉接触混合，也会引起爆炸。

与其他可燃混合物一样，可燃粉尘与空气的混合物也存在爆炸上、下限浓度范围。粉尘的爆炸上限浓度值过大（如糖粉的爆炸上限浓度为 13.5 kg/m^3），在多数场合下都达不到，故无实际意义。粉尘着火所需要的最低温度称为着火点，它与火源的强度、粉尘的种类、粒径、湿度、通风情况、氧气浓度等因素有关。一般是粉尘越细，着火点越低；粉尘的爆炸下限越小，着火点越低，爆炸的危险性越大。

在实际工作中要采取相应措施，防止可燃粉尘爆炸。

二、粉尘的粒径及粒径分布

（一）粉尘的粒径

粉尘颗粒的大小不同，其物理化学性质有很大差异，对人体和生物的危害以及对除尘器性能的影响也都不同。因此粒径是粉尘重要的物理性质之一。

粉尘颗粒的形状一般都是不规则的，需要按一定方法确定一个表示颗粒大小的代表性尺寸，作为颗粒的直径，简称"粒径"。由于测定方法和用途的不同，粒径的定义及其表示方法也不同。表 6-1 列出了一些主要粒径的定义和表示方法。

表 6-1　不同粒径的定义和表示方法

粒径类别	粒径名称	定义
投影径	定向径 d_F	各颗粒在平面投影图同一方向上的最大投影长度
	定向面积等分径 d_M	各颗粒在平面投影图上，按同一方向将颗粒投影面积分割成二等分的线段的长度
	圆等直径 d_H	与颗粒投影面积相等的圆的直径
筛分粒径		用标准筛进行筛分法测定时得到的粒径，是粒子能够通过的最小方孔的宽度
物理当量径	斯托克斯径 d_{st}	与被测颗粒的密度相同，终末沉降速度相等的球的直径
	空气动力直径 d_a	在空气中与被测颗粒终末沉降速度相等的单位密度（$\rho_p=1\,000\ kg/m^3$）的球的直径
几何当量径	球等直径 d_r	与被测颗粒体积相等的球的直径

（二）粉尘的粒径分布

粒径分布是指在某种粉尘中，不同粒径的粒子所占的比例，也称粉尘的分散度。粒径分布可以用颗粒的质量分数、个数分数和表面积分数来表示，分别称为质量分布、个数分布和表面积分布，在除尘技术中使用较多的是质量分布，这里重点介绍其表示方法。

粒径分布的表示方法有列表法、图示法和函数法。下面就以粒径分布测定数据的整理过程来说明粒径分布的表示方法和相应的意义。

测定某种粉尘的粒径分布，先取尘样 m_0=4.28 g。将尘样按粒径大小分成若干组，一般分为 8～12 组，这里分为 9 组。经测定得到各粒径范围 d_p 至 $d_p+\Delta d_p$ 内的尘粒质量为 Δm（g）。Δd_p 称为粒径间隔或宽度，也称为组距。将这一尘样的测定结果及按下述定义计算的结果列入表 6-2，根据该表中的数据绘制出图 6-2。

表 6-2　粒径分布测定和计算结果（粉尘试样 m_0＝4.28 g）

分组号	1	2	3	4	5	6	7	8	9
粒径范围 d_p/μm	6～10	10～14	14～18	18～22	22～26	26～30	30～34	34～38	38～42
粒径间隔 Δd_p/μm	4	4	4	4	4	4	4	4	4
粉尘质量 Δm/g	0.012	0.098	0.36	0.64	0.86	0.89	0.8	0.46	0.16
频数分布 ΔD/%	0.3	2.3	8.4	15.0	20.1	20.8	18.7	10.7	3.7
频度分布 f（%/μm）	0.07	0.57	2.10	3.75	5.03	5.20	4.68	2.67	0.92
筛上累积分布 R/%	100	99.8	97.5	89.1	74.1	54.0	33.2	14.5	3.8
筛下累积分布 D/%	0	0.2	2.5	10.9	25.9	46.0	66.8	85.5	96.2

1）相对频数分布（频数分布）ΔD（%），指粒径 d_p 至 $d_p+\Delta d_p$ 之间的尘样质量 Δm 占尘样总质量 m_0 的百分数，即

$$\Delta D = \frac{\Delta m}{m_0} \times 100\% \qquad (6\text{-}2)$$

并有
$$\sum \Delta D = 100\% \qquad (6\text{-}3)$$

根据计算出的 ΔD 值（表 6-2），可绘出频数分布直方图，见图 6-2（a）。计算结果表明，ΔD 值的大小与粒径间隔 Δd_p 的取值有关。

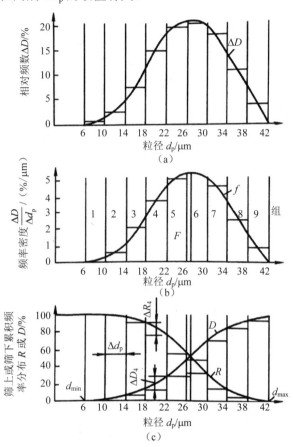

图 6-2 粒径的相对频数、频率密度和累积频率分布

2）频率密度分布 f（%/μm），简称频度分布，系指单位粒径间隔时的频数分布，即粒径间隔 $\Delta d_p = 1$ μm 时尘样质量占尘样总质量的百分数，所以

$$f = \frac{\Delta D}{\Delta d_p} \qquad (6\text{-}4)$$

同样，根据计算结果可以绘出频度分布的直方图，按照各组粒径范围的平均粒径值，可以得到一条光滑的频度分布曲线图 6-2（b）。图中每一个小直方块的面积代表相应组距的频数分布（$\Delta D = f \cdot \Delta d_p$）。

频度分布的微分定义式为

$$f(d_p) = \frac{dD}{dd_p} \qquad (6-5)$$

它表示粒径为 d_p 的颗粒质量占尘样总质量的百分数。

3）筛上累积频率分布 R（%），简称筛上累积分布，系指大于某一粒径 d_p 的全部颗粒质量占尘样总质量的百分数，即

$$R = \sum_{d_p}^{d_{max}} \Delta D = \sum_{d_p}^{d_{max}} (\frac{\Delta D}{\Delta d_p}) \Delta d_p = \sum_{d_p}^{d_{max}} f(d_p) \cdot \Delta d_p \qquad (6-6)$$

或取积分形式

$$R(d_p) = \int_{d_p}^{d_{max}} dD = \int_{d_p}^{d_{max}} f(d_p) \cdot dd_p \qquad (6-7)$$

反之，将小于某一粒径 d_p 的全部颗粒质量占尘样总质量的百分数称为筛下累积频率分布 D（%），简称筛下累积分布，因此

$$D = \sum_{d_{min}}^{d_p} \Delta D = \sum_{d_{min}}^{d_p} f(d_p) \cdot \Delta d_p \qquad (6-8)$$

或

$$D(d_p) = \int_{d_{min}}^{d_p} dD = \int_{d_{min}}^{d_p} f(d_p) \cdot dd_p \qquad (6-9)$$

按照计算所得的 R、D 值，可以分别绘出筛上累积分布和筛下累积分布的曲线，见图 6-2（c）。

由上述定义及图 6-2（c）或表 6-2 可知，频度分布曲线 f 下的面积为 100%，即

$$D(d_p) + R(d_p) = \int_{d_{min}}^{d_{max}} f(d_p) \cdot dd_p = 100 \qquad (6-10)$$

以及

$$f(d_p) = \frac{dF}{dd_p} = -\frac{dR}{dd_p} \qquad (6-11)$$

筛上累积分布和筛下累积分布相等（$R=D=50\%$）时的粒径为中位径，记作 d_{50}，即图 6-2（c）中 R 与 D 两曲线交点处对应的粒径。中位径是除尘技术中常用的一种表示粉尘粒径分布特性的简明方法。

图 6-2（b）中频度分布 f 达到最大值时相对应的粒径称作众径，记作 d_d。

（三）粉尘粒径的分布函数

粉尘的粒径分布用函数形式表示更便于分析。一般来说，粉尘的粒径分布是随意的，但它近似地与某一规律相符，可以用函数来表示。常用的有正态分布函数和对数正态分布函数。

1. 正态分布（Gauss 分布）

粉尘粒径的正态分布是相对于平均粒径呈对称分布，其函数形式为

$$f(d_p) = \frac{100}{\sigma\sqrt{2\pi}} \exp\left[-\frac{(d_p - \bar{d}_p)^2}{2\sigma^2}\right] \qquad (6-12)$$

式中：$\overline{d}_p$——算术（长度）平均径；

　　　σ——标准差。

如图 6-3 所示，正态分布的频度分布曲线是关于平均值对称的钟形曲线，累积频率分布在正态概率坐标图中为一直线。由该直线可以求取正态分布的特征数 $\overline{d}_p$ 和 σ。相应于累积分布为 50% 的粒径（中位径 d_{50}）等于算术平均径 $\overline{d}_p$ 和众径 d_d，即 $d_{50}=\overline{d}_p=d_d$；而标准差 σ 等于中位径 d_{50} 与筛上累积频率 $R=84.13\%$ 的粒径 $d_{84.13}$ 之差，或筛上累积频率 $R=15.87\%$ 的粒径 $d_{15.87}$ 与中位径 d_{50} 之差，即

$$\sigma = d_{50} - d_{R=84.13} = d_{R=15.87} - d_{50} = \frac{1}{2}(d_{R=15.87} - d_{R=84.13}) \qquad (6\text{-}13)$$

粒子粒径形成正态分布是很少的，在冷凝之类的物理过程中产生的粒子有这种情况。

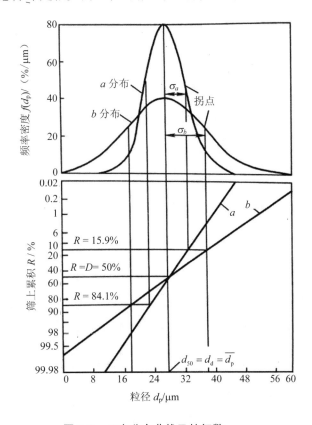

图 6-3　正态分布曲线及特征数

2．对数正态分布

大多数粒子（如空气中的尘和雾）的粒径分布在矩形坐标中是偏态的，如图 6-4 所示，若将横坐标用对数坐标代替，可以转化为近似正态分布的对称性钟形曲线，则称为对数正态分布。将式（6-12）中的 d_p 和 σ 分别用 $\ln d_p$ 和 $\ln \sigma_g$ 代替，则得到对数正态分布函数为

$$f(\ln d_{p}) = \frac{100}{\ln \sigma_{g} \sqrt{2\pi}} \exp\left[-\frac{(\ln d_{p} - \ln \overline{d}_{g})^{2}}{2(\ln \sigma_{g})^{2}}\right] \qquad (6\text{-}14)$$

式中：$\overline{d}_{g}$——几何平均粒径，$\overline{d}_{g} = d_{50}$；

σ_{g}——几何标准差。

将累积频率分布绘于对数正态概率纸上也会得到一直线，横坐标为对数坐标，并可得对数正态分布的几何标准差 σ_{g} 为

$$\sigma_{g} = \frac{d_{50}}{d_{R=84.13}} = \frac{d_{R=15.87}}{d_{50}} = \left(\frac{d_{R=15.87}}{d_{R=84.13}}\right)^{1/2} \qquad (6\text{-}15)$$

对数正态分布有个特点，就是如果某种粉尘的粒径分布遵从对数正态分布的话，则无论是以质量表示还是以个数或表面积表示的粒径分布，皆遵从对数正态分布，且几何标准差相等，在对数概率坐标中代表三种分布的直线相互平行。

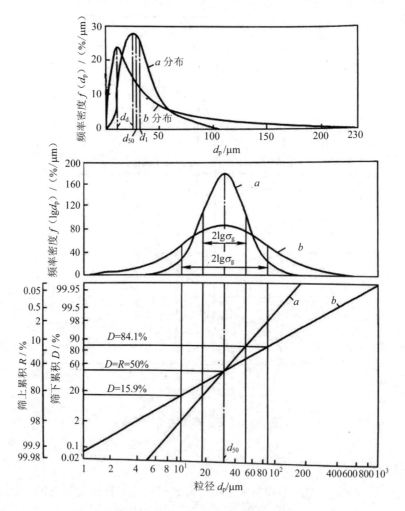

图 6-4　对数正态分布曲线及特征数

三、颗粒在流体中的运动阻力

（一）颗粒在流体中的运动阻力和阻力系数

颗粒要从气流中分离出来，只有在颗粒与气体之间出现运动速度的大小和方向不一致，即出现相对运动时才能实现。微粒与流体间发生相对运动时，颗粒必然受到流体阻力 F_D 的作用，其大小由下式确定

$$F_D = C_D \cdot A_p \cdot \frac{\rho v^2}{2} \tag{6-16}$$

对球形颗粒，有

$$F_D = C_D \cdot \frac{\pi}{4} d_p^2 \cdot \frac{\rho v^2}{2} \tag{6-16a}$$

式中：C_D——流体的阻力系数；

ρ——流体密度，kg/m^3；

A_p——颗粒垂直于气流的最大断面积，m^2；

v——颗粒与流体之间的相对运动速度，m/s。

在重力场中，v 为重力沉降速度 v_s；在离心力场中，v 为径向离心分离速度 v_r；在电力场中，v 为荷电粒子的驱进速度 ω。

对球形颗粒流体阻力的实验研究表明，影响流体阻力的物理量有粒子粒径 d_p、相对运动速度 v、流体密度 ρ 及动力黏度 μ 等。通过量纲分析发现，阻力系数 C_D 是这些物理量组成的量纲为一的粒子雷诺数的函数：

$$C_D = \frac{\alpha}{Re_p^m} \tag{6-17}$$

$$Re_p = \frac{d_p \rho v}{\mu} \tag{6-18}$$

式中：Re_p——粒子雷诺数；

α，m——量纲为一的常数和指数。

具体函数关系与粒子雷诺数 Re_p 的大小有关，如表 6-3 所示。表 6-3 表明，在层流区，微粒的流体阻力为

$$F_D = 3\pi \mu d_p v \tag{6-19}$$

式（6-19）是斯托克斯阻力定律的主要数学表达式。

表 6-3   不同区域内的阻力系数 C_D 和阻力 F_D

区域	层流区 （Stokes 区）	过渡区 （Allen 区）	紊流区 （Nenton 区）
Re_p	<1 或<2	1~500	$500 < Re_p < 10^5$
α	24	18.5	0.3~0.5，平均 0.44
m	1.0	0.6	0
C_D	$24/Re_p$	$18.5/Re_p^{0.6}$	0.44
F_D	$3\pi\mu d_p v$	$7.265\rho^{0.4}\mu^{0.6}(d_p \cdot v)^{1.4}$	$0.055\pi\rho d_p^2 v^2$
d_p 大致范围	1~100 μm	100~1 000 μm	>1 000 μm

（二）滑动修正系数

在式（6-19）的推导过程中，曾假设微粒表面有一无限薄的流体介质层，它与尘粒之间没有相对运动。但在实验中发现，当微粒粒径小于 1.0 μm 时，薄气层与微粒表面有滑动现象，使实际阻力小于按式（6-19）计算之值。肯宁汉（Cuningham）针对这种现象，提出了滑动修正系数（又称肯宁汉修正系数），以 C_u 表示，在常压空气中，C_u 可用下式估算

$$C_u = 1 + 6.21 \times 10^{-4} T / d_p \tag{6-20}$$

式（6-20）中，粒径 d_p 的单位为 μm，温度 T 的单位为 K。

微粒在重力场、电场、离心力场中的运动，只要满足 $Re_p < 1.0$，都可以用式（6-19）计算所受的流体阻力。若 $d_p \leqslant 1.0$ μm，所受阻力都要按下式进行修正

$$F_D = 3\pi\mu d_p v / C_u \tag{6-21}$$

四、颗粒沉降分离机理

（一）重力沉降

如图 6-5 示，设一直径为 d_p 的球形颗粒在静止流体中从静止状态开始作自由重力沉降。起始沉降速度 $v=0$，颗粒只受重力 F_1 和流体浮力 F_2 的作用，这两个力向下的合力 F_G 为

$$F_G = F_1 - F_2 = \frac{\pi d_p^3}{6}(\rho_p - \rho)g \tag{6-22}$$

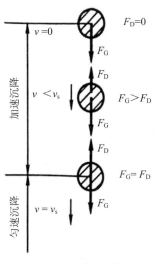

图 6-5 重力沉降

根据牛顿第二定律，在这个大于 0 的合力 F_G 的作用下，微粒将从起始位置作加速沉降运动。随着沉降速度 v 的产生及增加，阻力 F_D 便立即产生并增大。当 $F_G=F_D$ 时，沉降速度 v 达到了最大值，称终末沉降速度（简称沉降速度）v_s。将式（6-16a）代入终末沉降速度定义式 $F_G=F_D$，便得到颗粒的重力终末沉降速度 v_s

$$v_s = \left[\frac{4d_p(\rho_p - \rho)g}{3C_D\rho} \right]^{1/2} \tag{6-23}$$

对于斯托克斯区域（$Re_p \leqslant 1$）的颗粒，将阻力系数 $C_D=24/Re_p$ 代入式（6-23），便得到适用于斯托克斯区的沉降速度 v_s

$$v_s = \frac{d_p^2(\rho_p - \rho)g}{18\mu} \approx \frac{d_p^2\rho_p g}{18\mu} \tag{6-24}$$

当流体介质是气体时，$\rho_p \gg \rho$，可忽略浮力的影响。

对于肯宁汉滑动区域的小颗粒，应修正为

$$v_s = \frac{d_p^2\rho_p}{18\mu}gC_u \tag{6-25}$$

根据斯托克斯沉降速度公式（6-25），可以得到斯托克斯直径 d_{st}（表 6-1）

$$d_{st} = \sqrt{\frac{18\mu v_s}{\rho_p gC_u}} \tag{6-26}$$

同时根据斯托克斯区域判据（$Re_p \leqslant 1$），将斯托克斯沉降速度公式（6-25）代入颗粒雷诺数定义式（6-18），可得在 101.325 kPa 和 298 K 时，处于斯托克斯区域的最大粒径范围为

$$d_p \leqslant \frac{1015.9}{\sqrt[3]{\rho_p}} \tag{6-27}$$

大多数工业粉尘的粒径在 100 μm 以下，故对于气体除尘中所遇到的粉尘，一般都可以采用斯托克斯公式进行计算。

对于过渡区，将阻力系数 $C_D = 18.5/Re_p^{0.6}$ 代入式（6-23），得终末沉降速度 v_s

$$v_s = \frac{0.153 d_p^{1.14} (\rho_p - \rho)^{0.714} g^{0.714}}{\mu^{0.428} \rho^{0.286}} \tag{6-28}$$

对于牛顿区，将 $C_D = 0.44$ 代入式（6-23），则得 v_s

$$v_s = 1.74 [d_p(\rho_p - \rho)g/\rho]^{1/2} \tag{6-29}$$

【例 6-1】已知石灰石颗粒的真密度为 2.67 g/cm³，试计算粒径为 1 μm 和 400 μm 的球形颗粒在 293 K 空气中的重力沉降速度。（293 K 时空气密度为 1.205 kg/m³，黏度为 1.81×10^{-5} Pa·s）

解：

（1）对于粒径 1 μm 的颗粒，应按式（6-25）计算重力沉降速度。在 293 K 空气中肯宁汉修正系数近似按式（6-20）计算

$$C_u = 1 + 6.21 \times 10^{-4} \times 293/1 = 1.18$$

则

$$v_s = \frac{(1 \times 10^{-6})^2 \times 2\,670 \times 9.81 \times 1.18}{18 \times 1.81 \times 10^{-5}} = 9.53 \times 10^{-5} (\text{m}/\text{s})$$

（2）根据表 6-3，对于 $d_p = 400$ μm 的颗粒，应采用过渡区公式（6-28）计算 v_s，即

$$v_s = \frac{0.153 d_p^{1.14} [(\rho_p - \rho)g]^{0.714}}{\mu^{0.428} \rho^{0.286}} = \frac{0.153(400 \times 10^{-6})^{1.14} [(2\,670 - 1.205) \times 9.81]^{0.714}}{(1.81 \times 10^{-5})^{0.428} \times 1.205^{0.286}} = 2.97 \ (\text{m/s})$$

实际的粒子雷诺数为

$$Re_p = \frac{400 \times 10^{-6} \times 1.205 \times 2.97}{1.81 \times 10^{-5}} = 79.0$$

由于 $1 < Re_p < 500$，应用过渡区公式计算是适宜的。

（二）离心沉降

旋风除尘器是应用离心力进行尘粒分离的一种除尘装置，也是造成旋转运动和旋涡的一种体系。

随气流一起旋转的球形颗粒，所受离心力 F_c 可用牛顿定律确定

$$F_c = \frac{\pi}{6} d_p^3 \rho_p \frac{v_\theta^2}{R} \tag{6-30}$$

式中：R —— 旋转气流流线的半径，m；

　　　　v_θ —— R 处气流的切向速度，m/s。

在离心力的作用下，颗粒将产生离心的径向运动（垂直于切向）。若颗粒运动处于斯托克斯区，则颗粒所受向心的流体阻力为 $F_D = 3\pi\mu d_p v_r$。当离心力 F_c 和阻力 F_D 达到平衡时，颗粒便达到了离心沉降的终末速度 v_r

$$v_r = \frac{d_p^2(\rho_p - \rho)}{18\mu} \cdot \frac{v_\theta^2}{R} \approx \frac{d_p^2 \rho_p}{18\mu} \cdot \frac{v_\theta^2}{R} \qquad (6\text{-}31)$$

若颗粒的运动处于滑动区，v_r 应乘以肯宁汉修正系数 C_u。

（三）电力沉降

电力沉降包括两类情况：自然荷电粒子和外加电场荷电粒子在电力作用下的沉降。

过滤式除尘器和湿式除尘器中的捕尘体（如纤维、水滴等）和颗粒都可能因各种原因（如与带电体接触、摩擦、宇宙射线的照射等）而自然带上电荷，根据捕尘体和颗粒所带电荷极性的不同，会发生异性相吸、同性相斥作用，从而影响颗粒在捕尘体上的沉降。

在外加电场中，例如在电除尘器中，若忽略重力和惯性力等的作用，荷电颗粒所受作用力主要是静电力（即库仑力）和气流阻力。静电力 F_E 为

$$F_E = qE \qquad (6\text{-}32)$$

式中：q —— 颗粒的荷电量，C；

　　　　E —— 颗粒所处位置的电场强度，V/m。

对于斯托克斯区域的颗粒，颗粒所受气流阻力 $F_D = 3\pi\mu d_p v$，当静电力 F_E 和阻力 F_D 达到平衡时，颗粒便达到静电沉降的终末速度，习惯上称为颗粒的驱进速度，并用 ω 表示

$$\omega = \frac{qE}{3\pi\mu d_p} \qquad (6\text{-}33)$$

同样，若颗粒的运动处于滑动区，ω 应乘以肯宁汉修正系数 C_u。

（四）惯性沉降和拦截

通常认为，气流中的颗粒随着气流一起运动，很少或不产生滑动。但是，若有一静止的或缓慢运动的捕尘体（如液滴或纤维等）处于气流中时，则会使气体产生绕流，并使某些颗粒沉降到上面。颗粒能否沉降到捕尘体上，取决于颗粒的质量及相对于捕尘体的运动速度和位置。图 6-6 中所示的小颗粒 1，随着气流一起绕过捕尘体；距停滞流线较远的大颗粒 2，也能避开捕尘体；距停滞流线较近的大颗粒 3，因其质量和惯性较大而脱离流线，保持自身原来的运动方向而与捕尘体碰撞，继而被捕集。通常将这种捕尘机制称为惯性碰撞。颗粒 4 和颗粒 5 因质量和惯性较小而不会离开流线，但这时只要粒子的中心是处在距

捕尘体表面不超过 $d_p/2$ 的流线上，就会与捕尘体接触而被捕获，这种捕尘机制称为拦截。

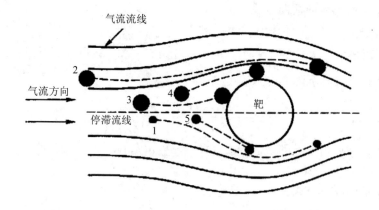

图 6-6　惯性碰撞与拦截作用

惯性碰撞的捕集效率主要与斯托克斯准数 St（也称为惯性碰撞参数）有关，斯托克斯准数 St 定义为颗粒的停止距离 x_s 与捕尘体直径 D_c 之比。对于处于斯托克斯区域的球形颗粒，有

$$St = \frac{x_s C_u}{D_c} = \frac{v_0 \tau_p C_u}{D_c} = \frac{d_p{}^2 \rho_p v_0 C_u}{18 \mu D_c} \tag{6-34}$$

惯性碰撞捕集效率 η_{st} 与斯托克斯准数 St 的关系见式（6-35），斯托克斯准数 St 越大，即 d_p 越大，v_0 越大，D_c 越小，惯性碰撞捕集效率越大。

$$\eta_{st} = \left(\frac{St}{St + 0.7} \right) \tag{6-35}$$

拦截作用一般用无因次的拦截参数 R 来表示其特性，它定义为

$$R = \frac{d_p}{D_c} \tag{6-36}$$

拦截参数 R 越大，即 d_p 越大，D_c 越小，拦截效率越高。

（五）扩散沉降

很小的微粒受到气体分子的无规则撞击，使它们也像气体分子一样做无规则运动，称为布朗运动；布朗运动促使微粒从浓度较高的区域向浓度较低的区域扩散，称为布朗扩散。微粒因布朗运动产生扩散而被捕尘体捕集的机制称为扩散沉降。对于大颗粒（>1 μm）的捕集，布朗扩散的作用很小，主要靠惯性碰撞作用；反之，对于很小的颗粒（<0.2 μm），惯性碰撞的作用微乎其微，主要是靠扩散沉降。在惯性碰撞和扩散沉降均无效的粒径范围内（0.2～1 μm）捕集效率最低。

五、除尘器的分类与性能

（一）除尘器的分类

从含尘气流中将粉尘分离出来并加以捕集的装置称为除尘装置或除尘器。除尘器是除尘系统中的主要组成部分，其性能好坏对全系统的运行效果有很大影响。

按照除尘器分离捕集粉尘的主要机理，可将其分为如下四类：

1）机械式除尘器，它是利用质量力（重力、惯性力和离心力等）的作用使粉尘与气流分离沉降的装置，包括重力沉降室、惯性除尘器和旋风除尘器等。

2）电除尘器，它是利用高压电场使尘粒荷电，在库仑力作用下使粉尘与气流分离沉降的装置。

3）过滤式除尘器，它是使含尘气流通过织物或多孔填料层进行过滤分离的装置，包括袋式除尘器、颗粒层除尘器等。

4）湿式除尘器，也称湿式洗涤器，它是利用液滴、液膜或液层洗涤含尘气流，使粉尘与气流分离沉降的装置。它可用于气体除尘，也可用于气体吸收。

实际应用的某些除尘器中，常常同时利用了几种除尘机理。

按照除尘器效率的高低，可把除尘器分为高效除尘器（电除尘器、袋式除尘器和高能文丘里洗涤器）、中效除尘器（旋风除尘器和其他湿式除尘器）和低效除尘器（重力沉降室和惯性除尘器）三类。低效除尘器一般作为多级除尘系统的初级除尘。

此外，还按除尘过程中是否用水而把除尘器分为干式除尘器和湿式除尘器两大类。

近年来各国十分重视研究新的颗粒控制装置，如通量力/冷凝洗涤器、高梯度磁分离器、荷电袋式过滤器、荷电液滴洗涤器等，它们一般同时利用了几种沉降机理，能更有效去除细颗粒物，实现更高的除尘效率。

（二）除尘器的性能指标

除尘器的性能指标主要有两个方面：

（1）经济指标

包括设备的投资和运行费用、占地面积或占用空间的体积、设备的可靠性和使用年限等。

（2）性能指标

包括处理含尘气体的量、除尘效率和压力损失等。

1）净化装置的处理气体量 Q 是代表装置处理含污染物气体能力大小的指标，用通过除尘器的体积流量（m^3/s 或 m^3/h）表示，在净化装置设计中一般为给定值。当装置存在漏气时，标态下的处理气体量 Q_N（m^3/s）用进口流量 Q_{IN} 和出口流量 Q_{ON} 的平均值代表，即

$$Q_N = (Q_{IN} + Q_{ON})/2 \tag{6-37}$$

2）压力损失（阻力）ΔP 是指净化装置进口和出口断面上气流平均全压（全压＝静压＋动压）之差。

净化装置的压力损失实质上代表了气流通过装置时所消耗的机械能，它与通风机所耗功率成正比。所以 ΔP 既是技术指标，也是经济指标。气体净化技术中总希望装置的能耗低、效率高，即所谓的"低阻高效"。

（三）除尘器的除尘效率

除尘器的除尘效率代表除尘器捕集粉尘效果的好坏，有以下几种表示方法：

1. 总除尘效率的表示方法

（1）总除尘效率 η

除尘器的总除尘效率是指同一时间内除尘器捕集的粉尘质量与进入的粉尘质量之百分比。若通过除尘器的气体流量为 $Q(\mathrm{m}^3/\mathrm{s})$、粉尘流量为 $S(\mathrm{g/s})$、含尘质量浓度为 $\rho(\mathrm{g/m}^3)$，相应于除尘器进口、出口和捕集的粉尘流量用下标 i、o 和 c 表示，则

$$\eta = \frac{S_c}{S_i} \times 100\% = \left(1 - \frac{S_o}{S_i}\right) \times 100\% = \left(1 - \frac{\rho_o Q_o}{\rho_i Q_i}\right) \times 100\% \tag{6-38}$$

（2）通过率 P

对于袋式除尘器和电除尘器等高效除尘器，其除尘效率可达 99% 以上，若表示成 99.9% 或 99.99%，在表达除尘器性能差别上不明显，也不方便，因此有时采用通过率 P（%）来表示除尘器性能。它指从除尘器出口逃逸的粉尘流量与进口粉尘流量之百分比，即

$$P = \frac{S_o}{S_i} \times 100\% = 1 - \eta \tag{6-39}$$

例如，某除尘器的 $\eta = 99.0\%$ 时，$P = 1.0\%$；另一除尘器的 $\eta = 99.9\%$，$P = 0.1\%$；则前者的通过率为后者的 10 倍。

（3）串联运行时的总除尘效率

采用两级或多级除尘器串联使用时，设 η_1，η_2，$\cdots$，η_n 为第 1，2，$\cdots$，n 级除尘器的除尘效率，则 n 级除尘器串联后的总除尘效率为

$$\eta = 1 - (1 - \eta_1)(1 - \eta_2) \cdots (1 - \eta_n) \tag{6-40}$$

2. 分级除尘效率

1）分级除尘效率。分级除尘效率是指除尘器对某一粒径 d_p 或粒径 d_p 至 $d_p + \Delta d_p$ 范围内粉尘的除尘效率。除尘器对 d_p 至 $d_p + \Delta d_p$ 范围内粉尘的分级效率 η_d 为

$$\eta_d = \frac{\Delta S_c}{\Delta S_i} \times 100\% \tag{6-41}$$

式中：ΔS_i，ΔS_c——分别表示粒径为 d_p 至 $d_p+\Delta d_p$ 范围内除尘器进口和捕集的粉尘流量，g/s。

若以 ΔD_i 和 ΔD_c 分别表示除尘器入口和捕集的粉尘的相对频数分布，由于 $\Delta S = S \cdot \Delta D$，所以

$$\eta_d = \frac{\Delta S_c}{\Delta S_i} = \frac{S_c \cdot \Delta D_c}{S_i \cdot \Delta D_i} = \eta \frac{\Delta D_c}{\Delta D_i} \tag{6-42}$$

上式是分级效率与总效率及粉尘粒径相对频数分布之间的关系，它是除尘器实验时根据实测的总除尘效率 η 及分析出的除尘器入口和捕集的粉尘粒径频数分布 ΔD_i 和 ΔD_c 来计算分级效率的公式。

如对式（6-42）右边分子、分母同除以 Δd_p，由于 $f = \Delta D/\Delta d_p$，可得由 f_i 和 f_c 计算分级效率 η_d 的公式

$$\eta_d = \eta \frac{f_c}{f_i} \tag{6-43}$$

式中：f_i，f_c——分别为除尘器进口和捕集粉尘的粒径频度分布。

2）粒径分布与分级效率和总效率的关系。

根据总效率 $\eta = S_c/S_i$ 及式（6-41）可得

$$\eta = \int_0^\infty f_i \eta_d \mathrm{d} d_p \tag{6-44}$$

由此，当给出某除尘器的分级效率 η_d 和要净化的粉尘的频度分布 f_i 时，便可按上式计算出能达到的总除尘效率 η。这是新除尘器选型、预测除尘器效率时常用的计算方法。

实际上，若给出粒径范围 Δd_p 内的频数分布 ΔD_i，由 $f_i = \Delta D_i / \Delta d_p$，可将式（6-44）改成求和的形式，即

$$\eta = \sum_{d_{min}}^{d_{max}} \Delta D_i \cdot \eta_d \tag{6-45}$$

第二节　机械式除尘器

机械式除尘器是利用质量力（重力、惯性力和离心力等）的作用使粉尘与气流分离沉降的装置，包括重力沉降室、惯性除尘器和旋风除尘器等。其特点是结构简单、造价低、维护方便，但除尘效率不高，因此多用于除尘系统的预除尘环节。

一、重力沉降室

重力沉降室是通过尘粒自身的重力作用使其从气流中分离的简单除尘装置。如图 6-7 所示，含尘气流进入沉降室后，由于过流面积扩大，流速迅速下降，尘粒在自身重力作用下缓慢向灰斗沉降，其中较大的尘粒得以被沉降室捕集。

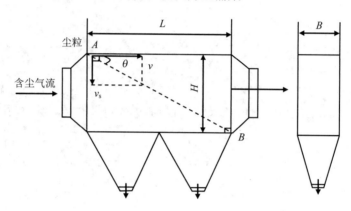

图 6-7　重力沉降室

假设除沉降室前后扩大、缩小段外，气流速度在室内处处相等，尘粒在入口断面均匀分布，忽略颗粒在沉降过程中的相互干扰，欲使沉降速度为 v_s 的尘粒在沉降室内完全沉入料斗，则必须使尘粒由沉降室顶部沉降到沉降室底部的时间 $t_s = H/v_s \leqslant$ 气体通过沉降室的时间 $t = L/v$，即

$$\frac{H}{v_s} \leqslant \frac{L}{v} \qquad (6\text{-}46)$$

式中：L，H——分别为沉降室的长度和总高度，m；

　　　　v_s——尘粒沉降速度，m/s；

　　　　v——沉降室内气流水平运动速度，m/s。

沉降室设计时，室内气速 v 一般取 0.2～2.0 m/s，依粒子大小和密度定。v 取定后，当高度 H 已定，可由式（6-46）求出最小长度 L；反之，若 L 已定，可求出最大高度 H。沉降室的宽度 B 可由处理气体流量 Q（m³/s）确定，即

$$Q = BHv = BLv_s \text{ 或 } B = Q/Lv_s = Q/Hv \qquad (6\text{-}47)$$

在气流通过沉降室的 $t\,(=L/v)$ 时间内，沉降速度为 v_s、粒径为 d_p 的尘粒的垂直沉降高度为 $h = v_s t$。因此沉降室对某一粒径粉尘的分级效率 η_d 可用 h/H 表示，即

$$\eta_d = \frac{h}{H} = \frac{Lv_s}{Hv} = \frac{BLv_s}{Q} \qquad (6\text{-}48)$$

令 η_d=100%，由式（6-49）得

$$L = Hv / v_s = Q / Bv_s \qquad (6\text{-}49)$$

将斯托克斯（层流）区域沉降速度式（6-24）代入式（6-46）中，可得到沉降室能 100% 捕集的最小尘粒粒径 d_{min}

$$d_{min} = \sqrt{\frac{18\mu Hv}{\rho_p Lg}} = \sqrt{\frac{18\mu Q}{\rho_p BLg}} \qquad （6\text{-}50）$$

式中：μ——流体动力黏度，Pa·s；

ρ_p——粉尘真密度，kg/m^3。

由式（6-50）可见，降低沉降室高度 H［如图 6-8（a）所示的多层沉降室］和气流速度 v，或增加沉降室长度 L［如图 6-8（b）所示的带挡板的沉降室］都可使 d_{min} 减小，从而使沉降室的除尘效率提高。但气速 v 过低，沉降室体积会很庞大，故多采用图 6-8 所示两项措施。显然，具有 n 个通道多层沉降室的分级效率是单层沉降室的 n 倍，而能 100% 捕集的最小尘粒粒径 d_{min} 则是单层沉降室的 $\sqrt{1/n}$ 倍。

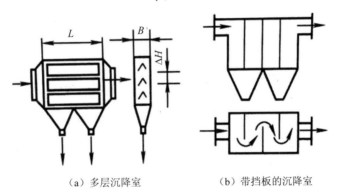

（a）多层沉降室　　　　　　（b）带挡板的沉降室

图 6-8　不同形式的重力沉降室

除非沉降室体积非常庞大，一般沉降室内气流很难处于层流状态。沉降室内存在的气流扰动会引起粒子运动速度和方向发生偏差，同时还存在返混现象，工程上常用式（6-48）计算值的一半取为分级效率，或用 36 代替式（6-50）中的 18 进行计算。

【例 6-2】（1）设计一锅炉烟气重力沉降室，已知烟气量 Q=2 800 m^3/h，烟气温度 150℃，此温度下烟气动力黏度 μ=2.4×10^{-5} Pa·s，运动黏度 γ = 2.9×10^{-5} Pa·s（近似取空气的值），烟尘真密度 ρ_p=2 100 kg/m^3，要求能去除 $d_p \geqslant 30$ μm 的烟尘。（2）计算所设计沉降室的流体雷诺数 Re，判断该沉降室是否属于层流沉降室。

解：（1）由式（6-24）计算 30 μm 烟尘的沉降速度 v_s

$$v_s = \frac{d_p^2 \cdot \rho_p \cdot g}{18\mu} = \frac{(30\times10^{-6})^2 \times 2100 \times 9.8}{18 \times 2.4\times10^{-5}} = 0.042\,8 \ （\text{m/s}）$$

取沉降室内气速 v=0.25 m/s，H=1.5 m，则由式（6-46）计算沉降室最小长度

$$L = Hv / v_\text{s} = 1.5 \times 0.25 / 0.042\,8 = 8.8 \quad （\text{m}）$$

由于沉降室过长，可采用三层水平隔板，即 4 通道（$n=4$）沉降室，取每层高 $\Delta H = 0.4$ m，总高调整为 1.6 m，则此时所需沉降室长度

$$L = \Delta Hv / v_\text{s} = 0.4 \times 0.25 / 0.042\,8 = 2.34 \quad （\text{m}）$$

若取 L=2.5 m，则沉降室宽度 B 为

$$B = Q / (3\,600 n \Delta Hv) = 2\,800 / (3\,600 \times 4 \times 0.4 \times 0.25) = 1.94 \approx 2.0 \quad （\text{m}）$$

因此沉降室的尺寸为 $L \times B \times H = 2.5\,\text{m} \times 2.0\,\text{m} \times 1.6\,\text{m}$，其能 100%捕集的最小粒径为

$$d_\text{min} = \sqrt{\frac{18Q\mu}{\rho_\text{p} gBLn}} = \sqrt{\frac{18 \times (2\,800 / 3\,600) \times (2.4 \times 10^{-5})}{2\,100 \times 9.8 \times 2.0 \times 2.5 \times 4}} = 2.86 \times 10^{-5} = 28.6 \quad （\mu\text{m}）$$

（2）所设计沉降室的流体雷诺数为

$$Re = \frac{2Q}{\gamma(nB + H)} = \frac{2 \times 2\,800 / 3\,600}{2.9 \times 10^{-5} \times (4 \times 2 + 1.6)} = 5\,587 > 2\,300$$

计算结果表明，尽管该沉降室气速取值较小，流体雷诺数 Re 仍大于 2 300，室内并非处于层流状态，因而能全部捕集的最小粒径大于 28.6 μm，或对 28.6 μm 尘粒的 $\eta_\text{d} < 100\%$。

重力沉降室的优点是阻力小（50～130 Pa），动力费用低；结构简单，投资少；性能可靠，维修管理容易。缺点是设备庞大，效率低。适于净化密度和粒径大的粉尘，特别是磨损强的粉尘。设计好时，能捕集 50 μm 以上粉尘，不适用净化 20 μm 以下粉尘。一般作为多级除尘系统的第一级处理设备。

二、惯性除尘器

惯性除尘器是使含尘气流冲击在挡板上，或让气流方向急剧转变，借助尘粒本身的惯性力作用使其与气流分离的一种除尘装置。

惯性除尘器的工作原理如图 6-9 所示。当含尘气流冲击到挡板 B_1 上时，惯性力大的粗粒 d_1 首先被分离下来，而被气流带走的尘粒（如 d_2，$d_2 < d_1$）由于挡板 B_2 使气流方向改变，借助离心力的作用又被分离下来，烟气中带走的尘粒 $d_3 < d_2$。假设气流的旋转半径为 R_2，切线速度为 v_θ，则根据式（6-31），尘粒 d_2 所具有的离心分离速度 v_{R_2} 为

$$v_{R_2} = \frac{d_\text{p}^2 \rho_\text{p}}{18\mu} \cdot \frac{v_\theta^2}{R_2} \tag{6-51}$$

可见，这类除尘器不仅依靠惯性力分离粉尘，还利用了离心力和重力的作用。

惯性除尘器有多种结构形式，大致可分为碰撞式和回转式两类。图 6-10 所示 3 种碰撞

式惯性除尘器中，（a）和（b）分别为单级和多级碰撞式，其原理是使含尘气流撞击到挡板后，尘粒丧失惯性力而靠重力沿挡板落下。（c）为迷宫型，可有效防止已捕集粉尘被气流冲刷而再次飞扬，安装的喷嘴可增加气体的撞击次数，提高除尘效率。

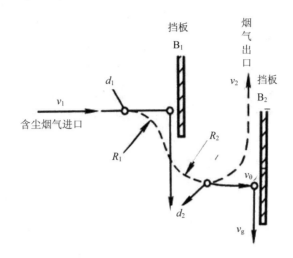

图 6-9　惯性除尘器工作原理

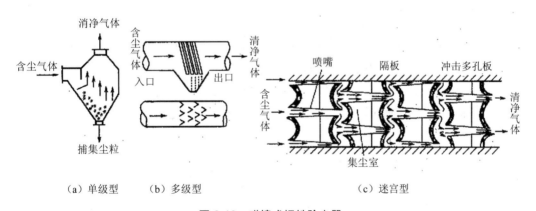

（a）单级型　　（b）多级型　　　　　　（c）迷宫型

图 6-10　碰撞式惯性除尘器

　　图 6-11 为 3 种回转式惯性除尘器示意图，都是在含尘气流进入后，粗尘粒靠惯性力和重力直接冲入灰斗中，较小尘粒则在与气体一起改变方向时被去除。含尘气流在撞击或改变方向前的速度越高，方向转变的曲率半径越小，转变次数越多，则净化率越高，但压力损失也越大。

　　惯性除尘器宜用于净化密度和粒径较大的金属或矿物粉尘，可用于处理高温含尘气体，能直接安装在风道上。对于黏结性和纤维性粉尘，因易堵塞，不宜采用。由于气流方向改变的次数有限，净化效率不高，也多用于多级除尘的第一级，捕集 10～20 μm 以上的粗尘粒。其压力损失依型式而异，一般为 100～1 000 Pa。

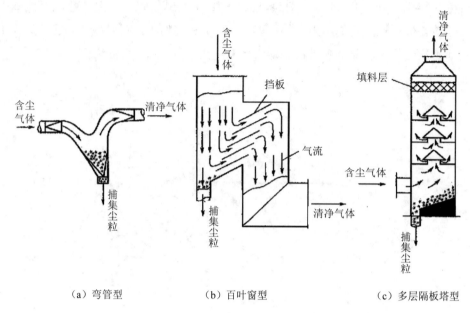

（a）弯管型　　　　　　　（b）百叶窗型　　　　　　　（c）多层隔板塔型

图 6-11　回转式惯性除尘器

三、旋风除尘器

旋风除尘器是利用旋转气流的离心力使尘粒从气流中分离的装置，又称离心式除尘器。它结构简单，体积小，不需特殊的附属设备，因而造价低，适应粉尘负荷变化性能好，无运动部件，运行管理简便，广泛用于各工业部门。它通常用于分离粒径大于 5~10 μm 的尘粒。普通旋风除尘器的效率一般在 90% 左右，当要求更高效率时，须与其他除尘器配合使用。

（一）工作原理

如图 6-12 所示，普通旋风除尘器是由进气管、筒体、锥体和排气管组成的。含尘气流从切线进口进入除尘器后，沿筒体内壁由上向下做旋转运动，它的大部分到达锥体底部附近时折转向上，在中心区边旋转边上升，最后经排气管排出。一般将旋转向下的外圈气流称为外旋流，它同时有向心的径向运动；将旋转向上的内圈气流称为内旋流，它同时有离心的径向运动。外、内旋流的旋转方向相同。外旋流转为内旋流的底锥附近区域称为回流区。尘粒在外旋流离心力的作用下移向外壁，并在气流轴向推力和重力的共同作用下，沿壁面落入灰斗。

气流从除尘器顶部向下高速旋转时，顶部压力下降，致使一部分气流会带着细小的尘粒沿筒体内壁旋转向上，到达顶盖后再沿排气管外壁旋转向下，最后到达排气管下端附近，被上升的内旋流带走。通常将这股气流称为上旋流。细小尘粒在上旋流及其向上的轴向分速的作用下在顶盖处形成上灰环。上灰环造成的细尘逃逸和锥底回流区造成的细尘二次返混，都影响除尘效率的提高，因而是旋风除尘器结构设计时应注意的问题。

向下的外旋流轴向分速产生下灰环，它推动已分离在筒体内壁的粉尘向下移动，最后进入灰斗，对除尘有利。正因为有下灰环的存在，可以使旋风器卧装。

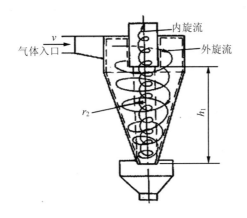

图 6-12　旋风除尘器内的流场

（二）压力损失

一般认为，旋风除尘器的压力损失 ΔP（Pa）与进口气速 v_i（m/s）的平方成正比，即

$$\Delta P = \zeta \cdot \frac{\rho v_i^2}{2} \tag{6-52}$$

式中：ζ—— 旋风器的阻力系数，量纲 1。

在缺乏实验数据时，ζ 值可用井伊谷冈一提出的公式估算

$$\zeta = K\left(\frac{bh}{d^2}\right)\left(\frac{D}{L+H}\right)^{0.5} \tag{6-53}$$

式中：K—— 常数，20～40，可近似取 30；

　　　b，h—— 分别为进口管的宽度和高度，m；

　　　D，L—— 分别为筒体的直径和长度，m；

　　　d——排气管直径，m；

　　　H——锥体长度，m。

根据以上理论分析和实验研究，影响旋风器压力损失的主要因素有：

1）同一结构型式旋风除尘器的相似放大或缩小，ζ 值相同。若进口气速 v_i 相同，压力损失基本不变。

2）因 $\Delta P \propto v_i^2$，故处理气量 Q 增大时，ΔP 随之增大。

3）由式（6-53）知，ΔP 随进口断面 $A = hb$ 的增大和排气管直径 d 的减少而增大，随

筒体长 L 和锥体长 H 的增加而减少。

4）ΔP 随气体密度的增大而增大，即随气体温度的降低或压力的增高而增大。

5）除尘器内部有叶片、突起和支持物等障碍物时，气体旋转速度降低，离心力减少，从而使压损降低；但除尘器内壁粗糙会使 ΔP 增大。

6）由于气体与尘粒间的摩擦作用可使气流的旋转速度降低，因而 ΔP 随进口气体含尘质量浓度 ρ_i 增大而降低。

（三）除尘效率

（1）分割粒径

计算分割粒径是确定除尘效率的基础。旋风除尘器能捕集分离到的具有 50%或 100%分级效率的最小粒径称为临界粒径或分割粒径，分别记为 d_{c50} 和 d_{c100}。由于旋风除尘器内部流场复杂，从理论上预测其除尘效率很困难。有多种计算旋风除尘器临界粒径的理论和方法，下面列出几种常见公式。

拉泊尔（Lapple）根据转圈理论，提出一个广为人们接受的捕集效率为 50%的临界粒径 d_{c50} 的计算式

$$d_{c50} = \left[\frac{9\mu b}{2\pi N_e v_i (\rho_p - \rho)} \right]^{1/2} \tag{6-54}$$

式中：N_e —— 外旋流的有效旋转圈数，对标准旋风除尘器为 5～10 圈。

若无足够的资料，可近似取

$$N_e = \frac{L + H/2}{h} \tag{6-55}$$

池森龟鹤根据假想圆筒理论导得旋风除尘器临界粒径 d_{c50} 的计算式为

$$d_{c50} = \left(\frac{5.03\mu A}{\pi \rho_p v_i h_i} \cdot \frac{d}{D} \right)^{1/2} \tag{6-56}$$

（2）除尘效率的计算

水田一和木村典夫根据许多实验结果归纳出由 d_{c50} 计算旋风器分级效率的经验式

$$\eta_d = 1 - \exp\left[-0.693(d_p/d_{c50}) \right] \tag{6-57}$$

由前述公式算出分割粒径 d_{c50} 后，根据已知的粉尘粒径分布得到含尘气流中某一实际的粉尘粒径 d_p（或某一粒径范围内的平均粒径 d_p），可算出 d_p/d_{c50} 之比值，则可按式（6-57）计算出或在图 6-13 上查出旋风器对粒径为 d_p 的尘粒（或某一粒径范围内平均粒径 d_p 的尘粒）的分级效率 η_d，最后可按式（6-45）算出总除尘效率。

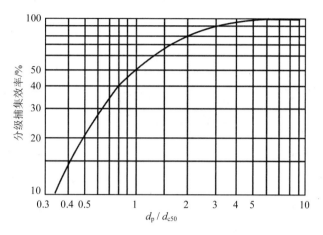

图 6-13 分级效率与 d_p/d_{c50} 的关系

（3）影响旋风除尘器除尘效率的因素

1）入口风速。由临界粒径计算式可知，入口风速 v_i 增大，d_{c50} 减小，因而除尘效率提高。但风速过大时，器内气流过于强烈，会把已分离下来的部分粉尘重新带走，影响效率的提高，同时阻力也急剧增加（$\Delta P \propto v_i^2$）。因此，实用的入口风速一般为 $12\sim20$ m/s，不宜低于 10 m/s，以防入口管道积灰。

2）除尘器的结构尺寸。由式（6-30）知，在其他条件相同时，筒体直径 D 越小，尘粒所受离心力越大，除尘效率越高。但过小易引起粉尘堵塞，D 一般控制在 $150\sim1\,000$ mm。筒体高度的变化，对除尘效率影响不明显；适当增大锥体长度，有利于提高除尘效率；减少排气管直径，对提高效率有利。若将旋风除尘器各部分的尺寸进行几何相似放大时，除尘效率会降低。

3）粉尘粒径与密度。因为 $F_C \propto d_p^3$，$F_D \propto d_p$，所以大粒子受离心力 F_C 大，捕集效率高。又由于 $d_{c50} \propto (1/\rho_p)^{1/2}$，所以 ρ_p 越小，越难分离。

4）气体温度。温度会引起气体密度和黏度的变化。气体密度变化对除尘效率的影响可忽略不计，但温度增加时，气体黏度增大，而 $d_{c50} \propto \mu^{1/2}$，故温度升高，$d_{c50}$ 增大，除尘效率降低。

5）灰斗的气密性。除尘器内部静压是从筒体壁向中心逐渐降低的，即使除尘器在正压下工作，锥体底部也可能处于负压状态。若除尘器下部不严，漏入空气，会把已经落入灰斗的粉尘重新带走，使效率直线下降。实验证明，当漏气量达到除尘器处理气量的 15% 时，效率几乎为零。因此旋风除尘器应在不漏气的情况下进行正常排灰。

（四）旋风除尘器的结构形式

旋风除尘器的种类繁多，按结构外形分为长锥体、长筒体、扩散式、旁通式等；按安装方式可分为立式、卧式与倒装式；按组合情况又分为单筒与多筒等。工业上更多的是按含尘气流的导入方式分为切向进入与轴向进入两类（图6-14）。

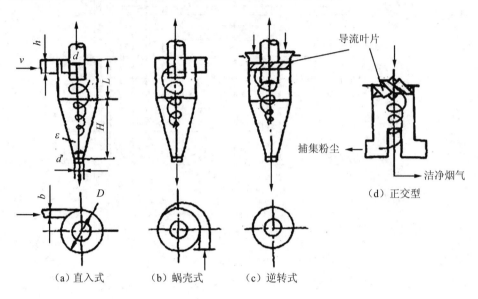

图 6-14　旋风除尘器的几种型式

切向进入式又分为直入型和蜗壳型，前者是入口管外壁与筒体相切，后者则是入口管内壁与筒体相切，入口管外壁采用渐开线形式，渐开角有 180°［图 6-14（b）］、270° 及 360° 等。直入型进口设计与制造方便，且性能稳定。蜗壳型入口增大进口面积容易，并因入口有一环状空间，使入口气流距筒体外壁更近。这样，既缩短了尘粒向筒壁的沉降距离，又可减少入口气流与内旋流间的相互干扰，对提高除尘效率有利，但却使除尘器体积有所增大。切向进入式旋风器的阻力约 1 000 Pa，其中蜗壳型比直入型要小一些。

轴向进入式是利用固定的导流叶轮使气流旋转的，导流叶轮有花瓣式、螺旋式等各种形式。与切向进入式相比，在相同阻力下，轴向进入式能处理约 3 倍的气体量，且气流分配均匀。因此主要用其组成多管旋风除尘器，并用于处理大气量的场合。按气流出口不同，轴向进入式又分为逆转型和正交型，前者压损为 800～1 000 Pa，效率与切向进入式无显著差别；后者为 400～500 Pa，效率较低。正交型组成多管除尘器时安装面积小，容易配置，但应注意积灰和内部压力不平衡而引起效率降低等问题。

（五）设计选型

1. 旋风除尘器的选型计算

旋风除尘器的选型计算，一般采用计算法或经验法。

计算法的大致步骤是：①由入口含尘浓度 C_i 和要求的出口浓度 C_0（或排放标准）计算出要求达到的除尘效率 η；②选择确定旋风除尘器的结构型式；③根据所选除尘器的分级效率 η_d（或分级效率曲线）和净化粉尘的粒径频度分布 f_i 计算出除尘器能达到的总效率

η'，若$\eta' \geqslant \eta$，说明设计满足要求，否则需要重新选定高性能的除尘器或改变运行参数；④确定除尘器规格尺寸，若选定的规格大于实验除尘器（即已知η_d）的规格，则需计算出相似放大后的除尘效率η''，如仍满足$\eta'' \geqslant \eta$，表明确定的除尘器的规格符合要求，否则需按②、③、④步骤重新进行计算；⑤计算运行条件下的压力损失。

经验法的选择步骤大致是：①计算要求的除尘效率η；②选定除尘器的结构型式；③根据所选除尘器的η—v实验曲线或允许的压损ΔP确定入口风速v_i；④根据处理气量Q和入口风速v_i计算出所需除尘器的进口面积A；⑤由旋风除尘器类型系数$K = A/D^2$求出除尘器筒体直径D，然后便可从手册中查到所需除尘器的型号规格。

2．旋风除尘器的特点及选用注意事项

1）旋风除尘器一般适于净化密度大、粒度较粗的非纤维性粉尘，其中高效旋风器对细尘也有较好的净化效果。旋风器对入口粉尘浓度变化适应性较好，可处理含尘浓度高的气体。

2）旋风除尘器一般只适于温度在400℃以下的非腐蚀性气体。对腐蚀性气体，旋风器需用防腐材料制作，或采取防腐措施。对高温气体，应采取冷却措施。

3）风量波动时将引起入口风速的波动，对除尘效率和压力损失影响较大，因而旋风器不宜用于气量波动大的场合。

4）用于净化粉尘浓度高或磨损性强的粉尘时，宜对易磨部位采用耐磨衬里。

5）旋风除尘器不宜净化黏结性粉尘；当处理相对湿度较高的含尘气体时，应注意避免因结露而造成黏结。

6）设计和运行中应特别注意防止旋风除尘器底部漏风，以免效率下降，因而必须采用气密性好的卸尘装置或其他防止底部漏风的措施。

7）旋风除尘器一般不宜串联使用，当必须串联使用时，应采用不同尺寸和性能的旋风器，并将效率低者作为前级预净化装置。

8）当并联使用旋风除尘器时，应合理地设计连接各除尘器的分风管和汇风管，尽可能使每台除尘器的处理风量相等，以免除尘器之间产生串流，使总效率降低，因而宜对各除尘器单设灰斗。

第三节　电力除尘器

电力除尘器是利用静电力实现粒子（固体或液体粒子）与气流分离沉降的一种除尘装置。电除尘器具有对细颗粒去除效率高、压力损失小（仅100～200 Pa）、处理气量大，可用于高温（可高达500℃）、高压和高湿（相对湿度可达100%）的场合，能连续运行，并能完全实现自动化等优点，被广泛应用于火力发电、冶金、建材等行业的烟气除尘和物料回收。电除尘器的主要缺点是设备庞大，耗钢多，需高压变电和整流设备，投资高；除尘效率受粉尘比电阻影响较大。

一、电除尘器的工作原理

（一）电除尘器的工作过程

电除尘器的除尘过程可分以下 4 个阶段（图 6-15）。

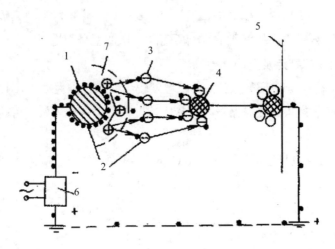

1—电晕极；2—电子；3—离子；4—粒子；5—集尘极；6—供电装置；7—电晕区

图 6-15　电除尘器的工作原理

1．电晕放电和空间电荷的形成

在电晕极（又称放电极，若为负电晕则接电源负极）与集尘极（又称收尘极，接地为正极）之间施加直流高电压，使放电极发生电晕放电，气体电离，生成大量自由电子和正离子。正离子被电晕极吸引而失去电荷。自由电子和气流中负电性气体分子俘获自由电子后形成的气体负离子，在电场力的作用下向集尘极（正极）移动便形成了空间电荷。

2．粒子荷电

通过电场空间的气溶胶粒子与自由电子、气体负离子碰撞附着，便实现了粒子荷电。

3．粒子沉降

在电场力的作用下，荷电粒子被驱往集尘极，在集尘极表面放出电荷而沉集其上。在电晕区内，由电晕放电产生的气体正离子向电晕极运动的路程极短，只能与极少数的尘粒相遇，使其荷正电，它们也将沉集在截面很小的电晕极上。

4．粒子清除

用适当方式（振打或水膜等）清除电极上沉集的粒子。

为保证电除尘器在高效率下运行，必须使以上 4 个过程十分有效地进行。

(二) 电晕放电

1. 电晕的发生

将充分高的直流电压施加到一对电极上，其中一个极（放电极）是细导线或曲率半径很小的任意形状，另一极（集尘极）是管状或板状的，则形成一个非均匀电场。在放电极附近的强电场区域内，气体中原有的因宇宙射线或其他射线而电离产生的少量自由电子被加速到很高的速度，因而具有很高的动能，足以碰撞气体分子电离出新的自由电子和气体正离子，新的自由电子又被加速产生进一步的碰撞电离。这个过程在极短的瞬间重演了无数次，于是形成被称为"电子雪崩"的积累过程，在放电极附近的很小区域——电晕区内产生了大量的自由电子和正离子，这就是所谓的电晕放电。在电晕区外，电场强度迅速减小，不足以引起气体分子碰撞电离，因而电晕放电停止。

当供电压高到一定值后，也会产生火花放电，即在两电极之间（不仅在放电极附近）有若干条狭窄的电击穿，在一瞬间引起电流急剧增大，气体温度和压力急剧增加。如果电压再继续升高，会使两极间的整个空间被击穿，发生弧光放电，这时两极间电压降低，气流很大，并产生很高的温度和强烈的弧光，能烧坏电极或供电设备。电除尘器运行时要避免出现弧光放电。

2. 电子的附着和空间电荷的形成

若放电极是负极，即所谓负电晕，电晕区内产生的自由电子会在电场力的作用下向集尘极（正极）迁移。在电晕区外，由于电场强度减弱，电子减速到小于碰撞电离所需的速度，遇上电负性气体分子便附着在上面，形成气体负离子并向集尘极运动，构成电晕区外整个空间的唯一电流。

电子附着对保持稳定的负电晕是很重要的。因为气体离子的迁移速度约为自由电子的1/1 000，若没有电子附着形成大量负离子，迁移速度极高的自由电子就会瞬间流至集尘极，便不能在两极间形成稳定的空间电荷，几乎在开始电晕放电的同时就产生了火花放电。不过，电除尘器所处理的气体中，一般都存在着数量足够的电负性气体，如 O_2、Cl_2、CCl_4、HF、SO_2 等，因而有良好的电子附着性质，也有良好的负电晕特性。

电晕放电产生的正离子被加速引向负极，使放电极表面被撞击而释放出维持放电所必需的二次电子。同时，电晕区电子与气体分子碰撞，激发分子产生紫外线辐射而使放电极周围出现光点、光环或光带。

当放电极为正极时，则产生正电晕。由于电场方向与负电晕相反，电子雪崩产生的自由电子向放电极运动，正离子则沿电场强度降低的方向移至接地极，并形成电晕区外的空间电流。因此，正电晕不依靠电子附着形成空间电荷。

通常负电晕产生的负离子的迁移率（即电场强度为 1V/m 时离子的迁移速度）比正电晕产生的正离子的高。高离子迁移率形成的离子电流也高；而且离子迁移率越高，在电场中与粉尘碰撞的机会也越多，对粉尘的荷电有利。此外，负电晕的起始电晕电压低而击穿电压高，因而负电晕的有效工作电压范围比正电晕宽，有利于电除尘器的运行。一般气体中有足够的电负性气体分子以形成负离子，所以工业电除尘器一般都采用负电晕。但负电晕放电时，产生速度很高的自由电子和负离子，在碰撞电离过程中会产生比正电晕多得多的臭氧（O_3）和氮氧化物（NO_x），所以空气调节中的微粒净化装置不采用负电晕而采用正电晕。

3. 起晕电压和起晕场强

对于管式电除尘器，可由高斯定理导出电晕放电前圆管内任一半径 r 处的电场强度 $E(r)$ 与极间电压 V 的关系为

$$E(r) = \frac{V}{r \ln(r_2 / r_1)} \tag{6-58}$$

式中：r_1，r_2 —— 分别为电晕线和集尘圆管的半径，m，见图6-16；

   r —— 从电晕线中心到电场中任一点的半径，m。

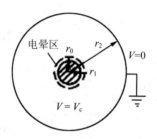

图 6-16   管式除尘器电场

极间电压升到开始发生电晕放电时的电压称为起晕电压 V_c，与之相应的电场强度称为起晕场强 E_c。由式（6-58），当 $r=r_1$ 时，有

$$V_c = r_1 E_c \ln \frac{r_2}{r_1} \tag{6-59}$$

起晕场强 E_c 的高低取决于气体的性质、电晕线的尺寸及其表面粗糙度。对空气中圆极线的负电晕，皮克（Peek）提出了计算起晕场强的经验公式，即

$$E_c = 3 \times 10^6 m \left[\frac{T_o P}{T P_o} + 0.03 \sqrt{\frac{T_o P}{T P_o r_1}} \right] \tag{6-60}$$

式中：T，P —— 分别为运行工况下的空气温度和压力；$T_o = 293$ K，$P_o = 1.013 \times 10^5$ Pa；

   m —— 电晕线表面的粗糙度系数，光洁电晕线 $m=1$，实际中所遇到的电晕线可取 $m=0.6 \sim 0.7$。

【例6-3】若管式电除尘器的电晕线半径为 1 mm，集尘管直径为 200 mm，运行时的空气压力为 1.013×10^5 Pa，温度为 300℃，试计算起晕场强和起晕电压。

解：取 $m = 0.7$，由式（6-60）得

$$E_c = 3 \times 10^6 \times 0.7 \left[\frac{293 \times 1.013 \times 10^5}{573 \times 1.013 \times 10^5} + 0.03\sqrt{\frac{293 \times 1.013 \times 10^5}{573 \times 1.013 \times 10^5 \times 0.001}} \right] = 2.050\,5 \times 10^{-6} \quad (\text{V/m})$$

代入式（6-59）得

$$V_c = 0.001 \times 2.505 \times 10^6 \times \ln(0.1/0.001) = 11.54 \quad (\text{kV})$$

（三）粒子荷电

在电除尘器中，气溶胶粒子与气体离子相碰，离子附着在粒子上而实现了粒子荷电。有两种不同的荷电机制——电场荷电和扩散荷电。

1. 电场荷电

粒子的电场荷电过程大致如下：粒径大于 1.0 μm 左右的较大粒子在电场中被极化，引起电场局部变形，电力线被粒子遮断［图 6-17（a）］。图中沿电力线运动的离子如果在电场极限内就会和未荷电的粒子碰撞而被粒子俘获。粒子荷电后形成的电场与外加电场方向相反，产生斥力，使粒子附近的电力线变形［图 6-17（b）］，这时粒子只能从电场的较小部分接受电荷，荷电速率相应减慢。粒子继续荷电后，在面向离子流过来的一侧进入粒子的电力线继续减少，最终荷电粒子本身产生的电场和外加的电场正好平衡，粒子上的电荷达到饱和状态［图 6-17（c）］。

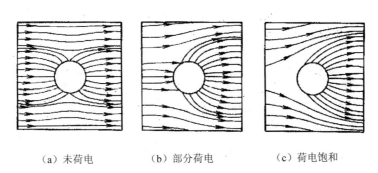

（a）未荷电　　　　　（b）部分荷电　　　　　（c）荷电饱和

图 6-17　电场荷电过程

假定相邻粒子的电场互不影响，粒子引入前外电场是均匀的，可以导出球形粒子的饱和荷电量 q_s 为

$$q_s = \frac{3\pi\varepsilon_o\varepsilon_p d_p^2 E_o}{\varepsilon_p + 2} \tag{6-61}$$

式中：d_p——粒径，m；

　　　E_o——两极间的平均场强，V/m；

　　　ε_p——粒子的相对介电系数，量纲 1，ε_p 的范围为 1～∞，如硫黄约为 4.2，石膏约

　　　　　为 5，石英玻璃为 5～10，金属氧化物为 12～18，金属约为∞。

　　由式（6-61）可见，粒子的饱和荷电量主要取决于粒径和电场强度的大小，尤以粒径影响最大。

　　设 q_t 为粒子经时间 t 后的瞬时荷电量，q_t/q_s 即为粒子的荷电率，它与荷电时间 t 的关系为

$$q_t = q_s \frac{t}{t + t_o} \tag{6-62}$$

式中：t_o——电场荷电时间常数，即荷电率 q_t/q_s=50%的荷电时间，由下式确定

$$t_o = \frac{4\varepsilon_o}{N_o e K_i} \tag{6-63}$$

式中：K_i——离子迁移率，$m^2/$（s·V）；

　　　e——电子电量，e=1.6×10^{-19} C；

　　　N_o——电场中离子的数密度，在运行条件下（150～400℃）为 10^{14}～10^{15} 个/m^3。

　　电场荷电过程最初速率很快，在 0.1～1.0 s 内荷电率可达 99%，因此通常不考虑荷电时间，将进入电场的颗粒物视为饱和荷电。

2. 扩散荷电

　　扩散荷电是离子做不规则热运动和粒子相碰的结果。它是小于 0.2 μm 左右粒子的主要荷电机制。若忽略外加电场的影响，某一粒子单位时间内被离子碰撞的次数取决于粒子附近离子的密度和离子的平均热运动速度，后者又取决于温度和离子的质量。怀特（White）导出不考虑电场影响的扩散荷电电量计算公式为

$$q(t) = \frac{2\pi\varepsilon_o k T d_p}{e} \ln\left(1 + \frac{d_p N_o e^2 t}{2\varepsilon_o \sqrt{2\pi m k T}}\right) \tag{6-64}$$

式中：k——波尔兹曼常数，k=1.38×10^{-23} J/K；

　　　T——气体温度，K；

　　　m——离子质量，kg；

　　　t——时间，s。

　　粒子荷电后，将排斥后来的离子。但由于热运动的不规则性，总会有些离子具有能够克服排斥力的扩散速度，因而扩散荷电不存在理论上的饱和荷电，但随着粒子上电荷量的增加，荷电速度越来越低。

　　实际电除尘器中的电晕荷电，既不是没有扩散的离子定向运动和没有电场影响的离子扩散，也不是两者的简单相加。应考虑离子在电场力作用下扩散到粒子上，使粒子荷电，

该理论较复杂，不在此介绍。

实验证明，小于 0.2 μm 左右的粒子可仅考虑扩散荷电；大于 1.0 μm 的粒子可仅考虑电场荷电；对 0.2～1.0 μm 的粒子，其总荷电量可近似取电场荷电量与扩散荷电量之和。

当荷电时间 $t \geq 10\,t_o$ 时，电场荷电量按饱和荷电量公式（6-61）计算。

【例 6-4】 近似计算电除尘器中粒径为 0.5 μm 和 1.0 μm 的尘粒在 0.1 s、1.0 s 和 10 s 时的荷电量。已知 $\varepsilon_p=5$，$E_o=3\times10^6\,V/m$，$T=300\,K$，$N_o=2\times10^{15}$ 个/m³，$m=5.3\times10^{-26}\,kg$。

解： 按空气负离子的迁移率 $K_i=2.1\times10^{-4}\,m^2/(s\cdot V)$ 计算时间常数 t_o，由式（6-63）得

$$t_o = \frac{4\varepsilon_o}{N_o e K_i} = \frac{4\times8.85\times10^{-12}}{2\times10^{-15}\times1.6\times10^{-19}\times2.1\times10^{-4}} = 0.000\,503 \quad (s)$$

由于要计算的粒子粒径属于中间范围，且题目中给定的荷电时间大于 $10\,t_o$，所以粒子的总荷电量近似取电场荷电的饱和荷电量与扩散荷电量之和。忽略电场对扩散荷电的影响，则粒子总荷电量为

$$q'_t = \frac{3\pi\varepsilon_o\varepsilon_p d_p^2 E_o}{\varepsilon_p+2} + \frac{2\pi\varepsilon_o kT d_p}{e}\ln\left(1+\frac{d_p N_o e^2 t}{2\varepsilon_o\sqrt{2\pi mkT}}\right)$$

$$= \frac{3\times5}{7}\times3.14\times8.85\times10^{-12}\times3\times10^6 d_p^2 +$$

$$\frac{2\times3.14\times8.85\times10^{-12}\times1.38\times10^{-23}\times300 d_p}{1.6\times10^{-19}}\times$$

$$\ln\left(1+\frac{(1.6\times10^{-19})^2\times2\times10^{15} t d_p}{2\times8.85\times10^{-12}\sqrt{2\times5.3\times10^{-26}\times3.14\times1.38\times10^{-23}\times300}}\right)$$

$$= 178.7\times10^{-6} d_p^2 + 1.438\times10^{-12} d_p\ln\left(1+7.79\times10^{10} t d_p\right)$$

计算结果列于下表：

d_p/μm	$q'_{0.1s}$/C	$q'_{1.0s}$/C	q'_{10s}/C
0.5	50.62×10^{-18}	52.28×10^{-18}	57.55×10^{-18}
1.0	191.59×10^{-18}	194.90×10^{-18}	198.21×10^{-18}

（四）粒子的捕集

1. 理论粒子驱进速度

电场中运动着的荷电粒子所受库仑力 $F_e=qE_p$ 和斯托克斯阻力 $F_D=3\pi\mu d_p\omega$ 达到平衡时，荷电粒子便达到了一个极限速度或终末沉降速度——驱进速度 ω，其值为

$$\omega = \frac{qE_p}{3\pi\mu d_p} \tag{6-65}$$

式中：E_p——集尘极附近场强，V/m；

q——粒子的荷电量。

可见，荷电粒子驱进速度的大小与其荷电量、粒径、集尘极附近场强及气体黏度有关；其方向与电场方向一致，垂直于集尘极表面。对较大粒子，以电场荷电为主，可用饱和荷电量式（6-62）计算驱进速度；对于小于 0.2 μm 的小粒子，以扩散荷电为主，荷电量可按式（6-65）计算。

若粒子粒径小于 1.0 μm，计算出的驱进速度应乘以肯宁汉修正系数 C_u。

按式（6-65）计算的粒子驱进速度称为理论驱进速度，它仅是粒子平均驱进速度的近似值，因为电场中各点的场强并不相同，粒子荷电量的计算也是近似的。此外，气流和粒子特性的影响也未考虑进去。

2. 捕集效率方程

1922 年多依奇（Deutsch）根据一些假设导出了电除尘器捕集效率的方程——多依奇方程。这些假设是：①电除尘器中的气流为紊流状态，通过除尘器任一断面的气流速度（除器壁边界层外）和粒子浓度都是均匀分布的；②进入电除尘器的粒子立刻达到了饱和荷电；③集尘极表面附近的所有粉尘的驱进速度相同，与气流速度相比是很小的；④不考虑冲刷、二次扬尘、反电晕、粉尘凝聚等的影响。

多依奇方程的一般形式为

$$\eta = 1 - \exp\left(-\frac{A}{Q}\omega\right) \tag{6-66}$$

式中：A——集尘极面积，m^2；

Q——气流量，m^3/s；

ω——粒子的驱进速度，m/s。

对线管式电除尘器，当集尘圆管半径为 r_2、管长为 L、管内气速为 v 时，捕集效率方程为

$$\eta = 1 - \exp\left(-\frac{2L}{r_2 v}\omega\right) \tag{6-67}$$

对线板式电除尘器，当电晕线与极板相距为 S_x、板极长度为 L、通道气速为 v 时，效率方程为

$$\eta = 1 - \exp\left(-\frac{L}{S_x v}\omega\right) \tag{6-68}$$

多依奇方程描述了捕集效率与集尘板面积、气流量及粒子驱进速度之间的关系，指明了提高捕集效率的途径，因而广泛用于电除尘器的性能分析和设计中。

【**例6-5**】在 1×10^5 Pa 和 20℃下运行的管式电除尘器，集尘圆管直径 $D=0.25$ m，长 $L=2.5$ m，含尘气体流量 $Q=0.085$ m³/s，若集尘极附近的平均场强 $E_p=100$ kV/m，粒径为 1.0 μm 的粉尘荷电量 $q=0.3 \times 10^{-15}$ C，计算该粉尘的理论分级效率（1×10^5 Pa 和 20℃下，空气黏度 $\mu = 1.82 \times 10^{-5}$ Pa·s）。

解： 理论驱进速度为

$$\omega = \frac{qE_p}{3\pi\mu d_p} = \frac{0.3 \times 10^{-15} \times 100 \times 10^3}{3 \times 3.14 \times 1.82 \times 10^{-5} \times 1 \times 10^{-6}} = 0.175 \quad \text{（m/s）}$$

$$A = 3.14 \times 0.25 \times 2.5 = 1.963 \quad \text{（m}^2\text{）}$$

$$\eta_d = 1 - \exp\left(-\frac{1.963}{0.085} \times 0.175\right) = 98.2\%$$

【**例6-6**】已知一电除尘器对 10 μm 粒子的理论捕集效率为 99%，试按多依奇方程计算在相同工况条件运行时，该电除尘器对 5 μm 粒子的理论捕集效率。

解： 将电场荷电的饱和荷电量公式（6-61）和理论驱进速度公式（6-65）代入式（6-66）可得

$$\eta = 1 - \exp\left[-\frac{A}{Q} \cdot \frac{\varepsilon_o \varepsilon_p E_o E_p}{(\varepsilon_p + 2)\mu} d_p\right]$$

工况相同时，可以认为 ε_o、ε_p、E_o、E_p、A、Q、μ 不变，于是可令上式中 $\dfrac{A}{Q} \cdot \dfrac{\varepsilon_o \varepsilon_p E_o E_p}{(\varepsilon_p + 2)\mu} = K$，

上式变为

$$\eta = 1 - \exp(-Kd_p)$$

$$d_p = -\frac{\ln(1-\eta)}{K}$$

$$\frac{5}{10} = \frac{\ln(1-\eta_{d_p=5\mu m})}{\ln(1-0.99)}$$

解上式得该电除尘器对 5 μm 粒子的理论捕集效率为

$$\mu_{d_p=5\mu m} = 90\%$$

3. 有效驱进速度

由于单纯从理论上准确计算粒子驱进速度的困难，以及多依奇方程和理论驱进速度计算式中未加考虑的各种因素影响，使得按这些理论公式计算的捕集效率比实测值高得多。为了能够应用多依奇方程进行计算，引入一个有效驱进速度 ω_p 的概念。它是根据一定结构型式的电除尘器实测的除尘效率 η、集尘极总面积 A 和气体流量 Q，利用多依奇方程反算出的驱进速度值。这样便可用有效驱进速度 ω_p 来描述除尘器的性能，并作为类似的新除尘器设计时确定其尺寸的基础。一般将用 ω_p 表达的捕集效率方程称为多依奇—安德森方程，即

$$\eta = 1 - \exp\left(-\frac{A}{Q}\omega_p\right) \tag{6-69}$$

上式中的 ω_p 与推导多依奇方程（6-66）所用理论驱进速度 ω 的意义不同。这里，ω_p 实际上已成为一个把集尘极总面积和气体处理量以外的各种影响捕集效率的因素包括在内的参数。据估计，理论计算的驱进速度一般比实测的有效驱进速度大 2～10 倍。

4．影响捕集效率的因素

（1）粉尘比电阻

电除尘器运行的最佳比电阻范围一般为 $10^4 \sim 2\times10^{10}$ $\Omega\cdot cm$。若粒子比电阻过低，带负电的粒子到达集尘极后，不仅立刻放出所带电荷，而且立刻因静电感应获得与集尘极同极性的正电荷。如果正电荷产生的斥力大于粒子的黏附力，则沉积的粒子会被排斥到气流中。而后，粒子在空间重新荷电，重新沉积到极板上，再次丧失电荷而重返气流。结果造成粒子沿着极板表面跳动着前进，最后被气流带出除尘器。在采用电除尘器捕集石墨、炭黑和金属粉末时，都可以看到这种现象。反之，若粒子比电阻很高，则到达集尘极的粒子释放电荷很慢，并残留着部分电荷。这不但会排斥随后而至的带有同性电荷的粒子，影响其沉降，而且随着极板上沉积粉尘层的不断增厚，在粉尘层和极板之间造成一个很大的电压降，以致引起粉尘层空隙中的气体电离，发生电晕放电。这种在集尘极上产生的电晕放电称为反电晕，也产生正离子和电子。正离子穿过极间区域向放电极运动，结果使集尘场强减弱，粒子所带负电荷部分被正离子中和，粒子荷电量减少，削弱了粒子的沉降，捕集效率显著降低。图 6-18 表示比电阻超过 1×10^{10} $\Omega\cdot cm$ 后，随比电阻增加捕集效率降低的情况。

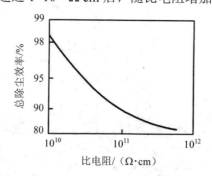

图 6-18　飞灰比电阻对电除尘器效率的影响

解决粉尘比电阻过高问题的办法有：①调节烟气温度（见图 6-1），使除尘器在适宜的比电阻范围内运行；②较低温度运行时，在烟气中添加比电阻调节剂，如 SO_3、NH_3 和水雾等（见图 6-1）。加 SO_3 的量一般不超过 20×10^{-6}，特殊时可达 40×10^{-6}；③设计比正常情况更大的电除尘器，以弥补比电阻过高对除尘效率的影响。此外，还可以开发新型电除尘器，如超高压宽间距电除尘器、双区脉冲电除尘器、冷壁面电除尘器等。

也可采用湿式电除尘器解决过高、过低比电阻对效率的影响。

（2）粒径

粒径不同时，粒子荷电的机制（电场荷电和扩散荷电）和荷电量不同，理论驱进速度显著不同，因而在相同条件下的除尘效率也不一样。图 6-19 表示 3 种流动情况下理论捕集效率与粒径的关系。图中表明，$d_p > 1.0\ \mu m$ 以后，效率随粒径迅速增加，这是因为较大粒子以电场荷电为主，驱进速度随粒径而增大的缘故。$d_p < 1.0\ \mu m$ 的粒子，一方面由于荷电量随粒径减小，ω 降低；另一方面，由于肯宁汉修正系数随粒径减少迅速增大，驱进速度有所增加。综合作用的结果，随粒径的减少效率变化不大。从图中还可以看出气速增大，即比集尘面积 A/Q 减少时，除尘效率降低的情况。

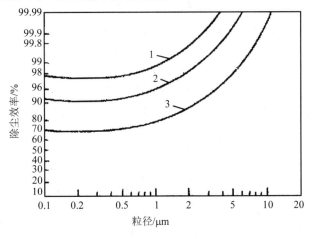

$1—A/Q=300$；$2—A/Q=200$；$3—A/Q=100$

图 6-19 理论捕集效率与粒径的关系

（3）粉尘浓度

进口气体含尘浓度不高时，粉尘浓度增加，电除尘器效率会有所提高。但如进口浓度过高，电场中的气体离子大量沉积到尘粒上，由于荷电尘粒的运动速度远比气体离子运动速度小，所以电流减弱。当含尘浓度高到一定程度时，气体离子都沉积到尘粒上，电流几乎减弱为零，电除尘器失效，这种现象称为电晕阻塞。为防止电晕阻塞，对浓度很高的含尘气体，应进行适当预处理，使含尘浓度降到 $30\ g/m^3$ 以下再进入电除尘器。

（4）供电参数

供电参数对电除尘性能影响很大。尘粒的有效驱进速度 ω_p 与电晕功率 P_c 的关系为

$$\omega_p = K\frac{P_c}{A} \qquad (6\text{-}70)$$

式中：K —— 与气体和粒子性质及除尘器规格有关的参数。

将上式与多依奇方程合并可得

$$\eta = 1 - \exp\left(-K\frac{P_c}{Q}\right) \qquad (6\text{-}71)$$

可见，效率随电晕功率增大而增加。通常，电晕功率和电流随极间电压升高而急剧增大，所以当电晕电压接近最佳工作电压时，即使数值变化不大，也会对效率产生明显的影响。

（5）其他

由于较大颗粒撞击集尘面产生回弹，某些微粒接触极板失去电荷后因感应而带上与极板同性电荷所产生的斥力作用、紊乱气流的冲刷、火花放电以及振打电极等均可能引起粒子重返气流，影响捕集效率。

二、电除尘器的基本结构

（一）电除尘器的分类

根据电除尘器的结构特点，可作不同的分类：

1）按集尘极的型式可分为管式 [图 6-20（a）] 和板式 [图 6-20（b）] 电除尘器。管式电除尘器的集尘极一般为多根并列的金属圆管或六角形管，适用于气体量较小的情况。板式电除尘器采用各种断面形状的平行钢板作集尘极，极间均布电晕线。板式电除尘器的规格以其横断面积表示，可从几平方米到几百平方米，处理气体量很大。

2）按粒子荷电和沉降的空间位置可分为单区和双区电除尘器。粒子的荷电和分离沉降皆在同一空间区域的称为单区（也称一段式）电除尘器（图 6-20），而将荷电和沉降分离设在两个空间区域的称为双区（也称两段式）电除尘器（图 6-21）。工业除尘以单区电除尘器应用最广，本书介绍的有关电除尘器的理论，均指单区电除尘器。典型的双区电除尘器一般用在空气调节方面，但含尘量少、气量小的工业尘源也有采用双区电除尘器的。

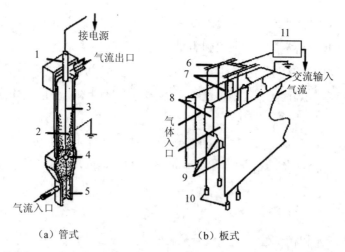

（a）管式   （b）板式

1—绝缘瓶；2—集尘极表面上的粉尘；3，7—放电极；4—吊锤；5—捕集的粉尘；

6—高压母线；8—挡板；9—收尘极板；10—重锤；11—高压电源

图 6-20 单区电除尘器

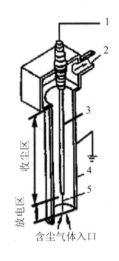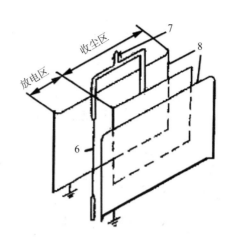

1—连接高压电源；2—洁净气体出口；3—不放电的高压电极；4—收尘极；

5—放电极；6—放电极线；7—连接高压电源；8—收尘极板

图 6-21　双区电除尘器

3）按沉集粒子的清灰方式，可分为干式和湿式电除尘器。湿式电除尘器是利用喷雾或溢流水等方式使集尘极表面形成一层水膜，将沉集到其上的尘粒冲走。管式电除尘器常采用湿式清灰，可避免二次扬尘，效率很高，但存在腐蚀和污水、污泥处理问题。板式电除尘器大多采用干式清灰，回收的干粉尘便于处置和利用，但振打清灰时存在二次扬尘等问题。

（二）电除尘器的基本结构

板式电除尘器和立式多管电除尘器结构分别示于图 6-22 和图 6-23，虽然型式不同，但其基本结构一般都包括放电极、集尘极和清灰装置、气流分布装置、壳体、输灰装置和供电装置等。

1. 放电极

对放电极的要求是：①起晕电压低，放电强度高，电晕电流大；②机械强度高，刚性好，不易变形，能维持准确的极间距；③易清灰。

放电极的形状对起晕电压和放电强度有很大的影响。常见的电晕线型式有光圆线、星形线、螺旋形线、芒刺线、锯齿线、麻花线和蒺藜丝线等。电晕线的固定方式有重锤悬吊式、管框绷绕式和桅杆式等。

电晕线之间的距离视极板形式及尺寸配置情况而定，一般为 200～300 mm。

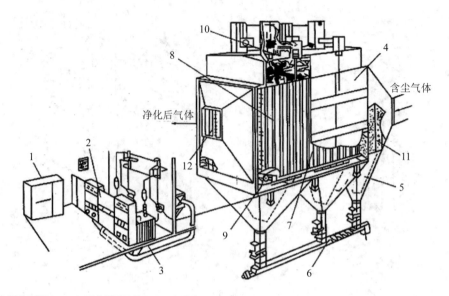

1—低压电源控制柜；2—高压电源控制柜；3—电源变压器；4—电除尘器本体；5—下灰斗；6—螺旋除灰机；7—放电极；8—集尘极；9—集尘极振打清灰装置；10—放电极振打清灰装置；11—进气气流分布板；12—出气气流分布板

图 6-22 板式电除尘器

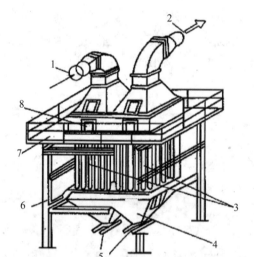

1—含尘气体入口；2—净化气体出口；3—管式电除尘器 4—灰斗；5—排灰口；6—机架；7—平台；8—人孔

图 6-23 立式多管电除尘器

2. 集尘极

对集尘极的要求是：①极板表面的电场强度和电流分布均匀，火花电压高；②有利于粒子沉积，能有效防止二次扬尘；③振打性能好，有利于将振打均匀地传到整个板面，清灰效果好；④对气流阻力小，刚度好，节省材料，便于制造。

板式电除尘器的集尘极有平板式、袋式（郁金式）和型板式等。平板式清灰时二次扬尘严重，刚度较差。型板式包括 Z 型、C 型、CS 型和波浪型等（图 6-24）。型板两面皆冲有沟槽，以增大极板刚度，同时在极板附近形成涡流区，以利于粒子沉降，减少二次扬尘。由于型板在捕集效率、钢耗、振打清灰等方面的优良性能，使用最多。

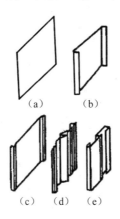

（a）为平板；（b）、（c）、（d）、（e）为型板

图 6-24 几种集尘电极的形式

极板的间距太小（200 mm 以下），电压升不高，影响除尘效率；间距太大（＞500 mm），电压的升高又受供电设备容量的限制。在通常 60～72 kV 供电压时，板间距一般取 250～400 mm。含尘浓度大，比电阻高和大型电除尘器，板间距可取大些。

3．电极清灰装置

在连续运转的电除尘器中，对电晕极和集尘极都必须及时清灰。否则，当极板上粉尘沉积较厚时，将导致火花电压降低，电晕电流减小，除尘效率降低。干式电除尘器清灰方式主要是振打。

三、电除尘器的选择设计

选择设计电除尘器所需原始资料与旋风除尘器相同，此外还应特别注意粉尘比电阻及其随运行条件的变化情况。

电除尘器选择设计的步骤是：①确定或计算有效驱进速度 ω_p；②根据给定的气体流量 Q 和要求的除尘效率 η，按式（6-69）计算所需的集尘板面积 A；③在手册上查出与集尘面积 A 相当的电除尘器规格；④验算气速 v。验算结果，如 v 在所选的除尘器允许范围内，则符合要求，否则应重新选择。

确定有效驱进速度 ω_p 的方法有如下两种：

1）根据小型电除尘器系统的试验或类似烟气、烟尘的电除尘实践中积累的数据（η、A、Q 等）按式（6-69）反算出 ω_p。因为小型试验除尘器总是比实际的大型电除尘器运行得好，能在比实际电除尘器高得多的电压和电流密度下运行，由小型试验电除尘器测得的有效驱进速度要除以系数 2～3 才能用于工业设备设计。

2）根据有关资料，结合影响因素的分析选定 ω_p。表 6-4 列出一些粉尘的 ω_p 值，可供参考。

表 6-4　粉尘的有效驱进速度　　　　　　　　单位：cm/s

粉尘名称	范围	平均值	粉尘名称	范围	平均值
电站锅炉飞灰	4～20	13	熔炼炉		2.0
粉煤炉飞灰	10～14	12	立炉	5～14	
纸浆及造纸锅炉	6.5～10	7.5	平炉	5～6	
石膏	16～20	18	闪烁炉		7.6
硫酸	6～8.5	7.0	冲天炉	3.0～4.0	
热磷酸	1～5	3.0	多膛焙烧炉		8.0
水泥（湿法）	9～12	11.0	高炉	6～14	11.0
水泥（干法）	6～7	6.5	催化剂粉尘		7.6

影响 ω_p 值的因素很多，如粒径、比电阻、电晕电流和电压、二次扬尘、捕集效率、电除尘器的结构型式和运行条件等。

图 6-25 是美国应用的电除尘器有效驱进速度的变化范围。图中表明，ω_p 随平均粒径增加而增大；对一定的应用场合，ω_p 有一变化范围。因此电除尘器捕集小粒子时应选取较小的 ω_p 值和大的集尘面积。

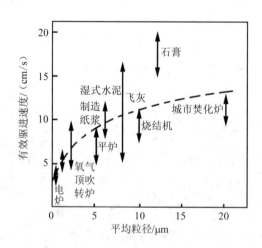

图 6-25　ω_p 值变化范围及 ω_p 和粉尘粒径的关系

若粉尘比电阻高，则容许的电晕电流密度值减少，导致荷电强度减弱，粒子的荷电量减少，荷电时间增长，应选取较小的 ω_p 值。图 6-26 中的实验曲线表示 ω_p 与比电阻的关系，它是对质量中位径为 10 μm 左右的飞灰在 90%～95% 的中效电除尘器中测得的，可供在给定效率范围内选取ω_p时参考。

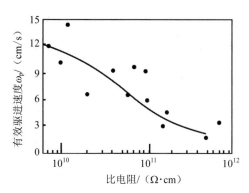

图 6-26　有效驱进速度随飞灰比电阻的变化

电场中气流速度 v 增大时，ω_p 有一最佳范围，过低过高都是不利的。气速的选取要考虑粉尘性质、除尘器结构及经济因素等，一般为 0.5～2.5 m/s。板式电除尘器多选 0.6～1.5 m/s。

【例 6-7】单通道板式电除尘器的通道高 5 m、长 6 m，集尘板间距 300 mm，实测气量为 6 000 m³/h，入口含尘浓度为 9.3 g/m³，出口含尘浓度为 0.520 8 g/m³。试计算相同的烟气气量增加到 9 000 m³/h 时的效率。

解：气量为 6 000 m³/h 时的除尘效率

$$\eta_1 = 1 - \frac{C_o}{C_i} = 1 - \frac{0.520\,8}{9.3} = 94.4\%$$

$$\omega_p = -\frac{Q}{A}\ln(1-\eta_1) = -\frac{6\,000/3\,600}{2\times5\times6}\ln(1-0.944) = 0.08\ (\text{m/s})$$

断面风速

$$v_1 = 6\,000/(5\times0.3\times3\,600) = 1.1\ (\text{m/s})$$

气量增加到 9 000 m³/h 时，ω_p 仍取 0.08 m/s，则

$$\eta_2 = 1 - \exp\left(-\frac{A}{Q}\omega_p\right) = 1 - \exp\left(-\frac{2\times5\times6}{9\,000/3\,600}\times0.08\right) = 85.3\%$$

断面风速

$$v_2 = 9\,000/(5\times0.3\times3\,600) = 1.67\ (\text{m/s})$$

可见，由于气量增加，气速增大，效率降低。

【例 6-8】计算一处理含石膏粉尘气体电除尘器的主要参数。处理气量 130 000 m³/h，入口含尘浓度 38.5 g/m³，要求出口降至 100 mg/m³。

解：由表 6-4 查得石膏粉尘的 $\omega_p = 0.18$ m/s。要求的除尘效率为

$$\eta = (38.5-0.1)/38.5 = 0.997\,4$$

$$A = -\frac{Q}{\omega_p}\ln(1-\eta) = -\frac{130\,000/3\,600}{0.18}\ln(1-0.997\,4) = 1\,190\ （m^2）$$

若取除尘器内断面风速 v=1.0 m/s，则所需断面为

$$F=36/1.0=36\ （m^2）$$

取通道宽（两集尘板之间距）为 300 mm，高 H=6 m，则所需通道数为

$$n=36/（0.3×6）=20\ （个）$$

所需除尘器有效长度 L 由 $A=n（2HL）$ 计算，即

$$L=A/（2nH）=1\,190/（2×20×6）=4.958\ （m）≈5.0\ （m）$$

取两电场，每一电场长度为 2.5 m，气流的停留时间为

$$t=5/1.0=5\ （s）$$

根据以上参数，可在手册中查选合适的电除尘器。

四、新型电除尘器的发展

电除尘器除尘效率高、设备阻力低、维护运行费用较省，长期以来在电力行业除尘领域占据着绝对的优势地位。近年来，我国大气污染物排放标准日益严格，对电除尘器的除尘效率及煤质适应性提出了更高的要求，电除尘技术快速发展，出现了低低温电除尘器、湿式电除尘器、移动电极电除尘器等新型电除尘器。

1. 低低温电除尘器

低低温电除尘技术是通过低温省煤器或热媒体气气换热装置（MGGH）降低电除尘器入口烟气温度至酸露点温度以下，一般在 90℃左右，使烟气中的大部分 SO_3 在低温省煤器或 MGGH 中冷凝形成硫酸雾，黏附在粉尘上并被碱性物质中和，大幅降低粉尘的比电阻和烟气体积，避免反电晕现象，从而提高除尘效率，同时去除大部分的 SO_3，当采用低温省煤器时还可节省能耗。典型低低温电除尘系统布置如图 6-27 所示。低低温电除尘器出口烟尘浓度低于 30 mg/m³，通过湿法脱硫装置保证出口烟尘浓度小于 10 mg/m³ 排放。

由于低低温电除尘器中烟气温度降低，因 SO_3 引起的电除尘器低温腐蚀影响增大，该技术目前多用于燃用低硫煤的电厂。同时粉尘比电阻降低会削弱捕集到阳极板上的粉尘静电黏附力，从而导致二次扬尘现象比常规电除尘器严重，应采取离场振打等措施以减少或避免二次扬尘。

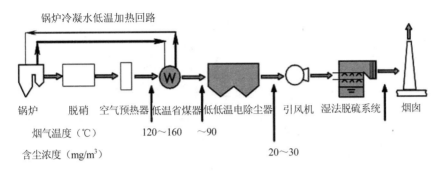

图 6-27 燃煤电厂低低温电除尘系统典型布置图

2. 湿式电除尘器

湿式电除尘（WESP）的工作原理和常规电除尘器的除尘机理相同，都要经历荷电、收集和清灰三个阶段，不同的是清灰方式。湿式电除尘器采用液体冲刷集尘极表面来进行清灰，与干式电除尘器相比，具有无二次扬尘，除尘效率更高、可在烟气露点以下温度工作等优点，可有效收集微细颗粒物（$PM_{2.5}$ 粉尘、SO_3 酸雾、气溶胶）、重金属（Hg、As、Se、Pb、Cr）、有机污染物（多环芳烃、二噁英）等。对多家电厂的测试结果表明，WESP 对 $PM_{2.5}$ 的去除效率均高于 90%，烟尘排放浓度低于 5 mg/m³，酸雾去除率超过 95%，烟气浊度降低至 10%，甚至达到接近零浊度排放。

但该技术设备投资费用较高，目前大多应用于燃煤电厂湿法脱硫之后含尘烟气的处理，布置于湿法脱硫装置后面，对细颗粒物、湿法脱硫产物气溶胶（石膏颗粒、硫酸铵盐等）等污染物实现进一步脱除，满足烟气超净排放的要求。

3. 移动电极电除尘器

在处理高比电阻、高黏度粉尘和超细粉尘时，常规电除尘器常因反电晕、极板粘灰以及振打容易二次扬尘等现象，而造成除尘效率下降。移动极板电除尘器（图 6-28）采用可移动的收尘极板和旋转刷清灰方式，把整片阳极板分割成条状，用链条串联，阳极板在链条的牵引下运动，阳极板的下部设有旋转电刷，电刷不断把阳极板的粉尘刮落到灰斗。相比常规固定极板电除尘器，移动极板可实现更及时彻底地清灰，且清灰位置靠近灰斗下部，可以最大限度地减小二次扬尘，提高除尘效率；同时其结构更紧凑，运行电耗也较低，一个移动极板电场相当于 1.5～3 个固定极板电场的作用，而消耗的电功率仅为固定电极的 1/2～2/3。

移动电极电除尘技术对设备设计、制造、安装要求较高，应用时一般只在最后一个电场装设，采用如图 6-29 所示的 3 + 1 模式（即 3 个固定电场+1 个移动极板电场），出口粉尘浓度可低于 20 mg/m³。

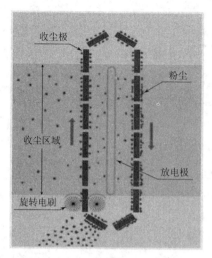

图 6-28　移动电极电除尘器结构

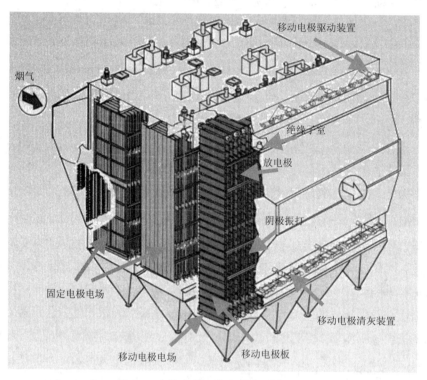

图 6-29　移动电极电除尘器组合方式

第四节　过滤式除尘器

过滤式除尘器是利用滤袋或滤料等多孔介质从含尘气体中捕集粉尘的一种除尘设备。除尘系统中最常见的是以纤维织物为滤料的袋式除尘器，也有以砂石、煤粒等颗粒物为滤料的颗粒层除尘器，主要用于高温烟气除尘。

袋式除尘器是一种高效除尘器，对微细粉尘的除尘效率也可达 99% 以上；对粉尘适应性强，不受粉尘比电阻等性质的影响；性能稳定可靠，对负荷变化适应性好，特别适宜捕集细微而干燥的粉尘，所收干尘便于处理和回收利用，因此广泛应用于冶金、建材、电力、机械等行业。缺点主要是不适用于高温条件，压力损失较大，滤袋易损坏。

一、袋式除尘器的工作原理与性能

（一）工作原理

袋式除尘器所用滤料分为织物滤料、针刺滤料（非织物滤料）和覆膜滤料，不同滤料的工作原理有所不同。

袋式除尘器采用的织物滤料本身的网孔一般为 10～50 μm，表面起绒滤料的网孔也有 5～10 μm，因而新鲜滤料开始使用时滤尘效率很低。但由于粒径大于滤料网孔的少量尘粒被筛滤阻留，并在网孔之间产生"架桥"现象；同时由于碰撞、拦截、扩散、静电吸引和重力沉降等作用，一批粉尘很快被纤维捕集。随着捕尘量不断增加，一部分粉尘嵌入滤料内部，一部分覆盖在滤料表面上形成粉尘初层（图 6-30）。由于粉尘初层及随后在其上继续沉积的粉尘层的捕集作用，过滤效率剧增，阻力也相应增大。袋式除尘器之所以效率高，主要是靠粉尘层的过滤作用，滤布只起形成粉尘层和支撑它的骨架作用。

针刺滤料具有更细小、分布均匀而且有一定纵深的孔隙结构，对深入滤料内部的尘粒有深层过滤的作用。

新发展起来的覆膜滤料是在滤料底布表面复合一层具有微细空隙的滤层，即相当一层粉尘层，过滤作用完全依赖于这一薄层，使微细粉尘被阻留在滤料表面，其工作原理为表面过滤，有别于传统织物滤料和针刺滤料。覆膜滤料对微细粉尘的去除效率更高，是控制微细颗粒的有效措施。

在过滤除尘过程中，随着粉尘层不断加厚，阻力越来越大，这时不仅处理风量将按所用风机和系统的压力－风量特性下降（图 6-31），能耗急增，而且由于粉尘堆积使孔隙率变小，气流通过的速度增加，增加到一定程度后，会使粉尘层的薄弱部分发生"穿孔"，造成"气体短路"现象，使除尘效率降低；阻力太大时，滤布也容易损坏。因此，当阻力增大到一定值时，必须清除滤料上的集尘。但由于部分尘粒进入织物内部和纤维对粉尘的黏附及静电吸引等原因，清灰后滤料上仍有部分剩余粉尘，所以清灰后的剩余阻力（一般为 700～1 000 Pa）比新鲜滤料的阻力大，除尘效率也比新鲜滤料的高。为保证清灰后的效率不致过低，清灰时不应破坏粉尘初层。清灰以后，又开始下一周期的过滤。

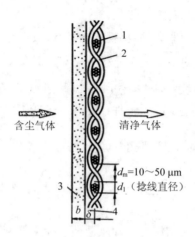

1—纬线；2—经线；3—可脱落的粉尘（粗细尘粒附着）；4—粉尘初层（主要为粗粒"搭桥"）

图 6-30　滤料的滤尘过程

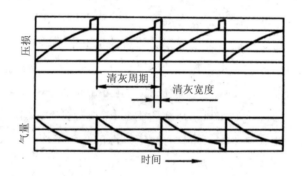

图 6-31　袋式除尘器压力损失与气体流量的变化

（二）袋式除尘器过滤效率的主要影响因素

袋式除尘器在正常运行下的除尘效率一般达 99%以上，但受以下因素的影响：

1. 滤布的积尘状态

织物滤料的除尘效率受滤布积尘状况影响较大，如图 6-32 所示，清洁滤料（新的或清洗后的）滤尘效率最低，积尘后效率最高，振打清灰后效率有所下降。图 6-32 表明，在不同的积尘状态下，0.2～0.4 μm 粉尘的过滤效率皆最低。这是因为这一粒径范围内的尘粒正处于碰撞和拦截作用的下限、扩散捕集作用的上限。但对于针刺毡滤料，这一影响较小，对覆膜滤料则几乎没有影响。

2. 滤料结构

滤料的结构类型、表面处理的状况对袋式除尘器的除尘效率有显著影响。机织滤料滤尘效率较低，且清灰后效率急剧下降。针刺滤料容尘量大，能够形成强度高和较厚的多孔性粉尘层，且有一部分粉尘成为永久性容尘，因而滤尘效率高，清灰后效率降低不多。覆膜滤料，对一般粉尘可以获得接近"零排放"的效果。

3. 过滤风速

袋式除尘器的过滤风速是指含尘气体通过滤料的平均速度。若以 Q（m^3/h）表示通过滤布的含尘气体的流量，A（m^2）表示滤布面积，则过滤速度 v_F 为

$$v_F = \frac{Q}{60A} \tag{6-72}$$

工程上还使用比负荷 q_F 的概念，它是指每平方米滤布每小时所过滤的含尘气体量，单位为 m^3（气体）/[m^2（滤布）·h]，因此

$$q_F = \frac{Q}{A} \tag{6-73}$$

显然

$$q_F = 60 v_F \tag{6-74}$$

过滤速度或比负荷是表征袋式除尘器处理气体能力的重要技术经济指标，它的选取决定着袋式除尘器的一次性投资和运转费用，也影响袋式除尘器的过滤效率。图 6-33 表示随过滤速度增加捕集效率降低的情况，图中也表示了粉尘负荷 m_d 对效率的影响。

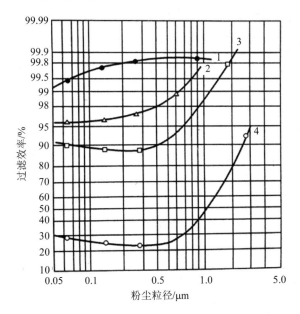

1—v=1.56 m/min，ΔP=892 Pa，积尘后；
2—v=1.74 m/min，ΔP=696 Pa，清灰 10 次（正常运行）；
3—v=1.86 m/min，ΔP=598 Pa，清灰 35 次；
4—v=2.16 m/min，ΔP=186 Pa，新滤布

图 6-32 同一种滤料在不同滤尘过程中的分级效率

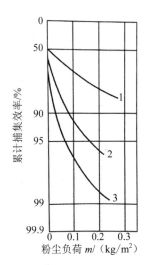

1—v=3 m/min；
2—v=1.8 m/min；
3—v=1.2 m/min

注：台特伦 T-3335 滤料；炭粉（d_{cs}=1.7 μm）

图 6-33 不同过滤风速下的捕集效率

过滤速度的大小主要影响惯性碰撞和扩散作用。对粒径小于 1 μm 的微尘或烟雾，扩散起主导作用，粒子必须有一段足够的时间通过扩散以靠近捕集物，为增大 η，须减少 v_F。对大于 1 μm 的较大粒子，惯性碰撞占主导地位，为提高 η，须增大 v_F。所以，一般建议对细尘 v_F 取 0.6～1.0 m/min，对粗尘 v_F 取 2.0 m/min 左右。此外，v_F 的选取还与滤料的性质、清灰方式、含尘浓度等因素有关。

（三）袋式除尘器的压力损失

袋式除尘器的总阻力 ΔP 由除尘器的结构阻力 ΔP_c、清洁滤料阻力 ΔP_o 及滤料上粉尘层阻力 ΔP_d 三部分组成，即

$$\Delta P = \Delta P_c + \Delta P_o + \Delta P_d$$

结构阻力 ΔP_c 包括气体通过进、出口和灰斗内挡板等部位所消耗的能量，在正常过滤风速下，ΔP_c 一般为 200～500 Pa。

由于过滤速度很低，气体流动属黏性流，清洁滤料的阻力 ΔP_o 与过滤速度 v_F 成正比，即

$$\Delta P_o = \zeta_o \mu v_F \tag{6-75}$$

式中：ζ_o——清洁滤料的阻力系数，m^{-1}，各种滤料的 ζ_o 值由实验测定。

一般 $\Delta P_o = 50～200$ Pa。

粉尘层阻力 ΔP_d 的大小与粉尘层的性质有关，可用下式计算

$$\Delta P_d = \alpha \mu C_i v_F^2 t = \alpha m_d \mu v_F = \zeta_d \mu v_F \tag{6-76}$$

式中：$\zeta_d = \alpha\, m_d$ 为粉尘层的阻力系数。

一般 $\Delta P_d = 500～2\,500$ Pa。

当忽略 ΔP_c 时，总阻力为

$$\Delta P = \Delta P_o + \Delta P_d = (\zeta_o + \zeta_d)\,\mu v_F = (\zeta_o + \alpha\, m_d)\,\mu v_F \tag{6-77}$$

式中：m_d——滤布上的粉尘负荷，kg/m^2，可用下式计算

$$m_d = C_i v_F t = m/A \tag{6-78}$$

C_i——粉尘进口质量浓度，kg/m^3；

t——过滤时间，s；

m，A——分别为滤料上粉尘的总质量（kg）和滤料总面积（m^2）；

α——粉尘层的平均比阻力，m/kg，可由 Kozeny Carman 的理论公式计算

$$\alpha = \frac{180(1-\varepsilon)}{\rho_p \overline{d_{vs}}^2 \varepsilon^3} \tag{6-79}$$

ε——粉尘层的孔隙率，一般长纤维滤布为 0.6～0.8，短纤维滤布为 0.7～0.9；

$\overline{d_{vs}}$——尘粒的体面积平均粒径，m。

由式（6-77）可见，由于过滤速度很低，气体流动呈层流状态，气体的动压可以忽略，

因而 ΔP 与过滤速度 v_F 和气体黏度 μ 成正比，与气体密度无关。

式（6-79）表明，粉尘越细，ε 越小，ΔP_d 就越大。但当处理的粉尘和气体确定以后，ρ_p、d_p、ε 和 μ 均为定值，于是 ΔP_d 取决于过滤速度 v_F、气体含尘浓度 C_i 和连续运行时间 t。当操作过程中 ΔP_d 已人为确定时，C_i、v_F 和 t 是互相制约的。当 C_i 低时，清灰时间间隔（即滤袋的连续过滤时间 t）可适当加长；C_i 高时，清灰周期需相应缩短；对 C_i 低的含尘气体，若采用清灰周期短、清灰效果好的除尘器，就可选用较高的过滤速度，反之则采用较低的过滤速度。这就是不同清灰方式应选用不同过滤速度的原因。

通常情况下，α 值不是常数，它取决于粉尘负荷 m_d、粒径 d_p、孔隙率 ε 和滤料的特性等，图 6-34 为几种滤料的平均 α 值。可见，不同滤料的 α 分布差异很大，但当 $m_d > 0.2 \text{ kg/m}^2$ 时，α 值大致趋于稳定。α 值一般为 $10^9 \sim 10^{12}$ m/kg，m_d 值一般为 $0.02 \sim 1.0 \text{ kg/m}^2$（其中粗尘为 $0.3 \sim 1.0 \text{ kg/m}^2$，微细尘为 $0.02 \sim 0.3 \text{ kg/m}^2$）。

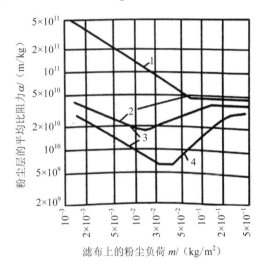

1—长纤维滤布；2—表面不起绒滤布；3—短纤维滤布；4—起绒滤布

注：过滤风速 $v = 1 \sim 10$ cm/s

图 6-34　滤布上粉尘层平均比阻力的变化

二、袋式除尘器的结构形式

（一）袋式除尘器的结构形式

袋式除尘器的结构形式多种多样，根据不同的分类方法描述如下。

1. 按清灰方式分类

袋式除尘器的滤尘效率、压力损失、过滤风速及滤袋寿命等皆与清灰方式有关，故工业上多按清灰方式进行分类和命名。

按清灰方式分类，袋式除尘器有简易清灰式、机械清灰式、逆气流反吹清灰式、移动气环反吹清灰式、脉冲喷吹清灰式、机械振动与反气流联合清灰式以及声波清灰式等。几种典型的清灰方式示于图 6-35，其中（a）、（b）、（c）为机械清灰式。

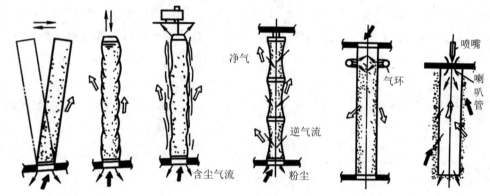

（a）水平摆动　（b）垂直抖动　（c）扭曲振动　（d）逆气流反吹风　（e）气环反吹清灰　（f）脉冲喷吹

图 6-35　典型清灰方式示意图

机械振动式和逆气流反吹风式属于间歇清灰方式，即将除尘器分为若干个过滤室，逐室切断气路，依次清灰。间歇清灰没有伴随清灰而产生的粉尘外逸现象，除尘效率高。气环反吹式和脉冲喷吹式属连续清灰方式，可不切断气路，连续不断地对滤袋的一部分进行清灰。这种清灰方式压力损失稳定，适用于处理高浓度含尘气体。各种清灰方式的比较列于表 6-5。

表 6-5　清灰方法的比较

清灰方法	清灰的均匀性	滤袋的磨耗	设备的耐用性	织物类型	过滤速度	装置的费用	动力费	灰尘负荷	最高温度[①]
机械振动	一般	一般	一般	织造的	一般	一般	低	一般	中
反向气流，不缩袋[②]	好	低	好	织造的	一般	一般	中~低	一般	高
反向气流，缩袋	一般	一般	好	织造的	一般	一般	中~低	一般	高
分隔室脉冲	好	低	好	毡合或织造	高	高	中	高	中
滤袋脉冲	一般	一般	好	毡合或织造	高	高	高	很高	中
气环反吹	很好	一般~高	低	毡合或织造	很高	高	高	高	中
高频振动	好	一般	低	织造的	一般	一般	中~低	一般	中
声波	一般	低	低	织造的	一般	一般	中	—	高
手工	好	高	—	毡合或织造	一般	低	—	低	中

①受织物能承受最高温度的限值；②具有支撑骨架的外过滤袋反向气流清灰时不会缩袋。

2. 按除尘器内压力分类

分为负压式与正压式袋式除尘器。

负压式除尘器设在风机的吸入段，为避免大量漏风，壳体要严格密封，并有足够的强度。壳体多用钢板制作，大型布袋室可用砖石或混凝土构筑。当处理高湿气体时，应对钢壳保温，以防水蒸气凝结。由于进入风机的气流已经净化，可防止风机磨损。

正压式除尘器设在风机的压出段，若处理的气体对人和物体无影响，除尘器外壳可不密闭，甚至敞开，这样可节省投资。由于粉尘通过风机而易磨损，不适用于处理浓度高（大于 3 g/m³）、颗粒粗及硬度大、磨损强的粉尘。

3. 按滤袋形状和进气方式分类

滤袋形状分为圆筒袋和扁袋，进气方式分为上进气和下进气，如图 6-36 所示。

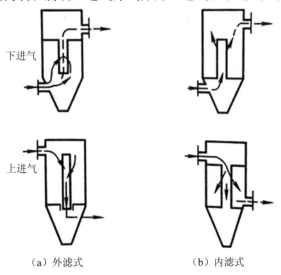

（a）外滤式　　　　　　（b）内滤式

图 6-36　袋式除尘器的结构型式

圆筒袋结构简单，便于清灰，应用最广。其直径一般为 100～300 mm，最大不超过 600 mm；袋长一般为 2.0～3.5 m，最长可达 12 m。袋长与直径之比一般取 10～25，最大达 30～40，视清灰方式而异。

扁袋的优点是单位体积内可比圆袋多布置 20%～40%的过滤面积，袋高一般 600～1 200 mm，深 300～500 mm，扁袋内用骨架或弹簧支撑。

下进气除尘器结构简单，只有下部一块花板；粗尘粒可直接沉降于灰斗中，只有 3 µm 以下的细尘接触滤袋，滤袋磨损小。但由于气流方向与粉尘下落方向相反，清灰后部分细尘会重新回到滤袋表面，降低了清灰效果，阻力也会增加。上进气时，气流与粉尘下落方向一致，有助于清灰，阻力可降低 15%～30%，除尘效率也有所提高。但因配气室设在壳体上部，增加了除尘器的高度，并且由于上部增加了一块花板，不仅提高了造价，且不易调整滤袋张力。此外，上进气还会使灰斗滞积空气，增加了结露的可能。总的来看，下进气方式使用较多。

4. 按过滤方式分类

分为内滤式与外滤式（图6-36）。内滤式可在不停止运行的情况下进入除尘室内部检修（高温和有害气体除外），滤袋不需设支撑骨架，但清灰时滤布受挠曲较大。外滤式的滤袋内设支撑骨架。内滤式一般适用于机械清灰和逆气流清灰的袋式除尘器,外滤式适用于脉冲喷吹、高压气流反吹和扁袋除尘器等。

(二)滤料特性

袋式除尘器的性能很大程度上取决于滤料的性能。对滤料的一般要求是:①除尘效率高,对微细粉尘也有很高的效率;②透气性好,过滤阻力小,清灰容易;③抗皱折性、耐磨、耐温及耐腐蚀性能好,使用寿命长;④尺寸稳定性好,使用过程中变形小;⑤成本低。这些要求难以同时满足,需要根据具体使用条件来选择滤料。

滤料按不同结构分为三类:织物滤料(平纹、斜纹和缎纹)、无纺滤料(针刺毡)和覆膜滤料。

无纺滤料加工简单,材料孔隙率高,且不互通,因此过滤效率高且稳定,透气性好,阻力低;表面多绒毛,不利于清灰,通常需进行表面处理。

覆膜滤料是具有均匀微孔、高孔隙率、厚度为 0.1 mm 以下的薄膜,压到基布上。覆膜滤料孔径大小相当均匀,一般在 0.1~8 μm,可以确保大于孔径的微粒 100%捕集,从根本上转变了滤料的过滤方式,即由多种机理(拦截、惯性碰撞、扩散等机理)并存的传统纤维过滤转变为以筛滤为主的纤维表面过滤。覆膜滤料表面的微孔小而匀,能分离所有大于微孔直径的粉尘,净化效率高且稳定。孔隙率高达 90%,滤料内部无粉尘堵塞,阻力小;表面光洁,粉尘不易黏结,容易清灰。

按所用材质不同,可将常用滤料分为天然滤料、合成纤维、无机纤维(含金属纤维)三类。

表 6-6 列出了各种滤料的物理化学特性,可供参考。其中玻璃纤维不适用于处理含 HF 的气体。不锈钢纤维滤料适用于处理高温含尘气体,但价格高、阻力大。

表 6-6　各种纤维的理化特性

纤维		物理特性						化学特性			备注
		强度	密度/ (g/cm³)	吸湿性/%	连续使用最高耐温/℃	耐磨损性能	断裂拉伸强度/%	耐酸	耐碱	抗有机溶剂	
天然纤维	棉	强	1.5	7	80	中	6~10	弱	中	强	价廉
	羊毛	中	1.3	15	90	中	25~35	中	弱	强	
	纸	弱	1.5	10	80	弱	—	弱	中	强	空气过滤用
有机合成纤维	聚酰胺(尼龙)	强	1.1	4	90	强	30~50	中	强	酚和浓甲酸	清灰性能良好
	芳香族聚酰胺(诺梅克斯)	强	1.4	4.5	220	强	14~17	强	强	强	抗水解性能差
	聚酯(涤纶)	强	1.4	0.4	130	强	20~40	强	中	酚	用途广

纤维		物理特性						化学特性			备注
		强度	密度/ （g/cm³）	吸湿 性/%	连续使 用最高 耐温/℃	耐磨损 性能	断裂拉 伸强度/ %	耐酸	耐碱	抗有机 溶剂	
有机合成纤维	聚丙烯腈 （奥纶）	中强	1.2	1	120	中	30～50	强	中	热酮	
	聚丙烯	强	0.9	0	80	中	80～100	强	强	中	
	醋酸乙烯树脂 （维尼龙）	强	1.3	5	110	强	15～25	中	强	弱	
	聚四氟乙烯 （PTFE）	中	2.3	0	260	弱	15～30	强	强	强	高温用，耐腐 蚀性强，价格 昂贵
	聚苯硫醚（PPS）	强	1.4	0.6	180	强	20～40	中	强	强	耐腐蚀性强
无机纤维	玻璃纤维	弱	2.5	0～10	250	弱	3～5	中	中	强	高温用
	石墨化纤维	弱	2	0	300	弱	2～5	中	强	强	高温用，价贵
	不锈钢纤维	强	8	0	400	强	1～2	强	强	强	

三、袋式除尘器的选择设计及应用

1．袋式除尘器的选型

1）确定除尘器的形式、滤料和清灰方式。

首先应根据含尘气体的物理、化学特性和其他现场条件，确定除尘器的形式和所用的滤料。例如，当气体温度在 140～260℃时，可选用玻璃丝袋，对纤维性粉尘可选用表面光滑的滤料，如平绸、尼龙等；对一般工业粉尘，可采用涤纶布、棉绒布等；对很细粉尘可选用呢料等。然后再根据要求的压力损失和含尘气体的浓度等确定清灰方式和清灰制度。

2）计算过滤面积 A。

$$A = \frac{Q}{60 v_{\mathrm{F}}} \tag{6-80}$$

过滤风速 v_{F} 可根据含尘浓度、粉尘特性、滤料种类及清灰方式等参考表 6-7 确定。除表中数据外，对玻璃纤维滤袋 v_{F} 可取 0.5～1.0 m/min，一般滤布 v_{F} 取 1～2 m/min。

3）根据处理风量 Q 和计算出的总过滤面积 A，根据有关手册选定除尘器的型号规格。

表 6-7   袋式除尘器推荐的过滤风速   单位：m/min

等级	粉尘种类	清灰方式		
		振打与逆气流联合	脉冲喷吹	反吹风
1	炭黑[①]、氧化硅（白炭黑）；铅[①]、锌[①]的升华物以及其他在气体中由于冷凝和化学反应而形成的气溶胶；化妆粉；去污粉；奶粉；活性炭；由水泥窑排出的水泥[①]	0.45～0.6	0.8～2.0	0.33～0.45
2	铁[①]及铁合金[①]的升华物；铸造尘；氧化铝[①]；由水泥磨排出的水泥[①]；碳化炉升华物[①]；石灰[①]；刚玉；安福粉及其他肥料；塑料；淀粉	0.6～0.75	1.5～2.5	0.45～0.55
3	滑石粉；煤；喷砂清理尘；飞灰[①]；陶瓷生产的粉尘；炭黑（二次加工）；颜料；高岭土；石灰石[①]；矿尘；铝土矿；水泥（来自冷却器）[①]；搪瓷[①]	0.7～0.8	2.0～3.5	0.6～0.9
4	石棉；纤维尘；石膏；珠光石；橡胶生产中的粉尘；盐；面粉；研磨工艺中的粉尘	0.8～1.5	2.5～4.5	—
5	烟草；皮革粉；混合饲料；木材加工中的粉尘；粗植物纤维（大麻、黄麻等）	0.9～2.0	2.5～6.0	—

①指基本上为高温的粉尘，多采用反吹风清灰过滤器捕集。

2. 袋式除尘器的设计

1）根据处理气体流量，按式（6-80）计算过滤面积 A。

2）确定滤袋直径 D 和长度 L。

3）计算每只滤袋的过滤面积 $a=\pi DL$。

4）计算滤袋数 $n=A/a$。

5）滤袋的布置及吊挂固定。滤袋数较多时，可根据清灰方式及运行条件，将滤袋分成若干组，每组内相邻两滤袋间净间距一般为 50～70 mm。组与组之间以及滤袋与外壳之间的距离，应考虑更换滤袋和检修的需要。对简易袋式除尘器，考虑人工清灰的需要，此间距一般取 600～700 mm。滤袋的固定和拉紧方法对其使用寿命影响较大，要考虑换袋、维修、调节方便，防止固紧处磨损、断裂等。

6）壳体设计，包括除尘器箱体（框架和外壁），进、排气管形式，灰斗结构，检修孔及操作平台等。

7）粉尘清灰机构的设计和清灰制度的确定。

8）卸灰装置的设计和粉尘输送、回收系统的设计。

【例 6-9】已知一水泥磨的废气量 $Q=6\,120$ m³/h，含尘质量浓度为 50 g/m³，气体温度为 100℃，若该地区粉尘排放浓度标准为 150 mg/m³，试设计该设备的袋式除尘系统（忽略流体在系统中的温度变化）。

解：

1. 预除尘器的选型

由于磨机废气含尘质量浓度很大，考虑采用二级收尘系统。第一级选用 CLG 多管旋

风收尘器。考虑到管道漏风，并假设其漏风率为 10%，则旋风除尘器的处理风量为

$$Q_1=6\,120\times1.1 = 6\,732\,（m^3/h）$$

查《除尘器手册》（第 2 版）（张殿印等编著，化学工业出版社），选取 CLG-12×2.5X 型多管旋风除尘器。在正常工作时，其工作和性能参数为：除尘效率 $\eta = 80\%\sim90\%$；阻力损失 ΔP 约为 670 Pa。

2. 袋式除尘器的选型设计

（1）处理风量的确定

考虑从旋风除尘器到袋式除尘器的管道漏风率为 10%，则进入袋式除尘器的风量为

$$Q_2=Q_1\times1.1 = 6\,732\times1.1=7\,405\,（m^3/h）$$

（2）入口含尘质量浓度的确定

设旋风除尘器的除尘效率为 80%，则袋式除尘器的入口气体含尘质量浓度为

$$C_i=CQ（1-\eta）/Q_2=50\times6\,102\times（1-0.8）/7\,405 = 8.26\,（g/m^3）$$

（3）计算滤袋总过滤面积

由于水泥磨废气温度及湿度相对较高，滤料选用"208"工业涤纶绒布；初步考虑采用回转反吹清灰，由于温度、湿度及滤料的影响，过滤风速选择 1.2 m/min，则滤袋总过滤面积为

$$A=Q/60\,v_F=7\,405/（60\times1.2）=102.8\,（m^2）$$

（4）确定袋式除尘器型号、规格

查《除尘器手册》及产品样品，初步确定采用 72ZC200 回转反吹扁袋除尘器。其基本工作及性能参数为：公称过滤面积 110 m²；过滤风速 1.0～1.5 m/min；处理风量 6 600～9 900 m³；滤袋数量 72 个；本体总高 6 030 mm；筒体直径 2 530 mm；入口含尘质量浓度≤15 g/m³；正常工作时阻力损失 ΔP 为 780～1 270 Pa；除尘效率≥99%。

（5）计算袋式除尘器正常工作时的粉尘排放浓度

工况排放浓度为

$$C=C_j（1-\eta）=8.26\times（1-0.99）=0.082\,6\,（g/m^3）=82.6\,（mg/m^3）$$

折算为标准状态的排放质量浓度 C_N 为

$$C_N=CT/T_N=82.6\times（273.15+100）/273.15=112.8\,（mg/m^3）$$

显然，该除尘系统满足当地大气污染粉尘排放浓度。

3. 应用注意事项

1）滤料必须在适宜温度范围内使用。注意在高温烟气除尘系统中，通常监测的是烟气温度，而烟尘温度往往高于烟气温度，尤其是采用局部排风罩进行尘源控制的除尘系统或具有热回收装置的除尘系统。当使用温度超过滤料耐温范围时，常用的含尘烟气冷却方式有表面换热器或掺入冷空气等。

2）处理含有油雾、水雾及黏结性强的粉尘，须加装袋式除尘器预附尘装置，如燃煤锅炉配用袋式除尘器在点炉前需对滤袋预附尘。对于带有火花的烟气须加装火花捕集器。

3）用于处理相对湿度高的含尘气体时，应采取保温措施（特别是冬天），以免因结露而造成"糊袋"；当用于净化有腐蚀性气体时，应选用适宜的耐腐蚀滤料。

四、电袋复合式除尘器

电袋复合式除尘器是一种将电除尘机理与袋式除尘过滤机理结合的除尘设备。当烟气通过电场时，烟气中 80%～90% 的颗粒物被电场收集，剩下 10%～20% 的颗粒物随烟气进入滤袋。这样，袋式除尘器的清灰周期显著加长，可以降低滤袋机械损伤。颗粒物在电场中荷电后除去粗尘，剩下的细尘可在电场中被极化后进入滤袋。电袋复合除尘器充分利用了电除尘器电场捕集颗粒物绝对量大和荷电颗粒物的过滤除尘机制优势，使得袋式除尘器的滤袋颗粒物负荷大大降低，阻力减少，清灰频次显著下降，从而使袋式除尘效率高，颗粒物适应性强的特点得到进一步发挥，最终使系统性能达到优化。

目前采用的形式有以下几种：

1. 电袋分离串联式

该类电袋除尘器，采用静电除尘除去烟气中的粗颗粒烟尘，起到预除尘作用，减少袋式除尘清灰频率。袋式除尘除去剩余颗粒物，起到除尘达标作用。它主要用于现有未达标排放的静电除尘器改造。

图 6-37 表示的是电袋分离串联一体式示意图，它的前区设置电场，后区设置滤袋。由于静电除尘器采用负电高压电晕空气，会产生 O_3，后区设置的袋式除尘滤料要注意 O_3 及其衍生物的作用。

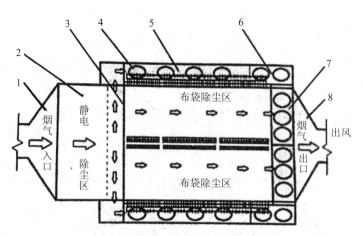

1—喇叭进气口；2—第一静电场；3—电袋隔板；4—提升阀；5—进气通道；6—旁通阀；7—排气烟道；8—喇叭出气口

图 6-37　电袋分离串联除尘器示意图

2．电袋一体式

这种形式又称嵌入式电袋复合除尘器，即对每个除尘单元，在电除尘中嵌入滤袋结构，电除尘电极与滤袋交错排列，结构形式如图 6-38 所示。

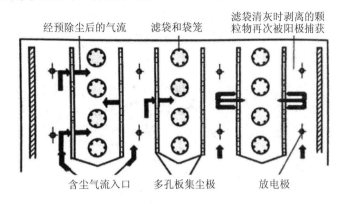

图 6-38　电袋一体式除尘器示意图

五、颗粒层除尘器

1．颗粒层过滤器的特点和滤料

颗粒层除尘器是利用颗粒状物料（如硅石、砾石、矿渣、焦炭等）作填料层的一种内部过滤除尘装置，主要靠筛滤、惯性碰撞、拦截、扩散及静电力等多种捕尘机理，使粉尘附着于颗粒滤料及尘粒表面上。

颗粒层除尘器的优点是适于净化高温、易磨损、易腐蚀、易燃易爆的含尘气体；其过滤能力不受灰尘比电阻的影响，除尘效率高。缺点是过滤气速不能太高，在处理相同烟气量时阻力比袋式除尘器高，所需过滤面积比袋式除尘器大。

一般的颗粒层除尘器能耐 350℃ 的高温，短时间内可达 450℃，温度再高时，需要用锅炉钢板制造，可达到 450～550℃，其造价将比普通钢板高 20% 左右。

滤料应具有相应的耐高温、耐腐蚀性能，同时应具有一定的机械强度，避免在清灰过程中破碎而影响除尘效果。一般来说，颗粒越小，除尘效率越高，但阻力也会随之上升。颗粒的粒径一般为 2～4 mm，粒度越均匀，孔隙率越大，除尘性能越好。

可用作颗粒层除尘器的滤料很多，如石英砂、卵石、炉渣、陶粒、玻璃屑等，其中最常用的是石英砂。除尘效率随颗粒层厚度及其上沉积的粉尘层厚度的增加而提高，压力损失也随之增大。过滤层厚度一般为 100～150 mm。

颗粒层除尘器的过滤风速常取 0.3～0.8 m/s，差不多是袋式除尘器过滤风速的 10 倍。

2．颗粒层除尘器的分类

1）按颗粒床层的位置可分为垂直床层和水平床层两类颗粒层除尘器。

垂直床层颗粒层除尘器是将颗粒滤料垂直放置，两侧用滤网或百叶片夹持（以防止颗粒滤料飞出），气流是水平通过滤料层的。

水平床层颗粒层除尘器是将颗粒滤料置于水平的滤网或筛板上，铺设均匀，保证一定的颗粒层厚度。气流一般由上而下，使床层处于固定状态，有利于提高除尘效率。

2）按颗粒床层的运动状态可分为固定床、移动床两种颗粒层除尘器。

固定床颗粒层除尘器是在过滤过程中，其颗粒层固定不动的除尘器。颗粒层除尘器较多采用固定床。

移动床颗粒层除尘器是在过滤过程中，颗粒床层不断移动的颗粒层除尘器，已黏附粉尘的滤料不断排出，而代之以新的颗粒滤料。含尘颗粒滤料经过清灰、再生后，可作为洁净滤料重新返回床层，对粉尘进行过滤。排出的滤料也有废弃或作他用的。移动床颗粒层除尘器又可分为间歇式和连续式。

3）按清灰方式可分为不再生（或器外再生）、振动反吹风清灰、耙子反吹风清灰、沸腾反吹风清灰等颗粒层除尘器。机械振动、耙子梳动、气流鼓动的目的在于使颗粒层松动，加以反吹风，达到更好的清灰效果。

4）按床层的数目可以分为单层和多层颗粒层除尘器。

3．几种常见的颗粒层除尘器

（1）耙式颗粒层除尘器

这是目前应用最广的一种颗粒层除尘器。图 6-39 为单层耙式颗粒层除尘器的一种形式。

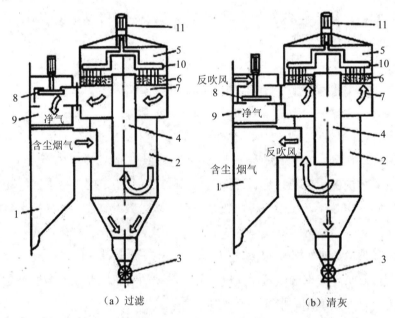

（a）过滤   （b）清灰

1—含尘气体总管；2—旋风筒；3—卸灰阀；4—插入管；5—过滤室；6—过滤床层；

7—干净气体室；8—换向阀门；9—干净气体总管；10—耙子；11—电动机

图 6-39　单层耙式颗粒层除尘器

图 6-39（a）为正常过滤状态，含尘气体切向引入预分离器（旋风筒 2），粗粉尘被分离下来。然后经插入管 4 进入过滤室 5，由上而下地通过滤层，使细粉尘被阻留在颗粒表面或颗粒层空隙中。气体通过净气室 7 和打开的换向阀 8 进入净气排气总管 9。当阻力达到给定值时，除尘器开始清灰。图中（b）为清灰状态，这时关闭换向阀 8，使单筒和净气排气总管 9 切断，反吹空气便按相反方向鼓进颗粒层，使颗粒层处于流态化状态；与此同时，梳耙 10 旋转搅动颗粒层，以便将沉积粉尘吹走，颗粒层又被梳平。被反吹风带走的粉尘又通过插入管 4 进入旋风筒 2，由于气流速度突然降低和急转弯，使其中所含大部分粉尘沉降下来。含有少量细尘的反吹空气，汇入含尘气体总管 1，进入其他单筒内净化。

这种过滤器一般采用多筒结构，有 3～20 个筒，筒径 1.3～2.8 m，排列成单行或双行，用一根含尘气体总管、净化总管和反吹风总管连接起来。每个单筒可连续运行 1～4 h（视含尘质量浓度而定），反吹清灰时只有 50%～70%的粉尘从颗粒层中分离出来，并在旋风筒中沉降。反吹风量为总气量的 3%～8%。处理高温、高湿含尘气体时，可用热气流反吹。比负荷一般为 2 000～3 000 m³/（m²·h），含尘质量浓度高时采用 1 500 m³/（m²·h）。进口含尘质量浓度可允许高达 20 g/m³，一般在 5 g/m³ 以下，其中约 90%在旋风筒中被净化。效率 95%以上，压力损失为 1 000～2 000 Pa。

（2）移动床颗粒层除尘器

移动床颗粒层除尘器利用颗粒滤料在重力作用下，向下移动以达到更换颗粒滤料的目的，因此这种形式的除尘器一般采用垂直床层。根据气流方向与颗粒移动的方向不同，可分为平行流式和错流式（气流水平流动，颗粒层垂直移动）。目前采用较多的是错流式，图 6-40 为其中的一种。其工作过程为：洁净的颗粒滤料装入上方料斗，进入在筛网或百叶窗夹持下保持一定厚度的颗粒床层中，通过下部排料器传送带的不断传动，使颗粒床层中的滤料均匀、稳定地向下移动。含尘气流经过气流分布扩大斗，水平通过颗粒床层时，粉尘被过滤使气流得到净化。含尘颗粒滤料不断被排出，经过滤料再生装置使含尘颗粒滤料得以再生、清灰，再生后的滤料可作为洁净滤料循环使用。

（3）沸腾清灰颗粒层除尘器

这种除尘器的清灰原理是：从颗粒床层的下部，将一定流速的反吹空气经分布板鼓入过滤层中，使颗粒呈流态化，颗粒间互相搓动、上下翻腾，从而使积于颗粒层中的灰尘被分离和夹带出去，以达到清灰的目的。反吹停止后，颗粒滤料层的表面应保持平整均匀，以保证过滤速度均匀。图 6-41 为这种颗粒层除尘器的结构示意图。含尘气体由进气口 1 进入，粗尘粒在沉降室 3 中沉降；含细尘粒气体经过滤室 2 自上而下地穿过过滤床层。气体净化后经净气口排入大气。反吹清灰时，通过阀门开启反吹风口的侧孔，反吹气流由下而上经下筛板进入颗粒层，使颗粒滤料呈流化状态。反吹气流将已凝聚成大颗粒的粉尘团带到沉降室，粗颗粒在此沉降入灰斗，剩余的粉尘随气流进入其他过滤层净化。这种除尘器取消了搅拌梳耙，减少了传动机构，降低了设备费用，也简化了自控系统，使结构更加紧凑。

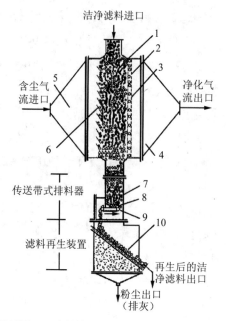

1—颗粒滤料层；2—支撑轴；3—可移动式环状滤网；
4—气流分布扩大斗（后侧）；5—气流分布扩大斗（前侧）；
6—百叶窗式挡板；7—可调式挡板；8—传送带；
9—转轴；10—过滤滤网

图 6-40　错流式移动床颗粒层除尘器

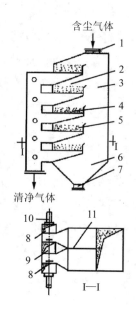

1—进风口；2—过滤室；3—沉降室；
4—下筛板；5—过滤床层；6—灰斗；
7—排灰口；8—反吹风口；9—净气口；
10—阀门；11—隔板

图 6-41　沸腾清灰颗粒层除尘器

第五节　湿式除尘器

一、湿式除尘器的工作原理与性能

（一）湿式除尘器的工作原理

湿式除尘器是使含尘气体与液体（通常用水）密切接触，利用重力、惯性碰撞、拦截、扩散、静电力等作用捕集颗粒或使粒径增大的装置，又称湿式气体洗涤器。

工程上使用的湿式除尘器型式很多，其用于捕集尘粒的气液接触界面主要有 4 种：气泡表面、液体喷射表面、液滴表面和液膜表面。这些气液接触表面及捕尘体的形式和大小，取决于一相进入另一相的方法不同。根据气液接触界面、捕尘体及其产生机制不同，可将湿式除尘器分为如图 6-42 所示的 7 类。当含尘气体向液体中分散时，如在板式塔洗涤器中，将形成气体射流和气泡形式的气液接触表面，气泡和气体射流即为捕尘体。当液体向含尘气体中分散时，如在重力喷雾塔、离心式喷洒洗涤器、自激喷雾洗涤器、文丘里洗涤器和机械诱导喷雾洗涤器中，将形成液滴形式的气液接触表面，液滴为捕尘体。在填料塔、旋风水膜除尘器中，气液接触表面为液膜，气相中的粉尘由于惯性力、离心力等作用撞击到水膜中被捕集，液膜是这类湿式除尘器的捕尘体。

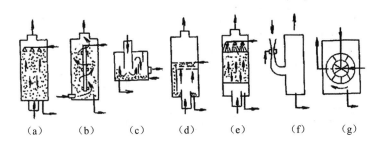

（a）重力喷雾洗涤器；　（b）离心洗涤器；　（c）冲击水浴除尘器；

（d）泡沫除尘器（板式塔）；　（e）填料塔；　（f）文丘里洗涤器；　（g）机械诱导喷雾洗涤器

图 6-42　湿式除尘器示意图

湿式除尘器根据能耗又可以分为低、中、高能耗 3 类。低能耗湿式除尘器如喷雾塔和旋风洗涤器等，压力损失为 0.25～1.5 kPa，对 10 μm 以上尘粒的净化效率可达 90%左右。中能耗湿式除尘器如冲击水浴除尘器、机械诱导喷雾洗涤器等，压力损失为 1.5～2.5 kPa。高能耗湿式除尘器，如文丘里洗涤器、喷射洗涤器等，除尘效率可达 99.5%以上，压力损失为 2.5～9.0 kPa，排烟中的尘粒粒径可低于 0.25 μm。

（二）湿式除尘器的特点及一般性能

湿式除尘器结构简单、造价低，可以有效地将直径为 0.1～20 μm 的液滴或固体颗粒从气流中除去。同时，也能脱除部分气态污染物，还能起到气体降温的作用。适宜净化非纤维性、非憎水性和不与水发生化学反应的各种粉尘，尤其适宜净化高温、易燃和易爆的含尘气体。但存在设备及管道的腐蚀、污水和污泥的处理、因烟温降低而导致的烟气抬升减小及冬季排气产生冷凝水雾等问题。在低温寒冷地区，湿式除尘器容易结冻，要有必要的防冻措施。

湿式除尘器的主要性能、操作指标摘要列于表 6-8。为简化起见，本书将只讨论应用广泛的 4 类湿式除尘器，即重力喷雾塔、离心式洗涤器、自激式洗涤器和文丘里洗涤器。

表 6-8　主要湿式除尘器的性能和操作指标

装置名称	气流速度/（m/s）	液气比/（L/m³）	压力损失/kPa	分割粒径/μm
重力喷雾洗涤器	0.1～2.0	2.0～3.0	0.1～0.5	3.0
填料塔	0.5～1.0	2.0～3.0	1.0～2.5	1.0
旋风洗涤器	15.0～45.0	0.5～1.5	1.2～1.5	1.0
转筒洗涤器	5.0～12.5	0.7～2.0	0.5～1.5	0.2
冲击式洗涤器	10.0～20.0	10.0～50.0	0～0.15	0.2
文丘里洗涤器	60.0～90.0	0.3～1.5	2.5～9.0	0.1

二、重力喷雾塔与离心式洗涤器

(一)重力喷雾塔

重力喷雾塔又称喷雾洗涤器,是湿式除尘器中最简单的一种。它们压损小(一般小于0.25 kPa),操作稳定方便,但净化效率低,耗水量及占地面积均较大。常用于净化 50 μm以上的粉尘,对小于 10 μm 的尘粒效果较差。通常与高效洗涤器联用,起预净化、降温和增湿等作用。

根据除尘器中含尘气流与洗涤液运动方向的不同,重力喷雾塔可以分为逆流(图6-43)、错流(图 6-44)和并流三种形式。在实际应用中,多用气液逆流型,错流型较少,并流型喷雾塔主要用于气体降温和加湿等过程。

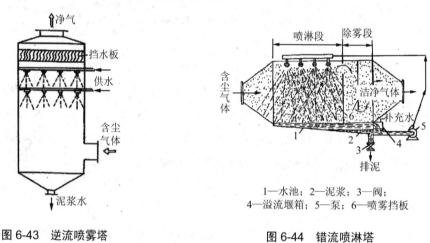

图 6-43　逆流喷雾塔　　　　　　　　　图 6-44　错流喷淋塔

1—水池;2—泥浆;3—阀;
4—溢流堰箱;5—泵;6—喷雾挡板

如图 6-43 所示,逆流喷雾塔的含尘气体从塔体下部进入,经气流分配板沿塔截面均匀上升,随气流上升的粉尘粒子与向下喷出的液滴发生惯性碰撞、拦截和凝聚作用而被捕集。通常在塔的顶部安装除雾器,除去被气流夹带的液滴。塔内雾化喷雾器安装的位置,应保证雾化液滴与粉尘粒子接触的概率最大、捕集效率最高。喷雾器一般多分层(排)布置,最多达 16 层。

根据惯性碰撞和拦截机理,减小水滴直径 D_L 将使惯性碰撞与拦截作用增强,但 D_L 过小时,水滴的自由沉降速度缓慢,甚至被气流托起或带走,相对速度大大降低,碰撞参数 St 反而减小,效率降低。因此存在一个最佳水滴直径范围。斯泰尔曼(Stairmand)研究过尘粒和水滴直径对喷雾塔除尘效率的影响,当尘粒密度为 2 g/cm³ 时的结果如图 6-45 所示。可以看出,对各种粒径粒子除尘效率最高的液滴直径范围是 0.5~1.0 mm。尤以 0.8 mm 左右为最佳。用碰撞式喷嘴在喷水压力为 $1.5×10^5$~$8×10^5$ Pa 时能产生比 1 mm 稍小的水滴,最为合适。

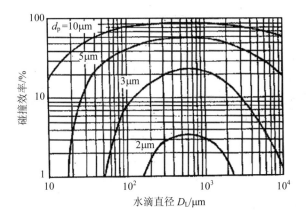

图 6-45　喷雾塔中的碰撞效率

立式逆流洗涤器靠惯性碰撞捕集粉尘的效率，可以用卡尔弗特给出的通过率推算式表示

$$\eta = 1 - \exp\left[-\frac{3Q_{\mathrm{L}} v_{\mathrm{L}} H \eta_{\mathrm{T}}}{2Q_{\mathrm{G}} D_{\mathrm{L}} (v_{\mathrm{L}} - v_G)}\right] \tag{6-81}$$

式中：v_{L}——水滴的重力沉降速度，m/s；

$\quad\quad v_{\mathrm{G}}$——空塔断面气流速度，m/s；

$\quad\quad Q_{\mathrm{L}}$，$Q_{\mathrm{G}}$——分别为液体（水）和气体的流量，$\mathrm{m}^3/\mathrm{s}$；

$\quad\quad H$——气液接触的总塔高度，m；

$\quad\quad \eta_{\mathrm{T}}$——单个液滴的碰撞效率；

$\quad\quad D_{\mathrm{L}}$——水滴粒径，m。

喷雾塔的空塔断面气流速度 v_{G} 取水滴沉降速度的 50% 较合适。直径为 0.5 mm 水滴的沉降速度约为 1.8 m/s，则 v_{G} 取 0.9 m/s 左右。实际空塔断面气流速度一般采用 0.6～1.2 m/s，水气比为 0.4～1.35 L/m^3。

在错流式喷雾塔中，液体由塔的顶部喷淋下来，含尘气流水平通过喷雾塔，可用式（6-82）估算其粒子的惯性捕集效率

$$\eta = 1 - \exp\left(-\frac{3Q_{\mathrm{L}} H \eta_{\mathrm{T}}}{2Q_{\mathrm{G}} D_{\mathrm{L}}}\right) \tag{6-82}$$

式（6-81）和式（6-82）的一些解以空气动力分割粒径 d_{ac} 对塔高 H 的关系标绘在图 6-46 和图 6-47 中。同时给出水滴直径 D_{L}、空塔气速 v_{G} 及水气比 L（$=Q_{\mathrm{L}}/Q_{\mathrm{G}}$）等参数。空气和水的参数均采用 20℃、$1.013 \times 10^5$ Pa 下的数值，并假定塔壁上无液流。

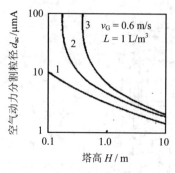 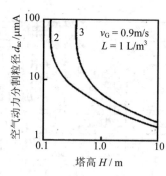 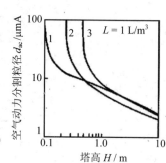

1—水滴直径 200 μm；2—水滴直径 500 μm；　　　1—水滴直径 200 μm；2—水滴直径 500 μm；

3—水滴直径 1 000 μm　　　　　　　　　　　　3—水滴直径 1 000 μm

图 6-46　典型立式逆流喷雾塔的　　　　　**图 6-47　典型错流式逆流喷雾塔的**
**　　　　　空气动力分割粒径推算图**　　　　　　**　　　　空气动力分割粒径推算图**

（二）离心式洗涤器

　　把干式旋风除尘器的离心力原理应用于具有喷淋或在器壁上形成液膜的湿式除尘器中，就构成了离心式洗涤器。离心式洗涤器与旋风除尘器相比，由于附加了水滴或水膜的捕集作用，除尘效率明显提高。它采用较高（15～45 m/s）的入口气速，并从逆向或横向对旋转气流喷雾。比重力大得多的离心力把水滴甩向外壁形成壁流，减少了气流带水，增加了气液间的相对速度，不仅可以提高碰撞效率，采用更细的喷雾，壁流还可以将离心力甩向外壁的粉尘立即冲下，有效地防止了二次扬尘。气流的旋转运动用切向进口或加导向叶片形成，如图 6-48 所示。

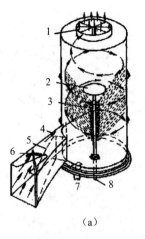 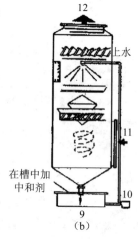

（a）　　　　　　　　　　　　　　　（b）

1—消旋叶片；2—圆盘；3—喷嘴；4—切向气体入口；5—入口风门；6—手柄；7—排水管；

8—上水管；9—循环槽；10—泵；11—烟气入口；12—气体出口

图 6-48　离心式洗涤器的两种致旋形式

离心式洗涤器适于净化 5 μm 以上的粉尘。在净化亚微米范围的粉尘时，常将它串接在文丘里洗涤器之后，作为凝聚水滴的脱水器。

离心式洗涤器效率一般可达 90% 以上，压损为 0.25～1.0 kPa，特别适用于气量大和含尘质量浓度高的场合。

下面重点介绍几种应用比较广泛的离心式洗涤器的结构、性能和特点。

1. 中心喷水切向进气离心式洗涤器

结构如图 6-48 所示。其中（a）图所示者，可通过入口管上的导流调节板调节入口风速和压损，进一步控制则靠调节喷雾压力来实现。为防止雾滴被气体带出，在中心喷雾器的顶部装有挡水圆盘，而在洗涤器的顶部装有整流叶片，用以降低洗涤器的压力损失。入口气速一般在 15 m/s 以上，器内断面气速一般为 1.2～2.4 m/s，耗水量 0.4～1.3 L/m³。对各种粉尘的净化效率可达 95%～98%，阻力为 0.5～1.5 kPa。其净化烟气时的性能如表 6-9 所示。也适于吸收锅炉烟气中的 SO_2，当用弱碱液洗涤时，SO_2 吸收效率达 94% 以上。

有计算表明，当气体在半径为 0.3 m 处以 17 m/s 的切线速度旋转时，粉尘粒子受到的离心力比其受到的重力大 100 倍以上。如图 6-49 所示为在 100 g 的离心力作用下，单个液滴对不同粒径粒子因受惯性碰撞的捕集效率 η_I。图中曲线表明，液滴尺寸在 40～200 μm 的范围内捕尘效果比较好，100 μm 时效果最佳。此时其单个液滴对 5 μm 粒子的捕集效率几乎达 100%。实际中一般采用 100～200 μm 的水滴。螺旋形喷嘴、旋转圆盘、喷溅形喷嘴和超声喷嘴等均可获得这样细的水滴。

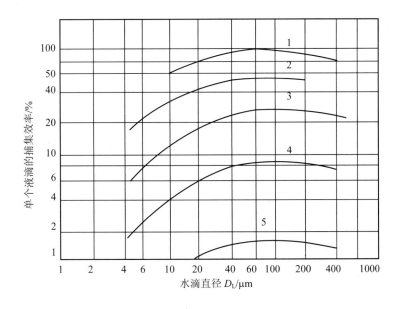

1—d_p=5 μm；2—d_p=2 μm；3—d_p=1 μm；4—d_p=0.5 μm；5—d_p=0.2 μm

图 6-49 在 100 g 离心力下惯性碰撞效率与水滴直径的关系

表 6-9　中心喷水切向进气离心式洗涤器的主要性能

粉尘来源	粒径/μm	气体中粉尘质量浓度/（g/cm³）		效率/%
		进气口	出气口	
锅炉飞灰	>2.5	1.12~5.9	0.046~0.106	88.0~98.8
铁矿石、焦炭尘	0.5~20	6.9~55.0	0.069~0.184	99
石灰窑尘	1~25	17.7	0.576	97
生石灰尘	2~40	21.2	0.184	99
铝反射炉尘	0.5~2	1.15~4.6	0.053~.092	95.0~98.0

2．立式旋风水膜洗涤器

这类除尘器中心不向气流喷雾，只在器壁有壁流形成水膜。当尘粒借离心力甩向器壁时，立即被下流的水膜捕获。国内常用的立式旋风水膜除尘器有以下两种：

1）CLS 型旋风水膜除尘器。结构如图 6-50 所示，外壳用金属材料制作，下流水膜依靠切向喷向筒壁的水雾形成，旋转上升气流甩向壁面的粉尘被水膜黏附并随水冲下。除尘效率一般在 90% 以上。入口气速一般为 15~22 m/s，不能过大，否则压力损失激增，还会破坏水膜，造成尾气严重带水，使除尘效率降低。筒体的高度不小于 5 倍筒体直径，以保证旋转气流在洗涤器内的停留时间。按规格不同在筒体上部设有 3~6 个喷嘴，喷水压力为 30~50 kPa，耗水量为 0.1~0.3 L/m³。这种除尘器的压力损失为 0.5~0.75 kPa，最高允许进口含尘质量浓度为 2 g/m³，浓度过高时应设预处理装置。洗涤器筒体内壁保持稳定、均匀的水膜是保证正常工作的必要条件。为此，除保持洗涤器的供水压力恒定外，筒体内表面不得有突出的焊缝或其他凸凹不平的地方，以免水膜流过这些部位时，造成飞溅。

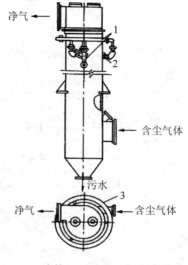

1—水管；2—喷嘴；3—水管

图 6-50　旋风水膜（CLS 型）除尘器

2）麻石旋风水膜除尘器。结构如图 6-51 所示，其外壳由耐磨耐腐蚀的麻石（花岗岩）砌筑而成，下流水膜一般用溢水槽形成。溢水槽靠环形水管供水。为防止空气吸入，底部设有灰水溢流水封。下部进气管以 16～23 m/s 的速度切向进入筒体，形成急剧上升的旋转气流，以将尘粒甩向筒壁。

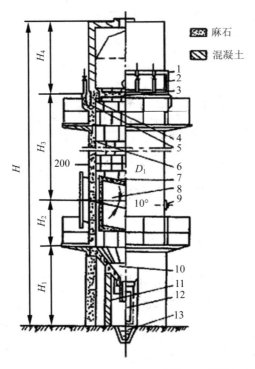

1—环形集水管；2—扩散管；3—挡水檐；4—水越入区；5—溢水槽；6—筒体内壁；7—烟气进口；8—挡水槽；
9—通灰孔；10—锥形灰斗；11—水封池；12—插板门；13—灰沟

图 6-51 麻石水膜除尘器结构

锅炉烟气除含有大量烟尘外，还含有 SO_2、NO_x 等腐蚀性气体。我国中小型锅炉烟气的除尘很多都采用了麻石水膜除尘器，其优点是耐磨、耐腐蚀，寿命达 20 年以上；能净化沸腾炉、煤粉炉等含尘质量浓度很高（最高达 60～70 g/m³）的烟气；除尘效率高达 90% 左右；耗钢少，造价较低。其缺点是除尘效率仍不够高，烟尘排放浓度难以达到国家标准；耗水量大，且酸性灰水需处理后才能排放。

图 6-51 所示为国内较早建造的麻石水膜除尘器结构，后来做了以下几个方面的改进：①在图 6-51 所示水膜除尘器主筒（塔）之后增设了副筒（塔），烟气经二筒上部之间的水平烟道进入副筒，并从副筒下部经引风机和烟囱排放，副筒除作为烟管外，还有一定的脱水作用；②主筒直接从混凝土基础上砌筑，底部设有灰水出口和溢流堰以实现水封，而不像图 6-50 那样下部设锥体、支承和工作平台；③为提高除尘效率，在主筒前增设卧式麻石低阻文丘里洗涤器，将文丘里-水膜除尘器的总除尘效率提高到 95%～97%。

干式旋风除尘器的除尘效率公式都是假定所有到达除尘器壁面的粒子全部被捕集的，故这些公式也适用于内部空间不喷雾，只在壁面有水膜的离心式除尘器，而且比干式的更接近实际情况。

3. 卧式旋风水膜除尘器

结构如图 6-52 所示，由内筒、外壳、螺旋导流叶片、集尘水箱和排水设施等组成。内外筒间装设的螺旋形导流叶片，使外壳与内筒之间的间隙被分隔成一个螺旋形气体通道。

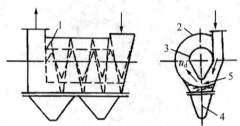

1—螺旋导流叶片；2—外壳；3—内筒；4—水槽；5—气体通道

图 6-52　卧式旋风水膜除尘器

当气流以高速冲击到水箱内的水面上时，一方面尘粒因惯性作用而落入水中；另一方面气流冲击水面激起的水滴与尘粒相碰，也将尘粒捕获；同时，气流携带着水滴继续做螺旋运动，水滴被离心力甩向外壁，在外筒内壁形成一层 3～5 mm 厚的水膜，将沉降到其上的尘捕获。可见，旋筒式水膜除尘器综合了旋风、冲击水浴和水膜三种除尘机制，从而达到较高的除尘效率。对各种粉尘的净化效率达 90% 以上，有的高达 98%，压损为 0.8～1.2 kPa。

实验表明，保持效率高和压损低的关键在于各圈形成完整的和强度均匀的水膜。为此，螺旋通道高度（由内筒底至水面的高度）应保持 100～150 mm，通道内平均气流速度控制在 11～17 m/s，连续供水量为 0.06～0.15 L/m³，气量允许波动范围宜 20% 左右。

4. 旋流板塔洗涤器

旋流板塔洗涤器有较高的除尘效果和良好的传质性能，国内很多中小型锅炉用它同时除尘和脱硫。其塔体常用麻石制作，或用碳钢外壳内衬耐磨耐腐材料。塔内安装旋流塔板（图 6-53），其塔板形状如固定的风车叶片。气流通过叶片时产生旋转和离心运动，液体通过中间盲板被分配到各叶片，形成薄液层，与旋转上升的气流形成搅动，喷成细小液滴，甩向塔壁后，液滴受重力作用集流至集液槽，并通过溢流装置流到下一塔板的盲板区。主要除尘机制是尘粒与液滴的惯性碰撞、离心分离和液膜黏附等。这种塔板由于开孔率较大，允许高速气流通过，因此负荷较高，处理能力较大，操作弹性也较大。但由于板上气液接触时间短，效率一般较低，除尘、除雾的单板效率为 90% 左右。

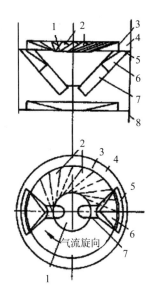

1—盲板；2—旋流叶片（共24片）；3—罩筒；4—集液槽；5—溢流口；6—异形接管；7—圆形溢流管；8—塔壁

图6-53　旋流塔板

三、自激式洗涤器

自激式洗涤器是将具有一定动能的含尘气流直接冲击液面以形成雾滴，使尘粒从气流中分离，达到除尘的目的。它的优点是在高含尘质量浓度时能维持高的气流量，耗水量小，一般低于 0.13 L/m³，压力损失为 0.5～4 kPa，净化效率一般可达 85%～95%。下面重点介绍常见的冲击水浴洗涤器。

冲击水浴洗涤器的结构如图 6-54 所示，由挡水板，进、排气管，喷头和溢流管等组成。含尘气流以 8～12 m/s 的速度经喷头高速喷出，冲击水面并急剧地改变流向，粗尘粒靠惯性与水碰撞而被捕获；接着气流以细流方式穿过水层，激发出大量泡沫和水花，细小的尘粒在上部空间和水滴碰撞后，由于凝聚、增重而被捕集。

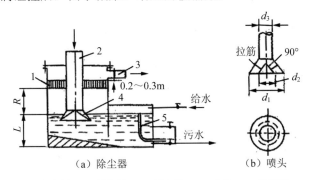

（a）除尘器　　　（b）喷头

1—挡水板；2—进气管；3—排气管；4—喷头；5—溢流管

图6-54　冲击水浴洗涤器

水浴洗涤器阻力 ΔP（Pa）可按下式计算

$$\Delta P = h_0 g + \frac{v^2}{2}\rho + B\left(\frac{v^2}{2}\rho\right)^C \qquad (6\text{-}83)$$

$$B = 37 - 1.05\frac{A}{a} \qquad (6\text{-}84)$$

$$C = 0.4 - 0.004\frac{A}{a} \qquad (6\text{-}85)$$

式中：h_0——喷头的埋水深度，mm；

g——重力加速度，m/s^2；

v——喷头出口气速，m/s；

ρ——气体密度，kg/m^3；

A——水浴洗涤器的净横断面积，m^2；

a——进风管的横截面积，m^2。

影响冲击水浴洗涤器效率和压损的主要因素有：气体经喷头的喷射速度，喷头被水淹没的深度，喷头与水面接触的周长 S 与气流量 Q 之比值 S/Q 等。一般情况下，随着喷射速度 v、淹没深度 h_0 和比值 S/Q 的增大，除尘效率提高，压力损失也增大。当喷射速度和淹没深度增大到一定值后，除尘效率几乎不变，而压损却急剧增大。因此提高除尘效率的经济有效途径是改进喷头形式，增大比值 S/Q。圆管喷头最简单，但效果不好。一般采用图6-54（b）所示的形式，气流是从环形窄缝喷出的。水浴洗涤器喷头的埋水深度一般为0～30 mm，喷射速度为8～14 m/s，除尘效率达85%～95%，压力损失约为 1.5 kPa。

水浴洗涤器可在现场用砖或钢筋混凝土构造，适合中小型工厂采用。它的缺点是泥浆清理比较困难。

【例6-10】有一水浴洗涤器处理风量为 1.39 m^3/s，除尘器断面尺寸为 1.5 m×2 m，进风管直径 d=0.5 m，喷头出口风速 v=120 m/s，喷头埋水深度 h_0=20 mm。计算该水浴洗涤器的阻力。

解：水浴洗涤器进风管面积 $a = \frac{\pi}{4}d^2 = \frac{\pi}{4}(0.5)^2 = 0.196$（m^2）

洗涤器净横断面积 $A = 1.5 \times 2 - 0.196 = 2.804$（m^2）

$$B = 37 - 1.05\frac{A}{a} = 37 - 1.05 \times \frac{2.804}{0.196} = 21.98$$

$$C = 0.4 - 0.004\frac{A}{a} = 0.4 - 0.004 \times \frac{2.804}{0.196} = 0.343$$

$$\Delta P = h_0 g + \frac{v^2}{2}\rho + B\left(\frac{v^2}{2}\rho\right)^C = 20 \times 9.8 + \frac{12^2}{2} \times 1.293 + 21.98 \times \left(\frac{12^2}{2} \times 1.2\right)^{0.343} = 393.2\ (\text{Pa})$$

四、文丘里洗涤器

湿式除尘器要想得到较高的除尘效率，必须实现较高的气液相对运动速度和非常细小的液滴，文丘里洗涤器就是基于这个原理而发展起来的。

文丘里洗涤器是一种高效湿式洗涤器，常用于除尘和高温烟气降温，也可以用于吸收气态污染物。对 $0.5\sim5~\mu m$ 的尘粒，除尘效率可达 99%以上。但阻力较大，运行费用较高。

（一）文丘里洗涤器的结构和原理

文丘里洗涤器由文丘里管（又称文氏管）和脱水器（分离器）两部分组成，如图 6-55 所示。文氏管由进气管、收缩管、喷嘴、喉管、扩散管和连接管组成，如图 6-56 所示。

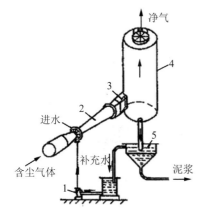

1—循环泵；2—文氏管；3—调节板；

4—分离器；5—沉淀池

图 6-55　文氏管洗涤器简图

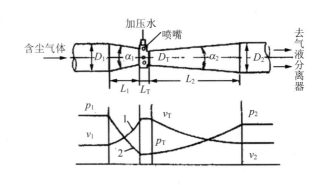

1—气流速度沿长度方向变化曲线；

2—气流静压沿长度方向变化曲线

图 6-56　文丘里管洗涤器的主要结构及形状

文丘里洗涤器的除尘过程，分为雾化、凝聚和脱水 3 个过程，前两个过程在文氏管内进行，后一个过程在脱水器内完成。含尘气体进入收缩管后，气速逐渐增大，气流的压力能逐渐转变为动能，在喉管处气速达到最大（$50\sim180~m/s$），气液相对速度很高。在高速气流冲击下，从喷嘴喷出的水滴被高度雾化。喉管处的高速低压使气体湿度达到过饱和状态，尘粒表面附着的气膜被冲破，尘粒被水湿润。在尘粒与液滴或尘粒之间发生着激烈的惯性碰撞和凝聚。进入扩散管后，气速减小，压力回升，以尘粒为凝结核的过饱和蒸汽的凝聚作用加快。凝聚有水分的颗粒继续碰撞和凝聚，小颗粒凝并成大颗粒，易于被其他除尘器或脱水器捕集，使气体得到净化。

文氏管的结构型式有多种，如图 6-57 所示。从断面形状上分，有圆形和矩形两类；从组合方式分，有单管与多管组合式；从喉管构造上分，有喉口部分无调节装置的定径文氏管及喉口部分装有调节装置的调径文氏管，调径文氏管要严格保证净化效率时，需要随气流量变化调节喉径以保持喉管气速不变，喉径的调节方式，圆形文氏管一般采用重砣式，矩形文氏管可采用翼板式、滑块式和米粒型（R-D 型）；按水的雾化方式分，有预雾化（用喷嘴喷成水滴）和不预雾化（借助高速气流使水雾化）两类方式；按供水方式分，有径向内喷、径向外喷、轴向喷雾和溢流供水四类。溢流供水是在收缩管顶部设溢流水箱，使溢流水沿收缩管壁流下形成均匀水膜。这种溢流文氏管，可以起到消除干湿交界面上黏灰的作用。各种供水方式皆以利于水的雾化并使水滴布满整个喉管断面为原则。

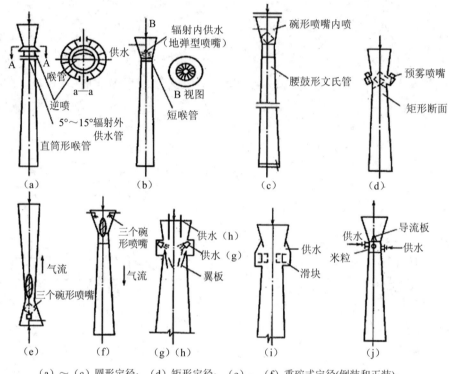

（a）～（c）圆形定径；　（d）矩形定径；　（e）、（f）重砣式定径(倒装和正装)；
（g）～（j）矩形调径（翼板式、滑块式、米粒式）

图 6-57　文丘里管结构形式

（二）文丘里洗涤器的压力损失

　　文丘里洗涤器的压力损失包括文氏管和脱水器的压力损失。文氏管的压力损失一般较高，要准确测定某一操作状况下文丘里管的压损是很容易的，但在设计时要想准确推算往往是困难的。这是因为影响文氏管压力损失的因素很多，如结构尺寸，特别是喉管尺寸，各段管道的加工及安装精度，喷水方式和喷水压力，水气比，气体流动状况等。各研究者根据实验给出的经验公式都是在特定条件下得到的，因而都有一定的局限性。这里给出 3 种推算公式，供设计时参考。

　　为了计算文氏管的压力损失，卡尔弗特等假定气流的全部能量损失仅用于在喉管处将

液滴加速到气流速度，并由此导出文氏管压力损失的近似表达式为

$$\Delta P = 1.03 \times 10^{-6} v_{\mathrm{T}}^2 L \tag{6-86}$$

式中：ΔP——文氏管的压力损失，cmH_2O；

　　v_{T}——喉管气速，cm/s；

　　L——液气体积比，L/m^3。

海斯凯茨（Hesketh）提出了如下计算 ΔP（Pa）的经验方程式

$$\Delta P = 0.863 \rho_{\mathrm{G}} A_{\mathrm{T}}^{0.133} v_{\mathrm{T}}^2 L^{0.78} \tag{6-87}$$

式中：　A_{T}——喉管横断面积，m^2；

　　ρ_{G}——含尘气体密度，kg/m^3。

木村典夫给出径向喷雾时计算压损的公式为

$$\Delta P = (0.42 + 0.79L + 0.36L^2)\frac{\rho_{\mathrm{G}} v_{\mathrm{T}}^2}{2} \tag{6-88}$$

或

$$\Delta P = \left(\frac{0.033}{\sqrt{R_{\mathrm{HT}}}} + 3.0 R_{\mathrm{HT}}^{0.30} L\right)\frac{\rho_{\mathrm{G}} v_{\mathrm{T}}^2}{2} \tag{6-89}$$

式中：R_{HT}——喉管水力半径，m，$R_{\mathrm{HT}} = D_{\mathrm{T}}/4$；

　　D_{T}——喉管直径，m。

在处理高温气体（700～800℃）时，按上式计算的压损应乘以温度修正系数 K，即

$$K = 3(\Delta t)^{-0.28} \tag{6-90}$$

式中：Δt——文氏管进、出口气体的温度差，℃。

脱水器的压力损失参照有关计算公式进行计算。

（三）文丘里洗涤器的除尘效率

文丘里洗涤器的除尘效率取决于文氏管的凝聚效率和脱水器的效率。通常只计算前者。凝聚效率系指因惯性碰撞、拦截和凝聚等作用，使尘粒被水滴捕获的百分率。推算文氏管凝聚效率的公式有多种，这里仅引用卡尔弗特的推算方法。

卡尔弗特等考虑到文氏管捕集尘粒时最重要的机制是惯性碰撞，因而给出了如下简明的凝聚效率推算公式：

$$\eta_1 = 1 - \exp\left[\frac{2Q_{\mathrm{L}} v_{\mathrm{T}} \rho_{\mathrm{L}} D_{\mathrm{L}}}{55 Q_{\mathrm{G}} \mu_{\mathrm{G}}} F(\mathrm{St}, f)\right] \tag{6-91}$$

式中：η_1——文氏管的凝聚效率，%；

　　v_{T}——喉管气速，m/s；

ρ_L——液体（水）密度，kg/m^3；

D_L——平均液滴直径，m；

St——按喉管内气流速度 v_T 确定的斯托克斯准数，$St = \dfrac{d_p^{\,2}\rho_p v_T C_u}{18\mu D_L}$

被高速气流雾化的液滴直径，一般采用表面积平均直径，对于水—空气系统，在 20℃ 和常压下，有

$$D_L = \frac{5\,000}{v_T} + 29\left(\frac{1\,000 Q_L}{Q_G}\right)^{1.5} \tag{6-92}$$

$$F(St, f) = \frac{1}{St}\left[-0.7 - St \cdot f + 1.4\ln\left(\frac{St \cdot f + 0.7}{0.7}\right) + \frac{0.49}{0.7 + St \cdot f}\right] \tag{6-93}$$

式（6-93）中，f 为经验系数，综合了没有明确包含在式中的各种参数的影响，包括除碰撞以外的其他捕集作用、流至文氏管壁上的液体损失、液滴不分散及其他影响等。对疏水性粉尘，取 $f=0.25$；对亲水性气溶胶，如可溶性化合物、酸类及含有二氧化硫和三氧化硫的飞灰等，$f=0.4\sim0.5$；在液气比低于 $0.2\ L/m^3$ 以后，f 值逐渐增大。大型洗涤器的实验表明 $f=0.5$。

卡尔弗特等经过一系列简化后，文丘里洗涤器除尘效率的公式为

$$\eta_1 = 1 - \exp\left(\frac{-6.1\times10^{-9}\rho_p\rho_L d_p^{\,2} f^2 \Delta P C_u}{\mu_G^{\,2}}\right) \tag{6-94}$$

式中：ρ_p——粉尘粒子的密度，g/cm^3；

ρ_L——液体密度，g/cm^3；

d_p——粉尘粒子的粒径，μm；

μ_G——含尘气体黏度，$10^{-1}\ Pa\cdot s$；

ΔP——文丘里洗涤器的压力损失，cmH_2O；

C_u——肯宁汉修正系数。

对于 5 μm 以下粉尘粒子的除尘效率，可按海斯凯茨公式计算

$$\eta = \left(1 - 4\,525.3\Delta P^{-1.3}\right)\times100\% \tag{6-95}$$

从上面凝聚效率推算公式可以看到，文氏管的凝聚效率与喉管内气流速度 v_T、粉尘粒径 d_p、液滴直径 d_L 及液气比 L 等因素有关。v_T 越高，液滴被雾化得越细，尘粒的惯性力也越大，则尘粒与液滴的碰撞、拦截的概率越大、凝聚效率也越高。要达到同样的凝聚效率 η_1，对粒径和密度都较大的粉尘，v_T 可取小些；反之则要取较大的 v_T 值。气流量波动较大时，采用调径文氏管可随气量变化调节喉径，保持喉管内气速 v_T 不变，以得到稳定的除尘效率。

图 6-58 所示为喉管内气速 v_T 和空气动力粒径 d_a 与捕集效率的关系。该图表明，不论选择多大的 v_T 和 L 值，对 $d_a<0.5\ \mu m$ 粒子的捕集效率都很低；当 $d_a=1\sim10\ \mu m$ 时，效率

急速提高；在 $d_a > 10\ \mu m$ 后，效率变化不大。这时，每个水滴的单个捕集效率都几乎达到100%。进一步提高效率的唯一途径是提高液气比 L，以提供更多的水滴，但液气比必须与喉管内气流速度相应增大，否则当 v_T 很小而 L 很大时会导致液滴增大，反而对凝结不利。根据计算，最佳水滴直径约为 d_a 的 150 倍，而 L 取值范围一般是 $0.3 \sim 1.5\ L/m^3$，以选用 $0.7 \sim 1.0\ L/m^3$ 的为多。

图 6-59 是斯泰尔曼给出的关系曲线，表明了在一定压损下，已知最佳水气比时的最高总除尘效率。

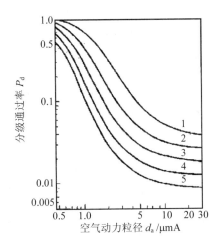

1—v_T=50 m/s，ΔP=2.5 kPa；2—v_T=75 m/s，ΔP=5.7 kPa；3—v_T=100 m/s，ΔP=10 kPa；

4—v_T=125 m/s，ΔP=10 kPa；5—v_T=150 m/s，ΔP=23 kPa

图 6-58　文丘里除尘器的分级通过率与喉管气速及空气动力粒径 d_a 之间的关系

（L=1 L/m³，f=0.25）

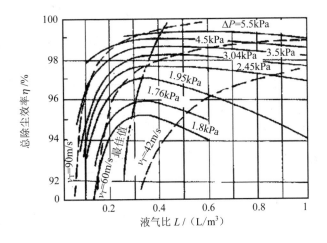

注：粉尘为 M.S.C 二氧化硅；粉尘质量浓度为 2.8 g/m³。

图 6-59　文氏管除尘器的最佳操作条件

（四）文丘里洗涤器的设计计算

文丘里洗涤器设计计算的内容为文丘里管主要尺寸的确定。

确定文丘里管几何尺寸的基本原则是保证净化效率和减小流体阻力。需要确定的尺寸包括收缩管、喉管和扩散管的直径和长度，以及收缩管和扩散管的张角等。

1. 文氏管进、出口管和喉管的管径或高度宽度计算

圆形进、出口管和喉管的直径 D（m）均可按下式计算

$$D = 0.018\,8\sqrt{Q/v} \tag{6-96}$$

式中：Q——气体通过计算段的实际流量，m^3/h；

v——气体通过计算段的流速，m/s。

矩形截面进、出口管和喉管的高度和宽度可按下式计算

$$h = \sqrt{(1.5 \sim 2.0)\,A} = (0.020\,4 \sim 0.023\,5)\sqrt{Q/v} \tag{6-97}$$

$$b = \sqrt{A/(1.5 \sim 2.0)} = (0.013\,6 \sim 0.0118)\sqrt{Q/v} \tag{6-98}$$

式中：A——进、出口管或喉管的截面积，m^2；

h、b——进、出口管或喉管的高度和宽度，m；

1.5~2.0——高宽比的经验数值。

进口管管径一般按与之相连的管道大小确定，v_1 一般取 16~22 m/s。出口管管径一般按其后相连的脱水器要求的气速确定，v_2 一般为 18~22 m/s。由于扩散管后面的直管道还具有凝聚和压力恢复作用，故最好设 1~2 m 的直管段，再接脱水器。喉管直径 D_T 按喉管内气流速度 v_T 确定，v_T 的选择要考虑粉尘、气体和液体（水）的物理化学性质，对除尘效率和阻力的要求等因素。在除尘中，一般 v_T=40~120 m/s；净化亚微米的尘粒，v_T=90~120 m/s，甚至 150 m/s；净化较粗尘粒时，v_T=60~90 m/s，有些情况下，v_T=35 m/s 也能满足。用于降温及除尘效率要求不高时，v_T 取 40~60 m/s。在气体吸收中，v_T 一般取 20~23 m/s。对于处理气体量大的卧式矩形文丘里洗涤器，其喉管宽度 b_T 不应大于 600 mm，而喉管的高度 h_T 不受限制。

2. 收缩管和扩张管长度

（1）圆形文丘里收缩管和扩张管的长度

$$L_1 = \frac{D_1 - D_T}{2}\cot\frac{\alpha_1}{2} \tag{6-99}$$

$$L_2 = \frac{D_2 - D_T}{2}\cot\frac{\alpha_2}{2} \tag{6-100}$$

式中：L_1，L_2——分别为圆形收缩管和扩张管的长度，m。

收缩管的收缩角 α_1（图 6-52）越小，文丘里管洗涤器的气流阻力越小，通常取 $\alpha_1 = 23°\sim30°$。当文丘里洗涤器用于气体降温时，取 $\alpha_1 = 23°\sim25°$；用于除尘时，取 $\alpha_1 = 23°\sim 28°$，最大可达 30°。扩张管的扩张角 α_2（图 6-52）的取值一般与 v_2 有关。v_2 越大，α_2 越小；反之，v_2 越小，α_2 越大。一般取 $\alpha_2 = 6°\sim7°$。

（2）矩形文丘里收缩管和扩张管的长度

矩形收缩管长度 L_1 可以按式（6-101）和式（6-102）计算，取较大值作为收缩管的长度。

$$L_{1h} = \frac{h_1 - h_T}{2}\cot\frac{\alpha_1}{2} \tag{6-101}$$

$$L_{1b} = \frac{b_1 - b_T}{2}\cot\frac{\alpha_1}{2} \tag{6-102}$$

式中：L_{1h}——用收缩管进气端高度 h_1 和喉管高度 h_T 计算的收缩管长度，m；

L_{1b}——用收缩管进气端宽度 b_1 和喉管宽度 b_T 计算的收缩管长度，m。

同理，矩形扩张管长度 L_{2h} 取式（6-103）和式（6-104）的较大值。

$$L_{2h} = \frac{h_2 - h_T}{2}\cot\frac{\alpha_2}{2} \tag{6-103}$$

$$L_{2b} = \frac{b_2 - b_T}{2}\cot\frac{\alpha_2}{2} \tag{6-104}$$

式中：L_{2h}——用扩张管出口端高度 h_2 和喉管高度 h_T 计算的扩张管的长度，m；

L_{2b}——用扩张管出口端宽度 b_2 和喉管宽度 b_T 计算的扩张管的长度，m。

3. 喉管长度

喉管长度取 $L_T = (0.8\sim1.5)d_{0T}$（d_{0T} 为喉管的当量直径）。喉管截面为矩形时，喉管的当量直径按下式计算

$$d_{0T} = 4A_T/q \tag{6-105}$$

式中：A_T——喉管的截面积，m^2；

q——喉管的周长，m。

通常喉管长度为 200~350 mm，最长不超过 500 mm。

【例 6-11】某文丘里洗涤器的喉部气流速度为 122 m/s，水气比为 1.0 L/m^3，气体黏度为 2.08×10^{-5} Pa·s，实验系数 f 取 0.25，尘粒密度为 1.50 g/cm^3，求洗涤器的压力损失 ΔP 和 $d_p = 1.0$ μm 尘粒的除尘效率 η_1。

解： 由式（6-86）得

$\Delta P = 1.03\times10^{-6}\cdot v_T{}^2\cdot L = 1.03\times10^{-6}\times12\,200^2\times1.0 = 153.3$（cmH$_2$O）

当空气温度 $t=20℃$，大气压力 $P=101.325$ kPa 时

$$C_u = 1 + 0.172 / d_p = 1 + 0.172 / 1.0 = 1.172$$

由于式（6-94）中 μ_G 的单位为 10^{-1} Pa·s，所以应以 2.08×10^{-4} Pa·s 代入式（6-94），有：

$$
\begin{aligned}
\eta_l &= 1 - \exp\left(\frac{-6.1 \times 10^{-9} \rho_p \rho_L d_p^2 f^2 \Delta P C_u}{\mu_G^2} \right) \\
&= 1 - \exp\left(\frac{-6.1 \times 10^{-9} \times 1.5 \times 1.0 \times (1.0)^2 \times (0.25)^2 \times 153.3 \times 1.172}{\left(2.08 \times 10^{-4} \right)^2} \right) \\
&= 90.7\%
\end{aligned}
$$

思考题

1. 根据以往的分析知道，由破碎过程产生的粉尘的粒径分布符合对数正态分布，为此在对该粉尘进行粒径分布测定时只取了下表中的四组数据，试确定：①几何平均粒径和几何标准差；②绘制频率密度分布曲线。

粉尘粒径 d_p/μm	0～10	10～20	20～40	>40
质量频率 ΔD/%	36.9	19.1	18.0	26.0

2. 根据下列 4 种污染源排放的烟尘的对数正态分布数据，在对数概率坐标纸上绘出它们的筛下累积频率曲线。

污染源	平炉	飞灰	水泥窑	化铁炉
质量中位粒径/μm	0.36	6.8	16.5	60.0
几何标准差	2.14	4.54	2.35	17.65

3. 欲通过在空气中的自由沉降来分离石英（真密度为 2.6 g/cm³）和角闪石（真密度为 3.5 g/cm³）的混合物，混合物在空气中的自由沉降运动处于牛顿区。试确定完全分离时所允许的最大石英粒径与最小角闪石粒径的最大比值。

4. 直径为 200 μm、真密度为 1 850 kg/m³ 的球形颗粒置于水平的筛子上，用温度 293 K 和压力 101 325 Pa 的空气由筛子下部垂直向上吹筛上的颗粒，试确定：①恰好能吹起颗粒时的气速；②在此条件下的颗粒雷诺数；③作用在颗粒上的阻力和阻力系数。

5. 欲使空气泡通过浓盐酸溶液（密度为 1.64 kg/m³，黏度为 1×10^{-4} Pa·s），以达到干燥的目的。盐酸装在直径为 10 cm、高 12 m 的圆管内，其深度为 22 cm，盐酸上方的空气处于 298 K 和 101 325 Pa 状态下。若空气的体积流量为 127 L/min，试计算气流能够夹带的盐酸雾滴的最大直径。

6. 试确定某水泥粉尘排放源下风向无水泥沉降的最大距离。水泥粉尘是从离地面

4.5 m 高处的旋风除尘器出口垂直排出的，水泥粒径范围为 25～500 μm，真密度为 1 960 kg/m³，风速为 1.4 m/s，气温为 293 K，气压为 101 325 Pa。不计粉尘垂直排出除尘器所造成的抬升高度。

7. 某种粉尘真密度为 2 700 kg/m³，气体介质（近于空气）温度为 433 K，压力为 101 325 Pa，试计算粒径为 10 μm 和 500 μm 的尘粒在离心力作用下的末端沉降速度。已知离心力场中颗粒的旋转半径为 200 mm，该处的气流切向速度为 16 m/s。

8. 实测某旋风除尘器的进口气体流量为 10 000 m³/h，含尘质量浓度为 4.2 g/m³；除尘器出口的气体流量为 12 000 m³/h，含尘质量浓度为 340 mg/m³。试计算该除尘器的处理气体流量、漏风率及考虑漏风和不考虑漏风两种情况下的除尘效率。

9. 对于题 8 中给出的条件，已知旋风除尘器进口面积为 0.24 m²，除尘器阻力系数为 9.8，进口气流温度为 423 K，气体静压为−490 Pa，试确定该除尘器运行时的压力损失（假定气体成分接近空气）。

10. 有一两级除尘系统，已知系统的流量为 2.22 m³/s，工艺设备产生的粉尘流量为 22.2 g/s，各级除尘效率分别为 80% 和 95%。试计算该除尘系统的总除尘效率、粉尘排放浓度和排放量。

11. 某燃煤电厂除尘器进口和出口的烟尘粒径分布数据如下表，若除尘器总除尘效率为 98%，试绘出分级效率曲线。

粉尘间隔/μm		<0.6	0.6～0.7	0.7～0.8	0.8～1.0	1～2	2～3	3～4
质量频数 ΔD_i/%	进口	2.0	0.4	0.4	0.7	3.5	6.0	24.0
	出口	7.0	1.0	2.0	3.0	14.0	16.0	29.0
粉尘间隔/μm		4～5	5～6	6～8	8～10	10～12	20～30	
质量频数 ΔD_i/%	进口	13.0	2.0	2.0	3.0	11.0	8.0	
	出口	6.0	2.0	2.0	2.5	8.0	7.0	

12. 某种粉尘的粒径分布和分级除尘效率数据如下表，试确定总除尘效率。

平均粒径/μm	0.25	1.0	2.0	3.0	4.0	5.0	6.0	7.0
质量频数 ΔD_i/%	0.1	0.4	9.5	20.0	20.0	15.0	11.0	8.5
分级效率 η_i/%	8	30	47.5	60	68.5	75	81	86
平均粒径/μm	8.0	10.0	14.0	20.0	>23.5			
质量频数 ΔD_i/%	5.5	5.5	4.0	0.8	0.2			
分级效率 η_i/%	89.5	95	98	99	100			

13. 在 298 K 空气中的 NaOH 飞沫用重力沉降室收集，其大小为：宽 9.14 m，高 4.57 m，长 1.22 m，空气的体积流率为 1.2 m³/s。计算能被 100% 捕获的最小雾粒的直径。假设雾滴的密度为 1 210 kg/m³。

14. 一直径为 1.09 μm 的单分散气溶胶通过一重力沉降室，宽 20 cm，长 50 cm，共

18 层，层间距 0.124 cm，气体流率为 8.61 L/min，并测得其操作效率为 64.9%。问需要放置多少层才能达到 80% 的操作效率。

15. 一气溶胶含有粒径为 0.63 μm 和 0.83 μm 的粒子，以 3.61 L/min 的流量通过多层沉降室，给出下列数据，运用斯托克斯定律和肯宁汉校正系数计算沉降效率。$L=50$ cm，$B=20$ cm，$\rho_p=1.05$ g/cm³，$\Delta H=0.129$ cm，$n=19$ 层，$\mu=1.82\times10^{-5}$ Pa·s。

16. 某沉降室处理流量 $Q=10$ m³/s、20℃ 下的含尘气体，捕集粒径为 50 μm、$\rho_p=2\,000$ kg/m³ 的粉尘，如 $B=1.5$ m，$H=1.5$ m，共 9 个通道。

（1）如果要求 $\eta_d=100\%$，沉降室应为多长（假定室内气流处于层流状态）？

（2）计算雷诺数，看原假定层流是否正确，若不是层流，则应有多少层才能使流动成为层流？在此条件下重新计算 L。

（3）按（2）计算的沉降室，求捕集 $d_p=25$ μm 粉尘的分级效率。

17. 试确定旋风除尘器的分割粒径和总效率，给定粉尘的粒径分布如下：

平均粒径 $d_p/\mu m$	1	5	10	20	30	40	50	60	>60
质量分数/%	3	20	15	20	16	10	6	3	7

已知气体黏度为 2×10^{-5} Pa·s，颗粒比重为 2.9，旋风除尘器气体入口速度为 15 m/s，气体在旋风除尘器内的有效旋转圈数为 5 圈，旋风除尘器直径 3 m，入口管宽度 76 cm。

18. 某旋风除尘器处理含 4.58 g/m³ 灰尘的气流（$\mu=2.5\times10^{-5}$ Pa·s），其除尘总效率为 90%，粉尘分析试验结果如下：

粒径范围/μm	捕集粉尘的质量分数/%	逸出粉尘的质量分数/%
0～5	0.5	76.0
5～10	1.4	12.9
10～15	1.9	4.5
15～20	2.1	2.1
20～25	2.1	1.5
25～30	2.0	0.7
30～35	2.0	0.5
35～40	2.0	0.4
40～45	2.0	0.3
>45	84.0	1.1

（1）作出分级效率曲线；

（2）确定分割粒径。

19. 某旋风除尘器的阻力系数 ξ=9.8，进口速度为 15 m/s，试计算标准状态下的压力损失。

20. 如果管式电除尘器中，压力 $P = 1.0×10^5$ Pa，温度 $T=300℃$，电晕线半径 $r_1=2$ mm，集尘管半径 $r=200$ mm，并假定 $m=0.7$，试求起晕电场强度和起晕电压。

21. 在气体压力为 $1.013×10^5$ Pa，温度为 293 K 下运行的管式电除尘器，集尘圆管直径为 0.3 m，$L=2.0$ m，气体流量为 0.075 m^3/s，若集尘极附近的场强 $E_p=100$ kV/m，粒径为 1.0 μm 的粉尘荷电量 $q=0.3×10^{-15}$ C，计算该粉尘的理论驱进速度和分级效率。

22. 板间距为 25 cm 的板式电除尘器的分割直径为 0.9 μm，使用者希望总效率不小于 98%，有关法规规定排气中含尘量不得超过 0.5 g/m^3。假定电除尘器入口处粉尘质量浓度为 30 g/m^3，且粒径分布如下：

质量分数范围/%	0~20	20~40	40~60	60~80	80~100
平均粒径/μm	3.5	8.0	13.0	19.0	45.0

并假定多依奇方程的形式为 $η=1-\exp(-Kd_p)$，其中 $η$ 为捕集效率；K 为经验常数；d 为颗粒直径（μm）。试确定：

（1）该除尘器效率是否等于或大于 98%；

（2）出口处烟气中粉尘质量浓度是否满足环保规定。

23. 对某电除尘器进行现场实测的数据如下：处理风量 $Q=55$ m^3/s，集尘板总面积 $A=25$ m^2，除尘效率 $η=99\%$，试计算有效驱进速度 $ω_p$。

24. 某电除尘器处理风量 $Q=80$ m^3/s，烟气入口含尘质量浓度 $C_i=15$ g/m^3，要求排放浓度 $C_0≤150$ mg/m^3，计算必须的集尘面积（设 $ω_p=0.1$ m/s），如果按上面计算的集尘面积和入口含尘质量浓度不变，处理风量增加 1 倍，这时排气中含尘质量浓度将为多少？

25. 一个板式电除尘器，板间距为 20 cm，有效驱进速度为 0.1 m/s，供电电压为 40 kV，气速 2 m/s，载气类似于 25℃的空气，试计算效率 $η=99\%$所需的电极长度。

26. 一个燃煤火力发电厂使用一台电除尘器以除去 97%的飞灰。为提高除尘效率，有人建议在原有基础上再并联一台同样的电除尘器，每个除尘器的处理风量为原气量的一半，试计算新除尘系统的总效率。

27. 某厂卧式电除尘器实测结果如下：风量 $Q = 1.2×10^5$ m^3/h，入口粉尘质量浓度 $C_i=13.325$ g/m^3，出口粉尘质量浓度 $C_0=0.33$ g/m^3，效率 $η = 97.5\%$，集尘板总面积 $A = 1\,180$ m^2，断面积为 25 m^2。

（1）计算该电除尘器的断面风速 v、比面积 A/Q 和有效驱进速度 $ω_p$；

（2）参考上述电除尘器的数据，计算下述除尘系统所需电除尘器的集尘板面积 A。对于新系统，选用两台断面积为 25 m^2 的卧式电除尘器并联能否满足要求（每台集尘板面积为 1 180 m^2）？

新系统有关参数如下：风量 2.0×10^5 m^3/h，$C_i=10$ g/m^3，$T=100℃$，粉尘比电阻 $10^4 \sim 10^6$ Ω·cm，允许排放质量浓度 $C_0=150$ mg/m^3，气体相对湿度为 50%。

28. 某燃煤电厂发电量为 1 000 MW，热利用率为 40%，煤中灰分含量为 12%，煤的热值为 26 700 kJ/kg。假设灰分的 50% 成为飞灰随烟气逸出，烟气用电除尘器除尘，除尘器对不同粒径有下列捕集效率：

粒径范围/μm	0~5	5~10	10~20	20~40	>40
质量分数/%	14	17	21	23	25
除尘效率/%	70	92.5	96	99	100

试确定烟气中飞灰的排放量（kg/s）及电除尘器的总除尘效率。

29. 某钢铁厂 90 m^2 烧结机烟气的电除尘器的实测结果如下：电除尘器入口含尘质量浓度 $C_i=26.8$ g/m^3，出口含尘质量浓度 $C_0=0.133$ g/m^3，进口烟气流量 $Q=16 \times 10^4$ m^3/h，该电除尘器采用 Z 型极板和星形电晕线，横断面积 $F=40$ m^2，集尘板总面积 $A=1$ 982 m^2（两个电场）。试参考以上数据设计另一新建 130 m^2 烧结机烟气的电除尘器，要求除尘效率 $\eta=99.8\%$，130 m^2 烧结机的总烟气量为 25×10^4 m^3/h。

30. 用脉冲喷吹式布袋除尘器净化 20℃、1.013×10^5 Pa 气体，涤纶绒布过滤风速为 3.0 m/min，试估计除尘器压力损失（忽略除尘器的结构阻力），并估算 $C_i=7.5$ g/m^3，ΔP_d 不超过 1 200 Pa 时清灰周期的最大值。（$\zeta_0=4.8\times 10^7$ m^{-1}，$m=0.1$ kg/m^2，$\alpha=1.5\times 10^5$ m/kg）

31. 某工厂废气量为 5 200 m^3/h，含尘质量浓度为 10 g/m^3（工况），拟采用袋式除尘器回收废气中有价值的粉尘，用涤纶布做滤料。所用引风机的风压要求除尘器的阻力不超过 1 500 Pa，废气温度 120℃。假定清洁滤料的阻力与除尘器的结构阻力共 300 Pa，粉尘层的平均比阻力 $\alpha=10^{11}$ m/kg，除尘效率 $\eta \approx 100\%$，过滤风速取 2.0 m/min，120℃ 下废气的黏度 $\mu=2.33\times 10^{-5}$ Pa·S，试计算：①最大清灰周期 t（min）；②清灰时的粉尘负荷 m（kg/m^2）；③所需过滤面积 A（m^2）；④滤袋的直径、长度和滤袋条数。

32. 用脉冲喷吹袋式除尘器过滤含尘气体，气体流量为 1.35 m^3/s，滤袋直径为 120 mm，长度为 2 000 mm。计算所需滤袋数量，并按下式计算喷吹压缩空气用量：$Q_a=\alpha n Q_0/t$。式中，Q_a 为喷吹压缩空气量（m^3/min）；n 为滤袋总数；t 为脉冲周期，一般为 1 min 左右；Q_0 为每条滤袋每次喷吹压缩空气耗量，一般为 0.002~0.002 5 m^3；α 为安全系数，一般取 1.5。

33. 含尘气流通过滤料或粉尘层的压降一般可表示为 $\Delta P=x v_F \mu/K$（x 和 K 分别为滤料或粉尘层的厚度和渗透率）。对于粉尘层，$x=v_F C_i t/\rho_c$，故粉尘层压降为 $\Delta P_d=v_F^2 C_i t \mu/(K_d \rho_c)=v_F \mu M/(K_d A \rho_c)$，式中 K_d 为粉尘层渗透率（量纲 1），ρ_c 为粉尘层的堆积密度（g/cm^3），M 为滤料上的粉尘质量（kg），A 为滤料面积（m^2），滤料上的粉尘负荷 $m=M/A$。现利用清洁滤料进行实验，以测定粉尘的渗透率 K_d。气体通过清洁滤袋的压降为

250 Pa、300 K 的气体以 1.8 m/min 的速度通过滤袋，$\rho_c=1.2$ g/cm³，过滤面积为 100 cm²，总压降（不含除尘器的结构阻力，下同）与沉积粉尘质量的关系如下，求粉尘的渗透率 K_d。

总压降 ΔP/Pa	612	666	774	900	990	1 062	1 152
粉尘质量 M/kg	0.002	0.004	0.01	0.02	0.028	0.034	0.042

34. 粉尘层阻力也可表示为 $\Delta P_d=R_d C_i v_F^2 t$，式中粉尘的比阻力系数 $R_d=\mu/K_d\rho_c$（其他符号意义同前），R_d [min/(g·m)] 可用下式计算

$$R_d = \frac{\mu S_0^2}{6\rho_p C_u} = \frac{3+2\beta^{5/3}}{3-4.5\beta^{1/3}+4.5\beta^{5/3}-3\beta^2}$$

$$S_0 = 6\left(\frac{10^{1.151}\lg^2\sigma_g}{d_{50}}\right)$$

式中，S_0 为比表面参数（cm⁻¹）；d_{50} 为粉尘颗粒的质量中位径（cm）；σ_g 为尘粒粒径的几何标准差；ρ_p 为粉尘的真密度（g/cm³）；C_u 为肯宁汉修正系数；$\beta=\rho_c/\rho_p$。

某除尘器系统的处理气量为 10 000 m³/h，初始含尘质量浓度为 6 g/m³，拟采用逆气流反吹风清灰袋式除尘器（过滤风速 0.5～2.0 m/min），选用涤纶布滤料，要求进入除尘器的气体温度不超过 393 K，除尘器压力损失不超过 1 200 Pa，烟气性质近似于空气。滤饼密度 $\rho_c=1.2$ g/cm³，粉尘真密度 $\rho_p=1.78$ g/cm³。试确定：①过滤速度（m/min）；②粉尘负荷（kg/m²）；③除尘器的压力损失 ΔP；④最大清灰周期；⑤滤袋面积；⑥滤袋的尺寸（直径 d、长度 l）和条数 n。

35. 已知泡沫除尘器的空气动力分割粒径为 1.0 μm，粉尘粒径分布呈对数正态分布，中位径为 6.9 μm，几何标准差为 2.72，粉尘密度为 2 100 kg/m³，估算总通过率。

36. 对于粉尘颗粒在液滴上的捕集，一个近似的表达式为：

$$\eta = \exp[-(0.018M^{(0.5+R)}/R-0.6R^2)]$$

其中 M 是惯性碰撞参数的平方根，即 $M=St^{0.5}$，拦截参数 $R=d_p/D_L$，D_L 是平均液滴直径。对于 $\rho_p=2$ g/cm³ 的粉尘与液滴之间的相对运动速度为 30 m/s，流体温度 297 K，试计算粒径为 10 μm 和 50 μm 的两种粉尘在直径为 50 μm、100 μm、500 μm 液滴上的捕集效率。

37. 一个文丘里洗涤器用来净化含尘气体，操作条件如下：$L=1.36$ L/m³，喉管气速为 83 m/s，粉尘密度为 0.7 g/cm³，烟气黏度为 2.23×10^{-5} Pa·s。取经验系数 $f=0.2$，肯宁汉修正系数 $C_u=1$，计算除尘器压力损失 ΔP 和总除尘效率 η。烟气中粉尘的粒度分布如下：

d_p/μm	<0.1	0.1～0.5	0.5～1.0	1.0～5.0	5.0～10.0	10.0～15.0	15.0～20.0	>20.0
重量/%	0.01	0.21	0.78	13.0	16.0	12.0	8.0	50.0

38．水以液气比 1.2 L/m³ 的速率进入文丘里管，喉管气速 116 m/s，气体黏度为 1.845×10⁻⁵ Pa·s，粉尘粒子密度为 1.78 g/cm³，粉尘平均粒径为 1.2 μm，f 取 0.22。求文丘里洗涤器的压力损失 ΔP 和通过率 P。载气为空气，温度 293 K，压力 1.013×10⁵ Pa。

39．设计一带旋风分离器的文丘里洗涤器，用来处理锅炉在 1 atm 和 510.8 K 的条件下排出的烟气。其流量为 71 m³/s，要求压力损失为 1 493.5 Pa 以达到要求的处理效率，并估算洗涤器的尺寸。

第七章 气态污染物控制技术基础

无机或有机的气态污染物不仅种类多、分布广,而且会在大气环境中发生转化和迁移,生成更为复杂的二次污染物,对大气环境质量影响很大,因而控制气态污染物的排放对大气环境质量的保护意义重大。烟气或废气中的气态污染物与载气形成的是均相体系,需利用污染物与载气间的物理或化学性质方面的差异,经过物理、化学变化,使污染物的物相或物质结构发生改变,从而实现分离或转化。吸收、吸附和催化转化是主要的分离和转化单元操作方法,因此本章对吸收、吸附、催化转化的基本原理、工艺及设备做一简要介绍,为后面学习气态污染物控制技术打下基础。

第一节 吸收净化法

吸收净化法是利用气态污染物中各组分在液体吸收剂中溶解度不同,将其中某些污染物组分溶于吸收剂内,从而完成分离和净化。它是气态污染物控制的重要手段之一,具有效率高、主体设备较简单、投资费用适中等优点。

若吸收过程溶质与吸收剂不发生显著的化学反应,可视为单纯的气态污染物溶解于吸收剂的物理吸收过程(如用水吸收二氧化碳);若溶质与吸收剂有显著的化学反应发生,则为化学吸收过程(如用氢氧化钠溶液吸收二氧化碳)。采用化学吸收能大大提高单位体积液体所能吸收气态污染物的量并加快吸收速率。环境工程领域净化过程的特点是处理气量大、污染物浓度低、要求净化程度高,因而化学吸收常常成为首选的手段。例如,含 SO_2、H_2S 和 HCl 等污染物的废气,就常用化学吸收法处理。

本节在介绍气液相平衡和物理吸收法基本原理的基础上,重点讨论伴有化学反应的吸收过程及工艺设备计算方法。

一、吸收法基本原理

(一)气体溶解与气液相平衡

气体和液体接触时,会发生气相中可溶组分向液体中转移的溶解过程和溶液中已溶解的溶质从液相向气相逃逸的解吸过程。过程开始时以溶解为主,随后,溶解速率逐渐下降,解吸速率逐渐上升，经过足够长的时间后，两种速率相等，气液两相间传质达到动平衡状态，简称为相平衡或平衡。

1. 物理相平衡关系

若在一定温度下，将平衡时溶质在气相中的分压 p^* 与其在液相中的摩尔分数 x 用图形相关联，即得溶解度曲线。

当用可溶组分（溶质）的摩尔分数 x 与其气相的平衡分压 p^* 之间建立关系式时，可用亨利定律表示

$$p^* = Ex \tag{7-1}$$

式中：E——亨利系数，单位与压强单位一致。

也可表示为

$$p^* = \frac{c}{H} \tag{7-2}$$

$$y^* = mx \tag{7-3}$$

式中：c —— 溶质液相浓度，$kmol/m^3$；

H —— 溶解度系数，$kmol/(m^3 \cdot kPa)$；

y^* —— 平衡时溶质在气相中的摩尔分数；

m —— 相平衡常数（或分配系数）。

亨利定律是关于理想状态的气液平衡关系的描述，因此它仅适用稀溶液和溶质在气相和溶液中分子状态相同时的情况。

2. 伴有化学反应的相平衡

在化学吸收过程中，由于发生了某种化学反应或离解、聚合等，溶质在气、液相间的平衡关系既受到气液相平衡的约束，又受化学平衡的约束。表现在宏观上，会产生对亨利定律的偏差。化学反应的存在，往往增大了气体的溶解度。另外，吸收剂中的电解质对气体的溶解度有显著影响，称为盐效应。在绝大多数情况下，盐效应将降低气体的溶解度，称为盐析效应；在极少数情况下，会增大气体的溶解度，称为盐溶效应。

设气相组分 A 进入液相后，与液相中组分 B 发生可逆反应，生成了 M 和 N，则气、液相间平衡与化学反应平衡可表示为

$$a\text{A（液）} + b\text{B} \underset{}{\overset{\text{化学平衡}}{\rightleftharpoons}} m\text{M} + n\text{N}$$

$$\Big\updownarrow \text{气液相平衡}$$

$$a\text{A（气）}$$

化学平衡常数为

$$K = \frac{a_M^m a_N^n}{a_A^a a_B^b} = \frac{c_M^m c_N^n}{c_A^a c_B^b} \cdot \frac{\gamma_M^m \gamma_N^n}{\gamma_A^a \gamma_B^b}$$

式中：a_M、a_N、a_A、a_B——各组分活度；

c_M、c_N、c_A、c_B——各组分浓度；

γ_M、γ_N、γ_A、γ_B——各组分活度系数；

a、b、c、d——各组分计量系数。

如果令 $K_\gamma = \dfrac{\gamma_M^m \gamma_N^n}{\gamma_A^a \gamma_B^b}$（理想溶液的 $K_\gamma = 1$），则

$$K' = \frac{K}{K_\gamma} = \frac{c_M^m c_N^n}{c_A^a c_B^b} \tag{7-4}$$

因此

$$c_A = \left(\frac{c_M^m c_N^n}{K' c_B^b} \right)^{\frac{1}{a}}$$

由于溶质在液相中有化学反应发生，进入液相的溶质 A 转变成了游离的 A 与化合态的 A 两部分。设该气液体系气相为理想气体，液相为稀溶液，则与游离态 A 的浓度 c_A 平衡的气相分压为

$$p_A^* = \frac{1}{H} c_A = \frac{1}{H} \left(\frac{c_M^m c_N^n}{K' c_B^b} \right)^{\frac{1}{a}} \tag{7-5}$$

可以看出，游离态 A 的浓度 c_A 的大小同时受相平衡与化学平衡关系的影响。显然游离态 A 的浓度 c_A 只是进入液相的 A 的一部分，与物理吸收相比，在 $1/H$ 相同时，组分 A 在气相中的平衡分压相对较低。

气相组分 A 进入含有 B 组分的液相后，发生的行为主要有 A 与溶剂相互作用、A 在溶液中离解、A 与 B 作用等几种情况，液相吸收能力 c_A° 与气相中 A 组分分压 p_A 的关系总可以通过相平衡与化学平衡的关联得到。

【例 7-1】 求 20℃下，SO_2 在水中的溶解度。已知混合气体中 SO_2 平衡分压为 5 kPa，$1/H$ 为 62 kPa·m³/kmol，离解平衡常数 $K' = c_{HSO_3^-} \cdot c_{H^+} / c_{SO_2} = 1.7 \times 10^{-2}$ kmol/m³。

解： SO_2 溶于水中，通常发生如下反应：$SO_2 + H_2O \Longleftrightarrow H_2SO_3$，$H_2SO_3 \Longleftrightarrow H^+ + HSO_3^-$

将以上两式合并，得 $SO_2 + H_2O \Longleftrightarrow HSO_3^- + H^+$，该反应平衡常数 $K' = c_{HSO_3^-} \cdot c_{H^+} / c_{SO_2}$

如果液相无其他同离子，则 $c_{HSO_3^-} = c_{H^+} = \sqrt{K' c_{SO_2}}$

液相总浓度 $c^0_{SO_2} = c_{SO_2} + c_{HSO_3^-} = p_{SO_2}H_{SO_2} + \sqrt{K'p_{SO_2}H_{SO_2}} = \dfrac{5}{62} + \sqrt{\dfrac{1.7\times10^{-2}\times5}{62}}$

$$= 0.080\,7 + 0.037 = 0.117\,7\,\text{kmol} / \text{m}^3 = 7.53\,\text{kg} / \text{m}^3$$

该计算值与 SO_2 的溶解度数据一致。上述计算中，第二项占的比例约为 31.5%，不可忽略。

（二）气液传质理论

任何过程都涉及极限和速率两个问题，也就是热力学和动力学的问题，相平衡反映了吸收过程的方向和极限问题，而气液传质理论则为过程速率的计算提供基础。

物质传递的机制主要是分子扩散和对流传质两种：

1. 分子扩散

分子扩散是指在一相流体内部存在某一组分的浓度差时，因分子的无规则热运动使该组分由高浓度处传递至低浓度处的物质传递现象。分子扩散过程进行的快慢可用扩散通量来度量。扩散通量定义为单位传质面积上单位时间内扩散传递的物质量。当物质 A 在介质 B 中发生扩散时，任一点处的扩散通量为

$$J_A = -D_{AB}\dfrac{\mathrm{d}c_A}{\mathrm{d}z} \tag{7-6}$$

式中：J_A——物质 A 在扩散方向（z 方向）上的分子扩散通量，$\text{kmol} / (\text{m}^2 \cdot \text{s})$；

$\dfrac{\mathrm{d}c_A}{\mathrm{d}z}$——物质 A 的浓度 c_A 在 z 方向上的浓度梯度，kmol/m^3；

D_{AB}——物质 A 在介质 B 中的分子扩散系数，m^2/s。

分子扩散系数是单位浓度梯度的扩散通量，是物质的特性常数之一，一般由实验确定，或从有关手册中查找或估算。负号表示扩散是沿着物质 A 浓度降低的方向进行的。

2. 对流传质

对流传质是由流体的宏观流动导致的物质的传递现象，通常是指流体与某一界面（如气液界面）之间的传质。

有效滞流膜层模型认为，流体作湍流流动时，湍流主体中溶质浓度是均匀的，浓度梯度和传质过程只存在于靠近相界面的一层很薄的滞流层内。图 7-1（a）表示一湿壁塔的气液逆流接触情况，图 7-1（b）表示该塔任一横截面 m—n 上相界面的气相一侧溶质 A 浓度分布的情况。图中横轴为离开相界面的距离 z，纵轴表示溶质 A 的分压 p。在靠近相界面处有一个滞流内层，其厚度以 z'_G 表示。气相主体湍动程度越高，z'_G 越小。

图中，溶质 A 自气相主体向相界面转移，在稳定状况下，m—n 截面上不同 z 值各点处的传质速率应相同。在滞流内层里，A 的传递单靠分子扩散作用，分压梯度较大；在过渡区，由于开始发生涡流扩散的作用，故分压梯度逐渐变小；在湍流主体中，有强烈的涡

流扩散作用，使得 A 的分压趋于一致，分压梯度几乎为零。

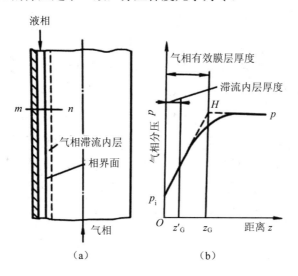

图 7-1　传质的有效滞流膜层

在厚度为 z_G 的纯滞流膜层内，物质传递形式为分子扩散，可按有效滞流膜层内的分子扩散速率写出由气相主体到相界面（气相一侧）的对流扩散速率关系式，即

$$N_A = \frac{DP}{RTz_G p_{Bm}}(p - p_i) \tag{7-7}$$

式中：N_A——溶质 A 的对流扩散速率，kmol/（m²·s）；

　　　z_G——气相有效滞流膜层厚度，m；

　　　p——溶质 A 在气相主体中的分压，kPa；

　　　p_i——溶质 A 在相界面处的分压，kPa；

　　　p_{Bm}——惰性组分 B 在气相主体中与相界面处的分压的对数平均值，kPa。

同理，有效滞流膜层在液相一侧的对流扩散速率关系式可写为

$$N_A = \frac{D'c}{z_L c_{Sm}}(c_{Ai} - c_A) \tag{7-8}$$

式中：z_L——液相有效滞流膜层厚度，m；

　　　c——溶液总浓度，kmol/m³；

　　　c_A——液相主体中的溶质 A 浓度，kmol/m³；

　　　c_{Ai}——相界面处的溶质 A 浓度，kmol/m³；

　　　c_{Sm}——溶剂 S 在液相主体中与相界面处的浓度的对数平均值，kmol/m³。

（三）吸收速率方程式

1. 双膜理论

对于溶质 A 从气相主体到液相主体整个两相间不伴有显著化学反应时的传质过程，刘易斯（W. K. Lewis）和惠特曼（W. G. Whitman）提出了双膜理论，把整个相际传质过程简化为经由气、液两膜的分子扩散过程，如图 7-2 所示。双膜理论认为相界面上气液两相处于平衡状态，即图中 p_i 与 c_i 符合平衡关系。整个相际传质过程的阻力全部集中在两个有效膜层里。在两相主体浓度一定的情况下，两膜的阻力便决定了传质速率的大小。对于具有固定相界面的系统及流动速度不高的两流体间的传质，双膜理论与实际情况是相当符合的。根据这一理论的基本概念所确定的相际传质速率关系，至今仍是传质设备设计的重要依据。

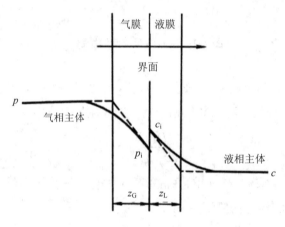

图 7-2 双膜理论示意图

2. 不伴有显著化学反应时吸收速率方程式

稳态下，任一传质相界面两侧的气、液膜层中的传质速率应是相同的。因此，任何一侧有效膜中的传质速率都能代表该处的吸收速率。根据气膜（液膜）的推动力及阻力写出的速率关系式称为气膜（液膜）吸收速率方程式，相应的吸收系数称为气膜（液膜）吸收系数，可用 k_G（k_L）表示。

（1）气膜吸收速率方程

根据气相主体到相界面的对流扩散速率方程式（式 7-7），令

$$\frac{DP}{RTz_G p_{Bm}} = k_G$$

则式（7-7）可写成

$$N_A = k_G(p - p_i) \tag{7-9}$$

式中：k_G——气膜吸收系数，kmol/（$m^2 \cdot s \cdot kPa$）。

式（7-9）为气膜吸收速率方程式，也可写成

$$N_A = \frac{p - p_i}{1 / k_G}$$

气膜吸收系数的倒数 $1/k_G$ 可视为溶质通过气膜的传递阻力，它的表达形式与气膜推动力（$p-p_i$）相对应。

当气相的组成以摩尔分数表示时，相应的气膜吸收速率方程式为

$$N_A = k_y(y - y_i) \tag{7-10}$$

式中：k_y——气膜吸收系数，单位与传质速率的单位相同，kmol/（$m^2 \cdot s$）；

　　　y —— 溶质 A 在气相主体中的摩尔分数；

　　　y_i—— 溶质 A 在相界面处的摩尔分数。

$1/k_y$ 是与气膜推动力（$y-y_i$）相对应的气膜阻力。

（2）液膜吸收速率方程

根据由相界面到液相主体的对流扩散速率方程式（7-8），令

$$\frac{D'c}{z_L c_{Sm}} = k_L$$

可得液膜吸收速率方程式

$$N_A = k_L(c_{Ai} - c_A) \tag{7-11}$$

或

$$N_A = \frac{c_{Ai} - c_A}{1 / k_L}$$

式中：k_L——液膜吸收系数，kmol/（$m^2 \cdot s \cdot kmol/m^3$）或 m/s。

液膜吸收系数的倒数 $1/k_L$ 表示吸收质通过液膜的传递阻力，它的表达形式与液膜推动力（c_A-c_{Ai}）相对应。

当液相的组成以摩尔分数表示时，相应的液膜吸收速率方程式为

$$N_A = k_x(x_i - x) \tag{7-12}$$

k_x 也称为液膜吸收系数，其单位与传质速率的单位相同，为 kmol/（$m^2 \cdot s$）。它的倒数 $1/k_x$ 是与液膜推动力（$x-x_i$）相对应的液膜阻力。

（3）界面浓度

根据双膜理论，在稳定状况下，气液两膜中的传质速率应当相等，即

$$N_A = k_y(y - y_i) = k_x(x_i - x)$$

所以有

$$\frac{y - y_i}{x_i - x} = \frac{k_x}{k_y} \tag{7-13}$$

参照图 7-3，a 点坐标为（y，x），b 点坐标为（y_i，x_i）;故 ab 连线的斜率为（$-k_x/k_y$）。确定界面浓度（y_i，x_i）的方法可以从气、液相的实际浓度点 a 出发，以（$-k_x/k_y$）为斜率作一直线，此直线与平衡线交点 b 的坐标即为所求的界面浓度。当平衡线可用某种函数形式 $y^* = f(x)$ 表示时，将其与式（7-13）联立求解，也可获得界面浓度 y_i 与 x_i。

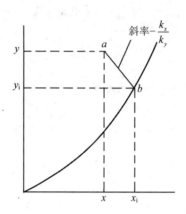

图 7-3　界面浓度的求取

（4）总吸收速率方程

1）以（$p-p^*$）表示总推动力的吸收速率方程式

令 p^* 为某溶质的与液相主体浓度 c 成平衡的气相分压，由于气、液两相平衡和相界面平衡服从亨利定律，将气、液相吸收速率方程改写并相加处理可得

$$N_A\left(\frac{1}{Hk_L} + \frac{1}{k_G}\right) = p - p^* \tag{7-14}$$

令

$$\frac{1}{K_G} = \frac{1}{Hk_L} + \frac{1}{k_G} \tag{7-15}$$

则

$$N_A = K_G(p - p^*) \tag{7-16}$$

式中：K_G——气相总吸收系数，单位与 k_G 相同，即 kmol/（m²·s·kPa）。

式（7-16）即为以（$p-p^*$）为总推动力的吸收速率方程式，也称为气相总吸收速率方程式。总系数 K_G 的倒数为两膜总阻力，是气膜阻力 $1/k_G$ 与液膜阻力 $1/Hk_L$ 之和。

对易溶气体，H 值很大，在 k_G 与 k_L 数量级相同或接近的情况下存在如下关系

$$\frac{1}{Hk_L} \ll \frac{1}{k_G}$$

此时传质总阻力主要集中在气膜之中，而液膜阻力可以忽略，式（7-15）可简化为

$$K_G \approx k_G$$

因为 $1/H$ 很小，所以 $p-p^* \approx p-p_i$，即气相传质推动力近似等于总推动力。吸收总推动力的绝大部分用于克服气膜阻力，如水对 HCl、NH_3 的吸收过程，通常被视为"气膜控制"的吸收过程。显然，如要提高其吸收速率，在设备选型及确定操作条件时应注意减小气膜阻力。

2）以（c^*-c）表示总推动力的吸收速率方程式

以 c^* 代表与气相分压 p 成平衡的液相浓度，类似地可推出

$$N_A = K_L(c^*-c) \tag{7-17}$$

其中

$$\frac{1}{K_L} = \frac{H}{k_G} + \frac{1}{k_L} \tag{7-18}$$

式中：K_L—— 液相总吸收系数，$kmol/（m^2 \cdot s \cdot kmol/m^3）$，即 m/s。

式（7-18）即为以（c^*-c）为总推动力的吸收速率方程式，也称为液相总吸收速率方程式。总系数 K_L 的倒数为两膜总阻力，由气膜阻力 H/k_G 与液膜阻力 $1/k_L$ 组成。

对难溶气体，H 值甚小，在 k_G 与 k_L 数量级相同或接近的情况下，有

$$\frac{H}{k_G} \ll \frac{1}{k_L}$$

此时传质阻力的绝大部分存在于液膜之中，气膜阻力可以忽略，因而式（7-18）可以简化为

$$K_L \approx k_L$$

并且因为 $1/H$ 很大，所以 $c^*-c \approx c_i-c$，吸收总推动力的绝大部分用于克服液膜阻力。如用水吸收 CO、H_2、O_2 等，称为"液膜控制"吸收过程。对于液膜控制的吸收过程，如要提高其速率，在设备选型及确定操作条件时，应注意减小液膜阻力。

对于具有中等溶解度的气体吸收过程，一般气膜阻力与液膜阻力均不可忽略。例如，水对 SO_2 的吸收，要提高过程速率，必须兼顾气、液两膜阻力的降低。

3．伴有化学反应的吸收速率

伴有化学反应的吸收过程的主要特点是溶质进入液相后，在扩散路径上不断被化学反应所消耗。设溶质 A 与吸收剂中的化学组分 B 发生如下反应：$A+B \longrightarrow AB$，由于化学反应的存在，降低了溶质在液膜和液相主体中的浓度，即加大了相际间传质推动力（图 7-4），因此，与物理吸收过程比较，化学吸收过程有较高的吸收速率和高的吸收效率，对于完成相同的气体净化任务，化学吸收过程所需设备体积将小于物理吸收过程。伴有化学反应吸收过程的速率同时受化学反应速率及传质机理的影响。

　　基于双膜理论，溶质 A 在气相传递，经过气膜，到达气液相界面，然后进入液膜，将会与活性组分 B 发生反应。如果 A 和 B 间的反应足够快，A 和 B 不能共存，则反应场所为一个面。如果 A 和 B 的反应不够快，A 和 B 可以在一定时间内共存，则 A 和 B 的反应场所是一个区间。受 B 的浓度和液膜厚度的制约，该区间可能在液膜中，也可能扩展至液相本体，如图 7-5 所示。

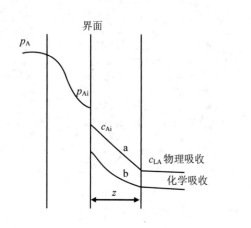

图 7-4　物理吸收与化学吸收的浓度分布

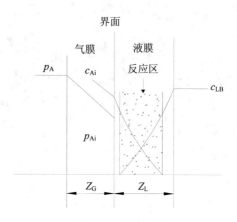

图 7-5　反应场所

　　实践中，通常选用不可逆的瞬间反应来强化吸收过程，A 和 B 接触即发生反应，生成 C。假若产物 C 不挥发，则在液膜中形成一个由产物 C 组成的产物层，在该产物层之外，在 C 向液相主体扩散的过程中，在液膜中形成了一个 C 的浓度梯度，如图 7-6 所示。

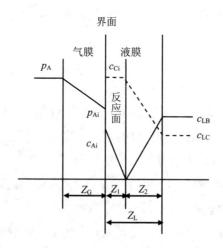

图 7-6　瞬间反应吸收浓度分布

　　由于反应进行得非常迅速，在气液两相界面处，活性组分 B 迅速被消耗掉。随着过程的进行，反应面逐渐向右移，一直到由气膜扩散而来的溶质 A 的速率与从液相主体中扩散而来的活性组分 B 的速率相当（即 A、B 两组分根据反应的计量关系恰好完全反应）时，反应面才停留在液膜内某一平衡位置而保持不动（图 7-6），故反应面在液膜内的确定位置取决于液膜中 A、B 两组分向反应面扩散的速率的相对大小。由于反应为瞬间进行，故在液膜内，A、B 组分不能共存，反应只在液膜内某一面上进行，该反应面以外的液膜内，则无化学反应发生。分别在 $0<Z<Z_1$，$Z_1<Z<Z_L$ 液膜内取截面积微层 dZ 对传递进出微元的 A、B 组分作物料衡算，可得

$$\begin{cases} D_{LA}\dfrac{d^2c_A}{dZ^2}=0 & (0<Z<Z_1) \\[3mm] D_{LB}\dfrac{d^2c_B}{dZ^2}=0 & (Z_1<Z<Z_L) \end{cases} \tag{7-19}$$

边界条件为

$$\begin{cases} Z=0 & c_A=c_{Ai} \\[2mm] Z=Z_L & c_B=c_{LB} \\[2mm] Z=Z_1 & c_A=c_B=0 \\[2mm] \dfrac{D_{LA}dc_A}{dZ}+\dfrac{D_{LB}dc_B}{qdZ}=0 \end{cases} \tag{7-20}$$

解上述微分方程组，得溶质组分 C_A 在液膜内随液膜内距离 Z 变化的关系式

$$c_A=c_{Ai}\left[1-\frac{Z}{Z_L}\left(1+\frac{D_{LB}c_{LB}}{qD_{LA}c_{Ai}}\right)\right] \tag{7-21}$$

应用菲克定律可得相界面处的吸收速率方程式为

$$N_A=-D_{LA}\left(\frac{dc_A}{dZ}\right)_{z=0}=c_{Ai}\left(\frac{D_{LA}}{Z_L}\right)\left[1+\frac{D_{LB}c_{LB}}{qD_{LA}c_{Ai}}\right]$$
$$=\beta_\infty k_{LA}c_{Ai}=\beta_\infty k_{LA}\left(c_{Ai}-0\right) \tag{7-22}$$

其中：$\beta_\infty=1+\dfrac{D_{LB}c_{LB}}{qD_{LA}c_{Ai}}$ 为瞬间反应增强因子。

与物理吸收液膜吸收速率式 $N_A=k_{LA}\left(c_{Ai}-c_{AL}\right)=k_{LA}\left(c_{Ai}-0\right)$ 相比，β_∞ 反映了由于化学反应使吸收速率增加的倍数。

由式（7-22）还可进一步得到

$$N_A=\frac{H_Ap_A+\left(\dfrac{D_{LB}}{D_{LA}}\right)\left(\dfrac{c_{LB}}{q}\right)}{\dfrac{1}{k_{LA}}+\dfrac{H_A}{k_{GA}}}=\frac{p_A+\dfrac{D_{LB}c_{LB}}{qH_AD_{LA}}}{\dfrac{1}{H_Ak_{LA}}+\dfrac{1}{k_{GA}}} \tag{7-23}$$

即

$$N_A=K_{GA}\left(p_A+\frac{D_{LB}c_{LB}}{qH_AD_{LA}}\right) \tag{7-24}$$

$$N_A = K_{LA}\left(c_{AL}^* = \frac{D_{LB}c_{LB}}{qD_{LA}}\right) \tag{7-25}$$

由式（7-23）可见，当气相分压 p_A 为常数、两膜状况不变时，N_A 与 c_{LB} 成直线关系变化，即随液相活性组分 B 浓度增加，吸收速率增加。c_{LB} 增加，也使反应面向气液相界面靠近。反应面与相界面重合时的 c_{LB} 称为临界浓度 $c_{LB临}$（图 7-7），此时，反应面即为相界面，且界面处 $p_A=0$，$c_{Ai}=0$，$c_{Bi}=0$。若 c_{LB} 进一步增加，整个吸收过程转为气膜控制，吸收速率表达式变为

$$N_A = k_{GA}p_A \tag{7-26}$$

要进一步提高吸收速率，需增加 A 的气相分压，而不是增加 c_{LB}。

由式（7-23）及当 $p_{Ai}=0$ 时，可推出：

$$c_{LB临} = \frac{qp_A k_{GA}D_{LA}}{k_{LA}D_{LB}} \tag{7-27}$$

可见，伴有瞬间不可逆反应的吸收过程，在活性组分浓度 $c_{LB} < c_{LB临}$ 时，过程速率随 c_{LB} 增大而增大，反应面位于液膜内，在反应面处 $c_{Ai}=0$，$c_{Bi}=0$，吸收速率可用式（7-22）或式（7-23）计算；而当 $c_{BL} \geqslant c_{LB临}$ 时，过程转为气膜控制，吸收速率随 p_A 增加而增大，此时反应面位于气液相界面上。在相界面上有 $p_{Ai}=0$，$c_{Bi}=0$（$c_{BL}=c_{LB临}$ 时），或 $p_{Ai}=0$，$c_{Bi}>0$（$c_{BL}>c_{LB临}$ 时），吸收速率为 $N_A=k_{GA}p_A$。

【例 7-2】用乙醇胺（MEA）溶液作吸收剂处理含 0.1% H_2S 的废气，废气压力为 2 MPa，吸收剂中含 250 mol/m^3 的游离 MEA。吸收在 20℃下进行，反应可视为瞬间不可逆反应

$$H_2S+CH_2OHCH_2NH_2 \longrightarrow HS^-+CH_2OHCH_2NH_3^+$$

已知：$k_{LA}a=108\ h^{-1}$，$k_{GA}a=2.13\times10^3\ mol/(m^3 \cdot h \cdot kPa)$，$D_{LA}=5.4\times10^{-6}\ m^2/h$，$D_{LB}=3.6\times10^{-6}\ m^2/h$，求吸收速率 N_A。

解：先求出 $c_{LB临}$，以便判别过程是否属气膜控制

$$c_{LB临} = \frac{qp_A k_{GA}D_{LA}}{k_{LA}D_{LB}} = \frac{2\times10^3\times10^{-3}\times2.13\times10^3\times5.4\times10^{-6}}{108\times3.6\times10^{-6}} = 59\ (mol/m^3)$$

由于 $c_{LB}=250\ mol/m^3 > 59\ mol/m^3$，过程属气膜控制，故

$$N_A=k_{GA}ap_A=2.13\times10^3\times2\times10^3\times10^{-3}=4.26\times10^3\ kmol/(m^3 \cdot h)$$

4. 化学吸收速率式中的几个参数

由上述讨论可见，由于吸收过程中伴有化学反应，使得吸收速度增加，其增大的程度，采用增强因子 β 来表示。还引进一个参数 $\alpha = \sqrt{k_1/D_{LA}}$，它反映了反应速度常数 k_1 与扩散系数 D_{LA} 的相对大小，有人将 αZ_L 一起用 γ 表示，并将 γ^2 称为膜内转化系数。它的大小反映了 A 组分在液膜内反应能力与传质能力的相对大小。

$$r^2 = (\alpha Z_L)^2 = \frac{k_1 Z_L^2}{D_{LA}} = \frac{k c_{LB} Z_L c_{Ai}}{k_{LA} c_{Ai}}$$

$$= \frac{\text{A组分在液膜中可能反应的最大量}}{\text{A组分扩散通过液膜的最大值}}$$

由 γ 的大小，可以近似判断化学吸收中化学反应的快慢程度及类型：$\gamma > 2$，反应在液膜内进行，瞬间及快速反应；$0.02 < \gamma < 2$，反应在液膜和液相主体内进行，中速及慢速反应；$\gamma < 0.02$，反应在液相主体进行，极慢反应。

【例 7-3】用碱性溶液吸收废气中某种酸性气体污染物反应 A+B→C，已知化学反应速度 $-\dfrac{\mathrm{d}c_A}{\mathrm{d}\tau} = k c_A c_{BL}$，$c_{BL}=0.5 \ \mathrm{kmol/m^3}$ 在液膜内可视为不变，$k = 5\,000 \ \mathrm{m^3/(kmol \cdot s)}$，$k_{LA}=1.5 \times 10^{-4} \ \mathrm{m/s}$，$D_{LA}=1.8 \times 10^{-9} \ \mathrm{m^2/s}$，$D_{LB}=2D_{LA}$，$H_A=1.38 \times 10^{-4} \ \mathrm{kmol/(m^3 \cdot kPa)}$，$p_{Ai}=1.013 \ \mathrm{kPa}$，试求化学吸收总速率 N_A。

解： 由于 c_{LB} 可视为常数，则 $k c_{BL}=k_1$ 为常数。

$$k_1 = k c_{BL} = 5 \times 10^3 \times 0.5 = 2.5 \times 10^3 \ \mathrm{s}$$

$$\gamma = \alpha z_L = \frac{D_{LA}}{k_{LA}} \cdot \sqrt{\frac{k_1}{D_{LA}}} = \frac{1.8 \times 10^{-9}}{1.5 \times 10^{-4}} \times \sqrt{\frac{2.5 \times 10^3}{1.8 \times 10^{-9}}} = 14.14 > 2$$

可视为快速拟一级反应，故 $\beta \approx \gamma = 14.14$

$$N_A = \beta k_{LA} c_{Ai} = \beta k_{LA} \cdot H P_{Ai} = 14.14 \times 1.5 \times 10^{-4} \times 1.38 \times 10^{-4} \times 1.013 = 2.97 \times 10^{-7} \ \mathrm{kmol/(m^2 \cdot s)}$$

二、吸收塔设计计算基础

气态污染物的吸收工艺主要通过吸收塔设备实现传质过程，根据气态污染物工况条件确定吸收工艺及其操作参数，其中的重要内容是完成吸收塔的设计，通常需要首先确定以下条件：①待分离混合气中溶质 A 的组成 Y_1（摩尔比，下同）及处理量 V（kmol 惰性气体/s）；②吸收剂的种类及操作温度、压强及已知吸收相平衡关系；③吸收剂中溶质 A 的初始组成 X_2；④分离要求，即吸收率 E_A。

塔设计计算的最基本任务包括：①吸收剂用量 L（kmol 纯溶剂/s）或液气比 L/V；②塔径计算；③填料层高度或塔板数的计算。

吸收塔的其他设计内容，如塔的总高度、流体力学计算及校核，部件设计等，可查有关工程手册。

（一）吸收塔的基本计算

1. 全塔物料衡算

图 7-7 为一逆流连续接触式废气净化吸收塔示意图。以下标"1"代表塔底截面，下标"2"代表塔顶截面。对于稳定过程，单位时间进、出吸收塔的气态污染物量，可通过全塔

物料衡算确定，即

$$VY_1 + LX_2 = VY_2 + LX_1$$

若 G_A 为吸收塔的传质负荷，即废气通过吸收塔时，单位时间内气态污染物被吸收剂吸收的量（kmol/h），则

$$G_A = V(Y_1 - Y_2) = L(X_1 - X_2) \qquad (7\text{-}28)$$

式中：V——单位时间通过吸收塔的惰性气体（B）量，kmol（B）/h；

L——单位时间内通过吸收塔的吸收剂（S）量，kmol（S）/h；

Y_1，Y_2——分别为进塔及出塔废气中气态污染物 A 的摩尔比，kmol（A）/kmol（B）；

X_1，X_2——分别为出塔及进塔吸收液中气态污染物 A 的摩尔比，kmol（A）/kmol（S）。

上式中，进塔废气的流率 V 和组成 Y_1 是净化吸收的要求所规定的；进塔吸收剂的初始组成 X_2 一般由工艺确定；出塔尾气浓度 Y_2 则可由给定的吸收率 E_A 求出

$$Y_2 = Y_1(1 - E_A)$$

因此，吸收剂用量 L 确定后，便可由式（7-32）求出塔底排出的吸收液组成 X_1。

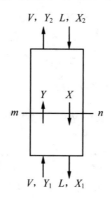

图 7-7   逆流吸收塔物料衡算

2. 操作线方程与操作线

在逆流操作的吸收塔内，由塔中任一截面 m—n 分别至塔 1 端或 2 端间对气态污染物 A 作物料衡算，可得塔中任一截面处气相组成 Y 与液相组成 X 间的关系

$$Y = \frac{L}{V}X + \left(Y_1 - \frac{L}{V}X_1\right) \qquad (7\text{-}29)$$

和

$$Y = \frac{L}{V}X + \left(Y_2 - \frac{L}{V}X_2\right) \qquad (7\text{-}30)$$

式（7-29）与式（7-30）均为逆流吸收塔的操作线方程式，可见，在定态下，塔内任一横截面上 Y 与 X 之间呈直线关系。该直线的斜率为 L/V，称为液气比，其端点分别为塔底端的液、气相组成所确定的点 B（X_1，Y_1）和塔顶端的液、气相组成所确定的点 T（X_2，

Y_2)（图 7-8），故操作线只取决于塔底和塔顶两端的气、液相组成和液气比，其上任何一点 A，代表塔内相应截面上的液、气相组成 X、Y。

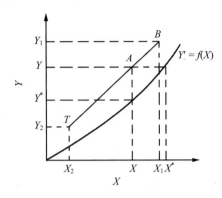

图 7-8　逆流吸收塔的操作线

任一截面上气、液两相间的传质推动力为该截面上一相的组成和另一相的平衡组成之差，即（$Y-Y^*$）或（X^*-X），它们在图 7-8 中显示为操作线和平衡线的垂直距离或水平距离，两线相距越远传质推动力越大。

3. 最小液气比的确定

如图 7-9（a）所示，由于吸收剂的初始组成 X_2 是给定的，出塔尾气组成 Y_2 可由所要求的吸收率 E_A 求出，因此吸收操作线的低浓端（塔顶）T 的坐标（X_2，Y_2）是已知的。从 T 点出发，以操作线斜率 L/V 作直线，该直线与 $Y=Y_1$ 水平线的交点即为操作线的高浓端 B。在 V 给定的条件下，若减小吸收剂用量 L，则操作线的斜率 L/V 变小，操作线向平衡线靠近，出塔吸收液中气态污染物 A 的浓度 X_1 增大，吸收推动力随之减小，故达到 Y_2 分离要求所需的塔高增加。当吸收剂用量减少到使操作线与平衡线相交时，操作线高浓端为 B^*，$X_1=X_1^*$。此时在塔的底端的推动力 $\Delta Y=0$，若要出塔尾气中气态污染物 A 的组成降至 Y_2，所需塔高为无穷高。这是液气比的下限，此时的液气比称为最小液气比，以（L/V）$_{min}$ 表示。

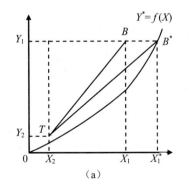
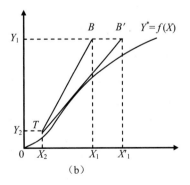

图 7-9　吸收塔的最小液气比

若平衡线符合图 7-9（a）所示的一般情况，则 $Y=Y_1$ 的水平线与平衡线的交点 B^* 为最小液气比时的操作线高浓端，读出 B^* 的横坐标 X_1^*，于是得

$$(L/V)_{min} = \frac{Y_1 - Y_2}{X_1^* - X_2} \tag{7-31}$$

式中：X_1^* 是与入塔气体组成 Y_1 呈平衡的液相组成。

若平衡关系符合亨利定律，则 $Y=Y_1$ 水平线和直线 $Y=mX$ 的交点 B^* 为最小液气比时操作线的高浓端，$X_1^* = Y_1/m$，将此关系代入式（7-31）得

$$(L/V)_{min} = \frac{Y_1 - Y_2}{Y_1/m - X_2}$$

若平衡曲线如图 7-9（b）中所示的形状，则由点 T 作平衡曲线的切线，切点处吸收的推动力为零，因此该切线与 $Y=Y_1$ 的水平线的交点 B' 为最小液气比时的操作线高浓端，读出 B' 的横坐标 X_1'，于是

$$(L/V)_{min} = \frac{Y_1 - Y_2}{X_1' - X_2} \tag{7-32}$$

实际采用的液气比必须大于最小液气比，具体大小取决于综合经济核算，一般为最小吸收剂用量的 1.1～2.0 倍，即

$$L/V = (1.1 \sim 2.0)(L/V)_{min} \tag{7-33}$$

4．塔径的确定

塔的直径主要取决于气液流率、体系的物性和所选塔板的性能或填料的种类和尺寸，可用下式计算

$$D_T = \sqrt{\frac{4V_s}{\pi u}} \tag{7-34}$$

式中：D_T——板式塔或填料塔的塔径，m；

V_s——通过塔的实际气体的体积流量，m^3/s；

u——空塔气速，m/s。

随着气相中的气态污染物逐步被吸收，气体压力逐渐降低，不同塔截面上的 V_s 有所不同，计算时一般取全塔中最大的体积流量。u 的选取与液气比、气液密度、液体的黏度以及塔板的结构或填料的种类和尺寸相关，可查有关工程手册参考选取。

（二）填料层高度计算

填料吸收塔填料层高度的计算有理论级法和传质速率法（后者又称传质单元数和传质单元高度法）。下面讨论物理吸收的传质单元高度法。

1．基本关系式的导出

如图 7-10 所示，塔内某一微分段填料层 dH 中的传质面积 dA（m^2）为

$$dA = a\Omega dH \tag{7-35}$$

式中：Ω——塔截面积，m^2；

　　a——单位体积填料层所提供的传质面积（称为有效比表面积），m^2/m^3。

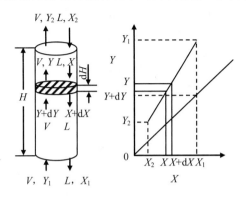

图 7-10　微元填料层的物料衡算

对微分段 dH 内的气态污染物作物料衡算，可得

$$dG = VdY = LdX$$

$$= K_Y(Y - Y_e)dA = K_X(X_e - X)dA$$

式中：dG——dH 微分段内、单位时间气态污染物的传递量，$kmol/s$。

整理后可得微分段高 dH 表达式

$$dH = \frac{V}{K_Y a\Omega} \frac{dY}{Y - Y^*} \tag{7-36}$$

$$dH = \frac{L}{K_X a\Omega} \frac{dX}{X^* - X} \tag{7-37}$$

以上两式中单位体积填料层内的有效接触面积 a 总小于单位体积填料层中的固体表面积（称为比表面积）。a 值不仅与填料的形状、尺寸及充填状况有关，而且受流体物性及流动状况的影响，常将它与吸收系数的乘积视为一体，一并测定，称为体积吸收系数。$K_Y a$ 及 $K_X a$ 则分别称为气相总体积吸收系数及液相总体积吸收系数，其单位为 $kmol/(m^3 \cdot s)$。其物理意义是在单位推动力下，单位时间、单位体积填料层内吸收的气态污染物量。

对于稳定操作的吸收塔，Ω、V 为常数，将式（7-36）积分可得所需填料层高度 H（m）

$$H = \int_{Y_2}^{Y_1} \frac{V}{K_Y a\Omega} \frac{dY}{Y - Y^*} \tag{7-38}$$

当气体浓度较低时，Y 较小，可以认为包含气态污染物 A 在内的气体流量 V' 及液流量 L' 在全塔中基本上不变，气、液相的物性变化也较小，因此各截面上的体积传质系数 $K_Y a$ 变化不大，可视为是一个和塔高无关的常数，可取平均值，于是

$$H = \frac{V}{K_Y a\Omega} \int_{Y_2}^{Y_1} \frac{\mathrm{d}Y}{Y - Y^*} \qquad (7\text{-}39)$$

同理可得

$$H = \frac{L}{K_X a\Omega} \int_{X_2}^{X_1} \frac{\mathrm{d}X}{X^* - X} \qquad (7\text{-}40)$$

2. 低浓气体传质单元高度和传质单元数

由于式（7-39）等号右端式 $V/K_Y a\Omega$ 的单位为高度单位 m，故称其为气相总传质单元高度，以 H_{OG} 表示，即

$$H_{\mathrm{OG}} = \frac{V}{K_Y a\Omega} \qquad (7\text{-}41)$$

式（7-39）等号右端式 $\int_{Y_2}^{Y_1} \mathrm{d}Y/(Y - Y^*)$ 的积分是无因次数值，称为气相总传质单元数，以 N_{OG} 表示，即

$$N_{\mathrm{OG}} = \int_{Y_2}^{Y_1} \frac{\mathrm{d}Y}{Y - Y^*} \qquad (7\text{-}42)$$

故有

$$H = H_{\mathrm{OG}} N_{\mathrm{OG}} \qquad (7\text{-}43)$$

同理可得

$$H = H_{\mathrm{OL}} N_{\mathrm{OL}} \qquad (7\text{-}44)$$

及

$$H_{\mathrm{OL}} = \frac{L}{K_X a\Omega} \qquad (7\text{-}45)$$

$$N_{\mathrm{OL}} = \int_{X_2}^{X_1} \frac{\mathrm{d}X}{X^* - X} \qquad (7\text{-}46)$$

式中：H_{OL}——液相总传质单元高度，m；

N_{OL}——液相总传质单元数，量纲 1。

因此填料层高度计算的通式为：填料层高度＝传质单元高度×传质单元数。

采用不同的吸收速率方程，可得到形式类似的不同的计算填料层高度的关系式。若所用的传质速率方程是膜速率关系式，如 $N_A = k_Y(Y_A - Y_{Ai})$ 或 $N_A = k_X(X_{Ai} - X_A)$，则可得

$$H = H_G N_G \qquad (7\text{-}47)$$

$$H = H_L N_L \tag{7-48}$$

式中：H_G，H_L——分别为气相传质单元高度 $V/k_Y a\Omega$ 及液相传质单元高度 $L/k_X a\Omega$；

N_G，N_L——分别为气相传质单元数 $\int_{Y_2}^{Y_1} \dfrac{\mathrm{d}Y}{Y - Y_i}$ 及液相传质单元数 $\int_{X_2}^{X_1} \dfrac{\mathrm{d}X}{X_i - X}$。

传质单元数 N_{OG}、N_{OL}、N_G、N_L 中的分子为气相（或液相）组成的变化，分母为过程的推动力，它综合反映了完成该吸收过程的难易程度。其大小取决于分离要求的高低和整个填料层平均推动力的大小，它与吸收的分离要求、平衡关系及液气比有关，与设备的型式和设备中气、液两相的流动状况等无关。吸收过程所需的传质单元数多，表明吸收剂的吸收性能差，或用量太少，或表明分离的要求高。

传质单元高度 H_{OG}、H_{OL}、H_G、H_L 表示完成一个传质单元分离效果所需的塔高，是吸收设备传质效能高低的反映，其大小与设备的型式、设备中气、液两相的流动条件有关。如 H_{OG} 可视为 V/Ω 和 $1/K_Y a$ 的乘积，V/Ω 为单位塔截面上惰性气体的摩尔流量，$1/K_Y a$ 反映传质阻力的大小。常用填料的 H_{OG}、H_{OL}、H_G、H_L 大致在 $0.5 \sim 1.5$ m 范围内。

3. 传质单元数的计算

传质单元数的表达式中 Y^*（或 X^*）是液相（或气相）的平衡组成，需用相平衡关系确定。因此，根据平衡关系是直线还是曲线，传质单元数的计算有不同的方法。

（1）平衡关系为直线时（平均推动力法）

当平衡关系为直线时，可用解析法求传质单元数。因操作线为直线，所以当平衡线也为直线时，操作线与平衡线间的垂直距离 $\Delta Y = Y - Y^*$（或水平距离 $\Delta X = X^* - X$）也为 Y（或 X）的直线函数（图 7-11），据此可由式（7-42）导出气相总传质单元数 N_{OG}

$$N_{OG} = \frac{Y_1 - Y_2}{\Delta Y_m} \tag{7-49}$$

$$\Delta Y_m = \frac{\Delta Y_1 - \Delta Y_2}{\ln(\Delta Y_1 / \Delta Y_2)} \tag{7-50}$$

式中：$\Delta Y_1 = Y_1 - Y_1^*$——塔底的气相总推动力；

　　　$\Delta Y_2 = Y_2 - Y_2^*$——塔顶的气相总推动力；

　　　ΔY_m——过程平均推动力，等于吸收塔两端以气相组成表示的总推动力的对数平均值。

对于液相有

$$N_{OL} = \frac{X_1 - X_2}{\Delta X_m} \tag{7-51}$$

式中，平均推动力 ΔX_m 为吸收塔两端以液相组成差表示的总推动力的对数平均值。

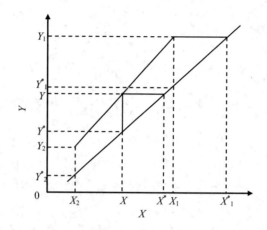

图 7-11　操作线与平衡线均为直线时的总推动力

（2）平衡关系为曲线时（图解积分法）

当平衡关系为曲线时，难以用解析法求传质单元数，通常采用图解积分法求传质单元数

$$N_{OG} = \int_{Y_2}^{Y_1} \frac{dY}{Y - Y^*} \qquad （7\text{-}52）$$

图解积分法的步骤为：①由操作线和平衡线求出与 Y 相应的 $Y\text{-}Y^*$，如图 7-12（a）所示；②在 Y_1 到 Y_2 的范围内作 $Y\text{-}[1/（Y\text{-}Y^*）]$ 曲线，如图 7-12（b）所示；③在 Y_1 与 Y_2 之间，$Y\text{-}[1/（Y\text{-}Y_e）]$ 曲线和横坐标所包围的面积即为传质单元数，如图 7-12（b）之阴影部分所示。

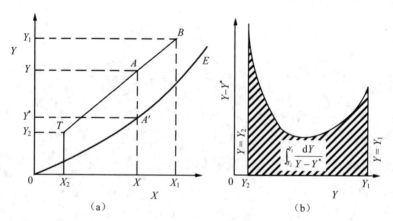

图 7-12　图解积分法求 N_{OG}

4. 传质单元高度和吸收系数

传质单元高度或吸收系数是反映吸收过程物料体系及设备传质动力学特性的参数，是

吸收塔设计计算的必需数据，多通过实验测定获得，也可从有关手册、资料中查取。通常，对同一种填料来说，传质单元高度变化不大。

吸收系数一般在中间试验设备上或生产装置上通过实验测定。用实际操作的物系，选定一定的操作条件实验，得出分离效果，应用相应的关系式再求出相应的吸收系数或传质单元高度。

（三）塔板数计算

1. 吸收过程的多级逆流理论板模型

板式塔的塔高可以用多级逆流的理论板模型进行描述和计算，如图 7-13 示。废气（组成为 Y_0）从塔底进入第 1 级理论板，从塔顶的第 N 级理论板流出。吸收剂（组成为 X_0）则从塔顶进入第 N 级理论板，从塔底第 1 级理论板流出。在塔中，在每一级理论板上，气体与上一级板流下的液体接触，气相中溶质 A 被吸收转入液相，气相组分 A 浓度降低，液相中组分 A 浓度升高，最后 A 在两相间达平衡。之后，气体继续向上进入上级理论板，液体则流入下一级理论板，分别与该级上的液相（气相）传质并达相平衡……最后从第 N 级理论板出去的气相组成 Y_N 降低到要求的 Y_{out}。此 N 即为此吸收过程所需的理论板数。

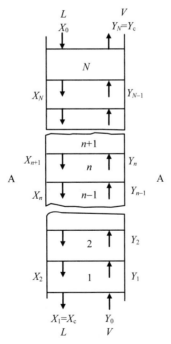

图 7-13 多级逆流理论板模型

但实际塔内，各板上气、液间并未达平衡，因而实际所需塔板数大于理论塔板数，实际所需塔板数 N_P 可用下式确定

$$N_p = N / \eta \tag{7-53}$$

式中：η——塔效率。

2．理论板数的计算

（1）逐板计算法求理论板数

由塔的某一端开始，根据"离开同一个理论板的气、液相组成呈平衡关系，相邻板间的气、液相组成服从操作线方程的原则"，进行逐板计算，直至两相组成达到塔的另一端点的组成为止。在计算过程中，平衡线的使用次数即为理论板数。如从塔底端点开始进行逐板计算，其步骤如下：

①由已知的气体初始组成 Y_0 和吸收分离要求 E_A，求出塔顶尾气组成 Y_{out}，$Y_{out}=(1-E_A)\,Y_0$；

②由给定的操作条件确定高浓端（X_{out}，Y_0）和低浓端（X_0，Y_{out}），得出操作线方程；

③从塔底（也可由塔顶）开始，作逐板计算。用平衡关系，由 X_1 求出 Y_1，用操作线方程，由 Y_1 求出 X_2；再用平衡关系，由 X_2 求出 Y_2，如此反复逐板计算，直至求出的 Y_N 等于（或小于）Y_{out} 为止。运算过程中使用吸收相平衡关系的次数 N，即为吸收所需的理论板数。

（2）图解法求理论板数

图解法的实质是根据逐板法求理论板的原理，用图解来进行逐板计算。其作法如下：

①在 $X-Y$ 坐标图上绘出平衡线与操作线，参见图 7-14。

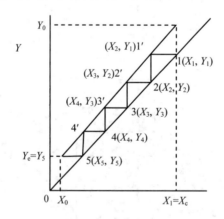

图 7-14　图解法求理论板数

②从操作线上的塔底高浓端（X_{out}，Y_0）开始（也可以从塔顶开始），向下作一垂直线，与平衡线交于点 1，然后由点 1 作水平线与操作线交于点 1′。再由点 1′作垂直线与平衡线相交于点 2 得 X_2，由点 2 作水平线与操作线交于点 2′得 X_3，如此反复作阶梯，直至 Y 等于或小于 Y_N 为止，绘出的阶梯数为理论板数，如图示为 5 块理论板。

（四）伴有化学反应吸收塔计算

伴有化学反应的吸收过程采用的设备与物理吸收类似，其设备的计算原则也基本相同，只是由于化学反应的存在，影响了过程推动力的大小，并进而影响到吸收速率及吸收设备的选择及计算。

1. 吸收设备选择与强化

化学吸收中反应过程的快慢、反应能力与扩散传质能力的相对大小决定了吸收过程的控制过程或步骤。控制过程（步骤）不同，选择设备及强化过程的措施也有不同的考虑。

表 7-1 列出了伴有化学反应吸收几种主要设备的特性及适用范围。对于 β 与 γ 值较大的过程，由于反应速度快，过程往往由扩散控制，任何强化物质扩散的手段都会显著地增加过程的总速率。因而要选择气液比较大或气液相界面较大、有利于传质的设备，如喷雾塔、文丘里等。填料塔与淋降板式塔也常被用来处理瞬间反应与快速反应吸收过程，因为它们持液量少（气液比大）而生产强度大。强化该过程的措施也就是强化扩散、传质的措施，如增加相际接触面、增加气相或液相湍动程度、增加过程推动力、降低吸收温度、提高吸收压力等。

表 7-1　伴有化学反应吸收几种主要设备形式的特性及其适用范围

形式	（相界面积/液相体积）/（m²/m³）	气液比	液相所占体积分率	液相体积/膜体积	适用范围
喷雾塔	1 200	19	0.05	2～10	$\gamma>2$ 的极快反应和快反应
填料塔	1 200	11.5	0.08	10～100	
板式塔	1 000	5.67	0.15	40～100	$0.02<\gamma<2$ 的中速反应和慢反应，也适用于气相浓度高、气液比小的快反应
鼓泡搅拌釜	200	0.111	0.9	150～800	
鼓泡塔	20	0.020 4	0.98	4 000～10 000	$\gamma<0.02$ 的极慢反应

对于 β 与 γ 值较小的反应速度较低的吸收过程，由于往往属于反应动力学控制体系，需要注意保证液相体积以及足够的反应空间。要选择气液比较小、液相体积较大的设备，如鼓泡塔、鼓泡搅拌釜等。由于鼓泡塔气速低，生产强度一般不高，也常采用具有溢流管的板式塔，如泡罩塔、筛板塔、浮阀塔、浮动喷射塔等，在这些塔的多级塔盘上，气体鼓泡通过液体层，类似多个串联的鼓泡塔。强化过程的措施包括提高吸收剂中活性组分浓度、增加设备中储液量、保证反应温度等提高反应速率的措施。

一般多采用瞬间反应及快速反应化学吸收，如用 NaOH 溶液吸收含 H_2S、CO_2、SO_2 等的废气。对于瞬间不可逆化学吸收过程而言，液相中活性组分浓度高低不同，可能发生过程由液膜控制或由气膜控制的区别，强化过程的措施也相应会有所不同。

2．填料塔计算

图 7-15 为一逆流操作填料塔示意图，进行着伴有反应 $A + qB \rightarrow C$ 的吸收过程。图中符号意义与图 7-8 所设符号相同，另外增加如下定义：

c_{LB}，c_u —— 液相中 B 组分及惰性组分浓度，mol/m^3；

p_u —— 惰性组分气体分压，kPa；

p —— 气相总压，kPa；

c_R —— 液相总浓度。

如图 7-15 所示，在填料塔中取一高度为 dh 的填料层微元作物料衡算得

$$V dY_A = -\frac{L dX_B}{q} = N_A a dh \tag{7-54}$$

对上式进行积分

$$h = V \int_{Y_{A2}}^{Y_{A1}} \frac{dY_A}{N_A a} = \frac{L}{q} \int_{X_{B1}}^{X_{B2}} \frac{dX_B}{N_A a} \tag{7-55}$$

还可以推得

$$h = Vp \int_{p_{A2}}^{p_{A1}} \frac{dp_A}{(p - p_A)^2 N_A a} \tag{7-56}$$

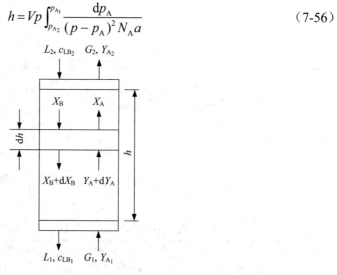

图 7-15　填料塔计算示意图

废气中有害浓度很低时，$p_u \approx p$，$c_R \approx c_u$，则式（7-54）和式（7-55）可分别写成

$$\frac{V}{p} dp_A = -\frac{L}{q c_R} dc_{LB} \tag{7-57}$$

$$h = \frac{V}{p} \int_{p_{A2}}^{p_{A1}} \frac{dp_A}{N_A a} = \frac{L}{q c_R} \int_{c_{LB1}}^{c_{LB2}} \frac{dc_{LB}}{N_A a} \tag{7-58}$$

可见，伴有化学反应时填料层高度计算与物理吸收计算式十分类似，不同的只是化学吸收的速率式 N_A 中，比物理吸收多了一个增强因子 β 或 β_∞。在式（7-54）～式（7-58）

中，只要将不同反应类型的化学吸收速率式 N_A 代入，就可以计算相应的填料层高度 h 了。
例如，伴有瞬间化学反应吸收过程，当 $c_{LB} \geqslant c_{LB临}$ 时，过程属于气膜控制，因此有

$$h_1 = V \int_{Y_{A_2}}^{Y_{A临}} \frac{\mathrm{d}Y_A}{N_A a} = V \int_{Y_{A_2}}^{Y_{A临}} \frac{\mathrm{d}Y_A}{k_{GA} p_A a} = V_B \int_{Y_{A_2}}^{Y_{A临}} \frac{\mathrm{d}Y_A}{k_{GA} p y_A a} \tag{7-59}$$

若 $k_{GA}a$ 可视为常数，低浓度废气吸收，则 $Y_A \approx y_A$，$y_A = p_A/p$。

$$h_1 = \frac{V}{k_{GA} p a} \int_{y_{A_2}}^{y_{A临}} \frac{\mathrm{d}y_A}{y_A} = \frac{V}{k_{GA} p a} \ln \frac{y_{A临}}{y_{A_2}} \tag{7-60}$$

当 $c_{LB} < c_{LB临}$ 时，过程属于液膜控制，由式（7-58）可得

$$h_2 = \frac{V}{p} \int_{p_{A临}}^{p_{A_1}} \frac{\mathrm{d}p_A}{\dfrac{H_A p_A + \left(\dfrac{D_{LB}}{D_{LA}}\right)\left(\dfrac{c_{LB}}{q}\right)}{\dfrac{1}{k_{LA}} + \dfrac{H_A}{k_{GA}}}} \tag{7-61}$$

或

$$h_2 = \frac{L}{q c_R} \int_{c_{LB1}}^{c_{LB临}} \frac{\mathrm{d}c_{LB}}{K_{LA} a \left(c_{LA}^* + \dfrac{1}{q}\dfrac{D_{LB}}{D_{LA}} c_{LB}\right)} = \frac{L_S}{q c_R K_{LA} a} \int_{c_{LB1}}^{c_{LB临}} \frac{\mathrm{d}c_{LB}}{c_{LA}^* + \dfrac{1}{q}\dfrac{D_{LB}}{D_{LA}} c_{LB}} \tag{7-62}$$

填料层总高 $h = h_1 + h_2$。

【例 7-4】 采用逆流稳定操作的填料塔吸收净化尾气，使尾气中某有害组分从 0.1%降低到 0.02%（体积百分数），试比较用纯水吸收和采用不同浓度的 B 组分溶液进行化学吸收时的塔高。

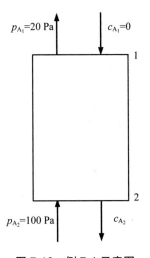

图 7-16　例 7-4 示意图

（1）用纯水吸收，已知 $k_{GA}a$=320 mol/（h·m³·kPa），$k_{LA}a$=0.1 h⁻¹，$1/H_A$=12.5 Pa·m³/mol，液体流量 $L=L_S$=7×10⁵ mol/（h·m²），气体流量 V=1×10⁵ mol/（h·m²），总压 p=10⁵ Pa，液体总浓度 c_R=56 000 mol/m³。

（2）水中加入组分 B，进行极快反应吸收，反应式为 A + qB→C，q=1.0，采用 B 浓度高达 c_{LB}=800 mol/m³，设 $D_{LA}=D_{LB}$。

（3）吸收剂中 B 组分采用低浓度，c_{LB}=32 mol/m³，其余情况同（1）、（2）。

（4）吸收剂中 B 组分采用中等浓度，c_{LB}=128 mol/m³，其余情况同（1）、（2）。

解：（1）由于为贫气物理吸收，可采用简化计算式

$$\frac{V}{p}\mathrm{d}p_A = \frac{L}{c_R}\mathrm{d}c_A$$

对上式进行积分后得到 $p_A - p_{A1} = \dfrac{Lp}{Vc_R}(c_A - c_{A1})$

代入已知条件得 $p_A - 20 = \dfrac{7\times10^5\times1\times10^5}{1\times10^5\times56\,000}c_A$

得到操作线方程 $c_A = 0.08p_A - 1.6$

故当 $p_{A_2} = 0.1\times10^3\,\mathrm{Pa}$ 时，$c_{A_2} = 6.4\,\mathrm{mol/m^3}$，

物理吸收速率为 $N_A = K_{GA}(p_A - p_A^*)$，其中

$$\frac{1}{K_{GA}a} = \frac{1}{k_{GA}a} + \frac{1}{H_A k_{LA}a} = \frac{1}{320\times10^{-3}} + \frac{1}{0.08\times0.1} = 128.13$$

因此得到 $K_{GA}a$=0.007 8 mol/（h·m³·Pa）=7.8 mol/（h·m³·kPa）

填料层高度可按照下式计算

$$h = \frac{V}{p}\int_{p_{A1}}^{p_{A2}}\frac{\mathrm{d}p_A}{N_A a} = \frac{V}{p}\int_{p_{A2}}^{p_{A1}}\frac{\mathrm{d}p_A}{K_{GA}a(p_A - p_A^*)} = \frac{V}{pK_{GA}a}\int_{p_{A1}}^{p_{A2}}\frac{\mathrm{d}p_A}{p_A - \dfrac{c_A}{H_A}}$$

$$= \frac{V}{pK_{GA}a}\int_{p_{A1}}^{p_{A2}}\frac{\mathrm{d}p_A}{p_A - \dfrac{0.08p_A - 1.6}{0.08}}$$

$$= \frac{1\times10^5}{1\times10^5\times0.007\,8}\int_{0.02\times10^3}^{0.1\times10^3}\frac{\mathrm{d}p_A}{20} = 512.8\,\mathrm{m}$$

可见，用纯水吸收该尾气，所需塔的高度太高，需要采用化学吸收。由上述计算还知，传质阻力 95%在液膜，组分 A 是难溶气体。

（2）采用瞬间反应进行尾气吸收，c_{LB} 较高的情况

从塔顶到塔中任一截面作物料衡算，可以有

$$p_A - p_{A_1} = \frac{Lp}{qc_R V}(c_{LB_1} - c_{LB})$$

即

$$p_A - p_{A_1} = \frac{7 \times 10^5 \times 1 \times 10^5}{56\,000 \times 1 \times 10^5}(800 - c_{LB})$$

得到 $c_{LB} = 801.6 - 0.08 p_A$

塔顶处 $c_{LB_1} = 800\,\text{mol}/\text{m}^3$，由上式得塔底处

$$c_{LB_2} = 801.6 - 0.1 \times 10^3 \times 0.08 = 793.6\,(\text{mol/m}^3)$$

临界浓度 $c_{LB_{临}} = \dfrac{qp_A k_{GA} a D_{LA}}{k_{LA} a D_{LB}} = 3.2\,p_A\,(\text{mol/m}^3)$

塔顶处 $c_{LB_{临}} = 3.2 \times 0.02 \times 10^3 = 64\,(\text{mol}/\text{m}^3) < c_{LB_1} = 800\,(\text{mol/m}^3)$

塔底处 $c_{LB_{临}} = 3.2 \times 0.1 \times 10^3 = 320\,(\text{mol/m}^3) < c_{LB_2} = 793.6\,(\text{mol/m}^3)$

可见，全塔中 c_{LB} 值均大于临界浓度，吸收过程属于气膜控制，吸收速率式为 $N_A = k_{GA} p_A$。填料层高度可按下式计算

$$h = \frac{V}{p} \int_{p_{A1}}^{p_{A2}} \frac{\mathrm{d}p_A}{k_{GA} a p_A} = \frac{1 \times 10^5}{1 \times 10^5} \int_{0.02 \times 10^3}^{0.1 \times 10^3} \frac{\mathrm{d}p_A}{0.32 p_A} = 5.03\,(\text{m})$$

吸收液中加入组分 B 后，由于发生瞬间化学反应，塔高由 512.8 m 下降为 5.03 m，过程由液膜控制转化为气膜控制。

（3）c_{LB} 值低时

由物料衡算可以列出

$$p_A - p_{A_1} = \frac{Lp}{qc_R V}(c_{LB_1} - c_{LB}) = \frac{7 \times 10^5 \times 1 \times 10^5}{1 \times 10^5 \times 56\,000}(32 - c_{LB})$$

因此可以得到 $c_{LB} = 33.6 - 0.08 p_A$

塔顶加入吸收剂中组分 B 的浓度 $c_{LB_1} = 32\,\text{mol/m}^3$，由上式得塔底处 B 浓度为

$$c_{LB_2} = 33.6 - 0.08 \times 1 \times 10^5 \times 0.001 = 25.6 \, (\text{mol/m}^3)$$

临界浓度 $c_{LB_{临}} = \dfrac{qp_A k_{GA} a D_{LA}}{k_{LA} a D_{LB}} = 3.2 p_A$

塔顶处 $c_{LB_{临}} = 3.2 \times 0.02 \times 10^3 = 64 \, (\text{mol/m}^3) > c_{LB_1} = 32 \, (\text{mol/m}^3)$

塔底处 $c_{LB_{临}} = 3.2 \times 0.1 \times 10^3 = 320 \, (\text{mol/m}^3) > c_{LB_2} = 25.6 \, (\text{mol/m}^3)$

可见，全塔中 c_{LB} 均小于临界浓度，反应在液膜中进行，填料层高度为

$$h = \frac{V}{p} \int_{p_{A_1}}^{p_{A_2}} \frac{\mathrm{d}p_A}{N_A a} = \frac{V}{p} \int_{p_{A_1}}^{p_{A_2}} \frac{\mathrm{d}p_A}{\dfrac{H_A p_A + c_{LB}}{\dfrac{H_A}{k_{GA} a} + \dfrac{1}{k_{LA} a}}} = \frac{1 \times 10^5}{1 \times 10^5} \int_{0.02 \times 10^3}^{0.1 \times 10^3} \frac{\mathrm{d}p_A}{\dfrac{0.08 p_A + 33.6 - 0.08 p_A}{\dfrac{0.08}{0.32} + \dfrac{1}{0.1}}}$$

$$= \frac{10.25}{33.6}(0.1 - 0.02) \times 10^3 = 24.4 \, (\text{m})$$

可见，c_{LB} 低时，较 c_{LB} 高时所需塔高增加。

（4）c_{LB} 中等值时

由物料衡算式 $p_A - p_{A_1} = \dfrac{Lp}{qc_R V}(c_{LB_1} - c_{LB})$

可以写出 $p_A - 0.02 \times 10^3 = \dfrac{7 \times 10^5 \times 1 \times 10^5}{1 \times 10^5 \times 56\,000}(128 - c_{LB})$

因此可以得到 $c_{LB} = 129.6 - 0.08 p_A$

塔顶处 $c_{LB_1} = 128 \, (\text{mol/m}^3)$

塔底处 $c_{LB_2} = 129.6 - 0.08 \times 0.1 \times 10^3 = 121.6 \, (\text{mol/m}^3)$

临界浓度 $c_{LB_{临}} = \dfrac{qp_A k_{GA} a D_{LA}}{k_{LA} a D_{LB}} = 3.2 p_A$

塔顶处 $c_{LB_{临}} = 3.2 \times 0.02 \times 10^3 = 64 \, (\text{mol/m}^3) < c_{LB_1} = 128 \, (\text{mol/m}^3)$

塔底处 $c_{LB_{临}} = 3.2 \times 0.1 \times 10^3 = 320 \, (\text{mol/m}^3) > c_{LB_2} = 121.6 \, (\text{mol/m}^3)$

可见，塔上部 c_{LB} 值大于临界浓度，属于气膜控制，化学反应发生在相界面处；在塔的下部 c_{LB} 值小于临界浓度，反应发生在液膜内。因此，塔高计算分两部分进行。

当 $c_{LB} = c_{LB_{临}}$ 时，有 $129.6 - 0.08 p_A = 3.2 p_A$，因此可以得到 p_A=39.5 Pa，对应的 c_{LB}=129.6－0.08×39.5=126.4 mol/m³。

塔上部

$$h_1 = \frac{V}{p}\int_{20}^{39.5}\frac{\mathrm{d}p_A}{k_{GA}ap_A} = \frac{1\times10^5}{1\times10^5}\int_{20}^{39.5}\frac{\mathrm{d}p_A}{0.32p_A} = \frac{1}{0.32}\ln\frac{39.5}{20} = 2.13\,(\text{m})$$

塔下部

$$h_2 = \frac{V}{p}\int_{39.5}^{0.1\times10^3}\frac{\mathrm{d}p_A}{N_A a} = \frac{V}{p}\int_{39.5}^{0.1\times10^3}\frac{\mathrm{d}p_A}{\dfrac{H_A p_A + c_{LB}}{\dfrac{H_A}{k_{GA}a}+\dfrac{1}{k_{LA}a}}} = \frac{1\times10^5}{1\times10^5}\int_{39.5}^{0.1\times10^3}\frac{\mathrm{d}p_A}{\dfrac{0.08 p_A + 129.6 - 0.08 p_A}{\dfrac{0.08}{0.32}+\dfrac{1}{0.1}}}$$

$$= \frac{10.25}{129.6}(100 - 39.5) = 4.78\,(\text{m})$$

总塔高 $h = h_1 + h_2 = 6.91\,(\text{m})$

由本例可见，吸收塔内的反应对吸收塔完成吸收任务所需高度的影响很大，通过计算可以确定合适的 c_{LB} 值及相应的填料层高度。

上述计算忽略了溶解热及化学反应热效应带来的吸收温度的变化，考虑到废气中有害组分的浓度通常较低，上述简化满足应用要求。

3. 板式塔计算

化学吸收板式塔计算基本与物理吸收类似，是以理论板计算作基础，根据操作线方程及气液平衡关系，采用图解法或解析法进行计算。对于反应热效应大的吸收，还要进行热量衡算。

三、吸收工艺与设备

（一）吸收工艺

吸收法净化气态污染物的工艺通常包括吸收剂制备、吸收净化、副产物处置三个基本单元，很多情况下也需要对废气进行除尘、降温等预处理，吸收净化后的洁净气体也往往需要除雾、升温等后处理。图 7-17 为典型的石灰石/石灰-石膏法烟气脱硫工艺流程，其脱硫装置由吸收剂制备系统、烟气吸收及氧化系统、脱硫副产物处置系统、脱硫废水处理系统、烟气系统、自控和在线监测系统等组成。锅炉烟气经进口挡板门进入脱硫增压风机，通过烟气换热器后进入吸收塔，洗涤脱硫后的烟气经除雾器除去带出的小液滴，再通过烟气换热器从烟囱排放。脱硫副产物（脱硫石膏）经过旋流器、真空皮带脱水机脱水成为脱水石膏。

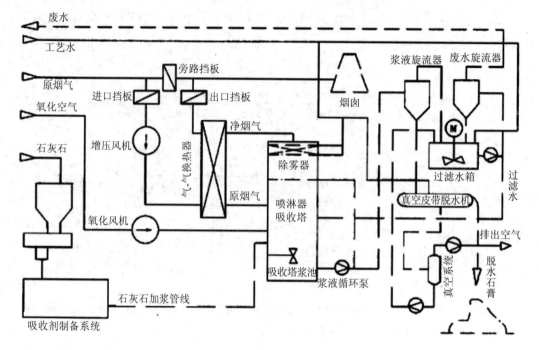

图 7-17　典型石灰石/石灰-石膏法脱硫工艺流程

（二）吸收设备

废气处理选用怎样的吸收设备，根本上由吸收过程是气膜控制还是液膜控制决定，通常气膜控制的过程选用气相连续液相分散的设备，如喷射式吸收器、文丘里等；液膜控制的吸收过程则选用液相连续气相分散的设备，如鼓泡床；气膜、液膜阻力都不能忽略的过程，板式塔、喷淋塔则较为常用。提供充分的气液接触面是吸收设备的基本功能，除此还应具备进口流体均布、尾气除雾、腐蚀防护等性能。

气态污染物吸收设备常用的有填料塔、板式塔、喷雾塔、喷射文丘里等。

1. 板式塔

板式塔内沿塔高装有多块板式分离部件（塔板），板上开有不同形状的小孔（图 7-18）。气液逆流操作时，液体靠重力作用逐板往下流动，并在各板上形成流动的液层。气体则靠压强差推动自下依次穿过塔板上的小孔及塔板上方的液层而向上流动，气、液两相在塔内逐级接触传质、传热和（或）化学反应，因此两相的组成沿塔高呈阶跃变化。与填料塔相比，通常板式塔空塔速度较高，因而处理能力较大，但压降也较大。大直径板式塔较同直径填料塔轻，造价低，检修清理容易。

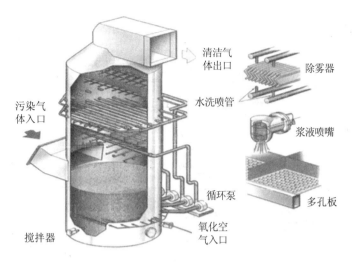

图 7-18　板式吸收塔

板式塔依气液两相在塔板上的接触状态，可分为鼓泡状态、喷射状态和过渡状态 3 种。塔板的结构形式有多种，如筛板、导向筛板、斜孔筛板、浮动筛板、垂直筛板、旋流板、泡罩板、浮阀板、舌形板、浮动喷射板等。各种塔板结构和相应塔型的区别，主要在于板上开启的气体通道的形式不同，通道形式对板式塔的性能影响较大。

筛板塔是最简单的一种板式塔，塔板上根据设计开有若干 $\Phi 2 \sim 8$ mm 的圆孔。筛板塔具有结构简单、造价低、安装容易、清理方便的特点，应用较广。

泡沫塔的塔板结构类似于筛板塔，不同之处在于它的降液管设在塔外，做成箱状，以破坏泡沫，便于溢流。由于塔板上有一层泡沫，气液间有巨大的接触面，有利于传质、传热。国内有采用泡沫塔进行烟气脱硫的报道。

旋流塔板（见除尘器章节）由类似风机的叶片及中央盲板等组成，气流由下而上通过旋流板叶片时，产生旋转和离心运功，与加入盲板被分配流向各叶片的液体激烈碰撞、混合，实现传质、传热与除尘。被强大旋转气流喷散成液滴的液体，被甩向塔壁，气液分离，完成吸收过程。旋流板的开孔率较大、压降低、不易堵塞、操作弹性也较大，适合于除尘或快速反应吸收过程，国内大量用它来脱除烟气中 SO_2 及烟尘。由于板上气液接触时间很短，对于慢速或中速化学反应吸收过程，一般其净化效率比普通板式塔低些。

2. 喷淋（雾）塔

在喷淋塔内，液体呈分散相，气体为连续相（图7-19），一般气液比较小，适用于极快或快速化学反应吸收过程。

喷淋塔结构简单、压降低、不易堵塞、气体处理能力大、投资费用低。缺点是效率较低、占地面积大、气速大时，雾沫夹带较板式塔重。目前国内外大型电厂锅炉烟气脱硫大部分采用直径很大（＞10 m）的喷淋塔，由于使用新型大通道喷头，尽管钙法脱硫液中悬浮物的浓度高达 20%～25%，也不会堵塞。一般采用很大的液气比以弥补喷淋塔传质效果差的不足。

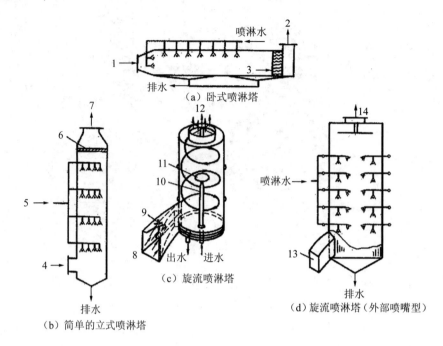

1, 4, 8, 13—气体进口；2, 7, 12, 14—气体出口；3, 6—除雾器；5—喷淋水；9—调节板；10—多管喷嘴；11—防爆盘

图 7-19　各种类型的喷淋塔

　　为保证净化效率，应注意使气、液分布均匀、充分接触。喷淋塔通常采用多层喷淋。喷嘴是喷淋塔的关键部件，常常是喷淋塔能否成功的关键之一。

　　文丘里（洗涤器）是一种常用的湿式除尘、吸收设备，但湿式除尘中使用更多。

　　机械喷洒吸收器是另一种结构不同的吸收器，优点是效率较高、压降小、尺寸小，适用于少量液体吸收大量气体，但能耗较高、结构较为复杂。喷洒吸收器的形式有多种，但共同的特点是不用喷嘴，而是靠机械转动，将液体喷洒开来，形成大量雾滴，与连续相的气体接触进行传质。有浸入式转动锥体吸收器和卧式机械喷洒吸收器等型式。

　　3．鼓泡塔

　　鼓泡塔是塔内存有一定量液体，气体从下部多孔花板下方通入，穿过花板时被分散成很细的气泡，在花板上形成一鼓泡层，使气液间有很大的接触面。由于该塔型可以保证足够的液相体积和足够的气相停留时间，故它适于进行中速或慢速反应的化学吸收。鼓泡塔中易发生纵向环流，导致液体在塔内上下翻滚搅动、纵向返混，效率降低，可采用塔内分段或设置内部构件、加入填料等措施减少返混的影响。

　　鼓泡塔中液体可以流动，也可以不流动；液流与气流可以逆流，也可以并流（图 7-20）。鼓泡塔的空塔速度通常较小（一般为 30～1 000 m/h），不适宜处理大流量气体；压力损失主要取决于液层高度，通常较大。国内有用鼓泡塔作气、液、固三相的反应场所，进行废气治理（如软锰矿浆处理含 SO_2 烟气）的报道，效果很好。

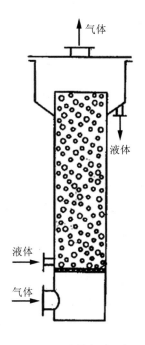

图 7-20　连续鼓泡层吸收器

第二节　吸附净化法

利用多孔性固体处理流体混合物，使其中所含的一种或几种组分浓集在固体表面，而与其他组分分开的过程称为吸附。由于吸附过程能有效地捕集浓度很低的有害物质，在气态污染物控制中的应用很广泛，如挥发性有机化合物（VOCs）的净化，低浓度二氧化硫和氮氧化物尾气的净化等。选择合适的吸附剂与工艺控制条件，通过吸附过程能使废气达到较高的净化效率，也能提供吸附质的回收途径。

本节简要介绍了吸附基本理论，并重点讨论固定床吸附过程和工艺设备，吸附法在气态污染物治理中的应用则放在第八章第三节中讨论。

一、吸附法基本原理

（一）物理吸附与化学吸附

吸附现象可分为物理吸附和化学吸附，其主要区别列于表 7-2。

表 7-2   物理吸附和化学吸附的对比

	物理吸附	化学吸附
类似性质	蒸汽凝结和气体液化	表面化学反应
作用力	范德华力[*]，弱，吸附质分子结构变化小	化学键力，大，分子结构变化大
有无电子转移	无	有
吸附热	小，近似等于凝结热，小于 10 kJ/mol	大，近似等于化学反应热，大于 42 kJ/mol
选择性	不高	高
活化能	不需要	需要，又称活化吸附
速率及温度的影响	吸、脱附速率均快，瞬间达到平衡，速率不受温度影响，但温度升高吸附量下降	吸、脱附速率均慢，较长时间达到平衡，温度升高，吸附、解吸速率都增加
解吸难易	易	难
吸附层	单分子层（低压）或多分子层（高压）	单分子层

[*]范德华力是定向力、诱导力和逸散力的总称。

实际上的吸附过程往往是物理与化学吸附的共同作用，不过，一般情况下，总是以某一种吸附方式为主。有时温度可以改变吸附的性质。在低温时，化学吸附速率很低，因为此时具有足够高能量的分子很少，过程中主要是快速的物理吸附，且很快达到平衡。由于吸附是放热过程，所以随温度的升高，吸附量下降。当温度升至吸附分子的活化温度，开始化学吸附。由于温度升高，活化分子数目迅速增多，所以吸附量随温度上升而增加。又由于吸附是放热过程，故随温度的继续上升，吸附量又开始下降，平衡向脱附方向移动。

对于吸附过程而言，吸附效果取决于两方面的因素：由吸附剂与吸附质本身性质决定的吸附平衡因素，以及由于物质传递所决定的吸附动力学因素，也就是取决于吸附平衡和吸附速率两个方面。

吸附平衡是吸附剂与吸附质长期接触后达到的理想状态，而吸附速率则体现了吸附过程与时间的关系，它反映了吸附过程的操作条件（温度、浓度、压力等）以及床层的结构、填充状况、吸附剂的形状、大小、流体在床层中流动情况等因素对吸附的影响。

吸附设备的设计或吸附过程的强化一般从这两方面考虑。

（二）吸附平衡

等温下，吸附达平衡时，吸附质在气、固两相中的浓度关系，一般用吸附等温线表示。吸附等温线通常根据实验数据绘制，也常用各种经验方程式——吸附等温式来表示。图7-21 为几种不同类型的吸附等温线。

对于变温吸附过程，由于过程规律较复杂，难于模型处理，但可以根据温度的变化情况将变温过程划分为若干等温段来处理。

常用的吸附等温方程式有朗格缪尔方程、B.E.T.方程、弗伦德利希方程等。

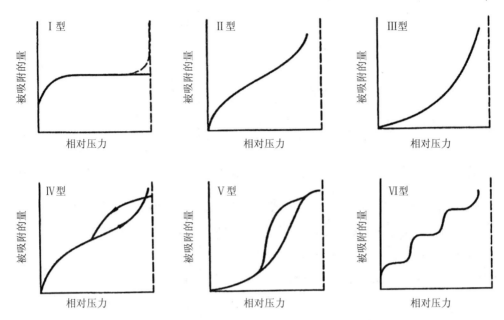

Ⅰ型—80 K 下 N_2 在活性炭上的吸附；Ⅱ型—78 K 下 N_2 在硅胶上的吸附；

Ⅲ型—351 K 下溴在硅胶上的吸附；Ⅳ型—323 K 下苯在 FeO 上的吸附；

Ⅴ型—373 K 下水蒸气在活性炭上的吸附；Ⅵ型—惰性气体分子分阶段多层吸附

图 7-21　不同类型等温吸附线

1. 朗格缪尔（Langmuir）等温方程

朗格缪尔根据分子运动理论导出的单分子层吸附理论及其吸附等温式应用范围较广。朗格缪尔认为，固体表面均匀分布着大量具有剩余价力的原子，每个这样的原子只能吸附一个吸附质分子，因此吸附是单分子层的。朗格缪尔假定：①吸附质分子之间不存在相互作用力；②所有吸附剂表面具有均匀的吸附能力；③在一定条件下吸附和脱附达到动态平衡；④气体的吸附速率与该气体在气相中的分压成正比。

令 θ 为吸附剂表面被吸附分子覆盖的百分数，则 $1-\theta$ 为未被吸附分子覆盖的百分数。k_1 与 k_2 都是比例常数。在等温下，当吸附达平衡时，吸附速率等于脱附速率，则

$$k_1 p\,(1-\theta) = k_2\theta$$

整理得

$$\theta = ap / (1+ap) \qquad (7\text{-}63)$$

式中，$a=k_1/k_2$ 称为吸附系数，是吸附作用的平衡常数，a 的大小代表了固体表面吸附气体能力的强弱。式（7-63）即朗格缪尔吸附等温式。

等温下，若以 V_m 表示固体表面吸附满单分子层（$\theta=1$）时的吸附量，V 表示测量气体分压 p 时的吸附量，则 $\theta=V/V_m$，于是式（7-63）可变为

$$\theta = \frac{V}{V_m} = \frac{ap}{1+ap} \Rightarrow V = \frac{V_m ap}{1+ap} \tag{7-64}$$

或

$$\frac{p}{V} = \frac{1}{aV_m} + \frac{p}{V_m} \tag{7-65}$$

当压力很低或吸附很弱时，$ap \ll 1$，式（7-65）近似为

$$V = V_m a \cdot p \tag{7-66}$$

当压力很高或吸附很强时，$ap \gg 1$，式（7-65）近似为 $V = V_m$。

朗格缪尔等温式得到的结果与很多实验现象吻合，是最常用的等温式之一。

2．B.E.T.方程

1938 年布鲁诺（Brunauer）、埃麦特（Emmett）及泰勒（Teller）三人提出了多分子层吸附理论，即被吸附的分子也具有吸附能力，在第一层吸附层上，由于被吸附分子间存在范德华力，还可以吸附第二层、第三层……形成多层吸附，各吸附层间存在动态平衡。这时的气体吸附量等于各层吸附量的总和，在等温下，可推得吸附等温方程式（B.E.T.方程）为

$$\frac{p}{V(p_0 - p)} = \frac{1}{V_m C} + \frac{(C-1)p}{V_m C p_0} \tag{7-67}$$

式中：V——被吸附气体分压为 p 时的吸附总量；

V_m——吸附剂表面被单分子层铺满时的吸附量；

p_0——实际温度下被吸附气体的饱和蒸气压；

C——与吸附有关的常数。

若以 $\dfrac{p}{V(p_0 - p)}$ 对 $\dfrac{p}{p_0}$ 作图，可得一直线，该直线斜率为 $\dfrac{C-1}{V_m C}$，截距为 $\dfrac{1}{V_m C}$。B.E.T. 公式在 $p/p_0 = 0.05 \sim 0.35$ 时较准确。

式（7-67）是测定和计算固体吸附剂的比表面积的重要依据，根据 $V_m = 1/$（斜率+截距），吸附剂的比表面积为

$$S_b = \frac{1}{22\,400} \cdot \frac{V_m N_0}{22\,400} \cdot \frac{\sigma}{W}$$

式中：S_b——吸附剂比表面积，m^2/g；

σ——单个吸附质分子的截面积，m^2；

W——吸附剂质量；

N_0——阿伏伽德罗常数，6.023×10^{23}。

3. 弗伦德利希（Frendlich）方程

弗伦德利希根据大量实验，总结出如下指数方程

$$q = \frac{x}{m} = kp^{\frac{1}{n}} \tag{7-68}$$

式中：x——被吸附组分的质量，kg；

　　　m——吸附剂的质量，kg；

　　　p——平衡时被吸附组分的分压，Pa；

　　k 和 n——经验常数，与吸附剂和吸附质的性质及温度有关，通常 $n>1$，其值由实
　　　　　　验确定。

$q=x/m$ 是吸附剂的吸附量，kg 吸附质/kg 吸附剂。

弗伦德利希吸附方程只适用于吸附等温线的中压部分，在使用中经常取它的对数形式，即

$$\lg q = \lg k + \frac{1}{n}\lg p \tag{7-69}$$

以 $\lg q$ 对 $\lg p$ 作图可得一直线。直线斜率 $1/n$ 若在 $0.1\sim0.5$，则吸附容易进行，大于 2 则难进行。

朗格缪尔等温方程和弗伦德利希等温式既可用于物理吸附，又可用于化学吸附，而 B.E.T.等温式则适用于多层物理吸附。

【例 7-5】在 303 K、323 K 和 368 K 下，CO_2 在某活性炭上的吸附等温线如图 7-22（a）所示。计算 323 K 时弗伦德利希方程式（b）和朗格缪尔方程式（c）的常数。

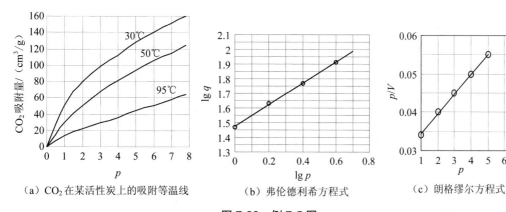

（a）CO_2 在某活性炭上的吸附等温线　　（b）弗伦德利希方程式　　（c）朗格缪尔方程式

图 7-22　例 7-5 图

解：（1）$\lg q = \lg k + \dfrac{1}{n}\lg p$

$q/$（cm³/g）	30	51	67	81	93	104
$p/$atm	1	2	3	4	5	6
$\lg q$	1.477	1.708	1.826	1.909	1.969	2.017
$\lg p$	0.000	0.301	0.477	0.602	0.699	0.778

$\lg q$ 对 $\lg p$ 作图 ［图 7-22（b）］，那么，弗伦德利希方程为 $q=\dfrac{x}{m}=30p^{0.7}$

（2）$\dfrac{p}{V}=\dfrac{1}{aV_m}+\dfrac{p}{V_m}$

p/V	0.033	0.039	0.045	0.049	0.054	0.058
p	1	2	3	4	5	6

p/V 对 p 作图 ［图 7-22（c）］，那么朗格缪尔方程式为

$$p/V=35.7\,p/（1+0.168\,p）$$

（三）吸附速率

在吸附层内，吸附平衡只表明了吸附过程进行的极限。在实际的吸附操作中，两相接触时间是有限的，因此，吸附量仍取决于吸附速率，吸附速率又依吸附剂及吸附质性质的不同而有很大差异。

吸附床内的吸附过程可分为：①外扩散气体组分从气相主体穿过颗粒周围的边界膜到达固体外表面。②内扩散气体组分从固体外表面扩散进入微孔道内，在微孔道内扩散到微孔表面。③吸附到达微孔表面的分子被吸附到吸附剂上，并逐渐达到吸附与脱附的动态平衡。

脱附的气体经内、外扩散到达气相主体。对化学吸附过程，在第三步吸附之后还有一步——化学反应。

因此，吸附速率取决于外扩散速率、内扩散速率及吸附本身的速率。在物理吸附过程中，吸附剂内表面上进行的吸附与脱附速率一般较快，而"内扩散"与"外扩散"过程则慢得多。因此，物理吸附速率的控制步骤多为内、外扩散过程。对于化学吸附过程来说，其吸附速率的控制步骤可能是化学动力学控制，也可能是外扩散控制或内扩散控制。通常，较常见的情况是内扩散控制，而外扩散控制的情况则较少见。

对于物理吸附，当吸附过程稳定时，由于吸附剂外表面浓度不易测定，吸附速率常用传质总系数来表示

$$\frac{dq_A}{d\tau}=K_X a_p(X_A^*-X_A)=K_Y a_p(Y_A-Y_A^*) \tag{7-70}$$

式中：dq_A——微元时间 $d\tau$ 内吸附质组分 A 从气相扩散至固体表面的质量，kg/m²；

K_X，K_Y——分别为吸附相及气相传质总系数；

a_p——单位体积床层固体颗粒外表面积，m^2/m^3；

Y_A，Y_A^*——组分 A 在气相中的比质量浓度（kg 吸附质/kg 无吸附质流体）及吸附达到平衡时的气相浓度；

X_A，X_A^*——组分 A 在吸附相内表面的比质量浓度（kg 吸附质/kg 吸附剂）及吸附达到平衡时的浓度。

设吸附达到平衡时，气相中吸附质浓度与吸附相中吸附质浓度有下面的平衡关系：

$$Y_A^* = \beta X_A \tag{7-71}$$

式中：β——平衡线平均斜率。

类似气液传质过程，可导出总系数与分系数的关系为

$$\frac{1}{K_Y a_p} = \frac{1}{k_Y a_p} + \frac{\beta}{k_X a_p} \tag{7-72}$$

$$\frac{1}{K_X a_p} = \frac{1}{k_X a_p} + \frac{1}{k_Y a_p \beta} \tag{7-73}$$

一般吸附过程，开始时较快，随后变慢，且吸附过程涉及多个步骤，机理复杂，传质系数之值目前从理论上推导还有一定困难，故吸附器设计所需的速率数据多凭经验或模拟实验所得的实验数据，对于一般粒度的活性炭吸附蒸气的吸附过程，总传质系数之值可由下面公式计算

$$K_Y a_p = 1.6 \frac{D u^{0.54}}{v^{0.54} d^{1.46}} \tag{7-74}$$

式中：D——扩散系数，m^2/s；

　　　u——气体混合物流速，m/s；

　　　v——运动黏度，m^2/s；

　　　d——吸附颗粒直径，m。

上式是在雷诺数 $Re < 40$ 时，用活性炭吸附乙醚蒸汽的实验数据归纳整理而得出的经验式。对于化学吸附过程，因需要考虑在吸附剂表面上进行的化学反应对整个过程的影响，情况要复杂得多。

常用穿透曲线来表示固定床层吸附的动力学特性，将在稍后介绍。

二、吸附设备与吸附剂

（一）吸附设备及流程

工业上的吸附过程，按吸附操作的连续与否可分为间歇吸附和连续吸附；按吸附剂的移动方式和操作方式可分为固定床、移动床、流化床和多床串联吸附等；按照吸附床再生

的方法又可分为升温解吸循环再生（变温吸附）、减压循环再生（变压吸附）和溶剂置换再生等。下面着重介绍应用较多的几种吸附器。

1. 固定床吸附器

固定床吸附器多为圆柱形立式，内置格板或孔板，其上放置吸附剂颗粒。废气由格板下通入，向上穿过吸附剂颗粒之间的间隙，净化后的气体由吸附器上部排出。一般是定期通入废气吸附，定期再生，用两台或多台固定床轮换进行吸附与再生操作。图 7-23 即为活性炭回收苯的固定床吸附系统。图中吸附器 I 正在进行吸附，吸附器 II 同时进行脱附、干燥与冷却。

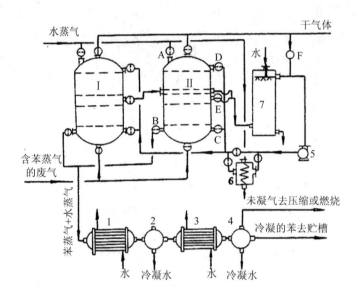

I，II—吸附器；1，3—间接冷凝器；2，4—气水分离器；5—风机；6—预热器；7—直接冷凝器；

A，B，C，D，E，F—阀门

图 7-23   活性炭吸附回收苯设备及流程

含苯蒸气的空气从下方进入吸附器 I 进行吸附，净化后的气体从顶部出口排出。此时用作解吸剂的水蒸气从顶部经阀 A 进入吸附器 II，脱附后的苯蒸气与水蒸气的混合物从吸附器 II 底部经阀 B 出来，进入冷凝器 1，大部分水蒸气冷凝，经分离器 2 排出，然后在冷凝器 3 中继续将苯及剩余的少量水蒸气冷凝下来。冷凝下来的苯引入贮槽，未冷凝的气体去压缩或燃烧。解吸完毕后，关闭 A、B 阀，打开 C、D、E、F 阀，启动风机 5，同时往预热器 6 送加热蒸汽，干气体经阀 F 在预热器 6 内被加热后，经阀 C、D 进入吸附器 II。夹带着水蒸气的气体由阀 E 流出吸附器 II，进入冷凝器 7，冷凝后再由风机抽出。经过一段时间，当吸附器 II 中残余水蒸气排出干净后，关阀 F，让气体在 5、6、II、7 间循环，水蒸气继续在 7 中冷凝。然后，不加热干气体，而将冷的干气体直接送入吸附器 II，对 II 进行冷却循环。冷却终了，停风机 5，再生完毕。

当吸附器 I 失效后，启动相应阀门，用吸附器 II 吸附，吸附器 I 进行再生，如此轮换操作。

固定床吸附操作的优点是设备结构简单，吸附剂磨损小；缺点是间歇操作，吸附和再生操作须周期变换，因而操作复杂，设备庞大，生产强度低，在分离连续流动的气体混合物时，须设计多台并联吸附器相互切换。

2．移动床吸附器

移动床吸附器的结构如图 7-24 所示，它分为几段，最上段 1 是冷却器，用于冷却吸附剂。冷却器之下是吸附段（I）、增浓段（II）、汽提段（III），它们之间由分配板 3 分开。最下段是脱附器 2，它和冷却器一样，也是列管换热器。在它的下部，还装有吸附剂控制机构 6、料面控制器 7、封闭装置 8、卸料阀门 9。

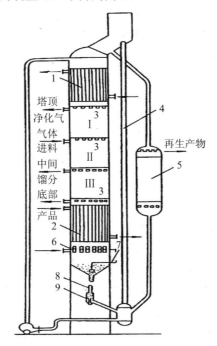

1—冷却器；2—脱附器；3—分配板；4—提升管；5—再生器；6—吸附剂控制机构；

7—固体料面控制器；8—封闭装置；9—出料阀门

图 7-24　移动床吸附器

移动床吸附器的工作原理是，经脱附后的吸附剂从设备顶部进入冷却器 1，温度降低后，经分配板 3 进入吸附段 I，借重力作用不断下降；待净化气体从吸附段（I）下面引入，自下而上与吸附剂逆流接触，将需吸附的组分吸附，净化后的气体从吸附段（I）顶部引出。吸附剂在增浓段（II）与上升气流逆流相遇，气体将吸附剂上易解吸的、不希望吸附的组分置换下来，固相上只剩下需脱除的部分，起到了"增浓作用"。吸附剂下降到汽提段（III）时，与由底部上来的脱附气接触，进一步吸附，并将难吸附气体置换出来，使吸附剂上的组分更纯，最后进入脱附器 2，在这里用加热法使被吸附组分脱附出来，吸附剂得到再生。脱附后的吸附剂用气力输送到顶部，进入下一个循环操作。

由以上可以看出，吸附和脱附过程是连续完成的。由于净化气体中可能含有难脱附的物质，它们在脱附器中不能释放，影响吸附能力，为此必须将部分吸附剂导入高温再生器 5 中进行再生。

移动床吸附器吸附剂的下降速度，由控制机构 6 控制，分配板 3 的作用是使气体分布均匀。

对于稳定、连续、量大的气体净化，用移动床比固定床要好。

移动床吸附工艺流程，如图 7-25 所示。从料斗 1 借助重力加入吸附器的吸附剂，在向下移动的同时，与风机 3 送入的待净化气体错流接触进行吸附过程。控制吸附剂在床层中的移动速度，使净化后的气体达标排放。吸附污染物后的吸附剂，落入吸附器下面的传送带排出吸附器，送入脱附器中进行脱附。脱附后的吸附剂再送入吸附剂料斗中循环使用。在选用该种流程时要注意吸附剂在移动过程中的磨损问题。

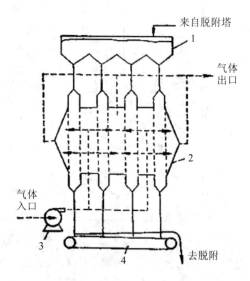

1—料斗；2—吸附器；3—风机；4—传送带

图 7-25　移动床吸附工艺流程

3. 旋转床吸附器

图 7-26 为旋转床吸附器示意图。旋转床吸附器可用来净化含有机溶剂的废气。此设备在圆鼓上按径向以放射形分成若干个吸附室，各室均装满吸附剂，待净化的废气从圆鼓外环室进入各吸附室，净化后不含溶剂的空气从鼓心引出。再生时，吹扫蒸汽自鼓心引入吸附室，将吸附的溶剂吹扫出去，经收集、冷凝、油水分离后，有机溶剂可回收利用。蒸汽

吹扫之后，吸附剂没有冷却，因而温度可能较高，吸附程度可能受到一定的影响，这是一个缺点。但是，旋转床解决了移动床吸附剂移动时的磨损问题。为了保证废气净化达到要求的程度，吸附操作在吸附剂未饱和前就应进入再生。

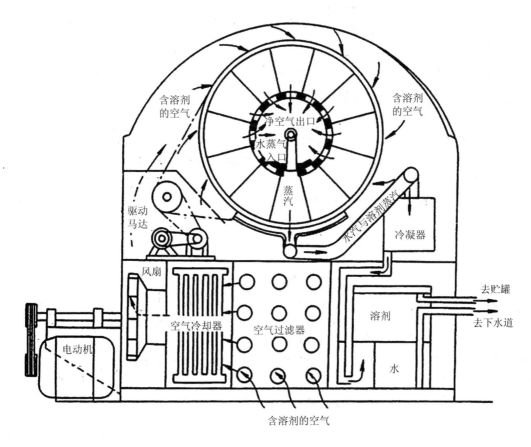

图 7-26　旋转床吸附器结构

（二）吸附剂

合乎工业需要的吸附剂必须具备下面几个条件：①内表面积巨大。例如，硅胶和活性炭的内表面积分别高达 $500 \ m^2/g$ 甚至 $1\ 000 \ m^2/g$ 以上。②具有选择性的吸附作用。例如，木炭吸附 SO_2 或 NH_3 的能力较吸附空气为大。一般而言，吸附剂对各种吸附组分的吸附能力，随吸附组分沸点的升高而加大，在与吸附剂相接触的气体混合物中，首先被吸附的是高沸点的组分。③吸附容量大。吸附容量是指在一定温度和一定的吸附质浓度下，单位质量或单位体积吸附剂所能吸附的最大吸附质质量。吸附容量除与吸附剂表面积有关外，还与吸附剂的孔隙大小、孔径分布、分子极性及吸附剂分子上官能团性质等有关。④具有足够的机械强度、热稳定性及化学稳定性。⑤来源广泛、价格低廉。

工业上常用的吸附剂主要有活性炭、活性氧化铝、硅胶、沸石分了筛、吸附树脂、白土、粉煤灰等。常用吸附剂特性如表 7-3 所示。

表 7-3　常用吸附剂特性

吸附剂类别	活性炭	活性氧化铝	硅胶	沸石分子筛		
				4A	5A	13X
堆积密度/（kg/m³）	200～600	750～1 000	800	800	800	800
热容/［kJ/（kg·K）］	0.836～1.254	0.836～1.045	0.92	0.794	0.794	—
操作温度上限/K	423	773	673	873	873	873
平均孔径/Å	15～25	18～48	22	4	5	13
再生温度/K	373～413	473～523	393～423	473～573	473～573	473～573
比表面积/（m²/g）	600～1 600	210～360	600	—	—	—

（三）吸附浸渍

将吸附剂先吸附某种物质，然后用这种处理过的吸附剂去净化含污染物的废气，利用浸渍物与被吸附物发生反应，或由于浸渍物的催化作用，使吸附剂表面上的污染物发生催化转化，以达到净化废气的目的，该过程称为吸附浸渍。例如，以磷酸浸渍过的活性炭去净化含胺、氨等污染物的废气，可生成相应的磷酸盐，使含胺、氨废气得到净化。又如以锌、铁或铜的氧化物载于活性炭上，可净化一般用吸收法难于脱净的含硫有机废气，使含硫有机物转化为相应的盐类及 CO_2、H_2O 等，以达到净化目的。

吸附浸渍在废气净化上用得很多，是一种重要的净化方法。它的优点是由于吸附剂表面上发生物理吸附的同时，还发生污染物参加的化学反应或催化反应，因而提高了过程的净化效率与速率，增大了吸附容量；但由于过程中生成了一些新物质，有时给再生带来困难。例如，以氧化锌载于活性炭上或用铁碱吸附剂来净化含硫有机废气，吸附剂均不能再生，因而该法只适用于含硫量不高、净化程度要求较高的场所。

常用的浸渍物质有铜、铁、锌、银、钴、锰、钼等的化合物或它们的混合物，以及卤素、酸、碱等。

浸渍物在过程中起催化作用时，一般无须经常补充浸渍物，而当其作用为与废气中污染物发生化学反应时，浸渍物要在化学反应中消耗，因而每次再生后，需重新浸渍。吸附浸渍多数是在吸附剂表面发生化学反应的情况。

表 7-4 是常用吸附浸渍实例。

表 7-4 常用吸附浸渍实例

吸附剂	浸渍物	污染物	化学变化
活性炭	铜、铁、锌、钒、铬等的氧化物	H_2S、COS、硫醇等含硫物质	相应的盐、CO、CO_2、H_2O 等
	氯、碘、硫	汞	生成卤化物、硫化物
	醋酸铅，碘	硫化氢	生成硫化铅，氧化成硫
	磷酸	氨、胺类、碱雾	生成相应的磷酸盐
	碳酸钠、碳酸氢钠、氢氧化钠	酸雾、酸性气体	生成相应的盐
	亚硫酸钠	甲醛	将甲醛氧化
	硫酸铜	硫化氢、氨	
	硝酸银	汞	生成银汞齐
	硅酸钠	氟化氢	生成氟硅酸钠
	溴	乙烯、其他烯烃	生成双溴化物
	氢氧化钠	氯	生成次氯酸钠
	氢氧化钠	二氧化硫	生成亚硫酸钠
活性氧化铝	高锰酸钾	甲醛	将甲醛氧化
	碳酸钠、碳酸氢钠、氢氧化钠	酸性气体、酸雾	生成相应的盐
泥煤、褐煤	氨	二氧化氮	生成硝基腐殖酸铵

三、固定床吸附过程计算

(一) 吸附负荷曲线与透过曲线

当初始浓度为 C_0 的流体以流速 u 等速通过填充有均一颗粒的吸附剂床层时，由于不断地进行着吸附，床层固定相中吸附质的浓度随时间的延伸与床层内位置的变化而不同。在流体流动情况下，表示吸附剂床层中吸附质浓度随床层高度变化关系的曲线称为吸附负荷曲线。

假如以床层离进口端长度为横轴，床层中吸附质的含量为纵轴，可以描绘出吸附质流过吸附床时，床层中吸附质含量 X 随时间的推移在床层中的变化情况，如图 7-27（a）～（f）所示。图中 X_0（反复再生过的吸附剂中残留的吸附质浓度）为吸附剂中吸附质原始含量，X_e 为吸附剂达到平衡时的含量，Z 为床层高度，τ_0 为床层开始吸附的时刻。

为避免破坏床层的稳定和方便采样，常通过分析床层中流出气体的浓度随时间的变化来研究吸附床层中浓度变化情况。如果以时间为横坐标，流出物中溶质浓度为纵坐标，随时间的推移，可得图 7-27 中（a'）～（f'）所示的透过曲线。

$\tau < \tau_0$ 时，吸附质还未加入，吸附剂中具有原始浓度 X_0，流出物中吸附质浓度为 Y_0，它与 X_0 相平衡，如图 7-27（a）、（a'）所示。

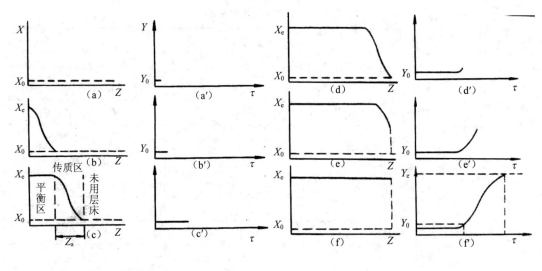

(a)，(a') $\tau < \tau_0$；　(b)，(b') $\tau = \tau_0$；　(c)，(c') $\tau = \tau_0 + \Delta\tau$；　(d)，(d') $\tau = \tau_b$；

(e)，(e') $\tau > \tau_b$；　(f)，(f') $\tau \geqslant \tau_e$

图 7-27　吸附过程分析图

$\tau = \tau_0$ 时，吸附质匀速进入床层，床层开始吸附，经过时间 τ 后，床层中吸附剂中吸附质含量的变化如图 7-27（b）所示，即为吸附负荷曲线，又称吸附波。吸附波未达到床层末端，流出物中吸附质浓度仍为 Y_0，如图 7-27（b'）所示。

$\tau = \tau + \Delta\tau$ 时，吸附质不断加入，吸附波不断向前移动，如图 7-27（c）所示。靠近入口端的床层吸附已经达到饱和，其吸附负荷为进料中吸附质浓度的平衡负荷 X_e，这部分床层称平衡区；靠近出口端的床层称未用床层，具备全部的吸附能力；未用区与平衡区之间的床层负荷由 X_0 到 X_e 之间变化，称传质区。传质区长度 Z_a 越小，表示传质阻力越小，床层的利用率越高。当传质阻力为 0，传质速率无限大时，吸附负荷曲线就成一垂线，传质区长度为 0，成为理想波的形状。此时流出物中吸附质浓度仍为 Y_0，如图 7-27（c'）所示。

$\tau = \tau_b$ 时，吸附波前沿刚刚到达床层末端，即将移出到床层之外。此时在流出物有超过 Y_0 浓度的吸附质漏出来，即产生了"透过现象"，如图 7-27 中（d'），则认为床层已经失效，应停止进料，如图 7-27（d）所示。该点称为破点，到达破点的时间 τ_b 称为"透过时间"。此时，单位床层吸附剂所吸附的吸附质的量为床层的动活性。$\tau > \tau_b$ 时，吸附波移出床层，流出物中吸附质浓度继续上升，如图 7-27 中（e）和（e'）。

$\tau = \tau_e$ 时，继续通入待净化气体，吸附波全部移出床层外，所需时间 τ_e 称为平衡时间。此时床层中全部吸附剂与进料中吸附质浓度达到平衡状态，床层完全失去吸附能力。这时，吸附剂具有的吸附容量为它的静活性。此时，流出物浓度基本达到流体中吸附质的初始浓度 Y_e，如图 7-27 中（f）和（f'）。

由时间 τ_b 到 τ_e，在 Y—τ 图上，也形成一个 S 形曲线，它的形状与吸附波相似，但与其方向相反，这条曲线称为"透过曲线"，如图 7-27（f）示。也有人将"透过曲线"称为吸附波。

吸附过程进料中吸附质浓度、吸附剂粒度及使用周期等很多因素都影响透过曲线的形状，反过来，透过曲线又可反映出床层的性能及操作情况好坏。通过对透过曲线的研究，可以评价吸附剂的性能，测取传质系数和了解床层的操作状况。

图 7-28（a）、（b）为一组吸附负荷曲线与透过曲线。在图 7-28（a）中，$\overline{abcd}$ 的面积表示传质区的总吸附容量，吸附波上方的面积 $\overline{acd}$ 表示床层未吸附的容量，亦即吸附区内仍具有的吸附能力，它与传质区总吸附容量之比值称为传质区 f 值，即传质区仍具有的吸附能力的面积比率 $f = \overline{acd}\,/\,\overline{abcd}$，吸附了吸附质的面积比率为 $1-f = \overline{abc}\,/\,\overline{abcd}$。

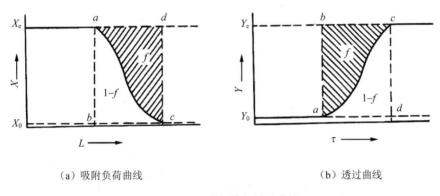

（a）吸附负荷曲线　　　　　（b）透过曲线

图 7-28　吸附负荷与透过曲线

在图 7-28（b）中，同样 $\overline{abcd}$ 的面积大小表示传质区的总吸附容量，破点时，传质区内吸附剂仍具有的吸附能力由面积 $\overline{abc}$ 来表示。所以，传质区内仍具有的吸附能力面积比率为

$$f = \frac{\overline{abc}}{abcd}$$

而

$$1 - f = \frac{\overline{acd}}{abcd}$$

f 的数值在 0~1，一般在 0.4~0.5。f 的大小，反映了床层在到达破点时的饱和程度。

（二）等温固定床吸附器的计算

固定床吸附器的计算，主要是从吸附平衡及吸附速率两方面来考虑。而固定床吸附速率及吸附平衡的影响，又主要体现在传质区大小、透过曲线的形状、到达破点的时间和破点出现时床层内吸附剂的饱和度上，这些正是设计固定床吸附器不可缺少的数据。

由于固定床吸附器中，存在饱和、传质及未利用三个区，传质区中的吸附质浓度随时间变化的同时，三个区的位置也不断改变，因而固定床操作处于不稳定状态，影响因素很多。为简化起见，我们假设：①吸附操作在等温下进行；②气相中吸附质浓度是低的；③吸附等温线是线性或优惠型，即传质区以恒定模式通过床层；④床层高度要比传质区高度大得多。

在吸附计算中，由于吸附剂及不可吸附的气体在吸附过程中是不变的，所以，多采用比质量分数来进行计算。

图 7-29 表示初始浓度为 Y_0（kg 吸附质/kg 无吸附质气体）的废气通过吸附剂床层的透过曲线。气体通过床层时的速率为 G_s [kg 无吸附质气体/（$m^2 \cdot h$）]，经过一段时间后，流出物总量为 W（kg 无吸附质气体/m^2），达到破点后，流出物浓度迅速从基本上为 0 上升到进口气体浓度。某一低浓度 Y_B（一般为 $0.01Y_0 \sim 0.001Y_0$）视为破点浓度，并认为流出物中吸附质浓度升高到接近 Y_0 的某一值 Y_E（约为 $0.9Y_0$）时，吸附剂已基本上无吸附能力了。破点时流出物的量为 W_B（kg 无吸附质气体/m^2），流出物浓度达到 Y_E 时流出物的量为 W_E，透过曲线出现区间流出物的量为 $W_a=W_E-W_B$，W_E 与 W_B 之间的透过曲线的形状是设计者所关心的。具有恒定高度 Z_a 的传质区是指从 Y_E 到 Y_B 浓度变化的那一部分床层，在床层开始吸附至破点停止操作时止，这部分床层在任一时间里都存在于床层中。

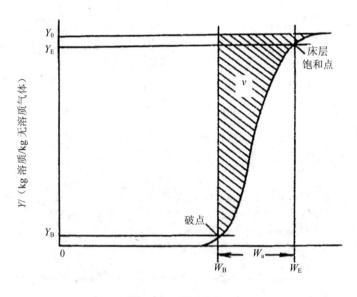

图 7-29   透过曲线

1. Z_a 的计算

令 τ_a 为传质区形成后在床层内向前移动一般距离 Z_a（等于传质区高度）所需的时间，在这段距离中，流出物量为 W_a，则

$$\tau_{a} = \frac{W_{a}}{G_{S}} = \frac{W_{E} - W_{B}}{G_{S}} \tag{7-75}$$

令 τ_{E} 为传质区形成并移出床层所需的时间，则

$$\tau_{E} = \frac{W_{E}}{G_{S}} \tag{7-76}$$

令 τ_{F} 为传质区形成所需的时间，则传质区移动等于床层总高度 Z 之距离所需时间为 $\tau_{E}-\tau_{F}$，因此，传质区高度 Z_{a} 为

$$Z_{a} = Z \frac{\tau_{a}}{\tau_{E} - \tau_{F}} \tag{7-77}$$

气体在传质区里，从破点到吸附剂基本上失去吸附能力，被吸附的吸附质量如图 7-31 中阴影部分所示，其量 U 为

$$U = \int_{W_{B}}^{W_{E}} (Y_{0} - Y) \, \mathrm{d}W \tag{7-78}$$

在传质区内全部为吸附质所饱和时，吸附量为 $Y_{0}W_{a}$。因此，破点时，传质区内仍具有吸附能力的面积比率 f 为

$$
\begin{aligned}
f &= \frac{U}{Y_{0}W_{a}} = \frac{\int_{W_{B}}^{W_{E}} (Y_{0} - Y) \, \mathrm{d}W}{Y_{0}W_{a}} = \int_{W_{B}/W_{a}}^{W_{E}/W_{a}} \left(\frac{Y_{0} - Y}{Y_{0}} \right) \mathrm{d}\left(\frac{W}{W_{a}} \right) \\
&= \int_{0}^{1.0} \left(1 - \frac{Y}{Y_{0}} \right) \mathrm{d}\left(\frac{W - W_{B}}{W_{a}} \right)
\end{aligned}
\tag{7-79}
$$

由于吸附波形成后尚有 f 这一部分面积未吸附，因此传质区形成时间 τ_{F} 要小于传质区移动 Z_{a} 距离的时间 τ_{a}。当 $f=0$ 时，则表示吸附波形成后，传质区已达到饱和，这样，传质区形成时间 τ_{F} 应基本上与传质区移动距离 Z_{a} 所需时间 τ_{a} 相同。而当 $f=1$ 时，表示传质区中吸附剂基本上不含吸附质，传质区形成的时间应很短，基本等于 0，所以可得下式

$$\tau_{F} = (1 - f) \, \tau_{a} \tag{7-80}$$

将式（7-80）代入式（7-77），又因为 $\tau_{a} = \dfrac{W_{a}}{G_{S}}$，$\tau_{E} = \dfrac{W_{E}}{G_{S}}$ 得

$$Z_{a} = Z \frac{\tau_{a}}{\tau_{E} - (1 - f) \, \tau_{a}} = Z \frac{W_{a}}{W_{E} - (1 - f) \, W_{a}} \tag{7-81}$$

2. 破点时全床层饱和度 S

设床层堆积密度为 γ_{s}（kg/m^{3}），X_{T} 为饱和吸附剂中吸附质的浓度，则高度为 Z（m）、截面积为 1 m² 的床层中吸附质的质量为（$Z\gamma_{s}X_{T}$）；破点时，截面积为 1 m²、高度为 Z_{a} 的

传质区在床层底部，其余（$Z-Z_a$）的床层已被吸附质饱和，其量为（$Z-Z_a$）$\gamma_s X_T$，这时，床层中的吸附质质量为

$$（Z-Z_a）\gamma_s X_T + Z_a（1-f）\gamma_s X_T$$

则，破点时全床层的饱和度为

$$S = \frac{(Z-Z_a)\gamma_s X_T + Z_a(1-f)\gamma_s X_T}{Z\gamma_s X_T} = \frac{Z-fZ_a}{Z} \tag{7-82}$$

在固定床吸附器的设计过程中，已经有许多计算穿透曲线的方法（如传质单元数法等），但均需要等温线和传质速率的数据，而这些数据往往又受特定条件的限制。因此，一般多根据中试数据及工业经验进行设计计算。

3. 间歇固定床持续时间

由前面讨论可知，吸附床工作时，是逐段饱和的。从开始吸附到吸附床底部开始出现微量吸附质（即破点）时止，这一段时间又称为吸附剂的保护作用时间，或实际持续时间。

设浓度为 C_0（kg/m^3）的气流进入吸附床，床层截面积为 A，吸附剂的平衡静活性为 a_m（kg/m^3 床层），床高为 Z（m），当吸附速率为无穷大时，进入吸附床的吸附质瞬间被完全吸附，则吸附量为 $Q=Aa_m Z$。

若床层气速为 u[$m^3/$（$h·m^2$）]，吸附时间为 τ'，则吸附量又可写为 $Q=Au\tau' C_0$，则有

$$AZa_m = AuC_0\tau'$$

故

$$\tau' = Za_m/（u C_0）$$

由于实际的吸附速率不是无穷大，吸附也不是瞬间完成的，因此，在床层中形成一个传质区。所以，吸附床层实际操作时间要小于 τ'，为 τ，其差值称为保护作用时间损失，用 τ_m 表示，即

$$\tau = \frac{a_m Z}{uC_0} - \tau_m \tag{7-83}$$

令

$$K = \frac{a_m}{uC_0}$$

则

$$\tau = KZ - \tau_m \tag{7-84}$$

或

$$\tau = K（Z-Z_m） \tag{7-84 a}$$

以上两式为希洛夫方程，式中 Z_m 为与保护作用时间损失相对应的被看作完全没有吸附的一段"死层"。

利用希洛夫方程能近似地确定吸附的实际持续时间，且简单、方便，因此常被采用。

实验证明，对于同一吸附质与吸附剂，在气流浓度不变和恒温的情况下，还存在下列

关系

$$K_1 u_1 = K_2 u_2 = K_3 u_3 = 常数 \tag{7-85}$$

$$\frac{\tau_{m_1}\sqrt{u_1}}{d_1} = \frac{\tau_{m_2}\sqrt{u_2}}{d_2} = \frac{\tau_{m_3}\sqrt{u_3}}{d_3} = 常数$$

式中：τ_m——保护作用时间损失；

$\quad\;\; d$——吸附剂颗粒直径。

对于同一吸附质与吸附剂，在变更浓度或速度时，实验证明还存在下列关系

$$\tau u^n = 常数 \tag{7-86}$$

$$\tau C^m = 常数 \tag{7-87}$$

式中：τ——吸附持续时间；

$\quad\;\; u$——空塔气速；

$\quad\;\; C$——气流浓度。

指数 n 和 m 对常用的炭类吸附剂来说，近似等于 1。

【**例7-6**】用活性炭固定床吸附器吸附净化含四氯化碳废气。常温常压下废气流量为 1 000 m³/h，废气中四氯化碳初始浓度为 2 000 mg/m³，选定空床气速为 20 m/min。活性炭平均粒径为 3 mm，堆积密度 ρ_c 为 450 kg/m³，操作周期为 40 h。在上述条件下，进行动态吸附实验取得如下数据：

床层高度 Z/m	0.1	0.15	0.2	0.25	0.3	0.35
透过时间 τ/min	109	231	310	462	550	650

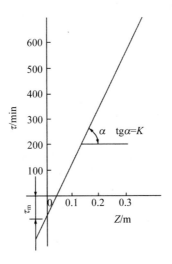

图 7-30　例 7-6 图

请计算①固定床吸附器的直径、高度和吸附剂用量；②在此操作条件下，活性炭对 CCl_4 的吸附容量；③吸附波在床层中的移动速度。

解：（1）以 Z 为横坐标，τ 为纵坐标将上述实验数据描绘在坐标图上，得一直线（图 7-30），依图，求出直线的斜率即为 K，截距即为 $-\tau_m$，得

$$K = 2\,143\,\text{min/m}; \tau_m = 95\,\text{min}$$

将 K、τ、τ_m 代入希洛夫方程得

$$Z = \frac{\tau + \tau_m}{K} = \frac{40 \times 60 + 95}{2\,143} = 1.164\,(\text{m})$$

取 $Z = 1.20\,\text{m}$。采用立式圆柱床进行吸附，计算出吸附床直径

$$D = \sqrt{\frac{4V}{\pi u}} = \sqrt{\frac{4 \times 1\,000}{\pi \times 20 \times 60}} = 1.03\,(\text{m})$$

可取 $D = 1.0\,\text{m}$。

所需吸附剂量

$$W = AZ\rho_c = \frac{\pi}{4} \times 1^2 \times 1.2 \times 450 = 423.9\,(\text{kg})$$

考虑装填损失，所需吸附剂量 W 为

$$423.9 \times 1.1 = 466\,(\text{kg})$$

（2）活性炭对四氯化碳的吸附容量为

$$a_m = KuC_0 = 2\,143 \times 20 \times 2\,000 \times 10^{-6} = 85.72\,(\text{kg/m}^3\text{床层})$$

平衡静活性：

$$85.72 / 450 = 0.19\,(\text{kg CCl}_4 / \text{kg活性炭})$$

（3）吸附波在床层中的移动速度等于 $1/K$，即 $1/2\,143 = 0.467\,(\text{mm/min})$

【例 7-7】图 7-31 为一有机蒸气（分子量 $M = 58$）吸附于活性炭上的透过曲线。试确定传质区高度 Z_a 与传质区中吸附质平均浓度 X_a。有关数据如下：总压 $P = 0.344 \times 10^5\,\text{Pa}$，温度 $T = 320\,\text{K}$，气体体积流量 $V = 0.223 \times 10^{-3}\,\text{m}^3/\text{min}$（在 34.4 kPa 下），初始浓度 $C_0 = 65\,\mu\text{L/L}$（在 34.4 kPa 下），吸附剂总量为 0.6 g，床层高为 $Z = 2.5\,\text{cm}$，床层面积 $A = 0.5\,\text{cm}^2$。

解：依据透过曲线可以用加和的办法计算传质区内被吸附的有机蒸气量。加和 $C = 0.01C_0$ 到 $C = C_0$ 的有机蒸气量就相当于传质区内被吸附的有机蒸气量 [参照图 7-28（b）中（$1-f$）部分]。在增量 $\Delta\tau$ 为 50 min 的时间间隔下，根据透过曲线加和如下：

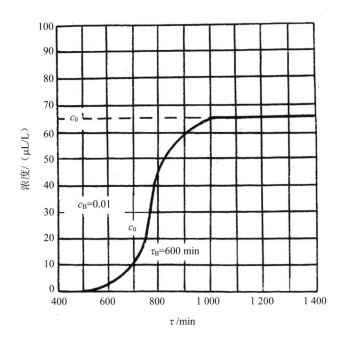

图 7-31　例 7-7 的透过曲线

$\Delta\tau$/min	600 ~ 650	650 ~ 700	700 ~ 750	750 ~ 800	800 ~ 850	850 ~ 900	900 ~ 950	950 ~ 1 000	
平均浓度 $\overline{C}$ / (μL/L)	3	7	14.5	32.5	49.5	56.5	61	64	Σ=288
	$\Sigma\Delta\tau\overline{C}$ =50×288=14 400								

将 $\Sigma\Delta\tau\overline{C}$ 转换成透过的有机蒸汽质量，需乘以因子

$(P/1.013\times10^5)(273/T)[V/(22.4\times10^{-3})]M\times10^{-6}$

$= (0.344/1.013)(273/320)(0.223/22.4) 58\times10^{-6}=1.675\times10^{-7} (\text{g/min})$

所以　　　$\Sigma\Delta\tau\overline{C}\cdot(1.675\times10^{-7})=14\ 400\times1.675\times10^{-7}=0.002\ 4 （\text{g 吸附质}）$

在 τ =600 ~ 1 000 min 通入活性炭床层的有机蒸汽质量为

$(1\ 000-600) C_0\times1.675\times10^{-7}=400\times65\times1.675\times10^{-7}=0.004\ 36 （\text{g}）$

破点时，传质区内仍具有的吸附能力，或 600~1 000 min 内被吸附的量为

$$0.004\ 36-0.002\ 4= 0.001\ 96 （\text{g}）$$

在 τ =0~1 000 min 内通入的蒸气量为

$$1\ 000\times C_0\times1.675\times10^{-7}=0.010\ 89 （\text{g}）$$

吸附总量等于 0~1 000 min 内通入的蒸气量减去 600~1 000 min 间流出的蒸气量，即

$$0.010\ 89-0.002\ 4=0.008\ 49 （\text{g}）$$

则活性炭的吸附容量为

$$0.008\ 49/0.6 = 0.014 （g 吸附质/g 吸附剂）$$

饱和床层高度 Z_{st} 内的吸附量，等于床层的总吸附能力减去传质区内仍具有的吸附能力和已吸附的量，即

$$0.008\ 49 - （0.002\ 4 + 0.001\ 96） = 0.004\ 13 （g）$$

饱和床层高度 $Z_{st} = （0.004\ 13/0.014） \times （2.5/0.6） = 1.23 （cm）$

传质区高度 $Z_a = 2.5 - 1.23 = 1.27 （cm）$

传质区平均吸附质浓度为 $X_a = \dfrac{0.002\ 4}{Z_a A} = \dfrac{0.002\ 4}{1.27 \times 0.5} = 0.003\ 8 （g/cm^3）$

四、吸附剂的再生与劣化

（一）吸附剂的再生方法

工业装置中的吸附剂一般都需要进行再生操作，以循环使用，降低运行费用。工业上常用的再生方法有如下几种：

1. 加热再生

吸附一般是放热过程，因而吸附容量随温度升高而降低，在低温或常温下吸附，然后在加热下解吸再生，这样的循环方法又称为变温吸附。

低温下吸附的气体分子，受热时动能增加，当其动能足以克服固体表面分子的引力时，被吸附的分子便返回气相之中，实现解吸再生。吸附热越小的吸附过程也就越容易受热而脱附。

吸附质与吸附剂之间作用的强弱不同，解吸温度也不相同。有机物物质的量容积在 $80 \sim 190$ ml/mol 时，一般采用水蒸气、惰性气体或烟道气吹脱，吹脱温度在 $100 \sim 150℃$，称为"加热解吸"；而当吸附质物质的量容积 > 190 ml/mol 时，低温蒸汽已不能脱附，需要在 $700 \sim 1\ 000℃$ 的再生炉中进行，称作"高温灼烧"，使用的脱附介质为水蒸气或 CO_2 气体。

解吸时，要求解吸气体的流动方向与吸附时废气的流动方向相反，这样床层末端的未吸附部分在解吸后的残留浓度几乎为 0，再次吸附时，出气中污染物浓度就会很低。

变温吸附的优点是加热迅速，解吸完全，用水蒸气解吸有机物时，解吸的产物易分离；缺点是吸附剂的导热系数一般较小，冷却缓慢，再生周期较长。

2. 减压解吸

一般吸附过程与气相的压力有关。若吸附是在较高的压力下进行，然后把压力降低，被吸附的物质就会脱离吸附剂回到气相中。如果吸附是在常压下进行的，便可抽真空进行解吸。这种循环方法称为"变压吸附"，它应用较多，如吸附分离高纯氢与富氧就是在

$14 \times 10^5 \sim 42 \times 10^5$ Pa 压力下进行吸附，然后在常压下脱附，使吸附剂得到再生。

该法的优点是无须加热与冷却床层，故又称无热再生法，再生的时间较变温吸附可大大缩短。因而该法循环周期短，吸附剂用量少，吸附器尺寸小。缺点是由于设备内有死角，导致产物纯度与回收率往往不能兼顾，因而降低了设备的利用率。可采用多床层变压吸附来解决此问题。

3. 置换解吸

对于吸附质为热敏性物质不便加热再生的情况，可利用吸附剂对不同物质吸附能力不同的特点，向吸附后床层通入另一种可被吸附的流体（称为脱附剂），置换出原来被吸附的物质，达到再生目的。例如，某些不饱和烃类物质，较高温度下易聚合，可以采用亲和力更强的溶剂进行置换再生，置换出原吸附质后再加热再生吸附剂，此法又称"变浓吸附"，多用于液体吸附中，气体吸附中也较常用，例如，活性炭吸附 SO_2 后，用水将其洗涤下来，活性炭进行适当的干燥便达到再生的目的。

4. 通气吹扫

使吸附质从吸附剂上脱附下来的另一方法是通入另一种气体进行吹扫，其作用是降低吸附质的分压。例如，吸附了大量水分的硅胶即可通入干燥的氮气进行吹扫使硅胶脱出水分而得到再生。

在生产实际中，有时是几种方法同时使用。例如，沸石分子筛吸附水分之后，可用加热吹氮气的方法进行再生。

（二）吸附剂的劣化

吸附剂反复使用和再生后，会发生劣化现象，吸附容量将下降。发生劣化现象的原因主要有：①吸附剂表面被炭沉积，或被聚合物、其他一些化合物以及颗粒等覆盖。②由于加热，使吸附剂表面成为半熔融状态，致使部分微孔堵塞或消失。③由于化学反应，使吸附剂微孔结晶受到破坏。其中，吸附剂表面被炭或其他物质黏附的情况是较普遍的，几乎所有的劣化现象都是这个原因造成的，而高温熔融堵塞，则主要发生在微孔中。

由于劣化现象的产生，使吸附剂的吸附容量下降，所以考虑吸附剂劣化和残留吸附量后的吸附剂的有效平衡吸附量 q_d（kg/kg）为

$$q_d = q_m(1 - B) - q_R \tag{7-88}$$

式中：q_m——在吸附等温线上与初始浓度 C_0 对应的平衡吸附量；

　　　B——劣化度，$B = 10\% \sim 30\%$；

　　　q_R——吸附剂再生后的残留吸附量，$2\% \sim 5\%$。

第三节　催化转化法

催化转化法是使气态污染物通过催化剂床层，利用催化反应转化为无害或易于处理的物质的净化方法。该方法对特定污染物有较高的转化率，操作过程较简便，但催化剂成本较高。催化转化既可以使废气中的污染物在催化剂的作用下被氧化，也可以使废气中的污染物发生还原反应，目标是生成的产物低（无）毒无害。

一、催化转化法基本原理

（一）催化作用与催化剂

1. 催化作用

凡能加速化学反应趋向平衡而在反应前后其化学组成和数量不发生变化的物质，叫催化剂（或称触媒），催化剂使反应加速的作用称为催化作用。

设某一反应 $A+B \to C$ 在无催化剂时需要一定活化能并经过中间活性络合物 $[AB]^*$ 而生成 C，即 $A+B \to [AB]^* \to C$，当有催化剂存在时，反应经历另一条较易进行的途径完成，即

$$A+B+2K \to [AK]^* + [BK]^* \to [CK]^* + K \to C + 2K$$

上式中，K 表示催化剂，$[AK]^*$、$[BK]^*$、$[CK]^*$ 均表示活性络合物。

由于催化剂的参与改变了反应的历程，降低了反应总的活化能，使反应速度加大，但催化剂的数量和结构在反应前后并没有发生变化（图 7-32）。

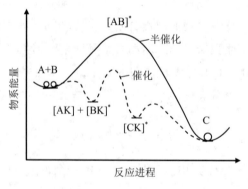

图 7-32　反应途径

催化作用具有两个基本特性：①催化剂只能加速化学反应速度，而不能使热力学上不可能发生的反应发生。对任意可逆反应，催化作用既能加快正反应速度，也能加快逆反应

速度，而不改变该反应的化学平衡。②特定的催化剂只能催化特定的反应，即催化剂的催化性能具有选择性。

2．催化剂

（1）催化剂的组成

除少数贵金属催化剂外，一般工业中常用的催化剂都为多组元催化剂，通常由活性组分、助催化剂和载体三部分组成。活性组分是催化剂的主体，是必须具备的组元，可单独对化学反应起催化作用。例如，一般催化燃烧用的催化剂有 V_2O_5、MoO_3、Ag、CuO、Co_3O_4、PdO、Pd、Pt、TiO_2 等，这些金属及其氧化物都是催化剂的活性组分。助催化剂是本身无活性，但与活性组分共存时可以提高催化剂活性的组分。例如，SO_2 氧化为 SO_3 的 $K_2SO_4-V_2O_5$ 催化剂，K_2SO_4 的存在可使 V_2O_5 的活性大为提高。载体的功能是对活性组分起承载作用，使催化剂具有合适的形状与粒度，使之具有较大的比表面积，提高活性组分的分散度，增大催化活性，还具有传热、稀释和增强机械强度作用，可延长催化剂使用寿命。常用的载体材料有氧化铝、硅藻土、硅胶、活性炭、分子筛以及某些金属氧化物等。催化剂可做成球状、柱状、网状、蜂窝状等各种形式。图 7-33 是几种催化燃烧用催化剂模屉。

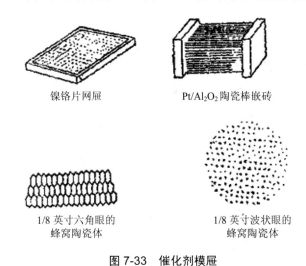

镍铬片网屉　　　　　　　　Pt/Al₂O₂陶瓷棒嵌砖

1/8 英寸六角眼的　　　　　1/8 英寸波状眼的
蜂窝陶瓷体　　　　　　　　蜂窝陶瓷体

图 7-33　催化剂模屉

（2）催化剂的性能

衡量催化剂性能的指标主要有活性、选择性和稳定性。

1）催化剂的活性和稳定性。催化剂活性是衡量催化剂效能的指标。在工业上，催化剂的活性常用单位体积（或质量）催化剂在一定条件（温度、压力、空速和反应物浓度）下，单位时间内所得的产品量来表示，即

$$A = W/W_R t \qquad (7-89)$$

式中：A——催化剂活性，$kg/(h \cdot kg)$；

　　　　W——产品质量，kg；

t——反应时间，h；

W_R——催化剂质量，kg。

催化剂在化学反应过程中保持活性的能力称为催化剂稳定性。它包括热稳定性、机械稳定性和化学稳定性 3 个方面，这 3 个方面因素共同决定了催化剂的使用寿命，故常用寿命表示催化剂的稳定性。

影响催化剂寿命的主要因素有催化剂的老化和中毒。催化剂老化是指在正常工作条件下由于低熔点活性组分流失、催化剂烧结、低温表面积碳或结焦、内部杂质的迁移以及冷热应力交替作用所造成的机械性粉碎等因素引起的催化剂逐渐失去活性的过程。催化剂中毒是指反应气体中含有少量杂质使催化剂活性迅速降低的现象。这种现象本质上是由于某些吸附质优先吸附在催化剂的活性部位上，或者形成特别强的化学吸附或者与活性中心起化学反应变为别的物质引起催化剂的性质发生变化，使催化剂不能再自由地参与对反应物的吸附和催化作用。中毒分暂时性中毒和永久中毒。前者只要将毒物除去，催化剂即可恢复活性；后者毒物与催化剂活性组分亲和力很强，其活性很难恢复。在催化反应前设废气预处理设备，可以清除废气中的粉尘和毒物，防止堵塞和中毒。操作中要防止催化剂的局部过热，以免催化剂烧结或失活。还可以从选择适当的载体（如导热系数较大的载体）入手，以保证催化剂的热稳定性。

2）催化剂的选择性。催化剂的选择性是指当化学反应在热力学上有几个反应方向时，一种催化剂在一定条件下只对其中的一个反应起加速作用的特性。它用 B 表示，即

$$B = \frac{反应所得目的产物摩尔数}{通过催化剂床层后反应了的反应物摩尔数} \times 100\% \qquad (7\text{-}90)$$

催化净化法选用催化剂的原则是：应根据污染气体的成分和确定的化学反应来选择恰当的催化剂，催化剂要求有很好的活性和选择性、足够的机械强度、良好的热稳定性和化学稳定性。

（二）气固相催化反应宏观动力学

废气中污染物含量通常较低，用催化净化法处理时，由于废气污染物含量低，过程热效应小，反应器结构简单，多采用固定床催化反应器，因此下面着重介绍固定床催化反应器的宏观动力学。

1. 气固催化反应过程

在多孔催化剂上进行的催化反应过程一般包括下列步骤：①反应物从气相主体扩散到催化剂颗粒外表面（外扩散过程）；②反应物从颗粒外表面扩散到微孔内表面（内扩散过程）；③反应物在微孔内表面上被化学吸附，并生成产物，产物在内表面上脱附出来（表面反应过程/化学动力学控制过程）；④产物从内表面扩散到催化剂外表面（内扩散过程）；⑤产物从外表面扩散到气相主体（外扩散过程）。

　　整个气固相催化反应过程的总速率不仅取决于催化剂表面上进行的化学反应，还受到反应气体的流动状况、传热及传质等物理过程的影响。研究包括这些物理过程的化学反应动力学，称作宏观动力学，而不考虑其影响的化学动力学称作本征动力学。

　　催化反应过程中的传质步骤得以进行的推动力是气固相各处反应组分的浓度差。以催化活性组分均匀分布的球形催化剂为例，说明催化反应过程中反应物的浓度分布，如图7-34所示。c_{AG}、c_{AS}、c_{AC} 分别表示反应物 A 的气相浓度、催化剂表面浓度与颗粒中心处浓度。反应物 A 从气相主体通过层流边界层扩散到颗粒外表面，其浓度从 c_{AG} 递减到 c_{AS}，此即外扩散过程。在外扩散过程中无化学反应发生，外扩散推动力为（$c_{AG}-c_{AS}$），层流边界层中组分 A 的浓度分布在图中为一直线。

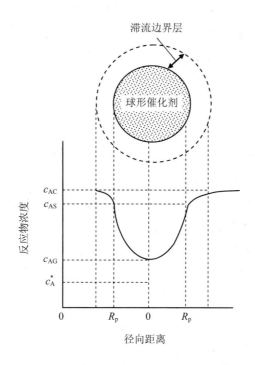

图 7-34　球形催化剂中反应物 A 的浓度分布

　　反应物由颗粒外表面向内表面扩散时，边扩散边反应，反应物浓度逐渐降低，直到颗粒中心处，浓度降到最低。所以在颗粒内部，组分 A 在颗粒半径方向上的浓度分布是条曲线。催化剂的活性越大，单位时间、单位内表面上反应的组分量越多，反应物浓度降低得就越快，曲线越陡。

　　生成物由催化剂颗粒中心向外表面扩散时，浓度分布趋势与反应物相反。对于可逆反应，催化剂颗粒中反应物可能的最小浓度是颗粒温度下的平衡浓度 c_A^*。如果在颗粒中心附近反应物的浓度接近平衡浓度 c_A^*，则该处的反应速度接近于零，称为"死区"。

　　在催化剂颗粒内部，当内扩散阻力较大而反应速度又较快时，有可能导致反应物的浓

度 $c_A \rightarrow 0$，进而使反应速度 $r_A \rightarrow 0$，此时催化剂的内表面积不能充分发挥效能。为了定量说明，引入了内表面积利用率的概念。

催化剂颗粒内部的催化反应速度取决于反应物的浓度和参与反应的内表面积的大小。等温下，单位体积催化剂颗粒中 A 的实际反应速度 r_p 与按外表面的反应物浓度 c_{AS} 和催化剂全部内表面积 S_i 计算得到的理论反应速度 r_s 之比即为内表面利用率或催化剂有效系数：

$$\eta = \frac{r_p}{r_s} = \frac{\int_0^{S_i} K_S f(c_A) \mathrm{d}S}{K_S f(c_{AS}) S_i} \tag{7-91}$$

式中：S_i——单位体积床层催化剂的内表面积，$\mathrm{m}^2/\mathrm{m}^3$ 催化剂床层；

K_S——按单位内表面积计算的催化反应速率常数，单位由反应级数而定。

η 的大小反映了内扩散对总反应速度的影响程度，η 接近 1 时，c_A 接近于 c_{AS}，内扩散影响小，过程为化学动力学控制；η 远小于 1 时，内扩散影响显著，颗粒中心处浓度与外表面处浓度相差甚大，此时的反应速度 r_A 为

$$r_A = \eta K_S S_i f(c_{AS})$$

综上所述，整个催化过程的总反应速度受外扩散、内扩散和化学动力学 3 个过程的影响，其中速度最慢（阻力最大）的过程，称为控制步骤。对于稳定进行的过程，控制步骤的速度可近似看作过程的总反应速度。因此，判断哪一个步骤是控制步骤是非常重要的。

2．表面化学反应速率方程

对于气固催化连续系统（如在反应器中），反应物不断流入，产物不断流出，系统稳定后，物料在反应器中没有积累，此时反应速度可用单位反应体积中（或单位重量催化剂上、单位反应表面积上）某一反应物或产物的摩尔流量的改变来表示，即

$$r_i' = \pm \frac{\mathrm{d}N_i}{\mathrm{d}V_R} \tag{7-92}$$

$$r_i'' = \pm \frac{\mathrm{d}N_i}{\mathrm{d}W} \tag{7-93}$$

$$r_i''' = \pm \frac{\mathrm{d}N_i}{\mathrm{d}S_R} \tag{7-94}$$

式中：N_i——反应物或生成物的流量，kmol/h；

V_R——反应体积，m^3；

S_R——反应表面积，m^2；

W——催化剂重量，kg。

对于气—固相催化反应，反应体积是指反应器中催化剂床层的体积，它包括催化剂颗粒的体积和颗粒之间的空隙体积。式中，对反应物应取负号，对生成物应取正号。

要测定反应物 A 的瞬时摩尔流量 N_A 较困难，故工程上常用反应物 A 的初始浓度 c_{A0} 和转化率 x_A 来表示催化反应速度，由式（7-92）推出

$$r_A = N_{A0} \frac{\mathrm{d}x_A}{\mathrm{d}V_R} = \frac{N_{A0}\mathrm{d}x_A}{A\mathrm{d}L} = \frac{N_{A0}\mathrm{d}x_A}{Q_0\mathrm{d}\tau} = c_{A0} \frac{\mathrm{d}x_A}{\mathrm{d}\tau} \qquad (7\text{-}95)$$

式中：N_{A0}——混合气体中组分 A 进口摩尔流量，kmol/h；

  L——床层的厚度，m；

  A——床层的横截面积，m^2；

  Q_0——混合气体的初始体积流量，m^3/h；

  τ——时间，s。

可逆反应的反应速度常用正逆反应速度之差的净速度来表示：$r = r_{正} - r_{逆}$。对于均相可逆反应 $v_A A + v_B B \rightleftharpoons v_L L + v_M M$，其动力学方程式可用幂函数形式的通式表示

$$r_A = k_C c_A^a c_B^b c_L^l c_M^m - k_C' c_A^{a'} c_B^{b'} c_L^{l'} c_M^{m'} \qquad (7\text{-}96)$$

式中：a，b，l，m——分别为正反应速度式中组分 A、B、L 及 M 的反应级数；

  a'，b'，l'，m'——分别为逆反应速度式中组分 A、B、L 及 M 的反应级数。

  k_C、k_C'——以浓度表示的正逆反应速度常数，其值取决于反应物系的性质及反应温度，与反应组分的浓度无关。反应速度常数 k_C 的单位取决于反应物系组成的表示方法和反应级数。

幂指数之和 $n = a + b + l + m$ 及 $n' = a' + b' + l' + m'$ 分别称为正、逆反应的总级数。

如果上述反应是基元反应，则动力学方程中 $a = v_A$，$b = v_B$，$l = 0$，$m = 0$，$l' = v_L$，$m' = v_M$，$a' = 0$，$b' = 0$，即 $r_A = k_C c_A^a c_B^b - k_C' c_L^{l'} c_M^{m'}$。若不是基元反应，则幂指数与化学反应式中化学计量系数不等，由实验测定。

基元反应达到平衡时，反应速度为零，此时

$$\frac{k_C}{k_C'} = \frac{(c_L^*)^{v_L} (c_M^*)^{v_M}}{(c_A^*)^{v_A} (c_B^*)^{v_B}} = K_C \qquad (7\text{-}97)$$

即正、逆反应速度常数之比值为平衡常数 K_C。加"*"表示是平衡浓度。

对于非基元反应，达到平衡时

$$\frac{k_C}{k_C'} = \frac{(c_L^*)^{(l'-l)} (c_M^*)^{(m'-m)}}{(c_A^*)^{(a-a')} (c_B^*)^{(b-b')}} = K_C^v \qquad (7\text{-}98)$$

式中 v 为无因次参数，取决于动力学方程的形式及平衡常数的表示方式。

上述均相反应动力学方程式的表示方法，也同样适用于气固相催化反应，但还需要考虑催化剂的影响，同时幂指数只能由实验决定，它们可以是正数或负数，整数或分数。

例如，SO_2 催化氧化反应为

$$SO_2 + 1/2O_2 \rightleftharpoons SO_3$$

若不考虑逆反应，其反应速率为

$$r_{SO_2} = -\frac{dc_{SO_2}}{d\tau} = k_1 c_{SO_2}^{m_1} c_{O_2}^{m_2} c_{SO_3}^{m_3}$$

对不同的催化剂，m_1，m_2，m_3 的数值不同。当采用五氧化二钒催化剂，由实验测得，m_1=0.8，m_2=1，m_3=-0.8，于是有

$$r_{SO_2} = -\frac{dc_{SO_2}}{d\tau} = k_1 c_{O_2} \left(\frac{c_{SO_2}}{c_{SO_3}} \right)^{0.8}$$

随着反应的进行，生成物浓度增加，逆反应速度也增大，此时逆反应对总反应速度的影响也变大，必须对上式进行修正。由实验知，SO_3 的生成速度并非取决于气相中 SO_2 的含量，而是取决于 SO_2 瞬时浓度 c_{SO_2} 与平衡浓度 $c_{SO_2}^*$ 之差，即（$c_{SO_2} - c_{SO_2}^*$），代入上式得

$$r_{SO_2} = -\frac{dc_{SO_2}}{d\tau} = k_1 c_{O_2} \left(\frac{c_{SO_2} - c_{SO_2}^*}{c_{SO_3}} \right)^{0.8}$$

根据需要，也可将上式（以浓度表示的动力学方程）转换为以转化率 x 表示的动力学方程。

设 SO_2 和 O_2 的初始浓度分别为 a 和 b，SO_2 的转化率为 x，则各组分的浓度分别为：$c_{SO_3} = ax$，$c_{SO_2} = a - ax$，$c_{O_2} = b - 1/2ax$。

若 SO_2 的平衡转化率为 x^*，则 SO_2 的平衡浓度为 $c_{SO_2}^* = a - ax^*$。

将这些关系式代入反应速度式，整理后得

$$r_{SO_2} = -a\frac{dx}{d\tau} = k_1 \left(b - \frac{1}{2}ax \right) \left(\frac{x^* - x}{x} \right)^{0.8}$$

若采用标态下的接触时间 τ_N 表示，则有

$$r_{SO_2} = -a\frac{dx}{d\tau_N} = k_1 \left(b - \frac{1}{2}ax \right) \left(\frac{x^* - x}{x} \right)^{0.8} (273P/T)$$

式中：P，T——分别为操作状态下的压力（atm）和温度（K）。

需要注意的是，催化剂不同，动力学方程会不同；即使是相同种类的催化剂，由于制备方法不同，活性也有差别，动力学方程也有可能不同，故不能盲目引用文献资料，通常应进行实验测定。

3. 气固相催化反应宏观动力学

稳定情况下，单位时间内催化剂内实际反应消耗的反应物量应等于从气相主体扩散到催化剂外表面上的反应物量，故

$$r_A = K_S S_i f(c_{AS}) \eta = K_g S_e (c_{AG} - c_{AS}) \tag{7-99}$$

式中：K_g——外扩散传质系数，m/h；

S_e——单位体积催化剂床层中颗粒的外表面积，m^2/m^3。

若反应为一级可逆反应，则上式中 $f(c_{AS})$ 可为：$f(c_{AS}) = c_{AS} - c_A^*$，式（7-99）可变为

$$r_A = \frac{c_{AG} - c_A^*}{\dfrac{1}{K_g S_e} + \dfrac{1}{K_S S_i \eta}} \tag{7-100}$$

式（7-100）为考虑了内、外扩散影响的一级可逆反应的气固相宏观动力学方程式，也是总速度方程式。它概括了传质和表面化学反应的总过程。公式分母中第一项 $1/(K_g \cdot S_e)$ 表示外扩散阻力；第二项 $1/(K_S \cdot S_i \cdot \eta)$ 表示内扩散阻力，而 $c_{AG} - c_A^*$ 表示反应过程的推动力。应用此式可以计算催化过程的反应速度，根据各项阻力的大小可以判断过程的控制步骤。

1）$\dfrac{1}{K_g S_e} \ll \dfrac{1}{K_S S_i \eta}$，而 η 趋近于 1，即内外扩散影响较小，均可忽略时，式（7-100）可变成

$$r_A = K_S S_i (c_{AG} - c_A^*) \approx K_S S_i (c_{AS} - c_A^*)$$

此时为动力学控制，浓度分布见图 7-35（a），即 $c_{AG} \approx c_{AS} \approx c_{AC}$，而 $c_{AC} \gg c_A^*$。这种情况多发生在本征动力学速度较小，而催化剂颗粒又较小时。

2）$\dfrac{1}{K_g S_e} \ll \dfrac{1}{K_S S_i \eta}$，而 $\eta \ll 1$，即外扩散影响较小，内扩散影响不可忽略时，总速度式为

$$r_A = K_S S_i (c_{AG} - c_A^*) \eta$$

此时为内扩散控制，浓度分布见图 7-35（b），即 $c_{AG} \approx c_{AS} \gg c_{AC}$，而 $c_{AC} \approx c_A^*$。这种情况多发生在颗粒较大，而反应速度与外扩散系数均较大时。

3）$\dfrac{1}{K_g S_e} \gg \dfrac{1}{K_S S_i \eta}$，这是外扩散阻力很大，总速度为外扩散控制。

$$r_A = K_g S_e (c_{AG} - c_{AS}) \approx K_g S_e (c_{AG} - c_A^*)$$

此时浓度分布见图 7-35（c）。一般来说，第一、第二种情况比较多，第三种情况较少见。但如果用的催化剂是无孔的网状物，如氨氧化用的铂网，或者活性组分只分布在载体外表面，反应速度相当快时，往往会发生第三种情况。

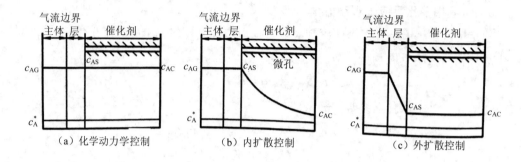

图 7-35   不同控制过程反应物 A 的浓度分布

在催化剂颗粒中除了有质量传递以外，还有热量传递。稳定情况下，单位时间内催化剂内表面上实际反应量产生的热效应，应等于颗粒外表面与气相主体间的传热量，故

$$r_A(-\Delta H_R) = K_S S_i f(c_{AS})\eta(-\Delta H_R) = \alpha_s S_e(T_s - T_g) \tag{7-101}$$

式中：T_s，T_g——分别为颗粒外表面与气相主体温度；

α_s——气流主体与颗粒外表面间的给热系数。

对于吸热反应，反应热 ΔH_R 是正值，催化剂颗粒外表面温度低于气流主体温度；对于放热反应，ΔH_R 是负值，催化剂颗粒外表面温度高于气流主体温度。

内表面利用率或有效系数 η 可通过实验测定，也可计算求得。实验测定法是首先测得颗粒的实际反应速度 r_p，然后将颗粒逐次压碎，使其内表面变为外表面，在相同条件下分别测定其反应速度，直至反应速度不再变化，这时的反应速度即为消除了内扩散影响的反应速度 r_s，则 $\eta = r_p/r_s$。计算法是通过建立和求解等温或非等温下催化剂颗粒内部的物料衡算式、反应动力学方程式和热量衡算式，得到颗粒内部为等温或非等温时的催化剂有效系数 η。例如，对于等温、球形颗粒催化剂，一级不可逆反应，可推导出有效系数 η 为

$$\eta = \frac{1}{\phi_s}\left(\frac{1}{\tanh(3\phi_s)} - \frac{1}{3\phi_s}\right) \tag{7-102}$$

其中：

$$\phi_s = \frac{R_p}{3}\sqrt{\frac{K_s S_i}{(1-\varepsilon)D_{eff}}} \tag{7-103}$$

式中：R_p——球形催化剂半径，m；

K_s——表面反应速度常数（按单位内表面计）；

S_i——单位体积催化剂内表面积，m^2；

D_{eff}——催化剂内有效扩散系数，m^2/h；

ϕ_s——齐勒（Thiele）模数。

工业颗粒催化剂的有效系数一般在 0.2～0.8。表 7-5 为发生一级不可逆反应时的 η。

表 7-5　催化剂颗粒有效系数 η

Φ_s	球形	薄片	长圆柱体
0.1	0.994	0.997	0.995
0.2	0.977	0.987	0.981
0.5	0.876	0.924	0.892
1	0.672	0.762	0.698
2	0.416	0.482	0.432
5	0.187	0.200	0.197
10	0.097	0.100	0.100

表 7-5 中数据表明，当 Φ_s 值很小时，$\eta \approx 1$，这是因为 Φ_s 值很小，表示催化剂颗粒很小，K_s/D_{eff} 比值很小，即化学反应速度慢，内扩散速度快，内扩散对总速度的影响很小，故 $\eta \approx 1$。反之，当 Φ_s 值大时，表示催化剂颗粒大，K_s/D_{eff} 比值大，即化学反应速度快，内扩散的影响不容忽视，此时 η 远小于 1，如 $\Phi_s > 3$，则 $\eta \approx 1/\Phi_s$。

在催化剂颗粒内部等温的情况下，对于大多数气固催化反应，可用下式来判别内扩散的影响，即当 $R_p^2 \dfrac{r_{pA}}{D_{eff} c_{AS}} < 1$ 时，内扩散可忽略不计。

【例 7-8】 采用 $d_p = 2.4$ mm 的球形催化剂进行反应物为 A 的一级分解催化反应，实测反应速度 $r_{pA} = K_v' c_{AG} = 100$ kmol/（h·m³）（催化剂颗粒），K_v' 为实测反应速度常数。气相中 A 的浓度 $c_{AG} = 0.02$ kmol/m³，颗粒内有效扩散系数 $D_{eff} = 5 \times 10^{-5}$ m²/h，外扩散传质系数 $K_g = 300$ m/h。试判断内、外扩散的影响。

解：（1）判断外扩散的影响

$$K_g S_e \varphi (c_{AG} - c_{AS}) = K_v' c_{AG} = r_{pA}$$

将 $S_e =$ 外表面/体积 $= A_p/V_p$，球形颗粒的形状系数 $\varphi = 1$ 代入，

则上式变为

$$K_g \frac{A_p}{V_p} (c_{AG} - c_{AS}) = K_v' c_{AG}$$

或

$$\frac{K_v' V_p}{K_g A_p} = \frac{c_{AG} - c_{AS}}{c_{AG}}$$

若外扩散很慢，则 $c_{AS} \approx 0$，故 $\dfrac{K_v' V_p}{K_g A_p} \approx 1$；若外扩散很快，$c_{AG} \approx c_{AS}$，故 $\dfrac{K_v' V_p}{K_g A_p} \approx 0$。

将已知数据代入上式，得

$$\frac{K_v' V_p}{K_g A_p} = \frac{(r_{pA}/c_{AG})(\pi d_p^3/6)}{K_g (\pi d_p^2)} = \frac{r_{pA} d_p}{6 K_g c_{AG}} = \frac{100 \times 0.0024}{300 \times 0.02 \times 6} = 0.006 \approx 0$$

故外扩散速度很快，可不考虑其影响，$c_{AG} \approx c_{AS}$。

（2）判断内扩散的影响

$$R_p^2 \frac{r_{pA}}{D_{eff} c_{AS}} = (0.001\,2)^2 \frac{100}{5 \times 10^{-5} \times 0.02} = 144 \gg 1$$

故内扩散影响较大，不可忽略。

二、催化转化法工艺与气固相催化反应器设计

（一）催化转化法工艺

催化法治理废气的工艺过程一般包括以下环节：废气预处理、废气预热、催化反应、废热的回收和副产品的回收利用等。

1. 废气预处理

废气中含有的固体颗粒或液滴，会覆盖在催化剂活性中心上而降低活性，废气中的微量致毒物质，也会使催化剂中毒，在大多数情况下必须除去。可采用定期清除催化剂上的粉尘、沉积物的方法。

2. 废气预热

预热废气是为了使废气达到催化剂的活性温度以上，使催化反应具有一定的速度，否则反应速度缓慢，达不到预期的脱除效果，例如，选择性催化还原脱除 NO_x 废气的预热温度须达到 200~220℃以上。

若废气中有机物的浓度较高，释放出的反应热效应大，这时只需要较低的预热温度；过高的预热温度还会产生大量的中间产物，给后面的催化燃烧带来困难。废气预热可利用净化后气体的热焓，但在污染物浓度较低，反应热效应不足以预热到反应温度时，需利用辅助燃料燃烧产生高温燃气与废气混合以升温。

3. 催化反应

用来调节催化反应的各项工艺参数中，温度是一项很重要的参数，不仅直接决定了催化反应速率和反应平衡，还影响传质过程，因而对脱除污染物的效果及转化率都有很大影响，其选择与控制是催化法的关键。

4. 废热的回收和副产品的回收利用

废热的回收和副产品的回收利用，关系到治理方法的经济效益，进而关系到治理方法有无生命力的问题，因而必须予以重视。通常是将废热用于废气的预热上。

（二）气固催化反应器类型及选择

1. 气固催化反应器类型

工业应用的气固催化反应器按颗粒床层的特性可分为固定床催化反应器和流化床催化反应器两大类，而采用最多的是固定床催化反应器，它具有床层内流体的流动轨迹较简

单，催化剂用量少，反应器体积小，流体停留时间易于控制，催化剂不易磨损等优点，但床层轴向温度分布不均匀。

固定床催化反应器按温度条件和传热方式可分为绝热式与连续换热式；按反应器内气体流动方向又可分为轴向式和径向式。图 7-36 是几种常用的固定床反应器。

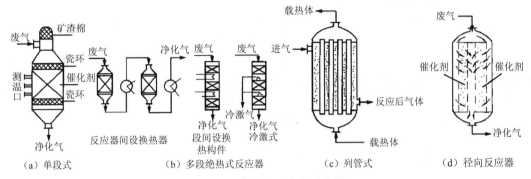

图 7-36　常见的固定床反应器

1）单段式绝热反应器为一圆筒体，内设栅板、不锈钢丝网等物件，其上均匀堆置催化剂。其结构简单，造价低，适于反应热效应小，反应温度允许波动范围较宽的场合。

2）多段式绝热反应器是将多个单段式反应器串联起来，段间设有换热构件或通以冷激气，以调节反应温度，并有利于气体的再分布，适于中等热效应的反应。

3）列管式反应器管内装催化剂，管间通热载体（水或其他介质），适于床温分布要求严格，反应热特别大的情况。

4）径向反应器中流体流动方向如图 7-36d 箭头所示。由于反应气流是径向穿过催化剂，它与轴向反应器相比，气体流程短，流速小，因而具有可使用小颗粒催化剂而仍然保持低床层压降的特点。其技术关键是保证流体径向均匀分布的结构设计。

2．固定床催化反应器的选择

由于催化法净化气态污染物所处理的废气量大，污染物含量低，反应热效小，要想使污染物达到排放标准，应有较高的催化转化效率。固定床催化反应器的选择一般应遵循根据催化反应热的大小及催化剂的活性温度范围，选择合适的结构类型，保证床层温度控制在许可的范围内。此外，还要求床层阻力应尽可能小，气流分布要均匀。

目前在 NO_x 催化转化，有机废气催化燃烧及汽车尾气净化中，大都采用单段绝热式反应器。下面主要讨论单段绝热式反应器的设计计算。

（三）气固相催化反应器设计基础

1．空间速度

空间速度 V_{sp} 是指单位时间内，单位有效容积反应器处理的反应混合物的体积。例如，

空间速度为 10 h^{-1}，表示反应器每小时能处理 10 倍于反应器有效容积的体积物料。对气固相反应过程则用单位时间内，单位催化剂床层体积处理的反应混合物体积来定义空间速度。

由于在气固相反应过程中，气体混合物的体积随反应前后气体混合物摩尔数的变化而变化，故一般采用不含生成物的反应混合物组成为基准来计算体积流量，称为初始体积流量，用催化床层体积来表示则为

$$V_{sp} = \frac{Q_0}{V_R} \qquad (7\text{-}104)$$

为了比较和计算方便起见，还常将操作条件下反应混合物的初始体积流量换算为标准状况（273 K，101.325 kPa）下的初始体积流量来计算空间速度，即

$$V_{sp} = \frac{Q_{N0}}{V_R} \qquad (7\text{-}104a)$$

式中：V_{sp} ——空间速度，$\text{m}^3/（\text{m}^3\text{ 催化床·h}）$；

Q_{N0} ——标准状况下混合气体的初始体积流量，m^3/h；

V_R ——催化剂床层体积，m^3。

2. 接触时间

空间速度的倒数称为反应物与催化剂的接触时间，定义为

$$\tau = \frac{V_R}{Q_0} \qquad (7\text{-}105)$$

式中：τ ——接触时间，h；

Q_0 ——操作条件下初始体积流量，m^3/h；

上式中如果 Q_0 用标准状况下的体积流量 Q_{N0} 来计算，则得到标准接触时间 τ_N

$$\tau_N = \frac{V_R}{Q_{N0}} \qquad (7\text{-}105a)$$

3. 停留时间与流体的流动模型

反应物通过催化床的时间称为停留时间。它是由催化床的空间体积、物料的体积流量和流动方式所决定的。连续式反应器有两种理想流动模型，即活塞流反应器和完全混流式反应器。在活塞流反应器中，物料以相同的流速沿流动方向流动，而且没有混合和扩散。而在理想混合流反应器中，物料在进入的瞬间即均匀地分散在整个反应空间，反应器出口的物料浓度与反应器内完全相同。

实际反应器内的物料流动模型总是介于上述两种理想流动模型之间的，其模型计算较为复杂。工程上对某些反应器常近似作为理想反应器处理，如把流化床反应器、带搅拌的槽式反应器等简化为理想混合反应器，而对薄层床以外的其他固定床反应器则可按活塞流反应器处理。固定床的停留时间可按下式来计算

$$t = \varepsilon V_R / Q \qquad (7\text{-}106)$$

式中：t——停留时间，h；

Q——反应气体实际体积流量，m^3/h；

ε——催化床孔隙率，%。

由于 Q 通常是一个变量，用式（7-106）计算的停留时间来表示催化剂的生产强度不便于计算和比较。因此，工程上通常用空间速度来表示。

（四）气固相催化反应器设计

气固相催化反应器设计，大致可以分为经验法与数学模型法两种。

1. 经验法

经验法是用实验室、中间试验、工厂实际生产中测得的空间速度、接触时间、转化率、气体流速等参数作为依据，并设法使某些操作条件和参数，如催化剂性质、粒度、操作温度、压力、废气组成等与原装置相近，进行设计计算。经验法不需要动力学等数据，计算简便，因而在缺乏对催化反应器中进行的动力学、传热、传质过程的深入了解时，常被采用。但是，正由于缺乏对这些过程的真正的了解，因而计算精度不高，不能实现高倍数的放大。

1）催化剂体积用量若已知空间速度 V_{sp} 或接触时间 τ，则可算出催化剂体积 V_R

$$V_R = \frac{Q_0}{V_{sp}} = Q_0 \tau \tag{7-107}$$

2）催化剂床层直径和床层高由对应的气流空塔速度可得出反应器直径 D，再根据 V_R 和 D 求出床层高 L；也可根据压力降要求，用后面压力降的计算公式，求出床层高 L，再计算反应器直径 D。

2. 数学模型法

数学模型法是借助于反应动力学方程、物料流动方程及物料衡算和热量衡算方程，通过对它们联立求解，从而求出指定反应条件下达到规定转化率所需要的催化剂体积等。而要建立这些可靠的基础方程，获得准确的化学反应基本数据和传递过程数据，需要对反应的物理和化学过程作必要简化，并通过实验研究完成。因此，数学模型法的实际应用受到了限制。

一般来说，在热效应不大、反应速度较低、床层内气体流速较大时，采用拟均相一维模型的计算结果与实际比较吻合。拟均相一维理想流动模型假设固定床内流体以均匀速度作活塞式流动，径向上无速度梯度与温度梯度，故也称无浓度梯度。由此可以写出反应器内基本方程式：

1）物料衡算。设反应 A→B 在管式反应器中进行，反应为稳定过程。由于反应物浓度是沿流体流动方向而变化的，故取反应器中一微元体 dV_R 作物料衡算，设进入微元体 dV_R 的组分 A 的反应率为 x_A，离开该微元体时的反应率为 $x_A + dx_A$，可得

$$N_{A0}(1-x_A) - N_{A0}(1-x_A - dx_A) = r_A dV_R$$

简化得

$$r_A dV_R = N_{A0} dx_A \qquad (7\text{-}108)$$

式中：N_{A0}——污染物组分 A 进口摩尔流量，kmol/h；

  x_A——转化率；

  r_A——总反应速度，kmol/（h·m^3）。

为了计算达到一定转化率 x_{Af} 时所需的反应体积，积分得

$$V_R = \int_0^{x_{Af}} N_{A0} \frac{dx_A}{r_A} \qquad (7\text{-}109)$$

由于 $W = \rho_B V_R$，故又可写成

$$\frac{W}{\rho_B N_{A0}} = \int_0^{x_{Af}} \frac{dx_A}{r_A} \qquad (7\text{-}110)$$

式中：W——催化剂质量，kg；

  ρ_B——催化剂堆积密度，kg/m^3。

对于等温床，即反应放热全部传给外界，维持等温，r_A 仅为转化率 x 的函数。例如，对活塞流反应器中的单分子反应有：

$$r_A = k_A C_A{}^n = k_A Q^{-n} [N_{A0}(1-x)]^n$$

$$Q = \frac{RT}{P} \sum n_i$$

式中：Q——气体的体积流量，m^3/h。

  $\sum n_i$——反应体系中各种气体（包括反应产物）分子的总摩尔数。在指定的化学反应中，它与转化率有确定的线性关系。将其代入相应的动力学方程，即可求得催化剂的量。

工业反应器一般要求有高的转化率，其温度分布往往有较明显的轴向温差。这时需要借助热量衡算，求出转化率与温度的关系，才能求取催化剂用量。

2）热量衡算考虑微元反应体积 dV，若反应为放热反应，经过微元后，转化率变化了 dx_A，对应温度变化为 dT，则微元内反应的热量平衡式为

$$r_A dV(-\Delta H_r) = N_{A0} dx_A(-\Delta H_r) - dq_B = N_0 C_p dT \qquad (7\text{-}111)$$

式中：N_0——总的气体摩尔流量，kmol/h；

  C_p——混合气体的平均摩尔定压热容，kJ/（kmol·K）；

  ΔH_r——反应热效应，kJ/kmol；

  q_B——传给外界的热量，kJ/s，对绝热反应器，此项为 0。

设过程转化率从 x_0 变化到 x，体系温度相应从 T_0 变化至 T，上式两边积分，对总分子

数不变的反应体系，可得

$$T - T_0 = \frac{N_{A0}}{N_0 C_p}(-\Delta H_r)(x - x_0) = \frac{y_{A0}}{C_p}(-\Delta H_r)(x - x_0) \qquad （7\text{-}112）$$

式中：y_{A0}——物料 A 的初始摩尔分数。

对总摩尔数变化的反应体系，要根据具体的化学反应求出 N_0 和转化率的关系，再代入式（7-112）进行积分，进而求出温度 T 与转化率 x 的关系。将此函数关系代入式（7-109），并将对转化率的积分变为对温度 T 的积分，从而求出催化剂的体积。

对于受内外扩散控制的过程，催化剂用量的计算在上述计算的基础上，再除以效率因数，即 $r_A = \frac{N_{A0}}{\eta} \int_0^x \frac{dx}{r_A}$

外扩散控制过程中，$\eta = \dfrac{1}{1 + K / K_g S_e \varphi}$

式中：η——内表面利用率；

　　　K——反应速度常数；

　　　K_g——外扩散传质系数，m/h；

　　　S_e——单位体积催化剂床中颗粒的外表面积，m^2/m^3；

　　　φ——催化剂的有效表面系数，即颗粒的形状系数，球形 $\varphi=1$；片状 $\varphi=0.81$。

（五）流体通过固定床层的压力降

气体通过催化剂床层时的压力降，对反应器的设计和运行具有重要意义。若已知压力降，则可计算出反应器床层的截面积；若催化床层大小已知，则可求出系统的压力及压力降，从而确定能量消耗。

流体在催化固定床中的流态要比空管中的流态复杂得多。因为固体颗粒间形成的孔道弯曲、交错，通道截面大小随时改变，造成流体在其中流动时，不断的分散与混合，流型及流动方向经常发生变化，产生局部阻力损失。流体在流动中也不断地与固体颗粒发生摩擦，产生摩擦阻力损失。在低流速时，压力降主要由于表面摩擦而产生，在高流速及薄床层中流动时，以流体在颗粒间流动时扩大、收缩作用产生的局部阻力损失为主。

利用空圆管的压降公式，根据催化剂固定床的特点，可以导出气体通过床层的压力降 ΔP 为

$$\Delta P = 150 \frac{(1-\varepsilon)^2}{\varepsilon^3} \frac{\mu U_0}{d_s^2} L + 1.75 \frac{\rho U_0^2}{d_s}\left(\frac{1-\varepsilon}{\varepsilon^3}\right) L \qquad （7\text{-}113）$$

判断床层内流动状态的修正雷诺数 Re_M 为

$$Re_M = \frac{d_s \rho U_0}{\mu} \frac{1}{1-\varepsilon} = \frac{d_s G}{\mu}\left(\frac{1}{1-\varepsilon}\right)$$

式中：d_s——催化剂的等比表面积相当直径，m；

$$d_s = 6V_p / A_p$$

V_p，A_p——分别为催化剂颗粒的体积与外表面积；

L——管长，m；

ρ——流体密度，kg/m^3；

U_0——流体在空圆管内平均流速，m/s；

ε——摩擦系数，量纲 1。

μ——流体黏度，kg/（m·s）；

G——流体质量流速，$kg/（m^2·s）$。

式（7-113）中，当 Re_M＜10 时，处于滞流状态，可略去表示局部阻力损失的第二项；而当 Re_M＞1 000 时为充分湍流，计算时可略去表示摩擦损失的第一项。

利用空圆管的压降公式，还可导出流体通过固定床的其他压降公式。

思考题

1. 试求 303 K 氢气的分压为 $2×10^4$ Pa 时氢气在水中的溶解度。已知 $E_{H_2}=7.39×10^7$ Pa。

2. 用 H_2SO_4 溶液吸收 $0.005×10^6$ Pa 的氨，反应式如下：

$$NH_3+1/2\ H_2SO_4=1/2\ (NH_3)_2SO_4$$

已知 $k_{GA}=0.3$ kmol/（$m^2·h·10^6$·Pa），$k_{LA}=3×10^{-5}\ s^{-1}$，并设扩散系数 $D_{LA}=D_{LB}$。为使吸收过程不受扩散过程控制，以最快的速度进行。试问：①此情况下吸收液 H_2SO_4 溶液浓度最低应该为多少？②此时的吸收速率为多少？

3. 在一吸收塔中用大量的 NaOH 水溶液吸收混合气体中的 CO_2，试计算在下列条件下的化学吸收速率。$c_{BL}=c_{NaOH}=0.4$ kmol/m^3，$k=4\ 000$ m^3/（kmol·s），$D_{LA}=D_{LB}=6.4×10^{-6}\ m^2/h$，$k_{GA}=0.15$ kmol/（$m^2·h·atm$），$k_{LA}=1.2$ m/h，$E_A=3.3$ $m^3·atm/kmol$，$p_A=p_{CO_2}=0.05\ atm$，在 NaOH 水溶液上方的 CO_2 平衡分压 $p_A^*=p_{CO_2}^*≈0$。反应主要按如下不可逆反应进行：$CO_2+NaOH→NaHCO_3$

CO_2 的消耗速度可用下式表示：

$$-\frac{dCO_2}{d\tau} = kc_{NaOH}c_{CO_2}$$

4. 试计算以 Na_2CO_3 溶液吸收 CO_2 时的增强系数 β。已知传质分系数 $k_{LA}=0.4×10^{-4}$ m/s，液膜扩散系数 $D_{LA}=1.5×10^{-9}\ m^2/s$，拟一级反应速度常数 $k_1=16\ s^{-1}$（298 K）。

5. 用 HNO_3 吸收净化含 NH_3 5%（体积）的尾气并产出副产物 NH_4NO_3 化肥，为使吸收过程以较快的速度进行，必须使吸收过程不受 HNO_3 在液相的扩散速率所限制，试计算吸收时 HNO_3 浓度最低不得低于多少？并求此时的吸收速率。已知 $k_{GA}=0.1$ kmol/

（$m^2·h·atm$），k_{LA}=0.72 m/h，D_{HNO_3} 和 D_{NH_3} 在液相中相等，系统总压力为 1 atm。

6. 试计算用 H_2SO_4 溶液从气相混合物中回收氨的逆流吸收塔的填料层高度。已知：进口气体混合物中 NH_3 的分压为 0.05 atm，出口处为 0.005 atm。吸收剂中 H_2SO_4 浓度，加入时为 0.6 $kmol/m^3$，排出时为 0.5 $kmol/m^3$，k_{GA}=0.35 kmol/（$m^2·h·atm$），k_{LA}=0.05 m/h，气体流量 $G' ≈ G$=45 kmol/h，总压为 1 atm，$α$=100 m^2/m^3，$D_{NH_3} = D_{H_2SO_4}$。

7. 某化学吸收脱硫过程，k_{GA}=0.2 kmol/（$m^2·h·atm$），k_{LA}=2×10^{-4} m/s，填料的比表面 $α$=92 m^2/m^3，塔内气体的流率 G=30 kmol/（$m^2·h$），入塔气含硫 2.2 g/m^3，出塔气含硫 0.04 g/m^3，操作压力 1.0 atm，若全塔平均增强因子 $β$=48，E_A=12 $m^3·atm/kmol$，求塔高。

8. 在填料塔中，用 25℃的水逆流吸收混合气体中的 CO_2，已知：$k_{GA}a$=80 kmol/（$m^3·h·atm$），$k_{LA}a$=25 h^{-1}，E_A=30 $m^3·atm/kmol$，$D_{LB}=2D_{LA}$，D_{LA}=1.0×10^{-9} m^2/s。

（1）说明气、液膜的相对阻力，并列出吸收速率方程。

（2）当 p_{CO_2} = 0.01 atm，采用 2 mol/L 的 NaOH 溶液进行化学吸收，吸收速率及增强系数为多少？并求出液相临界浓度（C_{BL}）$_C$，反应为瞬间不可逆反应：

$$CO_2+2NaOH \longrightarrow Na_2CO_3+H_2O \quad （A+2B \rightarrow C+D）$$

（3）当 p_{CO_2} = 0.2 atm，碱液浓度为 0.2 mol/L，假定反应仍为瞬间不可逆反应。求吸收速率、增强系数和（C_{BL}）$_C$。

提示：当 $k_{LA}a\left(\dfrac{D_{LB}}{D_{LA}}\right)\left(\dfrac{C_{BL}}{q}\right) \geq k_{GA}ap_A$ 时，反应面与相界面重合，否则反应面在液膜内。

p_{Ai} 可用下式计算：

$$p_{Ai} = \dfrac{k_{GA}ap_A - K_{LA}a\left(\dfrac{D_{LB}}{D_{LA}}\right)\left(\dfrac{C_{BL}}{q}\right)}{k_{GA}a+\dfrac{k_{LA}a}{E_A}}$$

9. 对于温度 323 K，CO_2 在活性炭上的吸附，测得实验数据如下，试确定在此条件下朗格缪尔方程和弗伦德利希方程中的各常数。

单位吸附剂吸附的 CO_2 体积/（cm^3/g）	30	51	67	81	93	104
气相中 CO_2 的分压/10^5 Pa	1.013	2.026	3.039	4.052	5.065	6.078

有一处理油漆溶剂废气的活性炭吸附罐，装填厚度为 0.8 m，活性炭对溶剂的静活性为炭重的 13%，填充密度为 436 kg/m^3，吸附罐的死层为 0.16 m，气体流速为 0.2 m/s，气体含有机溶剂浓度为 700 mg/m^3，试问该吸附罐的保护作用时间为多长？

10. 用活性炭固定床吸附含 CCl_4 为 15 g/m^3 的蒸气，空气混合气体，炭颗粒直径 3 mm，混合气流速 5 m/min，通气 220 min 后，吸附质达到床层 0.1 m 处；505 min 后达到 0.2 m 处。试计算：

（1）床层的保护作用系数 K；

（2）保护作用时间损失 τ_m；

（3）通过 1.0 m 高炭层的保护作用时间 τ；

（4）当气速改为 10 m/min 后，求 K、τ_m 及通过 1.0 m 高炭层的保护作用时间 τ；

（5）K 的倒数可视为吸附负荷曲线在床层中移动的线速度。据此，求上面两种气速下吸附负荷曲线的移动速度。

11. 在直径为 1 m 的立式吸附器中，装有 1 m 高的某种活性炭，填充密度为 230 kg/m³，当吸附 $CHCl_3$ 与空气混合气体时，通过气速为 20 m/min，$CHCl_3$ 的初始浓度为 30 g/m³。排气中 $CHCl_3$ 很少，可忽略不计。已知活性炭对 $CHCl_3$ 的静活性为活性炭重的 26.29%，解吸后炭层对 $CHCl_3$ 的残留活性为炭重的 1.29%，求吸附操作时间及每一周期对混合气的处理能力。

12. 用一活性炭固定床吸附器处理某吸收塔尾气，以回收其中浓度为 0.4% 的 CCl_4。当吸收塔尾气压力为 9.3×10^5 Pa、温度为 310 K 时，与吸收塔尾气相平衡的吸附量为 0.485 kg CCl_4/kg 活性炭。尾气中除 CCl_4 外均看作惰性气体。床层高度 $Z=1$ m，该吸附器透过曲线的实验数据如下（吸附前浓度 C_0=4 100 mL/m³）：

实验时间 τ	0：01	0：45	5：45	9：45	10：15	10：45	11：00	11：15	11：45	12：15
吸附后浓度 C（mL/m³）	<14	<14	<14	<14	37	178	400	1 400	3 240	3 690
C/C_0	$<3.4 \times 10^{-3}$	$<3.4 \times 10^{-3}$	$<3.4 \times 10^{-3}$	$<3.4 \times 10^{-3}$	9.02×10^{-3}	0.043	0.10	0.34	0.79	0.90

假定 C/C_0=0.1 时为床层的破点，C/C_0=0.9 时认为床层已失去吸附能力。

（1）作出 $C/C_0 \sim \tau$ 的透过曲线；

（2）计算床层内传质区的 f、Z_a 和破点时的饱和度 S。

13. 某印铁厂烘房排出的含苯和二甲苯的废气为 1 200 m³/h，排气温度 353 K，废气中苯和二甲苯浓度为 30 g/m³，如采用吸附法将废气净化到 GB 16297—1996，问每天可回收多少苯和二甲苯？并为此系统设计一吸附净化装置。

14. 利用活性炭吸附处理脱脂生产中排放的废气，排气条件为 294 K、1.38×10^5 Pa，废气量 25 400 m³/h。废气中含有 $20\,000 \times 10^{-6}$ 的三氯乙烯，要求回收率达 99.5%。所用活性炭的有效平衡吸附容量 q_d 为 28 kg 三氯乙烯/100 kg 活性炭，炭的装填密度为 577 kg/m³，吸附操作周期为 4 h，加热和解吸 2 h，冷却 1 h，备用 1 h，为保证吸附过程能连续进行，吸附系统需设计几个吸附塔？确定每个吸附塔的主要尺寸和活性炭用量。

15. 化工厂硝酸车间采用综合法生产硝酸，每套机组的尾气量为 17 000 m³/h，压力为 2.5 kg/cm²（表压），被预热到 170℃后进入反应器用氨选择性催化还原法处理，反应器出口温度 214.5℃。加入还原剂气氨后，床层的体积流量为 17 082.7 m³/h。催化剂采用 8013

型 Φ 5 mm 球粒，孔隙率 $\varepsilon = 0.45$。尾气组成如下：

组分	NO_2	NO	O_2	H_2O	N_2
%	0.16	0.24	4	0.6	95

尾气在床层平均温度和操作压力下的黏度 $\mu = 2.52 \times 10^{-5}$ Pa·s，密度 $\rho = 1.69$ kg/m³，反应器内空塔气速 $u_0 = 0.928\,9$ m/s，8013 型催化剂的空间速度 $V_{sp} = 10\,000$ h⁻¹。求：

（1）所用催化剂的体积；

（2）反应器的直径；

（3）催化剂床层的高度；

（4）床层中气固接触时间；

（5）床层压力降。

16. 为减少 SO_2 向大气环境的排放量，一管式催化反应器用来将 SO_2 转化为 SO_3，其反应式为： $2SO_2 + O_2 \rightarrow 2SO_3$，然后用水吸收为 H_2SO_4。混合气进量为 7 264 kg/d，其中 SO_2 的流率为 227 kg/h，进气温度为 523 K。假定反应是绝热进行，且 SO_2 的允许排放量为 56.75 kg/d，试计算气流的出口温度。反应热为 41 000 kcal/kmol SO_2，进出口平均温度下的气体热容为 0.83 kcal/（kg·K）。

17. 废气中某污染物的流量为 25 mol/min，引入催化反应器净化，要求转化率达到 74%。假设采用长 6.1 m，直径 3.8 cm 的管式反应器，求所需催化剂的质量和所需的反应管数。反应速度可表示为

$$\gamma_A = -0.15(1 - x_A)\,\text{mol}/(\text{kg催化剂·min})$$

催化剂的堆积密度为 580 kg/m³。

18. 某一级不可逆气固相催化反应，当 $c_A = 10^{-2}$ mol/L，0.101 3MPa 及 400℃时，其反应速率为

$$r_A = kc_A = 10^{-6}\,\text{mol}/(\text{s·cm}^3)$$

如要求催化剂内扩散对总速率基本上不发生影响，问催化剂粒径如何确定，已知 $D_{eff} = 10^{-3}$ cm²/s。

第八章　典型气态污染物控制

在前述章节主要的气态污染物净化方法基本原理基础上，本章将结合目前国内外重点关注的几种典型气态污染物的控制技术发展现状，介绍硫氧化物、氮氧化物、挥发性有机物、机动车尾气以及燃煤烟气中汞的主要控制工艺。

第一节　硫氧化物控制

一、烟气脱硫概述

控制二氧化硫污染的基本方法包括燃烧前（燃料）脱硫、燃烧过程脱硫和燃烧后（烟气）脱硫 3 种，目前，烟气脱硫（FGD）仍是当前控制 SO_2 污染的主要手段。近几十年来研究的低浓度 SO_2 治理方法多达上百种，但真正在工业上应用的仅十余种。

烟气脱硫有回收法和抛弃法两大类。回收法是用吸收、吸附、氧化还原等方法，将烟气中硫转化为硫酸、元素硫、液体二氧化硫或工业石膏等产品，其优点是变害为利，但一般成本高、经济效益低。一些回收法的脱硫剂在工艺中被再生后循环使用，这些方法又称为再生法。抛弃法是将 SO_2 转化为固体残渣抛弃，优点是设备简单，投资和运行费用低，但硫资源未回收利用，存在残渣的二次污染问题。回收法一般要在脱硫前配备高效除尘器以除去烟气中的烟尘，而抛弃法则可同时进行脱硫与除尘的操作。

按完成脱硫后的直接产物是否为溶液或浆液分，烟气脱硫又可分为湿法、半干法和干法三类。湿法脱硫是用溶液或浆液吸收 SO_2，其直接产物也为溶液或浆液的方法。半干法是用雾化的脱硫剂溶液或浆液脱硫，但在脱硫过程中，雾滴被蒸发干燥，直接产物呈干态粉末的方法。干法是利用固体吸附剂、气相反应剂或催化剂在不增加湿度下脱除 SO_2 的方法。

表 8-1 列出当前世界上正在应用和发展的主要烟气脱硫方法。近 30 年来，烟气脱硫技术逐渐得到了广泛的应用，综合考虑技术成熟度和经济因素，当前全世界应用最广的是湿式石灰石脱硫法。截至 2016 年年底，全国已投运火电厂烟气脱硫机组容量约 8.8 亿 kW，占全国现役燃煤机组容量的 93.6%，其中石灰石—石膏湿法脱硫技术占 90% 以上（据中国电力企业联合会 2017 年 5 月公布数据）。

表 8-1　主要脱硫方法

方法		脱硫剂及操作		主要产物
湿法	石灰石/石灰－石膏法－亚硫酸钙法	$CaCO_3/Ca(OH)_2$ 浆液吸收，空气氧化 $CaCO_3/Ca(OH)_2$ 浆液吸收		$CaSO_4 \cdot 2H_2O$ $CaSO_3 \cdot 1/2H_2O$
	间接石灰石/石灰：钠－钙双碱法 碱式硫酸铝法 液相催化氧化法	$Na_2CO_3/NaOH/Na_2SO_3$ 溶液吸收 $Al_2(SO_4)_3Al_2O_3$ 溶液吸收，空气氧化 H_2O 吸收，Fe^{3+}/Mn^{2+} 催化氧化	再生： $CaCO_3/$ $Ca(OH)_2$	$CaSO_3 \cdot 1/2H_2O$ $CaSO_4 \cdot 2H_2O$ $CaSO_4 \cdot 2H_2O$
	海水脱硫	海水中 CO_3^{2-}、HCO_3^- 等碱性物质		硫酸盐，排入大海
	回收法 钠碱法：威尔曼洛德法 亚硫酸钠法	Na_2SO_3 溶液循环吸收，加热分解、补充 Na_2CO_3 Na_2CO_3 溶液吸收，浓缩、结晶		高浓度 SO_2 Na_2SO_3
	氨吸收法：氨－酸法 亚硫酸铵法	NH_3 的水溶液吸收，H_2SO_4 分解 NH_3/NH_4HCO_3 溶液吸收，浓缩、结晶		SO_2，$(NH_4)_2SO_4$ $(NH_4)_2SO_3$
	金属氧化物法：氧化镁法 氧化锌法	$Mg(OH)_2$ 浆液吸收，吸收产物干燥、煅烧 ZnO 烟灰浆液吸收，酸/热分解/空气氧化		SO_2 $SO_2/ZnSO_4$
半干法	喷雾干燥法（SDA）	向喷雾干燥器喷 $Ca(OH)_2$ 浆液，反应、蒸发		$CaSO_4$，$CaSO_3$ 干粉
	炉内喷钙－炉后活化法（LIFAC）	炉内喷 CaO 粉，炉后加水活化，反应、蒸发		$CaSO_4$，$CaSO_3$ 干粉
	循环流化床 烟气循环流化床（CFB） 回流式循环流化床（RCFB） 新型一体化脱硫系统（NID） 气体悬浮吸收脱硫（GSA）	CaO 粉和水喷入循环流化床，反应、蒸发 CaO 粉和水喷入循环流化床，反应、蒸发 $Ca(OH)_2$ 粉和水混合后进流化床反应、蒸发 $Ca(OH)_2$ 浆液喷入循环流化床，反应、蒸发		$CaSO_4$，$CaSO_3$ 干粉
干法	荷电干粉喷射脱硫（SDSI）	$Ca(OH)_2$ 干粉荷电后喷入烟道反应		$CaSO_4$，$CaSO_3$ 干粉
	回收法 电子束照射法（EBA） 活性炭吸收法 催化氧化法	SO_2、NO 被自由基氧化后与水汽成酸，再铵化 活性炭吸附、氧化为 SO_3，H_2O 再生 催化氧化为 SO_3，与 H_2O 生成硫酸		硫酸铵、硝酸铵 稀 H_2SO_4 浓 H_2SO_4

二、湿法脱硫技术

（一）石灰石—石灰法

石灰石/石灰湿法烟气脱硫最早由英国皇家化学工业公司在 20 世纪 30 年代提出，目前是应用最广泛的脱硫技术。具有技术成熟，脱硫剂价廉易得，脱硫率高（达 95%以上），运行稳定等优点。

1. 反应机理

用石灰石（$CaCO_3$）或石灰 $[Ca(OH)_2]$ 浆液做脱硫剂，在吸收设备内与烟气中 SO_2 充分接触并反应，生成亚硫酸钙，以除去烟气中 SO_2。主要反应列于表 8-2。

表 8-2　石灰石/石灰湿法脱硫的反应机理

脱硫剂	石灰石	石灰
反应机理	$SO_2+H_2O \rightarrow H_2SO_3$ $H_2SO_3 \rightarrow H^+ + HSO_3^-$ $H^+ + CaCO_3 \rightarrow Ca^{2+} + HCO_3^-$ $Ca^{2+} + HSO_3^- + 1/2H_2O \rightarrow CaSO_3 \cdot 1/2H_2O + H^+$ $H^+ + HCO_3^- \rightarrow H_2CO_3$ $H_2CO_3 \rightarrow CO_2 \uparrow + H_2O$	$SO_2+H_2O \rightarrow H_2SO_3$ $H_2SO_3 \rightarrow H^+ + HSO_3^-$ $Ca(OH)_2 \rightarrow Ca^{2+} + 2OH^-$ $Ca^{2+} + HSO_3^- + 1/2H_2O \rightarrow CaSO_3 \cdot 1/2H_2O + H^+$ $H^+ + OH^- \rightarrow H_2O$
总反应	$CaCO_3 + SO_2 + 1/2H_2O \rightarrow CaSO_3 \cdot 1/2H_2O + CO_2$	$Ca(OH)_2 + SO_2 + 1/2H_2O \rightarrow CaSO_3 \cdot 1/2H_2O + H_2O$

此外，因烟气中含有氧，部分 SO_3^{2-} 和 HSO_3^- 被氧化为 SO_4^{2-}，最终生成硫酸钙，反应为

$$SO_3^{2-} + 1/2\,O_2 \longrightarrow SO_4^{2-} \tag{8-1}$$

$$HSO_3^- + 1/2\,O_2 \longrightarrow SO_4^{2-} + H^+ \tag{8-2}$$

$$Ca^{2+} + SO_4^{2-} + 2H_2O \longrightarrow CaSO_4 \cdot 2H_2O \tag{8-3}$$

2. 工艺流程

典型石灰石—石灰法工艺流程示于图 8-1，其中包括石灰石粉制备系统、吸收和氧化系统、烟气再加热系统、石膏脱水及存储系统以及废水处理系统等。

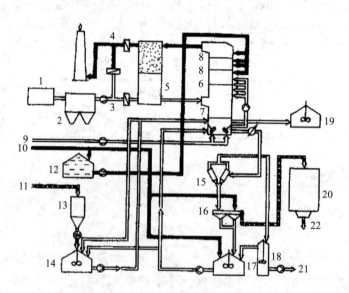

1—锅炉；2—电除尘器；3—待净化烟气；4—已净化烟气；5—气/气换热器；6—吸收塔；7—吸收塔底槽；8—除雾器；
9—氧化用空气；10—工艺过程用水；11—石灰石粉；12—工艺过程用水；13—石灰石粉贮仓；14—石灰石制浆槽；
15—水力旋流分离器；16—真空皮带过滤机；17—中间贮槽；18—溢流贮槽；19—维修塔用贮槽；20—石膏贮仓；
21—溢流废水；22—石膏

图 8-1　石灰石—石灰法工艺流程

经电除尘器 2 除尘后的锅炉烟气由脱硫风机送入气/气换热器 5，与脱硫后的冷烟气换热降温后进入吸收塔 6，在塔内与来自吸收塔底槽 7（内装斜插式搅拌器）的浆液逆流接触，完成脱硫后的烟气经二级除雾器 8 除雾和气/气换热器 5 再加热后经烟囱排放。贮仓 13 中的石灰石粉与来自滤液中间贮槽 17 的循环水在制浆槽 14 内制得石灰石浆液后泵入吸收塔底槽 7 用于循环脱硫。氧化用空气 9 经罗茨风机鼓入吸收塔底槽 7 按式(8-1)～式(8-3)产出石膏。底槽 7 中的部分石膏浆液被泵入水力旋流分离器 15 进行一级分离，底流（浓相）去真空皮带过滤机 16 过滤，滤出的固体石膏（含水率 10%左右）去石膏贮仓 20，滤液进入中间贮槽 17。若需将石膏作为产品，需用工艺水 10 洗去吸附的氯离子。水力旋流分离器 15 的溢流相（稀相）去废水处理系统处理后部分排放，以免系统中氯离子积累过高，部分回用于制浆。系统排放的废水由工艺水 10 向中间贮槽 17 补充。

3．操作条件

由于烟气中 SO_2 浓度和要求的脱硫率不同，各个项目所用吸收设备也不相同，因而操作条件往往有较大差异。对大多数大型湿式钙法脱硫采用的喷淋吸收塔而言，操作条件范围列于表 8-3。

表 8-3　石灰石/石灰法烟气脱硫的操作条件

项目	浆液固体含量/%	浆液 pH	Ca/S 摩尔比	液气比/（L/m³）	空塔气速/（m/s）
石灰石	10～25	5.0～5.6	1.1～1.3	8.8～26	3.0
石灰	10～15	6.5～7.5	1.05～1.1	4.7～13.6	3.0

4．结垢堵塞问题

石灰石/石灰湿法脱硫最主要的问题是设备易结垢堵塞，严重时可使系统无法运行。固体垢物来自：①石灰系统中当 pH>9 时，烟气中 CO_2 进入水相与 Ca^{2+} 生成 $CaCO_3$ 垢；②在石灰系统中较高 pH 下，H_2SO_3 在水中主要离解出 H^+ 和 SO_3^{2+}，SO_3^{2+} 和 Ca^{2+} 生成的 $CaSO_3 \cdot 1/2H_2O$ 的溶解度很小（0.004 3 g/100 g 水，18℃），易结晶析出形成片状软垢；③$CaSO_4 \cdot 2H_2O$ 结晶析出形成硬垢。

防止系统结垢堵塞的措施主要有：①控制浆液的 pH 不宜过高，石灰系统 pH<8.0，石灰石系统 pH<6.2；②控制 $CaSO_4$ 的过饱和度<1.2，进入吸收过程中亚硫酸盐的氧化率<20%，亚硫酸盐的氧化应在循环氧化池中完成；③采用添加剂己二酸、Mg^{2+}、NH_3 等抑制结垢和堵塞。己二酸在浆液中起到缓冲作用，不仅可抑制结垢，还可提高石灰石的利用率 10%左右，降低 Ca/S 比。

（二）间接石灰石/石灰法

针对石灰石/石灰法易结垢和堵塞的问题，发展了间接石灰石/石灰法。这类方法有双碱法、碱式硫酸铝法和液相催化氧化法等。

钠-钙双碱法的工艺流程如图 8-2 所示，先用碱或碱金属盐（NaOH、Na₂CO₃、NaHCO₃、Na₂SO₃ 等）的水溶液吸收 SO₂，然后在反应器 2 中用石灰石/石灰浆液将吸收 SO₂ 后的溶液再生，再生浆液经液固分离后，滤渣（亚硫酸钙和少量硫酸钙）外运，溶液在贮槽 5 补充碱和水后循环脱硫。

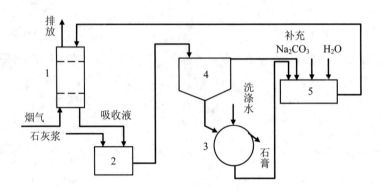

1—吸收塔；2—反应器；3—真空过滤机；4—稠厚器；5—贮槽

图 8-2　双碱法工艺流程图

吸收塔内吸收 SO₂ 的反应为

$$2NaOH+SO_2\longrightarrow Na_2SO_3+H_2O \tag{8-4}$$

$$Na_2CO_3+SO_2\longrightarrow Na_2SO_3+CO_2 \tag{8-5}$$

$$Na_2SO_3+SO_2+H_2O\longrightarrow 2NaHSO_3 \tag{8-6}$$

副反应
$$Na_2SO_3+1/2O_2\longrightarrow Na_2SO_4 \tag{8-7}$$

再生反应器内的反应为

$$Ca(OH)_2+Na_2SO_3+1/2H_2O\longrightarrow 2NaOH+CaSO_3 \cdot 1/2H_2O\downarrow \tag{8-8}$$

$$Ca(OH)_2+2NaHSO_3\longrightarrow Na_2SO_3+CaSO_3 \cdot 1/2H_2O\downarrow +3/2H_2O \tag{8-9}$$

$$CaCO_3+2NaHSO_3\longrightarrow Na_2SO_3+CaSO_3 \cdot 1/2H_2O\downarrow +1/2H_2O+CO_2\uparrow \tag{8-10}$$

$$Ca(OH)_2+Na_2SO_4+2H_2O\longrightarrow 2NaOH+CaSO_4 \cdot 2H_2O\downarrow \tag{8-11}$$

再生并分离出来的 NaOH 或 Na₂SO₃ 溶液循环脱硫，滤渣可抛弃也可加工为石膏回收。

上述最后一个反应可以除去部分 Na₂SO₄，此外还可用硫酸酸化法除去 Na₂SO₄，反应为

$$Na_2SO_4+2CaSO_3 \cdot 1/2H_2O+H_2SO_4+3H_2O\longrightarrow 2CaSO_4 \cdot 2H_2O\downarrow +2NaHSO_3 \tag{8-12}$$

该法的吸收率达 95%以上，用碱或碱金属的溶液脱硫腐蚀性小，减少了结垢和堵塞的

可能，缺点是副反应生成的 Na_2SO_4 再生较难，过程需不断补充 NaOH 或 Na_2CO_3 而增加碱耗，运行费用较高，且再生液的液固分离也使工艺复杂化。

（三）海水脱硫技术

海水脱硫是利用海水的天然碱度来脱除烟气中 SO_2。该技术成熟，工艺简单，系统运行可靠，效率高，投资和运行费用低，是近 20 年发展起来的烟气脱硫新技术，目前已在一些国家和地区近海发电厂和冶炼厂得到日益广泛的应用。我国深圳西部电厂 3 套 300 MW 机组和福建后石华阳电厂 4 套 600 MW 机组的海水脱硫装置已于 1999—2004 年陆续建成投运。

1．基本原理

海水含有大量可溶性盐，并呈碱性。海水的天然碱度是指海水中含有能接收 H^+ 物质的量，其代表物质是碳酸盐和碳酸氢盐。海水的 pH 为 7.5～8.3，天然碱度为 2～2.9 mg/L，使海水具有天然的酸碱缓冲能力和吸收 SO_2 的能力。

海水脱硫的主要反应如下

$$吸收 \qquad SO_2(g)+H_2O \Longrightarrow H_2SO_3 \Longrightarrow H^+ + HSO_3^- \qquad (8\text{-}13)$$

$$中和 \qquad H^+ + CO_3^{2-} \longrightarrow HCO_3^- \qquad (8\text{-}14)$$

$$H^+ + HCO_3^- \longrightarrow CO_2（g）+ H_2O \qquad (8\text{-}15)$$

$$氧化 \qquad HSO_3^- + 1/2O_2 \longrightarrow SO_4^{2+} + H^+ \qquad (8\text{-}16)$$

吸收在吸收塔内进行，中和和氧化主要在海水恢复系统（曝气池）进行。

2．工艺流程

以挪威 ABB 公司的 Flakt-Hydro 工艺为代表，其工艺流程如图 8-3 所示。脱硫所用海水一般是来自电厂冷却循环系统的海水。烟气经电除尘和气/气换热后，进入吸收塔 3，用海水以一次直流的方式（不循环）脱除烟气中 SO_2，然后进入曝气池 6，并在曝气池 6 中注入大量新鲜海水和空气，将式（8-13）生成的 HSO_3^- 氧化为 SO_4^{2+}，同时将 CO_2 带入大气，使脱硫海水 pH 恢复达标后排入大海。此时，近岸大海中硫酸盐成分只要稍微提高，离开排放口一定距离后，这种差异就会消除。

深圳西部电厂 300 MW 机组的耗煤量为 114.4 t/h，烟气量 $1.1×10^6$ m^3/h，煤含硫 0.63%，海水耗量 43 200 m^3/h，海水含盐量 2.3%，海水 pH＝7.5，来自电厂循环冷却系统海水的温度 27.1～40.7℃，平均脱硫率 95%，排烟温度 70℃ 以上，曝气池排水 pH≥6.8，均达到设计指标。

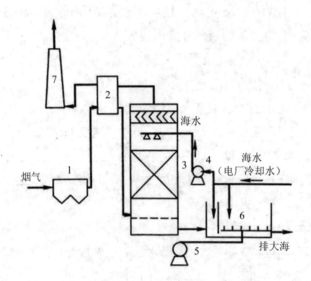

1—电除尘器；2—气/气换热器；3—吸收塔； 4—海水升压泵； 5—曝气风机；6—曝气池；7—烟囱

图 8-3　Flakt-Hydro 海水脱硫工艺流程

（四）钠碱吸收法

该法在用碱液（NaOH 或 Na_2CO_3）吸收了 SO_2 后，不像钠－钙双碱法那样用石灰石/石灰再生，而是直接将吸收液加工成副产物。钠碱吸收法有循环和不循环两种工艺。

1．循环钠碱法

循环钠碱法的代表工艺是威尔曼洛德（Wellman－Lord）法，它可副产高浓度 SO_2 气体，其流程如图 8-4 所示，主要包括吸收和解吸两个过程。

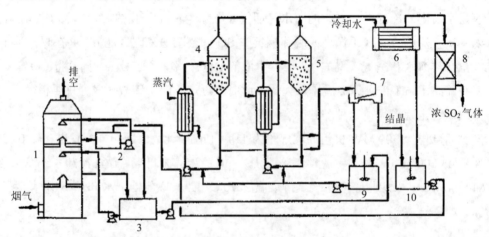

1—吸收塔；2，3—循环槽；4，5—蒸发器；6—冷却器；7—结晶分离器；8—脱水器；9—母液槽；10—吸收液槽

图 8-4　循环钠碱法工艺流程图

该法首先用 NaOH 或 Na_2CO_3 吸收 SO_2 以制备吸收剂 Na_2SO_3。Na_2SO_3 循环吸收 SO_2 后主要生成 $NaHSO_3$，其次为 $Na_2S_2O_5$，反应为

$$Na_2SO_3+SO_2+H_2O \longrightarrow 2NaHSO_3 \qquad (8-17)$$

$$Na_2SO_3+SO_2 \longrightarrow Na_2S_2O_5 \qquad (8-18)$$

副反应 $\qquad Na_2SO_3+1/2O_2 \longrightarrow Na_2SO_4 \qquad (8-19)$

当吸收液中 Na_2SO_3（或 pH）下降到一定程度时，将吸收液送去加热再生，解吸出 SO_2，反应为

$$2NaHSO_3 \xrightarrow{\triangle} Na_2SO_3 + H_2O + SO_2 \uparrow \qquad (8-20)$$

$$Na_2S_2O_5 \xrightarrow{\triangle} Na_2SO_3 + SO_2 \uparrow \qquad (8-21)$$

解吸出来的 SO_2 可加工成液体 SO_2、硫黄或硫酸。由于 Na_2SO_3 的溶解度较小，可在再生器中结晶出来，然后用冷凝水溶解后送回吸收系统循环用于吸收 SO_2。

当吸收液中 Na_2SO_4 浓度达 5%时，须排出部分母液，避免吸收率降低，同时补充部分新鲜碱液。可用石灰法或冷冻法等除去排出母液中的 Na_2SO_4。

该法脱硫率达 90%以上，是日本、美国应用较多的回收法之一。

2．亚硫酸钠法

工艺流程如图 8-5 所示，用 Na_2CO_3 溶液经二级逆流吸收烟气中 SO_2 后，得到含 Na_2SO_3 和 $NaHSO_3$ 的混合溶液，再用 Na_2CO_3 中和吸收液中的 $NaHSO_3$，反应为

$$2NaHSO_3+Na_2CO_3 \longrightarrow 2Na_2SO_3+H_2O+CO_2 \uparrow \qquad (8-22)$$

最后经净化、浓缩结晶、过滤、干燥等工序制成无水亚硫酸钠产品。

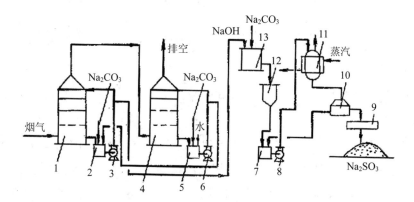

1，4—吸收塔；2，5—循环槽；3，6，8—泵；7—中和液贮槽；9—干燥器；10—离心机；

11—蒸发器；12—中和液过滤器；13—中和槽

图 8-5 亚硫酸钠法流程

该法流程简单，脱硫率高，吸收剂不循环使用，在我国一些中小型化工厂和冶金厂应用较多。缺点是部分 Na_2SO_3 的氧化将影响无水亚硫酸钠的质量。加入吸收液重量 0.025%～0.5%的阻氧剂（对苯二胺或对苯二酚），可减少 Na_2SO_3 的氧化。由于亚硫酸钠产品销路有限，限制了该法的大规模推广应用。

（五）湿式氨法脱硫技术

1. 基本原理

（1）吸收总反应

湿式氨法脱硫是用 NH_3 或 NH_4HCO_3 等含 NH_3 物质吸收 SO_2，其吸收总反应为

$$SO_2+2NH_3+H_2O\longrightarrow (NH_4)_2SO_3 \tag{8-23}$$

$$SO_2+NH_3+H_2O\longrightarrow NH_4HSO_3 \tag{8-24}$$

$$2NH_4HCO_3+SO_2\longrightarrow (NH_4)_2SO_3+H_2O+2CO_2\uparrow \tag{8-25}$$

$$NH_4HCO_3+SO_2\longrightarrow NH_4HSO_3+CO_2\uparrow \tag{8-26}$$

副反应 $(NH_4)_2SO_3+1/2O_2\longrightarrow (NH_4)_2SO_4$

实际上的吸收剂是 $(NH_4)_2SO_3-NH_4HSO_3$ 混合溶液，其中仅 $(NH_4)_2SO_3$ 对 SO_2 有吸收能力，所以吸收塔内的吸收反应为

$$SO_2+(NH_4)_2SO_3+H_2O\longrightarrow 2NH_4HSO_3 \tag{8-27}$$

（2）吸收剂再生

随着吸收反应的进行，吸收液中 $(NH_4)_2SO_3$ 被消耗，吸收能力逐渐下降。为了维持吸收液的吸收能力，需要在循环槽内不断补充氨源，将部分 NH_4HSO_3 转变成 $(NH_4)_2SO_3$，使吸收液得以再生，维持 $(NH_4)_2SO_3/NH_4HSO_3$ 比值不变：

$$NH_4HSO_3+NH_3=\!\!=(NH_4)_2SO_3 \tag{8-28}$$

2. 工艺流程

依据对吸收产物的处理方法不同，有两种流程：

（1）氨-酸法

用硝酸、磷酸或硫酸分解吸收产物，得到相应的化肥 NH_4NO_3、$NH_4H_2PO_4$ 或 $(NH_4)_2SO_4$，并副产高浓度 SO_2。一段吸收、浓硫酸分解的流程如图 8-6 所示。分解反应为

$$(NH_4)_2SO_3+H_2SO_4\longrightarrow (NH_4)_2SO_4+H_2O+SO_2\uparrow \tag{8-29}$$

$$2NH_4HSO_3+H_2SO_4\longrightarrow (NH_4)_2SO_4+2H_2O+2SO_2\uparrow \tag{8-30}$$

混合槽 6 内加入 93%～98%的浓硫酸，85%的 SO_3^{2-} 和 HSO_3^- 分解出含量为 100% SO_2，送去制液态 SO_2。混合槽内未分解完全的部分，在分解塔 7 内继续放出 SO_2，用空气带出

成为含 7%SO₂ 的气体，送制酸系统制酸。分解后的母液在中和槽 8 中用氨中和其过量的硫酸后，作液体硫铵化肥或蒸发结晶成固体硫铵产品出售。

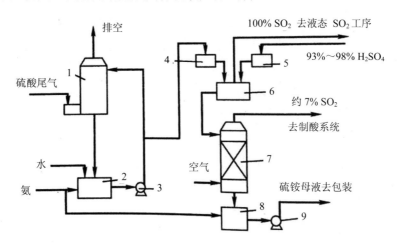

1—吸收塔；2—循环槽；3—循环泵；　4—母液高位槽；5—硫酸高位槽；6—混合槽；

7—分解塔；8—中和槽；9—硫铵母液泵

图 8-6　氨-酸法回收 SO₂ 工艺流程图

为保证高的脱硫率、高的吸收液浓度和低的碱度以利于吸收产物的分解和硫铵的生产，工业上发展了两段逆流吸收法。

吸收塔排气中夹带的硫铵雾和硫酸雾使排气成为白色，俗称"白烟"。降低吸收液碱度 [碱度应小于 15 滴度，1 滴度＝5.8 g(NH₄)₂SO₃/L]、温度和烟气中 SO₃ 浓度可减少白烟。有的在吸收塔上部安装湿式电除尘器解决白烟问题。

氨-酸法的脱硫率高（两段逆流吸收达 95%），NH₃ 和 SO₂ 进入副产品，销路看好，但该法仅适用于氨、酸来源充足的地方。

（2）氨-亚硫酸铵法

该法不用酸分解吸收液，而用 NH₃ 或 NH₄HCO₃ 中和掉吸收液中的 NH₄HSO₃，并直接加工成亚硫酸铵产品，该产品可代替烧碱用于造纸工业。中和反应为

$$NH_4HSO_3+NH_3 \longrightarrow (NH_4)_2SO_3 \tag{8-31}$$

$$NH_4HSO_3+NH_4HCO_3 \longrightarrow (NH_4)_2SO_3+H_2O+CO_2 \uparrow \tag{8-32}$$

由于中和反应是吸热的，温度可自动降至 0℃ 左右，(NH₄)₂SO₃ 溶解度又小，可自动结晶出来。工艺流程如图 8-7 所示。

早年，湿式氨法脱硫我国主要用在硫酸尾气处理方面，近年来也开始在电厂烟气脱硫中应用。我国各地有许多合成氨厂，火电厂与这些化工厂联合可用该法联产化肥和硫酸。

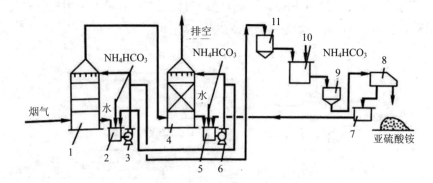

1，4—一段和二段吸收塔；2，5—循环槽；3，6—泵；7—滤液槽；8—离心机；

9—结晶槽；10—中和槽；11—母液槽

图 8-7　氨-亚硫酸铵法流程

湿式氨法脱硫工艺具有脱硫效率高，可副产农用肥的优点，但运行成本高，工艺较复杂，主要在有氨的稳定来源、副产品有市场的地区具有吸引力。近年来，有调研发现，若不能很好地控制氨法工艺存在的氨逃逸问题，可能带来二次污染。

（六）金属氧化物法

除了 CaO 的水合物 $Ca(OH)_2$ 常用于脱硫外，其他一些金属氧化物（MgO、ZnO、MnO_2、CuO 等）的水合物或浆液也有吸收 SO_2 的能力。

1. 氧化镁法

该法用氧化镁浆液［$Mg(OH)_2$］吸收烟气中 SO_2，得到含结晶水的亚硫酸镁和硫酸镁固体，经脱水、干燥和煅烧还原后，再生出氧化镁循环使用，同时副产高浓度 SO_2 气体。工艺流程如图 8-8 所示。

吸收　　　　　$$Mg(OH)_2 + SO_2 + 5H_2O \longrightarrow MgSO_3 \cdot 6H_2O \downarrow \qquad (8\text{-}33)$$

$$MgSO_3 + SO_2 + H_2O \longrightarrow Mg(HSO_3)_2 \qquad (8\text{-}34)$$

$$Mg(HSO_3)_2 + Mg(OH)_2 + 10H_2O \longrightarrow 2\,MgSO_3 \cdot 6H_2O \downarrow \qquad (8\text{-}35)$$

副反应　　　　　$$MgSO_3 + 1/2O_2 \longrightarrow MgSO_4 \qquad (8\text{-}36)$$

$MgSO_4$ 溶解度较大，在循环吸收中当浓度超过溶解度时便结晶析出

$$MgSO_4 + 7H_2O \longrightarrow MgSO_4 \cdot 7H_2O \qquad (8\text{-}37)$$

干燥脱水　　　　$$MgSO_3 \cdot 6H_2O \xrightarrow{\triangle} MgSO_3 + 6H_2O \uparrow \qquad (8\text{-}38)$$

$$MgSO_4 \cdot 7H_2O \xrightarrow{\triangle} MgSO_4 + 7H_2O \uparrow \qquad (8\text{-}39)$$

煅烧分解和还原　　$$MgSO_3 \xrightarrow{\triangle} MgO + SO_2 \uparrow \qquad (8\text{-}40)$$

$$MgSO_4 + 1/2C \longrightarrow MgO + SO_2 \uparrow + 1/2CO_2 \uparrow \qquad (8-41)$$

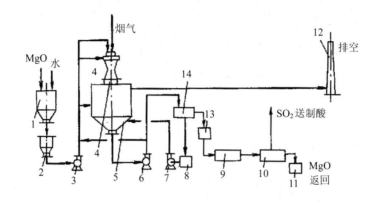

1—消化槽；2—贮槽；3，6，7—泵；4—文氏管；5—分离器；8—过滤液槽；

9—干燥器；10—煅烧炉；11—贮罐；12—烟囱；13—贮罐；14—过滤机

图 8-8 氧化镁法流程

煅烧在 800～900℃下进行，同时加入少量焦炭还原 $MgSO_4$。煅烧出来的 MgO 水合为 $Mg(OH)_2$ 后循环使用，煅烧气含 SO_2 10%～13%，可用于制酸或硫黄。运行过程中系统需补充 MgO 10%～20%。

氧化镁法可处理大气量的烟气，脱硫率高，无结垢问题，可长期连续运转。国内有些小型工业锅炉用氧化镁脱硫后，鼓空气将 $MgSO_3$ 氧化为 $MgSO_4$ 水溶液直接排放。

2．氧化锌法

ZnO 脱硫技术特别适用于有氧化锌烟灰来源又存在 SO_2 污染源的铅、锌冶炼企业和立德粉生产企业。日本、韩国、德国都有 ZnO 脱硫的工业装置。

ZnO 浆液脱硫的主要反应有

$$ZnO + SO_2 + 5/2H_2O \longrightarrow ZnSO_3 \cdot 5/2H_2O$$
$$ZnO + 2SO_2 + H_2O \longrightarrow Zn(HSO_3)_2$$
$$ZnSO_3 + SO_2 + H_2O \longrightarrow Zn(HSO_3)_2$$

同时有部分 $ZnSO_3$ 和 $Zn(HSO_3)_2$ 被烟气中的 O_2 氧化为 $ZnSO_4$。

脱硫产物的处理有 3 种方法：

1）ZnO 脱硫-空气氧化法将脱硫产物用空气氧化为 $ZnSO_4$，进而生产电解锌、立德粉或七水硫酸锌等产品。由湘潭大学童志权等研发、设计并于 2004 年投产的我国第一、二套 ZnO 脱硫装置即为此流程，处理气量分别为 3.5 万 m^3/h 和 6.0 万 m^3/h，进口 SO_2 质量浓度达 7 000～8 000 mg/m^3，脱硫率在 95%以上，氧化产物 $ZnSO_4$ 溶液经净化后用于生产立德粉。工艺流程如图 8-9 所示。

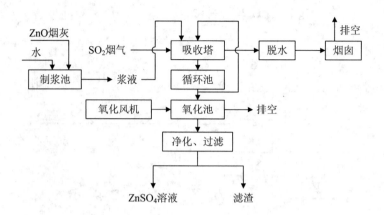

图 8-9   氧化锌吸收-空气氧化流程示意图

2）ZnO 脱硫-酸分解法将脱硫产物加硫酸分解，产出高浓度 SO$_2$ 用于生产液态 SO$_2$ 或制酸，同时得到 ZnSO$_4$ 溶液。

3）ZnO 脱硫-热分解法控制吸收过程的条件，使脱硫产物主要生成 ZnSO$_3$·5/2H$_2$O 结晶，经脱水、干燥、热分解产出高浓度 SO$_2$ 和 ZnO。热分解可在锌冶炼厂焙烧 ZnS 精矿的沸腾焙烧炉内进行，也可在回转窑内进行。分解出的 ZnO 可循环用于脱硫。

三、干法和半干法脱硫技术

（一）喷雾干燥法

喷雾干燥法是 20 世纪 80 年代初开发并得到迅速发展的一种半干法脱硫工艺，流程如图 8-10 所示。120～160℃的含 SO$_2$ 烟气进入喷雾干燥器后，与高度雾化的 Ca(OH)$_2$ 浆液混合，气相中 SO$_2$ 迅速溶解并与 Ca(OH)$_2$ 反应，生成亚硫酸钙和硫酸钙，总吸收反应为

$$Ca(OH)_2+SO_2\longrightarrow CaSO_3·1/2H_2O+1/2H_2O$$

$$CaSO_3·1/2H_2O+1/2O_2+3/2H_2O\longrightarrow CaSO_4·2H_2O$$

发生吸收反应的同时，较高温度的烟气使液相水分迅速蒸发，脱硫产物成为干燥的固体颗粒，并进入电除尘器或布袋除尘器捕集。为提高钙的利用率，部分脱硫灰循环用于吸收剂制备系统，使其中未反应的 Ca(OH)$_2$ 充分反应。除尘器内表面黏附的脱硫灰有二次脱硫作用。

一般来说，喷雾干燥室须为烟气和雾滴提供 10～12 s 的接触时间，以便得到高的脱硫率，并保证吸收浆雾滴能充分干燥为固体颗粒。经常采用高转速（1 万～2 万 r/min）旋转离心雾化器产生 25～200 μm 具有足够大比表面积的细小雾滴，所以又称为"旋转喷雾干燥法"。也有采用两相流喷嘴产生细小雾滴的。

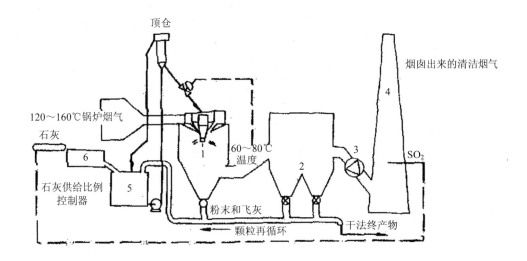

1—喷雾吸收干燥器；2—除尘器；3—引风机；4—烟囱；5—供给槽；6—熟化器

图 8-10　旋转喷雾干燥法烟气脱硫流程图

脱硫率除了受接触时间和雾滴直径影响外，还随 Ca/S 比的增加而增大，随烟气出口温度与露点温度之差的减小而增加，但此温度差太小将导致水汽凝结，系统不能正常运行。山东黄岛电厂 100 MW 机组烟气采用该法脱硫，在 Ca/S＝1.4，出口烟温高于露点温度 18℃时，脱硫率达 70%。

为了保证高的脱硫率和脱硫剂利用率，必须根据进口或排放烟气中的 SO_2 浓度和喷雾吸收干燥器进、出口温度来调节吸收剂浆液的用量。因此整个系统要求自动控制。

喷雾干燥法设备和操作简单，设备可用碳钢制造，投资低；没有废水处理和排放问题；烟气出口温度可控制在较低但又在露点温度之上，既保证高的脱硫率，又不需再加热而直接排放；系统阻力适中，吸收剂浆液浓度高，输送量小，系统能耗只有湿法能耗的 1/3～1/2。

（二）烟气循环流化床脱硫技术

由德国 Lurgi 公司于 20 世纪 80 年代开发的循环流化床（circulating fluidized bed，CFB）烟气脱硫技术目前已在多家电厂得到应用，最大处理烟气量达 $62×10^4\,m^3/h$（200 MW 机组）。在此基础上发展起来的类似工艺还有德国 Wulff 公司的回流式循环流化床工艺（reflux circulating fluidized bed，RCFB）、丹麦 F. L. Smith 公司的气体悬浮吸收烟气脱硫工艺（gas suspensin absorber，GSA）以及挪威 ABB 公司的新型一体化脱硫系统（new integrated desulfurization system，NID）。由于吸收剂在流化床反应塔中多次再循环，烟气与吸收剂的接触充分，这类方法在 Ca/S 比为 1.2～1.5 时，脱硫率高达 90% 以上，与湿法相当。

1. 循环流化床烟气脱硫工艺（CFB）

流程如图 8-11 所示。该系统由吸收剂制备、流化床反应塔、吸收剂再循环和带有百叶窗式预除尘的电除尘器等组成。反应塔下部为一文丘里管，烟气在喉部得到加速，在扩散段与加入的干消石灰粉和喷入的雾化水剧烈混合，并按如下反应实现烟气中酸性气体净化。

$$Ca(OH)_2 + SO_2 \longrightarrow CaSO_3 \cdot 1/2H_2O + 1/2H_2O$$

$$Ca(OH)_2 + SO_3 + H_2O \longrightarrow CaSO_4 \cdot 2H_2O$$

$$Ca(OH)_2 + 2HCl \longrightarrow CaCl_2 + 2H_2O$$

副反应　　　　　　　　$$Ca(OH)_2 + CO_2 \longrightarrow CaCO_3 + H_2O$$

喷入塔内的水雾反应后全部被蒸发，成为干态物料，流化床反应塔出口颗粒物的质量浓度高达 1 000 g/m³，经百叶窗式预除尘器分离约 50%颗粒后进入电除尘器。除尘后烟温为 70～75℃，由烟囱直接排放。从百叶窗分离器和电除尘器收集的干灰，部分返回流化床反应塔以提高钙的利用率，另一部分送至灰库。

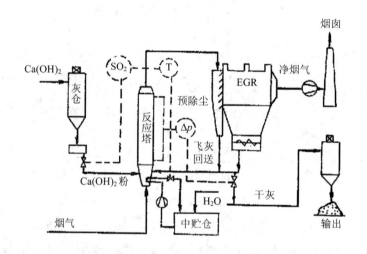

图 8-11　CFB 烟气脱硫系统

循环流化床反应塔是 CFB 工艺的关键设备，新鲜 Ca(OH)₂ 粉、再循环物料和雾化水在塔内处于悬浮状态，与烟气充分混合，有很高的传质传热速率。通过固体物料的多次循环，使脱硫剂在塔内的停留时间长达 30 min，而烟气在反应塔中的停留时间仅 3 s，从而大大提高了吸收剂的利用率和系统的脱硫率。

图 8-11 中 3 条虚线代表了 3 条自动控制回路，即通过反应塔出口 SO₂ 浓度和烟气量调节消石灰加入量；通过反应塔出口温度调节喷入水量以调节出口烟温；通过反应塔的压降 ΔP 来调节回料量和排料量，进而调节塔内吸收剂浓度。

2．回流式循环流化床脱硫工艺（RCFB）

CFB 工艺主要依靠除尘器收集下来的部分物料返回流化反应塔来实现物料的循环（外循环），而 RCFB 工艺的特点是反应塔内独特的流场设计和塔顶结构，使吸收剂颗粒在向上运动中有一部分从塔顶向下返回塔中。这股向下的固体物料与烟气流向相反，增加了气固接触时间。在内、外循环的作用下，吸收剂利用率和脱硫率得到优化。

3．新型一体化脱硫系统（NID）

NID 系统如图 8-12 所示。其特点是消石灰与袋式除尘器或电除尘器收集下来的再循环灰在混合增湿器中混合，并加水增湿。增湿后的固体物料含水分仅 5% 左右，仍保持分散状态。然后，将其加入反应塔，并均匀地分布在热态烟气中，与烟气中酸性气体反应而被脱除。烟气在反应塔内的停留时间<2 s，物料再循环倍率达 30～50，从而保证了 NID 工艺高的吸收剂利用率和高脱硫率。

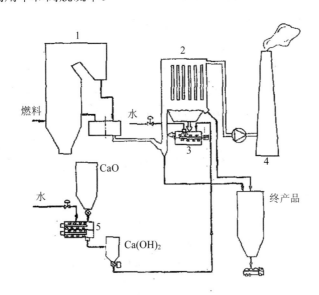

1—锅炉；2—布袋除尘器；3—加湿器；4—烟囱；5—硝石灰器

图 8-12　新型一体化脱硫系统（NID）

4．气体悬浮吸收脱硫工艺（GSA）

与 CFB 相比，GSA 工艺的特点是：①流化反应塔出口安装旋风分离器作预除尘，丹麦 FLS Miljo 公司称，该旋风分离器的除尘效率达 99%，反应塔出口固体颗粒质量浓度为 500～2 000 g/m³，经此旋风分离除尘后质量浓度可降至 5～20 g/m³；②用生石灰消化后制成石灰浆喷入反应塔底部，石灰浆用空压机提供的压缩空气雾化。

（三）炉内喷钙脱硫技术

炉内喷钙、尾部增湿脱硫工艺主要有芬兰 IVO 公司开发的 LIFAC（limestone injection

into the furnace and activation of calcium oxide）工艺。脱硫可分三步实现：

第一步，炉内喷钙，即将 325 目的细石灰石粉喷射到锅炉炉膛上部 900～1 250℃区域，部分 SO_x 按下列反应生成 $CaSO_4$：

$$CaCO_3 \longrightarrow CaO + CO_2$$
$$CaO + SO_2 + 1/2O_2 \longrightarrow CaSO_4$$
$$CaO + SO_3 \longrightarrow CaSO_4$$

第一步的脱硫率为 25%～35%，投资占整个脱硫系统总投资的 10%左右。

第二步，炉后增湿活化及干灰再循环［图 8-13（a）］，即在炉后的活化器内喷一定量的水活化 CaO，并按以下反应进一步脱硫

$$CaO + H_2O \longrightarrow Ca(OH)_2$$
$$Ca(OH)_2 + SO_2 \longrightarrow CaSO_3 + H_2O$$
$$CaSO_3（部分）+ 1/2O_2 \longrightarrow CaSO_4$$

由于较高温度烟气的蒸发作用，反应产物为干粉态。大部分干粉［含未反应的 CaO 和 $Ca(OH)_2$］进入电除尘器被捕集，其余部分从活化器底部分离出来，与电除尘器捕集的一部分干粉料返回活化器中，以提高钙的利用率。这一步可使总脱硫率达 75%以上。仅加水活化和干灰再循环部分的投资约占整个脱硫系统总投资的 85%。

第三步，加湿灰浆再循环［图 8-13（b）］，即将电除尘器捕集的部分物料加水制成灰浆，喷入活化器增湿活化，可使系统总脱硫率提高到 85%。仅湿灰浆再循环的投资占整个脱硫系统总投资的 5%。

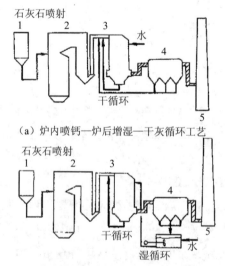

（a）炉内喷钙—炉后增湿—干灰循环工艺

（b）炉内喷钙—炉后增湿—湿灰循环工艺

1—石灰石仓；2—锅炉；3—活化器；4—电除尘器；5—烟囱

图 8-13　LIFAC 烟气脱硫分步实施流程

炉内喷钙工艺特别适用于老锅炉改造，在 Ca/S≥2 时，脱硫率达 80%以上。分步实施可在原有装置上进行，不需更换原有设备，用户可根据投资和燃料含硫情况选择实施步骤。

（四）荷电干吸收剂喷射脱硫法（CDSI）

美国阿兰柯环境资源公司 20 世纪 90 年代开发的荷电干吸收剂喷射系统（charged dry sorbent injection，CDSI）适用于中小型锅炉的脱硫，投资省，占地少，工艺简单，在 Ca/S＝1.5 左右时，脱硫率达 60%～70%。

如图 8-14 所示，CDSI 系统包括吸收剂给料装置（料仓、料斗、反馈式鼓风机和干粉给料机等）、高压电源和喷枪主体等。当 $Ca(OH)_2$ 干粉吸收剂高速流过喷枪主体产生的高压电晕充电区时，使吸收剂粒子都荷上同性电荷。荷电吸收剂粉末通过喷枪的喷管被喷射到锅炉出口烟道中后，带有相同电荷吸收剂粒子相互排斥，避免了吸收剂粒子发生聚集，并很快在烟气中扩散，形成均匀的悬浮状态，增大了与 SO_2 反应的机会；而且，吸收剂粒子表面的电晕荷电，还大大提高了吸收剂的活性，与 SO_2 反应所需的滞留时间由不荷电时的 4 s 减少到 2 s，有效提高了脱硫率。

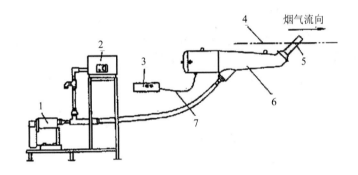

1—反馈式鼓风机；2—干粉给料机；3—高压电源发生器；4—烟气管道；5—安装板；6—喷枪主体；7—高压电缆

图 8-14　荷电干吸收剂喷射脱硫系统（CDSI）

CDSI 系统要求从吸收剂喷入位置到除尘设备之间的烟道长度能保证 2 s 的滞留时间；为使荷电吸收剂粒子不会因过多的粉尘撞击而失去电荷，要求到达吸收剂喷入位置的粉尘质量浓度不超过 $10\ g/m^3$，否则，需增加预除尘装置降低粉尘质量浓度。该法须用干消石灰粉，$Ca(OH)_2$ 纯度＞90%，含水量≤0.5%，粒度 30～50 μm。

（五）活性炭吸附法

活性炭、分子筛、硅胶等对 SO_2 都有良好的吸附性能，以活性炭应用较多。

烟气中一般含有 O_2 和水蒸气，在用活性炭吸附时，除发生物理吸附外，由于活性炭具有催化作用，还发生化学吸附。活性炭吸附 SO_2 的机理为

物理吸附

$SO_2 \longrightarrow SO_2*$

$O_2 \longrightarrow O_2*$

$H_2O \longrightarrow H_2O*$

总反应式为

化学吸附

$2SO_2*+O_2* \longrightarrow 2SO_3*$

$SO_3*+H_2O* \longrightarrow H_2SO_4*$

$H_2SO_4*+nH_2O* \longrightarrow H_2SO_4 \cdot nH_2O*$

$$SO_2 + H_2O + 1/2O_2 \xrightarrow{\text{活性炭}} H_2SO_4$$

图 8-15 为活性炭固定床脱除烟气中 SO_2 流程，烟气经文丘里洗涤器将烟尘除至 0.01～0.02 g/m³ 后进入吸附塔吸附，饱和后轮流进行水洗。用水量为活性炭重量的 4 倍，水洗时间为 10 h，得 10%～20%稀硫酸，经浸没燃烧浓缩器可浓缩至 70%左右。吸附塔并联运行时脱硫率 80%左右，串联运行时可达 90%。

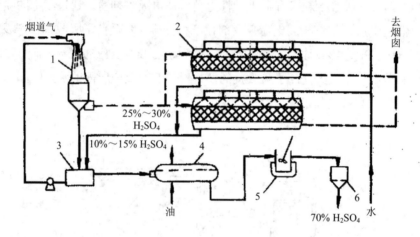

1—文丘里洗涤器；2—吸附塔；3—液槽；4—硫酸浓缩器；5—冷却器；6—过滤器

图 8-15　活性炭固定床吸附 SO_2

第二节　氮氧化物控制

一、烟（废）气脱硝概述

固定源 NO_x 污染控制方法主要有 3 种：①燃料脱氮；②低 NO_x 燃烧；③烟（废）气脱硝。燃料脱氮技术距离实用还有距离，尚需深入研发；低 NO_x 燃烧技术和设备的研究和开发已取得一定进展，并得到部分应用，但已经应用的技术和设备所取得的 NO_x 降低效率仍然有限。因此，烟（废）气脱硝是控制 NO_x 污染最重要的方法。

目前，烟（废）气脱硝主要有还原法、吸收法、吸附法、液膜法、微生物法和硫硝同脱等几类。其中，液膜法和微生物法是新近提出来的方法，目前还处于研究阶段。

由于烟（废）气中的 NO_x 常以难处理的 NO 为主（烟气中 NO 占总 NO_x 的 90%以上），

使许多技术的净化效果不甚理想，难以在工业上应用。目前工业上应用的主要方法是还原法和液体吸收法。这两类方法中又分别以选择性催化还原法和碱液吸收法为主。前者可将废气中 NO_x 排放浓度降至较低水平，但消耗大量 NH_3，脱硝成本高；后者可回收 NO_x 为硝酸盐和亚硝酸盐，有一定经济效益，但净化效率不高。

"十二五"开始，我国加大了火电厂和水泥窑炉烟气脱硝控制的力度。截至 2016 年年底，已投运火电厂烟气脱硝机组容量约 9.1 亿 kW，占全国火电机组容量的 86.7%（据中国电力企业联合会 2017 年 5 月公布数据）。

二、还原法脱硝技术

气相还原法脱硝技术根据是否采用催化剂分为非催化和催化两类，又根据还原剂是否与烟（废）气中 O_2 发生反应分为非选择性和选择性两类。

（一）选择性非催化还原法（SNCR）

SNCR 法是在 950～1 050℃这一狭窄的温度范围内，无催化剂存在下，利用 NH_3、尿素等氨基还原剂选择性地还原烟气中的 NO_x。主要反应为

$$4NH_4+4NO+O_2 \longrightarrow 4N_2+6H_2O$$

$$(NH_2)_2CO \longrightarrow 2NH_2+CO$$

$$NH_2+NO \longrightarrow N_2+H_2O$$

$$CO+NO \longrightarrow 1/2N_2+CO_2$$

当温度更高时，NH_3 会被 O_2 氧化为 NO：

$$4NH_3+5O_2 \longrightarrow 4NO+6H_2O$$

实践证明，低于 900℃时，NH_3 的反应不完全，会造成所谓的"氨穿透"；而温度过高，NH_3 氧化为 NO 的量增加，导致 NO_x 排放浓度增高。所以，SNCR 法的温度控制至关重要。

SNCR 法的喷氨点应选择在锅炉炉腔上部相应温度的位置，为保证与烟气良好混合，一般将 NH_3 多点分散注入。大多数 SNCR 过程都会有部分 NO_x 被还原为 N_2O，用 NH_3 还原时约有低于 4%的 NO_x 被还原为 N_2O，而用尿素时则可达 7%以上。

SNCR 法投资少，费用低，但适用温度范围窄，须有良好的混合及适宜的反应时间和空间。当要求高脱硝率时，NH_3/NO_x 摩尔比需增大，会造成 NH_3 泄漏量增加。目前，国内多家水泥厂利用分级燃烧技术结合 SNCR 法可获得 40%～70%的脱硝率。

（二）非选择性催化还原法

该法采用合成氨驰放气、焦炉气、天然气、炼油厂尾气和气化石脑油等做还原剂，其

中起还原作用的主要成分是 H_2、CO、CH_4 和其他低分子碳氢化合物。在 500～700℃和催化剂作用下，还原剂首先将废气中红棕色的 NO_2 还原为无色的 NO，称为脱色反应；同时伴随着 O_2 被燃烧，放出大量热；接着，还原剂将 NO 还原为 N_2，称为消除反应。以 CH_4 为例，反应为

$$CH_4 + 4NO_2 \longrightarrow CO_2 + 4NO + 2H_2O$$

$$CH_4 + 2O_2 \longrightarrow CO_2 + 2H_2O$$

$$CH_4 + 4NO \longrightarrow CO_2 + 2N_2 + 2H_2O$$

（三）选择性催化还原法（SCR）

1. 反应原理

在较低温度和催化剂作用下，NH_3 或碳氢化合物等还原剂能有选择性地将烟气中 NO_x 还原为 N_2，因而还原剂用量少。NH_3 选择性还原 NO_x 的主要反应如下：

$$8NH_3 + 6NO_2 \longrightarrow 7N_2 + 12H_2O + 2\,735.4\ kJ \tag{8-42}$$

$$4NH_3 + 6NO \longrightarrow 5N_2 + 6H_2O + 1\,809.8\ kJ \tag{8-43}$$

$$4NH_3 + 4NO + O_2 \longrightarrow 4N_2 + 6H_2O \tag{8-43a}$$

副反应　　$$4NH_3 + 3O_2 \longrightarrow 2N_2 + 6H_2O + 1\,267.1\ kJ \tag{8-44}$$

$$2NH_3 \longrightarrow N_2 + 3H_2 - 91.9\ kJ \tag{8-45}$$

$$4NH_3 + 5O_2 \longrightarrow 4NO + 6H_2O + 907.3\ kJ \tag{8-46}$$

发生 NH_3 分解的反应（8-45）和 NH_3 氧化为 NO 的反应（8-46）都在 350℃以上才进行，350℃以下仅有 NH_3 氧化为 N_2 的副反应（8-44）发生。

2. SCR 法净化燃烧烟气中 NO_x

目前，国外用于处理烟气中 NO_x 的 SCR 反应器大多置于锅炉省煤器之后、空气预热器之前，置于电除尘器之后的很少。

前一种布置流程如图 8-16 所示，它的优点是进入反应器的烟气温度达 350～450℃，多数催化剂在此温度范围内有足够的活性，烟气不需另外加热可获得高的脱硝效果；而且，目前在此温度下才能解决 SO_2 毒化催化剂的问题。存在的问题是：①烟气未经除尘直接通过催化剂床层，催化剂受高浓度烟尘的冲刷、磨损严重，寿命缩短；②飞灰中杂质会使催化剂污染或中毒；③若烟温过高会使催化剂烧结、失活；④较高温度使副反应激烈进行，NH_3 耗增加，脱硝率降低。

目前只有 V_2O_5/TiO_2 和 V_2O_5-WO_3/TiO_2 等少数催化剂，因具有良好的抗 SO_2 毒化性能而被用于烟气脱硝。

一般地，具有 SCR 活性的金属氧化物催化剂对 SO_2 均有不同程度的催化氧化作用，

生成的 SO_3 与水反应生成硫酸，硫酸进一步与金属氧化物（活性组分或载体）形成硫酸盐而使催化剂失活。另外，硫酸与还原剂 NH_3 生成含硫铵盐［如 NH_4HSO_4、$(NH_4)_2S_2O_7$］，逐渐堵塞催化剂微孔也使催化剂失活。对 V_2O_5/TiO_2 和 V_2O_5-WO_3/TiO_2 催化剂而言，活性组分 V_2O_5 和 WO_3 不与硫酸反应生成相应的盐，而载体 TiO_2 与 SO_4^{2-} 的相互作用较弱，尽管部分 TiO_2 也可能硫酸化，但在反应温度下是可逆的。含硫铵盐所引起的催化剂毒化常发生在较低反应温度下。在较高温度下，由于生成的含硫铵盐被分解，SO_2 对催化剂的毒化作用甚微，因此，尽管 V_2O_5/TiO_2 和 V_2O_5-WO_3/TiO_2 催化剂在较低温度下（200～300℃）也有很高的 SCR 活性，但它们在实际应用过程中必须在 350℃以上操作，这是目前大多数烟气脱硝反应器置于空气预热器之前的主要原因。

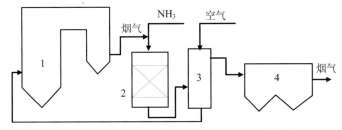

1—锅炉；2—SCR 反应器；3—空气预热器；4—电除尘器

图 8-16　反应器置于空预器前的 SCR 系统

SCR 反应器置于电除尘器之后的优点是催化剂基本上不受烟尘的影响，若反应器置于烟气脱硫（FGD）系统之后，SO_2 的毒化作用也可消除或大为减轻，但由于烟温较低，一般需用气/气换热器或采用燃料气燃烧的办法将烟气温度提高到催化还原所必需的温度。

三、吸收法脱硝技术

NO_x 可以用水、碱溶液、稀硝酸、浓硫酸等吸收。由于 NO 难溶于水或碱液，因而湿法脱硝效率一般不高，于是采用氧化、还原或络合吸收的办法以提高 NO_x 的净化效果。

（一）碱液吸收法

1. 原理

碱性溶液和 NO_2 反应生成硝酸盐和亚硝酸盐，和 N_2O_3（$NO+NO_2$）反应生成亚硝酸盐，反应为

$$2NO_2+2NaOH\longrightarrow NaNO_3+NaNO_2+H_2O \qquad (8\text{-}47)$$

$$NO+NO_2+2NaOH\longrightarrow 2NaNO_2+H_2O \qquad (8\text{-}48)$$

$$2NO_2+Na_2CO_3\longrightarrow NaNO_3+NaNO_2+CO_2 \qquad (8\text{-}49)$$

$$NO+NO_2+Na_2CO_3\longrightarrow 2NaNO_2+CO_2 \qquad (8\text{-}50)$$

以上各式中，Na^+可用 K^+、Ca^{2+}、Mg^{2+}代替。研究表明，对于 NO_2 浓度在 0.1%以下的低浓度气体，碱液吸收速度与 NO_2 浓度的平方成正比。对于较高浓度的 NO_x 气体，吸收等分子的 NO 和 NO_2 比单独吸收 NO_2 具有更大的吸收速度。

通常将 NO_2/NO_x 比值称为氮氧化物的氧化度。实验表明，氧化度为 50%~60%或 $NO_2/NO_x=1\sim1.3$ 时，吸收速度最大，因而吸收效率也最高（图 8-17）。由于 NO 不能单独被碱吸收，故碱液吸收法不宜处理燃烧烟气和 NO 比例很大的 NO_x 废气。

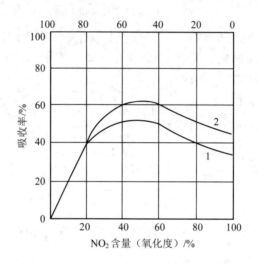

1—NO_x 含量 1%；2—NO_x 含量 2%

图 8-17   氧化度对 NO_x 吸收率的影响

2. 工艺及操作

工业上以 NaOH 特别是 Na_2CO_3 作为吸收剂的应用较多，但 Na_2CO_3 的效果不如 NaOH。一般用 30%以下的 NaOH 或 10%~15%的 Na_2CO_3 溶液，在 2~3 个填料塔或筛板塔内串联吸收，吸收率随废气的氧化度、设备和操作条件而异，一般在 60%~90%。

碱液吸收法的优点是能将 NO_x 回收为有销路的硝酸盐和亚硝酸盐，有一定经济效益，工艺流程和设备也较简单，缺点是一般情况下效率不高。

为提高碱液吸收 NO_x 的效率，除需要强化吸收操作、改进吸收设备和吸收条件外，更重要的是有效控制废气中 NO_x 的氧化度。例如，可以采取对废气中 NO 进行预氧化的措施。

将废气中的部分 NO 氧化为 NO_2 有催化氧化法或富氧氧化法、其他化学氧化剂氧化法、硝酸氧化法和紫外线氧化法等。NO 被 O_2 氧化的反应为

$$2NO+O_2 =\!=\!= 2NO_2 \tag{8-51}$$

其氧化速度用 NO_2 的生成速度表示为

$$\frac{d[NO_2]}{dt}=k[NO]^2[O_2] \tag{8-52}$$

式中：k——反应速度常数。

上式表明，当用空气（近似看作$[O_2]$一定）氧化时，NO 的氧化速度与$[NO]^2$成正比。所以在 NO 浓度较高时，空气氧化的速度较快，而浓度较低时，氧化速度很慢，如图 8-18 所示。为提高低浓度 NO 的氧化速度，可采用富氧氧化或催化氧化法。由于氧气成本高，富氧氧化不适用于大气量的处理。尽管 Cr、Fe、Co、Mn、Cu 等许多非贵金属氧化物和活性炭对 NO 和 O_2 的反应都有一定的催化活性，但催化氧化法还基本上处在实验室研究阶段。

国内外对气相氧化剂 O_3、Cl_2、ClO_2 和液相氧化剂〔$KMnO_4$、$NaClO_2$、$NaClO$、H_2O_2、$KBrO_3$、$K_2Cr_2O_7$、Na_2CrO_4、$(NH_4)_2CrO_7$ 等的水溶液〕氧化 NO 的方法进行了大量研究，但存在成本过高的问题。

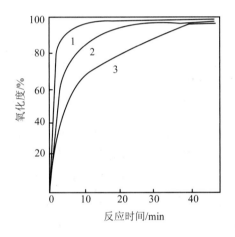

1—NO 浓度 2 000 μL/L；2—NO 浓度 1 000 μL/L；3—NO 浓度 500 μL/L

图 8-18　NO 的空气氧化

（二）液相还原吸收法

这是一种用液相还原剂将 NO_x 还原为 N_2 的方法。常用的还原剂有亚硫酸盐、硫化物、硫代硫酸盐和尿素的水溶液等，反应如下

$$4Na_2SO_3+2NO_2\longrightarrow 4Na_2SO_4+N_2 \tag{8-53}$$

$$Na_2S_2O_3+2NO_2+2NaOH\longrightarrow 2Na_2SO_4+H_2O+N_2 \tag{8-54}$$

$$Na_2S+3NO_2\longrightarrow 2NaNO_3+S+1/2N_2 \tag{8-55}$$

$$NO+NO_2+(NH_2)_2CO\longrightarrow CO_2+2H_2O+N_2 \tag{8-56}$$

液相还原剂同 NO 的反应并不生成 N_2 而是生成 N_2O，且反应速度不快，如 Na_2SO_3 与

NO 的反应为

$$Na_2SO_3+2NO \longrightarrow Na_2SO_3 \cdot 2NO \qquad (8-57)$$

$$Na_2SO_3 \cdot 2NO \longrightarrow Na_2SO_4+N_2O \qquad (8-58)$$

因此，将 NO 氧化为 NO_2 或 N_2O_3 有利于提高还原吸收的效率。国内同时生产硝酸和硫酸的工厂，先用碱液吸收硝酸尾气中的部分 NO_x 为硝酸盐和亚硝酸盐后，再用 NH_3 吸收法处理硫酸尾气得到的 $(NH_4)_2SO_3$-NH_4HSO_3 溶液净化经碱液吸收后的硝酸尾气中的 NO_x，最后产出硫铵化肥。

四、吸附法脱硝技术

可用于吸附 NO_x 的吸附剂有分子筛、活性炭、天然沸石、硅胶、泥煤等。其中有些吸附剂兼有催化性能，能将 NO 催化氧化为 NO_2，脱附出来的 NO_2 可用水或碱液吸收加以回收。

1．活性炭吸附法

活性炭对低浓度 NO_x 有很高的吸附能力，其吸附量超过分子筛和硅胶。由于活性炭在 300℃以上和存在氧的条件下有可能自燃，给高温烟气的吸附和用热空气再生带来困难。

法国氮素公司开发的用活性炭处理硝酸尾气的考发士（COFAZ）法工艺流程如图 8-19 所示。硝酸尾气 1 从上部进入吸附器 3 并经过活性炭层，同时水或稀硝酸经流量控制阀 12 由喷头 2 均匀喷入活性炭层，尾气中 NO_x 被吸附，其中 NO 被催化氧化为 NO_2，进而与水反应生成稀硝酸和 NO。净化后的气体会同吸附器 3 底部的硝酸一起进入气液分离器 7，分离液体后尾气经尾气预热器和透平机回收能量后放空。分离器底部出来的硝酸一部分经流量控制阀 11 由塔顶进入硝酸吸收塔 13，另一部分与工艺水 5 掺和后回吸附器 3。分离器 7 中的液位用液位控制阀 6 自动控制。

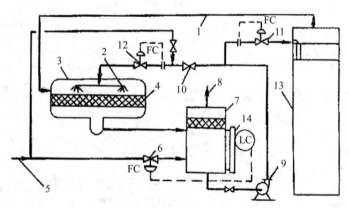

1—硝酸尾气；2—喷头；3—吸附器；4—活性炭；5—工艺水或稀硝酸；6—液位控制阀；7—分离器；

8—尾气；9—循环泵；10—循环阀；11，12—流量控制阀；13—硝酸吸收塔；14—液位计

图 8-19　考发士脱除 NO_x 流程

"考发士"法系统简单，体积小，费用省，尾气中 80%以上的 NO_x 被脱除并回收为硝酸产品。

2. 分子筛吸附法

国外已把该法的工业装置用于处理硝酸尾气,可将尾气中NO_x浓度由$(1\,500\sim3\,000)\times10^{-6}$降到$50\times10^{-6}$，从尾气中回收的硝酸量可达工厂总产量的 2.5%～3.0%。

用作吸附剂的分子筛有氢型丝光沸石、氢型皂沸石、脱铝丝光沸石、13X 型分子筛等。

丝光沸石是一种硅铝比大于 10～13 的铝硅酸盐，其化学组成为 $Na_2O \cdot Al_2O_3 \cdot 10SiO_2 \cdot 6H_2O$。耐热、耐酸性能好，天然蕴藏量较多。经改型处理后的丝光沸石空间十分丰富，比表面积较大，一般为 $500\sim1\,000\ m^2/g$；晶穴内有很强的静电场和极性，对低浓度 NO_x 有较高的吸附能力。当 NO_x 尾气通过吸附剂床层时，由于水及 NO_2 分子的极性较强，被选择性吸附在主孔道表面上，生成硝酸并放出 NO，反应式为 $NO_3+NO_2+H_2O \longrightarrow 2HNO_3+NO$。

放出的 NO 连同尾气中的 NO 与 O_2 在分子筛内表面上被催化氧化为 NO_2 并被吸附。经过一定床层高度后，尾气中 NO_x 和水均被吸附。当用热空气或水蒸气解吸时，解吸出的 NO_x 和硝酸随热空气或水蒸气带出。

水分子比 NO_x 更容易被沸石吸附，会降低其对 NO_x 的吸附能力；而且水被吸附时放热量大，使床层温度升高，解吸时又需消耗更多的热能。因此，吸附前需用液氨将 NO_x 尾气冷却到 10℃左右，分离除去尾气中 80%以上的水分。

分子筛吸附法的净化效率高，可回收 NO_x 为硝酸产品，缺点是装置占地面积大，特别是 NO_x 尾气和解吸空气需要脱水，导致能耗高，操作复杂。

五、同步脱硫脱硝技术

1. 高能电子活化氧化法

（1）原理

1）该法是 20 世纪 80 年代发展起来的一种干法脱硫脱硝技术，其特点是烟气中 O_2、H_2O 等分子吸收高能电子的能量，生成大量反应活性极强的自由基或自由原子

$$O^2+e^* \longrightarrow 2O+e（e^*为高能电子）\tag{8-59}$$

$$H_2O+e^* \longrightarrow H+OH+e\tag{8-60}$$

$$H+O_2 \longrightarrow HO_2\tag{8-61}$$

$$O_2+O \longrightarrow O_3\tag{8-62}$$

2）烟气中 SO_2、NO 被自由基或自由电子氧化成 SO_3、NO_2、N_2O_5，进而与 H_2O 作用生成 H_2SO_4 和 HNO_3。

SO_2 的氧化：$SO_2+2OH\longrightarrow H_2SO_4$ (8-63)

$$SO_2+O\longrightarrow SO_3 \tag{8-64}$$

$$SO_2+O_3\longrightarrow SO_3+O_2 \tag{8-65}$$

NO_x 的氧化：$NO+O\longrightarrow NO_2$ (8-66)

$$NO+HO_2\longrightarrow NO_2+OH \tag{8-67}$$

$$NO+OH\longrightarrow HNO_2 \tag{8-68}$$

SO_3 与水作用：$SO_3+H_2O\longrightarrow H_2SO_4$ (8-69)

NO_x 与水作用：$NO_2+OH\longrightarrow HNO_3$ (8-70)

$$NO_2+O\longrightarrow NO_3 \tag{8-71}$$

$$NO_3+NO_2\longrightarrow N_2O_5 \tag{8-72}$$

$$N_2O_5+H_2O\longrightarrow 2HNO_3 \tag{8-73}$$

3）H_2SO_4 和 HNO_3 与注入的 NH_3 反应生成硫铵和硝铵气溶胶微粒，反应为

$$H_2SO_4+2NH_3\longrightarrow (NH_4)_2SO_4 \tag{8-74}$$

$$HNO_3+NH_3\longrightarrow NH_4NO_3 \tag{8-75}$$

少量未氧化的 SO_2 在微粒表面还可发生以下热化学反应生成硫酸铵

$$SO_2+1/2O_2+H_2O+2NH_3\longrightarrow (NH_4)_2SO_4 \tag{8-76}$$

反应后经电除尘器收集的硫铵和硝铵作化肥使用。

根据高能电子产生的方法不同，可分为电子束照射法和脉冲电晕等离子体法。

（2）电子束照射法（EBA）

EBA 技术于 1970 年由日本荏原（Ebara）公司提出，目前已用于 200 MW 机组的烟气脱硫脱硝。1998 年成都热电厂 90 MW 机组建成了 EBA 脱硫脱硝装置。工艺流程如图 8-20 所示，包括烟气冷却、加氨、电子束照射和副产品收集等几部分。

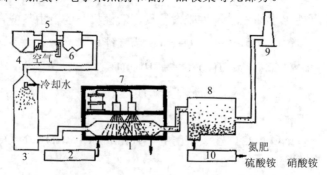

1—反应器；2—氨供应设备；3—冷却器；4—锅炉；5—空气预热器；6，8—干式电除尘器；

7—电子束发生装置；9—烟囱；10—造粒设备

图 8-20　电子束烟气脱硫工艺流程

电子束发生装置由直流高压电源、电子加速器及窗泊冷却装置组成，如图 8-21 所示。电子在高真空的加速管里通过高电压加速，加速后的高能电子通过保持高真空的扫描透射过一次窗泊和二次窗泊照射烟气，并产生自由基。

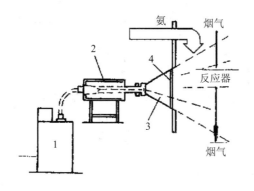

1—电源；2—电子加速器；3—电子束；4—窗

图 8-21　电子加速器结构示意图

（3）脉冲电晕等离子体法（PPCP）

1986 年，日本提出脉冲电晕等离子体化学处理（Pulse corona induced Plasma Chemical Process，PPCP）方法脱硫脱硝，它是利用脉冲电晕放电形成的非平衡等离子体中的高能电子（2～20 eV）撞击烟气中 H_2O、O_2 等分子，形成强氧化性的自由基，使 SO_2、NO 氧化并生成相应的酸，在注入 NH_3 的条件下生成硫铵和硝铵化肥。该法不用昂贵的电子加速器，避免了电子枪寿命短和 X 射线屏蔽等问题；理论上该法的能量效率比 EBA 法高 2 倍，投资只有 EBA 法的 60%。目前，该技术处于中试阶段。

2. SNOX 脱硫脱硝技术

由丹麦 Hador-Topsoe A/S 公司与 Elkraft AMBA 和 Kobenhavns Belysning-Svaesen 开发的 SNOX 脱硫脱硝技术于 1986 年工业化，可脱除 93%～97% 的 SO_2 和 90% 的 NO_x。该法是将 SCR 脱硝技术和气固催化氧化脱硫技术有机结合，实现同时脱硫脱硝。图 8-22 为 300 MW 机组（1.05×10^6 m^3/h 烟气）的 SNOX 工艺示意图。烟气电除尘后（尘量<10 mg/m^3），经换热器 5 升温到 380℃，进入 SCR 反应器 7，脱除 90% 的 NO_x；接着，烟气在燃烧器 8 升温到 420℃，经催化转换器 9 使其中 95%～96% 的 SO_2 转化为 SO_3，然后冷却至 255℃，烟气中的 SO_3 水合为硫酸蒸汽，并在 WAS-2 塔 6 中用空气冷至 90～100℃，得到 95% 以上的浓硫酸。排气中，硫酸雾<0.001%。

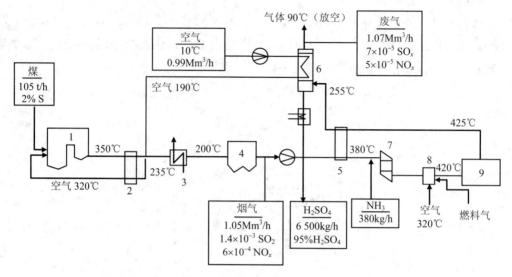

1—锅炉；2—空预器；3—温度调节锅炉；4—除尘器；5—换热器；

6—WAS-2；7—SCR；8—燃烧器；9—SO₂转换器

图 8-22　SNOX 装置示意

第三节　挥发性有机污染物（VOCs）控制

挥发性有机物（volatile organic compounds，VOCs）是指饱和蒸气压较高、沸点较低、常温状态下易挥发的一类有机化合物的统称（不同国家和组织定义挥发性有机污染物时，所用饱和蒸气压和沸点的标准有所差别），包括烷烃、烯烃、炔烃、芳香烃等非甲烷碳氢化合物（NMHCs）和醛、醇、酮、醚等含氧有机化合物（OVOCs）以及卤代烃等几大类。VOCs 是大气中有机二次颗粒物（secondary organic aerosol，SOA）和臭氧（O₃）的主要前体物，在大气化学过程中扮演着极为重要的角色，对区域和全球气候环境问题均有影响。此外，一些 VOCs 物质还具有毒性和致畸致癌性，严重危害人体健康。VOCs 的排放有天然源和人为源两种，相对而言人为源排放量较低，约为天然源的 1/10，主要来源于交通运输、溶剂使用和固定燃烧源等；但由于 VOCs 人为源排放在城市区域的高度集中，使得其成为影响区域空气质量的重要污染源。本章重点介绍人为污染源 VOCs 废气的控制技术措施。

一、VOCs 废气净化方法的选择

VOCs 废气的净化方法有多种，利用有机污染物易氧化、燃烧的特点，可采用直接燃烧或催化燃烧的方法净化；利用有机污染物易溶于有机溶剂的特点，以及与其他组分在溶解度上的差异，可采用物理吸收或化学吸收的方法来达到净化的目的；利用有机污染物能被某些吸附剂吸附的性质，可采用吸附方法来净化有机废气。包括吸附、冷凝、燃烧、生物法催化燃烧、热力燃烧和直接燃烧等，或者上述工艺的组合，如冷凝-吸附，吸附浓缩-催化燃烧等。选择净化方法时，应结合 VOCs 废气的性质、净化要求等因素综合考虑。

1）针对 VOCs 污染物浓度选择净化方法，含有机化合物的废气，往往由于浓度不同而采用不同的净化方案，如图 8-23 所示，有机污染物质量浓度高（＞10 000 mg/m³）时，可采用火炬直接燃烧（不能回收热值）、引入锅炉、工业炉直接燃烧（可回收能量）或冷凝法。而质量浓度中等（1 000 mg/m³＜C_i＜10 000 mg/m³）时，则可采用热力燃烧或催化燃烧。污染物质量浓度较低时，可采用吸附法或高级氧化法。吸附法不适宜处理高浓度有机废气，因为吸附剂的容量往往有限。

2）针对 VOCs 废气的性质选择净化方法，含有机化合物废气的温度、湿度和污染物自身性质等也是选择净化方案时应考虑的。例如，高湿度且所含有机污染物易于生物降解的废气可采用生物法进行处理；而对含卤代烃废气采用燃烧法处理时，还需要考虑燃烧后氢卤酸的吸收净化措施。

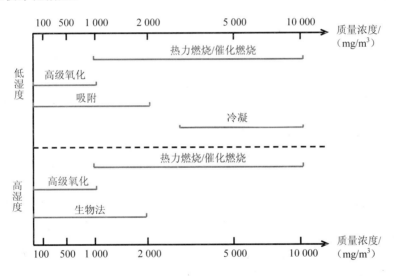

图 8-23　VOCs 废气净化方法的选择

3）针对生产具体情况选择净化方法，结合生产的具体情况，有时可以简化净化工艺。例如，锦纶生产中，用粗环己酮、环己烷作吸收剂，回收氧化工序排出的尾气中的环己烷，由于粗环己酮、环己烷本身就是生产的中间产品，因而不必再生吸收液，令其返回生产流程即可；用氯乙烯生产过程中的三氯乙烯作吸收剂，吸收含氯乙烯的尾气，也具有同样的优点。另外，不同的净化要求，往往有不同的最佳净化方案。

总之，各种净化方法都有它的优点，也有其不足之处。要针对具体情况，取长补短，因地制宜选择合适的净化方法。经济性是废气治理中的重要影响因素，最佳方案的选择应当尽量减少设备费和运转费，或尽可能回收有价值的物质或热量，以减少运转费，获得较好经济效益。

二、燃烧净化法

燃烧净化法是利用某些废气中污染物可以燃烧氧化的特性，将其燃烧转变为无害或易于进一步处理和回收物质的方法。该法工艺简单，操作方便，可回收热能。石油炼制厂、石油化工厂产生的大量碳氢化合物废气和其他危险有害的气体；溶剂工业、漆包线、绝缘材料、油漆烘烤等生产过程产生的大量溶剂蒸气；咖啡烘烤、肉食烟熏、搪瓷焙烧等过程产生的有机气溶胶和烟道中未烧尽的碳质微粒以及所有的恶臭物质，如硫醇、氰化物气体、硫化氢等都可用燃烧法处理。

由于被处理的废气中污染物的浓度、流量及污染物的性质不同，实际采用的燃烧方式也不同，可分为直接燃烧、热力燃烧和催化燃烧 3 种。直接燃烧是把可燃的有害气体当燃料来燃烧的方法，其燃烧温度一般在 1 100℃以上。热力燃烧则是利用辅助燃料燃烧所发生的热量，把有害气体的温度提高到反应温度，使其发生氧化分解的方法，其温度一般在 760～820℃。为了节省辅助燃料，利用催化剂使有害气体在更低温度（300～450℃）下氧化分解的方法称为催化燃烧。热力燃烧和催化燃烧主要用于可燃组分浓度较低的废气，直接燃烧则只能用于可燃组分浓度较高的废气。

（一）直接燃烧

在炼油厂和石油化工厂，由于物料平衡、生产管理和回收设备不完善等原因会排放油气和燃料气体。将这些可燃气体常汇集到火炬烟囱燃烧处理是炼油厂和石油化工生产中的一个安全措施，但火炬燃烧造成了能源和资源的巨大浪费。同时，火炬产生的黑烟、噪声，以及燃烧不完全时产生的异常气味对周围环境造成了二次污染。

目前更好的做法是把火炬气引入锅炉、加热炉燃烧，节省大量燃料。在回收火炬气作燃料，或送裂解炉制合成氨原料过程中排出的少量火炬气才在火炬烟囱烧掉。

在喷漆或烘漆作业中，常有大量的溶剂，如苯、甲苯、二甲苯等挥发出来，污染环境，损害工人身体健康。这些蒸气有时浓度很高，也可用直接燃烧的方法处理。图 8-24 是用直接燃烧法处理烘漆蒸气的流程。

燃烧炉 2 设在大型烘箱内。含有机溶剂的蒸气被风机 1 从烘箱顶部抽出后，送入燃烧炉在 800℃下燃烧。燃烧气体与烘箱内气体间接换热后排空。其中一部分通过热风吹出孔吹出，直接加热烘箱内气体。该法净化效率高达 99.8%。为防止烘箱内气体发生燃烧与爆炸，在燃烧炉进、出口管上和烘箱顶部有机蒸气出口处均装有阻火器，同时控制烘箱内有机物浓度在爆炸下限的 15%以下。

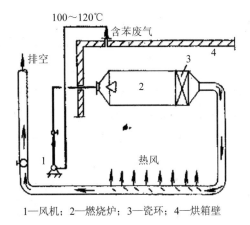

1—风机；2—燃烧炉；3—瓷环；4—烘箱壁

图 8-24　直接燃烧法净化烘漆废气流程

（二）热力燃烧

　　废气中可燃物含量往往较低，仅靠这部分可燃组分的燃烧热，不能维持燃烧，常采用热力燃烧法处理。在热力燃烧中，被处理的废气不是直接燃烧的燃料，而是作为助燃气体（当废气中氧含量较高时）或燃烧对象（废气含氧较低时）。热力燃烧主要依靠辅助燃料燃烧产生的热力，提高废气的温度，使废气中烃及其他污染物迅速氧化，转变为无害的二氧化碳和水蒸气。热力燃烧过程如图 8-25 所示。如果废气中含有足够的氧，则用一部分废气作为助燃气体，与辅助燃料混合、燃烧，产生高温燃气。例如，废气中无足够的氧，则用空气作为助燃气体，高温燃气再与废气混合，达到有害物质氧化分解的销毁温度。净化后的气体经热回收设备回收热量后从烟囱排空。

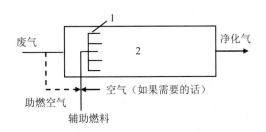

图 8-25　热力燃烧过程示意图

　　为使废气中污染物充分氧化转化，达到理想的净化效果，除保证充足的氧外，还需要足够高的反应温度（一般 760℃左右）及在此温度下足够长的停留时间（一般 0.5 s），以及废气与氧很好地混合（高度湍流）。这就是供氧充分的情况下，热力燃烧的"三 T"条件：反应温度（temperature）、停留时间（time）、湍流（turbulence）。这"三 T"条件是互相关联的，在一定范围内改善其中一个条件，可以使其他两个条件要求降低。例如，提高反应温度，可以缩短停留时间，并可降低湍流混合的要求。其中，提高反应温度将多耗辅助燃料，延长停留时间将增大燃烧设备尺寸，因而改进湍流混合是最为经济的。这是设计燃烧炉时要注意的重要方面。

热力燃烧设备由两部分构成，一是燃烧器，燃烧辅助燃料以产生高温燃气；二是燃烧室，高温燃气与冷废气在此充分混合以达到反应温度，并提供足够的停留时间。按照燃烧器不同形式，可将燃烧炉分为配焰燃烧器系统与离焰燃烧器系统。

下面以氧化沥青尾气的处理为例说明热力燃烧的工艺。

沥青的生产和使用（加热或燃烧）过程中，都会产生沥青烟气。例如，加热沥青以制取沥青产品的过程、加热或燃烧含有沥青制品的过程等。

炼油厂的渣油在 260~280℃下，与空气中的氧在氧化釜内反应即生成沥青。该过程产生大量具有恶臭气味的废气，称为氧化沥青尾气，其中含有未反应完的空气中的氧、惰性气体、水蒸气及多种有机化合物，包括苯并[a]芘致癌物质。因此氧化沥青尾气的处理十分重要。

氧化沥青尾气的处理方法一般为热力燃烧，燃烧前通常需除去废气中的馏出油及大量水分，余下的氧、惰性气体、低分子烃类化合物以及苯并[a]芘、含氧、含硫等恶臭物质送焚烧炉处理。预处理的方法很多，有采用水洗法的（包括水直接洗涤法、喷水循环法和鼓泡通过水层的饱和器法等），也有采用柴油洗及馏出油循环洗的，或冷凝分离出馏出油后送焚烧炉处理的，还有不经预处理直接将尾气送焚烧炉处理的。

由于尾气中的馏出油和其他可燃组分具有较高热值，未经预处理的尾气可使焚烧炉的燃料消耗下降。直接焚烧法流程如图 8-26 所示。但是，直接焚烧法须注意流出线结焦及回火安全问题。

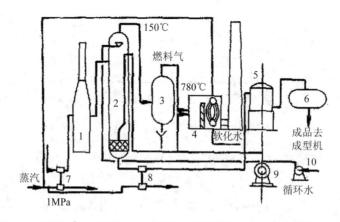

1—加热炉；2—氧化塔；3—缓冲罐；4—焚烧炉（烟气锅炉）；5，6—成品罐；7—原料泵；

8—成品泵；9—空压机；10—水泵

图 8-26　直接焚烧法流程

氧化釜排出的尾气热值有限，一般采用热力燃烧法销毁尾气中的污染物。一种是将尾气通入原工艺加热炉作燃料，加热氧化釜内渣油，回收热值；另一种是建立专用的焚烧炉。前者的优点是无须增加专用的焚烧装置，缺点是原料加热炉一般体积较小，温度低（500～600℃），停留时间短，供氧不足。因而，氧化燃烧不完全，不能有效销毁尾气中的污染物。专用焚烧装置可以很好地解决上述问题，但增加了设备投资与辅助燃料的消耗。

尾气焚烧炉有卧式与立式两种。带有尾气预热筒的卧式焚烧炉见图 8-27，尾气先经过预热段加热到 120～170℃后，再进入焚烧段燃烧。燃烧温度可达 800～1 000℃，高温烟气在炉子后段预热尾气后，送去加热氧化釜原料，以利用其热能。一般大型氧化沥青尾气车间可配置烟气锅炉作焚烧炉，产生蒸汽，供厂内使用。

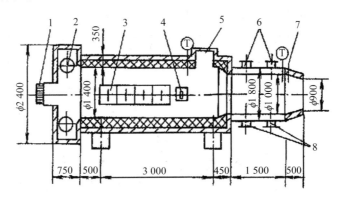

1—油气联合烧嘴；2—尾气进炉 Dg300；3—板式无焰火嘴 8 个；4—看火门 120×300；5—防爆门 400×400；

6—尾气预热出口 Dg300；7—取样口 Dg25；8—尾气预热进口 Dg300；T—热电偶

图 8-27 卧式氧化沥青尾气焚烧炉

（三）催化燃烧

催化燃烧法是在催化剂作用下，将有机化合物在 150～350℃的低温下氧化为 CO_2、水和其他氧化物。与直接燃烧法相比（反应温度为 600～800℃），它的能耗小，甚至在有些情况下，达到起燃温度后，无须外界供热，还能回收净化后废气的热量；并且脱除率高达 95%以上，NO_x 生成量少，基本上不会产生二次污染。

国外最早使用催化燃烧法治理有机废气始于 20 世纪 50 年代。60 年代该技术得到了重视和发展。70 年代，由于节能的要求，促使催化燃烧技术在美国、日本、前西德和前苏联等国家迅速发展。我国 1972 年开始催化燃烧技术的研究，1973 年将这项技术用于漆包机烘干炉废气治理，继而在有机化工、印铁制罐等行业及汽车尾气治理等方面获得广泛应用。

1. 有机废气催化燃烧的催化剂

从目前国内外的实践来看，催化燃烧处理有机废气的催化剂主要有下列三类。

1）贵金属催化剂。以 Pt、Pd 及其他第Ⅷ族元素为主要活性组分的贵金属催化剂起燃温度低，低温催化活性高，机械强度大，使用寿命长，易回收，对各种有机物均有较高的氧化活性。因此尽管它们存在资源稀少、价格昂贵和耐中毒性差的缺点，目前仍是世界各国采用的主要燃烧催化剂。美国 Engelhard 股份有限公司、Johnson-Mattery 公司均主要生产此类催化剂。我国首先用于有机废气燃烧的催化剂是 Pd-Al$_2$O$_3$ 蜂窝陶瓷载体催化剂。这种催化剂自由空间大，自身磨损率低，床层阻力小，比较适合于高空速操作，空速达 3×10^4 h^{-1}。目前广泛用于漆包线有机废气治理。为减少贵金属用量，国内采用天然丝光沸石为载体，以微量贵金属（用量仅为通常 Pd-Al$_2$O$_3$ 催化剂的 1/5～1/10）为活性组分，以过渡金属氧化物作助催化剂，制成了高活性的 NZP 系列有机废气催化燃烧催化剂。

2）过渡金属氧化物催化剂。采用铜、铬、钴、镍、锰等非过渡金属氧化物作主要活性组分，可大大降低催化剂的成本。例如，美国卡路斯化学公司研制的 Carnlite 催化剂的主要成分是氧化锰；南京化学工业公司生产的 NC2401 催化剂，效果与 Carnlite 催化剂相似。

3）稀土元素氧化物。稀土与过渡金属氧化物在一定条件下可以形成具有天然钙钛矿型的复合氧化物，其通式为 ABO$_3$，其中 A 为离子半径 0.08～0.165 nm 的稀土元素阳离子，B 为离子半径 0.04～0.14 nm 的非铂系金属阳离子。稀土氧化物具有助氧化作用，能提高催化活性及热稳定性，其中 CeO$_2$ 具有明显的储氧作用。复合氧化物催化剂对烃类完全氧化的活性不及贵金属，但对酮、醛、醇、酯等含氧有机物，对胺或酰胺等含氮有机物则活性相近，甚至超过贵金属催化剂。我国稀土资源丰富，开发此类催化剂前景广阔。

表 8-4 是目前国内常用催化燃烧催化剂的组成及性能表。

表 8-4　国内催化燃烧常用催化剂的组成及性能

型号	Q101	RS-1	NZP-3	YG-2	TC79-2H
组分	CuO・ZnO/Al$_2$O$_3$	Pt・V$_2$O$_5$ MeO/沸石	Pt/NaM	PtMe/Al$_2$O$_3$	Pd-Pt CeO$_2$/Al$_2$O$_3$
外形/mm	Φ（5×5）片 Φ5×（5～10）条形	Φ（3～5） 无定形	Φ（3～5） 球形	Φ（4～6） 球形	蜂窝形 Φ（50×50）
堆密度/（kg/L）	1.1～1.4	0.85	1	0.65	
比表面积/（m^2/g）	40～80	100	30	200	
孔容/（mL/g）	0.20～0.45			0.42	
使用温度/℃	240～600	260～280	170～200	260～300	200～700
使用空速/h^{-1}	3 000～6 000	1 000	1 500	10 000～20 000	10 000～100 000
有机物质量浓度/（g/m^3）	0.1～5	4～8	0.8～15	1.1～1.3	

催化剂活性组分可用下列方式沉积在载体上：①电沉积在缠绕的或压制的金属载体上；②沉积在片、粒、柱状陶瓷材料上；③沉积在蜂窝结构的陶瓷材料上。

2．催化燃烧工艺流程

根据废气的预热及富集方式的不同，可分为如下 3 种。

1）预热式是一种较普遍的流程形式，如图 8-28 所示。当从烘房排出的废气温度（100℃以下）低于起燃温度，废气中有机物浓度也较低，热量不能自给时，需要在进入催化燃烧反应器前在燃烧室（预热段）加热升温，净化后气体在热交换器内与未处理废气进行热交换，以回收部分热量。预热段一般采用煤气燃烧或电加热升温至起燃温度。

2）自身热平衡式。如图 8-29 所示，若废气排出时温度较高，在 300℃左右，达到或接近高于起燃温度，且含有机物浓度较高，正常操作时能维持热平衡，无须补充热量，此时只需要在催化燃烧反应器中设置电加热器供起燃时使用，热交换器可回收部分净化后气体的热量。

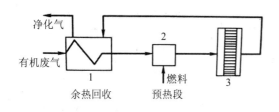

1—热交换器；2—燃烧室；3—催化反应器

图 8-28　预热式催化燃烧流程

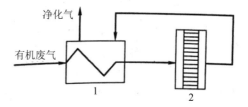

1—热交换器；2—催化反应器

图 8-29　自身热平衡催化燃烧流程

3）吸附-催化燃烧。若废气的浓度很低，室温，风量很大，直接采用催化燃烧需耗大量燃料，能耗过高。这时先采用吸附手段将废气中有机物吸附于吸附剂上，通过热空气吹扫，使有机物脱附出来成为浓缩了的小风量、高浓度含有机物废气（一般可浓缩 10 倍以上），再送去进行催化燃烧，不需要补充热源，就可维持正常运行。图 8-30 是日本的一个吸附-催化燃烧处理含甲苯废气的例子。我国在这方面也有很多成功的报道。

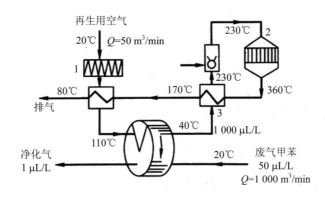

1—过滤器；2—催化反应器；3—热交换器；4—再生式吸附风轮

图 8-30　吸附-催化燃烧

对于某一有机废气，究竟采用什么样的流程主要取决于：①燃烧过程的放热量，这取决于废气中可燃物的种类和浓度；②催化剂的起燃温度，取决于催化剂的活性；③热回收率，这取决于热交换器的效率；④废气的初始温度，确定预热到反应温度所需要提供的热量。

3. 催化燃烧反应器（炉）及计算

对于预热式催化燃烧炉，在预热段中，用燃烧器把待处理的、经过余热回收换热器预热的废气加热至起燃温度。为使催化剂表面的温度及废气温度分布均匀，并保证火焰不直接接触催化剂表面，预热段要有足够长度，并设置折流系统或导向装置，以改善气体流动性能。为减少热量损失，燃烧器一般采用耐火材料砌筑，并采取保温措施。燃烧器系统应配以各种必要的安全切断、压力调节、指示装置，以确保安全操作。

催化剂段的设计应考虑清洗、装卸催化剂方便，通常将催化剂装入不锈钢筐内，再装入催化装置内。催化剂的体积取决于空间速度。假若采用蜂窝状载体，处理含烃类废气时，空间速度一般为 50 000～100 000 h^{-1}，若采用片、粒、柱状催化剂载体，则空间速度在30 000 h^{-1} 以内，因为后者比前者的比表面积要小。催化剂床层断面气速一定后，床层厚度取决于达到一定净化效果所需的平均停留时间（0.24～0.14 s），对整体载体催化剂来说，一般为 175～300 mm。催化燃烧的反应温度因需净化的气态污染物不同而不同。

催化燃烧反应器（炉）的计算，涉及反应动力学、热量传递及质量传递过程，精确计算需要这些方面的数据及有关数学模型，比较复杂。这里仅介绍经验估算法。

由实验测定，催化燃烧的总速率 r 与可燃组分浓度的一次方成正比，即

$$r = KC \text{ 或} -\frac{\mathrm{d}C}{\mathrm{d}t} = KC$$

设废气通过催化床层经过时间 t 后，浓度由 C_0 变为 C，转化率为 f，积分之，得
$-\ln C = Kt + 常数$

由初始条件 $t=0$，$C=C_0$，可得常数项为 $-\ln C_0$，

$$-\ln C = Kt - \ln C_0 \tag{8-77}$$

将 $f = 1 - (C/C_0)$，$t = \dfrac{V_R}{Q}\varepsilon$ 代入上式，得

$$f = 1 - \exp(-Kt) = 1 - \exp\left(-K\frac{V_R}{Q}\varepsilon\right) \tag{8-78}$$

在催化燃烧系统中，并不是全部氧化过程都集中在催化床层内完成的，其中有10%～50%发生在预热混合段。设废气在预热段的转化率为 $x_{预}$，则废气中仍有（$1-x_{预}$）气态污染物未转化，设这部分气态污染物在催化床层内的转化率为 f，则催化燃烧炉的总转化率 $x_{总}$ 为

$$x_{总} = x_{预} + f(1 - x_{预}) \tag{8-79}$$

废气通过催化床层的温升与床层内的转化率 $f(1 - x_{预})$ 存在对应关系

$$f(1 - x_{预}) = \frac{C_p \Delta T}{Q C_0} \tag{8-80}$$

式中：C_p —— 废气平均比热容，kJ/（kg·K）；

　　　ΔT —— 催化床层温升，K；

　　　Q —— 废气中 HC 的燃烧热值，kJ/kg HC；

　　　C_0 —— 废气中 HC 的初始浓度，kg HC/kg 废气。

　　在燃烧净化中，常把废气中可燃组分的浓度用爆炸下限浓度（LEL）的百分数来表示，简写为%LEL。通常，在废气浓度较高时（>2%爆炸下限），可将床层温升与碳氢化合物的氧化燃烧联系起来，因为对大多数碳氢化合物及溶剂来说，每1% 爆炸下限浓度完全氧化燃烧放出的热量，可使废气本身升温 15.3℃。

　　【例8-1】有一催化燃烧装置，使用金属带"D"系列催化剂，处理烘烤炉废气，废气中污染物浓度按甲苯的挥发量 9 kg/h 计，催化剂床层为长 550 mm×宽 250 mm×高 100 mm 的 6 个并排模厘。废气先预热至 300℃，预热段 $x_{预}$ = 20%，废气通过催化床层的温升为 120℃，进入催化床层的断面气速为 1.2 m/s。甲苯爆炸下限浓度为 49.8 g/m³。①计算废气通过催化床的转化率 f，空间速度 V_{sp} 及总反应速度常数 K；②如果废气流量增大至 3 000 m³/h，试估算保持同样转化率所需催化剂体积及催化剂层高度。

　　解：（1）催化剂模厘截面积　　0.55×0.25×6 = 0.825 m²

　　进口处体积流量：0.825×1.2×3 600 = 3 564 m³/h

　　催化床层平均温度：300 + 120/2 = 360℃

　　平均温度下断面气速：$v_0 = \dfrac{3\,564(360 + 273)}{(300 + 273) \times 0.825 \times 3\,600} = 1.33\,\text{m/s}$

　　标况下的流量：$3\,564 \times \dfrac{273}{273 + 300} = 1\,698\ \text{m}^3/\text{h}$

　　废气初始浓度：$C_0 = \dfrac{9 \times 1\,000}{1\,698} = 5.3\ \text{g/m}^3$

　　将其用爆炸下限浓度表示为 $C_0 = \dfrac{5.3}{49.8} \times 100\%\text{LEL} = 10.64\%\text{LEL}$

$$f(1 - 0.2) = \frac{(\Delta T / 15.3) \times 1\%\text{LEL}}{C_0} = \frac{120}{15.3 \times 10.64} \Rightarrow f = 92\%$$

　　操作条件下的空速 $V_{sp} = \dfrac{Q_0}{V_R} = \dfrac{3\,564}{0.825 \times 0.1} = 43\,200\ \text{h}^{-1}$

金属"D"系列催化剂的孔隙率 $\varepsilon = 0.93$，平均停留时间

$$t = \frac{V_R}{Q_0}\varepsilon = \frac{0.825 \times 0.1}{0.825 \times 1.33} \times 0.93 = 0.07 \text{ s}$$

由 $f = 1 - \exp(-Kt)$ 得 $0.92 = 1 - \exp(-K \times 0.07)$

$$K = 36.08 \text{ s}^{-1}$$

（2）若废气流量增大至 3 000 m³/h，则

废气初始浓度 $C_0 = \dfrac{9 \times 1\,000}{3\,000} = 3 \text{ g/m}^3$

$$C_0 = \frac{3.0}{49.8} \times 100\%\text{LEL} = 6.02\%\text{LEL}$$

$f = 92\%$ 时

$$0.92 \times (1 - 0.2) = \frac{(\Delta T / 15.3) \times 1\%\text{LEL}}{6.02} \Rightarrow \Delta T = 67.8 \text{ ℃}$$

床层平均温度 $300 + 67.8/2 = 333.9 \text{℃}$

床层断面气速 $v_0 = \dfrac{3\,000(333.9 + 273)}{273 \times 0.825 \times 3\,600} = 2.25 \text{ m/s}$

若要保证相同的停留时间，则

$$V_R = \frac{tQ_0}{\varepsilon} = \frac{0.825 \times 2.25 \times 0.07}{0.93} = 0.14 \text{ m}^3$$

催化剂层高度 $L = 0.14/0.825 = 0.17 \text{ m} = 170 \text{ mm}$

对于低于催化起燃温度的进气，需采用预热式催化燃烧，其通常流程是，冷废气先在换热器内预热后，进入催化剂床层被催化燃烧。净化后的温度较高的气体进入换热器，预热进口的冷废气。当催化反应放出的热量不足以维持反应温度时，需补充一部分辅助燃料进行燃烧，产生的高温燃气与废气混合，使废气提高到反应温度。

图 8-31 为某厂年产 500 t 亲水涂层铝箔生产线含有机溶剂混合物废气处理流程。废气总浓度 1 100～1 300 mg/m³，采用催化燃烧法处理：车间废气先经阻火器并预热后进入燃油加热器加热，以达到催化反应所需的温度，最后进入催化剂床，在 YG-2 型 Pt/Al₂O₃ 催化剂的作用下，溶剂被氧化分解为 CO_2 和 H_2O，床层温度为 250～300℃，净化效率接近 100%。300℃左右的净化气先用于预热冷废气，然后再进入废热利用热交换器，在此得到的热空气作为涂层铝箔生产线烘道的热源，回收热量。

烘线炉开始烘线时用电辐射加热，当催化燃烧放出的热量足够时，供热电源可自动切断。该装置可将废气中二甲苯浓度从 0.3%左右净化至 20 mg/m³ 左右，净化效率可达 99%。

催化燃烧法由于维持其催化反应需要一定的起燃温度，有机废气浓度低时，需要补充

的大量热能会显著增加运转费用，因此该法只适合于处理高浓度（＞1 000 mg/m³）有机废气。

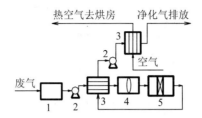

1—阻火器；2—通风机；3—热交换器；4—燃油加热器；5—催化燃烧器

图 8-31　有机溶剂催化燃烧流程

对于低浓度、大风量的有机废气，可以采用吸附浓缩-催化燃烧法。该法是活性炭吸附和催化燃烧法的组合工艺，既具有活性炭吸附工艺的净化效率高、适应浓度范围广等优点，又最大限度地利用了有机废气中有机成分的热值，组合紧凑，净化效率高，无二次污染。应用吸附浓缩-催化燃烧工艺时，多采用回转式吸附浓缩器（又称蜂窝轮）作为吸附浓缩设备，具有阻力损失小、安全性高、浓缩比大、后处理量小、操作简单、运行功耗低等优点。

三、吸附净化法

吸附法净化有机废气多用于低浓度、有回收价值的有机蒸气的回收净化上，对于浓度较高的这类废气，往往是采取冷凝-吸附的方法，对浓度较低的恶臭气体一般采用吸附浓缩-催化燃烧的方法。采用吸附法净化有机废气可以达到相当彻底的程度。另外，可在不使用深冷和高压等手段的情况下，有效地回收有价值的有机物组分。

可作为有机蒸气净化的吸附剂有活性炭、硅胶和分子筛等。其中应用最广泛、效果最好的是活性炭。活性炭具有非极性和孔径范围宽的特点，因此可吸附的有机物种类很多，吸附容量大，并随有机物分子量的增大而增大。

（一）吸附工艺流程

目前工业上回收净化有机蒸气大多采用固定床吸附流程。在用活性炭吸附法净化含有机废气时，其流程通常包括如下部分：

1）预处理可用过滤装置预先除去进气中的固体颗粒物及液滴，这对较高温度废气还有降低进气温度的作用。对高浓度有机废气，预处理增加冷凝工序，可预先除去沸点高的组分。常采用水幕、喷淋、冲击式水浴或文丘里等洗涤装置进行冷凝预处理。

2）吸附通常采用 2～3 个固定床吸附器并联或串联轮换操作。一般在常温下进行吸附操作，空塔气速为 0.2～0.6 m/s。

3）吸附剂解吸再生最常用的是水蒸气脱附法使活性炭再生。水蒸气温度 110～120℃，水蒸气解吸后吸附床层需用热净化气或热空气干燥再生。在吸附高沸点有机废气时，水蒸气不能解吸高沸点有机废气，须用高温热空气或热烟气再生。

4）溶剂回收解吸后不溶于水的溶剂可与水分层，易于回收；水溶性溶剂由于水不能自然分层，需用蒸馏法回收。对处理量小的水溶性溶剂，设蒸馏工序不合理，可与水一起掺入煤炭中送锅炉烧掉。

图 8-32 是一固定床吸附净化有机溶剂蒸气的典型流程。局部排风罩收集来的有机溶剂蒸气经管道送入吸附净化系统。流程中设有过滤器 1，用于滤去固体颗粒物。有机溶剂蒸气与空气混合后易燃易爆，生产中将溶剂与空气的混合比控制在爆炸下限 25%范围内，同时在流程中安装了阻火器 2 及带有安全膜片的补偿安全器 3。从风机出来的蒸汽-空气混合物可在水冷却器 5 中冷却，也可在加热器 6 中加热。冷却在活性炭需要降温或进行吸附操作时使用，加热在干燥活性炭层时使用。

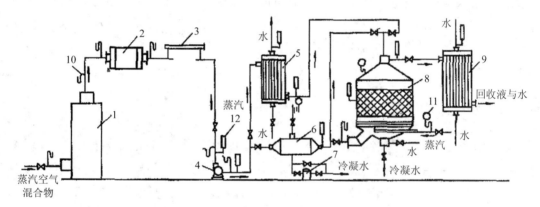

1—过滤器；2—砾石阻火器；3—附有安全膜片的补偿安全器；4—风机；5—冷却器；6—加热器；

7—凝液罐；8—吸附器；9—冷凝器；10—液体压力计；11—弹簧压力计；12—水银温度计

图 8-32　从空气中回收有机溶剂蒸汽的可以吸附装置

吸附器 8 由两个并联的吸附床（1#和 2#）组成，两个床轮流进行吸附和再生操作。再生时采用蒸汽解吸，蒸汽由设在后面封头上高于活性炭层的导管导入。由吸附器中放出的水汽及有机溶剂的混合物，导入用水冷却的冷凝器中，从冷凝器中放出有机冷凝液和水的混合物（此混合物称为"回收液"）送到回收液处理系统。

（二）有机溶剂的蒸发量

有机溶剂易挥发，在进行吸附计算时，应考虑有机溶剂的蒸发量。有机溶剂的散发量可按马扎克（B.T.M）公式法和相对挥发度法计算。

1. 马扎克公式法

有机物质敞露存放时按下式计算

$$G = (5.38 + 4.1u)\frac{P_v}{133.32} \cdot F \cdot \sqrt{M} \qquad (8\text{-}81)$$

式中：G —— 有机溶剂蒸发量，g/h；

　　　u —— 车间内风速，m/s；

　　　P_v —— 有机溶剂在室温下的饱和蒸气压，Pa；

　　　F —— 有机溶剂敞露面积，m^2；

　　　M —— 有机溶剂分子量。

不同温度下有机溶剂的饱和蒸气压 P_v 可按下式计算：

$$\lg\left(\frac{P_v}{133.32}\right) = \frac{-0.052\,23A}{T} + B \qquad (8\text{-}82)$$

式中：T —— 有机溶剂的温度，K；

　　　A，B —— 常数。

常用有机溶剂的 A、B 值见表 8-5。

表 8-5　常见有机溶剂的 A、B 值

物质名称	分子式	A	B
苯	C_6H_6	34 172	7.962
甲烷	CH_4	8 516	6.863
甲醇	CH_3OH	38.324	8.802
醋酸甲酯	CH_3COOCH_3	46 150	8.715
四氯化碳	CCl_4	33 914	8.004
醋酸乙酯	$CH_3COOC_2H_5$	51 103	9.010
甲苯	$C_6C_5CH_3$	39 198	8.330
乙醇	C_2H_5OH	23 025	7.720
乙醚	$C_2H_5OC_2H_5$	46 774	9.136

2. 相对挥发度近似计算法

相对挥发度为乙醚的蒸发量与某溶剂在相同条件下蒸发量的比值，即 $a_i = G_{乙醚}/G_i$。已知在某种条件下 A 物质的散发量为 G_A，那么在相同条件下，B 物质的散发量为：$G_B = G_A \cdot a_A/a_B$。

【例 8-2】某甲苯车间产生含甲苯有机蒸气，车间内甲苯敞露面积 $4\ m^2$，车间内风速为 0.5 m/s，试求室温（298 K）下甲苯蒸气的产生量。

解： 查表 8-5，得 $A=39\,198$，$B=8.330$，代入式（8-82）

$$\lg\left(\frac{P_v}{133.32}\right)=\frac{-0.052\,23\times39\,198}{298}+8.33=1.46$$

解得 $\dfrac{P_v}{133.32}=28.8$

将 28.8 和 $F=4\,\text{m}^2$，$M=147$，$u=0.5\,\text{m/s}$ 代入式（8-81），得

$$G=(5.38+4.1\times0.5)\times28.8\times\sqrt{147}\times4=10.36\,(\text{kg/h})$$

【例 8-3】 在 21℃ 和 138 kPa（绝压）下 283.2 m³/min（289 K，101.3 kPa）的脱脂剂排气流中含有三氯乙烯 0.2%（以体积计），用活性炭吸附塔回收 99.5%（以质量计）的三氯乙烯。活性炭堆积密度为 577 kg/m³，静活性为 28 kg 三氯乙烯/100 kg 活性炭，吸附塔的操作周期为：吸附 4 h，加热和脱附 2 h，冷却 1 h，备用 1 h。试计算活性炭的用量和吸附塔尺寸。

解： 操作条件下混合气体的体积流量为

$$283.2\times60\times\frac{294\times101.3}{289\times138}=12\,688.9\,(\text{m}^3/\text{h})$$

三氯乙烯的体积流量　　　　　$2\,000\times12\,688.9\times10^{-6}=25.4\,(\text{m}^3/\text{h})$

三氯乙烯的质量流量

$$\frac{25.4}{22.4}\times\frac{273\times138}{294\times101.3}=1.43(\text{kmol}/\text{h})=1.43\times131.37=187.86\,(\text{kg/h})$$

经 4 h 吸附的三氯乙烯量　　　　$187.86\times0.995\times4=747.68\,(\text{kg})$

所需活性炭量　　　　　　　$747.68\times100/(28\times577)=4.63\,(\text{m}^3)$

若采用气速为 0.5 m/s 的立式塔，流体通过的截面积 A 为

$$A=12\,688.9/(0.5\times3\,600)=7.05\,(\text{m}^2)$$

塔径 $D=\sqrt{\dfrac{4\times7.05}{\pi}}=3\,(\text{m})$

活性炭层高度 $H=4.63/7.05=0.66\,(\text{m})$

四、吸收净化法

（一）苯类废气的溶剂吸收

图 8-33 是用 0# 柴油、7# 机油、洗油、邻苯二甲酸二丁酯（DBP）及醋酸丁酯为吸收剂，在相同条件下对甲苯废气的吸收效果的对比试验结果。数据表明，柴油对苯类污染物的吸收效果最好，比重和黏度小，价格低廉；机油吸收效果较好，但黏度较大；洗油价格低，

但吸收效果差；醋酸丁酯是生产中常使用的溶剂组分之一，吸收有机溶剂蒸气后，可直接回用，但由于挥发性大，不宜作吸收剂；DBP 吸收效果好，沸点较高（有利于溶剂的解吸回收），但价格较高。因此，生产中常用柴油吸收苯类污染物。

柴油中甲苯体积分数与净化效率的试验数据列于表 8-6。由表 8-6 可见，随着甲苯在柴油中体积分数增加，柴油对甲苯的吸收效率降低。当甲苯体积分数超过 40% 时，柴油接近饱和，这时吸收效率趋近于零。

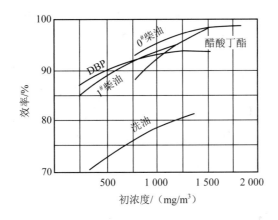

图 8-33　各种吸收剂对甲苯的净化效果

表 8-6　柴油中甲苯体积分数对甲苯净化效率的影响

柴油中甲苯体积分数/%	5	10	20	30	40
净化效率/%	92.4	68.1	48.3	30.0	5.9

苯的沸点为 80.1℃，甲苯的沸点为 110.6℃，o-二甲苯的沸点为 144.4℃，m-二甲苯的沸点为 139.1℃，而 0# 柴油的沸点为 249℃。因此，柴油吸收苯蒸气后，可利用苯类物质与柴油沸点之间的差别，通过蒸馏回收所吸收的苯类蒸气。

当用废柴油作吸收剂时，也可将吸收苯后的柴油作燃料使用，回收其热值。在柴油中加入少量抗氧化剂，可以明显提高柴油的抗氧化性。近年来人们对柴油-水、汽油-水等更经济的混合吸收剂对苯类废气的吸收性能进行了研究。

（二）氯乙烯分馏尾气的吸收

氯乙烯是国际公认的致癌性物质，解决氯乙烯生产中的污染问题受到人们高度重视。我国有数百家聚氯乙烯生产厂，多属中小型企业，生产技术落后，对环境的污染较严重。为防止氯乙烯污染，一是要从生产工艺（特别是聚合工序）上减少氯乙烯的排放，并解决产品干燥、包装等工序的氯乙烯污染问题，二是对乙炔法生产氯乙烯的分馏尾气进行处理。

有文献报道，1 个年产万吨的聚氯乙烯工厂，每年有 200 余吨的氯乙烯损失，其中大部分随分馏尾气排放。因此，回收分馏尾气中氯乙烯是重要的。一般有两个方法：一是有机溶剂吸收，可供选择的溶剂有丙酮、甲乙酮、N-烷基内酰胺（如甲基吡咯烷酮、环烷基吡咯烷酮等）、三氯乙烯、二氯乙烷、一氯苯、邻二氯苯、二甲苯、四氯化碳等；二是活性炭吸附法。两种方法在国内外均有应用。

三氯乙烯作为吸收剂，具有黏度小、低温流动性好、不堵塞系统、吸收氯乙烯选择性好等优点。而且来源方便，回收费用低，工艺流程及主要设备结构也比较简单。工艺流程如图 8-34 所示。首先用氮气将溶剂压入贮槽 1 内，溶剂由计量泵 2 送入冷却器 4，用-15℃的冷冻盐水冷却至-5～0℃，进入吸收塔 3 上部。来自合成工段的氯乙烯尾气从吸收塔 3 下部进入，与溶剂逆向接触，其中氯乙烯被吸收后，未被吸收的气体经分离器 10 放空。吸收液由吸收塔 3 下部进入中间槽（高位槽）9，经热交换器 6 后，加入解吸塔 7 内，用低压蒸气解吸。解吸出的氯乙烯气体从解吸塔顶进入车间生产系统；解吸塔釜之再生过的溶剂，经热交换后，进入冷却器 5，冷至规定温度，返回溶剂贮槽 1，循环使用。

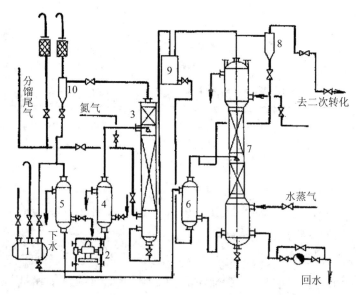

1—贮槽；2—计量泵；3—吸收塔；4，5—冷却器；6—热交换器；7—解吸塔；

8—气液分离器；9—高位槽；10—分离器

图 8-34 溶剂法回收氯乙烯工艺流程

吸收条件为：压力 4.053×10⁵ Pa（表压），塔顶平均温度-5℃左右，喷淋密度 5.6 m³/(m²·h)，气液比（体积）38∶1。解吸塔釜温度为 85～95℃，塔顶温度为 4～12℃，塔顶压力为（0.101 3～0.202 6）×10⁵ Pa（表压）。在这些条件下，氯乙烯的回收率为 99.3%。

N-甲基吡咯烷酮（NMP）作为氯乙烯吸收剂具有无毒无味、无二次污染、热稳定性高、对氯乙烯和乙炔选择性好、并对碳钢不腐蚀、便于设备的维护保养等优点。某化工厂控制吸收压力（4.413～4.707）×10⁵ Pa，吸收温度 12～16℃，NMP 喷淋量 0.15～0.17 m³/h，空塔速度 0.65 m/s，解吸温度 140℃，解吸气液比 13.25 的条件下，氯乙烯总吸收率达 88%～92%。

五、冷凝净化法

冷凝法应用于挥发性有机污染物废气治理时，在下列情况下适用：①处理高浓度废气，特别是含有害物组分单纯的废气；②作为燃烧与吸附净化的预处理，特别是有害物含量较高时，可通过冷凝回收的方法减轻后续净化装置的操作负担；③处理含有大量水蒸气的高温废气。但在实际溶剂的蒸气压低于冷凝温度下溶剂的饱和蒸气压时，此法不适用。冷凝法具有如下特点。

1）所需设备和操作条件比较简单，回收物质纯度高。

2）冷凝净化法对废气的净化程度受冷凝温度的限制，要求净化程度高或处理低浓度废气时，需要将废气冷却到很低的温度，或加压冷凝，经济上不合算。

3）在某些特殊情况下，可以采用直接接触冷凝法，即采用与被冷凝有机物相同的物质作为冷凝液，以回收有机物。但此法需要对冷凝液进行循环冷却，会增加投资。此外，采用此法要求废气比较干净，避免污染冷凝液。

冷凝法常与吸附、吸收等过程联合应用，以吸收或吸附手段浓缩污染物，以冷凝法回收该有机物，达到既经济、回收率又比较高的目的。例如，在粗乙烯精制时产生的含乙醚尾气，先用活性炭吸附浓缩乙醚蒸气，然后用冷凝的方法将脱附的乙醚冷凝为液体加以回收；又如从环氧丙烷生产尾气中回收丙烷，是先将尾气中的其他污染物如氯化氢、二氯丙烷以及水蒸气等用吸收的办法脱除，然后压缩冷凝，回收丙烷。

（一）直接冷凝法回收净化含癸二腈废气

流程如图 8-35 所示。尼龙生产中的含癸二腈蒸气自反应釜进入贮槽 1 时，温度为 300℃，比癸二腈的沸点高出约 100℃。具有一定压力的水进入引射式净化器 2 后，由于喉管处的高速流动，造成真空，将高温的含癸二腈蒸气吸入净化器，并与喷入的水强烈混合，形成雾状，进行直接冷凝与吸收。冷凝后的癸二腈在循环液贮槽的上方聚集，可回收用于尼龙的生产，下层含腈水可循环使用，净化效率 98.5%。

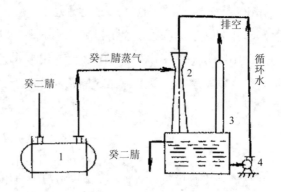

1—贮槽；2—引射式净化器；3—水槽；4—水泵

图 8-35 直接冷凝-吸收法回收癸二腈流程

（二）吸收-冷凝法回收氯乙烷

氯乙烷（C_2H_5Cl）是无色透明易挥发的液体，熔点-139℃，沸点 12.2℃，其蒸气易于液化。从氯油生产尾气中回收氯乙烷一般是利用氯乙烷易液化的性质，采用加压冷凝或常压深度冷凝法。

由于氯油生产尾气含有 5%以下的氯气、50%左右的氯化氢，还夹带了少量乙醇、三氯乙醛等，氯乙烷含量仅 30%。因此，在冷凝前须先吸收净化，以除去氯化氢等污染物。

某厂采用常压冷凝法从氯油生产尾气中回收氯乙烷的流程见图 8-36。

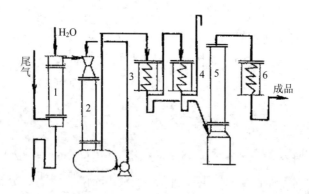

1—降膜吸收塔；2—中和装置；3，4—粗制品冷凝器；5—精馏塔；6—成品冷凝器

图 8-36 常压冷凝法从氯油生产尾气中回收氯乙烷

尾气首先进入降膜吸收塔 1，在该塔中用水将尾气中的 HCl 吸收制成 20%的盐酸，被吸收掉大量 HCl 和少量 Cl_2 的尾气再进入中和装置 2，在该装置中用 15%的 NaOH 溶液中和尾气中的酸性物质。然后，尾气进入粗制品冷凝器 3 和 4，先用-5℃左右冷冻盐水冷凝气体中水分（称为浅冷脱水），然后再把氯乙烷冷凝下来得到粗氯乙烷。粗氯乙烷经过精

馏塔 5 精馏，并经成品冷凝器 6 冷凝，得到精制氯乙烷液体，其中氯乙烷含量达 98%以上。由于该流程中氯乙烷采用常压冷凝，需−30℃以下的冷冻盐水。该法回收率为 70%左右。此法工艺简单，设备少，管理方便，但回收率稍低。

国内的带压冷凝流程，一般是把净化以后的氯乙烷气体加压到 $0.490\ 3×10^5\ Pa$ 左右进行冷凝。此法需要水循泵和纳氏泵，一般投资较高。但对冷媒的要求较低，只需−15℃盐水完全可以，回收率可达 80%以上。

六、生物净化法

生物净化法是近年发展起来的空气污染控制技术，是利用微生物对污染物有较强、较快的适应能力的特点，以污染物（通常是有机物）作为代谢底物，将其降解、转化为无害的、简单的产物（如 CO_2、H_2O 等），从而达到净化的目的。

（一）微生物净化气态污染物的原理

生物净化有机废气的过程一般认为有三步：①有机废气与水（液相）接触，依靠有机物的浓度差和溶解性能，使有机污染物从气相进入到液相或液膜内；②进入液相或固体表面生物层（或液膜）的有机物被微生物吸收（或吸附）；③有机物在微生物代谢过程中作为能源和营养物质被分解、转化成无害的化合物。

与废水生物处理工艺的运行相似，在生物法净化废气装置（如生物滤塔）运行初期，微生物对有机物有一个适应过程，其种群及数量分布逐步向处理目标有机物的微生物转化。对易降解有机物，通常需要驯化 10 d 左右，而对难降解有机物，需要接种相应微生物，缩短驯化周期，确保生物降解正常进行。

可用于废气生物降解的微生物分为两类：自养型和异养型。自养型细菌的生长可以在没有有机碳源和氮源的条件下，靠 NH_3、H_2S、S 和 Fe^{2+} 等的氧化获得必要的能量，故这一类微生物特别适用于无机物的转化。但由于能量转换过程缓慢，这些细菌生长的速度非常慢，因此在工业上应用困难较多，仅有少数场合被采用。异养型微生物则是通过对有机物的氧化分解来获得营养物和能量，适宜于有机污染物的分解转化。目前，处理有机废气主要应用微生物的好氧降解特性。

（二）净化工艺与设备

在废气生物处理过程中，根据系统中微生物的存在形式，可将生物处理工艺分成悬浮生长系统和附着生长系统。悬浮生长系统的微生物及其营养物存在于液体中，气相中的有机物通过与悬浮液接触后转移到液相，从而被微生物降解，其典型的形式有鼓泡塔、喷淋塔及穿孔板塔等生物洗涤器。而附着生长系统中微生物附着生长于固体介质表面，废气通过由滤料介质构成的固定床层时，被吸附、吸收，最终被微生物降解。其典型的形式有土壤、堆肥、填料等材料构成的生物过滤塔。生物滴滤塔则同时具有悬浮生长系统和附着生长系统的特性。

1. 生物洗涤法（也称生物吸收法）

生物洗涤系统由吸收塔和生物降解（或再生池）两部分构成。如图 8-37 所示，生物吸收液（循环液）自吸收塔顶部喷淋而下，使废气中的污染物和氧转入液相，实现质量传递。从吸收塔底部流出的吸收液进入再生反应器（活性污泥池）中，通入空气充氧，使被吸收的气态污染物被再生池中的活性污泥悬浮液降解、转化。该法适用于气相传质速率大于生化反应速率的有机物的降解。

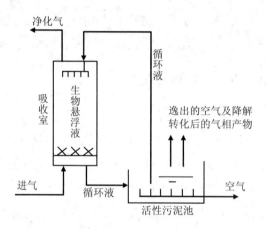

图 8-37　生物洗涤塔系统

吸收塔的主要作用是为气液两相提供充分接触的机会，其结构可以是喷淋式、填料式或鼓泡式，与吸收净化法中使用的塔结构类似。

研究较多的生物悬浮液是活性污泥悬浮液，某石油化工研究院环保所对炼油厂含 H_2S 臭气净化的研究，就是取用的炼油厂污水曝气池中的活性污泥。一些污水处理厂利用该系统脱除臭气，去除率高达 99%。

生物洗涤塔系统净化含有机污染物废气的效率与污泥的 MLSS 浓度、pH、溶解氧（或曝气条件）等有关。所用污泥经驯化的比未经驯化的要好。营养盐的投入量、投放时间、投放方法也是重要的控制因素。

2. 生物滤池

生物滤池系统如图 8-38 所示。含有机污染物的废气经过增湿器，具有一定湿度后，进入生物滤池，通过 0.5～1 m 厚的生物活性填料，有机污染物从气相转移到生物层，进而被氧化分解。

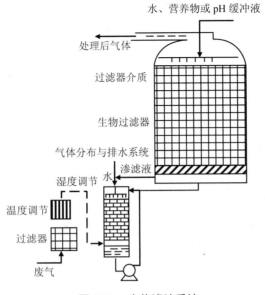

图 8-38 生物滤池系统

在目前的生物净化有机废气领域，该法应用最多，在日、德、荷、美等国商品化的生物滤池装置净化效率可达 95%以上。

生物活性填料是由具有吸附性的滤料（土壤、堆肥、活性炭等），附着能降解、转化有机物的微生物构成的。滤料不同，脱除效果及适宜的工艺参数也有所不同，可分为土壤过滤及堆肥过滤两种。

（1）土壤过滤

土壤过滤是利用土壤中胶体粒子的吸附性吸附上有机污染物后，土壤中的细菌、放线菌、霉菌、原生动物、藻类等种类繁多的微生物，对有机物进行分解转化。土壤生物滤池系统结构如图 8-39 所示，它具有较好的通气性、适度的过水与持水性，以及完整的微生物群落系统，因而能有效地去除烷烃类化合物，如丙烷、异丁烷以及酯、乙醇等。土壤滤层一般的混合比例为：黏土 1.2%，有机质沃土 15.3%，细沙土约 53.9%，粗沙 29.6%。滤层厚度 0.5～1 m，废气流速 6～100 m^3/（m^2·h）。

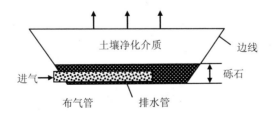

图 8-39 土壤过滤系统示意图

有报道称，土壤中加入某种改性剂可提高污染物的去除效率，如土壤中加入 3%的鸡粪和 2%的珍珠岩后，透气性能不变，但对甲硫醇的去除效率提高 34%，对二甲基硫提高 80%，对二甲基二硫提高 70%。土壤使用一年后一般有呈酸性趋势，可加入石灰进行调节。

（2）堆肥过滤

堆肥过滤是采用污水处理厂的污泥、城市垃圾和畜粪等有机废弃物为主要原料，经好氧发酵，再经热处理，作为过滤层滤料。它的装置与土壤法类似，如图 8-40 所示，在一个混凝土池子里，下层置沙砾层，沙砾层中装有气体分布管，沙砾层上是堆肥装置。池底有排水管可排出多余的积水。堆肥层上面可以种植花草进行绿化，并经常浇水保持 50%～70%的湿度，以防止堆肥表面干裂，有机废气走短路，未经充分降解逸出。堆肥生物滤池由于微生物量比土壤中多，故效果及负荷均比土壤法好，气体停留时间一般只需 30's，而土壤法则需 60 s。有实验结果显示，用堆肥过滤法净化含甲苯、乙醇、丁醇的废气，当乙醇的进气负荷不高于 90 g/（m³·h）时，停留时间 30 s，脱除效率达 95%以上。

（3）设计计算

生物过滤装置中气液固三相接触情况为：滤料作为载体，其表面覆盖一层含微生物液膜，废气通过过滤空隙与液膜接触，污染物溶解并被微生物降解，滤料表面污染物浓度分布如图 8-41 所示。

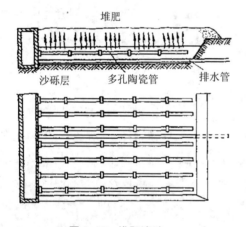

图 8-40　堆肥滤池

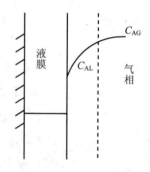

图 8-41　滤料表面污染物浓度分布

生化反应速率方程：

$$q = -kC_{AL} \tag{8-83}$$

在稳定情况下

$$u \frac{dC_{AG}}{dx} = -N_A \tag{8-84}$$

式中：C_{AG} —— 气相中污染物浓度；

　　　u —— 孔隙中的气体平均流速；

N_A —— 气体中的传质速率。

$$N_A = q \frac{V_L}{V_G} \tag{8-85}$$

式中：V_L —— 液相体积；

V_G —— 空隙体积。

将式（8-83）代入式（8-85）得

$$N_A = k C_{AL} \frac{V_L}{V_G} \tag{8-86}$$

令

$$k' = k \frac{V_L}{V_G}$$

则

$$u \frac{\mathrm{d} C_{AG}}{\mathrm{d} x} = -k' C_{AL} \tag{8-87}$$

由相界面上的物料平衡关系可得

$$\frac{k C_L V_L}{V_C} = \frac{k_{AG} (C_{AG} - C_{Ai}) A}{V_C} \tag{8-88}$$

式中：V_C —— 过滤层体积；

C_{Ai} —— 相界面上的浓度；

A —— 相界面面积；

k_{AG} —— 传质系数。

如果过程中的平衡关系符合亨利定律，

则

$$C_{Ai} = H C_{AL} \tag{8-89}$$

于是

$$k C_{AL} V_L = k_{AG} (C_{AG} - H C_{AL}) a \tag{8-90}$$

式中：a —— 比表面积。

$$v_L = \frac{V_L}{V_G} \tag{8-91}$$

将式（8-90）整理后得

$$C_{AL} = C_{AG} \frac{a k_{AG}}{k v_L + a k_{AG} H} \tag{8-92}$$

令 $\dfrac{a k_{AG}}{k v_L + a k_{AG} H} = k''$

将以上二式代入式（8-87）后在整个滤层积分，并令 $k_B = k'k''$，便可得

$$C_{AG2} = C_{AG1}\exp\left(-\frac{k_B H}{u}\right) \qquad （8-93）$$

过滤过程反应速率指数关系变化：

$$k = k_{max}\left[1 - \exp(-bt)\right]$$

式中：b —— 增长系数；

　　　t —— 时间。

由此可得

$$k_B = k'k'' = \frac{\dfrac{V_L}{V_G}\alpha\beta}{v_L + \dfrac{\alpha H\beta}{k_{max}\left[1 - \exp(-bt)\right]}} \qquad （8-94）$$

一般通过试验确定 k_B 值，对肥料厂、肉类加工厂和烟草加工厂的废气生物处理装置，$k_B = 0.05 \sim 0.2 \text{ s}^{-1}$。

此外，还可根据经验进行设计。生物过滤反应器的性能参数主要有空床停留时间、表面负荷、质量负荷和去除率。这些参数可以作为生物过滤反应器的设计依据。表 8-7 列出了各参数的基本含义和典型范围。

表 8-7　生物滤池反应器的性能参数及其典型范围

参数	含义	计算公式	常用单位	典型范围
空床停留时间	废气在生物滤床中的相对停留时间	V/Q	s	15～60
表面负荷	单位滤床面积的废气体积负荷	Q/A	m³/（m²·h）	50～200
质量负荷	单位滤床体积的污染物负荷量	QC_i/V	g/（m³·h）	10～160
去除率	污染物的去除程度	$(C_i-C_\tau)/C_i$	%	90～99

注：V —— 生物滤池反应器的体积，m³；Q —— 废气的体积流量，m³/s；A —— 生物过滤反应器面积，m²；C_i —— 废气中污染物质量浓度，g/m³；C_τ —— 废气处理后所含污染物质量浓度，g/m³。

3. 生物滴滤池

生物滴滤池系统如图 8-42 所示，它由生物滴滤池和贮水槽构成，生物滴滤池内充以粗碎石、塑料、陶瓷等一类不具吸附性的填料，填料表面是微生物体系形成的几毫米厚的生物膜。填料比表面为 100～300 m²/m³，这样的结构使得气体通道较大，压降较小，不易堵塞。

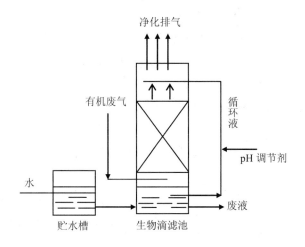

图 8-42　生物滴滤池系统

与生物滤池相比，生物滴滤池的工艺条件可以很容易通过调节循环液的 pH、温度来控制，因此滴滤池很适宜于处理含卤代烃、硫、氮等有机物废气的净化，因为这些污染物经氧化分解后有酸产生。同时，由于生物滴滤池的单位体积填料层内微生物浓度较高，其处理废气的能力是相应的生物滤池的 2～3 倍。

一般来说，污染气体成分、浓度和气体量不同时，有效的生物净化系统形式也不一样。对于净化气体量较小、浓度较大且生物代谢速率较低的气体污染物时，可采用穿孔板式塔、鼓泡塔为吸收设备的生物洗涤系统，以增加气液接触时间和接触面积，但系统压降较大；对易溶气体则可采用生物喷淋塔；对于大气体量、低浓度的 VOCs 可采用工艺简单并且操作方便的过滤系统；而对于负荷较高、降解过程易产酸的 VOCs 则采用生物滴滤系统；对于成分复杂的 VOCs，还可采用多级生物系统进行处理。

目前有关生物净化法的基础研究和实际应用不断发展、完善，许多问题还需要进一步探讨和解决。例如，在利用生物法脱除废气中氮氧化物的尝试中，如何实现生物降解与高效吸收工艺的有效耦合？如何提高微生物的耐受性？随着人们对生物法净化有机废气工艺认识的加深，未来生物净化法有可能凭借其高效经济的优势在废气污染控制中发挥巨大的作用。

七、低温等离子体法

等离子体是物质除气、液、固外的第四种状态，是物质完全或部分电离的状态，含有大量高能电子、离子和强氧化性自由基等粒子。当等离子体系统处于非热力学平衡状态时，离子温度远远低于电子温度，体系表观温度比较低，故称为低温等离子体。低温等离子体技术协同了高能电子激发自由基氧化、O_3 氧化以及紫外光解等多种作用，可以有效地降解低浓度挥发性有机物，具有适应性广、工艺简单、成本低，可以常温常压下工作等特点，成为近年来国内外研究的热点，应用前景广阔。

1. 低温等离子体去除气态有机物的原理

低温等离子体去除气态有机物的基本原理和过程是：①通过气体放电在常温常压下获得非平衡等离子体，即产生大量高能电子和强氧化性自由基 O、OH、HO_2；②有机物分子受到高能电子碰撞被激发，原子键断裂形成小基团和原子；③自由基 O、OH、HO_2 与有机物分子、激发原子、小基团和其他自由基等发生一系列反应，有机物分子最终被氧化降解为 CO、CO_2 和 H_2O。

去除率的高低与电子能量和有机物分子结合键能的大小有关。

2. 低温等离子体的产生方式

低温等离子体的产生主要通过气体放电完成。气体放电方式有多种，其中介质阻挡放电（dielectric barrier discharge，DBD）和脉冲电晕放电可在常温常压下进行，是目前研究和应用最多的放电方式。

介质阻挡放电（DBD）是低温等离子体的典型发生方式，最早用于臭氧的发生，与普通电晕放电不同的是，DBD 在放电空间中有固体绝缘介质，供电方式主要采用交流或脉冲电源，可在高气压和很宽的电流频率范围内工作。图 8-43 是板-板式的 DBD 放电电极结构，在两个放电电极之间充满某种工作气体，并将其中一个或两个电极用绝缘介质覆盖，也可以将介质直接悬挂在放电空间或采用颗粒状的介质填充其中。随着能量注入的升高，电极间的气体会被击穿而形成稳定均匀的放电。介质层的作用一方面是限制带电粒子运动，使放电呈脉冲形式；另一方面使放电更均匀分散，有效阻止了火花击穿。DBD 的优点在于能重复发生细脉冲微放电，兼有辉光放电的均匀性和电晕放电的高气压运行特点，并且 DBD 的能量注入很高、能量密度也很高，使得处理效率比较高；DBD 的缺点在于，其放电过程会产生大量的热，造成 DBD 的能量效率较低。

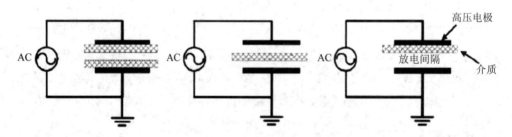

图 8-43　介质阻挡放电结构的基本形式

脉冲电晕放电采用纳秒脉冲电源作为能量输入设备，利用持续时间短、电压上升率很高（如 1~3 kV/ns）的周期性脉冲电压实现放电的持续进行，这不仅避免了火花击穿，还可增强能量注入，进而提高放电效果。普通电晕放电能量效率比较高但是能量注入低，DBD 能量注入高但能量效率低，脉冲电晕放电则能量注入和能量效率都比较高。但脉冲电晕放电对电源的要求非常高，脉冲电源的上升时间要极短、上升沿要极陡且脉冲宽度要很窄。

目前的脉冲电源还存在造价高、稳定性较差和使用寿命较短等问题，突破电源开关技术是该技术发展的关键。

3. 低温等离子体处理有机废气的发展

低温等离子体适合处理低浓度有机废气，珠三角地区典型工业行业 VOCs 治理技术应用情况调研结果表明，低温等离子体工业装置对 VOCs 的去除率为 34.1%～96.3%，去除不同浓度 VOCs 时，当 VOCs 质量浓度＜100 mg/m³ 时，去除率达 90%以上；而 VOCs 质量浓度＞1 000 mg/m³ 时，去除率降至 50%以下，效果较差。同时，有机物种类不同，其处理效果也存在一定差异，如图 8-44 所示，对醇类和酮类的去除率最高，对烯烃的去除率较低，对卤代烃的去除率甚至为负。推测原因是每种 VOCs 组分在低温等离子体中发生反应所需能量不同，能量匹配程度高的组分去除率高；某些 VOCs 组分发生反应后，并没有完全被去除，而是生成其他的 VOCs，如甲苯反应后可以生成链状烯烃，三氯甲烷可反应生成二氯甲烷和一氯甲烷，从而使卤代烃去除率为负。

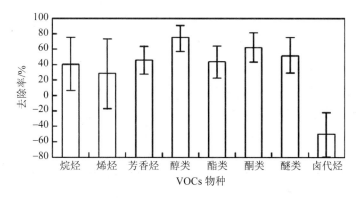

图 8-44　低温等离子体对不同种类 VOCs 的去除效率

单独低温等离子体处理 VOCs 气体时，由于在反应器中能量密度和气体停留时间有限，存在 VOCs 矿化率低、副产物 O_3、NO_x 较多等问题，限制了等离子体技术的推广应用。近年来，研究者们将等离子体技术与催化剂结合起来，发展了低温等离子体协同催化技术。一方面利用催化剂的吸附和催化作用，延长反应时间，降低高能活性粒子反应所需活化能；另一方面通过催化剂表面极化增强放电，形成场强加强区，不仅可提高处理效率和能量利用效率，还减少了副产物的产生，是低温等离子体处理 VOCs 领域的未来发展方向。

第四节　机动车尾气控制

近年来，我国机动车保有量快速增长，2016 年，全国机动车保有量达到 2.95 亿辆，比 2015 年增长 8.1%，连续 8 年成为世界机动车产销第一大国。机动车尾气污染问题日益突出，已成为我国空气污染的重要来源。据统计，2016 年全国机动车四项污染物排放总量估算为 4 472.5 万 t，其中一氧化碳（CO）为 3 419.3 万 t，碳氢化合物（HC）为 422.0 万 t，氮氧化物（NO_x）为 577.8 万 t，颗粒物（PM）为 53.4 万 t。根据我国已完成的城市大气细颗粒物（$PM_{2.5}$）源解析结果，北京、上海等特大型城市以及东部人口密集区，机动车排放对细颗粒物浓度的贡献高达 20%～40%，在极端不利的条件下，贡献率甚至会达到 50%以上。同时，机动车大多行驶在人口密集区域，尾气排放直接危害群众健康。因此，应采取有效措施控制机动车污染。

一、机动车大气污染源及其主要污染物

1. 机动车的分类

机动车按其用途可分为汽车、低速汽车和摩托车等几类，其中汽车保有量占比最大，接近 70%；根据其所用能源又可分为汽油车、柴油车和清洁能源车等，其中汽油车占 88.5%，柴油车占 10.2%，清洁能源车占 1.3%；根据排放标准还可分为国 I 前标准车、国 I 标准车、国 II 标准车、国 III 标准车、国 IV 标准车、国 V 及以上标准车，目前达到国 IV 及以上标准的汽车保有量约占比 62.9%。本节主要讨论汽油车和柴油车尾气控制。

2. 机动车大气污染源

机动车污染物主要来自发动机气缸的尾气排放、曲轴箱混合气体和燃油蒸发系统，主要有害物质的排放源及其相对排放率如表 8-8 所示。

表 8-8   机动车主要有害物质的排放源及其相对排放率

排放源	相对排放率/%			
	CO	HC	NO_x	碳烟颗粒
尾气	98～99	55～65	98～99	100
曲轴箱	1～2	25	1～2	0
燃油系统	0	10～20	0	0

3. 机动车大气主要污染物

机动车排放的一次污染物主要有 CO、HC（含苯、苯并[a]芘等）、NO_x、碳烟（主要是 $PM_{2.5}$，及其上面附着的 HC 和 SO_2 等）4 种，其次还有 SO_2、CO_2 和醛类等。机动车排放到大气中的 HC 和 NO_x 在特定的气象和地理条件下形成光化学烟雾，其主要成分是 O_3 和过氧化酰基硝酸盐（PAN）等光化学过氧化产物。

机动车污染物的排放受到多种因素的影响，包括燃油的类型、发动机类型、设计制造条件、运行工况等。表 8-9 列出了汽油机和柴油机的 4 种主要污染物排放情况。从表中可以看出，汽油机排出的污染物主要是 CO、HC 和 NO_x，而柴油机排出的污染物主要是 PM 和 NO_x。

表 8-9　汽油机和柴油机的主要污染物排放情况

污染物	汽油机	柴油机	备注
CO 排放比例/%	10	0.5	汽油机约为柴油机的 20 倍以上
HC 排放浓度/10^{-6}	<3 000	<500	汽油机约为柴油机的 5 倍以上
NO_x 排放浓度/10^{-6}	2 000～4 000	1 000～4 000	两者大致相当
PM 排放量/（g/km）	0.01	0.5	柴油机为汽油机的 50 倍以上

机动车在不同的运转工况下，污染物的排放情况也有很大差别。从表 8-10 中可见，怠速运转时 CO 排放量最大，NO_x 排放量最小；等速行驶时 NO_x 排放量最大，HC 最小；加速时，各种污染物的排放量都急剧增加，NO_x 的增加尤为显著；减速时 HC 明显增加，NO_x 减少。

表 8-10　汽油机各种运转工况下气体污染物的排放比例

运转工况	气体污染物排放比例/%		
	CO	HC	NO_x
怠速	4.0	4.4	0.05
等速	7.1	7.0	10.6
加速	81.1	38.5	89.3
减速	7.8	50.1	0.1

二、汽油车尾气的催化净化

汽油车排放的污染物主要来源于发动机，有害成分包括一氧化碳（CO）、碳氢化合物（HC）、氮氧化物（NO_x）、硫氧化物、铅化合物和苯并[a]芘等，其中 CO、HC 及 NO_x 是主要污染成分。在汽油车排气尾管安装催化转化器是应用最广泛，也是最有效的机外尾气净化方法。

常见的催化转化器有氧化型催化转化器、还原型催化转化器和三效催化转化器等。

（1）氧化、还原催化转化器

该催化反应器通常由两段组成，一段将 NO_x 还原，一段将 CO、HC 等氧化，两段串联起来使用，如图 8-45 所示。为减少 NO_x 的生成，有部分净化后的气体循环进入发动机，净化后的气体可排入大气。由于这种催化转化器结构复杂且操作繁琐，而且氮氧化物在前段床层中被还原成氮气后，往往在后段床层又被氧化，影响达标排放，因而目前已被三效催化转化器所取代。

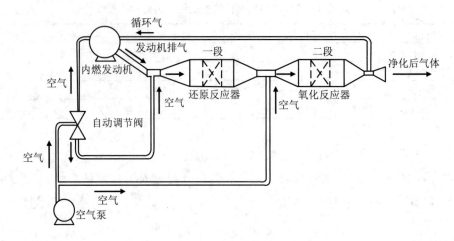

图 8-45　还原—氧化型催化反应器

（2）三效催化转化器

采用能同时对 CO、HC 和 NO 3 种成分反应有催化作用的催化剂，利用排气中的 CO 和 HC 将 NO_x 还原为 N_2。其中主要的反应有：

$$NO + CO \longrightarrow \frac{1}{2}N_2 + CO_2$$

$$NO + H_2 \longrightarrow \frac{1}{2}N_2 + H_2O$$

$$4NO + C_xH_y + (x + \frac{y}{4} - 4)O_2 \longrightarrow N_2 + (\frac{y}{2} - 3)H_2O + CO + (x-1)CO_2 + 2NH_3$$

为使 3 种污染物同时获得较高的净化效果，一个关键的控制参数是空燃比。图 8-46 为不同空燃比下 3 种污染物的净化效率，由图可见，只有将空燃比精确控制在理论空燃比附近很窄的窗口内（一般为 14.7±0.25），才能使 3 种污染物同时得到净化。为了满足在不同工况下都能严格控制空燃比的要求，通常采用以氧传感器为中心的空燃比反馈控制系统。最常见的氧传感器是 ZrO_2（氧化锆）传感器。

典型的汽油车尾气催化剂使用多孔蜂窝陶瓷载体，表面涂敷活性 Al_2O_3 以增大比表面积，负载铂（Pt）、钯（Pd）、铑（Rh）等贵金属或其他活性组分，另外还常添加 CeO_2 等稀土氧化物作为助催化剂提高催化剂活性。载体除陶瓷外，也有使用沸石分子筛、活性氧化铝、金属的。典型的整体多孔蜂窝状陶瓷载体，其蜂窝孔的内径约为 1 mm，在蜂窝孔内有大约 20 μm 厚的活性表层，孔间的壁面为多孔陶瓷材料，厚度为 0.15～0.33 mm，横截面上每平方厘米有 30～60 个通道，比表面积大都小于 1 m^2/g。由于汽油车排气温度变化范围大，运行路况复杂，因此，对催化剂载体的机械稳定性和热稳定性要求都很高。

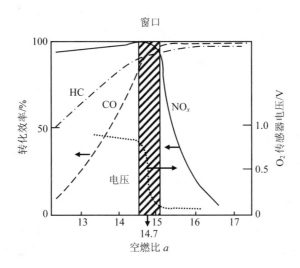

图 8-46　不同空燃比下 CO、HC 和 NO 的净化效率

催化转化器是由壳体、减振层及整装催化剂三部分构成，如图 8-47 所示。其中催化剂是整个催化转化器的核心部分，决定着催化转化器的性能。催化剂用量以发动机气缸总体积为标准。贵金属催化剂体积为 0.8～1.0 倍气缸总体积，非贵金属催化剂为 1.0～1.2 倍气缸总体积。

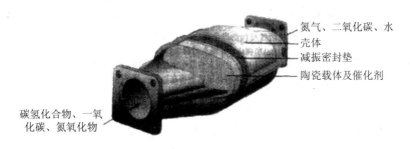

图 8-47　催化转化器的结构

由于汽油中的铅（Pb）会使催化剂永久中毒，因此，应用催化转化器的前提条件是必须使用无铅汽油。汽油中较高的硫含量也会降低催化转化器的效率，相对而言，贵金属催化剂比非贵金属催化剂抗硫性能好，因此应用广泛得多。随着全球性的排放法规日益严格，进一步降低汽油中的硫含量已成为汽油清洁化的必然趋势。

由于催化转化器需要达到一定的温度才能正常工作，因此，在达到催化转化器起燃温度前的冷启动状态下排放的污染物量，占汽车尾气排放污染物总量比例很高。随着排放法规对冷启动阶段的排放控制日益严格，近年来主要是采取包括催化转化器中增加电加热装置、安装前置催化转化器等技术措施来改善三效催化剂的冷启动净化性能。

伴随全球性的 CO_2 排放总量控制趋势，提高汽油车的燃油经济性压力越来越大。稀燃发动机技术（空燃比超过 20）特别是缸内直喷分层稀燃技术，正在成为下一代汽油车的主流技术。它具有两个明显的优点，即可以提高燃料的利用率从而提高汽车的经济性，以及减少 CO_2 排放量。但过量氧造成尾气中 NO_x 浓度提高，而 CO 等还原性气体浓度降低，使原有的商用三效催化剂（TWC）还原 NO_x 的效率大为降低。因而，近年与稀燃发动机匹配的汽车尾气净化技术研究开发非常活跃。

三、柴油车尾气的催化净化

由于柴油机车和汽油机车的工作过程和燃烧方式不同，造成柴油机车和汽油机车在排气成分和浓度上的差异。柴油车的 CO、HC 排放相对汽油车要少得多，不到它的 1/10；NO_x 排放，在大负荷时接近于汽油机的水平，中小负荷时明显低于汽油机；而排放的颗粒物（碳烟）却是汽油机的几十倍甚至更多。目前国际上提出了四效催化转化器的概念，即在同一催化反应器中同时实现 HC、CO、NO_x 和颗粒物 4 种污染物的净化。

1）氧化催化剂。目前主要采用氧化型催化剂净化尾气排放微粒中可溶性有机成分（SOF）、气态的 HC 和 CO、臭味和其他一些有毒有机物（如 PAH、醛类等）。柴油机排放气体的温度低，SO_2 含量高，因此具有实用意义的催化剂必须在低温就能将 SOF 氧化同时又可抑制 SO_2 氧化生成亚硫酸盐或硫酸盐的反应（增加颗粒物的排放并致催化剂中毒）。目前研究的催化剂活性成分多为 Pt、Pd 等贵金属，虽然钯的活性不如铂，但产生的硫酸盐也要少得多，同时价格更便宜，另外用氧化硅代替氧化铝作为涂层也可减少硫酸盐的生成。载体也多采用蜂窝状陶瓷结构，以提高催化转化器的机械稳定性；催化剂最佳工作温度为 200～350℃。近年来，氧化催化转化器在德国的一些柴油机轿车上已得到应用。已经实用的柴油机排气净化催化剂，是两段型的。如图 8-48 所示，装置前段易和 SOF 接触的催化剂是对 SOF 具有低温活性和吸附量大的 Pt/Al_2O_3，后端则使用不易生成亚硫酸的 $Pd-Rh/SiO_2-Al_2O_3$ 催化剂。这种催化剂对 SO_2 吸附小又对 SOF 具有吸附能力。使用该催化剂可以除去 30% 的碳烟（在碳烟中所含 SOF 一般为 40%），SOF减少 75%。

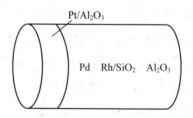

图 8-48　柴油机尾气净化催化剂

2）微粒捕集器也称柴油机排气微粒过滤器（diesel particulate filter，DPF）。它利用一种内部孔隙极小的过滤介质来捕集排气中的微粒，捕集到的绝大部分是干的或吸附着可溶性有机成分的碳粒。然后采取燃烧方式清除过滤器中收集的颗粒物，使颗粒捕集器再生后循环使用。过滤效率随过滤介质的不同略有差异，一般对碳烟的过滤效率可达 60%～90%。应用最广泛的过滤介质有陶瓷泡沫体和壁流式陶瓷蜂窝体两种，金属丝过滤材料也有少量应用。

DPF 技术的关键技术是过滤器的有效再生。再生的方法是将捕集下来的炭烟颗粒氧化，目前最有前景的包括间歇加热再生和连续催化再生。连续催化再生是在过滤材料表面涂覆催化剂或在燃油中加入催化剂（如铈 Ce、铜 Cu、锰 Mn）等，使微粒的起燃温度降到 300℃以下，可以在柴油机绝大部分工况下自动进行再生。具有装置简单，不需耗费外加能量等优点，因此带有连续再生的 DPF 系统目前被普遍看好，未来几年有望成为柴油机微粒净化的实用技术。

3）贫燃条件下 NO_x 还原催化剂。柴油机是在贫燃条件下运行的，普通汽油车的三效催化剂不能用于控制柴油机 NO_x 的排放。这方面的技术目前正处于开发阶段，但由于柴油机排气中 O_2 浓度高，排气温度低，HC 和 CO 等还原剂的浓度很低，SO_2 和微粒易使催化剂中毒，因此开发难度相当大。铜或钴离子交换的分子筛催化剂如 Cu-ZSM-5 在贫燃条件下净化氮氧化物的效率很高，但是水热稳定性差，其活性受二氧化硫和水蒸气的影响很大。有人采用 Cu-ZSM-5 和 Au-Pt/TiO_2 双床层催化剂后使二氧化硫的影响明显得到了抑制。

4）四效催化转化器。尽管可以将柴油机氧化催化剂、微粒捕集器和 NO_x 还原催化剂合三为一，做成整套的排气后处理装置，但其体积之庞大和成本之昂贵令人难以接受。如果能使微粒和 NO_x 互为氧化剂和还原剂，则有可能在同一催化床上同时除去 CO、HC、NO_x 和微粒，即所谓的四效催化转化器。近年来，对这种四效催化剂的讨论和基础性研究是环境催化领域的前沿问题。

一种以 Al_2O_3 为载体，Pt 含量为 2.471 g/dm^3 的四效催化剂，在 SO_2（体积分数为 48×10^{-6}）和水蒸气（10%）的气氛下，CO 和 HC 的转化率均接近于 90%，颗粒物也有 40%以上的净化率，但氮氧化物的还原率很低，只有 10%。这主要是由于柴油机尾气中，大部分氮氧化物是在高负荷的高温状况下产生的，而此时 HC 的氧化已进行得较为完全，没有足够的 CO 用来还原氮氧化物；而且 Pt/Al_2O_3 催化剂在 260～280℃的温区内有高活性，但排放氮氧化物最多时的尾气进入催化转化器的入口温度偏偏不在这个温度范围内。因此设计既要氧化 HC、CO、微粒，又要还原氮氧化物的四效催化剂相当困难。

第五节　燃煤烟气脱汞

一、燃煤烟气汞的排放简况

重金属是主要大气污染物之一，多以颗粒态存在于大气环境中，容易通过呼吸进入人体,造成各种人体机能障碍或引发各种疾病。我国的《环境空气质量标准》(GB 3095—2012)将 Pb、Hg、As、Cr（Ⅵ）和 Cd 列为重点关注污染物,设定了标准限值。大气中的重金属可能来自燃料燃烧、工业生产、矿山开采、汽车尾气和汽车轮胎磨损等,其中燃煤过程是大气痕量重金属元素（含 Hg、As 和 Hg 等重金属）的主要排放源之一。鉴于汞元素毒性强、形态多样且转移过程复杂,对环境和人类造成的危害非常严重,燃煤烟气汞的排放得到了广泛关注。

据估算,燃煤所排放的汞占全部人为排放的 1/3 以上。中国原煤中汞含量在 0.1～5.5 mg/kg,平均为 0.22 mg/kg,高于世界平均水平（0.09 mg/kg）。由于燃煤的年耗量约 20 亿 t,每年燃煤排放到大气中的汞及其污染物非常巨大,2005 年全球大气汞排放总量为 1 930 t,其中中国占 42.85%,为排放量最大的国家。

"十一五"以来,中国对大气汞污染的控制日益重视。2009 年,《国务院办公厅转发环境保护部等部门关于加强重金属污染防治工作指导意见的通知》中将汞污染防治列为重点防治工作对象。2011 年 2 月《重金属污染综合防治"十二五"规划》发布,要求到 2015 年,重点区域铅、汞、铬、镉和砷等重金属污染物的排放量比 2007 年减少 15%。《火电厂大气污染物排放标准》（GB 13223—2011）将燃煤电厂汞及其化合物排放限值确定为 0.03 mg/m³。针对燃煤电厂这一最大的人为汞排放源,我国目前已经在多家电厂开展燃煤电厂大气汞污染控制试点工作。

二、烟气汞的排放控制技术

有关燃烧化学反应的研究表明,燃煤中的汞元素在 700℃ 以上时全部以气态单质汞 Hg^0 的形式释放到烟气中。在烟气的流动过程中,随着温度的逐渐降低,烟气中的 Hg^0 经历均相/异相氧化过程,部分会转变为氧化态汞 Hg^{2+},并与烟气中的飞灰等颗粒物相互作用,通过化学/物理吸附,部分转变为颗粒态的汞（Hg^p）。在燃煤排放的烟气中,汞以气态的 Hg^0、Hg^{2+} 以及颗粒态的 Hg^p 等形式共存,具体形态比例不仅与煤的性质有关,也与烟气组分、灰分、烟气流经的设备等因素有关。单质汞（Hg^0）化学性质不活泼,不溶于水,容易挥发,是烟气汞中最难去除的形态。

针对燃煤引起的汞污染控制技术可以通过 3 个阶段实施,即燃烧前、燃烧中和燃烧后。

在燃烧前通过选煤（如浮选法、重介质分选等）、配煤或改质等技术能将原煤中 10%～60% 的汞除去。一般认为这是一种最简单、成本较低的从源头减小汞排放的技术途径。

在燃烧过程中脱汞主要通过煤基添加剂（如卤素）、低氮燃烧和炉膛喷射技术等几种技术途径增加烟气中氧化态汞的含量,提高与烟尘结合概率,进而促进后续烟尘净化装置（如静电除尘器等）除汞的效率。

目前应用较广泛的是对燃烧后的烟气中的汞实施控制。燃烧后脱汞的技术方向主要有:①利用现有的烟气治理设备如除尘设备、脱硫装置等协同除汞。②采用吸附剂脱汞。

（一）利用现有净化装置脱汞

烟气中的颗粒态汞主要是富集在飞灰中的 Hg^{2+}，因此，现有电除尘器能较好地捕集较大颗粒形式存在的固相汞，但对富集于亚微米级飞灰中的汞则难以捕集，总汞的捕集效率在 20%～50%。布袋除尘器在脱除微细粉尘方面能力较强，能去除烟气中 40%～80%的总汞。湿法烟气脱硫装置可去除烟气中大部分溶于水的 Hg^{2+}，但对 Hg^0 的捕集几乎无效果。由于湿法脱硫系统中的局部还原环境，在湿法脱硫系统末端甚至会检测到 Hg^0 浓度升高的现象。目前，国内外正在开展大量的研究工作，尝试通过添加氧化剂或利用催化剂使烟气中的 Hg^0 转化为 Hg^{2+}，有助于利用现有净化设备获得更高的总汞脱除效率。

（二）吸附法脱汞

吸附法脱汞是一类行之有效的技术。其中，应用较多的是活性炭吸附法。主要有两种方式：一种是活性炭粉末喷入技术，另一种是活性炭吸附床。活性炭对汞的吸附包括扩散、吸附、凝结以及化学反应等过程，其对汞的吸附能力与烟气成分、烟气温度、汞的种类、汞的浓度以及吸附剂本身的物理性质（颗粒粒径、孔径、表面积等）、C/Hg 比例等因素有关。

目前，烟道活性炭喷射技术（activated carbon injection，ACI）是最为成熟的汞污染控制技术，美国开发的活性炭烟气喷射脱汞技术已经实现商业化运用。该技术的原理如图 8-49 所示。在空预器之后向烟道中喷入活性炭，使烟气中的气态汞被不断吸附，转化为颗粒汞，然后利用除尘装置（FF 或 ESP）将其去除。2010 年，美国已经有 169 个机组安装了或者计划安装汞污染物控制装置，其中 155 个是 ACI 技术。

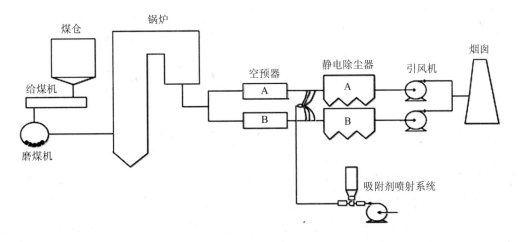

图 8-49 ACI 技术流程示意图

商业化应用的烟道活性炭喷射脱汞技术来源较多。图 8-50 为 ALSTOM 电力公司的

Mer-Cure™技术流程示意图,该技术在空预器之前喷入改性活性炭,提高了脱除温度,增加了吸附剂的停留时间。同时该技术通过能够使吸附剂分布均匀的部件,促进吸附传质,汞脱除率达90%以上。

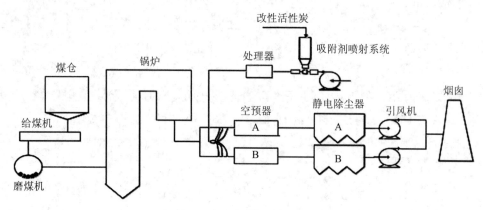

图 8-50 Mer-Cure™ 技术原理示意图

电力科学研究院(EPRI)的 TOXECON™技术则将喷射吸附剂的位置放在静电除尘器下游和布袋除尘器的上游(图 8-51),由于飞灰主要在吸附剂喷射段上游收集,有利于转售。

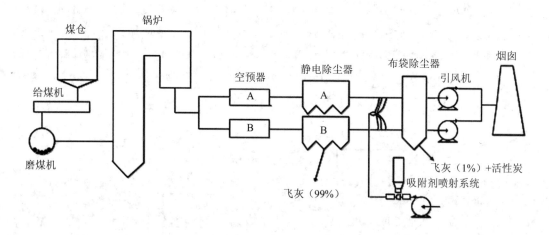

图 8-51 TOXECON™ 技术原理示意图

图 8-52 为丹麦 GEA Niro 喷雾干燥脱硫集成活性炭除汞的工艺流程。该工艺由喷洒干燥吸收器模块、下游集尘器和备料系统组成。当未经处理的热烟气与细小的石灰浆液雾滴(平均直径约为 50 μm)通过气体扩散器进入到喷雾干燥吸收器时,烟气中的酸性组分在碱性液滴中快速地被中和吸收,水分同时被蒸发。汞则可以被注入的活性炭吸附去除。由粉煤灰和反应产物组成的一部分干燥产品下降到吸收器的底部,被排入到输送系统。吸收过的烟道气进入后续除尘器(通常是袋式除尘器),然后被鼓风机传送到烟囱。该工艺

系统的产物主要由粉煤灰、氯化钙、亚硫酸钙/硫酸钙和过量的反应物熟石灰组成，没有污水产生。

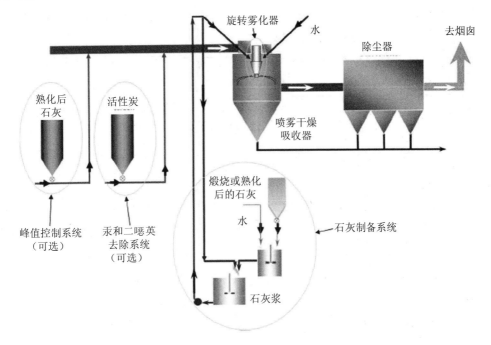

图 8-52 GEA Niro 喷雾干燥脱硫除汞集成工艺

影响活性炭喷射脱汞效果的参数主要包括吸附剂颗粒直径、脱除温度、汞浓度、停留时间、炭汞比等。此外，由于燃煤电厂燃烧不同种类的煤，以及工况条件不同，导致烟道气体中成分变化很大，气体组分对汞的吸附影响规律也非常复杂，并没有形成定论。因此，实际应用时需系统调节各参数以获得良好的脱汞效果。

ACI 技术的应用还在推广中，存在的主要问题是，烟道中汞浓度较低，使得传质速率低，吸附剂停留时间短，达到较高脱汞率需要消耗大量吸附剂，因此，运行成本很高。目前，国内外很多研究机构正致力于新型廉价吸附剂的研发工作。

思考题

1. 石灰石/石灰法烟气脱硫技术的工艺主要由哪几部分构成？如何确保工艺装置稳定高效运行？

2. 某 2×360 MW 新建电厂，其设计煤种含硫 2.5%，热值 27 500 kJ/kg，热效率为 35%，运行时每千瓦机组排放 0.001 6 m^3/s 烟气（180℃，101 325 Pa），SO_2 排放系数为 0.85。计算该厂要达到我国《火电厂大气污染物排放标准》（GB 13223—2011）规定的 SO_2 排放标准（100 mg/m^3）所需的最小脱硫率。

3. 某新建 2×125 MW 电厂燃煤含硫 2.8%，灰分 20%，热值 26 000 kJ/kg，电厂的热效率 34%，煤中 40% 的灰分进入烟尘，电除尘器的除尘效率为 98%，烟气产生量为每千瓦机组 0.001 56 m³/s（180℃，101 325 Pa），SO_2 排放系数为 0.9，湿法脱硫过程的除尘率为 50%，拟采用石灰石抛弃法脱硫，试确定：

（1）为达到 GB 13223—2011 规定的 SO_2 排放标准（100 mg/m³）所需的最低脱硫效率；

（2）如果 Ca/S = 1.15，石灰石中 $CaCO_3$ 含量为 95%，每天石灰石的消耗量；

（3）石灰石的利用率；

（4）吸收过程中有 12% 的亚硫酸钙氧化为硫酸钙，脱硫污泥经液固分离后含水 60%，求每天产生的湿污泥量。

4. 通常电厂每千瓦机组容量运行时的烟气排放量 $Q = 0.001\ 56$ m³/s（180℃，101 325 Pa）。已知烟气脱硫系统的压降 $\Delta P = 2\ 700$ Pa，计算电厂所发的电中用于克服烟气脱硫系统阻力的比例，已知风机消耗功率 $N = Q\Delta P/\eta$，风机的效率 $\eta = 0.8$。

5. 某 300 MW 燃煤电厂，煤含硫 0.75%，最大耗煤量 126.9 t/h，SO_2 排放系数 0.9，烟气流量为 1.1×10^6 m³/h，要求脱硫率 90%。用海水脱硫，电厂附近海水 pH = 7.5，海水中作为天然碱度代表物质的 CO_3^{2-} 含量为 4.5 mg/L，HCO_3^- 含量为 95 mg/L，试根据海水脱硫的机理，计算吸收塔脱硫所用海水和恢复脱硫后海水的 pH 所用中和海水的总耗量，假设海水实际用量为理论最小流量的 1.3 倍。

6. 根据上题条件和计算结果，假设吸收塔内海水用量按清水脱硫的物理吸收计算，清水脱硫的平衡线可近似表示为 $y^* = 11.71\ x$，清水用量为理论最小流量的 1.3 倍。烟气摩尔质量为 28 kg/kmol，烟气进、出吸收塔的温度分别为 123℃ 和 49℃，采用填料塔脱硫，空塔速度取 1.27 m/s，塔内传质存在如下关系：$k_ya = 0.099\ 44\ L^{0.25}G^{0.7}$，式中，$L$ 和 G 分别为液体和气体的质量流率 [kg/（m²·h）]；k_ya 为气相传质系数 [kmol/（m²·h·kmol）]。计算：

（1）吸收塔内海水的耗量和中和用海水耗量；

（2）吸收塔的操作液气比（L/m³）；

（3）假定在弱酸性条件下 HSO_3^- 的离解可忽略不计，计算考虑和不考虑吸收塔用海水中 CO_3^{2-} 和 HCO_3^- 的中和作用两种情况下，脱硫水离开吸收塔的 pH；

（4）填料塔直径和填料层高度。

7. SNCR 和 SCR 法脱硝的基本原理是什么？关键控制参数有哪些？

8. 吸收法脱硝的工艺方法有哪些？如何提高吸收法脱硝效率？

9. 某燃煤锅炉耗煤 60 t/h，煤炭热值 27 500 kJ/kg，煤中氮含量为 2%，其中 15% 在燃烧时转化为 NO，如果燃料型 NO 占 NO 总排放量的 80%，烟气中 5% 的 NO 被氧化为 NO_2，其余 95% 为 NO。试计算：

（1）此锅炉的 NO_x 排放量（kg/h）;

（2）此锅炉的 NO_x 排放系数（kg/t 煤）;

（3）如果安装 SCR 系统脱硝，要求脱硝率为 90%，计算最少 NH_3 耗量。

10. 拟用尿素为还原剂的 SNCR 法净化上题中排放 NO_x 中 NO 的 55%，假定 NO_x 中 95% 为 NO，尿素仅与 NO 反应，尿素用量为按尿素中 N/NO（摩尔比）=1.5，计算三种情况下尿素的消耗量（t/d）。

11. 含乙醚和乙醇混合蒸气的尾气用吸附法净化，进入吸附器的混合气体初始浓度为 $30\ g/m^3$，$v=10\ m/min$，炭层厚度 $L=0.6\ m$，活性炭的堆积密度为 $500\ kg/m^3$，对乙醚的静活性为 0.24，对乙醇的静活性为 0.4。设保护作用时间损失相当于 0.2 m 死层，求保护作用系数及保护作用时间。

12. 利用溶剂吸收法处理甲苯废气。已知甲苯浓度为 $10\ 000\ mg/m^3$，气体在标准状态下的流量为 $20\ 000\ m^3/h$，处理后甲苯浓度为 $150\ mg/m^3$，试选择合适的吸收剂，计算吸收剂的用量、吸收塔的高度和塔径。

13. 从真空干燥炉排出的高温恶臭气体，含水蒸气 95%，温度 90℃。系统用一抽风机维持干燥炉的负压，压力 $0.8\ kg/cm^2$。干燥炉最大蒸发量为 $1\ 000\ kg/h$。在直接接触冷凝器中，水蒸气在 90℃ 下冷凝，冷凝液冷却至 65℃。假定全部水蒸气被冷凝，忽略水汽以外不凝气的吸热量和冷凝器的散热损失。试计算 15℃ 冷却水的用量和最后冷凝液的总量。

参考文献

[1]　童志权. 大气污染控制工程[M]. 北京：机械工业出版社，2006.

[2]　郝吉明，马广大，王书肖. 大气污染控制工程[M]. 3 版. 北京：高等教育出版社，2010.

[3]　羌宁，季学李，刘涛. 大气污染控制工程[M]. 北京：化学工业出版社，2015.

[4]　沈恒根，苏仕军，钟秦. 大气污染控制原理与技术[M]. 北京：清华大学出版社，2009.

[5]　郦建国，郦祝海，何毓忠，等. 低低温电除尘技术的研究及应用[J]. 中国环保产业，2014（3）：28-34.

[6]　莫华，朱法华，王圣，等. 湿式电除尘器在燃煤电厂的应用及其对 PM2.5 的减排作用[J]. 中国电力，2013，46（11）：62-65.

[7]　工业和信息化部，科技部，环境保护部，等. 国家鼓励发展的重大环保技术装备目录（2014 版）[Z]. 2014-12-19.

[8]　环境保护部. 2015 年中国环境状况公报[R]. 2016-06-05.

[9]　第一次全国污染源普查资料编纂委员会. 污染源普查产排污系数手册[M]. 北京：中国环境科学出版社，2011.

[10]　孙一坚，沈恒根. 工业通风[M]. 4 版. 北京：中国建筑工业出版社，2010.

[11]　环境空气质量标准（GB 3095—2012）[S].

[12]　向晓东. 除尘理论与技术[M]. 北京：冶金工业出版社，2013.

[13]　王纯，张殿印. 除尘工程技术手册[M]. 北京：化学工业出版社，2016.

[14]　中国环境保护产业协会袋式除尘委员会. 袋式除尘行业 2014 年发展综述[J]. 中国环保产业，2015（11）：4-14.

[15]　全国环保产品标准化技术委员会环境保护机械分技术委员会. 电袋复合除尘器[M]. 北京：中国电力出版社，2015.

[16]　董飞，刘欣. 我国大气重金属污染研究及展望[J]. 科技向导，20014（9）：204

[17]　史亚微，白中华，姜军清，等. 中国烟气脱汞技术研究现状及发展趋势[J]. 洁净煤技术，2014，20（2）：104-108.

[18]　周强，段钰锋，朱纯，等. 燃煤电厂控制汞排放的活性炭喷射技术[C]. 江苏省工程热物理学会学术会议，2012.

[19]　杨员，张新民，徐立荣，等. 中国大气挥发性有机物控制问题及其对策研究[J]. 环境与可持续发展，2015，40（1）：14-18.

[20]　邵敏，董东. 我国大气挥发性有机物污染与控制[J]. 环境保护，2013，41（5）：25-28.

第三篇
固体废物污染控制工程

固体废物污染控制工程是环境工程学的另一个重要分支。它是研究固体废物资源化利用和污染控制的技术原理和工程措施的一门科学。由于固体废物具有典型的"废资"两重性和"宿源"双重性，因此，对固体废物的污染控制首先要考虑对其中的有用成分实现资源化利用，而对暂时不能利用的废弃物必须进行妥善的无害化处理和处置。本篇系统介绍固体废物分选、处理利用和处置常用单元方法的基本原理、工艺、设备和应用，并以几类典型废物的处理与资源化利用为例，介绍了各种技术方法的综合运用。

第九章　固体废物的特性与管理

第一节　固体废物的来源与特性

一、固体废物的来源与分类

固体废物是指在生产、生活和其他活动中产生的丧失其原有利用价值或者虽未丧失其原有利用价值但被抛弃或者放弃的固态、半固态（液态）和置于容器中的气体的物品、物质以及法律、行政法规规定纳入固体废物管理的物品物质。

从不同角度出发，可对固体废物进行不同的分类。按其组成，可分为有机废物和无机废物；按其危害状况，可分为一般废物、危险废物和放射性废物；按形态可分为固态、半固态和置于容器中的气态和液态废物。通常按来源及特性分为四类：

（一）工业固体废物

工业固体废物是指在工业、交通等生产活动中产生的固体废物，包括工业生产过程和工业加工过程中产生的废渣、粉尘、碎屑、污泥等。主要来源是冶金、煤炭、火力发电三大部门，其次是化工、石油、原子能等工业部门。

（二）生活垃圾

生活垃圾是指在日常生活中或者为日常生活提供服务的活动中产生的固体废物以及法律、行政法规规定视为生活垃圾的固体废物。包括厨余废物、废纸、塑料、玻璃、瓷片、粪便、废旧家具、电器、庭院废物等。

（三）危险废物

危险废物是指对人类、动植物以及环境的现在及将来构成危害，具有腐蚀性（corrosivity，C）、毒性（toxicity，T）、易燃性（ignitability，I）、反应性（reactivity，R）和感染性（infectivity，In）等危险特性中的一种或以上的固体废物。在实际操作中，往往根据《国家危险废物名录》或者国家规定的危险废物鉴别标准和鉴别方法进行认定。

《国家危险废物名录》（2016）将危险废物分 46 大类共 479 种，其来源极其广泛，涉及家庭和社会各个行业，但其主要来源为工业行业。根据中国产业信息网的统计数据，2013年中国工业危险废物主要来源为化学原料及化学制品制造业、非金属矿采选业、有色金属冶炼及压延加工业、造纸及纸制品业，这 4 个行业的危险废物产生量约占危险废物总量的69.9%，其他行业占 30.1%。其中产生量较大的主要是石棉废物、废酸、废碱、有色金属冶炼废物、无机氰化物废物，占危险废物总量的 60.1%，其他废物合计 39.9%。居民生活中产生的危险废物主要存在于生活垃圾中，占危险废物总量的比例一般不超过 2‰。

（四）农业固体废物

农业固体废物是指农业生产、畜禽饲养以及农副产品加工过程排出的废物，如植物秸秆、人和禽畜粪便等。具有年产量巨大，有机成分含量高的特点。其主要成分是纤维素、木质素、蛋白质和脂肪等，通常就近收集作为农家燃料、畜禽饲料、田间堆肥等进行处理和利用。现代化处理技术主要有厌氧消化、好氧堆肥和热解气化等。

各类固体废物的来源和主要组成见表 9-1。

表 9-1　固体废物的分类、来源和主要组成

分类	来源	主要组成物质
工业固体废物	矿业	废石、尾矿、金属、废木、砖瓦和水泥、沙石等
	冶金、金属结构、交通、机械等工业	金属、渣、沙石、模型、芯、陶瓷、管道、绝热和绝缘材料、黏结剂、污垢、废木、塑料、橡胶、纸、各种建筑材料、烟尘等
	建筑材料工业	金属、水泥、黏土、陶瓷、石膏、石棉、砂、石、纸、纤维等
	食品加工业	肉、谷物、蔬菜、硬壳果、水果、烟草等
	橡胶、皮革、塑料等工业	橡胶、塑料、皮革、布、线、纤维、燃料、金属等
	石油化工工业	化学药剂、金属、塑料、橡胶、陶瓷、沥青、污泥油毡、石棉、涂料等
	电器、仪器仪表等工业	金属、玻璃、木、橡胶、塑料、化学药剂、研磨料、陶瓷、绝缘材料等
	纺织服装工业	布头、纤维、金属、橡胶、塑料等
	造纸、木材、印刷等工业	刨花、锯末、碎木、化学药剂、金属填料、塑料等
生活垃圾	居民生活	食物、纸、木、布、庭院植物修剪物、金属、玻璃、塑料、陶瓷、燃料灰渣、碎砖瓦、废器具、粪便、杂品等
	商业、机关	同上，另有管道、碎砌体、沥青、其他建筑材料等，可能含有易爆、易燃、腐蚀性废物
	市政维护、管理部门	脏土、碎砖瓦、树叶、死禽畜、金属、锅炉灰渣、污泥等
农业固体废物	农业	秸秆、蔬菜、水果、果树枝条、糠秕、人和禽畜粪便、农药等
危险废物	化学工业、医疗单位、制药行业、科研单位等	具有危险特性的各种固体废物，包括化工废渣、污泥、粉尘、化学药剂、废油和有机溶剂等，以及废弃农药、医疗器械等废物，产生量较大的主要有废碱溶液或固态碱、废酸或固态酸、无机氟化物、含铜废物、无机氰化物废物等

二、固体废物的特性

（一）固体废物的"废-资"两重性

固体废物具有"废物"和"资源"两重性。由表 9-1 可知，固体废物复杂多样，其中有很多可以利用的资源，如金属、纸张、塑料等。"废物"仅仅相对于某一时段某一过程而言没有使用价值，并非在所有过程或所有方面都没有使用价值。例如，火电厂的粉煤灰废物可以作为水泥厂的原料利用；生活垃圾中的金属、纸张、塑料等经过分类回收均可以再利用。据统计，每回收 1 t 废纸可造好纸 850 kg，节省木材 300 kg，比等量生产减少污染 74%；每回收 1 t 塑料饮料瓶可获得 0.7 t 二级原料；每回收 1 t 废钢铁可炼好钢 0.9 t，比用矿石冶炼节约成本 47%，减少空气污染 75%，减少 97% 的废水和固体废物。因此，固体废物又称为"放错了地方的资源"。

（二）固体废物的"宿-源"双重性

固体废物一旦产生，在环境中滞留期久、危害性广而强。这是因为固体废物不具有流动性，难以扩散迁移，难以通过自然界物理、化学、生物等多种途径进行稀释、降解和净化，因此其"自我消化"过程是长期的、复杂的和难以控制的。特别是危险废物，如果处理处置不当，其中有害成分能通过地表或地下水、大气、土壤等不同环境介质间接或直接传至人体，造成极大危害。固体废物的污染途径如图 9-1 所示。

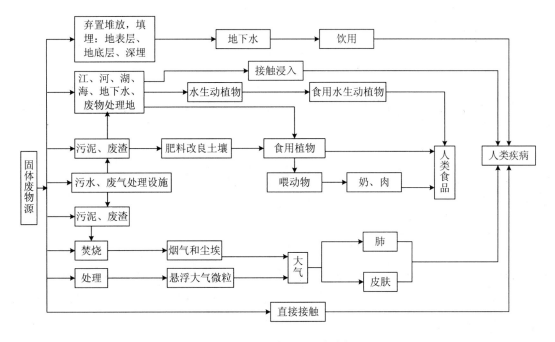

图 9-1 固体废物的污染途径

由图 9-1 可知，固体废物污染问题是最具综合性的环境问题。固体废物具有"宿-源"双重性——既是污染的源头，又是污染治理的终态物。一方面，在水和大气污染治理过程中，大多污染物的分离转化都会产生一些固体废渣或污泥；另一方面，固体废物通过雨水浸淋和分解产生的浸出液、渗滤液等污染地表水、地下水和土壤，通过风吹扬散尘埃和散发有毒有害的臭气等污染大气，以垃圾、灰渣、尾矿、污泥等固态和半固态等形式侵占土地、污染土壤和影响环境卫生。所以，要处理好固体废物，需从两方面着手：一是从源头防止或减少固体废物的产生；二是对固体废物进行有效的综合利用和安全处置，防止二次污染。

第二节 固体废物处理和处置方法概述

一、固体废物处理方法概述

固体废物处理是指通过物理、化学、生物等不同技术方法将固体废物转变成适于运输、利用、贮存或最终处置的另一种形体结构的过程。根据原理不同，固体废物的处理方法主要分为：

（1）物理处理

物理处理方法不改变固体废物的成分，仅通过浓缩或相变化改变固体废物的结构，使之成为便于运输、贮存、利用或处置的形态，如破碎、压实、分选等。

（2）化学处理

采用化学方法破坏固体废物中的有害成分从而达到无害化，或将其转变成为适于进一步处理、处置的形态，如氧化、还原、化学沉淀等。

（3）生物处理

利用微生物分解固体废物中可降解的有机物，从而达到无害化或综合利用的目的，如好氧堆肥、厌氧消化产沼气等。

（4）热处理

通过高温破坏和改变固体废物组成和结构，同时达到减容、无害化或综合利用的目的，如焚烧、热解等。

（5）固化/稳定化处理

通过化学转变或者物理过程将污染物固定或包覆在固化基材中，以降低其溶解性、迁移性和毒性的过程，从而可降低其对环境的危害，能较安全地进行运输、处理和处置。常用的方法有水泥固化、塑性材料（如沥青）固化、有机聚合物固化、熔融（玻璃）固化、高温烧结固化、化学稳定化等。

二、固体废物处置方法概述

固体废物处置是指对已无回收价值或确定不能再利用的固体废物（包括危险废物）最终置于符合环境保护规定要求的场所或者设施并不再回取的活动。这里所指的处置是指最终处置或安全处置，是固体废物污染控制的末端环节，也是固体废物全过程管理中的最重要环节。通常需根据所处置固体废物对环境危害程度的大小和危害时间的长短，区别对待，分类管理，对危险废物要实行集中处置。

目前应用最广泛的固体废物的最终处置方法是土地填埋。根据废物填埋的深度可以划分为浅地层填埋和深地层填埋；根据处置对象的性质和填埋场的结构形式可以分为惰性填埋、卫生填埋和安全填埋等。对于一般工业固体废物贮存和处置场的建设，根据产生的工业固体废物的性质差异，又可分为Ⅰ类和Ⅱ类贮存和处置场。

目前被普遍承认的主要是卫生填埋和安全填埋两种。前者主要处置生活垃圾等一般废物，后者则主要以危险废物为处置对象。这两种处置方式的基本原则是相同的。事实上，安全填埋在技术上完全可以包含卫生填埋的内容。为防止固体废物对环境的扩散污染，保证有害物质不对人类及环境的现在和将来造成不可接受的危害，都采用地质屏障系统、废物屏障系统和密封屏障系统相结合的方式使固体废物最大限度地与生物圈隔离。其中，地质屏障系统制约了固体废物处置场工程安全和投资强度。如果经查明地质屏障系统性质优良，对废物有足够强的防护能力，则可简化废物屏障系统和密封屏障系统的技术措施。

本篇将重点介绍生活垃圾卫生填埋处置，简要介绍危险废物的安全填埋处置。

第三节　固体废物管理

固体废物管理是指运用环境管理的理论和方法，通过法律、经济、技术、教育和行政等手段，鼓励废物资源化利用和控制固体废物污染环境，促进经济与环境协调的可持续发展。

一、固体废物管理的法规政策

（一）固体废物管理的法规制度

目前，我国对固体废物的立法管理主要分为国家制定的法律、各行政管理部门制定的行政法规和我国与国际组织签订的国际公约三个层面。其中《中华人民共和国固体废物污染环境防治法》（以下简称《固废法》）是最基本、最重要的国家法律。

根据我国国情，并借鉴国外的经验教训，《固废法》制定了一些行之有效的管理制度，包括分类管理制度、工业固体废物申报登记制度、固体废物污染环境影响评价制度及其防治设施的"三同时"制度、排污收费制度、限期治理制度、进口废物审批制度、危险废物行政代执行制度、危险废物经营单位许可证制度和危险废物转移报告单制度等。

目前，环境污染已不仅是某个国家的问题，而是正在变成一个全球性的问题。并且，随着我国加入世界贸易组织，我国越来越多地参与国际范围内的环境保护工作，已签署并将继续签署越来越多的国际公约。例如，1990年3月，我国政府签署了《控制危险废物越境转移及其处置的巴塞尔公约》。

（二）固体废物管理的技术政策

《固废法》确立我国对固体废物污染环境的防治技术政策为：全过程管理、危险废物优先管理和"三化"管理。

（1）全过程管理

即"从摇篮到坟墓"（cradle-to-grave）的废物管理系统，指对固体废物的产生（"摇篮"）、收集、运输、利用、贮存、处理、最终处置（"坟墓"）的全过程及各个环节进行追踪和实施控制管理与开展污染防治。

（2）危险废物优先管理

由于危险废物具有较大的危害性，要进行优先控制。

（3）"三化"管理

即对固体废物的处理处置过程进行"减量化、资源化、无害化"管理。资源化必须以无害化为前提，而减量化和无害化应以资源化为目标。

减量化是指通过采取适当的管理措施和技术手段减少固体废物的产生量和排放量。有两条途径：一是通过改革工艺、产品设计或改变社会消费结构和废物发生机制，从源头上减少固体废物的产生量；二是通过分选、压缩、焚烧等有效的处理利用措施来减少固体废物的排放量。

资源化有时也称为综合利用，是指通过对废物中的有用物质进行回收、加工、循环利用或其他再利用，使废物直接转变成产品或转化为能源及二次资源。废物资源化可归纳为三个方面：物质回收、物质转换和能源转换，如从废物中回收易拉罐、纸张、玻璃、金属，用炉渣生产建筑材料，垃圾焚烧发电等。资源化应遵循"大宗利用""多用途开发""高附加值产品"的原则，在获得环境效益和社会效益的同时，也可获取较高的经济效益。

无害化是指通过生物分解、热解、焚烧、填埋等技术工程对固体废物进行处理与处置，使其不对环境产生污染，不对人体健康产生影响。

（三）固体废物管理的经济政策

通过收费、税收和费用优惠等经济政策来推动固体废物管理措施的实行，鼓励固体废物的减排和回收利用，也是发达国家常用的方法。

（1）"排污收费"政策

"排污收费"政策指对废物排放者收取一定数量的废物处理费用，原则是："只要排污就收费"。各国的收费方式大致可归为 4 种，即按废物（垃圾）体积、按废物重量、按人头和按户收费。《中华人民共和国环境保护税法》在十二届全国人大常委会第二十五次会议上获表决通过，并将于 2018 年 1 月 1 日起施行，自该法施行之日起，我国将依照该法规定征收环境保护税，不再征收排污费。

（2）"生产者延伸责任制"政策

为了避免"排污收费"政策在执行过程中效率较低的问题，一些国家制定了"生产者延伸责任制" 政策。它规定产品的生产者（或销售者）对其产品被消费后所产生的废弃物的处理处置负有责任。

（3）"押金返还"制度

"押金返还"制度是指在产品销售时附加一项额外的费用，在回收这些产品废弃物时，把押金返还给购买者的一种制度安排。主要是针对一些分散不易收集的、不具有或只具有较少的经济价值、有潜在污染性或可回收利用的产品废弃物，如电池、饮料瓶等，适当的押金能起到激励返还的作用，是一种成本最低、最有效的政策。其目的有两个：一是阻止违法或不适当地处置具有潜在危害的产品废弃物，避免不适当处置导致产生更高的社会成本，将可能产生的负外部性内部化；二是部分废弃物可以循环利用，节约原材料，降低成本。

（4）"税收、信贷优惠"政策

"税收、信贷优惠"政策是指通过税收的减免、信贷的优惠，鼓励和支持从事固体废物管理和资源化的企业，促进环保产业长期稳定地发展。

（5）"垃圾填埋费"政策

"垃圾填埋费"政策是指对进入卫生填埋场进行最终处置的垃圾再次收费。在欧洲使用较为普遍。其目的是鼓励废物的回收利用，提高废物的综合利用率，以减少废物的最终处置量，以缓解填埋土地短缺的问题。

二、固体废物管理的技术标准

目前我国固体废物管理的标准体系主要分四大类。

（一）固体废物分类标准

固体废物分类标准主要用于对固体废物进行分类，如《国家危险废物名录》《危险废物鉴别标准》系列标准、《生活垃圾产生源分类及垃圾排放》等。

（二）固体废物监测标准

固体废物监测标准主要用于对固体废物的环境污染进行监测，包括样品的采集、制备、处理和分析等，如《工业固体废物采样制样技术规范》《固体废物浸出毒性浸出方法》《生活垃圾填埋场环境监测技术标准》等。

（三）固体废物污染控制标准

固体废物污染控制标准是对固体废物环境污染进行控制的标准。可分为废物处置控制标准和设施控制标准两类，如《含多氯联苯废物污染控制标准》《再生铜、铝、铅、锌工业污染物排放标准》《一般工业固体废物贮存、处置场污染控制标准》《水泥窑协同处置固体废物污染控制标准》《生活垃圾填埋场污染控制标准》《生活垃圾焚烧污染控制标准》《危险废物填埋污染控制标准》等。它是环境影响评价制度、"三同时"制度、限期治理和排污收费等一系列管理制度的基础，因而是所有固体废物管理标准中最重要的标准。

（四）固体废物综合利用标准

固体废物资源化利用在固体废物管理中具有重要的地位。为大力推行固体废物的综合利用技术，并避免在综合利用过程中产生二次污染，国家环境保护部已经制定一系列有关固体废物综合利用的规范、标准，如《废塑料回收与再生利用污染控制技术规范》《城镇污水处理厂污泥处置园林绿化用泥质》《资源综合利用目录》《铬渣污染治理环境保护技术规范》《钒钛磁铁矿冶炼废渣处置及回收利用技术规范》等。

思考题

1. 什么是固体废物？固体废物根据来源和特性主要分为哪几类？

2. 什么是危险废物？其危险特性有哪些？

3. 固体废物的二重性是指什么？如何理解？并举例说明。

4. 固体废物对环境有哪些危害？

5. 根据《固废法》的规定，我国对固体废物的管理有哪些具体的制度？

6. 我国固体废物污染防治的技术政策有哪些？

7. 请说明固体废物的"三化"管理原则的具体含义。

8. 国内外固体废物管理有哪些经济手段和方法？各有什么特点？

9. 农村生活垃圾、人畜粪便和农业废弃物是社会主义新农村建设中突出的环境问题，请根据循环经济的固体废物管理理念，针对你的家乡农村的特点，提出这三类废弃物管理的方案。

10. 调研我国固体废物管理和处理处置现状，并与国外固体废物管理和处理处置情况相比较，撰写 3 000 字以上的调研报告。

第十章　固体废物处理方法

第一节　收　运

固体废物收运是指将固体废物从产生源收集、运输到贮存点或处理、处置场所的过程，它是固体废物处理系统的一个重要环节，在整个处理成本中占比很高。因而，优化选择合理的收集、运输方式和路线非常必要。

固体废物的收集主要有混合收集和分类收集两种形式。分类收集是根据废物的种类和组成分别进行收集，可以提高废物中有用物质的纯度，有利于废物综合利用；同时，可减少需要后续处理处置的废物量，从而降低整个管理的费用和处理处置成本。因此，世界各国均大力提倡分类收集。

对固体废物进行分类收集时，一般应遵循如下原则：①工业废物与生活垃圾分开；②危险废物与一般废物分开；③可回收利用物质与不可回收利用物质分开；④可燃性物质与不可燃性物质分开。

一、工业固体废物的收集与运输

工业固体废物处理的原则是"谁污染，谁治理"。一般来说，产生废物较多的企业均设有处理设施、堆放场或处置场，收集、运输工作自行负责；一些没有处理处置能力的生产单位产生的零星、分散的固体废物，则由政府指定的专门机构负责，统一收运管理，并配备管理人员，设置废料仓库，建立各类废物"积攒"资料卡，开展收集和分类存放活动。收集的品种有黑色金属、有色金属、橡胶、塑料、纸张、破布、棉、麻、化纤下脚、牲骨、人发、玻璃、料瓶、机电五金、化工下脚、废油脂等16个大类1 000多个品种；对有害废物，专门分类收集，分类管理。

二、生活垃圾的收运

生活垃圾的收运通常包括三个阶段：①运贮，即垃圾的收集、搬运与贮存，是指由垃圾产生者或环卫系统将垃圾从产生源送至贮存容器（垃圾桶）或集装点的过程；②清运，即垃圾的收集与清除，是指用清运车按一定路线收集清除贮存容器中的垃圾并送至堆场或中转站的过程，一般该过程的运输路线较短，故也称为近距离运输；③转运，也称远距离运输，即大型垃圾运输车将垃圾自中转站运输至最终处置场的过程。这三个过程构成一个收运系统，该系统是城镇生活垃圾处理系统的一个重要环节，耗资大，操作复杂。生活垃圾收运系统费用通常占到整个垃圾处理系统的60%～80%，因此，需科学地制订垃圾收运计划，确定合理的清运操作方式，合适的收集清运车辆型号、数量和机械化装卸程度，适当的清运次数、时间及劳动定员，以及合理可行的清运路线。

生活垃圾收运系统根据其操作模式分为移动容器系统（hauled container system，HCS）和固定容器系统（stationery container system，SCS）两种。前者是指将某集装点装满的垃圾连容器一起运往中转站或处理处置场，卸空后再将空容器送回原处（一般法）或下一个集装点（修改法）。后者是指用垃圾车到各容器集装点装载垃圾，容器倒空后固定在原地不动，车装满后运往转运站或处理处置场。每个系统均可以分解为四个操作单元：①集装（pick-up）；②运输（haul）；③卸载（unload）；④非生产（off-route）。收集成本的高低，主要取决于收集时间长短，因此对收集操作过程的不同单元时间进行分析，可以建立设计数据和关系式，求出某区域垃圾收集耗费的人力和物力，从而计算收集成本。

三、危险废物的收运与贮存

由于危险废物固有的危害特性，在其收集、贮存和转运期间必须注意进行不同于一般废弃物的特性管理。为此，我国制定了《危险废物经营许可证管理办法》（2016年修订）、《危险废物收集、贮存、运输技术规范》（HJ 2025—2012）、《危险废物贮存污染控制标准》（GB 18598—2001）、《危险废物转移联单管理办法》等一系列法规标准，规定危险废物收集、贮存、运输时应按腐蚀性、毒性、易燃性、反应性和感染性等危险特性对危险废物进行分类、包装并设置相应的标志及标签，并应采取相应的安全防护和污染防治措施，包括防爆、防火、防中毒、防感染、防泄漏、防飞扬、防雨或其他防止污染环境的措施。

（一）危险废物的收集

危险废物产生单位进行的危险废物收集包括两个方面：一是在危险废物产生节点将危险废物集中到适当的包装容器中或运输车辆上的活动；二是将已包装或装到运输车辆上的危险废物集中到危险废物产生单位内部临时贮存设施的内部转运。收集之前应根据危险废物产生的工艺特征、排放周期、危险废物特性、废物管理计划等因素制订收集计划和详细的操作规程，内容至少应包括收集目标、适用范围、操作程序和方法、专用设备和工具、转移和交接、安全保障和应急防护等。

危险废物收集时应根据危险废物的种类、数量、危险特性、物理形态、运输要求等因素确定包装形式，具体要求如下：①包装材质要与危险废物相容，可根据废物特性选择钢、铝、塑料等材质。②性质类似的废物可收集到同一容器中，不相容（相互反应）的废物严禁混装入同一容器内。③危险废物包装应能有效隔断危险废物迁移扩散途径，并达到防渗、防漏要求。此外，盛装过危险废物的包装袋或包装容器破损后应按危险废物进行管理和处置。

危险废物的产生部门、单位或个人，均必须有安全存放危险废物的装置，如钢桶、钢罐、塑料桶（袋）等。一旦危险废物产生出来，必须依照法律规定迅即将它们妥善地存放于这些装置内，并在容器或贮罐外壁清楚标明内盛物的类别、数量、装进日期以及危害说明。除剧毒或某些特殊危险废物，如与水接触会发生剧烈反应或产生有毒气体和烟雾的废弃物、氟酸盐或硫化物含量超过1%的废弃物、腐蚀性废弃物、含有高浓度刺激性气味物质（如硫醇、硫化物等）的废弃物、含可聚合性单体的废弃物、强氧化性废弃物等，须予以密封包装之外，大部分危险废物可采用普通的钢桶或贮罐盛装。危险废物产生者应妥善保管所有装满废弃物待运走的容器或贮罐，直到它们运出产地做进一步贮存、处理或处置。

（二）危险废物的贮存

危险废物贮存可分为产生单位内部贮存、中转贮存及集中性贮存。所对应的贮存设施分别为：产生危险废物的单位用于暂时贮存的设施；拥有危险废物收集经营许可证的单位用于临时贮存废矿物油、废镍镉电池的设施；危险废物经营单位所配置的贮存设施。其选址、设计、建设及运行管理应满足《危险废物贮存污染控制标准》和有关职业卫生标准的相关要求。

危险废物贮存及种类标志如图 10-1 所示。

危险废物的贮存设施一般由砖砌的防火墙及铺设有混凝土地面的若干房式构筑物组成，基础必须防渗处理，防渗层采用至少 1 m 厚的黏土层或 2 mm 厚的高密度聚乙烯防渗；室内应保证空气流通，以防止具有毒性和爆炸性的气体积聚而产生危险；还应配备通信设备、照明和消防设施。贮存危险废物时应按危险废物的种类和特性进行分区贮存，每个贮存区域之间宜设置不渗透挡墙间隔，并应设置防雨、防火、防雷、防扬尘装置。在常温常压下不水解、不挥发的固体危险废物可在贮存设施内分别堆放，其他废物必须装入容器中存放；常温常压下易燃、易爆及排放有毒气体的危险废物必须进行预处理，使之稳定后贮存，否则要按易燃、易爆危险品贮存，并应配置有机气体报警、火灾报警装置和导出静电装置。此外，危险废物贮存的设施贮存废弃剧毒化学品还应充分考虑防盗要求，采用双钥匙封闭式管理，派遣专人 24 h 看管。

转运站的位置宜选择在交通路网便利的场所或者附近，由设有隔离带或埋于地下的液态危险废物贮罐、油分离系统及盛有废弃物的桶或罐等库房群组成。站内工作人员应负责废弃物的交接手续，按时将所收存的危险废物如数装进运往处理场的运输车厢，并责成运输者负责途中安全。

图 10-1　危险废物贮存及种类标志

（三）危险废物的运输

危险废物的主要运输方式为公路运输。危险废物运输应由持有危险废物运营许可证的单位按照其许可证的经营范围组织实施，承担危险废物运输的单位应获得交通运输部门颁发的危险货物运输资质，并按相关法律法规严格执行运输。例如，载有危险废物的车辆必须有明显的标志或危险符号标识；负责危险废物运输的司机应由经过培训并持有证明文件的人员担任，必要时须有专业人员负责押运工作；组织危险废物运输的单位，事先应制订周密的运输计划，确定好行驶路线，并提出废弃物泄漏时的有效应急措施等。

另外，危险废物运输时的中转、装卸过程应遵守如下要求：

1）装卸区工作人员应熟悉废物的危险特性，并配备相应的个人保护装备。

2）卸载区配备必要的消防设备和设置显眼的指示标志。

3）装载区应设置隔离设施，液态废物卸载区应设置收集槽和缓冲罐。

4）危险废物转移运输过程严格执行"联单制度"，即产生单位、运输单位和接受单位应按规定申领、填写联单。联单分5联，详细记录危险废物的名称、数量、特性、形态、包装方式等信息，分别由危险废物产生单位、移出地环境保护主管部门、运输单位、废物接受单位、接受地环境保护主管部门存档保留。联单保存期限一般为5年。贮存危险废物的，其联单保存期限与危险废物贮存期限相同。环境保护行政主管部门认为有必要延长联单保存期限的，产生单位、运输单位和接受单位应当按照要求延期保存联单。

第二节　预处理

预处理是为了对固体废物进行有效的分选、处理与处置，以便从中回收有用成分，节省处理、处置费用而进行的破碎、压实等处理过程。

一、破碎

破碎是指通过外力作用，使大块固体废物分裂成小块的过程；使小块固体废物分裂成细粉的过程称为磨碎，也有把破碎和磨碎统称为粉碎的。

破碎是固体废物处理使用最多的方法之一，其目的是使固体废物转变成适于进一步分选、处理或处置的形状和大小，或实现单体分离，以提高分选、堆肥、焚烧、热解、运输和填埋等作业的稳定性和效率，防止粗大、锋利的固体废物损坏后续处理处置的设施。

（一）破碎方法及选择

根据固体废物破碎原理，破碎方法可分为挤压、剪切、劈裂、折断、磨剥和冲击等。

选择破碎方法时，需视固体废物的机械强度（特别是废物的硬度）而定。对于脆硬性废物，如各种废石和废渣等，宜采用挤压、劈裂、冲击和磨剥破碎；对于柔硬性废物，如废钢铁、废汽车、废器材和废塑料等，多采用冲击或剪切破碎；对于粗大固体废物，需先将其切割、压缩到适当尺寸，再送入破碎机内破碎。对于常温下难以破碎的柔韧性废物，如废塑料及其制品、废橡胶及其制品、废电线等，可采用冷冻或超声波协助粉碎。

一般来说，破碎机破碎废物时，都有两种或两种以上的破碎方法同时发生作用。

（二）破碎设备及工作原理

破碎固体废物常用的机械设备主要有冲击式破碎机、剪切式破碎机、颚式破碎机、辊式破碎机和粉磨机等。此外，还有冷冻和（半）湿式破碎等特殊的破碎装置。

1．冲击式破碎机

冲击式破碎机大多是利用旋转式锤子的冲击作用进行破碎的设备（图10-2～图10-5）。

废物送入破碎腔内，立即遭受高速旋转的锤子的打击、冲击、剪切、研磨等作用而被破碎。小于筛孔的破碎物料通过安装在转子下方的筛板排出，大于筛孔的物料被阻留在筛板上继续受到锤头的冲击和研磨，最后通过筛板排出。

这种机械主要用于破碎中等硬度且腐蚀性弱、体积较大的固体废物，如家具、电视机、杂器等生活废物，以及纤维结构物质、石棉水泥废料等。对于破布、金属丝等废物可通过月牙形、齿状打击刀和冲击板间隙进行挤压和剪切破碎 [图 10-2（b）和图 10-3（b）]。对于废汽车等粗大型废物，可采用图 10-4 所示的 HammerMills 式锤式破碎机，该机主体由压缩机和锤碎机两部分组成，废物先通过压缩给料机压缩后，再送入破碎机进行破碎。当要求废物破碎产品粒度很小时，可采用图 10-5 所示的 Novorotor 型双转子锤式破碎机。该破碎机具有两个同向旋转的转子，转子下方均装有研磨板。物料自右方给料口送入机内，经右方转子破碎后排至左方破碎腔，沿左方研磨板运动 3/4 圆周后，借风力排至上部的旋风力分离器。分组后的细粒产品自上方排出机外，粗粒产品返回破碎机再度破碎。

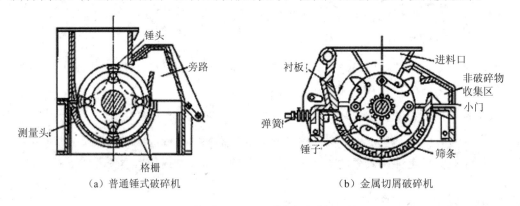

（a）普通锤式破碎机　　　　　　　（b）金属切屑破碎机

图 10-2　BJD 型锤式破碎机

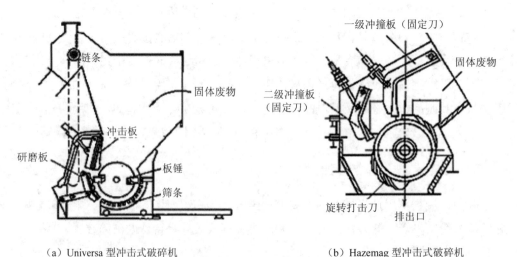

（a）Universa 型冲击式破碎机　　　　（b）Hazemag 型冲击式破碎机

图 10-3　冲击式破碎机

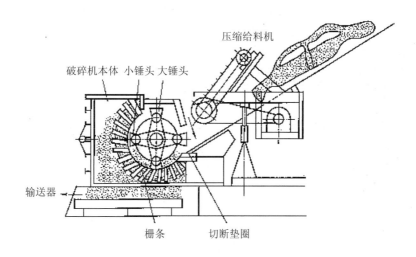

图 10-4　HammerMills 式锤式破碎机

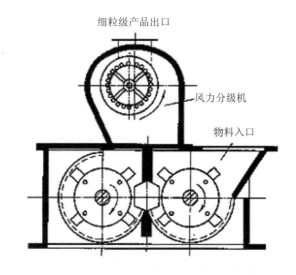

图 10-5　Novorotor 型双转子锤式破碎机

锤式破碎机的优点是破碎比大，适应性强，构造简单，易于维护；缺点是噪声大，震动大，粉尘多，故需采取隔离和防震措施。

2.剪切破碎机

剪切破碎机是通过刀口之间的啮合作用，将固体废物切开或割裂成适宜的形状和尺寸。特别适合破碎低二氧化硅含量的松散废物。

目前广泛使用的剪切式破碎机主要有 Lindemann 型剪切式破碎机、VonRoll 型往复剪切式破碎机、旋转剪切式破碎机等。

Lindemann 型剪切式破碎机（图 10-6）是一种最简单的剪切式破碎机。它借助于预压机压缩盖的闭合将废物压碎，然后再经剪切机剪断，剪切长度可由推杆控制。

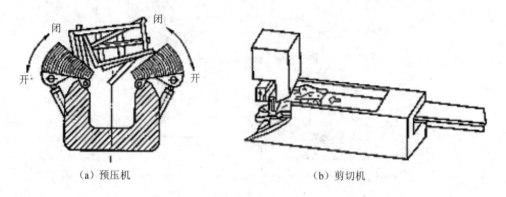

(a) 预压机   (b) 剪切机

图 10-6　Lindemann 型剪切式破碎机

Von Roll 型往复式剪切机（图 10-7）的固定刀和活动刀呈 V 字形交错排列，当 V 字形闭合时，废物被挤压破碎，破碎物大小约 30 cm。这种破碎机适合松散的片、条状废物的破碎。

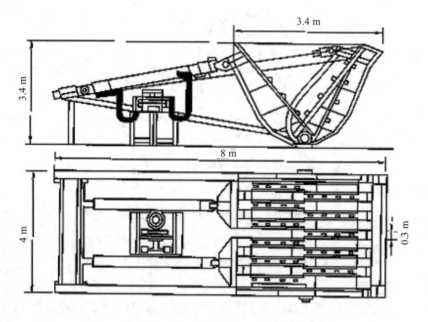

图 10-7　Von Roll 型往复式剪切机

旋转剪切式破碎机（图 10-8）是依靠高速转动的旋转刀和固定刀之间的间隙挤压和剪切破碎，兼具冲击式破碎机和剪切式破碎机的特点。这种机械适用于家庭生活垃圾的破碎。

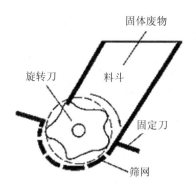

图 10-8　旋转剪切式破碎机

剪切式破碎机的优点是噪声小、粉尘小、出料粒度均匀；缺点是不利于分类，而且刀口容易受杂质影响。

3. 颚式破碎机

颚式破碎机属于挤压形破碎机械，分为简单摆动型与复杂摆动型两种。其主要部件为固定颚板、可动颚板、连接于传动轴的偏心转动轮。简单摆动型破碎机的可动颚板不与偏心轮轴相连，在偏心轮的驱动下做简单往复运动，进入两板间的废物被挤压而破碎。复杂摆动型（图 10-9）的可动颚板与偏心轮挂于同一传动轴上，因此既有往复运动，又有上下摆动，废物因挤压与磨挫作用而被破碎。这种机械适用于中等硬度的脆性物料，如冶金、建材和化工废物的破碎。其优点是结构简单，不易堵塞，维修方便；缺点是能量消耗大，生产效率低，破碎粒度不均。

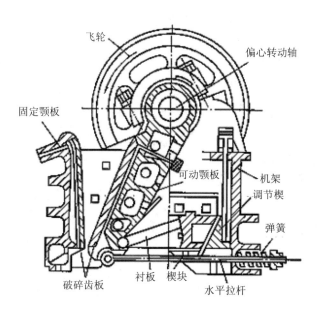

图 10-9　复杂摆动型颚式破碎机

4．辊式破碎机

辊式破碎机分为光辊破碎机和齿辊破碎机。光辊破碎机的辊子表面光滑，主要破碎作用为挤压与研磨，可用于硬度较大的固体废物的中碎或细碎。齿辊破碎机（图 10-10）辊子表面设有破碎齿牙，其主要破碎作用为劈裂，适用于脆性物料的处理，也可用于堆肥物料的破碎。

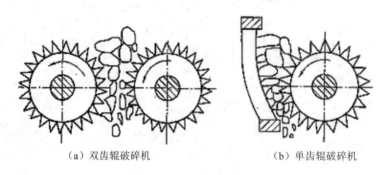

（a）双齿辊破碎机　　　　　　　　　（b）单齿辊破碎机

图 10-10　齿辊破碎机原理示意

5．粉磨机

粉磨对于矿业固体废物和许多工业废物来说，是一种非常重要的破碎方式，在固体废物资源化中得到了广泛的应用，如煤矸石制砖、生产水泥，硫酸渣炼铁制造球团、回收金属等。

常用的粉磨机主要有球磨机和自磨机两种类型。图 10-11 为球磨机的构造原理示意图。球磨机由圆柱形筒体、端盖、中空轴颈、轴承和传动大齿圈组成。筒体内壁设有衬板，筒内装有直径 25～150 mm 的钢球。当筒体转动时，钢球和废物在重力、摩擦力、离心力和衬板的共同作用下，先被提升到一定高度，然后产生自由卸落和抛落，从而对筒体内废物产生冲击和研磨作用，使废物粉碎。废物达到磨碎细度要求后，由风机抽出。

自磨机又称无介质磨机，给料粒度一般为 300～400 mm，可一次磨细到 0.1 mm 以下，粉碎比可达 3 000～4 000，比球磨机等有介质磨机大数 10 倍。

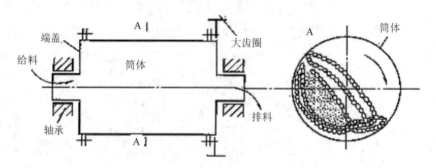

图 10-11　球磨机的构造原理示意

6．湿式破碎机

湿式破碎是利用特制的破碎机将投入机内的含纸垃圾和大量水流一起剧烈搅拌和破碎成为浆液的过程。它是基于回收生活垃圾中的大量纸类为目的而发展起来的一种破碎方法。

图 10-12 为湿式破碎机的构造原理示意图。该破碎机的圆形槽底上安装有多孔筛，筛上安装有旋转破碎辊，辊上装有 6 把破碎刀。破碎辊的旋转使投入的垃圾和水一起激烈回旋，废纸被破碎成浆状通过筛孔由底部排出，难以破碎的筛上物如金属等则从破碎机侧口排出，再用斗式提升机送至装有磁选器的皮带运输机，以分离铁和非铁金属物质。

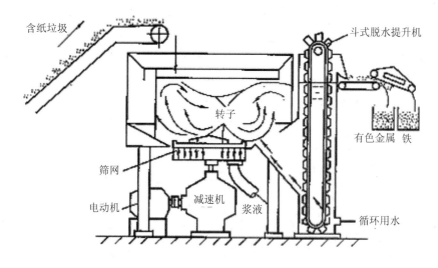

图 10-12　湿式破碎机的构造原理示意图

湿式破碎的特点是：可以很好地破碎和分离易浆化废物；不会滋生蚊蝇和产生恶臭，卫生条件好；不会产生噪声、发热和爆炸的危险；但用水量大，可能造成废水二次污染问题。

7．半湿式破碎分选机

半湿式破碎是利用不同物质在一定均匀湿度下其强度、脆性（耐冲击性、耐压缩性、耐剪切力）不同而破碎成不同粒度，然后通过不同筛孔加以分离，从而实现破碎和分选同时进行的一种技术。

图 10-13 为半湿式破碎机的构造原理示意图。该装置由两段具有不同孔径筛孔的外旋转圆筒筛和筛内与之反方向旋转的破碎板组成。垃圾进入圆筒筛首端，并随筛壁上升而后又在重力作用下抛落，同时被反向旋转的破碎板撞击，垃圾中易脆物质（如玻璃、陶瓷等）首先破碎，通过第一段筛网分离排出。剩余垃圾进入第二段筛筒，此段喷射水分，中等强度的纸类在水喷射下被破碎板破碎，由第二段筛网排出。最后剩余的垃圾主要有金属、塑料、橡胶、木材、皮革等，由不设筛网的第三段排出。

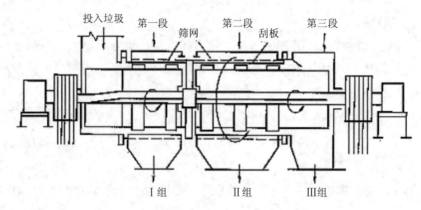

图 10-13　半湿式破碎机构造原理示意图

半湿式破碎分选具有以下特点：①能使生活垃圾在一台设备中同时进行破碎和分选作业；②可有效地回收垃圾中的有用物质，从第Ⅰ组产物中分选得到纯度约为 80% 的堆肥原料——厨房垃圾；从第Ⅱ组产物中可回收纯度约为 90% 的纸类；从第Ⅲ组产物中可得纯度为 95% 的塑料类，回收废铁纯度达 98%。③对进料的适应性好，可通过改变滚筒长度、破碎版段数、筛网孔径等以适应变化；易碎废物首先被破碎并及时排除，不会产生过粉碎现象。

8．低温（冷冻）破碎装置

低温破碎是利用常温下难以破碎的固体废物，如塑料、橡胶等，在低温下变脆的性能，有效进行破碎的一种技术，还可以利用不同物质脆化温度的差异进行选择性破碎。其工艺流程如图 10-14 所示。将固体废物如钢丝胶管、汽车轮胎、塑料或橡胶包覆电线电缆、废家用电器等复合制品，先投入预冷装置，再进入浸没冷却装置，橡胶、塑料等易冷脆物质迅速脆化，送入高速冲击破碎机破碎，使易脆物质脱落粉碎。破碎产物再进入各种分选设备进行分选。

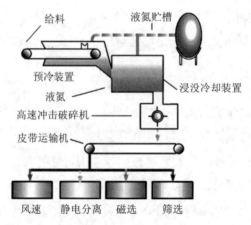

图 10-14　低温破碎工艺装置示意图

低温破碎与常温破碎相比，动力消耗可减至 1/4 以下，噪声降低 4 dB，振动减轻 1/4～1/5；但是需要耗用大量能源获得致冷剂——液氮。所以，低温破碎的对象仅限于常温难破碎的废物，如废橡胶及其制品、废塑料及其制品等。

（三）破碎效果衡量指标

衡量破碎效果的技术指标主要有破碎比和单位动力消耗。

1）破碎比指破碎前后废物粒度的比值，可表示为

$$i = \frac{D}{d} \tag{10-1}$$

式中：i —— 破碎比；

D、d —— 破碎前后废物的粒度。

工程设计中，往往根据需破碎的最大块废物的直径来选择破碎机给料口宽度，因此，常用破碎前后废物最大粒度（即破碎机的进出料口宽度）的比值来确定破碎比，称为极限破碎比。科研和理论研究中，则采用破碎前后废物平均粒度的比值来确定，能较真实地反映破碎程度，称为真实破碎比。

一般破碎机的平均破碎比为 3～30，磨碎机破碎比可达 40～400 以上。

2）单位动力消耗指单位质量破碎产品的能量消耗，可采用下式计算：

$$E = c\ln\frac{D}{d} \tag{10-2}$$

式中：E —— 单位质量破碎产品的能量消耗，kW·h/t；

c —— 动力消耗常数。

为降低破碎能耗，可通过预先筛分筛除废物中不需要破碎的细粒，减少进入破碎机的总给料量；对产品粒度要求高时，可通过检查筛分将破碎产物中大于要求粒度的颗粒分离出来，送回破碎机进行再破碎，因此可获得全部符合粒度要求的产品。

二、压实

固体废物的压实也称压缩，是通过外力加压于松散的固体废物上，以缩小其孔隙体积、增大密度的一种操作方法。废物压实有两个作用：一是减少容积，便于装卸和运输，节省填埋或贮存场地；二是制取高密度惰性材料，便于贮存、填埋或再利用。例如，生活垃圾的容重一般为 0.1～0.6 t/m³，通过压缩可达到 1.0～1.38 t/m³，垃圾体积可缩小至原来的 1/10～1/3，可以大大节约装卸、运输和填埋的费用；花生壳、木屑等废物可压制成高密度板材再利用。

（一）压实原理和压缩比

自然堆放的固体废物，其表观体积是废物颗粒有效体积与孔隙占有的体积之和，当对固体废物实施压实操作时，各颗粒间相互挤压、变形或破碎，达到重新组合的效果。随压力的增大、孔隙体积减小，表观体积也随之减小，而容重增大。

压实程度可以用压实前后废物体积的减少程度或容重的增大程度来表示。常用的度量指标是压缩比，即固体废物经过压实处理前后的体积比，计算公式如下：

$$R = \frac{V_i}{V_f} \tag{10-3}$$

式中：R——固体废物体积压缩比；

V_i、V_f——废物压缩前、后的体积。

压缩比取决于废物的种类及施加的压力。

适合压实处理的主要是压缩性能大而复原性小的物质，如填埋垃圾、松散废物、纸箱、纤维、金属加工细丝等；而一些强度大的刚性材料、易燃易爆材料、含水废物、易腐烂的废物，如大块的木材、金属、玻璃、重塑料、焦油和污泥等则不宜做压实处理。所以，压实前一般需先将废物进行适当分类。

压实过程施加的压力越大，压实效果越好。当固体废物为均匀松散物料，如生活垃圾，压力为每平方厘米几千克力至几百千克力（$1 \ kgf/cm^2 = 98 \ 066.5 \ Pa$）时，压缩比可达到 3～10。当废物比较粗大时，结合适当的破碎技术，可以达到更好的压缩效果。

（二）压实设备及选择

根据操作情况，固体废物的压实设备可分为固定式和移动式两大类。凡采用人工或机械方法（液压方式为主）把废物送进压实机械中进行压实的设备称为固定式压实器。各种家用小型压实器、废物收集车上配备的压实器及中转站配置的专用压实机等均属固定式压实设备。而移动式压实器是指在填埋现场使用的轮胎式或履带式压土机、钢轮式布料压实机以及其他专门设计的压实机具。

1. 固定式压实器

固定式压实器通常由一个容器单元和一个压实单元组成。容器单元通过料箱或料斗接受固体废物，并把它们送入压实单元。压实单元通常装有液压或气压操作的压头，利用一定的挤压力把固体废物压成致密的块体。

常用的固定式压实器主要有水平式、三向联合式和回转式，如图 10-15 所示。其中水平压实器常作为转运站固定型压实操作使用；三向联合压实器适合于压实松散的金属废物和松散的垃圾，压实致密的块体尺寸一般在 200～1 000 mm；回转式压实器的压头 2 可以旋转运动，适用于压实体积小、质量小的固体废物。

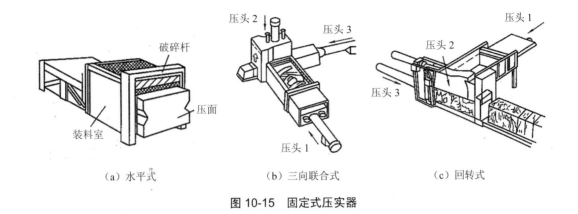

（a）水平式　　　　　　（b）三向联合式　　　　　　（c）回转式

图 10-15　固定式压实器

除了以上形式的压实器外，还有袋式压实器。这类压实器中装填一个袋子，当废物压满时必须移走，并换上另一个空的袋子。它们适合于工厂中某些均匀类型废物的收集和压缩。

2. 移动式压实设备

带有行驶轮或可在轨道上行驶的压实器称为移动式压实器。移动式压实器主要用于填埋场压实填埋废物，也安装在垃圾车上压实垃圾车所接受的废物。

移动式压实器按压实过程工作原理不同，可分为碾（滚）压、夯实、振动三种，相应的压实器分为碾（滚）压实机、夯实压实机、振动压实机三大类，固体废物压实处理主要采用碾（滚）压方式。现场常用的压实机主要包括胶轮式压土机、履带式压土机和钢轮式布料压实机等。图 10-16 所示为填埋场常用的压实机种类。

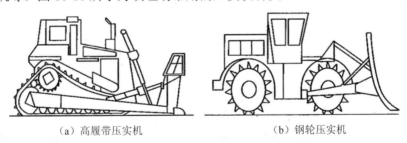

（a）高履带压实机　　　　　　（b）钢轮压实机

图 10-16　填埋场常用的压实机

3. 压实器的选择

为最大限度减容，获得较高压缩比，选择适宜的压实器，考虑的因素主要有：

1）废物的性质及后续处理要求。废物的性质主要包括废物的处理量、废物尺寸、强度和含水率等，是选择压实器的基本依据。强度大和含水率大的废物不适宜采用压实处理。对于要综合利用的生活垃圾，考虑到压实后产生的水分对风选不利，是否采用压实应当综合考虑。

2）压实器的性能基本参数，包括装料截面尺寸、循环时间、压面压力、压面行程、体积排率及压实速率等，循环时间越长、压面压力越大、压面行程越长，压实效果越好。实际压实设备的体积排率及压实速率常根据废物产率确定。

此外，还要考虑压实器与废物容器、处理场所及运输通道相匹配。

第三节 分　选

固体废物的分选，就是采用适当技术将其中可回收利用或不利于后续处理工艺要求的各种废物组分分离出来的过程。大致可分为人工分选和机械分选两类。

人工分选卫生条件差，但识别能力强，适用于废物产源地、收集站、处理中心、转运站或处置场。目前，人工分选大多数集中在生活垃圾转运站或处理中心的废物传送带两旁。可有效分拣出大型废物、各种可回收废物和有害废物等。

机械分选方法很多，应用范围较广。常见的机械分选方法包括筛选、风选、浮选、光选、磁选、电选、摩擦与弹跳分选等。

一、筛选

筛选也称筛分，是利用筛子将松散的固体废物分成两种或多种粒度级别的分选方法。根据操作条件，筛选分为干式筛选和湿式筛选。其中，干式筛选在固体废物分选中的应用更加广泛。

（一）筛选原理及筛分效率

筛选是利用筛子将物料中小于筛孔的细粒物料透过筛面，而大于筛孔的粗粒物料留在筛面上，完成粗、细粒物料分离的过程。该过程可看作由物料分层和细粒透筛两个阶段组成。物料分层是完成筛选的条件，细粒透筛是筛选的目的。

理论上，凡粒度小于筛孔尺寸的细粒都应该透过筛孔成为筛下产品，而大于筛孔尺寸的粗粒应全部留在筛上成为筛上产品。但实际上筛分过程受很多因素的影响，总会有一些小于筛孔的细粒留在筛上随粗粒一起排出成为筛上产品。通常用筛分效率来描述筛分过程的优劣。

筛分效率是指筛下产品的质量与原料中所含粒度小于筛孔尺寸的物料质量之比。用百分数表示，即

$$E = \frac{Q_1}{Q\alpha} \times 100\% \qquad (10\text{-}4)$$

式中：E——筛分效率，%；

Q_1——筛下的产品质量，kg；

Q——入筛废物原料质量，kg；

α——入筛废物中所含小于筛孔尺寸的细粒含量，%。

但实际筛选过程中要测定 Q、Q_1 比较困难，因此，必须变换成便于应用的计算式。

根据图 10-17 可列出两个方程式：

$$Q = Q_1 + Q_2 \tag{10-5}$$

$$Q\alpha = Q_1\beta + Q_2\theta \tag{10-6}$$

式中：Q_2——筛上产物质量；

β、θ——筛上、筛下产品中小于筛孔尺寸的细粒含量，%。

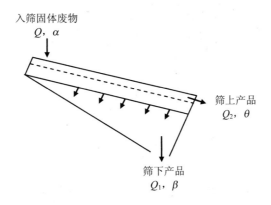

图 10-17 筛分效率的计算图

由式（10-5）和式（10-6）可得

$$Q_1 = \frac{(\alpha - \theta)Q}{\beta - \theta} \tag{10-7}$$

将式（10-7）代入式（10-4）中得

$$\mathrm{E} = \frac{\beta(\alpha - \theta)}{\alpha(\beta - \theta)} \times 100\% \tag{10-8}$$

影响筛分效率的因素很多，主要有：

1）筛分物料性质包括粒度组成、颗粒形状、含水率和含泥量等。物料中粒度小于筛孔 3/4 的颗粒，很容易通过粗粒形成的间隙到达筛面而透筛，这类颗粒称为"易筛粒"；粒度大于筛孔 3/4 的颗粒，则很难透筛，这类颗粒称为"难筛粒"。小于 3/4 筛孔的细粒越多，颗粒形状越接近球形，筛分越容易。

2）筛分设备性能包括筛面种类、筛孔形状、筛子运动状况、筛面长宽比和筛面倾角等。冲孔及编织筛效果优于棒条筛；振动筛效果优于摇动筛，再次是转筒筛和固定筛；筛面长宽比一般为（2.5～3）∶1 较好；筛面倾角为 15°～25° 较适宜。

3）筛分操作条件包括给料方式、给料量、筛分时间、振动强度及维修等。连续均匀给料、适当的筛分时间和振动强度、及时清理和维修筛面等都是筛分效率的有效保证。

（二）筛分设备及工作原理

固体废物筛选常用设备主要有滚筒筛和振动筛。

滚筒筛也称转筒筛（图 10-18），筛面为带孔的圆柱形筒体（倾斜 3°～5°安装）或截头圆锥筒体。筛筒的转速一般控制在 10～15 r/min，在旋转过程中，固体废物不断地起落运动，使小于筛孔尺寸的细粒透筛，而筛上产品则逐渐移至筛筒的另一端排出。

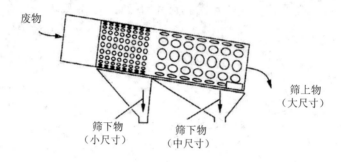

图 10-18　滚筒筛工作示意图

振动筛在与筛面垂直或近似垂直方向产生振动，振动次数 600～3 600 r/min，振幅 0.5～1.5 mm。振动筛的安装倾角一般控制在 8°～40°。根据产生振动的原理不同，振动筛分为惯性振动筛和共振筛两种。惯性振动筛（图 10-19）是通过不平衡物体（重块）的旋转所产生的离心惯性力使筛箱产生振动进行筛分。共振筛（图 10-20）是利用连杆上装有弹簧的曲柄连杆机构驱动，使筛子在共振状态下进行筛分。

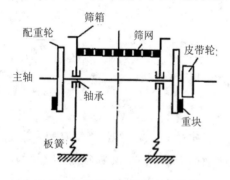

图 10-19　惯性振动筛构造及工作原理

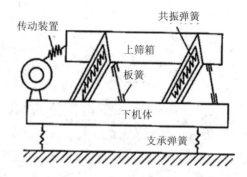

图 10-20　共振筛构造及工作原理

振动筛由于筛面作强烈振动，消除了堵塞筛孔的现象，因此筛分效率很高。可适用于粗、中、细粒废物（0.1～0.15 mm）的筛分，还可用于脱水和脱泥筛分。

二、风选

风选，又称气流分选，是最常用的一种在气流中按密度分离废物中不同组分的重选方法，被许多国家广泛应用于生活垃圾的粗选，将垃级中的有机物与无机物大致分离，以便分别回收利用或处置。

（一）风选原理

风选常以空气为分选介质，在气流和重力作用下，不同粒度和比重的颗粒在气流中的运动轨迹不同而分离。它实质上包含了两个分离过程：一是轻颗粒与重颗粒的分离；二是轻颗粒从气流中分离出来。

（二）风选设备

按气流吹入方向不同，风选设备可分为水平气流风选机（又称卧式风力分选机）和垂直气流风选机（又称立式风力分选机）。

图 10-21 为水平气流分选机工作原理示意图。气流由侧面送入，固体废物经破碎和筛分后，定量均匀地给入机内。当废物在机内下落时，被鼓风机鼓入的水平气流吹散，废物中各种组分沿着不同运动轨迹分别落入重质组分、中重质组分和轻质组分收集槽中。其特点是机构造简单，维修方便；但分选精度不高。一般很少单独使用，常与破碎、筛分、立式风力分选机联合使用。

图 10-22 为垂直气流分选机工作原理示意图。经破碎后的固体废物从中部给入机内，物料在上升气流作用下，各组分按密度进行分离，重质组分从底部排出，轻质组分从顶部排出，经旋风除尘器进行气固分离。与水平气流分选机相比，垂直气流分选机分离精度较高。

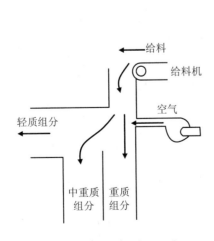

图 10-21　水平气流分选机工作原理

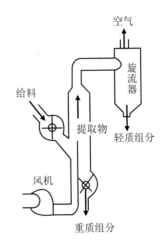

图 10-22　垂直气流分选机工作原理

为强化风选机对废物的分散作用，通常采用锯齿形、振动式的气流通道（图10-23），使气流在分选筒中产生湍流和剪切力，借此分散废物团块，以达到更好的分选效果。

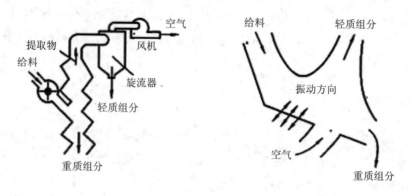

图 10-23　锯齿形和振动式风力分选机

三、摩擦与弹跳分选

摩擦与弹跳分选是根据固体废物中各组分摩擦系数和碰撞系数的差异，在斜面上运动或与斜面碰撞弹跳时产生不同的运动速度和弹跳轨迹而实现彼此分离的一种处理方法。

常见的摩擦与弹跳分选设备有带式筛、斜板运输分选机和反弹滚筒分选机三种，如图10-24所示。

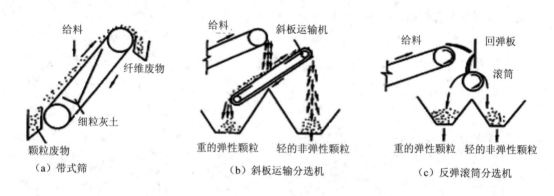

（a）带式筛　　　　（b）斜板运输分选机　　　　（c）反弹滚筒分选机

图 10-24　摩擦与弹跳分选设备及工作原理

带式筛是一种倾斜安装配有振打装置的运输带，其带面由筛网或刻沟的胶带制成。带面安装倾角大于颗粒废物的摩擦角，小于纤维废物的摩擦角。废物由带面下半部的上方给入，由于带面的振动，颗粒废物在带面上作弹性碰撞，向带的下部弹跳；又因带面的倾角大于颗粒废物的摩擦角，所以颗粒废物还有下滑的运动；最后由带的下端排出。纤维废物与带面为塑性碰撞，不产生弹跳，并且带面倾角小于纤维废物的摩擦角，所以纤维废物不沿带面下滑，而随带面一起向上运动，从带的上端排出。在向上运动过程中，由于带面的振动使一些细粒灰土透过筛孔从筛下排出，从而使颗粒状废物与纤维状废物和细粒灰土实现分离。

斜板运输分选机倾斜安装，废物由给料皮带运输机从斜板运输分选机的下半部的上方给入，其中砖瓦、铁块、玻璃等与斜板板面产生弹性碰撞，向板面下部弹跳，从斜板分选机下端排入重的弹性产物收集仓。而纤维织物、木屑等与斜板板面为塑性碰撞，不产生弹跳，因而随斜板运输板向上运动，从斜板上端排入轻的非弹性产物收集仓，从而实现分离。

反弹滚筒分选机分选系统由抛物皮带运输机、回弹板、滚筒和产品收集仓组成。废物由倾斜抛物皮带运输机抛出，与回弹板碰撞，其中铁块、砖瓦、玻璃等与回弹板、分料滚筒产生弹性碰撞，被抛入重的弹性产品收集仓。纤维废物、木屑等与回弹板为塑性碰撞，不产生弹跳，被分料滚筒旋转带动掉入轻的非弹性产品收集仓，从而实现分离。

四、磁选

磁选是利用固体废物中各种物质的磁性差异在不均匀磁场中进行分选的一种处理方法。主要用于回收或富集黑色金属，或是在某些工艺中用于排除物料中的铁磁性物质。

（一）磁选原理

固体废物按磁性可分为强磁性、中磁性、弱磁性和非磁性等组分。当固体废物通过磁选机的磁场时，同时受到磁力、重力、离心力、介质阻力和摩擦力等机械力的作用。磁性较强的颗粒（通常为黑色金属）受到以磁场力为主的合力作用，向磁力滚筒迁移，并附着在滚筒上，随着滚筒的运动被带到非磁性区时，在重力作用下脱落；磁性弱的或非磁性颗粒，由于所受的磁场作用力很小，在以非磁场力为主的合力作用下，不向磁力滚筒迁移，从而实现强磁性颗粒和其他颗粒的分离。

为了将磁性强弱不同的颗粒分开，必须满足以下条件：

$$F_2 < \sum F_{机} < F_1 \tag{10-9}$$

式中：F_1 —— 强磁性颗粒所受的磁力；

$\quad\quad F_2$ —— 弱磁性颗粒所受的磁力；

$\quad\quad \sum F_{机}$ —— 与磁力方向相反的所有机械力的合力。

（二）磁选设备

根据产生磁场的方式不同，磁选设备分为永磁和电磁两类。两种设备的工作过程相似，其中电磁磁场可通过调节激磁线圈电流的大小来加以控制，但价格比永磁高出很多，所以实际应用较多的是永磁磁选设备。常见的磁选设备主要有滚筒式磁选机和带式磁选机。

1. 滚筒式磁选机

滚筒式磁选机如图 10-25 所示。其主要组成部分是一个回转的多极磁系和套在磁系外面的用不锈钢或铜、铝等非导磁材料制成的圆筒。一般磁系包角为 360°。磁系与圆筒固定在同一个轴上，安装在皮带运输机头部，代替传动滚筒。固体废物均匀给在皮带运输机上，随皮带运动，当经过磁力滚筒时，非磁性物料在重力及惯性力的作用下，被抛落到滚筒前方的非磁性产品收集料斗；而铁磁物质则在磁力作用下被吸附到皮带上，并随皮带一起继续向前运动。当铁磁物质转到滚筒下方逐渐远离滚筒时，受到的磁力也将逐渐减小，在重力和惯性力的作用下脱开皮带落入磁性产品收集料斗，不易掉落的细粒被刮板刮落落入料斗。

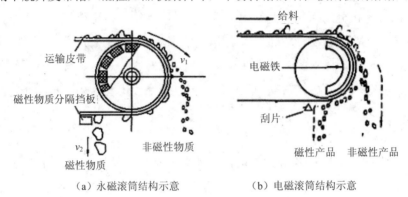

（a）永磁滚筒结构示意　　　　　（b）电磁滚筒结构示意

图 10-25　磁滚筒磁选机结构与工作原理

图 10-26 为湿式逆流型永磁圆筒式磁选机的结构示意图。这种磁选机主要适用于粒度小于 0.6 mm 的强磁性颗粒的回收及从钢铁冶炼排出的含铁尘泥和氧化铁皮中回收铁，以及回收重介质分选产品中的加重质。料浆由给料箱直接进入圆筒的磁系下方，非磁性物质和磁性很弱的物质由磁系左边下方的底板上排料口排出。磁性物质则随圆筒逆着给料方向移到磁性物质排出端，排入磁性物质收集槽中。

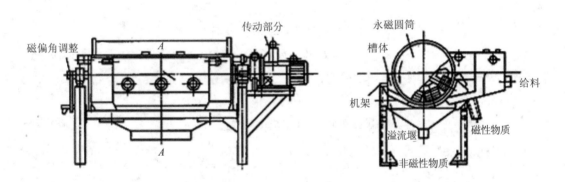

图 10-26　逆流型永磁圆筒式磁选机结构示意图

2．带式磁选机

图 10-27 为带式磁选机的工作原理图。物料均匀放置在输送皮带上，固定磁铁横向悬挂在物料输送皮带的上方，物料缓慢（移动速度不大于 1.2 m/s）穿过磁铁下方时，铁磁性

物质（不大于 50 mm）被磁铁所吸引，附着在磁铁下部磁性区段的传送带上，并随传送带一起向一端移动。当传送带离开磁铁磁场范围时，铁磁性物质在重力作用下脱离皮带落入磁性产品收集料斗，从而实现铁磁性物质的分离。

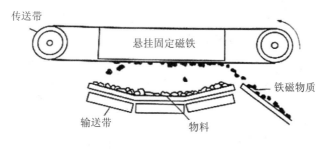

图 10-27　带式磁选机

五、电选

电选是利用固体废物中各种组分在高压电场中电性的差异而实现分选的一种方法。主要用于从废旧电线、废电缆、电子工业废料中分离回收金、银、铜等金属；从煤渣、粉煤灰中回收炭；还可用于塑料、橡胶、纤维纸、合成皮革和胶卷等物质的分选。

（一）电选原理

物质根据其导电率，分为导体、半导体和非导体三种。大多数固体废物属于半导体和非导体，一般电性较弱，因此，要实现电选分离，必须先通过适当的方法使废物颗粒荷电，因为只有荷电颗粒才能受到电场力的作用。

实际电选过程中使废物颗粒带上电荷的方式主要有直接传导带电和电晕带电。

1. 传导带电的静电分选机分选原理

图 10-28 为直接传导带电的静电分选机的结构与工作原理示意图。废物通过电振给料机均匀地给到带电滚筒（传导电极）上，导电性好的废物将获得和带电滚筒相同的电荷而被滚筒排斥落入导体产品收集槽内；导电性差的废物或非导体与带电滚筒接触被极化，在靠近滚筒一端产生相反的束缚电荷而被滚筒吸住，随滚筒带至后面被毛刷强制刷落进入非导体产品收集槽，从而实现不同电性的废物分离。

2. 电晕-静电复合电场分选原理

图 10-29 为电晕-静电复合电场分选机的结构与工作原理示意图。目前大多数电选机都采用这种复合电场。这种电选机的电晕电场是不均匀电场，电场中有两个电极：电晕电极（带负电）和滚筒电极（带正电）。当两电极间的电位差达到某一数值时，负极发出大量电子。这些电子在电场中高速运动，撞击空气中的分子并使其电离，产生的负离子飞向正极（滚筒电极）。废物颗粒由给料斗均匀地给到滚筒上，随着滚筒的旋转，进入电晕电场区。

在电晕电场区，所有颗粒都获得负电荷。导电性好的颗粒很快将电荷传给正极（辊筒），而不受正极的吸引，进入静电场后从辊筒电极获得相同符号的电荷而被排斥，在离心力、重力及静电斥力综合作用下落入导体收集槽；而导电性较差的颗粒能保持电荷，与带电符号相反的辊筒相吸，并牢固地吸附在辊筒上，最后被毛刷强制刷落，从而实现分离。

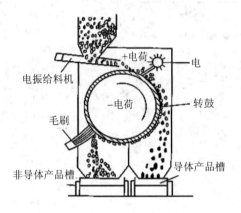

图 10-28　滚筒式静电分选过程示意图

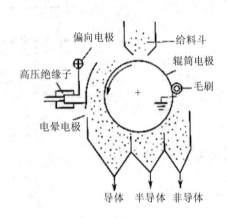

图 10-29　电晕-静电复合电场分选过程示意图

在电选过程中，为了将导电性不同的颗粒分开，必须满足以下条件：对于需分离的导体颗粒应使其所受到的离心力大于向心力，而非导体所受到的离心力应小于向心力。为此，物料粒度不宜太大，一般小于 5~10 mm；转鼓转速宜小于 10 r/min，以减少由重力和惯性导致的离心力。

（二）电选设备

常用的电选机有滚筒式静电分选机（图 10-28）和 YD-4 型高压电选机（图 10-30）。

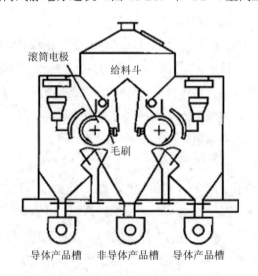

图 10-30　YD-4 型高压电选机

滚筒式静电分选机可用于废物中铝等金属和玻璃的分离。YD-4 型高压电选机具有较宽的电晕电场区、特殊的下料装置和防积灰漏电措施，整机密封性能好，采用双筒并列式，结构合理、紧凑，处理能力大，效率高，可作为粉煤灰专用设备。粉煤灰经过分选后，得到的灰渣含炭率小于 8%，可以做建材原料；而精煤产品含炭率大于 50%，可以做型煤原料。

六、浮选

浮选主要用于分选不易被重力分选所分离的细小颗粒（粒度小于 5 mm）。但废物在浮选前需破碎和磨碎到一定的细度，浮选时要消耗一定数量的浮选药剂，容易造成环境污染或需增加相配套的净化设施，浮选后需要一些辅助工序，如浓缩、过滤、脱水、干燥等。因此浮选在实际上的应用受到一定限制，目前在我国主要用于从粉煤灰中回收炭、从煤矸石中回收硫铁矿、从焚烧炉灰渣中回收金属等。

（一）浮选原理

浮选也称泡沫浮选，是依据各种物料的表面润湿性的差异，在浮选药剂的作用下，使预选物质颗粒黏附在气泡上，随气泡上浮，不浮的颗粒仍留在料浆内，从而实现分离的过程。在浮选过程中，固体废物各组分对气泡黏附的选择性，是由固体颗粒、水、气泡组成的三相界面间的物理化学特性所决定的。其中比较重要的是颗粒表面的润湿性，与颗粒密度无关。颗粒表面疏水性强，则可浮性好，可随气泡上浮从表面回收；颗粒表面亲水性强，则可浮性差，就会下沉从底部排出。因此，浮选可用于密度相差不大但表面疏水性相差较大的细小颗粒的分离。

颗粒表面的疏水性能，可以通过浮选药剂的作用而加强或削弱。因此，在浮选工艺中，正确选择和使用浮选药剂是调整物质可浮性的主要外因条件。

根据在浮选过程中的作用，浮选药剂分为捕收剂、起泡剂和调整剂三大类。

捕收剂是指能选择性地作用于固体废物颗粒表面，使颗粒表面疏水性增强的有机物质。常用的捕收剂主要有异极性捕收剂（如黄药、黑药、油酸等）和非极性油类捕收剂（如煤油）两类。异极性捕收剂的分子结构包含两个基团：极性基和非极性基。极性基活泼，能够与物质颗粒表面发生作用，使捕收剂吸附在物质颗粒表面；非极性基起疏水作用［图 10-31（a）］。非极性捕收剂难溶于水，具有很强的疏水性。在料浆中由于强烈搅拌作用而被乳化成微细的油滴，与物质颗粒碰撞接触时，便黏附于疏水性颗粒表面上，并在其表面扩展形成油膜，从而大大增加颗粒表面的疏水性，使其可浮性提高。

起泡剂的主要作用是促进泡沫形成，增加分选界面［图 10-31（b）］，它与捕收剂有联合作用［图 10-31（c）］。常用的起泡剂有松醇油、脂肪醇等。

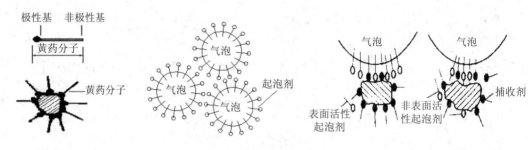

（a）捕收剂在颗粒表面的作用　　（b）起泡剂在气泡表面的吸附　　（c）起泡剂与表面活性剂相互作用

图 10-31　浮选药剂的作用示意

调整剂主要用于调整捕收剂的作用及介质条件。其中促进目的颗粒与捕收剂作用的称为活化剂；抑制非目的颗粒可浮性的称为抑制剂；调整介质 pH 的称为 pH 调整剂；促使料浆中目的细粒联合变成较大团粒的称为絮凝剂；促使料浆中非目的细粒成分散状态的药剂称为分散剂。表 10-1 列出了常用的调整剂种类。

表 10-1　常用的调整剂种类

调整剂系列	活化剂	抑制剂	pH 调整剂	絮凝剂	分散剂
典型代表	金属阳离子、阴离子 HS^-、$HSiO_3^-$ 等	石灰、氯化钾（钠）、重铬酸钾、硫酸锌、硫化钠等	酸、碱	腐殖酸、聚丙烯酰胺	水玻璃、磷酸盐

（二）浮选设备

浮选机是实现浮选过程的重要设备。浮选效果的好坏与所用浮选机的性能密切相关。通常对浮选机的性能要求有：①良好的充气作用；②搅拌充分；③能形成比较平稳的泡沫区；④能连续工作及便于调节。

浮选机种类很多，按充气和搅拌方式的不同，主要分为机械搅拌式、充气搅拌式、充气式和气体析出式四类，其中机械搅拌式浮选机的使用最为广泛。

在我国使用最广的浮选机是 XJK 型浮选机（图 10-32）。它一般由两个槽构成，第一槽（带有进浆管）为抽吸槽或称吸入槽，第二槽（没有进浆管）为自流槽或称直流槽。每一组槽子的料浆水平面用闸门进行调节。搅拌叶轮的上方装有盖板和空气筒（或称竖管），空气筒上开孔，用以安装进浆管、中矿返回管或作为料浆循环之用，其孔的大小，可通过拉杆进行调节。

浮选机工作时，废物与浮选药剂调和后，由进浆管进入盖板的中心处，叶轮旋转产生的离心力将料浆甩出，在叶轮与盖板间形成一定的负压，外界的空气便自动地经由进气管而被吸入，与料浆混合后一起被叶轮甩出。在叶轮的强烈搅拌作用下，料浆与空气得到充分混合，同时气流被分割成细小的气泡。欲选废物颗粒与气泡碰撞黏附，随气泡浮升至料浆表面形成泡沫层，通过刮板刮出，即得泡沫产品；经消泡脱水后即可回收，而非泡沫产品自槽底排出。

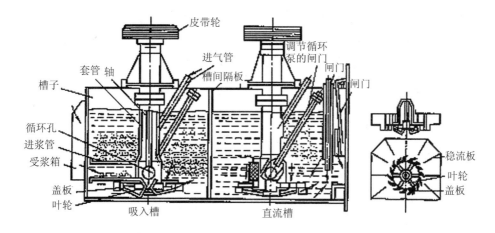

图 10-32　XJK 型机械搅拌式浮选机

（三）浮选工艺过程

浮选工艺过程主要包括调浆、调药、调泡三个程序。

1）调浆即浮选前料浆浓度的调节，主要是将破碎、磨碎的废物细粒调至适合浮选工艺要求的料浆浓度。这对浮选机的充气量、浮选药剂的消耗、处理能力及浮选时间等都有直接影响。一般来说，料浆浓度稀，则回收率低，但产品的质量高。随着料浆浓度的增高，回收率反而下降。

2）调药即浮选过程药剂的调制与添加。所加药剂的种类和数量，应根据欲选废物颗粒的性质通过试验确定。一般先加调整剂，再加捕收剂，最后加气泡剂。

3）调泡是对浮选气泡大小、数量和稳定性的调节。气泡越小，数量越多，气泡在料浆中分布越均匀，浮选效果越好。

一般浮选法大多是将有用物质浮入泡沫产物中，而无用或回收经济价值不大的物质仍留在料浆内，这种浮选法称为正浮选。但也有将无用物质浮入泡沫产物中，将有用物质留在料浆中的，这种浮选法称为反浮选。

固体废物中含有两种或两种以上的有用物质时，其浮选方法有以下两种：①优先浮选：将固体废物中有用物质依次一种一种地选出，成为单一物质产品。②混合浮选：将固体废物中有用物质共同选出为混合物，然后再把混合物中有用物质一种一种地分离。

七、分选效果评价

分选机对某一固体废物的分选效率，常用回收率和品位两个指标来评价。回收率是指单位时间内从某一排料口中排出的某一组分的质量与进入分选机的这种组分的质量之比。品位则是指某一排料口中排出的某一组分的质量与从这一排料口中排出的所有组分质量之比，品位也即纯度。

以二级分选为例，如果以 x、y 代表两种物料，x 在两个排出口被分为 x_1、x_2，y 在两个排出口被分为 y_1、y_2，则在第一个排出口 x 及 y 的回收率为

$$R_{x_1} = \frac{x_1}{x_1 + x_2} \times 100\% \qquad (10\text{-}10)$$

$$R_{y_1} = \frac{y_1}{y_1 + y_2} \times 100\% \qquad (10\text{-}11)$$

在第一个排出口 x 及 y 的纯度为

$$P_{x_1} = \frac{x_1}{x_1 + y_1} \times 100\% \qquad (10\text{-}12)$$

$$P_{y_1} = \frac{y_1}{x_1 + y_1} \times 100\% \qquad (10\text{-}13)$$

综合效率 E

$$E(x,y) = \left| \frac{x_1}{x_0} - \frac{y_1}{y_0} \right| \times 100\% = \left| \frac{x_2}{x_0} - \frac{y_2}{y_0} \right| \times 100\% \qquad (10\text{-}14)$$

第四节　热处理

固体废物的热处理是指在高温条件下，使废物中的某些物质发生分解、氧化、还原、氯化、气化、溶解度改变等热化学历程，包括高温下的焚烧、热解、湿式氧化、煅烧、焙烧、烧结及等离子体电弧分解、微波分解等。热处理方法适用于对废物中某一成分或性质相近的混合成分进行处理，不宜处理成分复杂的废物。其中煅烧、焙烧、烧结等多用作矿业固体废物和工业废渣等化学预处理作业，为下步处理做准备；其他热处理方法多用于有机废物的处理，具有很好的减量化和无害化效果，同时还能回收能量或物质。热处理方法中应用最广泛的是焚烧和热解，本节做重点介绍。

一、焚烧

固体废物焚烧处理是指将固体废物投入高温（800～1 000℃）焚烧炉内，其中的可燃成分与空气中的氧气发生剧烈的化学反应，转化为高温的燃烧气体和性质稳定的固体残渣，并放出热量的过程。

经过焚烧处理，固体废物可以减容 80%～90%；可以破坏有毒有害废物、杀灭细菌和病毒，达到解毒、除害的目的；残渣性质稳定，可做建材使用，若后续填埋也可以节约大

量用地；产生的大量高温烟气，可通过发电或供热而回收能源。因此，焚烧是一种可同时实现废物无害化、减量化和资源化的处理技术；适宜处理有机成分多、热值高的废物，广泛应用于生活垃圾、危险废物和一般工业废物的处理。

（一）焚烧过程及原理

废物进行焚烧处理，必须具备三个基本条件：可燃物质（有时还需要助燃物质）、引燃火源和着火条件。可燃物质着火燃烧实际是燃烧系统中与热力学、动力学和流体力学等有关的各种因素共同作用的结果。

废物从送入焚烧炉到形成烟气和固态残渣的整个过程总称为焚烧过程（图 10-33）。

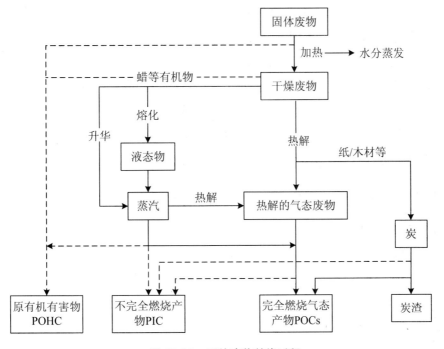

图 10-33　固体废物焚烧过程

焚烧过程是一个包括热分解、熔融、蒸发和化学反应等一系列物理变化和化学反应的复杂系统工程，大体上可分为干燥、燃烧和燃尽三个阶段。

1. 干燥阶段

干燥阶段是指从废物送入焚烧炉起，到废物开始析出挥发成分和着火的这段时间。

废物送入焚烧炉后，通过高温烟气、火焰、高温炉料的热辐射和热传导，首先被加热升温，水分蒸发，废物不断干燥。当水分基本析出完后，物料温度开始迅速上升，直到着火燃烧。废物含水越多，越难升温至着火燃烧，所需干燥时间也越长，有时还需要投入辅助燃料燃烧产热，以提高炉温，改善干燥着火条件。

我国城市生活垃圾含水率较高，一般在 40%～60%，因此，焚烧的干燥阶段非常重要。

2．燃烧阶段

燃烧阶段是指废物开始着火至强烈的发光氧化反应结束的这段时间。

根据可燃物质的种类和性质不同，固体物质的燃烧一般可划分为三种：蒸发燃烧、分解燃烧和表面燃烧。含碳固体废物的燃烧大都属于分解燃烧，废物受热后先分解为可挥发性组分和固定碳，然后可挥发性组分中的可燃性气体进行扩散燃烧，固定碳与空气接触进行表面燃烧。挥发性组分的燃烧是均相的反应，反应速度快；而固体物质的表面燃烧是不均相的，速度要慢得多。虽然燃烧阶段一般都供给过量空气，以提供充足的氧气与炉中废物有效接触发生燃烧反应，但由于废物组分的复杂性和其他因素的影响，仍会存在一些废物燃烧不完全的现象。

3．燃尽阶段

燃尽阶段是指主燃烧阶段结束至燃烧完全停止的这段时间。此时，参与反应的物质的量大大减少了，而反应生成的惰性物质、气态的 CO_2、H_2O 和固态的灰渣则增加了。由于灰层的形成和惰性气体的比例增加，使剩余的氧化剂难以与物料内部未燃尽的可燃成分接触并发生氧化反应，燃烧过程因此减弱。此时，物料周围温度的降低也不利于反应的继续进行。因此，要使物料中未燃尽的可燃成分燃烧干净，就必须延长燃烧过程，同时补充空气，翻动残渣，使之能够有足够的时间与空气充分接触，尽可能完全燃烧掉。

（二）焚烧效果及影响因素

1．焚烧效果的评价指标

一般废物和生活垃圾焚烧效果的评价指标主要有热灼减率、燃烧效率等；在焚烧危险废物时，还要考察有机有害成分的焚毁去除率指标。

（1）热灼减率

热灼减率是指焚烧残渣在（800±25）℃经 3 h 灼烧后减少的质量占原焚烧残渣质量的百分比，表示为

$$Q_R = \frac{m_a - m_d}{m_a} \times 100\% \qquad (10\text{-}15)$$

式中：Q_R——热灼减率，%；

　　　m_a——焚烧残渣在室温时的质量，g；

　　　m_d——焚烧残渣在（800±25）℃经 3 h 灼热后冷却至室温的质量，g。

连续式焚烧炉产生的底灰，其热灼减率应小于 5%。

（2）燃烧效率

燃烧效率（CE）通常用烟道气中 CO_2 与 CO_2 和 CO 的浓度总和的比值来表示，其表达式为

$$CE = \frac{[CO_2]}{[CO_2]+[CO]} \times 100\% \qquad (10\text{-}16)$$

式中：$[CO_2]$、$[CO]$——烟道气中 CO_2、CO 的浓度。

（3）焚毁去除率

焚毁去除率（DRE）是指危险废物经过焚烧后，其中有机有害成分的去除质量百分比，表达式为：

$$DRE = \frac{W_i - W_o}{W_i} \times 100\% \qquad (10\text{-}17)$$

式中：W_i——进入焚烧炉的有机有害物的质量流率；

$\quad\quad W_o$——从焚烧炉流出的有机有害物（包括烟道排废气和焚烧残渣中残留的有机有害物）的质量流率。

一般法律都对危险废物焚烧的焚毁去除率要求非常严格，如我国《危险废物焚烧污染控制标准》中规定，一般危险废物中有机有害成分的焚毁去除率要达到 99.99%，多氯联苯的焚毁去除率要达到 99.999 9%。

2．影响因素

固体废物的焚烧效果，受许多因素的影响，如焚烧炉类型、固体废物性质、废物停留时间、焚烧温度、混合程度、过剩空气率，以及固体废物料层厚度、运动方式、空气预热温度、进气方式、燃烧器性能、烟气净化系统阻力等。以下介绍几个主要的影响因素。

（1）固体废物性质

废物的三组分：水分、可燃分（挥发分和固定碳）和灰分，是影响焚烧效果的关键因素。其成分和含量决定了废物的热值和焚烧治理的难易程度，常用于指导废物焚烧炉的设计。

（2）焚烧温度

废物的焚烧温度是指废物中可燃成分（特别是有害成分）在高温下氧化、分解直至破坏所需达到的温度。它比废物的着火温度要高得多。

一般来说，提高焚烧温度有利于废物中有机毒物的分解与破坏，并可抑制黑烟的产生和减少燃烧所需的时间。但过高的焚烧温度不仅会增加辅助燃料消耗，而且会增加废物中金属的挥发量和氮氧化物的产生量，容易引起二次污染，并会损坏焚烧炉的耐火防护层和锅炉管道。因此，适宜的焚烧温度应在一定的停留时间下由实验确定。

大多数有机废物的焚烧温度为 700～1 000℃，通常在 800～900℃ 为宜。目前一般要求生活垃圾焚烧温度在 850～950℃，医疗垃圾、危险固体废物的焚烧温度要达到 1 150℃。而对于危险废物中的某些较难氧化分解的物质，甚至需要在更高温度和催化剂作用下进行焚烧。

（3）停留时间

焚烧停留时间是指固体废物或燃烧气体在焚烧炉内的停留时间。废物进入炉内的形态，如固体废物颗粒大小、液体雾化后液滴的大小以及黏度等，对焚烧所需停留时间影响很大。当废物的颗粒粒径较小时，与空气接触表面积大，则氧化、燃烧条件好，停留时间就可短些。

停留时间长短直接影响废物的焚烧效果和尾气组成等，也是决定焚烧炉容积尺寸和燃烧能力的重要依据。停留时间越长，焚烧反应越彻底，焚烧效果就越好，但焚烧炉处理量减小，投资增加；反之，则废物会燃烧不完全，造成二次污染大。通常要求垃圾焚烧停留时间在 1.5～2 h 以上，烟气停留时间在 2 s 以上。

（4）混合程度

混合程度是指固体废物与助燃空气、燃烧气体与助燃空气的混合程度。为增大废物与空气的混合程度，焚烧炉采用的搅动方式有：空气流扰动、机械炉排扰动、流态化扰动及旋转扰动等，其中以流态化扰动方式效果最好。小型焚烧炉多属于固定炉床式，常通过空气流扰动；大中型焚烧炉一般都采用机械炉排扰动。

（5）过剩空气率

焚烧过程的氧气是空气提供的，空气不仅能够起到助燃的作用，同时也起到冷却炉排、搅动炉气以及控制焚烧炉气氛等作用。在实际燃烧系统中，氧气与可燃物质无法完全达到理想程度的混合及反应。为使燃烧尽量完全，需要供给比理论空气量更多的助燃空气，这就是过剩空气量。常用过剩空气系数 m 或过剩空气率 E 来表示。

$$m = \frac{A}{A_0} \tag{10-18}$$

$$E = (m-1) \times 100\% \tag{10-19}$$

式中：A_0——理论空气量；

A——实际供应空气量。

显然，m 或 E 越大，供给空气越多，越有利于混合和提高炉内氧气的浓度；但过大的过剩空气系数，可能会导致炉温降低、烟气量和热损失增大，对焚烧过程产生副作用，给烟气的净化处理带来不利影响，最终会提高固体废物焚烧处理的运行成本。

在废物焚烧处理系统中，物料停留时间（time）、焚烧温度（temperature）、混合程度（turbulence）、过剩空气率（excess air ratio），常称为"3T+1E"。它们是反映焚烧炉工况的重要技术指标，也是实际焚烧操作的关键控制参数。它们不是独立的参数，而是相互影响、相互制约的。

焚烧温度和废物在炉内的停留时间有密切关系。若停留时间短，则要求较高的焚烧温度；停留时间长，则可采用略低的焚烧温度。设计时不宜采用提高焚烧温度的办法来缩短停留时间，而应从技术经济角度确定焚烧温度，并通过试验确定所需的停留时间。同样，也不宜片面地以延长停留时间而达到降低焚烧温度的目的。因为这不仅使炉体结构设计得很庞大，增加炉子占地面积和建造费用，甚至会使炉温不够，使废物焚烧不完全。废物焚烧时如能保证供给充分的空气，维持适宜的温度，使空气与废物在炉内均匀混合，且炉内气流有一定扰动作用，保持较好的焚烧条件，所需停留时间就可小一点。

（三）焚烧炉

废物焚烧系统的核心是焚烧设备，即焚烧炉。焚烧炉的结构形式与废物的种类、性质和燃烧形态等因素有关。常见的废物焚烧方式主要有层状燃烧、流化燃烧和旋转燃烧。相应的焚烧炉主要有炉排型焚烧炉、炉床型焚烧炉和沸腾流化床焚烧炉等。

1. 炉排型焚烧炉

将废物置于炉排上进行焚烧的炉子称为炉排型焚烧炉，有固定炉排和活动炉排两种焚烧形式。固定炉排焚烧炉只适用于处理少量废物，当废物量较大时很难做到焚烧完全。大量废物（如生活垃圾）焚烧基本都采用活动炉排焚烧炉，即机械炉排焚烧炉，如图 10-34 所示。

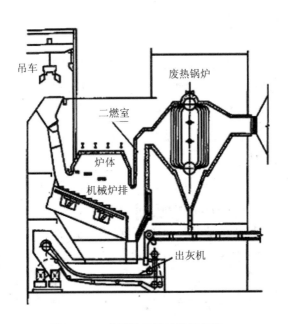

图 10-34　典型的机械炉排焚烧炉

机械炉排焚烧炉的炉膛通常由两个燃烧室组成。一燃室主要完成固体物料和挥发组分的燃烧，二燃室主要对烟气中的未燃尽组分和悬浮颗粒进行燃烧。为尽量减少散热损失，一燃室通常采用内衬耐火材料保温，以保证炉膛内实现稳定和良好的燃烧；而二燃室兼具二次燃烧和烟气冷却双重作用，通常采用水冷壁回收高温烟气的热量。

炉排是焚烧炉最关键的部件，其作用主要有：输送固体废物和炉渣通过炉膛，搅拌和混合物料，引导空气穿过固体废物燃烧层，使燃烧反应进行得更加充分。根据对废物输送方式的不同，炉排可分为多种形式，常用的有摇动式、台阶式、逆动式、履带式和滚动式炉排，如图 10-35 所示。

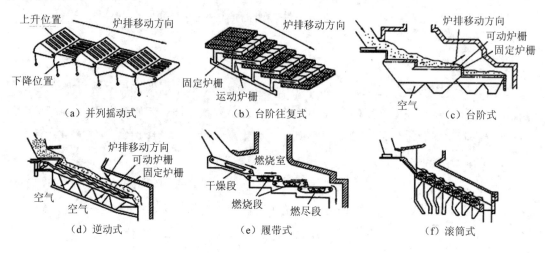

图 10-35   活动式炉排的类型

2. 炉床型焚烧炉

炉床型焚烧炉采用炉床盛料，燃烧在炉床上物料表面进行，适于处理颗粒小或粉末状固体废物以及泥浆状废物，分为固定炉床和活动炉床两大类。

（1）固定炉床焚烧炉

固定炉床焚烧炉主要有多段炉和螺旋式固定床焚烧炉。

图 10-36 为多段炉结构示意图。

多段炉的炉体是一个垂直的内衬耐火材料的钢制圆筒，内部分成许多段（层），每段是一个炉膛。按照各段的功能，可以把炉体分成三个操作区：最上部是干燥区，温度在 310～540℃；中部为焚烧区，温度在 760～980℃，固体废物在此区燃烧；最下部为焚烧后灰渣的冷却区。炉中心有一个顺时针旋转的中心轴，各段的中心轴上又带有多个搅拌杆（一般燃烧区有两个搅拌杆，干燥区有四个）。上部干燥区的中心轴由单筒构成，燃烧区的中心轴由双层套筒构成，两者均在筒内通入空气，作为冷却介质。

在操作时，固体废物连续不断地供给到最上段的外围处，并在搅拌杆的作用下，迅速在炉床上分散，然后从中间孔落到下一段。第二段上，固体废物又在搅拌杆的作用下，边分散边向外移动，最后从外围落下。这样，固体废物在 1、3、5 奇数段从外向里，在 2、4、6 偶数段从里向外运动，并在各段的移动与落下过程中，进行搅拌、破碎，同时也受到干燥和焚烧处理。热空气从炉体下部通入，燃烧尾气从上部排出。

多段炉装置构造较复杂，维修与保养问题较多，主要适于处理污泥和泥渣。通常需设二次燃烧设备，以消除恶臭污染。

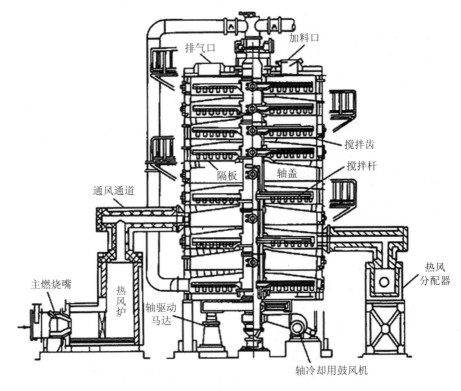

图 10-36　多段炉构造示意图

　　图 10-37 为螺旋式固定床焚烧炉示意图。该焚烧炉由两个燃烧室组成。螺旋燃烧室为一燃室，它包括圆柱形的燃烧室炉体、进出料装置、强制通风系统、集灰器和不等螺距的螺旋推进器。由顶部的强制通风系统，经过嵌在耐火材料中的环形孔口，送入一次助燃空气。二燃室是一个由耐火砖衬里、垂直安装的圆柱体，通过壳体中的多个孔口进行强制通风，并有一个储灰器、一个冲洗槽和一个热气出口。

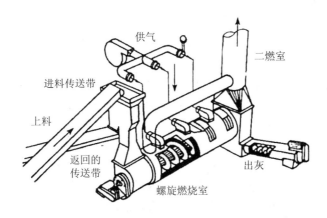

图 10-37　螺旋式固定床焚烧炉构造示意图

螺旋式固定床焚烧炉处理能力大，运行可靠，对物料适应性强、能焚烧各种复杂的固体废物。

（2）活动炉床焚烧炉

旋转窑式焚烧炉是最为典型的一种活动炉床焚烧炉，主要由旋转窑（一燃室）和二燃室组成，如图 10-38 所示。其主体设备是一个倾斜横置的滚筒式炉体（一燃室），内设有提升搅拌挡板，通过炉体的缓慢转动，对废物进行搅拌和移送。旋转窑的长径比为 2：1～5：1，倾斜度为 1/100～3/100，转速为 0.5～3 r/min，可根据废物燃烧特性等进行调整。窑炉炉体固体废物从右端加入，在缓慢地向左流动的同时，靠搅拌挡板作用被破碎、搅拌以及在燃烧区过来的热气流的加热作用下逐渐干燥、着火、燃烧，有时还可以把焚烧后的残渣熔融，最后形成粒状的熔块排出。

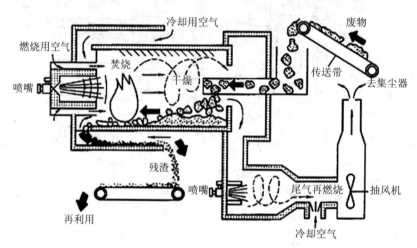

图 10-38　旋转窑焚烧炉构造及原理示意图

旋转窑焚烧炉内部无运动部件，运行可靠，不易损坏，操作弹性大，可以耐废物性状（黏度、水分）、发热量，加料量等条件变化的冲击，可用于处理污泥、塑料、废树脂、硫酸沥青渣、生活垃圾等多种物料及其混合物料。在我国广泛用于危险废物和医疗废物的焚烧处理。

3. 流化床焚烧炉

目前工业应用的流化床有沸腾（气泡）床和循环床两种类型，如图 10-39 所示。沸腾床多用于处理生活垃圾及污泥，循环床多用于处理有害工业废物。

沸腾流化床焚烧炉利用炉底分布板吹出的热风使废物呈流态化，并借助惰性介质（如石英砂）蓄热与均匀传热使废物干燥燃烧。未燃尽的垃圾废物比重较轻，继续在上部燃烧室（干舷区，其作用类似二次燃烧室）燃烧；燃尽垃圾中比重较大的炉渣落到炉底，分离出流动砂和少量的中等炉渣通过提升设备送回到炉中继续使用。由于气流速度比较大，约70%的垃圾灰分以飞灰排出处理。

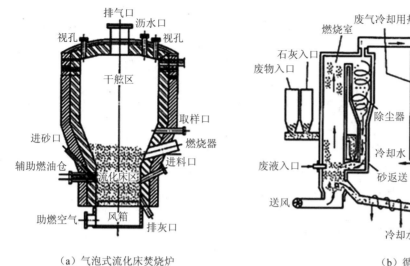

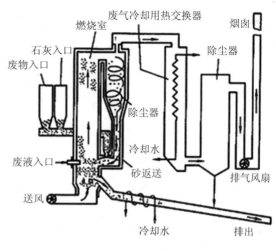

　　（a）气泡式流化床焚烧炉　　　　　　　　　　　　（b）循环式流化床焚烧炉

图 10-39　常见流化床示意图

　　流化床的关键是控制一次助燃空气的流速。流速过小，介质和废物形不成流态化；流速过大则导致介质被上升气流带出焚烧炉。沸腾流化床的表象气体流速一般控制在 1～3 m/s。

　　在流化床中，介质和废物始终处于流化状态，气固间充分混合接触，传热传质效率高，燃烧效率高，燃烧温度可以维持在较低水平（750～850℃），因此氮氧化物产量较低。流化床炉体较小，结构简单，炉内无移动部件，故障较少。但流动的介质对炉体磨损较大；不能处理大块物料，需破碎筛分等预处理。另外，流化床焚烧炉处理能力一般不大（常在50～200 t/d），对操作要求较高，运行费用较高。

（四）焚烧炉设计

　　固体废物焚烧炉设计的基本原则，是使废物在焚烧炉内按过顶的焚烧温度和足够的停留时间，达到完全燃烧，最大限度地实现废物的无害化。因此，在设计焚烧炉时，必须充分考虑到以下因素：①废物量与生产规模及发展规划紧密有关；②废物中混有燃烧特性不同的物料，其性状、大小不一，燃烧速度有较大差异；③废物的燃料特性，包括废物中的水分、灰分、可燃分、低位热值、密度、形状和大小等，随季节和区域的不同有较大的变化。因此，设计时一般要求按中期规划设计，分期建设。首先根据废物的处理量、物化特性，通过质能衡算，确定所需的助燃空气量、燃烧烟气产生量及其组成、炉温等重要参数；然后据此选择适宜的炉床，合理设计炉膛的形状和尺寸，以增加废物与氧气接触的机会，使废物在焚烧过程中水气易于蒸发、加速燃烧，同时控制空气及燃烧烟气的流速及流向，使气体得以均匀混合。

1. 热平衡分析

固体废物能否采用焚烧法处理，主要取决于其可燃性和热值。热值是指物质在一定压力下反应到达最终产物的焓的变化，常以单位质量的废物在完全燃烧时释放出来的热量（kJ/kg）表示。

热值有两种表示法，高位热值和低位热值。高位热值对应的产物水为液态，低位热值对应的产物水为气态，二者差值即水的汽化潜热。通常用氧弹量热计测量的是高位热值。将高位热值转变成低位热值可以通过下式计算：

$$H_L = H_H - 2\,420\left[W_{H_2O} + 9\left(W_H - \frac{W_{Cl}}{35.5} - \frac{W_F}{19}\right)\right] \tag{10-20}$$

式中：H_L——低位热值，kJ/kg；

$\quad\quad H_H$——高位热值，或称粗热值，kJ/kg；

$\quad\quad W_{H_2O}$——焚烧产物中水的质量分数，%；

$\quad\quad W_H$、W_{Cl}、W_F——废物中氢、氯、氟的质量分数，%。

若废物的元素组成已知，则可利用 Dulong 方程式近似计算出低位热值：

$$H_L = 2.32\left[14\,000x_C + 45\,000\left(x_H - \frac{1}{8}x_O\right) - 760x_{Cl} + 4\,500x_S\right] \tag{10-21}$$

式中：x_C、x_H、x_O、x_{Cl}、x_S——碳、氢、氧、氯和硫的摩尔分数。

若混合固体废物中各组成物的热值已知，也可按下式计算出混合固体废物的总热值：

$$固体废物总热值 = \frac{\sum(各组成物热值 \times 各组成物质量)}{固体废物总质量} \tag{10-22}$$

要维持物质燃烧，就要求其燃烧释放出来的热量足以加热废物，使之达到燃烧温度或具备发生燃烧反应所必需的活化能。否则，便要消耗辅助燃料才能维持燃烧。

实际上，在焚烧装置中，存在各种热损失。焚烧后实际可利用的热量等于焚烧获得的总热量减去各种热损失。根据能量守恒定律，进行输入输出能量衡算，可得

$$Q_1 = (Q_w + Q_a + Q_k) - (Q_2 + Q_3 + Q_4 + Q_5) \tag{10-23}$$

式中：Q_1——可利用热量；

$\quad\quad Q_w$、Q_a、Q_k——固体废物、助燃空气和辅助燃料的热量；

$\quad\quad Q_2$、Q_3、Q_4、Q_5——未完全燃烧热损失、烟气的显热、残渣的显热以及辐射热损失。

2. 烟气分析

（1）燃烧所需空气量

大部分废物及辅助燃料的成分非常复杂，分析所有的化合物成分不仅困难而且没有必要，一般仅要求提供主要元素分析的结果，也就是碳、氢、氧、氮、硫、氯等元素和水分及灰分的含量。可燃组分可用 $C_xH_yO_zN_uS_vCl_w$ 表示。则废物的理论完全燃烧过程可

以用下式表示：

$$C_xH_yO_zN_uS_vCl_w + (x + v + \frac{y}{4} - \frac{w}{4} - \frac{z}{2})O_2 \longrightarrow$$

$$xCO_2 + wHCl + 0.5uN_2 + vSO_2 + \frac{(y-w)}{2}H_2O$$

（10-24）

根据上式计算，可求得燃烧所需的理论空气量，它是废物完全燃烧时所需的最低空气量，一般以 A_0 表示。若 1 kg 废物中碳、氢、氧、硫、氮、灰分和水分的质量分别以 C、H、O、S、N、Ash、W 来表示，则：

$$理论空气量\ A_0(m^3/kg) = \frac{1}{0.21}\left[1.867C + 5.6\left(H - \frac{O}{8}\right) + 0.7S\right]$$

（10-25）

在实际的燃烧系统中，氧气与可燃物质无法完全达到理想程度的混合及反应。为使燃烧完全，需要供应比理论空气量更多的助燃空气量。

实际燃烧所需的空气量：

$$A = mA_0$$

（10-26）

式中：m——过剩空气系数，根据经验或实验选取，一般焚烧废液、废气时，m 取 1.2～1.3；

焚烧固体废物时 m 取 1.5～1.9，有时甚至在 2 以上，才能达到较完全的焚烧。

助燃空气一般分两次送入炉内（图 10-40）。

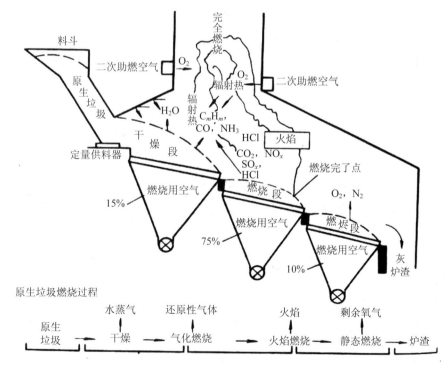

图 10-40　固体废物焚烧过程及助燃空气的供给

一次助燃空气占 60%～80%，可利用干燥废物的臭气从炉床下（火焰下）送入，主要用于助燃固体废物和挥发性成分，同时可以冷却炉排。通常分布情况可参考：干燥段 15%，燃烧段 75%，燃烬段 10%。

二次助燃空气占 20%～40%，从炉床上（火焰上）和二次燃烧室送入，主要用于扰动炉膛内烟气，混合助燃一次燃烧烟气带入的未燃尽组分。二次燃烧室气体速度一般控制在 3～7 m/s 即可满足要求。气体流速过大时，混合强度加大，但停留时间会降低，反而不利于燃烧的完全进行。

（2）烟气量

计算焚烧烟气量，通常先利用烟气的成分和经验公式计算出理论烟气量，然后再通过过剩空气系数计算烟气量。

理论燃烧湿烟气量

$$G_0(\mathrm{m}^3/\mathrm{kg}) = 0.79A_0 + 1.867C + 0.7S + 0.631Cl + 0.8N + 11.2H + 1.244W \quad （10\text{-}27）$$

实际焚烧湿烟气量

$$G（\mathrm{m}^3/\mathrm{kg}） = G_0 + （m-1）A_0 \quad （10\text{-}28）$$

3. 焚烧温度

在焚烧系统处于恒压、绝热状态时，废物燃烧释放的热量全部用来提高系统的温度，系统最终所达到的温度称为理论燃烧温度，也称为绝热火焰温度。理论上，对单一燃料的燃烧，可以根据化学反应式及各物质的定压比热，借助精细的化学反应平衡方程组推求各生成物在平衡时的温度（绝热火焰温度）及浓度。但是，焚烧处理的废物组成复杂，计算过程十分繁琐，故工程上多采用较简便的经验法或半经验法推求燃烧温度。

$$T = \frac{H_\mathrm{L} - \Delta H}{m_\mathrm{g}C_\mathrm{pg}} + T_0 \quad （10\text{-}29）$$

式中：T——燃烧烟气温度，℃；

$\quad\quad H_\mathrm{L}$——废物及辅助燃料的低位热值，kJ/kg；

$\quad\quad \Delta H$——系统总热损失，kJ/kg；

$\quad\quad m_\mathrm{g}$——废物燃烧产生烟气量，m^3/kg；

$\quad\quad C_\mathrm{pg}$——烟气在 16～1 100℃范围内的近似比热容，约等于 1.254 kJ/（kg·℃）；

$\quad\quad T_0$——大气温度，℃。

4. 燃烧室有效容积 V

以生活垃圾焚烧炉为例，现代应用最多的是水平链条炉排焚烧炉和倾斜机械路炉焚烧炉。焚烧炉的炉膛尺寸一般由热负荷计算，用停留时间校核。

燃烧室有效容积

$$V = \max\left\{ \frac{Q}{Q_V},\ G\theta_g \right\} \qquad (10\text{-}30)$$

式中：V——燃烧室容积，m^3；

Q——单位时间固体废物和燃料的低位热值，kJ/h；

Q_V——燃烧室容积热力负荷，kJ/（$m^3 \cdot h$）；

G——烟气体积流量，m^3/s；

θ_g——烟气停留时间，s。

在正常运转条件下，燃烧室单位容积在单位时间内承受的热量负荷可由下式计算：

$$Q_V = \frac{W_f \times H_{Lf} + W_w \times \left[H_{Lw} + AC_{pa}(t_a - t_0) \right]}{V} \qquad (10\text{-}31)$$

式中：W_f——辅助燃料消耗量，kg/h；

H_{Lf}——辅助燃料的低位热值，kJ/kg；

W_w——单位时间的废物焚烧量，kg/h；

H_{Lw}——废物的低位热值，kJ/kg；

A——实际供给每单位辅助燃料与废物的平均助燃空气量，kg/kg；

C_{pa}——空气的平均定压热容，kJ/（kg·℃）；

t_a——空气的预热温度，℃；

t_0——大气温度，℃；

V——燃烧室容积，m^3。

5. 炉排有效面积

$$F = \max\left\{ \frac{Q}{Q_h}, \frac{W}{Q_m} \right\} \qquad (10\text{-}32)$$

式中：F——炉排有效面积，m^2；

Q_h——炉排热力负荷，kJ/（$m^2 \cdot h$）；

Q_m——炉排机械负荷，kJ/（$m^2 \cdot h$）；

W——单位时间垃圾和燃料质量，kg/h。

6. 核算停留时间

$$\theta_g = \int_0^V d\left(\frac{V}{V_a} \right) \qquad (10\text{-}33)$$

$$\theta_s = \frac{Q'm}{Q_v V} \qquad (10\text{-}34)$$

式中：θ_g——烟气停留时间；

θ_s——固体废物停留时间；

V_a——空气供给量，m^3/s；

Q'——单位质量固体废物和燃料热值，kJ/kg；

m——垃圾和燃料质量，kg。

连续运行的机械炉排式垃圾焚烧炉的燃烧室热负荷一般取 $8\sim15\times10^4\ kcal/(m^3\cdot h)$；燃烧率为 $150\sim400\ kg/(m^2\cdot h)$，一般取 $200\ kg/(m^2\cdot h)$；炉膛温度应维持在 $750\sim950℃$，最高不超过 $1\ 050℃$；烟气停留时间应大于 $2\ s$，固体废物停留时间应大于 $1.5\sim2\ h$；以保证热灼减率在 5%或 3%以下。

（五）焚烧系统组成

固体废物焚烧系统主要包括：废物贮存及进料子系统、焚烧子系统、余热利用子系统、给水处理子系统、烟气处理子系统、灰渣收集与处理子系统、废水处理子系统和自动控制子系统。这些系统各自独立，又相互关联成为统一主体。

1）废物贮存及进料子系统即垃圾接受系统，主要包括称重、卸料、贮存和进料单元，主要设施包括垃圾贮坑、抓斗、进料斗、故障排除及监视设备。贮坑容积一般要求至少满足 7 d 处理量，同时根据需要对物料进行搅拌、混合、调节、脱水等预处理（这对装垃圾处理工艺系统非常关键）。

2）焚烧子系统是焚烧系统的核心，是废物进行蒸发、干燥、热分解和燃烧的场所。目前在垃圾焚烧中应用最广的是机械炉排焚烧炉，主要由进料器、炉排、炉膛、空气引导系统、辅助燃烧器、底灰排放器等组成，其中炉膛、炉排和空气引导系统是其关键所在。

3）余热利用子系统主要通过在二燃室布置水管墙（锅炉水管），与废物燃烧产生的高温烟气进行热交换，产生热水或蒸汽进行发电，包括蒸汽及冷凝系统。低温烟气可用于预热助燃空气和废物本身。

4）给水处理子系统主要是给余热锅炉提供软化水，以维持余热利用系统的稳定有效运行。处理方法包括活性炭吸附、离子交换及反渗透等。

5）烟气处理子系统包括脱硫、脱硝、除尘、除重金属和有机剧毒性污染物。多采用干式或半干式洗烟塔去除酸性气体，配合布袋除尘器去除悬浮微粒及其他重金属等物质，必要时联合活性炭吸附进一步有效去除有机剧毒性污染物。

6）灰渣收集与处理子系统焚烧灰渣（包括炉渣和飞灰）主要是金属氧化物、氢氧化物和碳酸盐、硫酸盐、磷酸盐以及硅酸盐。可能溶出重金属，对环境的危害很大。通常通过适当的分选方法回收其中的金属和玻璃等有用物质后，进行稳定化妥善处置。值得注意的是：焚烧炉渣通常按一般固体废物处理，焚烧飞灰应按危险废物处理；其他尾气净化装置排放的废渣按危险废物鉴别标准判断是否属于危险废物，如属于危险废物，则按危险废物处理。

7）废水处理子系统包括锅炉废水、员工生活废水、实验室废水等的处理，一般经过物理—化学—生物处理达标后排放。

8）自动控制子系统包括称重及车辆管制、吊车的自动运行、炉渣吊车、燃烧系统、焚烧炉的启动和停炉等的自动控制。

图 10-41 为垃圾焚烧处理的典型流程示意图。垃圾以垃圾车载入厂区，经地磅称量，进入倾斜平台，将垃圾倾入垃圾贮坑，由吊车操作员操纵抓斗，将垃圾抓入进料斗，垃圾由滑槽进入炉内，从进料器推入炉床。由于炉排的机械运动，使垃圾在炉床上移动并翻搅，提高燃烧效果。垃圾首先被炉壁的辐射热干燥及气化，再被高温引燃，最后烧成灰烬，落入冷却设备，通过输送带经磁选回收废铁后，送入灰烬贮坑，再送往填埋场。燃烧所用空气分为一次及二次空气，一次空气以蒸气预热，自炉床下贯穿垃圾层助燃；二次空气由炉体颈部送入，以充分氧化废气，并控制炉温不致过高，以避免炉体损坏及氮氧化物的产生。炉内温度一般控制在 850℃ 以上，以防未燃尽的气状有机物自烟囱逸出而造成臭味，因此垃圾低位发热量低时，需喷油助燃。高温废气经锅炉冷却，用引风机抽入酸性气体去除设备去除酸性气体后进入布袋集尘器除尘，再经加热后，自烟囱排入大气扩散。锅炉产生的蒸汽以汽轮发电机发电后，进入凝结器，凝结水经除气及加入补充水后，返送锅炉；蒸气产生量如有过剩，则直接经过减压器再送入凝结器。

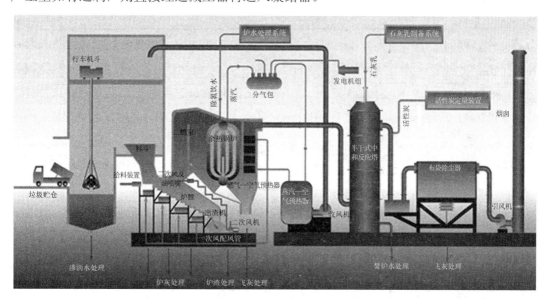

图 10-41　典型生活垃圾焚烧处理系统工艺流程示意图

二、热解

热解是利用有机物的热不稳定性，在无氧或缺氧条件下，使有机物在高温下分解，最终成为可燃气、油、固形炭的过程。它是废弃物资源化的一种重要方式。适宜热分解的有机废物有：废塑料（含氯者除外）、废橡胶、废轮胎、废油及油泥、废有机污泥和农林废物。

（一）热解原理及影响因素

固体废物的热解是一个非常复杂的化学反应过程，包含了大分子键的断裂、异构化和小分子的聚合等反应，最后生成各种形态的较小分子。其反应过程可以用下述通式表示：

$$固体废物气体 \xrightarrow{\triangle} （H_2、CH_4、CO、CO_2 等）+有机液体（有机酸、芳烃、焦油等）+$$
$$固体（炭黑、炉渣） \tag{10-35}$$

例如，纤维素分子热解过程：

$$3（C_6H_{10}O_5） \xrightarrow{\triangle} 8H_2O+C_6H_8O（可燃油）+2CO+2CO_2+CH_4+H_2+7C \tag{10-36}$$

影响有机固体废物热解的因素很多，主要有物料特性、反应温度、加热方式和加热速率等。

1）废物特性包括废物成分、粒度和含水率等，直接影响热解化学反应及系统能量平衡，从而影响到废物产量和成分。废物有机物含量大、含水率低、颗粒小，则可热解性好，产品热值高、可回收性好，残渣少。

2）反应温度是热解过程最重要的控制参数。温度变化对产品产量、成分比例有较大的影响（图 10-42）。一般来说，热解温度与气体产量成正比，而各种液体物质和固体残渣均随分解温度的增加而相应减少。通过控制热解反应器的温度可有效改变产物的产量和成分。热解按温度可分为：低温热解（600℃以下）、中温热解（600～700℃）和高温热解（1 000℃以上）。农林废物制炭和水煤气属于低温热解，废轮胎、废塑料热解造油通常采用中温热解；高温纯氧直接加热可将废渣熔融生产出玻璃态渣，可用作建材骨料。

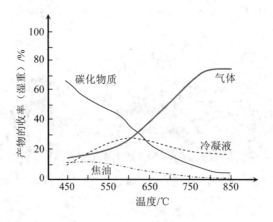

图 10-42　热分解产物比例和温度的关系

3）加热方式分直接加热和间接加热两种方式。直接加热是通过部分废物有氧燃烧释放热量加热周围的其他物料，特点是传热好，但回收气体热值低。间接加热是先加热介质，然后通过介质将热传导给物料，其特点是热效率低，但回收气体热值高。为提高间接加热的效率，往往需要将废物颗粒破碎至较细粒度。

4）加热速率。加热速率的快慢直接影响固体废物的热解历程，从而也影响热解的产物。一般来说，加热速率较低时热解产品气体含量高；提高加热速率，则产品中的水分及有机物液体的含量逐渐增多。若是在低温、低速条件下，有机物分子有足够时间在其最薄弱的接点处分解并重新结合为热稳定性固体，则固体产率增加；在高温、高速条件下，热解速度快，有机物分子结构发生全面裂解，生成大范围的低分子有机物，产物中气体组分增加。

据相关研究表明，上述各种影响因素与热解产物的关联度大小依次为：热解温度＞物料特性＞加热速率＞物料的填实度＞物料粒径。

（二）热解工艺及设备

热解工艺系统包括前处理、进料系统、反应器、产品回收净化系统和污染控制系统。其中热解反应器是热解工艺系统的核心。按加热方式不同，热解反应器分为内热式单塔热解炉和外热式热解炉（双塔式热解炉和旋转窑）两大类。

（1）内热式单塔热解炉

图 10-43 是一种典型的内热式单塔热解炉结构原理示意图。其特点是废物的燃烧和热解在一个反应器中进行。废物在炉内发生部分燃烧，以燃烧热使废物发生热分解。这种内热式单塔热解炉设备简单，炉内燃烧温度较高，废物处理量和产气率较高；但由于助燃空气带入的 N_2 和燃烧产生的 CO_2、H_2O 等混在热解气中，所产气体热值一般较低，为 $4\,000\sim8\,000\ kJ/m^3$，不能作为燃料直接利用。同时，由于燃烧温度较高，还可能产生 NO_x 污染问题。

（2）双塔式热解炉

图 10-44 是一种外热式热解系统——双塔式热解炉结构原理示意图。其特点是热分解和燃烧反应分开在两个炉内进行。热媒介在焚烧炉内被加热后随烟气上升，经旋风分离后送入热解炉，在热解炉内与废物接触使之加热发生分解。由于在热分解炉内不混入燃烧废气，因此可以得到高热值燃料气，其热值可高达 $15\,000\sim25\,000\ kJ/m^3$。热解生成的炭及油品，导入燃烧炉内作为燃料使用，减少了固融物和焦油状物。在燃烧炉内只需少量空气满足炭燃烧所需即可，因而燃烧温度低，产生的 NO_x 少，外排废气少。

（3）旋转窑

旋转窑也是一种间接加热的高温分解反应器（图 10-45）。其主体由一个耐火材料衬里的燃烧室和一个金属制成的倾斜圆筒（蒸馏器）组成，蒸馏器下方设有烧嘴，导入分解产生的可燃气燃烧加热器壁。废料随圆筒慢慢旋转移动经过蒸馏器到卸料口，在移动过程中与蒸馏器壁接触被传导加热分解。分解产生的气体热值较高，其中一部分在蒸馏容器外壁与燃烧室内壁之间的空间燃烧，用来加热器壁，另一部分作为可燃气回收利用。为保证器壁与废物之间的传热效果，要求废物必须破碎较细（小于 5 cm）。

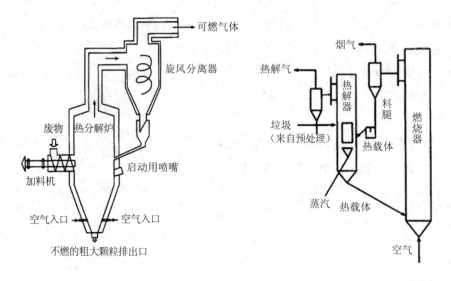

图 10-43　内热式单塔流化炉　　　　　图 10-44　双塔式热解炉

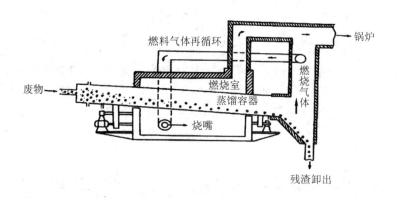

图 10-45　双塔循环流化床热解反应器示意图

第五节　生物处理

固体废物的生物处理是指利用微生物、动物（蚯蚓等）或植物的新陈代谢作用，将固体废物转换成有用的物质和能源，如生产肥料、产生沼气、提取各种有价金属等。生物处理涉及的方法有多种，如好氧堆肥、厌氧消化、纤维素水解、垃圾养蚯蚓、生物冶金等。本节重点介绍好氧堆肥和厌氧消化。

一、好氧堆肥

好氧堆肥就是依靠自然界中广泛分布的细菌、放线菌、真菌等微生物，在人工控制通风供氧的条件下，促进可生物降解的有机物向稳定的腐殖质转化的微生物学过程。其产物称为堆肥（compost），是一类腐殖质含量很高的疏松物质，又称"腐殖土"，可作为有机肥料使用，用以增加土壤肥力、调节土壤结构。

好氧堆肥过程中，有机废物好氧分解热使堆体升温，一方面加速腐殖化过程，废物得到有效的稳定化和减量化，堆肥产品容积只有原料的30%～50%；另一方面也可杀灭虫卵、致病菌以及杂草籽等，使得堆肥产品可以安全地用于农田。因此，堆肥是一种可同时实现废物资源化、减量化和无害化的处理技术，是生物质含量高的有机废弃物资源化的一种重要方式，现已发展成为处理生活垃圾、污水污泥、人禽畜粪便以及农业固体废物的重要方法之一。

（一）好氧堆肥过程及原理

在实际设计和操作过程中，通常根据温度的变化情况将好氧堆肥过程分为如图 10-46 所示的四个阶段。

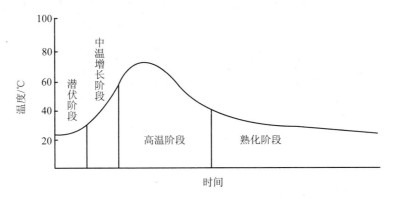

图 10-46　堆肥过程中温度的变化

（1）潜伏阶段（也称驯化阶段）

指堆肥化开始时微生物适应新环境的过程，即驯化过程。

（2）中温增长阶段

主要指驯化过程之后，嗜温性真菌、细菌和放线菌等为主的微生物比较活跃，利用物料中可溶解性的有机物，如糖类和淀粉类物质等，进行自身的新陈代谢和繁殖过程，并释放热量，使堆肥温度从常温（15℃左右）不断升高至45℃的过程。

（3）高温阶段

指堆温在45～70℃的高温阶段。此时，嗜温微生物活性受到抑制甚至死亡，嗜热微生物成为主体。除易降解的有机物质继续被氧化分解外，较为复杂的有机物如半纤维素和纤维素也开始被快速分解，开始腐殖化过程，称为"纤维素分解期"。在此阶段，随着温度的上升，不同的嗜热微生物种群交替出现成为优势菌群。通常，在50℃左右活跃的是嗜热性真菌和放线菌；到60℃时，真菌几乎完全停止活动，仅有嗜热性放线菌和细菌的活动；温度升到70℃以上时，大多数微生物已不再适应，微生物进入大量死亡或休眠状态，堆温开始下降。

（4）熟化阶段

经过高温分解阶段，易分解的有机物（包括纤维素等）已大部分分解。当堆温降至45℃以下时，嗜温微生物显著增加，成为优势微生物，继续分解残留的纤维素、半纤维素和木质素等物质，形成更多稳定的腐殖质，称为"木质素分解期"。此时，真菌发挥着重要作用。此外，硝化细菌由于生长缓慢，只有在低于40℃的温度下才有活性，所以硝化反应通常是在此阶段才开始进行，氨被转化为硝酸盐后才能被植物吸收。因此熟化阶段对于生产优质堆肥是一个很重要的过程。

好氧堆肥过程是一系列微生物活动的复杂过程，其中发生的生物化学反应是极其复杂的，目前尚难进行精确的描述。其基本反应过程可表达为

$$有机物 + O_2 + 营养物 \xrightarrow{\text{好氧微生物}} 细胞物质 + 残留有机物 + \\ CO_2 + H_2O + NH_3 + SO_4^{2-} + \cdots + 能量 \tag{10-37}$$

若有机废物以 $C_aH_bN_cO_d$ 表示，合成的细胞物质和产生的硫酸根离子等忽略不计，则好氧堆肥总的反应式可以表示为

$$C_aH_bN_cO_d + \left(\frac{nz + 2s + r - d}{2}\right)O_2 \longrightarrow nC_wH_xN_yO_z + \\ sCO_2 + rH_2O + (c - ny)NH_3 \tag{10-38}$$

式中：$r = \left(\dfrac{b - nx - 3(c - ny)}{2}\right)$，$s = a - nw$；

　　$C_wH_xN_yO_z$——堆肥成品的组成，w、x、y、z 可取值范围为：$w = 5 \sim 10$，$x = 7 \sim 17$，
　　　　　$y = 1$，$z = 2 \sim 8$。

堆肥成品 $C_wH_xN_yO_z$ 与堆肥原料 $C_aH_bN_cO_d$ 质量之比为 0.3～0.5。

堆肥过程产生的 NH_3 在有氧条件下，被亚硝化菌和硝化菌氧化，最终生成 HNO_3。

$$NH_3 + 2O_2 \longrightarrow HNO_3 + H_2O \tag{10-39}$$

（二）好氧堆肥工艺及控制

好氧堆肥工艺通常都由前处理、主发酵（一次发酵）、后发酵（二次发酵）、后处理、

脱臭及贮存等工序组成。其一般流程见图 10-47。

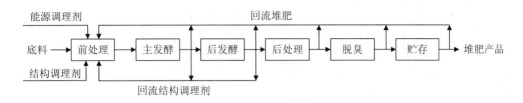

图 10-47　堆肥过程的流程示意图

（1）前处理

前处理通常包括破碎、分选、筛分和调理等工序。其作用有两个，一是去除原料中的粗大垃圾和不能堆肥的物质；二是调理原料的营养成分和物理性状，包括调节原料的有机物含量、碳氮比、含水率、孔隙率和 pH，以便于微生物繁殖和有机物发酵。好氧堆肥适宜的有机物含量为 20%～80%，碳氮比为（20～30）∶1，含水率为 50%～60%，pH 一般在 5～8，适宜的粒度与物料性状有关，一般在 25～75 mm。常用的调节剂有熟堆肥、人畜粪尿、肉食品加工废弃物、城市污泥、作物秸秆和谷壳类，以及一些菌种和酶制剂等。

（2）主发酵（一次发酵）

通常将堆体温度升高到开始降低为止的阶段称为主发酵期，一般在发酵装置内进行。

发酵装置分为间歇式和连续式两种。其中连续式堆肥装置采取连续进出料的方式，原料在装置中处于一种连续翻动的状态，物料组分混合均匀，为传质和传热创造了良好条件，加快了有机物的降解速率，可有效地处理高有机质含量的原料；同时易形成空隙，便于水分蒸发，因而使发酵周期缩短；可有效地杀灭病原微生物，并可防止异味的产生，因此在一些发达国家被广泛地采用。

常见的发酵装置主要有长方形池式发酵仓、立式圆筒形发酵仓（图 10-48 和图 10-49）和卧式旋转窑（图 10-50）、隧道窑等。

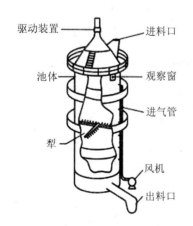

图 10-48　立式多层圆筒式堆肥发酵塔

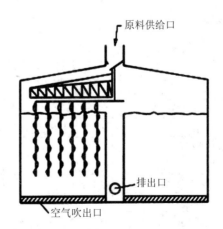

图 10-49　筒仓式动态发酵仓

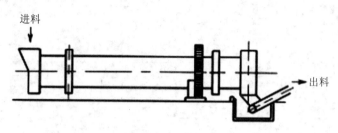

图 10-50   卧式堆肥发酵滚筒

主发酵初期物质的分解作用是靠嗜温好氧微生物（最适宜生长温度为 30～40℃）进行的。随着堆温上升，嗜热微生物（最适宜生长温度为 45～80℃）取代了嗜温微生物，堆肥从中温阶段（15～45℃）进入高温阶段（45～70℃），经过一段时间后，大部分有机物被降解，各种病原菌均被杀灭，堆层温度开始下降。

现代化的生活垃圾好氧堆肥厂主发酵期一般为 10 d 左右。在此期间应供给充足的氧气、调整适当的水分和温度，以满足有机物降解和微生物生长所需。堆肥需氧量主要与堆肥材料中有机物含量、挥发度、可降解系数等有关。堆肥原料中可降解有机物越多，需氧量越大。供氧不足会抑制好氧微生物的活性，使堆肥发生厌氧作用而产生恶臭；通风过大则可能使堆层内的水分损失过快而使物料干化。因此，要控制通风供氧在一个合适的范围，堆层中氧的浓度和耗氧速率反映了堆肥过程中微生物活动的强弱和有机物的分解程度。一般静态堆肥取 0.05～0.2 $m^3/(min·m^3$ 堆料)，动态堆肥则依照生产线实验确定，也可取 0.6～1.8 $m^3/$（d·kg VS）或控制舱内气体中 O_2 在 14%～17%，最低不得＜10%，一旦低于此限，好氧发酵将会停止。由于氧气转变为当量的 CO_2，因此，也可用 CO_2 的生成速率来表征堆肥的耗氧速率；适宜的 CO_2 体积分数为 3%～6%。

通风方式主要有翻堆或强制通风两种，通风同时可使堆层内的水分以水蒸气的形式散失掉，达到调节堆温和堆内水分含量的双重目的，可避免后期堆肥温度过高。一般控制堆温在 55℃以上 5～7 d，即可使堆肥中的大部分病原菌和寄生虫被杀死（表 10-2），从而达到无害化要求。

表 10-2   几种常见病菌与寄生虫的死亡温度

名称	死亡情况
沙门伤寒菌	46℃以上不生长；55～60℃，30 min 内死亡
沙门菌属	56℃，1 h 内死亡；60℃，15～20 min 内死亡
志贺杆菌	55℃，1 h 死亡
大肠杆菌	绝大部分：55℃，1 h 内死亡；60℃，15～20 min 内死亡
阿米巴属	68℃死亡
无钩涤虫	71℃，5 min 内死亡
美洲钩虫	45℃，50 min 内死亡
流产布鲁士菌	61℃，3 min 内死亡

名称	死亡情况
化脓性细球菌	50℃，10 min 内死亡
酸浓链球菌	54℃，10 min 内死亡
结核分枝杆菌	66℃，15～20 min 内死亡，有时在 67℃死亡
牛结核杆菌	55℃，45 min 内死亡

主发酵仓出料一般无明显恶臭，容积可减量 25%～30%，水分去除约 10%，C/N 比下降至（15～20）∶1。经破碎筛分后，粒度小于 25 mm 的颗粒送去二次发酵，大于 25 mm 的惰性颗粒送去填埋。

（3）后发酵（二次发酵）

在后发酵工序中，主发酵工序尚未分解的易分解和较难分解的有机物被进一步分解变成腐殖酸、氨基酸等比较稳定的有机物，得到成熟的堆肥制品。通常，后发酵阶段的物料堆积成 1～2 m 高的堆层，通过自然通风和间歇性翻堆进行敞开式后发酵，但需防止雨水流入。在这一阶段的反应速度较低，耗氧量下降，所需时间较长。后发酵时间取决于堆肥的使用情况，通常在 20 d 以上。

二次发酵后的堆肥应充分腐熟，其含水率一般小于 35%，C/N 比小于 20/1，堆肥粒度小于 12 mm。腐熟的堆肥因为含有丰富的有机质和氮、磷等养分，可用于改善土壤，或作为有机肥用于作物生产。

（4）后处理

城市固体废物经过二次发酵后，基本已成为粗堆肥。但其中可能仍存在塑料、玻璃、陶瓷、金属、小石块等杂物。因此，还要经过一道分选工序以去除这类杂物。同时，可根据需要，如生产精制堆肥等，进行再破碎或添加养分。此外，后处理工序还可包括打包装袋、压实造粒等程序，可根据实际情况进行必要的选择。

（5）脱臭

在堆肥过程中，由于堆肥物料局部或某段时间内的厌氧发酵会导致臭气产生，因此，须进行堆肥脱臭处理。主要方法有熟堆肥过滤吸附、活性炭吸附、化学除臭等。堆肥厂中较为实用的除臭装置是堆肥过滤器（堆高 0.8～1.2 m），当臭气通过该装置时，恶臭成分被熟化后的堆肥吸附，进而被其中的好氧微生物分解而脱臭。也可将堆肥排气（含氧量约为 18%）作为焚烧炉或工业锅炉的助燃空气，利用炉内高温、热力降解臭味分子，消除臭味。

（6）贮存

堆肥一般在春秋两季使用，夏冬两季生产的堆肥需要贮存，所以要建立可贮存 6 个月生产量的库房。贮存方式可直接堆存在二次发酵仓中或袋装存放。贮存过程注意保持干燥、透气的室内环境，避免密闭受潮影响成品的质量。

（三）堆肥质量判定方法

由于作为堆肥原料的废物，如生活垃圾等，组成复杂，可能含有各种有害物质，为防止堆肥产品对生态环境造成损害和污染，必须制定堆肥产品的质量标准。

堆肥质量包括适于农用的成分和养分，以及符合卫生要求的无害化和腐熟度。堆肥的无害化质量主要从重金属含量和致病微生物的数量上进行考察。堆肥腐熟度是评价堆肥质量的一个概念性参数。其含义是：通过微生物的作用，堆肥产品要达到稳定化、无害化，在使用期间，不能影响作物的生长和土壤的耕作能力。目前尚没有权威性统一的腐熟度评判标准。一般认为可从物理性质、化学成分、生物活性和植物毒性分析 4 个方面来进行判定，见表 10-3。一般来说，仅用某一个单一参数很难确定堆肥的化学及生物学稳定性，应由几个或多个参数共同确定。堆肥过程中可根据实际情况选择合适的评估方法。

表 10-3　判定堆肥腐熟度的方法

方法名称	参数、指标或项目	判别标准
物理方法	温度	温度下降，达到 45～50℃且一周内持续不变
	气味	堆体内检测不到低分子脂肪酸，具有潮湿泥土的霉味（放线菌的特征），无不良气味
	色度	堆肥过程中物料由淡灰逐渐发黑，腐熟后的堆肥产品呈黑褐色或黑色
	残余浊度和水电导率	检测堆肥对土壤残余浊度和水电导率的影响。该方法的可靠性尚存争议，需与植物毒性物质和化学指标结合进行综合考量
	光学性质	通过检测堆肥在 E665（E665 表示堆肥萃取物在波长 665 nm 下的吸光度）的变化可反映堆肥熟度，腐熟堆肥 E665 应小于 0.008
化学方法	碳氮比（固相 C/N 和水溶态 C/N）	一般地，固相 C/N 值从初始的（25～30）：1 或更高降低到（15～20）：1 以下时，认为堆肥达到腐熟
	氮化合物（NH_4^+-N、NO_3^--N、NO_2^--N）	对于活性污泥、稻草的堆肥，当氮化作用已经完成，亚硝化作用开始的时候，可认为堆肥已腐熟。多数情况下，该参数不作为堆肥腐熟的绝对指标
	阳离子交换量（CEC）	城市垃圾堆肥建议 CEC>60 mmol/100 g 时，可作为堆肥腐熟的指标，对 C/N 较低的废物，CEC 值波动大，不能作为腐熟度评价参数
	有机化合物（还原糖、脂类等化合物、纤维素、半纤维素、淀粉等）	腐熟堆肥的 COD 为 60～110 mg/g，动物排泄物堆肥 COD 小于 700 mg/g 干堆肥时达到腐熟。堆肥产品中，BOD_5 值应小于 5 mg/g 干堆肥。VS 含量应低于 65%；淀粉检不出。水溶性有机质含量<2.2 g/L，可浸提有机物的产生或消失，可作为堆肥腐熟的指标
	腐殖质（腐殖质指数、腐殖质总量）	腐殖化指数（HI）=胡敏酸（HA）/富里酸（FA）；腐殖化率（HR）= HA/[FA+未腐殖化的组分（NHF）]；胡敏酸的百分含量[HP=HA×100/腐殖质（HS）。HA 的升高代表了堆肥的腐殖化和腐熟程度。当 HI 值达到 3，HR 达到 1.35 时堆肥已腐熟]
生物活性	呼吸作用（耗氧速率、CO_2 释放速率）	一般，耗氧速率以每分钟的耗氧变化率稳定在 0.02%～0.1%的范围为最佳。当堆肥释放 CO_2 在 2 mg/g 堆肥碳以下时，可认为达到腐熟

方法名称	参数、指标或项目	判别标准
生物活性	微生物种群和数量	堆肥中的寄生虫、病原体被杀死，腐殖质开始形成，堆肥达到初步腐熟（在堆肥腐熟期主要以放线菌为主）
	酶学分析	水解酶活性较低反映堆肥达到腐熟；纤维素酶和脂酶活性在堆肥后期（80～120 d）迅速增加，可间接用来了解堆肥的稳定性
植物毒性分析	发芽实验	植物毒性清除，可认为堆肥已腐熟
	植物生长实验	植物生长评价只能作为堆肥腐熟度评价的一个辅助性指标，不能作为唯一指标

我国的生活垃圾堆肥质量标准，对有机物、营养元素、重金属、大肠杆菌等的含量、粒度、pH、含水率等都进行了规定。

二、厌氧消化

固体废物的厌氧消化是指在人工控制厌氧条件下，利用厌氧微生物将废物中可生物降解的有机质分解转化成甲烷、二氧化碳和其他稳定物质的生物化学处理过程，又称为甲烷发酵。通过厌氧消化，可将有机废物转化为生物能源——沼气，同时实现有机物质的稳定化和无害化，具有污染物处理和可再生能源生产的双重功能。因此，厌氧消化已经发展成为生物质废物资源化的一种重要方式，广泛用于污水污泥、餐厨废物、人畜粪便、农业废弃物及农副产品加工废弃物等的处理。

（一）厌氧消化过程及原理

固体废物的厌氧消化一般可以分为三个阶段，即水解阶段、产酸阶段和产甲烷阶段，每一阶段各有其独特的微生物类群起作用。水解阶段起作用的细菌称为发酵细菌，包括纤维素分解菌、蛋白质水解菌等。产酸阶段起作用的细菌主要是醋酸分解菌。这两个阶段起作用的细菌统称为不产甲烷细菌。产甲烷阶段起作用的细菌是产甲烷细菌。

（1）水解阶段

发酵细菌利用胞外酶对有机物进行体外酶解，使固体物质变成可溶于水的物质，然后，细菌再吸收可溶于水的物质，并将其分解成不同产物。纤维素、淀粉等水解成单糖类，蛋白质水解成氨基酸，再经脱氨基作用形成有机酸和氨，脂肪水解后形成甘油和脂肪酸。高分子有机物的水解速率很低，它取决于物料性质、微生物数量以及温度、pH 等环境条件。

（2）产酸阶段

水解阶段产生的简单的可溶性有机物在产氢和产酸细菌的作用下，进一步分解成挥发性脂肪酸（如丙酸、乙酸、丁酸、长链脂肪酸）、醇、酮、醛、CO_2 和 H_2 等。

（3）产甲烷阶段

产甲烷菌将第二阶段的产物（主要是乙酸）进一步降解成 CH_4 和 CO_2，同时利用产酸

阶段所产生的 H_2 将部分 CO_2 再转变为 CH_4。产甲烷细菌的活性大小取决于在水解和产酸阶段所提供的营养物质。对于以可溶性有机物为主的有机废水来说，由于产甲烷细菌的生长速率低，对环境和底物要求苛刻，产甲烷阶段是整个反应过程的控制步骤；而对于以不溶性高分子有机物为主的污泥、垃圾等废物，水解阶段是整个厌氧消化过程的控制步骤。

有机废物厌氧消化的生物化学反应过程是非常复杂的，中间反应及中间产物有数百种，每种反应都是在酶或其他物质的催化下进行的，其基本反应过程可表达为

$$有机物 \xrightarrow{\text{厌氧微生物}} 细胞物质 + CH_4 + CO_2 + \\ NH_3 + H_2S + 抗性有机物 + 能量 \tag{10-40}$$

若有机物以 $C_aH_bN_cO_d$ 表示，合成的细胞物质和产生的硫化氢等忽略不计，则厌氧消化总的反应式可以表示为

$$C_aH_bN_cO_d \longrightarrow nC_wH_xN_yO_z + mCH_4\uparrow + sCO_2\uparrow + rH_2O + (c-ny)NH_3\uparrow \tag{10-41}$$

式中：$s=a-nw-m$，$r=d-nz-2s$；

　　　$C_wH_xN_yO_z$——消化后浆液中有机物的组成。

反应产生的气体俗称"沼气"，其基本成分为 CH_4 和 CO_2，CH_4 约占 60%，CO_2 约占 40%，并含少量 NH_3 和 H_2S 气体。沼气产率为 0.5～0.75 m^3/kg VS（被分解的可挥发性固体）。浆体原料中可挥发性固体的总分解率为 60%～80%，被分解的固体量占原料中总固体量的 40%～60%，据此可估算一座规模化的有机固体废物厌氧消化处理厂的沼气产量。

（二）厌氧消化技术类型

厌氧消化技术类型较多，常根据消化温度、物料性状、进料方式和相分离情况进行分类。

1. 消化温度

根据消化温度不同，厌氧消化主要分为中温消化和高温消化。

高温消化的最佳温度范围是 55～60℃，消化池内微生物特别活跃，有机物分解快，产气率高，一般在 2 $m^3/$（m^3 料液·d）以上；物料连续投入和排出，在厌氧池内停留时间短；主要适于工业高温有机废水和污泥的处理。消化过程需要培养补充高温消化菌；消化池内需布设盘管，通入蒸汽加热料浆来维持高温，最好能利用城市余热和废热加热；同时要注意充分搅拌消化物料，避免局部过热。

中温消化的最佳温度范围是 35～38℃，此时有机物消化速度较快，产气率较高，一般在 1 $m^3/$（m^3 料液·d）以上。与高温消化相比，中温消化所需的热量要少得多，从能量回收的角度，该工艺被认为是一种较理想的发酵工艺类型。目前世界各国的大、中型沼气工程普遍采用此工艺。

2．物料性状

根据物料性状不同，厌氧消化主要分为湿式消化和干式消化，其具体的比较见表10-4。

表10-4　低固体和高固体厌氧消化技术比较

参数	湿式厌氧消化技术	干式厌氧消化技术
固体含量/%	≤5～15	20～35
需水量	较大	较少
有机负荷率	较低，0.6～1.6 kg/（m³·d）	较高，6～7 kg/（m³·d）
进出料输送装置	较易，用泵输送	较难，用高固体泵或螺旋机传送
HRT	10～20 d	20～30 d
毒性问题	不严重	常见（盐和重金属、氨氮浓度高）
污泥脱水	较难	普通
商业化前景	农业废物处理前景广阔	有待开发，美欧已有

湿式消化的固体含量一般在12%～15%以下，这种情况下物料一般都呈比较充分的流动状态，具有较好的传质、输送和抗抑制性能，是最常用的消化方式。大中型沼气工程多采用这种方式。

干式消化是指物料在无流动水情况下的消化。干式消化的固体含量一般在20%以上，这种情况下物料一般都呈堆积、非流动状态。其优点是反应体积小、消化效率高、容积产气率高，且没有沼液产生，解决了沼液排放和可能的二次污染问题。比较适合含水率比较低的有机废物（如生活垃圾）的处理。但其传质传热性能差，容易导致酸化抑制，输送比较困难，目前还没有得到广泛的应用。

3．进料方式

根据进料方式不同，厌氧消化主要分为批式、半连续和连续消化三种。

批式消化是指物料一次性投入消化反应器，消化完成后，消化料一次性排出，然后再投入下一批消化原料进行下一批次的消化。这种消化方式过程控制比较简单，可观察到厌氧消化的全过程，但产气不均衡。主要用于实验研究和小型沼气工程。半连续消化是按照一定的时间间隔，定期向反应器投放一定量的消化原料，以保证反应器内可消化物料的相对稳定，使之比较均衡的产气。主要用于有机污泥、粪便的厌氧处理和大中型沼气工程。连续消化是指按一定的负荷量连续进料，使产气更加稳定、连续和均衡，可提高运行效率。适宜于高浓度有机废水的处理。

4．相分离

根据厌氧消化两阶段理论，厌氧消化过程由产酸和产甲烷两个阶段组成。各阶段起主导作用的微生物是不同的。在产酸阶段，起主导作用的是水解酸化菌，其繁殖速度一般较快，适于酸性条件下生长。在产甲烷阶段，起主导作用的是产甲烷菌，其繁殖速度一般较慢，适于中性条件下生长。单相消化是在一个反应器中完成产酸和产甲烷过程，不可能同时满足不同微生物的最适生长条件，因此会影响系统的消化效率。两相消化法将酸化过程和产甲烷过程分开在两个反应器中进行，以使两类微生物都能在各自最适条件下生长，具有运行稳定可靠、有机负荷高、消化气中甲烷含量高的优点，但也存在设备多、流程和操作复杂的缺点。

（三）厌氧消化工艺及控制

一个完整的固体废物厌氧消化工艺系统应包括：原料的收集和预处理，厌氧消化装置的选择、启动和日常运行管理，沼气的净化与利用，以及副产品沼渣和沼液的处理与利用等。

1. 原料的收集和预处理

包括原料收集、分选、破碎、调理制浆、加热杀菌及接种等程序，目的是混合、调节水分、养分和 pH，选择和富集产甲烷菌，以便于厌氧发酵的顺利进行。

原则上，堆肥的原料都可以用厌氧消化处理，但由于搅拌动力、菌体性质和温度所限，厌氧消化的原料需要破碎到很细，消化池中固形物一般小于 10%～12%。适宜的有机物投入量随废物性质、搅拌力和温度等变化而变化很大，以猪粪发酵池为例，中温时为 2～3 kg VSS/（$m^3 \cdot d$），高温时为 5～6 kg VSS/（$m^3 \cdot d$）。系统的 pH 应控制在 6.5～7.5，最佳 pH 范围是 7.0～7.2，可通过投加石灰或含氮物料的办法进行调节。

为富集产甲烷菌，达到良好的产甲烷效果，通常需对原料进行加热杀菌处理，并采集正常发酵的沼气池底污泥或发酵料液、陈年老粪坑底部粪便、下水道污泥、废水厌氧消化污泥、湖泊塘堰等沉积污泥等作为接种物，接种菌量一般要求大于料液量的 5%。

在发酵液中添加少量的磷矿粉或钾、钠、镁、锌等元素有助于促进厌氧发酵，提高产气量和原料利用率。但有些化学物质，如氧、过量含氮化合物和氰化物以及铜、锌、铬等重金属等会抑制发酵微生物的生命活力。当原料中含氮化合物过多，如蛋白质、氨基酸、尿素等被分解成铵盐，从而抑制甲烷发酵，解决办法是适当添加碳源，调节 C/N 在适当的范围内。对于重金属类物质，则应尽量避免它们混入厌氧反应系统中。

2. 厌氧消化装置的选择和控制

厌氧消化装置，即沼气发酵装置，是厌氧消化工艺的核心部分，由消化池及其附属设备，包括预处理设备（粉碎、升温、预处理池等）、搅拌器、导气管、气压表、出料机等组成。附属设备可以进行原料的预处理、产气的控制和监测，以提高沼气的质量。

厌氧消化处理对象差异较大，因而所用的厌氧消化工艺类型也不尽相同。常按厌氧消化降解有机物的过程设计反应器，分为一阶段式和两阶段式。一阶段式消化反应器即水解酸化和产甲烷反应都在同一个反应器中完成。两阶段式消化反应器是根据水解酸化阶段与产甲烷阶段对环境条件的要求不一样，分别在两个反应器中进行水解酸化与产甲烷过程，每个反应器都调至其最适宜的状态，因而其中的生物稳定性更强，有机负荷可提高至 10～15 kgVS/（m³·d）以上，抗冲击负荷能力更强，运行过程更稳定，可提高产气量和甲烷含量。

　　厌氧消化池的结构形式很多，有圆形池（图 10-51 和图 10-52）、长方形池（图 10-53）等；按贮气方式有气袋式、水压式（图 10-51）和浮罩式（图 10-52）。

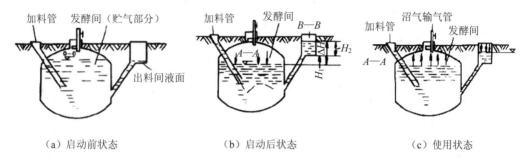

（a）启动前状态　　　　　　　　（b）启动后状态　　　　　　　　（c）使用状态

图 10-51　水压式沼气池工作原理示意图

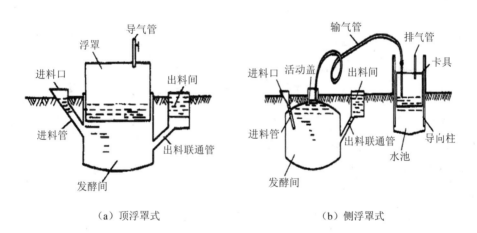

（a）顶浮罩式　　　　　　　　　　　（b）侧浮罩式

图 10-52　浮罩式沼气池示意图

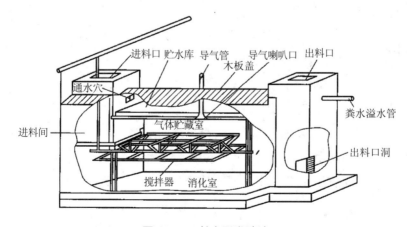

图 10-53　长方形发酵池

传统的小型沼气发酵系统，如水压式沼气池，由于结构简单、造价低、施工方便、管理技术要求不高等优点得到大量普及，但是由于其发酵罐体积小，不能消纳大量有机废物；产生的沼气量少、质量低、效率不高、途径单一，发酵周期较长，使得现代大型工业化沼气发酵设备的开发与利用成了当务之急。

在现代大型沼气发酵设备中，发酵罐是最重要的核心部分。要获得一个比较完善的厌氧消化产沼气过程，必须具备以下条件。

1）要有一个完全密闭的反应空间，使之处于完全厌氧状态。因为产甲烷细菌是专性厌氧菌，对氧和 pH 都非常敏感，因此，厌氧消化装置要完全密封，以维持消化过程需要的严格厌氧环境。正常运行的消化池内氧化还原电位（Eh）应维持在 -300 mV 左右。

2）要有足够的反应停留时间。一方面，固体废物的组成复杂，厌氧消化过程较慢而复杂；另一方面，产甲烷菌生长繁殖特别缓慢，世代时间为几天乃至几十天不等。因此，反应器反应空间的大小一方面要保证反应物质有足够的反应停留时间；另一方面也要满足产甲烷菌生长繁殖所需的生活条件，以保留大量的微生物，供产气所需。

3）要有可控的污泥（或有机废物）、营养物添加系统。随着有机碳被消化分解为 CH_4 和 CO_2 逸出，系统中的碳氮比下降，氮不能被充分利用，细菌增殖量降低，过剩的氮变成游离的 NH_3，抑制了产甲烷细菌的活动，厌氧消化不易进行。但碳氮比过高，反应速率降低，产气量也会明显下降。为维持适当的碳氮比 [（20～30）：1]，需定期添加有机废物或营养物，厌氧消化原料的磷含量（以磷酸盐计）一般为有机物量的 1/1 000 为宜。

4）要具备一定的反应温度。温度是影响产气量的重要因素，厌氧消化可在较为广泛的温度范围内进行（40～65℃）。温度过低，厌氧消化的速率低、产气量低，不易达到卫生要求上杀灭病原菌的目的；温度过高，微生物处于休眠状态，不利于消化。研究发现，厌氧微生物的代谢速率在 35～38℃ 和 50～65℃ 时各有一个高峰。因此，一般厌氧消化常把温度控制在这两个范围内，以获得尽可能高的消化效率和降解速率。

5）反应器中反应所需的物理条件要均衡稳定。要求在反应器中增加循环设备，使反应物处于不断循环状态，有助于发酵罐内反应污泥的完全混合，防止底部污泥的沉积，减少表面浮渣层的形成，以使发酵原料和温度分布均匀，增加微生物与发酵基质的接触，加速反应，也使发酵的产物及时分离，从而提高产气量。

在设计发酵罐时，要充分考虑上述几个关键因素，选择合适的发酵罐类型和安装技术，这样有利于沼气的产生。同时，发酵罐类型也决定了内部的能量分布状况，好的发酵罐有助于降低能耗、节约能源以及能量在整个发酵罐内的合理分配。

3. 沼气的净化与利用

沼气从厌氧发酵装置产出时，其中基本成分是 CH_4 和 CO_2，同时还携带大量的水分，和少量的 NH_3 和 H_2S 气体。特别是在中温或高温发酵时，沼气湿度很高。水蒸气的存在不但降低了沼气的热值，而且水与硫化氢共同作用，加速了金属管道、阀门及流量计的腐蚀或堵塞。因此，沼气作为一种能源，在使用前必须经过净化，包括沼气的脱水、脱硫及 CO_2 等。常用的方法是冷凝分离脱水，碱液洗涤脱硫，同时也可除去 CO_2。净化后的沼气发热量约为 37 660 kJ/m^3，可用作锅炉或燃气发电机的热源，也可用作汽车燃料、化工原料等，或与天然气混合使用。

4. 沼渣和沼液的处理与利用

沼气发酵残留物有沼渣和沼液，也称沼肥，其中营养物质含量较高，除 N、P、K 等常量元素外，还含有多种微量元素、水解酶、氨基酸、有机酸、腐殖酸、生长素、赤霉素、B 族维生素、细胞分裂素及某些抗生素等生物活性物质，是很好的肥料。其中沼液是一种速缓兼备的有机复合肥，主要用于浸种、叶面喷施、果园滴灌、水培蔬菜等，可增加产量提高品质，增强抗病和防冻能力。

我国沼气事业开始于 20 世纪 30 年代，当时的水压式沼气池一度被称为"中国式沼气池"。经过多年的理论和应用研究，目前，从沼气池池型设计、建设施工到使用管理逐步成熟，发酵工艺和综合利用技术处于世界领先水平。沼气与废弃物资源化处理、沼气发酵产物综合利用和生态环境保护等农业生产活动紧密联系起来，形成了以南方"猪—沼—果"、北方"四位一体"和西北"五配套"（在"猪—沼—果"的基础上增加太阳能暖圈和暖棚）为代表的农村沼气发展模式。同时，畜禽养殖场大中型沼气工程建设开始起步，先后建设了一批示范工程。典型的工艺流程示意如图 10-54 和图 10-55 所示。

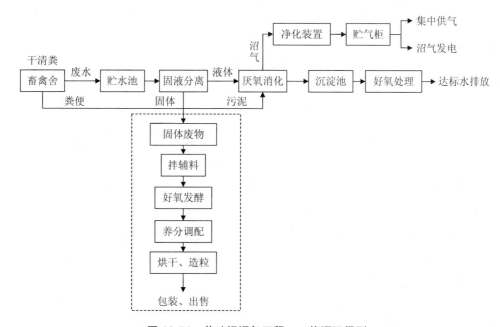

图 10-54 养殖场沼气工程——能源环保型

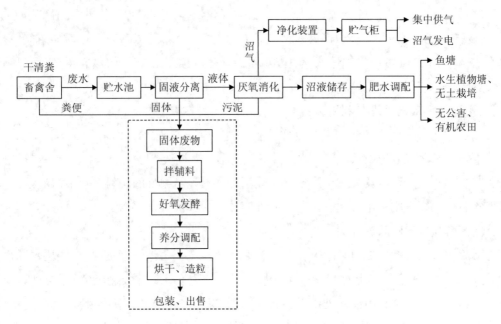

图 10-55　养殖场沼气工程——能源生态型

第六节　固化/稳定化处理

固化/稳定化处理是指通过物理过程将废物直接掺入惰性基材中加以包容或者通过化学转变将有害成分引入某种稳定的晶格中，使废物中所有污染组分转变为低溶解性、低迁移性及低毒性的过程。其目的是使危险废物中的所有污染组分呈现化学惰性或被包容起来，同时改善被处理对象的工程性质，以便运输、利用和处置。

固化/稳定化技术最早是用来处理放射性污泥和蒸发浓缩液，现今已广泛用于处理多种有毒有害废物，如电镀污泥、铬渣、镉渣、砷渣，汞渣、氰渣，炼油废泥渣以及焚烧飞灰等，以满足填埋处置要求；此外，还被用于处理大量被有机农药、重金属污染的土壤。

固化可以看作是一种特定的稳定化过程，固化所用的惰性材料称为固化剂，有害废物经过固化处理所形成的固化产物称为固化体。对固化处理的基本要求包括：①有害废物经固化处理后所形成的固化体应具有良好的抗渗透性、抗浸出性、抗干湿性、抗冻融性及足够的机械强度等，最好能作为资源加以利用，如做建筑基础和路基材料等；②固化过程中材料和能量消耗要低，增容比（即所形成的固化体体积与被固化废物的体积之比）要低；③固化工艺过程简单、便于操作；④固化剂来源丰富，价廉易得；⑤处理费用低。其中用于衡量固化处理效果的主要指标是固化体的浸出率、增容比和机械强度。

常用的危险废物的固化/稳定化方法可按固化剂分为水泥固化、石灰固化、塑性材料固化、熔融固化和自胶结固化等。

一、水泥固化

水泥是最常用的危险废物稳定剂，水泥固化是以水泥为固化剂将有害废物进行固化的一种处理方法。由于水泥是一种无机胶结剂，与有害污泥进行混合后，水泥与污泥中的水分发生水化反应生成凝胶，将有害污泥微粒分别包容，并逐步硬化形成水泥固化体，使污泥中的有害物质被封闭在固化体内，达到稳定化、无害化的目的。

水泥固化适宜处理无机类的废物，特别是各种含有重金属的污泥（如电镀污泥）。在固化过程中，由于水泥具有较高的 pH，使得污泥中的重金属离子在碱性条件下，生成难溶于水的氢氧化物或碳酸盐等。某些重金属离子也可以固定在水泥基体的晶格中，从而可以有效地防止重金属的浸出。

图 10-56 为电镀污泥水泥固化处理工艺流程。

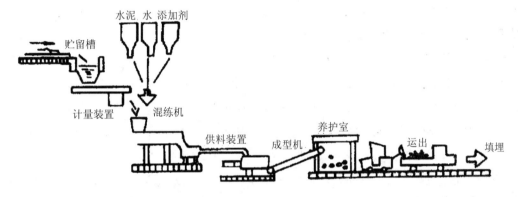

图 10-56　电镀污泥水泥固化处理工艺流程

水泥固化法的优点是：①水泥和添加剂价廉易得，对含水率较高的废物可以直接固化，操作在常温下即可进行；②处理电镀污泥十分有效，设备和工艺过程简单，设备投资、动力消耗和运行费用都比较低；③对放射性废物的固化容易实现安全运输和自动化控制等。但水泥固化体的增容比较高，达 1.5～2，且由于废物组成的特殊性，水泥固化过程中经常会遇到搅拌困难、混合不均、凝固过早或过晚、操作难以控制等困难，导致得到固化产品的浸出率高、强度较低。为了改变固化产品的性能，固化过程中需视废物的性质和对产品质量的要求，添加适量的必要的添加剂。添加剂分为有机和无机两大类，无机添加剂有蛭石、沸石、多种黏土矿物、水玻璃、无机缓凝剂、无机速凝剂和骨料等；有机添加剂有硬脂肪酸丁酯、δ-糖酸内酯、柠檬酸等。近年来有研究添加纤维或聚合物对水泥进行改性以增加其强度和耐久性。

二、石灰固化

石灰固化是以石灰为固化剂，以粉煤灰，水泥窑灰为填料，专用于固化含有硫酸盐或亚硫酸盐类废渣的一种固化方法。其原理是基于水泥窑灰和粉煤灰中含有活性氧化铝和二氧化硅，能与石灰和含有硫酸盐、亚硫酸盐废渣中的水反应，经凝结、硬化后形成具有一定强度的固化体。

石灰固化法适用于固化钢铁、机械的酸洗工序所排放的废液和废渣，电镀污泥、烟道脱硫废渣、石油冶炼污泥等。固化体可作为路基材料或沙坑填充物。

石灰固化法的优点是使用的填料来源丰富，价廉易得，操作简单，不需要特殊的设备，处理费用低，被固化的废渣不要求脱水和干燥，可在常温下操作等。其主要缺点是石灰固化体的增容比大，固化体容易受酸性介质浸蚀，需对固化体表面进行涂覆。

三、塑性材料固化

塑性材料固化，是以塑料、沥青等塑性材料为固化剂，与有害废物按一定的配料比，并加入适量的催化剂和填料（骨料）进行搅拌混合，使其共聚合固化而将有害废物包容形成具有一定强度和稳定性的固化体的过程。

塑性材料主要可分为热塑性材料和热固性材料两类。

热塑性材料固化是用熔融的热塑性材料在高温下与干燥脱水危险废物混合，冷却后固化，以达到对废物稳定化的过程。热塑性材料有沥青、聚乙烯、聚丙烯等，在常温下呈固态，高温时可变成熔融胶黏液体。以沥青固化为例，沥青具有良好的黏结性、化学稳定性与一定的弹性和塑性，对大多数酸、碱、盐类有一定的耐腐蚀性；此外，它还具有一定的辐射稳定性。沥青固化是以沥青为固化剂与有害废物在一定的温度、配料比、碱度和搅拌作用下产生皂化反应，使有害废物均匀地包容在沥青中，形成固化体。一般用于处理中、低放射水平的蒸发残液，废水化学处理产生的沉渣，焚烧炉产生的灰烬、塑料废物、电镀污泥、砷渣等。

热固性材料有脲甲醛、聚酯和聚丁二烯等。热固性材料固化是将热固性有机单体和经过粉碎处理的废物充分混合，在助凝剂和催化剂的作用下产生聚合，以形成海绵状的聚合物质，从而在每个废物颗粒的周围形成一层不透水的保护膜，在常温或加热条件下固化成型的过程。该法在适当选择包容物质的条件下，可以达到十分理想的包容效果，固化体具有较好的耐水性、耐热性及耐腐蚀性能。但由于热固性材料较贵，固化操作过程较复杂，通常不能在现场大规模应用，因此，该法只能处理小量高危害性废物，如剧毒废物、医院或研究单位产生的小量放射性废物等。

塑性材料固化既能处理干废渣，也能处理污泥浆。固化体的主要性能指标是它在水中的浸出率、辐照稳定性和化学稳定性。它们分别受到塑性材料种类、加入的废物量、废物的化学组分、粒度和残余水分以及聚合条件的影响。如果控制适当，塑性材料固化可起到很好的包容效果。与其他固化方法相比，塑性材料固化需引入的固化剂密度较低，需要的添加剂数量较少，因而固化体的增容比和固化体的密度较小。但塑料固化体耐老化性能较差，固化体一旦破裂，污染物浸出会污染环境，因此，处置前都应有容器包装，因而增加了处理费用。如果以脲醛树脂为固化剂，通常采用强酸作催化剂，需要耐腐蚀的混合设备或有耐腐蚀衬里的混合器。此外，塑性材料在混合过程中释放有害烟雾，污染周围环境。

四、熔融固化

熔融固化即玻璃固化，是利用高温（900～1 200℃）把固态污染物（如污染土壤、尾矿渣、放射性废料等）融化为玻璃状或玻璃-陶瓷状物质，经退火后即可转化为稳定的玻璃固化体。根据处理场所的不同，可分为原位熔融固化技术和异位熔融固化技术。

玻璃固化是所有固化方法中效果最好的，具有产品致密，增容比小，在水和酸、碱溶液中的浸出率均低，产品具有较高的导热性、热稳定性和辐射稳定性，可用作地基、路基等建筑材料等优点。不仅能应用于许多固态、半固态污染物的熔融固化处理，而且能用于含重金属、挥发性有机污染物（VOCs）、多氯联苯（PCBs）或二噁英等危险废物的熔融固化处理，还可以将工业重金属污泥转化为微晶玻璃资源化利用。但是熔融固化工艺复杂，高温作业，费用高，挥发量大，需配备尾气处理系统，增加了固化成本。

玻璃的种类繁多，普通的钠钾玻璃熔点较低，制造容易，但在水中的溶解度较高，因而不能用于高放废液的固化。硅酸盐玻璃耐腐蚀能力强，但熔点高，制造困难。通常在高放废液的玻璃固化中，研究较多的是磷酸盐和硼酸盐玻璃固化过程。从玻璃固化体的稳定性、对熔融设备的腐蚀性、处理时的发泡情况和增容比来看，硼硅酸盐玻璃固化具有较好的发展前景。

五、自胶结固化

自胶结固化是利用废物自身的胶结特性来达到固化的目的，主要适用于含大量硫酸钙和亚硫酸钙的废物，如磷石膏、烟气脱硫废渣等（其中二水合石膏含量最好＞80%），在适宜温度下煅烧生成具有胶凝性能的半水硫酸钙（$CaSO_4 \cdot \frac{1}{2}H_2O$），然后与特制的添加剂和填料混合成稀浆，经水化反应重新生成二水化物，并迅速凝固和硬化，形成自胶结固化体。这种自胶结固化体具有抗透水性高，抗微生物降解和污染物浸出率低的特点。

自胶结固化法的优点是采用的填料飞灰是工业废料，以废治废节约资源，固化体的化学稳定性好，浸出率低，凝结硬化时间短，对固化的泥渣不需要完全脱水等。其缺点是该种固化法只适用于含硫酸钙、亚硫酸钙泥渣或泥浆的处理，需要熟练的操作技术和昂贵的设备，煅烧泥渣需消耗一定的能量等。

思考题

1. 固体废物的收集方式主要有哪些?

2. 固体废物分类收集一般应遵循的主要原则是什么?

3. 试述分类收集对垃圾产量的影响。请根据你学校不同场所产生废物的特点，制定一份废物分类收集的方案建议书。

4. 说明破碎技术的定义、目的及其主要方法。

5. 影响破碎效果的因素有哪些? 如何根据固体废物的性质选择破碎方法?

6. 如何评价筛分设备的使用效果? 怎样计算筛分效率? 其影响因素有哪些?

7. 简要分析风力分选技术的特点及适用性。

8. 简要分析风选与磁选在处理城市生活垃圾中的作用。

9. 一分选设备处理废物能力为 80 t/h，当处理玻璃含量为 8% 的废物时，筛下物重 8 t/h，其中玻璃 6 t/h，请分别计算玻璃的回收率、纯度和综合效率。

10. 生活垃圾中含有铁金属 10%，废铝金属 4%，采用风选、磁选组合工艺，分离铁与铝。废物供料负荷 100 t/h，回收铁金属物料 11 t/h，其中实际含铁 9.2 t/h；回收铝金属物料 4.5 t/h，实际含铝为 3.5 t/h，求各自的回收率、纯净度与综合效率。

11. 分别说明固体废物的水分、挥发分、固定碳、可燃分和灰分的含义，以及相互间的关系。

12. 某生活垃圾的化学组成为 $C_{60.0}H_{25.4}O_{37.5}N_{7.8}S_{5.6}Cl$，其水分含量为 45.6%，灰分含量为 14.3%。请估算该废物的高位热值和低位热值。

13. 有 100 kg 混合垃圾，其物理组成是食品垃圾 25 kg，废纸 40 kg，废塑料 13 kg，破布 5 kg，废木材 2 kg，其余为土、灰、砖等。求混合垃圾的热值。(食品垃圾热值: 4 650 kJ/kg; 废纸热值: 16 750 kJ/kg; 废塑料热值: 32 570 kJ/kg; 破布热值: 17 450 kJ/kg; 废木材热值: 18 610 kJ/kg; 土、灰、砖热值: 6 980 kJ/kg)

14. 某固体废物含可燃物 60%、水分 20%、惰性物 20%，固体废物的元素组成为碳 28%、氢 4%、氧 23%、氮 4%、硫 1%、水分 20%、灰分 20%。假设: ①固体废物的热值为 11 630 kJ/kg; ②炉栅残渣含碳量 5%; ③空气进入炉膛的温度为 65℃，离开炉栅残渣的温度为 650℃; ④残渣的比热为 0.323 kJ/(kg·℃); ⑤水的汽化潜热 2 420 kJ/kg; ⑥辐射损失为总炉膛输入热量的 0.6%; ⑦碳的热值为 32 564 kJ/kg。试计算这种废物燃烧后可利用的热值。

15. 影响固体废物焚烧处理的主要因素有哪些? 这些因素对固体废物焚烧处理有何重要影响? 为什么?

16. 大型垃圾焚烧系统主要包括哪些子系统? 各个子系统的特点是什么?

17. 欲焚烧一种热值为 4 500 kJ/kg 的固体废物，已知进料量为 25 t/d，焚烧炉燃烧室

体积热负荷为 2×10^5 kJ/（$m^3 \cdot$ h），求焚烧炉燃烧室（有效）体积。

18. 简要分析二噁英类物质在焚烧过程中的产生机理，并提出控制二噁英类物质排放量的具体措施。

19. 简述热解的定义、热解的主要产物及其影响因素。

20. 简要分析热解工艺中间接加热法和直接加热法的优缺点。

21. 试分析热解与焚烧有什么异同？

22. 简要分析影响堆肥化发展的主要因素、存在问题，并提出推广堆肥化的一些建议。

23. 堆肥化过程可以分为几个阶段？各个阶段的主要特点是什么？

24. 简述固体废物好氧堆肥的基本工艺过程及其主要影响因素。

25. 堆肥腐熟的意义是什么？有哪些方法可以测定堆肥是否腐熟？请简要说明。

26. 影响厌氧发酵的因素有哪些？在进行厌氧发酵工艺设计时应考虑哪些问题？

27. 用一种成分为 $C_{31}H_{50}NO_{26}$ 的堆肥物料进行实验室规模的好氧堆肥实验。实验结果，每 1 000 kg 堆料在完成堆肥化后仅剩下 198 kg，测定产品成分为 $C_{11}H_{14}NO_4$，试求每 1 000 kg 物料的化学计算理论需氧量。

28. 有 1 000 kg 猪粪，从中称取 10 g 样品，在（105 ± 2）℃烘至恒重后的质量为 1.95 g。①求其总固体质量分数和总固体量；②如将这些猪粪中的 10 g 样品的总固体在（550 ± 20）℃灼烧至恒重后质量为 0.39 g，求猪粪原料总固体中挥发性固体的质量分数。

29. 对于分选后含可降解有机物成分较高的生活垃圾，你认为适合采用堆肥化技术处理还是高固体厌氧消化技术处理，为什么？

30. 相对于一阶段高固体厌氧消化处理技术，二阶段工艺在技术上有哪些优势？

31. 我国农村生活垃圾厌氧发酵面临的问题及发展趋势。

32. 评价固化稳定化的主要指标有哪些？分别代表什么含义？

33. 分别说明水泥固化、沥青固化和熔融固化的技术工艺特点及其优缺点。

第十一章　固体废物处置方法

第一节　生活垃圾卫生填埋

卫生填埋是指采取防渗、铺平、压实、覆盖等措施对固体废物进行填埋处置和对填埋气体、渗沥液等进行收集治理利用。其处理场地称为卫生填埋场（以下简称填埋场），处置对象主要是生活垃圾、建筑垃圾和炉渣等。

一、填埋场的规划设计

卫生填埋场规划设计的主要内容有：选址、容量和年限计划、分区计划。

（一）选址

卫生填埋场场址的选择是填埋场全面规划设计的第一步，必须以场地详细调查、工程设计和费用研究以及环境影响评价为基础，遵循环境保护、经济合理、工程学及安全生产的原则，对场址的地形、地貌、植被、地质、水文、气象、供电、给排水、覆盖土源、交通运输及场址周围居民情况等，进行综合评定来确定。

（二）容量和年限计划

卫生填埋场地的面积和容量与城市的人口数量、垃圾的产率、填埋场的高度、垃圾与覆盖材料量之比，以及填埋后的压实密度有关。通常，场地的容量至少供使用 10～20 年，覆土和填埋垃圾之比为 1∶4 或 1∶3，填埋后废物的压实密度为 500～700 kg/m³。

卫生填埋场容量计算方法有多种，式（11-1）是工程上比较常用的近似计算法：

$$V_t = (1-f) \times \left[\frac{365Wt \times (1+\phi)}{\rho} \right] \tag{11-1}$$

式中：V_t——使用 t 年的卫生填埋场容积，m³；

　　　f——体积减小率，一般取 0.15～0.25；

　　　t——填埋年限，a；

　　　W——每日计划垃圾填埋量，kg/d；

ρ ——压实后垃圾的平均密度，可高达 750～950 kg/m^3；

ϕ ——填埋时覆土体积占垃圾的比率，一般取 0.15～0.25。

通过测量计算确定填埋高度为 H，则填埋库区用地面积

$$A = (1.05 \sim 1.20) \times \left(\frac{V_t}{H}\right) \qquad (11\text{-}2)$$

（三）分区计划

填埋是一个逐步推进的过程，需要采用分区分单元的作业方式。理想的分区计划应使每个填埋区能在尽可能短的时间内封顶覆盖，以减少地表水的积蓄和渗滤液的产生。常见的填埋分区填埋方式主要有水平分区方式和垂直分区方式，如图 11-1 所示。

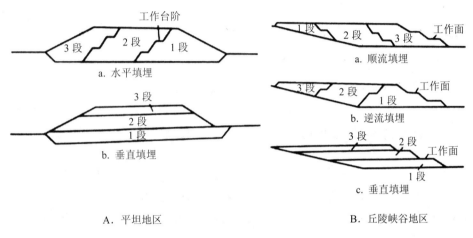

图 11-1　分区填埋作业方式

二、填埋工艺

卫生填埋场系统主要由防渗系统、渗滤液收集及处理系统、填埋气体收集及利用系统、封场及生态修复系统、垃圾坝及道路系统、截洪/导洪系统、其他辅助工程（给排水、供电）等组成，其中最重要的是防渗系统、渗滤液收集及处理系统、填埋气体收集及利用系统。

生活垃圾卫生填埋典型工艺流程如图 11-2 所示。

生活垃圾由垃圾运输车辆运至填埋场，经地衡称重计量后，由厂区道路和场内临时道路进入填埋区作业面，在现场管理人员的指挥下，在限定范围内卸料、推平为 40～75 cm 的薄层，然后压实。每天的垃圾压实高度宜为 2～4 m，然后覆土 15 cm，即成为一个填埋单元。具有同样高度的一系列相互衔接的填埋单元构成一个填埋层。按上述工序完成的卫生填埋场由一个或几个填埋层组成。当填埋到最终的设计高度以后，再在该填埋层上面盖一层 90～120 cm 的土壤，压实后就成为一个完整封场的卫生填埋场。

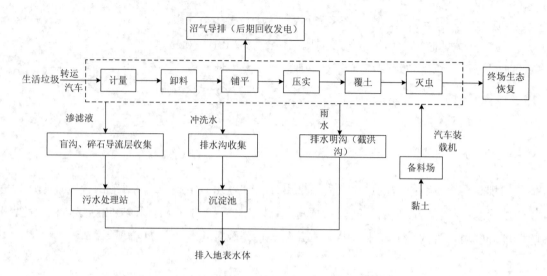

图 11-2　生活垃圾卫生填埋典型工艺流程示意图

三、填埋场渗滤液的收集处理

（一）填埋场防渗系统构成

防渗系统是卫生填埋场最重要的构成之一，其作用是将填埋场内外隔绝，防止渗滤液进入地下水；阻止场外地表水、地下水进入废物填埋体，以减少渗滤液产生量；同时也有利于填埋气体的收集和利用。它通常包括渗滤液收集导流系统、防渗层、保护层、基础层和地下水收集导排系统。

1. 渗滤液收集导流系统

包括导流层、盲管和渗滤液导排管道等。该层上部直接与填埋垃圾接触，主要功能是收集由垃圾堆体中流出的渗滤液，并将其导出填埋场外，不对防渗层造成破坏。导排系统中的所有材料应具有足够的强度，以承受垃圾、覆盖材料等荷载及操作设备的压力。导流层应选用卵石或碎石等材料，材料的碳酸钙含量不应大于 10%，铺设厚度不应小于 300 mm，渗透系数不应小于 1×10^{-3} m/s；在四周边坡上宜采用土工复合排水网等土工合成材料作为排水材料。盲沟内的排水材料宜选用卵石或碎石等材料，宜采用 HDPE 穿孔管排水。

2. 防渗层

防渗层是由透水性小的防渗材料铺设而成的，应覆盖垃圾填埋场场底和四周边坡，形成完整的、有效的防水屏障。其主要作用一是防止渗滤液进入地下水；二是阻止场外地表水、地下水进入废物填埋堆体。

防渗材料要求具有相应的物理力学性能、抗化学腐蚀能力和抗老化能力，能有效地阻止渗沥液透过，以保护地下水不受污染。主要有天然黏土材料、人工改性防渗材料和人工合成防渗材料。

防渗层的结构类型分为单层防渗结构、复合防渗结构和双层防渗结构，如图 11-3～图 11-5 所示。

单层防渗层是一层压实的黏土土壤［图 11-3（a）］或 HDPE 膜［图 11-3（b）］。当天然基础层饱和渗透系数小于 10^{-9} m/s，且场底及四壁衬里厚度不小于 2 m 时，可采用天然黏土类衬里结构。达不到要求的常添加膨润土、石灰、水泥或粉煤灰进行改性；或采用人工合成有机材料，即柔性膜。应用最广的人工合成有机材料是高密度聚乙烯（HDPE）膜，其渗透率要求不大于 10^{-14} m/s，厚度不应小于 1.5 mm，膜下应采用渗透系数不大于 1×10^{-7} m/s、厚度不小于 750 mm 的压实土壤作为保护层。

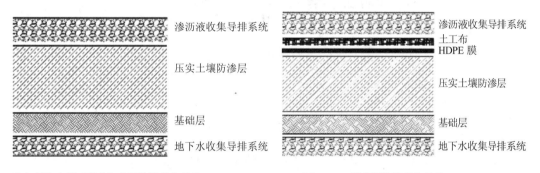

（a）压实土壤（黏土）单层防渗结构示意   （b）HDPE 膜单层防渗结构示意

图 11-3 单层防渗系统的构成

复合防渗层是由两层防渗层紧密铺贴在一起而形成的一种防渗结构，有两种典型的结构形式：HDPE 膜和压实土壤的复合防渗结构［图 11-4（a）］、HDPE 膜和 GCL 的复合防渗结构［图 11-4（b）］。其中 GCL 渗透系数不得大于 5×10^{-11} m/s、不低于 4 800 g/m^2，GCL 下应采用压实土壤作为保护层。现代卫生填埋场一般采用这种复合防渗系统。黏土层设于 HDPE 膜下与膜紧贴，对膜起支撑作用，并可减轻地基变形对膜的影响，使膜在数十米高的垃圾堆体下均匀受力而不被破坏。

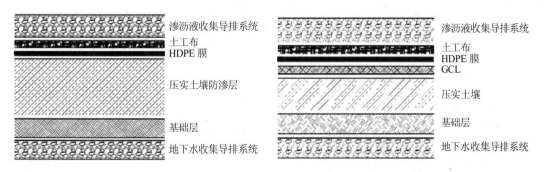

（a）HDPE 膜＋压实土壤复合防渗结构示意   （b）HDPE 膜＋GCL 复合防渗结构示意

图 11-4 复合防渗系统的构成

双层防渗层包括主防渗层（含防渗材料及保护材料）、渗漏检测层、次防渗层（含防渗材料及保护材料），如图 11-5 所示。主、次防渗层均应采用 HDPE 膜作为防渗材料。主防渗层 HDPE 膜上下都采用非织造土工布作为保护层。次防渗层 HDPE 膜上宜采用非织造土工布作为保护层，膜下应采用压实土壤作为保护层。主、次防渗层之间的排水层宜采用复合土工排水网。双层防渗结构防渗效果好，但造价高，一般用于对防渗要求非常高的场合，如危险废物安全填埋场。

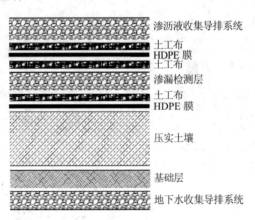

图 11-5　双层防渗系统的构成

3．保护层

一般采用不小于 600 g/m² 的无纺土工布，铺设于 HDPE 膜上和膜下，用来防止膜被尖锐的东西刺穿，以保护防渗层安全。

4．基础层

基础层是防渗层和保护层的基础，也是整个垃圾堆体压力承受层，分为场底基础层和四周边坡基础层。基础层应平整、压实、无裂缝、无松土，表面应无积水、石块、树根及尖锐杂物。

5．地下水收集导排系统

根据水文地质条件的情况设置，布置在防渗系统基础层下方，用于收集和导排地下水，防止地下水破坏防渗层和整个填埋堆体。

（二）渗滤液的收集和处理

1．渗滤液的收集导排系统

渗滤液收集导排系统（图 11-6）的主要功能是将填埋场产生的渗滤液迅速收集输送至场外指定地点，减少浸出和下渗风险。它包括汇流系统和输送系统。其中汇流系统由砾卵石或碎（渣）石导流层、导流沟、穿孔收集管等构成。输送系统由集水槽（池）、提升多孔管、潜水泵、输送管道和调节池构成。填埋场内的渗滤液通过铺设在垃圾堆体内的导流层流入盲沟，并沿盲沟流入铺设在衬层上的多孔收集管，再由泵提升出堆体和排出场外，最后进入渗滤液处理设施。

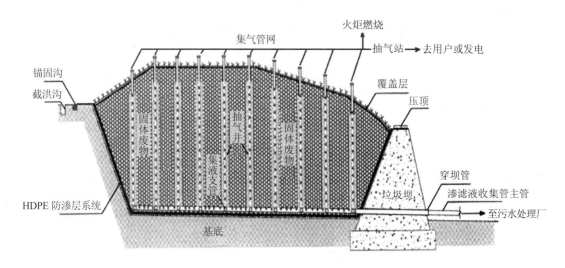

图 11-6　卫生填埋场渗滤液及填埋气收集导排系统

2. 渗滤液的组成及性质

对于防渗密封系统完好的垃圾填埋场而言，渗滤液主要来自三个方面，即降水、废物含水和有机物分解生成水。其中降水包括降雨和降雪，对渗滤液产生量的贡献最大。

从安全角度考虑，可采用降雨量为渗滤液产生量作为计算依据。由此得

$$Q = C \cdot I \cdot A \cdot 10^{-3} \tag{11-3}$$

式中：Q——渗滤液产生量，m^3/d；

　　　I——最大年或月平均日降水量，mm/d；

　　　A——集水面积（垃圾填埋面积），m^2；

　　　C——渗出系数，一般取 0.2～0.8。

考虑到填埋操作区、中间覆盖区和终场覆盖区的渗出系数不同，式（11-3）可转化为

$$Q = \left(C_1 A_1 + C_2 A_2 + C_3 A_3 \right) \cdot I \cdot 10^{-3} \tag{11-4}$$

式中：C_1——操作区的渗出系数，一般取 0.5～0.8；

　　　C_2——中间区的渗出系数，一般取（0.4～0.6）C_1；

　　　C_3——封场区的渗出系数，取 0.1～0.2。

垃圾渗滤液属于高浓度有机废水，具有污染成分复杂、水质水量变化大等特点。其中污染物的含量和成分取决于垃圾的种类和性质、填埋时间、填埋构造、当地气候和降水量等。典型卫生填埋场渗滤液污染物浓度如表 11-1 所示。其水质变化趋势如图 11-7 所示。

表 11-1   国内典型卫生填埋场不同年限渗滤液水质范围   单位：mg/L，pH 除外

项目	类别		
	填埋初期渗沥表（<5 年）	填埋中后期渗沥表（>5 年）	封场后渗沥表
COD	6 000～20 000	2 000～10 000	1 000～5 000
BOD$_5$	3 000～10 000	1 000～4 000	300～2 000
NH$_3$-N	600～2 500	800～3 000	1 000～3 000
SS	500～1 500	500～1 500	200～1 000
pH	5～8	6～8	6～9

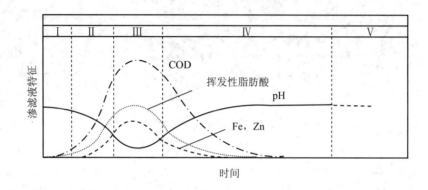

Ⅰ—适应阶段；Ⅱ—过渡阶段；Ⅲ—酸化阶段；Ⅳ—甲烷化阶段；Ⅴ—稳定化阶段

图 11-7   渗滤液水质变化趋势示意图

3．渗滤液的处理

渗滤液性质的复杂多变性给渗滤液的处理处置带来极大的困难。目前渗滤液的处理方法主要有以下两种。

（1）回灌处理

渗滤液回灌是将收集后的渗滤液再次回灌入填埋场，使渗滤液中的微生物、营养成分和水分回到填埋场中，可增强垃圾中微生物的活性，降低垃圾渗滤液中有害物质的浓度，加速产甲烷的速率，缩短垃圾渗滤液稳定化进程。

（2）组合处理工艺

由于渗滤液成分复杂、水质水量变化大，且含有有害成分，单一技术很难达到处理要求，需要通过生物、物理、化学等组合方法才能保证较好的处理效果。图 11-8 是一个具有代表性的渗滤液组合处理工艺，其中深度处理如超滤、纳滤、反渗透等膜分离技术近年来已在渗滤液处理中得到广泛应用。

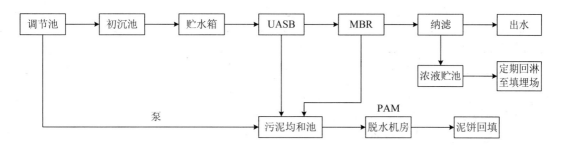

图 11-8　垃圾渗滤液处理工艺流程

四、填埋气体的收集与利用

（一）填埋气的产生及产量预测

1. 填埋气的产生

填埋场气体的产生由有机物的分解所致，大致分 5 个阶段：适应阶段（好氧分解阶段）、过渡阶段（液化产酸阶段）、酸化阶段、甲烷化阶段和稳定化阶段。填埋场气体的组成及随时间的变化见图 11-9。我国填埋场的液化产酸阶段比较短。因为我国生活垃圾中炉灰含量大，pH 高，适合甲烷菌生存，甲烷化阶段提前了。

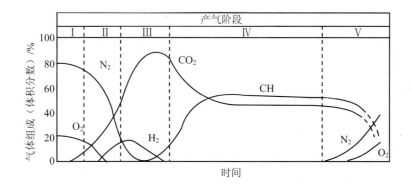

Ⅰ—适应阶段；Ⅱ—过渡阶段；Ⅲ—酸化阶段；Ⅳ—甲烷化阶段；Ⅴ—稳定化阶段

图 11-9　填埋气（LFG）的产生过程

填埋气的主要组成见表 11-2，其对环境的影响主要有：①有爆炸和火灾风险，在有氧条件下，甲烷的爆炸极限为 5%～15%；②对水环境的影响，填埋气中含有的大量 CO_2 会使水呈酸性，使地下水含盐量过高；③对大气环境的影响，填埋气中含有的大量甲烷（占全球甲烷排放量的 6%～18%），甲烷的温室效应是 CO_2 的 21 倍；此外，填埋气中还含有氨、硫化氢等恶臭有害气体。

表 11-2　干填埋气组成

组分	CH$_4$	CO$_2$	N$_2$	O$_2$	硫化物	NH$_3$	H$_2$	CO	微量化合物
体积分数/%	45~60	40~50	0~10	0~2	0~1	0.1~1.0	0~0.2	0~0.2	0.01~0.6

2．填埋气产量预测

由于影响填埋气产生量的因素非常复杂，因而很难精确计算填埋气的产生量。常用理论计算和估算的方法来计算填埋气产量。

（1）化学方程式理论计算法

在垃圾填埋场中，对填埋场产气有贡献的是垃圾中可生物降解的有机组分，假设这些有机组分可用分子式 C$_a$H$_b$N$_c$O$_d$S$_e$ 表示，并且它们完全转化为 CH$_4$ 和 CO$_2$，则厌氧分解这些有机物的总化学反应可表达为

$$C_aH_bN_cO_dS_e + \left(\frac{4a-b+3c-2d-2e}{4}\right)H_2O \longrightarrow \left(\frac{4a+b-3c-2d-2e}{8}\right)CH_4$$
$$+ \left(\frac{4a-b+3c+2d+2e}{8}\right)CO_2 + cNH_3 + eH_2S \tag{11-5}$$

根据此式，当生活垃圾的元素组成确定后，即可计算出理论产气量。例如，生活垃圾的典型化学式为 C$_{99}$H$_{199}$N$_{59}$、含水率为 50%时，则可降解的碳含量约占湿垃圾的 26%，1 kg 垃圾理论产甲烷量为 259 L（常温常压下）。但因为实际垃圾中含有大量难降解物质，还有一部分碳流向了更为复杂的有机物（如腐殖质）的合成，而且垃圾填埋场在很多时候并非严格的厌氧条件，因此，实际产气量远低于理论产气量。通常情况下，实际产气量可用理论产气量的 1/2 进行估算，其中可回收的沼气为理论量的 30%~80%，如密封较好的现代化卫生填埋场可达 80%。

（2）质量平衡理论计算法——IPCC 统计模型

政府间气候变化委员会（International Panel on Climate Change，IPCC）推荐式（11-6）用于计算生活垃圾填埋产气量：

$$V_{CH_4} = MSW \times \eta \times DOC \times r \times \frac{16}{12} \times 0.5 \tag{11-6}$$

式中：V_{CH_4}——填埋垃圾产气量，m^3/t；

　　　MSW——生活垃圾产生量，t；

　　　η——垃圾填埋率，%；

　　　DOC——垃圾中可降解有机碳含量，发展中国家和发达国家分别为 15%和 22%；

　　　r——垃圾中可降解有机碳分解百分率，推荐值为 77%；

　　　比值 16/12——CH$_4$ 与 C 的转换系数；

　　　数值 0.5——CH$_4$ 中的碳与总碳的比率。

该模型没有直接考虑垃圾填埋场产气的规律及其影响因素，计算值往往过于粗略，仅适于估算较大范围的垃圾填埋产气量。

（3）COD 估算模型

假设垃圾中有机组分全部转化为 CH_4 和 CO_2，则垃圾的 COD 值与产气中 CH_4 燃烧的耗氧量相等。由此得出填埋垃圾的理论产气量

$$V_{CH_4} = 0.35W \times (1-\omega) \times \eta \times COD \qquad (11\text{-}7)$$

式中：V_{CH_4}——填埋垃圾的理论产气量，m^3/kg；

　　　0.35——1 kg COD 的 CH_4 理论产量（标准状态），m^3/kg；

　　　W——填埋垃圾量，kg；

　　　ω——填埋垃圾的含水率，%；

　　　η——垃圾的有机物含量，%；

　　　COD——填埋垃圾中有机物的耗氧量，kg/kg。

（4）Scholl Canyon 模型

目前在填埋场设计时，使用最广泛的产气速率模型是 Scholl Canyon 一阶动力学模型。该模型假设垃圾在填埋场内经历一段可以忽略的时间后，填埋气的产气速率很快达到峰值，随后产气速率随可降解的有机物减少而降低。垃圾在填埋后第 t 年的产气量为

$$V_t = V_0 k e^{-kt} \qquad (11\text{-}8)$$

式中：V_t——填埋垃圾在第 t 年的产气量，m^3；

　　　V_0——填埋垃圾在第 t 年的理论最大产气量，m^3；

　　　k——第 t 年的垃圾产气系数。

据此计算出填埋场的年累积产气量，可以表征填埋场产生的填埋气随时间的动态变化关系，有利于填埋气收集系统的设计和分析。

（二）填埋气的收集系统

填埋场气体收集系统常与渗滤液导排系统联合设置（图 11-6），其作用是控制填埋气向大气的排放量和在地下的迁移，并回收利用甲烷气体。

填埋场气体收集分为被动收集和主动收集两种。

被动收集系统是利用填埋气自身压力进行迁移收集，主要设施包括被动排放井和管道、水泥墙和截留管等，无须外加动力系统，适用于垃圾填埋量不大、填埋深度浅、产气量较低的小型生活垃圾填埋场（<40 000 m^3）。

主动收集系统的主要设施包括抽气井、集气输送管道、抽风机、冷凝液收集井和泵站、气体净化设备、填埋气利用系统（如发电系统）、气体监测设备等，适用于大型填埋场系

统。它是在填埋场内铺设一些垂直的导气井或水平盲沟，用管道将这些导气井和盲沟连接至抽风机，利用抽风机将填埋场内的填埋气体抽出来，送去用户或发电。

现代填埋场都采用主动收集系统，分为水平集气系统和垂直集气系统。

水平集气系统主要适用于新建或正在运行的垃圾填埋场，即沿着填埋场纵向逐层横向布置水平收集管，直至两端设立的导气井将气体引出场面。水平集气管多采用 HDPE（或 UPVC）制成的多孔管，多孔管布设的水平间距为 50 m，其周围铺砾石透气层。输送管道采用 Φ 150～200 mm 的 PVC 管形成闭合回路，控制气流速度小于 6 m/s，同时要考虑冷凝液的收集和排放，管道铺设坡度一般大于 5%。它适于小面积、窄形、平地建造的填埋场；但很容易因垃圾不均匀沉陷而被破坏，在填埋加高过程难以避免吸进空气、漏出气体，或因填埋场内积水影响气体的流动。因此现代填埋场一般都采用垂直井收集填埋气。

垂直集气系统的典型结构如图 11-10 所示。其作用是在填埋场范围内提供一种透气排气空间和通道，同时将填埋场内渗滤液引至场底部排到渗滤液调节池和污水处理站（图 11-6），并且还可以借此检查场底 HDPE 膜泄漏情况。

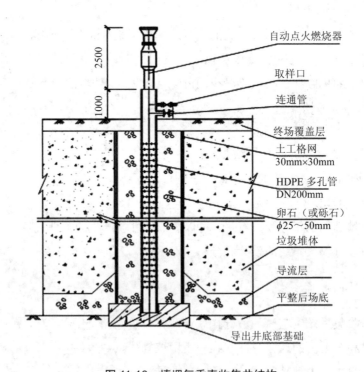

图 11-10   填埋气垂直收集井结构

垂直井常采用等边三角形的布局方式，其井间距离可用下面的公式计算：

$$D=2R\cos30° \tag{11-9}$$

式中：D——三角形布局的井间距离；

R——垂直抽气井的有效半径。

垂直井的作用半径与填埋废物类型、压实程度、填埋深度和覆盖层类型等因素有关，应通过现场试验确定。当缺乏试验数据时，有效半径可采用 45 m。对于深度大并有人工膜的复合覆盖的填埋场，常用的井间距为 45～60 m，最大可达 90～100 m；对于使用黏土或天然土壤作为覆盖层的填埋场，应使用小一些的井间距，如 30 m，以防将大气中的空气抽入填埋气回收系统中。

垂直井结构相对简单、集气效率高、材料用量较少、一次投资省，在垃圾填埋过程容易实现密封。对在垃圾填埋过程中立井的填埋场，垂直井是随垃圾填埋过程依次加高，加高时应注意密封和井的垂直度。

（三）填埋气的净化与利用

填埋气的净化过程主要是脱水、脱硫、脱 CO_2，以提高 CH_4 的含量，增加气体的热值。脱水主要采用低温冷冻法，脱硫采用湿式吸收和活性炭吸附，而脱 CO_2 可采用碱液吸收、分子筛变压吸附和膜分离等技术。

目前填埋气的主要利用方式有三种，①初步净化后，作燃料燃烧产生蒸汽，用于生活或工业供热；②净化并脱除 CO_2 后，可作为高热值燃料，用于发电；③净化并脱除 CO_2 后，达到或接近天然气标准，可注入天然气管网作民用燃气，或作为运输工具的动力燃料。

五、终场覆盖与后期管理

填埋场填埋作业全设计终场标高或不再受纳垃圾而停止使用时，为限制降水渗入废弃物，尽量减少渗滤液的产出，必须实施终场覆盖，即通常说的"封场"。填埋场封场工程应包括地表水径流、排水、防渗、渗沥液收集处理、填埋气体收集处理、堆体稳定、植被类型及覆盖等内容。

封场覆盖系统结构由垃圾堆体表面往上依次为：排气层、防渗层、排水层、植被层，其基本结构如图 11-11 所示。

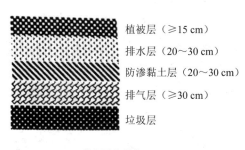

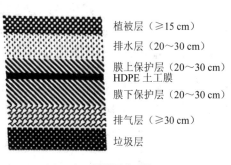

（a）黏土覆盖系统　　　　　　（b）人工材料覆盖系统

图 11-11　填埋场封场覆盖系统

封场覆盖系统各结构层的功能和常用材料见表 11-3。其中防渗层应与场底防渗层紧密连接，填埋气体的收集导排管道穿过覆盖系统防渗层处应进行密封处理。铺设土工膜应焊接牢固，在垂直高差较大的边坡铺设土工膜时，应设置锚固平台。填埋场封场顶面坡度不应小于 5%，边坡大于 10%时宜采用多级台阶进行封场，台阶宽度不宜小于 2 m。封场覆盖保护层、营养植被层的封场绿化应与周围景观相协调，并应根据土层厚度、土壤性质、气候条件等进行植物配置。封场绿化不应使用根系穿透力强的树种。

表 11-3　填埋场封场覆盖系统结构及功能

结构层	主要功能	常用材料及要求	备注
植被层	生长植物，并保证植物根系不破坏保护层和排水层，具抗霜冻能力	营养植被层的土质材料应利于植被生长,厚度应大于 15 cm。覆盖支持土层由压实土层构成,渗透系数应大于 1×10^{-4} cm/s, 厚度应大于 450 cm	需要地表排水设施
排水层	疏排下渗水，减小其对下部防渗层的水压力	顶坡应采用粗粒或土工排水材料,边坡应采用土工复合排水网,粗粒材料厚度不应小于 30 cm,渗透系数应大于 1×10^{-2} m/s	
防渗层	阻止下渗水进入填埋废物中,防止填埋气体逸出	压实黏土、焊接牢固的柔性膜、人工改性防渗材料和复合材料,渗透系数应小于 1×10^{-9} m/s	
排气层	将填埋气体导入收集设施进行处理或利用	粗粒多孔材料,渗透系数应大于 1×10^{-4} m/s,厚度不应小于 30 cm	

填埋场封场后至完全稳定至少需要 30～50 年，所以封场后还必须对其进行维护和污染治理的继续运行和监测。主要包括渗滤液处理系统运行和监测、填埋气体导排与利用系统运行和监测、地下水监测、地表水监测、地面沉降监测、场地维护等。待可降解有机物基本耗尽后，填埋场产生的气体、浸出液量减少，出现不均匀沉降，空气重新进入填埋场，封场后的土地利用即可开始进行。

第二节　危险废物安全填埋

安全填埋是指将危险废物填埋于抗压及双层不透水材质所构筑，并设有阻止污染物外泄及地下水监测装置的填埋场的一种处理方法。安全填埋场专门用于处理危险废物，由于危险废物对生态与环境有很大的危害性，因此，其填埋场的结构与安全措施较垃圾卫生填埋场更加严格。安全填埋场选址需远离城市的安全地带。危险废物进行安全填埋处置前需经过稳定化和固化处理。

一、安全填埋场构造

安全填埋场的构造，需要以更加严密的人工或天然不渗透材料作为防渗层，且土壤与防渗层结合部位的渗透率应小于 10^{-6} m/s；天然基础层的饱和渗透系数不应大于 10^{-7} m/s，且其厚度不应小于 2 m；填埋场最底层应位于最高地下水位 3 m 以上，必须铺设地下水位控制设施；采取必要的措施控制地表径流水；配置完整的渗滤液收集与监控系统；设置气体排放与监测系统；严格记录废物来源、性质与处理量，并适当加以分类处理；分级危险废物的种类、特性及填埋土壤性质，采取适当的防腐蚀、防渗漏措施。此外，填埋场场址的地质构造应相对简单、稳定，没有活动性断层；安全填埋场应有抗压及抗震设施。封场要求见危险废物封场设计。

典型安全填埋场构造如图 11-12 所示。这种填埋方法几乎可以处理任何种类的危险废物。

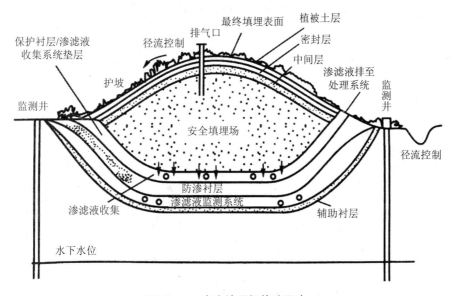

图 11-12　安全填埋场构造示意

二、安全填埋场防渗层结构

根据《危险废物安全填埋处置工程建设技术要求》，填埋场防渗系统应以柔性结构为主，且柔性结构的防渗系统必须采用双人工衬层。其结构由下到上依次为：基础层、地下水排水层、压实的黏土衬层、高密度聚乙烯膜、膜上保护层、渗滤液次级集排水层、高密度聚乙烯膜、膜上保护层、渗滤液初级集排水层、土工布、危险废物。

在填埋场选址地质不能达到相应要求时，可采用钢筋混凝土外壳与柔性人工衬层组合的刚性结构，以满足相应要求。其结构由下到上依次为：钢筋混凝土底板、地下水排水层、膜下的复合膨润土保护层、高密度聚乙烯防渗膜、土工布、卵石层、土工布、危险废物。四周侧墙防渗系统结构由外向内依次为：钢筋混凝土墙、土工布、高密度聚乙烯防渗膜、土工布、危险废物。

柔性填埋场中，上层高密度聚乙烯膜厚度应≥2.0 mm；下层高密度聚乙烯膜厚度应≥1.0 mm。刚性填埋场底部以及侧面的高密度聚乙烯膜的厚度均应≥2.0 mm。刚性结构填埋场钢筋混凝土箱体侧墙和底板作为防渗层，应按抗渗结构进行设计，按裂缝宽度进行验算，其渗透系数应≤$1.0×10^{-6}$ cm/s。

三、安全填埋场封场结构

安全填埋场封场系统由下至上应依次为气体控制层、表面复合衬层、表面水收集排放层、生物阻挡层以及植被层。

（1）气体控制层

应在封场系统的最底部建设 30 cm 厚的砂石排气层，并在砂石排气层上安装气体导出管。

气体导出管安装应符合如下要求：①气体导出管应由直径为 15 cm 的高密度聚乙烯制成，竖管下端与安装在砂石排气层中的气体收集横管相接，竖管上端露出地面部分应设成倒 U 形，整个气体导出管成倒 T 形，气体收集横管带孔并用无纺布包裹。导气管与复合衬层交界处应进行袜式套封或法兰密封。②必须对排气管进行正确保养，防止地表水通过排气管直接进入安全填埋场。

（2）表面复合衬层

砂石排气层上面应设表面复合衬层，其上层为高密度聚乙烯膜，下层为厚度≥60 cm 的压实黏土层。表面人工合成衬层材料选择应与底部人工合成衬层材料相同，且厚度≥1 mm、渗透系数≤$1.0×10^{-12}$ cm/s。

（3）表面水收集排放层

复合衬层上面应建表面水收集排放层，其材质应选择小卵石或土工网格。若选择小卵石，不必另设生物阻挡层。若选择土工网格，必须另设生物阻挡层并解决土工网格与人工合成衬层之间的防滑问题。

（4）生物阻挡层

当使用土工网格作为地表水收集排放系统材料时，应在表面水收集排放系统上面铺一层≥30 cm 厚的卵石，以防止挖洞动物入侵安全填埋场。

（5）植被层

封场系统的顶层应设厚度≥60 cm 的植被层，以达到阻止风与水的侵蚀、减少地表水渗透到废物层，保持安全填埋场顶部的美观及持续生态系统的作用。

此外，封场系统的坡度应大于 2%。封场后应对渗滤液进行永久的收集和处理，并定期清理渗滤液收集系统。封场后应对提升泵站、气体导出系统、电力系统等做定期维护。还应预留定期维护与监测的经费，确保在封场后至少持续进行 30 年的维护和监测。若因侵蚀、沉降而导致排水控制结构需要修理时，应实行正确的维护方案以防止情况进一步恶化。

思考题

1. 简要说明固体废物最终处置的概念及其多重屏障原则。

2. 对一个 50 000 人口的某服务区的垃圾进行可燃垃圾和不可燃垃圾分类收集，可燃垃圾用 60 t/d 的焚烧设施焚烧，不可燃垃圾用 20 t/d 的破碎设施处理；焚烧残渣（焚烧垃圾的 10%）和破碎不可燃垃圾（不可燃垃圾的 40%）填埋；用破碎分选出 30% 的可燃垃圾和 30% 的资源垃圾。已知每人每天的垃圾平均产生量为 800 g，其中可燃垃圾 600 g，不可燃垃圾 200 g；直接运入垃圾量为 4 t/d。其中可燃垃圾为 3 t/d，不可燃垃圾为 1 t/d。求使用 15 年的垃圾填埋场的容量。

3. 简述填埋场水平防渗系统的类型及其特点。

4. 简述填埋场终场防渗系统结构的组成及各层的作用。

5. 某卫生填埋场设置有功能完善的排水设施。填埋场总面积为 $3.0×10^5\,m^2$，其中已封顶的填埋区面积为 $2.0×10^5\,m^2$，填埋操作区面积为 $5.0×10^4\,m^2$。假定填埋场所在地的年平均降雨量为 1 200 mm，降雨量成为渗滤液的体积分数在已封顶填埋区和填埋操作区分别占 30% 和 50%，则该填埋场渗滤液的产生量有多少？可能的渗滤液处理方案有哪些？你认为何种方案最佳，为什么？

6. 简要介绍填埋气的主要成分及其对环境的主要影响。

7. 如何估算填埋产气量？

8. 简要介绍填埋场封场覆盖系统结构及功能。

9. 一个 100 000 人口的城市，平均每人每天生产垃圾 0.9 kg，若采用卫生填埋法处置，覆土与垃圾之比取 1∶5，填埋后垃圾压实密度取 700 kg/m³，试求：①填埋场的体积。②埋场总容量（假定填埋场运营 30 年）。③填埋场总容量一定（填埋面积及高度不变），要扩大垃圾的填埋量，可采取哪些措施？

10. 试述厌氧生物填埋场的不足及其发展方向。

11. 危险废物安全填埋场和生活垃圾填埋场的主要区别有哪些？

第十二章 典型固体废物的处理与资源化工艺

第一节 生活垃圾的分选与处理

一、生活垃圾的组成及特性

生活垃圾的组成非常复杂，并且受到多种因素，如自然环境、气候条件、城市发展规模、居民生活习性（食品结构）、家用燃料（能源结构）、经济发展水平、收运系统等因素的影响。因此，各国、各城市甚至各地区的生活垃圾组成都有所不同。

生活垃圾的性质通常从物理、化学、生物和感官等方面进行描述。

生活垃圾的物理性质参数主要有：组分、含水率和容重等，他们是确定预处理和分选方法的主要依据。我国垃圾含水率的典型值为 40%～60%，在夏季，含水率要高些，有时可高达 70% 以上。垃圾的容重受压实的影响很大，通过压实处理可显著增大容重，减少垃圾的体积，有利于运输和后续处理。

生活垃圾的化学性质参数主要有：挥发分、灰分、灰熔点、元素组成、固定碳及发热值等，对选择加工处理技术和回收利用工艺十分重要，对于水分和挥发分（即有机成分）含量高的生活垃圾一般不建议填埋处理，热值高的垃圾可采用焚烧处理以回收热能发电。

生活垃圾的生物特性包括两方面的含义：①生活垃圾自身所具有的生物学性质及其对环境的影响；②生活垃圾的可生化性，主要取决于垃圾中有机物质的含量及其可生物降解性能，可用挥发性有机物含量（VS）、生物需氧量（BOD_5）等参数来衡量。生活垃圾的可生化性是选择生物处理方法和确定处理工艺（如堆肥、厌氧消化等）的主要依据。

生活垃圾的感官性能是指垃圾的颜色、嗅味、新鲜和腐败的程度等，往往通过感官直接判断。

一般来说，发达国家或地区的垃圾组成是有机物多、无机物少，发展中国家则是无机物多、有机物少；在我国，南方城市较北方城市有机物多、无机物少。表 12-1 列出了我国部分城市和地区垃圾的组成情况。表 12-2 列出了常见垃圾组分的成分和热值。

表 12-1 我国部分城市和地区垃圾的组成情况　　　　　　　　　单位：%

城市	有机废物					无机废物			
	厨余	纸类	塑料、橡胶	草木	织物	金属	玻璃陶瓷	灰土、砖瓦	其他
北京	39.0	18.2	10.4	—	3.6	3.0	13.0	10.9	1.9
上海	70.0	8.0	12.0	0.9	2.8	0.1	4.0	2.2	—
广州	63.0	4.8	14.1	2.8	3.6	3.9	4.0	3.8	—
深圳	58.0	7.9	13.7	5.2	2.8	1.2	3.2	8.0	—
南京	52.0	4.9	11.2	1.1	1.2	1.3	4.1	20.6	3.6
武汉	39.8	1.0	9.1	1.6	1.0	0.5	9.0	38.0	—
常州	48.0	4.3	10.2	1.0	1.7	1.1	5.8	25.1	2.8
郑州	47.1	3.0	2.2	0.5			47.2		
呼和浩特	48.0	9.3	13.1	—			29.6		—

表 12-2 常见垃圾组分的成分和热值

名称	成分/%				热值/（kJ/kg）
	水分	灰分	挥发分	碳含量	
落叶	19.403	3.29	73.318	4.05	14 939.22
橘皮	78.012	0.905	16.783	4.3	4 410.89
竹片	11.932	2.618	55.820	29.63	6 255.69
破布	8.728	3.131	81.087	7.054	16 028.1
线手套	5.970	1.644	74.365	18.021	6 102.78
纸张	6.1	1.43	78.12	14.35	16 626.4
玻璃纸	9.599	1.813	67.016	21.572	5 712.42
塑料泡沫	0.965	0.475	98.560	—	32 754.47
塑料薄膜	0.471	0.164	99.365	—	33 993.65
编织袋	0.010	6.066	79.100	14.824	20 506
橡胶	1.21	9.82	84.98	3.94	26 018

由表 12-1～表 12-2 可知，我国城市生活垃圾有机成分和水分的含量都比较高，变化幅度也较大。随着国民经济的发展，城市居民生活水平的提高，食品结构的变化，尤其是能源结构的变化，城市燃气化率的不断普及，城市生活垃圾的构成成分也将随之发生变化，其中可燃物、有机物和可再利用物含量将明显增加，垃圾热值等表征参数也将有较大幅度的提高。

据统计，2015 年我国清运城市生活垃圾 1.9 亿 t，无害化处理 1.8 亿 t。其中填埋量约占垃圾总量的 64%，焚烧占 34%，其他综合利用（如堆肥等）仅占 2%。垃圾处理方式仍以填埋为主。这些埋在地下的垃圾，可能导致地面沉降、产生甲烷和渗滤液。甲烷可能带来火灾和爆炸事故、加剧温室效应；渗滤液会对地表水及地下水造成污染。在发达国家广泛采用的焚烧法,在我国由于垃圾分类不到位、资金投入欠缺及操作不规范等原因,导致垃圾焚烧厂排放的烟气无法完全达标,排放的大量酸性气体和二噁英等污染物又会造成大气污染。因此,如何通过垃圾分类管理,最大限度地实现垃圾资源利用,减少垃圾处置量,改善生存环境,是当前我国亟须解决的重大环境问题之一。

二、生活垃圾的分选回收工艺

目前,发达国家生活垃圾的收集、运输和处理管理与技术都已很成熟,并积累了许多经验。在收集方面大多数国家采取了分类收集,在运输方面基本采用密闭压缩运输;在处理方面广泛采用的方式主要有卫生填埋、焚烧、堆肥和综合利用(再生循环利用)四种。其中填埋因为存在占用土地及污染环境等问题,已逐渐被德国、丹麦、日本、瑞士等发达国家所摒弃,取而代之的是更为先进的分类回收综合利用和垃圾焚烧结合的综合处理技术。

在垃圾综合处理中,要求垃圾尽量资源化、处理处置合理化、运转成本降低、经济效益提高等,实现这一切的关键技术是分选。有效分选不仅可以减少垃圾处理处置的量,而且还能回收部分资源性物质。为了经济有效地回收生活垃圾中的有用物质,往往需要根据废物的组成、性质和要求,将两种或两种以上的分选单元操作组合成一个有机的分选回收工艺系统,又称分选回收工艺流程。

综述世界各国垃圾综合处理的先进技术和方法,其共同点是:

1)基本是"干式"回收有用组分,极少数在工艺过程的结束工序辅以"湿式"回收。

2)通用工艺程序均为分类收集(回收利用资源性物质)→垃圾破碎→分选(回收利用资源性物质)→处理(回收能量或物质)→填埋处置。

3)采用综合技术方法进行破碎、分选和回收,很少用单一的方法处理,主要的分选方法有人工手选、筛分、风力分选、磁选和电选等,有些国家还辅以光电等先进技术进行分离提纯。

4)各处理工艺所能回收的产品有黑色金属、有色金属、纸(浆)、塑料、有机肥料、饲料、玻璃以及焚烧热等。一些有机物(如餐厨垃圾)还可通过生物发酵处理,同时产生沼气和腐殖质肥料,沼气可用于燃烧发电或供热;高热值不易腐烂有机物(织物、竹木等)可进行焚烧处理,或制作垃圾衍生燃料等,进行能量回收;灰渣(如砖头和瓦砾等)也可以进行材料化利用。

图 12-1 为我国采用的一种典型的生活垃圾分选回收工艺系统。

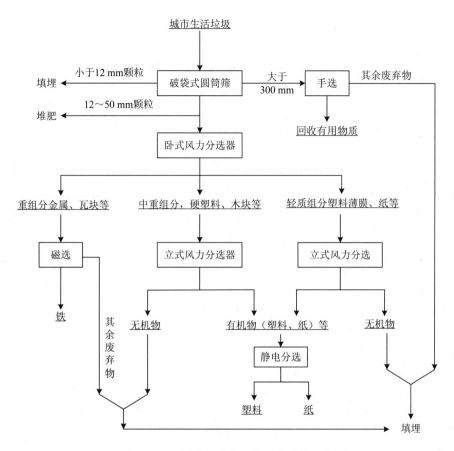

图 12-1 生活垃圾分选回收工艺系统示意图

该工艺系统主要工艺程序有：

1）垃圾破袋筛分分选，分为<12 mm、12～50 mm、50～300 mm 和>300 mm 的成分，其中<12 mm 的主要为无机沙砾和易碎的陶瓷玻璃等，可做填埋处置；介于 12～50 mm 的主要为有机厨余，可做堆肥处理；>300 mm 的通过人工手拣选出可回收利用的物质，如竹木纤维等，其余无机成分可做填埋处置。

2）采用卧式风力风选将 50～300 mm 的有金属瓦块和硬塑料、塑料和纸类等进一步分为重质组分、中重质组分和轻组分。

3）采用磁选回收重质组分中的黑色金属。

4）采用立式风力分选分别将中重质组分和轻组分再次分离得到重的无机成分、轻的废纸和塑料。

5）采用静电分选将废纸和塑料分离后，分别予以回收利用。

6）剩余不可利用残渣填埋处置。

该系统包括破碎、筛选、风力分选、磁选、电选等处理单元，以物理分选为主，破碎和筛分等预处理手段为辅，对生活垃圾进行了较全面的分类回收利用，对不可利用的残渣进行填埋处置，较好地体现了资源化、减量化、无害化的思想，值得推广。

第二节　废铅蓄电池的处理与资源化工艺

一、废铅蓄电池的组成及特性

铅蓄电池广泛应用在汽车、电动车、摩托车、移动通信基站、国防装备等领域，我国每年有大量的铅蓄电池报废，含铅 300 多万 t，蓄电池中含铅和铅合金板栅 24%～30%、铅膏（硫酸铅、氧化铅、二氧化铅为主）30%～40%、有机物 22%～30%，铅酸水电池还含有 11%～15%的电解液。废铅蓄电池是危险废物，不能随意处置，同时，铅资源消耗总量的 82%以上在铅蓄电池中，科学处置废铅蓄电池是环境保护和铅资源循环的重要内容。

我国铅蓄电池在过去很长一段时期是无序回收的，再生行业则是手工拆解或简单机械拆解，拆解得到的塑料和板栅进入循环渠道，大部分的铅膏通过高温熔炼回收铅，也有相当一部分铅膏和废酸一起被抛弃到环境中。

二、废铅蓄电池的分选回收工艺

近年来，我国开始重视铅蓄电池造成的环境污染和资源浪费，也开始重视铅资源循环，陆续出台了大量的法律法规对废铅蓄电池回收和铅再生进行规范和引导，如《废铅酸蓄电池处理污染控制技术规范》（HJ 519—2009）等，要求废铅蓄电池采用机械破碎分选，鼓励对分选出的铅膏进行预脱硫并回收副产物，脱硫铅膏进行低温熔炼回收铅，主要的流程如图 12-2 所示。

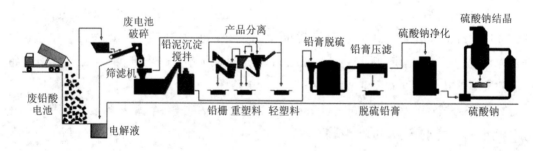

图 12-2　废铅蓄电池破碎分选及预脱硫流程

（一）破碎分选

利用反击锤式或者颚式破碎机对铅蓄电池进行破碎，采用振动筛对物料进行清洗，再依据蓄电池碎片中物料的比重差异进行水力分选，最后由螺旋输送机将各种物料输送到各自出料口，分别获得板栅、铅膏、有机物（包括塑料、橡胶）等。破碎分选系统包括给料单元、破碎单元、水力分选单元、压滤单元、酸液净化单元及废气收集处理等辅助单元。工艺流程如图 12-3 所示。

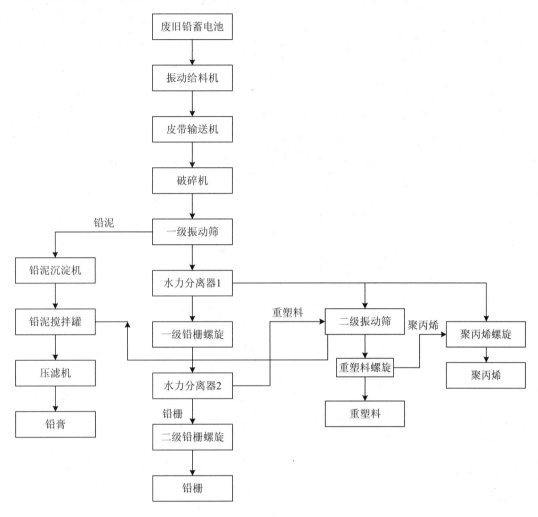

图 12-3　废旧铅蓄电池破碎分选系统流程

（二）铅膏预脱硫

铅膏的脱硫转化是为了将铅膏中的硫酸铅转化为较易清洁处理的其他化合物形态，碳酸盐化是最经济有效的方式之一，脱硫转化剂可以是 Na_2CO_3、$NaHCO_3$、NH_4HCO_3、$(NH_4)_2CO_3$ 等，反应如下：

$$PbSO_4 + CO_3^{2-} \longrightarrow PbCO_3 + SO_4^{2-} \tag{12-1}$$

$$PbSO_4 + HCO_3^- \longrightarrow PbCO_3 + HSO_4^- \tag{12-2}$$

该反应中 K_{sp}（$PbSO_4$）=1.6×10^{-8}、K_{sp}（$PbCO_3$）=7.4×10^{-14}，两者相差 6 个数量级，

热力学上很容易进行，该反应是沉淀置换反应，反应速度很快但很难进行得彻底，其原因是反应过程中生成的碳酸铅固体会包裹硫酸铅原料，阻碍反应的进行，因而，具有反应物颗粒表面更新能力的反应器更有利于铅膏预脱硫。间歇式搅拌反应釜是常见的铅膏脱硫反应器，它利用搅拌来实现物料混合，凭借搅拌产生的水力剪切来实现反应物料的表面更新，但强度有限，往往需要通过延长反应时间来提高脱硫率。近年来，国内开发成功了粒子双循环研磨"破壳"更新铅膏脱硫系统，该系统凭借粒子研磨实现反应物硫酸铅颗粒表面的强制更新，脱硫效率大大提高，原理如图 12-4 所示。

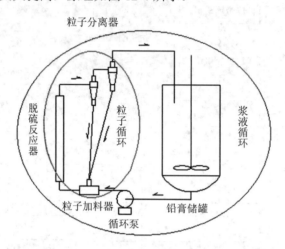

图 12-4　粒子双循环研磨表面更新脱硫系统

（三）铅料熔炼

1. 铅栅熔炼

废铅蓄电池经破碎分选后得到的板栅直接低温熔炼、精炼生产精炼铅，或通过调整成分生产铅合金，工艺流程如图 12-5 所示。

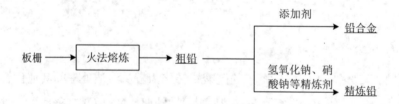

图 12-5　板栅熔炼流程

2. 脱硫铅膏熔炼

铅膏经预脱硫处理后得到的碳酸铅等分解温度远远低于硫酸铅，可以实现低温熔炼，一方面降低了熔炼能耗，另一方面减少了铅的挥发，铅损失更少，也大大减轻了铅尘对环境的污染；同时，脱硫铅膏含有很少的硫，熔炼过程无显著的 SO_2 污染，环境更加友好。低温熔炼过程产出粗铅，粗铅进入精炼系统产出精炼铅，工艺流程如图 12-6 所示。

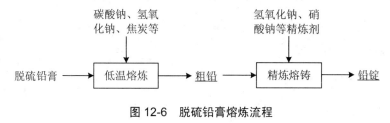

图 12-6　脱硫铅膏熔炼流程

此外，在原矿铅冶炼企业也有将铅蓄电池破碎分选出的铅膏直接与铅原矿掺混进行熔炼的方式，熔炼过程产生的高浓度 SO_2 进入制酸系统生产硫酸，制酸尾气再采用石灰、石灰石等碱性物料吸收 SO_2，最终以硫酸钙等形式将 SO_2 固定下来。

第三节　污泥的处理与综合利用工艺

一、污泥的分类及特性

（一）污泥的分类

污泥是指在工业废水和生活污水处理过程中截留的悬浮物与水的混合体，这些悬浮物质包括废水中早已存在的和废水处理过程中形成的悬浮物。污泥按来源可分为给水污泥、生活污水污泥和工业废水污泥；按处理方法可分为初次沉淀污泥、生物污泥（包括腐殖污泥和剩余活性污泥）、消化污泥（生污泥，即初次沉淀污泥、腐殖污泥和剩余活性污泥，经厌氧消化处理后产生的污泥）和化学污泥（包括混凝沉淀污泥、化学沉淀污泥和深度处理污泥）。

（二）污泥的特性

污泥的组成、性质和数量主要取决于污泥的来源和废水处理方法，一般具有以下特点：

1）产生量大，如一般二级污水处理厂的污泥量占处理水量的 0.3%～0.5%（体积）；若是深度处理，污泥量还可能增加 0.5～1.0 倍。

2）含水量高，脱水不易，如初次沉淀污泥通常含有 91%～95%的水；剩余污泥含水量一般在 99%以上。且由于污泥固体颗粒细小，比表面积很大，且表面带同号电荷，水合程度很高，因此颗粒间呈胶黏状态，其间水分不易脱除。污泥中所含水分大致分为 4 类：颗粒间的间隙水、毛细水、污泥颗粒表面吸附水和颗粒内部水（包括细胞内部水），其含义及份额见表 12-3。

表 12-3　四类水分的含义及份额

水分名称	含义	份额
间隙水/空隙水/自由水	存在于污泥颗粒（絮体）空隙间的游离水，并不与污泥直接结合	70%
毛细结合水/毛细水	污泥颗粒间毛细管内包含的水（只有靠外力使毛细孔发生变形）	20%
表面吸附水（吸附水）	吸附在固形粒子表面，能随固形粒子同时移动	10%
内部水/结合水	微生物细胞内的水分	

3）有机物多且难以被有效利用，如生活污水污泥往往由多种微生物、无机物以及未经降解的有机物（如植物残渣、油脂或排泄物等）和水分组成的复杂混合物，其中有机组分含量通常占固体总量的 60%以上。污泥中未经降解的有机物是由一些高度复杂的大分子物质如蛋白质和肽、类脂、多糖、酚类结构的植物大分子（如木质素或单宁）或脂肪族结构的大分子（如角质素或软木脂），以及一些有机微污染物如多环芳香烃（PAH）和二苯呋喃等组成。一方面，污泥菌体细胞外有大量难以被降解利用的大分子胶体物质——胞外聚合物（EPS）的紧密包裹；另一方面，污泥菌体细胞壁（膜）的阻隔，使得污泥中大部分易于被微生物降解利用的物质固定于菌体细胞内，难以被有效利用。

4）含有大量的营养物质如 N、P、K、S、微量元素等。

5）含有大量的有害有毒物质如寄生虫卵、细菌、合成有机物及重金属离子等。

例如，初次沉淀污泥是在污水处理过程中通过机械的方式（如过滤、除砂、沉淀）产生的污泥，通常含有91%～95%的水以及较高比率的悬浮物和可溶性有机物，其中有机组分含量在60%～80%，主要为碳水化合物和脂类。剩余活性污泥（剩余污泥）是在污水生物处理过程中产生的污泥，含固量为 0.8%～1.2%，其中含有 59%～68%的有机组分。这些有机组分中含有大量具有复杂高分子有机物质的微生物细胞，含蛋白质较多。其中含有50%～55%的碳、25%～30%的氧、10%～15%的氮、6%～10%的氢、1%～3%的磷以及0.5%～1.5%的硫。此外，剩余污泥中还含有一些无机组分如石英和方解石，以及一些重金属，如铬、镍、铜、锌、铅、镉和汞等。表 12-4 列出了初次沉淀污泥与剩余活性污泥的性质。

表 12-4　初次沉淀污泥与剩余活性污泥性质

指标	初次沉淀污泥	剩余活性污泥
干固体总量（总固体，TS）/%	5.0～9.0	0.8～1.2
挥发性固体/%	60～80	59～68
氮（N）/%	1.5～4.0	5.4～5.0
磷（P）/%	0.8～2.8	0.5～0.7
油脂和脂肪/%	7～35	5～12
蛋白质/%	20～30	32～41
有机酸（如乙酸）/（mg/L）	200～2 000	1 100～1 700
pH	5.0～8.0	6.5～8.0

（三）污泥的脱水性能

污泥的含水率一般都很高，为了使污泥便于输送处理和处置，必须对污泥进行脱水处理。但不同污泥的脱水性能差别较大，常用污泥比阻（r）来衡量。其物理意义为：在一定压力下过滤时，单位过滤面积上单位干重滤饼所具有的阻力，其单位为 m/kg。

一般的过滤操作均系定压过滤。根据定压过滤的理论，可得出过滤基本方程式（卡门公式）：

$$\frac{t}{V} = \frac{\mu r C}{2pA^2}V + \frac{\mu R}{pA} = bV + a \tag{12-3}$$

式中：V——滤过水的体积，m^3；

　　　t——过滤时间，s；

　　　P——压差，N/m^2；

　　　A——有效过滤面积，m^2；

　　　μ——过滤水的黏度，$N \cdot s/m^2$；

　　　R——单位面积滤布的过滤阻力，m^{-2}；

　　　r——污泥比阻，m/kg；

　　　C——单位体积滤过水所产生的滤饼重，kg/m^3。

因此，可通过过滤试验测定不同时间 t 的滤过水体积，将 $\dfrac{t}{V}$ 与 V 绘成一直线，斜率为

$b = \dfrac{\mu r C}{2PA^2}$，截距为 $a = \dfrac{\mu R}{PA}$，由此得

$$r = \frac{2bPA^2}{\mu C} \tag{12-4}$$

其中

$$C = \frac{(Q_0 - Q_1)}{Q_1} \times c_g \tag{12-5}$$

式中：Q_0——污泥量，m^3；

　　　Q_1——滤液量，m^3；

　　　c_g——滤饼中固体物质质量浓度，kg/m^3。

对体系进行物料衡算，得

$$Q_0 = Q_1 + Q_g \tag{12-6}$$

$$Q_0 c_0 = Q_1 c_1 + Q_g c_g \tag{12-7}$$

式中：c_0——原污泥中固体物质质量浓度，kg/m^3；

c_1——滤液中固体物质质量浓度，kg/m³；

Q_g——滤饼量。

联合式（12-5）～式（12-7），可得

$$C = \frac{c_g c_0}{c_g - c_0}$$ （12-8）

将式（12-8）代入式（12-4），则可求得 r 值。

不同类型的污泥，其比阻差别较大。污泥的比阻和脱水性能呈反比。一般来说，比阻小于 1×10^{11} m/kg 的污泥易于脱水；比阻大于 1×10^{13} m/kg 的污泥难于脱水。

压缩系数 s 用来反映污泥的渗滤性质，压缩系数大的污泥，其比阻随过滤压力的升高上升较快，其关系为

$$r = r_0 P s$$ （12-9）

式中：r_0——无污泥时过滤介质的比阻，m/kg；

s——滤饼的压缩系数，量纲 1，对不可压缩污泥为 0。

二、污泥的处理与综合利用工艺

污泥的处理处置方法有很多，包括调理、浓缩、消化、脱水、干燥、焚烧、堆肥和填埋等。其基本工艺流程如图 12-7 所示。

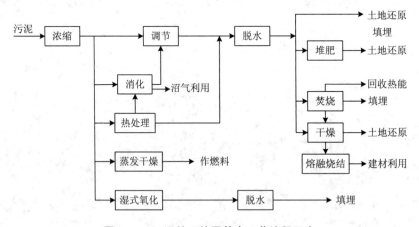

图 12-7　污泥处理处置基本工艺流程示意

（一）污泥的处理

污泥处理包括污泥的调理、浓缩、脱水和破解。

1. 污泥调理

消化污泥、剩余活性污泥、剩余活性污泥与初沉污泥的混合污泥等在脱水之前应进行

调理，以改善污泥的脱水性能。污泥调理就是要克服水合作用和电性排斥作用，增大污泥颗粒的尺寸，使吸附水释放出来，使污泥易于过滤或浓缩。其途径有二：一是在污泥中加入合成有机聚合物、无机盐等混凝剂，使颗粒的表面性质改变，发生脱稳、凝聚。常用的调理剂有三氯化铁、三氯化铝、硫酸铝、聚合铝、聚丙烯酰胺、石灰等。二是在污泥中加入无机沉淀物或一定的填充料，以改善污泥颗粒间的结构，减少过滤阻力，使不堵塞过滤介质（滤布）。

经调理后的污泥，脱水性能得到改善，在浓缩时污泥颗粒流失减少，从而可提高固体负荷率。最常用的污泥调理方法有化学调理和热调理，此外还有冷冻法和辐射法等。

2. 污泥浓缩

污泥浓缩去除的对象是颗粒间的间隙水。因间隙水所占比例最大，故浓缩是减容的主要方法。通过浓缩，可大大减少污泥的含水量和体积，降低后续处理单元的压力，如减少消化池的容积和加温污泥所需的热量，为污泥脱水、利用与处置创造条件，但仍保持污泥的流体性质。浓缩的方法主要有重力浓缩、气浮浓缩、离心浓缩。三种方法各有优缺点（表12-5），需要根据污水处理工艺、污泥特性、场地面积、投资运行费用等综合确定。

表 12-5　各种浓缩方法的优缺点

方法	优点	缺点
重力浓缩	贮存污泥的能力高，操作要求不高，运行费用低（尤其是耗电少），系统简单，易于管理	占地大，且会产生臭气，对于某些污泥工作不稳定，经浓缩后的污泥非常稀薄
气浮浓缩	比重力浓缩的泥水分离效果好，所需土地面积少，臭气问题小，污泥含水率低，可使沙砾不混于浓缩污泥中，能去除油脂	运行费用较重力法高，占地比离心法多，污泥贮存能力小，系统复杂，管理麻烦
离心浓缩	占地少，处理能力高，没有或几乎没有臭气问题	要求专用的离心机，耗电大，对操作人员要求高

重力浓缩法适宜处理重质污泥（如初次原污泥），而对于比重接近于1的轻质污泥（如活性污泥），最好采用气浮浓缩法。离心浓缩法是基于污泥中的固体颗粒和水的密度不同，在高速旋转的离心机中所受离心力大小不同，从而使二者得到分离。离心浓缩法由于具有效率高、时间短、占地少、卫生条件好，适用于处理轻质污泥等优点，得到越来越广泛的应用。

在污泥的浓缩和脱水过程中，体积、质量及其中干固体含量之间的关系，可用式（12-10）进行换算：

$$\frac{V_1}{V_2} = \frac{W_1}{W_2} = \frac{100 - p_1}{100 - p_2} = \frac{c_2}{c_1} \qquad （12-10）$$

式中：p_1、p_2——污泥含水率，%；

V_1、W_1、c_1——含水率为 p_1 时的污泥体积、质量及固体物浓度；

V_2、W_2、c_2——含水率为 p_2 时的污泥体积、质量及固体物浓度。

式（12-10）只适用于含水率在 65%以上的污泥，含水率低于 65%的污泥体积由于固体颗粒的弹性，不再收缩。

3. 污泥脱水

污泥经浓缩处理后，含水率仍然很高，体积仍很大。污泥脱水的目的是进一步去除污泥颗粒间的毛细水和颗粒表面的吸附水，以减少污泥的体积，便于后续处理、处置和利用。常用的方法包括自然干化与机械脱水。

污泥机械脱水以过滤介质两面的压力差作为推动力，使污泥水分被强制通过过滤介质，形成滤液，而固体颗粒物被截留在介质上，形成滤饼而达到脱水目的。根据造成压力差推动力的方法不同，机械脱水可分为真空过滤法、压滤法和离心法三类：

（1）真空过滤法

常用设备为真空过滤机，有转筒式、绕绳式、转盘式三种类型。主要应用于经过预处理后的初次沉淀污泥，化学污泥及消化污泥的脱水。其特点是连续运行、操作平稳、处理量大、能实现过程操作自动化。但是此方法脱水前必须预处理，附属设备多、工艺复杂、运行费用高、再生与清洗不充分，易堵塞。

图 12-8 所示的 GP 型转鼓真空过滤机是应用最广泛的一种真空过滤机。其脱水工艺流程如图 12-9 所示。转鼓旋转时，由于真空的作用，将污泥吸附在过滤介质上，液体通过过滤介质沿真空管路流到气水分离罐。吸附在转鼓上的滤饼转出污泥槽的污泥面后，若扇形间隔的连通管在固定部件缝的范围内，则处于滤饼形成区与吸干区，继续吸干水分。当管孔与固定部件的缝相通时，便进入反吹区，与压缩空气相通，滤饼被反吹松动，然后用刮刀剥落经皮带输送器运走。之后进入休止区，实现正压与负压转换时的缓冲作用。这样一个工作周期就完成了。

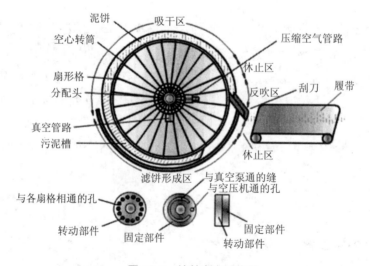

图 12-8　转鼓真空过滤机

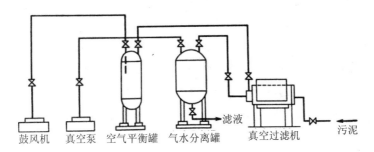

图 12-9　转鼓真空过滤机工艺流程

（2）压滤法

加压过滤设备主要分板框压滤机、叶片压滤机、滚压带式压滤机等类型。

板框压滤机（图 12-10）的构造简单，推动力大，适用于各种性质的污泥，且形成的滤饼含水率低，但它只能间断运行，操作管理麻烦，滤布易坏。

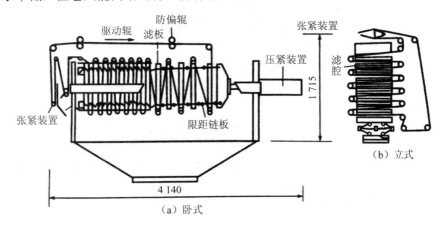

图 12-10　自动板框压滤机

滚压带式压滤机（图 12-11）的特点是可以连续生产，机械设备较简单，动力消耗少，无须设置高压泵或空压机。在国外已经被广泛用于污泥的机械脱水。

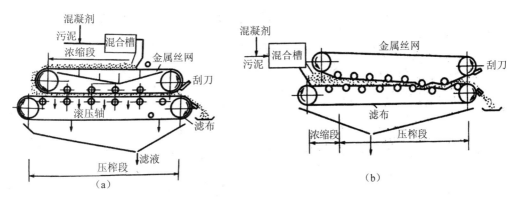

图 12-11　滚压带式压滤机

（3）离心法

常用转筒离心机有圆筒形、圆锥形、锥筒形三种，典型形式为锥筒形。图 12-12 所示是在污泥脱水中应用最广泛的一种转筒式离心机，它的主要组成部分是转筒和螺旋输泥机。污泥通过中空转轴的分配孔连续进入筒内，在转筒的带动下高速旋转，并在离心力作用下泥水分离。螺旋输泥机和转筒同向旋转，但转速有差异，即二者有相对转动，这一相对转动使得泥饼被推出排泥口，而分离液从另一端排出。

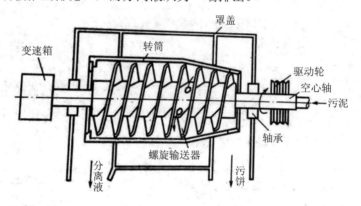

图 12-12　转筒式离心机

4．污泥破解技术

污泥破解技术是采用化学、物理、生物及一些组合的方法，使污泥中大分子胶体有机物和细胞壁（膜）等分解成为基质，再次被其他微生物所利用，从而达到污泥减量化的目的。

常用的物理、化学技术有臭氧氧化、ClO_2 氧化、酸碱处理、热处理、超声处理等。其机理为臭氧和 ClO_2 利用其氧化性氧化分解细胞结构和大分子有机物；酸碱、热处理和超声波作用可抑制细胞活性、破坏细胞结构和大分子有机物；从而使颗粒态 COD 转化为溶解态 COD，细胞内的有机质也释放出来，提高污泥的可生化性。然后利用曝气池内微生物的生物作用降解这些有机物，可以达到减量化的目的（图 12-13）。这种技术可将细菌灭活，将污泥中的 N、P 等营养物质释放到上清液中，再对上清液资源化利用（如浇灌等），可以避免直接从污泥中回收 N、P 等物质时存在的重金属和致病菌等有害风险。

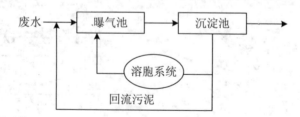

图 12-13　污泥破解技术工艺流程

　　生物破解技术是将溶菌酶等酶制剂或可分泌胞外酶的细菌（如嗜热菌）投加到污泥中，水解污泥微生物细胞的细胞壁，使胞内物溶出，同时将大分子物质分解为小分子物质。虽然生物法破解污泥效果较之化学或物理法要差，但它的反应条件温和、能耗很低、设备无腐蚀、操作简单且无二次污染，未来将会受到越来越多的关注。

　　组合的方法是根据上述方法的不同作用原理，进行技术耦合，发挥协同作用，克服单一技术自身的不足，从而提高破解效率和降低成本。这是当前污泥破解技术的研究热点。

（二）污泥的综合利用

1．回收能源

　　污泥中有机物含量很高，可采用厌氧消化处理回收沼气做燃料。即在厌氧条件下，通过兼性和厌氧微生物的代谢作用降解污泥有机质，最终转化为甲烷、氨、二氧化碳和水等无机物和气体。通过厌氧消化，既分解了有机物，还产生了一种很好的清洁燃料——沼气。这不仅有利于污泥的资源化利用，而且还能够降低污水处理厂的运营成本。

　　厌氧消化工艺主要有标准消化法、高负荷消化法、两级消化法和厌氧接触消化法等。一般作为脱水的前处理工段。厌氧消化处理规模大，综合效益明显，但运行调试控制较复杂。

　　另外干污泥具有热值，可以燃烧，所以可以通过直接燃烧、制沼气及制燃料等方法，来回收污泥中的能量。

2．污泥的农田林地利用

　　污泥中含有大量的营养物质与有机质，其中 N、P、K、微量元素等是农作物生长所需的营养成分；有机腐殖质（初沉池污泥含33%，消化污泥含35%，活性污泥含41%，腐殖污泥含47%）是良好的土壤改良剂。污泥堆肥利用技术可以将这些物质进行合理利用，从而实现资源的循环利用。该技术主要是通过使污泥与秸秆、垃圾与粪便等调理剂和木屑、玉米芯与花生壳等膨胀剂在一定温度、pH、水分、通气等条件下进行堆沤，利用污泥中各种微生物的好氧与厌氧综合作用，从而使系统中的部分有机物质最终转化为类腐殖质的复杂过程。堆肥处理几乎可以杀死污泥中的全部寄生虫（卵）和病原菌，降低潜在的污染源，减少对人类的危害。此外，该技术还具有建设费用低、设备简单、易管理、含水率低、便于运输施用等多种优点。然而，由于污泥堆肥过程中产生的恶臭气体较难控制，以及堆肥后的污泥中重金属含量仍然较高等原因，一定程度上限制了该技术的推广与发展。

　　近年来，美国、日本等国开发了能够以机械方式填料、通风、排料的连续封闭仓式发酵系统。虽然，该系统投资较高，但具有自动化程度高、处理量大、稳定、运行周期短、能够有效控制臭气和保持环境等优点。

3．建材利用

　　污泥中的无机物（Al、Si、Fe、Ca）和有机物含量与常用建筑材料的原料成分较为相似，通过焚烧或固化等方式，可将污泥制造成砖、陶粒、生态水泥、新型材料等。

国外通常利用污泥焚烧灰进行制砖，而我国通常利用干化污泥进行制砖。污泥焚烧灰还可以和其他添加剂混合制成其他新型材料，如微晶玻璃、沥青细骨料、生化纤维板等。微晶玻璃与人造大理石较为相似，其外观、耐热性、强度等方面均优于熔融材料，而且附加值较高，能够作为建筑装饰材料。由于沥青混合物中需要加入细骨料才能使其黏度、稳定性以及耐久性等增加，而污泥焚烧灰的化学成分与火山灰较为相似，因而可以利用污泥焚烧灰来替代部分细骨料。此外，由于污泥中的粗蛋白与球蛋白含量较高，因而可将其进行热压处理制成污泥树脂，再与经漂白和脱脂处理的废纤维共同压制成生化纤维板。近年来，利用污泥制造新型复合材料的研究日趋增加。例如，柴希娟等利用造纸污泥制备了增强废弃聚乙烯基复合材料，王新峰等研究了利用污泥制备耐火材料等。

污泥建材化具有市场需求量较大、产品质轻、隔音和隔热效果好等优点，是对污泥进行资源化处置的重要发展方向之一。该技术不仅可以对污泥进行处理，而且还可以将污泥中的寄生虫（卵）和病原菌全部杀死，同时污泥中的 As、Cd、Cr、Cu、Pb 等重金属可以被固结在污泥中，从而实现污泥的无害化处置。但利用污泥制备建材还需要充分考虑建材制备工艺流程中的各种影响因素，以及如何转移污泥中的各种污染物；需要对制造过程中的烟气以及产品中重金属的浸出进行严格处理与监控。污泥制造的建材不宜用于人居及公共建筑，其中重金属浸出毒性等环保应达标。

4．污泥的其他利用

（1）污泥蛋白质利用

污泥中大约 70%的粗蛋白质均是以氨基酸的形式存在，而且各种氨基酸比例相对较为均衡，经适当处理后可作为畜禽饲料原料。此外，污泥中还含有大量的微生物酶及其他代谢产物，经提取后可以用于污水处理工艺，不仅能够将水体中的悬浮物去除，而且避免了利用化学药剂处理污水时可能造成的二次污染现象。

（2）污泥制降解塑料

聚羟基烷酸（PHA）是一类具有工作性能良好、可完全被生物降解的新型热塑材料。目前，国外研究者们已经成功地从污泥中分离出了 3-羧基戊酸和聚 3-羧基丁酸。利用污泥生产可降解塑料，不仅可以变废为宝，而且还可以避免"白色污染"。

（3）污泥发酵产酸

蛋白质和碳水化合物是污泥中的主要有机物，在污泥的产酸阶段可被转化为挥发性酸（VFAs，如乙酸和丙酸等）。VFAs 不仅是污水处理厂生物营养物（氮和磷）去除工艺中最适宜的有机碳源，而且污水中 VFAs 的总量显著影响着污水中生物营养物去除的效率。然而，污水中 VFAs 总量通常较低，尤其是当进水 COD 较低时 VFAs 总量更低。在污水生物处理过程中，如果人为添加有机化合物（如甲醇和乙酸）会在一定程度上增加污水处理厂的运营成本。研究表明，污泥发酵产生的 VFAs 可作为污水处理过程中生物营养物去除的有效内碳源，并能够在一定程度上降低污水处理厂的运营成本，且将污泥进行发酵产酸也可以达到污泥减量的目的。污泥发酵产生的 VFAs 还可以作为产甲烷的底物或作为碳源合成可降解塑料聚羟基脂肪酸酯（PHA）。此外 VFAs 经提取后还可以用于合成乙酸纤维素、阿司匹林、色素和乳胶涂料等其他化学品。因此，利用污泥进行发酵产酸也是实现污泥资源化利用的重要途径之一。

（三）污泥处置

（1）焚烧

焚烧是一种常用的污泥最终处置方法，它是利用污泥自身热量和外加辅助燃料燃烧升温，使污泥干燥燃烧，其中的有机物发生氧化，从而使污泥最终成为少量的灰烬。它可破坏全部有机质，杀死一切病原体，并最大限度地减少污泥体积；污泥焚烧产生的热量还能够用于供热或发电，焚烧灰能够制作建材。但污泥焚烧的过程中会产生一些有毒有害的气体（如二噁英等），可能造成严重的大气污染；焚烧的投资、运行、维护费以及能源消耗高于其他处理技术；且无法对含水量较高的污泥进行处理。因此污泥在焚烧前，应先进行脱水干燥处理，以减少焚烧负荷和能耗；还要充分利用余热或污泥自身热值来降低运营成本。

目前，焚烧仅适用于处置有毒有害物质含量相对较高的污泥或大型污水处理厂污泥。常用的污泥焚烧设备有回转焚烧炉、多段焚烧炉和流化床焚烧炉等。在日本和欧盟，污泥焚烧技术占污泥处理总量的比例相对较高，而我国由于受经济发展的限制，该技术占污泥处理总量的比例相对较低。

（2）填埋

污泥的卫生填埋技术主要是基于传统填埋技术的基础，科学选择填埋场地，同时进行适当的防护处理，并按照规范的管理方式对其进行处理。污泥填埋前必须改性、稳定、卫生化处理，通常投加生石灰进行前处理，反应生成氢氧化钙和碳酸钙，增加污泥的稳定化和无害化程度。该技术相对较为成熟，具有方法简单、无须对污泥进行高度脱水、成本较低、处理量较大、适应性较强等诸多优点。然而，由于该技术具有需要较大的占地面积、污泥中的有毒有害物质容易污染水源、污泥自身的性质非常容易堵塞填埋场或渗滤液中气体收集系统，造成甲烷大量沉积存在爆炸隐患、没有彻底解决污泥处置问题，更没有将污泥进行合理的资源化利用等多种缺点，一定程度上限制了该技术的发展。

表 12-6 列出了几种污泥典型处理处置方案的比较。

表 12-6 污泥典型处理处置方案的比较

典型处理处置方案		厌氧消化+土地利用	好氧发酵+土地利用	机械干化+焚烧	工业窑炉协同焚烧	石灰稳定+填埋	深度脱水+填埋
最佳适用的污泥种类		生活污水污泥	生活污水污泥	生活污水及工业废水混合污泥	生活污水及工业废水混合污泥	生活污水及工业废水混合污泥	生活污水及工业废水混合污泥
环境安全性评价	污染因子	恶臭病原微生物	恶臭病原微生物	恶臭烟气	恶臭烟气	恶臭重金属	恶臭重金属
	安全性	总体安全	总体安全	总体安全	总体安全	总体安全	
资源循环利用评价	循环要素	有机质氮磷钾能量	有机质氮磷钾	无机质	无机质	无	无
	资源循环利用效率评价	高	较高	低	低	无	无
能耗物耗评价	能耗评价	低	较低	高	高	低	低
	物耗评价	低	较高	高	高	高	高
技术经济评价	建设费用	较高	较低	较高	较高	较低	低
	占地	较少	较多	较少	少	多	多
	运行费用	较低	较低	高	高	较低	低

第四节　餐厨废物的处理与利用技术工艺

一、餐厨废物的组成及特性

餐厨垃圾来源于家庭、饭店、宾馆及各企事业单位食堂，是家庭、饮食单位丢弃的剩饭菜以及厨房余物的通称，是城市生活垃圾的重要组成部分。

餐厨垃圾的主要组成有菜蔬、果皮、果核、米面、肉食、骨头等，还有一定数量的废餐具、牙签及餐纸。其组成含量随地点、场所以及季节的变化有所不同。从化学组成上，有淀粉、纤维素、蛋白质、脂类和无机盐等，其中以有机组分为主，含有大量的淀粉和纤维素等，其组成特性见表 12-7。

表 12-7 餐厨垃圾的组成

成分	挥发性固体（VS）	灰分	C	N	P	K	Ca	Na
质量分数/%	85~92	9~15	40~45	1~3	0.1~0.5	1~2	0.5~2	0.5~2

餐厨垃圾一般含总固体（TS）10%~20%，水分高达 85%左右，且脱水性能较差；其有机物含量高，盐分含量较高，生物可降解性好，容易腐败散发出难闻的气味，同时极易产生蚊蝇、病菌，造成环境污染危害。

二、餐厨废物的处理与利用技术工艺

根据餐厨垃圾资源化产品的不同，餐厨垃圾处理技术大致分为饲料化技术、肥料化技术和厌氧消化产沼技术。因为餐厨垃圾经常混入各种异物，为保证产品质量，利用预处理除去其中的杂质也是十分必要的。

（一）预处理技术

餐厨垃圾的预处理方法应根据餐厨垃圾成分和主体工艺要求确定。主要通过大件垃圾分拣、破碎、磁选等过程将其中混杂的不可降解物（如塑料、木头、金属、玻璃、陶瓷等非食物垃圾）进行去除，去除后的杂物含量应小于5%；必要时还需配置破碎、油水分离、固液分离等过程。

餐厨垃圾破碎常用锤式破碎机，不仅能对餐厨垃圾进行充分破碎，而且能在破碎过程中将塑料片、木质杂质等分选工序难以除去的韧性非营养物质有效分离出来。固液分离普遍采用卧螺离心机，经分离后的固形物含水率一般能达到68%左右。若餐厨垃圾用于厌氧发酵时，通常采用螺旋压榨机（图 12-14）对餐厨垃圾同时实现制浆、脱水、分离小杂质等功能。油水分离主要采用碟式分离机，但鉴于餐厨垃圾中的油脂在常温容易凝固，不易脱除，在进行油水分离之前通常要加热到70～90℃，以改善油水混合物的脱油性能。餐厨垃圾液相油脂分离收集率一般大于90%，分离出的油脂提纯后加工成生物柴油或脂肪酸甲酯用作工业原料，可实现经济高效的资源化利用。

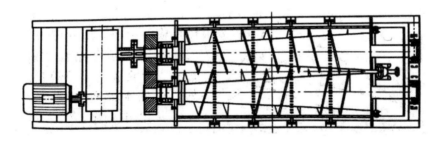

图 12-14　双螺旋压榨机

（二）餐厨垃圾饲料化技术

我国餐厨垃圾营养丰富，其中的营养成分与大豆、玉米等典型饲料无显著差别，利用餐厨垃圾生产饲料原料是一种实现资源化利用的有效途径。现有的餐厨垃圾饲料化技术主要采用热处理技术，包括湿热处理和干热处理两种方式。

湿热处理是将筛选破碎后的餐厨垃圾含水率控制在85%左右，置于密闭反应器中于120～180℃温度下蒸煮，将餐厨垃圾中的固体脂肪溶出，得到回收价值很高的废油脂作为化工原料；脱水脱油后剩余的固形物经干燥、筛选工序制成比肥料价值更高的蛋白饲料原料。

餐厨垃圾在湿热处理过程中发生复杂的水解和其他反应，其中除了营养物质自身的反应，如蛋白质的水解和变性、油脂水解与氧化、淀粉α-化与β-化、色素变色与褪色、维生素降解等，还会发生各物质之间的反应，如梅拉德反应等，其反应结果将导致餐厨垃圾营养品质的变化，从而对饲料产品质量带来直接的影响。

干热处理是将餐厨垃圾分拣、破碎、脱水、脱油、脱盐后直接进行加热干燥，制成饲料原料。干燥设备主要采用盘式烘干机（图12-15）。与湿热处理相比，干热处理在干燥的同时实现灭菌，效果没有湿热处理好，能耗也较大，而且废油脂回收率也较低。

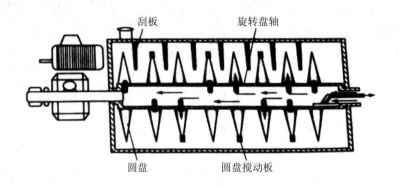

图 12-15　盘式烘干机

饲料化处理餐厨垃圾应注意以下事项：①确保垃圾存放和处理过程中不发生霉变。②必须设置病原菌杀灭工艺，禁止直接采用餐厨垃圾作为饲料喂养生猪等。③干化过程要避免加热不均产生焦化和生成有毒物质。④对于含有动物蛋白成分的餐厨垃圾，其饲料化处理工艺应设置生物转化环节，不得生产反刍动物饲料。⑤饲料成品质量应符合现行国家标准《饲料卫生标准》（GB 13078—2001）以及国家现行有关饲料产品标准的规定，其中塑料、木头、金属、玻璃、陶瓷等非食物杂质含量应小于5%。

图 12-16 是饲料化技术应用的典型实例——苏州市餐厨垃圾处理工艺流程，该工程主要由湿热处理系统、蛋白饲料原料生成系统、生物柴油生成系统、废水处理系统、除臭系统五部分组成。其中湿热处理过程是将破碎后的物料调节含水率至85%左右，在140℃下高温蒸煮 1 h，分离出的油脂经过深加工制成生物柴油。废水经加入一定比例的氮源进行发酵产沼，沼气用于厂区锅炉供热。该项目设计处理能力 100 t/d。最终获得饲料原料 10 t/d，生物柴油 4 t/d，沼气 2 000 m³/d。

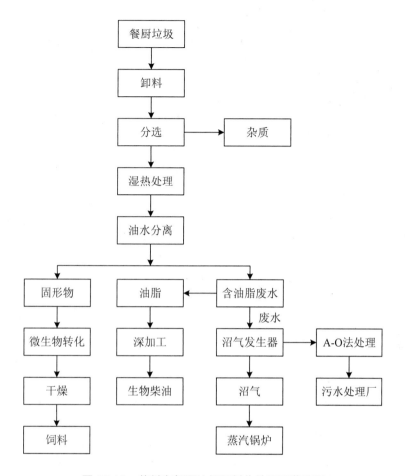

图 12-16 苏州市餐厨垃圾饲料化处理工艺流程

（三）餐厨垃圾肥料化技术

餐厨垃圾有机物含量高，营养元素全面，C/N 较低，是微生物的良好营养物质，含有大量的微生物菌种，非常适于作肥料原料。餐厨垃圾肥料化主要分为传统好氧堆肥技术与生化处理机技术两种。

1. 好氧堆肥技术

餐厨垃圾好氧堆肥技术是将餐厨垃圾脱水、分选、破碎后，可堆物进入一次发酵仓发酵，堆体温度逐渐上升至 55~70℃，有效杀灭堆料中有害微生物，降温后进入二次发酵仓发酵至完全腐熟。其具体工艺流程如图 12-17 所示。

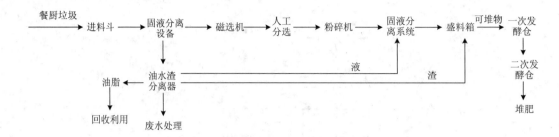

图 12-17　餐厨垃圾好氧堆肥工艺

2. 生化处理机技术

生化处理机是一种采用高温热循环加热发酵的有机垃圾生化处理机。即将餐厨垃圾与米糠、麦麸等材料混合，再加入从自然界选取生命活力和增殖能力强的天然复合微生物菌种，一起在 60～75℃下进行高温好氧发酵，产出高活菌、高蛋白、高能量的活性微生物菌群，以及这些活性微生物菌群经过二次发酵后加工而成的微生物肥料菌剂。

餐厨垃圾生化处理机（图 12-18）由热风循环系统、搅拌系统、排风和除尘系统、补氧系统、自动提升给料系统、电控系统等部分构成。在给发酵室内物料加热时，采用的循环风温度始终控制在 250～400℃，物料的发酵和干燥温度始终控制在 65～75℃；致使堆料水分逐渐降低至除特定菌群以外的大部分微生物菌种都无法生存的程度。系统内温度、压力和氧气的供给通过电控系统严格控制，从而间接控制着物料的湿度和气相平衡，保证菌群特定的发酵环境，促使特定菌群快速繁殖。整个生产周期，包括发酵、干燥和冷却的时间，不超过 10 h。

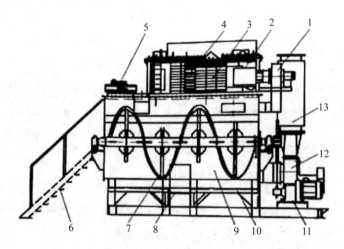

1—循环风机；2—除臭器；3—燃烧室；4—除臭管；5—进料口；6—步梯；7—螺旋搅拌轴；

8—出料口；9—搅拌室；10—底架；11—主电机；12—排气风机；13—消声器

图 12-18　餐厨垃圾生化处理机

图 12-19 是餐厨垃圾肥料化技术的典型工程实例——北京高安屯餐厨垃圾处理工程工艺流程图。该项目采用北京嘉博文生物科技有限公司自主研发的复合微生物高温好氧生化处理机系统，设计规模为 400 t/d。共有 4 条生产线，每条线安装 20 台生化处理机，单台生化处理机处理能力为 5 t/d。生化机每次处理 2.5 t 餐厨垃圾约加入水分调整材 500 kg，再配以万分之一的高温复合菌后，经过 10 h 的发酵及干燥，共可产出微生物菌肥 240 t/d。

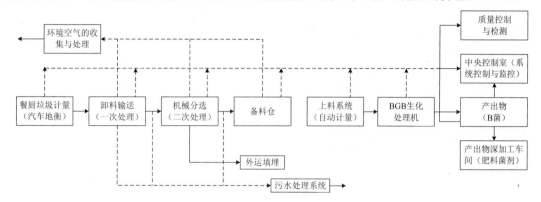

图 12-19　北京高安屯餐厨垃圾肥料化处理工艺流程

（四）餐厨垃圾的厌氧消化产沼技术

餐厨垃圾厌氧消化技术根据消化温度不同分为中温厌氧消化和高温厌氧消化；根据餐厨垃圾含固率不同分为湿式消化和干式消化；根据酸化和产甲烷是否在同一反应器中完成分为单相消化和两相消化；按产物不同分为厌氧产氢和厌氧产甲烷消化；根据是否添加粪便、污泥等有机垃圾分为单一消化和协同消化。

厌氧消化前餐厨垃圾破碎粒度应小于 10 mm，并应混合均匀。湿式工艺的消化物料含固率宜为 8%～18%，物料消化停留时间不宜低于 15 d。干式工艺的消化物含固率宜为18%～30%，物料消化停留时间不宜低于 20 d。中温温度以 35～38℃为宜，高温温度以 50～55℃为宜。厌氧消化系统应能对物料温度进行控制，物料温度上下波动不宜大于 2℃。厌氧消化器应有良好的防渗、防腐、保温和密闭性，在室外布置的，应具有耐老化、抗强风、雪等恶劣天气的性能；还应具有良好的物料搅拌、匀化功能，防止物料在消化器中形成沉淀。工艺中产生的沼液和残渣应得到妥善处理，不得对环境造成污染。沼液可用作液体肥料，其质量应符合国家现行标准《含腐植酸水溶肥料》（NY 1106—2010）的要求。

图 12-20 是餐厨垃圾厌氧消化技术的典型工程实例——重庆餐厨垃圾处理工程工艺流程图。该项目由瑞典普拉克公司设计并提供设备，设计规模为 500 t/d。采用高温厌氧消化技术，消化温度为 55～60℃，有机质经厌氧消化转化为沼气。沼气经净化脱硫后用于燃烧发电，并入国家电网。沼气产量达 39 000 m³/d，发电装机 3 MW。

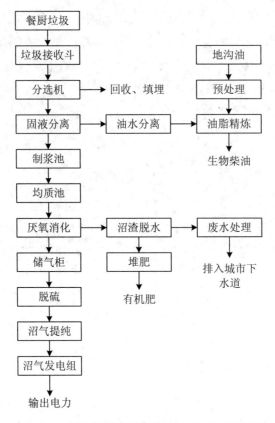

图 12-20   重庆餐厨垃圾厌氧消化处理工艺流程

氢能是未来最具潜力的可替代能源之一，随着厌氧生物产氢技术研究的深入，利用有机废物产氢、产甲烷，进行资源回收的理念已逐步成为世界各国的共识，积极对其展开研究探索，具有重要的技术理论发展意义。

图 12-21 是餐厨垃圾两相厌氧产氢产甲烷工艺流程示意图。

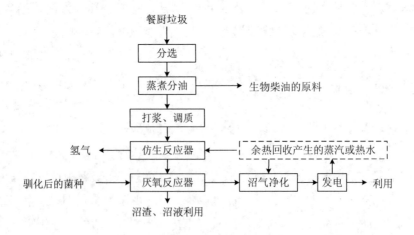

图 12-21   餐厨垃圾产氢产甲烷发酵工艺流程示意

餐厨垃圾经分选取出酒瓶、易拉罐、饭盒、筷子、大块骨头等大块杂物后，加热蒸煮分离油分，分离出来的油分可作生物柴油的原料。固体残渣经螺旋输送装置搅拌成浆状，依次送入两个反应器中进行酸化产氢和产甲烷过程。在稳定运行条件下，两相厌氧产氢产甲烷的优化工艺条件为：产氢罐有机负荷率为 22.65 kg/（m^3·d）、底物停留时间为 6.67 d；产甲烷罐有机负荷率为 4.61 kg/（m^3·d）、底物停留时间为 26.67 d。每吨餐厨垃圾在水解酸化阶段（产氢罐）可产出 32.80 m^3 生物气，其中氢气含量平均可达 30%；在产甲烷阶段产出沼气 99.54 m^3，其中甲烷含量平均可达 65.7%。沼气净化后可用于发电。余热回收产生的蒸汽或热水，可用于调整反应器的温度和浓度。剩余沼渣可制成颗粒肥，沼液可作叶面肥料，或经絮凝、曝气等处理后达标排放。

思考题

1. 简述生活垃圾分选与综合利用的主要工艺及其特点。

2. 试调查你所在校园（或居住区）生活垃圾的产率与主要物理成分（列表），由此，①估算垃圾含水率、密度与热值；②列出近似化学式；③评价该垃圾可资源回收的价值；④规划设计一组最佳的生活垃圾资源化回收系统。

3. 简述废铅蓄电池分选回收利用及处理技术。

4. 简述污泥的特性。

5. 常用的污泥浓缩技术有哪些？并简要分析这些浓缩技术的特点。

6. 根据自己的理解，结合污泥特性、法律法规及其他污泥处理处置手段等，阐述对脱水污泥进行干化处理的必要性。

7. 某城市有三个污水处理厂，日产脱水污泥（污泥含水率在 75%~85%）600 t/d，以往主要采用送往填埋场进行填埋处置，但目前填埋场已无法接受含水率如此高的污泥，市政府拟考虑对污泥进行集中处理，请根据需要提出污泥干化（或半干化）的技术路线、设备选型及主要的考虑因素。

8. 目前用于污泥处理处置的典型方案有哪几种，并从环境、经济、技术等方面对它们进行比较。

9. 餐厨垃圾有何特性？

10. 简述餐厨垃圾的饲料化技术。

11. 简述餐厨垃圾的两相厌氧产氢产甲烷技术及其特点。

参考文献

[1]   聂永丰. 固体废物处理工程技术手册[M]. 北京：化学工业出版社，2012.

[2]   李登新. 固体废物处理与处置[M]. 北京：中国环境出版社，2014.

[3]   赵由才，牛东杰，柴晓利. 固体废物处理与资源化[M]. 2 版. 北京：化学工业出版社，2012.

[4]   蒋建国. 固体废物处置与资源化[M]. 2 版. 北京：化学工业出版社，2012.

[5]   温青. 环境工程学[M]. 哈尔滨：哈尔滨工程大学出版社，2008.

[6]   李国学. 固体废物处理与资源化[M]. 北京：中国环境科学出版社，2005.

[7]   李秀金. 固体废物处理与资源化[M]. 北京：科学出版社，2011.

[8]   蒋展鹏. 环境工程学[M]. 北京：高等教育出版社，2013.

[9]   宁平. 固体废物处理与处置[M]. 北京：高等教育出版社，2007.

[10]   周少奇. 固体废物污染控制原理与技术[M]. 北京：清华大学出版社，2009.

[11]   庄伟强. 固体废物处理与利用[M]. 2 版. 北京：化学工业出版社，2008.

[12]   庄伟强，刘爱军. 固体废物处理与处置[M]. 3 版. 北京：化学工业出版社，2015.

[13]   聂永丰. 三废处理工程技术手册——固体废物卷[M].. 北京：化学工业出版社，2000.

[14]   李国鼎. 环境工程手册——固体废物污染防治卷[M]. 北京：高等教育出版社，2003.

[15]   芈振明，等. 固体废物处理与处置[M]. 北京：高等教育出版社，1993.

[16]   李来庆，张继琳，许靖平，等. 餐厨垃圾资源化技术及设备[M]. 北京：化学工业出版社，2013.

[17]   固体废物处理处置工程技术导则（HJ 2035—2013）[S].

[18]   生活垃圾产生源分类及其排放（CJ/T 368—2011）[S].

[19]   生活垃圾卫生填埋处理技术规范（GB 50869—2013）[S].

[20]   生活垃圾焚烧处理工程技术规范（CJJ 90—2009）[S].

[21]   危险废物处置技术导则（HJ 2042—2014）[S].

[22]   危险废物经营许可管理办法（2016 年修订）.

第四篇
物理性污染控制工程

物理性污染控制工程是环境工程学的重要分支之一。它是研究物理性污染控制的技术原理和工程措施的一门科学，主要包括污染源控制、传播途径控制，以及对接收者进行保护。本篇主要介绍了噪声、振动、电磁场、放射性、热、光等物理要素的污染原理、危害及防范控制措施。

第十三章　物理性污染及其控制概述

一、物理环境

人类环境中存在许多物理因素，如声、光、电、热、振动和各种辐射等，这些物理因素构成了物理环境。与大气环境、水环境、土壤环境一样，物理环境也是人类生存环境的重要组成部分，对支持人类生命生存及其活动起着十分重要的作用。

物理环境可分为自然物理环境和人工物理环境，两者交叠共存、相互作用。自然物理环境是指由自然的声、振动、电磁、放射性、光和热构成的物理环境。例如，地震、台风、雷电等自然现象会产生振动和噪声；火山爆发、太阳黑子活动会产生电磁干扰，一些矿物质含有放射性等。人工物理环境是指由人在生产和生活中创造的各种物理因素组成的物理环境。例如，交谈、音乐、各种交通工具、机械设备等都是人工声环境的制造者；各种电子设备、通信设施、电力设施等都是人工电磁辐射的来源；核工业的建立是人工放射性的主要来源。

二、环境物理学

环境物理学是由环境科学和物理学交叉发展起来的一门学科，着重从环境科学与物理学相结合的观点，研究发生在土壤圈、大气圈、水圈、冰雪圈和生物圈中的环境物理现象、规律，以及这些环境现象与人类社会相互作用及可持续发展的物理机制和途径。

环境物理学的研究领域是相当广阔的，根据研究对象不同可分为地球陆面过程环境物理学、环境声学、环境光学、环境热学、环境电磁学等研究分支，物理性污染的成因、影响及其控制是环境物理学的主要研究内容之一。

地球陆面过程环境物理学：它的任务是研究地球系统环境中能量与物质的传输，包括太阳辐射能量、大气运动能量及水汽碳氮循环等。

环境声学：它的任务是研究人所需要的声音和人所不需要的声音——噪声，尤其是研究噪声的产生、传播、评价和控制，以及对人类的生活和工作产生的影响和危害等。

环境光学：它的研究对象是人类的光环境，研究内容包括天然光环境和人工光环境；光环境对人的生理和心理的影响；光污染的危害和防治等。

环境热学：它的任务是研究地球环境的热平衡，以及温室效应和城市热岛效应等热污染现象对人类的影响。

环境电磁学：它的研究对象是波长比光波更长的电磁波，研究内容是电磁波对环境的污染及其所造成的危害。

环境物理学是正在形成中的一门学科，目前对一些物理性污染的条件和成因研究还不充分，尚未形成系统的分类及较完整的环境质量要求与防范措施，它的各个分支学科中只有环境声学比较成熟。

三、物理性污染

物理性污染是指由物理因素引起的环境污染，包括噪声污染、热污染、光污染、电磁污染和放射性污染等。引起物理性污染的声、光、电、热、振动、放射性等都是人类生活必不可少的因素，但当这些因素在环境中的强度过高或过低时，会危害人的健康和生态环境，带来一系列环境污染问题。例如，声音对人是必需的，但声音太强，会妨碍人的正常活动，反之，长久寂静无声，人会感到恐怖，乃至疯狂。物理性污染涉及面广，对人体可产生长期的危害，能引起慢性疾病、器官病变和神经系统的损害。

同化学性、生物性等基于有害物质或生物的污染不同，物理性污染主要与能量的交换及转化相关，因此呈现出两大特点。第一，物理性污染是局部性的，声、振动、电磁辐射、光等物理性因素的强度会随传播距离增加而衰减，故很少出现区域性或全球性的物理性污染；第二，物理性污染在环境中不会有残余物质存在，一旦污染源消失，物理性污染也很快消失，不具后效性。

四、物理性污染控制的基本方法

如前所述，由于物理性污染不具有后效性，其危害只发生在其产生、传播和到达接收者的过程中，因此物理性污染控制也主要从控制污染源和传播途径，以及对接收者进行保护这三个方面着手。各类物理性污染控制的基本方法如表 13-1 所示，本书重点介绍其中的技术手段。值得注意的是，声、光、热、电磁这些因素都是人类所必需的，因此对这些污染源的科学控制和管理就显得尤为重要，除技术手段外，还涉及管理、经济、立法等多方面，需进行综合防治。

表 13-1　物理性污染控制的基本方法

基本途径	污染类型					
	噪声污染	振动污染	电磁辐射污染	放射性污染	光污染	热污染
污染源控制	噪声源控制	振动源控制	辐射源控制管理	放射源控制管理，放射性废物处理	光源控制管理	控制温室气体排放，废热利用
传播途径控制	吸声技术、隔声技术、消声技术	防振沟、弹性减振、阻尼减振	电磁屏蔽、接地、滤波	—	—	隔热保温
接受者保护	耳塞、耳罩等个人防护	消极隔振	个人防护	个人防护	个人防护	个人防护

思考题

1. 什么是物理环境？物理环境分为哪两类？

2. 什么是物理性污染？其特点是什么？

3. 环境物理学的主要研究内容是什么？

第十四章　噪声污染及其控制

随着现代工业、建筑业和交通运输业的迅速发展，各种机械设备、交通工具在急剧增加，噪声污染日益严重，它影响和破坏人们的正常工作和生活，危害人体健康。寻找噪声的产生原因，研究噪声的污染规律，探索噪声污染控制的有效措施，已经成为当今迫切的需求。

第一节　噪声污染控制概述

一、噪声的基本概念与分类

人的生活、工作离不开声音，但并不是所有的声音都悦耳动听，给人们带来愉悦。过大的声音或不需要的声音反而会影响人们的生活和工作，甚至造成危害。从心理学的观点来看，凡是人们不需要的声音，统称为噪声。从物理学的观点来看，噪声是各种不同频率和强度的声音无规则的杂乱组合。在《中华人民共和国环境噪声污染防治法》中，环境噪声是指在工业生产、建筑施工、交通运输和社会生活中所产生的，影响周围生活环境的声音。所产生的环境噪声超过国家规定的环境噪声排放标准，并干扰他人正常生活、工作和学习，这一现象称为环境噪声污染。环境噪声污染可能是由自然现象产生，但大多数情况下是由人类活动所产生的。

噪声的分类有多种，按其总的来源可分为自然噪声和人为噪声两大类。例如，火山爆发、地层、潮汐和刮风等自然现象所产生的空气声、水声和风声等属于自然噪声，而各种机械、电器和交通运输产生的噪声属于人为噪声。

按噪声的发声机理可分为机械噪声、空气动力性噪声、电磁噪声。由于机械的撞击、摩擦、转动而产生的噪声叫作机械性噪声，如织机、球磨机、电锯等发出的声音；凡高速气流、不稳定气流以及气流与物体相互作用产生的噪声叫空气动力性噪声，如通风机、空压机等发出的声音；电磁噪声是由电磁场的交替变化，引起某些机械部件或空间容积振动产生的，如发电机、变压器等发出的声音。

对影响城市声环境的噪声源，按人的活动方式可分为工业噪声、交通噪声、建筑施工噪声和生活噪声。

二、噪声的危害

噪声广泛地影响着人们的各种活动，如影响睡眠和休息，妨碍交谈，干扰工作，使听力受到损害，甚至引起神经系统、心血管系统、消化系统等方面的疾病。实际上，噪声是影响面最广的一种环境污染。噪声的危害主要表现在以下方面：

1．听力损伤

在较强的噪声持续作用下，人的听觉敏感性可以下降 15～50 dB；如果长时间遭受过强的噪声刺激，就会引起内耳的退行性变化，导致器质性损伤，形成噪声性耳聋。根据国际标准化组织（ISO）的规定，暴露在强噪声下，对 500 Hz、1 000 Hz 和 2 000 Hz 三个频率的平均听力损失超过 25 dB，称为噪声性耳聋。在极强烈的噪声作用下，可造成噪声外伤，鼓膜破裂出血，双耳完全失聪。

2．对睡眠的干扰

噪声会影响人的睡眠质量和数量，当睡眠受到噪声干扰后，工作效率和健康都会受到影响，老年人和病人对噪声干扰尤其敏感。一般来说，40 dB 的连续噪声可使 10%的人睡眠受到影响，达到 60 dB 时，可使 70%的人惊醒。

3．对交谈、通信、思考的干扰

噪声妨碍人们之间的交谈、通信是常见的，人们的思考也是语言思维活动，其同样受噪声的干扰。噪声对交谈、通信的干扰情况如表 14-1 所示。

表 14-1　噪声对交谈、通信的干扰

噪声级/dB（A）	主观反应	保持正常谈话距离/m	通信质量
45	安静	10	很好
55	稍吵	3.5	好
65	吵	1.2	较困难
75	很吵	0.3	困难
85	太吵	0.1	不可能

4．对人体生理和心理的影响

噪声能引起失眠、疲劳、头晕、头痛和记忆力衰退。超过 140 dB 的噪声甚至会引起眼球振动，视觉模糊，呼吸、脉搏、血压都发生波动，全身血管收缩，使供血减少，甚至说话能力受到影响。噪声引起的心理影响主要是使人激动、易怒，疲劳，甚至失去理智，因此往往会影响精力集中和工作效率。由于噪声的掩蔽效应，往往使人不易察觉一些危险信号，从而容易造成工伤事故。

5．噪声对物质结构的影响

飞机做超音速飞行时产生的冲击波，一般称为轰声，它虽然是一种脉冲声，但由于能量可观，故具有一定的破坏力。英法合作研制的协和式飞机在试飞过程中，航道下面的一些古老建筑，如教堂等，由于轰声的影响受到了破坏，出现裂缝。150 dB 以上的强噪声，由于声波振动会使金属结构疲劳，遭到破坏。据实验，一块 0.6 mm 的铝板，在 168 dB 的无规噪声作用下，只要 15 min 就会断裂。

三、噪声污染控制的基本方法

（一）噪声污染控制的途径

同水体污染、大气污染和固体废物污染不同，噪声污染是一种物理性污染，它的特点是局部性和没有后效。噪声在环境中只是造成空气物理性质暂时的变化，噪声源的声输出停止之后，污染立即消失，不留下任何残余物质。在环境中，声源发出噪声并向外界辐射的过程由噪声源、传声途径和接收者三个要素组成，如图 14-1 所示。噪声控制途径通常也基于这三个要素，包括控制声源和声的传播途径，以及对接收者进行保护。

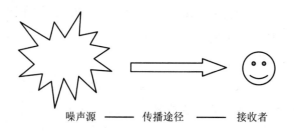

噪声源 ——— 传播途径 ——— 接收者

图 14-1　噪声传播示意图

1. 声源控制

声源控制是噪声控制中最根本和最有效的手段。研究各种噪声源的发声机理，减少和消除噪声源，主要有以下措施：一是改进结构，提高其中部件的加工精度和装配质量，采用合理的操作方法等，以降低声源的噪声发射功率；二是选用内阻尼大、内摩擦大的低噪声新材料；三是改善动力传递系统；四是改革生产工艺和操作方法。例如，将机械传动部分的普通齿轮改为有弹性轴套的齿轮，可降低噪声 15～20 dB；把铆接改成焊接，把锻打改成摩擦压力加工等，一般可减低噪声 30～40 dB。

2. 传声途径的控制

当声源控制受技术制约，效果不理想或无法采用时，最常用的方法是传声途径控制，可采用以下措施：

1）声在传播中的能量是随着距离的增加而衰减的，因此使噪声源远离需要安静的地方，闹静分离，可以达到降噪的目的。

2）声的辐射一般有指向性，处在与声源距离相同而方向不同的地方，接收到的声强度也就不同。因此，控制噪声的传播方向（包括改变声源的发射方向）是降低噪声尤其是高频噪声的有效措施。

3）采用吸声、隔声和消声等声学控制技术降低噪声，是噪声控制技术的重要内容，也是本章的重点，将在后面部分作详细介绍。

4）对于固体振动产生的噪声采取隔振措施，以减弱噪声的传播。

3. 接收者的防护

为了防止噪声对人的危害，可采取下述防护措施：

1）佩戴护耳器，如耳塞、耳罩、防护棉、防声盔等。

2）减少在噪声环境中的暴露时间。

3）人的听觉灵敏度是有差别的。例如，在 85 dB 的噪声环境中工作，有人会耳聋，有人则不会。可以每年进行一次听力检测，把听力显著降低的人调离噪声环境。

（二）噪声污染的防治对策

一是从噪声传播的区域性特点出发，强化土地使用、城镇建设规划中的环境管理，贯彻合理布局，特别是工业区和居民区分离的原则；二是从噪声总（能）量的控制出发，对各类噪声源（机电设备）的制造、销售和使用等环节上采取限制措施。具体可以分以下几点：

1）制定科学合理的城市规划、城市区域环境规划，划分好各个区域的社会功能以保证要求安静的区域不受噪声污染。美国、法国、北欧、东欧等国家都很讲究城市区域功能，使住宅、文教区远离工业区或机场等高噪声源。

2）规划建设专用工业园区，组织并帮助高噪声工厂、企业实施区域集中整治，对居住生活地区建立必要的防噪声隔离带，或采取成片绿化等措施，缩小工业噪声的影响范围。

3）实施产品噪声限值标准和分级标准。有关政府部门据此对制造、销售厂商进行管理，促使其发展技术先进的低噪声、安静型产品，逐步替代或淘汰落后的高噪声产品。国际标准化组织已在推行把噪声级指标列为产品铭牌基本内容的规定。

4）建立有关研究和技术开发、咨询的机构，为各类噪声源设备制造商提供技术指导，以便在产品的设计、制造中实现有效的噪声控制，如开发运用低噪新工艺、高阻尼减振新材料、包装式整视隔声罩设计等，有计划、有目的地推动技术进步。

5）提高用于吸声、消声、隔声等专用材料的性能，以适应通风散热、防尘防爆、耐腐蚀等技术要求，改进噪声污染影响的评价分析方法，开发应用计算机技术，发展模型实验；提高预测评价工作的效率和精度，节省防治工程费用。

（三）噪声控制的一般程序

解决噪声污染问题的一般程序是：首先进行现场噪声源及其污染状况调查，测量现场噪声，分析噪声的频谱特性和时域特性；然后根据相关环境标准和用户要求确定现场允许的噪声级，并根据现场实测的数值和容许的噪声级之差确定降噪量；进而制定技术上可行、经济上合理的控制方案，进行工程实施；控制措施实施后，再进行测量，综合分析评价是否达到控制目标，否则应重新设计，直至达到设计目标。

合理的噪声控制措施，是根据噪声控制费用、噪声容许标准、劳动生产效率等有关因素进行综合分析确定的。以一个车间为例，如果噪声源是一台或少数几台机器，而车间里工人较多，一般可采用隔声罩，降噪效果为 10～30 dB；如果车间里噪声源多而分散，工人又多，一般可采取吸声降噪措施，降噪效果为 3～15 dB；如果工人不多，可用护耳器，或者设置供工人操作用的隔声间。机器振动产生噪声辐射，一般采取减振或隔振措施，降噪效果为 5～25 dB。例如，机械运转使厂房的地面或墙壁振动而产生噪声辐射，可采用隔振机座或阻尼措施。

第二节　噪声控制声学基础

一、声波和声源的分类

声音是由物体的振动产生的，发出声音的物体称为声源。声源发出的声音必须通过中间介质才能传播出去，最常见的介质是空气。当声源振动时，就会引起周围弹性介质——空气分子的振动。这些振动的分子又会使其周围的空气分子产生振动。这样，声源产生的振动就以声波的形式向外传播，声波依靠介质分子的振动向外传播声能。介质分子的振动传到人耳时，引起鼓膜的振动，通过听觉机构"翻译"，并发出信号，刺激听觉神经而产生声音的感觉。声波不仅可以在空气中传播，而且可以在液体和固体等弹性媒质中传播。媒质的弹性和惯性是传播声音的必要条件。声波不能在真空中传播，因为真空中不存在能够产生振动的弹性介质。通常将有声波传播的空间叫声场。

在声波的传播过程中，如果质点振动方向与波传播方向平行时称为纵波，如水波即为纵波。当质点振动方向与波传播方向垂直时称为横波，如绳子上下振动而形成的波即为横波。声波在固体介质中既可以横波形式传播，也可以横波和纵波两种并存的形式传播，而在液体和气体中声波只能以纵波形式传播。纵波和横波都是通过质点间的动量传递来传播能量的，而不是由物质的迁移来传播能量的。

声源的类型按其几何形状特点划分为：①点声源。声源尺寸相对于声波的波长或传播距离而言比较小且声源的指向性不强时，则声源可近似视为点声源。在各向同性的均匀媒质中，从一个表面同步胀缩的点声源发出的声波是球面声波，也就是在以声源点为球心，以任何值为半径的球面上声波的相位相同。球面声波的一个重要特点是振幅随传播距离的增加而减小，二者成反比关系。②线声源：火车噪声、公路上大量机动车辆行驶的噪声，或者输送管道辐射的噪声等，远场分析时可将其看作由许多点声源组成的线状声源。这些线声源形成的声波波阵面是一系列同轴圆柱面，称为柱面声波。柱面声波的振幅随径向距离的增加而减少，与距离的平方根成反比。③面声源：具有辐射声能本领的平面声源，平面上辐射声能的作用处处相等。几种声源类型示意图见图 14-2。

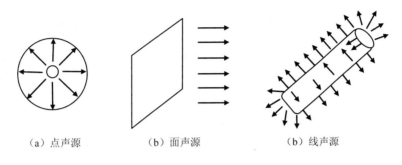

（a）点声源　　　　　（b）面声源　　　　　（b）线声源

图 14-2　声源的类型

二、声波的描述

（一）声波的基本物理量

声波的基本物理量包括声波的频率、波长和声速。

声波 1 秒钟内振动的次数称为频率，用 f 表示，单位是赫兹（Hz）。声源每秒振动的次数越多，其频率越高，声音的音调也越高，人耳听到的声音就越尖锐。反之，频率低的声音，音调低，听起来较为低沉。

声源完成一次全振动所经历的时间称为周期，用 T 表示，单位是秒（s）。频率 f 和周期 T 互为倒数，即

$$f = \frac{1}{T} \tag{14-1}$$

物体或空气分子每完成一次往复运动或疏密相间运动所经过的距离称为波长，用符号 λ 表示，单位是 m。振动每秒钟在媒质中传播的距离叫作声波传播速度，简称声速，用符号 c 表示，单位是 m/s。声速与温度的关系如下：

$$c = c_0 + 0.607\,t \tag{14-2}$$

式中：c_0——在标准大气压下，0℃时的声速，$c_0 = 331.4$ m/s；

t——空气温度，℃。

根据频率、波长和声速的定义，它们之间有如下关系，波长和频率成反比，频率越高，波长越短；频率越低，波长越长。

$$\lambda=c/f=cT \tag{14-3}$$

(二) 声音的频程和频谱

人耳听音的频率范围为 20 Hz 到 20 000 Hz，通常把这一频率范围的声音称为音频声，低于 20 Hz 的声音称为次声，高于 20 000 Hz 的声音称为超声。音频声的高音和低音频率相差 1 000 倍，为实际应用方便起见，一般把这一宽广的频率变化范围划分为若干小段落，每个段落称为一个频带（频程）。

实际测定发现，两个不同频率声音的相对强度比较，往往取决于两个频率的比值，而不是它们的差值。因此频带的划分通常采用恒定带宽比，即保持频带的上、下限频率之比为一常数。噪声测量中常用的频程有倍频程和 1/3 倍频程。若使每一频带上、下限频率之比为 2，这样划分的频程称 1 倍频程，简称倍频程。如果在一个倍频程的上、下限频率之间再插入两个频率，将一个倍频程划分为 3 个频程，相邻两频率比值为 $\sqrt[3]{2}$，称这种频程为 1/3 倍频程。倍频程和 1/3 倍频程中心频率分布如表 14-2 所示。

表 14-2　倍频程与 1/3 倍频程的中心频率分布

倍频程	31.5	63	125	250	500	1 000	2 000	4 000	8 000	16 000
1/3 倍频程	31.5	40	50	63	80	100	125	160	200	250
	320	400	500	630	800	1 000	1 250	1 600	2 000	2 500
	3 200	4 000	5 000	6 300	8 000	10 000	12 500	16 000		

噪声通常包含很多频率成分，而不同频率成分的声音强度各有不同，研究噪声强度（声压级或声强级）随频率的分布是必要的。用横轴代表频率、纵轴代表各频率成分的强度（声压级或声强级），这样画出的图形称为频谱图。根据频谱的形状可分为三种。

线状谱由不连续的离散频谱线构成，在频谱图上是一系列竖直线段，如图 14-3（a）所示。很多乐器发出声音的频谱是线状谱。

连续谱是指频率在频谱范围内是连续的，其声能也连续地分布在所有频率范围内，形成一条连续的曲线，如图 14-3（b）所示。大部分噪声属于连续谱。

复合谱是连续频率和离散频率组合而成的频谱，有调噪声的频谱为复合谱。

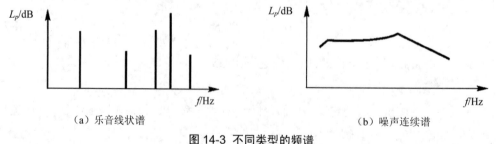

（a）乐音线状谱　　　　　　　　　　　（b）噪声连续谱

图 14-3　不同类型的频谱

（三）声压和声压级

声音在介质中是以波动方式传播的。当有声波存在时，局部空气产生压缩或膨胀，在压缩的地方压强增加，在膨胀的地方压强减少，这样就在大气压上叠加了又一个压强的变化。这个叠加的压强变化是由于声波而引起的，称为声压，用 p 表示，其单位是帕斯卡（简称帕），用 Pa 表示。声压的大小与物体的振动有关，物体振动的振幅越大，则压强的变化也越大，因此声压也越大。

当物体作简谐振动时，空间各点产生的声压也随时间作简谐变化，某一瞬间的声压称为瞬时声压。在一定时间间隔中将瞬时声压对时间求方均根值即得到有效声压。

用 p_e 表示，即

$$p_e = \sqrt{\frac{1}{T} \int_0^T p^2(t) dt} \tag{14-4}$$

式中：$p(t)$——某一时刻 t 的瞬时声压，Pa；

　　　　T——时间，s。

一般用电子仪器测得的声压即是有效声压。因此，习惯上称的声压就是有效声压，它与声压幅值 p_A 之间的关系为

$$p_e = \frac{p_A}{\sqrt{2}} \tag{14-5}$$

声压是表示声音强弱最常用的物理量。正常人耳能听到的最弱声压为 2×10^{-5} Pa，称为人耳的"听阈"；当声压达到 20 Pa 时，人耳就会产生疼痛的感觉，称为人耳的"痛阈"。

"听阈"与"痛阈"之间的声压变化范围很宽，从 $2 \times 10^{-5} \sim 20$ Pa，相差 100 万倍，表达和应用起来很不方便。同时，实际上人耳对声音大小的感受并不是正比于声压绝对值的大小，而是同它的对数近似成正比。因此，如果将两个声音的声压之比用对数的标度来表示，那么不仅应用简单，而且接近于人耳的听觉特性。这种用对数标度来表示的声压称为声压级，单位为分贝（dB）。

声音的声压级定义为该声音的声压 p 与参考声压 p_0 的比值，取以 10 为底的对数，再乘以 20，即

$$L_p = 20 \lg(p / p_0) \tag{14-6}$$

式中：L_p——声压级，dB；

　　　　p_0——参考声压，国际上规定 $p_0 = 2 \times 10^{-5}$ Pa。

引入声压级的概念后，巨大的数字就可以大大简化。听阈的声压为 2×10^{-5} Pa，其声压级就是 0。普通说话声的声压是 2×10^{-2} Pa，代入式（14-6），可得与此声压相应的声压级为 60 dB。使人耳感到疼痛的声压是 20 Pa，它的声压级则为 120 dB，听阈与痛阈的声压之比从 100 万倍的变化范围变成 $0 \sim 120$ dB 的变化。所以，这种方法已为世人所公认和普遍采用。

目前国内外声学仪器上都采用分贝（dB）刻度，从仪器上可以直接读出声压级的分贝数。

（四）声强和声强级

当声波传播时，声振动能量也随之传递。在声传播方向上，单位时间内垂直通过单位面积的声能量，称为声强，用 I 表示，单位是 W/m^2。当声音以平面波或球面波传播时，声强与声压间的关系为

$$I = \frac{p_e^2}{\rho_0 c} \qquad (14\text{-}7)$$

式中：ρ_0——传播介质的密度，kg/m^3；

c——声速，m/s；

$\rho_0 c$——传播介质的特性阻抗，随介质的温度和压强而改变，kg/（m^2·s）。

声强也可用"级"来表示，即声强级 L_I，它的单位也是分贝（dB），定义为

$$L_I = 10 \lg \left(\frac{I}{I_0} \right) \qquad (14\text{-}8)$$

式中：L_I——声强级，dB；

I_0——参考声强，国际上规定 $I_0 = 10^{-12}$ Pa。

根据声压与声强的关系，可得声强级与声压级的关系是

$$L_I = L_P + 10 \lg \frac{400}{\rho c} \qquad (14\text{-}9)$$

（五）声功率和声功率级

声功率为声源在单位时间内辐射的总能量，记为 W，单位为瓦（W）。根据该定义，声强和声源辐射的声功率有关，声功率越大，在声源周围的声强也越大，两者成正比，它们的关系为

$$I = \frac{W}{S} \qquad (14\text{-}10)$$

式中：S——波阵面面积，m^2。

如果声源辐射球面波，那么在离声源为 r 处的球面上各点的声强为

$$I = \frac{W}{4\pi r^2} \qquad (14\text{-}11)$$

从这个式子可以知道，声源辐射的声功率是恒定的，但声场中各点的声强是不同的，它与距离的平方成反比。如果声源放在地面上，声波只向空中辐射，这时：

$$I = \frac{W}{2\pi r^2} \qquad (14\text{-}12)$$

声功率是衡量噪声源声能输出大小的基本量,声压和声强依赖于很多外在因素,如接收者的距离、方向、声源周围的声场条件等,而声功率不受上述因素影响,可广泛用于鉴定和比较各种声源。

声功率用级来表示时称为声功率级 L_W,单位也是 dB,其表达式为

$$L_W = 10 \lg \frac{W}{W_0} \qquad (14\text{-}13)$$

式中:W_0——参考声功率,取 10^{-12}W。

三、声波的传播特性

(一)声波的反射、折射

声波在传播过程中遇到障碍物、不均匀介质或不同介质时,在两介质的界面会发生反射和透射现象。声波在分界面上反射和透射的大小与入射、反射和透射声波声压大小无关,仅与两介质的声特性阻抗有关。当两介质中声速不同时,声波的透射声波和入射声波不再保持同一传播方向,即发生折射。声波从声速大的介质折射入声速小的介质时,声波传播方向折向分界面的法线;反之,声波从速度小的介质折射入声速大的介质时,声波传播方向折离法线,如图 14-4 所示。

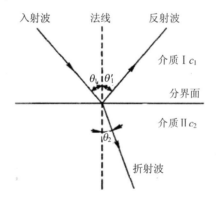

图 14-4 声波的反射与折射

(二)声波的叠加和声压级的计算

前面所描述的均为单个频率的声波,而实际遇到的声波常含有不同频率成分或来自不同声源,多列声波同时在一介质中传播,需考虑声波的叠加。

不同声源发出的声波或同一声源发出的不同频率成分的声波,都属于不相干波,其合成声场的总有效声压为各列波有效声压的平方和,即

$$p^2 = p_1^2 + p_2^2 + p_3^2 + \cdots + p_n^2 = \sum_{i=1}^{n} p_i^2 \tag{14-14}$$

根据式（14-14）和声压级的定义，可得数列波的总声压级为

$$L_p = 10 \lg \sum_{i=1}^{n} 10^{0.1 L_{pi}} \tag{14-15}$$

如果声源太多，用式（14-15）计算总声压级会比较麻烦，可用下述方法，将多个声压级合成问题转化为多次两个声压级的合成来进行计算，比较简便。

设两声压级 L_{p1} 和 L_{p2}，且 $L_{p1} > L_{p2}$，$L_{p1} - L_{p2} = \Delta L_p$，则 $L_{p2} = L_{p1} - \Delta L_p$，代入式（14-15），则有

$$L_p = L_{p1} + 10 \lg (1 + 10^{-0.1 \Delta L_p}) \tag{14-16}$$

设 $\Delta L_p' = 10 \lg (1 + 10^{-0.1 \Delta L_p})$ 则，

$$L_p = L_{p1} + \Delta L_p' \tag{14-17}$$

由一系列的 ΔL_p，可得一系列对应的 $\Delta L_p'$，其值见表 14-3 和图 14-5。

表 14-3　分贝和的附加值

ΔL_p	0	1	2	3	4	5	6	7	8	9	10	11～12	13～14	15 以上
$\Delta L_p'$	3	2.5	2.1	1.8	1.5	1.2	1.0	0.8	0.6	0.5	0.4	0.3	0.2	0.1

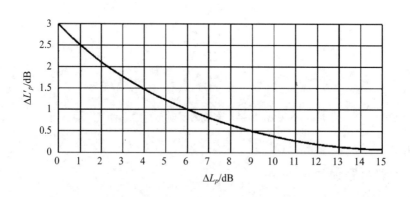

图 14-5　分贝相加曲线

用图表计算总声压级的步骤是：①把要相加的分贝值按从大到小排列；②用第 1 个分贝值减第 2 个分贝值得 ΔL_p；③由 ΔL_p 查图或表得 $\Delta L_p'$，按 $L_p = L_{p_1} + \Delta L_p'$ 计算出第 1、2 个分贝值之和；④用第 1、2 个分贝值之和再与第 3 个分贝值相加，依次加下去，直到两分

贝之差大于 10 dB，可停止相加，得到总声压级。

噪声测量中经常碰到如何扣除背景噪声问题，这就是噪声相减的问题。通常是指噪声源的声级比背景噪声高，但由于后者的存在使测量读数增高，需要减去背景噪声。若设背景噪声为 L_{pB}、背景噪声和被测对象的总声压级为 L_p、被测对象真实的声压级为 L_{ps}。由式（14-15）可得

$$L_p = 10\lg[10^{0.1L_{ps}} + 10^{0.1L_{pB}}] \tag{14-18}$$

解得
$$L_{ps} = 10\lg[10^{0.1L_p} - 10^{0.1L_{pB}}] \tag{14-19}$$

【例 14-1】两台机器工作时，在某点测得声压级为 80 dB，其中一台停止工作后，在该点测得的声压级为 76 dB，求停止工作的机器单独工作时在该点的声压级。

解：

（1）已知 $L_p = 80$，$L_{pB} = 76$，由式（14-19）得

$$L_{ps} = 10\lg[10^{0.1L_p} - 10^{0.1L_{pB}}] = 77.8 \text{ dB}$$

同前述声压级相加一样，声压级相减除用式（14-19）计算外，也可以用图或者表计算。若修正值 $\Delta L_{ps} = L_p - L_{ps}$，将式（14-18）、式（14-19）整理得：

$$\Delta L_{ps} = -10\lg[1 - 10^{0.1(L_p - L_{pB})}] \tag{14-20}$$

由一系列的 $L_p - L_{pB}$，可得一系列对应的 ΔL_{ps}，其值见表 14-4 和图 14-6。

表 14-4　分贝相减的修正值

$L_p - L_{pB}$	1	2	3	4	5	6	7	8	9	10	11
ΔL_{ps}	6.9	4.4	3	2.3	1.7	1.3	1.0	0.8	0.6	0.45	0.34

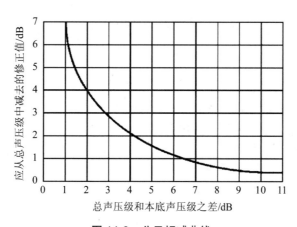

图 14-6　分贝相减曲线

（2）已知 L_p =80，L_{pB} =76，L_p–L_{pB} =4 dB，由表14-4或者图14-6得 ΔL_{ps} =2.3，则机器的真实的声压级为：L_{ps}=（80–2.3）dB=77.7 dB。

（三）声音的掩蔽

一个声音为另一个声音所掩盖，即一个声音的听阈因另一个掩蔽声音的存在而提高的现象，称为声音的掩蔽。听阈提高的分贝数称为掩蔽量。如果大声源超过小声源 10 dB，则小声源可以忽略不计，即认为大声源掩蔽了小声源。

由于噪声的干扰，人们谈话吃力，甚至提高声音，也难以听清对方的声音，这就是噪声对语言交流的掩盖效应。噪声的掩蔽效应，对安全生产和信息沟通会产生一定影响。

四、噪声在传播中的衰减

声波在实际介质中传播时，由于扩散、吸收、散射等原因，随离开声源的距离增加，声音逐渐减弱。人们都可以感觉到，离噪声源近时噪声大，离噪声源远时噪声小，造成这种衰减的主要原因有以下几种。

（一）扩散引起的衰减

声波在传播过程中波阵面要扩展，波阵面面积随离声源的距离增加而不断扩大，声能分散，因而声强将随传播距离的增加而衰减。由于波阵面扩展而引起的声强随距离减弱的现象称为扩散衰减。声波的扩散衰减与声源的形状有关。

1）对于点声源，声压随距离衰减的关系式为

$$L_2 = L_1 - 20\lg\left(r_2/r_1\right) \tag{14-21}$$

2）对于线声源，有相互靠近的机器、传送带、公路上车辆及火车铁路噪声等。设声源长 l，声源到测点 A 距离为 r_0，当 $r_0 \leqslant l/\pi$，声源视为无限线声源，则：

$$L_2 = L_1 - 10\lg\left(r_2/r_1\right) \tag{14-22}$$

当 $r_0 > \dfrac{l}{\pi}$，声源视为点声源。

3）对于面声源，设矩形面声源边长为 a、b，且 $a<b$，设测点 D 距声源中心距离为 r_0。当 $r_0 \leqslant a/\pi$，声源辐射平面波，声压级衰减值为 0 dB，即距离声源近时，声压级不衰减；当 $r_0 \geqslant b/\pi$，按点声源考虑，用式（14-21）计算；当 $a/\pi \leqslant r_0 < b/\pi$ 时，按无限长线声源考虑，即应用式（14-22）计算。

（二）空气吸收引起的衰减

噪声的声波在传播过程中除了扩散衰减外，还有因为空气对声波能量的吸收而引起的声强减小，距离越远，因空气吸收引起的衰减也越大。因声吸收而引起的声强随距离的指数衰减关系（以沿 x 方向的平面波为例）为

$$I = I_0 e^{-2\alpha x} \tag{14-23}$$

式中：I_0——$x=0$ 处的声强，dB；

     α——空气的吸声系数。吸声系数与介质的温度和湿度有关，还与声波的频率有关。一般与频率的平方成正比。声波的频率越高，空气的吸收越大；频率越低，吸收越小。

由式（14-23）可知，高频声波比低频声波衰减得快，当传播距离远时其衰减值很大，因此高频声波是传不远的。从远距离传来的强噪声如飞机声、炮声等都是比较低沉的，就是这个原因。

（三）其他原因引起的衰减

声波在传播途径中遇到屏障和建筑物发生反射，而降低噪声。空气中的尘粒、雾、雨、雪等对声波的散射会引起声能的衰减。树木和草坪对传播的声波有一定的衰减，树叶的周长接近和大于声波波长时，有较大的吸收作用。绿化带的降噪效果与林带宽度、高度、位置、配置以及树木种类等有密切的关系。结构安排好的林带有明显的降噪效果，可达 10 多 dB。另外，声波由空气投射到疏松地面大部分能量通过土壤孔隙传播并衰减，刚性表面，如水泥地面对声波的衰减较小。

第三节　吸声材料与吸声技术

在降噪措施中，吸声是一种有效的方法，因而在工程中被广泛应用，采用吸声手段改善噪声环境时，通常有两种处理方法：一是采用吸声材料，二是采用吸声结构。

一、吸声材料

（一）吸声原理

当声波入射到吸声材料或者结构表面上时，声能部分被反射，部分被吸收，还有一部分透过它向前传播。能吸收消耗一定声能的材料称为吸声材料。一般未做任何声学处理的工厂车间内，墙壁的内表面往往使用坚硬的材料组成，如混凝土壁面、抹灰的砖墙及背面

贴实的硬木板等。这些材料与空气的特征阻抗相差较大，对声波的反射能力较强。在房间中声源发射声波时，听者接收的声音有未经反射直接传来的直达声，也有由声波传播中受到壁面的多次反射而形成的混响声。直达声与混响声的叠加，增加了听者接收的噪声强度。由于混响的作用，噪声源在车间内所产生的噪声级比在室外产生的噪声级要高近 10 dB，这就是为什么常感到室内机器噪声比室外响得多的直接原因。

为降低混响声，通常采用可吸收声能的材料或结构设置在房间的壁面上。而这些材料和结构的吸声降噪过程如图 14-7 所示。当声波入射到多孔材料表面时，主要是两种机理引起声波的衰减：首先，由于声波产生的振动引起小孔或间隙内的空气运动，造成和孔壁的摩擦，紧靠孔壁和纤维表面的空气受孔壁的影响不易动起来，由于摩擦和黏滞力的作用，使相当一部分声能转化为热能，从而使声波衰减，反射声减弱达到吸声的目的；其次，小孔中的空气和孔壁与纤维之间的热交换引起的热损失，也使声能衰减。

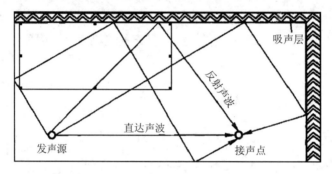

图 14-7　吸声降噪示意图

（二）吸声基本参数

1. 吸声系数 α

吸声系数是表征吸声性能最常用的参数，是指材料吸收的声能与入射到材料上的总声能之比，可用吸声系数来描述吸声材料或吸声结构的吸声特性，计算式为

$$\alpha = \frac{E_a}{E_i} = \frac{E_i - E_r}{E_i} = 1 - r \tag{14-24}$$

式中：E_i —— 入射声能；

　　　E_a —— 被材料或结构吸收的声能；

　　　E_r —— 被材料或结构反射的声能；

　　　r —— 反射系数。

由上式可见，当入射声波被完全反射时，表示无吸声作用，$\alpha=0$；当入射声波完全没有被反射时，表示完全吸收，$\alpha=1$；一般材料的吸声系数 α 都在 0 和 1 之间，即 $0<\alpha<1$，α 值越大，表示吸声性能越好。吸声系数是频率的函数，同一种材料，对于不同的频率，

具有不同的吸声系数。工程中通常采用125 Hz、250 Hz、500 Hz、1 000 Hz、2 000 Hz、4 000 Hz 六个频率的吸声系数的算术平均值表示材料的平均吸声系数，通常当平均吸声系数 $\alpha \geqslant 0.2$ 时，材料才能被称为吸声材料。表 14-5 列出了常用吸声材料的吸声系数，表 14-6 列出常见建筑材料的吸声系数。

表 14-5　常用吸声材料的吸声系数

材料名称	容量/ (kg/m³)	厚度/ cm	各频率下的吸声系数/Hz					
			125	250	500	1 000	2 000	4 000
超细玻璃棉	25	2.5	0.02	0.07	0.22	0.59	0.94	0.94
		5	0.05	0.24	0.72	0.97	0.90	0.98
		10	0.11	0.85	0.88	0.93	0.93	0.97
矿棉	240	6	0.25	0.55	0.78	0.75	0.87	0.91
		8	0.35	0.65	0.65	0.75	0.88	0.92
毛毡	370	5	0.11	0.30	0.50	0.50	0.50	0.52
		7	0.18	0.35	0.43	0.50	0.53	0.54
微孔砖	450	4	0.09	0.29	0.64	0.72	0.72	0.86
	620	5.5	0.20	0.40	0.60	0.52	0.65	0.62
膨胀珍珠岩	360	10	0.36	0.39	0.44	0.50	0.55	0.55
聚氨酯泡沫塑料	40	4	0.10	0.15	0.36	0.70	0.75	0.80
	45	8	0.20	0.40	0.95	0.90	0.98	0.85
木丝板		4	0.19	0.20	0.48	0.79	0.42	0.70
		8	0.25	0.53	0.82	0.63	0.84	0.59

表 14-6　常见建筑材料和建筑结构的吸声系数

建筑材料	各频率下的吸声系数/Hz					
	125	250	500	1 000	2 000	4 000
普通砖	0.03	0.03	0.03	0.04	0.05	0.07
砖墙（清水面）	0.02	0.03	0.04	0.04	0.05	0.05
砖墙（粉刷面）	0.01	0.02	0.02	0.03	0.04	0.05
砖墙（抹灰）	0.02	0.02	0.02	0.03	0.03	0.04
涂漆砖	0.01	0.01	0.02	0.02	0.02	0.03
混凝土块	0.36	0.44	0.31	0.29	0.39	0.25
涂漆混凝土块	0.10	0.05	0.06	0.07	0.09	0.08
混凝土	0.01	0.01	0.02	0.02	0.02	0.02
木料	0.15	0.11	0.10	0.07	0.06	0.07
灰泥	0.01	0.02	0.02	0.03	0.04	0.05
大理石	0.01	0.01	0.02	0.02	0.02	0.03
玻璃窗	0.15	0.10	0.08	0.08	0.07	0.05
硬质纤维板	0.25	0.20	0.14	0.08	0.06	0.04
胶合板	0.20	0.70	0.15	0.09	0.04	0.04

2. 吸声量

吸声量也称为等效吸声面积，其数值为吸声系数与吸声面积的乘积，可用下式表示：

$$A=\alpha S \tag{14-25}$$

式中：A —— 吸声量，m^2；

α —— 某频率声波的吸声系数；

S —— 吸声面积，m^2。

房间中的其他物体如家具，也会吸收声能，而这些物体并不是房间壁面的一部分。因此，房间总的吸声量 A 可以表示为

$$A = \sum \bar{\alpha}_i S_i + \sum A_i \tag{14-26}$$

式中，第一项为所有壁面吸声量的总和，第二项是室内各个物体吸声量的总和。

【**例 14-2**】某房间两侧墙面积 $S_1=400\ m^2$（砖墙抹灰），两端墙悬挂硬质纤维板面积 $S_2=150\ m^2$，顶棚挂贴为 4 cm 厚的聚氨酯泡沫塑料 $S_3=300\ m^3$，混凝土地面积 $S_4=300\ m^2$，试求该房间的总吸声量和平均吸声系数。

解：取频率 1 000 Hz 进行计算，由表 14-6 可查得砖墙的吸声系数为 0.03，混凝土为 0.02，硬质纤维板为 0.08，聚氨酯泡沫为 0.70，则总的吸声量为

$A=\alpha_1 S_1+\alpha_2 S_2+\alpha_3 S_3+\alpha_4 S_4=0.03\times400+0.02\times150+0.08\times300+0.70\times300=249$（$m^2$）

平均吸声系数为：$\alpha=A/S=249/$（$400+150+300+300$）$=0.217$

（三）多孔吸声材料

1. 多孔吸声材料的定义与分类

在材料表面和内部有无数的均匀分布的微细孔或微间隙，这些孔隙互相贯通并且向外张开，使声波易于进入微孔或微间隙内，这种吸声材料称作多孔吸声材料。根据多孔吸声材料的形状，可以将多孔吸声材料分为泡沫型、纤维型、颗粒型三类。泡沫型材料的表面与内部皆有无数互相连通的微孔，其材质一般由聚氨酯泡沫塑料、微孔橡胶等制成。纤维型材料包括毛、木丝、甘蔗纤维、化纤维、玻璃棉、矿物棉、金属纤维等有机和无机纤维材料，其中超细玻璃棉是最常用的一种多孔吸声材料，金属纤维是最新研制并得到应用的多孔吸声材料。颗粒状材料有膨胀珍珠岩、蛭石混凝土和多孔陶土。

2. 多孔吸声材料的使用原则

多孔吸声材料在使用时一般需要护面层保护，防止失散。护面层材料可以是玻璃丝布、金属丝网、纤维板等透声材料，内填以松散的厚度为 5～10 cm 的多孔吸声材料。为防止松散的多孔材料下沉，常选用透声织物缝制成袋，再内填吸声材料。为保持固定几何形状并防止机械损伤，在材料间要加木筋条（木龙条）加固，材料外表面加穿孔罩面板保护。常用的护面板材为木质纤维板或薄塑料板。

3．多孔吸声材料的特性及影响因素

多孔吸声材料的吸声特性主要受入射声波（频率和入射角）和材料性质的影响，一般对高频声吸收效果好，低频声吸收效果较差。因为低频声波激发微孔内空气与筋络的相对运动少，摩擦损失少，因而声能损失少；而高频声容易使之快速振动，从而消耗较多的声能，所以多孔吸声材料常用于高、中频噪声的吸收。

影响多孔材料的吸声特性的主要因素是材料的孔隙率、空气流阻和结构因子。其中以空气流阻最为重要。空气流阻是指在稳定气流状态下，吸声材料中压力梯度与气流线速度之比，反映了空气通过多孔材料时阻力大小。单位厚度材料的流阻，称为比流阻。比流阻过大或过小，吸声系数都会降低。

多孔吸声材料的特性除与本身内在的特性有关外，还与材料的使用条件有关，如单位体积重量、厚度以及构成吸声板的结构形式，使用时的温度、湿度等。

1）密度：改变材料的密度，等于改变了材料的孔隙率（包括微孔数目与尺寸）和流阻。因此对于某一种多孔吸声材料都有一最佳值。

2）厚度：当多孔吸声材料的厚度增加时，对低频声的吸收增加，对高频声影响不大。对一定的多孔材料，厚度增加一倍，吸声频率特性曲线的峰值向低频方向近似移动一个倍频程。在实用中，考虑经济及制作的方便，对于中、高频噪声，一般可采用2～5 cm厚的常规成形吸声板；对低频吸声要求较高时，则采用5～10 cm厚。

3）背后空气层：若在材料层与刚性壁之间留一定距离的空腔，可以改善对低频声的吸声性能，作用相当于增加了多孔材料的厚度，且更为经济，通常空腔增厚，对吸收低频声有利。当腔深近似于入射声波的1/4波长时，吸声系数最大，当腔深为1/2波长或其整数倍时，吸声系数最小。实用时常取腔深为5～10 cm。

4）温度、湿度的影响：使用过程中温度升高会使材料的吸声性能向高频方向移动，温度降低向低频方向移动，如图14-8所示。湿度增大会使孔隙内吸水量增加，堵塞材料上的细孔，使吸声系数下降，而且是先从高频开始，因此对于湿度较大的车间或地下建筑的吸声处理，应选用吸水量较小的耐潮多孔材料，如防潮超细玻璃棉毡与矿棉吸声板等。

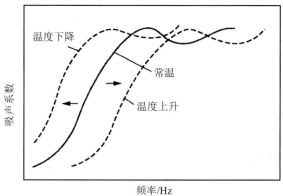

图14-8　温度对多孔材料吸声特性的影响

5）气流的影响：当将多孔吸声材料用于通风管道和消声器内时，气流易吹散多孔材料，影响吸声效果，甚至飞散的材料会堵塞管道，损坏风机叶片，造成事故。应根据气流速度大小选择一层或多层不同的护面层。

二、吸声结构

吸声处理中较常采用的另一措施就是采用吸声结构。由于多孔吸声材料对吸收低频噪声的性能较差，只能通过加厚吸声材料的厚度来提高低频噪声的吸收。为了增加对低频声能的吸收，人们在实践中一般利用共振吸声结构，以解决低频噪声的吸收。目前普遍利用共振原理做成的共振吸声结构有薄板、穿孔板等共振吸声结构。

（一）薄板共振吸声结构

1．构造

薄板共振吸声结构如图 14-9 所示，将薄的塑料、金属或胶合板等材料的周边固定在框架（称为龙骨）上，并将框架牢牢地与刚性板壁相结合，这种由薄板与板后的封闭空气层构成的系统就称为薄板共振吸声结构。

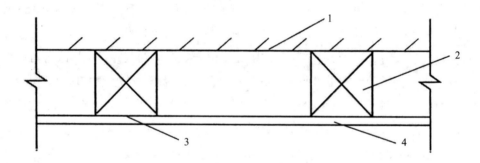

1—刚性壁面；2—龙骨；3—阻尼材料；4—薄板

图 14-9　薄板共振吸声结构示意图

2．吸声机理

薄板共振吸声结构实际近似于一个弹簧和质量块振动系统。薄板相当于质量块，板后的空气层相当于弹簧，当声波入射到薄板上，使其受激振动后，由于板后空气层的弹性、板本身具有的劲度与质量，薄板就产生振动，发生弯曲变形，因为板的内阻及板与龙骨间的摩擦，便将振动的能量转化为热能，从而消耗声能。当入射声波的频率与板系统的固有频率相同时，便发生共振，板的弯曲变形量大，振动最剧烈，声能也就消耗最多。

3．吸声特性及其改善

弹簧振子的固有频率由下式计算：

$$f_0 = \frac{1}{2\pi}\sqrt{\frac{K}{M}} \tag{14-27}$$

式中：f_0——固有频率；

　　　K——弹簧刚度；

　　　M——振动物体的质量。

薄板振动系统的劲度取决于板、空气层以及安装的状况。由声学原理可以导出薄板吸声结构的共振频率的近似计算式：

$$f_0 = \frac{c\rho_0}{\sqrt{mh}} \tag{14-28}$$

式中：c——声速；

　　　ρ_0——空气密度；

　　　m——板的面密度；

　　　h——板后空气层厚度。

单位面积板材所具有的质量称作面密度：

$$m = tn \tag{14-29}$$

式中：t——板厚，m；

　　　n——板密度，kg/m^3。

由上式可知，薄板共振结构的共振频率主要取决于板的面密度与背后空气层的厚度，增大 m 或 h，均可使 f_0 下降。薄板厚度通常取 3～6 mm，空气层厚度一般取 3～10 cm，共振频率多在 80～300 Hz，故通常用于低频吸声。

若在薄板与龙骨的交接处放置增加结构阻尼的软材料，如海棉条、毛毡等，或在空腔中适当悬挂矿棉、玻璃棉等吸声材料，可使薄板共振结构的吸声性能得到明显改善。

（二）穿孔板共振吸声结构

在薄板上穿一小孔，在其后与刚性壁之间留一定深度的空腔所组成的吸声结构称为穿孔板共振吸声结构。按照薄板上穿孔的数目分为单孔和多孔共振吸声结构。

1. 单孔共振吸声结构

（1）结构

单孔共振吸声结构又称作"亥姆霍兹"共振吸声器或单腔共振吸声器。它是一个封闭的空腔，在腔壁上开一个小孔与外部空气相通的结构［图 14-10（a）］，可用陶土、煤渣等烧制或水泥、石膏浇注而成。

（2）吸声机理

单孔共振吸声结构也可比拟为一个弹簧与质量块组成的简单振动系统［图 14-10（b）］，开孔孔颈中的空气柱很短，可视为不可压缩的流体，比拟为振动系统的质量 M，声学上称为声质量；把有空气的空腔比作弹簧 K，能抗拒外来声波的压力，称为声顺；当声波入射时，孔颈中的气柱体在声波的作用下便像活塞一样做往复运动，与颈壁发生摩擦使声能转变为热能而损耗，这相当于机械振动的摩擦阻尼，声学上称为声阻。声波传到共振器时，在声波的作用下激发颈中的空气柱往复运动，在共振器的固有频率与外界声波频率一致时发生共振，这时颈中空气柱的振幅最大并且振速达到最大值，因而阻尼最大，消耗声能也就最多，从而得到有效的声吸收。

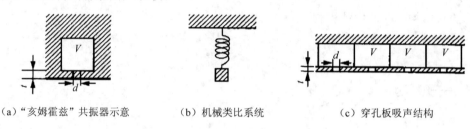

（a）"亥姆霍兹"共振器示意　　（b）机械类比系统　　（c）穿孔板吸声结构

图 14-10　空腔共振吸声结构

（3）吸声特性

"亥姆霍兹"共振器的使用条件必须是空腔小孔的尺寸比空腔尺寸小得多，并且外来声波波长大于空腔尺寸。这种吸声结构的特点是吸收低频噪声并且吸收频带较窄（即频率选择强），因此多用在有明显音调的低频噪声场合。若在颈口下放置一些诸如玻璃棉之类的多孔材料，或加贴一薄层尼龙布等透声织物，可以增加颈口部分的摩擦阻力，增宽吸声频带。

2．多孔穿孔板共振吸声结构

1）构造、吸声机理及吸声特性。多孔穿孔板共振吸声结构通常简称为穿孔板共振吸声结构，它是在板材上，以一定的孔径和穿孔率打上孔，背后留有一定厚度的空气层 [图 14-10（c）]。这种吸声结构实际上可以看作是由单腔共振吸声结构并联而成。穿孔板的材料有木板、硬质纤维板、胶合板、金属板等。

穿孔板共振吸声结构中各小孔均匀分布，大小相同，因此其共振频率与单孔共振体相同。这种结构的共振频率为

$$f_0 = \frac{c}{2\pi}\sqrt{\frac{S}{Fhl}} = \frac{c}{2\pi}\sqrt{\frac{P}{hl}} \tag{14-30}$$

式中：c —— 声波速度，m/s；

　　　S —— 每一小孔的面积，m^2；

　　　F —— 每一共振单元所分占薄板的面积，m^2；

　　　h —— 空腔深度，m；

　　　l —— 小孔有效颈长，m；

　　　P —— 穿孔率，$P = S/F$。

由上式可以发现，穿孔板的穿孔率越大，吸声频率越高；空腔越深或板越厚，吸声频率越低。因此可通过改变上述参数来改变穿孔板的吸声特性，以满足噪声控制的需要。通常穿孔板共振吸声结构主要用于吸收 100～500 Hz 的中低频率噪声，吸声系数可达 0.6 以上。

2）为增大吸声系数与提高吸声带宽，可采取以下办法：①穿孔板孔径取偏小值，以提高孔内阻尼；②在穿孔板后蒙一薄层玻璃丝布等透声纺织品，以增加孔颈摩擦；③在穿孔板后面的空腔中填放一层多孔吸声材料，材料距板的距离视空腔深度而定，腔很浅时，可贴紧穿孔板；④组合几种不同尺寸的共振吸声结构，分别吸收一小段频带，使总的吸声频带变宽；⑤采用不同穿孔率，不同腔深的多层穿孔板结构。

（三）微穿孔吸声结构

为克服穿孔板共振吸声结构吸声频带较窄的缺点，我国著名声学家马大猷教授于 20 世纪 60 年代研制成了金属微穿孔吸声结构。

1. 吸声结构

在厚度 1 mm 的金属薄板上，钻出许多孔径小于 1 mm 的小孔（穿孔率为 1%～4%），将这种孔小而密的薄板固定在刚性壁面上，并在板后留以适当深度的深腔，便组成了微穿孔板吸声结构。薄板常用铝板或钢板制作，因其板特别薄与孔特别小，为与一般穿孔板共振吸声结构相区别，故称作微穿孔板吸声结构。它有单层、双层与多层之分。

2. 吸声机理与吸声特性

微穿孔板吸声结构实质上仍属于共振吸声结构。因此吸声机理也相同，利用空气柱在小孔中的来回摩擦消耗声能，用腔深来控制吸声峰值的共振频率，腔越深，共振频率越低，但因为其板薄孔细，与普通穿孔板比较，声阻显著增加，声质量显著减小，因此明显地提高了吸声系数，增宽了吸声频带宽度。

与穿孔板比较，微穿孔板的吸声系数得到明显的提高，是一种良好的宽频吸声结构，特别适用于高温、高湿和高速气流等条件下，吸声性能不受高速气流影响。微穿孔板吸声结构的吸声系数有的可达 0.9 以上，吸声频带可达 4～5 个倍频程以上。在实际应用中，可以根据有关图表进行设计微穿孔板，不必进行复杂的计算，它的缺点是加工费用高、孔小易于堵塞，适宜在清洁环境中使用。

采用双层与多层微孔板或减小微穿孔板孔径，或提高穿孔率可增大吸声系数，展宽吸声带宽，孔径多选 0.5～1.0 mm，穿孔率多以 1%～3%为好；双层微穿孔板的间距：吸收低频声波，距离要大些，一般控制在 20～30 mm 范围内；吸收中、高频声波，距离减小到 10 mm 甚至更小。

第四节　隔声材料与隔声技术

用构件将噪声源和接收者分开或隔离，阻断空气声的传播，从而降低噪声的方法称为隔声技术。隔声结构主要有单层结构、双层结构以及轻质复合结构等。采用隔声的方法是控制工业噪声简便而有效的措施之一。隔声方法一般有以下几种形式：在噪声源与接收者之间设置屏障物，阻断噪声的传播；把产生噪声的机械设备，如鼓风机、空压机、球磨机、粉碎机等全部密闭在隔声间或隔声罩内，使声源与操作者之间隔开；在较大的车间内，可把操作者置于隔声性能良好的控制室或隔声间内，与发声的机器隔绝。

一、隔声原理与隔声性能评价

（一）隔声原理

声音以声波的形式在空气中传播，当声波在传播途径中，遇到均质屏障物（如木板、金属板、墙体等）时，由于介质特性阻抗的变化，部分声能被屏障物反射回去，部分被屏障物吸收，部分声能可以透过屏障物辐射到另一空间去，如图 14-11 所示。透射声能仅是入射声能的一部分，总是或多或少地小于传进来的能量，这种由屏障物引起的声能降低现象称为隔声。具有隔声能力的屏障称为隔声结构或隔声构件。隔声构件隔声量的大小与隔声构件的材料、结构和声波的频率有关。

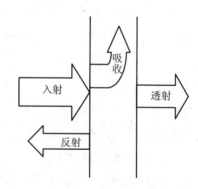

图 14-11　隔声原理示意图

（二）隔声性能的评价指标

隔声构件的隔声性能通常采用以下参数来进行评价。

1. 透射系数

将透射声强 I_t 与入射声强 I_i 之比定义为透射系数，即 τ，一般隔声结构的透射系数通常是指无规入射时各入射角透射系数的平均值。透射系数越小，表示透声性能越差，隔声性能越好。

2．隔声量

隔声量的定义为隔声构件的入射声功率级与另一面的透射声功率级之差。隔声量等于透射系数的倒数取以 10 为底的对数，它的单位为 dB，它又叫传递损失。

3．平均隔声量

隔声量是频率的函数，同一隔声结构，不同的频率具有不同的隔声量。在工程应用中，通常将中心频率为 125～4 000 Hz 的 6 个倍频程或 100～3 150 Hz 的 16 个 1/3 倍频程的隔声量作算术平均，叫平均隔声量。

4．插入损失

离声源一定距离某处测得的隔声结构设置前的声功率级 L_{w1} 和设置后的声功率级 L_{w2} 之差值，记作 IL，即 IL＝L_{w1}－L_{w2}。插入损失通常在现场用来评价隔声罩、隔声屏障等隔声结构的隔声效果。

二、隔声墙

（一）单层匀质墙隔声的频率特性

单层匀质墙的隔声量与入射声波的频率关系密切，其变化规律如图 14-12 所示，可分为四个区，刚度控制区、阻尼控制区（又称为共振区）、质量控制区、吻合效应区。频率从低端开始，板的隔声受刚度控制，隔声量随频率增加而降低；随着频率的增加，质量效应增大，在某些频率下，刚度和质量效应共同作用而产生共振现象，图中 f_0 为共振基频，这时板振动幅度很大，隔声量出现极小值，隔声量大小主要取决于构件的阻尼，故称为阻尼控制；当频率继续增高，则质量起主要控制作用，这时隔声量随频率增加而增加；而在吻合临界频率 f_c 处，隔声量会出现较大幅度的降低，形成一个隔声量低谷，通常称为吻合谷。

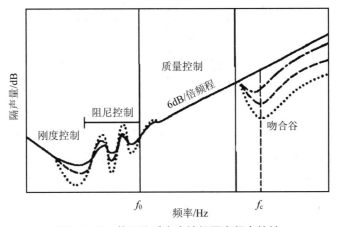

图 14-12　单层均质密实墙的隔声频率特性

一定频率的声波以入射角 θ 投射到墙板上，激起构件弯曲振动，若入射声波的波长 λ 在墙板上的投影正好与墙板的固有弯曲波波长 λ_b 相等时，墙板弯曲波振动的振幅便达到最大，声波向墙板的另面辐射较强，墙板隔声量明显下降，此现象称为"吻合效应"。由图 14-13 可知，发生吻合效应的条件为

$$\lambda_b = \lambda / \sin\theta \tag{14-31}$$

由于 $\sin\theta \leqslant 1$，所以只有 $\lambda_b \geqslant \lambda$ 的情况下才能发生吻合效应。因一定构件的 λ_b 也是一定的，因此，发生吻合效应的频率就不只有一个，而是符合 $f \geqslant c/\lambda_b$ 的多个频率。产生吻合效应的最低频率称为临界吻合频率 f_c，即 $\lambda_b = \lambda$ 时的频率，计算式为

$$f_c = \frac{c^2}{2\pi}\sqrt{\frac{m}{B}} \ \text{或} \ f_c = 0.551\frac{c^2}{l}\sqrt{\frac{\rho}{E}} \tag{14-32}$$

式中：m —— 墙板面密度，kg/m^2；

B —— 墙板的弯曲劲度，$N \cdot m$；

l —— 墙板厚度，m；

ρ —— 墙板密度，kg/m^3；

E —— 墙板的弹性模量，N/m^2。

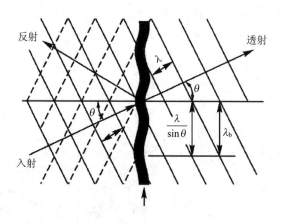

图 14-13　吻合的成立条件

由式（14-32）可知，临界吻合效率受墙板厚度、密度、弹性等因素影响。表 14-7 列出了几种常见材料计算临界吻合效率的参数，用于设计计算。

表 14-7　几种常见材料的密度和弹性模量

材料名称	$E/（N/m^2）$	$\rho/（kg/m^3）$	$\dfrac{\rho}{E}/[kg/（N\cdot m）]$
铝	7.15×10^{10}	2.7×10^3	0.38×10^{-7}
铸铁	8.8×10^{10}	7.8×10^3	0.89×10^{-7}
钢	19.6×10^{10}	7.8×10^3	0.40×10^{-7}
铅	1.67×10^{10}	11.3×10^3	6.77×10^{-7}
砖	2.45×10^{10}	1.8×10^3	0.73×10^{-7}
混凝土	2.45×10^{10}	2.6×10^3	1.06×10^{-7}
玻璃	8.5×10^{10}	2.4×10^3	0.28×10^{-7}
胶合板	0.36×10^{10}	0.5×10^3	1.39×10^{-7}

（二）隔声的质量定律

隔声构件的隔声量取决于入射声的频率和隔声构件的面密度，对固定频率的声音，隔声量随着面密度的增加而增加，面密度增加 1 倍，隔声量增加 6 dB；对于固定面密度板材，隔声量也随着入射声波频率的增加而增加，频率增加 1 倍，隔声量增加 6 dB。用公式来表示：

$$TL=10\lg\left[1+\left(\frac{2\pi fm}{2\rho c}\right)^2\right] \tag{14-33}$$

对于一般固体材料，如砖墙、木板、钢板、玻璃等，隔声量可以表示成：

$$TL=20\lg m+20\lg f-42.5 \tag{14-34}$$

实际上，无规入射声波对墙的入射角主要分布在 $0°\sim80°$ 范围内，对此范围内的入射声频率求平均，称为"场入射"隔声量，经计算近似为

$$TL=13.5\ m+14\quad（m\leqslant200\ kg/m^2） \tag{14-35}$$

$$TL=16\ \lg m+8\quad（m>200\ kg/m^2） \tag{14-36}$$

工程中常见单层匀质墙隔声量实测值和用式（14-35）、式（14-36）计算值如表 14-8 所示。

表 14-8　一些常见单层匀质墙隔声量

结构名称	面密度/$（kg/m^2）$	倍频程中心频率/Hz						平均隔声量/dB	
		125	250	500	1 000	2 000	4 000	测定	计算
1/4 砖墙，双面粉刷	118	41	41	45	40	46	47	43	42
1/2 砖墙，双面粉刷	225	33	37	38	46	52	53	45	46
1/2 砖墙，双面木筋板条加粉刷	280	—	52	47	57	54	—	50	47
1 砖墙，单面粉刷	457	44	44	45	53	57	56	49	51
1 砖墙，双面粉刷	530	42	45	49	57	64	62	53	52
100 mm 厚木筋板	70	17	22	35	44	49	48	35	39
150 mm 厚加气混凝土砌块墙双面粉刷	175	28	36	39	46	54	55	43	43

（三）双层墙和多层墙的隔声结构

单层墙的隔声能力的提高，主要是增加墙的质量和厚度。实践与理论证明，单纯依靠增加结构的重量来提高隔声效果既浪费材料，隔声效果也不理想。若在两层墙间夹以一定厚度的空气层，其隔声效果会优于单层实心结构，从而突破质量定律的限制。我们把两层匀质墙与中间所夹一定厚度的空气层所组成的结构，称作双层墙。在一般情况下，双层墙比单层均质墙隔声量大 5～10 dB；如果隔声量相同，双层墙的总重比单层墙减少 2/3～3/4。这是由于空气层的作用提高了隔声效果。

1. 双层墙的隔声原理与隔声特性

当声波透过双层墙的第一层墙时，由于墙外及夹层中空气与墙板特性阻抗的差异，造成声波的两次反射，形成衰减，并且由于空气层的弹性和附加吸收的作用，振动的能量衰减较大，然后再传给第二层墙，又发生声波的两次反射，使透射声能再次减少，因而总的透射损失更多。

对于不同频率的入射声波，双层墙的隔声特性有所不同。

1）当入射声波频率 f 低于共振频率时，双层墙将做整体振动，空气层不起作用，隔声能力与同样质量的单层墙没有区别。

$$TL = 10\lg\left[1 + \left(\frac{\omega m}{\rho_0 c}\right)^2\right] \qquad （14\text{-}37）$$

2）当 f 等于共振频率 f_0 时，因产生共振，隔声量显著下降。考虑双层墙不同的空气层厚度和面密度，法向入射时的共振频率 f_0，用公式表示为

$$f_0 = \frac{c}{2\pi}\sqrt{\frac{\rho_0}{D}\left(\frac{1}{m_1} + \frac{1}{m_2}\right)} \qquad （14\text{-}38）$$

式中：m_1，m_2 —— 双层墙的面密度，kg/m^2；

　　D —— 空气的厚度，m；

　　ρ_0 —— 空气在常温下的密度，$\rho_0 = 1.18\ kg/m^3$。

3）当 f 大于共振频率时，双层墙的隔声量较之单层墙大为增加，相当于两个单层墙的隔声量之和再加上空气层的附加值，在工程应用中，常用以下经验公式来估算双层结构的隔声量：

$$TL = 16\lg(m_1 + m_2) + 16\lg f - 30 + \Delta TL \qquad （14\text{-}39）$$

平均隔声量估算的经验公式为

$$TL=16\lg（m_1+m_2）+8+\Delta TL（m_1+m_2＞200\ kg/m^2）\qquad（14\text{-}40）$$

$$TL=13.5\lg（m_1+m_2）+14+\Delta TL（m_1+m_2\leqslant200\ kg/m^2）\qquad（14\text{-}41）$$

上两式中 ΔTL 为空气层的附加隔声量。

为了减轻双层墙吻合效应对隔声性能的影响，一般两层墙不选相同厚度或相同面密度，这样可以使两层墙具有不同的吻合频率，互相错开，吻合效应的影响明显降低。

2．声桥对双层墙的隔声性能影响

如果两层墙之间存在某种连接，部分声能可经连接自一墙板传至另一墙板，使双层墙的隔声性能明显降低。连接物在这里起的作用是在墙板之间传递振动，这种连接物就叫声桥。典型的声桥可以分成两类：刚性声桥，如双层墙之间的砖头和双层板之间的木龙骨；弹性声桥，如具有相当大弹性的钢龙骨。

在实际问题中，人们更关心如何减轻声桥的不利影响，实践表明采取以下措施可以有效减轻声桥的影响：①设计和施工时尽可能减小声桥数量，在保证双墙的机械性能要求前提下尽可能少用龙骨等构件；②尽可能采用弹性构件；③在声桥与墙面之间最好插入适当的弹性材料或阻尼材料。

3．多层复合墙的隔声结构

在多层复合隔声结构中，每层复合板的结构形式多种多样，通常是由三层以上不同的材料交替排列构成的。只要材料选择合理、组合得当，做到不同材质软硬交替叠合，获得同样的隔声量，多层复合板墙就会比单层均质板墙轻得多，而且在 125～4 000 Hz 主要声频范围内，其隔声量还可大于由质量定律计算所得的隔声量。因此，多层复合墙板是减轻隔声构件重量和改善构件隔声性能的有效措施，它在隔声门、隔声罩和轻质隔声墙的设计中获得广泛应用。

多层复合结构的隔声原理是利用声波在不同界面上阻抗的变化而使声波反射，减少声能透射，从而提高了隔声能力。多种材质不同的板重叠在一起时，各层界面介质不同，声阻抗也不相同，所以就有多层声阻抗变化的界面，声波在透过复合板的时候就要发生多次反射。因此，透过这种复合板的声能就被大大地减弱了。同时由于隔层中的软硬材料交替，还可减弱板的共振以及在吻合频率区的声能辐射。

三、隔声间

（一）隔声间概述

在噪声源数量多而且复杂的强噪声环境下，如空压机站、水泵站、汽轮机车间等，若对每台机械设备都采取噪声控制措施，不仅工作量大、技术要求高，而且投资多。因此对于这种工人不必长时间站在机器旁的操作岗位，建造隔声间是一种简单易行的噪声控制措施。隔声间也称隔声室，一般是用建筑材料砌筑成不同隔声构件组成的具有良好隔声性能的房间。它是用隔声围护结构建造一个较安静的小环境、人在里面，防止外面的噪声传进来，由于人在其内活动，隔声间要有通风（通风量一般每人为 20 m³/h）、采光、通行等方面的要求，如图 14-14 所示。工业上对隔声间一般要求有 20～50 dB 的降噪量，根据国家《工业企业设计卫生标准》（GBZ 1—2010），室内噪声控制在 60～70 dB 较为合适。隔声间在噪声控制中应用极为广泛。在不同具体条件下，要配合消声、吸声、隔振和阻尼等综合技术应用，才能使噪声控制得到最佳效果。

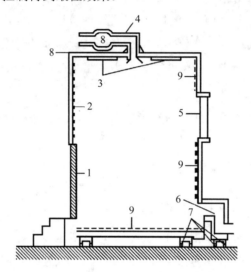

1—入口隔声门；2—隔声墙；3—照明器；4—排气管道；5—双层窗；6—吸气管道；

7—隔振底座；8—接头的缝隙处理；9—内部吸声处理

图 14-14　隔声间

（二）组合墙平均隔声量计算

具有门、窗等不同隔声构件的墙板称为组合墙。组合墙的透声系数为各组成部件的透声系数的平均值，称作平均透声系数，按下式进行计算：

$$\bar{\tau} = \frac{\tau_1 S_1 + \tau_2 S_2 + \tau_3 S_3 + \cdots + \tau_n S_n}{S_1 + S_2 + S_3 + \cdots + S_n} = \frac{\sum_{i=1}^{n} \tau_i S_i}{\sum_{i=1}^{n} S_i} \tag{14-42}$$

式中：τ_i —— 墙体第 i 种构件的透声系数；

S_i —— 墙体第 i 种构件的面积，m^2。

由上式可得组合墙的平均隔声量：

$$\overline{R} = 10\lg\frac{1}{\tau} \qquad (14\text{-}43)$$

【例 14-3】某隔声间有一面 25 m^2 的墙与噪声源相隔，该墙透声系数为 10^{-5}；墙上开一面积为 3 m^2 的门和一面积为 4 m^2 的窗，其透声系数均为 10^{-3}，求此组合墙的平均隔声量。

解： 根据式（14-41）和式（14-42）得

$$\overline{\tau} = \frac{\tau_1 S_1 + \tau_2 S_2 + \tau_3 S_3}{S_1 + S_2 + S_3} = \frac{(25-3-4)\times10^{-5} + 3\times10^{-3} + 4\times10^{-3}}{(25-3-4)+3+4} = 2.872\times10^{-4}$$

$$\overline{R} = 10\lg\frac{1}{\tau} = 10\lg\frac{1}{2.872\times10^{-4}} = 35.4\,\text{dB}$$

计算结果表明，开门窗后墙的隔声量显著下降。分析可知单纯提高墙的隔声量对提高组合墙的隔声量作用不大，也不经济，因此常采用双层或多层结构来提高门窗的隔声量。一般使墙体的隔声量比门、窗高出 10～15 dB 已足够，比较合理的设计是用"等透射量"的方法。

设墙的透声系数与面积分别为 τ_1、S_1，门（窗）的透声系数与面积分别为 τ_2、S_2。则 $\tau_1 S_1 = \tau_2 S_2$，可得

$$R_1 = R_2 + 10\lg\frac{S_1}{S_2} \qquad (14\text{-}44)$$

式中：R_1、R_2——分别为墙本身与门（窗）的隔声量，dB。

（三）隔声门的隔声性能

要尽力提高门扇自身的隔声能力与解决密封问题。前者主要是采用多层结构以及门扇中填充多孔性吸声材料来实现的。门扇和门框接触的严密程度与门的形式有关，如是双重门还是单扇门。密封方法应该根据隔声要求和门的使用条件确定。对于隔声要求非常高的场合，常采用前后双扇门的声闸结构。

（四）隔声窗的设计

隔声窗隔声效果的影响因素主要有玻璃的厚度、层数、层间空气层厚度以及窗扇与窗框的密封程度等。玻璃越厚越好，一般选用 3 mm 和 6 mm 两种，也可以选用 10 mm 厚的玻璃。设计隔声窗应该注意以下几方面：①多层窗应选用硬度不同的玻璃以消除调频吻合效应。②多层窗的玻璃板之间要有较大的空气层。一般取 7～15 cm，并应在窗框周边内表面作吸声处理。③多层窗玻璃之间要有一定的斜度，朝声源一面的玻璃做成斜 85°，以消除驻波。④玻璃窗的密封要严，在边缘用橡胶条或毛毡条压紧，这不仅可以起密封作用，还能起有效的阻尼作用，以减少玻璃板受声激振透声。⑤两层玻璃间不能有刚性连接，以

防止"声桥"。

四、隔声罩

（一）隔声罩的基本结构

将噪声源封闭在一个相对小的空间内，以减少向周围辐射噪声的罩状壳体，称为隔声罩。隔声罩技术措施简单、投资少、隔声效果好，是在声源处控制噪声的有效措施，主要用于控制机器噪声，如空压机、鼓风机、内燃机发电机组等。

隔声罩通常是兼有隔声、吸声、阻尼、隔振和通风、消声等功能的综合结构体。隔声罩的形式有全密封型与局部密闭型，可根据噪声源设备的操作、安装、维修、冷却、通风等要求采用适当的隔声罩形式，并可设置观察窗、活动门及散热消声通道等。隔声罩的降噪量一般在 10～40 dB。

（二）隔声罩的插入损失

衡量隔声罩的降噪效果，通常用插入损失 L_{IL} 来表示，定义为隔声罩设置前后，同一接收点的声压级之差，可用下式计算：

$$L_{IL} = 10\lg\frac{\overline{\alpha}}{\overline{\tau}} = R + 10\lg\overline{\alpha} \qquad (14\text{-}45)$$

式中：$\overline{\alpha}$ —— 隔声罩内表面的平均吸声系数；

$\quad\quad\ \overline{\tau}$ —— 隔声罩的平均透声系数；

$\quad\quad\ R$ —— 隔声罩的平均隔声量，dB。

由上式可知，隔声罩壳体的平均隔声量越大，插入损失越大；内表面吸声系数越高，插入损失越高。因此隔声罩壳壁材料应有足够的隔声量，罩内必须进行吸声处理。

五、隔声屏

声波在传播过程中，遇到隔声屏障时，就会发生反射、透射和绕射三种现象。通常我们认为屏障能够阻止直达声的传播，并使绕射声有足够的衰减，而透射声的影响可以忽略不计。因此，隔声屏障的隔声效果一般可采用减噪量表示。在声源和接收点之间插入一个隔声屏障，设屏障无限长，声波只能从屏障上方绕射过去，而在其后形成一个声影区，就像光线被物体遮挡形成一个阴影，如图 14-15 所示，在这个"声影区"内，人们可以感到噪声明显地减弱了，这就是隔声屏障的减噪效果。这个"声影区"的大小与声音的频率有关，频率越高，声影区的范围也就越大。

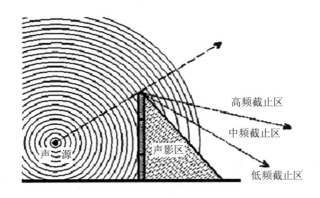

图 14-15 隔声屏隔声示意图

当在空旷的自由声场中设置一道有一定高度的无限长屏障，透过声屏障本身的声音假设忽略不计，那么，相对于同一噪声源的条件，同一接受位置，设置隔声屏障和不设置隔声屏障时，两次测量到的声压级的差值，即屏障的降噪量，可用下式计算：

$$\Delta L = 20\lg\left(\frac{\sqrt{2\pi N}}{\tanh\sqrt{2\pi N}}\right) + 5 \tag{14-46}$$

$$N = 2/\lambda\,(A+B-D)$$

式中：ΔL —— 噪声衰减量，dB；

　　N —— 越过屏障顶端衍射的菲涅耳数，它是描述声波传播中绕射性能的一个量；

　　λ —— 声波波长，m；

　　A —— 噪声源到隔声屏障顶端的距离，m；

　　B —— 接受点到隔声屏障顶端的距离，m；

　　D —— 声源到接受点之间的直线距离，m；

　　$\tanh$ —— 双曲正切函数。

式中，当 $N \geqslant 1$ 时，双曲正切函数的值很快便趋于 1，这时可化简为

$$\text{IL} = 10\lg N + 13 \tag{14-47}$$

【例 14-4】 某车间内有一点声源、隔声屏与接收者。声源系各向同性，与接收者分别位于隔声屏中心前后各 1 m；设声源与接收者均距地面 1 m；已知屏障的高度和长度分别为 3 m 和 4 m，房间常数为 100，声波频率为 2 kHz，试求插入损失。若隔声屏距接收者仅 0.5 m，声源距屏仍为 1 m，其他条件不变，再求插入损失。

解： 当声源与接收者均距地面 1 m 时，

$$a = \sqrt{1^2 + 2^2} = 2.24\,\text{m}$$

$$\delta = 2.24 + 2.24 - (1+1) = 2.48$$

$$N_i = 2f\delta/c = 2 \times 2\,000 \times 2.48/344 = 28.8$$

$$D = \sum_{i=1}^{3} \frac{1}{3+10N_i} = 0.0103$$

$$IL = 10\lg\left[\frac{\dfrac{1}{4\pi \times 2^2} + \dfrac{4}{100}}{\dfrac{0.0103}{4\pi \times 2^2} + \dfrac{4}{100}}\right] = 2.5 \text{ dB}$$

当隔声屏距接收者仅 0.5 m，声源距屏仍为 1 m 时，

$$a = \sqrt{1^2 + 2^2} = 2.24 \text{ m}$$

$$b = \sqrt{0.5^2 + 2^2} = 2.06 \text{ m}$$

$$\delta = 2.06 + 2.24 - (1 + 0.5) = 2.80$$

$$N_i = 2f\delta/c = 2 \times 2\,000 \times 2.80/344 = 32.6$$

$$D = \sum_{i=1}^{3} \frac{1}{3+10N_i} = 0.0091$$

$$IL = 10\lg\left[\frac{\dfrac{1}{4\pi \times 1.5^2} + \dfrac{4}{100}}{\dfrac{0.0103}{4\pi \times 1.5^2} + \dfrac{4}{100}}\right] = 3.8 \text{ dB}$$

第五节　消声器与消声技术

消声器是一种既能阻止或减弱噪声向外传播，又允许气流通过的装置，使用时安装在空气动力设备的气流通道上，它是控制空气动力性噪声沿管道传播的最有效措施。在空气动力性机械进、出口安装消声器，一般可使进出口的噪声降低 20～30 dB（A），相应的响度能降低 75%～85%，主观感觉效果明显。

一、消声器的性能要求与评价

（一）消声器的基本要求

好的消声器应满足以下基本要求：

1）声学性能：在使用现场的正常工况下（一定的流速、湿度、温度、压力等），在所要求的频率范围内，有足够大的消声量。

2）空气动力性能：对气流的阻力要小，阻力损失和功率损失要控制在实际允许的范围内，不影响气动设备的正常工作，气流通过消声器时所产生的气流再生噪声要低。

3）机械结构性能：消声器的材料应坚固耐用，尤其应注意材质和结构的选择。另外，

消声器要体积小，重量轻，结构简单，并便于加工、安装、维修。

4）外形和装饰：除消声器几何尺寸和外形应适应实际安装空间外，消声器的外形美观大方，表面装饰应与设备总体相协调。

5）经济要求：价格便宜，经久耐用。

（二）消声器声学性能评价量

消声量是评价消声器声学性能好坏的重要指标，常用以下 4 个量来表征：

1．插入损失（L_{IL}）

插入损失是指在声源与测点之间插入消声器前后，在某一固定点所测得的声压级差，即

$$L_{IL} = L_{p1} - L_{p2} \qquad (14\text{-}48)$$

式中：L_{p1} —— 安装消声器前测点的声压级；

　　　L_{p2} —— 安装消声器后测点的声压级。

用插入损失作为评价量的优点是比较直观实用，测量也简单，这是现场测量消声器消声性能最常用的方法。但插入损失不仅取决于消声器本身的性能，而且与声源、末端负载以及系统总体装置的情况紧密相关，因此适于在现场测量中用来评价安装消声器前后的综合效果。

2．传递损失（TL）

传递损失指消声器进口端入射声的声功率级与消声器出口端透射声的声功率级之差。

$$TL = 10\lg\left(\frac{W_1}{W_2}\right) = L_{W1} - L_{W2} \qquad (14\text{-}49)$$

由于声功率级不能直接测得，一般是通过测量声压级来计算声功率级和传递损失，传递损失反映的是消声器自身的特性，和声源、末端负载等因素无关，因此适宜于理论分析计算和在实验室中检验消声器自身的消声特性。

3．减噪量（L_{NR}）

减噪量是指消声器进口端和出口端的平均声压级差。

$$L_{NR} = \overline{L}_{p1} - \overline{L}_{p2} \qquad (14\text{-}50)$$

这种测量方法，易受环境声反射、背景噪声、气象条件的影响。

4．衰减量（L_A）

消声器内部两点间的声压级的差值称为衰减量，主要用来描述消声器内声传播的特性，通常以消声器单位长度的衰减量（dB/m）来表示。

二、消声器的消声原理与结构性能

消声器种类很多，根据消声原理，可以分为阻性消声器、抗性消声器、阻抗复合式消

声器三类。阻性消声器由于具有消声量大、消声频率范围宽且体积小等特点，目前在国内外都有较为广泛的应用。而结构复杂、体积庞大的抗性消声器使用逐渐减少。

（一）阻性消声器

1. 阻性消声器的消声原理

阻性消声器主要是利用多孔吸声材料来吸收声能的。吸声材料固定在气流通道内，当声波通过贴有多孔吸声材料的管道时，声波将激发多孔材料中无数小孔内空气分子的振动，因克服摩擦阻力与黏滞阻力将声能转变为热能，达到消声的目的。

一般来说，阻性消声器对中高频噪声的消声效果良好，而对低频噪声的消声效果较差。然而，只要适当合理地增加吸声材料的厚度和密度，以及选用较低的穿孔率，低、中频消声性能也能大大改善，从而获得较宽频带的阻性消声器。

2. 阻性消声器的性能

阻性消声器的传递损失与吸声材料的声学性能、气流通道周长、断面面积以及管道长度等因素有关。别洛夫由一维理论推导出长度为 l 的消声器的声衰减量 L_A 为

$$L_A = \varphi(\alpha_0)\frac{L}{S} \cdot l \tag{14-51}$$

式中：L —— 消声器通道断面周长，m；

$\quad\quad$ S —— 消声器的通道有效横截面积，m^2；

$\quad\quad$ l —— 消声器的有效长度，m。

另外，赛宾计算消声器的声衰减量的经验计算式为

$$L_A = 1.03(\bar{\alpha})^{1.4}\frac{L}{S} \cdot l \tag{14-52}$$

式中：$\bar{\alpha}$ —— 吸声无规入射平均吸声系数。

阻性消声器的实际消声量除了与消声器的周长、截面积、消声系数、有效长度有关外，还与噪声的频率有关。噪声频率越高，传播的方向越强。对于一定截面积的气流通道，当入射声波的频率高至一定的限度时，由于方向性很强而形成"光束状"传播，很少接触粘贴的吸声材料，消声量明显下降。产生这一现象所对应的频率称为上限失效频率 $f_上$。可用如下经验公式计算：

$$f_上 = 1.85\frac{c}{D} \tag{14-53}$$

式中：c —— 声速，m/s；

$\quad\quad$ D —— 消声器通道的当量直径，m，对矩形管道取边长平均值，圆形管道取直径，其他可取面积的开方值。

当频率高于失效频率时，每增高一个倍频带其消声量约下降 1/3，具体可用下式估算：

$$\Delta L' = \frac{3-n}{3}\Delta L \qquad (14\text{-}54)$$

式中：$\Delta L'$ —— 高于失效频率的某倍频带的消声量，dB；

　　　ΔL —— 失效频率处的消声量；

　　　n —— 高于失效频率的倍频程频带数。

由于高频失效，所以在设计消声器时，对于小风量的细管道，可以选用直管式，但对于较大风量的粗管道应采取在消声器通道中加装消声片，或把消声器设计成片式、折板式、蜂窝式或弯头式等。这样才能保证消声器在中、高频范围内有良好的消声效果。

（二）抗性消声器

抗性消声器是借助于管道截面的扩张或收缩，或旁接共振腔，利用声波的反射、干涉或共振现象达到消声目的的一种消声装置。抗性消声器相当于一个声学滤波器，通过不同管路元件的组合，使某些特定频率或频段的噪声反射回声源或得到较大的吸收，来达到消声的目的。所以，抗性消声器的消声原理不同于阻性消声器，它不是直接吸收声能，而是利用控制声抗的大小进行消声，称为抗性消声器。

抗性消声器宜用于消除低、中频噪声，可在高温、高速、脉动气流下工作，适用于汽车、拖拉机的排气管道、空压机进排气口等的消声。按照消声的机理，抗性消声器可分为扩张室消声器和共振式消声器。

1. 扩张室消声器

扩张室消声器也称为膨胀式消声器，它是由管和室组成的，其最基本的形式是单节扩张室消声器，如图 14-16 所示。

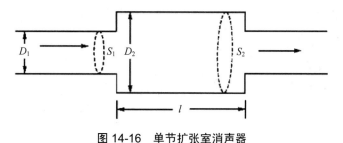

图 14-16　单节扩张室消声器

（1）消声原理

声波沿截面突变的管道中传播时，截面突变引起声阻抗变化，而使声波发生反射，设 S_2 管中入射声波声压为 p_i，反射声波声压为 p_r，S_1 管中透射波声压为 p_t，在 $x=0$ 处，根据声压和体积速度的连续条件有：

$$p_i + p_r = p_t \qquad (14\text{-}55)$$

$$S_2 \left(\frac{p_\mathrm{i}}{\rho_0 c} - \frac{p_\mathrm{r}}{\rho_0 c} \right) = S_1 \frac{p_\mathrm{t}}{\rho_0 c} \qquad (14\text{-}56)$$

由上两式得声压的反射系数

$$r_p = \frac{p_\mathrm{r}}{p_\mathrm{i}} = \frac{S_2 - S_1}{S_2 + S_1} \qquad (14\text{-}57)$$

并由此得声强的反射系数 r_I 和透射系数 τ_I：

$$r_I = \frac{I_\mathrm{r}}{I_\mathrm{i}} = \frac{p_\mathrm{er}^2 / \rho_0 c}{p_\mathrm{ei}^2 / \rho_0 c} = \frac{p_\mathrm{er}^2}{p_\mathrm{ei}^2} = \left(\frac{p_\mathrm{r}}{p_\mathrm{i}} \right)^2 = r_\mathrm{p}^2 = \left(\frac{S_2 - S_1}{S_1 + S_2} \right)^2 \qquad (14\text{-}58)$$

$$\tau_I = 1 - r_I = \frac{4 S_1 S_2}{\left(S_1 + S_2 \right)^2} \qquad (14\text{-}59)$$

声功率的透射系数为

$$\tau_w = \frac{I_\mathrm{t} S_1}{I_\mathrm{i} S_2} = \tau_I \times \frac{S_1}{S_2} = \frac{4 S_1^2}{\left(S_1 + S_2 \right)^2} \qquad (14\text{-}60)$$

可以看出，不管是扩张管（$S_1 > S_2$）还是收缩管（$S_1 < S_2$），只要面积比相同，声强的透射系数便相同，但声功率的透射系数却是不同的。

对于单节扩张室消声器，相当于在截面为 S_1 的主管中插入长度为 l、截面积为 S_2 的中间插管。此时有 $x=0$ 和 $x=l$ 两个截面突变的分界面，由声压和体积速度在界面处的连续条件列出 4 组方程，可解得经扩张室后声强的透射系数为

$$\tau_I = \frac{1}{\cos^2 kl + \frac{1}{4} \left(\frac{S_1}{S_2} + \frac{S_2}{S_1} \right)^2 \sin^2 kl} \qquad (14\text{-}61)$$

由上式可以看出，声波经中间插管的透射系数大小，不仅与主管道和插管截面积的比值 S_1/S_2 有关，还与插管的长度 l 有关。

（2）消声量的计算

根据消声器传递损失的定义，单节扩张室消声器的传递损失：

$$\mathrm{TL} = 10 \lg \frac{1}{\tau_I} = 10 \lg \left[1 + \frac{1}{4} \left(m - \frac{1}{m} \right)^2 \sin^2 kl \right] \qquad (14\text{-}62)$$

式中：$m = \dfrac{S_2}{S_1}$，称为抗性消声器的扩张比，从上式看出，管道截面收缩 m 倍或扩张 m 倍，其消声作用是相同的，在实用中为了减少对气流的阻力，常用的是扩张管。

扩张室消声器的消声量与 $\sin^2 kl$ 有关，所以消声量随频率作周期性的变化而变化。当 $\sin^2 kl = 1$ 时，有最大消声量；当 $\sin^2 kl = 0$ 时，即不起消声作用，分别讨论：

当 $kl=(2n+1)\pi/2$，$\sin^2 kl=1$，扩张室消声量达最大值，则消声量为

$$TL=10\lg\left[1+\frac{1}{4}\left(m-\frac{1}{m}\right)^2\right] \tag{14-63}$$

由此式可以看出，扩张室消声器的消声量大小取决于扩张比 m，通常 $m\gg1$，当 $m>5$ 时，最大消声量可由下式近似计算：

$$TL_{\max}=20\lg(m/2)=20\lg m-6 \tag{14-64}$$

将波数 $k=\dfrac{2\pi}{\lambda}=\dfrac{2\pi f}{c}$ 代入 $kl=(2n+1)\pi/2$ 中，可导出消声量达到最大值时的相应频率：

$$f_{\max}=(2n+1)\frac{c}{4l} \tag{14-65}$$

当 $kl=n\pi$，即 $\sin^2 kl=0$，消声量 $TL=0$，表明声波可以无衰减地通过消声器，这是单节扩张消声器的主要缺点所在。此时对应的频率称为消声器的通过频率：

$$f_{\min}=\frac{n}{2l}c \tag{14-66}$$

为了消除某一频率的噪声可适当选择扩张室的长度，以使消声器在该频率上有最大消声量。

（3）扩张室消声器的截止频率

扩张室有效消声的上限截止频率可按下式计算：

$$f_{上}=1.22\frac{c}{D} \tag{14-67}$$

式中：c——声速，m/s；

D——扩张室截面当量直径，m。

由式（14-67）可以看出，扩张室截面积越大，$f_{上}$ 的值越小，其消声频率范围越窄。因此，选择扩张比要兼顾消声量和消声频率两个方面。

扩张室消声器的消声频率范围，还存在下限截止频率。在低频范围，当声波波长远大于扩张室或连接管的长度时，扩张室和连接管可以看作是一个集中声学元件构成的声振系统，当入射声波的频率和这个系统的固有频率相等时，会发生共振，消声器不但不消声，反会将声音放大，这个频率称为下限频率 $f_{下}$。只有在大于 $f_{下}$ 的频率范围，消声器才有消声作用。下限截止频率为

$$f_{下}=\frac{c}{2\pi}\cdot\sqrt{\frac{S_1}{Vl_1}} \tag{14-68}$$

式中：S_1 —— 连接管的截面积，m^2；

　　　V —— 扩张室的体积，m^3；

　　　l_1 —— 连接管的长度，m。

（4）改善消声频率特性的方法

单节扩张室消声器的主要缺点是存在许多通过频率，在通过频率处的消声量为零，即声波会无衰减地通过消声器而达不到消声的目的。解决的方法通常有两种：一是在扩张室内插入内接管（图 14-17），二是将多节扩张室串联（图 14-18）。

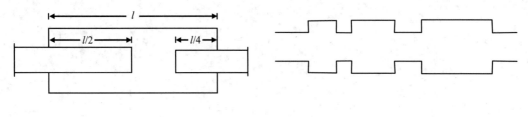

　　图 14-17　带插入管的扩张室消声器　　　　　图 14-18　多节扩张室串联消声器

2．共振式消声器

（1）消声原理

共振式消声器实质上是共振吸声结构的一种应用，其基本原理基于亥姆霍兹共振器。管壁小孔中的空气柱类似活塞，具有一定的声质量，密闭空腔类似于空气弹簧，具有一定的声顺，二者组成一个共振系统。当声波传至颈口时，在声压作用下空气柱产生振动，振动时的摩擦阻尼使一部分声能转换为热能耗散掉。同时，由于声阻抗的突然变化，部分声能将反射回声源。当声波频率与共振腔固有频率相同时，便产生共振，空气柱振动速度达到最大值，此时消耗的声能最多，消声量也就最大。其最简单的结构形式为单腔共振消声器，如图 14-19 所示。

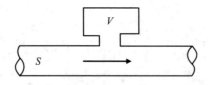

图 14-19　单腔共振消声器

（2）消声量计算

当声波波长大于共振腔消声器的最大尺寸的 3 倍时，其共振吸收频率为

$$f_r = \frac{c}{2\pi}\sqrt{\frac{G}{V}} \qquad (14\text{-}69)$$

式中：c——声速，m/s；

　　　V——空腔体积，m^3；

　　　G——传导率。

忽略共振腔声阻的影响，单腔共振消声器对频率为 f 的声波的消声量为

$$L_R = 10\lg\left[1 + \frac{K^2}{(f/f_r - f_r/f)^2}\right] \qquad (14\text{-}70)$$

$$K = \frac{\sqrt{GV}}{2S} \qquad (14\text{-}71)$$

式中：S——气流通道截面积，m^2。

实际工程中的噪声源多是连续的宽带噪声，某一频带内的消声量，此时式（14-70）可以简化为

对倍频带

$$L_R = 10\lg[1 + 2K^2] \qquad (14\text{-}72)$$

对 1/3 倍频带

$$L_R = 10\lg[1 + 19K^2] \qquad (14\text{-}73)$$

（三）阻抗复合式消声器

阻抗复合式消声器在实际工程中应用较多，常见的有扩张室—阻性复合消声器、共振腔—阻性复合消声器及扩张室—共振腔—阻性复合消声器三类，其结构示意图见图 14-20。

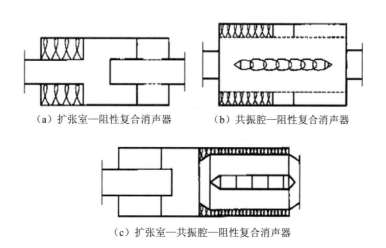

　（a）扩张室—阻性复合消声器　　　　（b）共振腔—阻性复合消声器

（c）扩张室—共振腔—阻性复合消声器

图 14-20　阻抗复合式消声器示意图

阻抗复合式消声器的消声原理，是利用阻性消声器消除中、高频噪声，利用抗性消声器消除低、中频以及某些特定频率的噪声，从而达到宽频带消声目的。不同频率的消声量计算，可以分别按阻性及抗性消声器消声量计算，然后将同一频带的消声量相加，即可得出总的宽频带消声量。设计阻抗复合式消声器时，要注意抗性消声部分放在气流的入口端，而阻性消声部分放在气流的出口端，即前抗后阻。

三、消声器的设计

（一）消声器设计程序和要求

1）根据相关环境保护和劳动保护标准，适当考虑设备具体条件，合理确定实际所需的消声量，分析噪声源的频谱特性。

2）根据气流流量和噪声源的频谱特性选定消声器的结构形式。高频噪声选择阻性消声器；中低频噪声选择抗性消声器；抗性消声器的结构形式较多，可根据需要消声的频带范围，组合消声器的腔室。

（二）消声器的设计

1. 阻性消声器的设计

1）确定消声量。应根据有关的环境保护和劳动保护标准，适当考虑设备的具体条件，合理确定实际所需的消声量。对于各频带所需的消声量，可参照相应的 NR 曲线来确定。

2）选定消声器的结构形式。首先要根据气流流量和消声器所控制的流速（平均流速），计算所需要的通流截面，并由此来选定消声器的形式，一般认为，当气流通道截面当量直径小于 300 mm，可选用单通道直管式，当直径在 300～500 mm 时，可在通道中加设一片吸声层或吸声芯，当通道直径大于 500 mm 时，则应考虑把消声器设计成片式、蜂窝式或其他形式。

3）正确选用吸声材料。这是决定阻性消声器消声性能的重要因素。除首先考虑材料的声学性能外，同时还要考虑消声器的实际使用条件，在高温、潮湿、有腐蚀性气体等特殊环境中，应考虑吸声材料的耐热、防潮、抗腐蚀性能。

4）确定消声器的长度。应根据噪声源的强度和降噪现场要求来决定。增加长度可以提高消声量，但还应注意现场有限空间所允许的安装尺寸。消声器的长度一般为 1～3 m。

5）选择吸声材料的护面结构。阻性消声器中的吸声材料是在气流中工作的，必须用护面结构固定起来，常用的护面结构有玻璃布、穿孔板或铁丝网等。如果选取护面不合理，吸声材料会被气流吹跑或使护面结构激起振动，导致消声性能下降。护面结构形式主要由消声器通道内的流速决定，见表 14-9。

6）验算消声效果。根据"消声失效"和气流再生噪声的影响验算消声效果。

表 14-9　不同流速下的护面结构

气流速度/（m/s）		护面形式
平行	垂直	
10 以下	7 以下	← 布或金属网　← 多孔材料
10～23	7～15	← 穿孔金属网　← 多孔材料
23～45	15～38	← 穿孔金属网　← 玻璃布　← 多孔材料
45～120		← 穿孔金属网　← 钢丝棉　← 穿孔金属网　← 多孔材料

2．扩张室消声器的设计

1）根据消声频率特性，选择最大的消声频率，确定各节扩张室及其插入管的长度。插入管的长度一般按 1/2 和 1/4 腔长设计。

2）根据需要的消声量和气流速度，确定扩张比 m，设计扩张室各部分截面尺寸。在实际工程上，一般取 $9 < m < 16$，最小不应小于 5。

3）验算所设计的扩张室消声器的上、下限截止频率，如果不在上、下截止频率范围内应重新设计。

4）验算气流对消声量的影响，检查在给定的气流速度下，消声量是否能满足要求，否则应进行修改。

3．共振室消声器的设计

1）根据实际消声要求，确定共振频率和某一频率的消声量（倍频程或 1/3 倍频程的消声量）。

2）用式（14-71）或查表计算，求出相应的 K 值。

3）根据 K 值确定相应的传导率 G、消声器体积 V 和 S，使之达到 K 值的要求。

4）根据体积 V 和传导率 G 设计消声器的具体结构尺寸。对某一确定的 V 值，可以有多种不同的共振腔形状和尺寸，对某一确定的 G 值也有多种的孔径、板厚和穿孔数的组合。在实际设计中，应根据现场条件和所用的板材，首先确定几个量，如板厚、孔径和腔深等，然后再设计其他参数。

【例 14-5】在管径为 100 mm 的常温气流通道上，设计一单腔共振消声器，要求在 125 Hz 的倍频带上有 15 dB 的消声量。

解：（1）由题意可得，流通面积为

$$S = \frac{\pi}{4}d^2 = \frac{\pi}{4} \times 0.1^2 = 0.00785 \ \text{m}^2 , \quad L_R = 10\lg[1 + 2K^2] , \quad K \approx 4$$

（2）由公式导出：

$$V = \frac{c}{\pi f_r}KS = \frac{340 \times 4 \times 0.00785}{\pi \times 125} = 0.027 \ \text{m}^3$$

$$G = \left(\frac{2\pi f_r}{c}\right)^2 V = \left(\frac{2\pi \times 0.00785}{340}\right)^2 \times 0.027 = 0.144$$

（3）确定设计方案为与原管道同轴的圆筒形共振腔，其内径为 100 mm，外径为 400 mm，则共振腔的长度为

$$l = \frac{4V}{\pi(d_2^2 - d_1^2)} = \frac{4 \times 0.027}{\pi(0.4^2 - 0.1^2)} = 0.23 \ \text{m}$$

选用 t=2 mm 厚的钢板，孔径 d=0.5 cm，由 $G = \dfrac{nS_0}{t + 0.8d}$

求得开孔数为 $n = \dfrac{G(S_0 t + 0.8d)}{S_0} = \dfrac{0.144(2 \times 10^{-3} + 0.8 \times 5 \times 10^{-3})}{\pi(5 \times 10^{-3})^2 / 4} = 44$

（4）验算

$$f_r = \frac{c}{2\pi}\sqrt{\frac{G}{V}} = 125 \ \text{Hz}$$

$$f_\perp = 1.22\frac{c}{D} = 1037 \ \text{Hz}$$

可见，在所需消声范围内不会出现高频失效问题。共振频率的波长为

$$\lambda_r = \frac{c}{f_r} = 2.72 \ \text{m}$$

$$\lambda_r / 3 = 0.91 \ \text{m}$$

所设计的共振腔消声器的最大几何尺寸小于共振波长的 1/3，符合要求。最后确定的设计方案如图 14-21 所示。

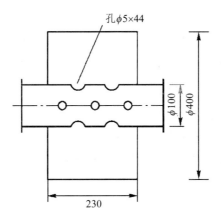

图 14-21　设计的共振腔消声器

思考题

1. 什么是噪声？常见噪声有哪几种分类？

2. 噪声污染控制主要有哪三种途径？

3. 试述噪声控制的一般原则和基本程序。

4. 按发声的机理划分，噪声源分几类？比较机械噪声源和空气动力性噪声源的异同。

5. 何谓吸声处理？吸声处理适用的场合如何？

6. 试述多孔吸声材料的吸声原理，多孔吸声材料的吸声特性与哪些因素有关？

7. 常用的共振吸声结构有哪几种形式？展宽薄板共振吸声结构吸声带宽常采用哪几种措施？

8. 隔声效果的评价量有哪些？它们各自具体形式如何？

9. 何谓组合隔声构件的"等透射量"设计方法？具体如何设计？

10. 在设计隔声罩时为什么罩内必须进行吸声处理？

11. 何谓消声器？消声器主要用于消除什么性质的噪声？消声器主要有哪几种大的类型？

12. 为什么设计扩张室消声器时，扩张比一般不能取得过大也不能取得过小？

13. 声压增大为原来的两倍时，声压级提高多少分贝？

14. 在半自由声场空间中离点声源 2 m 处测得声压级的平均值为 88 dB。（1）求其声功率级和声功率；（2）求距声源 5 m 处的声压级。

15. 某测点的背景噪声为 60 dB，周围有三台机器，单独工作时，在测点处测得的声压级分别为 65 dB、70 dB 和 72 dB，试求这三台机器同时工作时，在测点的总声压级。

16. 在一强噪声背景下测得一机器噪声为 98 dB（A），机器停转后测得噪声为 92 dB

（A），求该机器的真实工作声压级。

17. 某一穿孔板吸声结构，已知板厚为 5 mm，孔径为 8 mm，孔心距为 25 mm，孔按正方形排列，穿孔板后空腔深 120 mm，试求其穿孔率及共振频率。

18. 某房间的尺寸为 20 m×10 m×4 m，地面、墙面和平顶对 1 000 Hz 声音的吸声系数分别为 0.04、0.02 和 0.28，求平均吸声系数和总吸声量。

19. 为隔离强噪声源，某车间用一道隔墙将车间分为两部分，墙上安装了一 3 mm 厚的普通玻璃窗，面积占墙体的 1/4，设墙体的隔声量为 45 dB，玻璃窗的隔声量为 22 dB，求该组合墙的隔声量。

20. 有一噪声源，其 1 000 Hz 的声压级为 95 dB，设声源与接收点之间的距离为 50 m，如声源高出地面 2 m，接收点高出地面 3 m，隔声屏障高 6 m，试问屏障的降噪量为多少？

21. 选用同一种吸声材料衬贴的消声管道，管道截面积为 1 000 cm^2。当截面形状分别为圆形、正方形和 1∶4 及 2∶3 两种矩形时，试问哪种截面形状的声音衰减量大？哪一种最小？

22. 试设计一单节扩张室消声器，要求在 125 Hz 时有最大消声量 12 dB，设进气口管径为 150 mm，管长为 3 m，管内气流温度为常温。

23. 某常温气流管道直径为 200 mm，试设计一单腔共振消声器，要求在中心频率 63 Hz 的倍频带上有 15 dB 的消声量。

第十五章　其他物理性污染及其防治

第一节　振动污染及其控制技术

一、振动与振动污染

振动是指质点或物体在其平衡位置附近所做往复的周期性运动。环境中存在着各种各样的振动现象，按振动系统中是否存在阻尼作用，振动可分为无阻尼振动和阻尼振动；按照振动系统所加作用力的形式，振动又可分为自由振动和强迫振动。

环境科学所指的振动污染是指振动超过一定的界限，从而对人体及生物健康和设施产生损害，对人的生活和工作环境形成干扰，或使机器、设备和仪表不能正常工作的现象。振动会引起人体内部器官的振动或共振，从而导致疾病的发生，对人体造成危害，严重时会影响人们的生命安全，因此振动污染是一种不可忽视的公害。另外，振动以弹性波的形式在基础、地板、墙壁中传播，并向外辐射噪声，影响或污染环境。

二、振动的评价

描述振动的主要物理量有：振动频率 f、振动位移 ξ、振动速度 v 和振动加速度 α。

根据振动的频率不同，通常把 100 Hz 以上的干扰振动称作高频振动，6～100 Hz 的振动定义为中频振动，6 Hz 以下的振动为低频振动。常用的绝大多数工业机械设备所产生的基频振动都属于中频振动，部分工业机械设备所产生的基频振动的谐频和个别的机械设备产生的振动属于高频振动，而地壳的振动和地震等产生的振动都属于低频振动。

无论振动的方式多么复杂，通过傅里叶变换总可以离散成若干个简谐振动的形式，因此我们只分析简谐振动的情况。当振动为简谐振动时，振动位移 ξ、振动速度 v 和振动加速度 α 三者之间存在如下关系：

$$振动位移\ \xi = \xi \cos(\omega t + \varphi) \tag{15-1}$$

$$振动速度\ v = \frac{d\xi}{dt} = -\xi\omega\sin(\omega t + \varphi) \tag{15-2}$$

$$振动加速度\ \alpha = \frac{\mathrm{d}\omega}{\mathrm{d}t} = -\xi\omega^2\cos(\omega t + \varphi) \tag{15-3}$$

对一般的时间平均测量而言，若忽略这三个物理量之间的相位关系，则对于确定的频率，三个物理量之间存在着以下简单关系：可将振动加速度同正比于频率的系数相除而得到振动速度，将振动加速度同正比于频率平方的系数相除而得到振动位移。在测量仪器中可通过积分过程来实现这种运算。

在环境振动测量中，一般选用振动加速度级和振动级作为振动强度参数。

振动加速度级定义为

$$L_a = 20\lg\frac{\alpha_e}{\alpha_{ref}} \tag{15-4}$$

式中：α_e —— 加速度有效值，m/s^2，对于简谐振动 $\alpha_e = \frac{1}{\sqrt{2}}\alpha$;

α_{ref} —— 加速度参考值，m/s^2，国外一般取 $\alpha_{ref}=1\times10^{-6}$ m/s^2，我国取 $\alpha_{ref}=1\times10^{-5}$ m/s^2。

人体对振动的感觉与振动频率的高低、振动加速度的大小和在振动环境中暴露时间长短、振动的方向有关，因此国际标准化组织给出了基于不同频率和不同振动方向的加速度级计权修正因子，按照该计权网络修正的加速度级称为振动级，用 L_a' 表示。人体对垂直振动比水平振动更敏感，因此在我国《城市区域环境振动标准》（GB 10070—88）中是以铅垂向振级为评价量规定的标准限值。

三、振动控制技术

（一）振动源控制

1. 采用振动小的加工工艺

强力撞击在机械加工中经常见到，强力撞击会引起被加工零件、机械部件和基础的振动。控制此类振动最有效的方法是改进加工工艺，即用不撞击方法代替撞击方法，如用焊接替代铆接、用压延替代冲压、用滚轧替代锤击等。

2. 减少振动源的扰动

振动的主要来源是振动源本身的不平衡力引起的对设备的激励。因此改进振动设备的设计和提高制造加工装配精度，使其振动减小，是最有效的控制方法。例如，鼓风机、高压水泵、蒸汽轮机、燃气轮机等旋转机械，大多属高速旋转类，每分钟在千转以上，其微小的质量偏心或安装间隙的不均匀常带来严重的危害。为此，应尽可能调好其静、动平衡，提高其制造质量，严格控制安装间隙以减少其离心偏心惯性力的产生。

3. 防止共振

振动机械激励力的振动频率，若与设备的固有频率一致，就会引起共振，使设备振动得更厉害，起了放大作用，其放大倍数可达几倍到几十倍。共振带来的破坏和危害是十分严重的。木工机械中的锯、刨加工，不仅有强烈的振动，而且常伴随壳体等共振，产生的抖动使人难以承受，操作者的手会感到麻木。高速行驶的载重卡车、铁路机车等，往往使较近的居民楼房等产生共振，在某种频率下，会发生楼面晃动，玻璃窗强烈抖动等。历史上曾发生过几次严重的共振事故，如美国 Tacoma 峡谷悬索吊桥，长 853 m，宽 12 m 左右，1940 年因风灾（8 级大风）袭击，发生了当时难以理解的振动，引起共振历时 1 h，使笨重的钢桥翻腾扭曲，最后在可怕的断裂声中整个吊桥彻底毁坏。

因此，防止和减少共振响应是振动控制的一个重要方面。控制共振的主要方法有：改变设施的结构和总体尺寸或采用局部加强法等，以改变机械结构的固有频率；改变机器的转速或改换机型等以改变振动源的扰动频率，将振动源安装在非刚性的基础上以降低共振响应；对于一些薄壳机体或仪器仪表柜等结构，用粘贴弹性高阻尼结构材料增加其阻尼，以增加能量逸散，降低其振幅。

（二）隔振控制

对于环境来说，振动的影响主要是通过振动的传递来实现的，因此减少或隔离振动的传递就能有效地控制振动。隔振控制就是利用振动元件间阻抗的不匹配来达到减少振动传递的目的。主要有以下几种隔振方法。

1. 大型基础减振

采用大型基础来减弱振动是最常用最原始的方法。根据工程振动学原则合理地设计机器的基础，可以减少基础和机器的振动以及振动向周围的传递。根据经验，一般切削机床的基础是自身重量的 1～2 倍，而特殊的振动机械如锻冲设备等的基础则达到设备自重的 2～5 倍，更甚者达 10 倍以上。

2. 防振沟

如果振动是以在地面传播的表面波为主，防振沟是一种常见有效的防振措施。即在振动机械基础的四周开有一定宽度和深度的沟槽，里面填充松软的物质（如木屑）来隔离振动的传递。一般来说，防振沟越深，隔振效果越好，而沟的宽度取振动波长的 1/20。当沟的深度为振动波长的 1/4 时，振动幅度将减小 1/2；当沟深为波长的 3/4 时，振幅将减少 2/3；沟深进一步增大时，不仅施工困难，而且隔振效果提高不明显。防振沟可用在积极隔振上，即在振动的机械设备周围挖掘防振沟，也可以用于消极隔振，即在怕振动干扰的机械设备附近，在其垂直方向上开挖防振沟。

3. 弹性减振

弹性减振是控制振动的有效措施，它是在振动源与基础之间，基础与需要防振的仪器设备之间，安装具有一定弹性的装置，以隔离或减少振动能量的传递，达到减振降噪的目的。根据隔振的目的不同，弹性隔振技术通常分为积极隔振和消极隔振两类。积极隔振是用来减少振动源传入基础的扰动力，防止振动源的扰动向外传播；消极隔振是利用弹性装置减少来自基础的扰动位移，使需要防振的仪器设备不受影响。

描述隔振效果最常用的物理量是振动传递系数 T，是指通过隔振元件传递的力与扰动力的比值，或传递的位移与扰动的比值，即 $T=\left|\dfrac{\text{传递力幅值}}{\text{扰动力幅值}}\right|$ 或 $T=\left|\dfrac{\text{传递位移幅值}}{\text{扰动位移幅值}}\right|$。$T$ 越小，说明通过隔振元件传递的振动越小，隔振效果也越好。振动传递系数 T 与 f/f_0（干扰力频率/系统固有频率）、c/c_0（隔振系统的阻尼比）的关系曲线如图 15-1 所示。

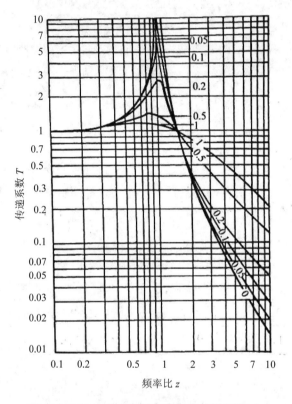

图 15-1   传递系数与频率比的关系曲线

根据图 15-1 可知，当 $f/f_0 > \sqrt{2}$ 时，即干扰力的频率大于隔振系统固有频率的 $\sqrt{2}$ 倍时，$T<1$，f/f_0 越大，T 越小，隔振效果越好。弹性隔振的原理就是通过在系统中加入弹性装置，使系统的整体振动频率 f_0 比干扰频率 f 小得多，从而获得好的隔振效果。从理论上讲，f/f_0 越大隔振效果越好，但在实际工程中，兼顾系统稳定性和经济性，一般设计 $f/f_0=2.5\sim5$。

但当系统干扰频率 f 比较低，系统设计很难达到 $f/f_0 > \sqrt{2}$ 的要求时，根据传递系数与阻尼比的关系，可通过增大隔振系统阻尼的方法以控制振动。

常用的隔振材料有钢弹簧、橡胶、软木、毛毡、空气弹簧等，表 15-1 是各类材料的性能列表，可以根据需要选用。

表 15-1　常见隔振材料的性能比较

性能	剪切橡胶	金属弹簧	软木	玻璃纤维板
最低自振动频率	3 Hz	1 Hz	10 Hz	7 Hz
阻尼比	>0.2	<0.01	0.05~0.10	0.04~0.07
横向稳定性	好	差	好	好
抗腐蚀老化	较好	最好	较差	较好
应用广泛程度	应用广泛	应用广泛	不够广泛	手工部门应用
施工与安装	方便	较方便	方便	不方便
造价	一般	较高	一般	较高

（三）阻尼减振

阻尼是指系统损耗能量的能力，阻尼减振是充分利用阻尼耗能的特性，将机械振动的能量转变为热能等可损耗的能量，从而达到减振降噪的目的。该技术特别适用于梁、板、壳件等类结构的减振，在车船体外壳、飞机舱壁、机械外壳、管道等薄壳结构的抗振保护与控制中较广泛采用。

常用的阻尼减振结构有自由阻尼层处理和约束阻尼层处理两种，如图 15-2 所示。自由阻尼层结构是将一定厚度的阻尼材料粘贴或涂喷在结构表面，当结构振动时，粘贴在表面的阻尼材料产生拉伸压缩变形，将振动能转化为热能，实现减振效果。约束阻尼层结构是在结构的基板表面粘贴阻尼材料后，再附加一层刚度较大的约束板，当结构振动时，阻尼层受到上、下两个板面的约束而不能有伸缩变形，各层之间因发生剪切作用而消耗振动能量。由于金属板的约束抑制，阻尼材料在两层板之间产生更大的剪切变形，能够起到比自由阻尼更好的减振降噪效果。

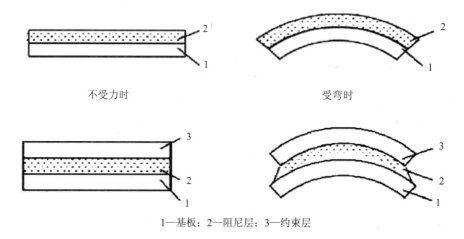

1—基板；2—阻尼层；3—约束层

图 15-2　自由阻尼层和约束阻尼层结构示意图

阻尼减振效果与阻尼材料的阻尼性能密切相关，材料的阻尼性能越好，阻尼减振效果也越佳。材料的阻尼特性一般用损耗因子β来衡量，β值越大，材料的阻尼性能越好。金属材料的损耗因子一般很小，为$1\times10^{-4}\sim2\times10^{-3}$。目前在工程上应用较多的有弹性阻尼材料沥青、软橡胶和各种高分子涂料等，它们的损耗因子为$0.1\sim5$。

同时，阻尼降噪效果与金属板的振动频率成正比，与板单位面积的质量成反比。因此对高频振动采取阻尼措施的效果比对低频振动要好，在薄金属板上采取阻尼措施比在厚金属板上的效果更好。

第二节　电磁辐射污染及其防治技术

一、电磁环境和电磁辐射污染

电磁环境是指存在电磁辐射的空间范围。当电荷、电流随时间变化时，在其周围就激励起电磁波。在电磁波向外传播的过程中会有电磁能输送出去，能量以电磁波的形式通过空间传播的现象称为电磁辐射。

（一）电磁辐射的来源

电磁辐射来源众多。天然型电磁辐射主要是由某些自然现象引起，最常见的有火山喷发、地震、雷电及由太阳黑子活动引起的磁暴等。人工型电磁辐射则主要产生于人工制造的若干系统、电子设备和电气装置，如广电设备与电信设备、医疗用电磁辐射设备、科学研究电磁辐射设备、交通系统设备、各类家用电器等。从影响效果来看，现在环境中的电磁辐射主要来自人工电磁辐射，其中，表现最突出的就是电信系统中无线电和电视发射台；其次是工业生产、科学研究和医疗设备；此外，家用电器和通信器材与人体距离近，也是重要的电磁辐射污染源。

（二）电磁辐射的传播

电磁辐射的传播途径主要有两种，即空间辐射和导线传播。电磁辐射的空间辐射传播就是电磁能量向空间发射的过程，各种能产生电磁辐射的设备装置则是一个多型发射天线，充当辐射传播的载体。电磁辐射的导线传播则是以导线为载体，当射频与其他设备共用一个电源供电时，或者它们之间有电器连接时，电磁能量（信号）就会通过导线进行传播。电磁辐射的传播会造成环境污染，那么空间辐射与导线传播的联合作用就会造成复合污染，这也是电磁辐射的一种传播方式。

（三）电磁辐射污染

地球本身就是一个大的磁体，人类在电磁环境中进化而来，与其形成了一种和谐的共存关系。通常，电磁辐射污染是指天然的和人为的各种电磁波的干扰及有害的电磁辐射。人类使用产生电磁辐射的器具泄漏的电磁能量流传播到社区的室内外空气中，其量超出本底值，且其性质、频率、强度和持续时间等综合影响而引起周围人群的不适感，并使健康和福利受到损害。

电磁辐射对生物体有三种效应：

1）热效应：就是高频电磁波直接对生物肌体细胞产生"加热"作用，由于它是穿越生物表层直接对内部组织"加热"，而生物体内组织散热又困难，所以往往肌体表面看不出什么，而内部组织已严重"烧伤"。由热效应引起的肌体升温，会直接影响到人体器官的正常工作，对心血管系统、视觉系统、生育系统等都有一定的影响。

2）非热效应：是低频电磁波产生的影响。人体被电磁波辐照后，体温并未明显升高，但已干扰了人体固有的微弱电磁场，从而使人体处于平衡状态的微弱电磁场遭到破坏，使血液、淋巴液和细胞原生质发生变化造成细胞内的脱氧核糖核酸受损和遗传基因突变而畸形，进而引起系列疾病，如白血病、肿瘤、婴儿畸形等。非热效应包括物理效应（电效应）和化学效应。目前很多专家学者认为，电磁场对人体组织产生的化学效应远远大于热效应，由此可以看出非热效应的"杀伤力"。

3）累积效应：热效应和非热效应作用于人体后，对人体的伤害尚未来得及自我修复之前，再次受到电磁波辐射的话，其伤害程度就会发生累积，久之会成为永久性病态，危及生命。对于长期接触电磁波辐射的群体，即使功率很小，频率很低，也可能会诱发想不到的病变，需引起警惕。

二、电磁辐射基础

（一）电场与磁场

带电荷的物体周围存在电场，静止电荷周围的电场为静电场，运动电荷周围的电场为动电场。在电流通过的导体周围会产生磁场。若通过导体的是直流电，则产生恒定的磁场；若通过导体的是交流电，则产生变化的磁场。磁场频率随着电场频率的变化而变化，两者呈正比例关系。

（二）电磁场与电磁辐射

Maxwel 将法拉第电磁感应做了推广，得到：感应电场不仅存在于导体内，而且存在于变化磁场所在的场域空间。因此，交变磁场周围会产生电场，交变电场周围又会产生新的磁场，这种交替产生的具有电场和磁场作用的物质空间，称为电磁场。电磁场以一定速度在空间传播过程中不断向周围空间辐射能量，此能量称为电磁辐射，也称为电磁波。光既是粒子又是一种电磁波，它们之间的区别仅在于频率（波长）不同，若按频率（波长）的大小顺序，把电磁波排成一个谱（电磁波谱），见图 15-3。

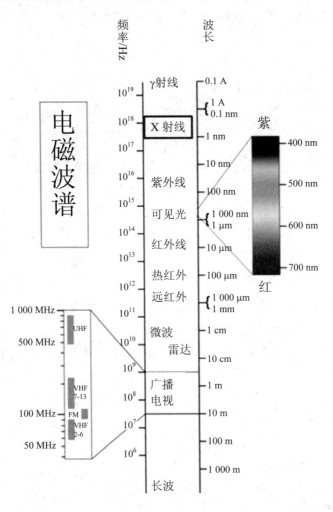

图 15-3   电磁波谱

（三）射频电磁场

在电磁波频率低于 100 kHz 时，电磁波会被地表吸收，不能形成有效的传输，但电磁波频率高于 100 kHz 时，电磁波可以在空气中传播，并经大气层外缘的电离层反射，形成远距离传输能力，我们把具有远距离传输能力的高频电磁波称为射频。因此射频电磁波广泛用于通信领域。射频电磁场（无线电波）的频率范围，一般指 100 kHz～300 GHz，包括高频电磁场与微波。

（四）电磁辐射量度单位

1）功率。辐射功率越大，辐射出来的电、磁场强度越高，反之则小。功率的单位是瓦（W）。

2）功率密度。指单位时间、单位面积内所接收或发射的高频电磁能量。功率密度的单位是瓦/平方米（W/m^2）。在高频电磁辐射环境评估时功率密度常用 MW/cm^2 表示。

3）电场强度。是用来表示空间各处电场的强弱和方向的物理量。距离带电体近的地方电场强，远的地方电场弱。电场强度的单位是伏/米（V/m），在输电线和高压电器设备附近的工频电场强度通常用 kV/m 表示。

4）磁场强度。是用来表示空间各处磁场的强弱与方向的物理量，它的单位是安/米（A/m）。

5）磁感应强度。表示单位体积、面积里的磁通量，用于描述磁场的能量的强度，单位是特斯拉或高斯（T 或 Gs）。

三、电磁辐射污染防治技术

（一）电磁屏蔽技术

使用某种能抑制电磁辐射扩散的材料,将电磁场源与某环境隔离开来,如图 15-4 所示,使辐射能被限制在某一范围内，就达到了防治电磁辐射污染的目的。电磁屏蔽技术的应用之一就是对高频电磁场的屏蔽，而且，在抗干扰辐射方面，屏蔽是最好的措施。

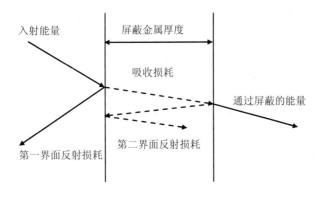

图 15-4　电磁屏蔽技术示意图

（二）接地技术

其作用是将屏蔽体（或屏蔽部件）内由于感应生成的射频电流迅速导入大地，使屏蔽体（或屏蔽部件）本身不致再成为射频的二次辐射源，从而保证屏蔽作用的高效率。接地有多种方式，有单点接地（图 15-5）、多点接地以及混合类型的接地，而单点接地又分为串联单点接地和并联单点接地。一般来说，单点接地用于简单电路，不同功能模块之间接地区分，以及低频（$f < 1\,\mathrm{MHz}$）电子线路。当设计高频（$f > 10\,\mathrm{MHz}$）电路时就要采用多点接地或者多层板（完整的地平面层）。

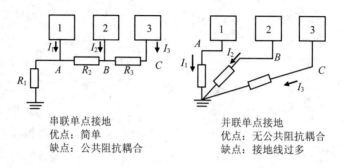

串联单点接地
优点：简单
缺点：公共阻抗耦合

并联单点接地
优点：无公共阻抗耦合
缺点：接地线过多

图 15-5　接地技术示意图

（三）滤波技术

滤波是抑制电磁干扰的最有效手段之一。线路滤波的作用就是要保证有用信号通过，并阻截无用信号通过。其机理为：在电磁波的所有频谱中分离出一定频率范围内的有用波段。滤波器是其中的核心器件。

（四）植物绿化

树木对电磁能量有吸收作用，在电磁场区，大面积种植树木，增加电波在媒介中的传播衰减，从而防止人体受电磁辐射的影响。

（五）使用电磁辐射防护材料

在建筑、交通、包装、衣着等很多方面，避免使用增强电磁辐射的材料如金属材料，它会增强电磁辐射作用，因此要合理使用电磁辐射防护材料，利用其对电磁辐射的吸收或反射特性，可大大衰减电磁场。

第三节　放射性污染及其控制技术

一、放射性污染概述

放射性污染是指由于人类活动造成物料、人体、场所、环境介质表面或者内部出现超过国家标准的放射性物质或者射线。在自然界和人工生产的元素中，有一些能自动发生衰变，并放射出肉眼看不见的射线。这些元素统称为放射性元素或放射性物质。在自然状态下，来自宇宙的射线和地球环境本身的放射性元素一般不会给生物带来危害。20 世纪 50 年代以来，人的活动使得人工辐射和人工放射性物质大大增加，环境中的射线强度随之增强，危及生物的生存，从而产生了放射性污染。放射性污染很难消除，射线强弱只能随时间的推移而减弱。

天然食品中都有微量的放射性物质，一般情况下对人是无害或影响很微小的。在特殊环境下，放射性元素可能通过动物或植物富集而污染食品，对人类身体健康产生危害。放射性物质在自然界中分布很广，存在于矿石、土壤、天然水、大气和动植物组织中。由于核素可参与环境与生物体间的转移和吸收过程，所以可通过土壤转移到植物而进入生物圈，成为动植物组织的成分之一。

放射性对生物的危害是十分严重的。放射性损伤有急性损伤和慢性损伤。如果人在短时间内受到大剂量的 X 射线、γ 射线和中子的全身照射，就会产生急性损伤。轻者有脱发、感染等症状。当剂量更大时，出现腹泻、呕吐等肠胃损伤。在极高的剂量照射下，发生中枢神经损伤直至死亡。

对于中枢神经，症状主要有无力、怠倦、无欲、虚脱、昏睡等，严重时全身肌肉震颤而引起癫痫样痉挛。细胞分裂旺盛的小肠对电离辐射的敏感性很高，如果受到照射，上皮细胞分裂受到抑制，很快会引起淋巴组织破坏。放射能引起淋巴细胞染色体的变化。在染色体异常中，用双着丝粒体和着丝立体环估计放射剂量。放射照射后的慢性损伤会导致人群白血病和各种癌症的发病率增加。

放射性元素的原子核在衰变过程放出 α 射线、β 射线、γ 射线的现象，俗称放射性。由放射性物质所造成的污染，叫放射性污染。放射性污染的来源有：原子能工业排放的放射性废物，核武器试验的沉降物以及医疗、科研排出的含有放射性物质的废水、废气、废渣等。

环境中的放射性物质可以由多种途径进入人体，它们发出的射线会破坏机体内的大分子结构，甚至直接破坏细胞和组织结构，给人体造成损伤。高强度辐射会灼伤皮肤，引发白血病和各种癌症，破坏人的生殖性能，严重的能在短期内致死。少量累积照射会引起慢性放射病，使造血器官、心血管系统、内分泌系统和神经系统等受到损害，发病过程往往延续几十年。

二、辐射计量学基础

辐射计量学的基本量和单位

1. 放射性活度
放射性活度（A）是指单位时间内放射性元素或同位素衰变的原子数，目前放射性活度的国际单位为贝克勒（Bq），表示每秒钟发生一次原子衰变，1 g 镭的放射性活度为 3.7×10^{10} Bq。

2. 照射量

照射量（X）是用来度量 X 射线或 γ 射线在空气中电离能力的物理量，以 X 射线或 γ 射线在空气中全部停留下来所产生的电荷量来表示。

$$X=dQ/dm \tag{15-5}$$

式中：X—— 照射量，单位：库伦/千克（C/kg），曾用单位伦琴（R），1 R=2.58×10^{-4} C/kg；

    dQ—— 射线在质量为 dm 的空气中释放出来的全部电子（负电子和正电子）完全被空气所阻止时，在空气中所产生的任一种符号的离子总电荷的绝对值。

    dm—— 受照空气的质量，kg。

3. 吸收剂量

吸收剂量是单位质量物质受辐射后所吸收的辐射能量，其定义式为

$$D = \frac{d\varepsilon}{dm} \tag{15-6}$$

式中：D—— 吸收剂量，单位为戈瑞（Gy），曾用单位拉德（rad），1 Gy =100 rad；

    $d\varepsilon$—— 电离辐射给予质量为 dm 的物质的平均能量，J；

    dm—— 受照空气的质量，kg。

吸收剂量的测量方法有空腔电离室法、量热法和化学剂量计。

4. 剂量当量

电离辐射产生的生物效应受辐射类型、辐射剂量、照射条件及个体差异等很多因素影响，因此相同的吸收剂量未必产生同等程度的生物效应。为了用同一尺度表示不同类型和能量的辐射照射对人体造成的生物效应或发生概率的大小，辐射防护上采用剂量当量这一物理量。组织内某一点的剂量当量为

$$H=DQN \tag{15-7}$$

式中：H—— 剂量当量，单位是希沃特（Sv），1 Sv=1 J/kg；

    Q—— 品质因数，用以计量剂量的微观分布对危害的影响；

    D—— 在该点所接受的吸收剂量，Gy；

    N—— 国际辐射防护委员会（ICRP）规定的其他修正系数，目前规定 $N=1$。

5. 有效剂量当量

基于受到照射的不同器官和组织的相对危险系数不同，引入有效剂量当量的概念，其定义式为

$$E = \sum \omega_T \cdot H_T \tag{15-8}$$

式中：E—— 有效剂量当量，Sv；

    H_T—— 器官或组织 T 所接受的剂量当量，Sv；

    ω_T—该器官的相对危险度系数，由国际辐射防护委员（ICRP）对随机性效应所确定。

6．待积剂量当量

待积剂量当量是指个人单次摄入放射性物质后，在此后 50 年内将要产生的累积剂量当量，它可以用来描述内照射吸收剂量率在时间上的分布随着放射性核素的种类、形式、摄入方式以及它所结合的组织而变化的情况，是一个从内照射危害角度考虑的量。

三、放射性废物处理技术

低、中水平放射性废物的处理

对于放射性废气和低放废液的处理，我国已有安全和可靠的方法，处理后排入环境中的放射性水平符合国家标准。核工业 30 年的环境影响评价表明，关键居民组有效剂量低于国家限值，93.6%单位年低于 1 mSv（天然辐射照射的年均剂量约为 3 mSv），核工业平均集体剂量 23 人·Sv，只是天然本底辐射年集体剂量的 1‰。

1．废气处理

放射性气体可以采用吸附法：活性炭滞留床、液体吸收装置、低温分馏装置、贮存衰变。废气的排放要在达标后通过高烟囱稀释扩散排放，选择有利气象条件排放，排放口要设置连续检测器。典型的低放废气处理流程如图 15-6 所示。废气处理包括工艺废气净化和通风过滤两部分。近十年来，我国工艺废气净化的开发研究重点在气体 ^{131}I、^{129}I 和 ^{3}H 的去除和取样监测技术的完善和革新。在通风过滤方面主要研究吸附过滤装置的改进，过滤器的监测和气体、气溶胶特性及过滤机理。

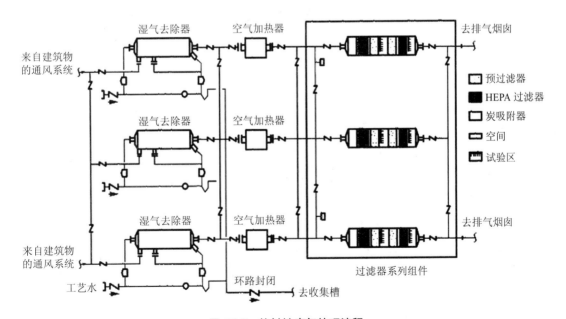

图 15-6　放射性废气处理流程

2. 废液处理

对放射性废液处理技术有电渗析、蒸发、离子交换、吸附、絮凝沉淀等。典型的放射性废水处理工艺如图 15-7 所示。根据废液的比活度、化学组成、废液量和处理要求可选用一种方法或几种方法联合使用。电渗析是一项化工分离技术，填充床电渗析处理低放废水得到了广泛的应用。蒸发处理工艺也是一种较好的处理技术，目前在蒸发器供料系统上增设软水器，使蒸发器结垢速率明显下降，大大提高蒸发器的净化效率。在离子交换技术处理低放废水方面，发现沸石和树脂都有很好的吸附作用。一般情况下，蒸发法、离子交换法和絮凝沉淀法处理放射性废液的去污系数分别可达 $10^3 \sim 10^6$、$10 \sim 10^3$ 和 $10 \sim 10^2$。

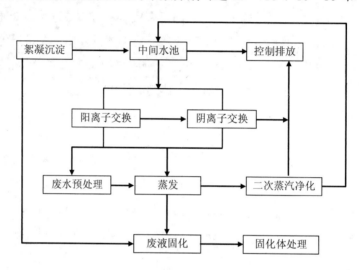

图 15-7　放射性废水处理工艺

3. 固废处理

压缩和焚烧是低放固废减容的有效方法，国内外应用广泛。中国原子能科学研究院建成了我国第一台废物压缩装置 Y90-100F 卧式三向压缩机，主压头最大作用力为 1×10^6 N，一次投料，自动封盖，平均减容倍数为 6，处理能力为 2 m³/h。焚烧炉主要用来焚烧铀污染的可燃固体废物或城市低放可燃固体废物，如图 15-8 所示。可燃废物经焚烧后减容比可达 $40 \sim 100$；不可燃的废物采用切割和压缩减容，减容比可达 $2 \sim 10$。

4. 放射性废物固化

放射性废物固化是使气态、液态或固体废物转变为性能指标满足处置要求的整块性固化体。其目的是形成一种适于装卸、运输和暂存，性能满足处置要求的物体。为了安全贮存，减少对环境的污染，须将放射性废液或其浓缩物转化为固体。放射性废物固化的基本要求是：固化体的物理化学性能稳定，有足够的机械强度，减容比大，在水中的浸出率低；操作过程简单易行，处理费用低等。针对不同类型的废物可采用不同的固化方法，其中水泥固化、沥青固化、塑料固化和玻璃固化等已实际应用。

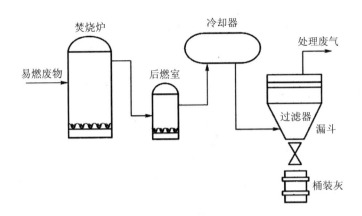

图 15-8 焚烧炉及其废气净化系统示意图

5. 放射性废物的去污技术

当前,放射性去污已经成为一个重要的课题。放射性去污是指用化学、物理、电化学和破损等方法除去沉积在核设施结构、材料或设备内外表面上的放射性物质。方法的选择主要考虑减少工作人员的辐照、减少发射性废物的体积、去污后材料和设备的复用、二次废物处理和便于废物管理。

对放射性污染的去除效果通常用去污系数 DF 和去污率 DE 来评价,表达为

$$DF=A_0/A_i \tag{15-9}$$

$$DE=(A_0-A_i)/A_0×100\% \tag{15-10}$$

式中:A_0——去污前放射性核素的活度,Bq;

A_i——i 次去污后放射性核素的活度,Bq。

随着核禁试条约的签订、核武器产能的削减以及研究设施的老化,在国际上已有多处核设施关闭,其后续工作是反活化、退役和处置,去污处理是反应堆及核工程系统不可缺少的一项工作。目前,世界上清除表面污染的方法主要有:物理去污和化学去污。常见的物理去污方法主要有清扫、擦洗、洗涤、超高压水冲磨、射流、粗琢器/松动器、粗沙喷洗、离心深冷二氧化碳喷洗、喷冰、超临界二氧化碳喷洗、塑丸喷洗、手工磨削刮、自动磨、金属研磨、混凝土研磨、爆破、擦拭、表层剥离、喷丸等,主要为表面净化或表面去除技术;化学去污为用化学溶剂清洗污染区域、设施等。高压水喷洗去污流程如图 15-9 所示。

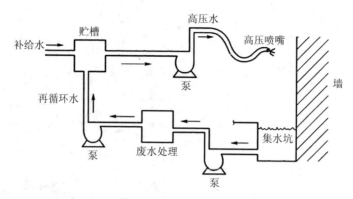

图 15-9   高压水喷洗去污流程

6. 放射性废物的贮存

未经固化处理的放射性废液和浓缩物以及尚未选定最终处置方案的固化体等放射性废物，都应在固定地点贮存在专用的容器中，贮存过程中要注意安全，不能使放射性废物泄漏。对各种比活度的废物要求使用不同的贮罐。例如，贮存碱性中、低放废液时一般采用碳钢贮罐，贮存酸性高放废液时须用双层不锈钢罐。对贮存比活度高、释热量大的高放废液的贮罐有特别严格的要求：材料要耐腐蚀，结构要牢固可靠，设有通风散热装置、检漏系统和料液转运装置等，并须进行监测。

7. 放射性废物的转运

放射性废物转运的关键是废物的包装容器，事先要做好安全检验，对容器的强度、屏蔽防护、密封系统、包装的标志等都有严格的规定。要求做到安全运输，防止发生火灾、容器颠覆及包装破损而使放射性废物泄漏，污染环境。

第四节   热污染及其控制技术

一、热环境与热污染

（一）热环境

适宜于人类生产、生活及生命活动的温度范围相对而言是较窄的，并且人类主要依靠衣物及良好的居室环境来获得生存所需要的热环境，否则人类的生命将会受到威胁。所谓热环境就是指提供给人类生产、生活及生命活动的良好的生存空间的温度环境。太阳能量辐射创造了人类生存空间的大的热环境，而各种能源提供的能量则对人类生存的小的热环境做进一步的调整，使之更适宜于人类生存。同时人类的各种活动也在不断改变着人类生存的热环境。热环境可以分为自然热环境和人工热环境，如表 15-2 所示。

表 15-2　热环境的分类

名称	热源	特征
自然热环境	太阳	热特征取决于环境接受太阳辐射的情况，并与环境中大气同地表间的热交换有关，也受气象条件的影响
人工热环境	房屋、火炉、机械、化学反应等	人类为了防御、缓和外界环境剧烈的热特征变化，创造更适于生存的热环境。人类的各种生产、生活和生命活动都是在人类创造的人工热环境中进行的

（二）热污染

热污染是一种能量污染，是指自然界和人类生产、生活产生的废热对环境造成的污染。热污染通过使受体水和空气温度升高的增温作用污染大气和水体。水体和大气环境的热污染，可以改变自然界原有的热平衡，带来一系列问题。

1. 对人体健康的危害

人类生产、生活和生命活动所需要的适宜的环境温度相对较窄，而超过中性点的温度环境就可称之为高温环境。但只有环境温度达到29℃以上时，才会对人体的生理机能产生影响，降低人的工作效率。高温容易引起体弱者中暑，还可以使人心律加快，引起情绪烦躁，精神萎靡，食欲不振，思维反应迟钝，工作效率降低。另外，高温还可加重肾脏负担，降低机体对化学物质毒性作用的耐受度，使毒物对机体毒作用更加明显。同时，高温可以使得机体的免疫力下降。

2. 温室效应

温室效应是指投射阳光的密闭空间由于与外界缺乏热交换而形成的保温效应，就是太阳短波辐射可以透过大气射入地面，而地面增暖后放出的长波辐射却被大气中的二氧化碳等物质所吸收，从而产生大气变暖的效应，如图 15-10 所示。大气中的二氧化碳就像一层厚厚的玻璃，使地球变成了一个大暖房。据估计，如果没有大气，地表平均温度就会下降到-23℃，而实际地表平均温度为15℃，这就是说温室效应使地表温度提高38℃。温室效应又称"花房效应"，是大气保温效应的俗称。大气中的二氧化碳含量增加，阻止地球热量的散失，使地球发生可感觉到的气温升高，这就是有名的"温室效应"。破坏大气层与地面间红外线辐射正常关系，吸收地球释放出来的红外线辐射，就像"温室"一样，促使地球气温升高的气体称为"温室气体"。

大气中能吸收长波辐射的物质有水汽、CO_2、CH_4、N_2O、SO_2、O_3、CFCs、微尘等。通常把 CO_2、CH_4、N_2O、SO_2、O_3、CFCs 等称为温室气体。其中 CO_2 在温室效应中贡献最大。温室效应主要是由人类的生产生活引起的，温室效应的产生对人类所生活的地球环境产生了重大影响，对环境方面造成的影响主要为：

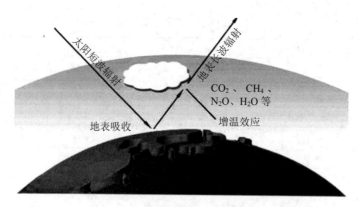

图 15-10　温室效应示意图

全球变暖：温室气体浓度的增加会减少红外线辐射放射到太空外，地球的气候因此需要转变来使吸取和释放辐射的分量达到新的平衡。这转变可包括"全球性"的地球表面及大气低层变暖，因为这样可以将过剩的辐射排放出外。

地球上病虫害增加：当全球气温上升令冰层融化时，埋藏在冰层千年或更长时间的病毒便可能会复活，形成疫症。

海平面上升：全球变暖可以通过海水受热膨胀及冰川融化令水平面上升。

气候反常：极端天气多是因为全球性温室效应，即二氧化碳这种温室气体含量增加，使热量不能发散到外太空，使地球变成一个保温瓶，而且还是不断加温的保温瓶。全球温度升高，使得南北极冰川大量融化，海平面上升，导致海啸、台风，夏天非常热、冬天非常冷的反常气候，极端天气增多。

3. 热岛效应

热岛效应简单来说就是一个地区的气温高于周围地区的现象。随着现代社会城市化进程的加速，城市建筑群密集、柏油路和水泥路面比郊区的土壤、植被具有更大的热容量和吸热率，使得城市地区贮存了较多的热量，并向四周和大气中大量辐射，造成了同一时间城区气温普遍高于周围郊区气温，高温的城区处于低温的郊区包围之中，如同汪洋大海中的岛屿，如图 15-11 所示，人们把这种现象称为城市热岛效应，这也是城市气候最明显的特征之一。

气候条件是造成城市热岛效应的外部因素，而城市化才是热岛形成的内因。首先，是受城市下垫面特性的影响。城市内有大量的人工构筑物，如混凝土、柏油路面、各种建筑墙面等，改变了下垫面的热力属性，这些人工构筑物吸热快而比热容（即单位质量物体改变单位温度时的吸收或释放的热量）小，在相同的太阳辐射条件下，它们比自然下垫面（绿地、水面等）升温快，因而其表面温度明显高于自然下垫面。城区反射率小，吸收热量多，蒸发耗热少，热量传导较快，而辐射散失热量较慢，郊区恰相反。另一个主要原因是人工热源的影响。工厂生产、交通运输以及居民生活都需要燃烧各种燃料，每天都在向外排放大量的热量。城区排放的人为热量比郊区大。

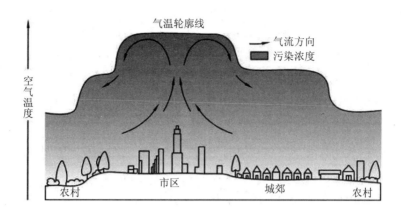

图 15-11 城市热岛效应示意图

此外，城市中绿地、林木和水体的减少也是一个主要原因。随着城市化的发展，城市人口的增加，城市中的建筑、广场和道路等大量增加，绿地、水体等却相应减少，缓解热岛效应的能力被削弱。

当然，城市中的大气污染也是一个重要原因，大气污染在城市热岛效应中起着相当复杂特殊的作用。来自工业生产、交通运输以及日常生活中的大气污染物在城区浓度特别大，它像一张厚厚的毯子覆盖在城市上空，白天它大大地削弱了太阳直接辐射，城区升温减缓，有时可在城市产生"冷岛"效应。夜间它将大大减少城区地表有效长波辐射所造成的热量损耗，起到保温作用，使城市比郊区"冷却"得慢，形成夜间热岛现象。

原则上，一年四季都可能出现城市热岛效应。但是，对居民生活和消费构成影响的主要是夏季高温天气下的热岛效应。当夏季空气流通减缓时，热输入会急剧增加，由于城市蒸发系统适应性低，造成城市温度急剧上升，同时由于空调和火电厂的加速运转又会造成恶性循环，加剧城市大气温升。城市蒸发量减少也形成了城市干岛效应，造成城市上空大气稳定度升高，不易发生垂直对流，易形成近地表高温，伴生严重的空气污染。

4. 水体热污染

水体热污染是指人工排放热量进入水体所导致的水体升温。大量热能排入水体，使水中溶解氧减少，使得水生植物的繁殖及鱼类的生存环境受到严重影响。水体热污染主要来源于火力发电厂、核电站及其他工业生产排出的冷却水。这种热污染对生态环境造成了巨大的威胁，大量的冷却水排入江河，会影响水质，影响水中生物的繁殖及生长，使得水体富营养化，更重要的是容易促进传染病蔓延，有毒物质毒性增大。

二、热污染控制政策及技术

随着经济水平增长及科学技术的提高，人类的生产生活都有了较大的进步，但在发展的同时，也带来了较大的环境问题。能源是社会发展和人类进步的命脉，工业生产需要消耗大量的能源，而我国现阶段主要能源以煤、石油和天然气等化石燃料为主。这些能源的使用，将会使得大量的 CO_2 等温室气体排放至大气中，致使局部环境或全球环境增温，并形成对人类和生态系统直接或间接危害。这种日益现代化的工农业生产和人类生活中排放出的废热所造成的环境污染，即为热污染。目前，水污染、大气污染、土壤修复等问题均受到人们的广泛关注，国务院自 2013 年 9 月、2015 年 4 月和 2016 年 5 月，相继出台大气、水、土壤污染防治行动计划，而对于热污染方面的关注还较少。

我国高度重视新能源的开发与利用问题，"十三五"期间，我国将坚持优化能源结构，大力发展绿色能源。这也将对我国当前环境问题产生深远的影响。

热污染基本是由人类活动引起的，主要是人类活动改变了大气组成、地表形态及直接向环境释放热量。针对热污染问题我们可以从以下几个方面来进行防治：

1. CO_2 等温室气体排放控制

CO_2 的排放控制，主要有 CO_2 的捕集与存储（CCS）及转化，合成有价值的化学品。CO_2 的捕集分离技术主要有吸收法、吸附法和膜分离等。

吸收法包括物理吸收和化学吸收，工业上广泛采用弱碱性水溶液的化学吸收法，如醇胺溶液等，主要缺点在于随着溶剂的再生，大量能量被损耗，碱性水溶液具有腐蚀性，尤其在烟道气中残留 O_2 的情况下，会腐蚀设备，同时造成溶剂损失的后果，并且吸收法的总成本较高。

吸附法主要利用吸附剂表面基团或物理吸附作用将 CO_2 分子固定下来。常用的固体吸附剂有活性炭、分子筛、沸石、水滑石等。固体吸附剂吸附捕集 CO_2 不会对设备产生腐蚀性，但选择性不高。作为一种好的 CO_2 吸附剂，必须有高选择性和较大的吸附容量等特点。

膜分离方法中，常用的膜主要有无机膜、金属膜、固-液膜和高分子膜等，不同类型的膜，分离原理也不尽相同。现阶段，同时具有高选择性和在大流量环境下操作的膜分离过程还未能实现。

CO_2 捕集与存储技术包括 CO_2 气体的捕集、运输和埋存三个系统。该技术需要消耗额外能源，同时存在一定的安全性及破坏生态的危险性。由于 CO_2 含有碳元素，利用二氧化碳转化为其他有价值的化学品的技术近年受到广泛关注。这不仅能降低大气中 CO_2 的含量，还能将其转化为有用的含碳原料。其中又以光催化还原 CO_2 最为关注，光催化还原 CO_2 是指在催化剂的作用下，通过太阳光的辐照，将 CO_2 高效转化为碳氢化合物，如甲烷等。如果这一技术能够实现，可以缓解日益紧张的能源危机，优化能源结构，对环境保护及社会的发展都将拥有及其重要的意义。

2. 废热的综合利用技术

充分利用工业余热，是减少热污染的主要措施。生产过程中产生的余热种类繁多，有高温烟气余热、高温产品余热、冷却介质余热和废气废水余热等，这些都可成为二次能源。在冶金、发电、化工、建材等行业，利用余热来预热空气、原燃料、干燥产品、生产蒸汽、供应热水等。此外，在农业方面也可有较好的应用，可以调节水田水温，促进作物的生长。对于冷却介质余热的利用方面主要是电厂和水泥厂等冷却水的循环使用，改进冷却方式，减少冷却水排放。

3．加强隔热保温

在工业生产中，加强保温隔热措施，以降低热损失，如水泥窑筒体用一些高效保温材料，既减少热散失，又降低水泥熟料热耗。

第五节　光污染及其控制技术

一、光环境与光污染

（一）光环境

光环境可分为室内光环境和室外光环境。

室内光环境主要是指由光（照度水平和分布、照明的形式和颜色）与颜色（色调、色饱和度、室内颜色分布、颜色显现）在室内建立的同房间形状有关的生理和心理环境。其功能是要满足物理、生理（视觉）、心理、人体功效学及美学等方面的要求。

室外光环境是在室外空间由光照射而形成的环境。它的功能除了要满足与室内光环境相同的要求外，还要满足诸如节能和绿色照明等社会方面的要求。对建筑物来说，光环境是由光照射于其内外空间所形成的环境。

光环境的影响因素有：

1．照度和亮度

照度和亮度是明视的基本条件。保证光天南地北照射的光量和光质量的基本条件是照度和亮度。

2．光色

光色指光源的颜色。按照国际照明委员会（CIE）标准表色体系，将三种单色光（如红光、绿光、蓝光）混合，各自进行加减，就能匹配出感觉到与任意光的颜色相同的光。此外，人工光源还有显色性，表现出照射到物体时的可见度。在光环境中还能激发人们的心理反应，如温暖、清爽、明快等。

3．周围亮度

人们观看物体时，眼睛注视的范围与物体的周围亮度有关。根据实验，容易看到注视点的最佳环境是周围亮度大约等于注视点亮度。

4．视野外的亮度分布

视野以外的亮度分布指室内顶棚、墙面、地面、家具等表面的亮度分布。在光环境中各物体的亮度不同，构成丰富的亮度层次。

5．眩光

在视野中由于亮度的分布或范围不当，或在时空方面存在着亮度的悬殊对比，以致引起不舒适的感觉或降低观看细部或目标的能力，这种现象称为眩光。眩光在光环境中是有害因素，应设法控制或避免。

6．阴影

在光环境中无论光源是天然光源还是人工光源，当光存在时，就会存在阴影。在空间中由于阴影的存在，才能突出物体的外形和深度，因而有利于光环境中光的变化，丰富了物体的视觉效果。在光环境中希望存在较为柔和的阴影，而要避免浓重的阴影。

（二）光污染

光污染一词，出现于20世纪70年代。光污染概念最早产生于天文学界，天文学家们发现，城市夜景照明使天空亮度增大，对天文观测产生负面影响，于是，他们把这种由于夜景照明而进入环境并妨碍他们进行天文观测的光，称为光污染。光污染是现代社会经济发展，科学技术进步伴随而生的环境问题。

光污染也可称为燥光，是环境污染物，在环境科学领域，把过量的光辐射侵入空间环境，并对空间环境造成不良影响或对人体健康造成危害的现象，称为"光污染"。物理上光污染有广义和狭义之分，广义的光污染指自然界和人类生产活动产生的光辐射，进入空间，危害环境的一切光污染现象。例如，闪电、火山爆发的火光等。而狭义的光污染主要指人类活动产生的光辐射，进入空间，危害环境的光污染现象。例如，城市景观过度照明，玻璃建筑的反光及汽车远视灯等。一般来说，我们所研究的光污染问题主要指狭义上的光污染。

光污染属于物理性污染，其特点为：光污染是局部的，随距离的增加而迅速减弱，在环境中不存在残留物，光源消失后污染自行消失。

1．来源

主要的光污染来源于现代建筑和夜景照明等。

现代建筑形成的光污染：随着现代化城市的日益发展与繁荣，一种新的都市光污染正在威胁着人的健康。商场、公司、写字楼、饭店、宾馆、酒楼、发廊及舞厅等都采用大块的镜面玻璃、不锈钢板及铝合金门窗装饰。有的甚至从楼顶到底层全部用镜面玻璃装修，使人仿佛置身于镜子的世界，方向难辨。在日照光线强烈的季节里，建筑物的镜面玻璃、釉面瓷砖、不锈钢、铝合金板、磨光花岗岩、大理石等装饰，使人眩晕。

夜景照明形成的光污染：都市的繁华街道上的各种广告牌、霓虹灯、瀑布灯等，夜间光彩夺目，使人置身于人工白昼之中。进入现代化的舞厅，人们为追求刺激效果，常常采用色光源、耀目光源、旋转光源等，令人眼花缭乱。

2. 分类

国际上一般将光污染分为 3 类：白光污染、人工白昼、彩光污染，按波长可分为红外线污染、紫外线污染、激光污染及可见光污染等。

白光污染：现代不少建筑采用玻璃幕墙、铀面砖墙、铝合金及各种涂料等装饰，在太阳光照射下，明晃白亮、炫眼夺目。据测定，白色的粉刷面光反射系数为 69%～80%，而镜面玻璃的光反射系数达 82%～90%，大大超过了人体所能承受的范围。研究发现，长时间在白光污染环境下工作和生活的人，眼角膜和虹膜都会受到不同程度的损害，引起视力的急剧下降，白内障的发病率高达 40%～48%，同时还使人头痛心烦，甚至失眠、食欲下降、情绪低落、乏力等类似神经衰弱的症状。

人工白昼污染：夜幕降临后，商场、酒店上的广告灯、霓虹灯闪烁夺目，令人眼花缭乱。有些强光束甚至直冲云霄，使得夜晚如同白天一样，即所谓人工白昼。在这样的"不夜城"里，夜晚难以入睡，扰乱人体正常的生物钟，导致白天工作效率低下。人工白昼还会伤害鸟类和昆虫，强光可能破坏昆虫在夜间的正常繁殖过程。目前，大城市普遍、过多使用灯光，使天空太亮，看不见星星，影响了天文观测、航空等，很多天文台因此被迫停止工作。

彩光污染：彩光活动灯、荧光灯以及各种闪烁的彩色光源则构成了彩光污染，危害人体健康。据测定，黑光灯所产生的紫外线强度大大高于太阳光中的紫外线，且对人体有害影响持续时间长。人如果长期接受这种照射，可诱发流鼻血、脱牙、白内障，甚至导致白血病和其他癌变。彩色光源让人眼花缭乱，不仅对眼睛不利，而且干扰大脑中枢神经，使人感到头晕目眩，出现恶心呕吐、失眠等症状。科学家最新研究表明，彩光污染不仅有损人的生理功能，而且对人的心理也有影响。如果人们长期处在彩光灯的照射下，其心理积累效应，也会不同程度地引起倦怠无力、头晕、性欲减退、阳痿、月经不调、神经衰弱等身心方面的病症。

红外线污染：红外线近年来在军事、人造卫星以及工业、卫生、科研等方面的应用日益广泛，因此红外线污染问题也随之产生。红外线是一种热辐射，对人体可造成高温伤害。较强的红外线可造成皮肤伤害，其情况与烫伤相似，最初是灼痛，然后是造成烧伤。红外线对眼的伤害有几种不同情况：波长为 750～1 300 nm 的红外线对眼角膜的透过率较高，可造成眼底视网膜的伤害，尤其是 1 100 nm 附近的红外线，可使眼的前部介质（角膜、晶体等）不受损害而直接造成眼底视网膜烧伤；波长为 1 900 nm 以上的红外线，几乎全部被角膜吸收，会造成角膜烧伤（混浊、白斑）。波长大于 1 400 nm 的红外线的能量绝大部分被角膜和眼内液所吸收，透不到虹膜。只是 1 300 nm 以下的红外线才能透到虹膜，造成虹膜伤害。人眼如果长期暴露于红外线可能引起白内障。

紫外线污染：紫外线最早应用于消毒以及某些工艺流程。近年来它的使用范围不断扩大，如用于人造卫星对地面的探测。紫外线的效应按其波长不同而有所不同：波长为 $100 \sim 190\ nm$ 的真空紫外部分，可被空气和水吸收；波长为 $190 \sim 300\ nm$ 的远紫外部分，大部分可被生物分子强烈吸收；波长为 $300 \sim 330\ nm$ 的近紫外部分，可被某些生物分子吸收。紫外线对人体主要是伤害眼角膜和皮肤。造成角膜损伤的紫外线主要为 $250 \sim 305\ nm$ 的部分，而其中波长为 $288\ nm$ 的作用最强。角膜多次暴露于紫外线，并不增加对紫外线的耐受能力。紫外线对角膜的伤害作用表现为一种叫作畏光眼炎的极痛的角膜白斑伤害。除了剧痛外，还导致流泪、眼睑痉挛、眼结膜充血和睫状肌抽搐。紫外线对皮肤的伤害作用主要是引起红斑和小水泡，严重时会使表皮坏死和脱皮。人体胸、腹、背部皮肤对紫外线最敏感，其次是前额、肩和臀部，再次为脚掌和手背。不同波长紫外线对皮肤的效应是不同的，波长为 $280 \sim 320\ nm$ 和 $250 \sim 260\ nm$ 的紫外线对皮肤的效应最强。

眩光污染：眩光污染是最普遍、最广泛、最重要的光污染形式，有直接眩光、间接眩光、反射眩光和光幕眩光之分。汽车夜间行驶时照明用的头灯，厂房中不合理的照明布置等都会造成眩光。某些工作场所，例如，火车站和机场以及自动化企业的中央控制室，过多和过分复杂的信号灯系统也会造成工作人员视觉锐度的下降，从而影响工作效率。焊枪所产生的强光，若无适当的防护措施，也会伤害人的眼睛。长期在强光条件下工作的工人（如冶炼工、熔烧工、吹玻璃工等）也会由于强光而使眼睛受害。

3. 光污染的危害

（1）对人体健康的危害

1）可见光污染的危害：环境中的可见光污染，能伤害人的眼睛的角膜和虹膜，导致视力下降，甚至双目失明。长期在可见光污染的环境活动，会使人感到头晕目眩，引起失眠、心悸、食欲不振。严重的可见光污染，还可能导致皮肤灼伤、烧伤。

2）紫外线污染的危害：适当紫外线照射，对人体有益。但是，过量的紫外线照射会对人的眼睛造成损伤。长期暴露在紫外线下，可引发急性角膜炎、白内障，产生皮肤红斑、色素沉淀、角质增生。人体长时间处于黑光灯辐射下，会导致鼻子出血、牙齿脱落、白血病等。

3）红外线污染的危害：红外线是一种热辐射，其生物效应主要是热效应。短期、适量的红外线照射，对人体有益。人体吸收红外线照射，能够使组织血管扩张、促进血液循环和组织细胞的再生，并有消炎、镇痛作用。但过量的红外线照射，会对人体造成伤害。过量的红外线辐射，可以对眼睛视网膜、角膜、虹膜产生伤害，引发白内障；皮肤出现灼痛、红斑或者烧伤。

（2）对动植物的影响

道路、街道两旁的树木、花卉、绿草，受到路灯的长时间照射，其生活的光周期被打乱，从而影响它们的正常生长和发育，甚至导致死亡。过量光辐射，会改变动物的生活习性。环境中的光污染，会使候鸟改变迁徙飞行方向，致使其不能到达目的地。

二、光污染防治技术

国外早在20世纪70年代已为限制光污染而制定法规、规范和指南，而我国光污染受重视程度不如其他污染现象，光污染环境立法处于极不完善阶段。国家未出台光污染防治的单行法，当人们受到光污染侵害时，没有专门的法律法规做依据，不仅无法维护自己的合法权益，也无法对侵害人或单位进行处罚和追究其责任。现阶段部分城市出台了涉及光污染的技术标准，如天津、北京、上海等地，但仍然需进一步调研，探索中国光污染监测及技术规范内涵，推动和引导我国在该领域标准体系的建立和发展。

光污染按波长分为可见光污染、红外线污染和紫外线污染三类，防治技术也可从这几方面着手。

可见光污染防治：可见光污染中危害最大的是眩光污染，眩光污染是城市中光污染的最主要形式，是影响照明质量最重要的因素之一。①避免不必要和过强的光照；②使用合格的照明设备；③采取必要的照明控制；④发展新型环保的玻璃材料。

红外线和紫外线污染防治：加强管理和制度建设，定期检查和维护，对有红外线和紫外线污染的场所采取必要的安全防护措施，重视个人防护。

思考题

1. 何谓隔振和阻尼隔振？振动传递率的物理意义如何？

2. 阻尼层有哪两种涂法？为什么在抑制振动效果方面"约束阻尼层"比"自由阻尼层"优越？

3. 试分析为什么拖拉机的振动，空负荷时比有负荷时大？

4. 什么是电磁辐射污染？电磁污染源分为哪几类？各有何特点？

5. 电磁辐射防治有哪些措施？各自的适用条件是什么？

6. 照射量、吸收剂量、剂量当量三者之间有什么联系和区别？

7. 放射性废物的处理方法有哪些？各有何特点？

8. 什么是城市热岛效应，它是如何形成的？

9. 热污染的预防和治理措施主要有哪些？

10. 什么是光污染？光污染的主要类型有哪些？

11. 分别举例说明眩光污染、红外线和紫外线污染的防治措施。

参考文献

[1] 马大猷. 噪声与振动控制工程手册[M]. 北京：机械工业出版社，2002.

[2] 毛东兴，洪宗辉. 环境噪声控制工程[M]. 2 版. 北京：高等教育出版社，2010.

[3] 马大猷. 噪声控制学[M]. 北京：科学出版社，2001.

[4] 张邦俊，翟国庆. 环境噪声学[M]. 杭州：浙江大学出版社，2001.

[5] 罗辉. 环境设备设计与应用[M]. 北京：高等教育出版社，1997.

[6] 贺启环. 环境噪声控制工程[M]. 北京：清华大学出版社，2011.

[7] 孙兴滨，闫立龙，张宝杰. 环境物理性污染控制[M]. 北京：化学工业出版社，2010.

[8] 刘颖辉，谢武. 室内声学设计与噪声振动控制案例教程[M]. 北京：化学工业出版社，2014.

[9] 张恩惠，殷金英，邢书任. 噪声与振动控制[M]. 北京：冶金工业出版社，2012

[10] 盛美萍，王敏庆，孙进才. 噪声与振动控制技术基础[M]. 北京：科学出版社，2007.

[11] 陈杰瑢. 物理性污染控制[M]. 北京：高等教育出版社，2007.